注册土木工程师（水利水电工程）资格考试指定辅导教材

# 水利水电工程专业案例

## （水土保持篇）

### （2015版）

全国勘察设计注册工程师水利水电工程专业管理委员会　编
中 国 水 利 水 电 勘 测 设 计 协 会

黄河水利出版社
·郑 州·

## 内 容 提 要

本书以注册土木工程师(水利水电工程)水土保持专业应掌握的专业知识和技术标准为重点,内容包括水土流失与水土保持调查与勘测、设计概述以及小流域综合治理和生产建设项目水土保持各项措施设计要点及案例,也包括项目管理、监督管理、监测、试验等方面的知识。本书可供从事水土保持规划、勘察、设计、咨询、项目管理等的专业技术人员学习使用,也可作为高校的专业教学参考书。

### 图书在版编目(CIP)数据

水利水电工程专业案例:2015版. 水土保持篇/全国勘察设计注册工程师水利水电工程专业管理委员会,中国水利水电勘测设计协会编 . —郑州:黄河水利出版社,2015.3
ISBN 978 - 7 - 5509 - 1049 - 2

Ⅰ. ①水… Ⅱ. ①全… ②中… Ⅲ. ①水利工程 - 工程技术人员 - 资格考核 - 自学参考资料②水力发电工程 - 工程技术人员 - 资格考核 - 自学参考资料③水土保持 - 工程技术人员 - 资格考核 - 自学参考资料 Ⅳ. ①TV

中国版本图书馆 CIP 数据核字(2015)第 060087 号

出 版 社:黄河水利出版社
地址:河南省郑州市顺河路黄委会综合楼 14 层　　邮政编码:450003
发行单位:黄河水利出版社
发行部电话:0371 - 66026940、66020550、66028024、66022620(传真)
E-mail:hhslcbs@ 126. com
承印单位:河南省瑞光印务股份有限公司
开本:787 mm×1 092 mm　1/16
印张:40.75
字数:992 千字　　　　　　　　　　　印数:1—3 000
版次:2015 年 3 月第 1 版　　　　　　印次:2015 年 3 月第 1 次印刷

定价:118.00 元

# 注册土木工程师（水利水电工程）资格考试
# 指定辅导教材编委会

# 水利水电工程专业案例

## （水土保持篇）
### （2015 版）

编写人员（按姓氏笔画排序）：

| | | | | | |
|---|---|---|---|---|---|
| 王凤翔 | 王白春 | 王利军 | 王治国 | 王春红 | 王艳梅 |
| 方增强 | 朱党生 | 闫俊平 | 纪 强 | 杜运领 | 杨伟超 |
| 应 丰 | 张 超 | 张 曦 | 张慧萍 | 陈三雄 | 苗红昌 |
| 孟繁斌 | 赵心畅 | 赵廷宁 | 姜圣秋 | 贺前进 | 贺康宁 |
| 董 强 | 黎如雁 | 操昌碧 | 魏元芹 | | |

# 前　言

为加强工程勘察与设计人员的管理，保证工程质量，国家对从事工程勘察与设计活动的专业技术人员逐步实行职业准入制度。注册土木工程师（水利水电工程）执业制度于2005年9月起正式实施，专业技术人员经考试合格，并按有关规定进行注册后，方可以注册土木工程师（水利水电工程）名义执业。实施勘察与设计执业制度后，在水利水电工程勘察与设计活动中形成的勘察与设计文件，必须由注册土木工程师（水利水电工程）签字并加盖执业印章后方可生效。根据执业岗位需要，注册土木工程师（水利水电工程）执业岗位划分为水利水电工程规划、水工结构、水利水电工程地质、水利水电工程移民、水利水电工程水土保持5个执业类别。

注册土木工程师（水利水电工程）资格考试分为基础考试和专业考试，基础考试合格后方可报名参加专业考试。基础考试分为两个半天，分别进行公共基础、专业基础考试；专业考试分为两天，分别进行专业知识、专业案例考试。基础考试不分执业类别；专业考试分执业类别。

为更好地帮助专业考生复习，全国勘察设计注册工程师水利水电工程专业管理委员会和中国水利水电勘测设计协会成立了由行业资深专家、教授组成的考试复习教材编审委员会，于2007年5月组织编写并出版了资格考试专用复习教材。针对2007年、2008年考试情况，全国勘察设计注册工程师水利水电工程专业管理委员会组织专家对2007年出版的教材进行了修编，并于2009年3月出版。

根据水利部《关于将水土保持方案编制资质移交中国水土保持学会管理的通知》（水保〔2008〕329号）的精神，水土保持方案编制资质移交中国水土保持学会管理。在中国水土保持学会《关于印发〈水土保持方案编制资质管理办法（试行）〉的通知》（中水会字〔2008〕第024号）中，水土保持方案编制资格证书分为甲、乙、丙三个等级，并规定了不同等级持证单位应配备的注册土木工程师（水利水电工程）（水土保持）人员数量。注册土木工程师（水利水电工程）水土保持专业的考试已涉及水利水电、交通运输、电力、煤炭等各类开发建设项目的水土保持方案编制和水土保持工程设计领域。为了使参加水土保持考试的人员更好地复习，经研究，2009年修订的教材对水土保持专业单独成册，并对水土保持相关内容进行了修改、补充，增加开发建设项目方面的内容以及各章节的案例分析，适当删减了科研试验方面的内容，并于2009年3月出版。

2009年以后，随着水土保持技术与管理的不断发展，相继修订、制定了部分水土保持技术标准。2010年颁布的《中华人民共和国水土保持法》对水土保持规划、治理、预防、监督等进行了新的规定。2009版教材部分内容与新水土保持法及新标准有不协调和不一致之处，迫切需要对2009版教材进行修编。

本次修编根据新水土保持法、部分新规范以及最近有关水土保持项目管理的规定，对2009版教材进行了充实、增补、修改和完善。重点根据《水土保持工程设计规范》（GB 51018—2014）、《水土保持规划编制规范》（SL 335—2014）、即将颁布的国标《水土保持调查与勘测规范》对 2009 版教材进行调整,由 2009 版的八章调整为十一章,增加了第五章水土保持工程设计概述、第六章总体布局与配置、第九章施工组织设计;工程措施设计不分生态项目和生产建设项目,统一将耕作措施和工程措施设计调整为一章即第七章耕作与工程措施设计,而将林草工程设计单独成章列为第八章;其他章名称不变,仅对内容进行了修改、完善。

参加本教材编写的专家以其强烈的责任感、深厚的理论功底、丰富的工程实践经验以及对技术标准的准确理解,对教材字斟句酌,精心编撰,付出了辛勤劳动。本教材以注册工程师应掌握的专业知识、勘察设计技术标准为重点,紧密联系工程实践,不仅能够帮助考生系统掌握专业知识和正确运用设计规范、标准处理工程实际问题,也可作为各行各业从事水土保持勘察、设计、咨询、建设项目管理技术人员的专业学习读本,亦是高等院校一本很好的教学参考书。

本次修编是在 2007 版和 2009 版教材基础上进行的,值此教材出版之际,我们特别对2007 版和 2009 版以及本次修编人员表示深切的谢意,对编者所在单位给予的关心和支持表示衷心的感谢,对黄河水利出版社展现的专业精神表示敬意。

全国勘察设计注册工程师水利水电工程专业管理委员会
中国水利水电勘测设计协会
2015 年 1 月

# 目　录

# 第一章　水土流失与土壤侵蚀

## 第一节　水土流失与水土保持

### 一、水土流失与土壤侵蚀

#### (一)土壤侵蚀

土壤侵蚀是土壤或其他地面组成物质在水力、风力、冻融、重力等外营力及地震、地质构造运动等内营力作用下,被剥蚀、破坏、分离、搬运和沉积的过程。狭义的土壤侵蚀仅指土壤被外营力分离、破坏和移动。根据外营力的种类,可将其划分为水力侵蚀、风力侵蚀、冻融侵蚀、重力侵蚀、淋溶侵蚀、山洪侵蚀、泥石流侵蚀及地表塌陷等。侵蚀的对象也并不限于土壤及其母质,还包括土壤下面的土体、岩屑及松软岩层等。在现代侵蚀条件下,人类活动对土壤侵蚀的影响日益加剧,它对土壤和地表物质的剥离与破坏,已成为十分重要的外营力。因此,全面而确切的土壤侵蚀含义应为:土壤或其他地面组成物质在自然营力作用下或在自然营力与人类活动的综合作用下被剥蚀、破坏、分离、搬运和沉积的过程。

#### (二)水土流失

水土流失是在水力、重力、风力等外营力作用下,水土资源和土地生产力的破坏与损失,包括土地表层侵蚀及水的损失,亦称水土损失。土地表层侵蚀指在水力、风力、冻融、重力以及其他外营力作用下,土壤、土壤母质及岩屑、松软岩层被剥蚀、破坏、转运和沉积的全部过程。水土流失的形式除雨滴溅蚀、片蚀、细沟侵蚀、沟道侵蚀等典型的土壤侵蚀形式外,还包括河岸侵蚀、山洪侵蚀、泥石流侵蚀以及滑坡侵蚀等形式。从目前我国法律所赋予的水土流失防治工作内容看,水土流失的含义已经相应扩大,其不仅包括水力侵蚀、风力侵蚀、重力侵蚀、泥石流侵蚀等,还包括水损失及由此而引起的面源污染(非点源污染),即除土地表层侵蚀外,还包括水损失和面源污染。我国水土流失的内涵与外延比土壤侵蚀更宽泛,实际上已经超出了国际上土壤侵蚀的范畴。

#### (三)影响水土流失的内、外营力

影响水土流失的内营力作用是由地球内部能量所引起的。地球本身有其内部能源,人类能感觉到的地震、火山活动等现象已经证明了这一点。地球内部能量主要是热能,而重力能和地球自转产生的动能对地壳物质的重新分配与地表形态的变化也具有很大的作用。内营力作用的主要表现是地壳运动、岩浆活动、地震等。

影响水土流失的外营力的主要能源来自太阳能。地壳表面直接与大气圈、水圈、生物圈接触,它们之间发生复杂的相互影响和相互作用,从而使地表形态不断发生变化。外营力作用总的趋势是通过剥蚀、堆积(搬运作用则是将二者联系成为一个整体)使地面逐渐夷平。外营力作用的形式很多,如流水、地下水、重力、波浪、冰川、风沙等。各种作用对地貌形态的改造方式虽不相同,但是从过程实质来看,都经历了风化、剥蚀、搬运和堆积(沉积)等环节。

内营力形成地表高差和起伏,外营力则对其不断地加工改造,降低高差,缓解起伏,两者处于对立的统一之中,这种对立过程,彼此消长,统一于地表三维空间,且互相依存,决定了水土流失发生、发展和演化的全过程。

**(四)风化、剥蚀、搬运和堆积作用**

风化(weathering)作用是指矿物、岩石在地表新的物理、化学条件下所产生的一切物理状态和化学成分的变化,是在大气及生物影响下岩石在原地发生的破坏作用。岩石是一定地质作用的产物,一般说来岩石经过风化作用后都会由坚硬转变为松散、由大块变为小块。由高温高压条件下形成的矿物,在地表常温常压条件下就会发生变化,失去它原有的稳定性。通过物理作用和化学作用,又会形成在地表条件下稳定的新矿物。所以,风化作用是使原来矿物的结构、构造或者化学成分发生变化的一种作用。对地面形成和发育来说,风化作用是十分重要的一环,它为其他外营力作用提供了前提。

各种外营力作用(包括风化、流水、冰川、风、波浪等)对地表进行破坏,并把破坏后的物质搬离原地,这一过程或作用称为剥蚀(denudation)作用。狭义的剥蚀作用仅指重力和片状水流对地表侵蚀并使其变低的作用。一般所说的侵蚀作用,是指各种外营力的侵蚀作用,如流水侵蚀、冰蚀、风蚀、海蚀等。鉴于作用营力性质的差异,作用方式、作用过程、作用结果不同,一般分为水力剥蚀、风力剥蚀、冻融剥蚀等类型。

风化、剥蚀而成的碎屑物质,随着各种不同的外营力作用转移到其他地方的过程称为搬运(transportation)作用。根据搬运的介质不同,分为流水搬运、冰川搬运、风力搬运等。在搬运方式上也存在很多类型,有悬移、拖曳(滚动)、溶解等。

被搬运的物质由于介质搬运能力的减弱或搬运介质的物理、化学条件改变,或在生物活动参与下发生堆积或沉积,称为堆积作用或沉积(deposition)作用。按沉积的方式可分为机械沉积作用、化学沉积作用、生物沉积作用等。

**(五)正常侵蚀与加速侵蚀、古代侵蚀与现代侵蚀**

正常侵蚀是在自然环境中,地表物质在不受人为影响条件下,由自然因素包括雨、雪、冰、风、重力等外营力作用引起的地表侵蚀,也称为自然侵蚀。其侵蚀速度缓慢,常与成土过程相伴,两者构成的复合过程,决定着土壤类型、土层厚度及其在陆地表面的分布。自然侵蚀是一个漫长的地质过程,人类出现以前的侵蚀是一种自然侵蚀,称为古代侵蚀,实际上也是一种地质侵蚀;人类出现后的土壤侵蚀称为现代侵蚀,现代侵蚀大部分是一种加速侵蚀。

加速侵蚀是由于人为活动或突发性自然灾害破坏而产生的侵蚀现象。通常人们所关注的水土流失即指这种侵蚀,它可分为自然加速侵蚀和人为加速侵蚀两种。自然加速侵蚀是自然界本身在某一时段出现的突发性环境剧变引起的侵蚀现象。如地震破坏和由地震诱发的滑坡、崩塌及泥石流等;又如气候变化引起的冰雪融水所造成的侵蚀以及洪水泛滥造成的强烈冲刷等,无论是人类出现以前还是以后均应视为地质侵蚀。

人为加速侵蚀或者说人为现代加速侵蚀,是由人类不当的经济活动,如滥伐、滥垦、滥牧、不合理耕作,以及开矿、修路等工程建设引起的一种破坏性的侵蚀过程,其侵蚀速率远大于土壤形成的速率。通常以容许土壤流失量作为衡量加速侵蚀的下限指标。土壤侵蚀面积的统计,即以加速侵蚀面积为依据。

**(六)水力侵蚀**

水力侵蚀是在降水、地表径流、地下径流作用下,土壤、土体或其他地面组成物质被破坏、剥蚀、转运和沉积的全过程,它是土壤侵蚀的重要类型。通常所称的水蚀或水力侵蚀与水土流失的含义有较大的差别,水土流失包含水的损失与土壤的流失两个方面。由融雪水引起的土壤侵蚀,也是一种水蚀现象,或称为融雪侵蚀。

水力侵蚀的主要形式包括面蚀和沟蚀两种。面蚀包括溅蚀、片蚀和细沟侵蚀;沟蚀包括溯源、沟岸扩张和下切三种侵蚀形式。

### (七)风力侵蚀

风力侵蚀是在气流冲击作用下,土粒或沙粒脱离地表、被搬运和堆积的过程,简称风蚀。风对地表所产生的剪切力和冲力引起细小的土粒与较大的团粒或土块分离,甚至从岩石表面剥离碎屑,使岩石表面出现擦痕和蜂窝,继之土粒或沙粒被风挟带形成风沙流。气流的含沙量随风力的大小而改变,风力越大,气流的含沙量越高,当气流的含沙量过饱和或风速降低时,土粒或沙粒与气流分离而沉降,堆积成沙丘或沙垄。土(沙)粒脱离地表、被气流搬运和沉积三个过程是相互影响、穿插进行的。

### (八)重力侵蚀

重力侵蚀是指坡地表层土石物质,主要由于本身所受的重力作用,失去平衡,发生位移和堆积的现象,国际上也称之为块体运动。重力侵蚀常见于山地、丘陵、沟谷和河谷的坡地以及人工开挖形成的渠道和路堑边坡。根据土石物质破坏的特征和移动方式,一般可将重力侵蚀分为蠕动、崩塌、滑塌、崩岗、滑坡和泻溜等多种类型。

### (九)混合侵蚀

混合侵蚀是指在两种或两种以上侵蚀营力作用下发生的侵蚀现象,如泥石流,是在水流冲力和重力共同作用下的一种特殊的侵蚀形式。泥石流是饱含固体物质(泥沙、石块和巨砾)的高黏性流体,它以巨大的冲击力和高强搬运能力冲刷沟道、破坏和淤埋各种设施。有的学者也将崩岗列入混合侵蚀中。

### (十)冻融侵蚀

冻融侵蚀是指土壤及其母质孔隙或岩石裂缝中的水分冻结时,体积膨胀,裂隙随之加大增多,整块土体或岩石发生碎裂,消融后其抗蚀稳定性大为降低,在斜坡坡面或沟坡上的土体由于在冻融过程中隆起和收缩,即使不受水力或风力的搬运,在重力作用下也会导致岩土顺坡向下方产生位移的现象。冻融侵蚀主要分布于冻土地带。我国冻土面积约215万 km$^2$,占国土总面积的22.3%左右,主要分布在东北北部山区、西北高山区及青藏高原地区。

### (十一)其他侵蚀类型

除上述侵蚀外,现代冰川的活动对地表造成的机械破坏作用称为冰川侵蚀。冰川侵蚀活跃于现代冰川地区,主要发生于青藏高原和高山雪线以上。此外,由河流、海潮冲刷形成的侵蚀称为河岸侵蚀和海岸侵蚀。

### (十二)水流失

水土流失中的水流失主要是指正常的水分局部循环被破坏情况下的地面径流损失,即大于土壤入渗强度的雨水或融雪水因重力作用,或土壤不能正常储蓄水分情况下产生的流失现象。如植被与土壤破坏后产生的水流失、地面硬化产生的水流失等。其流失量取决于地面组成物质或土壤特性、降雨强度、地表形态及地表植被状况。在干旱地区或半干旱地区,通过保水措施可以达到充分利用天然降水为旱作农业服务及解决人畜用水等目的。

## (十三)土壤养分流失

土壤养分流失是指土壤颗粒表面的营养物质在径流和土壤侵蚀作用下,随径流泥沙向沟道及下游输移,从而造成养分损失的自然现象。养分流失将使土壤日益贫瘠,土壤肥力和土地生产力降低,并造成下游水体污染或富营养化。

土壤的养分包含大量的氮、磷、钾,中等含量的钙、镁和微量的锰、铁、铜、锌、钼等元素,其中有离子态速效性养分,也有经过分解转化的无机或有机速效性养分。土壤侵蚀使这些养分大量流失。

在流失的养分中,氮、磷、铜、锌等元素对水体的污染最严重,水体中过剩的氮、磷引起绿藻的旺盛生长,加速水体富营养化过程。水土流失是导致面源污染加剧的主要因素。因此,防止土壤养分流失的有效措施是认真做好坡面水土保持,以减少水分损失,增强土壤持水能力。

## (十四)面源污染

面源污染,也称非点源污染,是指污染物从非特定的地点,在降水(或融雪)的冲刷作用下,通过径流过程汇入受纳水体(河流、湖泊、水库和海湾等),并引起水体的富营养化或其他形式的污染。一般而言,面源污染具有以下特点:污染源以分散形式间歇地向受纳水体排放污染物,这种时间上的间歇性与气象因素相关联,污染产生的随机性较强;污染物分布于范围很大的区域,并经过很长的陆地迁移后进入受纳水体,成因复杂;面源污染的地理边界和发生位置难以识别与确定,无法对污染源进行监测,也难以追踪并找到污染物的确切排放点。

面源污染与水土流失密切相关,水土流失在输送大量径流与泥沙的同时,也将各种污染物输送到河流、湖泊、水库及海湾等。土壤侵蚀与富营养化是自然现象,但人类活动加速此过程时就会导致水质恶化。

城市和农村地表径流是两类重要的面源污染源。病原体、重金属、油脂和耗氧废物污染主要由城市径流产生,而我国农村目前不合理施用的农药、化肥,养殖业产生的畜禽粪便,以及未经处理的农业生产废弃物、农村生活垃圾和废水等,在降雨或灌溉过程中,经地表径流、农田排水、地下渗漏等途径进入受纳水体,是造成面源污染的最主要因素。

## (十五)土壤侵蚀量、土壤流失量与容许土壤流失量

土壤侵蚀量包括侵蚀过程中产生的沉积量与流失量。水力侵蚀一般采用径流小区法测定,但其结果仅是土壤流失量,而不包括沉积量。风蚀通常采用积沙仪等测定,其结果也只能测出悬移量,是地面剥蚀后能在空中搬运的部分。

容许土壤流失量是指小于或等于成土速率的年土壤流失量。对于坡耕地,是指使作物在长时期内能持续稳定地获得高产而许可的年最大土壤流失量。一般其单位采用 $t/(km^2 \cdot a)$。

## (十六)土壤侵蚀程度与土壤侵蚀强度

土壤侵蚀程度反映土壤侵蚀总的结果和目前的发展阶段,以及土壤肥力水平,如片蚀阶段程度较轻,沟蚀阶段较严重。土壤侵蚀程度通常采用土壤原生剖面(或活土层)被侵蚀和丧失的情况加以判断,如 A 层(表土层)、B 层(心土层)、C 层(母质层)的丧失情况。土壤侵蚀程度是土地分级、土壤改良及侵蚀防治的主要依据,决定着土地利用的方向。

土壤侵蚀强度是指在自然营力(水力、风力、重力、冻融等)和人类活动作用下,单位面

积地壳表层土壤在单位时间内被剥蚀并发生位移的土壤侵蚀量。通常用土壤侵蚀模数作为衡量土壤侵蚀强度大小的指标,侵蚀模数中的土壤流失量可以用重量、体积或厚度来表示。

土壤侵蚀程度与土壤侵蚀强度相比,有更广泛的含义,它含有景观概念,如侵蚀土壤发生层出露情况、基岩裸露情况、土壤肥力大小等。而土壤侵蚀强度只反映单位面积单位时间内的侵蚀量。例如侵蚀强度大并不意味着侵蚀程度严重,侵蚀强度小也不意味着侵蚀程度不严重。如长期遭受严重土壤侵蚀而引起基岩大面积裸露的云贵高原地区侵蚀强度小,但侵蚀程度相当严重;而黄土高原土层深厚,目前侵蚀强度很大,但就土壤侵蚀程度而言则不严重。

### (十七)土壤侵蚀模数、输沙模数和输移比

土壤侵蚀模数是指单位面积土壤及土壤母质在单位时间内的侵蚀量。它是表征土壤侵蚀强度大小的一个定量指标,用以反映某区域单位时间内侵蚀强度的大小。

输沙模数是指单位面积内某一粒径范围内的泥沙在单位时间内通过某一河流断面的泥沙量,单位采用 $t/(km^2 \cdot a)$。

土壤侵蚀模数不同于输沙模数,前者描述土壤的侵蚀强度,后者描述流域的输沙数量。同一流域内产生的侵蚀总量并非完全进入河道(沟道),河道的冲淘揭底也可能导致大量的产沙与输沙。

泥沙输移比是在一定时段内,通过沟道或河流某一断面的总输沙量与该断面以上汇水面积内总侵蚀量的比值。

## 二、水土保持

水土流失防治即水土保持,是指对自然因素和人为活动造成水土流失所采取的预防与治理措施。通过水土保持,保护、改良和合理利用水土资源,减少水土流失,减轻水、旱、风沙灾害,改善生态环境,促进社会经济可持续发展。水土保持的内涵不只是保护,而且包括改良与合理利用。不能把水土保持理解为土壤保持和土壤保护,更不能将其等同于土壤侵蚀控制。水土保持在内涵上包括了土壤保持。

水土保持是山区发展的生命线,是国民经济和社会发展的基础,是国土整治、江河治理的根本,是我们必须长期坚持的一项基本国策。国家对水土保持实行"预防为主、保护优先、全面规划、综合治理、因地制宜、突出重点、科学管理、注重效益"的方针。特别应强调的是,在我国水土保持应包括水的保持和土的保持,因此应在防治土的流失的同时,采取措施防止坡地径流损失,充分利用天然降水增加土壤水分、提高土地综合生产能力。现阶段我国水土保持的主要工作内容包括预防保护、综合治理、监测、监督管理四个方面。

### (一)预防保护

预防保护是指对现状水土流失轻微但潜在危害大的区域,地方各级人民政府按照水土保持规划采取的事前控制措施。主要措施包括封育保护、自然修复、植树种草等,目的是不断扩大林草覆盖面积,维护和提高土壤保持、涵养水源等功能,以预防和减轻水土流失。根据水土保持法的要求,对我国水土流失潜在危险较大的区域,应当划定为水土流失重点预防区,对重点预防区实施重点预防保护,主要措施包括实施封山禁牧、轮牧、休牧,改放牧为舍饲养畜,发展沼气和以电代柴,实施生态移民等,并对重点预防区存在的局部水土流失实施

综合治理。我国重点预防保护区域主要是江河源头、重点水源地和水蚀风蚀交错区域。同时,对生产建设项目造成的水土流失加强事前控制,实施生产项目水土保持"三同时"制度,对生产建设项目采取水土保持方案编制、审批、实施及水土保持设施验收等一系列制度,达到控制水土流失的目的。

特别应注意的是在重要水源地,在预防保护林草植被的基础上,应采取水土保持措施以保护水源、防治面源污染。

## (二)综合治理

综合治理是按照因地制宜、分区施策的原则,以大中流域(或区域)为框架,以小流域(或小片区)为单元,山水田林路渠综合规划,采取农业(农艺)、林牧(林草)、工程等综合措施,对水土流失地区实施治理,以减少水土流失,合理利用和保护水土资源。综合治理范围主要包括对大江大河干流和重要支流、重要湖库淤积影响较大的水土流失区域,以及威胁土地资源,造成土地生产力下降,直接影响农业生产和农村生活,需开展抢救性、保护性治理的区域;涉及革命老区、边疆地区、贫困人口集中地区、少数民族聚居区等特定区域,直接威胁生产生活的山洪滑坡泥石流潜在危害区域。根据水土保持法的要求,对我国水土流失严重的区域,应当划定为水土流失重点治理区,对重点治理区实施重点治理,采取的主要措施有坡改梯、造林种草、建设拦沙坝和淤地坝等拦沙设施;在干旱和半干旱地区或其他缺水地区,采取旱井、涝池、小型蓄水工程等措施将雨水集蓄利用。综合治理的主要工作内容是组织开展水土保持规划、实施治理、检查验收、设施管护、试验研究等。

综合治理应本着维护提高水土保持功能的原则,确定水土保持目标、发展方向,采取不同的治理模式,主要包括传统的以土壤保持和蓄水保水以及提高综合农业生产能力为目标的生态经济型或经济生态型小流域治理、以维护水质为目标的清洁小流域治理、城镇及周边以人居环境维护为目的的环境生态维护型治理、以防治山洪泥石流灾害为目的的生态安全型小流域治理等。

生态经济型或经济生态型小流域治理是在广大水土流失地区普遍采用的模式,主要通过采取农业(农艺)、林牧(林草)、工程措施合理配置,既减少水土流失,又提高综合农业生产能力,在此基础上发展特色产业,达到发展农村经济、增加农民收入的目的。

清洁小流域治理是在水源地,采取以防治农业面源污染为目的的水土流失治理措施。土壤中的农业投入品(化肥、农药等),在降雨或灌溉过程中,经地表径流、农田排水、地下渗漏等途径进入水体,造成水体污染。在水土流失地区,水土流失作为载体在输送大量泥沙的同时,也输送了大量化肥、农药和生活垃圾。水土保持最基本的技术路线就是改变水土流失区的地形条件,就地拦蓄水土、增加降雨入渗、涵养水源,同时增加植被,改善生态环境,以减少水分损失,增强土壤持水能力,对水质起到保护和过滤的作用。

生态安全型小流域治理主要是在山洪、泥石流灾害频发地区,特别是人口稠密的城镇及周边地区,通过小河(沟)道拦、排、导工程和坡面综合治理,达到防灾减灾的目的。

城镇及周边地区人口密集,在城市化过程中产生生态环境问题,对人居环境影响突出。采取的水土保持措施主要包括:裸露废弃采石场、采矿场、砖厂等迹地边坡植被恢复,水源地周边山地丘陵区水土流失综合治理,河道及河岸景观建设等。

## (三)监测

水土保持监测是对水土流失及其防治状况的调查、观测与分析工作,主要针对水土流失状况(包括水土流失类型、面积、强度、分布状况和变化趋势)、水土流失造成的危害、水土流失防治情况及效果等进行监测。水土保持监测的主要任务是建立水土保持监测网络,采集水土流失及其防治等信息,分析水土流失成因、危害及其变化趋势,掌握水土流失类型、面积、分布及其防治情况,综合评价水土保持效果,发布水土保持公报,为政府决策、社会经济发展和社会公众服务等提供支撑。水土保持监测内容主要包括水土保持调查、水土流失重点防治区监测、水土流失定位观测、水土保持重点工程效益监测和生产建设项目水土保持监测等。

**(四)监督管理**

根据水土保持法的规定,县级以上人民政府水行政主管部门负责对水土保持情况进行监督检查;流域管理机构在其管辖范围内可以行使国务院水行政主管部门的监督检查职权。监督管理工作应坚持"预防为主、保护优先"的方针,重点通过强化执法,有效控制人为水土流失,推动水土流失防治由事后治理向事前保护转变。

# 第二节　我国土壤侵蚀类型及其分区

## 一、我国土壤侵蚀类型

我国土壤侵蚀类型是按导致土壤侵蚀的外营力种类进行划分的。

在我国导致土壤侵蚀的外营力种类主要有水力、风力、重力、水力及重力综合作用力、温度作用力(由冻融作用而产生的作用力)、冰川作用力、化学作用力等,因此土壤侵蚀类型就有水力侵蚀类型、风力侵蚀类型、重力侵蚀类型、混合侵蚀类型、冻融侵蚀类型、冰川侵蚀类型等。

我国土壤侵蚀分类分级标准主要是针对水力侵蚀、风力侵蚀、重力侵蚀和混合侵蚀制定的。

## 二、我国土壤侵蚀类型分区

我国土壤侵蚀类型分布基本遵循地带性分布规律。干旱区(北纬38°以北)是以风力侵蚀为主的地区,包括新疆、青海、甘肃、内蒙古等省(区),侵蚀方式是吹蚀,其形态表现为风蚀沙化和沙漠戈壁。半干旱区(北纬35°~38°)风力侵蚀、水力侵蚀并存,为风蚀水蚀类型区,包括甘肃、内蒙古、宁夏、陕西、山西等省(区),风蚀以吹蚀为主,反映在形态上是局部风蚀沙化和鳞片状的沙堆;水蚀的侵蚀方式为面蚀和沟蚀,形态表现为沟谷纵横、地面破碎,这一区域是我国的强烈侵蚀带。湿润区(北纬35°以南)为水蚀类型区,主要侵蚀方式是面蚀,其次是沟蚀。我国一级地形台阶和二级地形台阶区的高山以及东北寒温带地区是冻融侵蚀类型区,主要表现形式为泥流蠕动。重力侵蚀类型散布各类型区,主要分布在一、二级地形台阶区的断裂构造带和地震活跃区,表现形式是滑坡、崩塌、泻溜等。

土壤侵蚀类型受降水、植被类型、盖度和活动构造带等因素控制。年降水量400 mm等值线以北的地区属风蚀类型区,为非季风影响区,区内降雨少,起风日多,风速大,而且沙尘暴日数多,植被为干草原和荒漠草原;年降水量400~600 mm等值线的区域是风蚀水蚀区,本区虽具有大陆性气候特征,冬春风沙频繁,但仍受季风的影响,夏季降雨集中,多暴雨,因而既有风蚀类型,又有水蚀类型;年降水量 600 mm 等值线以南的地区为水蚀类型区;在高山、青藏高原以及寒温带地区以冻融侵蚀类型为主。以上侵蚀类型受地带性因素控制。重力侵蚀类型主要分布在我国西部地区地震活动带或断裂构造地区,受非地带性因素控制。

**(一)分区目的与任务**

土壤侵蚀类型分区任务是在详细了解土壤侵蚀类型的基础上,全面认识土壤侵蚀的发生、发展特征和分布规律,并考虑影响土壤侵蚀的主导因素,根据土壤侵蚀和治理的区域差异性,提出分区方案,划分不同的侵蚀类型区。土壤侵蚀类型分区目的在于制订分区的水土流失防治方案,以合理利用水土资源。

**(二)分区原则**

土壤侵蚀分区主要反映不同区域土壤侵蚀特征及其差异性,要求同一类型区自然条件、土壤侵蚀类型和防治措施基本相同,而不同类型区之间则有较大差别。因此,分区原则是同一区内的土壤侵蚀类型和侵蚀强度应基本一致,影响土壤侵蚀的主要因素如自然条件和社会经济条件基本一致,治理方向、治理措施和土地利用方向基本相似。侵蚀分区以自然界线为主,适当考虑行政区域的完整性和地域的连续性。

用主导因素法并以与土壤侵蚀关联度高且较稳定的自然因素作为分区的依据。全国一级区的区划以发生学原则(主要侵蚀外营力以及与土壤侵蚀关联度高的其他自然因素)为依据,分为水力侵蚀、风力侵蚀、冻融侵蚀三大侵蚀类型区。全国二级区的区划以形态学原则(地质、地貌、土壤)为依据,将以水力侵蚀为主的一级区分为西北黄土高原区、东北黑土区、北方土石山区、南方红壤丘陵区和西南土石山区等五个二级类型区。

各大流域,各省(自治区、直辖市)在全国二级区的基础上再细分为三级区和亚区。

**(三)分区的范围及特点**

为了对土壤侵蚀类型区进行具体定量的划分工作,首先要收集分区范围内与土壤侵蚀有关的系列图件及相关资料,做好系统分析及综合集成,尤其要充分利用最新的遥感影像。

土壤侵蚀范围及强度是一个动态变化过程,要重视和利用土壤侵蚀动态监测评价的有关成果。一些新的分析计算方法如模糊聚类分析等,可以参考应用。

全国各级土壤侵蚀类型区的范围及特点见表 1.2-1。根据 2011 年全国第一次水利普查成果,全国水力侵蚀面积 129.32 万 km$^2$,风力侵蚀面积 165.59 万 km$^2$。

**表 1.2-1　全国各级土壤侵蚀类型区的范围及特点**

| 一级类型区 | 二级类型区 | 范围与特点 |
|---|---|---|
| I 水力侵蚀类型区 | I₁ 西北黄土高原区 | 大兴安岭—阴山—贺兰山—青藏高原东缘一线以东,西为祁连山余脉的青海日月山,西北为贺兰山,北为阴山,东为管涔山及太行山,南为秦岭。主要流域为黄河流域。地带性土壤:在半湿润气候带自西向东依次为灰褐土、黑垆土、褐土;在干旱及半干旱气候带自西向东依次为灰钙土、棕钙土、栗钙土。土壤侵蚀分为黄土丘陵沟壑区(下设 5 个副区)、黄土高塬沟壑区、土石山区、林区、高地草原区、干旱草原区、黄土阶地区、冲积平原区等 8 个类型区,是黄河泥沙的主要来源区 |

続表 1.2-1

| 一级类型区 | 二级类型区 | 范围与特点 |
|---|---|---|
| I 水力侵蚀类型区 | I₂ 东北黑土区(低山丘陵区和漫岗丘陵区) | 南界为吉林省南部,东、西、北三面被大小兴安岭和长白山所绕,漫川漫岗区为松嫩平原,是大小兴安岭延伸的山前冲积洪积台地。地势大致由东北向西南倾斜,具有明显的台坎,坳谷和岗地相间是本区重要的地貌特征;主要流域为松辽流域;低山丘陵主要分布在大小兴安岭、长白山余脉;漫岗丘陵则分布在东、西、北侧等三地区:<br>(1)大小兴安岭山地区。系森林地带,坡缓谷宽,主要土壤为花岗岩、页岩、片麻岩发育的暗棕壤,轻度侵蚀。<br>(2)长白山千山山地丘陵区。系林草灌丛,主要土壤为花岗岩、页岩、片麻岩发育的暗棕壤、棕壤,轻度—中度侵蚀。<br>(3)三江平原区(黑龙江、乌苏里江及松花江冲积平原)。古河床自然河堤形成的低岗地,河间低洼地为沼泽草甸,岗洼之间为平原,无明显水土流失 |
| | I₃ 北方土石山区 | 东北漫岗丘陵以南,黄土高原以东,淮河以北,包括东北南部、河北、山西、内蒙古、河南、山东等部分。本区气候属暖温带半湿润、半干旱区;主要流域为淮河流域、海河流域;按分布区域,可分为以下 6 个主要地区:<br>(1)太行山山地区。包括大五台山、小五台山、太行山和中条山山地,是海河五大水系发源地。主要岩性为片麻岩类、碳酸盐岩等;主要土壤为褐土;水土流失为中度—强烈侵蚀,是华北地区水土流失最严重的地区。<br>(2)辽西—冀北山地区。主要岩性为花岗岩,片麻岩,砂页岩;主要土壤为山地褐土、栗钙土;水土流失为中度侵蚀,常伴有泥石流发生。<br>(3)山东丘陵区(位于山东半岛)。主要岩性为片麻岩、花岗岩等;主要土壤为棕壤、褐土,土层薄,尤其是沂蒙山区;水土流失为中度侵蚀。<br>(4)阿尔泰山山地区。主要分布在新疆阿尔泰山南坡;山地森林草原无明显水土流失。<br>(5)松辽平原,松花江、辽河冲积平原,范围不包括科尔沁沙地。主要土壤为黑钙土、草甸土;水土流失主要发生在低岗地,水土流失为轻度侵蚀。<br>(6)黄淮海平原区。北部以太行山、燕山为界,南部以淮河、洪泽湖为界,是黄、淮、海三条河流的冲积平原;水土流失主要发生在黄河中下游、淮河流域、海河流域的古河道岗地,为中度—轻度侵蚀 |
| | I₄ 南方红壤丘陵区 | 以大别山为北屏,以巴山、巫山为西障(含鄂西全部),西南以云贵高原为界(包括湘西、桂西),东南直抵海域并包括台湾省、海南省及南海诸岛。主要流域为长江流域;主要土壤为红壤、黄壤,是我国热带及亚热带地区的地带性土壤,非地带性土壤有紫色土、石灰土、水稻土等。<br>**按地域分为 3 个区:**<br>(1)江南山地丘陵区。北起长江以南,南到南岭,西起云贵高原,东至东南沿海,包括幕阜山、罗霄山、黄山、武夷山等。主要岩性为花岗岩类、碎屑岩类;主要土壤为红壤、黄壤、水稻土。<br>(2)岭南平原丘陵区。包括广东、海南岛和桂东地区。以花岗岩类、砂页岩类为主,发育赤红壤和砖红壤。局部花岗岩风化层深厚,崩岗侵蚀严重。<br>(3)长江中下游平原区。位于宜昌以东,包括洞庭湖、鄱阳湖平原,太湖平原和长江三角洲;无明显水土流失 |

| 一级类型区 | 二级类型区 | 范围与特点 |
|---|---|---|
| Ⅰ 水力侵蚀类型区 | Ⅰ₅ 西南土石山区 | 北接黄土高原，东接南方红壤丘陵区，西接青藏高原冻融区，包括云贵高原、四川盆地、湘西及桂西等地。地处热带、亚热带；主要流域为珠江流域；岩溶地貌发育；主要岩性为碳酸岩类，此外，还有花岗岩、紫色砂页岩、泥岩等；山高坡陡，石多土少；高温多雨，岩溶发育。山崩、滑坡、泥石流分布广，发生频率高。<br><br>按地域分为 5 个区：<br>(1) 四川山地丘陵区。包括四川盆地中除成都平原外的山地、丘陵；主要岩性为紫红色砂页岩、泥页岩等；主要土壤为紫色土、水稻土等；水土流失严重，属中度—强烈侵蚀，并常有泥石流发生，是长江上游泥沙的主要来源区之一。<br>(2) 云贵高原山地区。多高山，有雪峰山、大娄山、乌蒙山等；主要岩性为碳酸盐岩类、砂页岩；主要土壤为黄壤、红壤和黄棕壤等，土层薄，基岩裸露，坪坝地为石灰土，以溶蚀为主；水土流失为轻度—中度侵蚀。<br>(3) 横断山山地区。包括藏南高山深谷、横断山脉、无量山及西双版纳地区；主要岩性为变质岩、花岗岩、碎屑岩类等；主要土壤为黄壤、红壤、燥红土等；水土流失为轻度—中度侵蚀，局部地区有严重泥石流。<br>(4) 秦岭大别山鄂西山地区。位于黄土高原、黄淮海平原以南，四川盆地、长江中下游平原以北；主要岩性为变质岩、花岗岩；主要土壤为黄棕壤，土层较厚；水土流失为轻度侵蚀。<br>(5) 川西山地草甸区。主要分布在长江上中游、珠江上游，包括大凉山、邛崃山、大雪山等；主要岩性为碎屑岩类；主要土壤为棕壤、褐土；水土流失为轻度侵蚀 |
| Ⅱ 风力侵蚀类型区 | Ⅱ₁ "三北" 戈壁沙漠及沙地风沙区 | 主要分布在西北、华北、东北的西部，包括青海、新疆、甘肃、宁夏、内蒙古、陕西、黑龙江等省（区）的沙漠戈壁和沙地。气候干燥，年降水量 100～300 mm，多大风及沙尘暴、流动和半流动沙丘，植被稀少；主要流域为内陆河流域。<br><br>按地域分为 6 个区：<br>(1)（内）蒙（古）、新（疆）、青（海）高原盆地荒漠强烈风蚀区。包括准噶尔盆地、塔里木盆地和柴达木盆地，主要由腾格里沙漠、塔克拉玛干沙漠和巴丹吉林沙漠组成。<br>(2) 内蒙古高原草原中度风蚀水蚀区。包括呼伦贝尔、内蒙古和鄂尔多斯高原，毛乌素沙地、浑善达克（小腾格里）和科尔沁沙地，库布齐和乌兰察布沙漠；主要土壤：南部干旱草原为栗钙土，北部荒漠草原为棕钙土。<br>(3) 准噶尔绿洲荒漠草原轻度风蚀水蚀区。围绕古尔班通古特沙漠，呈向东开口的马蹄形绿洲带，主要土壤为灰漠土。<br>(4) 塔里木绿洲轻度风蚀水蚀区。围绕塔克拉玛干沙漠，呈向东开口的绿洲带，主要土壤为淤灌土。<br>(5) 宁夏中部风蚀区。包括毛乌素沙地部分、腾格里沙漠边缘的盐地等区域。<br>(6) 东北西部风沙区。多为流动和半流动沙丘、沙化漫岗，沙漠化发育 |

| 一级类型区 | 二级类型区 | 范围与特点 |
|---|---|---|
| Ⅱ风力侵蚀类型区 | Ⅱ₂沿河环湖滨海平原风沙区 | 主要分布在山东黄泛平原、鄱阳湖滨湖沙山及福建省、海南省滨海区。属湿润或半湿润区,植被覆盖度高。<br>按地域分为3个区:<br>(1)鲁西南黄泛平原风沙区。北靠黄河,南临黄河故道;地形平坦,岗坡洼相间,多马蹄形或新月形沙丘;主要土壤为沙土、沙壤土。<br>(2)鄱阳湖滨湖沙山区。主要分布在鄱阳湖北湖湖滨,赣江下游两岸新建、流湖一带;沙山分为流动型、半固定型及固定型三类。<br>(3)福建及海南省滨海风沙区。福建海岸风沙主要分布在闽江、晋江及九龙江入海口附近一线;海南省海岸风沙主要分布在文昌沿海 |
| Ⅲ冻融侵蚀类型区 | Ⅲ₁北方冻融土侵蚀区 | 主要分布在东北大兴安岭山地及新疆的天山山地。<br>按地域分为2个区:<br>(1)大兴安岭北部山地冻融水蚀区。高纬高寒,属多年冻土地区,草甸土发育。<br>(2)天山山地森林草原冻融水蚀区。包括哈尔克山、天山、博格达山等;为冰雪融水侵蚀,局部发育冰石流 |
| | Ⅲ₂青藏高原冰川冻土侵蚀区 | 主要分布在青藏高原和高山雪线以上。<br>按地域分为2个区:<br>(1)藏北高原高寒草原冻融风蚀区。主要分布在藏北高原。<br>(2)青藏高原高寒草原冻融侵蚀区。主要分布在青藏高原的东部和南部,高山冰川与湖泊相间,局部有冰川泥石流 |

# 第三节 我国土壤侵蚀分级标准

## 一、我国土壤侵蚀分级依据与标准

### (一)土壤侵蚀强度分级

根据土壤侵蚀的实际情况,土壤侵蚀强度分为微、轻、中、强烈、极强烈、剧烈等。由于各国土壤侵蚀严重程度不同,土壤侵蚀分级强度也不一致,一般是按照在容许土壤流失量与最大流失量值之间进行内插分级。

1. 水力侵蚀、重力侵蚀的强度分级

土壤侵蚀强度分级,必须以年均侵蚀模数为判别指标,当缺少实测及调查侵蚀模数资料时,可以在经过分析后,运用有关侵蚀方式(面蚀、沟蚀、重力侵蚀)的指标进行分级,各分级的侵蚀模数与土壤水力侵蚀强度分级相同,土壤侵蚀强度分级标准见表1.3-1。目前,水利部已经或正在各类型综合治理技术规范中制定相应的分级标准。已颁布的有《岩溶地区水土流失综合治理技术标准》(SL 461)、《黑土区水土流失综合防治技术标准》(SL 446)和《南方红壤丘陵区水土流失综合治理技术标准》(SL 657)和《北方土石山区水土流失综合治理技术标准》(SL 665),在具体规划设计中可选择采用。

表 1.3-1　土壤侵蚀强度分级标准

| 级别 | 平均侵蚀模数(t/(km² · a)) | 平均流失厚度(mm/a) |
|---|---|---|
| 微度 | <200、500、1 000 | <0.15、0.37、0.74 |
| 轻度 | 200、500、1 000~2 500 | 0.15、0.37、0.74~1.9 |
| 中度 | 2 500~5 000 | 1.9~3.7 |
| 强烈 | 5 000~8 000 | 3.7~5.9 |
| 极强烈 | 8 000~15 000 | 5.9~11.1 |
| 剧烈 | >15 000 | >11.1 |

注:本表流失厚度系按土壤干密度 1.35 g/cm³ 折算,各地可按当地土壤干密度计算。

1)土壤侵蚀强度面蚀(片蚀)分级

土壤侵蚀强度面蚀(片蚀)分级指标见表 1.3-2。

表 1.3-2　面蚀(片蚀)分级指标

| 地类 | | 地面坡度(°) | | | | |
|---|---|---|---|---|---|---|
| | | 5~8 | 8~15 | 15~25 | 25~35 | >35 |
| 非耕地林草覆盖度(%) | 60~75 | 轻度 | 轻度 | 轻度 | 中度 | 中度 |
| | 45~60 | | | 中度 | | 强烈 |
| | 30~45 | | 中度 | | 强烈 | 极强烈 |
| | <30 | 中度 | | 强烈 | 极强烈 | 剧烈 |
| 坡耕地 | | 轻度 | 中度 | | | |

2)土壤侵蚀强度沟蚀分级

土壤侵蚀强度沟蚀分级指标见表 1.3-3,重力侵蚀强度分级指标见表 1.3-4。

表 1.3-3　土壤侵蚀强度沟蚀分级指标

| 沟谷占坡面面积比(%) | <10 | 10~25 | 25~35 | 35~50 | >50 |
|---|---|---|---|---|---|
| 沟壑密度(km/km²) | 1~2 | 2~3 | 3~5 | 5~7 | >7 |
| 强度分级 | 轻度 | 中度 | 强烈 | 极强烈 | 剧烈 |

表 1.3-4　重力侵蚀强度分级指标

| 崩塌面积占坡面面积比(%) | <10 | 10~15 | 15~20 | 20~30 | >30 |
|---|---|---|---|---|---|
| 强度分级 | 轻度 | 中度 | 强烈 | 极强烈 | 剧烈 |

2. 风蚀强度分级

日平均风速大于或等于 5 m/s 全年累计 30 d 以上,且多年平均年降水量小于 300 mm(南方及沿海风蚀区,如江西鄱阳湖滨湖地区、滨海地区、福建东山等,不在此限值之内)的沙质土壤地区,应定为风力侵蚀区。

风蚀强度分级见表1.3-5。

表 1.3-5　风蚀强度分级

| 级别 | 床面形态<br>(地表形态) | 植被覆盖度(%)<br>(非流沙面积) | 风蚀厚度<br>(mm/a) | 侵蚀模数<br>(t/(km²·a)) |
|---|---|---|---|---|
| 微度 | 固定沙丘、沙地和滩地 | >70 | <2 | <200 |
| 轻度 | 固定沙丘、半固定沙丘、沙地 | 50~70 | 2~10 | 200~2 500 |
| 中度 | 半固定沙丘、沙地 | 30~50 | 10~25 | 2 500~5 000 |
| 强烈 | 半固定沙丘、流动沙丘、沙地 | 10~30 | 25~50 | 5 000~8 000 |
| 极强烈 | 流动沙丘、沙地 | <10 | 50~100 | 8 000~15 000 |
| 剧烈 | 大片流动沙丘 | <10 | >100 | >15 000 |

3. 混合侵蚀(泥石流)强度分级

黏性泥石流、稀性泥石流、泥流的侵蚀强度分级,均以单位面积年平均冲出量为判别指标,见表1.3-6。

表 1.3-6　泥石流侵蚀强度分级

| 级别 | 固体物质<br>冲出量<br>(万 m³/km²) | 固体物质补给形式 | 固体物质<br>补给量<br>(万 m³/km²) | 沉积特征 | 泥石流<br>浆体密度<br>(t/m³) |
|---|---|---|---|---|---|
| 轻度 | <1 | 由浅层滑坡或零星坍塌补给,由河床质补给时,粗化层不明显 | <20 | 沉积物颗粒较细,沉积表面较平坦,很少有 10 cm 以上的颗粒 | 1.3~1.6 |
| 中度 | 1~2 | 由浅层滑坡及中小型坍塌补给,一般阻碍水流,或由大量河床补给,河床有粗化层 | 20~50 | 沉积物细颗粒较少,颗粒间较松散,呈网状筛滤堆积形态,颗粒较粗,多大漂砾 | 1.6~1.8 |
| 强烈 | 2~5 | 由深层滑坡和大型坍塌补给,沟道中出现半堵塞 | 50~100 | 呈舌状堆积形态,一般厚度在 200 m 以下,巨大颗粒较少,表面较为平坦 | 1.8~2.1 |
| 极强烈 | >5 | 以深层滑坡和大型集中坍塌为主,沟道中出现全部堵塞 | >100 | 由垄岗、舌状等黏性泥石流堆积形成,大漂石较多,常形成侧提 | 2.1~2.2 |

## (二)土壤侵蚀程度分级

1. 有明显土壤发生层的分级

有明显土壤发生层的分级标准见表1.3-7。

表 1.3-7　按土壤发生层保留的厚度分级

| 侵蚀程度分级 | 指标 |
|---|---|
| 无明显侵蚀 | A、B、C 三层剖面完整 |
| 轻度侵蚀 | A 层保留厚度大于 1/2，B、C 层完整 |
| 中度侵蚀 | A 层保留厚度小于 1/2，B、C 层完整 |
| 强烈侵蚀 | A 层无保留，B 层开始裸露，受到剥蚀 |
| 剧烈侵蚀 | A、B 层全部剥蚀，C 层出露，受到剥蚀 |

2. 按土壤层残存情况的侵蚀程度分级

当侵蚀土壤是由母质甚至母岩直接风化发育的新成土（无法划分 A、B 层），且缺乏完整的土壤发生层剖面进行对比时，应按表 1.3-8 进行侵蚀程度分级。

表 1.3-8　按活土层的侵蚀程度分级

| 侵蚀程度分级 | 指标 |
|---|---|
| 无明显侵蚀 | 活土层完整 |
| 轻度侵蚀 | 活土层小部分被蚀 |
| 中度侵蚀 | 活土层厚度 50% 以上被蚀 |
| 强烈侵蚀 | 活土层全部被蚀 |
| 剧烈侵蚀 | 母质层部分被蚀 |

### （三）土壤侵蚀潜在危险分级

土壤侵蚀潜在危险分级包括加剧侵蚀的危险分级和侵蚀后果的危险分级。无明显侵蚀（微度侵蚀）的地区，可以不进行侵蚀后果的危险分级。

1. 水蚀区侵蚀后果的危险度分级

水蚀区危险度分级见表 1.3-9。

表 1.3-9　水蚀区危险度分级

| 级别 | 临界土层的抗蚀年限（a） |
|---|---|
| 无险型 | >1 000 |
| 轻险型 | 100～1 000 |
| 危险型 | 20～100 |
| 极险型 | <20 |
| 毁坏型 | 裸岩、明沙、土层不足 10 cm |

注：1. 临界土层是指农、林、牧业中林、草、作物种植所需土层厚度的低限值，此处按种草所需最小土层厚度 10 cm 为临界土层厚度。

2. 抗蚀年限是指大于临界值的有效土层厚度与现状年均侵蚀深度的比值。

2. 滑坡、泥石流危险度分级

用百年一遇的泥石流冲出量或滑坡滑动时可能造成的损失作为分级指标，见表 1.3-10。

表 1.3-10　滑坡、泥石流危险度分级

| 类别 | 等级 | 指标 |
|---|---|---|
| Ⅰ 较轻 | 1 | 危及孤立房屋、水磨等安全,危及人数在 10 人以下 |
| Ⅱ 中等 | 2 | 危及小村庄及非重要公路、水渠等安全,并可能危及 50~100 人的安全 |
| | 3 | 威胁乡(镇)所在地及大村庄,危及铁路、公路、小航道安全,并可能危及 100~1 000 人的安全 |
| Ⅲ 严重 | 4 | 威胁县城和重要镇所在地,以及一般工厂、矿山、铁路、国道及高速公路,并可能危及 1 000~10 000 人的安全或威胁Ⅳ级航道 |
| | 5 | 威胁地级行政所在地,危及重要县城、工厂、矿山、省际干线铁路的安全,并可能危及 10 000 人以上的安全或威胁Ⅲ级航道 |

## (四)南方崩岗规模及发育程度分级

根据《南方红壤丘陵区水土流失综合治理技术标准》(SL 657),崩岗规模及发育程度分级指标见表 1.3-11 和表 1.3-12。

表 1.3-11　崩岗规模分级指标

| 崩岗面积($m^2$) | 60~1 000 | 1 000~3 000 | >3 000 |
|---|---|---|---|
| 规模分级 | 小型 | 中型 | 大型 |

表 1.3-12　崩岗发育程度分级指标

| 发育程度分级 | 指标 |
|---|---|
| 活动型崩岗 | 崩岗仍在继续,崩壁和崩积体植被覆盖度低,雨季沟头崩塌活跃,崩壁每年有新土出露 |
| 相对稳定型崩岗 | 1 年内崩壁没有新的崩塌发生,崩岗沟口没有或只有极少量的冲积物,崩岗内植被覆盖度达到 75% 以上 |

## 二、我国各类型区的容许土壤流失量

基于我国地域辽阔,自然条件复杂,各地区成土速率不同,在各侵蚀类型区采用了不同的容许土壤流失量。主要侵蚀类型区的容许土壤流失量见表 1.3-13。

表 1.3-13　主要侵蚀类型区容许土壤流失量

| 类型区 | 容许土壤流失量($t/(km^2 \cdot a)$) |
|---|---|
| 西北黄土高原区 | 1 000 |
| 东北黑土区 | 200 |
| 北方土石山区 | 200 |
| 南方红壤丘陵区 | 500 |
| 西南土石山区 | 500 |

在缺少土壤流失量资料的地区,可用下面几种方法分析得到年土壤流失量值,并据此推算出面蚀的发生程度。常用的方法有:①简易侵蚀场法;②坡面径流小区法;③利用小型水库、坑塘的多年淤积量推算其上游控制面积的年土壤侵蚀量;④根据水文站多年输沙模数资料,用泥沙输移比推算上游的土壤侵蚀量;⑤采用通用土壤流失方程式(USLE)对各因子调查分析后,选取合适的值进行计算等。

使用上述各种方法确定侵蚀量时,均存在一定误差,在某一地区应用时,应对各种方法分析对比,找出其误差来源和修正办法,使测定结果更趋准确。在应用上述方法时还有一个问题,就是需要较长时间进行测定,实际的土壤侵蚀调查工作中,往往是不允许的。因此,常用现场剖面对比分析法,间接推算出土壤流失的数量。

## 三、生产建设项目不同水土流失类型区的特殊要求

### (一)风沙区

1.“三北”戈壁沙漠及沙地风沙区

该区主要分布于长城沿线以北地区,区域气候干旱少雨,风力侵蚀强烈,荒漠化严重,沙漠入侵绿洲,直接危害农、林、牧业,应严格控制施工过程中的扰动范围(特别是施工场地和施工道路),保护地表结皮层;宜采取砾(片、碎)石覆盖、沙障、草方格或化学固化等措施;植被恢复应同步建设灌溉设施。

2.沿河环湖滨海平原风沙区

该区主要是江、河、湖、海岸边沉积的泥沙,干燥遇大风形成并逐步扩大,造成掩埋各类生产用地的危害。采取水土保持植物措施时应注意土壤盐碱化,选择耐盐碱的树种及采取排盐碱措施。黄河故道及黄泛风沙区或沙土区降水量相对较大,施工过程中开挖、弃堆土等应及时采取临时防护措施。

### (二)东北黑土区

东北黑土区土壤为暗棕壤、棕壤,呈黑色,土地肥沃,是我国主要林区和粮食产区,山地丘陵区、漫川漫岗区存在不同程度的水土流失,保护黑土是一项十分重要的任务。同时,东北也是我国主要林区之一,因此应保护现有天然林、人工林及草地;建设过程中清基、弃渣、取土时应将表土剥离保存并集中堆放,完工后回覆用于植被恢复;丘陵沟壑区还应注重坡面径流排导工程;因东北地区气候寒冷,工程和植物措施设计时还应考虑防治冻害的措施。东北平原区存在大量湿地,选择取土和弃土场等时应注意保护湿地资源。辽西地区有风蚀存在,应采取防风蚀的有效措施。

### (三)西北黄土高原区

西北黄土高原区是我国水土流失最为严重的地区,大部分属干旱及半干旱气候带,以水力侵蚀为主,长城沿线为水蚀风蚀交错区。主要地貌类型有黄土丘陵沟壑区、黄土高塬沟壑区、黄土阶地区、冲积平原区、高地草原区、干旱草原区、土石山区等。在沟壑区,应对边坡削坡开级并放缓坡度(45°以下),采取沟道防护、沟头防护措施并控制塬面或梁峁地面径流;沟道弃渣可与淤地坝建设结合,设置排水与蓄水设施,防止泥石流等灾害;因地制宜布设植物措施,降水量在400 mm以下地区植被恢复应以灌草为主,400 mm以上(含400 mm)地区应乔灌草结合。在干旱草原区,应控制施工范围,保护原地貌,减少对草地及地表结皮的破

坏,防止土地沙化。子午岭、黄龙山、吕梁山等还应注意天然次生林的保护。

### (四)北方土石山区

北方土石山区大部分属于半干旱半湿润地区,降水量在450~800 mm,土层较薄,耕地资源十分宝贵,这一区域也是我国北方大城市主要水库的水源地,太行山、燕山在局部地区存在泥石流。因此,应注意山地丘陵区特别是水源区的天然林草保护,对扰动破坏的植被,应采取措施恢复;高寒山区应采取更为严格的天然植被保护措施,工程措施应有防治冻害的要求;工程建设过程中应注重剥离和保存表土并加强表土回覆利用;弃土(石、渣)场应做好防洪排水、工程拦挡,防止引发泥石流;弃土(石、渣)应平整后用于造地。

### (五)西南土石山区

西南土石山区大部分为石灰岩山区,降雨强度大,侵蚀强度小,侵蚀程度严重,石漠化发育,土层很薄,耕地资源不足;金沙江下游和陇南、川西地区为泥石流多发区,四川盆地和滇中高原等地,人口密集,紫色砂页岩广布,水土流失严重。保护土壤和耕地是十分重要的任务。因此,应做好表土的剥离与利用,恢复耕地或植被;弃土(石、渣)场选址、堆放及防护应避免产生滑坡及泥石流问题;施工场地、渣料场上部坡面应布设截排水工程,可根据实际情况适当提高防护标准;秦岭、大别山、鄂西山地区应提高植物措施比重,保护汉江等上游水源区;川西山地草甸区应控制施工范围,保护表土和草皮,并及时恢复植被;工程措施应有防治冻害的要求;应保护和建设水系,石灰岩地区还应避免破坏地下暗河和溶洞等地下水系。

### (六)南方红壤丘陵区

南方红壤丘陵区水土流失程度较高,而且分布范围广,除一般的面蚀和沟蚀外,还有崩岗这一特殊流失形态。应做好坡面水系工程,防止引发崩岗、滑坡等灾害;保护地表耕作层,加强土地整治,及时恢复农田和排灌系统;弃土(石、渣)的拦护应结合降雨条件,适当提高防护的设计标准。

### (七)青藏高原冰川冻土侵蚀区

该区域人口稀少,人为活动影响较小,以冻融侵蚀为主,兼有水蚀、风蚀。局部农区和人口居住区、草场牧场应严格控制施工便道及施工场地的扰动范围;保护现有植被和地表结皮,需剥离高山草甸(天然草皮)的,应妥善保存,及时移植,并与周围景观相协调;土石料场和渣场应远离项目一定距离或避开交通要道的可视范围;工程建设应有防治冻土翻浆的措施。

### (八)平原和城市

平原和城市地区人口密度大,应严格控制建设用地,特别是耕地占用,需加强复耕措施,保存和利用表土(农田耕作层)。城市对环境和景观的要求较高,同时,城市还存在土地资源缺乏、地面硬化,导致地表径流加剧、防洪压力加大等问题。因此,应控制地面硬化面积,综合利用地表径流;平原河网区还应保持原有水系的通畅,防止水系紊乱和河道淤积;植被措施需提高设计标准,可按园林设计要求布设;建设过程中应封闭施工,遮盖运输,土石方及堆料应设置拦挡及覆盖措施,防止大风扬尘或造成城市管网的淤积;取土场宜以宽浅式为主,注重复耕,做好复耕区的排水、防涝工程;弃土(石、渣)应分类堆放,宜结合其他基本建设项目综合利用。

# 第二章　水土保持调查与勘测

　　水土保持调查与勘测是保证水土保持工程设计质量的基础性技术工作。

　　水土保持调查是通过询问、收集资料、普查、典型调查、重点调查、抽样调查、遥感调查等方法，对相关的自然、社会、经济条件，水土流失形式及危害，水土保持措施，水土流失防治效果，水土保持项目管理、执法监督等情况进行全面接触和了解，掌握水土保持各方面的资料，力求真实客观地反映水土保持现实状况，为水土保持规划设计、动态监测、监督管理服务。

　　水土保持勘测是指针对具体工程进行的勘探与测量工作。由于水土保持工程多为小型工程，因此一般主要是进行测量工作。

## 第一节　常规调查

　　水土保持是农、林、水交叉学科，具有科学性、综合性、生产性和社会性的特征。它决定了水土保持调查既有自然科学，特别是资源环境学科、林业学科的调查方法，也有与社会科学相类似的调查方法，包括询问、收集资料、普查、典型调查、重点调查和抽样调查等，统称为水土保持常规调查。

### 一、常规调查的应用范围

　　水土保持常规调查技术包括询问调查、收集资料、典型调查、重点调查、普查和抽样调查等。它既是水土保持科学研究、规划设计等工作的最基本和经典的方法，也是一种监测方法，通过定期的和不定期的调查，可以获得各种动态监测资料。特别是开发建设项目水土保持，由于监测面积小，遥感调查相对困难，常规调查是主要的监测手段。

　　常规调查在水土保持调查中具有重要的基础地位，先进的调查方法均是在传统调查成果的基础上发展起来的。即使最先进的方法，也离不开调查成果的复核和检校，如遥感调查也要通过抽样调查进行实地检验。但常规调查方法费工费时、周期长，因此将传统调查方法与现代调查方法结合起来，缩短常规调查的周期十分重要。

### 二、常规调查的方法和内容

#### （一）询问调查

　　询问调查是将拟调查事项，有计划地以多种询问方式向被调查者提出问题，通过他们的回答来获得有关信息和资料的一种调查方法。询问调查是一种广泛应用于社会和市场调查的方法，也是国际上通用的一种调查方法。

　　询问调查主要应用于调查公众对水土保持政策法规的了解和认识程度，对水土流失及其防治的观点和看法，对水土流失危害和水土保持的认识与评价，以及公众对水土保持的参与程度；调查专家对水土保持政策、法规及水土保持科学技术的研究、推广和应用的认识、看法与观点；总结水土流失及其防治方面的经验、存在的问题和解决的办法。同时，通过询问可进一步了解和掌握与水土保持有关的一些社会经济情况,弥补统计资料的遗漏与不足。

询问调查可分为面谈、电话访问、发表调查、问卷调查、邮送或网络调查等多种形式。

询问调查的最大特点在于,整个访问过程是调查者与被调查者直接(或间接)见面,相互影响、相互作用。因此,询问调查要取得成功,不仅要求调查者做好各种调查准备工作,熟练掌握访谈技巧,还要求被调查者密切配合。

**(二)收集资料**

收集资料是调查中最便捷的一种方法,它能够有效利用已有的各种资料,为水土保持监测服务,其费用低,效率高。但在众多的资料中分析出有用的数据和成分是收集资料的关键。收集资料主要是指收集、取得并利用现有资料,对某一专题进行研究的一种调查形式。

收集资料应用于水土保持可调查以下内容:①项目区的水土流失影响因子,包括地质、地貌、气候、土壤、植被、水文、土地利用等;②与水土保持有关的一些社会经济指标,如人口、经济发展指标、土地利用情况等;③其他相关资料,如现场调查需要使用的图件、遥感资料以及区域水土保持规划、措施及防治效果等。

收集资料在水土保持调查中应用十分广泛。通过收集资料可以了解和掌握某一区域某一项目前人的工作与研究状况、当前工作与研究现状,以及存在的问题。通过对已有的资料进行甄别分析,来确定是否有必要专门组织一次专题调查。如果有必要,则应充分利用收集的资料,在分析、研究、归纳、总结的基础上,针对某一专题确定专题调查的范围和具体调查内容,制订调查方案,可做到省时、省力、省钱。

不同的行业可根据调查目的来确定需收集的资料来源类型与内容。一般资料来源可分为:内部资料,即调查单位或行业内部的资料;外部资料,即调查单位或行业以外的资料。水土保持调查需收集的资料,主要来源于行业内部和行业外部的各种原始观测资料、调查研究报告、统计资料,以及从科研情报机构、图书馆、文献报刊社等获得的与调查有关的资料。

1. 观测资料

它包括研究单位为研究某一地区的相关问题而专门布设试验或试验场,并通过观测获取的资料与数据;相关业务部门为服务于某一行业而长期定位定点的观测资料。与水土保持监测有关的观测资料主要包括:行业内水土流失试验观测资料、河流水文观测资料,林业部门森林水文观测资料,气象部门气象观测资料等。

2. 调查资料

它是指行政主管部门、业务部门、科研院校等单位,为完成某一综合或专项调查任务而获取的原始数据、分析成果、图件图像等。与水土保持监测有关的调查资料包括:行业内部的水土保持综合或专项调查资料,国土资源部门的区域地质普查和专项地质调查资料、土地资源普查或专项调查资料、土壤调查资料等,林业部门的森林资源清查及专项林业调查资料,农业部门的综合农业或专项调查资料等。

3. 区划和规划成果

它主要是指行业主管部门进行县域以上的行业区划和规划形成的成果材料,包括本行业水土保持区划及规划、水利规划、水资源规划等,农、林、牧业等部门的气象区划、农业区划及规划、种植业区划、林业区划及规划、畜牧业区划及规划、农业机械区划等。

4. 史志类资料

史志类资料对掌握县域以上人文、地理、民俗风情、自然条件、土地开垦、资源开发、城乡建设等有很大帮助,包括省志、县(市)志以及县域以上的地理志、植物志、区域土壤志、农业志、林业志、矿产资源志等。

### 5. 统计资料

它是指政府统计部门或其他部门,根据统计法进行调查统计获得的各行业统计资料,包括行业内部和外部的各种统计资料、统计报表(年度、季度、月度)、水利年鉴、林业年鉴、农业年鉴、政府统计台账等。

### 6. 法规和文件

水土保持调查工作经常需要收集与水土保持相关的国家、地方法规与政府文件等,据此了解水土保持执法监督情况,政府对某一项工作的态度、所做的工作以及对各种事件的处理结果等。

### 7. 图形图像

进行水土保持规划、设计等需要收集大量的图形资料作参考或作为工作底图。首先是测绘部门、遥感部门或地矿部门的地形图和遥感影像资料,大流域和省域以上应收集1:50 000和1:100 000的地形图、1:50 000的航片和卫星影像资料;中流域和县域应收集1:10 000和1:50 000的地形图、1:25 000的航片;小流域应收集1:5 000或1:10 000的地形图、1:10 000或不小于1:25 000的航片,以及相应行政图、交通图。其次是本行业及有关行业部门的成果性图件,如水文地质图、土壤图、土地利用现状图等。再次是相关的一些录像、图像、图片资料。有条件的尽可能收集相应的电子文件,以方便计算机制图。开发建设项目尽可能收集主体工程设计单位的各类勘测和设计图件。

二手资料不是经过实地调查获得的第一手资料,由于其调查目的、性质、方法等不是针对当前的调查,因此必然存在着它的局限性。总的说来,二手资料在一定程度上缺乏相关性、现时性、准确性,实际调查中需要认真评估和筛选。

一般说来,收集资料的主要步骤是:查找和收集内部资料→查找和发现不足→寻找外部资料源→评价、筛选资料源。

收集资料的第一步是查找和收集内部资料,即对行业内部现有的资料进行收集、归类,针对调研问题筛选出有助于分析研究的资料。这些资料不仅包括行业统计资料,而且还应该包括以往的调研成果、日常积累的报刊及其他文献的剪报等。

第二步是查找和发现不足。内部资料往往是有限的,不足以解决当前的调研问题。因此,在确保所有内部资料都已充分利用后,要对照本次调研的目标,找出差距与不足,拟定下一步需要收集的资料。

第三步是寻找外部资料源。如前所述,外部资料主要从统计机构、其他行业部门、设计咨询机构、科研情报机构、图书馆、文献报刊社等途径获得,有些重要的有价值的资料可能需要购买,如地形图、遥感影像、气象等资料。但随着社会信息化程度越来越高,网络技术的进一步完善和发展,网上信息查询也成为收集资料的一种全新的方式。

第四步是评价、筛选资料源。一般说来,国家统计机关公布的统计资料如年鉴、普查资料以及相关部门或行业协会发布的资料和学术刊物上发表的文章一般是可靠的。但一些非政府网站、报纸、杂志所提供的资料,其可靠性、真实性则要通过认真分析、考察鉴定,以判断其真伪。同时,通过筛选资料源,可减少不必要的开支,在有限调研费用预算内完成任务。

由于二手资料的来源不同,资料的时间区间、口径范围就可能不同。因此,收集资料必须注意资料数据的实用性、代表性、时效性、可比性、完整性、准确性、可靠性。对收集到的资料应进行分类汇总,并进行必要的统计分析,在分析研究的基础上,剔除不真实的资料数据。

### (三)典型调查

典型调查是一种非全面调查,即从众多调查研究对象中有意识地选择若干具有代表性的对象进行深入、周密、系统的调查研究。

典型调查可应用于:①水土流失典型事例及灾害性事故调查,包括滑坡、崩岗、泥石流、山洪等;②小流域综合治理典型调查,包括水土保持措施新技术的推广示范调查及水土保持政策法规执行情况和新的治理经验调查;③全国重点治理流域、重点示范流域及重点城市和开发建设项目水土流失及其防治调查。典型调查的内容应根据每次调查的任务确定,包括自然条件、社会经济、土地利用、水土流失及其危害、水土保持等。

#### 1. 典型对象的选择

典型调查的首要问题是选好典型对象。选好典型对象的标准,就是被选中的对象具有充分的代表性。典型对象的选择,要根据调查研究的具体要求来确定。例如,为了总结推广先进经验,就应选择先进的典型;为了吸取失败的教训,就应选择后进的典型;为了反映一般情况,应选择具有广泛代表性的典型。总之,典型调查应根据实际情况,灵活运用各种典型,达到调查研究的目的。

#### 2. 拟订典型调查方案

典型调查要有调查方案,调查方案应结合典型调查的特点拟订。方案中应包括:①搜集数字资料的表式和了解具体情况的提纲;②搜集典型资料的方式方法。应充分利用原始资料,采用小组座谈、开调查会、个别询问、实地查勘等多种方案进行典型调查。

#### 3. 调查方法

水土保持典型调查,可以采取资料收集、实地考察和量测、开调查会、访问等多种形式。可根据实际要求,布设样地或选择典型小流域、典型行政区域进行临时调查,也可设置固定连续观测点。重点或示范小流域综合治理典型调查,一般应采用1:10 000或1:5 000的地形图或航片,逐个图斑进行调查、绘制。中大流域可采用1:10 000~1:50 000的地形图或相应比例的航片,也可采用卫片或卫星数据资料,逐个图斑进行调查、判读、绘制。

典型调查的内容应填入调查表,并完成相应的图件和说明,根据要求编写调查报告。

#### 4. 调查应注意的问题

典型调查的关键是调查对象应具有很强的代表性,调查对象应分布合理,调查规模要适度。应根据不同的调查目的和任务,确定详细的调查细则。可以是一次性调查,也可以定期进行调查。调查应严格按照确定的细则进行,杜绝漏查。

### (四)重点调查

重点调查是一种非全面调查,它是在调查总体中选择一部分重点对象作为样本进行调查。重点调查对象的标志总量在总体标志总量中占的比重较大,因此能够反映总体情况或基本趋势。但重点调查的对象与一般对象有较大的差异,不具有普遍性,并不能以此来推算总体。

重点调查适用于全国或大区域范围内对重点治理流域、重点示范流域及重点城市和开发建设项目水土流失及其防治、水土保持执法监督规范化建设等项目的详细调查,以便掌握全国或大区域范围内的水土保持总体情况。采用方法可参照典型调查。重点调查可以是一次性调查,也可以定期进行调查。

重点调查与典型调查都是非全面调查,但两者是有区别的。首先,重点调查的对象标志总量占总体标志总量的比重较大,但不具有普遍的代表性。典型调查对象是在对总体有相当了解和分析的基础上,有意识地选择出来的,若结合进行分类抽样,则具有普遍的代表性。重点调查的目的是从某种数量方面掌握重点对象的状况,从而对总体在这方面的基本情况作出估计。典型调查是通过典型对象的调查研究或定性分析说明总体。

1. 重点单位的选取

组织重点调查的首要问题,是确定重点对象。重点对象选择应着眼于它占所研究现象标志总量的比重,重点对象选多选少,要根据调查任务确定。一般说来,选出的对象应尽可能少些(调查项目设置应尽可能详细),其标志总量在总体标志总量中所占的比重应尽可能大些,才能够代表总体的情况、特征和主要发展变化趋势。选中的对象应有比较完整的统计、观测、施工、验收等方面的资料。

2. 重点调查方案的拟订

重点调查,可以印发统一的调查报表,由重点对象所在单位填报以取得资料,然后进行统计分析,即可以组织专门调查,按统一调查要求、统一调查表格、统一调查精度、统一计算方法的要求,拟订详细的调查方案,对重点对象进行逐一实查。

3. 重点调查应注意的问题

(1)在广泛收集资料的基础上,分析对全局起决定作用的重点调查对象,重点调查对象应分布合理,调查规模要适度。

(2)应根据不同的调查目的和任务,确定详细的调查细则,然后培训人员,进行调查。

(3)重点小流域综合治理调查应采用1:10 000 或1:5 000 的地形图和航片,逐个小班进行调查,防止漏查。

**(五)普查**

普查也叫全面调查,是指对调查总体中的每一个对象进行调查的一种调查组织形式。普查相比其他调查方法,取得的资料更全面、更系统。普查的主要作用是为国家或部门制定长期计划、宏伟发展目标、重大决策提供全面、详细的信息和资料,为搞好定期调查和开展抽样调查奠定基础。

普查可分为逐级普查、快速普查、全面详查、线路调查。逐级普查是按照部门分级,从最基层全面调查开始,一级一级向上汇总,各级部门可根据规定或需求汇总和分析相应级别的资料,如人口普查。快速普查则是根据需要以报表、网络、电话等多种形式进行快速调查汇总的一种方法。全面详查是对某一区域进行非常详尽的全面调查,如全国土地详查,由村一级起,采用万分之一的地形图开展野外调绘,结合室内航片判读进行。线路调查是地质、地貌、植被、土壤普查的一种特殊方式,是以线代面的一种调查方法。

普查在水土保持工作中应用广泛,主要有:①逐级普查方法应用于大面积的定期或不定期的水土流失普查和水土保持调查,如土壤侵蚀遥感调查就是以省(自治区、直辖市)为单元,利用全国已有的土地利用资料,开展逐级普查;②快速普查应用于水土流失监测站网的例行调查,一般采用报表形式或电传、网传形式进行;③全面详查适用于小流域水土流失与水土保持综合调查以及开发建设项目水土流失与水土保持综合调查;④线路调查适用于与水土保持相关的地质、土壤、植被的调查。

1. 普查工作程序

（1）大型的普查工作应首先建立统一的领导机构,组织技术队伍。

（2）根据调查目的与任务,设计全面调查方案,主要包括确定全面调查总体和单位、项目和时间、经费以及预算等。

（3）编写调查细则和培训教材,组织培训,开展试点工作,然后全面铺开。

（4）全面调查,详细记录与登记。

（5）根据要求,逐级进行资料汇总与分析,撰写调查报告和研究制定数据共享的原则,出版公布资料。

2. 普查工作方法

（1）周期性水土流失普查和水土保持调查,应根据《水土保持综合治理　规划通则》（GB/T 15772）确定调查内容,每次调查的内容基本不变,以保证资料的连续性。全国或大流域范围内的水土流失普查一般为 5～10 年进行一次,一般采用遥感普查与抽样调查相结合的方法进行。

（2）水土流失监测站网的例行调查,以各级监测站网管辖的遥感监测站、小流域监测站、地面监测站的月度、季度、年度统计报表调查为主。

（3）小流域水土流失与水土保持综合调查内容和方法应按《水土保持综合治理　规划通则》（GB/T 15772）进行。开发建设项目水土流失与水土保持综合调查,根据具体项目情况,参照 GB/T 15772 确定,具体内容见《水土保持监测技术规程》（SL 277）的有关附表。小流域水土流失普查也可采用线路调查法,现场调绘,逐块小班调查登记。

（4）植被、地质、土壤调查线路、调查内容根据实际需要确定。关键是选择的线路应具有代表性和不同类型或种类的覆盖性。具体调查方法应根据每一次调查的具体要求和有关调查手册确定。

3. 普查应注意的问题

普查工作中应注意的问题是:①统一调查时间;②调查项目应统一,任何单位和个人不得增减内容,不同时期的普查项目应保持一致,以利于汇总和对比;③尽可能同时对各个调查单位进行调查,并力求在最短时间内完成。调查时间拖得愈长,调查资料的真实性和准确性受各种因素的干扰就愈大。

（六）抽样调查

抽样调查是一种非全面调查,是在被调查对象总体中抽取一定数量的样本,对样本指标进行测量和调查,以样本统计特征值（样本统计量）对总体的相应特征值（总体参数）作出具有一定可靠性的估计和推断的调查方法。

抽样调查适宜于调查总体为"较大或无限"、一般无法开展全面调查的研究对象,是非全面调查方法中具有数学依据的科学方法。抽样必须遵循随机原则,即在总体中抽取样本时,完全排除主观意识的作用,保证总体中每一个个体被抽中的机会是均等的。

抽样调查可应用于:①在监测样点布设不足的情况下,补充布设监测样点,以及对遥感监测的实地检验;②一定区域范围内土地利用类型变动和土壤侵蚀类型及程度的监测;③综合治理和开发建设项目中水土保持措施质量的监测;④水土保持措施防治效果及植被状况调查。

抽样调查的特点决定了抽样调查有以下的作用和优势:一是抽样调查与全面调查相比,

能节省人力、物力、财力,从而也能提高调查资料的时效性;二是抽样调查可通过严格的抽样技术减小抽样误差,提高调查结果的准确性;三是抽样调查能够对不能用全面调查方法进行调查研究的事物进行调查分析,以取得总体数量特征;四是在水土保持监测中将抽样调查、常规样地调查技术和遥感技术结合起来,能够达到时效高、节约资金与人力的目的。

1. 基本概念

1)总体和样本

被研究事物或现象的所有个体(数值或单元)称为总体;从总体中按预先设计的方法抽取一部分单元,这部分单元称为样本,组成样本的每个单元称为样本单元。总体单元数用 $N$ 表示;样本总体单元数用 $n$ 表示。总体和样本都是一种随机变量。

2)抽样估计

抽样估计是利用样本指标(统计量)来推算总体参数的一种统计分析方法。

3)总体参数和样本特征值

(1)总体参数。根据总体各单元标志值计算的综合特征值,称总体参数,常用的总体参数有:

总体平均数: $$\overline{X} = \frac{1}{N} \sum_{i=1}^{N} X_i \quad (X_i \text{ 表示各单元上的标志值}) \qquad (2.1\text{-}1)$$

总体方差: $$\sigma^2 = \frac{1}{N} \sum_{i=1}^{N} (X_i - \overline{X})^2 \qquad (2.1\text{-}2)$$

总体标准差: $$\sigma = \sqrt{\frac{\sum_{i=1}^{N} (X_i - \overline{X})^2}{N}} \qquad (2.1\text{-}3)$$

总体成数: $$P = 1 - Q \qquad (2.1\text{-}4)$$

其中,$P$ 表示总体中具有某种性质的单元在总体中所占的比重,$Q$ 表示总体中不具有某种性质的单元数在总体中所占的比重。

(2)样本特征值。根据样本总体各单元标志值计算的综合特征值,称样本特征值,也称统计量。抽样前,样本单元观测值为随机变量,故统计量也是随机变量。常用的样本特征值有:

样本平均数: $$\overline{x} = \frac{1}{n} \sum_{i=1}^{n} x_i \qquad (2.1\text{-}5)$$

样本方差: $$S^2 = \frac{1}{n-1} \sum_{i=1}^{n} (x_i - \overline{x})^2 \qquad (2.1\text{-}6)$$

样本标准差: $$S = \sqrt{\frac{\sum_{i=1}^{n} (x_i - \overline{x})^2}{n-1}} \qquad (2.1\text{-}7)$$

样本成数: $$p = 1 - q \qquad (2.1\text{-}8)$$

其中,$p$ 表示具有某种性质的样本单元数在样本总体中所占的比重,$q$ 表示不具有某种性质的样本单元数在样本总体中所占的比重。

2. 重复抽样和不重复抽样

从总体中抽取样本单元的方法有重复抽样和不重复抽样两种。

重复抽样是把已经抽出来的单元再放回到总体中继续参加下一次抽选,使总体单元数始终是相同的,每个单元可能不止一次被抽中。

不重复抽样是把已经抽出来的单元不再放回总体中,每抽一次,总体单元数会相应减少,每个单元只能被抽中一次。

抽样方法不同,样本总体可能数目不同。重复抽样的样本总体可能数目为 $N^n$,不重复抽样的样本总体可能数目为 $N!/(N-n)!$。

分层抽样调查时,在中间层总体中抽取样本单元有等概率抽样和不等概率抽样两种方法。等概率抽样是指对每一中间层,不论其所含总体单元多少,均给予同等被抽中的机会。不等概率抽样是指对中间层抽样时,按各层总体单元数所占比例的多少不同,给予被抽概率对应于不同比例的抽样。因此,采用不等概率抽样时,必须知道中间层包括的总体单元数的多少。等概率抽样比较简单,对于中间各层总体单元数相差不大的情况,采用这种方法比较适宜。如相差较大,仍采用等概率抽样,将会使抽样结果产生较大的偏差,这时以采用不等概率抽样为宜。因为对中间层的抽取给予不等概率,事实上就保证了总体各单元的抽取为等概率。

3. 抽样误差的概念

非全面调查中,由于用部分总体单元代表总体,因此在推算总体时必然要产生误差,我们称之为代表性误差。代表性误差有两种:系统误差和随机误差。系统误差也称偏差,是指破坏了抽样的随机原则而产生的误差。随机误差是指遵守了随机原则,但可能抽到不同的样本而产生的误差。随机误差也分两种:绝对误差和平均误差。绝对误差也称实际误差,是指某一样本指标与总体指标之间的数值差异。平均误差是指所有可能出现的样本指标值与总体指标值的平均离差,也可以说是所有可能出现的绝对误差的标准差,它反映了误差的一般水平。抽样平均误差用 $\mu$ 表示。

抽样调查固有的误差是由总体各单元特征值的差异程度、样本单元数、抽样方法、抽样调查的组织形式等造成的。应用数理统计方法将其控制在所允许的范围以内,主要是通过调整样本单元数、改变抽样调查方案来实现的。

另外,由于工作原因产生的抽样误差,只能通过改进工作质量加以克服和改善,不属于统计学上的问题。

抽样平均误差是反映抽样误差一般水平的指标。通常用抽样平均数的标准差或抽样成数的标准差来作为衡量其抽样误差一般水平的尺度。

1)抽样平均误差

(1)重复抽样条件下,抽样平均数的平均误差。抽样平均数,也称样本平均数,即样本内样本单元的平均数。抽样平均数的数学期望理论上应是总体平均数,即

$$E(\overline{x_i}) = \frac{\sum \overline{x_i}}{M} = \overline{\overline{x}} = \overline{X} \qquad (2.1\text{-}9)$$

式中　$E(\overline{x_i})$——抽样平均数的数学期望,即所有可能样本的平均数的平均;

$\overline{x_i}$——各样本中数据的平均数;

$M$——全部可能的样本数;

$\overline{X}$——总体平均数。

$\mu_x$ 表示抽样平均数的平均误差,则

$$\mu_x = \sqrt{\frac{\sum (\bar{x}_i - \bar{X})^2}{M}} = \sqrt{\frac{\sum [\bar{x}_i - E(\bar{x}_i)]^2}{M}} = \sigma_{\bar{x}} \qquad (2.1\text{-}10)$$

即将各样本平均数与总体平均数的标准差定义为平均数抽样误差。

由此也可推出:$\mu_x = \sigma_{\bar{x}} = \dfrac{\sigma}{\sqrt{n}}$。

在实际使用中,因总体标准差 $\sigma$ 往往并不容易求得,故通常以样本标准差代替。

(2)不重复抽样条件下,抽样平均数的平均误差。将抽样平均数的方差乘以修正系数 $\dfrac{N-n}{N-1}$,则

$$\mu_x = \sqrt{\frac{\sigma^2}{n}\left(\frac{N-n}{N-1}\right)} \qquad (2.1\text{-}11)$$

而当 $N$ 数值较大时,可将$(N-1)$看成 $N$,从而

$$\mu_x = \sqrt{\frac{\sigma^2}{n}\left(\frac{N-n}{N}\right)} = \sqrt{\frac{\sigma^2}{n}\left(1 - \frac{n}{N}\right)} \qquad (2.1\text{-}12)$$

可以看出,不重复抽样的抽样误差比重复抽样的抽样误差小,相差的程度取决于 $\dfrac{n}{N}$。当 $\dfrac{n}{N}$ 很小时,重复抽样的误差和不重复抽样的误差的差异也就很小,此时,为了简化计算,可以使用重复抽样的抽样误差计算公式。

2)抽样成数的平均误差

抽样成数的平均误差计算与抽样平均数的平均误差的计算基本相同,所不同的是成数的总体方差,不是离差平方和的平均数,由于各个样本成数的平均数就是总体的成数本身,因而成数的总体方差是:成数×(1 - 成数)。

设 $P$ 为成数,$\sigma_p^2$ 为成数的方差,则 $\sigma_p^2 = P(1 - P)$。

(1)重复抽样:

$$\mu_p = \sqrt{\frac{P(1-P)}{n}} \qquad (2.1\text{-}13)$$

(2)不重复抽样:

$$\mu_p = \sqrt{\frac{P(1-P)}{n}\left(\frac{N-n}{N-1}\right)} \qquad (2.1\text{-}14)$$

同样,在 $N$ 很大时,式(2.1-14)可简化为:

$$\mu_p = \sqrt{\frac{P(1-P)}{n}\left(1 - \frac{n}{N}\right)} \qquad (2.1\text{-}15)$$

上述计算公式中,在计算抽样平均误差时,总体的方差 $P(1 - P)$ 资料是经常不易掌握的,通常用抽样样本成数的方差 $P(1 - P)$ 代替。

$\sigma^2$ 和 $P(1 - P)$ 也可用过去调查的资料、估计资料或小规模试验性资料代替。

4.抽样极限误差和相对误差

1)极限误差

抽样平均误差是从理论上描述样本指标与总体指标偏差的平均状况,还无法确定某一次或某几次实际抽样中样本特征值偏离总体指标的范围,也不可能以某次抽样估计总体参数的可靠性大小。极限误差是指样本特征值与总体特征值之间抽样误差的可能范围。由于总体特征值是客观存在的唯一确定的数值,而样本特征值是随不同集合体而变动的一个随机变量,因而样本特征值与总体特征值可能产生正或负的离差。极限误差就是指变动的样本特征值与确定的总体特征值之间离差的可能范围。

用概率与数理统计方法可以证明,抽样极限误差同概率保证程度与抽样平均误差存在一定的关系,抽样平均数极限误差公式为:

$$\Delta_{\bar{x}} = t\mu_{\bar{x}} \tag{2.1-16}$$

抽样成数公式为:

$$\Delta_p = t\mu_p \tag{2.1-17}$$

其中,$t$ 称为概率度,它表示用样本资料推断的总体指标数值包括在范围内的可靠程度。即极限误差可用 $t$ 倍的抽样平均误差 $\mu_p$ 表示,因而极限误差是以抽样平均误差作为标准衡量单位的。对于一定的 $\mu_p$,$t$ 值越大,极限误差 $\Delta_p$ 越大,用样本指标估计总体指标的可靠程度也就越高,估计的精确程度就越低。通常 $t$ 取 2。

抽样估计置信区间,即可表达为:

$$(\bar{x} - \Delta_{\bar{x}}) \leqslant \bar{X} \leqslant (\bar{x} + \Delta_{\bar{x}}) \quad 或 \quad (p - \Delta_p) \leqslant P \leqslant (p + \Delta_p) \tag{2.1-18}$$

显然,置信区间的长度与 $t$ 有着密切的关系。各种概率保证程度和抽样误差的概率度 $t$ 是密切联系的,并随 $t$ 的增大而增大。它是 $t$ 的函数,用 $F(t)$ 表示。

2)相对误差

在设计抽样调查方案时,对调查总体参数都有一定的精度要求。通常情况下,要求利用样本资料推算总体参数时,必须达到在一定的概率保证程度下,使最大相对误差控制在多少比例以内。可以说,相对误差也是进行抽样调查时需要计算的重要参数之一,它表明在设计出的抽样调查方案中,用各种可能出现的样本资料推算出的总体参数值与客观存在的唯一确定的总体参数值间的相对误差的大小。相对误差用 $E$ 表示,计算公式为:

$$E = \frac{\Delta_{\bar{x}}}{\bar{x}} \quad 或 \quad E = \frac{\Delta_p}{p} \tag{2.1-19}$$

精度 $P_c = 1 - E$。

5.常用抽样方法

对某一对象进行抽样调查,需要根据调查现象总体的分布状况选择合适的抽样方法(或称为组织形式)。不同的抽样方法,计算抽样误差的方法不同,进而影响抽样单元数目的多少。常用的抽样方法有简单随机抽样、系统抽样、分层随机抽样、整群抽样等。在具体操作过程中,还可以综合运用两种或两种以上的抽样方法,尽量保证用最少的投入取得较为理想的调查效果。

1)简单随机抽样

简单随机抽样是指在总体单元均匀混合的情况下,随机逐个抽取样本的抽样方式。抽取样本过程中,总体单元都有均等的概率被抽中,且前一次抽到的样本与后一次抽到的样本无必然联系。具体做法是,先将总体各单元编号,然后再随机抽取,抽取的方法有手工抽取、机械摇号抽取和用随机数表抽取三种。简单随机抽样是最基本的抽样方法,其他的组织形式都是在简单随机抽样的基础上,采取排列、分层等更细的方法而形成的。该方法一般适用于总体单元数比较少、总体单元特征值比较集中的总体,如小流域造林质量抽样检查。抽样误差的概念、抽样平均误差和极限误差的计算以及由此计算必要抽样单元数的公式等均是由简单随机抽样推导出来的。因此,确定采用简单随机抽样,并确定抽样单元数,则可根据上述抽样方法抽取样本单元,进行调查汇总,再根据公式推断总体总量。

2）系统抽样

系统抽样,又称机械抽样或等距抽样。它是先将总体各单元按某一特征值排队,然后按相等的距离或间隔逐个抽取样本单元的方法。等距抽样是不重复抽样,在已知总体有关信息条件下,能够保证样本单元在总体中的均匀分布,因此等距抽样抽取的样本能提高样本对总体的代表性,比简单随机抽样更精确。抽样间隔的划分,是根据抽样单元数确定的,每个抽样间隔大小是相同的,且相互之间没有明确的质的差别或数量界限。等距抽样与随机抽样的计算和推算方法相同,只是更为精确。

3）分层随机抽样

分层随机抽样也称分类抽样或类型抽样,它是在总体单元特征值的大小明显地呈现出层次时,按该特征值将总体各单元划分为若干层,使层间特征值差异较大,层内特征值差异较小,然后每层随机抽取样本单元,进而实现在总体中抽取样本单元的抽样方法。分层抽样将分组法与抽样原理结合运用。分层抽样每个组都要抽取样本单元,具有很好的代表性。组间方差已不再影响总体抽样平均误差。由于组内差异相对变小,组内抽样误差也缩小了。因此,只要对总体分层得当,一般都能够使总的抽样误差减小,从而减少抽样单元数,提高抽样调查精度。该方法一般适用于总体单元很多、有关特征值差异较大、总体分布偏于正态的有关总体。如同龄林的林木生长量调查可按立地条件进行分层抽样。各层的样本单元数确定后,再按简单随机抽样在各层内独立地抽取样本单元,对其进行调查汇总,先推算各层的特征值,后加权平均推算总体特征值。成数抽样的基本计算公式如下:

（1）抽样平均数:

$$\bar{x} = \frac{\sum_{i=1}^{n} n_i x_i}{n}$$

(2.1-20)

（2）抽样误差:

重复抽样时

$$\mu_x = \sqrt{\frac{\overline{\sigma^2}}{n}}$$

(2.1-21)

不重复抽样时

$$\mu_x = \sqrt{\frac{\overline{\sigma^2}}{n}\left(1 - \frac{n}{N}\right)}$$

(2.1-22)

4）整群抽样

整群抽样是先将总体分为若干群或集团,然后以群为单元成群地抽取一部分群作为样本单元,对抽中的群内所有单元进行全面调查的一种抽样方法,也称为集团抽样。该方法是抽取部分群,在抽中的群内做全面调查,以样本群直接推断总体。整群抽样时,要尽量扩大群内差异(使之接近总体分布),缩小群间差异(以减少样本群个数),这适合于群内差异大而群间差异小且缺乏原始记录利用的总体。整群抽样的组织和设计工作比较简单,而且由于调查单元相对集中于若干个样本群内,实地调查时,能节省调查人员往来于样本单元间的时间和费用。但是整群抽样相对于简单随机抽样,抽样估计精度较低,抽样误差较大。因此,可以适当增加样本群,以达到减小抽样误差、提高估计效果的目的。整群抽样由于群内全面调查,因此抽样误差只与群间方差有关。设总体分为 $R$ 群,每群 $M$ 个单元,现从中抽 $r$ 群进行全面调查,则

（1）抽样平均数：
$$\bar{x} = \frac{1}{r}\sum_{i=1}^{r}\bar{x}_i \tag{2.1-23}$$

（2）抽样误差：
$$\mu_x = \sqrt{\frac{\delta^2}{r}\left(\frac{R-r}{R-1}\right)} \tag{2.1-24}$$

其中，$\delta^2 = \dfrac{\sum(\bar{X}-\bar{\bar{X}})^2}{R}$ 或 $\delta^2 = \dfrac{\sum(\bar{x}_i-\bar{x})^2}{r}$。

**6. 样本单元数确定**

1）必要样本单元数

样本单元数是根据抽样调查的精度要求和总体分布特征来确定的,不同抽样方法直接影响抽样样本单元数的大小。因此,设计抽样调查方案、确定样本单元数目之前,往往要综合考虑各种可能的人、财、物条件和总体资料推断的必要精度,选择合适的抽样方法,再确定样本单元数。

以简单随机抽样为例。

（1）平均数的必要抽样单元数目的计算公式：

重复抽样时
$$n = \frac{t^2\sigma^2}{\Delta_x^2} \tag{2.1-25}$$

不重复抽样时
$$n = \frac{Nt^2\sigma^2}{N\Delta_x^2 + t^2\sigma^2} \tag{2.1-26}$$

（2）成数的必要抽样单元数目的计算公式：

重复抽样时
$$n = \frac{t^2P(1-P)}{\Delta_p^2} \tag{2.1-27}$$

不重复抽样时
$$n = \frac{Nt^2(1-P)}{N\Delta_p^2 + t^2(1-P)} \tag{2.1-28}$$

例如,要调查黄土高原沟坝地的单位面积产量,假定我们知道其标准差为 1 000 kg,要求的调查误差不超过 100 kg,则可靠性指标（置信程度）为95％时（查表可得,$t=1.96$），所需的样本单元数为：$n = 1.96^2 \times 1\,000^2/100^2 = 3\,841\,600/10\,000 = 384$,即需要调查的样本单元数为384个。

2）最大样本量

以上公式只是理论上的,在实际调查中确定合理的样本量,必须考虑多方面的因素。

首先,由于人们通常缺乏对标准差的感性认识,因此对标准差的估计往往是最难的。总体的标准差没有一点对样本的先验知识,那么对标准差的估计是不可能的。我们引入一个变异系数的概念：$c = \dfrac{s}{x} \leqslant 1$,并以相对误差 $E$ 来确定。

以简单随机抽样为例。

（1）平均数的样本单元数：

$$n = \frac{t^2 c^2}{E^2} \qquad (2.1\text{-}29)$$

$$n = \frac{Nt^2 c^2}{NE^2 + t^2 c^2} \qquad (2.1\text{-}30)$$

（2）成数的样本单元：

重复抽样时

$$n = \frac{t^2(1-P)}{E^2 P} \qquad (2.1\text{-}31)$$

不重复抽样时

$$n = \frac{Nt^2(1-P)}{NE^2 + t^2(1-P)} \qquad (2.1\text{-}32)$$

根据上述公式，我们可以计算在相对误差一定的情况下，所需的最大样本量。表 2.1-1 是在可靠性指标（置信程度）95% 水平时，不同相对误差下的最高样本量。

表 2.1-1　置信程度 95% 水平时不同相对误差下的最高样本量

| 相对误差（%） | 1 | 2 | 3 | 4 | 5 | 10 | 20 |
|---|---|---|---|---|---|---|---|
| 样本量 | 38 416 | 9 604 | 4 268 | 2 401 | 1 537 | 384 | 104 |

7. 确定调查样本单元数的原则

虽然我们根据公式可以从理论上确定样本量的上限，但是由于实际工作的经费和时间限制，使用最大样本量的可能性很小；而且，实际研究的情况通常要复杂得多，因为一个研究往往都要考虑多个目标，而不是简单地考虑一个目标，在实际抽样调查工作中，必须综合考虑，采用多种方式来确定样本量。

1）调查的主要目标

对于目标单一的调查，调查的样本单元数可以少些；而对于多个目标的调查，必须考虑这些目标中变异程度最大、要求精度最高的目标，单元数就多些。

2）调查要求的精度

精度 $P_c$ 要求越高，即相对误差 $E（E = 1 - P_c）$ 越小；可靠性指标（置信程度）越高，$t$ 值越大，则样本单元数越大。

3）调查区域的大小

一般调查区域越大，所需要的样本量越大，因为大区域内的样本变异程度通常较难掌握。此外，在实际调查抽样时往往采用分层抽样的方法来确定样本数。

8. 实际调查中确定样本量的做法

（1）通过对方差的估计，采用公式计算所需样本量。主要做法是：用两步抽样，在调查前先抽取少量的样本，得到标准差 $S$ 的估计，然后代入公式中，得到下一步抽样所需样本量 $n$；如果有以前类似调查的数据，可以使用以前调查的方差作为总体方差的估计。

（2）根据经验，确定样本量。主要方法有：如果以前有人做过类似的调查，可以参照前人的样本单元数确定。一般大样本应在 50 个以上，小样本不小于 30 个（大、小样本的计算公式有差异，参见有关书籍）。区域面积越大，样本单元数越多。

9. 参数估计

参数估计就是以样本特征值来估计总体特征值。参数估计主要有点估计和区间估计两种方法。

1）点估计

根据总体特征值的结构形式,设计样本特征值并作为总体参数的估计量,即直接以样本特征值作为相应总体特征值的估计量。例如,用样本平均数作为总体平均数的近似值,用样本成数作为总体成数的近似值。数理统计要求,并不是所有的样本特征值都可以作为总体参数的估计量,只有被称为是"优良的估计量"才可作为总体参数的估计量。优良的估计量应符合三个标准:一是无偏性,样本特征值的平均数等于被估计的总体参数;二是一致性,样本单元数充分大时,样本特征值也充分靠近总体参数;三是有效性,作为优良的估计量的方差比其他任何估计量的方差都小。在抽样调查中推算总体总量时,就可以用样本平均数、样本成数和样本方差作为总体平均数、总体成数和总体方差的点估计值,并以此推断总体有关特征值,以样本特征值直接作为相应总体参数的估计值。

2）区间估计

根据给定的概率保证程度的要求,利用实际抽样资料,指出总体被估计值的上限和下限,即指出总体参数可能存在的区间范围,而不是直接给出总体参数的估计值。区间估计是进行统计估计的主要方法。区间估计的三个要素:估计值、抽样误差范围和概率保证程度。抽样误差范围决定估计的准确性,而概率保证程度则决定估计的可靠性。至于区间估计方法视给定的条件可以根据已知的抽样误差求概率保证程度;范围也可以根据已知的置信度要求,推算抽样误差的可能范围。评价优良估计量的标准仍是无偏性、一致性、有效性。

抽样调查中,用样本平均数和样本成数推断总体时,使总体平均数和总体成数落在置信区间内的概率为 $F(t)$（如 $t=1.96$ 时,概率 $F(t)$ 为 95%）。

用样本指标推算总体总量指标的方法有直接换算法和修正系数法两种。

（1）直接换算法。它是用样本平均数或成数,乘以总体单位数,直接推算出总体总量指标的方法。直接换算法也分为点估计和区间估计两种。点估计推算法是不考虑抽样误差和推断的可靠程度,直接用样本平均数或样本成数乘以总体单位数,其积作为总体总量指标的方法。区间估计推算法是用样本平均数或成数,结合极限误差,在一定的概率保证程度下来推算总体总量指标所在的范围的方法。计算公式如下:

$$N(p - t\mu_p) \leqslant NP \leqslant N(p + t\mu_p) \tag{2.1-33}$$

（2）修正系数法。修正系数法是在全面调查后,用抽样调查方法从总体中抽取一部分单位进行复查,将抽样调查资料与全面调查资料进行对比,求出差错比率,并对全面统计资料进行修正的一种方法。

10. 抽样调查的步骤

（1）根据调查目的和任务的需要,按照一定的内容和要求,对某一对象总体编制抽样框。

（2）根据调查总体中各调查单位的数量分布特征选择一定的抽样调查方法。

（3）根据调查的精度要求和选择的调查方法确定抽样单元数,并从抽样框中抽取样本单元。

（4）对抽取的样本单元进行调查,对样本资料进行审核、汇总。

（5）根据样本汇总资料结果推断总体,并进行一定的可靠性检验。

11. 抽样调查方案设计

水土保持抽样调查方案设计,首先必须遵循抽查的基本准则,即随机性;其次是选择适宜的抽样方法,在一定的精度条件下,保证实现最好的抽样效果,一般多采取随机成数抽样、系统抽样和分层抽样方法。在抽样调查方案设计之前,应进行踏勘、预备调查,然后根据抽样原理与实际情况,设计抽样调查方案(包括抽样、外业调查、内业分析整理等)。抽样调查技术设计方案的核心是采用有效的抽样方法和效果。

1)抽样方法与样地数确定

1 000 km² 以上流域的调查应采用成数抽样法。抽样可靠性为 90%～95%,精度为 80%～85%,最小地类总成数预计值为 1%～10%,一般采用 5%。以此为依据确定样地数。

1 000 km² 以下流域的调查,采用随机抽样或系统抽样。变动系数小于 20%,采用系统抽样;变动系数大于 20%,采用随机抽样。抽样可靠性为 90%～95%,估计抽样误差小于 10%。以此为依据确定样地数。

一般按下列公式计算后,样地数计算结果应增加 10% 的安全系数。

(1)成数抽样样本单元数确定,采用如下公式计算:

$$n = \frac{t^2(1-P)}{E^2 P}$$ (2.1-34)

式中　$P$——第 $1,2,3,\cdots,k$ 地类占面积最小的地类总体成数预计值;

　　　$t$——可靠性指标,$\alpha = 95\%$ 时,$t = 1.96$;

　　　$E$——相对允许误差,$E = 1 - P_c$,$P_c$ 为精度。

(2)随机抽样和系统抽样时,样本单元数 $n$ 依据抽样比例的不同来确定。

若抽样比例小于 5%:

$$n = \frac{t^2 c^2}{E^2}$$ (2.1-35)

若抽样比例大于 5%:

$$n = \frac{N t^2 c^2}{N E^2 + t^2 c^2}$$ (2.1-36)

式中　$t$——可靠性指标,$\alpha = 95\%$ 时,$t = 1.96$;

　　　$E$——相对允许误差,$E = 1 - P_c$,$P_c$ 为精度;

　　　$c$——总体变动系数;

　　　$N$——总体单元数,$N = \dfrac{A}{a}$,$A$ 为总体面积,$a$ 为样地面积。

2)样地形状与面积

一般采用方形或长方形样地,乔木林样地面积大于 400 m²,一般为 600 m²,草地调查样地面积 1～4 m²,灌木林样地面积 10～20 m²,农业用地和其他用地根据坡度、地面组成、地块大小及连片程度确定,一般采用 10～100 m²。一次综合抽样,各种不同地类的样地面积应保持一致,以 400～600 m² 为宜。

3)样地类别

(1)固定样地:定期监测的可复位的固定样地,应设置固定标志。

(2)临时样地:本期不复位或下一期不复查的样地。

(3)放弃样地:只有样地号,无法设置和调查的样地。

4)样地布点

(1)小流域范围内抽样调查林草生长状况、工程质量状况等,可根据确定的样地数,在

1:10 000地形图上采用网点板布点。

（2）中流域或县域范围进行水土流失及防治措施调查，可根据确定的样地数，在1:10 000或1:50 000的地形图公里网交叉点上布点。大流域或县域以上范围则在1:50 000或1:100 000的地形图公里网交叉点上布点。

5）样地定位与设置

（1）样地应根据地形图上确定的位置，利用样地附近的永久性明显地物标志，现场采用引点确定样地的位置。

（2）样地边界现地测定时，样地各边方向误差小于1°，周长闭合误差小于1/100。

（3）定期抽样调查时，固定样地的复位可根据样地标志复位，如标志已损坏，则可采用原定位方法重新定位与设置样地。复查时发现固定样地位移小于50 m但符合随机抽样原则时，可确认为复位样地。

6）样地调查内容和方法

样地调查是抽样调查的主要外业工作，也是抽样调查的核心，调查的内容和方法是根据调查目的和任务确定的。样地调查的精度高低、内容详细程度对最终抽样调查的结果关系重大。因此，应事先制定样地调查细则，设计表格，所有的外业人员应按细则统一进行调查。样地调查可用人工方法，也可用遥感方法，或者两者结合。

7）总体特征值估计与误差

抽样方法不同，总体特征值估计与误差计算公式也不同，应根据统计学的要求进行。动态估计达不到规定的要求时，要增加样地数进行补充调查，直到精度达到要求为止。

土壤侵蚀总体监测特征值的估计方法是根据不同侵蚀强度级的土地类型样地数计算土地面积成数，根据成数和调查总体面积估计各侵蚀强度级土地面积现状，最终计算出调查总体的土壤侵蚀监测特征值。同时，也能够得出土地利用的现状。

定期抽样调查监测的动态变化，是以监测前后期得到的土壤侵蚀面积成数平均数动态估计值除以监测间隔年数并乘以调查总体面积，即可得到土壤侵蚀面积的年平均动态变化。

总体特征值估计与误差的计算公式如下。

（1）成数抽样。

总体估计值：

$$\hat{A} = A\frac{n_k}{n} = AP_k \tag{2.1-37}$$

绝对误差值：

$$\Delta_{Pi} = t\sqrt{\frac{P_i(1 - P_i)}{n - 1}} \tag{2.1-38}$$

相对误差值：

$$E_{Pi} = E_{Ai} = t\sqrt{\frac{1 - P_i}{P_i(n - 1)}} \tag{2.1-39}$$

式中　$P_i(P_1, P_2, \cdots, P_k)$——各地类的总体成数估计值，$\sum\limits_{i=1}^{k} P_i = 1$；

　　　$\hat{A}$——第$i$地类面积估计值；

　　　$A$——总体面积；

$n$——总样点数；

$n_k$——第 $k$ 地类的总体成数。

（2）随机抽样或系统抽样。

总体估计值：

$$\hat{Y} = \bar{y} = \frac{1}{n}\sum_{i=1}^{n} y_i \qquad (2.1\text{-}40)$$

标准差：

$$S_{\bar{y}} = \frac{S_y}{\sqrt{n}} = \sqrt{\frac{\sum\limits_{i=1}^{n} y_i^2 - \dfrac{(\sum\limits_{i=1}^{n} y_i)^2}{N}}{n(n-1)}} \qquad (2.1\text{-}41)$$

式中　$\hat{Y}$——总体平均数的估计值；

　　　$\bar{y}$——样本平均数；

　　　$y_i$——第 $i$ 个单元观测值；

　　　$n$——样本单元数。

（3）两期监测样地复位率达到95%时，动态变化的误差计算公式为：

$$\bar{\Delta} = \bar{Y}_p - \bar{X}_p \qquad (2.1\text{-}42)$$

$\Delta$ 的方差：

$$S_\Delta^2 = \frac{S_{yp}^2 + S_{xp}^2 - 2RS_{yp}S_{xp}}{n_p - 1} \qquad (2.1\text{-}43)$$

$\bar{\Delta}$ 的标准差：

$$S_{\bar{\Delta}} = \sqrt{S_\Delta^2/n_p} \qquad (2.1\text{-}44)$$

相关系数：

$$R = \frac{S_{xy}}{S_{yp}S_{xp}} \qquad (2.1\text{-}45)$$

估计精度：

$$U = \left(1 - \frac{tS_{\bar{\Delta}}}{\bar{\Delta}}\right) \times 100\% \qquad (2.1\text{-}46)$$

式中　$\bar{Y}_p$、$\bar{X}_p$——后期、前期土壤侵蚀面积成数平均数；

　　　$S_{yp}$——固定样地后期土壤侵蚀面积成数标准差；

　　　$S_{xp}$——固定样地前期土壤侵蚀面积成数标准差；

　　　$S_{xy}$——协差（协方差的开方）；

　　　$n_p$——固定样地数；

　　　$R$、$t$——相关系数、可信度。

两期监测样地复位率达不到95%时，动态变化的误差计算公式为：

$$\bar{\Delta} = a\bar{Y}_p - b\bar{X}_p - (1-a)\bar{Y}_t - (1-b)\bar{X}_t \qquad (2.1\text{-}47)$$

Δ 的方差:

$$S_\Delta^2 = \frac{a^2 S_{yp}^2 + b^2 S_{xp}^2 - 2abRS_{yp}S_{xp}}{n_p} + \frac{(1-a)^2 S_y^2}{n_{ty}} + \frac{(1-b)^2 S_x^2}{n_{tx}} \qquad (2.1\text{-}48)$$

估计精度:

$$U = \left(1 - \frac{tS_{\overline{\Delta}}}{\overline{\Delta}}\right) \times 100\% \qquad (2.1\text{-}49)$$

式中 $\overline{Y}_t$、$\overline{X}_t$——后期、前期临时样地土壤侵蚀面积成数平均数;

$S_y$、$S_x$——临时样地后期、前期土壤侵蚀面积成数标准差;

$n_{ty}$、$n_{tx}$——后期、前期临时样地数;

$a$、$b$——系数(请参考抽样调查有关教材)。

12. 水土保持工程质量抽检

小型工程(梯田、谷坊等)质量抽查,单个工程可作为一个独立的样地(点),中大型工程质量应全面检查,关于工程质量抽样检查的抽样比例,根据国标抽查比例(表),具体使用时可根据抽样原理和实际情况计算复核确定。

13. 抽样调查应注意的问题

(1)水土流失监测应将遥感解译与抽样校验结合起来,提高其可靠性和精度,具体方法见遥感监测部分。

(2)水土流失变动调查一般与土地利用类型变动调查结合进行。

(3)用样地调查结果来估计总体时,计算必须符合统计学的计算要求。

(4)植被调查除符合抽样调查的规定外,还应符合植被调查的有关规定。

## 三、水土流失综合调查

水土流失调查的内容是根据事先明确的规划、设计、监测、监督等任务确定的。主要包括一定区域范围内影响水土流失的各种因子(自然、社会、经济状况)的调查、水土流失及其防治调查。

### (一)自然情况的调查

1. 地质

地质条件是水土流失形成的大背景或者说是控制性因子。主要包括地质构造、地层与岩性、地震、新构造运动、地下水活动等。地质条件对于地貌形成、母质及土壤特性十分重要,是滑坡、崩塌、泥石流调查的主要内容。

(1)地质构造:指大地构造位置、构造系统、褶皱性质与产状、断层性质与产状。地质构造与沟系统形成、沟沿线(与构造线有关)、滑坡、崩塌、泥石流的产生关系最为密切。

(2)地层的地质年代、产状和岩性:与节理发育、岩石风化与破碎、母质及土壤形成有关,也直接影响到地质稳定性。一般老地层成岩作用好,质地坚硬,不易风化,但在多次构造运动过程中易形成发育的节理;反之,则成岩作用差,质地疏松,易风化。岩性与风化的关系更为密切:花岗岩地区,易形成崩岗;砂页岩区易形成泻溜。

(3)地震:易导致山体滑坡、岩体崩塌,为泥石流的形成提供物质条件。我国一般地震多发区也是滑坡、泥石流多发区。

(4)新构造运动:包括新生代以来地壳的水平与垂直运动、断裂活动、岩浆侵入、火山喷发等,是泥石流、滑坡形成的重要原因。我国喜玛拉雅运动以来形成的新构造地区,也是泥石流与滑坡重点分布区和防治区。

（5）地下水活动及各种不良地质运动等。

2.地貌与地形

地貌与地形是在造山运动与夷平运动的共同作用下形成的,大地构造运动起着决定性和主导性作用,它是水土流失发生、发展的内在原因和必要条件;同时,水土流失(一种主要的夷平运动)也塑造着地貌与地形,只是相对于地势来讲,水土流失对地貌与地形的变化似乎影响很小,而地貌与地形却深刻影响着水土流失。地貌与地形对水土流失的影响,包括大、中地貌和小地貌的影响及各种地形因素的影响。

（1）大、中尺度地貌:主要是地面高程(海拔)和相对高差及大、中地貌形态。高山、中山、低山、丘陵、盆地、平原,石质山区、黄土区、土石山区等不同的大、中地貌形态,在气候和植被的作用下,形成了不同的水土流失类型。如黄土高原区,植被稀少,水土流失严重;南方石灰岩地区,则水冲土跑,石漠化严重;青藏高原冻融侵蚀严重。同样在黄土高原,中尺度地貌的丘陵沟壑区与高塬沟壑区水土流失差别也很大。地貌类型划分指标见表2.1-2。

表2.1-2 地貌类型划分指标

| 阶梯 | 地貌类型区 | 海拔（m） | 相对高差（m） |
|---|---|---|---|
| 极高原面<br>（>4 000 m） | 极高山区 | >6 000 | >1 500 |
| | 高山区 | 5 500~6 000 | 1 000~1 500 |
| | 中山区 | 5 000~5 500 | 500~1 000 |
| | 低山区 | 4 500~5 000 | 200~500 |
| | 丘陵区（山前台地） | <4 500 | <200 |
| | 盆地区（谷地） | 可低于4 000 | 可成负地形 |
| | 极高原区 | 4 000 | <50 |
| 高原面<br>（1 000~4 000 m） | 高山区 | >2 500 | >1 000 |
| | 中山区 | 2 000~2 500 | 500~1 000 |
| | 低山区 | 1 500~2 000 | 200~500 |
| | 丘陵区（山前台地） | <1 500 | <200 |
| | 盆地区（谷地） | 可低于1 000 | 可成负地形 |
| | 高原区 | 1 000 | <50 |
| 平原区 | 中山区 | >1 000 | >500 |
| | 低山区 | 500~1 000 | 200~500 |
| | 丘陵区（山前台地） | <500 | <200 |
| | 洼地区（谷地） | 可低于海平面 | 可成负地形 |
| | 平原区 | <200 | <50 |

（2）小尺度地貌：与大尺度地貌相比，小尺度地貌与水土流失关系更为直接。主要包括小地貌形态，如塬面、梁峁顶、梁峁坡、沟坡、沟道、山脊、山坡、冲洪积扇、阶地、水域、坡麓等。

（3）地形：包括坡型、坡度、坡长、坡向、坡位等，是影响水土流失的直接因素，常作为水土流失预测预报中的一个主要因素来考虑。常规调查时采用的坡度分级、坡向分级见表2.1-3和表2.1-4。

表 2.1-3 坡度分级

| 名称 | 部门 | 平坡 | 缓坡 | 斜坡 | 陡坡 | 急坡 | 险坡 |
|---|---|---|---|---|---|---|---|
| 坡度(°) | 水保 | <5 | 5~8 | 8~15 | 15~25 | 25~35 | >35 |
| | 林业 | <5 | 5~15 | 15~25 | 25~35 | 35~45 | >45 |
| | 国土（耕地） | <2 | 2~6 | 6~15 | 15~25 | >25 | |

注：缓坡与斜坡的界线划分，在造林立地划分时采用15°，在水土流失调查时采用8°，国土部门采用全国第二次土地普查的分级。

表 2.1-4 坡向划分

| 四分法 | 阴坡 | 半阴坡 | 阳坡 | 半阳坡 |
|---|---|---|---|---|
| 方位角(°) | 337.5~22.5 | 22.5~157.5 | 157.5~202.5 | 202.5~337.5 |
| 三分法 | 阴坡 | 半阴半阳坡 | | 阳坡 |
| 方位角(°) | 337.5~22.5 | 22.5~157.5,202.5~337.5 | | 157.5~202.5 |
| 二分法 | 阳坡 | | 阴坡 | |
| 方位角(°) | 67.5~247.5 | | 247.5~67.5 | |

注：表中以NS向为0°~180°，生产上多采用二分法。

（4）小流域（沟谷）特征与形态：是地貌与地形综合构成的一种外在表现。主要包括流域面积、流域平均长度、流域平均宽度、流域形状系数和均匀系数、沟道比降、沟谷裂度（沟占地面积）、沟壑密度（或开析度）、坡度组成等。

3.气象

（1）降水。降水与水土流失特别是水蚀有着十分密切的关系。降水主要包括降雨和降雪，一般地区主要是降雨，高原地区降雪也非常重要。降水特征调查主要指标包括降水量、雨强、降水历时、汛期雨量、一日最大降水量、次最大降水量、降水量年际分布、降水量年内季节分布等。降水量越大，雨强越大，降水历时越长，流失越大。同时，降水量与植被生长有很大关系，400 mm以上地区以森林分布为主，400 mm以下则为森林草原区或草原区。而植被生长越好，流失量越小。降水与植被共同影响着水土流失。即使在风蚀地区，降水量与植被也同样是最重要的因子。降水量一方面与大气环流有关，另一方面受海拔影响。即使在干旱荒漠区，高山地区的降水量也较大，常伴有森林或草地分布。

（2）光照与温度。光照与温度是影响植物生长的关键因子，同时，光照与温度变化是影响冻融侵蚀、泥石流、物理性侵蚀(胀缩、风化等)的主要因子。调查指标主要包括年平均气温、1 月和 7 月平均温度、极端最高温度、极端最低温度、≥10 ℃的年活动积温、无霜期、冻土深度、日照时数等。

(3)风。风是风蚀的动力因子,同时空气流动加快又增大蒸发,造成干旱,影响植物生长,并进而加剧土壤侵蚀。调查指标主要包括年平均风速、春冬季月平均风速、大风日数、沙尘日数、干热风日数、风频和风向,特别是主害风方向。

4. 土壤或地面组成物质

土壤是土壤侵蚀的对象,也是植被生长的基础。土壤的物理化学性质不仅影响土壤的抗蚀性,而且影响植物生长,反过来又影响水土流失。调查主要内容有土壤类型、土壤质地、土壤厚度、土壤养分(有机质、全氮、速效氮等)。土壤类型、土壤质地、土壤养分可查阅土壤志或农业区划相关资料。土壤厚度可调查实测。土壤类型从南到北依次为砖红壤、红壤、黄壤、褐土、棕壤等,从东到西依次为黑土、褐土、灰褐土、栗钙土、灰钙土、灰漠土、荒漠土等,从高到低依次为褐土、棕壤、高山草甸等。土壤厚度划分见表 2.1-5。

表 2.1-5　土壤厚度划分

| 北方 | 薄土 | | 中土 | | 厚土 | |
|---|---|---|---|---|---|---|
| 土层厚度(cm) | <30 | | 30~60 | | >60 | |
| 南方 | 1 级 | 2 级 | 3 级 | 4 级 | 5 级 | 6 级 |
| 土层厚度(cm) | <5 | 5~15 | 15~30 | 30~70 | 70~100 | >100 |

对于尚未形成土壤的,可用地面组成物质的调查来代替。地面组成物质一般可用风化岩壳组成来说明,如风化砂质花岗岩、风化碎砾状页岩、粗骨质土状物等。

5. 植被

植被是控制水土流失的主要因素。植被调查多采用线路调查,主要内容包括植物种类、植被类型、郁闭度(森林)、覆盖度(草或灌木)、生长状况、林下枯枝落叶层等。

植被调查也可采用样方进行调查。样方大小根据抽样调查方案设计中的规定执行。植被类型从水土保持角度划分可粗可细,具体应根据调查目的和要求确定,一般可分为针叶林、阔叶林、针阔混交林(此三者又可分为落叶和常绿)、灌木林、灌丛草地等。郁闭度指调查样方地块内林冠垂直投影与地块总面积的比,野外调查的方法一般是抬头法;覆盖度指调查地块内草灌覆盖面积与地块总面积的百分比,野外调查的方法一般是触针法。

6. 水文与水资源

水文与水资源状况对水土保持、防止径流冲刷、加强水资源利用及植被恢复等具有重要意义。水文调查包括地表径流量、不同地面入渗状况、地下水位、地下水资源、植被耗水量、沟道洪水位、沟道冲刷情况等。

7. 其他资源

其他资源包括矿产资源、动植物资源等。其中矿产资源开发极易造成水土流失。

(二)社会经济情况调查

社会经济情况调查是水土流失调查的重要组成部分,尽管社会经济状况与水土流失没有直接关系,但间接关系密切。比如同样是山区,人口稠密的地区人类活动的影响大,水土流失严重;经济发达地区则因采取更有效的水土流失防治措施,水土流失较轻。通常调查的内容包括以下几方面。

1. 人口与劳力

重点调查人口总数、人口密度、农业人口与非农业人口、劳力总数、农业与非农业劳力、男劳力与女劳力、人口自然增长率、劳力自然增长率等。

2. 村镇产业结构与状况

调查村镇经济总收入,农、林、牧、渔、工副业收入结构,用地结构。

农业生产:耕地与基本农田(或基本田)、作物种类、种植结构、总产量与单产、坡耕地与基本农田建设、主要问题与经验。

林业生产:森林覆盖率、林地总面积、宜林地面积、林种与树种、林业生产主要收入来源、林业生产经营管理水平、经验与问题。

牧业生产:草场及草场经营、牲畜存栏量、草场载畜量、舍饲情况、饲料来源、牧业收入来源、主要经验与问题等。

渔业及水产:水面、养殖种类(鱼、虾等)、经营状况、单产、收入、主要经验与问题等。

工副业生产:工副业生产门类、主导产业情况、从事工业的劳力、工副业收入及主要来源、经营管理水平、第三产业发展等。

其他与农业生产相关的信息。

3. 村镇人民生活水平

调查人均收入、人均占有粮食量、人均占有牲畜量、燃料、饲料、肥料、人畜饮用水、交通道路建设、通电等。

社会经济因素调查主要是通过收集资料、访问等获得的。

**(三)水土流失及其防治现状调查**

1. 水土流失现状

1)水力侵蚀

主要调查面蚀和沟蚀。

(1)面蚀:目前通过调查只能获取定性的分级状况,没有观测与实验数据是很难定量的。《土壤侵蚀分类分级标准》(SL 190)中采取地面坡度和林草覆盖度两项指标来确定,这两项指标在野外比较容易取得。

(2)沟蚀:区域性水土流失调查可采用 SL 190 规定的方法,即采用沟谷占坡面面积的比与沟壑密度两项指标。

2)重力侵蚀与泥石流侵蚀

(1)重力侵蚀:区域性水土流失调查可采用 SL 190 规定的方法,即采用崩塌面积占坡面面积的比。

(2)泥石流侵蚀:调查固体物质补给形式及补给量、沉积特征、浆体容重,并进行侵蚀分级。

3)风力侵蚀

主要调查床面形态与植被覆盖度,并据此进行强度分级。

2. 水土流失危害调查

水土流失危害调查主要包括水土流失对当地危害、对下游地区危害的调查及大型灾害性水土流失事故的调查。调查方法以收集资料和询问为主,需要时可进行典型调查。

1）对当地危害的调查

降低土地生产力:包括土地完整度的破坏、土壤肥力下降、农作物产量下降、土地石漠化程度、土地沙化程度等。

对周边生产生活与生态环境的危害:对铁路、公路、工厂、村庄等的危害;对土地利用及其结构调整的危害;对土地耕作的危害。

2）对下游危害的调查

加剧洪涝灾害:采用类比法,调查相近地区治理与非治理流域的差异,从而分析洪涝灾害。

库、湖、塘、池、凼、河道等的淤积调查。

3）对大型灾害性水土流失事件的典型调查

对大型灾害性水土流失事故,如山洪、泥石流、滑坡等进行典型调查,见本章第二节"水土流失专题调查"。

3. 水土保持现状调查

水土保持现状调查一般都纳入水土流失综合调查中,以便能更好地分析水土流失成因与防治对策。调查内容包括水土保持过程(历史)、水土保持成果、水土保持经验和水土保持问题。调查方法以收集资料和询问为主,可进行抽样统计调查和必要的典型调查。

(1)水土保持过程调查:调查区内水土保持工作开展的时间、发展阶段、各阶段的特点。

(2)水土保持成果调查:包括水土保持措施的类型、分布、面积、保存情况、产生的效果。

(3)水土保持经验调查:水土保持治理、水土保持组织领导、水土保持工程项目管理、水土保持维护运行管理等方面的经验。

(4)水土保持存在问题调查:公众对水土保持的意见、水土保持工作过程中的失误与教训、存在的困难与问题、今后可能解决的途径与方法。

# 第二节　水土流失专题调查

## 一、水土流失专题调查

### (一)土地利用调查

土地利用调查是水土流失调查与水土保持规划设计的基础。可以通过对不同土地利用类型土壤侵蚀量估测,按各类型的面积推算某一区域的土壤侵蚀总量。同时,也可以澄清梯田、坝地、林地等水土保持措施面积,监测水土保持措施的成效。通过调查,在批复土地利用规划基础上,合理配置水土保持措施是综合治理规划设计的首要环节。土地利用调查首先是对土地利用进行分类,然后采用野外调绘、调查登记、室内整理等最终完成。

1. 土地利用现状分类

2007 年 8 月,国家质量监督检验检疫总局和国家标准化管理委员会联合发布《土地利用现状分类》（GB/T 21010—2007）。国家标准采用一级、二级两个层次的分类体系，共分12个一级类56个二级类。其中一级类包括耕地、园地、林地、草地、商服用地、工矿仓储用地、住宅用地、公共管理与公共服务用地、特殊用地、交通运输用地、水域及水利设施用地、其他土地。

《土地利用现状分类》确定的土地利用现状分类，严格按照管理需要和分类学的要求，对土地利用现状类型进行归纳和划分。一是区分"类型"和"区域"，按照类型的唯一性进行划分，不依"区域"确定"类型"；二是按照土地用途、经营特点、利用方式和覆盖特征四个主要指标进行分类，一级类主要按土地用途，二级类按经营特点、利用方式和覆盖特征进行续分，所采用的指标具有唯一性；三是体现城乡一体化原则，按照统一的指标，城乡土地同时划分，实现了土地分类的"全覆盖"。这个分类系统既能与各部门使用的分类相衔接，又能满足当前和今后需要，为土地管理和调控提供基本信息，还可根据管理和应用需要进行续分。

针对水土保持实际工作要求，现有一、二级分类体系无法满足水土保持工作的需要。为此，在即将颁布实施的《水土保持规划编制规范》《水土保持工程三阶段编制规程》（项目建议书、可行性研究报告、初步设计报告）《水土保持调查与勘测规范》等规范规程中，根据水土保持行业特点，在国家一、二级分类的基础上，根据有关因子或指标再分三、四级，并对部分一级进行了归并处理，提出了土地利用现状分类表（适用于水土保持）。

1）坡度

根据《土壤侵蚀分类分级标准》，将坡度划分为六级，即 0°～5°、5°～8°、8°～15°、15°～25°、25°～35°、>35°。

2）土地利用类型划分

如将耕地（一级类）中旱地（二级类）划分为旱平地、梯田、坡耕地、沟川坝地等 4 个三级类；对于坡耕地可依据坡度再分为 5 个四级类；梯田划分为水平梯田、坡式梯田 2 个四级类。

具体划分情况参考表 2.2-1。

2. 土地评价指标与等级

土地利用调查可根据实际情况与土地评价指标评价合并调查分析，其评价指标和评价等级可参考表 2.2-2。

3. 土地利用调查方法

1）全面调查法

对调查对象的每一地块进行调查，传统的方法是人工实地调绘，即以 1:5 000～1:10 000地形图为底图，野外采用对坡勾绘的方法，室内清图和量算面积。现代的调查方法有两种：一是采用一定分辨率航片或高分辨率的卫星影像（10 m 以内的精度）的野外调绘，然后室内转绘 1:5 000～1:10 000 地形图；二是室内采用航片或卫星影像判读，并进行野外抽样检验。

2）抽样调查法

较大区域（县域以上），可采用成数抽样的方法。传统的方法是在地形图上布点，野外调绘，室内量算面积，采用样本估计总体的方法获取整个区域的土地利用状况。现代的方法是将地形图上的布点转到遥感航片或卫星影像上，通过读判与地面抽样调查检验相结合获得。

表 2.2-1　土地利用现状分类(适用于水土保持)

| 一级类 | 二级类 | 三级类 | 四级类 | 备注 |
|---|---|---|---|---|
| 耕地 | 指种植农作物的土地,包括熟地、新开发、复垦、整理地、休闲地(含轮歇地、轮作地);以种植农作物(含蔬菜)为主,间有零星果树、桑树或其他树木的土地;平均每年能保证收获一季的已垦滩地和海涂。耕地中包括南方宽度<1.0 m、北方宽度<2.0 m固定的沟、渠、路和地坎(埂);临时种植药材、草皮、花卉、苗木等的耕地,以及其他临时改变用途的耕地 | | | |
| | 水田 | 指用于种植水稻、莲藕等水生农作物的耕地。包括实行水生、旱生农作物轮种的耕地 | | |
| | 水浇地 | 指有水源保证和灌溉设施,在一般年景能正常灌溉,种植旱生农作物的耕地。包括种植蔬菜等的非工厂化的大棚用地 | | |
| | 旱地 | 指无灌溉设施,主要靠天然降水种植旱生农作物的耕地,包括没有灌溉设施仅靠引洪淤灌的耕地 | | |
| | | 旱平地 | <1° | 分布于北方自然形成的小于5°的平缓耕地 |
| | | | 1°~5° | |
| | | 梯田 | 水平梯田 | 田面坡度小于1°的梯田 |
| | | | 坡式梯田 | 田面坡度大于1°的梯田,包括东北漫岗梯地 |
| | | 坡耕地 | 5°~8° | 实际应用中可根据情况适当归并 |
| | | | 8°~15° | |
| | | | 15°~25° | |
| | | | 25°~35° | |
| | | | >35° | |
| | | 沟川坝地 | 沟川(台)地 | 分布于北方的川台地 |
| | | | 坝滩地 | 由淤地坝淤地形成的坝地,包括引洪漫地 |
| | | | 坝平地 | 分布于南方的山间小盆地、川台地 |
| 园地 | 指种植以采集果、叶、根、茎、汁等为主的集约经营的多年生木本和草本作物,覆盖度大于50%和每亩株数大于合理株数70%的土地。包括用于育苗的土地 | | | |
| | 果园 | 指种植果树的园地。果园的三级地类可根据实际情况按树种细分 | | |
| | 茶园 | 指种植茶树的园地 | | |
| | 其他园地 | 指种植桑树、橡胶、可可、咖啡、油棕、胡椒、药材等其他多年生作物的园地 | | |
| | | 经济林栽培园 | | 经济林栽培园是指在耕地上种植的并采取集约经营的木本粮油等其他类的栽培园,四级地类可根据实际情况按树种细分 |
| | | 其他园地 | | 其他园地的四级地类可根据实际情况按树种细分 |

| 一级类 | 二级类 | 三级类 | 四级类 | 备注 |
|---|---|---|---|---|
| 林地 | 指生长乔木、竹类、灌木的土地，以及沿海生长红树林的土地。包括迹地，不包括居民点内部的绿化林木用地，铁路、公路征地范围内的林木，以及河流、沟渠的护堤林 | | | |
| | 有林地 | 指树木郁闭度≥0.2 的乔木林地，包括红树林地和竹林地 | | |
| | | 用材林 | | 三、四级可根据需要按林业有关标准进行划分 |
| | | 防护林 | | |
| | | 经济林 | 指种植在非耕地上的木本植物 | |
| | | 薪炭林 | | |
| | | 特种用途林 | | |
| | 灌木林地 | 指灌木覆盖度≥40%的林地 | | |
| | | | | 三、四级可依需要按林业有关标准划分 |
| | 其他林地 | 包括疏林地(指树木郁闭度为 0.1～0.19 的疏林地)、未成林地、迹地、苗圃等林地 | | |
| | | 疏林树 | | 树木郁闭度为 0.10～0.19 的林地 |
| | | 未成林造林地 | | |
| | | 迹地 | | |
| | | 苗圃 | | |
| 草地 | 指以生长草本植物为主的土地 | | | |
| | 天然牧草地 | 指以天然草本植物为主，用于放牧或割草的草地 | | |
| | 人工牧草地 | 指人工种植牧草的草地 | | |
| | 其他草地 | 指树木郁闭度<0.1，表层为土质，以生长草本植物为主，不用于畜牧业的草地 | | |
| | | 天然草地 | | 覆盖度>40%的天然生长的，以草本植物为主的，不用于畜牧业的草地 |
| | | 人工草地 | | 覆盖度>40%的人工种植的，以草本植物为主的，不用于畜牧业的草地 |
| | | 荒草地 | | 覆盖度≤40%的不用于畜牧业的其他草地 |
| 交通运输用地 | 指用于运输通行的地面线路、场站等的土地。包括民用机场、港口、码头、地面运输管道和各种道路用地 | | | |
| | 铁路用地 | 指用于铁道线路、轻轨、场站的用地。包括设计内的路堤、路堑、道沟、桥梁、林木等用地 | | |
| | 公路用地 | 指用于国道、省道、县道和乡道的用地。包括设计内的路堤、路堑、道沟、桥梁、汽车停靠站、林木及直接为其服务的附属用地 | | |
| | 农村道路 | 指公路用地以外的南方宽度≥1.0 m，北方宽度≥2.0 m 的村间、田间道路(含机耕道) | | |
| | 机场用地 | 指用于民用机场的用地 | | |
| | 港口码头用地 | 指用于人工修建的客运、货运、捕捞及工作船舶停靠的场所及其附属建筑物的用地，不包括常水位以下部分 | | |
| | 管道运输用地 | 指用于运输煤炭、石油、天然气等管道及其相应附属设施的地上部分用地 | | |

| 一级类 | 二级类 | 三级类 | 四级类 | 备注 |
|---|---|---|---|---|
| 水域及水利设施用地 | | | | 指陆地水域、海涂、沟渠和水工建筑物等用地。不包括滞洪区和已垦滩涂中的耕地、园地、林地、居民点、道路等用地(本类可以根据设计需要适当简化归并) |
| | | 河流水面 | | 指天然形成或人工开挖河流常水位岸线之间的水面,不包括被堤坝拦截后形成的水库水面 |
| | | 湖泊水面 | | 指天然形成的积水区常水位岸线所围成的水面 |
| | | 水库水面 | | 指人工拦截汇集而成的总库容≥10 万 m³ 的水库正常蓄水位岸线所围成的水面 |
| | | 坑塘水面 | | 指人工开挖或天然形成的蓄水量 <10 万 m³ 的坑塘正常蓄水位岸线所围成的水面 |
| | | 沿海滩涂 | | 指沿海大潮高潮位与低潮位之间的潮浸地带。包括海岛的沿海滩涂,不包括已利用的滩涂 |
| | | 内陆滩涂 | | 指河流、湖泊常水位至洪水位间的滩地;时令湖、河洪水位以下的滩地;水库、坑塘的正常蓄水位与洪水位间的滩地。包括海岛的内陆滩地,不包括已利用的滩地 |
| | | 沟渠 | | 指人工修建,南方宽度≥1.0 m、北方宽度≥2.0 m 用于引、排、灌的渠道,包括渠槽、渠堤、取土坑、护堤林 |
| | | 水工建筑用地 | | 指人工修建的闸、坝、堤路林、水电厂房、扬水站等常水位岸线以上的建筑物用地 |
| | | 冰川及永久积雪 | | 指表层被冰雪常年覆盖的土地 |
| 城镇村及工矿用地 | | | | 指城乡居民点、独立居民点以及居民点以外的工矿、国防、名胜古迹等企事业单位用地,包括其内部交通、绿化用地 |
| | | 城市 | | 指城市居民点,以及与城市连片的和区政府、县级市政府所在地镇级辖区内的商服、住宅、工业、仓储、机关、学校等单位用地 |
| | | 建制镇 | | 指建制镇居民点,以及辖区内的商服、住宅、工业、仓储、学校等企事业单位用地 |
| | | 村庄 | | 指农村居民点,以及所属的商服、住宅、工矿、工业、仓储、学校等用地 |
| | | 采矿用地 | | 指采矿、采石、采砂(沙)场,盐田,砖瓦窑等地面生产用地及尾矿堆放地 |
| | | 风景名胜及特殊用地 | | 指城镇村用地以外用于军事设施、涉外、宗教、监教、殡葬等的土地,以及风景名胜(包括名胜古迹、旅游景点、革命遗址等)景点及管理机构的建筑用地 |

| 一级类 | 二级类 | 三级类 | 四级类 | 备注 |
|---|---|---|---|---|
| 其他土地 | 设施农用地 | 指直接用于经营性养殖的畜禽舍、工厂化作物栽培或水产养殖的生产设施用地及其相应附属用地，农村宅基地以外的晾晒场等农业设施用地 | | 本类可以根据设计需要适当简化归并。田坎、盐碱地、沼泽地、沙地、裸地可归并为未利用地 |
| | 田坎 | 主要指耕地中南方宽度≥1.0 m、北方宽度≥2.0 m 的地坎 | | |
| | 盐碱地 | 指表层盐碱聚集，生长天然耐盐植物的土地 | | |
| | 沼泽地 | 指经常积水或渍水，一般生长沼生、湿生植物的土地 | | |
| | 沙地 | 指表层为沙覆盖、基本无植被的土地。不包括滩涂中的沙地 | | |
| | 裸地 | 指表层为土质，基本无植被覆盖的土地；或表层为岩石、石砾，其覆盖面积≥70%的土地 | | |

**注**：对比《土地利用现状分类》（GB/T 21010—2007），本表将 05、06、07、08、09 一级类和 103、121 二级类归并为"城镇村及工矿用地"。

**表 2.2-2 土地资源评价指标及评价等级**

| 评价指标 | 评价等级 | | | | | |
|---|---|---|---|---|---|---|
| | 一 | 二 | 三 | 四 | 五 | 六 |
| 地貌 | 平整大块 | 缓坡大块 | 缓坡小块 | 陡坡小块 | 急坡破碎 | 难利用地 |
| 地面坡度（°） | <3 | 3～5 | 5～15 | 15～25 | 25～35 | >35 |
| 土层厚度（cm） | >200 | 150～200 | 50～150 | 30～50 | 15～30 | <15 |
| 土壤侵蚀程度 | 微度 | 微度 | 轻度 | 中度 | 强烈 | 极强烈 |
| 土壤质地 | 轻壤—中壤 | 轻壤—中壤 | 轻壤—中壤 | 中壤—重壤 | 重壤、粗沙 | 重黏土、粗沙、风化母质 |
| 有机质含量（%） | >1.0 | 0.8～1.0 | 0.5～0.8 | 0.3～0.5 | 0.1～0.3 | <0.1 |
| 砾石含量（%） | <2 | 2～5 | 5～15 | 15～30 | 30～50 | >50 |
| pH 值 | 6.5～7.5 | 6.5～7.5 | 6.5～7.5 | >7.5，<5.5 | >7.5，<5.5 | >7.5，<5.5 |
| 有无灌溉条件 | 有 | 无 | 无 | 无 | 无 | 无 |
| 土地适应性 | 宜农 | 宜农、果、牧 | 宜农、果、牧 | 宜农、林、牧 | 宜林、牧 | 需经改造后利用 |

3）调查精度控制

一般农区小流域外业采用 1:5 000～1:10 000 的地形图及相应航片或高分辨率的卫星影像(10 m 以内的精度)；林区采用 1:10 000～1:50 000 的地形图,牧区采用 1:50 000～1:100 000 的地形图,以及相应比例尺的航片或卫星影像。基础图件的质量主要体现在比例尺大小和现势性上。比例尺越大,反映地物越多、越细、越清晰；航摄和成图时间越近,现势性越强,越能反映土地利用现实状况,调查的精度越高。调查精度的控制与计算应按国家有关测绘规程进行。

### (二)水土流失调查

#### 1.沟蚀

沟蚀分细沟侵蚀(面状沟蚀可列入面蚀)、浅沟侵蚀、切沟侵蚀、干沟和河沟侵蚀,后两者实际已形成沟床或河床,存在问题是水流冲刷,应与山洪、泥石流合并调查。

1）侵蚀量

局部地段的细沟与浅沟侵蚀可采用样地横断面体积量测法。一个样地上等间距取若干个断面,在每个断面上量测沟的总断面面积,然后采用以下公式进行计算:

$$M = \frac{1}{2}\gamma \sum_{i=1}^{n} (S_i + S_{i+1}) \cdot l \qquad (2.2\text{-}1)$$

式中  $M$——样地侵蚀量,t;

  $S_i$——第 $i$ 个断面侵蚀沟的总断面面积,$m^2$;

  $S_{i+1}$——第 $i+1$ 个断面侵蚀沟的总断面面积,$m^2$;

  $l$——样地断面间距,m;

  $\gamma$——土壤密度,$t/m^3$;

  $n$——断面数。

侵蚀沟的断面面积可根据实际断面以梯形、三角形等形式计算。

2）侵蚀形态

主要通过实测来观测沟头发育情况、沟岸稳定性、沟道下切情况等。

3）侵蚀危害

主要调查沟蚀引起的土地切割、农作物倒伏、田坎冲毁等。

#### 2.重力侵蚀

1）泻溜调查

岩石风化物特征、风化速度、风化季节、滑落面植被状况、滑落量。调查采用专家估测,并填写设计好的表格。

2）崩塌调查

崩塌区域的岩性、岩层、节理、周边环境状况、崩塌规模和崩塌量等。调查性状可采用专家估测,崩塌量可进行量测,并填写设计好的表格。

3）滑坡调查

滑坡形成条件、滑坡形态、滑体组成结构、滑体地面组成物质、地面变形情况、地下水活动情况、滑坡规模；滑坡诱发的原因、危害、造成的经济损失；滑坡稳定性及动态情况；对滑坡的防治措施等。大型滑坡应编写专门的调查报告。

典型滑坡(含崩塌)调查表格见表 2.2-3。

表 2.2-3　典型滑坡(含崩塌)调查表

滑坡编号及名称＿＿＿＿＿＿＿＿＿＿＿＿＿＿＿＿＿＿＿＿＿＿＿＿＿＿＿＿＿＿＿＿＿＿

地理位置＿＿＿＿＿＿＿＿＿＿省＿＿＿＿＿＿＿＿县＿＿＿＿＿＿＿＿镇＿＿＿＿＿＿＿＿村

地理坐标:东经＿＿＿＿＿＿＿至＿＿＿＿＿＿＿＿＿;北纬＿＿＿＿＿＿＿至＿＿＿＿＿＿＿

1:10 000 或 1:5 000 地形图分幅编号及名称＿＿＿＿＿＿＿＿＿＿＿＿＿＿＿＿＿＿＿＿＿＿

滑坡发生地的坐标:X ＿＿＿＿＿＿＿＿＿＿＿＿＿＿＿＿＿;Y ＿＿＿＿＿＿＿＿＿＿＿＿＿＿

| | | | | |
|---|---|---|---|---|
| 形成条件 | 地形地貌 | | | |
| | 地质构造 | | | |
| | 水文地质 | | | |
| | 滑坡体组成与结构 | | | |
| | 土地利用 | | | |
| 诱发原因 | 降水情况 | | | |
| | 滑体前缘水流冲刷 | | | |
| | 滑坡前的地震征兆 | | | |
| | 人为活动 | | | |
| 滑坡几何数据 | 滑壁最高点高程(m) | | 滑舌高程(m) | |
| | 后壁高差(m) | | 滑体中轴线长度(m) | |
| | 宽度(m) | | 滑体最大厚度(m) | |
| | 体积(m³) | | | |
| 滑坡发生时间 | 新滑坡发生时间 | | | |
| | 老滑坡发生推测时间 | | | |
| 危害及经济损失 | | | | |
| 防治情况 | | | | |
| 滑坡形态及稳定性评价 | | | | |
| 滑坡平面图 | | 滑坡纵剖面图 | | |
| 备注 | | | | |

调查人:　　　　填表人:　　　　核查人:　　　　填写日期:　　　年　　月　　日

4)泥石流调查

区域内历史泥石流活动情况:堆积物形态、结构、组成;流域自然与人为活动情况;泥石流形成与诱发原因;历史上泥石流的活动情况、危害及经济损失等,以及泥石流防治情况等(见表 2.2-4)。大型泥石流调查还应编制专门的报告。

表 2.2-4　典型泥石流调查表

沟道编号及名称_____

所属水系及主河名称_____

地理位置_____省_____县_____镇_____村

地理坐标:东经_____至_____;北纬_____至_____

| | | | | | | |
|---|---|---|---|---|---|---|
| 形成条件及诱发原因 | 流域地貌 | 流域面积(km²) | | 流域地质 | 所处大地构造部位 | |
| | | 流域长度(km) | | | 岩层构造 | |
| | | 流域平均宽度(km) | | | 地震烈度 | |
| | | 流域地形系数 | | | 地面组成物质 | |
| | | 沟道比降(‰) | | | 地表岩石风化程度 | |
| | | 沟口海拔高度(m) | | | 沟道堆积物组成与厚度 | |
| | | 相对最大高差(m) | | 流域植被 | 林木生长及分布情况 | |
| | | 冲洪积扇面积(km²) | | | | |
| | | 冲洪积扇厚度(m) | | | | |
| | 土地利用状况 | 农业用地(hm²) | | | 森林覆盖率(%) | |
| | | 林业用地(hm²) | | | 林草覆盖率(%) | |
| | | 牧业用地(hm²) | | | 林草涵养水源功能 | |
| | | 水域(hm²) | | | 林草防蚀功能 | |
| | | 裸岩及风化地(hm²) | | | | |
| | | 其他用地面积(hm²) | | | | |
| | 气候 | 年均温度(℃) | | 社经情况 | | |
| | | 年温差(℃) | | | | |
| | | 年均降水量(mm) | | | | |
| | | 日最大降水量(mm) | | | | |
| | 诱发原因 | | | | | |
| 泥石流历史活动及危害情况 | | | | | | |
| 典型泥石流发生情况 | | 暴发时间 | | | 历时 | |
| | | 密度(t/m³) | | | 流体性质 | |
| | | 流速(m/s) | | | 流量(m³/s) | |
| | | 流态 | | | 冲出物量(m³) | |
| | | 沟口堆积情况及危害 | | | | |
| | | 降水情况 | | | | |
| 潜在危害及威胁对象 | | | | | | |
| 防治情况 | | | | | | |

调查人:　　　　　填表人:　　　　　核查人:　　　　　填写日期:　　　年　　月　　日

3.风力侵蚀

我国风蚀地区大体可分为北方风沙区、滨海湖岸风沙区和河流泛滥风沙区(主要是黄泛风沙区)等。北方风沙区可以分为沙漠、沙地和水蚀风蚀交错区等。风蚀专项调查主要包括大风日数、风速、起沙风速、沙丘移动速度、沙区植被、沙区水资源、风沙危害(沙埋、沙割)等。

4.冻融侵蚀

冻融侵蚀是在0℃左右及其以下变化时,产生对土体的机械破坏作用,是高寒地区的一种重要的侵蚀形式。我国冻融侵蚀的地区多数为无人居住区或人口稀少的地区。典型调查应根据当地实际情况确定,主要包括岩性、岩层、节理、水分来源、温度变化、植被状况、崩解规模和崩解量、造成的危害等。

**(三)水土保持专项调查**

为了掌握全国或区域水土保持动态,还经常进行一些水土保持专项调查,如典型或重点流域调查、水土保持综合治理工程调查、专项(工程)调查、不同类型区调查、生产建设项目水土保持工程调查、特殊水土流失情况专项调查、水土保持执法监督调查、城市水土保持调查等。调查范围一般根据治理任务和规模确定,调查可按流域或片区、生产建设项目防治责任范围为单元开展。每一项调查及方法内容都应根据调查目的和任务确定。下面介绍主要的几项。

1.典型或重点流域调查

典型流域主要是针对流域综合治理的典型,其可能代表一种新的治理模式或方向,通过调查总结,将好的经验加以推广。调查内容包括政策、投资方式、治理模式和方法、经营管理等,调查方法可采用询问、实地考察等方法。

重点流域则是对国家或地方重点投资治理的小流域进行调查,目的是通过调查掌握全国或地方小流域治理的总体情况。调查的重点是治理的面积、采取的措施及其工程质量、投资完成情况等,采用收集资料、普查(或详查)、抽样调查等方法。调查表格式参考《水土保持监测技术规程》(SL 277—2002)附录H。

2.水土保持综合治理工程调查

水土保持综合治理工程调查主要包括淤地坝工程、拦沙坝工程、塘坝工程、谷坊工程、沟头防护工程、坡面水系工程、梯田工程、防风固沙工程、林草工程和封育措施等各项水土保持综合治理工程的调查。

(1)淤地坝工程调查范围包括工程所在沟道及其下游可能影响区。调查内容包括暴雨、洪水、泥沙资料;筑坝区地质条件及筑坝材料的分布与储量;现有淤地坝、小型水库、塘坝、谷坊的数量、分布以及工程控制流域面积、库容及运行情况等。工作底图可采用1:10 000~1:5 000地形图。

(2)拦沙坝工程调查范围包括工程所在沟道及其下游可能影响区。调查内容包括暴雨、洪水、泥沙资料,筑坝区地质条件及筑坝材料的分布与储量;崩岗类型、形态、分布、滑塌范围;现有拦沙坝、小型水库、塘坝、谷坊的数量、分布以及工程控制流域面积、库容和运行情况等。工作底图可采用1:10 000~1:5 000地形图。

(3)塘坝工程调查范围包括工程所在汇水区及其下游可能影响区。调查内容包括来水量和需水量,建筑材料来源,现有水源工程数量、蓄水量和运行情况等。工作底图可采用

1:10 000~1:5 000地形图。

(4)谷坊工程调查范围包括小流域支、毛沟实施工程区域及汇水区域。调查内容应包括沟道比降、长度、宽度、坝址以上汇水面积及来水、来沙情况;沟坡治理情况及自然植被覆盖情况;沟底与岸坡地形;建筑材料情况。工作底图可采用1:10 000~1:5 000地形图。

(5)沟头防护工程调查范围包括侵蚀沟头及其以上汇水区域。调查内容应包括沟头形态、溯源速度、沟壁扩张速度;侵蚀沟头以上汇水范围水土保持情况及来水、来沙情况;土地利用情况;建筑材料情况及周边适生植物。工作底图可采用1:10 000~1:5 000地形图。

(6)坡面水系工程调查范围包括项目实施区及周边来水、排水涉及范围。调查内容包括坡面现有引、蓄、截(排)水情况;农用道路布设;耕地、园地及林(草)地分布;坡度、坡长、土层厚度、汇水面积;下游排水通道;缺水地区应调查需水量和天然水源等情况。工作底图可采用1:10 000~1:5 000地形图。

(7)梯田工程调查范围包括项目实施区及周边来水、排水涉及范围。调查内容应包括地形、下伏基岩、土层厚度、土(石)料来源、地面坡度、汇水面积、排水通道、降水及水源条件、道路等情况。梯田实施区工作底图可采用1:2 000地形图,汇水区工作底图应采用1:10 000~1:2 000地形图。

(8)防风固沙工程调查范围包括项目实施区及周边影响区。调查内容应包括沙丘、沙地形态、风沙移动速度、害风风向、风速,地下水,沙障材料来源。工作底图可采用1:50 000~1:10 000地形图。

(9)林草工程调查范围包括工程建设区及周边影响区。调查内容包括立地类型及立地条件,当地适生树(草)种、病虫害防治情况。工作底图可采用1:10 000~1:5 000地形图。

(10)封育措施调查范围包括工程建设区及周边影响区。调查内容包括主要的现有林分与草地的分布、现存主要树(草)种;周边居民分布及畜牧情况,饲料、燃料、肥料条件。工作底图可采用1:10 000~1:5 000地形图。

3.生产建设项目水土保持工程调查

生产建设项目水土保持工程调查是根据水土保持工程的规模、特点,开展相应的调查工作,深度要与主体工程设计深度相适应。

(1)主体工程区调查范围包括工程征地范围及周边影响区域。调查内容包括主体工程规模、工程布置、施工布置、施工方法及工艺、土石方调配、工程征占地、施工工期、拆迁安置、工程投资;占地类型、表土厚度及成分、植被分布情况及周边集水、排水和地下水情况。工作底图可采用1:5 000~1:2 000地形图。

(2)弃渣场区调查范围包括弃渣场占用地范围及上、下游影响区;调查内容包括弃渣场地形、面积、容量、弃渣组成;弃渣场周边地质危害、交通运输条件,周边汇水情况及下游影响范围内重要基础设施分布情况;占地类型、覆土来源、水源及灌溉设施条件和道路情况;建筑材料情况。工作底图可采用1:5 000~1:2 000地形图。

(3)料场区调查范围包括料场占地范围及周边影响区。调查内容包括料场地形、类型、储量、面积、剥采比、无用层厚度及方量,周边汇水和排水情况及周边影响范围内重要基础设施分布情况等;占地类型、覆土来源、水源及灌溉设施条件和道路分布情况等。工作底图可采用1:5 000~1:2 000地形图。

(4)施工道路区调查范围应包括道路占地范围及周边影响区。调查内容应包括地形、占地类型、路面结构、长度、位置、型式、宽度,现有道路情况,周边汇水情况及周边影响范围内重要基础设施分布情况等。工作底图可采用1:5 000~1:2 000地形图。

(5)施工生产生活区调查范围应包括施工生产生活区占地范围及周边影响区。调查内容包括施工生产生活区布置位置、数量、占地面积,临时堆料堆放场布置数量及位置,周边汇水、排水情况,场地硬化情况等;覆土来源、水源及灌溉设施条件和道路分布情况等。工作底图可采用1:5 000~1:2 000地形图。

(6)拆迁安置区调查范围包括拆迁安置区占地范围及周边影响区。调查内容包括拆迁安置区布置、位置、面积、人口、人均收入、产业结构,土地利用现状情况。工作底图可采用1:5 000~1:2 000地形图。

**4.特殊水土流失情况专项调查**

特殊水土流失情况专项调查包括石漠化调查、崩岗调查、滑坡调查、泥石流调查等。

1)石漠化调查

各级石漠化和潜在石漠化的分布、面积,石漠化发生发展的人为因素和石漠化发生前后的植被对比情况;岩溶泉的分布、流量、出流持续性和岩溶泉补给区植被的覆盖情况;圈定地下河流域范围和补给区、径流区、排泄区,调查地下河水资源开发利用程度和地下河流向、水量;落水洞的数量、位置、大小、发育方向和通畅程度、过流能力;泉眼数量和流量减少情况、地表河流断流情况和流量变化情况、人畜饮水情况;农田及其他设施受淹面积、持续时间、内涝面积、内涝持续时间。

2)崩岗调查

区域历年崩岗灾害损失情况,主要包括占压农田、损毁房屋、受灾人数、死亡人数、其他基础设施损毁数量及造成的经济损失等;崩岗类型、发生的地域、集水面积、所在坡面的位置、崩塌体的岩性、崩塌量、潜在隐患及形态特征;崩岗面积、发育程度等;崩岗区植被种类及覆盖度;坡面切沟数量、最大切沟深度、平均切沟深度、崩岗底部边缘距沟头距离;崩壁高度、倾角及稳定性;坡面裂隙数量、裂隙宽度及长度等;堆积物高度、坡度、数量、林草覆盖率及冲积扇面积。

3)滑坡调查

滑坡地貌部位、斜坡形态、地面坡度、相对高度,沟谷发育、河岸冲刷、堆积物、滑坡体的岩性组成、滑坡体周边地层及地质构造、水文地质条件、汇水面积、地震、崩塌加载情况;滑坡体形态、规模及边界,表部和内部变形活动特征。

4)泥石流调查

泥石流沟谷发育程度,冲沟切割深度、宽度、形状、密度、水源类型、汇水条件、山坡坡度、岩层性质、风化程度、断裂、滑坡、崩塌、岩堆等不良地质现象的发育情况;松散堆积物的分布范围、储量;泥石流沟谷历史灾害情况。

**5.不同类型区调查的特殊内容**

我国幅员广阔,水土流失类型多样,各区域均有不同的特点,对于全国水土保持区划确定的一级区调查还应该包括以下内容:

(1)东北黑土区调查要包括侵蚀沟沟壑密度、沟头前进情况,冻土深度和冻融情况,农业机械化耕作条件、耕作制度。

(2)北方土石山区调查要包括地面组成物质情况,裸岩面积比例,水源条件、降水蓄渗工程类型及雨水利用方式、污水处理现状及设施等。

（3）西北黄土高原区调查要包括第三、四纪红黏土出露面积比例，侵蚀沟沟壑密度、沟头前进情况及沟岸扩张情况，现有淤地坝建设及运行情况，雨洪利用设施建设和利用情况，适生抗旱植物种。

（4）北方风沙区调查要包括主害风向、年沙尘暴日数，地面覆盖明沙的程度、地表结皮、沙化土地扩大情况，滨海及河口风沙区的沙土厚度、土壤盐碱度、地下水位、次生盐渍化情况。

（5）南方红壤区调查要包括林下水土流失情况，岩石风化程度、崩岗侵蚀及分布，台风、梅雨的影响范围、时段、强度、可能引发的次生灾害及影响区域等。

（6）西南紫色土区调查要包括耕地中岩石出露面积比例，灌溉水源及排水条件，植物篱类型及建设情况。

（7）西南岩溶区调查要包括石漠化现状及耕地中岩石出露面积比例，地表物质组成情况，岩溶泉水、小溪流小泉水、地下河出口、地表水资源枯竭及内涝情况，适宜于石灰岩区生长的植物种。

（8）青藏高原区调查要包括河谷农田左右岸坡一侧水土流失危害情况，建立人工草场土壤及水源条件，适生于高原高寒条件下的植物种，植被破坏后自然恢复的能力。

6. 水土保持执法监督调查

水土保持执法监督调查包括执法宣传、案件立项查处、开发建设项目水土保持"三同时"执行情况等，可采用问卷调查、逐级上报统计、抽样调查等调查方法。水土保持执法监督工作、水土保持方案执行情况是最为重要的方面。通过调查，可以了解和掌握这些水保方案的实施情况及存在问题，为今后更好地搞好水土保持的监督管理工作提供科学的依据。

7. 城市水土保持调查

城市水土保持调查是近年来兴起的一项新的水土保持工作，应以典型调查为主，着力探讨与推广。

## 二、水土保持制图

为了规范水土保持规划设计制图的标准化，依据水土保持有关技术规范以及《水利水电工程制图标准》，水利部制定并颁布了《水利水电工程制图标准 水土保持图》（SL 73.6），2012 年水利部组织对该标准进行了修订。现将水土保持制图有关内容介绍如下。

### （一）水土保持制图术语和符号

小班：是土地利用调查、水土流失调查、水土保持调查及规划设计时，具有基本相同属性的最小制图单元。

色标：用可通用、延续的颜色来表示对象特征的标准颜色语言。

注记：图件上起说明作用的各种文字和数字。

图样：在图纸上按一定规则、原理绘制的，能表示被绘制对象的位置、大小、构造、功能、原理、流程、工艺要求等的图。

### （二）水土保持图件

水土保持图件包括综合图件、工程措施图件和植物措施图件三种类型。

1. 综合图件

1）综合图件要求和常用比例尺

综合图件要绘出各主要地物、建筑物，标注必要的高程及具体内容，当图面比例尺大于1:50 000时，还要绘制坐标网。要按照流向标注河流名称，绘制流向、指北针和必要的图例等。

综合图件的比例尺可根据表2.2-5的规定选用。

表2.2-5　综合图件常用比例尺

| 图类 | 比例尺 |
|---|---|
| 区域、流域水土保持区划（分区）图，土壤侵蚀类型及强度分布图 | 1:2 500 000，1:1 000 000，1:500 000，1:250 000，1:100 000，1:50 000 |
| 区域、流域水土保持工程总体布置图或综合规划图，水土保持现状图 | 1:1 000 000，1:500 000，1:250 000，1:100 000，1:50 000 |
| 小流域土壤侵蚀类型及强度分布图、水土流失类型及现状图、土地利用和水土保持措施现状图 | 1:50 000，1:25 000，1:10 000，1:5 000 |
| 小流域水土保持工程总体布置图或综合规划图 | 1:50 000，1:25 000，1:10 000，1:5 000，1:2 000，1:1 000 |
| 生产建设项目土壤侵蚀类型及强度分布图、水土保持措施总体布局图 | 1:250 000，1:100 000，1:50 000，1:10 000，1:5 000，1:2 000，1:1 000 |

2）综合图件的注记和着色

（1）小班注记宜与图例符号结合起来，表示项目区内各小班的土地利用状况及主要属性指标等。

（2）现状小班注记包括小班编号和控制面积，注记格式为：$\frac{小班编号}{控制面积}$。小班注记应标记于小班范围内，不易标记时，也可只标注小班编号，控制面积及其主要属性指标等具体内容另以表格表示。

（3）设计小班注记包括小班编号、控制面积和实施时间，注记格式为：$\frac{小班编号}{控制面积 - 实施时间}$。具体注记要求同现状小班注记。

（4）土地利用与水土保持措施现状图、水土保持区划（分区）图、水土流失重点预防区和重点治理区划分图、水土流失类型及现状图、土壤侵蚀类型和强度分布图、水土保持总体布置图等图件，属性状况可采用着色表示，要求色泽谐调、清晰。

3）综合图件底图

（1）地理位置图宜根据图件的实际需求，从国家已正式颁布的地图中选取必要的地理要素作为底图。

（2）区域的水土流失现状图、土地利用现状图、水土保持规划总体布局图、水土保持区划（分区）图、水土流失重点预防区和重点治理区划分图、水土保持监测站网布置图等图件，要以地图为底图,绘制行政界线、政府驻地、必要的居民点、水系及地标等地理要素。区域土壤侵蚀类型及强度分布图可以土壤侵蚀普查成果图件为底图。

(3)小流域的土壤侵蚀类型及强度分布图、水土流失类型及现状图、土地利用现状图、土地利用规划及水土保持措施总体布置图应以地形图为底图,当比例尺不小于1:5 000 时,要保留所有等高线;当比例尺小于1:5 000 时,可只保留计曲线。

(4)生产建设项目的水土流失防治责任范围图、水土流失防治分区及措施总体布局图、水土保持监测点位布局图等图件,要以相应比例尺的地形图和主体工程总体布置图为基础,根据实际需要适当简化。土地利用现状图和土壤侵蚀强度分布图可根据建设项目的特点,参照区域或小流域的规定执行。弃渣(土、石)场、料场等综合防治措施布置图要以地形图或实测图为底图。

4)区域综合图件

区域综合图件包括地理位置图、水土保持区划(分区)图、水土流失重点预防区和重点治理区划分图、水土保持规划总体布局图、区域土壤侵蚀类型及强度分布图、水土保持监测站网(点位)布局(置)图。

5)小流域综合图件

小流域综合图件包括小流域水土流失现状图、小流域土地利用及水土保持现状图、小流域水土保持措施总体布置图以及典型小流域相关图件。

6)生产建设项目综合图件

生产建设项目综合图件包括项目区地理位置图、地貌与水系图、水土流失防治责任范围图、水土流失防治分区及措施总体布局图、水土保持监测点位布局图、弃渣(土、石)场、料场等综合防治措施布置图。

2.工程措施图件

(1)水土保持工程措施总平面布置图要绘出主要建筑物的中心线和定位线,并应标注各建筑物控制点的坐标,以及标注河流的名称,绘制流向、指北针和必要的图例等。

(2)工程措施图件比例尺可按表2.2-6 根据实际情况选择确定。

表2.2-6　水土保持工程措施图常用比例尺

| 图类 | 比例尺 |
|---|---|
| 总平面布置图 | 1:5 000,1:2 000,1:1 000,1:500,1:200 |
| 主要建筑物布置图 | 1:2 000,1:1 000,1:500,1:200,1:100 |
| 基础开挖图、基础处理图 | 1:1 000,1:500,1:200,1:100,1:50 |
| 结构图 | 1:500,1:200,1:100,1:50 |
| 钢筋图 | 1:100,1:50,1:20 |
| 细部构造图 | 1:50,1:20,1:10,1:5 |

3.植物措施图件

(1)植物措施注记和着色要求如下:①小流域水土保持植物措施图中的小班注记,应标明立地类型、树(草)种典型设计号及相应树(草)种符号。项目建议书、可行性研究阶段可采用 $\dfrac{\text{小班编号}}{\text{控制面积}-\text{实施时间}}$ 注记,初步设计及后续设计应采用 $\text{小班编号}\dfrac{\text{立地类型}-\text{典型设计号}}{\text{控制面积}-\text{实施年度}}$ 注记。若项目本身要求进行简化设计,也可采用 $\dfrac{\text{小班编号}-\text{典型设计号}}{\text{控制面积}-\text{实施年度}}$ 注记。若小班太小,可只标注小班编号,其他属性指标列表表达。②植物措施图件应根据规划设计的需要,按植被类型着色,要求色泽谐调、清晰。

(2)涉及景观、游憩要求的植物措施图件比例尺可根据需要确定,宜为1:2 000~1:200,特殊情况可采用1:100或1:50。

(3)高陡边坡绿化措施设计图要以边坡防护工程设计图为底图进行绘制,标注必要的控制点高程和坐标;剖面图中要有坡面分级措施布置情况。局部详图涉及基质厚度、组成、基质附着物结构等内容时,要予以标明。涉及挂网的,要标明挂件材料、结构及固定型式等。

(4)封育措施设计图要以地形图作为底图进行绘制。设计详图涉及工程和植物措施时,按相关图件绘制要求进行绘制。

**(三)水土保持图例**

图例可分为通用图例、综合图例、工程措施图例、耕作措施图例、植物措施图例、封育措施图例和临时措施图例等。

1.通用图例

通用图例包括地界(境界)、道路及附属设施、地形地貌、水系及附属建筑物等图例。

2.综合图例

综合图例包括土地利用类型图例、地面组成物质图例、水土流失类型图例、土壤侵蚀强度与程度图例等。它适用于土地利用与水土保持措施现状图、水土保持区划(分区)图或土壤侵蚀分区图、重点小流域分布图、土壤侵蚀类型和水土流失程度分布图、水土保持工程总体布置图或综合规划图等综合图的图例。植物措施图、工程措施图等单项工程设计图需用时也可选择采用。

3.工程措施图例

工程措施图例包括工程平面图例、建筑材料图例,可在规划阶段和各设计阶段的总体布置图、水土保持工程设计图等图件中采用。

4.耕作措施图例

耕作措施图例包括改变微地形图例、增加地面覆盖图例和改良土壤图例三种。

5.植物措施图例

(1)植物措施图例包括常规水土保持植物措施图例、园林式种植工程平面图例、高陡边坡图例。常规水土保持植物措施图例应包括林种图例、树草种图例(分小班注记、典型设计两种列出)、整地图例。

(2)整地图例主要包括全面整地图例、局部整地图例、鱼鳞坑整地图例、大坑图例(果树坑)、小坑图例、水平阶整地图例、水平沟整地图例、隔坡整地图例等。

6.封育措施图例

封育措施图例包括封山育林育草图例、草场改良图例、草库仑图例、围网图例和标志牌图例。

**7. 临时措施图例**

临时措施图例包括填土草袋图例、土埂图例、钢围栏图例、竹栅围栏图例、防风罩图例和临时覆盖图例。

# 第三节　遥感调查

## 一、遥感调查的应用范围

遥感是对大地进行综合观测的一项技术,能够实现大面积同步观测,数据具有高度的时效性、综合性、可比性、经济性等优点,在水土保持调查与勘测中已得到了广泛应用。遥感调查根据信息源可分为航空遥感(航片)调查、航天遥感(卫星影像)调查。

应用遥感技术对水土流失(或土壤侵蚀)的类型、强度和空间分布,以及水土流失防治措施与效果进行调查是水土保持调查非常有效的手段。但是由于地表覆盖的影响,反映土壤侵蚀信息的土壤表层微观色调、质地和光谱特征难以被目前的传感器直接感知,因此必须将遥感信息和非遥感信息相结合,通过一系列的信息处理和提取方法才能达到预期效果。根据水土保持监测技术规程及有关遥感调查的技术规范,其在水土保持中的应用范围包括小流域综合治理的设计调查、县域以上(中大流域)水土保持普查及规划调查。

水土保持遥感调查适用于以下内容:

(1)水土流失状况,如土壤侵蚀类型、强度、分布及其危害等。

(2)水土流失防治现状,包括水土保持措施的数量和质量。

(3)部分土壤侵蚀因子调查,主要是植被、地貌地形、地面组成物质等。

## 二、遥感调查的方法

### (一)遥感信息的选择与使用

**1. 信息源的选择与使用**

按照调查区域的大小和制图比例尺要求,可选择相应的航空遥感(航片)、航天遥感信息源(卫片)。

**2. 时间跨度的确定**

时间跨度是指在同一次遥感调查中,当调查区域由多景遥感影像组成时,遥感影像之间的时间差。时间跨度应当按照调查区域级别分类确定,不宜太大。如《水土保持监测技术规程》(SL 277—2002)要求:①全国、大江大河流域、省(自治区、直辖市)和重点防治区遥感信息的时间跨度不得超过2年;②县和小流域的时间跨度不得超过6个月。

**3. 时相选择**

应根据工作区域和任务的不同进行时相选择。时相选择直接决定着遥感图像专题内容的解译质量。遥感图像的时相选择,既要根据地物本身的属性特点,同时也要考虑同一地物不同区域间的差异。同一地物在不同时相的影像中所成的图像,可能差异性较大,对于判读人员的要求也较高,任务量也会相应地增大,甚至会影响到判读的结果。遥感图像的影像特征有非常明显的地方性,因此在选择时相时必须二者兼顾。一般情况,我国东北地区选择5月上旬至6月上旬或10月上旬,华北地区选择5月中下旬,华中、华东和西南的北部地区选择4月上旬,华南大部分和西南的南部地区选择冬季,西北地区则选择5~6月或9~10月。

（二）遥感调查的程序与方法

1.前期准备

1）调查计划的编制

承担任务的单位应根据项目任务书编制计划。其主要内容应包括：①区域概况；②基础资料和技术路线；③组织实施与方法；④预期成果；⑤进度安排和经费预算。

2）调查人员培训

调查人员必须由从事水土保持和遥感专业的人员组成。遥感影像解译工作目前使用人机交互方式,需要解译人员根据遥感信息和非遥感信息,在计算机的支持下进行信息的综合分析判断,其优势是将人的经验和认识有效地综合在信息提取上。

调查工作开始前,应对承担工作的技术人员进行培训。人机交互式解译的缺点是解译过程中人为主观性造成信息提取差异较大。因此,解译工作开始前,应对解译工作程序、解译特征等进行统一规定,并培训解译人员,使解译人员在进行信息提取时有统一的工作程序和解译判别标准。

3）资料收集

（1）遥感信息：根据工作需要进行选择。

（2）地形图：主要包括不小于调查比例尺的最新地形图或数字高程模型。

（3）其他资料：图件资料包括相关的土地利用图、地质图、地貌图、植被图、土壤图等土壤侵蚀因子图件,以及水土保持规划、行政界线等图件。观测数据和文字资料包括监测区域的水文、气象、径流、泥沙等观测资料,以及水土保持治理资料等。

2.遥感图像解译、遥感信息处理与制图

1）航空照片

（1）航空照片的判读。航空照片属于垂直中心投影,与实际人类视觉习惯有差异,为了提高解译精度与解译速度,需要掌握航空照片的判读标志（解译标志）。

航空照片的判读标志,又称解译标志,它反映了目标地物信息的遥感影像的各种特征,分为直接判读标志和间接判读标志。直接判读标志是指能够直接反映和表现目标地物的遥感影像的各种特征,它包括航空照片上的色调、色彩、大小、形状、阴影、纹理和位置等。间接判读标志能够间接反映和表现目标地物的遥感影像的各种特征,借助它可以推断与某地物属性相关的其他现象,主要有目标地物与其相关指示特征、地物及环境的关系、目标地物与成像时间的关系。

（2）航空照片的调绘。航空摄影测量方法成图大体上分为三个阶段:航空摄影、航测外业、航测内业。航测外业包括像片联测和判读、调绘。其中,调绘是在像片上补绘没有反映出的地物、地类界等,并搜集地图上必需的地名、注记等地图元素。

（3）航空照片的制图。一般说来,航空照片主要用于大比例尺影像地图的编制。常规编制流程的第一步是根据任务要求对影像地图进行设计,包括根据用图的要求恰当地选择影像地图内容,探讨专题图的表示方法,进行影像制图资料分析和制图数据分析,做好地图图面配置,确定影像地图生产流程,制定生产技术措施及质量管理办法。第二步是地理基础底图的选取。地理基础底图是影像制图的基础,它用来显示制图要素的空间位置和区域地理背景,对遥感影像进行几何纠正。对于航空影像,若所摄地区为平坦地区,则采用光学机械纠正的方法;若所摄地区有地形起伏,可采用微分纠正的方法进行几何纠正。在此基础上,制作线划注记版,并在影像图上套合地图基本要素,利用摄像仪或复照仪对影像图和线划注记版摄像,形成影像地图彩色负片,可洗印影像地图正片。

2)卫星图像

(1)卫星图像的判读。

①遥感图像的解译方法:遥感图像解译采用人机交互式解译法,并鼓励试用自动识别等新方法。

人机交互式解译是在地理信息系统支持下,由经验丰富的专业人员进行遥感影像解译。解译主要是通过对地貌、土地利用、地表组成物质、植被覆盖度、坡度、海拔高度等指标进行综合分析而实现的。人机交互式解译方法是目前采用较多的一种解译方法。

自动识别解译是由计算机自动完成信息提取的。目前,其可靠性、稳定性还有待进一步提高。自动识别解译主要有以下三种类型。

基于地物光谱分析的自动识别:主要依据调查对象在遥感信息中的灰度值进行分析,包括波段分析、非监督分类和监督分类等。

基于模型的自动识别:主要是通过遥感信息分析获得模型参数,通过模型计算达到信息自动识别。

基于专家系统的自动识别:通过建立专家知识库,利用人工智能方法完成信息自动提取。

②人机交互解译的步骤。

建立解译标志:通过外业调查,建立遥感解译标志,拍摄相应的野外实况照片,并作详细野外记录。

室内人机交互解译:根据野外建立的判读标志及相关资料,在影像上勾绘图斑。

野外校核:应用典型样区校核法和线路验证法,校核室内判读的准确性,拍摄照片,并作现场记录。

修编:根据野外校核情况和专家意见,对解译结果进行全面修改和补充。

数字图生成:将修编后的数字图接边,并转成 ARC/INFO 的 EOO 和 Coverage 格式。

(2)卫星图像的制图。

①遥感影像的选取与数字化。应根据搜集到的遥感信息,选择最佳波段组合,利用数字图像处理方法进行信息增强。遥感影像是人机交互式解译的主要依据。图像增强是指通过改变影像亮度、反差、目标对比度和影像颜色等特征达到最佳的视觉效果。目前主要通过计算机数字图像处理完成,主要方法有反差增强、边缘增强、平滑处理、频率滤波、比值增强和彩色增强等。

②遥感影像几何纠正与图像投影配准。

几何纠正:应根据地形图,选取控制点进行几何纠正。纠正后图面误差不应大于 0.5 mm,最大不应大于 1 mm。对于丘陵、山区侧视角较大的图像,可利用数字高程模型进行地形位移校正。所选地物控制点应均衡分布,一景遥感影像范围内的地物控制点不少于 20 个;进行影像几何纠正时,纠正的影像应赋有地理坐标,图像的灰度动态范围可不做调整。

图像处理的目的是消除影像噪声,去除少量云朵,增强影像中的专题内容。

图像配准:可以前一期校正好的遥感影像为基础,对新一期的遥感影像进行校正。当有校正好的遥感影像时,可以将新的遥感影像配准到该影像。配准后的误差不应大于0.5个像元。

（3）遥感影像镶嵌。

镶嵌的一种情况是把左右相邻的两幅或两幅以上的图像准确地拼接在一起,另一种情况是把一幅小图像准确地嵌入另一幅大图像中。一般情况下应把握下列原则:

①镶嵌时应注意镶嵌图像的投影相同、比例尺一致,有足够的重叠区域;

②图像的时相应保持基本一致,尤其季节差不宜过大;

③涉及一景遥感影像以上的调查,应采用无缝镶嵌;

④多幅图像镶嵌时,应以最中间的一幅图像为标准,以减小累积误差。

影像镶嵌方法是读取已经纠正过的图像和图像的四周角点地理坐标,可以将图像地理坐标换算成图像像元坐标。将图像放在同一坐标系平面内,按像元坐标值确定各图像的相对位置,利于相邻影像中同名地物点作为镶嵌的配准点,对区域相邻的影像进行拼接,把多景遥感影像镶嵌成一幅包括研究区域范围的遥感影像。镶嵌过程可以利用遥感图像处理软件,也可利用针对影像特点开发的专用图像镶嵌软件。图像无地理坐标时,可利用数字地形图的同名地物点测出各图像间相同地物点的像元坐标,定出其相对位置,完成镶嵌。

（4）地理基础图拼接。

多幅地理基础图拼接可利用GIS提供的地图拼接功能进行,依次利用两张底图相邻的四周角点地理坐标进行拼接,将多幅地理基础底图拼接成一幅信息完整、比例尺统一的制图区域地图。

（5）地理基础底图与遥感影像复合。

卫星数字影像与地理底图之间复合的操作流程为:利用多个同名地物控制点作为卫星数字影像与数字地图之间的位置配准;将数字专题地图与卫星数字图像进行复合叠置。

（6）符号注记层生成。

地图符号可以突出表现区域内的某种或几种要素,以弥补遥感图像在某些信息方面的不足。可以按照点状地物、线状地物、面状地物进行标注。注记是对某种属性的补充说明,符号和注记可以利用图形软件交互式添加在新的数据图中。

（7）影像地图图面配置。

图面配置的要求是保持影像地图上信息量均衡和便于用图者使用。图面配置的内容包括影像地图放置的位置、添加影像标题、配置图例、配置参考图、放置比例尺、配置指北箭头图幅的边框等。

3.面积量算与汇总

面积量算时控制面积应以图幅理论面积或国家统一的行政单位面积为准,即以分幅地形图上各级行政区的总面积为依据,对下一级行政区总面积或各类各级图斑面积量测进行控制。为了保证控制面积的精度,量算地形图图幅内各级控制面积时,要以图幅的理论面积为基本控制,控制面积量测按行政区等级由高到低逐级逐幅进行,在规定的允许限差内进行逐级逐图幅平差。图斑面积量测要在控制面积量测的基础上进行,即经过控制面积量测和逐级平差后,按基层行政区进行图斑面积量测和图斑面积平差。

理论面积(根据地图投影方式计算出的图幅面积)与实际面积(按图幅轮廓实际测算出的面积)的误差范围不得大于理论面积的1/400。面积应平差到每个图斑,平差后差值应赋予图中面积最大的图斑。

在图斑面积量测和平差后,应按图幅逐级逐类自下而上统计汇总面积量算结果。全国、大江大河流域、省(自治区、直辖市)和重点防治区面积汇总时,应以县级行政单位为单元,分类分级统计面积。进行县级面积汇总时,应按乡级行政单位进行统计。

### (三)精度、质量控制与要求

#### 1. 图像拼接与投影质量要求

航片处理控制时,航向重叠不得小于60%,旁向重叠不得小于30%,每张像片的倾角不应大于2°,个别不应大于3°;每张航片上4条压平线的弯曲度不得大于0.01 mm;影像清晰、色调均一,反差适中,阴影、云彩和其他斑痕不得影响应用;投影误差应控制在±0.4 mm。

卫星影像处理应经过几何纠正与辐射校正,保证无错误的条带。遥感影像经精细纠正后,误差控制在1个像元内。

#### 2. 解译质量控制要求

解译质量控制应符合下列规定:

(1)图斑属性的判对率应大于90%。

(2)图斑界线的走向和形状与影像特征的允许误差:遥感影像小于1个像元,航片按成图比例尺控制在0.5 mm内。

(3)条状图斑短边长度不应小于1 mm。

(4)图斑定性和定位应准确,矢量图内弧段应封闭,图斑应标注,图形应建立拓扑关系,图幅接边及其判读应在规定误差内,质量采用随机抽样方法,各级检查图斑数不得少于总图斑数的5%。

(5)采用分级检查制度控制人机交互式解译结果的误差:自查(解译人员自己的检查)误差应不大于10%;复验(其他解译人员的检查)误差应不大于8%;审核(解译质量负责人的检查)误差应不大于5%。

#### 3. 成果质量

成果质量应符合下列规定:

(1)图斑属性接边正确,图斑界线接边误差不应大于遥感影像的0.5个像元,航片按成图比例尺不应大于0.5 mm。

(2)每个图斑只能有一个代码。

(3)矢量图内弧段应封闭,图形应建立拓扑关系。

(4)成果图绘制应按《水利水电工程制图标准 水土保持图》(SL 73.6)的规定执行。

#### 4. 成果目录

(1)基础资料、原始记录、实地照片等技术文档。

(2)遥感影像、数字图和成果图件。遥感影像为Erdas的img格式,数字图为ARC/INFO的EOO或Coverage格式,成果图为印刷图。

(3)调查对象的分类分级面积统计表。

(4)调查报告,包括工作报告、技术报告和结果分析报告等。

5. 检查与验收

（1）检查验收应包括的内容：遥感调查的解译程序；抽查的面积或范围宜为调查区域的10%，且不应小于5%。抽查面积必须考虑不同类型、级别的面积比例。检查验收时应重点检查遥感影像判对率、图斑界线与影像的套合、图形接边和基础底图、成图质量、统计表和调查报告。

（2）验收报告应包括的内容：检查验收组织单位、验收时间、验收人员和验收方法；成果的综合评价；存在的问题与修改意见；提出应用建议。

6. 资料整理

（1）资料整编包括：①基础资料：用于解译的各种遥感信息、地形图和其他相关资料；②成果资料：数字图、成果图、原始记录和原始数据等；③技术文档：调查方案、技术细则、有关文件和调查报告等。

（2）报告资料汇编包括：①调查背景；②工作方法与程序；③遥感影像判读标志；④调查或监测结果与分析；⑤准确率检验；⑥存在问题与展望。

（3）相关统计表。统计表的格式应按照调查对象确定。

（4）应提交纸质记录两份，并配有磁盘、光盘等介质资料。

（5）成果更新与存档应符合下列规定：原有成果满足不了需要时，可按技术规程要求进行更新，但应保持新老资料的连续性；全部调查或监测资料应由相应单位分类保存。

# 第四节　水土保持勘测

## 一、测量方法和应用范围

### （一）概述

1. 常用的测量方法

在水土保持工程中，经常需要测量或求算面积、坡向、坡度、土方量、库容、比降等常用参数。各种水土保持工程对上述参数的精度要求不同，所选用的测量或计算方法也不尽相同。常用的方法有两种：①通过实地测量求取；②在一定比例尺的地形图上量取。

利用仪器进行实地测量的精度高于在地形图上量取的精度，但工作量较地形图上量取时要大。在精度容许的范围内，可直接在地形图上量取；在精度要求较高或没有地形图时可考虑实地测量。

常用的测量方法有两种：①常规地面测量；②利用全球定位系统（GPS）测量。

2. 常规地面测量

常规地面测量包括角度测量、距离测量、高差测量、方位角测量等。

（1）角度测量：水平角（或称平面角）和竖直角（或称垂直角）测量，所用仪器为经纬仪（光学经纬仪、电子经纬仪）。

（2）距离测量：使用的仪器为尺子（钢尺、皮尺）和测距仪。

（3）高差测量：使用的仪器有水准仪和经纬仪。利用水准仪测量高差精度很高，利用经纬仪测量高差精度相对较低。水土保持工程一般利用经纬仪就能够满足要求。

(4)方位角测量:在水土保持工程测量中方位角主要指磁方位角。常用罗盘仪测量。

在常规测量使用的仪器中,全站仪是一种特别的仪器,它包含了电子经纬仪和电子测距仪的功能,并加入了自动计算和程序化操作,具有快速测量、自动化数据处理、程序化操作等诸多优点。

3.利用全球定位系统(GPS)测量

利用全球定位系统(GPS)测量是一种方便快捷的测量方式,尤其适合于观测大范围或地面通视状况不佳的地区。使用的仪器是 GPS 接收机。GPS 的定位方式有两种:单点定位方式和相对定位方式。其中,单点定位方式只需要 1 台 GPS 接收机即可进行测量,而相对定位方式则需要至少 2 台 GPS 接收机。单点定位的精度为数十米,而相对定位的精度可达到厘米级或更高。

(二)基本要素测量方法

1.水平角度测量

(1)在实地用经纬仪进行测量。当需要观测角度的精度很高,达到秒级精度时,采用经纬仪测量。

(2)在实地用罗盘仪观测两个方向的磁方位角,通过其差数得到水平角。该方法是一种较粗略的方法,精度达 $20' \sim 30'$,甚至更低。

(3)在地形图上用量角器直接量取。其精度受比例尺及组成角的点之间的距离大小等因素的影响。

(4)在电子地图上量取。精度受电子地图比例尺及精度的影响。

2.水平距离测量

(1)用钢尺或皮尺测量。该方法只适用于短距离精确丈量距离。

(2)用测距仪(或全站仪)测量。该方法是一种精密的距离测量方法,精度可达到毫米级。测距仪量程较大(数公里甚至数十公里),在野外距离测量中使用广泛。

(3)在地形图上直接量取。精度主要受比例尺精度及地形图误差的影响。

(4)在电子地图上直接量取。若应用电脑软件直接在电子平板所测的地形图上量取,其精度与实地距离丈量的精度大致相当。

3.高差和方位角测量

1)高差测量

(1)用水准仪测量。精度高,但当所测量的两点距离较远时,需要观测多个测站才能完成,甚至当坡度太大或有障碍时,无法使用水准仪测量。

(2)用经纬仪测量。该方法的精度比用水准仪测量低,其优点是不受地形条件的影响,只要两个点间能够互相通视,就可以测出其间的高差,是一种常用的测量高差的方法。

(3)在地形图上量取。首先在地形图上通过内插的方法求出两点的高程,然后将所求出的高程相减,即可得到两点间的高差。

(4)梯田埂坎高度测量。直接用水准尺、钢尺、皮尺测量。

2)方位角测量

方位角一般可通过罗盘仪测量,也可以在地形图上直接量取。

4.面积测量

1）解析法

将测定区域概化成多边形,根据多边形各角点的平面坐标,计算出多边形的面积。当地块的边界包含有曲线段时,可以根据一定的要求将其简化为一个连续的折线段。解析法的关键是求取点的坐标,在野外测量中,可以应用全站仪测出地块各角点的坐标,也可以应用GPS测出各顶点的坐标。同样,在地形图上,可直接量算出地块各角点的坐标。解析法求面积的精度取决于坐标测量的精度。

2）求积仪法

在地形图上,应用机械式或电子式求积仪求取地块的面积。

3）图解法

图解法包括三种方法。

（1）几何图形法。当地块的形状是多边形时,可将它分成若干三角形、梯形等简单几何图形,分别计算面积,求其总和,再乘以比例尺分母的平方即可。

（2）方格法。在透明方格纸或透明膜片上作好边长 1 mm 或 2 mm 的正方形格网,将其覆盖在图上,统计出地块内的方格数(不完整的方格可目估),进而根据每个方格的面积计算出整个地块的面积。

（3）平行线法。在透明膜片上制作一组间距相等的平行线,并将其覆盖于图上,则地块将被平行线切成多个等高的梯形,计算出每个梯形的面积,进而求出整个地块的面积。

5.坡度、坡向、比降量测

1）坡度量测

（1）用坡度仪直接测定。

（2）用罗盘仪、经纬仪直接测定。

（3）用经纬仪测定两点的高差,用皮尺测量两点间的距离,利用三角函数计算。

（4）在地形图上用内插法求算两点间的高差,用尺子量取两点间的距离,用高差除以水平距离得到坡度。

2）坡向量测

同方位角测量。

3）比降量测

与坡度确定相同。

6.土方量的计算

1）方格法

将地块、地形单体(如山、池、岛等)分截成若干"直立的长方条"阵,根据所求得的每个"长方条"的体积,累加求出总的土方量。该方法适用于地形起伏不大或地形变化比较规律的地区。

2）断面法

断面法是以一组等距(或不等距)的相互平行的截面将拟计算的地块、地形单体(如山、池、岛等)和土方工程(如堤、沟渠、路堑、路槽等)分截成"段",分别计算这些"段"的体积,再将各段的体积累加,求得总土方量。在地形变化较大的地区,可以用断面法来估算土方。断面法包括垂直断面法和水平断面法(等高线法)。

7. 淤地坝汇水边界测量及库容计算

淤地坝汇水面积测量及库容计算可参照小型水库测量和计算要求进行。

1）汇水边界测量

从地形图上已设计的坝址或涵闸的一端开始,沿山脊线画一条与等高线垂直的分水线,直到坝址的另一端而形成一条闭合曲线,该闭合曲线包围的面积即汇水面积,然后利用面积的测量方法求出汇水面积。

2）库容计算

淤地坝库容的计算方法与土方量的计算方法一致。当没有地形图可利用时,需要在野外实测水底地形。常使用的方法是用 GPS 配合声纳系统来测量水底地形。根据所观测的水底地形点的平面位置和深度,计算出点的高程,从而内插出等高线,并进一步根据坝体高程值推求出库容。

## 二、水土保持测量的内容和要求

水土保持测量的内容包括地形和断面测量。同一工程不同测量阶段的测量工作宜采用同一坐标系统。

### (一)水土保持测量的基本要求

测量的地物和地貌要素要根据水土保持工程的特点和任务要求确定。测量工作前,收集测区已有的地形图及平面、高程控制资料;平面基准宜采用 1980 西安坐标系。在已有平面控制网的地区,可沿用已有的坐标系统。需要时,提供采用的坐标系统对当地统一坐标系统的换算关系。高程基准采用 1985 国家高程基准,当采用其他高程基准时,要求得其与1985 国家高程基准的关系。对远离国家水准点、引测困难、尚未建立高程系统的地区,可采用独立高程系统或以气压计测定临时起算高程。水土保持综合治理工程测量坐标系统通常可采用相对坐标、高程系统。

### (二)水土保持综合治理工程测量

1. 测量工作深度

(1)项目建议书(或预可研)和可行性研究阶段以收集已有测量资料为主,典型小流域或片区需开展必要的测量,初步设计阶段对小流域或片区均应开展测量。各阶段的测量方法可根据水土保持工程的规模和测量精度要求确定,其中水窖、蓄水池、沉沙池、涝池和其他雨水集蓄利用工程、支毛沟治理工程等单个规模较小的水土保持工程地形测量可采用1:10 000地形图作为底图开展工作,并根据需要进行补充测量;梯田及坡面水系工程、引洪漫地、引水拉沙、经济林及果园工程测图中,对于地形变化较小的区域,可采用分类典型图斑的测量方式,采用1:10 000 地形图作底图,实测标注相应特征地物及特征点。

(2)总平面布置的地形图测量比例尺,项目建议书和可行性研究阶段为 1:50 000 ～ 1:10 000;初步设计阶段为 1:10 000 ～ 1:2 000,单项工程的库区地形图比例尺为 1:5 000 ～ 1:2 000;施工图阶段为 1:5 000 ～ 1:500。主要建筑物的地形图测量比例尺,项目建议书和可行性研究阶段为 1:10 000 ～ 1:2 000;初步设计和施工图阶段为 1:2 000 ～ 1:500,断面比例尺为 1:500 ～ 1:100。

2. 小沟道及坡面治理工程测量

(1)沟头防护工程测量可沿工程布置的轴线测出地形起伏变化点的坐标和高程。小型蓄水工程及配套措施测量需测出汇水口、沉沙池、蓄水池的中心点及输水渠沿线地形起伏变化点的坐标和高程,并测出汇水区域面积。谷坊工程需测量沟道地形起伏变化点的坐标和高程,各测点之间水平距离宜为 5~20 m,并测量各谷坊坝轴线断面特征。

(2)截洪排水工程集水面积的地形图测量比例尺不小于 1:10 000,沟渠沿线地形图测量比例尺不小于 1:2 000,测量范围应沿轴线两侧外扩 10~20 m;测量截洪排水渠纵断面,需根据地形起伏情况布置横断面,比例尺为 1:500~1:100。梯田及坡面水系工程需测量地形图,测量范围包括规划田块,并适当外延,比例尺不小于 1:2 000。需测量蓄水池中心点、沉沙池中心点及生产道路、连接道路、排水渠系等线型工程沿线地形起伏变化点的坐标和高程。规划田块纵向骨干排水渠应测纵断面,比例尺应为 1:500~1:100。

3. 引洪漫地和引水拉沙工程测量

引洪漫地测量范围要根据拦洪坝、引洪渠(洞)、顺坝、格子坝、进出水口门总体布置情况扩大。引水拉沙测量范围需根据水源地、沙丘、渠道、顺坝、格子坝、进出水口门总体布置情况扩大。

4. 沟道(小河道)滩岸防护工程测量

沟道(小河道)滩岸防护工程需测量带状地形图,测量范围为沟道中心线至耕地界以内 10~20 m,比例尺应为 1:2 000~1:500;要根据地形起伏情况布置横断面,比例尺为 1:500~1:100。

5. 淤地坝工程测量

(1)小型淤地坝坝址测量可测量坝轴线处沟道断面,包括沟底宽度和两岸坡度。坝轴线上下游 10 m 范围内两岸岸坡有较大变化时,需在变化处增测 1~2 个断面。大中型淤地坝坝址地形图测量包括淤地坝、放水建筑物、溢洪道布置区域及坝顶高程以上一定范围,并标出料场的位置,比例尺应为 1:1 000~1:500。坝址需测横断面图和纵断面图。纵断面需沿坝轴线布置,比例尺应为 1:500~1:100;横断面测量包括上下坝脚线以外一定范围,比例尺应为 1:200~1:100。

(2)小型淤地坝库区测量需测出库区沟底比降和平均宽度。大中型淤地坝库区测量需高出坝顶高程一定范围。若测库区地形图,比例尺不小于 1:2 000;若测地形断面,断面间距为 10~50 m。

6. 拦沙坝工程测量

(1)拦沙坝需测量坝址、库区地形图及坝址纵横断面。

(2)坝址地形图测量包括拦沙坝、放水建筑物、溢洪道布置区域及坝顶高程以上一定范围,比例尺为 1:1 000~1:500。纵断面沿坝轴线布置,比例尺为 1:500~1:100;横断面测量包括上下坝脚线以外一定范围,比例尺为 1:200~1:100。库区地形图测量范围需高出坝顶高程一定范围,比例尺为 1:2 000~1:1 000。

7. 滑坡防治工程测量

(1)测量范围包括后缘壁至前缘剪出口及两侧缘壁之间的整个滑坡,并外延到滑坡可能影响的一定范围。

(2)地形图比例尺 1:2 000~1:500。

8. 泥石流灾害防治工程测量

泥石流区地形图比例尺为 1:10 000~1:5 000;形成区中堆积物沟道地形图比例尺为

1：5 000～1：1 000。拦挡工程和排导工程测量比例尺为 1：2 000～1：500。

**（三）生产建设项目水土保持工程测量的内容和要求**

生产建设项目水土保持工程测量要在收集和利用主体工程地形图的基础上，进行必要的相应深度的补充测量。

1.测量工作深度

（1）项目建议书和可行性研究阶段弃渣场、料场及其他重要的防护工程布置区地形图比例尺为 1：10 000～1：2 000；初步设计和施工图阶段平地型弃渣场地形图比例尺为 1：10 000～1：5 000，其他弃渣场地形图比例尺为 1：5 000～1：1 000。其他生产建设项目水土保持工程的测量比例尺需与主体工程相应设计阶段的要求相一致。

（2）项目建议书和可行性研究阶段主要防护构筑物布置区地形图测量比例尺为 1：10 000～1：2 000；初步设计和施工图阶段地形图比例尺不小于 1：2 000，断面比例尺为 1：500～1：100。

2.弃渣场、取料场、拦渣工程与防洪排导工程测量

（1）弃渣场需进行地形测量，测量范围包括弃渣场区、拦渣工程区、防洪排导工程区及周边一定范围，并根据安全防护距离适当扩大。料场测量范围需在主体工程已有地形图的基础上，根据防护和土地整治的要求确定，包括料场开采区及周边一定范围。

（2）拦渣工程与防洪排导工程区还需进行纵横断面测量。纵断面需沿轴线布置，比例尺为 1：500～1：200；横断面需根据地形起伏情况布置，建筑物两侧需外延一定范围，比例尺为 1：200～1：100。

## 三、工程地质勘测方法与应用范围

水土保持工程地质勘测以踏勘为主，必要时可进行地质勘探。

**（一）工程地质测绘**

工程地质测绘的比例尺分为小比例尺（1：100 000、1：50 000）、中比例尺（1：25 000、1：10 000）、大比例尺（1：5 000、1：1 000 或更大）三类。使用的地形图必须是符合精度要求的同等或大于地质测绘比例尺的地形图，并必须在图上注明实际的地质测绘比例尺。

地质测绘时，地层的分层要与地质测绘的比例尺相适应。中小比例尺测绘时，地层的分类应与一般区域测绘的要求相同。大比例尺地质测绘的分层，按岩性和工程地质岩组分层；对水文地质和工程地质有重大意义的岩层或岩组，更需要单独划分。第四纪地层的划分，一般应按地层时代、岩性及成因类型划分。

**（二）工程地质测绘方法**

1.地层剖面实测

根据测区露头出露的情况，可以采用不同的测绘地层剖面。当岩层出露较好时，可利用横切岩层走向的傍山公路、渠道或河谷、冲沟等，直接量测岩层，进行观察描述。当山坡或山岭无覆盖层或覆盖层较薄时，可以沿山体的倾斜方向测量岩层的出露情况、地面坡度和岩层产状。当天然露头零散、岩层出露不连续、无法测绘较长的天然剖面时，可分别测量若干孤立露头剖面，然后进行岩层对比，根据相应层位或标志层，把各个孤立的露头剖面连成统一的长剖面。

2. 地质点的观测

地质点的观测工作包括位置的标测、岩层产状要素的测定、地质现象的观察与素描、标本采集等。

1）地质点位置的标测

使用经纬仪测定位置、水准仪测定高程。

2）岩层产状要素的测定

岩层和断裂产状要素用罗盘测定。在测定岩层产状时，要事先观察岩层的真正倾斜方向，当岩层倾斜较缓、不易确定岩层的倾斜方向时，可采用 V 形法则或三点法来确定岩层的产状要素和主要倾斜方向。

V 形法则确定岩层倾向：在冲沟或河谷地段，当两岸露头的 V 形尖端指向上游时，说明岩层倾向冲沟上游方向；当 V 形尖端倾向下游时，说明岩层倾向与冲沟水流方向一致。

三点法确定产状要素：当岩层倾角比较平缓、不易用罗盘测量出岩层产状时，可用三点法作图求岩层的产状要素。

3）地质现象的观察与素描

在地质点上对露头作地质素描时，只考虑大概的比例关系即可，但对于每一地质现象有关数据，应该精确注明。

4）标本采集

在地质点上采集每一层的岩石标本，标本尺寸为 4 cm×6 cm×2 cm 或 9 cm×12 cm×2 cm，并进行记录。

3. 野外地质观察

1）层理的观察

平行层理：层理呈直线状，互相平行于层理面，表明沉积环境比较稳定。

波状层理：波状层理的出现，说明当时沉积物顶面处在波浪所及的浅水区。

斜层理：是在沉积介质大动荡的条件下形成的，由一系列斜交层面组成。

2）地质构造的观察

（1）褶皱。褶皱的出现使地层对称地重复出现。根据岩层的产状和新老地层重复出露的次序，从地面上观察，就可以判断出背、向斜的存在位置和形式；如果褶皱保存完整，则可通过对露头剖面的直接观察来确定褶皱的形态；在岩层有褶皱时，应对岩层间错动、夹泥等情况进行仔细观察，取样进行有关黏土矿物和物理力学性质的试验与分析。

（2）断层。野外识别断层的标志是破碎带和构造岩。断层发生时沿断层面两侧岩体受强大的剪切和压磨，发生动力变质作用，形成破碎带和构造岩。根据构造的性状、磨碎或动力变质程度，一般可分为断层泥、断层糜棱岩、角砾岩、构造碎裂岩等。

（3）节理裂隙统计。野外测绘时，除对节理的成因与力学性质进行研究外，还应进行节理裂隙统计，确定测区范围内对岩体起主导作用节理组的产状，并为岩体中节理裂隙的发育程度提供定量指标。

（4）岩层接触关系。①整合：不同时代的地层顺序连续沉积，新地层依次叠置在较老地层上面，代表当时地壳比较稳定；②假整合：新、老地层依次平行叠置，但中间有地层缺失；③不整合：上下岩层以不同产状相接触，中间有地层缺失（沉积间断）和古剥夷面。

### (三)遥感技术应用

#### 1.区域地质构造稳定性确定

区域地质构造的稳定性与区域水土流失特别是滑坡泥石流及强度有很大关系,利用遥感图像能提供大量宏观的线型构造信息,了解与掌握区域地质特征、水系分布特征和地貌形态是十分重要的手段。

#### 2.崩塌、滑坡、泥石流调查

崩塌、滑坡、泥石流以及某些松散堆积体的调查中,利用航片、卫片或彩红外片进行地质解译,结合野外现场观察、复查和检查,能够查明大型或较大型塌滑体的数量、分布及其稳定状态,查明泥石流发生情况及泥石流易发区域的地质地貌情况。

#### 3.岩溶调查

利用遥感影像,特别是采用红外影像进行岩溶及岩溶水文地质调查有其特殊的优势,像片解译不仅能很好地判读各种岩溶地貌现象,而且还可以充分利用岩溶地貌与其他介质红外光谱的差异,判断地下水的分布和泉水分布等。

#### 4.中小比例尺地质测绘填图

在保持必需的野外工作量和成图现场校核工作的前提下,中小比例尺地质图以遥感成图取代常规地质测绘;建筑物及其他重要地区大比例尺工程地质图优先考虑遥感成图。

#### 5.岩土工程开挖面地质编录

为适应大型水利水电工程施工中进行反馈设计、安全预报和存档备查的需要,在人工开挖高边坡、大型地下建筑物和大坝基坑的开挖中采用地面遥感技术,进行地质编录,可以为相关的水土保持工程提供翔实的现场地质资料和数据。

### (四)工程钻探与物探

水土保持工程地质调查中很少采用工程钻探与物探,但应有所了解,以便在开发建设项目水土保持中应用有关资料。

#### 1.钻探

钻探是工程勘察中能直接获取地下信息的最重要的手段。平硐和竖井(或大径钻井)勘探,是山地勘探工作中的重要组成部分。

#### 2.物探

(1)重力勘探:应用在大区域地质构造、地下深部断层、大溶洞、巨大的埋藏谷等的勘探中。

(2)磁性勘探:圈定岩浆岩体界线,追索覆盖层下的岩体界线。

(3)电法勘探:研究地质构造,探测溶洞,解决水文地质问题;确定覆盖层厚度、滑坡规模等。

(4)弹性波探测:研究区域地质构造,确定覆盖层厚度、构造、破碎带等。

(5)钻孔地球物理勘探:划分地层,确定岩层的物理力学和水文地质参数。

## 四、水土保持勘察的内容和要求

水土保持工程勘察内容包括工程区的基本地质条件、主要工程地质问题评价,以及天然建筑材料的分布、储量、质量等。

滑坡治理工程勘察按《滑坡防治工程勘查规范》(DZ/T 0218)执行,泥石流治理工程按

《泥石流灾害防治工程勘查规范》(DZ/T 0220)执行,贮灰场治理工程按《火力发电厂贮灰场岩土工程勘测技术规程》(DL/T 5097)执行,排泥场、矿山排土场、尾矿库的勘察按《岩土工程勘察规范》(GB 50021)和《岩土工程勘察技术规范》(YS 5202/J300)执行。

**(一)水土保持勘察的基本要求**

1. 勘察准备工作

(1)水土保持勘察工作需编制必要的勘察任务书(或勘察合同),以明确设计阶段、规划设计意图、工程规模、天然建筑材料需用量及有关技术指标、勘察任务和对勘察工作的要求。在开展勘察工作前,需收集和分析已有资料,进行现场踏勘,了解自然条件和工作条件,结合勘察任务书与工程设计方案,编制工程地质勘察大纲。在勘察过程中,要根据具体情况的变化,适时对工程地质勘察大纲进行调整。

(2)工程地质勘察大纲主要内容为:工程概况、任务来源、勘察阶段、勘察目的和任务;勘察地区的地形地质概况及工作条件;已有地质资料、前阶段勘察成果的主要结论及审查、评估的主要意见;勘察工作依据的规程、规范及有关规定;勘察范围、勘察内容与方法、重点研究的技术问题与主要技术措施;勘探工作布置及计划工作量;质量、环境与职业健康安全管理措施;组织措施、资源配置及勘察进度计划;提交成果内容、形式、数量和日期。

2. 勘察的方法

(1)建筑物应根据工程的类型和规模、地形地质条件的复杂程度综合运用各种勘察方法,勘察方法要注重针对性和有效性;在工程地质测绘基础上,要优先采用轻型勘探和现场简易试验,必要时可布置重型勘探工作。工程地质测绘应符合现行行业标准《水利水电工程地质测绘规程》(SL 299)的有关规定,要抓住主要工程地质问题,充分运用已有经验,重视采用工程地质类比和经验分析方法。

(2)基岩的物理力学参数,可采用工程地质类比和经验判断方法确定,必要时要进行室内试验或现场试验。土的物理力学参数、渗透系数、允许渗透比降需在试验成果的基础上,结合工程地质类比方法确定。岩土渗透性分级要符合《中小型水利水电工程地质勘察规范》(SL 55—2005)附录 D 的规定。

(3)对地震动峰值加速度在 0.1g 及以上地区的饱和无黏性土、少黏性土地基的振动液化需作出评价。

3. 各阶段勘察工作内容

1)水土保持单项工程

项目建议书和可行性研究阶段需初步查明各类工程的地质条件及主要工程地质问题,宜采用工程地质测绘。若存在区域工程地质问题或滑坡等不良地质现象时需辅以勘探工作;初步设计阶段要查明各类工程的地质条件及主要工程地质问题,并作出评价,要结合措施总体布局,开展地质测绘、勘探、试验等工作;施工图设计阶段工程地质勘察要根据初步设计审查意见和设计要求,补充论证专门性工程地质问题;并要进行施工地质预测预报工作。

2)生产建设项目水土保持工程

要根据生产建设项目水土保持工程的规模、特点开展勘察工作,深度要与主体工程设计深度相适应;对弃渣场、料场及其他重要的防护工程需收集和利用主体工程地质勘察成果,并进行必要的相应深度的补充勘察。可行性研究阶段对 4 级及以上弃渣场需进行勘察;初步设计阶段需对弃渣场及防护构筑物布置区进行勘察;施工图设计阶段要重视构筑物布置区的施工地质工作。

**(二)拦沙坝工程勘察**

**1.库区地质勘察**

以调查为主,查明汇水面积及固体堆积物的来源、分布、储量等;对居民点、道路、桥梁等有影响的库岸变形段需进行专门性工程地质勘察。

**2.土石坝勘察**

1)土石坝勘察内容

(1)需查明坝基基岩面起伏变化情况,沟谷谷底深槽的范围、深度及形态;查明坝基地层岩性,覆盖层的层次、厚度和分布。土质坝基要重点查明软土层、粉细砂、湿陷性黄土、膨胀土、架空层、漂孤石层等不良土层的分布情况;岩质坝基要重点查明坝基软弱岩体、断层破碎带、强风化层或强溶蚀层的厚度。同时,还要查明岩溶塌陷或土洞、膨胀土胀缩性、地裂缝、滑坡体等不良地质作用及地质灾害的分布情况,评价其对工程的影响。

(2)查明坝址区主要构造发育特征,岸坡风化卸荷带的分布、深度;查明坝区岩溶发育规律,坝基主要岩溶洞穴的发育特性及分布;查明坝基水文地质结构,地下水埋深,土体与断层破碎带、强风化层或强溶蚀层的透水性。需重点查明可能导致强烈渗透变形的集中渗漏带,提出处理的建议。

(3)提出有关岩土体物理力学参数、渗透系数以及主要土体、断层破碎带等的允许水力比降参数。对坝基不均匀沉陷、抗滑稳定、渗透变形、边坡稳定等问题作出评价。

2)土石坝勘察方法

坝址区工程地质测绘比例尺宜选用1:1 000~1:500,测绘范围要包括建筑物场地和对工程有影响的地段。勘察方法宜采用电法、地震波法探测覆盖层厚度、基岩面起伏情况及断层破碎带的分布;要根据需要进行孔内电视等方法探查喀斯特洞穴分布、含水层和集中渗漏带的位置。

**3.砌石或混凝土重力坝工程勘察**

1)砌石或混凝土重力坝勘察内容

(1)土质坝基的重力坝勘察需查明下游冲刷区的覆盖层分层、厚度变化及其性状。

(2)岩质坝基的重力坝需查明坝基强风化层、强溶蚀层、易溶岩层、软弱岩层、软弱夹层等的分布、性状、延续性及工程特性;断层、破碎带、裂隙密集带的具体位置、规模和性状,特别是顺沟断层和缓倾角断层的分布和特征;查明坝基、坝肩主要结构面的产状、延伸长度、充填物性状及其组合关系。确定坝基、坝肩稳定分析的边界条件。在喀斯特发育地区,需查明坝区喀斯特发育规律,主要喀斯特洞穴和通道的分布、规模与充填状况,喀斯特泉的位置和补、径、排特征,重点查明坝基应力影响范围内分布的喀斯特洞穴与通道。

(3)确定可利用岩面的高程,评价坝基工程地质条件,并提出对重大地质缺陷处理的建议;查明泄流冲刷地段工程地质条件,评价泄流冲刷和雾化对坝基及岸坡稳定的影响。

(4)根据需要提出主要岩体物理力学参数、断层破碎带的渗透系数与允许水力比降参数、主要软弱夹层与结构面的力学参数等。对坝基变形与抗滑稳定、渗透变形、边坡稳定等问题作出评价,提出处理的建议。

2)砌石或混凝土重力坝勘察方法

(1)坝址区工程地质测绘比例尺宜选用1:1 000~1:500,测绘范围需包括建筑物场地和下游冲刷区。勘察宜采用钻孔声波、孔内电视、孔间层析成像、综合测井等方法探查结构面、喀斯特洞穴、软弱带的产状、分布、含水层和渗漏带的位置等。

（2）勘探剖面线要根据具体地质条件结合建筑物特点布置，主勘探剖面线应沿坝轴线布置，勘探点间距宜为 30～50 m，且勘探点不少于 3 个，地质条件复杂区勘探点应适当加密。溢流坝段、非溢流坝段宜有代表性勘探纵剖面，纵剖面线下游延伸范围需包括下游冲刷区，勘探点间距可根据具体情况确定。

（3）坝轴线上要有钻孔控制。基岩坝基钻孔深度宜为坝高的 1/3～1/2，且需揭穿强风化或强溶蚀层，进入下部岩体的深度不小于 5 m；覆盖层坝基钻孔深度，当下伏基岩埋深小于坝高时，钻孔进入基岩深度不小于 5 m；当下伏基岩埋深大于坝高时，钻孔深度为建基面以下 1.5 倍坝高，在钻探深度内如遇有对工程不利影响的特殊性土层时，还要有一定数量的控制性钻孔，钻孔深度需能满足稳定、变形和渗透计算要求。

（4）勘探纵剖面上宜布置适量的钻孔，钻孔深度需根据具体地质条件与所处工程部位确定；对两岸岩体风化带、卸荷带、强溶蚀带以及对坝肩稳定有影响的断层破碎带等，宜布置平洞或探槽。

### （三）大（1）型淤地坝勘察

1. 大（1）型淤地坝勘察内容

大（1）型淤地坝的工程勘察内容可按拦沙坝工程勘察内容确定，均质黄土区可简化。

2. 大（1）型淤地坝勘察方法

（1）坝址区工程地质测绘比例尺宜为 1∶2 000～1∶500，测绘范围包括淤地坝、溢洪道及下游冲刷区等。对于非均质黄土覆盖层分布区宜采用电法、地震波法探测覆盖层厚度、基岩面起伏情况。

（2）勘探方法以轻型勘探为主，除均质黄土外，其余覆盖层坝基可辅以适量的重型勘探工作。

（3）沿建筑物轴线要布置主勘探剖面线，地质条件复杂时可布置辅助勘探剖面线。主勘探剖面上坑、孔间距，丘陵峡谷区不宜大于 50 m，平原区不宜大于 100 m，可根据地质条件变化加密或放宽孔距，且勘探点不少于 3 个；辅助勘探剖面上的坑、孔间距可根据具体需要确定。

（4）覆盖层坝基钻孔深度，当基岩埋深小于 1 倍坝高时，钻孔深度需进入基岩不小于 3 m；当基岩埋深大于 1 倍坝高时，钻孔深度需穿过对工程有不利影响的特殊性土层。溢洪道钻孔深度要进入设计建基面以下 3～10 m。

### （四）弃渣场及防护工程勘察

1. 弃渣场勘察内容

（1）查明弃渣场以及弃渣场外围汇水区域地形地貌特征，评价弃渣场堆渣后存在泥石流等次生灾害的可能性，并提出渣场排水与防冲刷的工程措施建议方案。

（2）查明堆渣区滑坡、泥石流等不良地质现象，范围包括可能影响渣场稳定的区域。查明场地地层岩性，重点查明覆盖层的厚度、层次与软土、粉细砂等不良土层的分布情况。

（3）查明岩体构造发育特征，重点查明顺坡向且倾角小于或等于自然斜坡坡角的软弱夹层、断层。提出主要土层的物理力学参数及渗透系数，主要软弱夹层、断层的抗剪强度参数。

（4）评价场地稳定性及堆渣后的整体稳定性；评价拦渣工程地基抗滑稳定、不均匀沉降、渗透变形等问题，并提出处理建议。

2. 弃渣场防洪排导工程勘察内容

（1）查明防洪排导工程沿线工程地质条件以及滑坡、泥石流等不良地质现象。

（2）提出主要岩土层的物理力学参数，评价防洪排导工程沿线建筑物地基、排水洞围岩及进出口边坡的稳定性，并提出处理建议。

3. 弃渣场及防护工程勘察方法

1）工程地质测绘

弃渣场平面地质测绘比例尺可选用 1∶5 000～1∶1 000，范围包括弃渣场及周边一定区域，并根据安全防护距离适当扩大；拦渣工程与防洪排导工程地质测绘比例尺可选用 1∶2 000～1∶500，范围包括建筑物边界线外一定区域；沿建筑物轴线进行剖面地质测绘，比例尺 1∶500～1∶200；对可能发生滑坡、泥石流等影响建筑物安全的区域，要扩大范围进行专门性问题的地质测绘；勘察方法宜采用电法、地震波法探测覆盖层厚度、基岩面起伏情况。

2）勘探内容和要求

（1）弃渣场的勘探手段宜根据弃渣场类型、级别、地质条件等选择。以轻型勘探为主，对临河型、库区型与坡地型弃渣场宜布置钻探。

（2）弃渣场堆渣区域勘探线宜垂直于斜坡走向布置，勘探线长度应大于规划堆渣范围。勘探线间距宜选用 50～200 m，且不宜少于 2 条。每条勘探线上勘探点间距不宜大于200 m，且不宜少于 3 个，当遇到软土、软弱夹层等要适当增加勘探点。

（3）拦渣工程主勘探线沿轴线布置，勘探点距离宜为 20～30 m，地质条件复杂区宜布置辅助勘探线。每条勘探线的勘探点不宜少于 3 个，地质条件复杂时可加密或沿勘探线布置物探对地质情况进行辅助判断。

（4）在堆渣区，钻孔深度应揭穿基岩强风化层或表层强溶蚀层，进入较完整岩体 3～5 m。在拦渣工程区，当松散堆积层深厚，钻孔不必揭穿其厚度时，孔深宜为设计拦渣体最大高度的 0.5～1.5 倍。

（5）在弃渣场防洪排导工程的丁坝、顺坝、渡槽桩（墩）、排水洞进出口等部位，根据需要可布置适量的钻探工作。

**（五）天然建筑材料的勘察**

天然建筑材料需进行详查，确定所需天然建筑材料的质量、储量及开采、运输条件等，详查储量不宜少于设计需要量的 2 倍。弃渣场拦挡及排导等工程所需的天然建筑材料可从主体工程所定的料场采取，亦可就近采取满足要求的建筑材料；天然建筑材料勘察宜按《水利水电工程天然建筑材料勘察规程》（SL 251）执行。

## 五、勘测图件绘制

在地质勘测过程中和勘测任务完成后，及时对勘测资料进行整理，并绘制成相关图件。

**（一）地质勘测图件**

水利与水土保持工程的地质勘测图件主要包括综合地层柱状图、区域构造稳定性地质图、综合地质图、坝址及其他建筑物区工程地质图及剖面图、天然建筑材料产地分布图、喀斯特区水文地质图、土基工程地质剖面图、钻孔柱状图、硐井展示图等。

## （二）勘测图件绘制的一般要求

编制图件所应用的各项资料必须经过系统整理、综合分析和全面校核。各类图件应主题突出，图面布置紧凑、协调，线条主次分明，字体端正清楚。

各类图件的精度应与地质测绘的比例尺相适应。为了保证图件的准确性，主要地质图必须在底图上描绘，不得在蓝图上套描。

地质平面图必须标明经纬度或坐标网，应以正上方为北，否则必须标出指北方向。

地质剖面图的绘制方向：顺水流者由上游至下游从左到右绘制，跨水流者应面向下游自左向右绘制，与水流无关和平面图上附的地质剖面图应与平面图协调；地质剖面图的纵横比例尺应一致，当确需放大纵向比例尺时，一般不宜大于横向比例尺的 5 倍，平原区可适当放宽。

地质图的图名应置于正上方，平面图图名下方应绘线段比例尺。图纸幅面、图标规格及折叠方法按基础制图规定执行。

地质图上的软弱夹层、岩脉、断层、裂隙、滑坡、崩塌、喀斯特洞穴、泉、井、试验点、取样点、长期观测点、地质点、勘探点及剖面线等均应分别统一编号。

地质图的图例编排应按地层（从新到老）、构造、地貌、喀斯特、物理地质现象、水文地质、工程地质和各种勘探符号依次排列；为了减少图例的重复绘制，可按工程编制总图例。

阶段性地质报告的附图应制版复印，主要图件应套色，并符合国家关于地质资料归档的要求。

# 第三章  水土保持项目管理

## 第一节  前期工作管理程序

### 一、水土保持生态建设工程前期工作管理程序

根据《国家发展改革委关于改进和完善中央补助地方投资项目管理的通知》(发改投资〔2009〕1242号)、《国家发展改革委、水利部关于改进中央补助地方小型水利项目投资管理方式的通知》(发改农经〔2009〕1981号)和《水土保持工程建设管理办法》(发改农经〔2011〕1703号)等有关规定,国家将水土保持项目按中央补助地方小型水土保持项目和地方重大水土保持项目分别进行管理。

#### (一)中央补助地方小型水土保持项目

**1.前期工作阶段划分**

中央补助地方小型水土保持项目,主要包括小流域综合治理、坡耕地水土流失综合治理等,前期工作一般分为规划和项目实施方案两个阶段,实施方案由可行性研究和初步设计两阶段合并而成,并达到初步设计深度。另外,对于库容在10万 $m^3$ 以上的淤地坝工程,前期工作分为规划、坝系工程可行性研究和单坝工程初步设计三个阶段。

**2.前期工作文件编制及批复**

项目前期工作文件包括水土保持规划和项目实施方案以及可行性研究报告、初步设计报告。由各级水利部门会同有关部门组织编制相应级别的综合规划,各级政府批复;专项规划一般由水利部门编制并提出审查意见,经发展改革委批复。

全国水土保持规划由水利部会同国家发展改革委等部门组织编制,经国务院批复后,作为各省(自治区、直辖市)水土保持规划编制的依据,同时也是水土保持项目实施的依据。各省(自治区、直辖市)水土保持规划由省(自治区、直辖市)人民政府批复,并按规定报水利部和国家发展改革委核备。市、县级综合规划参照国家级、省级综合规划组织形式编制和批复。

根据需要,国家发展改革委、水利部可组织编制水土保持专项工程建设规划或总体方案。水土保持专项工程建设规划或总体方案由水利部门组织编制、技术审查,国家发改委批复。批复后的水土保持专项工程建设规划或总体方案作为地方开展下阶段工作的依据。各地根据经批准的水土保持规划或总体方案,以及《中央预算内投资补助和贴息项目管理办法》(国家发展改革委令第31号)的有关要求,按项目区编制项目实施方案或按坝系编制淤地坝工程可行性研究报告、单坝工程初步设计。

项目实施方案或按坝系(淤地坝)工程可行性研究报告、单坝工程初步设计,由水利部门组织具备相应编制资质的单位编制,由水利部门审查后报送省级发展改革部门批复。

## (二)地方重大水土保持项目

### 1.前期工作阶段划分

根据有关规定,地方重大水土保持生态建设项目前期工作阶段按现行建设程序有关规定执行。前期工作划分为项目建议书、可行性研究、初步设计(或扩大初步设计)三个阶段。在水利工程项目建设程序中,一般将项目建议书、可行性研究、初步设计"三阶段"作为一个大阶段,称为项目前期阶段或决策阶段;初步设计以后至投产运行期间的建设活动为另一个大阶段,称为项目建设实施阶段;投资运行后为生产阶段。

根据《水利基本建设投资计划管理暂行办法》(水规计〔2003〕344 号)规定,拟列入国家基本建设投资年度计划的水土保持生态建设工程,可在限额之内(3 000 万元)直接编制应急可行性研究报告申请立项。

### 2.前期工作文件的编制及批复

立项过程主要包括项目建议书和可行性研究报告阶段。

项目建议书是工程项目申请立项的技术文件,以批准的国家、江河流域、地方或专项水土保持规划为依据进行编制。项目建议书被批准后,即视为该项目已列入建设计划,接下来需按规定开展项目的可行性研究工作。项目建议书由水利部门组织具备相应资质的单位编制,由水利部门提出技术审查意见,报发改委批复。

编制可行性研究报告以批准的项目建议书为依据。直接开展可行性研究的项目,其报告和项目建议书编制依据相同。可行性研究报告一经批准,则工程项目正式立项。可行性研究报告由水利部门组织编制、技术审查,报发改委批复。

可行性研究报告批复后进入水土保持初步设计阶段。建设项目初步设计文件已经批准,项目投资来源基本落实,可以进行主体工程招标设计和组织招标工作以及现场施工准备。中央项目初步设计阶段由水利部审批,国家发改委核定投资。水土保持生态建设项目阶段划分见表 3.1-1。

表 3.1-1　水土保持生态建设项目规划设计阶段

| 项目类型 | 规划设计阶段 | | | | |
|---|---|---|---|---|---|
| | 规划 | 项目建议书 | 可行性研究报告 | 初步设计 | 实施方案 |
| 中央补助地方小型水土保持项目 | √ | | | | √ |
| 地方重大水土保持项目 | √ | √ | √ | √ | |

## 二、生产建设项目水土保持前期工作管理程序

### (一)生产建设项目水土保持方案报告制度

根据《中华人民共和国水土保持法》规定,在山区、丘陵区、风沙区以及水土保持规划确定的容易发生水土流失的其他区域开办可能造成水土流失的生产建设项目,生产建设单位应当依法编制水土保持方案,报县级以上人民政府水行政主管部门审批。未编制水土保持方案或者水土保持方案未经水行政主管部门批准的,生产建设项目不得开工建设。

### (二)编制水土保持方案的机构

根据《中华人民共和国水土保持法》规定,生产建设单位没有能力编制水土保持方案

的,应当委托具备相应技术条件的机构编制。虽然水土保持法中没有明确水土保持方案编制的资质规定,但水土保持方案属技术文件,专业性强,同时,水土保持方案又是主体工程设计的组成部分,因此与建设项目主体工程设计一样,要求编制单位熟悉国家有关法律法规和技术规程规范,具备相应的技术条件和能力。

为保证水土保持方案编制的质量,水利部于1995年制定了《生产建设项目水土保持方案资质证书管理规定》,根据国家行政许可有关规定,2004年水利部令第25号废止了该文。2008年水利部的水保〔2008〕329号文将水土保持方案编制资质移交中国水土保持学会管理,中国水土保持学会以中水会字〔2008〕第024号印发了《关于印发〈水土保持方案编制资质管理办法(试行)〉的通知》,资质证书分为甲、乙、丙三个等级。2013年中国水土保持学会将该文件修订为《生产建设项目水土保持方案编制资质管理办法》(中水会字〔2013〕第008号),补充了甲、乙、丙级资质证书关于注册工程师人数的规定。持甲级资格证书的单位,可承担各级立项的生产建设项目水土保持方案的编制工作;持乙级资格证书的单位,可承担省级及以下立项的生产建设项目水土保持方案的编制工作;持丙级资格证书的单位,可承担市级及以下立项的生产建设项目水土保持方案的编制工作。

# 第二节　水土保持设计各阶段深度、内容与重点

## 一、水土保持生态建设项目

水土保持规划编制内容参考《水土保持规划编制规范》(SL 335—2014)附录A、附录B要求编写。附录A适用于水土保持综合规划的编写,附录B适用于水土保持专项工程规划的编写。

水土保持生态建设项目的项目建议书、可行性研究、初步设计阶段,报告书编制分别执行《水土保持工程项目建议书编制规程》(SL 447)、《水土保持工程可行性研究报告编制规程》(SL 448)和《水土保持工程初步设计报告编制规程》(SL 449),具体工程设计执行《水土保持工程设计规范》(GB 51018)。水土保持实施方案按水利部水土保持司印发的《关于印发〈水土保持小流域综合治理项目实施方案编写提纲(试行)〉的通知》(水保生函〔2010〕22号)编制。

### (一)水土保持规划

1. 水土保持综合规划

根据《水土保持规划编制规范》(SL 335—2014)附录A要求,水土保持综合规划编写主要内容包括:

(1)阐述规划区基本情况,包括说明规划区经济社会现状,分析评价水土流失和水土保持现状,水土保持监测站网及监管现状等。

(2)根据规划区社会经济发展要求,进行现状评价及水土保持需求分析。

(3)根据规划区基本情况、现状评价及需求分析结果,确定水土流失防治目标、任务和规模。

(4)根据水土保持区划,结合规划区特点,进行水土保持总体布局;并根据划定的水土流失重点预防区和重点治理区,明确重点布局。

（5）提出预防、治理、监测、综合监管等规划方案。

（6）提出规划分期实施方案和近期重点项目安排；匡算近期拟实施的重点项目投资；进行实施效果分析；拟定实施保障措施。

水土保持综合规划的编写内容可根据规划工作任务、规划范围等，对规划内容、编制深度进行适当调整。

2. 水土保持专项规划

根据《水土保持规划编制规范》（SL 335—2014）附录 B 要求，水土保持专项规划编写主要内容包括：

（1）简述规划背景，论述规划的必要性。

（2）阐述规划区自然条件、社会经济等基本情况，以及水土流失和水土保持现状。

（3）对规划区进行现状评价，根据评价结果，阐述存在的水土流失及其防治主要问题；在现状评价基础上，进行需求分析，并提出防治途径。

（4）确定规划范围，提出规划目标、任务和规模。

（5）说明规划区涉及全国水土保持区划和其他各级区划的分区情况，根据总体布局，拟定措施体系。

（6）选择典型小流域或片区，开展预防保护与综合治理的典型设计，确定分区预防或治理措施配置，提出措施数量。

（7）提出水土保持监测方案，包括监测项目、内容与方法、监测点的布置等。

（8）阐述综合监管、技术支持及建设与运行管理等内容。

（9）说明规划实施进度；提出说明近期重点项目范围、规模和建设内容，并确定其实施安排。

（10）统计各类措施的数量及工程量，进行投资估算；提出资金筹措建议方案。

（11）进行规划的效益分析与经济评价。

（12）提出规划实施的组织、政策、投入、技术等方面的保障措施。

**（二）项目建议书阶段**

1. 项目建议书编制依据

项目建设的依据包括项目所在区域综合规划、江河流域（河段）规划、水土保持综合规划、水土保持专项规划。重点说明项目与上述规划有关的主要内容和审批意见，以及项目在规划中所处的地位。

设计依据包括《水土保持工程项目建议书编制规程》（SL 447）及其他有关设计标准。

2. 设计水平年

设计水平年应根据实际情况确定。对于需要进行较为长期建设的项目，可分期编制项目建议书，并确定现状水平年、近期设计水平年和远期设计水平年。

3. 设计深度、内容与重点

项目建议书阶段应基本查明项目区自然条件、社会经济条件、水土流失及其防治等基本情况，涉及工程地质问题的需进行初步勘察，了解并说明影响工程的主要地质条件和工程地质问题；论证项目建设的必要性；基本确定工程建设主要任务，初步拟定建设目标，初步确定建设规模；基本选定项目区；初步划分水土流失分区，通过典型小流域的治理方案，初步确定工程总体方案；对选定的典型小流域进行典型设计，推算工程量。对大中型淤地坝、拦沙坝等沟道治理工程应做重点论证,单独设计,初步计算工程量;初步拟定施工组织形式以及总工期和进度安排;初步拟订水土保持监测计划、技术支持方案;初步提出管理机构、项目管理模式和运行管护方式;估算工程投资,初步提出资金筹措方案;进行国民经济评价,提出综合评价结论。对于利用外资项目,还应提出融资方案并评价项目的财务可行性。

项目建议书阶段的工作重点是优选建设项目、选择项目建设区并论证项目建设的必要性和合理性,拟定建设规模(治理面积与工程量)与措施布局、初拟建设期、估算投资并进行经济评价。

### (三)可行性研究阶段

1. 设计依据

项目建设的依据与项目建议书基本一致。

可行性研究报告编制依据:①批复的项目建议书及其批复意见;②《水土保持工程可行性研究报告编制规程》(SL 448)及其他有关标准。

对于中央补助小型水土保持项目,库容在 10 万 $m^3$ 以上的淤地坝工程一般不编制项目建议书,根据批复的水土保持专项规划,直接编制可行性研究报告。

2. 设计水平年

可行性研究的工作范围应与项目建议书基本保持一致,建设期一般不超过 10 年,设计水平年亦应与项目建议书保持一致。

3. 设计深度、内容和重点

可行性研究阶段应在项目建议书的基础上进一步深化设计。明确现状水平年和设计水平年,查明并分析项目区自然条件、社会经济技术条件、水土流失及其防治状况等基本建设条件;水土保持单项工程涉及工程地质问题的,应查明主要工程地质条件。论述项目建设的必要性;确定项目建设任务、建设目标和规模;选定项目区,明确重点建设小流域(或片区),对水土保持单项工程应明确建设规模。提出水土保持分区,确定工程总体布局,根据建设规模和分区,选择一定数量的典型小流域进行措施设计,并推算措施数量或工程量;对单项工程应确定位置,并初步明确工程型式及主要技术指标。估算工程量,基本确定施工组织形式、施工方法和要求、总工期及进度安排;初步确定水土保持监测方案;基本确定技术支持方案。明确管理机构,提出项目建设管理模式和运行管护方式。估算工程投资,提出资金筹措方案。分析主要经济评价指标,评价项目的国民经济合理性和可行性。对于利用外资项目,还应提出融资方案并评价项目的财务可行性。

工作重点是阐述分析项目的技术、经济、社会、环境可行性;确定项目区、建设地点,比选确定防治总体布局;选定典型小流域或片区,进行措施设计,确定不同水土保持分区的措施分类和配置,并推算出各类型区的防治措施及工程量,基本确定技术支持、施工组织方案、项目管理方案,较准确估算项目投资,并进行经济评价(一般为国民经济评价)。

### (四)初步设计阶段

1. 设计依据

初步设计报告编制依据:①批复的可行性研究报告及其批复意见;②《水土保持工程初步设计报告编制规程》(SL 449)、《水土保持工程设计规范》(GB 51018)及其他有关标准。

2. 设计深度、内容和重点

水土保持初步设计工作范围由可行性研究的区域范围细化到具体的小流域,建设目标要量化,防治方案、总体布局、措施配置要落实到地块(小班、工点)。初步设计阶段要复核项目建设任务和规模;查明小流域(或片区)自然、社会经济、水土流失的基本情况;水土保持工程措施应确定工程设计标准及工程布置,做出相应设计,对于水土保持单项工程应确定工程的等级。水土保持林草措施应按立地条件类型选定树种、草种并做出典型设计;封育治理等措施应根据立地条件类型和植被类型分别做出典型设计;确定施工布置方案、条件、组织形式和施工方法,确定进度安排;提出工程的组织管理方式和监督管理办法;编制设计概算,明确资金筹措方案;分析项目的调水保土、经济效益、生态效益和社会效益。

初步设计的重点是各项措施的典型设计、单项设计和专项设计,并落实施工组织设计(含分年实施进度)、项目组织管理,核定投资概算等。水土保持措施现状图和总体布置图的精度,一般在农区图的比例尺为1∶5 000~1∶10 000,在林区图的比例尺为1∶25 000,在牧区(风沙草原区)图的比例尺为1∶50 000~1∶100 000。

对治沟骨干工程、小型蓄水工程等应按水利工程设计深度要求进行设计。

**(五)实施方案**

水土保持实施方案一般是在规划批复后,按项目区直接开展水土保持设计,实际上相当于项目建议书、可行性研究阶段和初步设计阶段的合并,因此设计内容基本可包括三个阶段的内容,设计深度基本为初步设计阶段的深度。2010年9月3日,水利部水土保持司印发了《关于印发〈水土保持小流域综合治理项目实施方案编写提纲(试行)〉的通知》(水保生函〔2010〕22号)。

根据该规范性文件要求,水土保持实施方案的设计深度为:具体设计应以小流域为单元开展,原则上按图斑进行逐一设计,达到初步设计深度。

实施方案主要设计内容包括:阐述项目前期规划基本情况,以及批复情况,说明任务来源、工程建设必要性;说明选定的项目区及涉及小流域的自然概况、水土流失及防治、土地利用、社会经济等基本情况;拟定项目建设的任务,确定目标和综合治理规模;进行水土保持分区,提出小流域综合治理和单项工程总体布置,并进行工程措施、林草措施和封育措施设计,统计各项措施数量和工程量;提出施工组织设计,说明施工条件、施工工艺和施工方法、施工布置及施工进度安排;提出水土保持监测方案;涉及技术支持内容的提出技术培训和技术推广等内容;明确工程建设管理和运行管理内容;进行投资概算,确定分项投资和总投资,提出资金筹措比例与方案。

**(六)施工图设计阶段**

目前,水土保持生态建设工程设计规范尚在制定过程中,小流域综合治理的施工图设计相当于林业部门的作业设计。治沟骨干工程、小型蓄水工程等施工图设计可参照水利工程施工图设计规范。个别水土保持项目涉及园林的可参照园林设计规范执行。

## 二、生产建设项目

### (一)阶段划分与设计水平年

生产建设项目水土保持工程设计阶段划分与主体工程一致,以水利工程为例,分为项目建议书、可行性研究、初步设计三个阶段。生产建设项目在项目建议书阶段应有水土保持章节,可行性研究阶段、初步设计阶段应有水土保持篇章。另外,可行性研究阶段应编制水土保持方案报告书,单独上报水行政主管部门审查、批复。

生产建设项目水土保持各设计阶段的设计深度应与主体工程设计深度相一致。设计水平年因植物措施滞后,一般比主体工程建设完工时间要推后一些。按《开发建设项目水土保持技术规范》(GB 50433)规定,方案设计水平年是主体工程完工后,方案确定的水土保持措施实施完毕并初步发挥效益的时间。建设类项目为主体工程完工后的当年或后一年,建设生产类项目为主体工程完工后投入生产之年或后一年。目前,大部分方案报告书按主体工程完工后一年为水土保持设计水平年。而根据《水利水电工程水土保持技术规范》(SL 575)的要求,水土保持工程的设计水平年采用植物措施发挥水土保持功能并达到预期水土保持效益的年份,受区域气候条件影响较大。植物措施的自然恢复期,南方地区一般为1~2年,东北黑土区2~3年,北方干旱区3~5年或更长。因此,水利工程的水土保持方案的设计水平年可根据不同地区植被生长条件确定。

**(二)水利工程水土保持技术文件编制**

根据《水利水电工程水土保持技术规范》(SL 575)的规定,水利工程项目前期工作应根据工程性质、任务、规模及水土流失的影响程度等编制相应的水土保持技术文件(见表 3.2-1)。

表 3.2-1　水利工程项目前期工作水土保持技术文件

| 设计阶段 | 项目建议书 | 可行性研究 | | 初步设计 |
|---|---|---|---|---|
| 一般 | 水土保持章节 | 水土保持专章 | 水土保持方案报告书 | 水土保持设计专章 |
| 规模较大 | 水土保持专项报告 | | | 水土保持设计专项报告 |

(1)在水利工程项目建议书、可行性研究报告、初步设计报告中要有专门的水土保持章节。可行性研究阶段应编制水土保持方案(含移民安置的措施与投资)。

(2)占地与移民规划在项目建议书和可行性研究阶段需有水土保持的内容,并匡列其投资;初步设计阶段移民安置应单独编制水土保持方案或篇章。可行性研究和初步设计阶段移民水土保持技术文件编制要求见表 3.2-2。有关移民安置区水土保持方案编制要求暂参照主体工程水土保持方案的要求执行。

表 3.2-2　移民水土保持技术文件编制要求

| 可行性研究阶段 | 初步设计阶段 | 移民人口(人) | | 专项设施复(改)建、防护工程土石方开挖总量(万 m³) |
|---|---|---|---|---|
| | | 山区、丘陵区 | 平原区、滨海区 | |
| 编写移民水土保持附件 | 编报移民专项水土保持方案 | 规划搬迁总人口 > 5 000,且集中安置人口 ≥ 1 000 | — | ≥100 |
| 编写移民水土保持篇章 | 编写移民水土保持设计篇章 | 1 000 < 规划搬迁总人口 ≤ 5 000,或 500 < 集中安置人口 < 1 000 | 集中安置人口 ≥ 5 000 | < 100 |

注:集中安置人口是指采取集中安置点、集中安置区方式安置的移民人口总量。

水利水电工程项目建议书、可行性研究报告和初步设计水土保持篇章按《水利水电工程项目建议书编制规程》(SL 617)、《水利水电工程可行性研究报告编制规程》(SL 618)、《水利水电工程初步设计报告编制规程》(SL 619)编制。水土保持方案报告书按《水利水电工程水土保持技术规范》(SL 575)编制。

**(三)各阶段设计深度、内容和重点**

根据《开发建设项目水土保持技术规范》(GB 50433),并结合水利水电工程相关规程、规范的规定,说明生产建设项目水土保持设计文件各阶段的深度及主要内容。

1. 项目建议书

项目建议书阶段深度和主要内容为:简要说明项目区水土流失现状与治理状况;初步进行水土保持约束性分析,主要分析建设方案是否存在水土保持制约性因素;初步确定水土流失防治责任范围;初步进行水土流失预测;初步确定水土流失防治执行标准等级和防治目标,提出水土流失防治总体要求,初拟水土流失防治措施体系及总体布局;估算水土保持工程量,说明水土保持投资估算的原则和依据,估算水土保持投资。

2. 可行性研究报告

可行性研究阶段水土保持篇章主要内容要与水土保持方案主要内容一致。

(1)调查并简述项目区水土流失及其防治状况。通过调查,叙述项目区水土流失分布、强度、类型、土壤容许流失量及水土流失重点预防区和重点治理区划分情况,以及水土流失防治状况。

(2)进行主体工程水土保持评价。可行性研究阶段要求对主体工程进行全面评价。根据法律法规、规范要求,通过分析项目区水土流失与生态的现状情况,结合工程布局和施工布置,评价工程建设的水土保持制约性因素;从水土保持角度,评价工程选址(线)各方案的合理性,并进行弃渣场、料场、施工布置等施工组织设计、工程占地的合理性评价;评价主体工程中具有水土保持功能工程布置、设计的合理性。通过水土保持评价,从水土保持角度,对主体工程提出优化设计建议和推荐方案意见。

(3)确定水土流失防治责任范围,并划定水土流失防治分区。可行性研究阶段要说明水土流失防治责任范围确定的方法、原则,根据主体工程征占地、扰动原地表范围,确定项目建设区和直接影响区。

对于改(扩)建、加固工程,项目建设区包括工程新增永久征收土地、临时占地的范围,还包括工程不计征地面积,但实际扰动的范围。如堤防加固工程,项目建设区包括可研报告中新增永久、临时占地,还包括加培、加固段原堤防占地。

水土流失防治分区针对项目建设区划分。水利枢纽等点式工程宜按一级分区划分,主要是根据工程布置和施工布置划分;线型工程宜分级划分,一级按原地貌类型、水土流失类型划分,二级按工程布置和施工布置划分。

(4)进行水土流失预测。通过工程与施工布置,分析确定工程扰动原地表、损坏植被面积,进而确定损坏水土保持设施面积;根据工程土石方平衡方案,预测可能产生的弃渣量及弃渣去向;分析工程建设过程中可能引起水土流失的环节、因素,定量预测水力侵蚀、风力侵蚀量及分布,定性分析引发重力侵蚀、泥石流等灾害的可能性,定性分析生产建设所造成的水土流失危害类型及程度。根据预测结果,确定水土流失防治和监测的重点区域。

(5)确定水土流失防治标准等级及防治目标。根据《开发建设项目水土流失防治标准》（GB 50434）确定水土流失防治标准等级和防治目标值。

(6)确定水土保持工程的级别和设计标准。水土保持工程的级别和设计标准根据《水利水电工程水土保持技术规范》（SL 575）确定，该标准规定了弃渣场级别、弃渣场防护工程建筑物级别、斜坡防护工程级别、防风固沙工程级别、植被恢复与建设工程级别的确定方法；同时规定了拦渣堤、拦渣坝、排洪工程防洪和设计标准，斜坡防护工程设计的抗滑稳定安全标准，防风固沙带主导风向最小防护宽度，弃渣场、料场、施工生产生活区需采取永久截（排）水措施的排水设计标准，植被恢复和建设工程设计标准等确定方法。

(7)确定水土保持措施体系与总体布局，分区进行水土流失防治措施布设，进行各类措施的设计，基本确定水土保持措施量和工程量。

对于点型工程来说，每个防治区分布数量少，可逐一进行措施设计。对于线型工程而言，每个防治区分布数量相对较多，并且存在一定的区域差异性，难以逐一进行措施设计，因此宜按各类防治区的地形地貌、规模等进行典型设计，包括总体布局和各类措施的典型设计。必要时，对主要防治工程的类型、布置进行比选，择优确定防治方案。

对于点型工程，每个弃渣场均需基本确定类型、堆置方案、防护措施总体布局和措施设计。点型工程的弃渣场数量多，但规模较小。对线型工程较大型弃渣场，如1、2、3级弃渣场也要基本确定类型、堆置方案、防护措施总体布局；对于4、5级小型弃渣场，可初步确定类型、堆置方案、防护措施总体布局，并选择弃渣场进行典型设计。

可行性研究阶段要求对于山区、丘陵区的1、2、3级弃渣场及拦渣工程的构筑物进行初步勘察；对4、5级弃渣场进行地质调查。基本确定地基处理工程。

(8)提出水土保持施工组织设计，确定水土保持工程施工进度安排。说明水土保持施工条件、材料来源、施工方法、苗木规格等，确定水土保持工程施工进度安排，编制施工进度双横道图。

(9)提出水土保持监测计划。基本确定水土保持监测内容、项目、方法、时段、频次，基本选定地面监测的点位等。

(10)说明水土保持投资估算编制依据、原则和方法，按工程量和措施单价估算水土保持投资。按《开发建设项目水土保持投资概（估）算编制规定》编制水土保持投资估算，估算防治措施的分项投资及总投资，编制分年度投资表，并编制投资估算附件。

(11)进行效益分析，提出水土保持结论与建议。分析水土保持效益，定量分析水土流失防治效果。

可行性研究阶段水土保持设计重点是：进行工程建设的水土保持制约性因素评价，对主体工程设计提出的方案比选、总体布置、施工组织设计等进行水土保持评价，根据综合评价结论，提出水土保持要求与建议；确定水土流失防治责任范围，明确水土流失防治分区；分析计算工程建设过程中扰动地貌植被的面积、弃土弃渣（石）量、损坏水土保持设施数量、预测水土流失量及危害；确定水土流失防治标准和目标；确定措施体系及总体布局，按水土流失防治分区对拟定的防治措施进行设计，并推算各类工程的工程量；进行水土保持工程施工组织设计，确定施工进度安排；基本确定水土保持监测计划；编制投资估算，进行效益分析。

3.初步设计阶段

(1)简述水土保持方案报告书主要内容、结论及批复情况。

(2)根据主体工程初步设计情况复核水土流失防治责任范围、损坏水土保持设施面积、弃渣量、防治目标、防治分区和水土保持总体布局,对其中调整内容说明原因。

(3)确定水土保持工程设计标准,按防治分区,逐项进行水土保持工程措施设计和植物措施设计;计算水土保持工程量。

(4)细化水土保持施工组织设计。

(5)开展水土保持监测设计。

(6)提出水土保持工程管理内容。

(7)编制水土保持设计概算。

初步设计阶段的水土保持设计重点是:据主体工程设计进一步复核水土保持方案中提出的有关建议的落实;在水土保持勘测与调查的基础上,复核工程建设过程中扰动土地、植被破坏、水土保持设施破坏的面积、土石方平衡及弃土弃渣量;复核水土流失防治责任范围;复核并确定弃渣场的位置,明确取料场位置;调整水土保持措施总体布局,确定工程设计标准,按防治分区,对各项水土保持工程措施、植物措施进行详细设计,并计算工程量;细化水土保持施工组织设计,基本确定水土保持工程施工进度;基本确定水土保持监测、管理及监理计划;编制水土保持设计概算。

初步设计阶段要开展相应深度的勘测与调查,查明弃渣场及其防护建筑物的工程地质和水文地质问题;分区(段)复核土石方平衡及弃土(石、渣)场、取料场的布置;按防治分区,逐项进行水土保持工程设计;进一步细化施工组织设计,说明施工方法及质量要求。

关于弃渣场设计要求,初步设计阶段对于点型工程,要确定弃渣场场址,逐一进行弃渣场初步设计;对于线型工程,需确定1~4级弃渣场选址并逐一进行弃渣场初步设计,5级弃渣场要明确选址原则和弃渣场类型,并选择至少30%的典型弃渣场进行初步设计。

4.施工图设计阶段

施工图设计主要依据为水土保持方案报告书及批复文件、初步设计报告及批复文件等。主要是以批复的初步设计为依据,结合防治分区,分标段对水土流失防治单项工程进行施工图设计,计算工程量。

对于弃渣场,确定弃渣场的类型,并根据地质勘测成果,进行拦渣工程、护坡工程等各项工程设计,以及基础处理设计等。

对于涉及建筑物安全和稳定计算的设计内容,明确设计参数,细化计算过程,必要时应提供有关计算书。

对于植被恢复与建设工程设计,确定各防治区立地条件及必要的改良措施,林种、树种(草种)和配置方案,包括结构、密度、株行距、行带的走向等;确定苗木、插条、种子的规格;明确整地方式与规格、栽植及养护技术要求。有灌溉要求的,提出灌溉设计。

对于水土保持施工组织设计,确定水土保持施工总体布置,明确材料、苗木、种籽来源和质量要求,明确水土保持工程的施工方法与要求,确定水土保持工程总体进度安排和施工时序。

工程措施施工图设计深度要按水利工程要求进行;植被恢复工程施工图设计应在1:2 000~1:10 000地形图上做总平面布置,并按地块设计,附施工说明;园林式种植工程设计按园林工程要求进行。

施工图设计阶段弃渣场设计的地形测绘比例尺不小于 1∶1 000 ~ 1∶5 000,拦渣工程、护坡工程等单项措施设计的地形测绘比例尺宜为 1∶500 ~ 1∶2 000,局部地段根据情况可适度放大,并提供地质详勘图纸及资料。

5. 设计变更

当主体工程规模或布置发生变化,且主体工程土建部分提出重大设计变更,或弃渣量、弃渣场水土保持措施发生重大变化,或增加、减少重要的水土保持措施,水土保持工程量有重大变化,或由于国家政策调整或措施变化导致水土保持投资严重不足或剩余时,需要进行水土保持重大设计变更。重大设计变更报告一般对照初步设计进行变更设计。

水土保持设计变更内容按《水利水电工程水土保持技术规范》(SL 575—2012)附录 C 编写。主要内容包括:设计变更的缘由及必要性;对水土流失防治责任范围进行复核,分析其变化原因;对土石方平衡及扰动面积进行复核,分析土石方平衡、扰动地表、损坏土地及其植被面积变化原因;分析水土保持分区及措施总体布局、措施设计、工程量变更情况;分析、说明对水土保持投资及其变化原因。

# 第三节　水土保持工程项目管理

建设项目就是一定量(限额以上)的投资,在一定的约束条件(时间、资源、质量)下,按照一个科学的程序,经过决策(设想、建议、研究、评估、决策)和实施(勘察、设计、施工、竣工、验收、启用),最终达到特定目标的一次性任务。在水土保持项目建设中,利用工程项目管理的原理、方法、手段,针对水土保持项目建设活动的特点,对水土保持项目建设进行全过程、全方位的科学管理和全面控制,最优地实现水土保持项目建设的投资和成本目标、工期目标及质量目标是新时期水土保持项目建设的必然趋势。

## 一、项目组织管理形式

工程建设项目组织管理形式有多种,常见的有自营方式、工程指挥部管理方式、总承包管理方式、工程托管方式、三角管理方式。目前,我国已基本实行项目法人责任制、招标投标制和建设监理制(通常称"三制")管理方式。生产建设项目水土保持工程应纳入主体工程项目建设管理的范畴,采用工程项目管理的组织形式。

水土保持生态建设项目点多面广,且工点分散,就水土保持生态建设项目整体而言,组织管理形式是农业补助项目的管理方式,即采取国家、地方筹资,农民投劳的管理模式。20世纪 50 ~ 70 年代后期采取的组织管理形式是乡村集体行政组织负责制,主要依靠农村集体经济辅以国家补助的形式,没有明确管理制度和技术规范要求。20 世纪 80 年代后逐渐被县级行政主管部门责任主体制取代,即项目建设由县级人民政府承诺,县水行政主管部门作为责任主体负责项目管理,此种管理形式实际上仍是一种行政负责制,不是严格意义上的项目法人负责制。近年来,世界银行水土保持贷款项目、黄土高原淤地坝工程项目、京津水源工程项目已采用或借鉴工程项目管理的经验创造了一些可供借鉴的项目组织管理形式。以下介绍三类水土保持项目组织管理形式。

(1)长江上游水土保持重点防治工程由六省一市主管领导组成水土保持委员会,由项目所在地(市)、县各级水土保持委员会和水土保持办公室及区、乡(镇)水土保持工作站逐级负责实施。

(2)黄土高原水土保持世界银行贷款项目(1994~2001年)组织管理在形式上成立了中央、省、地(市)、县四级项目领导小组,逐级建立实施机构、技术支持服务机构、监测评价机构。国家审计署受世界银行委托负责项目资金运行和全面审计。

(3)黄土高原淤地坝工程项目和京津水源工程项目则实施了项目法人制、招标投标制和监理制。

随着农村两工(积累工、义务工)和其他税费的取消,传统的水土保持项目组织管理形式已不能适应当前水土保持生态建设的需要。根据水土保持生态建设项目规模小而多的特点,需要进一步健全和完善工程建设管理各项制度,创新建设管理机制,要求先建机制、后建工程。目前,水土保持工程建设管理既可直接组织受益群众实施,也可选择专业化的项目建设单位实施。

对于地方大型水土保持生态建设工程,根据有关规定实行"三制"管理是必然趋势。因此,项目投资体制和经费管理必须做相应的改革。现阶段我国财力尚无法达到对水土保持项目实行全额投资,全面实施工程项目管理制还需一段较长的时间。

## 二、项目"三制"管理

### (一)项目法人制

1.基本含义

项目法人是指由项目投资代表组成的对项目全面负责并承担投资风险的项目法人机构,它是一个拥有独立法人财产的经济组织。

项目法人负责制是指将投资者所有权和经营管理权分离,项目法人对项目从规划设计、筹资、建设实施到生产经营,以及投资保值、增值和投资风险负全部责任。

2.项目法人制形式

水土保持生态工程建设项目与水利工程及其他工程的主要区别是:前者不是全额投资,后者是全额投资。因此,在现行投资体制不改变的情况下,水土保持生态工程建设项目法人制仅是一种探索和尝试,并非严格意义上的项目法人制。主要有以下几种形式。

(1)县级行政主管部门主体法人负责制:实际是一种行政负责制,但其可以代理业主职能,对项目实施招投标和监理。

(2)专业队项目法人负责制:政府采取免税、投资建设苗木基地等多种优惠政策,由当地农民组建水土保持专业队伍,由专业队作为项目法人。进入农闲或造林季节实施项目,进入农忙和冬季则解散,设有常设管理人员。此种形式一般与县级行政主管部门主体法人负责制相结合。专业队本身只具有施工法人性质,招投标和监理仍由主体法人负责。

(3)股份公司形式的项目法人制:在经济相对发达地区,组建股份公司,国家给予一部分投资,以法人负责形式完成项目,此种形式适用于生态经济型水土保持项目的管理,即股份公司在项目完成后应有稳定的经济收入。

(4)专项工程项目法人责任制:投资额度大,基本接近全额投资的专项项目,可组建项目法人,负责项目实施管理。

(5)村级集体经济组织自主建设管理模式:国家对于小型项目鼓励采取受益村级集体

经济组织自主建设管理模式,投资、任务、责任全部到村,由村民民主选举产生项目理事会作为项目建设主体,组织村民自建,项目建设资金管理实行公示制和报账制。

对受益群众直接实施的项目,县级水利水保部门提供技术指导。

### (二)招标投标制

#### 1.基本含义

招标是指业主为发包方,根据拟建工程的内容、工期、质量和投资额等技术经济要求,招请有资格和能力的企业或单位参加投标报价,从中择优选取承担可行性研究、方案论证、科学试验或勘察、设计、施工等任务的承包单位。

投标是指经审查获得投标资格的投标人,以统一发包方投标文件所提出的条件为前提,经过广泛的市场调查掌握一定的信息并结合自身情况,以投标报价的竞争形式获取工程任务的过程。

水土保持生态建设项目招投标主要发生在项目前期,包括勘察设计招标投标、设备材料招标投标、项目监理招标投标和施工招标投标。

#### 2.招标范围及标准

(1)水土保持生态建设项目由受益群众投工投劳实施属于以工代赈性质的部分,经批准可不进行施工招标。

(2)根据《工程建设项目招标范围和规模标准规定》(国家发展计划委员会令第3号)及《水利工程建设项目招标投标管理规定》(水利部令第14号),国家规划各类工程建设项目均实施项目招标制,对于关系社会公共利益、公共安全的防洪、排涝、灌溉、水力发电、引(供)水、滩涂治理、水土保持、水资源保护等水利工程建设项目,包括使用国有资金投资或者国家融资的水利工程建设项目和使用国际组织或者外国政府贷款、援助资金的水利工程建设项目,都必须进行招标,具体规模标准为:

①施工单项合同估算价在200万元人民币以上的;

②重要设备、材料等货物的采购,单项合同估算价在100万元人民币以上的;

③勘察、设计、监理等服务的采购,单项合同估算价在50万元人民币以上的;

④单项合同估算价低于第①、②、③项规定的标准,但项目总投资额在3 000万元人民币以上的。

#### 3.项目招标形式与程序

1)招标形式

招标分为公开招标和邀请招标。

(1)公开招标:亦称无限竞争性招标。由业主在国内外主要报纸、有关刊物上,或在电台、电视台发布招标广告,凡对工程项目有兴趣的承包商,均可买招标文件进行投标。

(2)邀请招标:亦称有限竞争性选择招标。这种方式不发布广告,业主根据自己的经验和对各种信息资料的了解,对那些被认为有能力承担该工程的承包商发出邀请,一般邀请5~10家(但不能少于3家)前来投标。

邀请招标的范围为:单项合同估算价低于第①、②、③项规定的标准,但项目总投资额在3 000万元人民币以上的项目;项目技术复杂,有特殊要求或涉及专利权保护,受自然资源或环境限制,新技术或技术规格事先难以确定的项目;其他特殊项目。这些项目经批准后可采用邀请招标。

另外,拟公开招标的费用与项目的价值相比不值得的,经批准可进行邀请招标。

2)招标程序

(1)招标准备阶段:招标申请经批准后,首先是编制招标文件(也称标书),主要内容包括工程综合说明、投标须知及邀请书、投标书格式、工程量报价、合同协议书格式、合同条件、技术准则、验收规程及有关资料说明等。其次是编制标底,即项目费用的预测数。

(2)招标阶段:主要过程有发布招标公告及招标文件,组织投标者进行现场查勘,接受投标文件。

(3)决标与签订合同阶段:首先公开开标,接着由专家委员会评标,双方进行谈判,最后签订合同。

**(三)建设监理制**

1.基本含义

建设监理是指,受工程项目建设单位的委托,具有相应监理资质的监理单位,依据国家有关法律法规,以及经建设主管部门批准的工程项目建设文件、建设工程监理合同和工程项目建设合同,对工程建设实施的专业化管理。按《水利工程建设监理规定》(水利部令第28号),水利工程建设监理是指具有相应资质的水利工程建设监理单位受建设单位委托,依据工程建设合同,对工程质量、建设工期、投资控制和安全生产等进行的管理。包括水利水电工程建设监理、水土保持工程建设监理、工程建设环境保护监理、工程移民安置监理。

实施建设监理是对各种行为和活动进行监督、监控、检查、确认,并采取相应的措施使建设活动符合行为准则,防止在建设中仅凭主观盲目决断,来达到项目的预期目标。

2.监理的主要任务

建设监理的主要任务是进行建设工程的合同管理,按照合同控制工程建设的资金、进度和质量,并协调建设各方的工作关系,监理主要任务包括下列几项:

(1)开工条件的控制:严格审查工程开工应具备的各项条件,并审批开工申请。

(2)工程质量控制:按照有关工程建设标准和强制性条文及施工合同约定,对所有施工质量活动及与质量活动相关的人员、材料、工程设备和施工设备、施工工法和施工环境进行监督和控制,按照事前审批、事中监督和事后检验等监理工作环节控制工程质量。

(3)进度控制:开工前制定开工计划,对工程整个过程的进度进行控制。

(4)资金控制:主要是在施工阶段,按照合同对施工各阶段进行严格计量,对资金进行支付管理,控制投资,工程完工阶段审核工程结算。

(5)施工安全:督促承包人建立健全施工安全保障体系和安全管理规章制度,协助发包人进行施工安全的检查、监督。

(6)合同管理:依据各方签订的合同,对合同的执行进行管理。

(7)信息管理:及时了解、掌握项目的各类信息,并对其进行管理。

(8)组织协调:在项目实施过程中,对项目法人与承包方发生的矛盾和纠纷组织协调。

3.监理的工作方法

(1)现场记录:认真、完整记录每日施工现场的人员、设备和材料、天气、施工环境以及施工中出现的各种情况。

(2)发布文件:采用通知、指示、批复、签认等文件形式进行施工全过程的控制和管理。

(3)旁站监理:在施工现场对工程项目的重要部位和关键工序的施工实施连续性的全

过程检查、监督与管理。

（4）巡视检验：监理机构对所监理的工程项目进行定期或不定期的检查、监督和管理。

（5）跟踪检测：在承包人进行试样检测前，监理机构对其检测人员、仪器设备以及拟定的检测程序和方法进行审核；在承包人对试样进行检测时，实施全过程的监督，确认其程序、方法的有效性以及检测结果的可信性，并对该结果确认。

（6）平行检测：在承包人对试样自行检测的同时，独立抽样进行检测，核验承包人的检测结果。

## 三、质量管理

工程质量管理体系一般包括各级政府及其所属的质量监督体系、设计单位和施工单位的质量保证体系、项目法人及其所聘的监理单位的质量控制体系。生产建设项目水土保持因纳入主体工程建设，实行全面质量管理；水土保持生态建设工程因投资、机构、技术规范等多方面的原因，目前的质量管理体系尚在探索过程中，实施全面质量管理尚需一段时间。

工程质量控制执行《水土保持综合治理　验收规范》（GB/T 15773）、《水土保持工程质量评定规程》（SL 336）、《开发建设项目水土流失防治标准》（GB 50434）规定，以及相关水利工程质量技术标准规定。

### （一）设计质量控制

1. 基本规定

对于重大水土保持生态建设工程，设计质量控制贯穿于整个设计过程，包括项目建议书、可行性研究和初步设计阶段，其中以初步设计阶段为重点。对于中央补助地方小型水土保持项目，设计质量控制主要是在方案实施阶段。

2. 设计质量控制过程

工程设计质量控制贯穿于项目策划、管理、设计、审查的全过程。需要建立健全设计质量管理体系，编制优质的报告成果；严格执行规范强制性条文的规定，把好工程安全关。

1）建立健全设计质量管理体系

（1）需要设计单位领导的高度重视。工程设计质量是设计单位的主要职责，设计质量需从一把手抓起，建立质量责任制。

（2）成立设计质量管理部门，负责各项工程的设计质量。

（3）成立工程项目组，优化技术人员配置。

2）设计过程的质量控制

（1）制定合理的设计进度计划，严格控制设计进度。

（2）发挥每个设计技术人员的技术特长，把优质的设计质量落实到每个环节。

（3）建立质量审查制度。优质的设计成果，是编制、审查、修改、再审查、再修改多个循环过程的结果。设计过程中，对重要的技术问题、阶段成果等召开多次技术研讨和审查会议，达到不断完善设计成果、提高设计质量的目的。

（4）检查规范强制性条文的执行情况。工程项目直接涉及人的生命财产安全、人身健康、水利工程安全、环境保护、能源和资源节约及其他公众利益时，必须严格执行标准强制性条文、条款的规定。

(5)进行设计验证。设计成果实行校审制度,一般采取自校、校核、审查、批准等四级制度,对于次要设计文件可采取三级校审。并要签署校核意见。

(6)最终进行设计确认。设计成果需经过质量管理部门对报告文字、图纸进行审查,设计部门根据审查意见修改后,形成最终的设计报告上报政府管理部门审查。

3.设计类型及要求

1)典型设计

典型设计是对不同类型的生态工程进行分类设计,即有一种措施类型,就有一个或几个典型设计,施工时按典型设计图实施。主要工程措施有:

(1)梯田工程:选择自然坡面较完整、面积小于 1 $hm^2$(南方小于 0.5 $hm^2$)的地块进行典型设计。按梯田类型,进行梯田总体布局,提出整地方式、梯田断面等设计。典型设计技术要求按《水土保持工程设计规范》执行。

(2)造林:根据流域的水土资源条件确定各地块的造林类型,然后对各类型的造林分别做典型设计,做出林种、树种、造林技术、种苗、幼林抚育等设计。

(3)种草:根据立地条件,确定种草类型,分别做典型设计,提出草种、种植技术、管理等要求。

(4)谷坊、水窖:对治理小沟道的土、石谷坊,用于贮水的水窖、旱井等进行典型设计,做出工程布局、结构设计。

(5)截排水沟、蓄水池:可选取典型地段布置并进行典型设计。

2)单项工程设计

所谓单项设计,即有一种单项工程,就有一套相应的工程设计,施工时按单项工程设计图实施。主要工程措施有:

(1)工程措施设计。

①梯田工程:对自然坡面较破碎、面积相对较大的地块进行逐块设计,做出设计图、工程量表,确定施工技术要求。

梯田工程设计需结合田间道路、蓄灌设施、截排水沟等确定梯田区的布设;根据土壤、地形等条件,选定梯田的型式,确定田块布置;确定梯田的设计标准、断面尺寸;同时对机耕道等配套设施进行全面设计。

②引洪漫地工程:计算河流(或沟道)洪水水位、流量,查明滩岸冲刷情况,选定引洪漫地的具体位置,确定淤漫面积和引洪形式;计算确定引洪量,布设引洪渠首建筑物、引洪渠系并确定其断面尺寸;计算淤漫定额、淤漫时间和淤漫厚度。

③淤地坝工程:根据小流域综合治理的坝系工程规划,确定建坝顺序和布设方式;按《水土保持治沟骨干工程技术规范》和《水土保持工程设计规范》中关于淤地坝的技术要求,确定治沟骨干工程、淤地坝设计标准和规模、坝址、坝型、建筑物组成与布置;计算并确定建筑物断面尺寸、基础处理等。

④拦沙坝工程:选定坝址位置、坝型;确定拦沙量、坝高及坝体断面尺寸;进行坝体结构设计。

⑤沟头防护和谷坊工程:确定沟头防护工程的设计标准、型式、位置,确定断面尺寸;在查勘沟道基本情况的基础上,确定谷坊的设计标准、谷坊数量、位置及断面尺寸,进行结构设计。

⑥小型蓄排引水工程：小型蓄排引水工程包括截水沟、排水沟、水窖、涝池、蓄水池、滚水坝、人字闸、塘坝等，确定小型蓄排引水工程的设计标准、型式、位置及断面尺寸。滚水坝设计按《水土保持工程设计规范》的要求并参照小型水利工程有关规范执行；人字闸、塘坝设计参照小型水利工程有关规范执行；引水灌溉工程设计按农田水利工程的有关规范执行；小型蓄水工程涉及人畜饮用水的应查明汇集水区基本情况，确定需水量、汇集水区的面积、工程位置和数量，参照相关技术规范进行设计。

⑦防风固沙工程：包括沙障固沙、固沙造林、固沙种草、引水拉沙造地、防风蚀耕作措施等。确定防风固沙措施形式，并按《水土保持工程设计规范》进行设计。

⑧护岸工程：包括坡式护岸、坝式护岸、墙式护岸等型式。确定防洪设计标准，查明工程地质条件，确定护岸型式，并参照《堤防工程设计规范》进行设计。

⑨其他：主要包括泥石流排导和停淤、抗滑桩、挡墙等工程，按水工、挡墙工程设计规范进行设计。

（2）林草措施设计。

①水土保持造林：划分立地类型，按立地类型选定树（品）种、苗木规格，确定造林密度、整地方式和规格、造林季节、栽植方法、抚育管理方式，做出典型设计并落实到小班。在荒山荒坡上布设的经济林，还需确定选择的品种、苗木规格、整地、施肥、浇水等的特殊要求。

②果园和经济林：结合田间道路、蓄灌设施、截排水沟等，确定栽培区的布设，选定栽培品种、苗木规格，确定栽植密度、整地方式及规格，确定施肥和灌溉等设计，同时对配套的机耕道设施，确定路面宽度、结构型式，做出横断面设计。

③水土保持种草：划分生境类型（立地类型），按生境类型选定草（品）种，确定整地方式、需种（苗）量、抚育管理，进行典型设计并落实到小班。

（3）封育措施。对治理中的每个封山育林、封山育草地块逐一做单项设计，做出封育技术措施和组织管理措施设计。确定封育方式和管理制度，确定标志位置及断面尺寸，做出必要的网围栏设计。对沼气池、节柴灶、舍饲养畜、饲草料基地（草库仑）建设、生态移民等封育治理配套措施，按国家有关规范进行设计。

（4）保土耕作措施。根据区域条件，明确采取的保土耕作措施，说明各措施的布设、配置方式、技术要求等，具体设计按《水土保持工程设计规范》设计。

3）专项设计

专项设计主要指对水土保持生态工程所必需的技术支持项目的设计，明确工作内容、方法、布局、经费预算等。

4）林草措施设计

水土保持林草措施设计除按水土保持综合治理技术规范要求进行外，还应参考林业部门有关标准。国家林业局林业生态工程设计分为总体设计或初步设计、作业设计或施工图设计两类。设计类目包括造林类、经营类、利用工程类、基础设施类和档案与信息化工程类等5个类目。主要设计依据有《造林技术规程》、《造林质量管理暂行办法》及《生态公益林建设规划通则》。以下介绍林业部门设计的有关要求，与水利部门水土保持标准不一致时，以水利部门为准。

（1）施工设计（作业设计）要求。林业施工设计以小班或施工地块为设计单元，其中封山育林小班的最小面积一般不小于 3 hm²。施工设计的主要工作包括：对实地进行踏勘，复核原设计的造林立地类型，落实施工的各项技术措施，进行施工组织设计及资金预算。

（2）生态公益林建设规定。生态公益林营造原则是因地制宜，实行三个结合：封山（沙）育林（草）、飞播造林（草）、人工造林（草）相结合；乔、灌、草相结合；多林种、多树种、多层次相结合。

造林方式有：

水土保持林、水源涵养林：以封山（沙）育林（草）为主，结合飞播造林（草）。当封山与飞播难以恢复林草植被或必须新造林（草）才能满足建设需要时，进行人工造林种草，禁止全面整地。

防风固沙林：以封山（沙）育林（草）、飞播造林（草）和人工造林（草）相结合。

农田牧场防护林：采用人工造林方式，在牧区造林时应尽量保留原有植被。

护路护岸林：在山区、沙区以封山育林与人工造林相结合，一般地区采用人工造林种草方式。

**（二）施工质量控制**

施工阶段的质量控制主要通过建设监理实现，分为事前控制、事中控制和事后控制三个过程。质量控制的主要依据是有关设计文件和图纸、施工组织设计文件及合同中规定的其他质量依据。

1. 施工质量控制的程序与方法

1）施工质量控制的程序

（1）事前控制：是指在施工前通过审查承包人组织机构与人员，检查建筑物所用材料、构配件、设备质量和审查施工组织设计等实施质量预控制。

（2）事中控制：是指在施工过程中通过技术复核、工序操作检查、隐蔽工程验收和工序成果检查，对规范的贯彻情况等进行施工过程中的控制。

（3）事后控制：主要通过阶段验收和竣工验收进行质量把关。

2）施工质量控制方法

（1）旁站式检查。对治沟骨干工程、淤地坝和坡面水系等工程的隐蔽工程、关键工序应进行旁站监理，对浆砌石、混凝土工程的原料配比进行现场检查；对造林、种草、坡改梯、小型的沟道治理和蓄水工程、封禁治理工程等可进行巡视检查。

（2）试验与检验控制。对于建设单位报送的拟进场的水泥、砂、粗骨料等工程材料，籽种、苗木报审表及质量证明资料进行审核，并对进场的实物按照有关规范采用平行检验或见证取样方式进行抽检。对未经监理工程师验收或验收不合格的工程材料、籽种、苗木等，监理工程师不予签认，并通知承建单位不得将其运进场。

（3）指令性控制。监理人员发现施工中存在重大隐患，可能造成质量事故或已经造成质量事故时，总监理工程师应下达工程暂停指令，要求承建单位停工整改。

（4）抽样检验控制。对大多数治理工程，如整地工程、造林工程、种草工程及一般的土石方工程等，都要用抽样方法，检验其施工质量。

（5）工程质量评定控制。监理人员参与工程项目外观质量评定和工程项目施工质量评定工作，对承包人对工序、单元工程、分部工程、单位工程的质量等级自评结果进行复核。

2.生态工程施工工序质量控制

1)工序质量分析及控制

对经常会发生质量问题的工序进行调查,进而采取对策措施。

建立工序质量控制流程,明确工序质量控制的重点和难点。

对工程质量出现的问题,分析规律,找出其原因,进行改进试验,落实整改技术措施。

对影响工序质量的因素在施工过程中进行有效控制。

2)生态工程的施工工序

(1)水平梯田(含坡式梯田、隔坡梯田)。其施工工序分为定线、清基、筑埂、保留表土、修平田面等5道工序。

(2)造林。主要包括整地和造林两大阶段。整地的施工工序为定线定位、挖方及筑埂夯实。造林的施工工序分为苗木准备和造林两大工序。

(3)种草。种草的施工工序分为条状整地保墒、种籽处理、选择播期、播种及镇压等工序。

(4)封育治理措施。封育治理分为划定并界标封育区、管护、补植及防病虫害4道工序。

(5)沟头防护工程。蓄水型工程分为定线、清基、开沟筑埂及夯实工序,排水型工程还要增加跌水、消能工序。

(6)谷坊工程。土谷坊分为定线、清基、挖结合槽、填土夯实及挖溢洪道工序;石谷坊分为定线、清基、凿结合槽、砌石工序;柳谷坊分为桩料选择、埋桩、编篱、填石和填土工序。

(7)淤地坝工程。前期分为定线、清基、削坡及截流防渗工序。土坝施工工序为取土、铺土、分层压实及整坡。溢洪道施工工序为开挖、基础处理及砌筑。浆砌石涵洞施工工序为清基、侧墙砌筑、拱圈砌筑、两侧及顶部回填。

(8)坡面小型蓄排水工程。截水沟、排水沟施工工序为定线放样、地面处理、挖沟筑埂、跌水植防冲草皮或砌石;蓄水池和沉沙池施工工序为定线放样、开挖、基础处理及砌筑。

(9)路旁、沟道小型蓄引水工程。水窖施工工序为窖体开挖、窖体防渗、地面集水池和沉沙池修筑;沟道滚水坝施工工序为定线、清基、砌石与养护。

(10)引洪漫地工程。引洪漫地工程由渠首建筑物、渠道及田间工程组成,施工工序参照前述。

(11)风沙治理工程。风沙治理工程主要有植物防沙治沙技术(治沙造林)和工程治沙技术,施工工序参照前述。

(12)崩岗治理工程。崩岗治理工程主要有截水沟、崩壁小台阶、土谷坊及拦沙坝等措施,工序参照前述。

(三)质量评定

1.工程质量检验程序和内容

工程质量检验包括施工前的准备检查、中间产品及原材料的全面检验、单元工程质量检验、质量事故检查、工程外观质量检验等程序。工程开工前,施工单位需对施工准备工作进行检查并经监理单位确认后方可开工;原材料质量和中间产品均需施工单位进行全面检验,并由监理单位复核。单元工程由施工单位检验工程质量,经监理单位抽检,核定单元工程质量是否合格。

施工单位将中间产品及原材料质量、单元工程质量自评结果报监理单位,监理单位核定后报建设单位。项目法人单位组织质量监督机构、监理、设计、施工等单位进行现场检验评定。评定组人数不应少于5人。

2. 生态工程质量检验的内容及施工质量要求

1)梯田工程质量

(1)集中连片,总体布局、梯田规格尺寸等符合小流域综合治理规划、设计要求。

(2)水平梯田做到田面水平、田坎坚固,靠田坎侧有1 m左右的反坡。

(3)坡式梯田田埂顶部要水平,并且地中集流槽内有水簸箕等分流措施。

(4)修筑梯田田坎,若种植经济果木、草本及灌木等,其密度和种植方式、成活率要符合设计要求。

2)保土耕作措施质量

(1)对改变局部地形的农业技术措施,一般沿等高线进行布设,雨量较大的地区其沟垄需有一定的排水坡度。

(2)对增加地面覆被的农业技术措施,其种植方式要符合设计要求,暴雨季节地面需有植物覆盖。

(3)采取深耕、深松耕作措施的,其耕作深度需达到犁底层。

3)造林质量

(1)总体布局要合理,造林位置要选择得当,根据地块的立地条件确定相应的林种、树种、株行距等,并要符合设计要求。

(2)造林整地工程应与实地情况相符,工程的规格尺寸及施工质量要达到设计要求。

(3)在树种的选择上,要能够满足当地解决燃料、经济果木、饲草料等的需求,所占比例根据当地实际情况确定。

(4)水土保持林当年造林的成活率要达到80%以上,即春季造林、秋季达到80%以上,或秋季造林、第二年秋季达到80%以上;3年后的保存率在70%以上。

4)种草质量

(1)种草位置的分布要合理,草种适合当地地块的立地条件,种草的密度要达到设计要求。

(2)所选草种具有较强的蓄水保土能力,产量高,且有较高的经济价值。

(3)在干旱、半干旱地区需要采取抗旱种植技术措施。

(4)在质量验收中,种草的当年出苗率和成活率达到80%以上,3年后的保存率达到70%以上。

5)封禁治理质量

(1)封禁治理。

①封禁区设置了明晰的固定标志,落实管护机构和人员,专人专管。

②明确封禁制度和民规民约,并做到家喻户晓。

③封山育林与补植、平茬、修枝等抚育措施相结合,封坡育草与补播、灌水、施肥等管理措施相结合。

④封禁3~5年后无破坏林草事故发生;林草郁闭度(或覆盖度)达到80%以上,水土流失显著减轻。

（2）育林草。

①对植被覆盖度较大的地块进行带状或块状除草，促进林木萌生。

②对自然繁育能力低的地块进行人工补植和补种。

③对萌蘖强的乔灌木进行平茬复壮，对林地进行抚育等。

林地封育又分以下三种类型：

a. 无林地和疏林地封育。

Ⅰ. 乔木型：乔木郁闭度≥0.20；平均有乔木 1 050 株/hm² 以上，且分布均匀。

Ⅱ. 乔灌型：乔木郁闭度≥0.20，灌木覆盖度≥30%；有乔灌木 1 350 株（丛）/hm² 以上，或年均降水量 400 mm 以下地区有乔灌木 1 050 株（丛）/hm² 以上，其中乔木所占比例≥30%，且分布均匀。

Ⅲ. 灌木型：灌木覆盖度≥30%；有灌木 1 050 株（丛）/hm² 以上，或年均降水量 400 mm 以下地区有灌木 900 株（丛）/hm² 以上，且分布均匀。

Ⅳ. 灌草型：灌草综合覆盖度≥50%，其中灌木覆盖度≥20%；年均降水量在 400 mm 以下地区灌草综合覆盖度≥50%，其中灌木覆盖度≥15%；有灌木 900 株（丛）/hm² 以上，或年均降水量在 400 mm 以下地区有灌木 750 株（丛）/hm² 以上，且分布均匀。

Ⅴ. 竹林型：有毛竹 450 株/hm² 以上，或杂竹覆盖度≥40%，且分布均匀。

b. 有林地封育：小班郁闭度≥0.60，林木分布均匀；林下有分布较均匀的幼苗 3 000 株（丛）/hm² 以上或幼树 500 株（丛）/hm² 以上。

c. 灌木林地封育：灌木林地封育小班的乔木郁闭度≥0.20，乔灌木总盖度≥60%，且灌木分布均匀。

（3）预防保护。

①制定具体措施，预防森林火灾，防治病、虫及鼠害。

②封禁后 3～5 年原地块的林草郁闭度应达到 80% 以上，水土流失显著减轻。管理、管护措施落实，没有人为破坏现象。

6）沟壑治理措施

（1）沟头防护工程质量。

①工程选址合理，防护工程的规格尺寸及施工质量要达到设计要求。

②雨季经暴雨考验后，做到总体完好、稳固，侵蚀沟向深、向两侧和向沟头的延伸得到控制。

（2）谷坊、淤地坝、小水库、治沟骨干工程质量。

①工程选址与工程布置合理，形成完整的坝系工程。

②坝库建筑物按设计暴雨频率设计，工程施工规格尺寸符合设计要求。

③土坝施工分层进行了压实，压实均匀，没有冻块缝隙，坝体土层的干密度达到 1.5 t/m³ 以上，与坝体内泄水洞和坝肩两端山坡地结合紧密。

④溢洪道、泄水洞等建筑物材料质量符合标准，所用水泥、砂浆的质量等达到规定标准，砌石牢固、整齐。

⑤淤地坝工程在设计频率暴雨下，坝地能够种植作物。

⑥小水库上游的泥沙得到控制，使用寿命达 20 年以上。

⑦治沟骨干工程能够在较大暴雨情况时保护下游其他小型工程，起到骨干控制作用。

（3）崩岗治理工程质量。

①对崩口以上集水区进行了综合治理,地表径流显著减少。

②天沟的规格尺寸、蓄水容量、排水能力达到了设计要求,保证设计暴雨情况下不冲崩口。

③谷坊、拦沙坝工程的施工达到设计要求,能够经受暴雨考验。

④崩壁两岸进行了削坡处理,平台施工质量符合设计要求,并在平台上种植林草,暴雨后工程基本完好。

7）风沙治理工程质量

（1）沙障固沙。

沙障布设的位置、配置形式、建设所用材料及施工方式等达到设计的要求,沙障建设的当年就能发挥防风固沙作用。

（2）造林固沙。

①采用林网、林带成片造林进行固沙的,其林带的走向、宽度布置要适当,树种选择、林型选择及株行距控制也要达到设计要求。

②在工程验收时,造林当年成活率要在80%以上,3年后的保存率要在70%以上。

③灌木带方式种植的防风固沙林在种植、平茬及采伐利用时,应实行带状作业,隔带间伐,新种植的灌木带成林后,再间伐相邻一侧的林带。

（3）引水拉沙固沙。

引水所需的配套设施应达到设计要求,冲填过程符合规范程序,所造田面要平整,必须设林带进行防护。

8）小型蓄排引水工程质量

（1）坡面蓄排水工程。

坡面设置的截水沟、排水沟在总体布局上要合理,能有效控制坡上部地表径流,保护农田和林草地,其规格尺寸及施工质量要达到设计要求,有合适排水去处。经设计频率的暴雨考验后,完好率在90%以上。

（2）水窖、旱井、蓄水池等工程。

水窖、旱井、蓄水池等布设的位置应合理,有地表径流水源保证,其规格尺寸、建筑材料、施工方法及防渗等应达到设计要求。经设计频率的暴雨考验后,完好率在90%以上。

（3）引洪漫地工程。

①建设的拦洪坝、引洪渠布局合理,规格尺寸及渠道比降等达到设计要求,在引洪过程中渠系能做到冲淤平衡。

②淤漫地块布设要合理,全部地块能迅速、均匀地淤灌。

③在设计频率暴雨下,水工建筑物保持完好。

3. 工程质量评定

水土保持生态建设项目和生产建设项目水土保持工程的工程质量评定均执行《水土保持工程质量评定规程》(SL 336)的规定。

1）单元工程质量评定标准

合格标准:保证项目必须符合相应质量检验评定标准的规定。

单元工程质量达不到合格标准时,应及时处理。单元工程全部返工重做的,可重新评定质量;经加固补强后能达到设计要求的,其质量按合格处理;达不到设计要求,但建设单位和监理机构认为能够基本满足防御标准和使用功能要求的,可不加固补强,但质量按合格处理,所在分部工程和单位工程不能评优;经加固补强处理后,能够基本满足设计要求,但改变了原设计断面尺寸或造成永久缺陷的,质量按合格处理,而所在分部工程和单位工程也不能评优。

2)分部工程质量评定标准

(1)合格标准。

所含单元工程质量全部合格,中间产品质量及原材料质量全部合格。

(2)优良标准。

单元工程质量全部合格,其中有50%以上达到优良,主要单元工程、重要隐蔽工程及关键部位的单元工程质量优良,且未发生过质量事故,中间产品和原材料质量全部合格。

3)单位工程质量评定标准

(1)合格标准。

分部工程质量和中间产品质量及原材料质量全部合格,大中型工程外观质量得分率达到70%以上,施工质量检验资料基本齐全。

(2)优良标准。

分部工程质量全部合格,其中有50%以上达到优良,主要分部工程质量优良,且施工中未发生过重大质量事故,中间产品和原材料质量全部合格,大中型工程外观质量得分率达到85%以上,且施工质量检验资料齐全。

4)工程项目质量评定标准

(1)合格标准。

单位工程质量全部合格。

(2)优良标准。

单位工程质量全部合格,其中有50%以上的单位工程质量优良,且主要单位工程为优良。

## 四、工程验收

### (一)水土保持生态建设工程验收

根据验收的时间和内容分单项措施验收、阶段验收和竣工验收三类。

1. 单项措施验收

在小流域综合治理实施过程中,施工承包单位按合同完成了某一单项治理措施或重点工程的某一分部工程,并由监理单位复核后,由项目实施主持单位及时组织验收,对各项措施质量和数量进行验收。对工程较大的治理措施(如大型淤地坝、治沟骨干工程等),施工单位在完成其中某项分部工程(如土坝、溢洪道、泄水洞等)时,实施主持单位也应及时组织验收。

1)验收组织

由小流域综合治理实施主持单位负责组织验收,该单位有关技术人员参加具体验收工作。

2）验收内容

单项措施验收重点包括质量和数量。第一是各项治理措施的质量,第二是各项治理措施的数量。质量不符合标准的,不计其数量;其中经过返工、重新验收质量符合标准时,可补计其数量。

具体按以下五个方面,完成一项及时验收一项。

（1）坡耕地治理措施:包括各类梯田（梯地）与保土耕作。

（2）荒地治理措施:包括造林（含经济林、果园）、种草和封禁治理（育林、育草）。

（3）沟壑治理措施:包括沟头防护工程、谷坊、淤地坝、治沟骨干工程及崩岗治理等。

（4）风沙治理措施:包括沙障、林带、林网、成片林草及引水拉沙造田等。

（5）小型蓄排引水工程:包括坡面截水沟、蓄水池、排水沟、水窖、塘坝及引洪漫地等。

3）验收成果

验收合格的,实施主持单位发给施工承包单位验收单,写明验收措施项目、位置、数量、质量和验收时间等;验收人员还要根据验收情况,在施工现场绘制验收图;填写验收表,验收表内容基本与验收单内容一致。

2.阶段验收

小流域综合治理实施主持单位,每年按年度实施计划完成了治理任务后,由项目主管单位组织阶段验收,并对年度治理成果作出评价。

1）验收组织

由项目主管单位主持,该单位有关技术人员参加,同时请有关财务及金融部门人员配合验收,并请上级主管部门派员参加检查指导。

2）验收内容

根据年度计划和《阶段验收申请报告》中要求验收的措施项目,在单项措施所列五方面治理措施项目范围内,逐项进行验收。

阶段验收的验收重点仍然是各项治理措施的质量和数量。对于汛前施工的工程措施,还应检查其经受暴雨考验情况;对于春季种植的林草,还应检查其成活情况。

对当年完成的各项措施的位置和数量,应与当年的验收图对照,防止和历年完成的措施混淆。

3）验收程序

项目提出部门对项目主管单位上报的《竣工验收申请报告》和《水土保持综合治理竣工总结报告》的文字报告、附表、附图、附件等进行全面审查。

对本年度实施的各项治理措施选择有代表性的若干现场,按各项治理措施验收规定的抽样比例,对照年度治理成果验收图,逐项抽样复查其数量与质量,验证实施主持单位自查初验情况的可靠程度。各项治理措施验收抽样比例参照《水土保持综合治理 验收规范》（GB/T 15773—2008）附录D 表D1 规定执行。

在对各项治沟工程进行专项验收,结合抽样复查检查造林、种草的成活率与保存率,对各类措施的各类效益进行审查的基础上,按验收评价标准作出评价,并评定其等级。以上工作完成后由项目提出部门向项目主管单位发给《水土保持综合治理竣工验收合格证书》。

4）验收成果

《水土保持综合治理阶段验收报告》包括必要的附表、附图,由项目主管单位根据阶段验收情况编写。

实施主持单位提出《水土保持综合治理年度工作总结》及其有关附表、附图。

3. 竣工验收

1）验收条件

项目主管单位按水土保持综合治理规定完成规划期内的治理任务,经自查初验,认为质量和数量均达到了规划、设计与合同的要求后,提出附《水土保持综合治理竣工总结报告》和《工程监理报告》的《竣工验收申请报告》,向项目提出单位申请竣工验收。

2）验收组织

由项目提出单位主持,该单位有关工程技术人员参加,并邀请有关财务、金融部门配合验收,有关科技专家参加指导。

3）验收内容

根据《小流域综合治理规划》和《竣工验收申请报告》要求验收的措施项目,在前述所列五方面治理措施项目范围内,逐项进行验收。

验收重点内容包括各项治理措施在小流域内的综合配置是否合理,是否按照规划实施;各项治理措施的质量和数量;质量验收中,包括造林、种草的成活率与保存率,各类工程措施经汛期暴雨考验的情况;小流域综合治理的基础效益(保水、保土)、经济效益、社会效益与生态效益。

4）验收成果

《水土保持综合治理竣工验收报告》包括竣工验收图和各项竣工验收表,由项目提出单位根据验收情况编写。

项目主管单位上报《水土保持综合治理竣工总结报告》及其附表、附图、附件。

以上三类验收的共性要求是都应有相应的验收条件、组织、内容、程序和成果要求;以相应的合同、文件和有关的规划、设计为验收依据;重点都是各项治理措施的质量和数量(质量不符合标准的不计其数量)。

5）验收标准

（1）一级标准。

①全面完成规划目标确定的治理任务,按照各项治理措施的验收质量要求,治理程度达到 70% 以上,林草保存面积占宜林宜草面积 80% 以上(经济林草面积占林草总面积的 20% ~50% ),综合治理措施保存率 80% 以上,人为水土流失得到控制并有良好的管理,没有发生毁林毁草、陡坡开荒等破坏事件,开矿、修路等生产建设,均采取了水土保持措施,妥善处理了废土、弃石;基本制止了新的水土流失产生。

②各项治理措施配置合理,工程与林草,治坡与治沟紧密结合,建成完整的水土流失防御体系;各项措施充分发挥了保水、保土效益,实施期末与实施前比较,流域泥沙减少 70% 以上,生态环境有明显改善。

③通过治理调整了不合理的土地利用结构,做到农、林、牧、副、渔各业用地比例、布局合理,建成了能满足群众粮食需要的基本农田和能适应市场经济发展的林、果、牧、副等商品生

产基地,土地利用率80%以上,小流域经济与农村经济初具规模,土地产出增长率50%以上,商品率达50%以上。到实施期末人均粮食达到自给有余(400～500 kg),现金收入比当地平均水平增长30%以上,条件较好的地区应达到小康水平,进入人口、资源、环境和经济的良性循环。

（2）二级标准。

①全面完成规划治理任务,各项治理措施符合质量标准,治理程度达到60%以上,林草保存面积占宜林宜草面积70%以上。

②各项治理措施配置合理,建成有效的水土流失防御体系;实施期末与实施前比较,流域泥沙减少60%以上。

③合理利用土地,建成了能满足群众粮食需要的基本农田,解决群众所需燃料、饲料、肥料,增加经济收入的林、果、饲草基地。到实施期末人均粮食达到400 kg左右,现金收入比实施前提高30%以上,生态系统开始进入良性循环。

（3）列入国家重点和各级重点治理的小流域或村,都应达到一级标准;一般治理小流域或村,都应达到二级标准,达不到的为不合格。

**（二）生产建设项目水土保持设施验收**

生产建设项目水土保持设施验收包括建设单位开展的自查初验和审批水土保持方案报告书的水行政主管部门主持的水土保持设施行政验收两个方面。生产建设项目水土保持设施应由县级以上人民政府水行政主管部门或者其委托的机构,按照生产建设项目水土保持方案的审批权限,负责项目的水土保持设施的验收工作。组织完成的水土保持设施验收材料,应当报上一级人民政府水行政主管部门备案。

**1. 依据、范围和任务**

1）验收依据

验收主要遵循以下标准:《开发建设项目水土流失防治标准》(GB 50434)、《开发建设项目水土保持技术规范》(GB 50433)、《水土保持工程质量评定规程》(SL 336)、《开发建设项目水土保持设施验收技术规程》(GB/T 22490)。

2）验收范围

水土保持设施验收的范围以批复的水土保持方案确定的水土流失防治责任范围为基础,根据工程建设实际情况进行适当调整。

3）验收任务

检查水土保持设施的设计落实情况及建设进度、工程量及质量,核查水土保持投资到位及使用情况,调查和评价水土流失防治效果,落实水土保持设施的管理维护责任,对存在的问题提出处理和改进意见,明确建设项目水土保持设施是否合格并正式投入使用运行。

**2. 技术指标与合格标准**

1）验收技术指标

建设项目水土保持方案实施后,扰动土地整治率、水土流失总治理度、土壤流失控制比、拦渣率、林草植被恢复率和林草覆盖率六项指标满足GB 50433的规定,达到批复的水土保持方案设计的防治目标。

2）验收需具备的条件

（1）建设项目水土保持方案的审批手续完备，水土保持工程管理、设计、施工、监理、监测、专项财务等建档资料齐全。

（2）水土保持设施按批准的水土保持方案及其设计文件的要求建成，符合水土保持的要求。

（3）扰动土地整治率、水土流失总治理度、土壤流失控制比、拦渣率、林草植被恢复率、林草覆盖率等指标达到批准的水土保持方案的要求及国家和地方的有关技术标准。

（4）水土保持设施具备正常运行条件，能持续、安全、有效运转，符合交付使用要求，且水土保持设施的管理、维护措施已得到落实。

# 第四章　水土保持区划与规划

根据水土保持工作前期管理内容,水土保持规划是水土保持区域水土保持工作的总体部署或特定区域专项部署,也是水土保持前期工作基础。水土保持区划是水土保持规划的基础工作和布局依据,目前,《全国水土保持区划(试行)》已以办水保〔2012〕512号文印发试行,是各级水土保持区划的基础。根据水土保持法,《水土保持规划编制规范》(SL 335)将水土保持规划分为综合规划和专项规划两大类。

## 第一节　基本资料

基本资料是水土保持区划和规划的基础,主要通过资料收集、实地调查、遥感调查等获取。典型小流域或片区调查可参照水土保持工程调查与勘测有关规范执行。规划基准年资料是预测和评价近、远期水土保持需求分析的基础,一般选用规划编制期内较完整又具有代表性的某一年份,即规划基准年的资料。规划基准年的资料不符合要求时,应采取延长插补、统计分析、专家判断等方法进行修正。

国家、流域规划和省级水土保持综合规划的基本资料更偏重于宏观,规划区内基本资料要能反映出地形地貌、水土流失、社会经济等地域分布特点,能够满足评价现状,分析判断发展形势即可。市、县级水土保持综合规划基本资料要准确反映出地形地貌、水土流失、土地利用、社会经济等的空间分布特征。专项规划所需的基本资料应能满足专项工作或者特定区域预防和治理水土流失的专项部署要求。

### 一、自然条件

#### (一)地理位置

地理位置特别是经纬度代表规划区域在地球的空间位置及所处的气候带。不同的气候带水、热、土壤、植被等因子相差很大,因而从宏观上决定水土流失的类型与强度。

#### (二)地质

地质对水土流失的影响主要反映在地质构造背景、地层结构和地质构造方面。现代地质构造运动直接表现为强烈地震引发的滑坡、崩塌为泥石流提供松散固体堆积物;间接表现为地壳抬升与下降引发侵蚀基准面的变化。我国受第四纪新构造运动影响表现尤为明显,西南地区和黄土高原因地壳抬升而表现强烈的沟谷下切,水土流失严重;而地质稳定区域如河流三角洲、山间盆地等则水土流失轻微。此外,褶皱、断裂、岩层倾向、岩石种类及成因等对水土流失影响很大。规划中地质资料应包括能反映规划区地面组成物质及岩性、地质构造等。

#### (三)地貌

地貌形态一般分为平原、盆地、山地、丘陵和高原(见水土保持调查与勘测章节)。第四纪地貌对我国水土流失起着支配与控制作用。地貌因素对水土流失影响的强弱,主要受坡度、坡长、地表破碎程度等控制。规划中地貌资料应包括地貌类型、面积及分布等。

### 1. 坡度与坡长

地表径流的大小和流速主要取决于径流深及地面坡度,坡度越大侵蚀越大。我国坡地面蚀土壤侵蚀分级主要就是根据地面坡度划分的。通过坡度分析,我们大体可以判断分析规划区域的水土流失情况及其治理的难易程度。一般地面坡度越大,土壤流失量越大,土层越薄,养分越贫瘠,水土流失治理难度越大,造林种草越困难。

坡长与水土流失的关系较为复杂,且与坡度一起综合影响水土流失,一般在降雨强度小时,坡度越长流失量越小;反之则大。土壤侵蚀预报方程中 SL 因子即为坡度坡长综合因子。

### 2. 坡型与坡向

坡型一般分为直型、凸型、凹型和复合型,其通过地面径流分配和流速的变化直接影响水土流失;坡向则是通过水热状况、植被分布、土地利用等间接影响水土流失。在北方地区,坡向还对林草措施的配置起着关键作用。在水土保持专项工程规划时应分析坡向组成情况以及对植被分布的影响,从而判断水土流失情况,为林草措施、坡耕地改造等提供依据。

### 3. 地表破碎程度

地表破碎程度的指标主要有流域平均沟壑密度、地面裂度、沟道平均比降。这 3 项指标越大,表明侵蚀强度越大,水土流失越严重。分析评价这 3 项指标,对沟道治理措施配置及土地利用安排具有重要意义。一般来说,流域平均沟壑密度较小,沟壑面积占流域总面积相当的比例,沟道平均比降较小,则说明沟道开阔,进行坝系建设和引洪漫地的条件好。如黄土高原沟壑区常具备此种条件。

### 4. 海拔

海拔直接影响水热条件,海拔每升高 100 m,气温下降 0.5 ~ 0.6 ℃,气温低,空气湿度大,形成湿冷气候;海拔很高时则因地形和温度变化,形成高原荒漠区,我国高海拔地区如青藏高原植被稀少,冻融侵蚀严重。因而,海拔间接影响植被生长和水土流失。如北方的油松在海拔 1 600 m 以下分布广,生长良好;1 600 m 以上则分布少且生长不良;2 200 m 以上地区基本没有分布。进行大区域规划时,分析海拔有助于合理布局水土保持植物措施。

### (四)气象

气候因素对水土流失形成主要外营力,其影响是多方面的,以降水对水蚀的影响、风对风蚀的影响、温度对冻融侵蚀的影响最为突出。各种气候因素之间相互作用,主要是水热变化对土壤、植被形成与分布影响深远。分析评价规划区域的气象条件对掌握水土流失状况及治理措施配置具有重要意义。规划中气象资料要素主要包括多年平均降水量、最大年降水量、最小年降水量、降水年内分布、年暴雨天数,多年平均蒸发量,年平均气温、大于等于 10 ℃ 的年活动积温、极端最高气温、极端最低气温,年均日照时数,无霜期,最大冻土深度;风蚀地区还包括年平均风速、最大风速、大于起沙风速的日数、大风日数、主害风风向等;沿海地区还应有台风相关的气象资料。

### 1. 降水与蒸发

降水特征主要包括多年平均、最大年、最小年降水量;降水季节分布(汛期与非汛期雨量)、暴雨情况;降雨频次、降雨量、降雪量、强度及其占年降水量的比重。其中,降雨量和降雨强度与水土流失关系密切。降雨量直接影响水土流失与植被分布,年降水量 250 mm 以下地区以风蚀为主,植被以干旱草原荒漠植被为主;250 ~ 400 mm 地区水蚀风蚀并存,植被以半干旱草原植被为主,植被恢复难度大;400~600 mm 地区以水蚀为主兼有风蚀,植被以半干旱半湿润森林草原植被为主;600 mm 以上地区则主要是水蚀,植被以半湿润湿润森林植被为主,植被恢复比较容易。同时,还应分析年降水的季节分布、雨量、雨强等,以便判断水土流失发生时间、强度,与植被或作物生长发育的吻合程度等,提出相应的治理措施。

蒸发量分为水面年蒸发量、陆面年蒸发量,年蒸发量(陆面)与年降水量的比值为干燥度($d$),$d$ 值大于 2.0 的为干旱区;小于 1.5 的为湿润区;介于 1.5 与 2.0 之间的为半干旱区。降水与蒸发分析对大区域规划中拟定水土流失防治目标、确定土地利用方向和措施总体布局有着密切关系。

2. 温度

温度的特征值主要包括年均气温、最高气温、最低气温、≥10 ℃的积温、无霜期等。温度是影响植物(含农作物)生长发育、产量和品质的重要因素。

日平均气温≥0 ℃的始现期和终止期,土壤解冻和开始冻结;日平均气温≥5 ℃的始现期和终止期,是各种喜冻作物(如小麦、大麦、马铃薯、油菜等)及大多数牧草开始生长和停止生长的时间;日平均气温≥10 ℃是一般喜温作物(如玉米、谷子、大豆、高粱、甘薯、水稻、花生、棉花等)生长的起始温度。

低温(最冷月平均温度和极端最低温度)、无霜期短、≥10 ℃的积温低等对林草生长发育有决定性影响,如北方枣树当≥10 ℃的积温低于 2 800 ℃时,产量明显开始下降;低于 2 400 ℃时,则不能挂果;大于 4 400 ℃以后产量开始下降且品质不好。又如新疆杨引种移植至福建,因得不到其所需低温,虽能生长,但不能结实。温度情况分析应与植被建设布局、植被生长发育、树种草种选择、引种驯化、造林种草等分析联系在一起,根据规划范围内不同地貌条件下热量分布特征和变化规律,对于合理安排配置水土保持林草措施有重要作用。

3. 风和风沙

风和风沙天气与风蚀密切相关,分析规划区域大风天数、沙尘暴天数、风速、风向(特别是主害风方向)、风频等,有助于认识风蚀产生原因,分析风蚀强度,提出可行的防治措施。

(五)土壤

土壤性状、类型、空间分布规律和构成对水土流失强度及其土地利用方式有显著的影响。从土壤侵蚀的角度来看,土层厚度影响土壤侵蚀的抗蚀年限。土壤物质的机械组成对水土流失的影响主要表现在抗蚀性能上。土壤结构影响土壤流失的强度,通常紧实的土壤比松散的土壤抗蚀性要强。土壤的各种化学性质,一方面通过对植被的影响间接地对土壤流失起作用,另一方面直接影响土壤侵蚀强度。从土地利用来看,土壤理化性质等,如土层厚度、土壤质地、容重、孔隙率、氮、磷、钾、有机质含量、pH 值等,主要是作为土地资源评价以及改造利用方式的可行性分析的依据,例如,分析土层厚度是否能适应修建水平梯田、经济林或建果园等。规划中土壤资料应包括能反映规划区土壤类型及其分布、土壤厚度、土壤质地、土壤养分含量等有关土壤特征的土壤普查资料、土壤类型分布图等。

(六)植被与作物

植被包括林木、草本、灌木、果树、特用植物等,植被分析内容包括植物地带性分布(植物区系)、人工植被和天然植被的面积、森林覆盖率、林草覆盖率或植被覆盖率、植被覆盖度、植物群落结构及生长情况、城镇绿化情况等。植被能够综合反映自然环境状况,个别植物还具有指示功能(称为指示植物),如侧柏多生长在石灰性(pH 值高)土壤上,柽柳生长在低湿盐渍化严重的土壤上,这对自然环境条件分析十分有用。通过植被条件的分析,不仅能够深入分析自然环境,而且能对水土保持林草措施总布局、土地利用方向调整提供重要依据,以便提出适宜于在规划范围内涵养水源、保持水土,防风固沙能力强的树种、草种及最佳搭配。规划中植被资料应包括规划区主要植被类型和优势树(草)种、森林覆盖率、林草覆盖率,以及有关的林业区划成果等。

作物分析包括规划范围内种植作物种类、栽培经营管理方式等。作物种类栽培管理如作物种植密度、留茬高度、秸秆还田等均与水土流失有关;又如黄土高原地区种植冬小麦,在6月收割以后,直至9月播种,地面裸露,而此时正好是雨季,极易造成水土流失。采取套种生长期短的其他秋作物即可减少水土流失。

**(七)水资源**

主要在调查区域水资源总量、需水量、供水量的基础上分析水量供需平衡,提出水资源利用中存在的问题、解决方法和开发利用方向。特别是分析生态需水量与可供水量的关系,灌溉的可能性和潜力等。对于干旱缺水地区还应分析地表径流拦蓄利用的可能性。规划中主要说明规划区所属流域、水系,地表径流量,年径流系数,径流年内分布情况,含沙量,输沙量等水文泥沙情况。

**(八)其他**

其他条件如:灾害性气候如霜冻、冰雹、干热风与植物和作物生长有关;矿藏资源、水能资源、旅游资源等分布、贮量以及开发条件等,对区域城镇、工矿企业等建设和开发过程水土流失产生影响,以便提出相应的预防监督措施。

## 二、社会经济条件

区划与规划应对区域范围内的社会经济条件进行深入分析,既要考虑当前,又要着眼未来;一个项目只有在技术和经济上均具备条件时,才能得以实现。社会经济条件分析包括人口和劳动力分析,土地利用结构、经济结构(经济收入与产业结构等)、物质技术条件分析,政策因素分析等。

### (一)人口及劳动力

水土保持生态建设项目目前仍以农业补助性项目为主,在实施区域地方和农民承诺的基础上,尚需投入一定的劳动力和资金。人口增加与生态环境承载能力应相互协调;劳动力充足是实施项目的必备条件,人口素质又与实施项目、科技应用等相关。因此,评价人口与劳动数量和结构、人口分布、人口素质、自然增长率等对于确定水土保持生态建设项目总体目标与布局十分重要。规划中人口统计资料主要包括总人口、农业人口、人口密度、人口自然增长率、文化程度、劳动力及就业情况等。

### (二)经济结构与物质技术条件

1. 经济结构

经济结构包括农村经济收入状况、产业结构等,主要是农村经济总收入、人均纯收入、人均产粮、人均产值,以及燃料、饲料、肥料情况等;农、林、牧、工各业投入产出情况,农业主要是农作物播种面积、总产、单产,林业主要是林种分布、木材及果品产量、投入产出情况,畜牧业主要是畜群结构、饲养情况、年存栏和出栏数量、草地载畜量、投入产出情况,渔业主要是养殖水面、投入产出情况,农村工业企业的投入及产值等。重点分析经济结构中存在的问题及其与水土流失的关系,产业结构调整与水土保持的关系,水土保持效益发挥可能对经济结构的影响等。规划中国民经济统计资料主要包括国内生产总值、工农业生产总值、产业结构、人均耕地、农民人均纯收入等情况。

2. 物质技术条件

物质技术条件包括基础设施、经济区位、科技发展前景分析等。应分析现有水平、利用状况及效果、存在的问题及与项目建设的矛盾。以上条件对生态建设项目的制约、利用的可行性,对水土保持生态建设项目必要支撑物质技术条件的改善等分析,为项目目标与方案制订提供依据。

### (三)政策因素

对国家有关水土保持项目的计划规划、信贷、价格物资等方面政策及可能的调整进行分析,分析有利与不利的因素,为提出必要的对策和措施提供依据。

### (四)农业生产状况

1. 产出结构

以价值指标表示,即以货币量作为产出的度量基准。基本计算公式为:

$$SVI = \frac{V_i}{\sum V_i} \times 100\% \tag{4.1-1}$$

式中　$SVI$——产出的价值结构指标;

　　　$V_i$——第 $i$ 项产出值;

　　　$\sum V_i$——总产出值。

2. 投入结构

依据投入要素的不同来分别计算,主要有劳动就业结构、土地利用结构和资金分配结构。

(1)劳动就业结构(主要反映经济结构):

$$LSI = \frac{L_i}{\sum L_i} \times 100\% \tag{4.1-2}$$

式中　$LSI$——劳动就业结构指标;

　　　$L_i$——总体第 $i$ 部分的劳动就业量;

　　　$\sum L_i$——总体各部分的劳动就业量之和,即劳动就业总量。

(2)土地利用结构(反映农业产业结构):

$$ASI = \frac{A_i}{\sum A_i} \times 100\% \tag{4.1-3}$$

式中　$ASI$——土地利用结构;

　　　$A_i$——总体第 $i$ 部分的土地占有量;

　　　$\sum A_i$——总体各部分的土地占有量之和。

(3)资金分配结构(反映资金在经济总体各部分间的投放情况):

$$KSI = \frac{K_i}{\sum K_i} \times 100\% \tag{4.1-4}$$

式中　$KSI$——资金分配结构;

$K_i$——总体第$i$部分的资金投放量；

$\sum K_i$——资金总投放量。

3. 农民生活和消费

恩格尔系数是指食品消费支出在生活消费支出中所占的份额,其表达式为:

$$恩格尔系数 = \frac{食品消费支出额}{生活消费支出总额} \times 100\% \qquad (4.1\text{-}5)$$

其中,食品消费支出包括购买食品的开支和自产、赠送食品中用于消耗的折算价值;生活消费支出包括各种消费(包括吃、住、行、衣等)的总价格,自有物品同样计算其价值。

恩格尔系数的大小与人均收入水平的高低有内在的联系,分析恩格尔系数,可以考察一个国家或地区的经济发达程度。联合国曾确定了以恩格尔系数划分贫富的标准,见表4.1-1。

表 4.1-1　恩格尔系数划分贫富标准表

| 恩格尔系数 | 富裕程度 |
| --- | --- |
| >59% | 绝对贫困 |
| 50%~59% | 勉强度日(温饱) |
| 40%~50% | 小康水平 |
| 20%~40% | 富裕 |
| <20% | 最富裕 |

### 三、土地利用现状

土地利用现状是人类在漫长开发过程中对土地资源持续利用的结果,它既反映了土地的自然适应性,又反映当前生产力水平对土地改造和利用的能力,有着复杂而深刻的自然、社会、经济和历史根源。规划中土地利用资料应包括土地总面积、利用类型、分布以及土地利用总体规划等,重点了解与土地利用水土保持评价相关的坡耕地、"四荒"地、疏幼林地、工矿等建设用地分布和面积,以及与规划级别一致的土地利用规划。

### 四、水土流失及其防治情况

水土流失及其防治情况分析包括水土流失现状、水土保持现状,是进一步分析明确规划区域的主要水土流失问题及形成原因和发生发展趋势的基础,为水土保持区划、规划需求分析及措施总体布局提供依据。

**(一)水土流失现状**

水土流失现状资料应包括区域不同时期及最新的水土流失普查资料,具体包括水土流失类型、面积、强度、分布、危害、侵蚀沟道的数量等,以及相关图件。影响水土流失其他主要因素的相关资料包括水蚀地区的降雨侵蚀力、主要土壤可蚀性、地形因子、生物因子、耕作因子等;风蚀地区的年起沙风速的天数及分布,地面粗糙度、植被盖度和地下水位变化等。

水土流失类型、强度、潜在危险程度及分布与面积等情况的分析是水土保持规划设计的基础。重点是主要水土流失类型发生发展的原因和危害。水土流失与自然、社会两大因素有很大关系,在一定区域内,人类活动往往是加速水土流失的原因,因此应分不同区域有针对性地进行分析。

### （二）水土保持现状

水土保持现状是进行现状评价和存在问题分析的基础,收集的资料主要包括机构建设、配套法规及制度,区域涉及的各级水土流失重点预防区和重点治理区划分成果,已实施的水土保持重点项目及其主要措施类型、分布、面积或数量、防治效果、经验及教训,科技推广情况,以及水土保持监测、监督管理等工作开展情况。

# 第二节　水土保持区划

## 一、区划的概念与分类

### （一）区划的概念

区划即区域划分,是对地域差异性和相同性的综合分类。区划是揭示某种现象在区域内共同性和区域之间差异性的重要手段。区划的地域范围(或称地理单元),其内部条件、特征具有相似性,并有密切的区域内在联系性,各区域都有自己的特征,具有一定的独立性。区划是不以人们意志为转移的业已存在的客体,其内容具有相对的稳定性,是规划的前提和基础。

### （二）区划的分类

根据性质不同,区划可分为行政区划、自然区划和经济区划;根据范围的不同,区划可分为全国性区划和区域性区划;根据区划对象和要素的不同,区划可分为全国性综合自然区划和部门区划,其中部门区划又可分为部门自然区划和部门综合区划。不同的区划在对象、要素和空间分布可重复性、是否考虑行政单元的完整性及目的上是有区别的,各类区划的对比见表4.2-1。

表 4.2-1　区划分类对比表

| 区划类别 | | 主要理论基础 | 对象 | 要素 | 空间分布可重复性 | 是否考虑行政单元完整性 | 区划目的 | 举例 |
|---|---|---|---|---|---|---|---|---|
| 全国性综合自然区划 | | 自然地理地带性和自然地域分异规律 | 自然综合体或景观 | 各种自然要素 | 可重复 | 否 | 为全国农业生产和可持续发展服务 | 全国综合自然区划、中国生态区划等 |
| 部门区划 | 自然区划 | 自然地域分异规律 | 某一自然体 | 单一自然要素体系 | 可重复 | 否 | 为部门研究和规划提供科学依据 | 中国气候区划、中国地貌区划、中国植被区划等 |
| | 综合区划 | 自然经济地域分异规律 | 人与自然的综合体 | 自然要素、人文要素和社会要素相结合 | 不可重复 | 是 | 宏观指导部门生产经济规划 | 全国农业区划、全国林业区划、全国水土保持区划等 |

## 二、水土保持区划的概念与原则

### (一)水土保持区划的概念

水土保持区划(soil and water conservation regionalization)指根据自然和社会条件、水土流失类型、强度和危害,以及水土流失治理方法的区域相似性和区域间差异性进行的水土保持区域划分,并对各区分别采取相应的生产发展方向布局(或土地利用方向)和水土流失防治措施布局的工作(《水土保持术语》(GB/T 20465—2006))。水土保持区划是一种部门综合区划,是水土保持的一项基础性工作,将在相当长的时间内有效指导水土保持综合规划与专项规划。

水土保持区划是在水土流失类型区划分(或土壤侵蚀区划)和其他自然区划(植被地带区划、自然地理区划等)的基础上,根据自然条件、社会经济情况、水土流失特点及水土保持现状的区域分异规律(区内相似性和区间差异性),将区域划分为若干个不同的分区(根据情况可以进一步划分出若干个亚区),并因地制宜地对各个分区分别提出不同的生产发展方向和水土保持治理要求,以便指导各地科学地开展水土保持,做到扬长避短,发挥优势,使水土资源能得到充分合理的利用,水土流失得到有效的控制,收到最好的经济效益、社会效益和生态效益。

### (二)水土保持区划的原则

1. 区内相似性和区间差异性原则

水土保持区划遵循区域分异规律,即保证区内相似性和区间差异性。同一类型区内,各地的自然条件、社会经济情况、水土流失特点应有明显的相似性,生产发展方向(包括土地利用调整方向、产业结构调整方向等)、水土流失防治途径及措施总体部署应基本一致;不同类型区之间则应有明显的差异性。相似性和差异性可以采用定量和定性相结合的指标反映。

2. 以水土流失类型划分(或土壤侵蚀区划)为基础的原则

水土流失类型划分(或土壤侵蚀区划)属于自然区划,它是不考虑行政区界和社会经济因素的,一般按水土流失类型如水蚀、重力侵蚀、风蚀、冻融侵蚀划分。

3. 按主导因素区划的原则

水土保持区划的主要依据是影响水土流失发生发展的各种因素,应从众多的因素中寻找主导因素,以主导因素为主要依据划分。

(1)在自然条件中,对水土流失发生发展起主导作用的因素是地貌(包括大地貌和地形)、降雨、土壤和地面组成物质、植被。如根据地貌可明确划分为高原、山区、丘陵、盆地与平原;根据水热条件(降雨、温度)可明确划分为温带干旱半干旱区、暖温带湿润区、亚热带湿润区等;根据地面组成物质可分为黄土覆盖、基岩裸露、沙地、荒漠等;根据植被因素可分为森林区、森林草原、草原区等。

(2)在自然资源中,对水土流失和生产发展起主导作用的因素包括土地资源、水资源、植物资源、矿藏资源等。自然资源的开发利用程度对水土流失影响很大。如晋陕蒙接壤区煤炭资源丰富,开发利用程度高,人为水土流失严重。

(3)在社会经济情况中,对水土流失和生产发展起主导作用的因素是人口密度、土地利用现状(主要是农耕地比重)、经济与产业结构等。以土地利用状况和产业结构可分为农业区、林区、牧区等。

4. 自然区界与行政区界相结合的原则

水土保持区划的性质是部门经济区划,是在自然区划的基础上进行的,因此首先应考虑流域界、天然植被分界线、等雨量线等自然区界,尽量保证地貌类型的完整性;同时,必须充分考虑行政管理区界,尽可能保证行政区划的完整性,并将二者结合起来。

5. 自上而下与自下而上相结合的原则

水土保持区划可分为国家、流域、省(自治区、直辖市)、市(盟、自治州)、县(市、区、旗、自治县)五级,省级以上区划着重宏观战略,市和县级区划相对具体并应能具体指导相关工程规划设计。在国家级和省级区划中属同一类型区的,在市级和县级区划中可能还需再划分为亚区。因此,在进行区划时应由上一级部门制订初步方案,下达到下一级,下一级据此制定相应级别的区划,然后再反馈至上一级,上一级根据下一级的区划汇总并对初步方案进行修订。这样自上而下与自下而上多次反复修改最终形成各级区划。

## 三、水土保持区划的目的、任务和内容

### (一)水土保持区划的目的和任务

水土保持区划的目的就是为分类分区指导水土流失防治和水土保持规划提供基础的科学依据。其任务就是在调查研究区域水土流失特征、防治现状、水土保持经验、区域经济发展对水土保持要求和存在问题的基础上,正确处理好水土保持与生态环境和社会经济发展的关系,提出分区生产发展方向、水土保持任务、防治途径和技术或措施体系部署或安排。

### (二)水土保持区划的内容

1. 区划指标

根据自然条件、社会经济条件、水土流失特征筛选确定指标体系。主要从以下几方面考虑。

1)自然条件

(1)地貌地形指标:大地貌(山地、丘陵、高原、平原等)、地形(地面坡度组成、沟壑密度)。

(2)气象指标:年均降水量、汛期雨量、年均温度、≥10 ℃的积温、干燥指数、无霜期、大风日数、风速等。

(3)土壤与地面组成物质指标:岩土类型(土类、岩石、沙地、荒漠等)、土壤类型(褐土、红壤、棕壤等)。

(4)植被指标:林草覆盖率、植被区系、主要树种草种等。

2)社会经济条件

(1)人口密度、人均土地、人均耕地。

(2)耕地占总土地面积的比例、坡耕地面积占耕地面积的比例。

(3)人均收入、人均产粮等。

3)水土流失特征

(1)水土流失类型指标:水蚀(沟蚀、面蚀)、重力侵蚀、风力侵蚀、冻融侵蚀、泥石流。

(2)土壤侵蚀状况:土壤侵蚀强度和程度。

(3)人为水土流失状况:开发建设项目规模与分布。

(4)水土流失危害:土地退化、洪涝灾害、河库淤积等。

2.明确分级体系和分区方案

根据区域大小确定分级体系和分区方案,当一级分区不能满足工作需要时,应考虑二级以上分区,同时应明确分级分区界限确定原则(自然区界与行政区划结合)及各级分区的区划指标。一级区划以第一主导因素为依据,二、三级区划以相对次要的主导因素为依据,并最终确定水土保持逐级分区方案。

3.区划命名

区划命名的目的是反映不同类型区的特点和应采取的主要防治措施,使之在规划与实施中能更好地指导工作。命名的组成有单因素、二因素、三因素、四因素四类,不同层次的区划,应分别采用不同的命名。目前我国水土保持区划的命名采取多段式命名法,即地理位置(区位)+优势地貌类型(或组合)+水土流失类型和强度+防治方案。

(1)单因素和二因素命名,一般适用于高层次区。常以优势地面物质、区域地貌或优势地貌类型等命名,如全国水土保持区划一级区命名为东北黑土区、西北黄土高原区、青藏高原区等,二级区命名为长白山—完达山山地丘陵区、河西走廊及阿拉善高原区等。二因素如全国水土保持区划采用特征地貌(或地理名称)+水土保持主导基础功能,如大兴安岭山地水源涵养生态维护区、滇西北中高山生态维护区等。

(2)三因素、四因素命名,主要应用于市、县级的区划,在上述二因素基础上,再加侵蚀类型、强度、防治方案等。如黄土高原北部黄土丘陵沟壑剧烈水蚀防治区、阴山山地强烈风蚀防治区、北部黄土丘陵沟壑剧烈水蚀坡沟兼治区、南部冲积平原轻度侵蚀护岸保滩区等。

4.方略、总体部署(布局)、防治途径、技术体系或防治模式

根据分区特征和分区方案,明确区域概况、方略(生产发展、工作等方向)、总体部署(布局)、防治途径等。

(1)区域范围、优势地貌特征和自然条件。

(2)水土流失现状及存在的主要问题。

(3)国家级和省级区划分述各区水土保持方略、总体部署、防治途径及技术体系,市级和县级则应更加详述防治措施及其配置模式等。

四、水土保持区划的步骤与方法

水土保持区划是水土保持主管部门的一项重要工作,应该作为全局性和战略性的主要业务来抓好。水土保持区划工作的具体方法、步骤如下:

(1)组织队伍,制定计划。根据区划需要,由各级政府和业务部门领导与技术人员组成区划工作组,技术队伍应按专业特长分工分组。制定工作大纲和技术细则,并组织培训技术人员。

(2)收集资料,实地调查。收集与水土保持区划有关的自然、社经、农林牧等各方面的资料和成果,进行归类整编。同时进行实地调查,核实分析。

(3)资料分析,专题研究。对收集到的各种图表、文字资料,要认真地进行分析研究,从中找出区划需要的依据或指标,对关键性问题进行专题研究。

(4)综合归纳,形成成果。集中力量,对各组分析的资料和专题讨论成果进行综合归纳,归纳过程中可结合数值区划方法(如主成分分析、聚类分析、灰色系统理论、模糊数学及

数量化理论等)进行。主要是确定各级区划的主要指标、范围、界限,然后绘制区划图表,编写区划报告,征求意见,修改审定,形成成果。

### 五、全国水土保持区划概况

#### (一)区划体系

全国水土保持区划采用三级分区体系。

一级区:为总体格局区,主要用于确定全国水土保持工作战略部署与水土流失防治方略,反映水土资源保护、开发和合理利用的总体格局,体现水土流失的自然条件(地势、构造和水热条件)及水土流失成因的区内相对一致性和区间最大差异性。

二级区:为区域协调区,主要用于确定区域水土保持布局,协调跨流域、跨省区的重大区域性规划目标、任务及重点。反映区域优势地貌特征、水土流失特点、植被区带分布特征等的区内相对一致性和区间最大差异性。

三级区:为基本功能区,主要用于确定水土流失防治途径及技术体系,作为重点项目布局与规划的基础。反映区域水土流失及其防治需求的区内相对一致性和区间最大差异性。

#### (二)区划指标与方法

1. 区划指标

依据三级分区体系,我国气候、地貌、水土流失特点以及人类活动规律等特征,从自然条件、水土流失、土地利用和社会经济等影响因子或要素中,选定各级划分指标(见表4.2-2)。

**表4.2-2 全国水土保持区划指标**

| | 主导指标 | 辅助指标 |
|---|---|---|
| 一级区 | 海拔、≥10 ℃积温、年均降水量和水土流失成因 | 干燥度 |
| 二级区 | 特征优势地貌类型和若干次要地貌类型的组合、海拔、水土流失类型及强度、植被类型 | 土壤类型、水热指标 |
| 三级区 | 地貌特征指标(海拔、相对高差、特征地貌等)、社会经济发展状况特征指标(人口密度、人均纯收入等)、土地利用特征指标(耕垦指数、林草覆盖率等)、土壤侵蚀强度指标 | 土壤类型、水热指标 |

2. 区划方法

在收集已有相关区划及分区成果、上报系统数据以及第一次全国水利普查水土保持情况普查成果的基础上,对数据进行整理复核分析,形成数据库,建立以地理信息系统为基础的全国水土保持区划协作平台。在定性分析的基础上,依托协作平台,运用相关统计分析方法,以县级行政区为分区单元,适当考虑流域边界和省界、历史传统沿革,借鉴相关区划成果,遵循上述区划原则进行区划,并充分征求流域机构和地方部门意见,多次协调,形成区划成果。

3. 三级区水土保持功能评价

水土保持功能是指某一区域内水土保持设施所发挥或蕴藏的有利于保护水土资源、防灾减灾、改善生态、促进社会经济发展等方面的作用,包括基础功能和社会经济功能。

水土保持基础功能是指某一区域内水土保持设施在水土流失防治、维护水土资源和提高土地生产力等方面所发挥或蕴藏的直接作用或效能,包括10项基础功能(见表4.2-3)。

表 4.2-3  水土保持基础功能分类

| 基础功能 | 定义 | 重要体现区域 | 辅助指标 |
|---|---|---|---|
| 土壤保持 | 水土保持设施发挥的保持土壤资源,维护和提高土地生产力的功能 | 山地丘陵综合农业生产区 | 耕地面积比例、大于15°土地面积比例 |
| 蓄水保水 | 水土保持设施发挥的集蓄利用降水和地表径流以及保持土壤水分的功能 | 干旱缺水地区及季节性缺水严重地区 | 降水量、旱地面积比例、地面起伏度 |
| 拦沙减沙 | 水土保持设施发挥的拦截和减少入江(河、湖、库)泥沙的功能 | 多沙粗沙区及河流输沙量大的地区 | 土壤侵蚀模数 |
| 水源涵养 | 水土保持设施发挥或蕴藏的调节径流、保护与改善水质的功能 | 江河湖泊的源头、供水水库上游地区以及国家已划定的水源涵养区 | 林草植被覆盖率、人口密度 |
| 水质维护 | 水土保持设施发挥或蕴藏的减轻面源污染,有利于维护水质的功能 | 河湖水网、饮用水源地周边面源污染较重地区 | 耕地面积比例、人口密度 |
| 防风固沙 | 水土保持设施减小风速和控制沙地风蚀的功能 | 绿洲防护区及风沙区 | 大风日数、林草植被覆盖率、中度以上风蚀面积比例 |
| 生态维护 | 水土保持设施在维护森林、草原、湿地等生态系统功能方面所发挥的作用 | 森林、草原、湿地 | 林草植被覆盖率、人口密度、各类保护区面积比例 |
| 防灾减灾 | 水土保持设施发挥或蕴藏的减轻山洪、泥石流、滑坡等山地灾害的功能 | 山洪、泥石流、滑坡易发区及工矿集中区 | 灾害易发区危险区面积比例、工矿区面积比例 |
| 农田防护 | 水土保持设施在平原和绿洲农业区发挥的改善农田小气候,减轻风沙、干旱等自然灾害的功能 | 平原地区的粮食主产区 | 耕地面积比例、平原面积比例 |
| 人居环境维护 | 水土保持设施发挥的维护经济发达区域的城市及周边环境的功能 | 人均生活水平高的大中型现代化城市 | 人口密度、人均收入 |

水土保持社会经济功能是水土保持基础功能的延伸,指某一区域内水土保持设施对社会经济发展起到的间接作用,包括粮食生产、综合农业生产、林业生产和牧业生产等生产功能,以及城镇道路工矿企业防护、绿洲防护、海岸线防护、河湖源区保护、减少河湖库淤积、水源地保护、自然景观保护、生物多样性保护、河湖沟渠边岸保护、饮水安全保护和土地生产力保护等保护功能。

水土保持功能评价是以三级区为单元,在调查分析区域自然条件和社会经济条件、水土流失现状特点及水土保持现状的基础上进行,明确区域存在的水土保持基础功能类型与重要性,分析确定主导基础功能及对应的社会经济功能。

(三)区划成果

全国共划分8个一级区41个二级区117个三级区。

1. 东北黑土区

东北黑土区,即东北山地丘陵区,包括黑龙江、吉林、辽宁和内蒙古4省(自治区)共244个县(市、区、旗),土地总面积约109万km²,共划分为6个二级区9个三级区,见表4.2-4。

表4.2-4 东北黑土区分区方案

| 一级区代码及名称 | 二级区代码及名称 | | 三级区代码及名称 | |
|---|---|---|---|---|
| Ⅰ 东北黑土区(东北山地丘陵区) | Ⅰ-1 | 大小兴安岭山地区 | Ⅰ-1-1hw | 大兴安岭山地水源涵养生态维护区 |
| | | | Ⅰ-1-2wt | 小兴安岭山地丘陵生态维护保土区 |
| | Ⅰ-2 | 长白山—完达山山地丘陵区 | Ⅰ-2-1wn | 三江平原—兴凯湖生态维护农田防护区 |
| | | | Ⅰ-2-2hz | 长白山山地水源涵养减灾区 |
| | | | Ⅰ-2-3st | 长白山山地丘陵水质维护保土区 |
| | Ⅰ-3 | 东北漫川漫岗区 | Ⅰ-3-1t | 东北漫川漫岗土壤保持区 |
| | Ⅰ-4 | 松辽平原风沙区 | Ⅰ-4-1fn | 松辽平原防沙农田防护区 |
| | Ⅰ-5 | 大兴安岭东南山地丘陵区 | Ⅰ-5-1t | 大兴安岭东南低山丘陵土壤保持区 |
| | Ⅰ-6 | 呼伦贝尔丘陵平原区 | Ⅰ-6-1fw | 呼伦贝尔丘陵平原防沙生态维护区 |

东北黑土区是以黑色腐殖质表土为优势地面组成物质的区域,主要分布有大小兴安岭、长白山、呼伦贝尔高原、三江及松嫩平原,大部分位于我国第三级地势阶梯内,总体地貌格局为大小兴安岭和长白山地拱卫着三江及松嫩平原,主要河流涉及黑龙江、松花江等。该区属温带季风气候,大部分地区年均降水量300~800 mm。土壤类型以灰色森林土、暗棕壤、棕色针叶林土、黑土、黑钙土、草甸土和沼泽土为主。植被类型以落叶针叶林、落叶针阔混交林和草原植被为主,林草覆盖率55.27%。区内耕地总面积2 892.3万hm²,其中坡耕地面积230.9万hm²,以及亟需治理的缓坡耕地面积356.3万hm²。水土流失面积25.3万km²,以轻中度水力侵蚀为主,间有风力侵蚀,北部有冻融侵蚀分布。

东北黑土区是世界三大黑土带之一,森林繁茂、江河众多、湿地广布,既是我国森林资源最为丰富的地区,也是国家重要的生态屏障。三江平原和松嫩平原是全国重要商品粮生产基地。呼伦贝尔草原是国家重要畜产品生产基地。哈长地区是我国面向东北亚地区对外开放的重要门户,是全国重要的能源、装备制造基地,是带动东北地区发展的重要增长极。该区由于森林采伐、大规模垦殖等历史原因,森林后备资源不足、湿地萎缩、黑土流失。

1)水土保持方略

以漫川漫岗区的坡耕地和侵蚀沟治理为重点。加强农田水土保持工作,农林镶嵌区的退耕还林还草和农田防护、西部地区风蚀防治,做好自然保护区、天然林保护区、重要水源地的预防和监督管理,构筑大兴安岭—长白山—燕山水源涵养预防带。

2)区域布局

增强大小兴安岭山地区(Ⅰ-1)嫩江、松花江等江河源头区水源涵养功能。加强长白山—完达山山地丘陵区(Ⅰ-2)坡耕地及侵蚀沟道治理、水源地保护,维护生态屏障。保护东北漫川漫岗区(Ⅰ-3)黑土资源,加大坡耕地综合治理,大力推行水土保持耕作制度。加强松辽平原风沙区(Ⅰ-4)农田防护体系建设和风蚀防治,推广缓坡耕地水土保持耕作措施。控制大兴安岭东南山地丘陵区(Ⅰ-5)坡面侵蚀,加强侵蚀沟道治理,防治草场退化。加强呼伦贝尔丘陵平原区(Ⅰ-6)草场管理,保护现有草地和森林。

3) 三级区范围及防治途径

三级区范围及防治途径见表4.2-5。

表4.2-5　三级区范围及防治途径

| 三级区代码及名称 | | 三级区范围 | 防治途径 |
|---|---|---|---|
| Ⅰ-1-1hw 大兴安岭山地水源涵养生态维护区 | 黑龙江省 | 大兴安岭地区呼玛县、漠河县、塔河县 | 加强天然林保护与管理 |
| | 内蒙古自治区 | 呼伦贝尔市鄂伦春自治旗、牙克石市、额尔古纳市、根河市 | |
| Ⅰ-1-2wt 小兴安岭山地丘陵生态维护保土区 | 黑龙江省 | 哈尔滨市通河县,鹤岗市向阳区、工农区、南山区、兴安区、东山区、兴山区、萝北县,伊春市伊春区、南岔区、友好区、西林区、翠峦区、新青区、美溪区、金山屯区、五营区、乌马河区、汤旺河区、带岭区、乌伊岭区、红星区、嘉荫县、铁力市,佳木斯市汤原县,黑河市爱辉区、逊克县、孙吴县 | 加强森林资源的培育与管理,重视农林镶嵌地区水土流失综合治理,加大自然保护区的管理力度 |
| Ⅰ-2-1wn 三江平原—兴凯湖生态维护农田防护区 | 黑龙江省 | 鸡西市虎林市、密山市,鹤岗市绥滨县,双鸭山市集贤县、友谊县、宝清县、饶河县,佳木斯市桦川县、抚远县、同江市、富锦市 | 营造农田防护林和推行保土性耕作,提高兴凯湖等湿地周边水源涵养能力,加强鸡西、鹤岗等矿区预防监督 |
| Ⅰ-2-2hz 长白山山地水源涵养减灾区 | 黑龙江省 | 鸡西市鸡冠区、恒山区、滴道区、梨树区、城子河区、麻山区、鸡东县,七台河市新兴区、桃山区、茄子河区、勃利县,牡丹江市东安区、阳明区、爱民区、西安区、东宁县、林口县、绥芬河市、海林市、宁安市、穆棱市 | 加强第二松花江、鸭绿江和图们江源区水源涵养林建设与保护 |
| | 吉林省 | 通化市东昌区、二道江区、通化县、集安市,白山市浑江区、江源区、抚松县、靖宇县、长白朝鲜族自治县、临江市,延边朝鲜族自治州延吉市、图们市、敦化市、珲春市、龙井市、和龙市、汪清县、安图县 | |
| | 辽宁省 | 抚顺市新宾满族自治县、清原满族自治县,本溪市桓仁满族自治县,丹东市元宝区、振兴区、振安区、宽甸满族自治县 | |

| 三级区代码及名称 | | 三级区范围 | 防治途径 |
|---|---|---|---|
| I-2-3st | 长白山山地丘陵水质维护保土区 | 黑龙江省 | 哈尔滨市依兰县、方正县、延寿县、尚志市、五常市,双鸭山市尖山区、岭东区、四方台区、宝山区,佳木斯市向阳区、前进区、东风区、郊区、桦南县 | 农林镶嵌地区侵蚀沟道和坡耕地治理,促进退耕还林;保护大伙房、桓仁等水源地 |
| | | 吉林省 | 吉林市昌邑区、龙潭区、船营区、丰满区、永吉县、蛟河市、桦甸市、舒兰市、磐石市,辽源市龙山区、西安区、东丰县、东辽县,通化市辉南县、柳河县、梅河口市 | |
| | | 辽宁省 | 鞍山市岫岩满族自治县,抚顺市新抚区、东洲区、望花区、顺城区、抚顺县,本溪市平山区、溪湖区、明山区、南芬区、本溪满族自治县,丹东市凤城市,铁岭市银州区、清河区、铁岭县、西丰县、开原市 | |
| I-3-1t | 东北漫川漫岗土壤保持区 | 黑龙江省 | 哈尔滨市道里区、南岗区、道外区、平房区、松北区、香坊区、呼兰区、阿城区、宾县、巴彦县、木兰县、双城市,齐齐哈尔市依安县、克山县、克东县、拜泉县、讷河市、富裕县,黑河市嫩江县、北安市、五大连池市,绥化市北林区、望奎县、兰西县、青冈县、庆安县、明水县、绥棱县、海伦市、安达市、肇东市,大庆市萨尔图区、龙凤区、让胡路区、红岗区、大同区、肇州县、肇源县、林甸县 | 营造坡面水土保持林,采取以垄向区田为主的耕作措施,实施水保工程措施控制侵蚀沟发育,结合水源工程和小型水利水保工程建设高标准农田;漫岗丘陵地区,还应加强以坡改梯为主的小流域综合治理 |
| | | 吉林省 | 长春市南关区、宽城区、朝阳区、二道区、绿园区、双阳区、农安县、九台市、榆树市、德惠市,四平市铁西区、铁东区、梨树县、伊通满族自治县、公主岭市,松原市宁江区、前郭尔罗斯蒙古族自治县、扶余县 | |
| | | 辽宁省 | 铁岭市调兵山市、昌图县,沈阳市康平县、法库县 | |

| 三级区代码及名称 | 三级区范围 | | 防治途径 |
|---|---|---|---|
| Ⅰ-4-1fn 松辽平原防沙农田防护区 | 黑龙江省 | 齐齐哈尔市昂昂溪区、富拉尔基、龙沙区、铁锋区、建华区、梅里斯达斡尔族区、泰来县,大庆市杜尔伯特蒙古族自治县 | 加强农田防护体系建设,结合水利工程建设高标准农田,推广缓坡耕地的水土保持耕作措施;实施封育禁牧,治理退化草场,防治风蚀;加强湿地保护和油气开发及重工业基地的监督管理工作 |
| | 吉林省 | 四平市双辽市,松原市长岭县、乾安县,白城市洮北区、镇赉县、通榆县、洮南市、大安市 | |
| | 内蒙古自治区 | 通辽市科尔沁区、科尔沁左翼中旗、科尔沁左翼后旗、开鲁县 | |
| Ⅰ-5-1t 大兴安岭东南低山丘陵土壤保持区 | 黑龙江 | 齐齐哈尔市碾子山区、甘南县、龙江县 | 治理坡耕地和侵蚀沟道;推进封山育林、退耕还林、营造水土保持林;加强农田保护和草场管理,大力实施封育保护和退化草场修复,防治土地沙化 |
| | 内蒙古自治区 | 通辽市扎鲁特旗,呼伦贝尔市阿荣旗、莫力达瓦达斡尔族自治旗、扎兰屯市,锡林郭勒盟霍林郭勒市,兴安盟乌兰浩特市、科尔沁右翼前旗、科尔沁右翼中旗、扎赉特旗、突泉县、阿尔山市,赤峰市林西县、巴林左旗、巴林右旗、阿鲁科尔沁旗 | |
| Ⅰ-6-1fw 呼伦贝尔丘陵平原防沙生态维护区 | 内蒙古自治区 | 呼伦贝尔市海拉尔区、鄂温克族自治旗、陈巴尔虎旗、新巴尔虎左旗、新巴尔虎右旗、满洲里市 | 合理开发和利用草地资源,加强草场管理,严禁超载放牧和开垦草场,退牧还草,防止草场退化沙化,保护现有湿地和毗邻大兴安岭林区的天然林 |

## 2. 北方风沙区

北方风沙区,即新甘蒙高原盆地区,包括甘肃、内蒙古、河北和新疆 4 省(自治区)共 145 个县(市、区、旗),土地总面积约 239 万 km²,共划分为 4 个二级区 12 个三级区,见表 4.2-6。

北方风沙区是以沙质和砾质荒漠土为优势地面组成物质的区域,主要分布在内蒙古高原、阿尔泰山、准噶尔盆地、天山、塔里木盆地、昆仑山、阿尔金山,区内包含塔克拉玛干、古尔班通古特、巴丹吉林、腾格里、库姆塔格、库布齐和乌兰布和沙漠及浑善达克沙地,沙漠戈壁广布;主要涉及塔里木河、黑河、石羊河、疏勒河等内陆河,以及额尔齐斯河、伊犁河等国际河流。该区属于温带干旱、半干旱气候区,大部分地区年均降水量 25～350 mm。土壤类型以栗钙土、灰钙土、风沙土和棕漠土为主。植被类型以荒漠草原、典型草原以及疏林灌木草原为主,局部高山地区分布森林,林草覆盖率 31.02%。区内耕地总面积 754.4 万 hm²,其中坡耕地面积 20.5 万 hm²。水土流失面积 142.6 万 km²,以风力侵蚀为主,局部地区风力侵蚀和水力侵蚀并存,土地沙漠化严重。

表 4.2-6　北方风沙区分区方案

| 一级区代码及名称 | | 二级区代码及名称 | | 三级区代码及名称 | |
|---|---|---|---|---|---|
| Ⅱ | 北方风沙区（新甘蒙高原盆地区） | Ⅱ-1 | 内蒙古中部高原丘陵区 | Ⅱ-1-1tw | 锡林郭勒高原保土生态维护区 |
| | | | | Ⅱ-1-2tx | 蒙冀丘陵保土蓄水区 |
| | | | | Ⅱ-1-3tx | 阴山北麓山地高原保土蓄水区 |
| | | Ⅱ-2 | 河西走廊及阿拉善高原区 | Ⅱ-2-1fw | 阿拉善高原山地防沙生态维护区 |
| | | | | Ⅱ-2-2nf | 河西走廊农田防护防沙区 |
| | | Ⅱ-3 | 北疆山地盆地区 | Ⅱ-3-1hw | 准噶尔盆地北部水源涵养生态维护区 |
| | | | | Ⅱ-3-2rn | 天山北坡人居环境维护农田防护区 |
| | | | | Ⅱ-3-3zx | 伊犁河谷减灾蓄水区 |
| | | | | Ⅱ-3-4wf | 吐哈盆地生态维护防沙区 |
| | | Ⅱ-4 | 南疆山地盆地区 | Ⅱ-4-1nh | 塔里木盆地北部农田防护水源涵养区 |
| | | | | Ⅱ-4-2nf | 塔里木盆地南部农田防护防沙区 |
| | | | | Ⅱ-4-3nz | 塔里木盆地西部农田防护减灾区 |

　　北方风沙区绿洲星罗棋布,荒漠草原相间,天山、祁连山、昆仑山、阿尔泰山是区内主要河流的发源地,生态环境脆弱,在我国生态安全战略格局中具有十分重要的地位,是国家重要的能源矿产和风能开发基地。该区是国家重要农牧产品产业带;天山北坡地区是国家重点开发区域,是我国面向中亚、西亚地区对外开放的陆路交通枢纽和重要门户。区内草场退化和土地沙化问题突出,风沙严重危害工农业生产和群众生活;水资源匮乏,河流下游尾闾绿洲萎缩;局部地区能源矿产开发颇具规模,植被破坏和沙丘活化现象严重。

　　1）水土保持方略

　　以草场保护和管理为重点,加强预防,防治草场沙化退化,构建北方边疆防沙生态维护预防带;保护和修复山地森林植被,提高水源涵养能力,维护江河源头区生态安全,构筑昆仑山-祁连山水源涵养预防带;综合防治农牧交错地带水土流失,建立绿洲防风固沙体系,做好能源矿产基地的监督管理。

　　2）区域布局

　　加强内蒙古中部高原丘陵区（Ⅱ-1）草场管理和风蚀防治。保护河西走廊及阿拉善高原区（Ⅱ-2）绿洲农业和草地资源。提高北疆山地盆地区（Ⅱ-3）森林水源涵养能力,开展绿洲边缘冲积洪积山麓地带综合治理和山洪灾害防治,保障绿洲工农业生产安全。加强南疆山地盆地区（Ⅱ-4）绿洲农田防护和荒漠植被保护。

　　3）三级区范围及防治途径

　　三级区范围及防治途径见表4.2-7。

　　3.北方土石山区

　　北方土石山区,即北方山地丘陵区,包括河北、辽宁、山西、河南、山东、江苏、安徽、北京、天津和内蒙古10省（直辖市、自治区）共662个县（市、区、旗）,土地总面积约81万 $km^2$,共划分为6个二级区16个三级区,见表4.2-8。

表 4.2-7　三级区范围及防治途径

| 三级区代码及名称 | | 三级区范围 | 防治途径 |
|---|---|---|---|
| Ⅱ-1-1tw | 锡林郭勒高原保土生态维护区 | 内蒙古自治区 | 锡林郭勒盟锡林浩特市、阿巴嘎旗、苏尼特左旗、东乌珠穆沁旗(乌拉盖管理区)、西乌珠穆沁旗 | 加强浑善达克沙地的防风固沙工程建设,加强轮封轮牧和草库仑建设,合理利用草场资源,推广农区水土保持耕作 |
| Ⅱ-1-2tx | 蒙冀丘陵保土蓄水区 | 河北省 | 张家口市张北县、康保县、沽源县、尚义县 | 加强丘陵区水土流失综合治理,做好西辽河、滦河、永定河源头区草地资源和水源涵养林保护与建设 |
| | | 内蒙古自治区 | 乌兰察布市化德县、商都县、察哈尔右翼中旗、察哈尔右翼后旗、锡林郭勒盟太仆寺旗、镶黄旗、正镶白旗、正蓝旗 | |
| Ⅱ-1-3tx | 阴山北麓山地高原保土蓄水区 | 内蒙古自治区 | 包头市白云鄂博矿区、达尔罕茂明安联合旗,锡林郭勒盟二连浩特市、苏尼特右旗,乌兰察布市四子王旗,巴彦淖尔市乌拉特中旗、乌拉特后旗 | 加强阴山和大青山的封山禁牧和植被保护,对局部坡耕地进行整治并配套小型蓄水工程,做好白云鄂博等工矿区的监督管理 |
| Ⅱ-2-1fw | 阿拉善高原山地防沙生态维护区 | 内蒙古自治区 | 阿拉善盟阿拉善左旗、阿拉善右旗、额济纳旗 | 加强腾格里沙漠、巴丹吉林沙漠南缘固沙工程和植被保护,控制沙漠合拢南移,保护黑河下游湿地,建设恢复乌兰布和沙漠东缘植被 |
| Ⅱ-2-2nf | 河西走廊农田防护防沙区 | 甘肃省 | 酒泉市肃州区、肃北蒙古族自治县(马鬃山地区)、瓜州县、玉门市、敦煌市、金塔县,张掖市甘州区、临泽县、高台县、山丹县、肃南裕固族自治县(皇城镇),嘉峪关市,金昌市金川区、永昌县,武威市凉州区、民勤县、古浪县 | 加强河西走廊绿洲保护,合理配置水资源,推广节水节灌,保障生态用水,保护湿地,加强马鬃山地区草场管理和祁连山—阿尔金山山麓小流域综合治理,做好金昌等工矿区监督管理 |
| Ⅱ-3-1hw | 准噶尔盆地北部水源涵养生态维护区 | 新疆维吾尔自治区 | 塔城地区塔城市、额敏县、托里县、裕民县、和布克赛尔蒙古自治县,阿勒泰地区阿勒泰市、布尔津县、富蕴县、福海县、哈巴河县、青河县、吉木乃县、北屯市 | 加强阿尔泰山森林草原、额尔齐斯河和乌伦古河(湖)周边植被带的保护和建设,做好草场管理,维护水源涵养功能 |

| 三级区代码及名称 | | 三级区范围 | 防治途径 |
|---|---|---|---|
| II－3－2rn | 天山北坡人居环境维护农田防护区 | 新疆维吾尔自治区 | 乌鲁木齐市天山区、沙依巴克区、新市区、水磨沟区、头屯河区、达坂城区、米东区、乌鲁木齐县，克拉玛依市独山子区、克拉玛依区、白碱滩区、乌尔禾区，昌吉回族自治州昌吉市、阜康市、呼图壁县、玛纳斯县、吉木萨尔县、奇台县、木垒哈萨克自治县，博尔塔拉蒙古自治州博乐市、阿拉山口市、精河县、温泉县，伊犁哈萨克自治州奎屯市，塔城地区乌苏市、沙湾县，自治区直辖县级行政单位石河子市、五家渠市 | 加强绿洲农业防护，改善城市和工矿企业集中区人居环境，做好输水输油管道沿线风蚀防治 |
| II－3－3zx | 伊犁河谷减灾蓄水区 | 新疆维吾尔自治区 | 伊犁哈萨克自治州伊宁市、伊宁县、察布查尔锡伯自治县、霍城县、巩留县、新源县、昭苏县、特克斯县、尼勒克县 | 加强绿洲边缘冲积洪积山麓地带综合治理和山洪灾害防治，做好天山森林植被的保护与建设，提高水源涵养能力 |
| II－3－4wf | 吐哈盆地生态维护防沙区 | 新疆维吾尔自治区 | 吐鲁番地区吐鲁番市、鄯善县、托克逊县，哈密地区哈密市、巴里坤哈萨克自治县、伊吾县 | 加强天然植被保护，建立绿洲防护林体系，发展高效节水农业，提高水利用效率 |
| II－4－1nh | 塔里木盆地北部农田防护水源涵养区 | 新疆维吾尔自治区 | 巴音郭楞蒙古自治州库尔勒市、铁门关市、轮台县、尉犁县、和静县、焉耆回族自治县、和硕县、博湖县，阿克苏地区阿克苏市、温宿县、库车县、沙雅县、新和县、拜城县、乌什县、阿瓦提县、柯坪县，自治区直辖县级行政单位阿拉尔市 | 加强绿洲农田防护，推进节水灌溉，做好天山南麓、塔里木河源头及沿岸和博斯腾湖周边的植被保护和建设，提高水源涵养能力，合理配置水资源，保障下游生态用水 |
| II－4－2nf | 塔里木盆地南部农田防护防沙区 | 新疆维吾尔自治区 | 巴音郭楞蒙古自治州若羌县、且末县，和田地区和田市、和田县、墨玉县、皮山县、洛浦县、策勒县、于田县、民丰县 | 加强昆仑山—阿尔金山北麓植被保护和水资源合理利用，保护绿洲农田，减少风沙危害，做好油气资源开发监督管理 |
| II－4－3nz | 塔里木盆地西部农田防护减灾区 | 新疆维吾尔自治区 | 喀什地区喀什市、英吉沙县、泽普县、莎车县、叶城县、麦盖提县、塔什库尔干塔吉克自治县、疏附县、疏勒县、岳普湖县、伽师县、巴楚县，自治区直辖县级行政单位图木舒克市，克孜勒苏柯尔克孜自治州阿图什市、乌恰县、阿克陶县、阿合奇县 | 加强绿洲农区农田防护林建设，做好水资源管理与利用，减少河道淤积 |

表 4.2-8　北方土石山区分区方案

| 一级区代码及名称 | 二级区代码及名称 | 三级区代码及名称 | |
|---|---|---|---|
| Ⅲ 北方土石山区（北方山地丘陵区） | Ⅲ－1 辽宁环渤海山地丘陵区 | Ⅲ－1－1rn | 辽河平原人居环境维护农田防护区 |
| | | Ⅲ－1－2tj | 辽宁西部丘陵保土拦沙区 |
| | | Ⅲ－1－3rz | 辽东半岛人居环境维护减灾区 |
| | Ⅲ－2 燕山及辽西山地丘陵区 | Ⅲ－2－1tx | 辽西山地丘陵保土蓄水区 |
| | | Ⅲ－2－2hw | 燕山山地丘陵水源涵养生态维护区 |
| | Ⅲ－3 太行山山地丘陵区 | Ⅲ－3－1fh | 太行山西北部山地丘陵防沙水源涵养区 |
| | | Ⅲ－3－2ht | 太行山东部山地丘陵水源涵养保土区 |
| | | Ⅲ－3－3th | 太行山西南部山地丘陵保土水源涵养区 |
| | Ⅲ－4 泰沂及胶东山地丘陵区 | Ⅲ－4－1xt | 胶东半岛丘陵蓄水保土区 |
| | | Ⅲ－4－2t | 鲁中南低山丘陵土壤保持区 |
| | Ⅲ－5 华北平原区 | Ⅲ－5－1rn | 京津冀城市群人居环境维护农田防护区 |
| | | Ⅲ－5－2w | 津冀鲁渤海湾生态维护区 |
| | | Ⅲ－5－3fn | 黄泛平原防沙农田防护区 |
| | | Ⅲ－5－4nt | 淮北平原岗地农田防护保土区 |
| | Ⅲ－6 豫西南山地丘陵区 | Ⅲ－6－1tx | 豫西黄土丘陵保土蓄水区 |
| | | Ⅲ－6－2th | 伏牛山山地丘陵保土水源涵养区 |

北方土石山区是以棕褐色土状物和粗骨质风化壳及裸岩为优势地面组成物质的区域，主要包括辽河平原、燕山太行山、胶东低山丘陵、沂蒙山泰山以及淮河以北的黄淮海平原等。区内山地和平原呈环抱态势，主要河流涉及辽河、大凌河、滦河、北三河、永定河、大清河、子牙河、漳卫河，以及伊洛河、大汶河、沂沭泗河。该区属于温带半干旱区、暖温带半干旱区及半湿润区，大部分地区年均降水量 400～800 mm。土壤主要以褐土、棕壤土和栗钙土为主。植被类型主要为温带落叶阔叶林、针阔混交林，林草覆盖率 24.22%。区内耕地总面积 3 229.0 万 $hm^2$，其中坡耕地面积 192.4 万 $hm^2$。水土流失面积 19.0 万 $km^2$，以水力侵蚀为主，部分地区间有风力侵蚀。

北方土石山区中环渤海地区、冀中南、东陇海、中原地区等重要的优化开发和重点开发区域是我国城市化战略格局的重要组成部分，辽河平原、黄淮海平原是我国重要的粮食主产区，沿海低山丘陵区为农业综合开发基地，太行山、燕山等区域是华北重要供水水源地。该区除西部和西北部山地丘陵区有森林分布外，大部分为农业耕作区，整体林草覆盖率低；山区丘陵区耕地资源短缺，坡耕地比例大，江河源头区水源涵养能力有待提高，局部地区存在山洪灾害；区内开发强度大，人为水土流失问题突出；海河下游和黄泛区潜在风蚀危险大。

1）水土保持方略

以保护和建设山地森林植被，提高河流上游水源涵养能力，维护饮用水水源地水质安全为重点，构筑大兴安岭－长白山－燕山水源涵养预防带；加强山丘区小流域综合治理、微丘岗地及平原沙土区农田水土保持工作,改善农村生产生活条件;全面实施对生产建设项目或活动引发的水土流失监督管理。

2)区域布局

加强辽宁环渤海山地丘陵区(Ⅲ-1)水源涵养林、农田防护和城市人居环境建设。开展燕山及辽西山地丘陵区(Ⅲ-2)水土流失综合治理,提高河流上游水源涵养能力,推动城郊及周边地区清洁小流域建设。提高太行山山地丘陵区(Ⅲ-3)森林水源涵养能力,加强京津风沙源区综合治理,维护水源地水质,改造坡耕地发展特色产业,巩固退耕还林还草成果。保护泰沂及胶东山地丘陵区(Ⅲ-4)耕地资源,实施综合治理,加强农业综合开发。改善华北平原区(Ⅲ-5)农业产业结构,推行保护性耕作制度,强化河湖滨海及黄泛平原风沙区的监督管理。加强豫西南山地丘陵区(Ⅲ-6)水土流失综合治理,发展特色产业,保护现有森林植被。

3)三级区范围及防治途径

三级区范围及防治途径见表4.2-9。

表4.2-9　三级区范围及防治途径

| 三级区代码及名称 | | 三级区范围 | 防治途径 |
|---|---|---|---|
| Ⅲ-1-1rn | 辽河平原人居环境维护农田防护区 | 辽宁省 | 沈阳市和平区、沈河区、大东区、皇姑区、铁西区、苏家屯区、东陵区、沈北新区、于洪区、辽中县、新民市,鞍山市铁东区、铁西区、立山区、千山区、台安县、海城市,营口市站前区、西市区、老边区、大石桥市,辽阳市白塔区、文圣区、宏伟区、弓长岭区、太子河区、辽阳县、灯塔市,盘锦市双台子区、兴隆台区、大洼县、盘山县 | 保护和建设水源涵养林;加强农田防护,加快城市人居环境建设和采矿区的综合整治 |
| Ⅲ-1-2tj | 辽宁西部丘陵保土拦沙区 | 辽宁省 | 锦州市古塔区、凌河区、太和区、黑山县、义县、凌海市、北镇市,阜新市海州区、新邱区、太平区、清河门区、细河区、阜新蒙古族自治县、彰武县,葫芦岛市连山区、龙港区、南票区、绥中县、兴城市 | 坡面和侵蚀沟道治理,加强风蚀防治 |
| Ⅲ-1-3rz | 辽东半岛人居环境维护减灾区 | 辽宁省 | 大连市中山区、西岗区、沙河口区、甘井子区、旅顺口区、金州区、长海县、瓦房店市、普兰店市、庄河市,丹东市东港市,营口市鲅鱼圈区、盖州市 | 加强小流域综合治理,发展特色产业,沿海地区保护滨海湿地和构建沿海防护林,改善城镇人居环境 |
| Ⅲ-2-1tx | 辽西山地丘陵保土蓄水区 | 内蒙古自治区 | 赤峰市红山区、元宝山区、松山区、敖汉旗、喀喇沁旗、宁城县、克什克腾旗、翁牛特旗,通辽市库伦旗、奈曼旗,锡林郭勒盟多伦县 | 加强低山丘陵区小流域综合治理,发展特色产业,做好北部退耕还林还草及风沙源治理 |
| | | 辽宁省 | 朝阳市双塔区、龙城区、朝阳县、北票市、喀喇沁左翼蒙古族自治县、凌源市、建平县,葫芦岛市建昌县 | |

| 三级区代码及名称 | | 三级区范围 | 防治途径 |
|---|---|---|---|
| Ⅲ-2-2hw 燕山山地丘陵水源涵养生态维护区 | 北京市 | 昌平区、延庆县、怀柔区、密云县、平谷区 | 维护水源地水质，保护与建设水源涵养林，建设清洁小流域，做好局部地区水土流失综合治理及废弃工矿土地整治和生态恢复 |
| | 天津市 | 蓟县 | |
| | 河北省 | 承德市双桥区、双滦区、鹰手营子矿区、滦平县、承德县、围场满族蒙古族自治县、隆化县、丰宁满族自治县、兴隆县、平泉县、宽城满族自治县，张家口市下花园区、桥东区、桥西区、宣化区、宣化县、怀来县、崇礼县、赤城县，唐山市遵化市、迁西县、迁安市、滦县，秦皇岛市山海关区、海港区、北戴河区、青龙满族自治县、抚宁县、卢龙县、昌黎县 | |
| Ⅲ-3-1fh 太行山西北部山地丘陵防沙水源涵养区 | 河北省 | 张家口市万全县、蔚县、阳原县、怀安县、涿鹿县 | 加强京津风沙源治理，提高水源涵养能力，防治水土流失及面源污染，维护供水水源地水质安全，做好大同朔州能源矿产基地监督管理 |
| | 山西省 | 大同市南郊区、新荣区、阳高县、天镇县、广灵县、灵丘县、浑源县、大同县、左云县，朔州市朔城区、平鲁区、山阴县、应县、怀仁县、右玉县，忻州市忻府区、定襄县、五台县、代县、繁峙县、原平市、宁武县 | |
| | 内蒙古自治区 | 乌兰察布市集宁区、兴和县、丰镇市、察哈尔右翼前旗 | |
| Ⅲ-3-2ht 太行山东部山地丘陵水源涵养保土区 | 河南 | 安阳市文峰区、北关区、殷都区、龙安区、安阳县、林州市、汤阴县，鹤壁市鹤山区、淇县，焦作市解放区、中站区、马村区、山阳区、修武县，新乡市卫辉市、辉县市 | 加强黄壁庄、岗南等水库水源地水土保持，保护和营造水源涵养林，防治局部地区山洪灾害 |
| | 北京 | 石景山区、门头沟区、房山区 | |
| | 河北 | 石家庄市井陉矿区、井陉县、行唐县、灵寿县、赞皇县、平山县、元氏县、鹿泉市，保定市满城县、涞水县、阜平县、唐县、涞源县、易县、曲阳县、顺平县，邯郸市峰峰矿区、邯山区、丛台区、复兴区、邯郸县、涉县、磁县、武安市，邢台市桥东区、桥西区、邢台县、临城县、内丘县、沙河市、隆尧县 | |
| Ⅲ-3-3th 太行山西南部山地丘陵保土水源涵养区 | 山西省 | 阳泉市城区、矿区、郊区、平定县、盂县，晋中市榆社县、左权县、和顺县、昔阳县、寿阳县，长治市城区、郊区、长治县、襄垣县、屯留县、黎城县、长子县、潞城市、武乡县、沁县、沁源县、平顺县、壶关县，晋城市陵川县 | 加强坡改梯改造为主的小流域综合治理，发展特色产业，加强南水北调中线工程左岸沿线山洪灾害防治，加强阳泉、潞安等矿区的监督管理 |

续表 4.2-9

| 三级区代码及名称 | | 三级区范围 | 防治途径 |
|---|---|---|---|
| Ⅲ-4-1xt 胶东半岛丘陵蓄水保土区 | 山东省 | 青岛市市南区、市北区、黄岛区、崂山区李沧区、城阳区、胶州市、即墨市、平度市、莱西市,烟台市芝罘区、福山区、牟平区、莱山区、长岛县、龙口市、莱阳市、莱州市、蓬莱市、招远市、栖霞市、海阳市,威海市环翠区、文登市、荣成市、乳山市 | 加强小流域综合治理和雨水集蓄利用,促进特色产业发展;建设清洁小流域和沿海生态走廊 |
| Ⅲ-4-2t 鲁中南低山丘陵土壤保持区 | 江苏省 | 连云港市连云区、新浦区、赣榆县、东海县 | 加强以坡改梯为主的综合治理,建设生态经济型小流域,发展生态旅游和特色农业产业,做好泰山沂蒙山区植被建设与保护 |
| | 山东省 | 济南市历下区、历城区、槐荫区、长清区、市中区、章丘市、平阴县,淄博市临淄区、张店区、周村区、淄川区、博山区、沂源县、桓台县,枣庄市市中区、薛城区、峄城区、台儿庄区、山亭区、滕州市,潍坊市坊子区、青州市、高密市、昌乐县、安丘市、诸城市、临朐县,济宁市泗水县、曲阜市、邹城市、微山县,泰安市泰山区、岱岳区、新泰市、宁阳县、东平县、肥城市,日照市东港区、岚山区、莒县、五莲县,莱芜市莱城区、钢城区,临沂市兰山区、河东区、罗庄区、临沭县、蒙阴县、沂南县、平邑县、费县、莒南县、苍山县、郯城县、沂水县,滨州市邹平县 | |
| Ⅲ-5-1rn 京津冀城市群人居环境维护农田防护区 | 北京市 | 东城区、西城区、朝阳区、丰台区、海淀区、通州区、顺义区、大兴区 | 加强城市河流生态整治和城郊清洁小流域建设,改善人居环境,完善农田防护林体系,做好生产建设项目监督管理 |
| | 天津市 | 和平区、河东区、河西区、南开区、河北区、红桥区、东丽区、西青区、津南区、北辰区、武清区、宝坻区、宁河县、静海县 | |
| | 河北省 | 廊坊市安次区、广阳区、固安县、永清县、香河县、大城县、文安县、大厂回族自治县,廊坊市霸州市、三河市,保定市新市区、北市区、南市区、清苑县、定兴县、高阳县、容城县、望都县、安新县、蠡县、博野县、雄县、涿州市、定州市、安国市、高碑店市、徐水县,石家庄市长安区、桥东区、桥西区、新华区、裕华区、正定县、栾城县、高邑县、深泽县、无极县、赵县、辛集市、藁城市、晋州市、新乐市,沧州市肃宁县、任丘市、河间市,衡水市饶阳县、安平县、深州市,邢台市宁晋县、柏乡县,唐山市古冶区、开平区、路南区、路北区、丰润区、玉田县 | |

续表 4.2-9

| 三级区代码及名称 | | 三级区范围 | 防治途径 |
|---|---|---|---|
| Ⅲ-5-2w | 津冀鲁渤海湾生态维护区 | 河北省：唐山市曹妃甸区、丰南区、乐亭县、滦南县，沧州市黄骅市、海兴县 | 重点保护海岸及河口自然生态，加强滨河滨海植被带保护与建设，改造盐碱地，提高土地生产力 |
| | | 天津市：滨海新区 | |
| | | 山东省：滨州市无棣县、沾化县，东营市东营区、河口区、垦利县、利津县、广饶县、潍坊市寒亭区、潍城区、奎文区、寿光市、昌邑市 | |
| Ⅲ-5-3fn | 黄泛平原防沙农田防护区 | 河北省：沧州市新华区、运河区、沧县、献县、泊头市、东光县、盐山县、南皮县、吴桥县、孟村回族自治县、青县，衡水市桃城区、枣强县、武邑县、武强县、故城县、景县、阜城县、冀州市，邢台市任县、南和县、巨鹿县、新河县、广宗县、平乡县、威县、清河县、临西县、南宫市，邯郸市临漳县、成安县、大名县、肥乡县、永年县、邱县、鸡泽县、广平县、馆陶县、魏县、曲周县 | 加强预防，保护和建设河岸植被带及固沙植被，完善农田防护林体系，推行保护性耕作，做好监督管理 |
| | | 江苏省：徐州市丰县、沛县 | |
| | | 安徽省：宿州市砀山县、萧县 | |
| | | 山东省：济南市天桥区、济阳县、商河县，淄博市高青县，济宁市市中区、任城区、鱼台县、金乡县、嘉祥县、汶上县、梁山县、兖州市，德州市德城区、陵县、宁津县、庆云县、临邑县、齐河县、平原县、夏津县、武城县、乐陵市、禹城市，聊城市东昌府区、阳谷县、莘县、茌平县、东阿县、冠县、高唐县、临清市，滨州市滨城区、惠民县、阳信县、博兴县，菏泽市牡丹区、曹县、单县、成武县、巨野县、郓城县、鄄城县、定陶县、东明县 | |
| | | 河南省：郑州市管城回族区、金水区、惠济区、中牟县，开封市龙亭区、顺河回族区、鼓楼区、禹王台区、金明区、杞县、通许县、尉氏县、开封县、兰考县，安阳市滑县、内黄县，鹤壁市浚县，新乡市卫滨区、红旗区、牧野区、凤泉区、获嘉县、新乡县、原阳县、延津县、封丘县、长垣县，焦作市武陟县、温县、沁阳市、博爱县，濮阳市华龙区、清丰县、南乐县、范县、台前县、濮阳县，商丘市梁园区、睢阳区、民权县、睢县、虞城县、夏邑县、宁陵县、永城市，许昌市鄢陵县、长葛市，周口市川汇区、扶沟县、西华县、淮阳县、太康县 | |

| 三级区代码及名称 | | 三级区范围 | 防治途径 |
|---|---|---|---|
| Ⅲ-5-4nt | 淮北平原岗地农田防护保土区 | 江苏省 | 徐州市鼓楼区、云龙区、贾汪区、泉山区、铜山区、睢宁县、新沂市、邳州市,连云港市灌云县、灌南县,淮安市清河区、淮阴区、清浦区、涟水县,盐城市响水县、滨海县,宿迁市宿城区、宿豫区、沭阳县、泗阳县、泗洪县 | 完善农田防护林体系,实施丘岗地区综合治理,加强淮北等矿区的监督管理 |
| | | 安徽省 | 蚌埠市淮上区、怀远县、五河县、固镇县,淮南市潘集区、凤台县,淮北市杜集区、相山区、烈山区、濉溪县,阜阳市颍州区、颍东区、颍泉区、临泉县、太和县、阜南县、颍上县、界首市,宿州市埇桥区、灵璧县、泗县,亳州市谯城区、涡阳县、蒙城县、利辛县 | |
| | | 河南省 | 许昌市魏都区、许昌县,漯河市源汇区、郾城区、召陵区、舞阳县、临颍县,商丘市柘城县,周口市商水县、沈丘县、郸城县、鹿邑县、项城市,驻马店市平舆县、新蔡县、西平县、上蔡县、正阳县、汝南县,信阳市淮滨县、息县 | |
| Ⅲ-6-1tx | 豫西黄土丘陵保土蓄水区 | 河南省 | 郑州市上街区、巩义市、荥阳市,洛阳市涧西区、西工区、老城区、瀍河回族区、洛龙区、伊滨区、吉利区、孟津县、新安县、偃师市、伊川县、宜阳县、栾川县、嵩县、洛宁县,省直辖县级行政单位济源市,焦作市孟州市,三门峡市湖滨区、灵宝市、陕县、卢氏县、渑池县、义马市 | 加强坡改梯为主的小流域综合治理,发展节水灌溉农业,促进特色产业,做好义马、济源等工矿区监督管理 |
| Ⅲ-6-2th | 伏牛山山地丘陵保土水源涵养区 | 河南省 | 郑州市二七区、中原区、新密市、新郑市、登封市,洛阳市汝阳县,平顶山市新华区、卫东区、湛河区、石龙区、宝丰县、鲁山县、叶县、郏县、舞钢市、汝州市,许昌市禹州市、襄城县,南阳市南召县、方城县,驻马店市驿城区、泌阳县、遂平县、确山县 | 加强小流域综合治理,改造现有梯田,提高梯田综合生产能力;做好天然次生林保护和山区封育治理,营造水源涵养林 |

**4.西北黄土高原区**

西北黄土高原区包括山西、陕西、甘肃、青海、内蒙古和宁夏6省(自治区)共271个县(市、区、旗),土地总面积约56万km²,划分为5个二级区15个三级区,见表4.2-10。

表4.2-10 西北黄土高原区分区方案

| 一级区代码及名称 | | 二级区代码及名称 | | 三级区代码及名称 | |
|---|---|---|---|---|---|
| Ⅳ | 西北黄土高原区 | Ⅳ-1 | 宁蒙覆沙黄土丘陵区 | Ⅳ-1-1xt | 阴山山地丘陵蓄水保土区 |
| | | | | Ⅳ-1-2tx | 鄂乌高原丘陵保土蓄水区 |
| | | | | Ⅳ-1-3fw | 宁中北丘陵平原防沙生态维护区 |
| | | Ⅳ-2 | 晋陕蒙丘陵沟壑区 | Ⅳ-2-1jt | 呼鄂丘陵沟壑拦沙保土区 |
| | | | | Ⅳ-2-2jt | 晋西北黄土丘陵沟壑拦沙保土区 |
| | | | | Ⅳ-2-3jt | 陕北黄土丘陵沟壑拦沙保土区 |
| | | | | Ⅳ-2-4jf | 陕北盖沙丘陵沟壑拦沙防沙区 |
| | | | | Ⅳ-2-5jt | 延安中部丘陵沟壑拦沙保土区 |
| | | Ⅳ-3 | 汾渭及晋城丘陵阶地区 | Ⅳ-3-1tx | 汾河中游丘陵沟壑保土蓄水区 |
| | | | | Ⅳ-3-2tx | 晋南丘陵阶地保土蓄水区 |
| | | | | Ⅳ-3-3tx | 秦岭北麓—渭河中低山阶地保土蓄水区 |
| | | Ⅳ-4 | 晋陕甘高塬沟壑区 | Ⅳ-4-1tx | 晋陕甘高塬沟壑保土蓄水区 |
| | | Ⅳ-5 | 甘宁青山地丘陵沟壑区 | Ⅳ-5-1xt | 宁南陇东丘陵沟壑蓄水保土区 |
| | | | | Ⅳ-5-2xt | 陇中丘陵沟壑蓄水保土区 |
| | | | | Ⅳ-5-3xt | 青东甘南丘陵沟壑蓄水保土区 |

西北黄土高原区是以黄土及黄土状物质为优势地面组成物质的区域,主要有鄂尔多斯高原、陕北高原、陇中高原等,涉及毛乌素沙地、库布齐沙漠、晋陕黄土丘陵、陇东及渭北黄土台塬、甘青宁黄土丘陵、六盘山、吕梁山、子午岭、中条山、河套平原、汾渭平原,位于我国第二级阶梯,地势自西北向东南倾斜。主要河流涉及黄河干流、汾河、无定河、渭河、泾河、洛河、洮河、湟水河等。该区属暖温带半湿润区、半干旱区,大部分地区年均降水量250~700 mm。主要土壤类型有黄绵土、棕壤、褐土、垆土、栗钙土和风沙土等。植被类型主要为暖温带落叶阔叶林和森林草原,林草覆盖率45.29%。区内耕地总面积1 268.8 万 hm²,其中坡耕地面积452.0 万 hm²。水土流失面积23.5 万 km²,以水力侵蚀为主,北部地区水力侵蚀和风力侵蚀交错。

西北黄土高原区是中华文明的发祥地,是世界上面积最大的黄土覆盖地区和黄河泥沙的主要策源地;是阻止内蒙古高原风沙南移的生态屏障;也是我国重要的能源重化工基地。汾渭平原、河套灌区是国家的农产品主产区,呼包鄂榆、宁夏沿黄经济区、兰州—西宁和关中—天水等国家重点开发区是我国城市化战略格局的重要组成部分。该区水土流失严重,泥沙下泄,影响黄河下游防洪安全;坡耕地众多,水资源匮乏,农业综合生产能力较低;部分区域草场退化沙化严重;能源开发引起的水土流失问题十分突出。

1)水土保持方略

建设以梯田和淤地坝为核心的拦沙减沙体系,保障黄河下游安全;实施小流域综合治理,发展农业特色产业,促进农村经济发展;巩固退耕还林还草成果,保护和建设林草植被,防风固沙,控制沙漠南移,改善能源重化工基地的生态。

2）区域布局

建设宁蒙覆沙黄土丘陵区(Ⅳ-1)毛乌素沙地、库布齐沙漠、河套平原周边的防风固沙体系。实施晋陕蒙丘陵沟壑区(Ⅳ-2)拦沙减沙工程,恢复与建设长城沿线防风固沙林草植被。加强汾渭及晋城丘陵阶地区(Ⅳ-3)丘陵台塬水土流失综合治理,保护与建设山地森林水源涵养林。做好晋陕甘高塬沟壑区(Ⅳ-4)坡耕地综合治理和沟道坝系建设,建设与保护子午岭和吕梁林区植被。加强甘宁青山地丘陵沟壑区(Ⅳ-5)坡改梯和雨水集蓄利用为主的小流域综合治理,保护与建设林草植被。

3）三级区范围及防治途径

三级区范围及防治途径见表4.2-11。

表4.2-11　三级区范围及防治途径

| 三级区代码及名称 | | 三级区范围 | 防治途径 |
|---|---|---|---|
| Ⅳ-1-1xt | 阴山山地丘陵蓄水保土区 | 内蒙古自治区 | 呼和浩特市新城区、回民区、玉泉区、赛罕区、土默特左旗、托克托县、武川县,包头市东河区、昆都仑区、青山区、石拐区、九原区、土默特右旗、固阳县,巴彦淖尔市临河区、五原县、磴口县、乌拉特前旗、杭锦后旗,乌兰察布市卓资县、凉城县 | 加强东部雨水集蓄利用和小流域综合治理,建设河套平原地区周边防风固沙及农田防护体系,恢复乌兰布和沙漠内蒙古河套段东缘植被,防止风沙入黄,做好包头、呼和浩特等城市水土保持监督管理 |
| Ⅳ-1-2tx | 鄂乌高原丘陵保土蓄水区 | 内蒙古自治区 | 鄂尔多斯市鄂托克前旗、鄂托克旗、杭锦旗、乌审旗,乌海市海勃湾区、海南区、乌达区 | 加强黄土丘陵地带小流域综合治理和小型蓄水工程建设,做好退耕还林还草,恢复与建设毛乌素沙地、库布齐沙漠的林草植被 |
| Ⅳ-1-3fw | 宁中北丘陵平原防沙生态维护区 | 宁夏回族自治区 | 银川市兴庆区、西夏区、金凤区、永宁县、贺兰县、灵武市,吴忠市红寺堡区、利通区、青铜峡市、盐池县,中卫市沙坡头区、中宁县,石嘴山市大武口区、惠农区、平罗县 | 营造防风固沙林和农田防护林,构建沿黄生态植被带,防止风沙淤积黄河河道和危害灌渠,加强贺兰山地预防保护和封禁治理 |
| Ⅳ-2-1jt | 呼鄂丘陵沟壑拦沙保土区 | 内蒙古自治区 | 鄂尔多斯市东胜区(含康巴什新区)、达拉特旗、准格尔旗、伊金霍洛旗,呼和浩特市和林格尔县、清水河县 | 实施以拦沙工程建设为主的小流域综合治理和砒砂岩沙棘生态工程 |
| Ⅳ-2-2jt | 晋西北黄土丘陵沟壑拦沙保土区 | 山西省 | 忻州市神池县、五寨县、偏关县、河曲县、保德县、岢岚县、静乐县,太原市娄烦县、古交市,吕梁市离石区、岚县、交城县、交口县、兴县、临县、方山县、柳林县、中阳县、石楼县,临汾市永和县 | 加强以沟道坝系、坡面治理和雨水集蓄利用为主的小流域综合治理,改造中低产田,恢复林草植被 |

续表 4.2-11

| 三级区代码及名称 | | 三级区范围 | 防治途径 |
|---|---|---|---|
| Ⅳ-2-3jt | 陕北黄土丘陵沟壑拦沙保土区 | 陕西省 | 榆林市府谷县、神木县、佳县、米脂县、绥德县、吴堡县、子洲县、清涧县,延安市子长县、延川县 | 建立以沟道淤地坝建设为主的拦沙工程体系,实施小流域综合治理,加强神府煤田区监督管理 |
| Ⅳ-2-4jf | 陕北盖沙丘陵沟壑拦沙防沙区 | 陕西省 | 榆林市榆阳区、横山县、靖边县、定边县,延安市吴起县 | 加强丘陵地带沟道治理,恢复长城沿线防风固沙林草植被 |
| Ⅳ-2-5jt | 延安中部丘陵沟壑拦沙保土区 | 陕西省 | 延安市宝塔区、延长县、安塞县、志丹县 | 加强以沟道坝系建设为主的小流域综合治理,发展坝系农业,巩固退耕还林成果,营造水土保持林,做好油田及煤炭开发的监督管理 |
| Ⅳ-3-1tx | 汾河中游丘陵沟壑保土蓄水区 | 山西省 | 临汾市尧都区、安泽县、霍州市、洪洞县、古县、浮山县,晋中市榆次区、祁县、太谷县、平遥县、介休市、灵石县,太原市小店区、迎泽区、杏花岭区、尖草坪区、万柏林区、晋源区、阳曲县、清徐县,吕梁市文水县、汾阳市、孝义市 | 加强汾河阶地缓坡耕地改造、丘陵沟壑小流域综合治理和小型蓄水工程建设,发展经济林,做好汾西和霍州矿区的土地整治与生态恢复 |
| Ⅳ-3-2tx | 晋南丘陵阶地保土蓄水区 | 山西省 | 晋城市城区、沁水县、阳城县、泽州县、高平市,临汾市翼城县、曲沃县、襄汾县、侯马市,运城市盐湖区、绛县、垣曲县、夏县、平陆县、河津市、芮城县、临猗县、万荣县、闻喜县、稷山县、新绛县、永济市 | 加强黄土残塬沟壑小流域综合治理和雨水集蓄及沟道径流利用,发展果品产业,建设和保护中条山、太岳山水源涵养林,做好晋城矿区监督管理 |
| Ⅳ-3-3tx | 秦岭北麓—渭河中低山阶地保土蓄水区 | 陕西省 | 西安市新城区、碑林区、莲湖区、灞桥区、阎良区、未央区、雁塔区、临潼区、长安区、蓝田县、周至县、户县、高陵县,咸阳市秦都区、渭城区、杨凌示范区、三原县、泾阳县、礼泉县、乾县、兴平市、武功县,渭南市临渭区、华县、潼关县、华阴市、大荔县、蒲城县、富平县,宝鸡市金台区、陈仓区、渭滨区、陇县、千阳县、麟游县、岐山县、凤翔县、眉县、扶风县,商洛市洛南县 | 加强渭北旱塬和秦岭北麓地带以坡改梯为主的综合治理,结合文化旅游建设,加大植被建设,发展特色林果产业,改善西安—咸阳地区人居环境 |

| 三级区代码及名称 | | 三级区范围 | 防治途径 |
|---|---|---|---|
| Ⅳ-4-1tx 晋陕甘高原沟壑保土蓄水区 | 山西省 | 临汾市隰县、大宁县、蒲县、吉县、乡宁县、汾西县 | 做好坡耕地综合整治和沟道坝系建设,进一步扩大果品产业规模;加强子午岭、黄龙、吕梁山南段的植被保护及周边地区的退耕还林和封山育林;加强晋西南、铜川等矿区的监督管理 |
| | 甘肃省 | 平凉市崆峒区、泾川县、灵台县、崇信县,庆阳市西峰区、正宁县、宁县、镇原县、合水县 | |
| | 陕西省 | 铜川市王益区、印台区、耀州区(含铜川新区)、宜君县,延安市甘泉县、富县、宜川县、黄龙县、黄陵县、洛川县,咸阳市永寿县、彬县、长武县、旬邑县、淳化县,渭南市合阳县、澄城县、白水县、韩城市 | |
| Ⅳ-5-1xt 宁南陇东丘陵沟壑蓄水保土区 | 宁夏回族自治区 | 固原市原州区、西吉县、隆德县、泾源县、彭阳县,吴忠市同心县,中卫市海原县 | 加强雨水集蓄利用和坡改梯为主的小流域综合治理,发展特色农业产业,加强六盘山、秦岭北麓水源涵养林植被保护和建设 |
| | 甘肃省 | 庆阳市环县、庆城县、华池县,天水市秦州区、麦积区、清水县、甘谷县、武山县、张家川回族自治县、秦安县,定西市通渭县、陇西县,平凉市华亭县、庄浪县、静宁县 | |
| Ⅳ-5-2xt 陇中丘陵沟壑蓄水保土区 | 甘肃省 | 兰州市城关区、西固区、七里河区、红古区、安宁区、永登县、榆中县、皋兰县,白银市白银区、平川区、靖远县、景泰县、会宁县,临夏回族自治州永靖县、东乡族自治县,定西市安定区 | 推广以砂田覆盖为主的保水耕作制度,做好黄灌区的节水节灌,保护和建设兰州周边山地丘陵的植被,加强白银等矿区监督管理 |
| Ⅳ-5-3xt 青东甘南丘陵沟壑蓄水保土区 | 甘肃省 | 临夏回族自治州临夏市、临夏县、康乐县、广河县、和政县、积石山保安族东乡族撒拉族自治县,定西市临洮县、渭源县、漳县 | 实施湟水河和洮河中下游小型蓄水工程建设和坡耕地改造,河谷阶地地带兴修蓄、引、提工程,发展节水节灌农业,加强大通河流域、湟水河和渭河源头退耕还林还草、森林保护和草场管理 |
| | 青海省 | 西宁市城东区、城中区、城西区、城北区、湟中县、湟源县、大通回族土族自治县,海东地区平安县、民和回族土族自治县、乐都县、互助土族自治县、化隆回族自治县、循化撒拉族自治县,黄南藏族自治州同仁县、尖扎县,海南藏族自治州贵德县、门源回族自治县 | |

5.南方红壤区

南方红壤区,即南方山地丘陵区,包括江苏、安徽、河南、湖北、浙江、江西、湖南、广西、福建、广东、海南、上海、香港、澳门和台湾 15 省(直辖市、自治区、特别行政区)共 888 个县(市、区),土地总面积约 127.6 万 km²,划分为 9 个二级区 32 个三级区,见表 4.2-12。

表 4.2-12  南方红壤区分区方案

| 一级区代码及名称 | | 二级区代码及名称 | | 三级区代码及名称 | |
|---|---|---|---|---|---|
| V | 南方红壤区（南方山地丘陵区） | V-1 | 江淮丘陵及下游平原区 | V-1-1ns | 江淮下游平原农田防护水质维护区 |
| | | | | V-1-2nt | 江淮丘陵岗地农田防护保土区 |
| | | | | V-1-3rs | 浙沪平原人居环境维护水质维护区 |
| | | | | V-1-4sr | 太湖丘陵平原水质维护人居环境维护区 |
| | | | | V-1-5nr | 沿江丘陵岗地农田防护人居环境维护区 |
| | | V-2 | 大别山—桐柏山山地丘陵区 | V-2-1ht | 桐柏大别山山地丘陵水源涵养保土区 |
| | | | | V-2-2tn | 南阳盆地及大洪山丘陵保土农田防护区 |
| | | V-3 | 长江中游丘陵平原区 | V-3-1nr | 江汉平原及周边丘陵农田防护人居环境维护区 |
| | | | | V-3-2ns | 洞庭湖丘陵平原农田防护水质维护区 |
| | | V-4 | 江南山地丘陵区 | V-4-1ws | 浙皖低山丘陵生态维护水质维护区 |
| | | | | V-4-2rt | 浙赣低山丘陵人居环境维护保土区 |
| | | | | V-4-3ns | 鄱阳湖丘岗平原农田防护水质维护区 |
| | | | | V-4-4tw | 幕阜山九岭山山地丘陵保土生态维护区 |
| | | | | V-4-5t | 赣中低山丘陵土壤保持区 |
| | | | | V-4-6tr | 湘中低山丘陵保土人居环境维护区 |
| | | | | V-4-7tw | 湘西南山地保土生态维护区 |
| | | | | V-4-8t | 赣南山地土壤保持区 |
| | | V-5 | 浙闽山地丘陵区 | V-5-1sr | 浙东低山岛屿水质维护人居环境维护区 |
| | | | | V-5-2tw | 浙西南山地保土生态维护区 |
| | | | | V-5-3ts | 闽东北山地保土水质维护区 |
| | | | | V-5-4wz | 闽西北山地丘陵生态维护减灾区 |
| | | | | V-5-5rs | 闽东南沿海丘陵平原人居环境维护水质维护区 |
| | | | | V-5-6tw | 闽西南山地丘陵保土生态维护区 |
| | | V-6 | 南岭山地丘陵区 | V-6-1ht | 南岭山地水源涵养保土区 |
| | | | | V-6-2th | 岭南山地丘陵保土水源涵养区 |
| | | | | V-6-3t | 桂中低山丘陵土壤保持区 |
| | | V-7 | 华南沿海丘陵台地区 | V-7-1r | 华南沿海丘陵台地人居环境维护区 |
| | | V-8 | 海南及南海诸岛丘陵台地区 | V-8-1r | 海南沿海丘陵台地人居环境维护区 |
| | | | | V-8-2h | 琼中山地水源涵养区 |
| | | | | V-8-3w | 南海诸岛生态维护区 |
| | | V-9 | 台湾山地丘陵区 | V-9-1zr | 台西山地平原减灾人居环境维护区 |
| | | | | V-9-2zw | 花东山地减灾生态维护区 |

南方红壤区是以硅铝质红色和棕红色土状物为优势地面组成物质的区域,包括大别山、桐柏山山地、江南丘陵、淮阳丘陵、浙闽山地丘陵、南岭山地丘陵及长江中下游平原、东南沿海平原等。大部分位于我国第三级地势阶梯,山地、丘陵、平原交错,河湖水网密布。主要河流湖泊涉及淮河部分支流,长江中下游及汉江、湘江、赣江等重要支流,珠江中下游及桂江、东江、北江等重要支流,钱塘江、韩江、闽江等东南沿海诸河,以及洞庭湖、鄱阳湖、太湖、巢湖等。该区属于亚热带、热带湿润区,大部分地区年均降水量 800 ~ 2 000 mm。土壤类型为棕壤、黄红壤和红壤等。主要植被类型为常绿针叶林、阔叶林、针阔混交林以及热带季雨林,林草覆盖率 45.16%。区域耕地总面积 2 823.4 万 hm²,其中坡耕地面积 178.3 万 hm²。水土流失面积 16.0 万 km²,以水力侵蚀为主,局部地区崩岗发育,滨海环湖地带兼有风力侵蚀。

南方红壤区是我国重要的粮食、经济作物、水产品、速生丰产林和水果生产基地,也是我国有色金属和核电生产基地。大别山山地丘陵、南岭山地、海南岛中部山区等是我国重要的生态功能区;洞庭湖、鄱阳湖是我国重要湿地;长江、珠江三角洲等城市群是我国城市化战略格局的重要组成部分。该区人口密度大,人均耕地少,农业开发强度大;山丘区坡耕地以及经济林和速生丰产林林下水土流失严重,局部地区崩岗发育;水网地区局部河岸坍塌,河道淤积,水体富营养化严重。

1)水土保持方略

加强山丘区坡耕地改造及坡面水系工程配套,采取措施控制林下水土流失,开展微丘岗地缓坡地带的农田水土保持工作,大力发展特色产业,对崩岗实施治理;保护和建设森林植被,提高水源涵养能力,构筑秦岭—大别山—天目山水源涵养生态维护预防带、武陵山—南岭生态维护水源涵养预防带,推动城市周边地区清洁小流域建设,维护水源地水质安全;做好城市和经济开发区及基础设施建设的监督管理。

2)区域布局

加强江淮丘陵及下游平原区(Ⅴ-1)农田保护及丘岗水土流失综合防治,维护水质及人居环境。保护与建设大别山—桐柏山山地丘陵区(Ⅴ-2)森林植被,提高水源涵养能力,实施以坡改梯及配套水系工程和发展特色产业为核心的综合治理。优化长江中游丘陵平原区(Ⅴ-3)农业产业结构,保护农田,维护水网地区水质和城市群人居环境。加强江南山地丘陵区(Ⅴ-4)坡耕地、坡林地及崩岗的水土流失综合治理,保护与建设河流源头区水源涵养林,培育和合理利用森林资源,维护重要水源地水质。保护浙闽山地丘陵区(Ⅴ-5)耕地资源,配套坡面排蓄工程,强化溪岸整治,加强农林开发水土流失治理和监督管理,加强崩岗和侵蚀劣地的综合治理,保护好河流上游森林植被。保护和建设南岭山地丘陵区(Ⅴ-6)森林植被,提高水源涵养能力,防治亚热带特色林果产业开发产生的水土流失,抢救岩溶分布地带土地资源,实施坡改梯,做好坡面径流排蓄和岩溶水利用。保护华南沿海丘陵台地区(Ⅴ-7)森林植被,建设清洁小流域,维护人居环境。保护海南及南海诸岛丘陵台地区(Ⅴ-8)热带雨林,加强热带特色林果开发的水土流失治理和监督管理,发展生态旅游。

3)三级区范围及防治途径

三级区范围及防治途径见表 4.2-13。

表 4.2-13　三级区范围及防治途径

| 三级区代码及名称 | | 三级区范围 | 防治途径 |
|---|---|---|---|
| V-1-1ns<br>江淮下游平原农田防护水质维护区 | 上海市 | 崇明县 | 加强农田保护与排灌系统的建设,加强滨河滨湖滨海植物保护带建设,维护水质 |
| | 江苏省 | 淮安市淮安区、洪泽县、金湖县,扬州市广陵区、邗江区、江都市、仪征市、宝应县、高邮市,盐城市亭湖区、盐都区、东台市、大丰市、阜宁县、射阳县、建湖县,南通市崇川区(含南通市富民港办事处)、港闸区、通州区、启东市、如皋市、海门市、海安县、如东县,泰州市海陵区、高港区、姜堰区、兴化市、靖江市、泰兴市 | |
| V-1-2nt<br>江淮丘陵岗地农田防护保土区 | 江苏省 | 淮安市盱眙县 | 做好堤路渠生态防护,保护农田,加强江淮分水岭丘岗水土流失综合治理 |
| | 安徽省 | 合肥市瑶海区、庐阳区、蜀山区、包河区、庐江县、长丰县、肥东县、肥西县,巢湖市,淮南市大通区、田家庵区、谢家集区、八公山区,滁州市琅琊区、南谯区、天长市、明光市、来安县、全椒县、定远县、凤阳县,安庆市桐城市,马鞍山市含山县,六安市寿县,蚌埠市禹会区、蚌山区、龙子湖区 | |
| V-1-3rs<br>浙沪平原人居环境维护水质维护区 | 上海市 | 黄浦区、徐汇区、长宁区、静安区、普陀区、闸北区、虹口区、杨浦区、闵行区、宝山区、嘉定区、浦东新区、金山区、松江区、青浦区、奉贤区 | 重视水源地、城市公园、湿地公园等风景名胜区预防保护,加强河道生态整治和堤岸防护林建设 |
| | 浙江省 | 嘉兴市南湖区、秀洲区、海宁市、平湖市、桐乡市、嘉善县、海盐县,湖州市南浔区 | |
| V-1-4sr<br>太湖丘陵平原水质维护人居环境维护区 | 江苏省 | 常州市天宁区、钟楼区、戚墅堰区、新北区、武进区、溧阳市、金坛市,苏州市姑苏区、虎丘区、吴中区、相城区、工业园区、吴江区、常熟市、张家港市、昆山市、太仓市,无锡市崇安区、南长区、北塘区、锡山区、惠山区、滨湖区、江阴市、宜兴市 | 保护和建设太湖周边低山丘陵的植被,开展清洁小流域建设,建立景观、生态、防洪护岸体系 |

| 三级区代码及名称 | | 三级区范围 | 防治途径 |
|---|---|---|---|
| V-1-5nr<br>沿江丘陵岗地农田防护人居环境维护区 | 江苏省 | 南京市玄武区、白下区、秦淮区、建邺区、鼓楼区、下关区、浦口区、栖霞区、雨花台区、江宁区、六合区、溧水县、高淳县,镇江市京口区、润州区、丹徒区、丹阳市、扬中市、句容市 | 完善农田防护林网,加强丘岗梯台地整治和植被建设,保护和建设河湖沟渠景观植物带,改善沿江城市群人居环境 |
| | 安徽省 | 芜湖市镜湖区、弋江区、鸠江区、三山区、芜湖县、无为县,马鞍山市花山区、雨山区、博望区、当涂县、和县,铜陵市铜官山区、狮子山区、郊区、铜陵县,安庆市迎江区、大观区、宜秀区、枞阳县、宿松县、望江县、怀宁县,宣城市郎溪县 | |
| V-2-1ht<br>桐柏大别山山地丘陵水源涵养保土区 | 安徽省 | 安庆市潜山县、太湖县、岳西县,六安市金安区、裕安区、舒城县、金寨县、霍山县、霍邱县 | 建设和保育大别山及沿江丘陵植被,提高淮河源头及重要水源地水源涵养能力,加强以坡耕地和坡地经济林地改造为主的小流域综合治理,调蓄坡面径流,发展特色林果产业,治理局部山洪灾害 |
| | 河南省 | 信阳市浉河区、平桥区、罗山县、光山县、新县、商城县、固始县、潢川县,南阳市桐柏县 | |
| | 湖北省 | 孝感市大悟县、安陆市,武汉市新洲区,随州市曾都区、广水市、随县,黄冈市黄州区、红安县、罗田县、英山县、麻城市、浠水县、蕲春县、黄梅县、武穴市、团风县 | |
| V-2-2tn<br>南阳盆地及大洪山丘陵保土农田防护区 | 河南省 | 南阳市宛城区、卧龙区、高新区、南阳新区、官庄工区、鸭河工区、镇平县、社旗县、唐河县、邓州市、新野县 | 进行以坡耕地和四荒地改造为主的小流域综合治理,加强岗地地表径流拦蓄及利用,建设和保护河道两侧、城市及其周边植被;完善平原农田防护林网 |
| | 湖北省 | 荆门市京山县、钟祥市,襄阳市襄州区、襄城区、樊城区、老河口市、枣阳市、宜城市 | |
| V-3-1nr<br>江汉平原及周边丘陵农田防护人居环境维护区 | 湖北省 | 武汉市江岸区、江汉区、硚口区、汉阳区、武昌区、青山区、洪山区、东西湖区、汉南区、蔡甸区、江夏区、黄陂区、新洲区,黄石市黄石港区、西塞山区、下陆区、铁山区,宜昌市猇亭区、枝江市,鄂州市梁子湖区、鄂城区、华容区,荆门市掇刀区、沙洋县,孝感市孝南区、孝昌县、云梦县、应城市、汉川市,荆州市沙市区、荆州区、江陵县、监利县、洪湖市,省直辖县级行政单元仙桃市、潜江市、天门市 | 加强农田防护林和滨河滨湖植物带建设,保护丘岗及湖泊周边植被,稳定湿地生态系统,结合河湖连通工程建设生态河道,维护城市群及周边地区人居环境 |

| 三级区代码及名称 | | 三级区范围 | 防治途径 |
|---|---|---|---|
| V-3-2ns 洞庭湖丘陵平原农田防护水质维护区 | 湖北省 | 荆州市公安县、石首市、松滋市 | 做好丘陵岗地区水土流失综合治理,结合蓄滞洪区建设,适度退田还湖,实施垸、堤、路、渠、田、村综合整治,保护农田,加强洞庭湖周边地区监督管理,减轻面源污染,维护水质 |
| | 湖南省 | 岳阳市岳阳楼区、云溪区、君山区、岳阳县、华容县、湘阴县、汨罗市、临湘市、常德市武陵区、鼎城区、安乡县、汉寿县、澧县、临澧县、津市市、益阳市资阳区、赫山区、南县、沅江市 | |
| V-4-1ws 浙皖低山丘陵生态维护水质维护区 | 安徽省 | 黄山市屯溪区、黄山区、徽州区、歙县、休宁县、黟县、祁门县,池州市贵池区、东至县、石台县、青阳县、芜湖市南陵县、繁昌县、宣城市宣州区、广德县、泾县、绩溪县、旌德县、宁国市 | 结合自然保护区和风景区建设,加强黄山、天目山现有植被保护,建设清洁小流域,整治山体缺口,加强坡耕地、茶园、板栗林水土流失防治 |
| | 浙江省 | 杭州市余杭区、西湖区、拱墅区、下城区、江干区、上城区、桐庐县、淳安县、建德市、富阳市、临安市、湖州市吴兴区、德清县、长兴县、安吉县、衢州市开化县 | |
| V-4-2rt 浙赣低山丘陵人居环境维护保土区 | 江西省 | 上饶市信州区、上饶县、广丰县、玉山县、铅山县、横峰县、弋阳县、婺源县、德兴市,鹰潭市贵溪市,景德镇市昌江区、珠山区、浮梁县、乐平市 | 保护和培育森林资源,结合经济林建设,巩固退耕还林还草成果,加强坡耕地改造,结合城乡建设,发展生态旅游和绿色产业,改善人居环境,做好有色金属矿区监督管理 |
| | 浙江省 | 杭州市萧山区、滨江区、绍兴市越城区、绍兴县、上虞市、新昌县、诸暨市、嵊州市、金华市婺城区、金东区、浦江县、兰溪市、义乌市、东阳市、永康市,衢州市柯城区、衢江区、常山县、龙游县、江山市 | |
| V-4-3ns 鄱阳湖丘岗平原农田防护水质维护区 | 江西省 | 南昌市东湖区、西湖区、青云谱区、湾里区、青山湖区、南昌县、新建县、安义县、进贤县,九江市庐山区、浔阳区、共青城市、九江县、永修县、德安县、星子县、都昌县、湖口县、彭泽县,鹰潭市月湖区、余江县,抚顺市东乡县,上饶市余干县、鄱阳县、万年县 | 建设农田防护体系,防止滨湖平原农田风害;加强丘岗沟谷侵蚀治理,改造坡耕地,结合风景区建设、湿地保护,开展清洁小流域建设,维护水质 |
| V-4-4tw 幕阜山九岭山山地丘陵保土生态维护区 | 湖北省 | 咸宁市咸安区、通城县、崇阳县、通山县、嘉鱼县、赤壁市、黄石市阳新县、大冶市 | 加强坡耕地改造及配套水系工程,保护现有植被,实施退耕还林和封山育林,合理培育和利用人工林资源 |
| | 江西省 | 九江市武宁县、修水县、瑞昌市、宜春市奉新县、宜丰县、靖安县、铜鼓县 | |

续表 4.2-13

| 三级区代码及名称 | | | 三级区范围 | 防治途径 |
|---|---|---|---|---|
| V-4-5t | 赣中低山丘陵土壤保持区 | 江西省 | 萍乡市安源区、湘东区、上栗县、芦溪县,新余市渝水区、分宜县,宜春市袁州区、万载县、上高县、丰城市、樟树市、高安市,抚州市临川区、南城县、黎川县、南丰县、崇仁县、乐安县、宜黄县、金溪县、资溪县,吉安市吉州区、青原区、吉安县、吉水县、峡江县、新干县、永丰县、泰和县、安福县 | 改造坡耕地配套坡面水系工程,治理柑橘园、茶园等林下水土流失,加强崩岗防治,减轻山洪灾害 |
| V-4-6tr | 湘中低山丘陵保土人居环境维护区 | 湖南省 | 长沙市芙蓉区、天心区、岳麓区、开福区、雨花区、望城区、长沙县、宁乡县、浏阳市,株洲市荷塘区、芦淞区、石峰区、天元区、株洲县、攸县、茶陵县、醴陵市,湘潭市雨湖区、岳塘区、湘潭县、湘乡市、韶山市,衡阳市珠晖区、雁峰区、石鼓区、蒸湘区、南岳区、衡阳县、衡南县、衡山县、衡东县、祁东县、耒阳市、常宁市,岳阳市平江县,益阳市桃江县、安化县,郴州市苏仙区、永兴县、安仁县,娄底市娄星区、双峰县、新化县、冷水江市、涟源市,邵阳市双清区、大祥区、北塔区、邵东县、新邵县、邵阳县、隆回县、新宁县、武冈市,永州市冷水滩区、零陵区、祁阳县、东安县 | 改造坡耕地、实施沟道治理和塘堰工程,改造荒山、荒坡、疏残林地,扩大森林植被,改善长株潭城市群人居生态环境 |
| V-4-7tw | 湘西南山地保土生态维护区 | 湖南省 | 怀化市鹤城区、中方县、沅陵县、辰溪县、溆浦县、会同县、麻阳苗族自治县、芷江侗族自治县、靖州苗族侗族自治县、通道侗族自治县、新晃侗族自治县、洪江市,邵阳市洞口县、绥宁县、城步苗族自治县,常德市桃源县,湘西土家苗族自治州泸溪县 | 实施坡改梯及坡面水系工程,发展特色产业,注重自然修复,保护现有森林植被 |
| V-4-8t | 赣南山地土壤保持区 | 江西省 | 赣州市章贡区、赣县、信丰县、宁都县、于都县、兴国县、会昌县、石城县、瑞金市、南康市,抚顺市广昌县,吉安市万安县 | 加强崩岗和侵蚀劣地治理,改造马尾松等人工纯林,提高林分稳定性和蓄水保土能力,加大坡耕地改造,发展柑橘、茶等经济林,结合红色旅游,发展特色生态产业 |

| 三级区代码及名称 | | 三级区范围 | 防治途径 |
|---|---|---|---|
| V-5-1sr | 浙东低山岛屿水质维护人居环境维护区 | 浙江省 | 宁波市海曙区、江东区、江北区、北仑区、镇海区、鄞州区、慈溪市、余姚市、奉化市、象山县、宁海县、舟山市定海区、普陀区、嵊泗县、岱山县、台州市椒江区、路桥区、黄岩区、三门县、临海市、温岭市、玉环县、温州市瓯海区、龙湾区、鹿城区、乐清市、洞头县、瑞安市、平阳县、苍南县 | 加强水源地预防保护、清洁小流域建设和岛屿雨水集蓄利用，营造海堤、道路、河岸基干防风林带，保护低岗丘陵植被和建设岛屿景观防护林 |
| V-5-2tw | 浙西南山地保土生态维护区 | 浙江省 | 丽水市莲都区、松阳县、云和县、龙泉市、遂昌县、景宁畲族自治县、庆元县、青田县、缙云县、金华市磐安县、武义县、温州市永嘉县、文成县、泰顺县、台州市仙居县、天台县 | 加强低丘缓坡地，尤其是坡耕地、园地、经济林地水土流失综合治理，保护现有植被，加强封山育林和疏林地改造，发展农村小水电、沼气、煤气等替代能源 |
| V-5-3ts | 闽东北山地保土水质维护区 | 福建省 | 宁德市蕉城区、寿宁县、福鼎市、福安市、柘荣县、霞浦县、福州市罗源县、连江县 | 加强坡改梯配套小型水利水保工程，实施园地草被覆盖，推进清洁小流域建设，加强沿海岛屿雨水集蓄利用，控制面源污染，改善水质 |
| V-5-4wz | 闽西北山地丘陵生态维护减灾区 | 福建省 | 福州市闽清县、永泰县，南平市延平区、武夷山市、光泽县、邵武市、顺昌县、浦城县、松溪县、政和县、建瓯市、建阳市，三明市梅列区、三元区、将乐县、泰宁县、建宁县、沙县、尤溪县、明溪县，宁德市周宁县、古田县、屏南县 | 结合自然保护区和风景名胜区建设，保护闽江上游植被，实施低山坡耕地和坡园地综合治理，促进退耕还林，治理崩岗，防治山洪灾害 |
| V-5-5rs | 闽东南沿海丘陵平原人居环境维护水质维护区 | 福建省 | 福州市鼓楼区、台江区、仓山区、马尾区、晋安区、闽侯县、长乐市、福清市、平潭县、莆田市城厢区、涵江区、荔城区、秀屿区，泉州市鲤城区、丰泽区、洛江区、泉港区、惠安县、南安市、晋江市、石狮市、金门县、厦门市思明区、海沧区、湖里区、集美区、同安区、翔安区、漳州市芗城区、龙文区、漳浦县、云霄县、东山县、龙海市 | 保护现有植被，建设沿海防护林体系，建设清洁小流域，加强岛屿雨水集蓄利用，做好开发区、核电基地等的监督管理，维护人居环境 |

| 三级区代码及名称 | | 三级区范围 | 防治途径 |
|---|---|---|---|
| V-5-6tw | 闽西南山地丘陵保土生态维护区 | 福建省 | 龙岩市新罗区、长汀县、武平县、永定县、漳平市、连城县、上杭县、三明市宁化县、清流县、永安市、大田县、莆田市仙游县、泉州市德化县、永春县、安溪县、漳州市长泰县、诏安县、南靖县、华安县、平和县 | 加强坡耕地整治,治理崩岗,保护耕地和生产生活设施,做好茶园水土流失和侵蚀劣地的综合治理,结合红色和名居旅游,保护和建设森林植被,加强经济开发和产业开发的监督管理 |
| V-6-1ht | 南岭山地水源涵养保土区 | 湖南省 | 郴州市北湖区、宜章县、桂阳县、嘉禾县、临武县、汝城县、桂东县、资兴市,株洲市炎陵县,永州市双牌县、道县、江永县、宁远县、蓝山县、新田县、江华瑶族自治县 | 保护现有森林植被,合理利用森林资源,控制桉树为主的纸浆林林下水土流失;治理崩岗,保护耕地,减轻山洪灾害,发展亚热带果品产业;岩溶分布地区建设坡改梯及配套水系工程,结合旅游开发,治理南雄盆地红色页岩侵蚀劣地,搞好桂林及漓江植被建设 |
| | | 广东省 | 韶关市武江区、浈江区、曲江区、始兴县、仁化县、翁源县、乳源瑶族自治县、乐昌市、南雄市,清远市阳山县、连山壮族瑶族自治县、连南瑶族自治县、英德市、连州市 | |
| | | 广西壮族自治区 | 桂林市秀峰区、叠彩区、象山区、七星区、雁山区、阳朔县、临桂县、永福县、灵川县、龙胜各族自治县、恭城瑶族自治县、全州县、兴安县、资源县、灌阳县、荔浦县、平乐县,来宾市金秀瑶族自治县,贺州市富川瑶族自治县 | |
| | | 江西省 | 赣州市大余县、崇义县、上犹县,萍乡市莲花县,吉安市遂川县、井冈山市、永新县 | |
| V-6-2th | 岭南山地丘陵保土水源涵养区 | 江西省 | 赣州市安远县、龙南县、定南县、全南县、寻乌县 | 实施梅州、赣南等地的崩岗治理,发展生态农林业;保护现有植被,重点加强东江上游水源地水源涵养林保护和建设,对山坡地营造桉树纸浆林等农林开发实施严格管理 |
| | | 广东省 | 惠州市博罗县、龙门县,梅州市梅江区、梅县、大埔县、丰顺县、五华县、兴宁市、平远县、蕉岭县,汕尾市陆河县,揭阳市揭西县,河源市源城区、紫金县、龙川县、连平县、和平县、东源县,韶关市新丰县,清远市清城区、清新县、佛冈县,肇庆市端州区、肇庆市鼎湖区、广宁县、怀集县、封开县、德庆县、四会市,广州市从化市,阳江市阳春市,茂名市信宜市、高州市,云浮市云城区、郁南县、罗定市、新兴县、云安县 | |
| | | 广西壮族自治区 | 贺州市八步区、昭平县、钟山县、平桂管理区,梧州市万秀区、蝶山区、长洲区、苍梧县、藤县、蒙山县、岑溪市,贵港市桂平市、平南县,玉林市容县、兴业县、北流市 | |

| 三级区代码及名称 | | 三级区范围 | 防治途径 |
|---|---|---|---|
| V-6-3t | 桂中低山丘陵土壤保持区 | 广西壮族自治区 | 贵港市港南区、港北区、覃塘区,来宾市兴宾区、合山市、武宣县、象州县,南宁市横县、武鸣县、上林县、宾阳县,柳州市城中区、鱼峰区、柳南区、柳北区、柳江县、柳城县、鹿寨县 | 加强以坡改梯和坡面水系工程为主的小流域综合治理,抢救土壤资源,建设小型水利水保工程,做好雨水集蓄和岩溶水利用,提高农业生产能力 |
| V-7-1r | 华南沿海丘陵台地人居环境维护区 | 广东省 | 汕头市龙湖区、金平区、濠江区、潮阳区、澄海区、南澳县,潮州市湘桥区、潮安县、饶平县,揭阳市榕城区、揭东区、惠来县、普宁市,汕尾市城区、海丰县、陆丰市,惠州市惠城区、惠阳区、惠东县,广州市荔湾区、越秀区、海珠区、天河区、白云区、黄埔区、番禺区、花都区、南沙区、萝岗区、增城市,深圳市罗湖区、福田区、南山区、宝安区、龙岗区、盐田区,佛山市禅城区、南海区、顺德区、三水区、高明区,江门市蓬江区、江海区、新会区、台山市、开平市、鹤山市、恩平市,珠海市香洲区、金湾区、斗门区,阳江市江城区、阳西县、阳东县,茂名市茂南区、茂港区、电白县、化州市,湛江市赤坎区、霞山区、麻章区、坡头区、吴川市、遂溪县、徐闻县、廉江市、雷州市,肇庆市高要市、东莞市、中山市 | 保护和建设林草植被,提高水源涵养能力,建设清洁小流域和滨河滨湖植物带,加强城市和经济开发区的监督管理,结合城市水系整治,建设生态景观,提升城市生态质量,维护人居环境,加强崩岗治理和岩溶分布区的坡改梯工程 |
| | | 广西壮族自治区 | 南宁市青秀区、良庆区、兴宁区、江南区、西乡塘区、邕宁区,北海市海城区、银海区、铁山港区、合浦县,防城港市防城区、港口区、东兴市、上思县,钦州市钦南区、钦北区、灵山县、浦北县,玉林市玉州区、陆川县、博白县、福绵管理区 | |
| | | 香港 | | |
| | | 澳门 | | |
| V-8-1r | 海南沿海丘陵台地人居环境维护区 | 海南省 | 海口市龙华区、美兰区、秀英区、琼山区,三亚市,省直辖行政单位琼海市、儋州市、文昌市、万宁市、定安县、澄迈县、临高县、陵水黎族自治县 | 结合生态旅游业,提高防治标准,加强河湖沟道整治,减少耕地和橡胶等林下水土流失,维护综合农业生产环境,做好琼海、文昌沿海防风固沙林建设,做好海口和三亚等城市及周边地区人居环境维护工作,强化城市及工矿区监督管理 |

| 三级区代码及名称 | | 三级区范围 | 防治途径 |
|---|---|---|---|
| V－8－2h | 琼中山地水源涵养区 | 海南省 | 省直辖行政单位五指山市、屯昌县、白沙黎族自治县、保亭黎族苗族自治县、琼中黎族苗族自治县、昌江黎族自治县、乐东黎族自治县、东方市 | 结合现有的自然保护区、生态旅游区等,加强五指山等山地水源涵养林保护与建设,保护原始植被,提高水源涵养功能,加强橡胶、咖啡、槟榔和木薯等特色林果业林下水土流失治理,加强东方、乐东、昌江沿海防风固沙林建设 |
| V－8－3w | 南海诸岛生态维护区 | 海南省 | 三沙市 | 保护南沙岛礁植被,维护自然生态 |
| V－9－1zr | 台西山地平原减灾人居环境维护区 | 台湾省 | 台北市、新北市、基隆市、桃园县、新竹市、新竹县、苗栗县、台中市、彰化县、云林县、嘉义市、嘉义县、台南市、高雄市、屏东县、宜兰县、南投县、连江县(马祖)、澎湖县 | |
| V－9－2zw | 花东山地减灾生态维护区 | 台湾省 | 台东县、花莲县 | |

## 6. 西南紫色土区

西南紫色土区,即四川盆地及周围山地丘陵区,包括四川、甘肃、河南、湖北、陕西、湖南和重庆7省(直辖市)共254个县(市、区),土地总面积约51万 km²,划分为3个二级区10个三级区,见表4.2-14。

表 4.2-14　西南紫色土区分区方案

| 一级区代码及名称 | 二级区代码及名称 | | 三级区代码及名称 | |
|---|---|---|---|---|
| VI 西南紫色土区(四川盆地及周围山地丘陵区) | VI－1 | 秦巴山山地区 | VI－1－1st | 丹江口水库周边山地丘陵水质维护保土区 |
| | | | VI－1－2ht | 秦岭南麓水源涵养保土区 |
| | | | VI－1－3tz | 陇南山地保土减灾区 |
| | | | VI－1－4tw | 大巴山山地保土生态维护区 |
| | VI－2 | 武陵山山地丘陵区 | VI－2－1ht | 鄂渝山地水源涵养保土区 |
| | | | VI－2－2ht | 湘西北山地低山丘陵水源涵养保土区 |
| | VI－3 | 川渝山地丘陵区 | VI－3－1tr | 川渝平行岭谷山地保土人居环境维护区 |
| | | | VI－3－2tr | 四川盆地北中部山地丘陵保土人居环境维护区 |
| | | | VI－3－3zw | 龙门山峨眉山山地减灾生态维护区 |
| | | | VI－3－4t | 四川盆地南部中低丘土壤保持区 |

西南紫色土区是以紫色砂页岩风化物为优势地面组成物质的区域,分布有秦岭、武当山、大巴山、巫山、武陵山、岷山、汉江谷地、四川盆地等。该区大部分位于我国第二级阶梯,山地、丘陵、谷地和盆地相间分布,主要涉及长江上游干流,以及岷江、沱江、嘉陵江、汉江、丹江、清江、澧水等河流。该区属亚热带湿润气候区,大部分地区年均降水量 600～1 400 mm。土壤类型以紫色土、黄棕壤和黄壤为主。植被类型以亚热带常绿阔叶林、针叶林及竹林为主,林草覆盖率57.84%。区域耕地总面积 1 137.8 万 hm²,其中坡耕地面积622.1 万 hm²。水土流失面积16.2 万 km²,以水力侵蚀为主,局部地区山地灾害频发。

西南紫色土区是我国西部重点开发区和重要的农产品生产区,也是我国重要的水电资源开发区和有色金属矿产生产基地,是长江上游重要水源涵养区。区内有三峡水库和丹江口水库,秦巴山地是嘉陵江与汉江等河流的发源地,成渝地区是全国统筹城乡发展示范区以及全国重要的高新技术产业、先进制造业和现代服务业基地。该区人多地少,坡耕地广布,森林过度采伐,水电、石油天然气和有色金属矿产等资源开发强度大,水土流失严重,山地灾害频发,是长江泥沙策源地之一。

1)水土保持方略

加强以坡耕地改造及坡面水系工程配套为主的小流域综合治理,巩固退耕还林还草成果;实施重要水源地和江河源头区预防保护,建设与保护植被,提高水源涵养能力,完善长江上游防护林体系,构筑秦岭—大别山—天目山水源涵养生态维护预防带、武陵山—南岭生态维护水源涵养预防带;积极推行重要水源地清洁小流域建设,维护水源地水质;防治山洪灾害,健全滑坡泥石流预警体系;做好水电资源及经济开发的监督管理。

2)区域布局

巩固秦巴山山地区(Ⅵ-1)治理成果,保护河流源头区和水源区植被,继续推进小流域综合治理,发展特色产业,加强库区移民安置和城镇迁建的水土保持监督管理。保护武陵山山地丘陵区(Ⅵ-2)森林植被,结合自然保护区和风景名胜区建设,大力营造水源涵养林,开展坡耕地综合整治,发展特色旅游生态产业。强化川渝山地丘陵区(Ⅵ-3)以坡改梯和坡面水系工程为主的小流域综合治理,保护山丘区水源涵养林,建设沿江滨库植被带,综合整治滨库削落带,注重山区山洪、泥石流沟道治理,改善城市及周边人居环境。

3)三级区范围及防治途径

三级区范围及防治途径见表4.2-15。

表4.2-15  三级区范围及防治途径

| 三级区代码及名称 | | 三级区范围 | 防治途径 |
|---|---|---|---|
| Ⅵ-1-1st | 丹江口水库周边山地丘陵水质维护保土区 | 河南省 | 南阳市西峡县、内乡县、淅川县 | 加强坡耕地综合治理,建设高标准农田,防护沟道,推广植物篱,结合植被建设与保护建设清洁小流域,减少水土流失造成的面源污染 |
| | | 湖北省 | 十堰市茅箭区、张湾区、郧县、郧西县、丹江口市 | |
| | | 陕西省 | 商洛市商州区、丹凤县、商南县、山阳县 | |

| 三级区代码及名称 | | 三级区范围 | 防治途径 |
|---|---|---|---|
| Ⅵ-1-2ht | 秦岭南麓水源涵养保土区 | 陕西省 | 宝鸡市凤县、太白县,汉中市汉台区、留坝县、佛坪县、略阳县、勉县、城固县、洋县、西乡县,安康市汉滨区、宁陕县、石泉县、汉阴县、旬阳县、白河县,商洛市镇安县、柞水县 | 加强森林预防保护和封育管护,推进能源替代,增强水源涵养能力;在人口集中的低山丘陵区,加强坡耕地改造和沟道防护,保护耕地资源,发展特色经济林果 |
| Ⅵ-1-3tz | 陇南山地保土减灾区 | 甘肃省 | 陇南市武都区、成县、文县、宕昌县、康县、西和县、礼县、徽县、两当县,甘南藏族自治州舟曲县、迭部县、临潭县、卓尼县,定西市岷县 | 加强坡耕地改造和坡面水系配套,实施沟道综合整治,建设水土保持林,减轻泥石流、山洪等危害 |
| | | 四川省 | 阿坝藏族羌族自治州九寨沟县 | |
| Ⅵ-1-4tw | 大巴山山地保土生态维护区 | 陕西省 | 汉中市宁强县、镇巴县、南郑县,安康市平利县、镇坪县、紫阳县、岚皋县 | 实施以坡耕地改造和沟道治理为主的坡面综合整治;加强森林植被的保护与抚育,发展清洁能源,维护区域生态 |
| | | 四川省 | 广元市利州区、朝天区、青川县、旺苍县,巴中市南江县、通江县,达州市万源市 | |
| | | 重庆市 | 城口县、巫山县、巫溪县、奉节县、云阳县 | |
| | | 湖北省 | 十堰市竹山县、竹溪县、房县,襄阳市谷城县、南漳县、保康县,宜昌市夷陵区、远安县、兴山县、秭归县、当阳市,省直辖县级行政单元神农架林区,荆门市东宝区,恩施土家苗族自治州巴东县 | |
| Ⅵ-2-1ht | 鄂渝山地水源涵养保土区 | 湖北省 | 宜昌市西陵区、伍家岗区、点军区、宜都市、长阳土家族自治县、五峰土家族自治县,恩施土家苗族自治州恩施市、利川市、建始县、宣恩县、来凤县、鹤峰县、咸丰县 | 开展荒山荒坡地造林和次生低效林的改造,加强河流源头区水土保持林和水源涵养林建设与保护;实施坡改梯和溪沟整治,建设植物篱和坡面蓄引排灌配套工程;做好岩溶分布地区土壤资源抢救和蓄水工程建设 |
| | | 重庆市 | 黔江区、武隆县、石柱土家族自治县、西阳土家族苗族自治县、彭水苗族土家族自治县、秀山土家族苗族自治县 | |
| Ⅵ-2-2ht | 湘西北山地低山丘陵水源涵养保土区 | 湖南省 | 常德市石门县,张家界市永定区、武陵源区、慈利县、桑植县,湘西土家苗族自治州花垣县、保靖县、永顺县、吉首市、凤凰县、古丈县、龙山县 | 结合自然保护区和风景名胜区保护,加强森林植被建设与保护,封山育林与人工造林相结合,开展荒山荒地造林,改造次生低效林,促进石山植被恢复,提高森林涵养水源和保土能力;采取坡改梯,配套坡面水系,建设小型蓄水工程,修建沟道拦沙防崩防冲工程,完善田间道路,提高土地生产力 |

| 三级区代码及名称 | | 三级区范围 | 防治途径 |
|---|---|---|---|
| VI-3-1tr 川渝平行岭谷山地保土人居环境维护区 | 四川省 | 达州市通川区、达县、宣汉县、开江县、大竹县、渠县，广安市邻水县、华蓥市 | 实施坡改梯配套水系工程为主的小流域综合治理，注重水库移民生产用地建设，保护三峡水库库周及库岸植被，结合城镇发展，建设沿江滨库植被带，综合整治滨库削落带，改善城市人居环境 |
| | 重庆市 | 万州区、涪陵区、渝中区、大渡口区、江北区、沙坪坝区、九龙坡区、南岸区、北碚区、渝北区、巴南区、长寿区、梁平县、丰都县、垫江县、忠县、开县、南川区、綦江区 | |
| VI-3-2tr 四川盆地北中部山地丘陵保土人居环境维护区 | 四川省 | 成都市青白江区、锦江区、青羊区、金牛区、武侯区、成华区、新都区、温江区、金堂县、郫县，绵阳市涪城区、游仙区、三台县、盐亭县、梓潼县，德阳市旌阳区、中江县、罗江县、广汉市，南充市顺庆区、高坪区、嘉陵区、南部县、营山县、蓬安县、仪陇县、西充县、阆中市，遂宁市船山区、安居区、蓬溪县、射洪县、大英县，广安市广安区、岳池县、武胜县，巴中市巴州区、平昌县，广元市元坝区、剑阁县、苍溪县 | 巩固综合治理成果，健全坡面水系工程，建设稳产高产农田；保护和建设林草植被，发展柑柚为主的特色经济林，山、田、院、路综合治理，发展庭园经济，改善人居环境 |
| VI-3-3zw 龙门山峨眉山山地减灾生态维护区 | 四川省 | 阿坝藏族自治州汶川县、茂县，绵阳市安县、北川羌族自治县、平武县、江油市，德阳市什邡市、绵竹市，成都市大邑县、都江堰市、彭州市、邛崃市、崇州市，雅安市雨城区、名山区、荥经县、天全县、芦山县、宝兴县、汉源县、石棉县，乐山市金口河区、沐川县、峨眉山市、峨边彝族自治县、马边彝族自治县，宜宾市屏山县，眉山市洪雅县 | 实施松散山体综合治理，建设沟道拦沙及排导工程，结合地质灾害气象预报预警，综合防治山洪泥石流等灾害；结合退耕还林还草，建设和保护森林植被，加强草原管理，发展舍饲养畜，建设人工草场 |
| VI-3-4t 四川盆地南部中低丘土壤保持区 | 四川省 | 宜宾市翠屏区、南溪区、宜宾县、江安县、长宁县、高县，成都市龙泉驿区、蒲江县、双流县、新津县，眉山市东坡区、丹棱县、彭山县、青神县、仁寿县，资阳市雁江区、安岳县、乐至县、简阳市，乐山市市中区、沙湾区、五通桥区、犍为县、井研县、夹江县，泸州市江阳区、纳溪区、龙马潭区、泸县、合江县，自贡市自流井区、贡井区、大安区、沿滩区、荣县、富顺县，内江市市中区、东兴区、威远县、资中县、隆昌县 | 推广以格网式垄作为主的农业耕作措施，实施坡改梯配套坡面水系工程，建设集中连片的高标准农田；保护陡坡森林植被，发展特色经果林；加强坡面径流调控，建设拦沙蓄水为主的塘堰工程 |
| | 重庆市 | 江津区、永川区、合川区、大足区、荣昌县、璧山县、潼南县、铜梁县 | |

7.西南岩溶区

西南岩溶区,即云贵高原区,包括四川、贵州、云南和广西4省(自治区)共273个县(市、区),土地总面积约70万km²,划分为3个二级区11个三级区,见表4.2-16。

表4.2-16　西南岩溶区分区方案

| 一级区代码及名称 | | 二级区代码及名称 | | 三级区代码及名称 | |
| --- | --- | --- | --- | --- | --- |
| Ⅶ | 西南岩溶区(云贵高原区) | Ⅶ-1 | 滇黔桂山地丘陵区 | Ⅶ-1-1t | 黔中山地土壤保持区 |
| | | | | Ⅶ-1-2tx | 滇黔川高原山地保土蓄水区 |
| | | | | Ⅶ-1-3h | 黔桂山地水源涵养区 |
| | | | | Ⅶ-1-4xt | 滇黔桂峰丛洼地蓄水保土区 |
| | | Ⅶ-2 | 滇北及川西南高山峡谷区 | Ⅶ-2-1tz | 川西南高山峡谷保土减灾区 |
| | | | | Ⅶ-2-2xj | 滇北中低山蓄水拦沙区 |
| | | | | Ⅶ-2-3w | 滇西北中高山生态维护区 |
| | | | | Ⅶ-2-4tr | 滇东高原保土人居环境维护区 |
| | | Ⅶ-3 | 滇西南山地区 | Ⅶ-3-1w | 滇西中低山宽谷生态维护区 |
| | | | | Ⅶ-3-2tz | 滇西南中低山保土减灾区 |
| | | | | Ⅶ-3-3w | 滇南中低山宽谷生态维护区 |

西南岩溶区是以石灰岩母质及土状物为优势地面组成物质的区域,主要分布有横断山山地、云贵高原、桂西山地丘陵等。该区地质构造运动强烈,横断山地为一二级阶梯过渡带,水系河流深切,高原峡谷众多;区内岩溶地貌广布,主要河流涉及澜沧江、怒江、元江、金沙江、雅砻江、乌江、赤水河、南北盘江、红水河、左江、右江。该区大部分属于亚热带和热带湿润气候,大部分地区年均降水量800~1 600 mm。土壤类型主要分布有黄壤、黄棕壤、红壤和赤红壤。植被类型以亚热带和热带常绿阔叶、针叶林,针阔混交林为主,干热河谷以落叶阔叶灌丛为主,林草覆盖率57.80%。区内耕地总面积1 327.8万hm²,其中坡耕地面积722.0万hm²。水土流失面积20.4万km²,以水力侵蚀为主,局部地区存在滑坡、泥石流。

西南岩溶区少数民族聚居,是我国水电资源蕴藏最丰富的地区之一,也是我国重要的有色金属及稀土等矿产基地。云贵高原是我国重要的生态屏障,云南是我国面向南亚、东南亚经济贸易的桥头堡,黔中和滇中地区是国家重点开发区,滇南是华南农产品主产区的重要组成部分。该区岩溶石漠化严重,耕地资源短缺,陡坡耕地比例大,工程型缺水严重,农村能源匮乏,贫困人口多;山区滑坡、泥石流等灾害频发;水电、矿产资源开发导致的水土流失问题突出。

1)水土保持方略

保护耕地资源,紧密围绕岩溶石漠化治理,加强坡耕地改造和小型蓄水工程建设,促进生产生活用水安全,提高耕地资源的综合利用效率,加快群众脱贫致富;加强自然修复,保护和建设林草植被,推进陡坡耕地退耕;加强山地灾害防治;加强水电、矿产资源开发的监督管理。

2)区域布局

加强滇黔桂山地丘陵区(Ⅶ-1)坡耕地整治,大力实施坡面水系工程和表层泉水引蓄灌工程,综合利用降水及小泉小水,保护现有森林植被,实施退耕还林还草和自然修复。保护滇北及川西南高山峡谷区(Ⅶ-2)森林植被,对坡度较缓的坡耕地实施坡改梯配套坡面水系工程,提高抗旱能力和土地生产力,促进陡坡退耕还林还草,加强山洪泥石流预警预报,防治山地灾害。保护和恢复滇西南山地区(Ⅶ-3)热带森林,治理坡耕地及以橡胶园为主的林下水土流失,加强水电资源开发的监督管理。

3)三级区范围及防治途径

三级区范围及防治途径见表4.2-17。

表4.2-17　三级区范围及防治途径

| 三级区代码及名称 | | 三级区范围 | 防治途径 |
|---|---|---|---|
| Ⅶ-1-1t | 黔中山地土壤保持区 | 贵州省 | 贵阳市南明区、云岩区、花溪区、乌当区、白云区、观山湖区、开阳县、息烽县、修文县、清镇市,遵义市红花岗区、汇川区、遵义县、绥阳县、凤冈县、湄潭县、余庆县、正安县、道真仡佬族苗族自治县、务川仡佬族苗族自治县,安顺市西秀区、平坝县、普定县、镇宁布依族苗族自治县、紫云苗族布依族自治县,黔南布依族苗族自治州都匀市、福泉市、贵定县、瓮安县、长顺县、龙里县、惠水县,铜仁市碧江区、万山区、江口县、石阡县、思南县、德江县、玉屏侗族自治县、印江土家族苗族自治县、沿河土家族自治县、松桃苗族自治县,黔东苗族侗族自治州凯里市、黄平县、施秉县、三穗县、镇远县、岑巩县、麻江县 | 实施坡改梯配套排蓄水及表层泉水利用工程,提高土地生产力,促进退耕还林,实施封禁治理 |
| Ⅶ-1-2tx | 滇黔川高原山地保土蓄水区 | 云南省 | 昆明市宜良县、石林彝族自治县,曲靖市麒麟区、马龙县、陆良县、师宗县、罗平县、富源县、沾益县、宣威市,玉溪市红塔区、江川县、华宁县、通海县、澄江县、峨山彝族自治县,红河哈尼族彝族自治州个旧市、开远市、蒙自市、建水县、石屏县、弥勒县、泸西县,昭通市镇雄县、彝良县、威信县 | 大力修筑石坎梯田,合理利用土壤资源;综合利用地表径流、岩溶泉水,改善灌溉条件;加强岩溶盆地落水洞治理,保护周边耕地;促进退耕还林,实施自然修复,荒坡地营造水土保持林 |
| | | 四川省 | 泸州市叙永县、古蔺县,宜宾市珙县、筠连县、兴文县 | |
| | | 贵州省 | 六盘水市钟山区、六枝特区、水城县、盘县,遵义市桐梓县、习水县、赤水市、仁怀市,安顺市关岭布依族苗族自治县,黔西南布依族苗族自治州兴仁县、晴隆县、贞丰县、普安县,毕节市七星关区、威宁彝族回族苗族自治县、赫章县、大方县、黔西县、金沙县、织金县、纳雍县 | |

| 三级区代码及名称 | | 三级区范围 | | 防治途径 |
|---|---|---|---|---|
| Ⅶ-1-3h | 黔桂山地水源涵养区 | 贵州省 | 黔南布依族苗族自治州三都水族自治县、荔波县、独山县,黔东南苗族侗族自治州天柱县、锦屏县、剑河县、台江县、黎平县、榕江县、从江县、雷山县、丹寨县 | 保护现有森林,实施退耕还林还草和疏幼低产林的抚育管理,采取封育治理恢复石质山区植被;加强坡改梯,配套水系工程;结合民族旅游建设发展特色产业 |
| | | 广西壮族自治区 | 柳州市融安县、融水苗族自治县、三江侗族自治县 | |
| Ⅶ-1-4xt | 滇黔桂峰丛洼地蓄水保土区 | 广西壮族自治区 | 百色市右江区、德保县、靖西县、那坡县、凌云县、乐业县、田林县、西林县、隆林各族自治县、田阳县、田东县、平果县,河池市金城江区、南丹县、天峨县、凤山县、东兰县、巴马瑶族自治县、罗城仫佬族自治县、环江毛南族自治县、都安瑶族自治县、大化瑶族自治县、宜州市,南宁市隆安县、马山县,来宾市忻城县,崇左市大新县、天等县、龙州县、凭祥市、宁明县、江州区、扶绥县 | 加强山体中上部的植被保护和降水及小泉小水利用;大力实施坡麓地带坡耕地改造并配套水系工程,实施陡坡退耕还林还草,治理落水洞,保护耕地,发展亚热带农业特色产业 |
| | | 贵州省 | 黔西南布依族苗族自治州兴义市、望谟县、册亨县、安龙县,黔南布依族苗族自治州罗甸县、平塘县 | |
| | | 云南省 | 文山壮族苗族自治州文山市、砚山县、西畴县、麻栗坡县、马关县、广南县、富宁县、丘北县 | |
| Ⅶ-2-1tz | 川西南高山峡谷保土减灾区 | 四川省 | 攀枝花市西区、东区、仁和区、米易县、盐边县,凉山彝族自治州西昌市、盐源县、德昌县、普格县、金阳县、昭觉县、喜德县、冕宁县、越西县、甘洛县、美姑县、布拖县、雷波县、宁南县、会东县、会理县 | 开展以坡耕地改造为主的小流域综合治理,加强坡面径流集蓄和梯田埂坎利用,综合整治泥石流沟道,做好山洪灾害预警预报,保护中高山林草植被,推进退耕还林,开展荒地造林 |
| Ⅶ-2-2xj | 滇北中低山蓄水拦沙区 | 云南省 | 昆明市东川区、禄劝彝族苗族自治县,昭通市昭阳区、鲁甸县、盐津县、大关县、永善县、绥江县、水富县、巧家县,曲靖市会泽县,丽江市永胜县、华坪县、宁蒗彝族自治县,楚雄彝族自治州永仁县、元谋县、武定县 | 做好坡耕地整治,加强坡面径流的调蓄利用,建立复合农林系统;治理山洪泥石流沟道,控制泥沙入河,实施退耕还林还草和封山育林,改造疏林地和实施干热河谷造林种草;加强水电开发监督管理 |

| 三级区代码及名称 | | 三级区范围 | 防治途径 |
|---|---|---|---|
| Ⅶ-2-3w | 滇西北中高山生态维护区 | 云南省 | 丽江市古城区、玉龙纳西族自治县,怒江傈僳族自治州泸水县、兰坪白族普米族自治县,大理白族自治州剑川县、漾濞彝族自治县、巍山彝族回族自治县、永平县、云龙县、洱源县、鹤庆县 | 加强植被保护和建设,实施封山育林、退耕还林,结合澜沧江等防护林体系建设,营造水土保持林;河谷地区整治坡耕地配套小型蓄排水工程,建设基本口粮田,加强山洪泥石流沟道治理和灾害预警预报,做好水电及矿产开发、公路建设等监督管理 |
| Ⅶ-2-4tr | 滇东高原保土人居环境维护区 | 云南省 | 昆明市五华区盘龙区、官渡区、西山区、呈贡县、晋宁县、富民县、嵩明县、寻甸回族彝族自治县、安宁市,楚雄彝族自治州大姚县、楚雄市、牟定县、南华县、姚安县、禄丰县,大理白族自治州宾川县、大理市、祥云县、弥渡县,玉溪市易门县 | 加强以坡耕地整治和坡面水系为主的小流域综合治理,改善农业灌溉条件;保护与恢复中低山区植被,提高水源区水源涵养能力;结合洱海、滇池的水质维护,做好城市周边水土保持,维护人居环境 |
| Ⅶ-3-1w | 滇西中低山宽谷生态维护区 | 云南省 | 保山市腾冲县,德宏傣族景颇族自治州瑞丽市、芒市、梁河县、盈江县、陇川县 | 结合生态旅游加强自然修复,实施封山育林,建设与保护森林植被,宽谷盆地区以坡耕地综合整治为主,加强坡面水系配套,发展特色农林产业 |
| Ⅶ-3-2tz | 滇西南中低山保土减灾区 | 云南省 | 临沧市临翔区、凤庆县、云县、永德县、镇康县、双江拉祜族佤族布朗族傣族自治县、耿马傣族佤族自治县、沧源佤族自治县,保山市隆阳区、施甸县、龙陵县、昌宁县,大理白族自治州南涧彝族自治县,普洱市景谷傣族彝族自治县、景东彝族自治县、镇沅彝族哈尼族拉祜族自治县、墨江哈尼族自治县、宁洱哈尼族彝族自治县、孟连傣族拉祜族佤族自治县、澜沧拉祜族自治县、西盟佤族自治县,玉溪市元江哈尼族彝族傣族自治县、新平彝族傣族自治县,楚雄彝族自治州双柏县,红河哈尼族彝族自治州元阳县、红河县、金平苗族瑶族傣族自治县、绿春县、屏边苗族自治县、河口瑶族自治县 | 以小流域为单元,加强坡面治理,完善坡面蓄排水工程,发展热带特色经济林果,加大退耕还林还草力度;建设上游防护林体系,实施封山育林,保护天然林;实施沟道治理,做好泥石流、滑坡等灾害预警,加强水电及矿产资源开发等监督管理 |

| 三级区代码及名称 | 三级区范围 | | 防治途径 |
|---|---|---|---|
| Ⅶ-3-3w 滇南中低山宽谷生态维护区 | 云南省 | 普洱市思茅区、江城哈尼族彝族自治县、西双版纳傣族自治州景洪市、勐海县、勐腊县 | 以森林植被的保护和建设为主,实施封山育林,退耕还林还草,做好人为水土流失的监督管理;加强宽谷盆地地区水土流失综合整治,发展橡胶、药材、热带水果等特色产业 |

### 8. 青藏高原区

青藏高原区包括西藏、甘肃、青海、四川和云南5省(自治区)共144个县(市、区),土地总面积约219万 km²,划分为5个二级区12个三级区,见表4.2-18。

表 4.2-18　青藏高原区分区方案

| 一级区代码及名称 | 二级区代码及名称 | 三级区代码及名称 | |
|---|---|---|---|
| Ⅷ 青藏高原区 | Ⅷ-1 柴达木盆地及昆仑山北麓高原区 | Ⅷ-1-1ht | 祁连山山地水源涵养保土区 |
| | | Ⅷ-1-2wt | 青海湖高原山地生态维护保土区 |
| | | Ⅷ-1-3nf | 柴达木盆地农田防护防沙区 |
| | Ⅷ-2 若尔盖—江河源高原山地区 | Ⅷ-2-1wh | 若尔盖高原生态维护水源涵养区 |
| | | Ⅷ-2-2wh | 三江黄河源山地生态维护水源涵养区 |
| | Ⅷ-3 羌塘—藏西南高原区 | Ⅷ-3-1w | 羌塘藏北高原生态维护区 |
| | | Ⅷ-3-2wf | 藏西南高原山地生态维护防沙区 |
| | Ⅷ-4 藏东—川西高山峡谷区 | Ⅷ-4-1wh | 川西高原高山峡谷生态维护水源涵养区 |
| | | Ⅷ-4-2wh | 藏东高山峡谷生态维护水源涵养区 |
| | Ⅷ-5 雅鲁藏布河谷及藏南山地区 | Ⅷ-5-1w | 藏东南高山峡谷生态维护区 |
| | | Ⅷ-5-2n | 西藏高原中部高山河谷农田防护区 |
| | | Ⅷ-5-3w | 藏南高原山地生态维护区 |

青藏高原区是以高原草甸土为优势地面组成物质的区域,主要分布有祁连山、唐古拉山、巴颜喀拉山、横断山脉、喜马拉雅山、柴达木盆地、羌塘高原、青海高原、藏南谷地。该区以高原山地为主,宽谷盆地镶嵌分布,湖泊众多。主要河流涉及黄河、怒江、澜沧江、金沙江、雅鲁藏布江。青藏高原区从东往西由温带湿润区过渡到寒带干旱区,大部分地区年均降水量 50~800 mm。土壤类型以高山草甸土、草原土和漠土为主。植被类型以温带高寒草原、草甸和疏林灌木草原为主,林草覆盖率 58.24%。区域耕地总面积 104.9 万 hm²,其中坡耕地面积 34.3 万 hm²。在以冻融为主导侵蚀营力的作用下,冻融、水力、风力侵蚀广泛分布,水力侵蚀和风力侵蚀总面积 31.9 万 km²。

青藏高原区是我国西部重要的生态屏障,也是我国高原湿地、淡水资源和水电资源最为丰富地区。青海湖是我国最大的内陆湖和咸水湖,青海湖湿地是我国七大国际重要湿地之一;三江源是长江、黄河和澜沧江的源头汇水区,湿地、物种丰富。该区地广人稀,冰川退化,雪线上移,湿地萎缩,植被退化,水源涵养能力下降,自然生态系统保存较为完整但极端脆弱。

1)水土保持方略

维护独特的高原生态系统,加强草场和湿地的预防保护,提高江河源头水源涵养能力,治理退化草场,合理利用草地资源,构筑青藏高原水源涵养生态维护预防带;加强水土流失治理,促进河谷农业发展。

2)区域布局

加强柴达木盆地及昆仑山北麓高原区(Ⅷ-1)预防保护,建设水源涵养林,保护青海湖周边的生态及柴达木盆地东端的绿洲农田。强化若尔盖—江河源高原山地区(Ⅷ-2)草场管理和湿地保护,防治草场沙化退化,维护水源涵养功能。保护羌塘—藏西南高原区(Ⅷ-3)天然草场,轮封轮牧,发展冬季草场,防止草场退化。实施藏东—川西高山峡谷区(Ⅷ-4)天然林保护,加强坡耕地改造和陡坡退耕还林还草,做好水电资源开发的监督管理。保护雅鲁藏布河谷及藏南山地区(Ⅷ-5)天然林,轮封轮牧,建设人工草地,保护天然草场,实施河谷农区两侧小流域综合治理,保护农田和村庄安全。

3)三级区范围及防治途径

三级区范围及防治途径见表4.2-19。

表4.2-19　三级区范围及防治途径

| 三级区代码及名称 | | 三级区范围 | 防治途径 |
|---|---|---|---|
| Ⅷ-1-1ht | 祁连山山地水源涵养保土区 | 甘肃省 | 武威市天祝藏族自治县,酒泉市阿克塞哈萨克族自治县、肃北蒙古族自治县,张掖市肃南裕固族自治县、民乐县 | 加强水源涵养林建设,封山育林,保护与恢复森林植被;治理退化草场,改良天然草场,发展草场灌溉;在人口密集区实施综合治理 |
| | | 青海省 | 海北藏族自治州祁连县 | |
| Ⅷ-1-2wt | 青海湖高原山地生态维护保土区 | 青海省 | 海北藏族自治州海晏县、刚察县,海南藏族自治州共和县,海西蒙古族藏族自治州乌兰县、天峻县 | 青海湖周边山地加强植被保护与建设,农牧区发展围栏养畜,封沙育草,防止草场退化和沙化,综合治理水土流失,发展生态畜牧业和特色旅游业,改善青海湖周边生态 |
| Ⅷ-1-3nf | 柴达木盆地农田防护防沙区 | 青海省 | 海西蒙古族藏族自治州格尔木市、德令哈市、都兰县 | 保护绿洲,推进农田防护林建设,加强草场管理,防治土地沙化,保护公路、铁路等基础设施;做好人为水土流失监督管理 |

| 三级区代码及名称 | | 三级区范围 | 防治途径 |
|---|---|---|---|
| VIII-2-1wh | 若尔盖高原生态维护水源涵养区 | 四川省 阿坝藏族羌族自治州阿坝县、若尔盖县、红原县 | 加强草场保护与管理,治理局部农耕区水土流失;保护山地森林植被,推进退耕还林还草,实施湿地保护,维护区域生态环境 |
| | | 甘肃省 甘南藏族自治州合作市、玛曲县、碌曲县、夏河县 | |
| VIII-2-2wh | 三江黄河源山地生态维护水源涵养区 | 四川省 甘孜藏族自治州石渠县 | 全面推行封育保护和退耕退牧还林还草,加强湿地保护和草场管理,治理沙化退化草场,发展围栏养畜,轮封轮牧,治理"黑土滩",加强监督管理,严禁乱采滥挖,维护三江源区的森林、草场、湿地等生态系统 |
| | | 青海省 海南藏族自治州同德县、兴海县、贵南县,果洛藏族自治州玛沁县、甘德县、达日县、久治县、玛多县、班玛县,玉树藏族自治州称多县、曲麻莱县、玉树县、杂多县、治多县、囊谦县,海西蒙古族藏族自治州格尔木市(唐古拉山乡部分),黄南藏族自治州泽库县、河南蒙古族自治县 | |
| | | 西藏自治区 那曲地区那曲县、聂荣县、巴青县 | |
| VIII-3-1w | 羌塘藏北高原生态维护区 | 西藏自治区 那曲地区安多县、申扎县、班戈县、尼玛县、双湖县,拉萨市当雄县,阿里地区日土县、革吉县、改则县 | 加强预防保护,轮封轮牧,发展冬季草场,保护天然草地 |
| VIII-3-2wf | 藏西南高原山地生态维护防沙区 | 西藏自治区 日喀则地区仲巴县,阿里地区普兰县、札达县、噶尔县、措勤县 | 实行封育保护、轮封轮牧和限载限牧等措施,加强草场恢复和保护;防治村庄农田周边的风沙和山洪灾害,控制人为水土流失 |
| VIII-4-1wh | 川西高原高山峡谷生态维护水源涵养区 | 四川省 阿坝藏族羌族自治州理县、松潘县、金川县、小金县、黑水县、马尔康县、壤塘县,甘孜藏族自治州康定县、丹巴县、九龙县、雅江县、道孚县、炉霍县、甘孜县、新龙县、德格县、白玉县、色达县、理塘县、巴塘县、乡城县、稻城县、得荣县、泸定县,凉山彝族自治州木里藏族自治县 | 加强天然林保护和高山草甸区合理轮牧,高山远山地区适度实施生态移民,保护河道两侧和平坝农田,实施坡耕地改造和陡坡退耕还林;做好金沙江、雅砻江、大渡河等大型水电站建设的监督管理 |
| VIII-4-2wh | 藏东高山峡谷生态维护水源涵养区 | 云南省 怒江傈僳族自治州福贡县、贡山独龙族怒族自治县,迪庆藏族自治州香格里拉县、德钦县、维西傈僳族自治县 | 保护和建设森林植被,合理采集利用和保护中药材资源,维护生物多样性;结合自然保护区和风景名胜区建设,发展区域特色农业产业和生态旅游业;加强人口集中区域的坡耕地综合整治和发展中小型水电及水利灌溉,做好泥石流等灾害的预警与防治,以及水电资源开发的监督管理 |
| | | 西藏自治区 昌都地区昌都县、江达县、贡觉县、类乌齐县、丁青县、察雅县、八宿县、左贡县、芒康县、洛隆县、边坝县,那曲地区比如县、索县、嘉黎县 | |

| 三级区代码及名称 | | 三级区范围 | 防治途径 |
|---|---|---|---|
| Ⅷ-5-1w | 藏东南高山峡谷生态维护区 | 西藏自治区 | 山南地区隆子县、错那县,林芝地区林芝县、米林县、墨脱县、波密县、朗县、工布江达县、察隅县 | 保护和管理天然林,维护生物多样性;加强林芝等河谷地区的农田保护和坡耕地改造;采取封禁轮牧等措施修复天然草场,建设人工草场,实施舍饲养畜;做好尼洋河等流域的水电资源开发监督管理 |
| Ⅷ-5-2n | 西藏高原中部高山河谷农田防护区 | 西藏自治区 | 拉萨市城关区、林周县、尼木县、曲水县、堆龙德庆县、达孜县、墨竹工卡县,山南地区乃东县、扎囊县、贡嘎县、桑日县、琼结县、曲松县、加查县,日喀则地区日喀则市、南木林县、江孜县、萨迦县、拉孜县、白朗县、仁布县、昂仁县、谢通门县、萨嘎县 | 加强"一江两河"河滩和山地坡脚林灌结合的防护带建设,以及村庄和农田傍山一侧沟道综合治理,防治山洪灾害,保护农田和村庄,建设农村"林卡"和农田防护林,改造河谷阶台地的坡耕地和营造薪炭林,推广新能源代燃料工程 |
| Ⅷ-5-3w | 藏南高原山地生态维护区 | 西藏自治区 | 山南地区措美县、洛扎县、浪卡子县,日喀则地区定日县、康马县、定结县、亚东县、吉隆县、聂拉木县、岗巴县 | 保护林草植被,加强封育保护、草场管理,防治土地沙化,综合治理河谷农区两侧小流域,防治山洪灾害,做好亚东等条件较好地区的坡耕地改造和发展特色经果林 |

# 第三节　水土保持规划

## 一、水土保持规划体系

根据水土保持法相关规定,水土保持规划分为综合规划和专项规划。

水土保持综合规划是指以县级以上行政区或流域为单元,根据区域或流域自然与社会经济情况、水土流失现状及水土保持需求,对预防和治理水土流失,保护和利用水土资源作出的总体部署,规划内容涵盖预防、治理、监测、监督管理等。水土保持综合规划是水土保持法中规定由县级以上人民政府或其授权的部门批复的水土保持规划,是一种中长期的战略发展规划。综合规划按不同级别进行分类,包括全国、流域、省、市、县级水土保持规划。

水土保持专项规划是指根据水土保持综合规划,对水土保持专项工作或特定区域预防和治理水土流失而作出的专项部署。水土保持专项规划是在综合规划指导下的专门规划,通常是项目立项的重要依据,也可直接作为工程可行性研究报告或实施方案编制的依据。

专项规划包括两种类型:一类是专项工程规划,如东北黑土区水土流失综合防治规划、黄土高原地区综合治理规划、坡耕地综合治理规划、黄土高原地区水土保持淤地坝规划等;一类是专项工作规划,如水土保持监测规划、水土保持科技支撑规划、水土保持信息化规划等。

我国水土保持规划体系见表 4.3-1。

表 4.3-1　我国水土保持规划体系构成

| 分级层面 | | 综合规划 | 专项规划 | | 备注 |
| --- | --- | --- | --- | --- | --- |
| | | | 专项工程规划 | 专项工作规划 | |
| 国家层面 | 全国 | √ | | √ | |
| | 流域 | √ | | √ | 跨省的大流域 |
| | 特定区域 | | √ | | 跨省区域或对象 |
| 省级层面 | 全省 | √ | | √ | |
| | 特定区域 | | √ | | 境内部分区域(流域)或对象 |
| 市级层面 | 全市 | √ | | √ | |
| | 特定区域 | | √ | | 境内部分小流域或片区 |
| 县级层面 | 全县 | √ | | √ | |
| | 特定区域 | | √ | | 境内部分小流域或片区 |

注:专项工程包括以中大流域为单元的综合防治,侵蚀沟或崩岗、坡耕地整治,淤地坝等。

## 二、水土保持综合规划

### (一)规划内容

国家、流域和省级水土保持综合规划的规划期宜为 10~20 年;县级水土保持综合规划不宜超过 10 年,编制主要包括下列内容。

1.现状调查和专题研究

不同级别的规划,应根据规划编制任务书的要求,开展相应深度的现状调查及必要的专题研究。

2.现状评价与需求分析

分析评价水土流失的类型、分布、强度、原因、危害及发展趋势。根据规划区社会经济发展要求,进行水土保持需求分析,确定水土流失防治目标、任务和规模。

3.总体布局

总体布局包括区域布局和重点布局。根据水土保持区划,结合规划区特点,进行水土保持区域布局;并根据划定的水土流失重点预防区和重点治理区,明确重点布局。

4.规划方案

提出预防、治理、监测、综合监管等规划方案。

5.重点项目安排与实施效果

提出重点项目安排,匡算近期拟实施的重点项目投资,进行实施效果分析,拟定实施保障措施。

### (二)现状评价与需求分析

**1. 水土保持现状评价**

现状评价包括区域的土地利用现状评价、水土流失消长评价、水土保持现状评价、水资源丰缺程度评价、饮用水水源地面源污染评价、生态状况评价、水土保持监测与监督管理评价等。修编规划还应进行现行规划实施回顾评价。

(1)土地利用现状评价是根据土地利用规划中土地利用结构现状,从水土保持角度,分析土地利用结构和利用方式存在的问题。县级水土保持规划还需要进行土地适宜性评价。

土地利用方式造成的水土流失对农业综合生产能力的影响程度主要是指顺坡耕种、陡坡开荒等不合理利用,以及超载放牧、大面积单一林种的林业开发等不合理经营,造成水土流失、恶化农业生产条件、导致土地生产力下降等。土地利用不合理与水土流失及贫困互为因果,对造成水土流失、破坏生态环境的土地利用类型应在规划中进行调整,如陡坡耕地、荒草地、沟壑地、裸露地等应通过水土保持治理措施,改变土地利用方式,消除产生水土流失的根源,防治水土流失,改善其生态环境,并使群众在合理利用土地的基础上脱贫致富。

县级水土保持规划还需要进行土地适宜性评价。土地适宜性评价是根据水土流失在不同土地利用类型的分布情况,从土层厚度、土壤理化性质等方面,评价土地适宜性,确定宜农、宜果、宜林、宜牧以及需改造才能利用的土地面积和分布。评价方法可参照《水土保持综合治理 规划通则》(GB/T 15772—2008)中"表 B.1 土地资源评价等级表"。

北方牧业产值占总产值一定比例,土地利用调整需进行合理载畜量和饲草平衡计算,合理载畜量是指在一定的草地面积和一定的利用时间内,在适度放牧(或割草)利用,并维持草地可持续生产的条件下,满足所养家畜正常生长、繁殖、生产的需要,所能承养的家畜数量和时间。合理载畜量又称理论载畜量。

实际载畜量是指一定面积的草地,在一定的利用时间段内,实际承养的标准家畜头数。

羊单位指 1 只体重 50 kg、日消耗 1.8 kg 草地标准干草的成年母绵羊,或与此相当的其他家畜为一个标准羊单位,简称羊单位。

实际载畜量为当年年底存栏和年度出栏各类牲畜折合羊单位数之和。各类牲畜数据由当年年底统计而来,各类成年家畜折算为标准羊单位方法见表 4.3-2。

表 4.3-2　各类成年家畜折算为标准羊单位的折算系数

| 畜种 | 羊单位折算系数 | |
|---|---|---|
| | 存栏 | 出栏 |
| 鹅(只) | 0.05 | 0.019 |
| 兔(只) | 0.05 | 0.016 |
| 绵、山羊(只) | | |
| 体重 >45 kg | 1 | 0.5 |
| 体重 30~45 kg | 0.8 | 0.4 |
| 体重 <30 kg | 0.7 | 0.35 |
| 黄牛(头) | 5 | 2.5 |
| 水牛(头) | 6.5 | 3.2 |

续表 4.3-2

| 畜种 | 羊单位折算系数 | |
| --- | --- | --- |
| | 存栏 | 出栏 |
| 乳牛(头) | 6.5 | 3.25 |
| 牦牛(头) | 4 | 3 |
| 驴(头) | 3 | 1.5 |
| 马、骡(头) | 5 | 2.5 |

注:成年畜、幼畜划分标准:牦牛4岁、黄牛3岁、绵羊1.5岁、山羊1岁、马4岁、驴骡3岁以上为成年畜,低于成年畜年龄的为幼畜。幼畜折合羊单位时,按成年畜的50%计算。

水土保持综合规划通常按照1个羊单位1年消耗1 825 kg鲜草,简便进行草畜平衡计算。若需要进行详细计算应按农业部《天然草地合理载畜量的计算》(NY/T 635)标准进行。

(2)水土流失消长评价是指根据不同时期水土流失分布,结合土地利用情况,对水土流失面积、强度变化及其原因进行分析,总结水土流失演变趋势和特点。

(3)水土保持现状评价是指在分析水土流失治理度、治理措施保存率、水土保持效益的基础上,结合水土保持区划,评价水土保持主导基础功能变化情况及特点。

(4)水资源丰缺程度评价是指根据水资源相关规划,评价水资源丰缺程度以及地表径流调控等情况,对农村生产和生活用水、生态用水的影响。主要从维系水土资源可持续利用和提高土地生产力角度,定性分析地表水资源丰缺情况,重点评价资源型缺水、工程型缺水情况。

(5)饮用水水源地面源污染评价是根据水质监测资料、水土流失分布、饮用水水源地保护等相关规划,评价水土流失对面源污染的影响。水土流失造成的面源污染主要是指以水土流失为载体,造成农药、化肥、农村生活垃圾和污水以及人畜粪便等对水体的污染。

(6)生态状况评价是指根据主体功能区规划、生态保护与建设等相关生态规划,从生态功能重要性、植被类型与覆盖率、生态脆弱程度等方面,评价现状水土资源利用和开发对生态的影响。

(7)水土保持监测与监督管理评价是指根据监测与监督管理现状,评价监测体系的完备性及运行情况,监督管理的法规体系、制度、管理能力建设等的完善情况。

(8)现行规划实施回顾评价是指结合经济社会发展变化,对现行规划批准以来的实施情况进行全面分析与评估,分析规划实施取得的主要成效和存在问题,提出规划修编方向、重点和改进的建议。

在现状评价的基础上,进行归纳总结,提出在水土流失防治方面需解决的主要问题及意见。现状评价是确定建设规模、实施项目区域、重点投资区域等的重要依据。如黄土高原某区域水土流失治理度在30%以下,林草覆盖率低于10%,>15°坡地面积占40%以上的应实施重点治理,且应将坡改梯、造林种草等作为主要措施。

2.水土保持需求分析

需求分析是指在现状评价和经济社会发展预测的基础上,结合土地利用规划、水资源规划、林业发展规划、农牧业发展规划等,以维护和提高水土保持主导基础功能为目的,从促进农村经济发展与农民增收、保护生态安全与改善人居环境、利于江河治理和防洪安全、涵养水源和维护饮水安全,以及提升社会服务能力等角度进行分析。

(1)经济社会发展预测是在国民经济和社会发展规划、国土规划以及有关行业中长期发展规划的基础上进行的,缺少中长期发展规划时,可根据规划区历史情况,结合近期社会经济发展趋势进行合理估测。

(2)农村经济发展与农民增收对水土保持的需求分析主要从以下几个方面进行:一是根据经济社会发展对土地利用的要求和土地利用规划,分析不同区域土地资源利用和变化趋势,结合水土流失分布,从适应土地利用规划、维护土地资源可持续利用方面,分析提出水土流失综合防治方向和布局要求。二是根据土地利用规划或相关文件,在符合土地利用总体规划目标和要求的基础上,分析评价土地利用结构现状及存在的问题,从抢救和保护土地资源出发,提出水土保持措施合理配置的要求。三是根据国家和地方粮食生产方面的规划、土地利用规划、规划区的人口及增长率、粮食生产情况、畜牧业发展等,分析提出水土保持需要采取的坡耕地改造及配套工程、淤地坝建设和保护性农业耕作措施等的任务和布局要求。四是分析制约农村经济社会发展的因素与水土保持的关系,以及水土保持在农民收入和振兴当地经济中的重要作用,提出满足发展农村经济、建设新农村以及农民增收对水土保持需求的水土保持布局和措施配置要求。

(3)生态安全建设与改善人居环境对水土保持的需求分析,主要是根据全国水土保持区划三级区水土保持主导功能,以及全国主体功能区规划等,分析其功能和定位对水土保持的需求,明确不同区域生态安全建设与水土保持的关系,从维护水土保持主导功能与重要生态功能需求出发,提出需要采取的林草植被保护与建设等任务和措施布局要求。分析具有人居环境维护功能区域的水土流失分布情况,围绕城市水土保持工作,从改善和维护人居环境要求出发,侧重水系、滨河、滨湖、城市周边的小流域或集水区,提出水土保持建设需求。

(4)江河治理与防洪安全对水土保持的需求分析,主要是根据规划区水土流失类型、强度和分布与危害,结合山洪灾害防治规划、防洪规划,从涵养水源、削减洪峰、拦蓄径流泥沙等方面,分析控制河道和水库泥沙淤积对水土保持的需求,提出水土保持需要采取的沟道治理、坡面径流拦蓄等的任务和布局要求。与相关规划协调,定性分析滑坡、泥石流、崩岗灾害治理及防洪安全建设对水土保持发展的需求,提出水土保持任务与布局要求。

(5)水源保护与饮用水安全对水土保持的需求分析主要包括两个方面:一是在分析具有水源涵养功能的三级区情况的基础上,结合流域综合规划或区域水资源规划,分析有关江河源头区及水源地保护对水土保持的需求,提出水土流失防治重点和要求。二是在分析水质维护功能的三级区情况的基础上,根据饮用水源地安全保障规划,结合水资源丰缺程度和面源污染评价结果,提出水土保持需要采取的水源涵养林草建设、湿地保护、河湖库岸及侵蚀沟岸植物保护带等的任务和布局要求。

(6)社会公众服务能力提升对水土保持的需求分析,主要指根据社会公众服务需求,结合水土保持现状与管理评价,提出水土保持监测、综合监督管理体系和能力建设需求。

**(三)规划原则、目标、任务与规模**

1.规划原则

水土保持规划编制应按照规划指导思想,遵循统筹协调、分类指导、突出重点、广泛参与的原则。

水土保持是一项复杂的、综合性很强的系统工程,涉及水利、国土、农业、林业、交通、能源等多学科、多领域、多行业、多部门。编制水土保持规划必须充分考虑自然、经济和社会等多方面的影响因素,协调好与其他行业的关系,分析经济社会发展趋势,合理拟定水土保持目标、任务和重点。

我国幅员辽阔,自然、经济、社会条件差异大,水土流失范围广、面积大、形式多样、类型复杂。水力、风力、重力、冻融及混合侵蚀特点各异,防治对策和治理模式各不相同。因此,必须从实际出发,对不同区域水土流失的预防和治理区别对待,因地制宜、分区施策、突出重点。

水土保持规划的编制不仅是政府行为,也是社会行为。规划编制中要充分征求专家和公众的意见。征求有关专家意见,目的是提高规划的前瞻性、综合性和科学性;征求公众意见,目的是听取群众的意愿,维护群众的利益,提高规划的针对性、可操作性和广泛性。

2. 规划目标

规划目标应分不同规划水平年拟定,并根据规划工作要求与规划期内的实际需求分析确定,近期以定量为主,远期以定性为主。目标的定量指标主要指水土流失率(区域水土流失总面积与区域国土总面积的百分比)、水土流失治理率(水土流失治理达标面积与水土流失总面积的百分比)、水蚀治理率、中度及以上侵蚀削减率(中度及以上侵蚀削减面积与现状中度及以上侵蚀面积的百分比)、减少土壤流失量、林草覆盖率、坡耕地治理率等。

3. 规划任务

根据规划区特点,从经济社会长远发展需要出发确定规划任务,主要包括防治水土流失和改善生态与人居环境,促进水土资源合理利用和改善农业生产基础条件以及发展农业生产,减轻水、旱、风沙灾害,保障经济社会可持续发展等方面。任务因某一时期某一地区水土流失防治的需求和经济社会发展状况不同而不同。国家层面主要从战略格局上,分析水土流失防治与农业生产和农民增收、生态安全、饮水安全、粮食安全等方面关系确定。省、市、县级则应根据规划区特点分析确定,如沿海发达地区把饮水安全与人居环境改善作为主要任务,西部老少边穷地区则把发展农业生产、改善农村生产生活条件、增加农民收入作为主要任务。

4. 规划规模

规模主要指水土流失综合防治面积,包括综合治理面积和预防保护面积。应根据规划目标和任务,结合现状评价和需求分析、资金投入分析等,按照规划水平年分近、远期拟定。

**(四)总体布局**

总体布局包括区域布局和重点布局两部分。应根据规划目标、任务和规模,结合现状评价和需求分析,在水土保持区划以及各级人民政府划定并公告的水土流失重点预防区和水土流失重点治理区基础上,进行规划区预防和治理水土流失、保护和合理利用水土资源的整体部署。总体布局要在简要说明水土保持区划的原则、方法和成果的基础上开展。流域、省、市、县水土保持综合规划需说明所涉及的全国水土保持区划技术要求,特别是三级区主导功能、防治途径和技术体系对其总体布局的要求。水土保持总体布局通过自上而下、自下而上的方法,充分协调协商进行。

1. 区域布局

区域布局应根据水土保持区划,分区提出水土流失现状及存在的主要问题;统筹考虑相关行业的水土保持工作,拟定分区水土流失防治方向、战略和基本工作要求。区域布局是根据因地制宜、分区防治的方针而作出全面的水土保持总体安排。

2.重点布局

重点布局是指在规划区内根据当前和今后(规划期)经济社会发展和水土保持需求,根据水土流失重点预防区和水土流失重点治理区,结合规划现实需求布局重点建设内容,安排项目。各级人民政府公告的水土流失重点预防区和水土流失重点治理区是重点布局的主要依据。省级综合规划的重点布局要优先考虑国家和省级水土流失重点预防和水土流失重点治理县(乡)。

**(五)预防规划**

预防规划应在明确水土流失重点预防区,崩塌、滑坡危险区和泥石流易发区的基础上,确定规划区内预防范围、保护对象、项目布局或重点工程布局、措施体系及配置等内容。

预防规划突出预防为主、保护优先的原则,主要针对水土流失重点预防区、重点生态功能区、生态敏感区,以及水土保持主导基础功能为水源涵养、生态维护、水质维护、防风固沙等区域,提出预防措施和项目布局。县级以上规划应根据区域地貌,以及自然条件和水土流失易发程度,分析确定本辖区内山区、丘陵区、风沙区以外的容易发生水土流失的区域。

预防措施主要包括封禁管护、植被恢复、抚育更新、农村能源替代、农村垃圾和污水处置设施、人工湿地及其他面源污染控制措施,以及局部区域的水土流失治理措施等。根据预防范围、保护对象及区域特点,以维护和增强水土保持功能为原则,合理配置措施,保护植被,预防水土流失,形成综合预防保护措施体系,所选择的措施应能够有效缓解潜在水土流失问题,并具有明显的生态、社会效益。如江河源头和水源涵养区应注重封育保护和水源涵养植被建设;饮用水水源保护区应以清洁小流域建设为主,配套建设植物过滤带、沼气池、农村垃圾和污水处置设施及其他面源污染控制措施;局部区域水土流失治理措施。预防措施配置应根据水土保持区划,按不同类别的预防范围,各选择 1~2 条典型流域或片区进行分析,确定相应的措施配比,推算措施数量。

**(六)治理规划**

治理规划应根据规划总体布局,在水土流失重点治理区的基础上,确定规划区内治理范围、对象、项目布局或重点工程布局、措施体系及配置等内容。

治理规划突出综合治理、因地制宜的原则,主要针对水土流失重点治理区及其他水土流失严重地区,以及主导基础功能为土壤保持、拦沙减沙、蓄水保水、防灾减灾、防风固沙等区域,提出治理措施和项目布局。在水力侵蚀为主的区域,治理范围宜保持流域或自然单元的完整性,适当兼顾行政区。在风力侵蚀区域,治理范围宜保持行政区的完整性。

治理措施体系主要包括工程措施、林草措施和耕作措施。工程措施包括梯田,沟头防护、谷坊、淤地坝、拦沙坝、塘坝、治沟骨干工程,坡面水系工程及小型蓄排引水工程,土地平整、引水拉沙造地,径流排导、削坡减载、支挡固坡、拦挡工程等;林草措施包括营造水土保持林、建设经果林、水蚀坡林地整治、网格林带建设、灌溉草地建设、人工草场建设、复合农林业建设、高效水土保持植物利用与开发等;耕作措施包括沟垄、坑田、圳田种植(也称掏钵种植),水平防冲沟、免耕、等高耕作、轮耕轮作、草田轮作、间作套种等。根据治理对象及其水土流失特点,合理进行措施配置。所选择的措施应能够有效治理水土流失,并具有显著的生态、经济、社会效益。不同区域水土保持措施配置应根据水土保持措施体系突出维护和提高其区域水土保持主导基础功能。治理措施配置应按分区和治理对象,各选择1~2条典型小流域或片区进行分析,确定相应的措施比配,推算措施数量。

### (七) 监测与综合监管规划

#### 1. 监测规划

监测规划应在监测现状评价和需求分析的基础上,围绕规划目标和监测任务,提出监测站网布局和监测项目安排,明确监测内容和方法。

监测站网规划包括监测站网总体布局、监测站点的监测内容及设施设备配置原则。站网总体布局按照水土保持区划,结合水土流失重点预防区和水土流失重点治理区、生产建设项目及其分布情况和重点工程项目区等监测需要,以及相关行业、科研院所的监测站点、水文站等进行,监测站点具有一定代表性,同时考虑区内不同水土流失类型的监测。省级水土保持规划监测站网总体布局还应根据区域特点,按照水土保持主导基础功能、饮用水水源保护、崩塌滑坡泥石流易发区等监测需要进行布局。不同级别水土保持规划监测站网总体布局还应按照监测站点类型分类布局。

监测项目包括水土流失定期调查项目,水土流失重点预防区和水土流失重点治理区、特定区域、不同水土流失类型区、重点工程项目区和生产建设项目区等动态监测项目。重点监测项目根据水土保持发展趋势和监测工作现状,结合国民经济和科技发展水平,考虑经济社会发展需求,以及监测的迫切性进行确定。

#### 2. 综合监管规划

综合监管规划主要包括水土保持监督管理、科技支撑及基础设施与管理能力建设等。

监督管理规划应按照水土保持法及其配套法规,在明确山区、丘陵区、风沙区以及容易产生水土流失其他区域的基础上,按照生产建设活动和生产建设项目的监督、水土保持综合治理及其重点工程建设的监督管理、水土保持监测工作的管理,违法行为查处和纠纷调处以及行政许可和水土保持补偿费征收等,分别提出监督管理的内容和措施。

科技支撑规划包括科技支撑体系、基础研究与技术研发、技术推广与示范、科普教育以及技术标准体系建设。根据规划区所涉及水土保持区划,分析不同区域的水土保持重大科学与技术问题,结合水土保持工作需要,提出科技支撑规划,并提出规划期内重点科技攻关项目、科技推广项目和水土保持科技示范园区建设规模。

基础设施与管理能力建设规划主要包括科研设施建设、监督管理能力建设、监测站点标准化建设、信息化建设和法律法规建设。

### (八) 实施进度及投资匡(估)算

#### 1. 实施进度安排

主要说明实施进度安排的原则,提出近远期规划水平年实施进度安排的意见。按轻重缓急原则,对近远期规划实施安排进行排序,在分析可能投入情况下,合理确定近期预防、治理等的规模和分布。优先安排在水土流失重点预防区、水土流失重点治理区,对国民经济和生态系统有重大影响的江河中上游地区、重要水源区,老少边穷地区,投入少、见效快、效益明显以及示范作用强的地区。

#### 2. 投资匡算

综合规划宜按综合指标法进行投资匡算。全国及省级、大型流域的水土保持综合规划一般进行投资匡算。市、县级及中小型流域的水土保持综合规划根据要求可进行投资匡算。

投资匡算编制的综合指标法可类比同地区同类项目,分区测算单位面积治理投资。

**(九)实施效果分析**

实施效果分析包括调水保土、经济、社会和生态效果以及社会管理与公共服务能力提升,分析方法应遵循定性与定量相结合的原则。从防沙减沙、水土保持功能的改善与提升等方面进行调水保土效益分析;从农业增产增效、农民增收等方面进行经济效果分析;从提高水土资源承载能力、优化农村产业结构、增强防灾减灾能力、改善农村生产生活条件等方面进行社会效果分析;从林草植被建设、生态环境改善等方面进行生态效果分析;从公众参与、信息公开等方面进行社会管理与公共服务能力提升分析。

**(十)实施保障措施**

实施保障措施包括法律法规保障、政策保障、组织管理保障、投入保障、科技保障等内容。从水土资源保护、监督管理等方面,提出法律法规、规范性文件保障措施;从政策和制度制定、落实等方面提出政策保障措施;从组织协调机构建设、目标责任考核制度和水土保持工作报告制度落实以及依法行政等方面提出组织管理保障措施;从稳定投资渠道、拓展投融资渠道、建立水土保持补偿和生态补偿机制等方面提出投资保障措施;从科研和服务体系建立健全、科技攻关、科技成果转化等方面,提出科技保障措施。重点提出规划实施的机制、体制、制度、政策等关键保障措施。

**(十一)案例**

1.浙江省水土保持规划

1)规划期限

规划期限为 2015～2030 年。近期规划水平年为 2020 年,远期规划水平年为 2030 年。

2)水土流失及水土保持情况

水土流失情况:浙江省水土流失的类型主要是水力侵蚀,2014 年全省水土流失面积 9 279.70 km²,占总土地面积的 8.9%,其中轻度流失面积 2 843.26 km²,中度流失面积 4 321.22 km²,强烈流失面积 1 255.45 km²,极强烈流失面积 692.51 km²,剧烈流失面积 167.26 km²。

水土保持成效:人为活动产生的新的水土流失得到初步遏制,水土流失面积明显减少,自 2000 年以来水土流失面积占总土地面积的比例下降了 6.5%,土壤侵蚀强度显著降低,治理区生产生活条件改善,林草植被覆盖度逐步增加,生态环境明显趋好,蓄水保土能力不断提高,减沙拦沙效果日趋明显,水源涵养能力日益增强,水源地保护初显成效。

面临的问题:水土流失综合治理的任务仍然艰巨,水土保持投入机制有待完善,局部人为水土流失依然突出,综合监管亟待加强,公众水土保持意识尚需进一步增强。

3)水土保持区划

浙江省在全国水土保持区划的一级区为南方红壤区(Ⅴ区),涉及江淮丘陵及下游平原区(Ⅴ-1)、江南山地丘陵区(Ⅴ-4)和浙闽山地丘陵区(Ⅴ-5)等 3 个二级区的浙沪平原人居环境维护水质维护区(Ⅴ-1-3rs)、浙皖低山丘陵生态维护水质维护区(Ⅴ-4-1ws)、浙赣低山丘陵人居环境维护保土区(Ⅴ-4-2rt)、浙东低山岛屿水质维护人居环境维护区(Ⅴ-5-1sr)、浙西南山地保土生态维护区(Ⅴ-5-2tw)等 5 个三级区。其中浙沪平原人居环境维护水质维护区为平原区,需要确定容易发生水土流失的其他区域,其他 4 个三级区均为山区丘陵区。

4)目标、任务与布局

总体目标:到 2030 年,基本建成与浙江省经济社会发展相适应的分区水土流失综合防治体系。全省水土流失面积占总土地面积的比例下降到 5% 以下,中度及以上侵蚀面积削减 25%,水土流失面积和强度控制在适当范围内,人为水土流失得到全面控制,全省所有县(区、市)水土流失面积占国土面积的比例均在 15% 以下;森林覆盖率达到 61% 以上,林草植被覆盖状况得到明显改善。

近期目标:到 2020 年,初步建成与浙江省经济社会发展相适应的分区水土流失综合防治体系,重点防治地区生态趋向好转。全省水土流失面积占总土地面积的比例下降到 7% 以下,中度及以上侵蚀面积削减 15%,水土流失面积和强度有所下降,人为水土流失得到有效控制,全省所有县(区、市)水土流失面积占国土面积的比例均在 20% 以下;森林覆盖率达到 61%,林草植被覆盖状况得到有效改善。

主要任务:加强预防保护,保护林草植被和治理成果,提高林草覆盖度和水源涵养能力,维护供水安全;统筹各方力量,以水土流失重点治理区为重点,以小流域为单元,实施水土流失综合治理,近期新增水土流失治理面积 2 600 km$^2$,远期新增水土流失治理面积 4 600 km$^2$;建立健全水土保持监测体系,创新体制机制,强化科技支撑,建立健全综合监管体系,提升综合监管能力。

总体布局:"一岛两岸三片四带"。

一岛是做好舟山群岛等海岛的生态维护和人居环境维护。

两岸是强化杭州湾两岸城市水土保持和重点建设区域的监督管理。

三片是指衢江中上游片、飞云江和鳌江中上游片、曹娥江源头区片的水土流失综合治理与水质维护。

四带是千岛湖—天目山生态维护水质维护预防带、四明山—天台山水质维护水源涵养预防带、仙霞岭水源涵养生态维护预防带、洞宫山保土生态维护预防带。

水土流失重点预防区和重点治理区划分:

淳安县、建德市属新安江国家级水土流失重点预防区,确定预防保护范围面积为 3 340 km$^2$。

全省共划定 8 个省级水土流失重点预防区,涉及 53 个县(市、区),重点预防区面积为 33 136 km$^2$。

划定 3 个省级水土流失重点治理区,涉及 16 个县(市、区),重点治理区面积为 2 483 km$^2$。

5)预防保护

预防对象:保护现有的天然林、郁闭度高的人工林、覆盖度高的草地等林草植被和水土保持设施及其他治理成果。恢复和提高林草植被覆盖度低且存在水土流失的区域的林草植被覆盖度。预防涉及土石方开挖、填筑或者堆放、排弃等生产建设活动造成的新的水土流失。预防垦造耕地、经济林种植、林木采伐及其他农业生产活动过程中的水土流失。

措施体系:包括禁止准入、规范管理、生态修复及辅助治理等措施。

措施配置:按水土保持主导基础功能合理配置措施。

6)综合治理

治理范围:适宜治理范围包括影响农林业生产和人类居住环境的水土流失区域,以及直接影响人类居住及生产安全的可治理的山洪和泥石流地质灾害易发的区域,但不包括裸岩等不适宜治理的区域。

治理对象:包括存在水土流失的园地、经济林地、坡耕地、残次林地、荒山、侵蚀沟道、裸露土地等。

措施体系:包括工程措施、林草措施和耕作措施。

措施配置:以小流域为单元,以园地、经济林地水土流失治理和坡耕地、溪沟整治为重点,坡沟兼治。

7)监测

优化监测站网布设,构建全省水土保持基础信息平台,建成全省监测预报、生态建设、预防监督和社会服务等信息系统,实现省、市、县三级信息服务和资源共享。开展水土流失调查、水土流失重点预防区和重点治理区动态监测、水土保持生态建设项目和生产建设项目集中区监测,完善全省水土保持数据库和水土保持综合应用平台等建设,定期发布水土流失及防治情况公告。

8)综合监管

监督管理:加强水土保持相关规划、水土流失预防工作、水土流失治理情况、水土保持监测和监督检查的监管,完善相关制度。

机制完善:重点是建立健全组织领导与协调机制,加强基层监管机构和队伍建设,完善技术服务体系监管制度。

重点制度建设:包括水土保持相关规划管理制度、水土保持目标责任制和考核奖惩制度、水土流失重点防治区管理制度、生产建设项目水土保持监督管理制度、水土保持生态补偿制度、水土保持监测评价制度建设、水土保持重点工程建设管理制度等。

监管能力建设:明确各级监管机构管辖范围内的监管任务,规范行政许可及其他各项监督管理工作;开展水土保持监督执法人员定期培训与考核,出台水土保持监督执法装备配置标准,逐步配备完善各级水土保持监督执法队伍,建立水土保持监督管理信息化平台,做好政务公开。

社会服务能力建设:完善各类社会服务机构的资质管理制度,建立咨询设计质量和诚信评价体系,加强从业人员技术与知识更新培训,强化社会服务机构的技术交流。

宣传教育能力建设:加强水土保持宣传机构、人才培养与教育建设,完善宣传平台建设,完善宣传顶层设计,强化日常业务宣传。

科技支撑及推广:加强基础理论和关键技术研究,重点推广新技术、新材料,提升安吉县水土保持科技示范园建设水平,规划建设钱塘江等源头区、城区或城郊区等水土保持科技示范园区。

信息化建设:依托浙江省水利行业信息网络资源,在优先采用已建信息化标准的基础上,建立浙江省水土保持信息化体系,形成较完善的水土保持信息化基础平台,实现信息资源的充分共享和开发利用。

9)近期工程安排

重要江河源区水土保持:范围主要为"四带"中流域面积较大的重要江河的源头,对下游水资源和饮水安全具有重要作用的江河的源头等。主要任务是以封育保护为主,辅以综合治理,实现生态自我修复,推进水源地生态清洁小流域建设,建立可行的水土保持生态补偿制度,以达到提高水源涵养功能、控制水土流失、保障区域社会经济可持续发展的目的,治理水土流失面积 215 km²。

重要水源地水土保持:范围包括重要的湖库型饮用水水源地,水土流失轻微但具有重要的水源涵养、水质维护、生态维护等水土保持功能的区域,重要的生态功能区或生态敏感区域,大城市引调水工程取水水源地周边一定范围。主要任务是保护和建设以水源涵养林为主的森林植被,远山边山开展生态自然修复,中低山丘陵实施以林草植被建设为主的小流域综合治理,近库(湖、河)及村镇周边建设生态清洁型小流域,滨库(湖、河)建设植物保护带和湿地,控制入河(湖、库)的泥沙及面源污染物,维护水质安全,并配套建立可行的水土保持生态补偿制度,治理水土流失面积 925 km²。

海岛区水土保持:舟山群岛等主要岛屿在加强生产建设活动和生产建设项目水土保持监督管理的同时,加强生态敏感地区和重要饮用水源地等区域生态修复与保护,在集中式供水水库上游水源地实施清洁小流域建设,结合河岸两侧、水库周边植被缓冲带、人工湿地建设、水源涵养林营造等,保护海岛地区生态环境,加强水源涵养,防治水土流失,治理水土流失面积 50 km²。

重点片区水土流失综合治理:范围主要分布在钱塘江流域的新安江、衢江上游、分水江、金华江、曹娥江流域上游,椒江流域上游,瓯江流域的中下游,以及飞云江和鳌江流域。其中衢江中游片、曹娥江源头区片、瓯飞鳌三江片 3 个重点区域为重点治理区。主要任务是以片区或小流域为单元,山水田林路渠村综合规划,以坡耕地治理、园地经济林地林下水土流失治理、水土保持林营造为主,结合溪沟整治,沟坡兼治,生态与经济并重,着力于水土资源优化配置,提高土地生产力,促进农业产业结构调整,治理水土流失面积 1 360 km²。

城市水土保持:以治理城市水土流失,改善城市人居环境为主,加强水土保持监督管理,扩大城区林草植被面积,提高林草植被覆盖度,严格监管区域内生产建设活动,防治人为水土流失,治理水土流失面积 50 km²。

水土保持监测网络建设:包括水土保持监测网络建设,开展水土流失调查及定位观测,重点区域水土保持监测及公告,水土保持重点工程项目监测,生产建设项目集中区监测,新建 1 个监测点。

10)保障措施(略)

2. 山西省灵石县水土保持规划

1)自然概况与存在的主要问题

灵石县地处山西省中部,全县总土地面积 1 206 km²,是一个典型的半干旱丘陵山地县,属大陆性季风气候,年均降水量 518 mm,汛期降水量占全年降水量的 70%。境内沟壑纵横,地形起伏变化大,除东部少数地区外,植被稀少,生态环境十分脆弱。改革开放以来,以煤炭为主的地下矿产资源开采造成的人为水土流失、水资源破坏、水质污染、大气污染日趋突出。水土流失已成为严重制约县域经济发展的主要因素。

存在主要问题:山区丘陵区面积大,地形地貌复杂,水土流失严重。灵石县山区丘陵区占全县总面积的 93.2%。水土流失面积 8.07 万 hm²,黄土残塬或丘陵区土壤侵蚀模数达 5 000 ~ 6 000 t/(km²·a)。矿产资源的开采导致地貌和植被挖损破坏及弃土弃渣,造成了大量新的人为水土流失。

坡耕地面积大,耕地资源相对不足,土地生产力低。灵石县土地总面积 12.06 万 hm²,

其中耕地面积 2.81 万 $hm^2$,耕地中坡耕地 1.69 万 $hm^2$,占总耕地面积的 60%,人均耕地 0.12 $hm^2$(1.8 亩),耕地资源相对不足。大部分耕地为旱地,土壤有机质含量 0.5% 左右,土壤肥力差,生产力低,粮食产量低而不稳,多年来每亩产量在 150~200 kg 徘徊。

植被分布不均,覆盖率低,生物多样性差。灵石县林地面积 2.52 万 $hm^2$;森林覆盖率为 13.6%;牧草地面积 1.6 万 $hm^2$,全县仅有植物 200 余种,以人工栽植植物为主。由于植被覆盖率低,境内有动物仅 30 多种,野生动物资源主要分布在石膏山一带林区。

地表水利用率低,地下水严重超采,水资源贫乏。灵石县水资源总量为 8 407 万 $m^3$,人均资源占有量 408 $m^3$,仅相当于全国人均水平的 1/7。由于工矿企业多,工业用水量大,地下水严重超采,加上煤炭开采造成的地下水资源破坏,使得很多村庄人畜吃水都非常困难。

采矿业发展迅猛,土地破坏严重。据 1990 年统计,全县有 3 000 多个污染企业,严重污染了汾河、静升河、段纯河、仁义河、交口河水质及两岸水浇地。采矿导致了严重的地面塌陷,土地荒芜,塌陷区内泉水和浅井水大部分干涸。

2)水土保持经验

以流域为单元,综合治理,集中治理,连续治理。以梯、坝、滩等基本农田建设、旱作农业、节水灌溉为突破口,保证土地利用结构和产业结构的合理调整,使退耕还林真正落到实处,达到改善生态环境的目的。加强以果树和经济林建设为主的植被建设,促进农村经济发展,提高生态环境建设的社会经济效益。重点投资,重点突破,以点带面,建成椒仲沟流域、东沟骨干工程、汾河治理工程等一批示范流域和工程。充分调动企业参与水土保持的积极性,发挥企业优势。以小流域为治理单元、以乡(镇)为管理单元、以村为实施单元,实行户包、联户承包、股份合作制、拍卖"四荒"等多种治理模式,通过以工补农、以物代奖、承包、转让、拍卖等方法,充分调动群众治理小流域的积极性,真正做到"谁治理、谁受益"。

3)规划原则与目标

(1)规划原则。

坚持以全国规划和陕西省规划为指导,结合灵石县的实际情况,以小流域为规划设计单元,以乡(镇)为实施管理单元,以行政村为治理单元,统一规划,重点突破,集中连片,做到整座山头、整面坡连片治理。形成片片连面、村村靠拢、乡乡连接的治理格局,充分发挥规模建设的效益优势。

坚持生物措施、工程措施和农艺措施相结合,实行山、水、田、林、路综合规划,塬、梁、峁、沟、坡综合治理,林、粮、果综合开发。把建设高标准基本农田、退耕还林还草、恢复和重建植被结合起来,做到宜农则农、宜林则林、宜牧则牧,形成合理的土地利用结构和产业结构布局。

坚持生态效益、经济效益和社会效益相统一,把生态环境建设、农业产业化建设、矿产资源开发利用结合起来,把生态效益、农民利益、企业利益结合起来,在改善生态环境的同时,为县域经济的发展奠定基础。

坚持各业务局分工负责、相互支持、相互配合的原则,实行项目法人负责制,做到工程设计、施工及管理的科学化。加强工程监理,严把验收关,保障生态环境建设工程发挥长期效益。

坚持依靠群众,发动全社会力量,多渠道筹集资金,建立以国家投资为主、社会筹资为辅的多元化投入机制。建立健全严格的资金管理制度,管好用好生态环境建设资金。

（2）规划目标。

近期目标:到 2015 年,基本控制因矿产资源开采造成的人为水土流失,重点治理区的水土流失初步得到控制,全县生态环境不再继续恶化。在实施东部土石山区天然林保护和草场建设的同时,重点抓好汾河治理工程(含城区)、黄土丘陵区的水土保持工程、大运公路绿色通道工程及重点区的经济林建设和宜林荒山绿化。

远期目标:到 2020 年,全县的水土流失初步得到控制,重点治理区的水土流失基本得到控制,生态环境明显改善。在继续实施天然林保护和草场建设的同时,重点抓好静升河、段纯河、交口河和仁义河的流域治理,全县宜林荒山绿化、首期重点治理区退耕造林种草及新增重点治理区的经济林建设。

4)分区与总体布局

根据灵石县国民经济发展计划及土地、农业、林业、水土保持等区划和专项规划,将全县分为 4 个区域,根据不同区域的特点,提出相应的布局和重点实施的工程。

东部土石山区:灵石县东部土石山区主要包括介庙林场和石膏山林场及马和、水峪、西许、南焉 4 个乡,涉及 24 个行政村,人口 6 000 人,该区域森林覆盖率达 40%,人口稀少,有大面积油松、杨、桦、灌木和草坡,生态环境良好,对流域水资源起着十分重要的涵养作用。建设重点是对现有森林、灌木采取保护措施,禁止砍伐和垦殖,并对现有草场进行改良,在保护水源的同时,发展该区的畜牧业。

中西部黄土残塬沟壑区:该区域占全县总土地面积的 65%,涉及 18 个乡镇 220 多个行政村,人口 12 万人。区内地形支离破碎,沟壑纵横,植被稀少,森林覆盖率不足 8%,区内水土流失面积占总土地面积的 80%,侵蚀模数达 5 000 ~ 6 000 t/(km² · a),水资源严重短缺,是灵石县生态环境最脆弱的地区。通过坡改梯工程、旱地雨水集流利用工程、小流域坝系工程和生态农业工程,促进退耕还林还草,加强恢复植被,大力发展经济林和畜牧业,促进农、林、牧、副全面发展。建设的重点是:以灵石县汾河四大一级支流为框架,实施坡改梯工程,搞好区域生态防护林建设、经济林建设和生态农业建设。

汾河及其支流河谷阶地区:河谷阶地区面积为 18 440 hm²,涉及 12 个乡镇,70 多个行政村,人口 10.35 万人。该区以沿汾交通为主干,企业林立,人口稠密,是灵石县的工业生产基地,采煤漏水和地下水超采导致地下水下降甚至枯竭,成为灵石县生态环境问题最为突出的区域。同时,全县 80% 以上的水浇地分布在这一地区,是重要的粮食高产区。该区域布局是:对河流中下游实施河道整治,提高防洪能力,有条件的地区拦河造地;对上游实施坝系工程,以小型淤地坝为骨架,淤地和引洪漫地结合,建设高产高效型农业;以节水灌溉为龙头,保护和合理开发利用水资源。同时,对工矿企业集中的城关、两渡等地实施综合整治。

5)重点工程

坡改梯综合治理工程:包括梯田建设、生物埂、田间道路及其配套的小型水利水保工程。主要布置在中西部黄土残塬沟壑区,以汾河四大支流为框架布局,以十大塬区为重点,对坡耕地实施治理。2009 年项目优先安排静升、马和、两渡、水峪 4 个乡镇,2010 ~ 2014 年集中在十大塬进行大规模的集中连片治理;2015 ~ 2020 年在其他符合坡改梯条件的地区实施。

林业生态工程:包括全县植树造林、经济林建设、生态园林景点建设。涉及宜林荒山荒地绿化、退耕地造林、疏林地和部分灌木林地的改造。2009 ~ 2014 年优先安排西部地区的梁家焉乡、段纯镇及中南部的城关镇、夏门镇、南关镇和富家滩镇;2015 ~ 2020 年优先安排中北部地区的静升、马和、水峪、两渡等乡镇。经济林以地埂栽植为主,与坡改梯工程配合进行。

坝系工程:加强汾河及其四大支流上游沟道坝系建设,进一步完善静升河上游、交口河上游、段纯河上游的坝系工程,提高防洪能力,扩大淤地面积。

东山天然林保护与草场建设工程:天然林保护工程包括保护现有森林,宜林荒山荒地绿化及现有疏林地、灌木林地的改造。草场建设以现有草坡改良为主,安排在东部土石山区,总计完成造林 1.2 万 hm²,改良草坡 1 万 hm²。

6)监测及综合监管等(略)

## 三、水土保持专项规划

专项规划包括专项工程规划和专项工作规划。本部分内容主要针对专项工程(含特定区域)规划进行阐述,专项工作规划由于涉及相关行业的要求,根据有关规定与要求编写。如专项监测规划应在特定区域监测现状评价和需求分析的基础上,根据特定的项目和任务,参照综合规划中的监测规划,并按《水土保持监测技术规程》(SL 277)及相关规定编制。专项科技支撑规划应根据规划编制的任务与要求确定相应内容。专项科技支撑规划重点是涉及事业发展、工程建设的关键技术问题研究及技术培训等。

**(一)依据与范围**

以水土保持综合规划为依据,明确专项规划的范围,确定规划目标和任务,提出规划方案和实施建议。规划范围应根据编制任务以及工作基础、工程建设条件等分析确定,规划期宜为 5~10 年。

**(二)主要内容**

(1)根据专项规划编制的任务与要求,开展相应深度的现状调查和勘查,并进行必要的专题研究。

(2)分析并阐明开展专项规划的必要性;有针对性地进行现状评价与需求分析,确定规划目标、任务;专项工程规划还需要论证工程规模。

(3)提出规划方案。应以水土保持区划为基础,提出措施总体布局。

(4)提出规划实施意见和进度安排,匡(估)算投资,进行效益分析或经济评价,拟定实施保障措施。

**(三)目标、任务和规模**

专项规划应按照现状评价和需求分析,结合投入可能,拟定规划目标、任务,并确定建设规模。

专项规划任务可根据需求、结合规划工作要求,从下列方面分析确定:

(1)治理水土流失,改善生态环境,减少入河入库(湖)泥沙。

(2)蓄水保土,保护耕地资源,促进粮食增产。

(3)涵养水源,控制面源污染,维护饮水安全。

(4)防治滑坡、崩塌、泥石流,减轻山地灾害。

(5)防治风蚀,减轻风沙灾害。

(6)改善农村生产条件和生活环境,促进农村经济社会发展。

(7)其他可能的特定任务。

专项规划的规模主要指特定区域的水土流失综合防治面积(含综合治理面积和预防保

护面积),或特定工程的改造面积或建设数量,应根据规划目标和任务、资金投入分析,结合现状评价和需求分析拟定。

**(四)规划方案**

根据规划目标、任务和规模,结合现状评价和需求分析,遵循整体部署,按照水土保持区划以及各级人民政府划定并公告的水土流失重点预防区和水土流失重点治理区,进行规划区预防和治理水土流失、保护和合理利用水土资源的专项部署。

专项规划应根据综合规划的区域布局,以维护和提高规划区水土保持主导功能为基本准则,结合专项规划任务和要求,分区提出水土流失防治对策和技术途径。专项工作规划,如监督管理规划、信息化规划等面上规划因各区域内容基本一致,不需要进行分区布局,但有区域特点的工作规划如科技支撑规划、监测网络规划要根据情况以水土保持区划为基础进行分区布局。

专项规划应根据总体布局,结合工程特点和规划区已公告的水土流失重点预防区、水土流失重点治理区,按照轻重缓急,提出重点布局方案。特定区域的专项规划需进行重点布局,针对特定区域存在的水土流失主要问题,结合区域水土保持主导基础功能,提出预防及治理措施与重点工程布局。单项工程的专项规划可不进行重点布局。

**(五)近期重点建设内容和投资估算**

专项规划在规划方案总体布局的基础上,根据水土保持近期工作需要的迫切性,提出近期重点建设内容安排。

通过不同地区典型小流域或工程调查,测算单项措施投资指标,进行投资匡算;利用外资工程的内外资投资估算应在全内资估算的基础上,结合利用外资要求及形式进行编制;对于设计深度接近项目建议书的专项规划,根据水土保持工程概(估)算编制规定按工程量进行投资估算。必要时可对资金筹措作出安排。

专项规划应在效益分析的基础上进行国民经济评价。效益分析应按《水土保持综合治理效益计算方法》的规定执行,国民经济评价应按《水利建设项目经济评价规范》的规定执行。

**(六)案例**

1. 特定区域专项工程规划:东北黑土区综合防治规划

本规划中水土保持分区是在全国水土保持区划方案制订之前进行的,修订时应符合全国水土保持区划的要求,不得分割三级边界,在此基础上进一步细化。

1)东北黑土区概况

黑土地是大自然给予人类的得天独厚的宝藏,是一种性状好、肥力高,非常适合植物生长的土壤。黑土区主要指黑土、黑钙土、暗棕壤、草甸土、棕壤、棕色针叶林土等几种土壤所覆盖的区域。由于黑土有机质含量丰富,土地生产力高,因此黑土区都是主要的粮食生产基地。我国的东北黑土区是地球上三大块宝贵的黑土区之一,是我国重要的商品粮基地,号称"北大仓"。东北黑土区集中连片,北起大小兴安岭,南至辽宁省盘锦市,西到内蒙古东部的大兴安岭山地边缘,东达乌苏里江和图们江,行政区包括黑龙江省、吉林省和辽宁省、内蒙古自治区的部分地区。

2)水土流失现状

东北黑土区的地形特点为坡缓、坡长;一般坡度在15°以下,坡长一般为500~2 000 m,

最长达 4 000 m。黑土土壤疏松,抗蚀能力弱。由于降雨集中和长期以来人口增加导致的过度垦殖、超载放牧、乱砍乱樵等不合理的开发利用,该区的水土流失日趋严重。东北黑土区的水土流失面积为 27.59 万 km²,占黑土区总面积的 27%。其中,内蒙古自治区 9.55 万 km²;黑龙江省 11.52 万 km²;吉林省 3.11 万 km²;辽宁省 3.41 万 km²。东北黑土区的坡耕地面积为 1.92 亿亩,占耕地总面积的 59.38%,且多数分布在 3°~15°坡面上。

3)必要性

(1)保护黑土地资源,是保证国家粮食安全的需要。

(2)改善生态环境,振兴东北老工业基地的需要。

(3)提高防洪减灾能力,保证社会经济发展的需要。

(4)落实新时期治水思路,促进人与自然和谐的需要。

4)规划原则

(1)坚持统一规划、突出重点、分步实施。

(2)因地制宜,综合治理。

(3)坚持国家扶持、地方投入和群众投劳相结合。

(4)坚持依靠大自然的自我修复能力,加快水土流失防治步伐。

(5)统筹兼顾,注重效益。

5)规划时段

现状基准年确定为 2004 年,规划目标年为 2010 年、2020 年。

6)规划目标与规模

通过东北黑土区水土流失综合防治工程的实施,按照全面规划、分步实施、因地制宜、突出重点、注重实效的原则,以 20 条重点流域为中心,以项目区为单元,按小流域进行综合治理。治理面积 6.50 万 km²,改造坡耕地 1.35 万 km²,保护黑土地(项目区面积)22.25 万 km²,通过治理,20 条重点流域治理程度达到 80% 以上,建立起有效的综合防护体系,使生态环境不断恶化的趋势得到遏制,土地的生产力得到有效的保护,珍贵的黑土资源得到可持续利用,农民的生产生活条件得到改善,生活水平稳步提高,保证国家商品粮基地的生产能力稳定。

近期(2006~2010 年)抢救性地对东北黑土区 20 条重点流域 50 个项目区的耕地进行水土流失治理和保护,治理面积 1.50 万 km²,改造坡耕地 0.31 万 km²,保护黑土地(项目区面积)5.67 万 km²。

中期(2011~2020 年)继续对东北黑土区 20 条重点流域的耕地进行治理和保护,治理面积 5.00 万 km²,改造坡耕地 1.04 万 km²,保护黑土地(项目区面积)16.58 万 km²。

7)总体布局

防治分区:按照地貌类型及水土流失特点,将黑土区分为漫川漫岗、丘陵沟壑区、风沙区、中低山区、平原区。东北黑土区规划的重点区域是漫川漫岗区、丘陵沟壑区和风蚀区,总面积 65.08 万 km²。

漫川漫岗区:要坚持沟坡兼治,以治理坡耕地为重点。在措施的布设上,坡顶植树戴帽,林地与耕地交界处挖截水沟,就地拦蓄坡面径流、泥沙。坡面采取改顺坡垄为水平垄,修地埂植物带、坡式梯田和水平梯田等工程措施,调节和拦蓄地表径流,控制面蚀的发展。同时,结合水源工程等小型水利水保工程,建设高标准基本农田。侵蚀沟的治理采用植物跌水和沟坡植树等措施,防止沟道发展。

丘陵沟壑区:把治坡和治沟结合起来。林区要以预防为主,坚持合理采伐,积极采取封山育林等措施,荒山荒坡要大力营造水土保持林,对现有的疏林地进行有计划的改造,采取生态修复等措施,提高林草覆盖率,增强蓄水保土和抗蚀能力。

风沙区:防治结合,结合"三北"防护林建设,采取植物固沙和沙障固沙措施,建立农田防护林体系。

中低山区:森林覆被率高,但由于多年大量采伐,迹地更新跟不上,局部水土流失比较严重,潜在危险性很大。本区治理开发方向要以预防保护为重点,地面坡度25°以上的森林不准砍伐,25°以下森林可以采取间伐,做到采育结合。对现有的疏林地要进行有计划的改造和保护,提高林草覆盖率,增强蓄水保土和抗蚀能力,防止疏林地水土流失。

平原区:重点是合理保护和开发利用农业资源,大力营造网、带、片相结合的农田防护林,建立合理的耕作制度,大力提倡深松少耕,秸秆还田,增施有机肥料,改良土壤,增强土壤的抗蚀能力。

本次规划原则上以漫川漫岗和低山丘陵区为主,以坡耕地治理工程作为治理重点,兼顾其他区域耕地的保护和水土流失治理。根据水土流失危害程度、水土流失对粮食生产能力的影响程度,以及当地政府的重视程度和当地群众的积极性,选择乌裕尔河、松花江干流、讷谟尔河、呼兰河、拉林河、东辽河、饮马河、辉发河、阿伦河、雅鲁河、洮儿河、霍林河、柳河、绕阳河、清河、穆棱河、海拉尔河、复洲河、鸭绿江、牡丹江中上游等共计20条流域为重点开展治理。

8)近期实施安排意见

近期(2006～2010年)规划在确定的重点流域内的漫川漫岗区和丘陵沟壑区内以治理坡耕地水土流失、保护黑土地、保护国家商品粮基地为目标,按照项目区开展治理。近期规划开展50个项目区,项目区规划总面积7.06万 $km^2$,项目区内水土流失面积1.87万 $km^2$,规划治理面积1.50万 $km^2$,占项目区内水土流失面积的80.31%。

9)总投资

经计算,项目建设总投资260亿元,其中中央投资156亿元,地方匹配104亿元。单位治理面积投资40万元/ $km^2$。

10)效益估算和经济评价

效益估算:按照《水利建设项目经济评价规范》(SL 72—94)和《水土保持综合治理 效益计算方法》(GB/T 15774—1995)的规定进行预测估算,并采用2004年市场价格进行经济效益估算。

经济评价:主要采用经济内部收益率(EIRR)和经济净现值(ENPV)两项指标。经分析计算,本规划经济内部收益率为15.86%,经济净现值为17 940.06,经济效益费用比为1.63。从国民经济评价的指标来看,本规划的经济内部收益率为15.86%,大于社会折现率12%,因此在国民经济上是合理可行的。

2.工程规划:坡耕地综合治理规划

1)规划范围

涵盖我国所有坡耕地涉及的县(市、区、旗)。根据国土资源部公布的土地详查资料,全国共有3.59亿亩(1亩＝1/15 $hm^2$,下同)坡耕地,分布在30个省(自治区、直辖市)的2 187

个县(市、区、旗)。

2）坡耕地分布、水土流失及治理状况

全国现有坡耕地坡度主要分布在5°~25°，共有3.12亿亩，占坡耕地总面积的87%。其中，5°~15°的坡耕地面积1.92亿亩，15°~25°坡耕地面积1.20亿亩。

全国现有坡耕地面积占全国水土流失总面积的6.7%，年均土壤流失量14.15亿t，占全国土壤流失总量45亿t的31.4%。坡耕地较集中地区，其水土流失量一般可占该地区水土流失总量的40%~60%，坡耕地面积大、坡度较陡的地区可高达70%~80%。

据统计，全国现有梯田1.63亿亩，其中5°~15°坡面上修建梯田1.01亿亩，15°~25°坡面上修建0.48亿亩，25°以上坡面上修建0.14亿亩；其中，旱作梯田约1.1亿亩，主要分布于西北黄土高原、西南、华北、东北及大别山区、秦巴山和武夷山等山丘区；稻作梯田约0.5亿亩，主要分布于南方降雨量大的山丘区。坡耕地经过治理后，产生明显的生态、社会和经济效益。

3）坡耕地治理的必要性

坡耕地综合治理是控制水土流失、减少江河水患的关键举措。据统计，我国坡耕地产生的土壤流失量约占全国年均流失量的31%。坡耕地综合治理是促进山区粮食生产、保障国家粮食安全的必然要求，多年实践表明，实施坡耕地改造后亩均增产粮食70~200 kg。坡耕地综合治理是推进山区现代农业建设、实现全面小康的基础工程，是促进退耕还林还草、建设生态文明的重要举措。

4）规划水平年

本规划基准年为2010年。规划时段为2011~2030年，近期规划水平年为2020年，远期规划水平年为2030年。坡耕地现状数据以国土资源部提供的2008年全国耕地调查资料为基础。

5）规划目标

统筹坡改梯适宜性和建设能力分析结果，确定本规划目标。

总体目标：通过近20年努力，到2030年，对全国现有3.59亿亩的坡耕地全部采取工程、植物和农业耕作等水土保持措施；对适宜坡改梯的2.3亿亩坡耕地，根据经济社会发展需求进行改造和治理，有效控制坡耕地水土流失，大幅度提高土地生产力，改善生态环境。

近期目标：2011~2020年，力争建成1亿亩高标准梯田（其中通过国家坡改梯专项工程确保完成4 000万亩），基本扭转坡耕地水土流失综合治理严重滞后的局面，稳定解决7 000万山丘区群众的粮食需求和发展问题，治理区生态和人居环境明显改善，江河湖库泥沙淤积压力有效缓解。

6）分区与总体布局

规划分区：将规划区划分为西北黄土高原、西南紫色土区、西南岩溶区、东北黑土区、南方红壤区、北方土石山区、青藏高原区、北方风沙区八个类型区。

总体布局：全国2.3亿亩适宜坡改梯的坡耕地主要分布在西北黄土高原区、北方土石山区、东北黑土区、西南紫色土区、西南岩溶区和南方红壤丘陵区，有2.23亿亩坡耕地适宜治理，占96.8%；在北方风沙区和青藏高原冻融区也有少量分布。

近期，在统筹考虑水土流失治理迫切性和难易程度、山丘区粮食自给需求等因素基础上，按照突出重点、先易后难，优先安排缺粮特困地区、老少边穷地区、退耕还林地区、水库移民安置区和坡耕地治理任务大、人口相对集中、耕地资源抢救迫切的重点地区的原则,按水土流失类型区及各类型区措施配置比例,对1亿亩坡改梯建设任务进行布局。坡耕地面积大于2万亩的1 593个县(市、区、旗),均纳入规划和布局范围。

7)近期建设方案

力争用10年时间,在人地矛盾突出、坡耕地水土流失严重、耕地资源抢救迫切的重点区域,建设4 000万亩高标准梯田,稳定解决当地3 000万人的粮食需求和发展问题。以坡耕地面积大、水土流失严重、抢救耕地资源迫切的长江上中游、西南石灰岩地区、西北黄土高原、东北黑土区、北方土石山区等片区为重点,优先在人地矛盾突出的贫困边远山区、缺粮特困地区、少数民族地区、退耕还林重点地区、水库移民安置区等实施,同时少量兼顾当地政府重视、群众积极性高、水土保持机构健全、技术力量较强、工作基础较好的地区。

依据近期1亿亩坡改梯建设规模总体布局,以及国家坡改梯专项工程建设重点区域,统筹考虑各省任务需求和纳入规划范围项目县数,以及有关省试点工作开展情况,确定近期专项工程分省及分类型区建设任务,并根据不同类型区坡改梯单位面积配套措施配置比例,确定专项工程总体建设规模。

8)技术支持

坡耕地水土流失综合治理是一项长期、艰巨的系统工程,应针对工程建设管理中的难点问题和生产实践中的关键技术,有目的、有计划地开展科学研究和技术攻关,引进与推广先进实用技术,提高工程建设的科技含量,保证工程建设质量,提高工程建设效益。

9)投资估算与效益分析

投资估算:本规划近期10年坡耕地建设投资估算与效益分析如下:建设1亿亩措施配套的坡改梯估算总投资2 133.20亿元。其中,工程措施投资1 863.38亿元(占总投资的87.35%),独立费用149.07亿元,基本预备费120.75亿元。其中,国家坡改梯专项工程建设4 000万亩梯田,估算总投资855.31亿元,包括工程措施投资747.13亿元,独立费用59.77亿元,基本预备费48.41亿元。

资金筹措方案:坡耕地水土流失综合治理属公益性项目,所需资金由中央与地方共同筹措。

效益分析:依据《水土保持综合治理 效益计算方法》(GB/T 15774—2008),全国山丘区坡耕地水土流失综合治理效益主要表现在经济、社会和生态三个方面。

国民经济初步评价:分析评价的结果是经济内部收益率(IRR)为7.31%,大于社会贴现率;经济净现值(NPV)为386.61亿元,远大于0;经济效益费用比(BCR)为1.32,大于1;静态投资回收年限为19.14年。坡耕地水土流失综合治理工程项目属公益性项目,生态和社会效益显著。该项目实施后有一定的经济效益,经济评价符合规定要求,项目的实施是可行的。

3.工作规划:水土保持监测规划

1)我国水土保持监测的现状

水土保持监测网络建设:目前,已建成了水利部水土保持监测中心,长江、黄河、淮河、海河、珠江、松辽、太湖流域机构监测中心站、31个省(自治区、直辖市)监测总站、175个监测分站和736个监测点构成的监测网络,配备了数据采集与处理、数据管理与传输等设备,并依托水利信息网基本实现了互联互通,初步建成了水土保持监测网络系统,水土保持监测数据采集能力明显提高。同时,全国水土保持监测技术队伍也得到了长足的发展,形成了一支专业配套、结构合理的监测技术队伍。

数据库及信息系统建设:建立了全国、分流域以县为单位的1:10万水土流失数据库,开发了全国水土保持监测管理信息系统,建成了全国水土保持空间数据发布系统、开发建设项目水土保持方案在线上报系统等。

水土流失动态监测与公告:实施了全国水土流失动态监测与公告项目,依据动态监测成果,水利部连续8年发布了全国水土保持监测公报,23个省(自治区、直辖市)公告了年度监测成果。

监测制度和技术标准体系:水利部门先后制定了一系列规章制度和技术标准,促进了水土保持监测的规范化。各地水利水保部门也根据工作需要,编制了相应的监测技术规范。

2)水土保持监测工作存在的问题

我国的水土保持监测工作取得了可喜的进展和成就,但与加快水土流失防治进程、推进生态文明建设、全面建设小康社会、构建和谐社会和建设创新型国家的迫切需要还不相适应。当前我国的水土保持监测工作存在的主要问题如下:一是监测网络建设与经济社会发展的需要不相适应;二是监测基础设施和服务手段与现代化的要求不相适应;三是监测信息资源开发和共享程度与信息化的要求不相适应;四是监测网络管理体制和机制与监测工作可持续发展的要求不相适应。

3)水土保持监测需求分析

水土保持监测工作是政府决策的需要、经济社会发展的需要、公众服务的需要、生态文明建设的需要、水土保持事业发展的需要。

4)规划水平年

本规划现状基准年为2011年。规划时段为2011~2030年,其中近期规划水平年为2020年,远期规划水平年为2030年。

5)规划目标

总目标:按照水土保持事业发展的总体布局,围绕保护水土资源,促进经济社会可持续发展目标,按照水土保持监测服务于政府、服务于社会、服务于公众的要求,建成完善的水土保持监测网络、数据库和信息系统,形成高效便捷的信息采集、管理、发布和服务体系,实现对水土流失及其防治的动态监测、评价和定期公告,为国家生态建设宏观决策提供重要支撑。

近期目标(2012~2020年):建成布局合理、功能完善的水土保持网络;水土保持监测的自动化采集程度明显提高;基本建成功能完备的数据库和应用系统,实现各级监测信息资源的统一管理和共享应用;初步建成水土保持基础信息平台;初步实现水土流失重点防治区动态监测全覆盖,生产建设项目水土保持监测得到全面落实,水土流失及其防治效果的动态监测能力显著提高,实现对水土流失及其防治的动态监测、评价和定期公告。

远期目标(2021~2030年):建成国家水土保持基础信息平台,实现监测数据处理、传输、存储现代化,实现各级水土保持业务应用服务和信息共享;全国不同尺度水土保持监测评价有序开展,生产建设项目水土保持监测健康发展;各项水土保持监测工作持续开展,水土保持监测全面为各级政府制定经济社会发展规划、调整经济发展格局与产业布局、保障经济社会的可持续发展提供重要支撑。

6）监测任务

水土保持监测内容主要包括水土保持调查、水土流失重点防治区监测、水土流失定位观测、水土保持重点工程效益监测和生产建设项目水土保持监测等。

水土保持调查：水土保持调查包括水土保持普查和专项调查。水土保持普查综合采用遥感、野外调查、统计分析和模型计算等多种手段和方法，分析评价全国水土流失类型、分布、面积和强度，掌握水土保持措施的类型、分布、数量和水土流失防治效益等。水土保持专项调查是为特定任务而开展的调查活动。规划期内拟开展侵蚀沟道、黄土高原淤地坝、梯田、水土保持植物、崩岗、侵蚀劣地、泥石流、生产建设项目水土保持等专项调查。

水土流失重点防治区监测：主要是采用遥感、地面观测和抽样调查相结合的方法，对水土流失重点预防区和重点治理区进行监测，综合评价区域水土流失类型、分布、面积、强度、治理措施动态变化及其效益等。水土流失重点防治区监测每年开展一次。根据重点防治区功能，增加相应的监测内容，如重要水源区，增加面源污染监测指标。各省（自治区、直辖市）根据需要，适时开展辖区内水土流失重点防治区监测。

水土流失定位观测：水土流失定位观测是对布设在全国水土保持基本功能区内的小流域控制站和坡面径流场等监测点开展的常年持续性观测。观测内容包括水土流失影响因子及土壤流失量等，为建立水土流失预测预报模型、分析水土保持措施效益提供基础信息。

水土保持重点工程效益监测：主要采用定位观测和典型调查相结合的方法，对水土保持工程的实施情况进行监测，分析评价工程建设取得的社会效益、经济效益和生态效益，为国家制定生态建设宏观战略、调整总体部署提供支撑。监测内容主要包括项目区基本情况、水土流失状况、水土保持措施类别、数量、质量及其效益等。每年对每个水土保持重点工程项目区50%的小流域实施监测。

生产建设项目水土保持监测：主要监测生产建设项目扰动地表状况、水土流失状况、水土流失危害、水土保持措施及其防治效果等，全面反映项目建设引起的区域生态环境破坏程度及其危害，为制定和调整区域经济社会发展战略提供依据。

7）站网规划

按照"全面覆盖、提高功能、规范运行"的原则，一是完善水土保持监测网络，开展水土保持监测机构标准化建设，提高各级监测机构的能力和水平；二是开展水土保持监测点标准化建设，通过标准化建设，建成一批先进、高效、安全可靠的水土保持监测点。2018年，完成50个国家重要水土保持监测点的建设和升级改造，全面实现自动观测、长期自记、固态存储、自动传输，并能及时将监测数据传输到各级监测机构。2024年完成734个国家一般监测点建设和升级改造，建成较为完整的水土保持数据定位采集体系。

根据全国水土保持普查开展情况，全国规划建立75 846个野外调查单元。2010年开展第一次全国水利普查水土保持情况普查，已建立了33 966个野外调查单元，到2020年，再建立41 880个野外调查单元。

8）数据库及信息系统建设

规划应用现代信息技术和先进的水土保持监测技术，建成由水利部、流域机构、省级和地市组成的，以水利部、流域机构、省级为核心的数据库及信息系统，经过不断的资源整合，建成一个基于统一技术架构的国家水土保持信息平台，全面提高水土流失预测预报、水土保持生态建设管理、预防监督和社会公众服务的能力。

9）能力建设

水土保持监测能力建设要全面加强水土保持监测行业管理规章制度体系,建立良好的水土保持监测管理运行机制;建成完善水土保持监测技术标准体系,为我国的水土保持生态建设奠定良好的基础;依托高等院校和科研院所,开展水土保持监测科学技术研究和技术推广,提高水土保持科学技术水平;加大对各级监测机构技术人员的培训,满足开展水土流失监测的人才需求;建立信息畅通、气氛活跃的水土保持技术交流与合作机制。

10）近期重点建设项目

全国水土保持普查:采用遥感、野外调查、统计分析和模型计算等多种手段和方法,定期开展全国水土保持普查,查清水土流失的分布、面积和强度,以及各类水土保持措施的数量、分布和防治效益,更新全国水土保持基础数据库。

全国水土流失动态监测与公告项目:开展国家级水土流失重点预防区和重点治理区监测及水土保持监测点定位观测,分析不同分区水土流失发展趋势,掌握区域水土流失变化情况,评价水土流失综合治理效益。开展 50 个重点监测点和 734 个一般监测点的定位观测。发布年度水土保持公报。

重要支流水土保持监测:在长江、黄河、淮河、海河、珠江、松辽、太湖等流域,选择水土流失和治理措施具有区域代表性、面积大于 1 000 km$^2$ 的 51 条一级支流开展水土保持监测。

生产建设项目集中区水土保持监测:选择面积大于 1 万 km$^2$、资源开发和基本建设活动较集中和频繁、扰动地表和破坏植被面积较大、水土流失危害和后果严重的区域开展监测。

11）投资匡算、效果分析和保障措施

投资匡算:主要是对规划提出的近期水土保持监测重点项目进行编制。本规划总投资为 255 844 万元(其中中央投资 184 266 万元)。

效果分析:规划的实施,可全面提高水土保持监测的现代化水平,具有显著的社会效益;全面提高全国水土保持监测预报、监督管理和综合治理等工作的管理水平和服务能力,为水土流失预测预报和水土保持防治效果评价等提供准确数据,为国家生态建设科学决策提供服务,促进经济社会与资源、环境协调发展。

保障措施(略)。

# 第五章　水土保持工程设计概述

## 第一节　设计理念、原则与技术依据

### 一、水土保持设计理念

设计理念即设计中所遵循的主导思想,对工程设计而言尤为重要,是设计思想的精髓所在,从更高层次讲,就是通过设计理念的应用和贯彻,赋予工程设计个性化、专业化的独特内涵、风格和效果。水土保持的最终目的是以水土资源的可持续利用支撑经济社会的可持续发展,其设计理念的内涵就是将水土流失防治、水土资源合理利用、农业生产、生态改善与恢复、景观重建与工程设计紧密结合起来,通过抽象和归纳形成水土保持的总体思路,指导工程规划、总体布置和设计,使得工程设计遵循水土保持理念,符合水土保持要求。

#### (一)水土保持生态建设项目

1.服务民生,促进农村经济发展

我国山丘区约占国土面积的69%,是水土流失的主要策源地,区内坡耕地广泛分布、侵蚀沟道众多,水土资源时空分布不相匹配,耕地破碎化问题突出,配套基础设施薄弱。水土保持生态建设根本任务之一是解决农业生产问题,必须坚持以人为本,服务民生,统筹工程、林草和农业耕作措施,协调好工程短期效益和长期效益的关系,将水土保持与农村产业发展相结合,培育农村特色产业,促进农村经济发展,为农民群众带来实惠,以实现经济效益和社会效益的最大化。

2.预防为主,保护优先

"预防为主、保护优先"是水土保持方针之一,也是水土流失防治的基本要求,即要求水土流失防治由被动治理向事前控制转变,严格控制人为水土流失,加强潜在水土流失地区的监管,防患于未然。因此,水土保持生态建设应遵循"预防为主,保护优先"的方针,突出对水源涵养、水质维护、生态维护等为主导功能的三级区,国家重要生态功能区、江河源头区、重要水源地、水蚀风蚀交错区等区域的保护,同时,加强对森林、灌丛、草原、荒漠植被以及已建成水土保持设施的封育和管护。

3.合理利用水土资源、提高土地生产力

水土保持生态建设项目是以防治水土流失为切入点,以水土资源的保护、改良和合理利用以及土地生产力的提高为最终目标。因此,水土保持生态建设项目应系统分析项目区水土资源利用方面存在的问题,在土地利用结构优化调整的基础上,因地制宜、因害设防,实施小流域综合治理,开展坡耕地和侵蚀沟道治理,加强对耕作土壤和耕地资源的保护,配套灌溉、排水和田间道路,提高土地生产力,有条件的地区加强农林特色产业发展,提高土地的产出效益,以促进退耕还林还草和对现有林草植被的保护。

## 4.维护和提高水土保持功能,改善生态

水土资源的保护与合理利用和经济社会发展水平密切联系,不同社会发展阶段和经济发展水平对于水土保持的需求差异明显。水土保持设施在不同自然和经济社会条件下发挥着不同的功能。根据全国水土保持区划,水土保持基础功能包括水源涵养、土壤保持、蓄水保水、防风固沙、生态维护、防灾减灾、农田防护、水质维护、拦沙减沙和人居环境维护。水土保持生态建设项目设计应根据不同三级区水土保持基础功能,本着必须维护和提高水土保持功能,改善生态的理念,确定防治目标、总体布局和措施体系,维护和提高水土保持功能,改善生态。

### (二)生产建设项目

生产建设项目水土保持设计理念首先应是工程设计理念的组成部分,贯穿并渗透于整个工程设计中,对优化主体工程设计起到积极作用。在不影响主体运行安全的前提下,水土保持设计应充分利用与保护水土资源,加强弃土弃渣的综合利用,应用生态学与美学原理,优化主体工程设计,力争工程设计和生态、地貌、水体、植被等景观相协调与融合。

#### 1.约束和优化主体工程设计

生产建设项目可行性研究阶段的水土保持方案编制是水土保持"三同时"制度的重要环节,体现水土保持对生产建设项目设计、施工、管理的法律规定和约束性要求,水土保持方案批复也是指导水土保持后续设计的纲领性文件。因此,水土保持设计首先应确立"约束和优化主体工程设计"的理念,即以主体工程设计为基础,本着事前控制原则,从水土保持、生态、景观、地貌、植被等多方面全面评价和论证主体工程设计各个环节的缺陷和不合理性,提出主体工程设计的水土保持约束性因素、相应设计条件及修改和优化意见和要求,重点是主体工程选址选线、方案比选、土石方平衡和调配、取料和弃渣场选址的意见和要求。

#### 2.优先综合利用弃土弃渣

弃土弃渣是生产建设项目建设生产过程中水土流失最主要的问题,也是水土保持设计的核心内容。在特定技术经济条件下,弃土弃渣也可以成为具有某种利用价值的资源,因此除通过工程总体方案比选和优化施工组织设计减少弃渣量外,在符合循环经济要求的条件下,强化弃土弃渣的综合利用,能够有效减少新增水土流失,且比被动地采取拦挡防护措施更为经济和环保。如煤炭开采过程中的弃渣——煤矸石、中煤、煤泥等低热值燃料,可以通过技术手段用于发电,也可用于制砖、水泥、陶粒或作为混凝土掺合料;水利水电工程及公路铁路工程建设中,弃土弃石可在本工程或其他工程建设中回填利用,或加工成砂石料和混凝土骨料,或回填于荒沟、废弃砖场及采砂坑,甚至还可以通过工程总体规划、充分利用弃渣就势置景,使弃渣场成为景观建设的组成部分。因此,水土保持设计中应优先考虑弃土弃渣综合利用,提出相应意见与建议,并在主体工程设计中加以考虑。

#### 3.节约和利用水土资源

##### 1)节约和利用土地资源

生产建设项目在建设和生产期间需压占大量土地资源,应树立节约和利用土地资源,特别是保护耕地资源的理念,充分协调规划、施工组织、移民等专业,通过优化主体工程布局和建(构)筑物布置及施工组织设计,重点是优化弃渣场布设,并能通过弃渣综合利用、取料与弃渣场联合应用等手段,尽可能减少占压土地面积。同时,对工程建设临时占用土地应采取整治措施,恢复土地的生产力。如青藏铁路通过设立固定取弃土场、限制取土深度、与弃土

场的联合运用等措施,大大减少了弃土场数量和占地面积,有效保护了沿线植被和景观。

2)保护和利用表土资源

土壤与植被是水土流失及其防治的关键因素。形成1 cm厚的土壤需要200~400年,从裸露的岩石地貌到形成具有生物多样性丰富和群落结构稳定的植物群落则需更长的时间,有的甚至需用上万年,因此保护和利用土壤,特别是表土资源,是水土保持设计核心理念之一。在生产建设过程中,根据土壤条件,结合现实需求,将表层土壤剥离、单独堆放并进行防护,为整治恢复扰动和损毁的地表提供土源,避免为整治土地而增加建设区外取土量,既可减少土地和植被破坏,控制水土流失,又可节约建设资金。

3)充分利用降水资源

生产建设过程中土石方挖填不仅改变区内的地形和地表物质组成,而且平整、硬化等人工再塑地貌会导致径流损失加大,破坏了局地正常水循环,加大了降水对周边区域的冲刷。因此,通过拦蓄利用或强化入渗等措施,充分利用降水资源,也是一项重要的水土保持设计理念。在水资源紧缺或降雨较少的地区,采取拦集蓄引设施,充分收集汛期的降水,用于补灌林草,既提高成活率和生长量,又节约水资源,降低运行养护成本。在降雨较多的地区,采用强化入渗的水土保持措施,能够改善局地水循环,减少对工程建设本身及周边的影响;有条件的地区,利用引流入池,建立湿地,净化水质,做到工程建设与水源保护、生态环境改善相结合。

4.优先保护利用与恢复植被

1)保护和利用植被

工程设计中,要树立"保护和利用植被"的理念,特别是生态脆弱的高原高寒和干旱风沙地区,植物一旦破坏将难以恢复。应通过选址选线、总体方案比较、优化主体工程布置等措施保护植被。青藏铁路修建时将剥离后的草皮专门存放并洒水养护,等土方工程完成后再覆盖到裸露面,保护和利用高原草甸;溪洛渡水电站在建设过程中,将淹没区需要砍伐的树木提前移植出来进行假植,为将来建设区植被恢复准备苗木,既保护了林木,又节约了绿化方面的资金。如云南省公路建设根据当地地形地貌条件,增加桥、隧比重,大大减少了植被破坏,水土保持效果明显。

2)保障安全和植被优先

林草措施是防治水土流失治本措施,林草不仅可以自我繁殖和更新,而且可以美化环境,达到人与自然和谐的目的。传统混凝土挡墙、浆砌石拦渣坝、锚杆挂网喷混凝土护坡等硬防护措施无法达到重建生态和景观的目的。因此,生产建设项目设计应在确保稳定与安全的前提下,从传统工程设计逐步向生态景观型工程设计发展。从水土保持角度而言,工程设计应在保证工程安全的前提下,依据生态学理论,确立"优先恢复植被"理念,坚持工程措施和植物措施相结合,着力提高林草植被恢复率和林草覆盖率,改善生态和环境。近年来,我国在边坡处理领域已逐步形成了植物与工程有机结合、安全与生态兼顾、类型多样的技术措施体系。如渝湛高速公路采用三维网植草生态防护碟形边沟代替传统砌石边沟、排水沟,与周围的自然环境更协调;大隆水利枢纽电站厂房后侧高陡边坡采取植物护坡措施。

5.恢复和重塑生态景观

1)充分利用植物措施重建生态景观

植物措施设计是生态景观型工程设计的灵魂。对工程区各类裸露地进行复绿,与主体工程及周边生态景观相协调是水土保持设计极为重要的理念。生产建设项目水土保持设计应充分利用植物的生态景观效应，在充分把握主体建（构）筑物的造型、色调、外围景观（含水体、土壤、原生植物）等基础上，统筹考虑植物形态、色彩、季相、意境等因素，合理选择和配置植物种及其结构，辅以园林小品，使得植物景观与主体建筑景观相协调，形成符合项目特点、给予工程文化内涵、与周边环境融和的景观特色或主题。景观设计中还可应用"清、露、封、诱、秀"等景观手法，从宏观上优化提升整体景观效果。在植物措施配置上，要求乔灌草合理配置、注重乡土植被。植物搭配可营造生物多样且稳定的群落，充分发挥不同植物的水土保持作用，最大程度地防治水土流失，同时也可丰富生态景观。

2）人与自然和谐相处，实现近自然生态景观恢复

随着经济社会发展，人们对生态文明的要求越来越高，从发展趋势看，应在工程总体规划与设计中，树立人与自然和谐、工程与生态和谐的理念，实现近自然的生态景观恢复。要利用原植物景观，使工程与周边自然生态景观相协调，最终达到人与自然和谐相处的目的。传统的工程追求整齐、光滑、美观、壮观，突出人造奇迹。如河道整治等工程边坡修得三面光，呈直线形，既不利于地表和地下水分交换和动植物繁衍，陡滑的坡面也不利于乔木、灌木生长和人、水、草相近相亲。在确保稳定的前提下，开挖面凹凸不平，便于土壤和水分的保持，有利于植物生长，使恢复后的景观自然和谐。排水沟模拟自然植物群落结构的植被恢复方式、生态水沟代替浆砌石水沟及坡顶（脚）折线的弧化处理等，更贴近自然。

## 二、水土保持工程设计原则

### （一）确保水土流失防治基本要求、保障工程安全

对于生态建设项目，工程主要建设目标涉及水土流失治理、耕地资源保护、水源涵养、减轻山地和风沙灾害、改善农村生产生活条件等方面，主要指标包括水土流失治理程度、水土流失控制量、林草覆盖率、人均基本农田等。从维护和改善水土保持功能角度出发来确定生态建设项目防治标准和目标是发展趋势。

生产建设项目以扩大生产能力或新增工程效益为特定目标，但在实现其特定目标时必须确保水土流失防治的基本要求，涉及水土流失治理、表土资源保护、弃渣拦挡、林草植被恢复与建设等方面，主要指标包括水土流失治理度、土壤流失控制比、渣土防护率、表土保护率、林草植被恢复率、林草覆盖率等，应依据规范要求分别执行相应防治标准等级和指标值。

在满足水土流失基本要求的同时，必须保障工程安全。首先是保障主体工程构筑物和设施自身安全，并对周边区域的安全影响控制在标准允许范围内；其次是水土保持工程或设施也应符合上述安全要求，应严格按照工程级别划分与设计标准的规定进行设计，对于淤地坝、拦沙坝、拦渣坝、防洪排导工程、斜坡防护工程等必须满足相应规范给定的防洪排水及稳定安全要求。

### （二）坚持因地制宜，因害设防

坚持"因地制宜、因害设防"，不仅适用于小流域综合治理，也同样适用于生产建设项目水土保持。所谓"因地制宜"，就是指根据项目所在地理区位、气候、气象、水文、地形、地貌、土壤、植被等具体情况，合理布设工程、植物和临时防护措施。不同区域工程的措施设计在满足设防标准要求的情况下，工程地质条件、建筑材料及施工组织设计的地域性更强。植物

措施尤其要注重"因地制宜"的原则,这是我国幅员辽阔、气候类型多样、地域自然条件差异显著、景观生态系统呈现明显的地带性分布特点所决定的,应按照适地(生境)适树(草)的基本原则,合理选择林草种,提高林草适应性,保证植物生长、稳定和长效。所谓"因害设防",就是指系统调查和分析项目区水土流失现状及其危害,采取相对应的综合防治措施。对于生产建设项目还要对主体工程设计进行分析评价,分析预测项目可能产生的水土流失及其危害,与主体设计中已有措施相衔接,形成有效的水土流失综合防治体系。

**(三)坚持工程措施与植物措施相结合,维护生态和植物多样性**

坚持工程措施与植物措施相结合,是水土保持工程区别于一般土木工程的最大特点。生态建设项目注重林草措施,并兼顾经济效益,与农村产业和特色农业发展相结合,注重经济林、草、药材、作物的开发与利用,合理配置高效植物,加强水土保持与资源开发利用建设,充分发挥水土保持设施的生态效益和经济效益;生产建设项目则注重通过工程与林草措施合理配置,使得项目区景观和周边生态相协调,在防治水土流失的同时恢复和改善项目区的生态环境,营造良好生境。水土保持工程本质上是一项生态工程。因此,水土保持工程要从生态角度出发,注重工程措施与林草措施的结合,合理巧妙运用林草措施,寓林草设计与工程设计之中,同时合理配置乔灌草,既维护生态和植物多样性,提升项目区生态功能,又使工程与周边植物绿色景观协调。

**(四)坚持技术可行、经济合理**

经济合理是任何建设项目立项建设的先决条件。不论是生态项目还是生产建设项目,项目的产出和投入都必须符合国家有关技术规程及经济政策的要求。因此,工程设计要确立技术可行和经济合理的原则,在满足有关安全、环保、社会稳定要求的前提下,以期实现项目效益的最大化。水土保持生态建设项目工程措施多小而分散,必须本着经济实用、实施简单、操作方便、后期维护成本低的原则进行设计;对植物措施特别是经济林果应按照适应性强、技术简便易行、经济效益高的原则进行设计。对于生产建设项目,更关注其工程成本与防治效果,应努力做到费少效宏。如有选择地保护剥离表层土,留待后期植被恢复时使用;提高主体工程开挖土石方的回填利用率,加强弃土弃渣的综合利用,以减少工程弃渣;临时措施与永久措施相结合,做到经济节约;通过水土保持总体方案及主要措施布置比选,选择取料方便、省时省工、费少效宏的工程设计方案。

## 三、水土保持工程设计技术依据

水土保持工程设计技术依据主要是指技术标准,包括规程、规范和标准,参考依据为各类设计指南与手册。目前主要技术依据有:

(1)《水土保持规划编制规范》(SL 335)。

(2)《水土保持工程项目建议书编制规程》(SL 447)。

(3)《水土保持工程可行性研究报告编制规程》(SL 448)。

(4)《水土保持工程初步设计报告编制规程》(SL 449)。

(5)《水土保持工程设计规范》(GB 51018)。

(6)《水土保持工程调查与勘测规范》(GB,即将颁布)。

(7)《水利工程制图标准·水土保持图》(SL 73.6)。

(8)《开发建设项目水土保持技术规范》(GB 50433)。

（9）《开发建设项目水土流失防治标准》（GB 50434）。

（10）《水利水电工程水土保持技术规范》（SL 575）。

（11）其他水土保持技术规范，如《水土保持治沟骨干工程技术规范》（SL 289）、《水坠坝设计规范》（SL 302）、《土壤侵蚀分类分级标准》（SL 190）、《水土保持监测技术规程》（SL 277）等。

（12）其他水利工程设计规范，如《小型水利水电工程碾压式土石坝设计导则》（SL 198）、《水利水电工程等级划分及洪水标准》（SL 252）、《水工挡土墙设计规范》（SL 379）、《水利水电工程边坡设计规范》（SL 386）、《防洪标准》（GB 50201）。

（13）《生产建设项目水土保持设计指南》（中国水利水电出版社，2011）。

（14）《水工设计手册　第三卷　征地移民、环境保护与水土保持》（中国水利水电出版社，2013）。

（15）与水土保持工程设计有关的技术规范和标准：《主要造林树种苗木质量分级标准》（GB 6000）、《禾本科主要栽培牧草种子质量分级标准》（GB 6142）、《豆科主要栽培牧草种子质量分级标准》（GB 66141）、《造林技术规程》（GB/T 15163）、《封山育林技术规程》（GB/T 15776）等。

设计依据中的技术标准，有大约15%是强制性标准，实际属于技术法规性质；85%是推荐性或指导性标准，与行业自愿性标准是一致的。凡经过批准后颁布的标准，并标明是强制性的，无特殊理由，一般不得与之违背；推荐性标准一经法规或合同引用也具有强制性。

# 第二节　工程级别划分与设计标准

## 一、梯田工程

### （一）工程级别

根据地形、地面组成物质等条件将全国的梯田划分为4个大区，其中：Ⅰ区包括西南岩溶区、秦巴山区及其类似区域；Ⅱ区包括北方土石山区、南方红壤区和西南紫色土区（四川盆地周边丘陵区及其类似区域）；Ⅲ区包括黄土覆盖区，土层覆盖相对较厚及其类似区域；Ⅳ区主要为黑土区。

梯田工程级别分为3级，根据梯田所在分区，按梯田面积、土地利用方向或水源条件等因素确定其工程级别，分区梯田工程级别按表5.2-1确定。

其中，东北黑土区所指水源条件好是指引水条件良好，或地下水充沛可实施井灌。

### （二）梯田工程设计标准

梯田工程设计标准依据所在分区及相应梯田工程级别，按表5.2-2确定，主要涉及梯田的净田面宽度、排水设计标准和灌溉设施等。

## 二、淤地坝工程

### （一）工程级别

淤地坝工程等别、建筑级别，根据淤地坝库容按表5.2-3确定。

表 5.2-1　梯田工程级别划分

| 分区 | 级别 | 面积（hm²） | 水源条件 | 土地利用方向 | 备注 |
|---|---|---|---|---|---|
| I 区 | 1 | >10 | — | 口粮田、园地 | 以梯田设计单元面积作为级别划分首要条件，当交通和水源条件较好时，提高一级；当无水源条件或交通条件较差时，降低一级 |
| | 2 | | — | 一般农田、经果林 | |
| | 2 | 3～10 | — | 口粮田、园地 | |
| | 3 | | — | 一般农田、经果林 | |
| | 3 | ≤3 | — | — | |
| II 区 | 1 | >30 | — | 口粮田、园地 | |
| | 2 | | — | 一般农田、经果林 | |
| | 2 | 10～30 | — | 口粮田、园地 | |
| | 3 | | — | 一般农田、经果林 | |
| | 3 | ≤10 | — | — | |
| III 区 | 1 | >60 | — | 口粮田、园地 | |
| | 2 | | — | 一般农田、经果林 | |
| | 2 | 30～60 | — | 口粮田、园地 | |
| | 3 | | — | 一般农田、经果林 | |
| | 3 | ≤30 | — | — | |
| IV 区 | 1 | >50 | 好 | — | 以水源条件作为首要条件 |
| | 2 | 20～50 | 一般 | — | |
| | 3 | ≤20 | 差 | — | |

表 5.2-2　梯田工程设计标准

| 分区 | 级别 | 净田面宽度（m） | 排水设计标准 | 灌溉设施 | 备注 |
|---|---|---|---|---|---|
| I 区 | 1 | >6～10 | 10 年一遇～5 年一遇短历时暴雨 | 灌溉保证率 $P \geqslant 50\%$ | 云贵高原、秦巴山区净田面宽取低限或中限；其他地方视具体情况取高限或中限 |
| | 2 | (3～5)～(6～10) | 5 年一遇～3 年一遇短历时暴雨 | 具有较好的补灌设施 | |
| | 3 | <3～5 | 3 年一遇短历时暴雨 | — | |
| II 区 | 1 | >10 | 10 年一遇～5 年一遇短历时暴雨 | 灌溉保证率 $P \geqslant 50\%$ | |
| | 2 | 5～10 | 5 年一遇～3 年一遇短历时暴雨 | 具有较好补灌设施 | |
| | 3 | <5 | 3 年一遇短历时暴雨 | — | |
| III 区 | 1 | ≥20 | 10 年一遇～5 年一遇短历时暴雨 | 有 | |
| | 2 | ≥15 | 5 年一遇～3 年一遇短历时暴雨 | — | |
| | 3 | ≥10 | 3 年一遇短历时暴雨 | — | |
| IV 区 | 1 | >30 | 10 年一遇～5 年一遇短历时暴雨 | 灌溉保证率 $P \geqslant 75\%$ | 地形条件具备的净田面宽取高限，地形条件不具备的取低限 |
| | 2 | (5～10)～30 | 5 年一遇～3 年一遇短历时暴雨 | 灌溉保证率 $P$ 为 $50\% \sim 75\%$ | |
| | 3 | <5～10 | 3 年一遇短历时暴雨 | — | |

表 5.2-3 淤地坝工程等别及建筑物级别划分

| 工程等别 | 工程规模 | | 总库容<br>（×10⁴ m³） | 永久性建筑物级别 | | 临时性<br>建筑物级别 |
|---|---|---|---|---|---|---|
| | | | | 主要建筑物 | 次要建筑物 | |
| I | 大型<br>淤地坝 | 1 型 | 100 ~ 500 | 1 | 3 | 4 |
| | | 2 型 | 50 ~ 100 | 2 | 3 | 4 |
| II | 中型淤地坝 | | 10 ~ 50 | 3 | 4 | 4 |
| III | 小型淤地坝 | | < 10 | 4 | 4 | — |

失事后损失巨大或影响十分严重的淤地坝工程 2 级、3 级主要永久性水工建筑物，经过论证，可提高一级。永久性水工建筑物基础的工程地质条件复杂或采用新型结构时，对 2 级、3 级建筑物可提高一级。

**（二）工程设计标准**

淤地坝工程设计标准应根据建筑物级别按表 5.2-4 确定。

表 5.2-4 淤地坝建筑物设计标准

| 建筑物级别 | 洪水重现期（年） | |
|---|---|---|
| | 设计 | 校核 |
| 1 | 30 ~ 50 | 300 ~ 500 |
| 2 | 20 ~ 30 | 200 ~ 300 |
| 3 | 20 ~ 30 | 50 ~ 200 |
| 4 | 10 ~ 20 | 30 ~ 50 |

淤地坝坝坡抗滑稳定的安全系数，不应小于表 5.2-5 规定的数值。

表 5.2-5 淤地坝抗滑稳定安全系数

| 荷载组合或运用状况 | 建筑物级别 | |
|---|---|---|
| | 1、2 | 3、4 |
| 正常运用 | 1.25 | 1.20 |
| 非常运用 | 1.15 | 1.10 |

总库容大于 500 万 m³ 以及土石（浆砌石）坝坝高大于 30 m 的具有淤地功能的沟道治理工程，应按水利工程土石坝、浆砌石坝等规范设计。

## 三、拦沙坝工程

**（一）工程级别**

拦沙坝工程等别及建筑物级别应符合下列规定：拦沙坝坝高宜为 3 ~ 15 m，库容宜小于 10 万 m³，工程失事后对下游造成的影响较小，其工程等别应根据表 5.2-6 确定。

表 5.2-6　拦沙坝工程等别

| 工程等别 | 坝高（m） | 库容（×10⁴ m³） | 保护对象 | | |
|---|---|---|---|---|---|
| | | | 经济设施的重要性 | 保护人口（人） | 保护农田（亩） |
| Ⅰ | 10 ~ 15 | 10 ~ 50 | 特别重要经济设施 | ≥100 | ≥100 |
| Ⅱ | 5 ~ 10 | 5 ~ 10 | 重要经济设施 | <100 | 10 ~ 100 |
| Ⅲ | <5 | <5 | | | <10 |

同时规定：当坝高大于 15 m，库容大于 50 万 m³ 时，应作专门论证。当条件不一致时取高限，等别划分不同时按最高等别来确定。

拦沙坝建筑物级别应根据工程等别和建筑物的重要性按表 5.2-7 确定。

表 5.2-7　拦沙坝建筑物级别

| 工程等别 | 主要建筑物 | 次要建筑物 |
|---|---|---|
| Ⅰ | 1 | 3 |
| Ⅱ | 2 | 3 |
| Ⅲ | 3 | 3 |

同时要求，若失事后损失巨大或影响十分严重的拦沙坝工程，对于 2 ~ 3 级的主要建筑物，经论证可提高一级；失事后损失不大的拦沙坝工程，对于 1 ~ 2 级主要建筑物，经论证可降低一级；建筑物级别提高或降低，其洪水标准可不提高或降低。

**（二）工程设计标准**

拦沙坝工程建筑物的防洪标准应根据其级别按表 5.2-8 的规定确定。

表 5.2-8　拦沙坝建筑物的防洪标准

| 建筑物级别 | 洪水标准（重现期（年）） | | |
|---|---|---|---|
| | 设计 | 校核 | |
| | | 重力坝 | 土石坝 |
| 1 | 20 ~ 30 | 100 ~ 200 | 200 ~ 300 |
| 2 | 20 ~ 30 | 50 ~ 100 | 100 ~ 200 |
| 3 | 10 ~ 20 | 30 ~ 50 | 50 ~ 100 |

进行拦沙坝稳定安全分析，应根据坝型不同遵循以下规定：

（1）土坝、堆石坝的坝坡稳定计算应采用刚体极限平衡法。采用不计条块间作用力的瑞典圆弧法计算坝坡稳定性时，坝坡抗滑稳定安全系数不应小于表 5.2-9 规定的数值。采用其他精确计算方法时，抗滑稳定安全系数数值应提高 8%。

同时要求荷载计算及其组合，应满足现行行业标准《碾压式土石坝设计规范》（SL 274）的有关规定，特殊组合 Ⅰ 的安全系数适用于特殊组合 Ⅱ 以外的其他非常运用荷载组合。

（2）重力坝坝体抗滑稳定计算主要核算坝基面滑动条件，应按抗剪断强度或抗剪强度计算坝基面的抗滑稳定安全。抗滑稳定安全系数不应小于表 5.2-10 规定的数值。除深层抗滑稳定以外的坝体抗滑稳定计算,应分析下列情况:沿垫层混凝土与基岩接触面滑动,沿砌石体与垫层混凝土接触面滑动,砌石体之间的滑动。当坝基岩体内存在软弱结构面、缓倾角结构面时,应计算深层抗滑稳定。根据滑动面的分布情况又可分为单滑面、双滑面和多滑面计算模式,采用刚体极限平衡法计算。

表 5.2-9　土坝、堆石坝坝坡的抗滑稳定安全系数

| 荷载组合或运用状况 | | 拦沙坝建筑物级别 | | |
|---|---|---|---|---|
| | | 1 | 2 | 3 |
| 基本组合(正常运用) | | 1.25 | 1.20 | 1.15 |
| 特殊组合<br>(非常运用) | 非常运用条件Ⅰ(施工期及洪水) | 1.15 | 1.10 | 1.05 |
| | 非常运用条件Ⅱ(正常运用＋地震) | 1.05 | 1.05 | 1.05 |

表 5.2-10　重力坝稳定计算抗滑稳定安全系数

| 安全系数 | 采用公式 | 荷载组合 | | 1、2、3 级坝 | 备注 |
|---|---|---|---|---|---|
| $K'$ | 抗剪断公式 | 基本 | | 3.00 | — |
| | | 特殊 | 非常洪水状况 | 2.50 | — |
| | | | 设计地震状况 | 2.30 | — |
| $K$ | 抗剪公式 | 基本 | | 1.20 | 软基 |
| | | 特殊 | 非常洪水状况 | 1.05 | |
| | | | 设计地震状况 | 1.00 | |
| $K$ | 抗剪公式 | 基本 | | 1.05 | 岩基 |
| | | 特殊 | 非常洪水状况 | 1.00 | |
| | | | 设计地震状况 | 1.00 | |

溢洪道控制段及泄槽抗滑稳定安全系数应符合表 5.2-11 规定。

表 5.2-11　溢洪道控制段及泄槽抗滑稳定安全系数

| 安全系数 | 采用公式 | 荷载组合 | | 1、2、3 级坝 |
|---|---|---|---|---|
| $K'$ | 抗剪断公式 | 基本 | | 3.00 |
| | | 特殊 | 非常洪水状况 | 2.50 |
| | | | 设计地震状况 | 2.30 |
| $K$ | 抗剪公式 | 基本 | | 1.05 |
| | | 特殊 | 非常洪水状况 | 1.00 |
| | | | 设计地震状况 | 1.00 |

## 四、塘坝和滚水坝

### (一)塘坝

塘坝工程级别依据库容、坝高等指标按表 5.2-12 确定,根据库容和坝高确定工程级别

时就高不就低。

表 5.2-12　塘坝工程级别

| 工程级别 | 级别指标 | |
| :---: | :---: | :---: |
| | 库容($\times 10^4 \, m^3$) | 坝高(m) |
| 1 | 5~10 | 5~10 |
| 2 | <5 | <5 |

对有防洪任务和要求的塘坝,按表5.2-13确定其防洪标准。

表 5.2-13　塘坝工程防洪标准

| 工程级别 | 防洪标准(重现期(年)) | |
| :---: | :---: | :---: |
| | 设计 | 校核 |
| 1 | 10 | 20 |
| 2 | 5 | 10 |

### (二)滚水坝

滚水坝工程级别依据坝高指标,按表5.2-14确定。

表 5.2-14　滚水坝工程级别

| 工程级别 | 坝高(m) |
| :---: | :---: |
| 1 | 5~10 |
| 2 | <5 |

滚水坝防洪标准应按表5.2-15确定。

表 5.2-15　滚水坝工程防洪标准

| 工程级别 | 防洪标准(重现期(年)) |
| :---: | :---: |
| 1 | 10 |
| 2 | 5 |

稳定计算中,基底应力计算应满足下列要求:

(1)土质地基及软质岩石地基在各种计算情况下,平均基底应力不应大于地基允许承载力,最大基底应力不应大于地基允许承载力的1.2倍;基底应力的最大值和最小值之比不应大于表5.2-16规定的允许值。

(2)硬质岩石地基在各种计算情况下,最大基底应力不应大于地基允许承载力;除施工期和地震情况外,基底应力不应出现拉应力;在施工期和地震情况下,基底拉应力不应大于100 kPa。

对于均质土坝、土质防渗体土石坝、人工防渗体土石坝,其稳定计算,应按刚体极限平衡理论采用瑞典圆弧法进行,其坝坡抗滑稳定安全系数不应小于表5.2-17规定的数值。采用其他精确计算方法时,最小抗滑稳定安全系数可适当提高。

表 5.2-16　基底应力最大值与最小值之比的允许值

| 地基土质 | 荷载组合 | |
|---|---|---|
| | 基本组合 | 特殊组合 |
| 松软 | 1.50 | 2.00 |
| 中等坚实 | 2.00 | 2.50 |
| 坚实 | 2.50 | 3.00 |

注:地震区基底应力最大值与最小值之比的允许值可按表列数值适当增大。

表 5.2-17　土石坝坝坡抗滑稳定安全系数

| 运用条件 | | 1、2 级坝最小安全系数 |
|---|---|---|
| 正常运用 | 稳定渗流期 | 1.25 |
| | 库水位正常降落 | |
| 非正常运用 | 施工期 | 1.15 |
| | 库水位非常降落 | |
| | 正常运用条件加地震 | 1.10 |

重力坝(滚水坝)坝体抗滑稳定按抗剪断强度和按抗剪强度计算时,其抗滑稳定安全系数不应小于表 5.2-18 规定的数值。

表 5.2-18　重力坝(滚水坝)抗滑稳定安全系数

| 安全系数名称 | 荷载组合 | | 1、2 级坝安全系数 |
|---|---|---|---|
| 抗剪断稳定安全系数 | 基本 | | 3.00 |
| | 特殊 | 校核洪水状况 | 2.50 |
| | | 地震状况 | 2.30 |
| 抗剪稳定安全系数 | 基本 | | 1.05 |
| | 特殊 | 校核洪水状况 | 1.00 |
| | | 地震状况 | 1.00 |

## 五、沟道滩岸防护工程

沟道滩岸防护工程的防洪标准应根据防护区耕地面积和所在区域划分为两个等级,相应防洪标准应按表 5.2-19 的规定确定。

表 5.2-19　沟道滩岸防护区的等级和防洪标准

| 等级 | | | I | II |
|---|---|---|---|---|
| 防护区耕地面积(hm²) | 区域 | I 区 | ≥100 | <100 |
| | | II 区 | ≥10 | <10 |
| | | 其他区 | ≥5 | <5 |
| 防洪标准(洪水重现期,年) | | | 10 | 5 |

对于表 5.2-19,使用中还规定:①涉及影响人口时,可适当调高标准;②汇水面积在 50 km² 以下小流域采用此标准,其他采用堤防标准;③Ⅰ区是指东北黑土区,Ⅱ区是指北方土石山区、南方红壤区和四川盆地周边丘陵区及其类似区域。

护地堤级别应符合表 5.2-20 的规定。护地堤上的闸、涵、泵站等建筑物及其他构筑物的设计防洪标准,不应低于护地堤的防洪标准。

表 5.2-20　护地堤级别

| 防洪标准(洪水重现期,年) | 10 | 5 |
|---|---|---|
| 护地堤级别 | 1 | 2 |

土堤的抗滑稳定安全系数,不应小于表 5.2-21 的规定。

表 5.2-21　土堤抗滑稳定安全系数

| 护地堤级别 | 1、2 |
|---|---|
| 安全系数 | 1.10 |

防洪墙抗滑稳定安全系数,不应小于表 5.2-22 的规定。

表 5.2-22　防洪墙抗滑稳定安全系数

| 地基性质 | 岩基 | 土基 |
|---|---|---|
| 护地堤级别 | 1、2 | 1、2 |
| 安全系数 | 1.00 | 1.15 |

防洪墙抗倾稳定安全系数,不应小于表 5.2-23 的规定。

表 5.2-23　防洪墙抗倾稳定安全系数

| 护地堤级别 | 1、2 |
|---|---|
| 安全系数 | 1.40 |

## 六、坡面截排水工程

坡面截排水工程的等级分为三级:配置在坡地上具有生产功能的 1 级林草工程、1 级梯田的截排水沟列为 1 级;配置在坡地上具有生产功能的 2 级林草工程、2 级梯田的截排水沟列为 2 级;配置在坡地上具有生产功能的 3 级林草工程、3 级梯田以及其他设施的截排水沟列为 3 级。

坡面截排水工程设计标准按表 5.2-24 确定。

表 5.2-24　坡面截排水工程设计标准

| 级别 | 排水标准 | 超高(m) |
|---|---|---|
| 1 | 5 年一遇 ~ 10 年一遇短历时暴雨 | 0.3 |
| 2 | 3 年一遇 ~ 5 年一遇短历时暴雨 | 0.2 |
| 3 | 3 年一遇短历时暴雨 | 0.2 |

## 七、土地整治工程

### (一)引洪漫地工程

引洪漫地工程级别划分依据淤漫面积指标,按表 5.2-25 规定确定并执行相应洪水设计标准。

表 5.2-25　引洪漫地工程级别

| 工程级别 | 淤漫面积($hm^2$) | 设计洪水标准(年) |
|---|---|---|
| 1 | 5～20 | 10～20 |
| 2 | <5 | 5～10 |

引坡洪漫地时可控制引用的集水面积宜在 1～2 $km^2$ 以下,引河洪漫地时宜引用的是中、小河流。

### (二)引水拉沙造地工程

引水拉沙造地工程应根据工程规模(造地面积)、工程所在区域防洪安全和水土保持重要性划分为 3 级,并应按表 5.2-26 的规定确定。若 2、3 级引水拉沙造地工程所在区域为国家水土流失重点防治区,工程级别相应提高 1 级;2、3 级的工程,若所在区域防洪安全特别重要,工程级别相应提高 1 级。

表 5.2-26　引水拉沙造地工程级别

| 工程级别 | 造地面积($hm^2$) | |
|---|---|---|
| | 风沙区 | 河流滩地 |
| 1 | ≥100 | ≥50 |
| 2 | 100～30 | 50～10 |
| 3 | <30 | <10 |

各级别引水拉沙造地工程设计应符合下列要求:

1 级:田块布设和道路设计应满足大型机械化生产的要求,水利灌溉及防洪设施完善,工程区及其周边防风防沙林带全面配置。

2 级:田块布设和道路设计应基本满足机械化生产的要求,因地制宜配套水利灌溉设施,工程区内防风、防沙、防洪措施完善,并应结合周边地域的风沙防护。

3 级:应满足工程区内的防洪要求,配套田块内外生产道路及防护林带。

河流滩地引水拉沙造地的防洪堤设计洪水标准应按表 5.2-27 确定。

表 5.2-27　引水拉沙造地工程设计标准

| 工程级别 | 河流滩地防洪堤设计洪水重现期(年) |
|---|---|
| 1 | 10 |
| 2、3 | 5 |

## 八、支毛沟治理工程

沟头防护工程设计标准应根据各地水文手册结合具体情况选择相应历时暴雨。谷坊工程溢流口的设计应根据各地水文手册结合具体情况选择相应历时暴雨。选择相应历时暴雨时,应根据各地降雨情况分别采用当地最易产生严重水土流失的短历时、高强度暴雨。

## 九、固沙工程

防风固沙工程级别,应根据风沙危害程度、保护对象、所处位置、工程规模、治理面积等因素,按表5.2-28的规定确定。

表5.2-28　防风固沙工程级别

| 防护对象 | | 严重 | 中等 | 轻度 |
|---|---|---|---|---|
| 绿洲规模<br>(hm²) | ≥20 000 | 1 | 2 | 3 |
| | 20 000～666 | 2 | 3 | 3 |
| | <666 | 2 | 3 | 3 |
| 公路等级 | 高速及一级 | 1 | 2 | 3 |
| | 二级 | 2 | 3 | 3 |
| | 三级及等外 | 3 | 3 | 3 |
| 铁路等级 | 国铁Ⅰ级及客运专线 | 1 | 1 | 2 |
| | 国铁Ⅱ级 | 1 | 2 | 3 |
| | 国铁Ⅲ级及以下 | 2 | 3 | 3 |
| 输水工程<br>(m³/s) | ≥100 | 1 | 2 | 3 |
| | 100～5 | 2 | 3 | 3 |
| | <5 | 3 | 3 | 3 |
| 园区 | 国家级 | 1 | 2 | 3 |
| | 省级 | 2 | 3 | 3 |
| | 地方 | 2 | 3 | 3 |
| 工矿企业 | 大型 | 1 | 2 | 3 |
| | 中型 | 2 | 3 | 3 |
| | 小型 | 3 | 3 | 3 |
| 居民点 | 县(市) | 1 | 2 | 3 |
| | 镇 | 2 | 3 | 3 |
| | 乡村 | 3 | 3 | 3 |

防风固沙带宽度应根据防风固沙工程级别、所处风向方位,按表5.2-29的规定选定。

表 5.2-29    防风固沙带宽度

| 防风固沙工程级别 | 防风固沙带宽(m) | |
| --- | --- | --- |
| | 主害风上风向 | 主害风下风向 |
| 1 | 200~300 | 100~200 |
| 2 | 100~200 | 50~100 |
| 3 | 50~100 | 20~50 |

对防风固沙带宽大于 300 m 的工程项目,应经论证确定其宽度。

## 十、林草工程

### (一)水土保持生态建设项目

涉及生态公益林建设的区域,林草工程级别应按《生态公益林建设导则》(GB/T 18337.1)的有关规定执行,并根据其建设规模、所处位置、生态脆弱性、生态重要性及景观作用合理确定。

坡地上具有生产功能的林草工程级别应按表 5.2-30 的规定确定。坡地上具有生产功能的林草工程设计应根据其级别,按下列规定执行:

1 级应采取措施建设高标准梯田,并配套相应灌溉设施,灌溉保证率不应小于 75%。

2 级应采取措施建设水平梯田,并配套相应灌溉设施,灌溉保证率不应小于 50%。

3 级应采取水土保持措施,并辅以雨水集蓄利用措施。

表 5.2-30    坡地上具有生产功能的林草工程级别

| 级别 | 类别 | 规模化经营程度 |
| --- | --- | --- |
| 1 | 果园、经济林栽培园 | 规模化集约经营 |
| 2 | 果园、经济林栽培园、刈割草场 | 规模化经营 |
| 3 | 果园、经济林栽培园、经济林、刈割草场 | 其他 |

### (二)生产建设项目

生产建设项目的植被恢复与建设工程级别,根据生产建设项目主体工程所处的自然及人文环境、气候条件、立地条件、征地范围、绿化要求综合确定,按表 5.2-31 ~ 表 5.2-37 的规定执行。

表 5.2-31    水利水电项目植被恢复与建设工程级别

| 主要建筑物级别 | 生活管理区 | 枢纽闸站永久占地区 | 堤渠永久占地区 |
| --- | --- | --- | --- |
| 1~2 | 1 | 1 | 2 |
| 3 | 1 | 1 | 2 |
| 4 | 2 | 2 | 3 |
| 5 | 2 | 3 | 3 |

表 5.2-32　电力项目植被恢复与建设工程级别

| 电厂 | 生活管理区 | 发电系统/机组 | 灰坝及附属工程 | 贮灰场 |
|---|---|---|---|---|
| | 1 | — | 2 | 2 |

对于电力项目,同时要求发电、变电等主体工程区绿化设计应首先满足其主体工程相关技术标准对植被绿化的约束性要求。

表 5.2-33　冶金类项目植被恢复与建设工程级别

| 冶金工程 | 生活管理区 | 生产设施区,辅助生产、公用工程区 | 仓储运输设施区 | 排土场 |
|---|---|---|---|---|
| | 1 | 1 | 2 | 2 |

表 5.2-34　矿山类项目植被恢复与建设工程级别

| 矿山建设规模 | 生活管理区 | 采场区 | 废石场 | 尾矿库 | 排矸(土)场 |
|---|---|---|---|---|---|
| 大型 | 1 | 2 | 2 | 2 | 2 |
| 中型 | 1 | 3 | 3 | 3 | 3 |
| 小型 | 2 | 3 | 3 | 3 | 3 |

表 5.2-35　公路项目植被恢复与建设工程级别

| 公路级别 | 服务区或管理站 | 隔离带 | 路基两侧绿化带 |
|---|---|---|---|
| 高速公路 | 1 | 1 | 2 |
| 一级公路 | 2 | 2 | 3 |
| 二级及以下公路 | 3 | — | 3 |

表 5.2-36　铁路项目植被恢复与建设工程级别

| 铁路级别 | 铁路车站 | 路基两侧用地界 | 铁路桥梁、涵洞、隧道 |
|---|---|---|---|
| 高速铁路 | 1 | 3 | 3 |
| Ⅰ级铁路 | 1 | 3 | 3 |
| Ⅱ级及以下铁路 | 2 | 3 | 3 |

表 5.2-37　输气、输油、输变电工程的植被恢复与建设工程级别

| 输气、输油、输变电工程 | 生活管理区 | 集配气站/变电站 | 原油管道、储运设施、输变电站塔 | 附属设施 |
|---|---|---|---|---|
| | 1 | 1 | 2 | 2 |

需要注意的是,管道填埋区、储运设施、输变电站塔绿化设计应首先满足其主体工程相

关技术标准对植被绿化的约束性要求。

同时要求,弃渣取料、施工生产生活、施工交通等临时占地区域一般执行 3 级标准,工程项目区域涉及城镇、饮水水源保护区和风景名胜区,可在规定植被恢复与建设工程设计标准基础上提高一级。

植被恢复与建设工程设计标准应符合下列规定:

1 级植被建设工程应根据景观、游憩、环境保护和生态防护等多种功能的要求,执行工程所在地区的园林绿化工程标准。

2 级植被建设工程应根据生态防护和环境保护要求,按生态公益林标准执行;有景观、游憩等功能要求的,结合工程所在地区的园林绿化标准,在生态公益林标准基础上适度提高。

3 级植被建设工程应根据生态保护和环境保护要求,按生态公益林绿化标准执行;降水量 250 ~ 400 mm 的区域,应以灌草为主;降水量 250 mm 以下的区域,应以封禁为主并辅以人工抚育。

## 十一、封育工程

封育工程级别应按工程区域水土保持和生态功能的重要性确定。水土流失重点防治区、重要生态功能区或重要饮用水水源地和生态移民地区执行 1 级标准,其他区域执行 2 级标准。

封育设计标准应符合下列规定:

1 级标准应采取适宜的封育方式,以全封禁措施为主,并应配套生态移民、以煤电气代薪柴、沼气池、节柴灶等措施。

2 级标准应采取适宜的封育方式,以半封和轮封为主。在能源紧缺地区,应辅以煤电气代薪柴、沼气池、节柴灶等措施。在人口密集地区,应辅以生态移民。

## 十二、弃渣场及防护工程

### (一)弃渣场级别

弃渣场级别应根据堆渣量、堆渣最大高度,以及弃渣场失事后对主体工程或环境造成危害程度,并按表 5.2-38 的规定确定。

表 5.2-38　弃渣场级别

| 弃渣场级别 | 堆渣量 $V$<br>( $\times 10^4$ m³ ) | 最大堆渣高度 $H$<br>( m ) | 渣场失事对主体工程<br>或环境造成的危害程度 |
| --- | --- | --- | --- |
| 1 | $2\,000 \geqslant V \geqslant 1\,000$ | $200 \geqslant H \geqslant 150$ | 严重 |
| 2 | $1\,000 > V \geqslant 500$ | $150 > H \geqslant 100$ | 较严重 |
| 3 | $500 > V \geqslant 100$ | $100 > H \geqslant 60$ | 不严重 |
| 4 | $100 > V \geqslant 50$ | $60 > H \geqslant 20$ | 较轻 |
| 5 | $V < 50$ | $H < 20$ | 无危害 |

按表 5.2-38 确定弃渣场级别时应注意:

（1）根据堆渣量、最大堆渣高度、渣场失事对主体工程或环境的危害程度确定的渣场级别不一致时，就高不就低。

（2）渣场失事对主体工程的危害，指对主体工程施工和运行的影响程度；渣场失事对环境的危害，指对城镇、乡村、工矿企业、交通等环境建筑物的影响程度。

（3）严重危害：相关建筑物遭到大的破坏或功能受到大的影响，可能造成人员伤亡和重大财产损失的；较严重危害：相关建筑物遭到较大破坏或功能受到较大影响，需进行专门修复后才能投入正常使用；不严重危害：相关建筑物遭到破坏或功能受到影响，及时修复可投入正常使用；较轻危害：相关建筑物受到的影响很小，不影响原有功能，无需修复即可投入正常使用。

**（二）弃渣场防护工程级别**

弃渣场防护工程建筑物级别应根据弃渣场级别分为 5 级，按表 5.2-39 的规定确定，并应符合下列要求：

（1）拦渣堤、拦渣坝、挡渣墙、排洪工程建筑物级别应按渣场级别确定。

（2）当拦渣工程高度不小于 15 m，弃渣场等级为 1、2 级时，挡渣墙建筑物级别可提高 1级。

表 5.2-39　弃渣场拦挡工程建筑物级别

| 弃渣场级别 | 拦渣工程 | | | 排洪工程 |
|---|---|---|---|---|
| | 拦渣堤工程 | 拦渣坝工程 | 挡渣墙工程 | |
| 1 | 1 | 1 | 2 | 1 |
| 2 | 2 | 2 | 3 | 2 |
| 3 | 3 | 3 | 4 | 3 |
| 4 | 4 | 4 | 5 | 4 |
| 5 | 5 | 5 | 5 | 5 |

**（三）弃渣场防护工程设计标准**

**1. 防洪标准**

拦渣堤（围渣堰）、拦渣坝工程防洪标准应根据其相应建筑物级别，按表 5.2-40 的规定确定，并注意以下要求：

（1）拦渣堤（围渣堰）、拦渣坝工程不应设校核洪水标准，设计防洪标准按表 5.2-40 的规定确定，拦渣堤防洪标准还应满足河道管理和防洪要求。

（2）排洪工程设计、校核防洪标准，按表 5.2-40 的规定确定。

（3）拦渣堤、拦渣坝工程失事可能对周边及下游工矿企业、居民点、交通运输基础设施等造成重大危害时，2 级以下拦渣堤、拦渣坝工程的设计防洪标准可按表 5.2-40 的规定提高 1级。

表 5.2-40　弃渣场拦挡工程防洪标准

| 拦渣堤(坝)工程级别 | 防洪标准(重现期(年)) | | | |
|---|---|---|---|---|
| | 山区、丘陵区 | | 平原区、滨海区 | |
| | 设计 | 校核 | 设计 | 校核 |
| 1 | 100 | 200 | 50 | 100 |
| 2 | 100 ~ 50 | 200 ~ 100 | 50 ~ 30 | 100 ~ 50 |
| 3 | 50 ~ 30 | 100 ~ 50 | 30 ~ 20 | 50 ~ 30 |
| 4 | 30 ~ 20 | 50 ~ 30 | 20 ~ 10 | 30 ~ 20 |
| 5 | 20 ~ 10 | 30 ~ 20 | 10 | 20 |

弃渣场及其防护工程设计中应注意下列要求：

(1)弃渣场及其防护工程抗震设计烈度采用场地基本烈度,基本烈度为 7 度和 7 度以上的应进行抗震验算。

(2)弃渣场临时性拦挡工程防洪标准取 3 年一遇 ~ 5 年一遇;当弃渣场级别为 3 级以上时,可提高到 10 年一遇防洪标准。

(3)弃渣场永久性截排水设施的排水设计标准采用 3 年一遇 ~ 5 年一遇 5 ~ 10 min 短历时设计暴雨。

2. 弃渣场稳定计算

弃渣场稳定计算包括堆渣体边坡及其地基的抗滑稳定计算。抗滑稳定应根据弃渣场级别、地形、地质条件,并结合弃渣堆置形式、堆置高度、弃渣组成、弃渣物理力学参数等选择有代表性的断面进行计算。

弃渣场抗滑稳定计算应分为正常运用工况和非常运用工况。正常运用工况指弃渣场在正常和持久的条件下运用,弃渣场处在最终弃渣状态时,渣体无渗流或稳定渗流。非常运用工况指弃渣场在正常工况下遭遇 7 度以上(含 7 度)地震。多雨地区的弃渣场,还应核算连续降雨期边坡的抗滑稳定,其安全系数按非常运用工况采用。

弃渣场抗滑稳定分析要求:采用简化毕肖普法、摩根斯顿—普赖斯法计算时,抗滑稳定安全系数不应小于表 5.2-41 中规定的数值;采用瑞典圆弧法、改良圆弧法计算时,抗滑稳定安全系数不应小于表 5.2-42 中规定的数值。

表 5.2-41　弃渣场抗滑稳定安全系数(简化毕肖普法、摩根斯顿—普赖斯法)

| 应用情况 | 弃渣场级别 | | | |
|---|---|---|---|---|
| | 1 | 2 | 3 | 4、5 |
| 正常运用 | 1.35 | 1.30 | 1.25 | 1.20 |
| 非常运用 | 1.15 | 1.15 | 1.10 | 1.05 |

表 5.2-42 弃渣场抗滑稳定安全系数(瑞典圆弧法、改良圆弧法)

| 应用情况 | 弃渣场级别 | | | |
|---|---|---|---|---|
| | 1 | 2 | 3 | 4、5 |
| 正常运用 | 1.25 | 1.20 | 1.20 | 1.15 |
| 非常运用 | 1.10 | 1.10 | 1.05 | 1.05 |

3. 弃渣场拦挡工程安全稳定

弃渣场拦挡工程安全稳定分析时,挡渣墙(浆砌石、混凝土、钢筋混凝土)基底抗滑稳定安全系数不应小于表5.2-43 规定的允许值。

表 5.2-43 挡渣墙基底抗滑稳定安全系数

| 计算工况 | 土质地基 | | | | | 岩石地基 | | | | | 按抗剪断公式计算时 |
|---|---|---|---|---|---|---|---|---|---|---|---|
| | 挡渣墙级别 | | | | | 挡渣墙级别 | | | | | |
| | 1 | 2 | 3 | 4 | 5 | 1 | 2 | 3 | 4 | 5 | |
| 正常运用 | 1.35 | 1.30 | 1.25 | 1.20 | 1.20 | 1.10 | 1.08 | | 1.05 | | 3.00 |
| 非常运用 | 1.10 | | | 1.05 | | 1.00 | | | | | 2.30 |

注:当土质地基上的挡土墙沿软弱土体整体滑动时,按瑞典圆弧法或折线滑动法计算的抗滑稳定安全系数不应小于表5.3-43规定的允许值。

土质地基上挡渣墙的抗倾覆安全系数不应小于表5.2-44 规定的允许值。岩石地基上1~2级挡渣墙,在基本荷载组合条件下,抗倾覆安全系数不应小于1.45,3~5 级挡渣墙抗倾覆安全系数不应小于1.40;在特殊荷载组合条件下,不论挡渣墙的级别,抗倾覆安全系数不应小于1.30。

表 5.2-44 土质地基上挡渣墙抗倾覆安全系数

| 计算工况 | 挡渣墙级别 | | | |
|---|---|---|---|---|
| | 1 | 2 | 3 | 4、5 |
| 正常运用 | 1.60 | 1.50 | 1.45 | 1.40 |
| 非常运用 | 1.50 | 1.40 | 1.35 | 1.30 |

采用计条块间作用力的计算方法时,拦渣堤(土堤或土石堤)边坡抗滑稳定安全系数不应小于表5.2-45 规定的数值。采用不计条块间作用力的瑞典圆弧法计算边坡抗滑稳定安全系数时,正常运用条件最小安全系数应比表5.2-45 规定的数值减小8%。

表 5.2-45 拦渣堤抗滑稳定安全系数

| 拦渣堤工程级别 | 1 | 2 | 3 | 4 | 5 |
|---|---|---|---|---|---|
| 正常运用 | 1.35 | 1.30 | 1.25 | 1.20 | 1.20 |
| 非常运用 | 1.15 | 1.15 | 1.10 | 1.05 | 1.05 |

挡渣墙(浆砌石、混凝土、钢筋混凝土)基底应力计算,要求在各种计算工况下,土质地基和软质岩石地基上的挡渣墙平均基底应力不应大于地基允许承载力,最大基底应力不应大于地基允许承载力的1.2倍。土质地基和软质岩石地基上挡渣墙基底应力的最大值与最小值之比不应大于2.0,砂土宜取2.0~3.0。

## 十三、斜坡防护工程

弃渣场、料场、临时道路等区域的边坡,其斜坡防护工程级别应根据边坡对周边设施安全和正常运用的影响程度、对人身和财产安全的影响程度、边坡失事后的损失大小、社会和环境等影响因素,按表5.2-46的规定判定。

表5.2-46 斜坡防护工程级别

| 边坡破坏危害的对象 | 边坡破坏造成的危害程度 | | |
| --- | --- | --- | --- |
| | 严重 | 不严重 | 较轻 |
| | 斜坡防护工程级别 | | |
| 工矿企业、居民点、重要基础设施等 | 3 | 4 | 5 |
| 一般基础设施 | 4 | 5 | 5 |
| 农业生产设施等 | 5 | 5 | 5 |

应用表5.2-46时应注意,表中所列斜坡防护工程3级、4级、5级分别对应《水利水电工程边坡设计规范》(SL 386)的相应边坡级别。关于边坡破坏造成的危害程度,严重是指危害对象、相关设施遭到大的破坏或功能受到大的影响,可能造成人员伤亡和重大财产损失的;不严重是指相关设施遭到破坏或功能受到影响,经修复仍能使用的;较轻是指相关设施受到很小的影响或间接地受到影响,不影响原有功能的发挥的。

斜坡防护工程设计的抗滑稳定安全标准执行《水利水电工程边坡设计规范》(SL 386)的相应规定。

## 十四、防风固沙工程

输水(灌溉)渠道的防风固沙工程级别应根据风蚀危害程度,按表5.2-47的规定确定。

表5.2-47 防风固沙工程级别

| 对主体工程或环境危害程度 | 重度[a] | 中度[b] | 轻度[c] |
| --- | --- | --- | --- |
| 输水(灌溉)渠道防风固沙工程 | 1 | 2 | 3 |

注:a:指使主体工程失去使用或运行功能,引起周围一定范围内土地沙化。

b:指定期清理风积沙,工程才能具备使用或运行功能,引起周边土地沙化。

c:指一年内清理一次风积沙,工程才能具备使用或运行功能,引起周边土地向沙化发展。

输水(灌溉)渠道防风固沙带主导风向最小防护宽度 $W_{min}$ 应根据渠道建筑物级别及防风固沙工程级别,可按表5.2-48选取。对于需要保护的水库、泵(闸)站工程等防护对象,其防风固沙带宽度和范围应根据风蚀危害情况,经论证研究后确定。

表 5.2-48　防风固沙带主导风向最小防护宽度 $W_{min}$　　　　　　（单位:m）

| 渠道建筑物级别 | 防风固沙工程级别 | | |
|---|---|---|---|
| | 1 | 2 | 3 |
| 1~2 | 120 | 80 | 50 |
| 3~4 | 60 | 45 | 30 |
| 5 | 30 | 20 | 10 |

注:对防风固沙带宽大于 150 m 工程项目,应经试验研究,论证确定其宽度。

# 第三节　水文计算

水文计算(Hydrological Computation)是为防洪、水资源开发和某些工程的规划、设计、施工和运行提供水文数据的各类水文分析和计算的总称。主要内容包括设计暴雨计算、设计洪水计算、设计年径流计算、设计固体径流计算和其他特殊情况下的水文计算等。水文计算的基本方法主要是根据水文现象的随机性质,应用概率论、数理统计的原理和方法,通过实测水文资料的统计分析,估算指定设计频率的水文特征值。

水文资料条件大致有较长实测水文资料和短缺实测水文资料两种情况,在实际计算(或称频率分析)中可分别采用直接法或间接法进行计算。上述两种水文资料条件之间没有一个明确的界限,而且相对于频率分析的要求现有资料的年限长度还嫌不足,所以即使在有较长的实测水文资料条件下,也要广泛运用后者的各种方法,对设计成果进行分析论证。

## 一、基本概念

### (一)水文循环与水量平衡

地球上的水以液态、固态和气态的形式分布于海洋、陆地、大气和生物机体中,这些水体构成了地球的水圈。水圈中的各种水体通过不断蒸发、水汽输送、凝结、降落、下渗、地面和地下径流的往返循环过程,称为水文循环(Hydrological Cycle)。海—陆间的水分交换过程称为大循环或外循环,海—海间或陆—陆间的水分交换过程称为小循环或内循环,如图 5.3-1 所示。水文循环是地球上最重要、最活跃的物质循环之一。

在水文循环过程中,对任一区域、任一时段进入水量与输出水量之差额必等于其蓄水量的变化,这就是水量平衡原理。水量平衡原理是水文学的基本原理,水量平衡法是分析研究水文现象,建立水文要素之间的定性或定量关系,了解其时空分布变化规律等的主要方法之一。

根据水量平衡原理,对于某一区域有下述水量平衡方程:

$$I - O = \pm \Delta S$$

式中　$I$、$O$——给定时段内输入、输出该区域的总水量;

　　　$\pm \Delta S$——时段内区域蓄水量的变化量,可正可负。

### (二)河流与流域

地面径流长期侵蚀地面,冲成沟壑,形成溪流,最后汇集成河流。河流流经的谷地称为河谷,河谷底部有水流的部分称为河床或河槽。河流是水文循环的一条重要途径。一条河

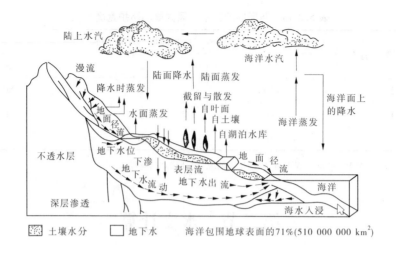

陆上水汽　海洋水汽

漫流　陆面降水　陆面蒸发　海洋面上的降水

降水时蒸发　截留与散发　自叶面　自土壤　自湖泊水库　海洋蒸发

地面径流　水面蒸发

不透水层　地下水位　地面　径流

下渗　表层流

深层渗透　地下水流动　地下水出流

海洋

海水入浸

▨ 土壤水分　□ 地下水　海洋包围地球表面的71%(510 000 000 km²)

图 5.3-1　水文循环示意图

流沿水流方向,自高向低可分为河源、上游、中游、下游和河口五段。河流以河道长度(河源沿主河道至河口的距离,以 km 计)、河流断面(横断面和纵断面)及河道纵比降(单位河长的高低两点之差,有水面比降和河底比降之分)来描述其特征。

　　汇集地表水和地下水的区域称为流域,也就是分水岭包围的区域。分水岭有地面和地下之分,两者重合时称为闭合流域,否则为不闭合流域。在实际工作中,多按闭合流域考虑。流域以流域面积($F$, km²)、河网密度(流域内河流干支流总长度与流域面积之比值,km/km²)、流域长度(流域轴长,km)和平均宽度(流域面积与流域长度之比,km)、形状系数(流域平均宽度与流域长度之比)、流域的平均高度和平均坡度以及自然地理特征(包括地理位置、气候特征、下垫面条件等)来描述其基本特征。

　　(三)降水

　　降水是指液态或固态的水汽凝结物从云中降落到地面的现象。降水是水文循环中最活跃的因子,它是一种水文和气象要素。我国大部分地区,一年内降水以雨水为主,雪仅占少部分,所以降水主要指降雨。常用几个基本要素,如降水量、降水历时、降水强度、降水面积及暴雨中心等来表示降雨的特征。与降水有关的气象因素主要包括气温、气压、风、湿度、云和蒸发。降水通常按空气抬升形成动力冷却的原因分为对流雨、地形雨、锋面雨和气旋雨。

　　降水量指一定时段内降落在某一点或某一面积上的总水量,用深度 $P$ 表示,以 mm 计。如一场降水的降水量指该次降水过程的降水总量,日降水量指一日内降水总量,年降水量指一年内的降水量之和等。按照年降水量的多少,全国大致可分为五个带:十分湿润带(年降水量超过 1 600 mm,年降水日数平均在 160 d 以上)、湿润带(年降水量 800 ~ 1 600 mm,年降水日数平均为 120 ~ 160 d)、半湿润带(年降水量 400 ~ 800 mm,年降水日数平均为 80 ~ 100 d)、半干旱带(年降水量 200 ~ 400 mm,年降水日数平均为 60 ~ 80 d)和干旱带(年降水量少于 200 mm,年降水日数低于 60 d)。

　　我国大部分地区降水量的年内分配不均匀,主要集中在春、夏季,占全年的 50% ~ 80%。降水量的年际变化很大,以历年年降水量最大值与最小值之比 $K$ 来表示年际变化,西北地区 $K$ 值可达 8 以上,西南最小,$K$ 值一般在 2 以下。

降水量一般分为 7 级,如表 5.3-1 所示。凡日降水量达到和超过 50 mm 的降水称为暴雨。暴雨又分为暴雨、大暴雨和特大暴雨三个等级。降水持续的时间称为降雨历时,以 min、h 或 d 计。单位时间的降水量称为降雨强度或雨强、雨力、雨率,记为 $i$,以 mm/min、mm/h 计。降水笼罩的平面面积为降水面积,以 $km^2$ 计。暴雨集中的较小的局部地区称为暴雨中心。降水的特征不同,它所形成的洪水的特性也不同。

表 5.3-1 降水量等级

| 24 h 雨量(mm) | <0.1 | 0.1~10 | 10~25 | 25~50 | 50~100 | 100~200 | >200 |
|---|---|---|---|---|---|---|---|
| 等级 | 微量 | 小雨 | 中雨 | 大雨 | 暴雨 | 大暴雨 | 特大暴雨 |

**(四)下渗**

下渗(Infiltration)是指降落到地面上的雨水从地表渗入土壤内的运动过程,是径流形成的重要环节。它直接决定地面径流量的生成及其大小,影响土壤水和潜水的增长,从而影响表层流、地下径流的形成及其大小。按水的受力状况和运行特点,下渗过程分为渗润、渗漏和渗透 3 个阶段。单位时间内渗入单位面积土壤中的水量称为下渗率或下渗强度,记为 $f$,以 mm/min 或 mm/h 计。在充分供水条件下的下渗率称为下渗能力。

**【案例 5.3-1】** 某土壤下渗观测试验观测场面积为 1 000 $m^2$,3 h 内渗入水量为 36 $m^3$,求该场地土壤的下渗率或下渗强度?假设试验条件为充分供水,那么该试验场土壤的下渗能力是多少?

**解:**根据题意,该试验场下渗率或下渗强度:

$f = 36\ m^3/1\ 000\ m^2/3h = 12\ mm/h$ 或 $f = 12\ mm/(1 \times 60)\ min = 0.2\ mm/min$

由于试验时是充分供水条件,因此下渗能力即为下渗率 12 mm/h 或 0.2 mm/min。

**(五)蒸发**

蒸发(Evaporation)为水由液态或固态转化为气态的过程。被植物根系吸收的水分,经由植物的茎叶散逸到大气中的过程称为散发或蒸腾。陆地上一年的降水量约 66% 通过蒸散发返回大气。由此可见,蒸散发是水文循环中的重要环节。而对径流形成来说,蒸散发则是一种损失。蒸发量用相应于水面上的水层深度来度量,一般记为 $E$,以 mm 计。

**(六)径流**

径流(Runoff)是指降水所形成的,沿着流域地面与地下向河川、湖泊、水库、洼地等流动的水流。从降雨到达地面至水流汇集、流经流域出口断面的整个过程,称为径流形成过程。径流的形成是一个极为复杂的过程,为了研究方便,一般将它概化为两个阶段,即产流阶段和汇流阶段。图 5.3-2 为径流形成过程示意图。

1. 产流阶段

当降雨满足了植物截留、洼地蓄水和表层土壤储存后,后续降雨强度又超过下渗强度,其超过下渗强度的雨量,降到地面以后,开始沿地表坡面流动,称为坡面漫流,是产流的开始。如果雨量继续增大,漫流的范围也就增大,形成全面漫流,这种超渗雨沿坡面流动注入河槽,称为坡面径流。地面漫流的过程,即为产流阶段。

2. 汇流阶段

降雨产生的径流,汇集到附近河网后,又从上游流向下游,最后全部流经流域出口断面,

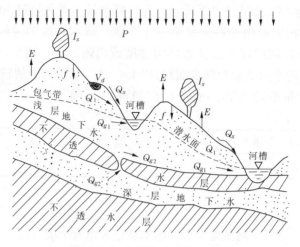

**图 5.3-2　径流形成过程示意图**

叫作河网汇流,这种河网汇流过程,即为汇流阶段。

一次降雨过程,经植物截留、下渗、填洼等损失,进入河网的水量显然比降雨量少,且经过坡地汇流和河网汇流,使出口断面的径流过程远比降雨过程变化缓慢,历时亦长,时间滞后。图 5.3-3 清楚地显示了这种关系。

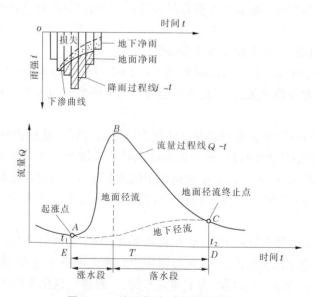

**图 5.3-3　降雨径流对应关系示意图**

需要注意的是,降雨、产流和汇流,是从降雨开始到水流流出流域出口断面经历的全过程,它们在时间上并无截然的分界,而是同时交错进行的。

根据径流形成过程,在单位时间降水量相同的情况下,降水时间越长,植被覆盖越好,地表径流量就越大。

3.径流的表示方法和度量单位

河川径流在一年内和多年期间的变化特性称为径流情势,前者称为年内变化或年内分配,后者称为年际变化。径流的年内分配和年际变化趋势与该流域的降水特性基本一致。

河川径流情势常用流量、径流量、径流深、径流模数、径流系数的大小来表示。

1）流量（$Q$）及流量过程线（$Q \sim t$）

流量是单位时间内通过河流某一断面的水量，记为 $Q$，以 $m^3/s$ 计。

$$Q = VA$$

式中　$V$——水流平均流速，$m/s$；

　　　$A$——过水断面面积，$m^2$。

流量随时间的变化过程用流量过程线表示，如图 5.3-3 中的 $Q \sim t$，图中各时刻的流量是瞬时值。流量过程线上升部分为涨水段，下降部分为落水段，最高点称为洪峰流量（洪峰），记为 $Q_m$。

水文中常用的流量还有：日（旬、月、年、多年）平均流量以及指定时段的平均流量。

2）径流量（$W$）

径流量 $W$ 指时段 $T$ 内通过河流某一过水断面的总水量，以 $m^3$、万 $m^3$ 或亿 $m^3$ 计，有时也以时段平均流量与时段的乘积为单位，如 $m^3/s \cdot d$（日）、$m^3/s \cdot M$（月）等。如图 5.3-3 中 $T$ 时段内的径流量 $W$ 为 $ABCDEA$ 包围的面积，即

$$W = \int_{t_1}^{t_2} Q(t) \mathrm{d}t = \overline{Q}T$$

式中　$Q(t)$——$t$ 时刻流量，$m^3/s$；

　　　$t_1$、$t_2$——时段始、末时刻；

　　　$T$——计算时段，$T = t_2 - t_1$，$s$；

　　　$\overline{Q}$——计算时段内平均流量，$m^3/s$。

3）径流深（$R$）

径流深是将径流量平铺在整个流域面积上所得的水层深度，以 $mm$ 计。按下式计算：

$$R = \frac{W}{1\,000F} = \frac{\overline{Q}T}{1\,000F}$$

式中　$W$——时段 $T$ 内径流量，$m^3$；

　　　$T$——计算时段，$T = t_2 - t_1$，$s$；

　　　$F$——流域面积，$km^2$；

　　　$\overline{Q}$——时段 $T$ 内平均流量，$m^3/s$。

4）径流模数（$M$）

径流模数（$M$）是单位面积上的径流量（产水率），以 $L/(s \cdot km^2)$ 计。按照下式计算：

$$M = \frac{1\,000Q}{F}$$

随着对 $Q$ 赋予的不同意义，径流模数也有不同含义，如 $Q$ 为洪峰流量，相应 $M$ 为洪峰流量模数；$Q$ 为多年平均流量，相应 $M$ 为多年平均流量模数。

5）径流系数（$\varphi$）

径流系数（$\varphi$）是指某时段内径流深 $R$ 或径流量（$W$）与同时段内的降水深（$P$）或降水总量（$W_p$）的比值。因 $R < P$，故 $\varphi < 1$。

$$\varphi = \frac{R}{P} = \frac{W}{W_p}$$

【案例 5.3-2】 某流域某水文站以上集水面积 $F = 54\ 500\ \text{km}^2$，多年平均降雨量 $\overline{P} = 1\ 650\ \text{mm}$，多年平均流量 $\overline{Q} = 1\ 680\ \text{m}^3/\text{s}$。根据这些资料通过上述相关公式可以计算得出：

多年平均径流量：$\overline{W} = QT = 1\ 680 \times 365 \times 86\ 400 = 530(\text{亿 m}^3)$

多年平均径流深：$\overline{R} = \dfrac{\overline{W}}{1\ 000F} = \dfrac{530 \times 10^8}{1\ 000 \times 54\ 500} = 972(\text{mm})$

多年平均径流模数：$\overline{M} = \dfrac{1\ 000\overline{Q}}{F} = \dfrac{1\ 000 \times 1\ 680}{54\ 500} = 30.8(\text{L}/(\text{s} \cdot \text{km}^2))$

多年平均径流系数：$\varphi = \dfrac{\overline{R}}{\overline{P}} = \dfrac{972}{1\ 650} = 0.59$

### (七)重现期与频率

频率是指某一数值随机变量出现的次数与全部系列随机变量总数的比值，用符号 $p$ 表示，以百分比(%)作单位。

频率是随机变量出现的机会，例如 $p = 1\%$，表示平均每 100 年会出现一次；$p = 5\%$，表示平均每 100 年会出现 5 次，或平均每 20 年会出现一次。

重现期是工程和生产上，用来表示随机变量统计规律的概念。重现期表示在长时间内，随机事件发生的平均周期，即在很长的一段时间内，随机事件平均多少年发生一次。即通常所讲"多少年一遇"。重现期用 $T$ 表示，水文分析所用的单位是"年(a)"。

### (八)保证率

对于水利工程而言，保证率是水利工程在多年期间能使规定的任务要求得到满足的程度，以百分数(%)计。其概念与水文数理统计上的频率相同。例如，某工程供水保证率为75%，即表示该工程就长期平均而言，100 年中有 75 年可保证正常供水，而不是每 100 年中一定能(或只能)有 75 年保证正常供水。一般把保证率为 25% 的降雨年作为湿润水文年，50% 保证率的降雨年份作为平水年，75% 的年份为干旱年，接近 100% 的年份为特别干旱年。

所谓设计保证率，即水利水电工程在多年运行期内正常工作得到保证的程度，以百分数(%)表示。一般有年设计保证率和历时保证率两种，前者为正常运行年数占总年数的百分数；后者为正常运行历时占总历时的百分数。通常各项任务的设计保证率都要在规划中根据其重要性、特点，结合国家或地区的经济状况和有关工程的自然条件，通过技术经济论证最终选定。

### (九)流域产汇流

所谓产流，是指流域中各种径流成分的生成过程，其实质是水分在下垫面垂直运行中，在各种因素综合作用下的发展过程，也是流域下垫面(包括地面和包气带)对降雨的再分配过程。产流方式一般分为"蓄满产流"和"超渗产流"。

"蓄满产流"是指包气带土壤含水量达到田间持水量之前不产流，这称为"未蓄满"，此前的降雨全部被土壤吸收，补充包气带缺水量。包气带土壤含水量达到田间持水量时，称为"蓄满"，蓄满后开始产流，此后的降雨扣除雨期蒸发后全部形成净雨。因为只有在蓄满的地方才产流，所以产流期的下渗为稳定下渗 $f_c$。下渗的雨量形成地下径流，超渗的雨量成为地面径流。这种产流模式称为"蓄满产流"(见图 5.3-4)。在降雨量较充沛的湿润、半湿润地区，地下潜水位较高，土壤前期含水量大，由于一次降雨量大，历时长，降水满足植物截留、入渗、填洼损失后，损失不再随降雨延续而显著增加，土壤基本饱和，从而广泛产生地表径流。此时的地表径流不仅包括地面径流,也包括壤中流和其他形式的浅层地下水产流。蓄满产流方式往往不能在山区流域上普遍实现,在平原区则容易发生。在土层较薄的坡脚,由于饱和坡面流的存在,也具有蓄满产流意义。

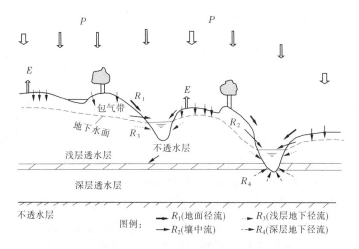

图5.3-4 "蓄满产流"方式示意图

在干旱和半干旱地区,地下水埋藏很深,流域的包气带很厚,缺水量大,降雨过程中下渗的水量不易使整个包气带达到田间持水量,所以不产生地下径流,并且只有当降雨强度大于下渗强度时才产生地面径流,这种产流方式称为"超渗产流"(见图5.3-5)。

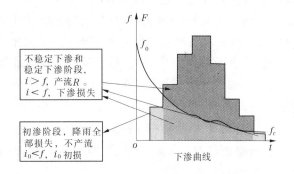

图5.3-5 "超渗产流"方式示意图

流域内降雨形成流域出口断面的径流过程分为两个阶段:一是降雨经植物截留、下渗、填洼、蒸发等损失过程。降雨扣除这些损失后,剩余的部分称为净雨。净雨在数量上等于它所形成的径流量。降雨转化为净雨的过程称为产流过程,净雨量的计算称为产流计算。二是净雨沿着地面和地下汇入河网,并经河网汇集形成流域出口断面的径流过程,称为流域汇流过程,与之相应的计算称为汇流计算。二者合称流域产汇流计算(见图5.3-6)。

(十)洪水频率分析

我国水利工程的洪水设计标准一般以重现期表示。在洪水频率分析中,经验频率公式用来估算系列中各项洪水的超过概率,即频率,以便在频率格纸上点绘这些洪水,构成洪水分布(或洪水点据)。

我国设计洪水计算规范要求,洪水频率曲线的线型应采用皮尔逊Ⅲ型(P–Ⅲ),主要是因为该线型能与我国大多数地区的水文变量的频率分布配合良好。对特殊情况,经分析论证后也可采用其他线型。

连续系列和不连续系列洪水经验频率 $p_m$、洪水频率曲线统计参数之变差系数 $C_v$、偏态系数 $C_s$、系列均方差 $S$ 计算等详见《水利水电工程设计洪水计算规范》(SL 44)。

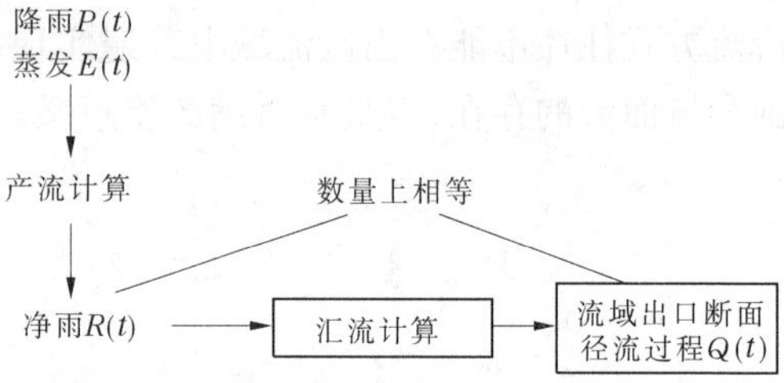

图 5.3-6　流域产汇流计算过程示意图

## 二、设计暴雨

设计暴雨(Design Storm)指形成设计洪水的暴雨,主要用于推求设计洪水,是为防洪等工程设计拟定的、符合指定设计标准的、当地可能出现的暴雨。实际表明,某一设计频率的暴雨基本形成同频率的洪水,因此规范规定:设计暴雨即是与设计洪水同频率的暴雨。

设计暴雨计算的主要内容有:各历时的设计点暴雨量、设计面暴雨量(以面平均雨深计)、设计暴雨的时程分配、设计暴雨的面分布和分期设计暴雨等。其计算精度主要取决于雨量资料的观测精度、雨量资料系列的长短及代表性、是否有稀遇特大暴雨记录或调查值和对设计地区暴雨特性的认识程度。对设计暴雨的计算成果应作多方面慎重分析和评价。

### (一)设计点面暴雨量

如雨量站网较密,观测系列又较长,应直接根据设计流域的逐年最大面雨量系列作频率分析,以推求流域的设计面暴雨量。首先选定不同统计时段。短历时一般取 1 h、3 h、6 h、12 h 和 24 h 为统计时段,长历时取 3 d、5 d、7 d 为统计时段,特长历时可取 15 d 和 30 d 为统计时段,视工程要求和流域大小而定。逐年选取每年中各时段的最大面暴雨量(称年最大选样法),组成面暴雨量系列,并审查系列的代表性;然后分别对各时段暴雨量系列进行频率分析(见洪水频率分析),并对频率分析成果做合理性检查,即可求得各时段的设计面暴雨量。根据我国暴雨特性及实践经验,我国暴雨的 $C_s$ 与 $C_v$ 的比值,一般地区为 3.5 左右;在 $C_v$ 大于 0.6 的地区,约为 3.0;在 $C_v$ 小于 0.45 的地区,约为 4.0。上述比值,可供适线时参考。重现期为 $p$ 的 24 h 设计暴雨量 $H_{24,p} = k_p \cdot \overline{H}_{24}$,式中 $k_p$ 是频率为 $p$ 的 P – Ⅲ型曲线模比系数,$\overline{H}_{24}$ 为多年最大 24 h 暴雨量均值(mm)。

如流域面积较小,直接进行面暴雨频率分析的资料统计有困难时,可用相应历时的设计点暴雨量和点面关系间接计算设计面暴雨量。点暴雨可从暴雨参数等值线图上选取,以流域重心点雨量或流域内有代表性的几个点的雨量平均值作为代表。我国已绘制成 10 min、1 h、6 h 和 24 h 点雨量的统计参数等值线图。

设计面雨量 $H_A$ 可用设计点雨量 $H_0$ 和点面换算系数 $\alpha_A$ 求出:

$$H_A = \alpha_A \cdot H_0$$

点面关系应采用流域所在地区雨量资料分析的固定地点雨量和固定流域面雨量的综合关系(即定点定面关系)。点面换算系数 $\alpha_A$ 应考虑不同历时、频率(或雨量大小)的差异。一般以 24 h 雨量为基础。

为了计算任意历时的设计雨量,可先计算 $n$ 种标准历时的设计雨量,然后在双对数纸上绘制雨量历时曲线,从中内插所需历时的设计雨量。

**(二)设计净雨量**

设计净雨量 = 设计暴雨量 − 损失量。常用的计算方法有降雨径流相关法、扣损法(初损后损法、初损法、平均损失率法)等。径流深($R$)、降雨量($P$)与包气带含水量($P_a$)三变量关系见图5.3-7。

1. 降雨径流相关法(包括相关曲线,蓄满产流)

降雨径流相关法:

$$R = f(P, P_a, t_r)$$

式中　$R$——径流深,mm;

　　　$P$——降雨量,mm;

　　　$P_a$——前期影响雨量或雨前流域包气带含水量,mm;

　　　$t_r$——降雨历时,h。

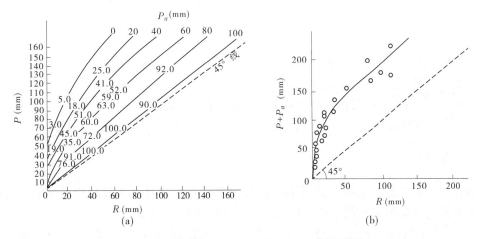

图5.3-7　三变量 $P \sim P_a \sim R$ 及 $P + P_a \sim R$ 相关图

2. 扣损法(超渗产流)

初损后损法:

$$\overline{f_1} = \frac{I_f - I_0 - P_{t - t_0 - t_r}}{t_r}$$

式中　$\overline{f_1}$——后期平均损失率,mm/h;

　　　$I_f$——流域总损失量,mm;

　　　$I_0$——初期损失量,mm;

　　　$P_{t - t_0 - t_r}$——时段($t - t_0 - t_r$)内不产流的降雨量,mm;

　　　$t_0$——与 $I_0$ 相应的历时,h;

　　　$t_r$——产流历时,h。

初损法:总损失量全部发生在降雨初期,满足总损失量后的降雨全部变成径流。

平均损失率法:

$$\overline{f} = \frac{P - R - P_{t - t_r}}{t_r}$$

式中　$\overline{f}$——平均损失率,mm/h;

$P_{t-t_r}$——非产流期内降雨量,mm;

$t_r$——产流历时,h。

**(三)设计暴雨的时程分配**

设计暴雨的时程分配指设计暴雨总量在时间上的分配,时程分配雨型可采用综合雨型或典型雨型,用几种历时的设计暴雨量同频率控制缩放计算设计暴雨过程。由于暴雨过程一般以柱状图表示,所以不需要修匀。综合雨型应在多次大暴雨雨型特征分析的基础上选用。雨型特征分析的内容包括雨峰个数、雨峰持续时间、两次雨峰之间的时间间隔、主雨峰出现次序等。综合时还应考虑雨量量级、天气条件的影响。

**(四)地表径流(净雨)过程**

地表径流过程可采用产流过程扣除地下径流时程分配的方法进行计算。地下径流 $R_g$ 的时程分配可以采用平均分配的形式,即

$$\bar{f} = \frac{R_g - R_{t_r-t_c}}{t_c}$$

式中  $\bar{f}$——流域平均稳定下渗率,mm/h;

$R_g$——浅层地下径流量,mm;

$R_{t_r-t_c}$——$t_r - t_c$ 时段内不产生地表径流的产流量,mm;

$t_c$——净雨历时,h。

## 三、设计洪水

设计洪水包括设计洪峰流量、不同时段设计洪量以及设计洪水过程线三个要素。根据工程所在地区或流域的资料条件,设计洪水计算可采用下列方法:

(1)工程地址或上下游邻近地点具有 30 年以上实测和插补延长的流量资料,应采用频率分析法计算设计洪水。

(2)工程所在地区具有 30 年以上实测和插补延长的暴雨资料,并有暴雨洪水对应关系时,可采用频率分析法计算设计暴雨,并由设计暴雨计算设计洪水。

(3)工程所在流域内洪水和暴雨资料短缺时,可利用邻近地区实测或调查洪水和暴雨资料,进行地区综合分析,计算设计洪水。

资料短缺地区的设计洪水,应采用多种方法,并对计算的成果进行综合分析,合理选定。常用方法有相关分析法、等值线图法、经验公式法、水文比拟法和水文调查法等。

**(一)由流量资料推求设计洪水(直接法)**

由流量资料推求设计洪峰及不同时段的设计洪量,可以使用数理统计方法,计算符合设计标准的数值,一般也称为洪水频率分析。

1. 设计洪峰、不同时段设计洪量计算

推求方法详见洪水频率分析章节内容。

2. 设计洪水过程线推求

设计洪水过程线是指具有某一设计标准的洪水过程线。目前一般采用放大典型洪水过程线的方法,使其洪峰流量和时段洪量的数值等于设计标准的频率值,即认为所得的过程线是待求的设计洪水过程线。在选定典型洪水过程线的基础上,目前采用的典型放大方法有

峰量同频率控制方法(简称同频率放大法)和按峰或量同倍比控制方法(简称同倍比放大法)。具体计算可参见《水利水电工程设计洪水计算规范》(SL 44)。

**(二)由暴雨资料推求设计洪水(间接法)**

我国大部分地区的洪水主要由暴雨形成。在实际工作中,中小流域常因流量资料不足无法直接用流量资料推求设计洪水,而暴雨资料一般较多,因此可用暴雨资料推求设计洪水。

设计暴雨及产流计算详见前述章节内容。

洪水汇流可采用净雨单位线、瞬时单位线和推理公式计算。其中推理公式法较为常用。

**(三)小流域设计洪水**

小流域设计洪水计算方法归纳起来有推理公式法、地区经验公式法、历时洪水调查分析法和综合单位线法以及水文模型等,其中应用最广泛的是推理公式法和综合瞬时单位线法。

1. 设计暴雨

小流域一般不考虑暴雨在流域面上的不均匀性,多以流域中心点的雨量代替全流域的设计面雨量。小流域的汇流时间短,从几十分钟到几小时,通常小于 1 d。

全国和各省(自治区、直辖市)均有暴雨洪水查算图表。在这种情况下,首先查出流域中心的年最大 24 h 降雨量均值 $\overline{x_{24}}$ 及 $C_v$ 值,再由 $C_s$ 与 $C_v$ 之比的分区图查得 $C_s/C_v$ 的值,由 $\overline{x_{24}}$、$C_v$ 及 $C_s$ 即可推求出流域中心点的某频率的 24 h 设计暴雨量。

上述推求的设计暴雨量为特定历时(24 h、6 h、1 h)的设计暴雨,而推求设计洪峰流量时需要给出任一历时的设计平均雨强或雨量。通常用暴雨公式,即暴雨的强度—历时关系将年最大 24 h(或 6 h 等)设计暴雨转化为所需历时的设计暴雨,目前多采用如下公式:

$$a_{t,p} = \frac{S_p}{t^n} \tag{5.3-1}$$

式中    $a_{t,p}$——历时为 $t$,频率为 $p$ 的平均暴雨强度,mm/h;

$S_p$——$t = 1$ h 的平均雨强,俗称雨力,mm/h;

$n$——暴雨参数或称暴雨衰减指数,$n = 0.60 \sim 0.80$。

或                                                                    $x_{t,p} = S_p t^{1-n} \tag{5.3-2}$

式中    $x_{t,p}$——频率为 $p$、历时为 $t$ 的暴雨量,mm。

暴雨参数可通过图解分析法来确定。一般水文手册中均有 $n$ 值分区图,可直接查用。

可根据各地水文手册,先查出设计流域的 $\overline{x_{24}}$、$C_v$,计算出 $x_{24,p} = \overline{x_{24}}(\Phi \times C_v + 1)$,其中 $\Phi$ 为离均系数,然后由式(5.3-1)或式(5.3-2)计算得出 $S_p$ 值。如地区水文手册已有 $S_p$ 等值线图,则可直接查用。

$S_p$ 及 $n$ 值确定后,即可用暴雨公式进行不同历时暴雨间的转换、24 h 雨量 $x_{24,p}$ 转换为 $t_h$ 的雨量 $x_{t,p}$,可以先求出 1 h 雨量 $x_{1,p(sp)}$,再由 $S_p$ 转换为 $t_h$ 雨量。

因 $x_{24,p} = a_{24,p} \times 24 = S_p \times 24^{1-n_2}$,则 $S_p = x_{24,p} \times 24^{n_2-1}$。

由求得的 $S_p$ 转求 $t_h$ 雨量 $x_{t,p}$ 为:

当 1 h ≤ $t$ ≤ 24 h 时,$x_{t,p} = S_p \times t^{1-n_2} = x_{24,p} \times 24^{n_2-1} \times t^{1-n_2}$。

当 $t < 1$ h 时,$x_{t,p} = S_p \times t^{1-n_1} = x_{24,p} \times 24^{n_2-1} \times t^{1-n_1}$。

设计暴雨过程是进行小流域产汇流计算的基础。小流域暴雨时程分配一般采用最大 3 h、6 h 及 24 h 作同频率控制,各地区水文图集或水文手册均载有设计暴雨分配的典型,可供参考。

**2. 设计净雨**

为了与设计洪水计算方法相适应, 本文着重介绍利用损失参数 $\mu$ 值得地区综合规律计算小流域设计净雨的方法。

$\mu$ 为损失参数, 是指产流历时 $t_c$ 内的平均损失强度, 即平均稳定入渗率, 它不仅反映地表的透水能力, 而且与降雨有关。根据推理公式法的假定, 在产流历时范围内 $\mu$ 值为常数, 一般可由各地《水文手册》查得。

当降雨历时 $T$(一般 $\leqslant 24$ h)大于产流历时 $t_c$, 且 $t_c < 24$ h 时可由下式求得:

$$\mu = (1 - n) n^{\frac{n}{1-n}} \left(\frac{S_p}{h_R^n}\right)^{\frac{1}{1-n}} \tag{5.3-3}$$

式中　$h_R$——地区综合的设计暴雨所产生的地面径流深, mm, 一般用 24 h 设计暴雨 $H_{24}$ 的径流深 $h_{24}$ 代替。

当 $t_c \geqslant 24$ h 时, 用 $\mu = (x_{24} - h_{24})/24$ 计算 $\mu$。

在 $t_c = \tau$ 这一特定假设条件下, 粗估损失参数时亦可采用下列公式计算 $\mu$:

$$\mu = (1 - n) S_p \tau_0^{-n} n^{\frac{n}{4-n}} \tag{5.3-4}$$

式中 $\tau_0 = 0.278^{\frac{3}{4-n}} / \left[\left(\frac{mL^{1/3}}{L}\right)^{\frac{4}{4-n}} (S_p F)^{\frac{1}{4-n}}\right]$, $L$ 为河长, 即沿主河道从出口断面至分水岭的最长距离, km; 其他符号意义同前。

**3. 设计洪峰**

**1) 推理公式法**

推理公式计算中涉及三类共 7 个参数, 即流域特征参数 $F$、$L$、$J$, 暴雨特征参数 $S_p$、$n$; 产汇流参数 $\mu$、$m$。为了推求设计洪峰值, 首先需要根据资料情况分别确定有关参数。对于没有任何观测资料的流域, 需查有关图集。因洪峰流量 $Q_m$ 和汇流时间 $\tau$ 互为隐函数, 而径流系数 $\varphi$ 对于全面汇流和部分汇流公式又不同, 因而需通过试算法或图解法求解。实际工作中常采用简单迭代法与牛顿迭代法计算, 其中牛顿迭代法收敛较快, 迭代次数少, 计算速度快, 精度可靠。以下是规范推荐的北京水利水电科学研究院提出的小流域设计洪水的推理公式。

$$\begin{cases} Q_m = 0.278 \left(\frac{S_p}{\tau^n} - \mu\right) F & \text{(全面汇流, } t_c \geqslant \tau\text{)} \tag{5.3-5} \\[2mm] Q_m = 0.278 \left(\frac{S_p t_c^{1-n} - \mu t_c}{\tau}\right) F & \text{(部分汇流, } t_c < \tau\text{)} \tag{5.3-6} \\[2mm] \tau = \frac{0.278 L}{m J^{\frac{1}{3}} Q_m^{\frac{1}{4}}} \tag{5.3-7} \\[2mm] t_c = \left[(1 - n) \frac{S_p}{\mu}\right]^{1/n} \tag{5.3-8} \end{cases}$$

式中　$Q_m$——设计洪峰流量, $\text{m}^3/\text{s}$;

　　　$F$——汇水面积, $\text{km}^2$;

　　　$S_p$——重现期(频率)为 $p$ 的最大 1 h 降雨强度, mm/h;

　　　$\tau$——流域汇流历时, h;

　　　$t_c$——净雨历时或称产流历时, h;

　　　$\mu$——损失参数, 即平均稳定入渗率, mm/h;

$n$——暴雨衰减指数,反映暴雨在时程分配上的集中(或分散)程度指标;

$m$——汇流参数,在一定概化条件下,通过对本地区实测暴雨洪水资料综合分析得出;

$L$——河长,即沿主河道从出口断面至分水岭的最长距离,km;

$J$——沿河长(流程)$L$的平均比降(以小数计)。

推理公式中的参数 $m$、$n$、$\mu$ 等一般通过实测暴雨洪水资料,经分析综合得出,或查全国和各省(自治区、市)的暴雨洪水查算图表、《水文手册》等合理选用。

对于无条件作地区综合分析的流域,其汇流参数 $m$ 可参考表5.3-2选用。

表 5.3-2 汇流参数 $m$ 查用

| 类别 | 雨洪特性、河道特性、土壤植被条件 | 推理公式洪水汇流参数 $m$ 值($\theta = \dfrac{L}{J^{1/3}}$) | | | |
|---|---|---|---|---|---|
| | | $\theta = 1 \sim 10$ | $\theta = 10 \sim 30$ | $\theta = 30 \sim 90$ | $\theta = 90 \sim 400$ |
| I | 北方半干旱地区、植被条件较差,以荒坡、梯田或少量的稀疏林为主的土石山区,旱作物较多,河道呈宽浅型,间隙性水流,洪水陡涨陡落 | 1.00 ~ 1.30 | 1.30 ~ 1.60 | 1.60 ~ 1.80 | 1.80 ~ 2.20 |
| II | 南北方地理景观过渡区,植被条件一般,以稀疏、针叶林、幼林为主的土石山区或流域内耕地较多 | 0.60 ~ 0.70 | 0.70 ~ 0.80 | 0.80 ~ 0.90 | 0.90 ~ 1.30 |
| III | 南方、东北湿润山丘区,植被条件良好,以灌木林、竹林为主的石山区,或森林覆盖度达 40% ~ 50%,或流域内多为水稻田、卵石,两岸滩地杂草丛生,大洪水多为尖瘦型,中小洪水多为矮胖型 | 0.30 ~ 0.40 | 0.40 ~ 0.50 | 0.50 ~ 0.60 | 0.60 ~ 0.90 |
| IV$_{1,2}$ | 雨量丰沛的湿润山,植被条件优良,森林覆盖度可高达 70% 以上,多为深山原始森林区,枯枝落叶层厚,壤中流较丰富,河床呈山区型,大卵石、大砾石河槽,有跌水,洪水多为陡涨缓落 | 0.20 ~ 0.30 | 0.30 ~ 0.35 | 0.35 ~ 0.40 | 0.40 ~ 0.80 |

表 5.3-2 中下垫面情况类别简要说明:

I 区——干旱、半干旱土石山区,黄土地区,这些地区多荒坡、旱作,且植被条件很差,如西北广大地区。

II 区——植被较差,杂草不茂盛,有稀疏树木,如河南豫西山丘及南方水土保持条件差的地区。

III 区——植被良好,有疏林灌丛。草地覆盖较厚,有水稻田或有一定岩溶,如南方及东北湿润区。

IV$_1$ 区——森林面积比重大的小流域,如海南省、湖南省部分地区。

IV$_2$ 区——强岩溶地区,暗河面积超过 50%,如广西部分地区。

2)经验公式法

计算洪峰流量的地区经验公式是根据一个地区各河流的实测洪水和调查洪水资料,找出洪峰流量与流域特征、降雨特性之间的相互关系,建立起来的关系方程式。这些方程都是根据某一地区实测经验数据制定的,只适用于该地区,所以称为地区经验公式。

地区经验公式包括设计洪峰流量单因素法、多因素法和洪峰统计参数经验公式等。在地区综合时要求流域具有代表性,适应于暴雨特性和流域特性比较一致的地区,综合的范围不可能太大。地区综合经验公式由于地区性很强,分析得出的经验性系数和指数不能随意移用至其他地区;由于综合时引用的各流域面积具有一定的范围,小流域的资料更少,原则上不能外延,不能用到过大或过小的设计流域上。

（1）单因素公式:

$$Q_m = C_p F^n \tag{5.3-9}$$

式中　$C_p$——随频率而变的经验性系数;

　　　　$n$——经验性指数;

　　　　其他符号意义同前。

（2）多因素公式。

为了反映小流域上形成洪峰的各种特效,目前各地较多地采用多因素经验公式。公式的形式有

$$Q_m = C h_{24,p} F^n \tag{5.3-10}$$

$$Q_m = C h_{24,p}^{\alpha} f^{\gamma} F^n \tag{5.3-11}$$

$$Q_m = C h_{24,p}^{\alpha} J^{\beta} f^{\gamma} F^n \tag{5.3-12}$$

式中　$f$——流域形状系数,$f = F/L^2$;

　　　　$J$——河道干流的平均坡度;

　　　　$h_{24,p}$——设计年最大 24 h 净雨量,mm;

　　　　$\alpha$、$\beta$、$\gamma$、$n$——指数;

　　　　$C$——综合系数。

$J$ 表示的是坡面与河道的平均坡降,须自分水岭起根据沿流程的比降变化特征点高程,按下式加权平均求得:

$$J = \frac{(Z_0 + Z_1)l_1 + (Z_1 + Z_2)l_2 + \cdots + (Z_{n-1} + Z_n)l_n - 2Z_0 L}{L^2} \tag{5.3-13}$$

式中　$Z_0, Z_1, \cdots, Z_n$——自出口断面起沿流程各特征地面的高程,m;

　　　　$l_1, l_2, \cdots, l_n$——各特征点间的距离,m。

3）特小流域设计洪峰计算

当缺乏必要的流域资料,而有暴雨资料时,对于特小流域($F < 10 \text{ km}^2$)的设计洪水,可采用下列地区综合经验公式计算:

$$Q_m = \varphi S_p F^{2/3} \qquad (F \geqslant 3 \text{ km}^2) \tag{5.3-14}$$

$$Q_m = \varphi S_p F \qquad (F < 3 \text{ km}^2) \tag{5.3-15}$$

式中　$\varphi$——径流系数;

　　　　其他符号意义同前。

$\varphi$ 一般根据当地实测水文资料分析,综合确定。不具备资料分析条件时,可按照设计流域前期雨量和土类的不同由表5.3-3确定。

【案例5.3-3】　湖南省湘江某支流欲修建一座以灌溉为主的小（1）型水库,工程位于北纬28°以南,流域面积2.93 km²,干流长度2.65 km,河道坡度0.033,用推理公式推求坝址处100 年一遇设计洪水洪峰流量。

表 5.3-3 径流系数参考值($\varphi$ 值)

| 前期雨量 | 土的类别 | | | | |
|---|---|---|---|---|---|
| | II 类土(黏土、肥沃黏壤土,含沙量 5% ~15%) | III 类土(灰化土、森林型黏壤土,含沙量 15% ~35%) | IV 类土(黑土、栗色土、生草沙壤土,含沙量 35% ~65%) | V 类土(沙壤土,含沙量 65% ~85%) | VI 类土(砂) |
| 前期大雨(年径流系数大于 0.5) | 0.90 | 0.85 | 0.80 | 0.60 | 0.45 |
| 前期中雨(年径流系数 0.5 ~0.3) | 0.80 | 0.75 | 0.65 | 0.50 | 0.35 |
| 前期小雨(年径流系数小于 0.3 及年径流深 300 mm 以下) | 0.60 | 0.55 | 0.50 | 0.40 | 0.25 |

(1)求 $S_p$、$n$。

由《湖南省小型水库水文手册》中的雨量参数图表,查得该流域中心多年平均 24 h 暴雨量均值 $\overline{H}_{24} = 120$ mm,$C_v = 0.4$,$C_s/C_v = 3.5$,$n_2 = 0.76$,$n_1 = 0.62$。

按 $C_s = 3.5C_v = 3.5 \times 0.4 = 1.4$,查得离均系数 $\Phi_{1\%} = 3.27$,据此计算得 100 年一遇最大 24 h 暴雨量为:$H_{24,1\%} = \overline{H}_{24}(\Phi_{1\%} \times C_v + 1) = 277(\text{mm})$,100 年一遇最大 24 h 设计雨力 $S_p = H_{24,1\%}/24^{1-n_2} = 277/24^{1-0.76} = 129(\text{mm/h})$。

(2)求 $\mu$。

由 $\mu$ 值等值线图查得该流域中心 $\mu = 2$ mm/h。

(3)净雨历时 $t_c$。

$$t_c = \left[ (1-n) \frac{S_p}{\mu} \right]^{1/n} = \left[ (1-0.76) \times \frac{129}{2} \right]^{1/0.76} = 36.8(\text{h})$$

(4)汇流参数 $m$。

根据手册中的经验公式计算汇流参数 $m$:

$$m = 0.54 \times \left( \frac{L}{J^{1/3}F^{1/4}} \right)^{0.15} = 0.54 \times \left( \frac{2.65}{(0.033)^{1/3}(2.93)^{1/4}} \right)^{0.15} = 0.71$$

(5)$Q_m$ 的试算。

将有关参数代入公式得:

$$\tau = \frac{0.278L}{mJ^{1/3}Q_m^{1/4}} = 3.235Q_m^{-0.25} \tag{1}$$

当 $t_c \geqslant \tau$ 时:$Q_m = 0.278 \left( \frac{S_p}{\tau^n} - \mu \right) F = 105.08\tau^{-0.76} - 1.63 \tag{2}$

当 $t_c < \tau$ 时:$Q_m = 0.278 \left( \frac{S_p t_c^{1-n} - \mu t_c}{\tau} \right) F = 189.69\tau^{-1} \tag{3}$

假设相对误差为 0.1%,以 $Q_m = 102$ m³/s 代入式(1)得 $\tau = 1.02$ h $< t_c$,由式(2)得 $Q_m =$

$102.05\ \mathrm{m}^3/\mathrm{s}$，两者相对误差为 $0.1\%$，故 $Q_m = 102\ \mathrm{m}^3/\mathrm{s}$，$\tau = 1.02\ \mathrm{h}$ 为本算例所求。

【案例5.3-4】 某项目开发建设的一大型渣场位于牡丹江某支流上。根据规划，渣场上游需建一座拦洪坝，坝址以上流域面积 $50\ \mathrm{km}^2$，河道长度 $16\ \mathrm{km}$，河道坡度 $8.75‰$，试用推理公式法推求 20 年一遇设计洪峰流量。

计算步骤如下：

（1）流域特征参数 $F$、$L$、$J$ 的确定：

已知：$F = 50\ \mathrm{km}^2$，$L = 16\ \mathrm{km}$，$J = 8.75‰ = 0.008\ 75$。

（2）设计暴雨特征参数 $n$ 和 $S_p$：

暴雨衰减指数 $n$ 的数值以定点雨量资料代替面雨量资料，暴雨衰减指数 $n = 0.60$，不作修正。该设计流域最大 24 h 雨量的统计参数为：

$$\overline{H}_{24,p} = 60\ \mathrm{mm}, C_v = 0.60, C_s/C_v = 3.5$$

则 20 年一遇最大 1 h 暴雨强度：

由 $C_v = 0.60$，$C_s/C_v = 3.5$ 查得 20 年一遇模比系数 $K_p = 2.20$，则 20 年一遇最大 1 h 暴雨强度（设计雨力）：

$$S_p = \overline{H}_{24,p} \times K_p \times 24^{n-1} = 60 \times 2.20 \times 24^{0.60-1} = 37\,(\mathrm{mm/h})$$

（3）产汇流参数 $\mu$、$m$ 的确定：

根据水文手册，该流域 $\mu = 3.0\ \mathrm{mm/h}$，$m = 0.056\ 7\left(\dfrac{L}{J^{1/3} F^{1/4}}\right) = 0.056\ 7 \times$

$\left(\dfrac{16}{0.008\ 75^{1/3} \times 50^{1/4}}\right) = 1.66$。

（4）净雨历时 $t_c$：

$$t_c = \left[(1-n)\frac{S_p}{\mu}\right]^{1/n} = \left[(1-0.60) \times \frac{37}{3}\right]^{1/0.60} = 14.3\,(\mathrm{h})$$

（5）$Q_m$ 的试算：

将有关参数代入相关计算式得：

$$\tau = \frac{0.278L}{mJ^{1/3}Q_m^{1/4}} = 13Q_m^{-0.25} \tag{1}$$

当 $t_c \geqslant \tau$ 时：$Q_m = 0.278\left(\dfrac{S_p}{\tau^n} - \mu\right)F = 514.3\tau^{-0.6} - 41.7 \tag{2}$

当 $t_c < \tau$ 时：$Q_m = 0.278\left(\dfrac{S_p t_c^{1-n} - \mu t_c}{\tau}\right)F = 894.3\tau^{-1} \tag{3}$

假设 $Q_m = 202\ \mathrm{m}^3/\mathrm{s}$，代入式（1）得 $\tau = 3.49\ \mathrm{h} < t_c$，由式（2）得 $Q_m = 203.01\ \mathrm{m}^3/\mathrm{s}$，两者相对误差为 $0.1\%$，故 $Q_m = 202\ \mathrm{m}^3/\mathrm{s}$，$\tau = 3.49\ \mathrm{h}$ 为本算例所求。

4. 设计洪水过程

一次洪水过程的总量可用下式计算：

$$W_p = 0.1\varphi \cdot H_p \cdot F$$
$$W_p = A \cdot F^m$$

式中 $W_p$——设计洪水总量，万 $\mathrm{m}^3$；

$\quad\quad H_p$——设计净雨量，$\mathrm{mm}$；

$A$、$m$——洪量地理参数及指数,可采用当地经验值;

其他符号意义同前。

与设计洪峰流量 $Q_m$ 和洪水总量 $W_p$ 相配合,其洪水概化过程线一般有三角形过程线、五边形过程线和无因次过程线。

(1)三角形概化过程线(见图 5.3-8)。

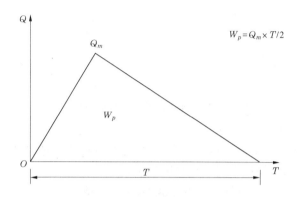

$$W_p = Q_m \times T/2$$

**图 5.3-8　三角形概化过程线模型**

(2)五边形概化过程线。

如图 5.3-9 系江西省采用的五边形设计洪水过程线模型(其他省、市、自治区均有类似的设计洪量和设计洪水计算过程线的计算方法),它利用峰、量同频率放大求得设计洪水过程线,与图 5.3-9 相配合,设计洪水的总历时 $T = 9.63W_p/Q_m$。

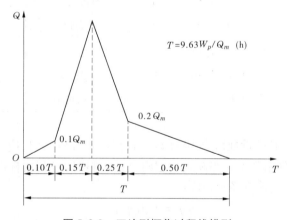

$$T = 9.63W_p/Q_m \ (h)$$

**图 5.3-9　五边形概化过程线模型**

(3)无因次概化过程线(见图 5.3-10)。

从理论上来说,设计洪水过程线以采用暴雨时程分配雨型为基础,按分段采用概化过程再叠加的方法,比较切合实际情况。

## 四、排水水文计算

(1)截(排)水沟设计排水流量,采用下列小流域面积设计流量公式计算:

$$Q_m = 16.67\varphi q F \tag{5.3-16}$$

式中　$q$——设计重现期和降雨历时内的平均降雨强度,mm/min;

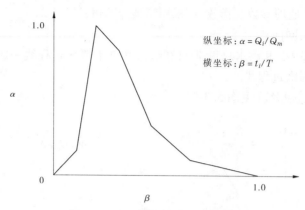

纵坐标：$\alpha = Q_i / Q_m$

横坐标：$\beta = t_i / T$

**图 5.3-10　无因次概化过程线模型**

其他符号意义同前。

径流系数 $\varphi$ 按照表 5.3-4 要求确定。若汇水面积内有两种或两种以上不同地表种类时,应按不同地表种类面积加权求得平均径流系数 $\varphi$。

**表 5.3-4　径流系数参考值($\varphi$ 值)**

| 地表种类 | 径流系数($\varphi$) | 地表种类 | 径流系数($\varphi$) |
|---|---|---|---|
| 沥青混凝土路面 | 0.95 | 起伏的山地 | 0.60 ~ 0.80 |
| 水泥混凝土路面 | 0.90 | 细粒土坡面 | 0.40 ~ 0.65 |
| 粒料路面 | 0.60 ~ 0.80 | 平原草地 | 0.40 ~ 0.65 |
| 粗粒土坡面和路肩 | 0.10 ~ 0.30 | 一般耕地 | 0.40 ~ 0.60 |
| 陡峻的山地 | 0.75 ~ 0.90 | 落叶林地 | 0.35 ~ 0.60 |
| 硬质岩石坡面 | 0.70 ~ 0.85 | 针叶林地 | 0.25 ~ 0.50 |
| 软质岩石坡面 | 0.50 ~ 0.80 | 粗砂土坡面 | 0.10 ~ 0.30 |
| 水稻田、水塘 | 0.70 ~ 0.80 | 卵石、块石坡地 | 0.08 ~ 0.15 |

(2)当工程场址及其邻近地区有 10 年以上自记雨量计资料时,应利用实测资料整理分析得到设计重现期的降雨强度。当缺乏自记雨量计资料时,可利用标准降雨强度等值线图和有关转换系数,按下式计算降雨强度:

$$q = C_p C_t q_{5,10}$$

式中　$q_{5,10}$——5 年重现期和 10 min 降雨历时的标准降雨强度,mm/min,可按工程所在地区,查我国 5 年一遇 10 min 降雨强度($q_{5,10}$)等值线图(见图 5.3-11);

　　　$C_t$——降雨历时转换系数,为降雨历时 $t$ 的降雨强度 $q_t$ 同 10 min 降雨历时的降雨强度 $q_{10}$ 的比值($q_t/q_{10}$),按工程所在地区的 60 min 转换系数($C_{60}$),$C_{60}$ 可查我国 60 min 降雨强度转换系数($C_{60}$)等值线图(见图 5.3-12),降雨历时转换系数见表 5.3-5;

　　　$C_p$——重现期转换系数,为设计重现期降雨强度 $q_p$ 同标准重现期降雨强度 $q_5$ 的比值($q_p/q_5$),按工程所在地区,由表 5.3-6 确定。

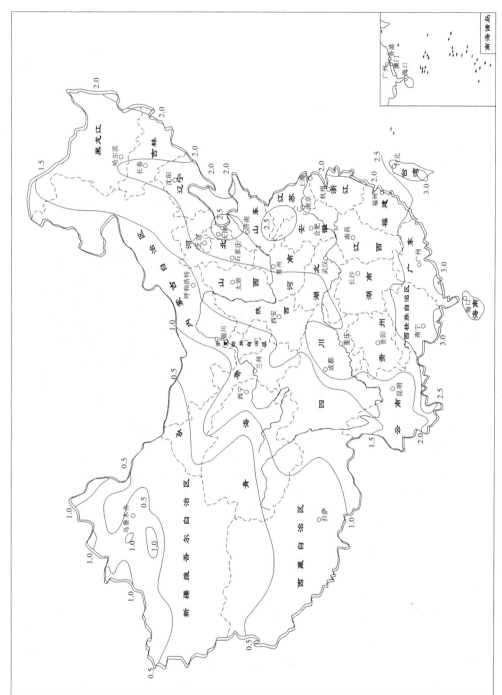

图 5.3-11 我国 5 年一遇 10 min 降雨强度（$q_{5,10}$）等值线图（单位：mm/min）

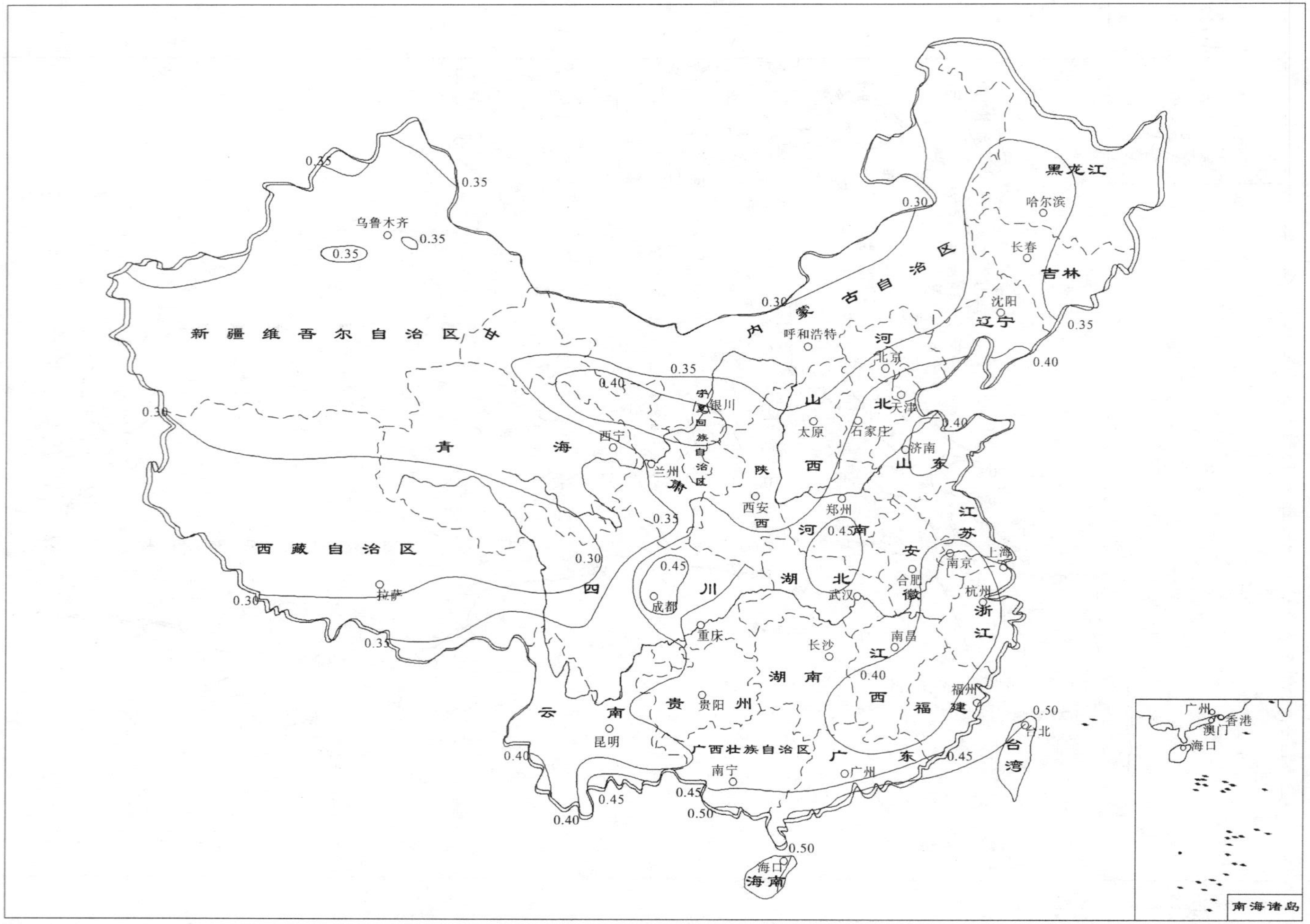

图 5.3-12　我国 60 min 降雨强度转换系数（$C_{60}$）等值线图

表 5.3-5　降雨历时转换系数($C_t$)

| $C_{60}$ | 降雨历时 $t$(min) | | | | | | | | | | |
|---|---|---|---|---|---|---|---|---|---|---|---|
| | 3 | 5 | 10 | 15 | 20 | 30 | 40 | 50 | 60 | 90 | 120 |
| 0.30 | 1.40 | 1.25 | 1.00 | 0.77 | 0.64 | 0.50 | 0.40 | 0.34 | 0.30 | 0.22 | 0.18 |
| 0.35 | 1.40 | 1.25 | 1.00 | 0.80 | 0.68 | 0.55 | 0.45 | 0.39 | 0.35 | 0.26 | 0.21 |
| 0.40 | 1.40 | 1.25 | 1.00 | 0.82 | 0.72 | 0.59 | 0.50 | 0.44 | 0.40 | 0.30 | 0.25 |
| 0.45 | 1.40 | 1.25 | 1.00 | 0.84 | 0.76 | 0.63 | 0.55 | 0.50 | 0.45 | 0.34 | 0.29 |
| 0.50 | 1.40 | 1.25 | 1.00 | 0.87 | 0.80 | 0.68 | 0.60 | 0.55 | 0.50 | 0.39 | 0.33 |

表 5.3-6　重现期转换系数($C_p$)

| 地区 | 重现期 $p$(年) | | | |
|---|---|---|---|---|
| | 3 | 5 | 10 | 15 |
| 海南、广东、广西、云南、贵州、四川东、湖南、湖北、福建、江西、安徽、江苏、浙江、上海、台湾 | 0.86 | 1.00 | 1.17 | 1.27 |
| 黑龙江、吉林、辽宁、北京、天津、河北、山西、河南、山东、四川西、西藏 | 0.83 | 1.00 | 1.22 | 1.36 |
| 内蒙古、陕西、甘肃、宁夏、青海、新疆(非干旱区) | 0.76 | 1.00 | 1.34 | 1.54 |
| 内蒙古、陕西、甘肃、宁夏、青海、新疆(干旱区,约相当于 5 年一遇 10 mm 降雨强度小于 0.5 mm/mim 的地区) | 0.71 | 1.00 | 1.44 | 1.72 |

(3)降雨历时一般取设计控制点的汇流时间,其值为汇水区最远点到排水设施处的坡面汇流历时 $t_1$ 与在沟(管)内的沟(管)汇流历时 $t_2$ 之和。在考虑路面表面排水时,可不计沟(管)内的汇流历时 $t_2$。$t_1$ 及其相应的地表粗糙系数($m_1$)按柯比(Kerby)公式计算:

$$t_1 = 1.445\left[\frac{m_1 L_s}{\sqrt{i_s}}\right]^{0.467} \tag{5.3-17}$$

式中　$t_1$——坡面汇流历时,min;

$L_s$——坡面流的长度,m;

$i_s$——坡面流的坡降(以小数计);

$m_1$——地面粗糙系数,可按地表情况查表 5.3-7 确定。

表 5.3-7　地面粗糙系数参考值($m_1$ 值)

| 地表状况 | 粗糙系数($m_1$) | 地表状况 | 粗糙系数($m_1$) |
|---|---|---|---|
| 光滑的不透水地面 | 0.02 | 牧草地、草地 | 0.40 |
| 光滑的压实地面 | 0.10 | 落叶树林 | 0.60 |
| 稀疏草地、耕地 | 0.20 | 针叶树林 | 0.80 |

(4)计算沟(管)内汇流历时 $t_2$ 时,先在断面尺寸、坡度变化点或者有支沟(支管)汇入处分段,分别计算各段的汇流历时后再叠加而得,即

$$t_2 = \sum_{i=1}^{n} \frac{l_i}{60v_i} \tag{5.3-18}$$

式中　$t_2$——沟(管)内汇流历时,min;

　　　$n$ 和 $i$——分段数和分段序号;

　　　$l_i$——第 $i$ 段的长度,m;

　　　$v_i$——第 $i$ 段的平均流速,m/s。

沟(管)的平均流速 $v$(m/s)可按下式计算,或采用系齐哈(Rziha)公式 $v = 20i_g^{0.6}$ 近似估算沟(管)平均流速,其中 $i_g$ 为该段排水沟(管)的平均坡度。

$$v = \frac{1}{n} R^{2/3} I^{1/2} \tag{5.3-19}$$

式中　$n$——沟壁(管壁)的粗糙系数,按表 5.3-8 确定;

　　　$R$——水力半径,m,$R = A/\chi$,$\chi$ 为过水断面湿周,m;

　　　$I$——水力坡度,可取沟(管)的底坡(以小数计)。

表 5.3-8　排水沟(管)壁的粗糙系数($n$ 值)

| 排水沟(管)类别 | 粗糙系数($n$) | 排水沟(管)类别 | 粗糙系数($n$) |
|---|---|---|---|
| 塑料管(聚氯乙烯) | 0.010 | 植草皮明沟($v = 1.8$ m/s) | $0.050 \sim 0.090$ |
| 石棉水泥管 | 0.012 | 浆砌石明沟 | 0.025 |
| 铸铁管 | 0.015 | 浆砌片石明沟 | 0.032 |
| 波纹管 | 0.027 | 水泥混凝土明沟(抹面) | 0.015 |
| 岩石质明沟 | 0.035 | 水泥混凝土明沟(预制) | 0.012 |
| 植草皮明沟($v = 0.6$ m/s) | $0.035 \sim 0.050$ | | |

【案例 5.3-5】　某水电站枢纽工程位于广东湛江地区,欲修建永临结合进厂道路,路面采用沥青混凝土路面。单侧路面和路肩横向排水的宽度为 11.25 m,路面坡度为 2%,排水沟路线纵向坡度为 1%。拟在路肩外边缘设置拦水带,试计算排水沟(水泥混凝土明沟)排水设计流量。

计算步骤:

(1)汇水面积和径流系数。

假设出水口间的距离为 $l$,则两个出水口之间的汇水面积为

$$F = l \times 11.25 \times 10^{-6} (\text{km}^2)$$

查表 5.3-4,径流系数 $\varphi = 0.95$。

(2)汇流历时和设计重现期。

设汇流历时为 5 min,根据该公路的重要性,取设计重现期为 5 年一遇。

(3)降雨强度。

按照该工程所在的地区,由图 5.3-11 查得 5 年一遇重现期 10 min 降雨历时的降雨强度 $q_{5,10} = 2.8$ mm/min。查表 5.3-5,得该地区 5 年一遇重现期时的重现期转换系数 $C_p = 1.00$。

根据图 5.3-12,得该地区 60 min 降雨强度转换系数 $C_{60} = 0.5$。据表 5.3-6,5 min 降雨历时转换系数 $C_5 = 1.25$,则 $q = 1.0 \times 1.25 \times 2.8 = 3.5 ( \mathrm{mm/min})$。

（4）设计排水流量。

$$Q_m = 16.67 \times 0.95 \times 3.5 \times l \times 11.25 \times 10^{-6} = 0.000\,624l\,(\mathrm{m^3/s})$$

如选取出水口间距为 50 m,则设计流量为 0.031 2 $\mathrm{m^3/s}$。

（5）汇流历时检验。

查表 5.3-7,得地表粗糙系数 $m_1 = 0.012$:

$$t_1 = 1.445 \times \left( \frac{0.012 \times 11.25}{\sqrt{0.02}} \right)^{0.467} = 1.41 (\mathrm{min})$$

$$v = 20 \times (0.01)^{0.6} = 1.26 (\mathrm{m/s})$$

据此可计算得管沟汇流历时 $t_2$:

$$t_2 = 50 / (60 \times 1.26) = 0.66 (\mathrm{min})$$

于是 $t = t_1 + t_2 = 2.07\ \mathrm{min} < 5\ \mathrm{min}$,符合原假设,计算结果正确。

【案例 5.3-6】 某公路位于陕北地区,路堑开挖边坡为软质岩石坡面,坡面面积 1 650 $\mathrm{m^2}$,坡度为 1:0.2,坡面流长度为 15 m,设计排水重现期为 10 年一遇,欲在坡脚处修建一岩石质矩形排水沟,长 210 m,底坡 1%,试求排水沟的设计流量。

计算步骤:

（1）汇水面积和径流系数。

$F = 1\,650\ \mathrm{m^2}$,软质岩石坡面的径流系数 $\varphi = 0.70$。

（2）汇流历时和降雨强度。

假设汇流历时为 10 min。

该地区 5 年重现期 10 min 降雨历时的降雨强度 $q_{5,10} = 1.6\ \mathrm{mm/min}$;该地区 10 年一遇重现期时的重现期转换系数 $C_p = 1.34$;该地区 60 min 降雨强度转换系数 $C_{60} = 0.38$。10 min 降雨历时转换系数 $C_{10} = 1.00$。则 10 年重现期设计降雨强度 $q = 1.34 \times 1.00 \times 1.6 = 2.14 (\mathrm{mm/min})$。

（3）设计排水流量。

$$Q_m = 16.67 \times 0.70 \times 2.14 \times 1\,650 \times 10^{-6} = 0.041\,2 (\mathrm{m^3/s})$$

（4）汇流历时检验。

查表 5.3-8 得边坡的地表粗糙系数 $m_1 = 0.02$,已知 $L_s = 15\ \mathrm{m}$,则:

$$t_1 = 1.445 \times \left( \frac{0.02 \times 15}{\sqrt{5}} \right)^{0.467} = 0.57 (\mathrm{min})$$

设排水沟底宽为 0.40 m,水深 0.40 m,则排水沟过水断面面积 $A = 0.16\ \mathrm{m^2}$,水力半径 $R = 0.13\ \mathrm{m}$。岩石边沟的粗糙系数取为 $n_1 = 0.035$。按照曼宁公式计算排水边沟内的平均流速为:

$$v = \frac{1}{0.035} \times 0.13^{2/3} \times 0.01^{1/2} = 0.73 (\mathrm{m/s})$$

因而,沟内汇流历时 $t_2 = l/v = 210/0.73 = 4.8 (\mathrm{min})$

由此,汇流历时为 $t = t_1 + t_2 = 5.3\ \mathrm{min} < 10\ \mathrm{min}$,符合原假设,计算结果正确。

# 第四节　稳定分析计算

水土流失综合治理工程中的淤地坝、拦沙坝、塘坝、滚水坝等工程,以及生产建设项目中的取土场、弃渣场和拦挡工程中的拦渣坝、拦渣堤、围渣堰、挡渣墙等建筑物,在设计中都要进行稳定分析计算。不同类型的工程,稳定分析计算的内容也不相同。对于取土场、弃渣场,要进行边坡稳定计算;对于淤地坝、拦沙坝、塘坝、滚水坝及弃渣拦挡工程,其稳定计算的内容依建筑物的结构型式要分别进行边坡稳定或整体抗滑稳定、抗倾覆稳定及应力分析等。归纳上述拦挡工程的结构型式,按组成建筑物的材料不同可分为两种情况:一是由土(土石)等填筑材料建成的土(石)坝、堤、堰等,二是采用砌石(混凝土或钢筋混凝土)等材料建成的重力坝、墙等。对于土(石)坝、堤、堰等工程要进行边坡稳定及渗流计算;对于重力坝、墙等工程要进行基底抗滑稳定、整体抗倾覆稳定计算,并对自身或基底应力进行校核。分析上述水土保持工程稳定计算的内容,基本可归纳为土(石)坝、重力坝和挡渣墙三类工程的稳定计算。本教材从该三类工程稳定分析计算涉及的基本概念、原理和方法,以及各类水土保持工程在稳定分析计算中应注意的问题分别进行介绍。

## 一、土(石)坝稳定分析计算

土(石)坝要进行边坡抗滑稳定及渗流计算。

### (一)边坡抗滑稳定

#### 1.基本概念

对于边坡,稳定是相对于滑动而言的,凡不滑动的边坡即为稳定边坡。边坡的滑动一般是指天然的或人工边坡由于某种原因(如地表水、地下水的活动,土坡上过大的荷载,干裂、冻胀和地震等)破坏了它的力学条件,使边坡在一定范围内沿某一滑动面向下或向外移动,即所谓的失稳。土坡失稳的内在因素是滑动面上的剪应力超过了土体的抗剪强度。

边坡稳定性一般用抗滑稳定安全系数 $K$ 来衡量,$K$ 是边坡抗滑力(或力矩)与滑动力(或力矩)的比值。工程设计一般都要求 $K \geqslant 1.0$,$K$ 值的大小要根据工程的等级按有关规范确定。

#### 2.计算原理

图 5.4-1 为一黏性土坡,假定土体剪破面为圆弧状,取单位坡长(1 m)视作平面问题进行分析。选任意圆心 $O$ 和半径 $R$ 画弧,弧 $CB$ 即为假定的滑动面,滑动土体在其自重作用下向下滑动,其作用力称为滑动力,滑动面上抵抗土体滑动的力称为抗滑力,二力对滑动圆心 $O$ 的力矩分别叫滑动力矩 $M_{滑}$ 与抗剪力矩 $M_{抗}$,则土坡稳定安全系数为:

$$K = \frac{M_{抗}}{M_{滑}}$$

我们以 $K$ 值大小来判定该土坡是否沿滑动面 $CB$ 产生滑动。

显然,当滑弧位置改变后,$M_{抗}$ 与 $M_{滑}$ 将发生变化,$K$ 值亦随之变化。但对于一已知土坡来说必将有一个最小的 $K$ 值,其所对应的圆心和圆弧称为最危险的滑动圆心和最危险的滑动圆弧。工程设计中确定土坡是否稳定,关键是求出最危险的滑动圆心和最危险的滑动圆弧,看其所对应的 $K$ 值是否满足稳定要求。

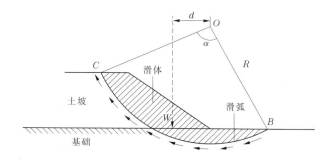

图 5.4-1　土坡滑弧示意图

为了求得最危险的滑动圆心及最危险的滑动圆弧所对应的 $K$ 值,应在土坡上假定多个圆弧,按上式求出 $K$ 值,$K$ 值最小的圆弧,即为土坡的最危险滑弧。

3. 计算方法

土质边坡极限平衡分析法是建立在摩尔—库仑强度准则基础上的,不考虑土体的本构特性,只考虑静力(力和力矩)平衡条件的稳定分析方法。也就是说,通过分析土体在破坏那一刻的静力(力和力矩)平衡来求解边坡的稳定问题。在大多数情况下,问题是静不定的。为解决这个问题,需要引入一些假定进行简化,使问题变得静定可解。由于简化假设条件的不同,就有不同的方法,对同一稳定问题,不同的解法有不同的结果,总的来说这些结果相差不大。

虽然边坡稳定分析计算的方法较多,常用的有简化毕肖普法、瑞典圆弧法、改良圆弧法及摩根斯坦—普莱斯法。各计算方法简述如下。

1) 圆弧滑动法稳定计算公式(见图 5.4-2)

(1) 简化毕肖普法:

$$K = \frac{\sum \left\{ \left[ (W \pm V)\sec\alpha - ub\sec\alpha \right]\tan\varphi' + c'b\sec\alpha \right\} \left[ 1/(1 + \tan\alpha\tan\varphi'/K) \right]}{\sum \left[ (W \pm V)\sin\alpha + M_C/R \right]}$$

(5.4-1)

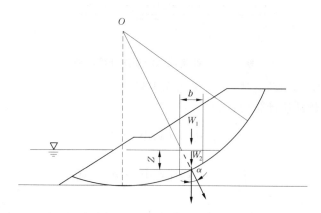

图 5.4-2　圆弧滑动法计算简图

(2) 瑞典圆弧法:

$$K = \frac{\sum \{[(W \pm V)\cos\alpha - ub\sec\alpha - Q\sin\alpha]\tan\varphi' + c'b\sec\alpha\}}{\sum [(W \pm V)\sin\alpha + M_C/R]} \tag{5.4-2}$$

式中  $b$——条块宽度，m；

$\quad\quad W$——条块重力，kN；

$\quad\quad W_1$——在边坡外水位以上的条块重力，kN；

$\quad\quad W_2$——在边坡外水位以下的条块重力，kN；

$\quad\quad Q$、$V$——水平和垂直地震惯性力（向上为负，向下为正），kN；

$\quad\quad u$——作用于土条底面的孔隙压力，kPa；

$\quad\quad \alpha$——条块的重力线与通过此条块底面中点的半径之间的夹角，(°)；

$\quad\quad c'$、$\varphi'$——土条底面的有效应力抗剪强度指标，单位分别为 kPa、(°)；

$\quad\quad M_C$——水平地震惯性力对圆心的力矩，kN·m；

$\quad\quad R$——圆弧半径，m。

2）改良圆弧滑动法计算公式（见图 5.4-3）

改良圆弧滑动法计算公式为

$$K = \frac{P_n + S}{P_a} \tag{5.4-3}$$

$$S = W\tan\varphi + cL \tag{5.4-4}$$

式中  $W$——土体 $B'BCC'$ 的有效重量，kN；

$\quad\quad c,\varphi$——软弱土层的凝聚力（kPa）及内摩擦角（°）；

$\quad\quad P_a$——滑动力，kN；

$\quad\quad P_n$——抗滑力，kN。

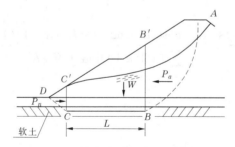

**图 5.4-3  改良圆弧滑动法计算简图**

3）摩根斯顿—普赖斯法计算公式（见图 5.4-4）

摩根斯顿—普赖斯法计算公式为

$$\int_a^b p(x)s(x)\,\mathrm{d}x = 0 \tag{5.4-5}$$

$$\int_a^b p(x)s(x)t(x)\,\mathrm{d}x - M_e = 0 \tag{5.4-6}$$

$$p(x) = \left(\frac{\mathrm{d}W}{\mathrm{d}x} \pm \frac{\mathrm{d}V}{\mathrm{d}x} + q\right)\sin(\varphi_e' - \alpha) - u\sec\alpha\sin\varphi_e' + c_e'\sec\alpha\cos\varphi_e' - \frac{\mathrm{d}Q}{\mathrm{d}x}\cos(\varphi_e' - \alpha) \tag{5.4-7}$$

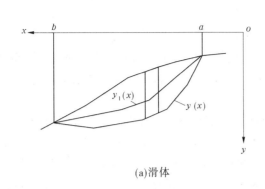
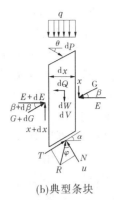

(a)滑体　　　　　　　　　(b)典型条块

图 5.4-4　摩根斯顿—普赖斯法(改进方法)计算简图

$$s(x) = \sec(\varphi_e' - \alpha + \beta)\exp\left[-\int_{}^{x}\tan(\varphi_e' - \alpha + \beta)\frac{\mathrm{d}\beta}{\mathrm{d}\zeta}\mathrm{d}\zeta\right] \qquad (5.4\text{-}8)$$

$$t(x) = \int_{a}^{x}(\sin\beta - \cos\beta\tan\alpha)\exp\left[\int_{\alpha}^{\xi}\tan(\varphi_e' - \alpha + \beta)\frac{\mathrm{d}\beta}{\mathrm{d}\zeta}\mathrm{d}\zeta\right]\mathrm{d}\xi \qquad (5.4\text{-}9)$$

$$M_e = \int_{a}^{b}\frac{\mathrm{d}Q}{\mathrm{d}x}h_e\mathrm{d}x \qquad (5.4\text{-}10)$$

$$c_e' = \frac{c'}{K} \qquad (5.4\text{-}11)$$

$$\tan\varphi_e' = \frac{\tan\varphi'}{K} \qquad (5.4\text{-}12)$$

式中　$\mathrm{d}x$——土条宽度,m;

　　　$\mathrm{d}W$——土条重量,kN;

　　　$c'$、$\varphi'$——条块底面上的有效凝聚力(kPa)和内摩擦角(°);

　　　$q$——坡顶外部的垂直荷载,kN/m;

　　　$M_e$——水平地震惯性力对土条底部中点的力矩,kN·m;

　　　$\mathrm{d}Q$、$\mathrm{d}V$——土条的水平和垂直地震惯性力($\mathrm{d}Q$ 方向与边坡滑动方向一致时取"$+$",
　　　　　反之取"$-$";$\mathrm{d}V$ 向上取"$-$",向下取"$+$"),kN;

　　　$\alpha$——条块底面与水平面的夹角,以水平线为起始线,逆时针为正角,顺时针为负角,
　　　　　(°);

　　　$\beta$——条块侧面的合力与水平方向的夹角,以水平线为起始线,逆时针为正角,顺时针
　　　　　为负角,(°);

　　　$h_e$——水平地震惯性力到土条底面中点的垂直距离,m。

4. 计算条件

抗滑稳定计算时,可根据各种运用情况按表 5.4-1 选用土的强度指标。

表 5.4-1　土的强度指标

| 工作状况 | 计算方法 | 强度指标 |
|---|---|---|
| 无渗流、稳定渗流期和不稳定渗流期 | 有效应力法 | $c'$,$\varphi'$ |
| 不稳定渗流期 | 总应力法 | $c_{cu}$,$\varphi_{cu}$ |

运用式(5.4-1)、式(5.4-2)时,应遵守下列规定:

(1)静力计算时,地震惯性力应等于零。

(2)坝体(或弃渣)无渗流期运用,条块为湿容重。

(3)稳定渗流期用有效应力法计算,孔隙压力 $u$ 应由"$u - \gamma_w Z$"代替,条块重 $W = W_1 + W_2$,$W_1$ 为外水位以上条块实重,浸润线以上为湿重,浸润线和外水位之间为饱和重,$W_2$ 为外水位以下条块浮重。

(4)水位降落期用有效应力法计算时,应按降落后的水位计算,方法同(3)。用总应力法计算时,$c'$、$\varphi'$ 应采用 $c_{cu}$、$\varphi_{cu}$ 代替;分子应采用水位降落前条块重 $W = W_1 + W_2$,$W_1$ 为外水位以上条块湿重,$W_2$ 为外水位以下条块浮重;分母应采用水位降落后条块重 $W = W_1 + W_2$,$W_1$ 在浸润线以上为湿重,浸润线和外水位之间为饱和重,$W_2$ 为外水位以下条块浮重;$u$ 采用 $u_i - \gamma_w Z$ 代替,$u_i$ 为水位降落前孔隙压力。

**(二)渗透计算**

1.基本概念

水在压力作用下流过建筑物(如土石坝)或基础土壤孔隙的现象叫渗透,渗透会对建筑物的稳定问题造成影响,因此渗透计算的目的:一是确定坝体浸润线位置,为坝坡稳定计算提供依据;二是计算坝坡和坝体的渗流量;三是求出坝体和坝基的局部地区的渗流坡降,验算该处是否会发生渗透破坏。根据这些成果,对初步拟定的坝体断面进行修改。

2.计算方法

1)土坝的渗流计算

土坝的渗流计算一般是采用水力学方法,用来近似确定浸润线的位置,计算渗流流量、平均流速和坡降。

下面主要介绍不透水地基上均质土坝的渗流计算公式。

(1)贴坡式排水(或无排水)。

第一,求替代上游三角体 $ABC$ 的渗流水头损失而虚拟的矩形体宽 $\Delta L$(见图5.4-5):

$$\Delta L = \frac{m_1}{2m_1 + 1} \cdot H_1 \tag{5.4-13}$$

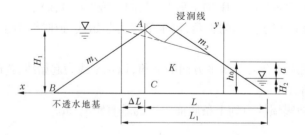

图5.4-5　不透水地基上贴坡排水(或无排水)均质土坝渗流示意

第二,求单宽渗流量 $q$:

$$q = K\left[\frac{(H_1 - H_2)^2}{L_1 - m_2 H_2 + \sqrt{(L_1 - m_2 H_2)^2 - m_2^2(H_1 - H_2)^2}} + \frac{(H_1 - H_2)H_2}{L_1 - 0.5 m_2 H_2}\right] \tag{5.4-14}$$

第三,求下游坝坡渗出点水深 $h_0$:

$$h_0 = \frac{\left[2(m_2 + 0.5)^2(h_0 - H_2) + m_2 H_2\right](m + 0.5)}{2(m_2 + 0.5)^2 h_0 + m_2 H_2} \cdot \frac{q}{K} + H_2 \qquad (5.4\text{-}15)$$

第四,坝体浸润线方程:

$$y^2 = \frac{H_1^2 - h_0^2}{L_1 - m_2 h_0} \cdot x + h_0^2 \qquad (5.4\text{-}16)$$

式中  $H_1$、$H_2$——上、下游水深,m;

$\quad\quad m_1$、$m_2$——上、下游坡率;

$\quad\quad K$——坝体渗透系数,m/s;

$\quad\quad \Delta L$——替代上游三角体 $ABC$ 的渗流水头损失而虚拟的矩形体宽,m;

$\quad\quad q$——坝体单宽渗流量,$m^3/(s \cdot m)$;

$\quad\quad h_0$——下游坝坡渗出点水深,m;

$\quad\quad$其余符号含义见图 5.4-5。

如下游无水,以 $H_2 = 0$ 代入以上各式。

(2)水平褥垫排水。水平褥垫排水一般用于下游无水的情况。排水褥垫起点处的渗流水深 $h_0$ 为:

$$h_0 = \sqrt{L_1^2 + H_1^2} - L_1 \qquad (5.4\text{-}17)$$

通过坝体的单宽渗流量 $q$:

$$q = K h_0 \qquad (5.4\text{-}18)$$

替代上游三角体的渗流水头损失而虚拟的矩形体宽 $\Delta L$ 的计算同前。

坝体浸润线方程为:

$$y^2 = 2\frac{q}{K}x + h_0^2 \qquad (5.4\text{-}19)$$

浸润线伸入水平褥垫的长度:

$$a_0 = \frac{1}{2}h_0 \qquad (5.4\text{-}20)$$

式中,符号意义见图 5.4-6。

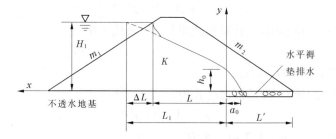

图 5.4-6  不透水地基上水平褥垫排水均质土坝渗流示意

(3)棱体排水。无论下游有水或无水,棱体起端的渗流水深 $h_0$ 为:

$$h_0 = H_2 + \sqrt{L_1^2 + (H_1 - H_2)^2} - L_1 \qquad (5.4\text{-}21)$$

通过坝体的单宽渗流量 $q$:

$$q = K\frac{H_1^2 - h_0^2}{2L_1} \qquad (5.4\text{-}22)$$

式中,符号意义见图 5.4-7。替代上游三角体的渗流水头损失而虚拟的矩形体宽 $\Delta L$ 的计算同前;坝体浸润线方程同前。

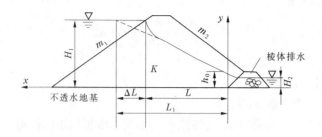

**图 5.4-7    不透水地基上棱体排水均质土坝渗流示意**

2)堆石坝的渗透计算

碾压堆石拦渣坝类似于水工建筑物渗透堆石坝,本节的计算方法、公式和相关参数参考《混凝土面板堆石坝设计规范》(DL/T 5016)和《堆石坝设计》(电力工业部东北勘测设计院、浙江省水利厅著)中的渗透堆石坝。

(1)堆石中渗流速度。

堆石中的渗流并不服从达西定律,其渗透流速与水力坡降之间并不成直线比例,不同粒径的渗透流速计算公式如下:

①大粒径石料($D > 30$ mm)。

对于粒径大于 30 mm 的碎石,其过水断面平均渗透流速公式如下:

$$v = C_0 \cdot P \cdot (D \cdot J)^{1/2} \tag{5.4-23}$$

式中    $C_0$——谢才系数,计算公式为 $C_0 = 20 - 14/D$(当 $0.1 < J < 1.0$ 时);

   $P$——堆石孔隙率;

   $D$——石块化成球体的直径,cm;

   $J$——水力坡降。

式(5.4-23)是针对磨圆的石块而言的,对于有棱角的石块,可将式(5.4-23)写为

$$v = A \cdot P \cdot J^{1/2} \tag{5.4-24}$$

式中    $A$——系数,由试验确定,计算公式可写为 $A = C_0 \cdot D^{1/2}$;

   其他符号意义同前。

②小粒径石料($D < 30$ mm)。

对于粒径不大的碎石,渗透流速公式为

$$v = A \cdot P \cdot J^{1/m} \tag{5.4-25}$$

当 $J < 0.1$ 时        $m = 1.7 - 0.25/D_m^{3/2}$        (5.4-26)

当 $0.1 < J < 0.8$ 时        $m = 2 - 0.30/D_m^{3/2}$        (5.4-27)

式中    $D_m$——堆石平均粒径,cm;

   $m$——介于 1~2 之间,可按照式(5.4-26)、式(5.4-27)计算;

   其他符号意义同前。

③简化公式。

若令前述公式中 $A \cdot P = K$,则:

$$v = K \cdot J^{1/2} \tag{5.4-28}$$

式中 $K$——渗透系数,可查表5.4-2获得;

其他符号意义同前。

表5.4-2 堆石渗透系数 $K$ 值

| 石块特性 | 按形状 | 圆形的 | 圆形与棱角之间的 | 棱角的 |
|---|---|---|---|---|
| | 按组成 | 冲积的 | 冲积与开采之间的 | 开采的 |
| 孔隙率 | | 0.40 | 0.46 | 0.50 |
| 球状石块的平均直径 $d$(cm) | | | 渗透系数(m/s) | |
| 5 | | 0.15 | 0.17 | 0.19 |
| 10 | | 0.23 | 0.26 | 0.29 |
| 15 | | 0.30 | 0.33 | 0.37 |
| 20 | | 0.35 | 0.39 | 0.43 |
| 25 | | 0.39 | 0.44 | 0.49 |
| 30 | | 0.43 | 0.48 | 0.53 |
| 35 | | 0.46 | 0.52 | 0.58 |
| 40 | | 0.50 | 0.56 | 0.62 |
| 45 | | 0.53 | 0.60 | 0.66 |
| 50 | | 0.56 | 0.63 | 0.70 |

(2)坝的渗流方程式及渗透流量。

①渗流基本方程(浸润线方程式)。

参考《堆石坝设计》中的渗透堆石坝,碾压堆石拦渣坝渗透计算的相关典型断面见图5.4-8。

当河谷为不同形状时,碾压堆石拦渣坝渗透水流不等速运动的基本方程式为(式中有关符号的意义参考图5.4-8):

$$\frac{i_k}{h_k}(x - x_0) = \frac{1}{y_0 + 1}\left[\left(\frac{h}{h_k}\right)^{y_0+1} - \left(\frac{h_1}{h_k}\right)^{y_0+1}\right] \tag{5.4-29}$$

对于矩形河谷断面(见图5.4-8(b)):

$$h_k = \sqrt[3]{\frac{\alpha \cdot Q^2}{g \cdot P^3 \cdot \varepsilon^2 \cdot B^2}} \tag{5.4-30}$$

对于三角形河谷断面(见图5.4-8(c)):

$$h_k = \sqrt[5]{\frac{2 \cdot \alpha \cdot Q^2}{g \cdot P^2 \cdot \varepsilon^2 \cdot B^2}} \tag{5.4-31}$$

对于抛物线形河谷断面(见图5.4-8(d)):

$$h_k = \sqrt[4]{\frac{3 \cdot \alpha \cdot Q^2}{2 \cdot g \cdot P^2 \cdot \varepsilon^2 \cdot A^2}} \tag{5.4-32}$$

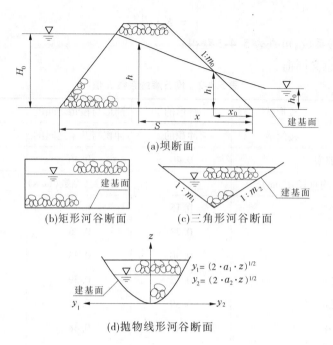

(a)坝断面

(b)矩形河谷断面          (c)三角形河谷断面

(d)抛物线形河谷断面

图 5.4-8　碾压堆石拦渣坝计算典型断面图

$$A = 2 \cdot (\sqrt{2 \cdot a_1} + \sqrt{2 \cdot a_2})/3 \qquad (5.4\text{-}33)$$

式中　$i_k$——临界坡降;

$h_k$——临界水深,按式(5.4-30)、式(5.4-31)、式(5.4-32)计算;

$y_0$——河槽水力指数,矩形河槽取2,抛物线形取3,三角形取4;

$P$——堆石孔隙率;

$B$——河谷顶宽,m;

$\varepsilon$——考虑到堆石孔隙中有一部分停滞水的系数,$\varepsilon = 0.915 \approx 0.90$;

$A$——抛物线形河谷的一个形状系数,按式(5.4-33)计算;

$a_1$、$a_2$——河谷两岸抛物线的常数,在图 5.4-8（d）中,$y_1 = \sqrt{2 \cdot a_1 \cdot z}$,$y_2 = \sqrt{2 \cdot a_2 \cdot z}$;

$m$——三角形河谷的边坡平均坡率,在图5.4-8(c)中,$m = (m_1 + m_2)/2$;

$\alpha$——水流动能系数,取 1.0 ~ 1.1;

$g$——重力加速度,m/s$^2$;

$Q$——渗流量,m$^3$/s。

②简化公式。

对于一般的河槽的纵向底坡 $i_0$,通常小于 0.01,当 $0 \leqslant i_0 \leqslant 0.01$ 时,浸润线方程式和渗透流量计算公式可简化如下:

A. 浸润线方程式。

对于矩形断面的河谷:

$$x - x_0 = \frac{h^3 - h_1^3}{3 \cdot Q^2} \cdot B^2 \cdot K^2 \qquad (5.4\text{-}34)$$

对于抛物线形断面的河谷：

$$x - x_0 = \frac{h^4 - h_1^4}{4 \cdot Q^2} \cdot B^2 \cdot A^2 \cdot K^2 \qquad (5.4\text{-}35)$$

对于三角形断面的河谷：

$$x - x_0 = \frac{h^5 - h_1^5}{5 \cdot Q^2} \cdot B^2 \cdot K^2 \cdot m^2 \qquad (5.4\text{-}36)$$

式中　$K$——堆石的平均渗透系数。

B. 渗透流量

对于矩形断面的河谷：

$$Q = K \cdot B \cdot \sqrt{\frac{H^3}{3 \cdot S}} \qquad (5.4\text{-}37)$$

对于抛物线形断面的河谷：

$$Q = \frac{1}{3} \cdot K \cdot B \sqrt{\frac{H^3}{S}} \qquad (5.4\text{-}38)$$

对于三角形断面的河谷：

$$Q = K \cdot B \cdot \sqrt{\frac{H^3}{20 \cdot S}} \qquad (5.4\text{-}39)$$

式中　$H$——水头，即上下游水位差，m；

　　　　$S$——坝底宽度，m。

如果坝基为土层，应按照相关规范验算其渗透稳定性。各类土的容许水力坡降见表5.4-3。

表 5.4-3　容许水力坡降

| 序号 | 坝基土种类 | 容许的 $i$ 值 |
|:---:|:---:|:---:|
| 1 | 大块石 | 1/3～1/4 |
| 2 | 粗砂砾、砾石、黏土 | 1/4～1/5 |
| 3 | 砂黏土 | 1/5～1/10 |
| 4 | 砂 | 1/10～1/12 |

碾压堆石拦渣坝按透水坝设计，透水要求为：既要保证坝体渗流透水，又要使坝体不发生渗透破坏。

为了防止堆石坝渗流失稳，要求通过堆石的渗透流量应小于坝的临界流量，即

$$q_d = 0.8 \cdot q_k \qquad (5.4\text{-}40)$$

式中　$q_d$——渗透流量，m³/s；

　　　　$q_k$——临界流量，m³/s，临界流量与下游水深、下游坡度和石块大小有关，可参照《堆石坝设计》中图 8-13～图 8-15 求得。

## 二、重力坝的稳定分析计算

### （一）基本概念

对于采用浆砌石（混凝土或钢筋混凝土）等材料建成的大体积拦挡建筑物重力坝，工作

时主要承受上游水平方向的推力(如水压力、泥沙压力及基底面的扬压力等),其特点是依靠自身重量来维持稳定,其稳定计算主要是核算基底面的抗滑稳定性和自身的应力分析。

1. 荷载及荷载组合

荷载指的是使结构或构件产生内力和变形的外力及其他因素,或习惯上指施加在工程结构上使工程结构或构件产生效应的各种直接作用。

作用在重力坝上的荷载主要有:坝体自重、静水压力、扬压力、坝前土压力、地震荷载以及其他荷载等。

作用在坝体上的荷载可分为基本组合与特殊组合。

基本组合属正常运用情况,由同时出现的基本荷载组成;特殊组合属校核工况或非常工况,由同时出现的基本荷载和一种或几种特殊荷载组成。

1)基本荷载

(1)坝体及其上固定设施的自重。

(2)稳定渗流情况下坝前静水压力。

(3)稳定渗流情况下的坝基扬压力。

(4)坝前土压力。

(5)其他出现机会较多的荷载。

2)特殊荷载

(1)地震荷载。

(2)其他出现机会很少的荷载。

2. 荷载计算

1)坝体自重

坝体自重按下式进行计算:

$$G = \gamma_0 \cdot V \tag{5.4-41}$$

式中　$G$——坝体自重,作用于坝体的重心处,kN;

　　　$\gamma_0$——坝体混凝土容重,kN/m³;

　　　$V$——坝体体积,m³。

2)坝前静水压力

坝前静水压力按下式进行计算:

$$p = \gamma_1 \cdot H_1 \tag{5.4-42}$$

式中　$p$——静水压力强度,kN/m²;

　　　$\gamma_1$——水的容重,kN/m³;

　　　$H_1$——水头,m。

3)坝基扬压力

坝基扬压力一般由浮托力和渗透压力两部分组成。在拦渣坝设计中,当下游无水位时(或认为水位与坝基齐平),扬压力主要为渗透压力。

当坝基未设防渗帷幕和排水孔时,对下游无水的情况,坝趾处的扬压力为 0,坝踵处的扬压力为 $H_1$,其间以直线连接,见图 5.4-9。

4)坝前土压力

弃渣场弃渣一般按非黏性土考虑。当坝前填土面倾斜时,坝前土压力按库仑理论的主

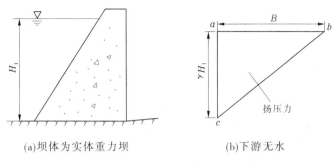

(a)坝体为实体重力坝　　　　　(b)下游无水

图 5.4-9　混凝土拦渣坝坝基面上的扬压力分布

动土压力计算(见图 5.4-10);当坝前填土面水平时,坝前土压力按朗肯理论的主动土压力计算(见图 5.4-11);坝体下游面若有弃渣压坡,土压力按照被动土压力计算。当拦渣坝在坝前土压力等荷载作用下产生的位移和变形都很小,不足以产生主动土压力时,应按照静止土压力计算。此处仅考虑坝前主动土压力的计算。

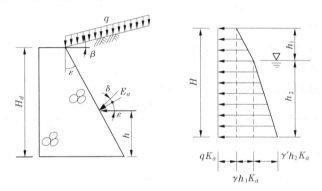

图 5.4-10　坝前库仑主动土压力图(坝前填土面倾斜)

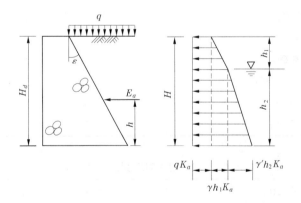

图 5.4-11　坝前朗肯主动土压力图(坝前填土面水平)

作用于坝前的主动土压力按下式计算:

$$E_a = qHK_a + \frac{1}{2}\gamma h_1^2 K_a + \gamma h_1 h_2 K_a + \frac{1}{2}\gamma' h_2^2 K_a \qquad (5.4\text{-}43)$$

当坝前填土倾斜时:

$$K_a = \frac{\cos^2(\varphi - \varepsilon)}{\cos^2\varepsilon\cos(\varepsilon + \delta)\left[1 + \sqrt{\dfrac{\sin(\varphi + \delta)\sin(\varphi - \beta)}{\cos(\varepsilon + \delta)\cos(\varepsilon - \beta)}}\right]^2} \quad (5.4\text{-}44)$$

当坝前填土水平时：

$$K_a = \tan^2(45° - \varphi/2) \quad (5.4\text{-}45)$$

式中　$E_a$——作用在坝体上的主动土压力，kN/m；

$q$——作用在坝前填土面上的均布荷载，如护坡、框格等的压力，kN/m²；

$H$——土压力计算高度，m；

$K_a$——主动土压力系数；

$\beta$——坝前填土表面坡度，(°)；

$\varepsilon$——坝背面与铅直面的夹角，(°)；

$\varphi$——坝前回填土的内摩擦角，可参照表 5.4-4 根据实际回填土特性选取，(°)；

$\delta$——坝前填土对坝背面的摩擦角，可参照表 5.4-5 根据实际情况采用，(°)；

$\gamma$——坝前填土重度，一般应根据试验结果确定，无条件时根据回填土组成和特性等综合分析选取，kN/m³；

$\gamma'$——坝前地下水位以下填土浮重度，kN/m³；

$h_1$——坝前地下水位以上土压力的计算高度，m；

$h_2$——坝前地下水位至基底面土压力的计算高度，m。

表5.4-4　岩土内摩擦角（H. A. 费道洛夫）

| 岩石种类 | 内摩擦角(°) |
|---|---|
| 绢云母、炭质 | 43 |
| 薄层页岩 | 42 |
| 粉碎砂岩 | 30 |
| 粉碎页岩 | 28 |
| 破碎砂岩 | 28 |
| 裂隙粉砂岩 | 30 |
| 破碎粉砂岩 | 30 |
| 第四系黄土物质 | 25 |
| 绿色黏土 | 50 |
| 泥灰质黏土 | 27 |

表5.4-5　坝前填土对坝背面的摩擦角

| 坝背面排水状况 | $\delta$ 值 |
|---|---|
| 坝背光滑，排水不良 | $(0.00 \sim 0.33)\varphi$ |
| 坝背粗糙，排水良好 | $(0.33 \sim 0.50)\varphi$ |
| 坝背很粗糙，排水良好 | $(0.50 \sim 0.67)\varphi$ |
| 坝背与填土之间不可能滑动 | $(0.67 \sim 1.00)\varphi$ |

5）地震荷载

地震荷载一般包括坝体自重产生的地震惯性力和地震引起的动土压力。当坝前渣体内水位较高时还需考虑地震引起的动水压力。当工程区地震设计烈度高于 7 度时,应按抗震规范的规定进行地震荷载计算。对于设计烈度高于 8 度的大型混凝土拦渣坝,应进行专门研究。

常规的混凝土拦渣坝地震作用效应采用拟静力法,一般只考虑顺河流方向的水平向地震作用。

（1）根据《水工建筑物抗震设计规范》（DL 5073—2000）,沿坝体高度作用于质点 $i$ 的水平向地震惯性力代表值按下式计算:

$$F_i = \alpha_h \xi G_{Ei} \alpha_i / g \tag{5.4-46}$$

式中   $F_i$——作用于质点 $i$ 的水平向地震惯性力代表值;

      $\alpha_h$——水平向设计地震加速度代表值,当地震设计烈度为 7 度时取 $0.1g$、地震设计烈度为 8 度时取 $0.2g$、地震设计烈度为 9 度时取 $0.4g$;

      $\xi$——地震作用的效应折减系数,除另有规定外,取 0.25;

      $G_{Ei}$——集中在质点 $i$ 的重力作用标准值;

      $\alpha_i$——质点 $i$ 的动态分布系数,按式(5.4-47)进行计算;

      $g$——重力加速度,$\mathrm{m/s^2}$。

$$\alpha_i = 1.4 \frac{1 + 4(h_i/H)^4}{1 + 4\sum_{j=1}^{n} \frac{G_{Ej}}{G_E}(h_j/H)^4} \tag{5.4-47}$$

式中   $n$——坝体计算质点总数;

      $H$——坝高,m;

      $h_i$、$h_j$——质点 $i$、$j$ 的高度,m;

      $G_E$——产生地震惯性力的建筑物总重力作用的标准值。

（2）根据《水工建筑物抗震设计规范》（DL 5073—2000）,水平向地震作用下的主动动土压力代表值按式(5.4-48)进行计算,其中应取式(5.4-48)中按" + "" - "号计算结果中的大值。

$$F_E = \left[ q_0 \frac{\cos\varphi_1}{\cos(\varphi_1 - \varphi_2)} H + \frac{1}{2}\gamma H^2 \right](1 \pm \zeta a_v/g) C_e \tag{5.4-48}$$

$$C_e = \frac{\cos^2(\varphi - \theta_e - \varphi_1)}{\cos\theta_e \cos^2\varphi_1 \cos(\delta + \varphi_1 + \theta_e)(1 + \sqrt{Z})^2} \tag{5.4-49}$$

$$Z = \frac{\sin(\delta + \varphi)\sin(\varphi - \theta_e - \varphi_2)}{\cos(\delta + \varphi_1 + \theta_e)\cos(\varphi_2 - \varphi_1)} \tag{5.4-50}$$

$$\theta_e = \tan^{-1} \frac{\zeta a_h}{g - \zeta a_v} \tag{5.4-51}$$

式中   $F_E$——地震主动动土压力代表值;

      $q_0$——土表面单位长度的荷重,$\mathrm{kN/m^2}$;

      $\varphi_1$——坝坡与垂直面夹角,(°);

      $\varphi_2$——土表面和水平面夹角,(°);

$H$——土的高度,m;

$\gamma$——土的重度的标准值,kN/m$^3$;

$\varphi$——土的内摩擦角,(°);

$\theta_e$——地震系数角,(°);

$\delta$——坝体坡面与土之间的摩擦角,(°);

$\zeta$——计算系数,拟静力法计算地震作用效应时一般取 0.25。

**(二)抗滑稳定分析**

重力坝在工作时承受上游强大的水压力和泥沙压力等水平荷载,如果某一截面抗剪能力不足以抵抗该截面以上坝体承受的水平荷载时,便可能产生沿此截面的滑动。由于坝体与地基接触面一般较差,其抗剪能力较低,或因混凝土的凝固和降温时的收缩使接触面产生微小的裂缝,因此滑动往往是沿坝体与地基的接触面发生的。所以重力坝的抗滑稳定分析,主要是核算坝底面的抗滑稳定性。目前,重力坝的抗滑稳定计算公式有如下两种:

(1)考虑滑动面上的抗剪断力的抗剪断强度计算公式:

$$K' = \frac{f' \sum W + c'A}{\sum P} \qquad (5.4\text{-}52)$$

式中　$K'$——按抗剪断强度计算的抗滑稳定安全系数;

$f'$——坝体混凝土与坝基接触面的抗剪断摩擦系数;

$c'$——坝体混凝土与坝基接触面的抗剪断凝聚力,kPa;

$A$——坝基基础面截面面积,m$^2$;

$\sum W$——作用于坝体上全部荷载(包括扬压力)对滑动平面的法向分值,kN;

$\sum P$——作用于坝体上全部荷载对滑动平面的切向分值,kN。

(2)只考虑滑动面上的摩擦力的抗剪强度的计算公式:

$$K = \frac{f \sum W}{\sum P} \qquad (5.4\text{-}53)$$

式中　$K$——按抗剪强度计算的抗滑稳定安全系数;

$f$——坝体混凝土与坝基接触面的抗剪摩擦系数;

其他符号意义同前。

当坝基内存在缓倾角结构面时,尚应核算坝体带动部分坝基的抗滑稳定性,根据地质资料可概括为单滑动面、双滑动面和多滑动面,进行抗滑稳定分析。双滑动面为最常见情况,其抗滑稳定计算采用等安全系数法,按抗剪断强度公式或抗剪强度公式进行计算。双滑动面计算示意见图 5.4-12。

采用抗剪断强度公式计算,考虑 $ABD$ 块的稳定,则有:

$$K_1' = \frac{f_1'\left[(W + G_1)\cos\alpha - H\sin\alpha - Q\sin(\varphi - \alpha) - U_1 + U_3\sin\alpha\right] + c_1'A_1}{(W + G_1)\sin\alpha + H\cos\alpha - U_3\cos\alpha - Q\cos(\varphi - \alpha)} \qquad (5.4\text{-}54)$$

考虑 $BCD$ 块的稳定,则有:

$$K_2' = \frac{f_2'\left[G_2\cos\beta + Q\sin(\varphi + \beta) - U_2 + U_3\sin\beta\right] + c_2'A_2}{Q\cos(\varphi + \beta) - G_2\sin\beta + U_3\cos\beta} \qquad (5.4\text{-}55)$$

式中　$K_1'$、$K_2'$——按抗剪断强度计算的抗滑稳定安全系数;

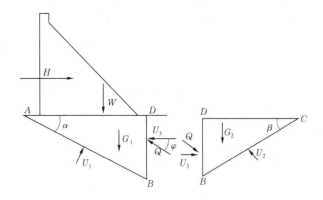

**图 5.4-12 双滑动面计算示意图**

$W$——作用于坝体上全部荷载(不包括扬压力)的垂直分值,kN;

$H$——作用于坝体上全部荷载的水平分值,kN;

$G_1$、$G_2$——岩体 $ABD$、$BCD$ 重量的垂直作用力,kN;

$f_1'$、$f_2'$——$AB$、$BC$ 滑动面的抗剪断摩擦系数;

$c_1'$、$c_2'$——$AB$、$BC$ 滑动面的抗剪断凝聚力,kPa;

$A_1$、$A_2$——$AB$、$BC$ 面的面积,$m^2$;

$\alpha$、$\beta$——$AB$、$BC$ 面与水平面的夹角;

$U_1$、$U_2$、$U_3$——$AB$、$BC$、$BD$ 面上的扬压力,kN;

$Q$——$BD$ 面上的作用力,kN;

$\varphi$——$BD$ 面上的作用力 $Q$ 与水平面的夹角,夹角 $\varphi$ 值需经论证后选用,从偏于安全考虑 $\varphi$ 可取 $0°$。

通过两公式及 $K_1' = K_2' = K'$,求解 $Q$、$K'$ 值。

当采用抗剪断强度公式计算仍无法满足抗滑稳定安全系数要求的坝段,可采用抗剪强度公式计算抗滑稳定安全系数。

考虑 $ABD$ 块的稳定,则有:

$$K_1 = \frac{f_1 \left[ (W + G_1)\cos\alpha - H\sin\alpha - Q\sin(\varphi - \alpha) - U_1 + U_3\sin\alpha \right]}{(W + G_1)\sin\alpha + H\cos\alpha - U_3\cos\alpha - Q\cos(\varphi - \alpha)} \tag{5.4-56}$$

考虑 $BCD$ 块的稳定,则有:

$$K_2 = \frac{f_2 \left[ G_2\cos\beta + Q\sin(\varphi + \beta) - U_2 + U_3\sin\beta \right]}{Q\cos(\varphi + \beta) - G_2\sin\beta + U_3\cos\beta} \tag{5.4-57}$$

式中  $K_1$、$K_2$——按抗剪强度计算的抗滑稳定安全系数;

$f_1$、$f_2$——$AB$、$BC$ 滑动面的抗剪摩擦系数。

通过上述两个公式及 $K_1 = K_2 = K$,求解 $Q$、$K$ 值。

对于单滑动面和多滑动面情况及坝基有软弱夹层的稳定计算可参照相关规范。

(3)岩基上的抗剪、抗剪断摩擦系数 $f$、$f'$ 和相应的凝聚力 $c'$ 值。

根据试验资料及工程类比,由地质、试验和设计人员共同研究决定。若无条件进行野外试验,宜进行室内试验。岩基上的抗剪、抗剪断摩擦系数和抗剪断凝聚力可参照表 5.4-6 所列数值选用。

表 5.4-6　岩基上的抗剪、抗剪断参考值

| 岩石地基类别 | | 抗剪断参数 | | 抗剪参数 |
|---|---|---|---|---|
| | | $f'$ | $c'$（MPa） | $f$ |
| 硬质岩石 | 坚硬 | 1.5～1.3 | 1.5～1.3 | 0.65～0.70 |
| | 较坚硬 | 1.3～1.1 | 1.3～1.1 | 0.60～0.65 |
| 软质岩石 | 较软 | 1.1～0.9 | 1.1～0.7 | 0.55～0.60 |
| | 软 | 0.9～0.7 | 0.7～0.3 | 0.45～0.55 |
| | 极软 | 0.7～0.4 | 0.3～0.05 | 0.40～0.45 |

**注**：如岩石地基内存在结构面、软弱层（带）或断层的情况，抗剪、抗剪断参数应按现行的国家标准 GB 50487 的规定选用。

### （三）坝体应力计算

1. 坝基截面的垂直应力计算

坝基截面的垂直应力按下式计算：

$$\sigma_y = \frac{\sum W}{A} \pm \frac{\sum Mx}{J} \tag{5.4-58}$$

式中　$\sigma_y$——坝踵、坝趾垂直应力，kPa；

$\sum W$——作用于坝段上或 1 m 坝长上全部荷载在坝基截面上法向力的总和，kN；

$\sum M$——作用于坝段上或 1 m 坝长上全部荷载对坝基截面形心轴的力矩总和，kN·m；

$A$——坝段或 1 m 坝长的坝基截面面积，$m^2$；

$x$——坝基截面上计算点到形心轴的距离，m；

$J$——坝段或者 1 m 坝长的坝基截面对形心轴的惯性矩，$m^4$。

2. 坝体上下游面垂直正应力计算

坝体上下游面垂直正应力计算采用下式：

$$\sigma_y^{u,d} = \frac{\sum W}{T} \pm \frac{6 \sum M}{T^2} \tag{5.4-59}$$

式中　$\sigma_y^{u,d}$——坝体上下游面垂直正应力，上游面式中取"＋"，下游面式中取"－"，kPa；

$T$——坝体计算截面上、下游方向的宽度，m；

$\sum W$——计算截面上全部垂直力之和，以向下为正，计算时切取单位长度坝体，kN；

$\sum M$——计算截面上全部垂直力及水平力对于计算截面形心的力矩之和，以使上游面产生压应力者为正，kN·m。

3. 坝体上下游面主应力计算

坝体上下游面主应力计算采用下列公式。

上游面主应力：

$$\sigma_1^u = (1 + m_1^2)\sigma_y^u - m_1^2(p - p_u^u) \tag{5.4-60}$$

$$\sigma_2^u = p - p_u^u \tag{5.4-61}$$

下游面主应力：

$$\sigma_1^d = (1 + m_2^2)\sigma_y^d - m_2^2(p' - p_u^d) \tag{5.4-62}$$

$$\sigma_2^d = p' - p_u^d \tag{5.4-63}$$

式中　$m_1$、$m_2$——上游、下游坝坡坡度；

$p$、$p'$——计算截面在上游、下游坝面所承受的土压力和水压力强度，kPa；

$p_u^u$、$p_u^d$——计算截面在上游、下游坝面处的扬压力强度，kPa。

坝体上下游面主应力计算公式适用于计及扬压力的情况，如需计算不计截面上扬压力的作用，则计算公式中将 $P_u^u$、$P_u^d$ 取值为 0。

## 三、挡渣墙稳定计算

### (一)基本概念

水土保持工程中承受土(渣)压力、防止土体滑塌的建筑物叫挡渣墙。设计挡渣墙时，应计算墙体的抗滑稳定和抗倾覆稳定、地基整体稳定。

作用在挡渣墙上的荷载可分为基本荷载和特殊荷载两类，设计挡渣墙时，应将可能同时出现的各种荷载进行组合。荷载组合可分为基本组合和特殊组合，荷载计算方法见本节"二、重力坝的稳定分析计算"中的相应计算方法。

(1)基本组合：挡渣墙结构及其底板以上填料和永久设备的自重、墙后填土破裂体范围内的车辆、人群等附加荷载、相应于正常挡渣墙高程的土压力、墙后正常地下水位下的水重、静水压力和扬压力、土的冻胀力、其他出现机会较多的荷载。

(2)特殊组合：多雨期墙后土压力、水重、静水压力和扬压力、地震荷载、其他出现机会很少的荷载。墙前有水位降落时，还应按特殊荷载组合计算此种不利工况。

### (二)抗滑稳定计算

1. 土质地基抗滑稳定计算

$$K_c = \frac{f \sum G}{\sum H} \tag{5.4-64}$$

$$K_c = \frac{\tan\varphi_0 \sum G + c_0 A}{\sum H} \tag{5.4-65}$$

式中　$K_c$——挡渣墙沿基底面的抗滑稳定安全系数；

$f$——挡渣墙基底面与地基之间的摩擦系数，宜由试验确定，无试验资料时，根据类似地基的工程经验确定，可参照表 5.4-7 取值；

$\sum G$——作用于挡渣墙上全部荷载水平分力之和，包括土压力、水压力等荷载水平分力之和，kN；

$\sum H$——作用在挡渣墙上全部平行于基底面的荷载，kN；

$\varphi_0$——挡渣墙基底面与土质地基之间的摩擦角，(°)，可按表 5.4-8 采用；

$c_0$——挡渣墙基底面与土质地基之间的黏结力，kPa，可按表 5.4-8 采用。

表 5.4-7　挡渣墙基底与地基的摩擦系数参考值表

| 土的类别 | | 摩擦系数 | 土的类别 | 摩擦系数 |
|---|---|---|---|---|
| 黏性土 | 可塑 | 0.25 ~ 0.30 | 中砂、粗砂、砾砂 | 0.4 ~ 0.5 |
| | 硬塑 | 0.30 ~ 0.35 | 碎石土 | 0.4 ~ 0.5 |
| | 坚硬 | 0.35 ~ 0.45 | 软质岩石 | 0.4 ~ 0.55 |
| 粉土 | $S_r \leqslant 0.5$ | 0.30 ~ 0.40 | 表面粗糙的硬质岩石 | 0.65 ~ 0.75 |

注:表中 $S_r$ 是与基础形状有关的形状系数,$S_r = (1 ~ 0.4)B/L$;$B$ 为基础宽度,m;$L$ 为基础长度,m。

表 5.4-8　$\varphi_0$、$c_0$ 参考值

| 土质地基类别 | $\varphi_0$ 值 | $c_0$ 值 |
|---|---|---|
| 黏性土 | $0.9\varphi$ | $(0.2 ~ 0.3)c$ |
| 砂性土 | $(0.85 ~ 0.9)\varphi$ | 0 |

注:$\varphi$ 为室内饱和固结快剪试验测得的内摩擦角,(°);$c$ 为室内饱和固结快剪试验测得的黏结力,kPa。

　　按表 5.4-8 的规定采用 $\varphi_0$、$c_0$ 值时,应按式(5.4-66)折算挡渣墙基底面与土质地基之间的综合摩擦系数:

$$f_0 = \frac{\tan\varphi_0 \sum G + c_0 A}{\sum G} \qquad (5.4-66)$$

式中　$f_0$——挡渣墙基底面与土质地基之间的综合摩擦系数。

　　对于黏性土地基,如折算的综合摩擦系数大于 0.45;或对于砂性土地基,如折算的综合摩擦系数大于 0.50,采用的 $\varphi_0$ 值和 $c_0$ 值均应有验证。对于特别重要的 1 级、2 级挡渣墙,采用的 $\varphi_0$ 值和 $c_0$ 值宜经现场的地基土对混凝土板的抗滑强度试验验证。

　　2. 岩石地基抗滑稳定计算

$$K_c = \frac{f' \sum G + c'A}{\sum H} \qquad (5.4-67)$$

式中　$f'$——挡渣墙基底面与岩石地基之间的抗剪断摩擦系数,可按表 5.4-9 选用;

　　　$c'$——挡渣墙基底面与岩石地基之间的抗剪断黏结力,kPa,可按表 5.4-9 选用。

　　当挡渣墙基底面向填土方向倾斜时,沿该基底面的抗滑稳定安全系数可按下式计算:

$$K_c = \frac{f(\sum G\cos\alpha + \sum H\sin\alpha)}{\sum H\cos\alpha - \sum G\sin\alpha} \qquad (5.4-68)$$

式中　$\alpha$——基底面与水平面的夹角,(°),土质地基不宜大于 7°,岩石地基不宜大于 12°。

　　挡渣墙基底面与岩石地基之间的抗剪断摩擦系数 $f'$ 值和抗剪断黏结力 $c'$ 值可根据室内岩石抗剪断试验成果,并参照类似工程实践经验及表 5.4-9 所列数值选用。但选用的 $f'$、$c'$ 值不应超过挡渣墙基础混凝土本身的抗剪断参照值。

表 5.4-9　$f'$、$c'$参考值

| 岩石地基类别 | | $f'$值 | $c'$值（MPa） |
|---|---|---|---|
| 硬质岩石 | 坚硬 | 1.5～1.3 | 1.5～1.3 |
| | 较坚硬 | 1.3～1.1 | 1.3～1.1 |
| 软质岩石 | 较软 | 1.1～0.9 | 1.1～0.7 |
| | 软 | 0.9～0.7 | 0.7～0.3 |
| | 极软 | 0.7～0.4 | 0.3～0.05 |

**注**：如岩石地基内存在结构面、软弱层（带）或断层的情况，$f'$、$c'$值应按现行的国家标准 GB 50287—99 的规定选用。

**（三）抗倾覆稳定计算**

$$K_0 = \frac{\sum M_V}{\sum M_H}$$ （5.4-69）

式中　$K_0$——挡渣墙抗倾覆稳定安全系数；

　　　$\sum M_V$——对挡渣墙基底前趾的抗倾覆力矩，kN·m；

　　　$\sum M_H$——对挡渣墙基底前趾的倾覆力矩，kN·m。

挡渣墙抗倾覆稳定安全系数容许值应根据挡渣墙级别，按相关标准确定。

**（四）地基应力验算**

1. 地基应力计算

地基应力计算式：

$$\sigma_{min}^{max} = \frac{\sum G}{A} \pm \frac{\sum M}{W}$$ （5.4-70）

式中　$\sigma_{max}$——基底最大应力，kPa；

　　　$\sigma_{min}$——基底最小应力，kPa；

　　　$\sum M$——各力对挡渣墙基底中心力矩之和，$\sum M = e \cdot \sum G$，kN·m；

　　　$\sum G$——所有作用于挡渣墙基底的竖向荷载总和，kN；

　　　$W$——挡渣墙基底面对于基底面平行前墙墙面方向形心轴的截面矩，m³；

　　　$A$——挡渣墙基底面的面积，m²。

2. 地基应力验算

对于建在土基上的挡渣墙，地基应力验算应满足以下三个条件：

（1）基底平均应力小于或等于地基容许承载力：

$$\sigma_{cp} \leqslant [R]$$ （5.4-71）

式中　$\sigma_{cp}$——平均应力，kPa；

　　　$[R]$——地基容许承载力，kPa。

（2）基底最大应力：

$$\sigma_{max} \leqslant \partial[R]$$ （5.4-72）

式中　$\partial$——加大系数，一般为 1.2～1.5，规范规定 $\partial = 1.2$。

（3）地基应力不均匀系数小于或等于容许值：

$$\eta = \frac{\sigma_{max}}{\sigma_{min}} \leqslant [\eta] \tag{5.4-73}$$

式中　$\eta$——地基应力不均匀系数；

　　　$[\eta]$——地基应力不均匀系数容许值，对于松软地基，宜取$[\eta]=1.5\sim2.0$，对于中等坚硬、密实的地基，宜取$[\eta]=2.0\sim3.0$。

## 四、各类水土保持工程稳定分析计算注意问题

### （一）取土场、弃渣场

一般情况下，对取土形成的边坡，当边坡体为相对均质体，可能发生圆弧滑动时，选用简化毕肖普法和摩根斯顿—普赖斯法计算；当边坡体呈层状结构且不同地层的抗剪强度有明显差别时，则选用摩根斯顿—普赖斯法计算。

弃渣场抗滑稳定计算可采用不计条块间作用力的瑞典圆弧滑动法；对于均质渣体，宜采用计及条块间作用力的简化毕肖普法；对有软弱夹层的弃渣场，宜采用满足力和力矩平衡的摩根斯顿—普赖斯法进行抗滑稳定计算。

渣场基础为土质，弃渣初期基底压实到最大的承载能力时，弃渣的堆置总高度需要控制，堆置总高度可按《水利水电工程水土保持技术规范》（SL 575—2012）式（10.3.5）计算。

### （二）碾压土（石）坝

1. 坝坡抗滑稳定

土（石）坝坝坡抗滑稳定计算采用刚体极限平衡法。对于非均质坝体，宜采用不计条块间作用力的圆弧滑动法；对于均质坝体宜采用计及条块间作用力的简化毕肖普法；当坝基存在软弱夹层时，土坝的稳定分析通常采用改良圆弧法。当滑动面呈非圆弧形时，采用摩根斯顿—普赖斯法（滑动面呈非圆弧形）计算。

碾压堆石拦渣坝可能受坝前堆渣体的整体滑动影响而失稳，此时的抗滑稳定验算需将拦渣坝和堆渣体看作一个整体进行验算。对于坝坡抗滑稳定分析，由于坝上游坡被填渣覆盖，不存在滑动危险，只要保证坝体施工期间不滑塌即可，因此可不予进行稳定分析；土（石）坝坝坡稳定计算主要指下游坝坡（临空面）。

2. 强度指标

应按坝体设计干容重和含水率制样，采用三轴仪测定其总应力或有效应力强度指标，抗剪强度指标的测定和应用方法可按现行行业规范《碾压式土石坝设计规范》（SL 274）的有关规定选用。试验值可按表5.4-10的规定取值进行修正。

表5.4-10　强度指标修正系数

| 计算方法 | 试验方法 | 修正系数 |
|---|---|---|
| 总应力法 | 三轴不固结不排水剪 | 1.0 |
|  | 直剪仪快剪 | 0.5～0.8 |
| 有效应力法 | 三轴固结不排水剪（测孔压） | 0.8 |
|  | 直剪仪慢剪 | 0.8 |

注：根据试样在试验过程中的排水程度选用，排水较多时取小值。

（三）水坠坝

水坠坝应进行施工中、后期坝坡整体稳定及边埝自身稳定性计算,竣工后应进行稳定渗流期下游坝坡稳定计算。地震区还应进行抗震稳定性验算。

当进行水坠坝施工期的坝坡整体稳定性计算时,坝体冲填土可按饱和土体采用差分法进行固结计算。采用总应力法计算坝体含水率分布,采用有效应力法计算坝体孔隙水压力分布。坝高 15 m 以下的水坠坝可采用土坡稳定数图解法。具体计算方法按现行行业规范《水坠坝技术规范》(SL 302)的有关规定执行。

水坠坝施工期边埝自身稳定性计算应采用折线滑动面总应力法,按下列公式计算:

$$K = \frac{R}{E\cos\beta} \tag{5.4-74}$$

$$R = (W_1 + W_2 + W_3)\sin\beta + W_1\cos\beta\tan\varphi_1 + c_1 L_1 + (W_2 + W_3 + E\tan\beta)\cos\beta\tan\varphi_2 + c_2 L_2 \tag{5.4-75}$$

$$E = \frac{1}{2}\xi \cdot \rho_T \cdot h_L^2 \tag{5.4-76}$$

$$\xi = 1 - \sin\varphi_2 \tag{5.4-77}$$

$$h_L = \lambda H \tag{5.4-78}$$

式中　$K$——边埝允许抗滑稳定安全系数;

　　　$E$——泥浆水平推力,取 $9.8 \times 10^3$ N;

　　　$\beta$——滑动面与水平面的夹角,(°);

　　　$W_1$——滑动面 $L_1$ 以上边埝土的质量,t;

　　　$W_2$、$W_3$——滑动面 $L_2$ 以上边埝土与冲填土的质量,t;

　　　$\varphi_1$、$c_1$——边埝的总强度指标;

　　　$\varphi_2$、$c_2$——冲填土的总强度指标;

　　　$L_1$、$L_2$——通过边埝及冲填土的滑动面的长度,m;

　　　$\xi$——泥浆侧压力系数,可按公式(5.4-77)计算,也可采用经验值 0.8~1.0;

　　　$\rho_T$——计算深度范围内的泥浆平均密度,t/m³;

　　　$h_L$——计算深度,m,采用试算确定,对黄土、类黄土按流态区深度计算,也可按经验式(5.4-78)计算;

　　　$\lambda$——系数,可按表5.4-11的规定确定;

　　　$H$——计算坝高,m。

水坠坝折线滑动面力系见图5.4-13。

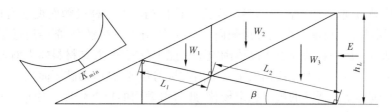

图 5.4-13　折线滑动面力系图

表 5.4-11　系数 λ 参考值

| 冲填速度 v (m/d) | 渗透系数 K( ×10⁻⁶ cm/s) | | | | | | | | |
|---|---|---|---|---|---|---|---|---|---|
| | 1 | 2 | 4 | 6 | 8 | 10 | 12 | 14 | 16 |
| 0.1 | 0.92 | 0.75 | 0.50 | 0.34 | 0.25 | 0.20 | 0.16 | 0.13 | 0.11 |
| 0.2 | 0.95 | 0.83 | 0.67 | 0.54 | 0.44 | 0.35 | 0.28 | 0.21 | 0.15 |
| 0.3 | 0.97 | 0.85 | 0.74 | 0.63 | 0.53 | 0.44 | 0.36 | 0.28 | 0.20 |

注:1.适用于透水地基,对不透水地基,表中数值可提高 50%;

2. $K$ 为初期渗透系数,即指冲填土在 0.1 kg/cm² 荷重下固结试样的渗透系数。

**(四)混凝土重力坝**

混凝土重力坝稳定计算主要是应力控制。

1. 坝踵、坝趾的垂直应力控制

运行期,在各种荷载组合下(地震荷载除外),坝踵垂直应力不应出现拉应力,坝趾垂直应力应小于坝基容许压应力;在地震荷载作用下,坝踵、坝趾的垂直应力应符合《混凝土重力坝设计规范》(SL 319)的要求。

施工期,硬质岩石地基情况坝基拉应力不应大于 100 kPa。

2. 坝体应力控制

运行期,坝体上游面的垂直应力不出现拉应力(计扬压力),坝体最大主压应力不应大于混凝土的允许压应力值;在地震荷载作用下,坝体应力控制标准应符合《混凝土重力坝设计规范》(SL 319)的要求。

施工期,坝体任何截面上的主压应力不应大于混凝土的允许压应力值,坝体下游面主拉应力不应大于 200 kPa。

**(五)浆砌石重力坝**

浆砌石拦渣坝坝体抗滑稳定计算,应考虑下列三种情况:沿垫层混凝土与基岩接触面滑动;沿砌石体与垫层混凝土接触面滑动;砌石体之间的滑动。

浆砌石拦渣坝坝体应力计算应以材料力学法为基本分析方法,计算坝基面和折坡处截面的上、下游应力,对于中、低坝,可只计算坝面应力。用材料力学法计算坝体应力时,在各种荷载(地震荷载除外)组合下,坝基面垂直正应力应小于砌石体容许压应力和地基的容许承载力;坝基面最小垂直正应力应为压应力,坝体内一般不得出现拉应力。实体重力坝应计算施工期坝体应力,其下游坝基面的垂直拉应力不大于 100 kPa。

抗剪强度指标的选取由下述两种滑动面控制:胶结材料与基岩间的接触面、砌石块与胶结材料间的接触面,取其中指标小的参数作为设计依据。前一种接触面视基岩地质地形条件而定,其剪切破坏面可能全部通过接触面,也可能部分通过接触面,部分通过基岩,或者可能全部通过基岩。后一种情况由于砌体砌筑不可能十分密实、胶结材料的干缩等原因,石料或胶结材料本身的抗剪强度一般均大于接触面的抗剪强度,其剪切破坏面往往通过接触面;应进行沿坝身砌体水平通缝的抗滑稳定校核,此时滑动面的抗剪强度应根据剪切面上下都是砌体的试验成果确定。

**(六)挡渣墙**

挡渣墙稳定计算时,先判别墙体是否会产生移动,再根据土压力分类计算土压力,而后按稳定计算公式计算稳定性。

1.土压力分类

在实际工程中,由于墙的位移情况不同,可产生三种性质不同的土压力。

当挡渣墙在侧向压力的作用下,产生离开土体的微小移动或转动,将使墙对土体的侧向应力逐渐减小,墙后土体便出现向下滑动的趋势。这时土中逐渐增大的抗剪力抵抗这一滑动的产生。当墙体的位移达到某一数值且土的抗剪强度充分发挥时,土压力则减小到最小值,此时的土压力称为主动土压力。

如挡渣墙的移动或转动方向是推挤土体,则墙对渣体的侧向应力将逐渐增大,土体出现向上滑动的趋势,而土中逐渐增大的抗剪力阻止这一滑动的产生。当墙对土体的侧向应力增大到某一数值,土的抗剪强度充分发挥,土压力增长到最大值,此时的土压力即为被动土压力。

若挡渣墙在土压力作用下无任何移动和转动,此时墙所受的土压力为静止土压力。

2.土压力计算

主动土压力计算参见"二、重力坝的稳定分析计算"相关内容,这里主要介绍静止土压力和被动土压力计算方法。

1)静止土压力

建筑在坚硬基岩上刚度很大的挡渣墙,或因构造特点使墙身在土压力作用下不能移动或转动的挡渣墙,因墙身及墙后填土变形极小,几乎可以忽略,土体应力相当于单向压缩试验中的应力条件。若假定墙背光滑直立,墙后填土表面水平,如图5.4-14所示,则任意深度$z$处的静止土压力(侧向压力)$p_0$与垂直压力$p_z$成正比关系,即

$$p_0 = K_0 p_z = K_0 \gamma z \tag{5.4-79}$$

式中    $p_z$——由土体自重产生的竖向压应力,$p_z = \gamma z$;

$K_0$——静止土压力系数;

$\gamma$——土的容重;

$z$——单元体所处深度。

作用在单位长度(1 m)挡土墙上的总静止土压力$P_0$为:

$$P_0 = \int_0^H K_0 p_z \mathrm{d}z = \int_0^H K_0 \gamma z \mathrm{d}z = \frac{1}{2} K_0 \gamma H^2 \tag{5.4-80}$$

式中    $H$——挡土墙高度。

$P_0$作用于距墙底部$H/3$处。

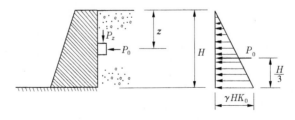

**图5.4-14    静止土压力分布图**

2)被动土压力

当挡渣土墙在某种外力作用下,墙向墙后土体方向转动或移动、推挤土体,土体出现向

上滑动趋势,当土的抗剪强度充分发挥作用时,则土作用于墙上的土压力称为被动土压力。任意深度 $z$ 处的被动土压力强度为:

$$p_P = p_z \tan^2\left(45° + \frac{\varphi}{2}\right) + 2c\tan\left(45° + \frac{\varphi}{2}\right) \tag{5.4-81}$$

### (七)拦渣堤、围渣堰

拦渣堤(堰)采用土堤(堰)或土石堤(堰)时,抗滑稳定按"一、土(石)坝稳定分析计算"方法计算;当采用墙式拦渣堤(堰)时,稳定计算原理同挡渣墙,但应注意以下几点:

(1)岩基内有软弱结构面时,还要核算沿地基软弱面的深层抗滑稳定。

(2)抗滑稳定安全系数容许值 $[K_s]$、抗倾稳定安全系数容许值 $[K_t]$ 和挡渣墙取值不同,应参照堤防规范选取。

(3)基底面与地基之间或软弱结构面之间的摩擦系数,宜采用试验数据。当无试验资料时,需要注意,拦渣堤(堰)应考虑到水对摩擦系数的影响,偏于安全选取。

# 第六章　总体布局与配置

　　总结新中国成立以来,我国水土保持生产实践经验与科学研究的成果,按照《中华人民共和国水土保持法》的规定,我国水土保持工作体系由预防保护、综合治理、监测和监督管理构成,技术则由区划与规划技术体系、工程措施技术体系、林草(含农艺)措施技术体系、设计与施工技术体系、标准技术体系和监测评价体系构成。总体布局是以区划为依据,分区提出水土保持对策、技术体系和重点工作内容,是针对某一区域进行的区域宏观布局与重点布局;配置则是在总体布局的指导下,针对具体某中小流域或片区的水土保持生态建设工程、某一生产建设项目防治责任范围内水土流失采取相应措施。生产建设项目总体布置(局)是在分区分析施工条件、水土流失特点及其防治要求的基础上进行措施配置。

## 第一节　水土保持生态建设项目总体布局与配置

### 一、总体要求

　　水土保持生态建设工程设计是在区域或中大流域的专项工程规划总体布局的基础上进行的,而具体针对一个小流域(或片区)时总体布置重点是措施配置。总体布局与配置应在重点开展项目区水土流失和土地利用现状评价,结合经济社会发展要求分析确定水土保持需求的基础上,以"治理水土流失,保护和合理利用水土资源,提高土地生产力,改善农村生产生活条件及生态环境"为基本出发点,遵循"预防为主、保护优先、因地制宜、分区防治、因害设防、注重生态"的原则进行。小流域或片区的总体布置水土流失防治措施体系是在总体布局的指导下,分类开展措施或单项工程的设计。

　　水土保持规划设计应按总体布置(局)中确定的各项措施,进行有机组合以发挥综合效能,并遵循"安全可靠、经济合理"原则确定。

**(一)预防**

　　综合规划或专项工程规划中水土流失预防总体布局,要在明确水土流失重点预防区,崩塌、滑坡危险区和泥石流易发区的基础上,确定项目区内预防范围、保护对象、项目布局或重点工程布局、措施体系及配置等内容。综合规划中的预防总体布局要突出"预防为主、保护优先"的原则,主要针对水土流失重点预防区、重点生态功能区、生态敏感区,以及水土保持主导基础功能为水源涵养、生态维护、水质维护、防风固沙等区域,提出预防措施和项目布局。专项工程规划要根据水土保持综合规划总体布局和预防规划中项目布局的要求,针对特定区域存在的水土流失主要问题,结合区域水土保持主导基础功能,提出预防措施与重点工程布局。

　　1.预防范围、对象及项目布局

　　1)预防范围

　　(1)国家水土保持规划包括国家级水土流失重点预防区,长江、黄河等大江大河的源头两岸以及大型湖泊和水库周边,国务院公布的饮用水水源保护区,全国水土保持区划三级区以水源涵养、生态维护、水质维护等为水土保持主导基础功能的区域;国家划定的水土流失严重、生态脆弱的地区,山区、丘陵区、风沙区其他重要的生态功能区、生态敏感区域等需要预防的区域,上述山区、丘陵区、风沙区以外的容易发生水土流失的其他区域,以及上述区域中侵蚀沟的沟坡和沟岸。

（2）流域和省级水土保持规划在上述范围的基础上,还要包括省级水土流失重点预防区,大江大河一级支流的两岸以及中型湖泊和水库周边,七大江河一级支流源头,省级人民政府划定并公告的崩塌、滑坡危险区和泥石流易发区以及公布的重要饮用水水源保护区,省级划定的水土流失严重、生态脆弱的地区,规划区内山区、丘陵区、风沙区以外的容易发生水土流失的其他区域,以及上述区域中侵蚀沟的沟坡和沟岸。

（3）县级水土保持规划预防范围应包括国家、流域和省级规划所涉及的预防范围以及县级人民政府划定并公告的崩塌、滑坡危险区和泥石流易发区,县城和乡镇饮用水水源保护区,主要河流的两岸以及小型湖泊和水库周边;不属于国家、省级水土流失重点预防县和水土流失重点治理县的,预防范围要包括县级水土流失重点预防区,以及规划区内山区、丘陵区、风沙区以外的容易发生水土流失的其他区域,以及上述区域的侵蚀沟的沟坡和沟岸。

2）预防保护对象

在确定的预防范围内,根据规划规模选择保护对象,主要包括:天然林、郁闭度高的人工林以及覆盖度高的草原、草地;植被或地形受人为破坏后,难以恢复和治理的地带;侵蚀沟的沟坡和沟岸、河流的两岸以及湖泊和水库周边的植物保护带;水土流失严重、生态脆弱地区的植物、沙壳、结皮、地衣;水土流失综合治理成果等其他水土保持设施。

预防总体布局要针对不同预防范围和保护对象,明确管理措施体系、必要的控制条件和指标,并根据经济社会发展趋势与水土保持需求分析,提出预防项目或重点工程及其布局,预防项目或重点工程主要考虑以下三个方面:保障水源安全、维护水质和区域生态系统稳定的重要性;生态、社会效益明显,有一定示范效应;当地经济社会发展急需,有条件实施。

2. 预防措施体系及配置

预防措施主要包括封禁管护、植被恢复、抚育更新、农村能源替代、农村垃圾和污水处置设施、人工湿地及其他面源污染控制措施,以及局部区域的水土流失治理措施等。预防措施的配置要注意以下内容:

（1）根据预防范围、保护对象及区域特点,进行措施配置。所选择的措施要能够有效缓解潜在水土流失问题,并具有明显的生态、社会效益。

（2）江河源头和水源涵养区应注重封育保护和水源涵养植被建设;饮用水水源保护区应以清洁小流域建设为主,配套建设植物过滤带、沼气池、农村垃圾和污水处置设施及其他面源污染控制措施,局部水土流失可根据具体情况采取相应治理措施。

（3）水土流失重点预防区要采取生态修复、坡耕地改梯田、淤地坝等措施对局部水土流失进行治理。

（4）以生态维护、防风固沙等其他功能为水土保持主导基础功能的区域要突出维护和提高其功能的措施。

**（二）治理**

综合规划与专项工程规划中治理总体布局,要在划定水土流失重点治理区的基础上,确定规划区内治理范围、对象、项目布局或重点工程布局、措施体系及配置等内容。

综合规划中的治理规划要突出综合治理、因地制宜的原则，主要针对水土流失重点治理区及其他水土流失严重地区，以及主导基础功能为土壤保持、拦沙减沙、蓄水保水、防灾减灾、防风固沙等区域，提出治理措施和项目布局。

专项工程规划要符合综合规划的要求，针对特定区域存在的水土流失主要问题，结合区域水土保持主导基础功能，提出重点工程布局与治理措施。

1. 治理范围、对象及项目布局

1）治理范围

（1）国家水土保持规划包括国家级水土流失重点治理区，全国水土保持区划三级区，水土保持主导基础功能为土壤保持、拦沙减沙、蓄水保水、防灾减灾、防风固沙等的区域，上述以外的水土流失严重的老、少、边、穷等区域，水土流失程度高、危害大的其他区域。

（2）流域和省级水土保持规划在上述治理范围基础上，还要包括省级水土流失重点治理区。

（3）县级水土保持规划要包括在国家、流域和省级规划确定的治理范围内，并根据上述条件结合当地实际，选择治理范围并落实到小流域。不属于国家和省级水土流失重点预防县与水土流失重点治理县的，还要包括县级水土流失重点治理区。

2）治理对象

在确定的治理范围内，根据规划规模要求，选择治理对象，主要包括：

（1）国家、流域和省级水土保持规划包括坡耕地、"四荒"地、水蚀坡林（园）地，规模较大的重力侵蚀坡面、崩岗、侵蚀沟道、山洪沟道、沙化土地、风蚀区和风蚀水蚀交错区的退化草（灌草）地等，石漠化、砂砾化等侵蚀劣地。

（2）县级及以下水土保持规划除上述对象外还要包括侵蚀沟沟坡，规模较小的重力侵蚀坡面、崩岗、侵蚀沟道、山洪沟道、支毛沟等其他需要治理的水土流失严重地区。

综合规划的治理规划要在确定治理范围、对象的基础上，根据经济社会发展趋势与水土保持需求分析，按照区域布局和重点布局，提出治理项目或重点工程及其布局。工程项目及布局应有利于维护国家或区域生态安全、粮食安全、饮水安全和防洪安全；重点治理项目或工程要根据轻重缓急的原则，综合分析确定。

2. 措施体系及配置

综合治理规划的水土流失综合治理措施体系要在水土保持区划的基础上，根据区域水土保持主导基础功能、水土流失情况和区域经济社会发展需求等制定。专项规划的治理措施体系要在必要的水土保持分区的基础上，根据工程特点和任务拟定。

1）措施体系

治理措施体系包括工程措施、林草措施和耕作（或农艺）措施。工程措施包括梯田，沟头防护、谷坊、淤地坝（含治沟骨干工程）、拦沙坝、塘坝、滚水坝、坡面水系工程及小型蓄排引水工程，土地平整、引水拉沙造地等；林草措施包括营造水土保持林、建设经果林，水蚀坡林地整治、网格林带建设、灌溉草地建设、人工草场建设、复合农林业建设、高效水土保持植物利用与开发等；耕作措施包括沟垄、坑田、圳田种植（也称掏钵种植）、水平防冲沟，免耕少耕、等高耕作、轮耕轮作、草田轮作、间作套种等。不同分区因水土流失类型、形式、特点及其防治内容不同而不同。

（1）东北黑土区以保护黑土资源和保障粮食安全为主，以防治坡耕地和侵蚀沟水土流失为重点，主要治理措施包括梯田、等高耕作、垄向区田、地埂植物带、谷坊、沟头防护、塘坝、水土保持林和经果林建设等。

（2）北方风沙区以保护绿洲、重要基础设施和防止草场退化为主，以水蚀风蚀交错区以及绿洲农区周边的防风固沙为重点，主要治理措施包括轮封轮牧、人工沙障、网格林带建设、引水拉沙造地、雨水集蓄利用，以及以灌溉草地建设、经济林果为主的植被恢复与建设措施。

（3）北方土石山区以保育土壤和保护耕地资源为主，以水源地水土流失治理、黄泛区风蚀治理以及局部区域山洪灾害防治为重点，水源地应以清洁小流域建设为重点，防治水土流失和减轻面源污染。主要治理措施包括梯田、雨水集蓄利用、护地堤、拦沙坝、滚水坝、谷坊、水土保持林和经果林建设，以及黄泛区土地平整、翻淤压沙、网格林带建设、农业耕作措施等。

（4）西北黄土高原区以蓄水保土、拦沙减沙为主，以沟道治理和坡耕地改造为重点，主要治理措施包括梯田、淤地坝、谷坊及沟头防护工程、雨水集蓄利用、引洪漫地、引水拉沙造地、水土保持林和经果林建设等。

（5）南方红壤区以保持土壤、防治崩岗危害为主，以坡耕地、水蚀坡林（园）地、崩岗和侵蚀劣地治理为重点，主要治理措施包括梯田及坡面水系工程、谷坊、拦沙坝、截流沟、护岸、水土保持林和经果林建设等。

（6）西南紫色土区以保持土壤、防治山地灾害为主，以坡耕地综合治理为重点，主要治理措施包括梯田及坡面水系工程、护地堤、塘坝、水土保持林和经果林建设、复合农林业建设等。

（7）西南岩溶地区以保护耕地和土壤资源为主，以坡耕地综合治理为重点，主要治理措施包括梯田及坡面水系工程、岩溶表层泉和地表水利用工程（塘坝、蓄水池）、岩溶落水洞治理工程、水土保持林和经果林建设等。

（8）青藏高原区以生态维护、防灾减灾为主，以河谷农业区及周边水土流失治理为重点，主要治理措施包括梯田、人工草场建设、径流排导、谷坊、拦沙坝等。

2）治理措施配置

根据治理对象及其水土流失特点，进行措施配置。所选择的措施应能够有效治理水土流失，并具有显著的生态效益、经济效益、社会效益。不同区域水土保持措施配置应根据水土保持措施体系突出维护和提高其区域水土保持主导基础功能。

## 二、综合防治工程总体布置

### （一）一般要求

水土流失综合防治工程应以小流域（或片区）为单元，根据水土流失防治、生态建设及经济社会发展需求，统筹山、水、田、林、路、渠、村进行总体布置，做到坡面与沟道、上游与下游、治理与利用、植物与工程、生态与经济兼顾，使各类措施相互配合，发挥综合效益。总体布置主要内容如下：

（1）坚持沟坡兼治，坡面以梯田、林草工程为主，沟道以淤地坝坝系、拦沙坝、塘坝、谷坊等工程为主。

（2）坚持生态与经济兼顾，梯田与林草工程布置根据其生产功能，加强降水资源的合理利用，在少雨缺水地区配置雨水集蓄利用工程，多雨地区配置蓄排结合的蓄水排水工程，使梯田与坡面水系工程相配套,经济林、果园、设施农业与节水节灌、补灌相配套。

(3)坚持自然修复和人工治理相结合,在江河源头区、远山边山地区根据实际情况,充分利用自然修复能力,合理布置封育及其配套措施。

(4)重要水源地按生态清洁小流域进行布置,合理布置水源涵养林,并配置面源污染控制措施。

(5)在山洪灾害、泥石灾害、崩岗灾害严重的地区,应合理配置防灾减灾措施。

(6)在城郊地区要充分利用区域优势,注重生态与景观结合,措施配置应满足观光农业、生态旅游、科技示范、科普教育需求。

**(二)分区总体布置**

1. 东北黑土区

东北黑土区以保护黑土资源、保障粮食生产为核心,以防治侵蚀沟和缓坡耕地水土流失为重点。治理措施包括梯田、等高耕作、垄向区田、地埂植物带以及农业机械道路、灌溉渠系、坡面排水、侵蚀沟消坡和填埋、谷坊、沟道造林种草措施。

以东北漫川漫岗保土区(Ⅰ-3-1t)为例,该区是东北黑土区的核心地带,水土保持主导基础功能为土壤保持,水土保持是以坡耕地和侵蚀沟治理为重点,合理配置。坡耕地采取改垄、修地埂植物带和梯田等工程措施;侵蚀沟采取沟头和沟坡防护、沟谷布设谷坊等措施结合新农村建设,对村屯内及村屯间道路进行硬化,完善村及道路排水系统,充分利用道路及村屯周边进行植树造林,如图6.1-1和图6.1-2所示。对于现代化大机械作业的农垦区充分利用农场机械化程度高、土地集中连片、生产统种管理的优势,措施配置独特,形成一套综合防治的技术体系,如图6.1-3所示。

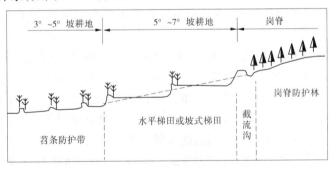

图 6.1-1 坡面治理断面示意图

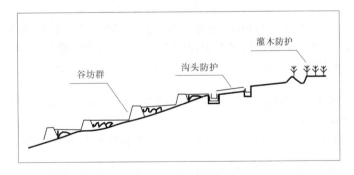

图 6.1-2 沟道防护体系示意图

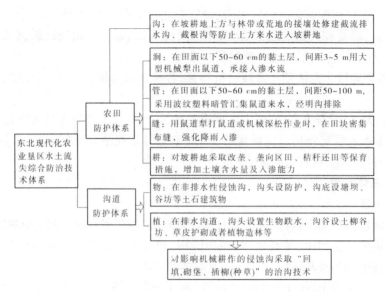

图 6.1-3　东北农垦区水土流失综合治理措施体系

2. 北方风沙区

以建设生态屏障和防沙带、修复和改良草场、保护绿洲为核心,重视水蚀风蚀交错区的水蚀和风蚀防治。治理措施以防风固沙、草场修复建设与保护、绿洲防护、林草措施、封育及其配套措施为主。多年平均降水量 250 mm 以上地区要充分利用小泉小水,加强雨水集蓄利用,采取砂田与覆盖措施,保持土壤水分,合理配置坡改梯及配套措施。多年平均降水量 250 mm 以下地区以封禁措施为主,有灌溉条件的可建设人工草场,并以绿洲为核心设置防护措施。

以阿拉善高原山地防沙生态维护区(Ⅱ-2-1fw)为例,巴丹吉林、腾格里和乌兰布和三大沙漠横贯该区,风蚀沙害相当严重,同时,该区内贺兰山地、额济纳等也有典型高原生态系统,有青海云杉、胡杨林、梭梭林及国家重点保护动植物,工作重点是加强预防保护,实行封山禁牧、轮封轮牧、舍饲养畜等措施,促进恢复植被,对局部风沙危害的区域进行人工治理,建设以乔、灌、草相结合的带、片、网的防风固沙阻沙体系。具体布局见表 6.1-1。

表 6.1-1　阿拉善高原山地防沙生态维护区水土保持措施总体布局表

| 类型 | 总体布局 |
|---|---|
| 绿洲风沙危害地区 | 1. 加大禁育力度,保护荒漠植被,严厉禁止滥挖苁蓉、锁阳、甘草、发菜等;<br>2. 全面实行退牧还林封育保护,积极采取围封、人工种植和飞播林草等措施,配置植物沙障和机械沙障,建立带、片、网和乔灌草相结合的防风固沙阻沙体系 |
| 沙漠滩地、农田 | 1. 通过引洪滞沙、引水拉沙,改造沙漠滩地,减少洪水泥沙危害,合理利用水资源,保护和改良农田;<br>2. 大力开展沙地林果生产,开发生态型产业,推进水保产业化发展 |
| 牧场 | 合理开发水资源,因地制宜兴修水利,发展农田草牧场建设,推行农业节水高效灌溉 |

3. 北方土石山区

以改善生态、保护与涵养水源、发展农林特色产业为核心,根据所处地区生态功能,注重保护土壤和耕地资源,防治局部区域山洪和泥石流灾害。治理措施应以梯田、雨水集蓄利用、沟道治理工程、经济林果种植以及林草措施为主。梯田以石坎梯田为主,并与特色经济林果工程结合,注重山区沟道小泉、小水和雨水集蓄利用,配套节水型灌溉措施。水源地要配置水源涵养林以及面源污染控制措施。

以太行山西南部山地丘陵保土水源涵养区(Ⅲ-3-3th)为例。该区位于太行山西南部,人多地少,且为诸多水库的水源地,水土保持重点是保护耕地资源、维护和提高土地生产力,提高粮食生产和综合农业生产能力;保护水源地,提高调节径流能力,改善水质,为水库提供充足和优质的水源。不同地区水土流失防治的总体配置见表6.1-2。

**表6.1-2 太行山西南部山地丘陵保土水源涵养区小流域综合防治总体布置**

| 类型 | 措施总体配置 |
|---|---|
| 土石山丘陵沟壑地区 | 1. 以荒山、荒坡、沟壑、残塬治理;农田林网和道路建设为重点,工程措施与生物措施相结合,将山、水、林、田、路综合治理。<br>2. 水蚀严重山地丘陵坡面采取水保林、草、水源涵养林等植物措施,沟道采取小型蓄水工程。<br>3. 侵蚀严重的,或农业耕作地段上游的沟道,建设沟头防护、谷坊工程、拦沙工程等措施 |
| 土石山区水源地 | 1. 利用自然条件优势,发展水土保持生态林,乔、灌、草相结合,保持水土,涵养水源。<br>2. 建设生态清洁型小流域,以林草措施为主,谷坊、梯田等工程措施为辅,拦蓄泥沙,涵养水源,控制农村生活垃圾和污水排放,防治面源污染,保护水源 |
| 土石山低山丘陵地区 | 1. 石质、土石质地区,以小流域为单元,发展林果、畜牧等主导产业,修建小型水利水保工程,为农牧业及林果业发展创造条件,提高治理效益。<br>2. 黄土丘陵地段,以农林为主导产业,建设基本农田,加强梯田建设,发展坝系农业,建设小塘坝、滚水坝、蓄水池、小泵站等,实施集雨节灌,促进农林牧全面发展 |

4. 西北黄土高原区

以提高综合农业生产能力和改善生态为核心,以保护土壤、增加植被覆盖、蓄水保水、拦沙减沙为重点。治理措施以梯田、淤地坝、治沟造地、林草工程、封育及配套措施为主,多年平均降水量 400 mm 以下地区林草工程以灌草措施为主。沟道要布置坝系,坡面要布置梯田与林草工程,远山边山地区应布置封育及配套措施。梯田和淤地坝工程布置要与雨水集蓄利用、高效高产规模特色农业或经果林发展结合;淤地坝工程坝系布置应妥善处理小流域内大、中、小型淤地坝与塘坝、小水库之间的关系,合理配置,联合运用;单坝规模确定应分析坝系中各单坝的相互作用。

以陕北黄土丘陵沟壑拦沙保土区(Ⅳ-2-3jt)为例,该区水土流失严重,是黄河的主要泥沙策源地,水土保持防治体系的思路是通过淤地坝工程及林草植被措施建设来减少入黄泥沙,提升区域内的拦沙减沙和土壤保持的功能,以达到拦沙保土的目的。综合治理措施配置见表6.1-3。

表 6.1-3　陕北丘陵沟壑拦沙保土区综合治理措施配置

| 地形部位 | 措施配置 |
|---|---|
| 梁峁顶 | 营造防护林带、种植牧草;当地势开阔时,可适当发展种植业,并适当布设水窖和节灌设施 |
| 梁峁坡 | 1.在25°以下缓坡耕地上修筑水平梯田,梯田埂采取植物防护,栽桑、紫穗槐、种植苜蓿;<br>2.近村、背风向阳地栽经济林,在坡度较大的地方营造水保林 |
| 峁缘线 | 以沟头防护为主,营造防护林、修筑防护埂 |
| 沟坡 | 1.采用水平沟、水平阶、反式梯田和大鱼鳞坑等整地,营造经济林和用材林;<br>2.在陡峻破碎的沟坡地上营造柠条、沙棘等灌木林或种植优良牧草 |
| 沟底 | 以改造沟台地为主,修建淤地坝,兴修小型水利工程,同时营造沟底防冲林和护岸林 |

5.南方红壤区

以保护土壤资源、防治崩岗灾害、改善农业生产条件、促进高产高效农业发展为核心,重点开展坡改梯、崩岗治理、侵蚀劣地治理和园地及林下水土流失治理。治理措施应以拦沙坝、截流沟、林草措施、梯田与坡面水系工程、田间道路、特色亚热带和热带经济林果建设、封育及配套措施为主。崩岗治理要采取"上截、中林草、下堵"的综合措施体系,保障下游村庄和农业生产的安全。

以赣南山地土壤保持区(Ⅴ-4-8t)为例,区域内坡林(园)地水土流失较为严重,丘岗地区崩岗侵蚀点多面广,泥沙下泄,沟道淤埋,山洪灾害隐患增大,同时,稀土等矿产资源开发导致人为水土流失。水土保持重点是坡耕地治理和改造、崩岗综合治理、坡林(园)地水土流失防治。综合防治总体布置是:

(1)25°以下条件适宜的坡耕地进行坡改梯,实施保土耕作,配套坡面水系,修建排灌沟渠、蓄水池、沉沙池等,要结合地形进行布设,便于排洪、拦沙和蓄水。

(2)对现有的疏幼林地和荒山荒坡实行封育管护,营造混交林,改造品种单一的次生林。

(3)对崩岗地带采取工程措施和植物措施结合的措施,"上截、中削、下堵、内外绿化"进行治理,治理后的崩岗侵蚀地种植水保先锋树种或经济林果。

(4)做好柑橘、甜柚、油茶等特色林(园)地的林下水土保持,主要是林下种豆科草、修条田和树盘等。

6.西南紫色土区

西南紫色土区以保护土壤资源、充分利用降水资源、改善农业生产条件、促进农业发展为核心,以坡改梯及坡面水系工程为重点。治理措施应包括梯田及坡面水系工程、田间道路、塘坝、经济林果种植、林草措施、高效复合农林业建设、封育及配套措施。梯田工程要根据实际情况选择土坎与石坎梯田,配置"以排为主、蓄排结合"的蓄排水工程,特色经济林果宜配置灌溉设施。

以四川盆地北中部山地丘陵保土人居环境维护区(Ⅵ-3-2tr)为例,该区是青藏高原与长江中下游平原的过渡地带,人口稠密,人多地少,人地矛盾突出,坡耕地水土流失严重。水土保持的重点是以坡耕地及坡面水系工程建设为主的小流域综合治理,以及城镇周边地区以清洁小流域建设为主的人居环境改善措施。总体配置见表6.1-4。

表6.1-4 四川盆地北部中山地丘陵保土人居环境维护区综合防治总体布置

| 类型 | 总体布置 |
| --- | --- |
| 山丘区 | 1. 按照"山上戴帽,山腰穿裙,山下拴带"的思路,山顶栽植以刺槐、杨树和马桑为主的乔灌混交林;<br>2. 山腰利用土层厚、水热条件兴修梯田,配套坡面蓄水、拦沙、排洪、引水等坡面水系工程,发展特有经济林果;<br>3. 山下改造中低产田 |
| 城镇周边地区 | 1. 通过水土资源的优化配置,调整农村产业结构,利用埂坎,搞好经济林果高效开发,发展特有经济林果和旅游观光的治理模式;<br>2. 加强农村新能源建设力度,发展沼气及节柴灶,促进农村面源污染治理 |

7. 西南岩溶地区

西南岩溶地区以抢救和保护土壤资源、充分利用降水资源、改善农业生产条件为核心,以坡改梯及坡面水系工程为重点,对植被覆盖度低的岩溶山体配置林草及封育措施。治理措施应以梯田及坡面水系工程、田间道路、林草措施、岩溶地表水利用及岩溶落水洞治理工程为主。梯田以石坎梯田为主;对于田面出露裸岩,可通过爆破破碎挖除凸露岩石,回覆周边土壤,增加可耕种面积,并配置"以排为主、蓄排结合"的蓄排水设施。充分利用溪流及小泉、小水配置塘坝、滚水坝以及引水设施,并配套农田灌溉或补充灌溉设施。

以滇黔川高原山地保土蓄水区(Ⅶ－1－2tx)为例,该区包括云南东部、黔西、川南等地区,岩溶地貌发育,地形陡峭破碎,河谷深切;土地垦殖率较高,坡耕地比重大;地表径流少且利用难度大,水土流失和工程性缺水严重。水土保持的重点是以实施坡耕地改造及坡面水系工程为主的小流域综合治理,抢救土壤资源,加强降水资源利用,提高农业生产力。按地面岩性,将总体布置归纳为两类,如表6.1-5所示。

8. 青藏高原区

以保护生态、修复和改良草场、改善河谷农业生产条件为核心,重点开展轮封轮牧、冬贮的人工草场建设,影响河谷农业生产的山洪灾害沟道治理,以及坡耕地治理。林草工程应根据高原气候、地理位置、土壤、生态系统等地域特点和立地条件进行配置。

以三江黄河源山地生态维护水源涵养区(Ⅷ－2－2hw)为例,该区位于青藏高原腹地,是长江、黄河和澜沧江的发源地,地域辽阔,人烟稀少,生态环境原始而脆弱,一经破坏很难恢复。因此,水土流失防治要以预防保护为重点,以封育治理为主,因地制宜地在局部水土流失严重的地区开展灌草植被建设,防止草地退化和沙化。树立面上防护、点上治理的观念。区内大面积预防保护区,实施封禁并配套能源替代、生态移民等措施,促进生态修复。城镇周边实施以防治山洪灾害为主综合治理,即以沟道和河岸治理为主,辅以坡改梯、水土保持造林、种草、封禁治理等措施。

表 6.1-5　滇黔川高原山地保土蓄水区综合防治总体布置

| 类型 | 总体布置 |
|---|---|
| 母岩以碎屑岩、变质岩为主的地区 | 1. 坡面:对于坡度在25°以下、土层较深的缓坡耕地改造为以土坎坡改梯为主的基本农田,农田内推广分带轮作、地膜覆盖、绿肥横坡聚垄免耕等保土耕作措施;地坎栽植灌木,坡面种植绿肥植物,稳固地坎;配套建设蓄水池,铺设浇灌管道,完善灌排体系;完善生产道路,增设道路排水沟及水平排水沟。<br>2. 沟道:在沟的中上部修筑谷坊、拦沙坝,并与群众交通、引水需求结合,建设成为群众的交通便道或取水口;沟的中下部疏通、整治沟道。<br>3. 总体配置上应做到水土流失治理与发展小流域生态经济和特色产业相结合。荒山造水保林,林下种植苜蓿,林业与畜牧业结合;不适宜建设农田的坡耕地发展以梨(滇红)、油桃等为主的经济果木林,初期套种花卉、药材,提高土地利用效率,推行科学种植和管理 |
| 母岩以碳酸盐岩为主的地区 | 1. 山沟、山凹建塘堰,保证基本农田、果木林的灌溉,同时兼顾人畜饮水。<br>2. 缓坡耕地修建梯田,配套坡面水系、机耕路、作业便道,改善农业生产条件。<br>3. 结合产业结构调整,坡耕地大力发展金秋梨、黄花梨、布朗李等经济果木林,林间套种生姜、花生、土豆,提高土地利用效率。<br>4. 山脚平地整治沟渠,疏通排水通道,保护有限的土地资源。<br>5. 对林地、草地加大封育治理力度,促进植被自我修复,遏制土地石漠化,抢救土地资源。<br>6. 将小流域综合治理与建设社会主义新农村结合,改善人居环境,美化村容村貌 |

**(三)案例**

**1. 东北黑土区——黑龙江省鹤岗市石头河小流域治理**

1)基本情况

石头河小流域位于黑龙江省鹤岗市东方红乡,距市区 25 km,地形呈缓岗阶地,属中纬度低山丘陵地貌类型区。涉及获胜村、东兴村等 4 个村,人口 4 960。流域面积为 26.34 km²,其中耕地、林地、荒地、其他用地面积分别为 957.28 hm²、137.44 hm²、101.14 hm²、1 438.14 hm²。

治理前石头河流域水土流失面积 962 hm²,占流域总面积的 36.5%,各强度级别面积为:轻度侵蚀 64 hm²、中度侵蚀 688 hm²、强度侵蚀 210 hm²,分别占水土流失面积的 7%、71% 和 22%。该流域土壤侵蚀类型以片状、细沟状侵蚀为主,沟蚀发生强度高。沟蚀多发生于坡耕地、荒山荒坡、疏幼林地,在侵蚀坡面上均有不同程度分布。受降水、地形和人为因素的复合作用,沟壑发育,沟壑直接占地面积 8.03 hm²,沟壑密度为 0.22 km/km²。

2)防治方向和措施体系

水土流失治理以坡耕地为主攻方向,兼顾侵蚀沟治理。以治理水土流失为中心,以有效保护和合理开发利用水土资源为目标,做到治理保护与产业结构调整、发展经济、新农村建设相结合。在保护好现有的林木植被的基础上,采用"坡面 + 侵蚀沟"防治技术体系。坡面采用坡改梯,配以地埂植物带、改垄措施;侵蚀沟道采取沟头埂、谷坊、削坡造林、沟渠及跌水等措施,并配置水土保持林和封禁治理等措施。

防治措施:2008 年该流域被列入东北黑土区水土流失重点治理工程项目,施工期 1 年,共治理水土流失面积 925.42 hm²,治理度达到 96%,其中梯田 21.54 hm²,地埂植物带 299.32 hm²,水土保持林 87.48 hm²,封禁治理 50.11 hm²,改垄 407.88 hm²,沟渠 6 km,跌水 12 座,谷坊 107 座,沟头埂 0.6 km,削坡造林工程土方 0.7 万 m³,涵洞 4 座,整治作业 6.59 km。同时,大力推进生态修复、营造水保林等一系列治理措施的实施,建封禁标志牌 3 座,小流域宣传碑 1 座。

2. 北方风沙区——酒泉市金塔县鸳鸯池水库群沙害治理小流域

1) 基本情况

鸳鸯池水库群位于河西走廊蒙新荒漠边缘白水泉沙系尾端,距甘肃酒泉市金塔县城西南 12 km,南与酒泉接壤,西北及正西方向为白水泉沙系,北部为鸳鸯灌区,属河西走廊农田防护防沙区,酒航公路(酒泉至酒泉卫星发射中心)从水库群中由南向北穿过。项目区总面积 6 005 hm²,其中水域面积 1 589 hm²,总人口 12.02 万。属温带大陆性干旱气候,多年平均气温 8.8 ℃,多年平均降水量 65.5 mm,多年平均蒸发量 2 490.1 mm,呈戈壁沙丘景观,流动、半流动沙丘和丘间盆地交错分布,地势平缓开阔,地形起伏不大,海拔 1 293~1 372 m。除水域外,其余 4 415.93 hm² 土地全为风力侵蚀区,占土地总面积的 73.54%。

2) 防治措施

防治思路:近库风沙区外围为沙丘活动区,区内流动沙丘较密,沙丘前移速度较快,在前两个治理区之外,实施封禁措施。

总体布局:近库风沙危害区,地下水位较高,有自然植被和少量人工防护林带分布。在遇有起沙风速时,流沙直接进入库区,侵占库容,是损失库容的直接沙源区,因此对有植被分布区域以封禁为主,促进植被的自然恢复;对有流沙活动的区域,配套井灌溉系统,培育灌木防护林带。沙丘活动区,是输入近库区流沙的主要沙源地,以固沙为主;对沙丘活动区采取固沙措施,以砾石黏土沙障压沙为主;对有自然植被分布的区域进行封禁治理。沙源区,沙源分布较广,治理难度大,以封禁为主,虽然封禁区流动沙地植被无自我恢复能力,但消除人为干扰后,丘间盆地内表层土壤因盐分聚集易形成盐生结皮,对抑制土壤风蚀有一定的效果,可有效减少就地起沙。

措施配置:新增滴灌防风固沙林带 93.9 hm²,封禁面积 173.33 hm²,共计完成治理面积 267.23 hm²。为此需配套布设机井滴灌系统 2 套,打机井 2 眼,配备 8050 型水泵 1 台,压力罐 1 套,配变压器 2 台,修建管理房 2 座,架设输电线路 0.8 km。

3. 北方土石山区——北京市永定河绿色生态走廊

1) 基本情况

永定河是海河水系支流,流域面积 4.7 万 km²,全长 747 km。北京市境内永定河流域面积 3 200 km²,长约 170 km。其中,官厅山峡段 92 km,山高坡陡、落差大,人为活动较少,自然生态环境较好,落坡岭水库以上 64 km 河道常年有水,以下 28 km 时常断流;平原城市段共 37 km,是西山地下水主要补给区,其中下苇店—军庄 14 km 河段渗漏严重,影响三家店收水效果;平原郊野段 41 km,三家店至南六环路段长 37 km,是首都的防洪安全屏障;西南五区规划新城位于沿河两岸,人口约 300 万,是城市发展的拓展区,20 世纪 80 年代后河道常年断流,扬沙严重,生态系统十分脆弱。

区域为典型的暖温带半湿润大陆性季风气候,夏季高温多雨,冬季寒冷干燥,春、秋短促。全年平均气温 14.0 ℃,1 月 -7~ -4 ℃,7 月 25~26 ℃,极端最低 -27.4 ℃,极端最高

42 ℃以上。全年无霜期 180~200 d,西部山区较短。年平均降雨量 483.9 mm,为华北地区降雨最多的地区之一。降水季节分配很不均匀,全年降水的 80% 集中在夏季 6、7、8 三个月,7、8 月有大雨。

永定河生态环境严重退化,水环境恶化,河道常年干涸,生态系统严重退化,是北京境内的五大风沙源之一,部分河段垃圾堆放、污水入河,河道现状环境与城市化发展极不谐调。

2)防治思路

三段功能分区采用生态自然的理念,自上而下形成溪流—湖泊—湿地连通的健康河流生态系统,建成"有水的河、生态的河、安全的河"。山峡段源于自然,维护生态水环境和生物多样性,保护天然河道;平原城市段融入自然,治污蓄清,增加河道蓄水,形成溪流,重点区域和交通节点形成水面,建成良好的城市生态水景观;平原郊野段回归自然,有水则清,无水则绿,封河育草,绿化压尘,打造田园生态景观。

3)总体布局

建成"一条生态走廊、三段功能分区、六处重点水面、十大主题公园"的空间景观布局,形成永定河绿色生态走廊,为两岸五区创造优美的生态水环境。

河湖生态景观体系:建设门城湖、莲石湖、宛平湖、晓月湖、大宁湖、稻田湖六大湖泊,形成 60 km 的溪流贯行其间,充分利用现有砂石坑、垃圾坑、河滩地,建设 10 大主题公园。

水源配置保障体系:建设山峡段输水工程 14 km,实施再生水利用工程,升级改造沿线污水处理厂,铺设引水管线;铺设大宁水库至三家店管线 21 km,建扬水站 2 处。

防洪安全保障体系:堤防工程险工护砌 39 km,堤防加固 46 km,修建堤防路 95 km,修复和加固治导丁坝 61 座,建设 2 处永定河防汛调度指挥分中心。

水源地水土保持防护体系:建设生态清洁小流域 500 km²,实施高井沟、黑水河等 7 条支流河道综合治理,建设湿地 8 处 200 hm²,新建 5 处人工湖泊,水面面积 360 hm²;溪流工程疏挖河槽 60 km;建设河滨保护带,实施绿化 9 000 hm²;建设滨水主题公园 10 个,总面积 600 hm²;开展固废处理,清理河道内及两岸 5~10 km 范围内的垃圾、废弃物。

4.西北黄土高原区——阳曲县阳坡小流域

1)基本情况

阳坡小流域位于西北黄土高原区的汾河中游丘陵沟壑保土蓄水区,太原市阳曲县北小店乡蔓菁村,流域总面积 18.09 km²,距阳曲县城 50 km。该流域地势北高南低,海拔 1 320~1 950 m,相对高差 630 m 左右,流域内沟壑纵横,山高坡陡,地形复杂,自然条件较差。项目区年平均气温 9.6 ℃,极端最高气温 39.4 ℃,极端最低气温 -25.5 ℃,无霜期 188 d。年均降水量 500 mm,5~9 月降水量 375.2 mm,约占全年降水量的 80%,年大于 10 mm 的降水日数为 14 d,年大于 25 mm 的降水日数为 4.1 d,年大于 50 mm 的降水日数为 0.7 d。暴雨主要发生在 7~8 月,强度大、历时短且集中。

区内自然植被主要有油松针叶林、杨树(少量桦)阔叶林或杨桦与油松混交林,以及沙棘、虎榛子、蒿草、菅草灌木丛和灌草丛。土壤特征为褐土,主要有淋溶褐土和山地褐土。流域内水土流失面积 17.73 km²,强烈侵蚀以上水土流失面积占流失总面积的 66.4% 以上,年土壤侵蚀量约 7.95 万 t。

流域涉及阳曲县北小店乡 2 个村,人口 413,其中劳动力 150 人,人口密度 23 人/km²,耕地 75 hm²。由于土地贫瘠,生产条件差,农村经济和群众生活水平相对较差。

2）防治措施

总体布置：源头区，在流域上游设置预防保护区，通过封禁治理方式，围拦禁牧，减少人类对当地自然生态环境的干扰，利用自然自我修复能力，促进植被恢复，为植物生长创造良好条件，减少源头水土流失。山坡，流域内的沟坡为冲刷侵蚀的重点区域，植被稀少，水土流失严重。山坡治理主要是对山谷两侧坡度较缓的山坡进行植树造林，减少雨水造成的溅蚀和沟蚀，蓄水保土。沟谷，在流域沟谷内建设谷坊并对下游滩地进行整理，配套排洪渠系及道路建设，提高土地生产能力，满足当地村民的粮食生产需求，为村民脱贫致富创造条件。沟口，在沟口新建淤地坝等工程措施，减少水土流失，减轻下游沟蚀拦泥淤地，为下游农业生产提供安全保障和灌溉水源。

治理措施：完成水土保持综合治理面积 1 612.15 hm²。实施封育治理1 343.25 hm²，营造油松、侧柏、云杉、黄刺梅、杨柳树等水保林218.01 hm²，垫滩造地50.89 hm²，建成淤地坝2 座、谷坊4 座、塘坝1 座，修蓄水池1 座，修筑排洪渠系7.8 km，修道路10 km。建成阳坡和九股泉2 个养殖场，养鸡6 000 只，养羊300 只，建成鱼塘等水面养殖场2.56 hm²，年生产成鱼20 t。

5. 南方红壤区——梅县荷泗水小流域

1）基本情况

荷泗水小流域位于广东省梅县西南部，地貌属低山丘陵区，流域面积90.15 km²，流域属亚热带季风气候，年平均气温21.2 ℃，无霜期306 d，年降雨量1 400～1 800 mm，光热充足。流域地势南高北低，基岩大部分为花岗岩，多呈粗粒状结构，风化层深厚，土壤属沙壤土，含砂量在60%以上，胶粒少，黏性小，抗蚀力差，风化剧烈，崩岗发育。该小流域在治理前水土流失面积29.96 km²，占流域面积的33.3%，其中宽10 m以上的崩岗1 550 处。

该流域人口密度约168 人/km²，农业人均耕地0.05 hm²，人均产粮436 kg，20 世纪50 年代末至60 年代初"大炼钢铁"时期大量砍伐森林后水土流失加剧，致使河床抬高，山塘、沟道淤积，农田受泥沙侵害，良田变沙坝。经多年治理，农业生产条件和生态环境全面改善。

2）总体布置

以崩岗治理为核心，同时注重生态经济开发，合理布设工程措施和生物措施，做到工程措施与生物措施相结合。总体布置可概括为：

"一截"：拦截泥沙下山。对流失区的各种崩岗流失、沟状流失，实行工程治理，布设谷坊群、拦沙坝、沟渑工程，拦截泥沙，防止崩岗扩大，控制崩岗危害。

"二退"：退耕还林还草。

"三种"：治理水土流失的同时，注重经济林果的开发，在水土流失地块和崩岗区域及拦沙坝体上，种树、种竹、种经济林果（柚、柑）。

"四封禁"：封山禁伐，抚育保护。在治理初期，通过严格的封禁管理，促进植被恢复。

3）治理措施

1985 年开始实施多年连续治理，流域内共兴建谷坊1 839 座，修筑拦沙坝103 座，挖沟渑工程32.43 万 m，开水平梯田35 hm²，营造水土保持林3 418 hm²，发展经济林果1 748 hm²。并修复水利设施山塘33 宗、陂头55 宗、渠道66 km。林草植被覆盖率由治理前的37%增加到89%，土壤侵蚀模数由1.15 万 t/(km²·a)降至0.24 万 t/(km²·a)。

6.西南紫色土区——四川省安县马道梁子小流域

1)基本情况

马道梁子小流域位于安县乐兴镇境内,辖 7 个村,面积 29.34 km²,最低海拔 510 m,相对高差 610 m,属深丘地貌。该流域属于亚热带湿润气候区,年均日照 1 376.6 h,年平均气温 17.2 ℃,年降水量 963 mm,无霜期 240 d,土壤为紫色土,主要植被种类有松、柏、泡桐、竹、杨、柑橘等。流域土地总面积 2 934 hm²,其中耕地 1 417.77 hm²(其中水田 812.8 hm²,坡耕地 604.97 hm²),林地 1 199.88 hm²,裸地 42.68 hm²,水域 123.02 hm²,其他用地 96.99 hm²。流域内水土流失面积 15.49 km²,其中轻度流失面积 6.61 km²,中度流失面积 7.33 km²,强烈流失面积 1.41 km²,极强烈流失面积 0.14 km²,土壤侵蚀模数 3 578 t/(km²·a)。

流域总人口 5 087,乡村人口 2 752,劳动力 2 014 人,人口密度 173 人/km²,人均耕地面积 0.09 hm²,农民人均年纯收入 5 135 元,主要种植作物为水稻、玉米、小麦、红薯等。

2)措施配置

针对该流域人口密度大、坡耕地面积广、农民收入低的情况,治理措施配置为:对坡耕地分布集中的区域,实施坡改梯,配套坡面水系和田间道路,水源和交通条件好的区域发展葡萄、桃树、皂角等经果林;田面坡度较缓地区实施以改变微地形的保土耕作,采取带状间作,增加地面植物覆盖;中高山地带栽植水土保持林,并采取封禁治理措施,保护和巩固退耕还林成果。以达到既防治水土流失,又改善农业生产条件和提高农民收入的目的。措施配置示意见图 6.1-4。

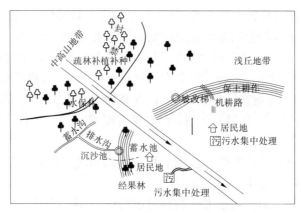

**图 6.1-4 马道梁子小流域治理措施布置示意图**

治理措施包括坡改梯 110.6 hm²,营造水土保持林 307.2 hm²,栽植经果林 114.5 hm²,保土耕作 154.8 hm²,封禁治理 861.9 hm²,配套修建蓄水池 224 座,沉沙凼 797 个,排灌沟渠 52.2 km,田间道路 3.8 km,谷坊 2 座。

7.西南岩溶区——兴义市冷洞小流域

1)基本情况

冷洞小流域位于贵州省兴义市南部的则戎乡境内,流域面积 21.43 km²,为岩溶低山、丘陵、溶洼等典型岩溶地貌,流域总人口 3 847,人均耕地约 0.13 hm²,90%是石旮旯地。长期以来,该小流域由于地形、降雨、土壤等自然因素的影响以及人口增多,不合理的农业耕作和生产建设活动,植被遭到破坏,可耕地减少,土地石漠化现象严重,水土流失面积约占总面积的60%,年平均土壤侵蚀模数约 1 600 t/(km² · a)。

2)总体布置

总体布置以水为主线,以改造坡耕地、建设高标准基本农田、配置小型水利水保工程为重点,以抢救土地资源、遏制土地石漠化为目的,优化措施配置,以治理保护和开发利用水土资源为前提,以经济效益为中心,大力发展特色产业和优势产业,实施综合治理。

措施配置为"山顶戴帽子、山腰缠带子、山下建坝子"。即山顶按照封禁与造林相结合,恢复植被,树种主要为滇柏;山腰以核桃、板栗、枇杷、金银花为主要品种建设经果林带,并按照"公司+农户"的方式根据市场前景有计划地发展;山下以建设石坎梯地为重点,池、塘、窖、路、渠配套,保障粮食生产。措施配置示意见图6.1-5。

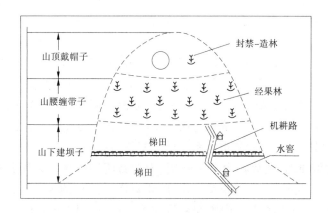

**图 6.1-5　冷洞小流域治理措施布置**

2001～2011 年 10 年间,共兴修蓄水池 286 座,兴修水窖 486 口,坡改梯 57.3 hm²,机耕路 20 km,推广种植优质金银花 119.3 hm²,金秋梨、油桃、核桃等经果林 80 hm²,营造滇柏、云南松 120 hm²,封禁治理 660 hm²,完成治理面积 10.39 km²,形成以经济林果带动其他产业发展的模式,突出了水土保持与农业综合开发的紧密联系,推动了土地开发利用,有效遏制了石漠化的发生和发展,实现了水土资源的合理利用和有效保护。

8.青藏高原区——青海省玉树县结古镇孟宗沟小流域

1)基本情况

孟宗沟小流域位于青海省玉树藏族自治州玉树县境内,流域总面积 20.07 km²,系长江一级支流巴塘河的一条支沟,行政区划属玉树县结古镇先锋村。流域为高山峡谷地貌,海拔 3 740～4 838 m,相对高差 1 098 m,流域顶部平缓,中下游沟深坡陡,沟口为泥石流冲积扇。流域中下部坡陡且险,经常发生局部滑坡。流域 5°～15°坡面占 34.7%,16°～25°坡面占 26.1%,25°以上坡面占 39.2%。流域内长 1 km 以上的沟道 4 条,主沟道长 4 800 m,沟道平均比降为 78.7‰。该区属典型的高原大陆性气候,冬季冷而干旱,夏季受西南季风的影响,水汽丰富,降水较多,年均气温 2.9 ℃,年均最低气温 -7.8 ℃,年温差小,日温差大,日照长,辐射强烈,风大,生长期短,无绝对无霜期。年≥10 ℃积温为 1 788 ℃,年蒸发量 1 110 mm,年降水量 481 mm,主要集中于 7～9 月,占全年降水量的 75%左右。总体特征是日温差大,日照长,辐射强烈,多风,生长季短,春旱、伏旱经常发生,伴有低温冻害。流域为高原地带性土壤中的高山土类,土层较薄,一般不超过 50 cm,最薄处不足 10 cm,机械组成粗,腐殖质层薄,砾石含量高;流域中下部(海拔 4 100 m 以下)多为高山草原土,土层厚度 20 ~ 60 cm。流域属高寒灌丛草甸带和高寒草甸带,上部以高寒草甸植被种为主,优势种有线叶蒿草、高山蒿草、珠芽蓼等,并有部分高山灌丛伴生,主要种类有香叶杜鹃、山生柳、鲜檫木等,植被覆盖度 65% 左右。流域中下部为高山草原植被,优势种有针茅、垂穗披碱草、珠芽蓼等,植被覆盖度 50% 左右。

流域土地总面积 20.07 km²,绝大部分为草场和林地,有少量沟道川地。流域内水土流失面积 11.87 km²,占该流域土地总面积的 59%。水土流失类型包括溅蚀、片蚀、沟蚀、重力侵蚀和冻融侵蚀,局部地区有风蚀,平均土壤侵蚀模数为 1 500 t/(km² · a),局部地区高达 5 000 t/(km² · a),常以山洪、崩塌、泥石流的方式出现,给当地人民的生产生活带来严重危害。孟宗沟小流域有居民 110 户,463 人,人口密度每平方千米 23 人/km²,流域内为少数民族聚居地,交通不便,自然条件差,以牧业为主,牧耕结合,方式粗放。

2)总体布局与配置

总体布局以保护草场资源和合理开发利用草场资源、促进群众脱贫致富为目标,在做好预防保护的前提下,实施全面治理,因地制宜开发利用流域草场和林地草丛资源,实行人工造林、人工种草、划区轮牧、网围栏封育等措施,恢复改良草场,防止草场沙化和退化;修建石谷坊、铅丝笼石坝、护岸等工程,建成沟道防护坝群,拦蓄径流泥沙,形成拦、蓄、引、乔、灌、草结合,田、林、路有机配套的全面防护体系。措施配置为:

(1)流域下游沟滩地,地势较为平缓开阔,为泥石流冲积扇。采用整治滩地、造林等方式治理。其主要措施是修筑护岸,束窄河道,防止对沟道滩地的进一步冲刷侵蚀,并在滩地内实行客土人工造林,采用青杨、筐柳、旱柳等乔木树种,选用大苗穴植。

(2)主沟道侵蚀区。该流域沟壑密布,沟道密度为 0.6 km/km²,主沟道长 4.8 km。由于结构破碎,长期遭冲刷侵蚀,遇洪水沟底下切、沟岸扩张,不少地段滑坡泄溜甚至崩塌。采用修建谷坊、护岸、铅丝笼石坝,形成工程防护体系,以拦蓄径流泥沙,控制沟道下切、沟岸扩张,防止滑坡崩塌。

(3)流域下游两面坡,地势较平缓,海拔 3 650 ~ 3 850 m,人、畜活动较为频繁,植被稀疏,土层厚度一般为 20 ~ 40 cm。这一区域以人工整地造林为主,采用水平阶与鱼鳞坑相结合的方式,乔灌混交。乔木树种为青杨、青海云杉、柳树、榆树;灌木树种主要为沙棘。

(4)流域中部沟道窄,山坡陡峭,土层薄,水土流失较为严重,海拔为 3 850 ~ 4 100 m。对这一区域实行人工种草为主,草灌结合。人工种草选择产量高、抗逆性强、根系发达、固土抗冲能力强的草种,如垂穗披碱草。灌木树种选择沙棘,并实行人工整地造林。

(5)流域上部为高山草甸草场,海拔 4 100 m 以上。此区域土层较厚,植被保护较好,地势较为平坦,是主要放牧草场,对这一地段实行分片划区轮牧。根据草场资源现状与消长动态情况,实行有计划的合理的科学放牧,使草场资源得到进一步的保护和恢复。

孟宗沟小流域共完成治理面积 8.5 km²,占该流域水土流失面积的 72%。其中,网围栏造林面积 68 hm²,网围栏人工种草面积 87 hm²,网围栏划区轮牧面积 700 hm²。工程措施完成石谷坊 2 座 130 m³,铅丝笼石坝 10 座 1 687.6 m³;修建简易公路 1 条长 1 km,人畜饮水管道 1 条 0.5 km,渠道 1 条 0.513 km。

# 第二节　生产建设项目措施体系与布局

生产建设项目种类繁多,主要包括:公路工程、铁路工程、涉水交通工程、机场工程、电力工程、水利工程、水电工程、金属矿工程、非金属矿工程、煤矿工程、煤化工工程、水泥工程、管道工程、城建工程、林纸一体化工程、农林开发工程和移民工程等。各类生产建设项目其建设特点和建设内容不同,工程在建设过程中的扰动地表形式所造成水土流失的特点、强度及危害,以及针对可能造成的水土流失所采取的防护措施等方面不尽相同。

## 一、水土保持措施布局原则

(1)生产建设项目的水土保持措施布局要结合工程实际和项目区水土流失现状,因地制宜、因害设防、总体设计、全面布局、科学配置,并要与周边景观相协调。

在干旱、半干旱地区以工程及防风固沙等措施为主,辅以必要的植物措施。在半湿润地区采取以植物措施、土地整治与工程措施相结合的防治措施。在湿润地区要有挡护、坡面排水工程、植被恢复等措施。

(2)要根据主体工程区位条件、工程任务和规模、工程总体布置、自然条件和水土流失类型等拟定总体布局原则。

(3)总体布局要突出生态优先理念,并注重水土流失防治措施体系的协调性。

(4)总体布局要结合主体工程水土保持分析评价,水土流失预测内容及结论拟定。

(5)在分区布设防护措施时,要结合各分区的水土流失特点提出相应的防治措施、防治重点和要求,保证各防治分区的关联性、系统性和科学性。

(6)要吸收当地或同类型工程水土保持的成功经验,借鉴国内外先进技术。

## 二、各行业水土保持措施布局

各类生产建设项目其建设特点和建设内容不同,从水土保持布局上看主要体现在主体工程区和该行业特殊的水土流失防治分区上布局有所不同,而像工程永久办公生活区、弃渣场区、施工生产生活区、交通道路区、料场区等区域的水土保持措施布局基本相同。下面以水利水电行业为主介绍水土保持措施总体布局情况,其他行业介绍其特有分区的布局内容。

### (一)水利水电工程

1.主体工程区

水利水电工程主体工程区一般包括水利枢纽、电站厂房、闸站、泵站、堤防、渠道、管线、隧洞、倒虹吸、渡槽等工程主要建筑物区域。该区在布局上要与主体设计相衔接和协调,布设挡挡、护坡、截排水、土地整治等措施;在分析主体工程总体布置和建筑物及道路等设施占地情况的基础上,确定配置植物措施的区段,并根据各区段水土流失防治及运行管理的要求、立地条件布设植物措施;水利枢纽区域临时设施宜永临结合,包括挡挡措施和排水措施。主要包括以下内容。

1)水库枢纽区

(1)水库大坝两侧开挖边坡、大坝背水坡、溢洪道上边坡、泄洪洞开挖面、引水渠边坡等,在满足工程安全的前提下可采取挂网喷草、植物混凝土、分台覆土绿化、草皮护坡等措施。

(2)电站厂房及上坝道路等应采取植物绿化、边坡防护及绿化、栽植行道树等措施。

(3)坝区管理范围可根据现状植被状况和立地条件采取植物绿化及防护措施。

2)闸(泵)站区

管理区域内采取植物绿化美化措施,周边可布设排水措施和防护林带。

3)河道工程、堤防工程区

(1)在堤防管理征地范围内考虑堤防防护林、防浪林措施。

(2)堤坡常水位以上及背水坡应考虑铺设草皮、撒播草籽、栽植灌木措施。

(3)降雨量较大区域可在背水坡布设排水措施。

(4)穿堤建筑物开挖面、翼墙等可采取铺设草皮或栽植乔灌木措施。

4)渠道、隧洞、管道等工程区

(1)在渠道管理范围考虑渠道防护林、防风林措施。

(2)渠道迎水坡设计水位以上及背水坡应考虑铺设草皮、撒播草籽、栽植灌木措施。

(3)隧洞洞脸采取植物恢复措施;周边可布设截排水措施。

(4)管道工程可采取土地整治、栽植灌木或撒播种草植被恢复措施。

2.工程永久办公生活区

根据运行管理和景观的要求,结合项目区自然条件,进行草坪建植、绿篱栽植、观赏乔灌花卉种植,布置雨水集蓄利用、配套灌溉设施等措施。

3.弃渣场区

根据弃渣场位置、类型、地形、渣体稳定及周边安全、弃渣场后期利用方向,结合弃渣土石组成、气候等因素,布置拦挡、护坡、排水措施;对有覆土需要的弃渣场,在弃渣前剥离表层土,暂存并采取临时拦挡、覆盖等措施;弃渣堆放后采取土地整治、栽植乔灌木、撒播草籽植被恢复或复耕措施。

4.料场区

根据覆盖层厚度及组成、土地利用现状、后期利用方向布设土地整治、复耕和植物措施,对于剥离的表层土采取临时拦挡、苫盖、排水等措施;根据料场当地降水条件和周边来水情况布置截排水设施;有条件的石料场采取分台植灌、草或栽植攀缘植物等措施。

5.施工生产生活区

根据施工期及季节、降水条件、占地面积、地形条件,在施工生产生活区周边及场区内布设临时排水措施;场区内的堆料场布设临时拦挡或覆盖措施;施工期较长的,临时生活区采取临时绿化措施;对永临结合的生活区采取绿化美化措施;根据施工生产生活区的占地类型及土地最终利用方向,采取土地整治、复耕、植被恢复措施。

6.施工道路区

临时施工道路根据地形条件、降水条件、对周边的影响等布设临时排水及挡护措施。结合后期利用方向,布设土地整治、植被恢复或复耕措施;涉及山体开挖的施工道路,布设边坡防护、弃渣拦挡、截排水及植被恢复等措施;永临结合的施工道路布设永久性排水和植物措施,涉及山区道路及上堤(坝)道路的布设道路上下边坡的防护措施;西北风沙区施工期较长的施工道路两侧采取砾石压盖、草格沙障等防护措施。

7.移民安置与专项设施复(改)建区

结合建设征地与移民安置规划,在集中安置区布设绿化及排水措施,专项设施复(改)建措施见相应的项目水土保持措施布局。

**(二)公路、铁路工程**

主体工程区(含路基工程区、桥涵工程区、隧道工程区和附属工程区等):对路基、桥涵、隧道边坡采取工程和植物护坡,底部及周边布设截排水沟和消力池措施;在空地及管理范围占地采取植被恢复或园林绿化;施工期对临时堆放土方采取临时排水、沉沙、苫盖、拦挡措施等。

**(三)涉水交通(码头、桥隧)及海堤防工程**

1.码头建设区(含码头区和栈桥区)

施工期采取临时排水、泥浆池挡护等临时措施。

2.隧道与连接线工程区

洞脸采取护坡、洞口顶部截排水措施;边坡采取植灌、草等措施。

3.桥梁区

桥梁区采取边坡防护、土地整治、排水、边坡绿化等措施。

4.海堤工程区

堤防边坡采取草皮护坡;施工期采取临时排水、拦挡措施。

5.港口区

采取场地排水措施;道路两侧绿化、空地区域植物绿化美化;施工期修筑临时排水沟、沉沙池以及苫盖措施。

**(四)机场工程**

机场工程区(飞行区、航站区、货运区、附属设施区):采取场区排水沟、表土剥离及回填,空地撒播草籽、铺设草皮、园林绿化,施工期临时排水、沉沙、苫盖措施。

**(五)电力工程**

贮灰场区:在主体工程采取拦挡、排水等措施的基础上,采取土地整治、覆土、顶部和坡面绿化;施工前采取表土剥离,施工期采取临时拦挡和排水等措施。

**(六)金属矿、非金属矿工程**

1.采矿场防治区

采取削坡升级、周边布设截水沟、排水沟、沉沙池、消力池、陡坎等措施,施工结束后采取土地整治、覆土、种植乔灌木或复耕措施;施工期采取土袋挡护、临时排水沟、沉沙池等临时防护措施。

2.地面运输系统防治区

边坡采取挡土墙、护坡、排水沟、截水沟、沉沙池、消力池、陡坎等措施,道路两侧栽植防护林、种草;施工期采取苫盖、临时排水沟、沉沙池、临时挡护等措施。

**(七)冶金工程**

冶炼厂区防治区:厂区采取排水沟、截水沟、挡土墙、防洪墙、边坡护砌、沉沙池、消力池、陡坎、集雨蓄水池等措施,施工结束后采取土地整治、覆土、空地绿化、道路植物防护措施;施工期采取临时排水沟、沉沙池、土袋防护、密目网苫盖、表土临时挡护、施工道路临时硬化等措施。

## （八）煤矿工程

矸石场防治区：在主体工程采取拦挡、排水等措施的基础上，采取土地整治、覆土、围埂和平台网格围埂、削坡开级、沙障措施；周边种植乔灌木防护带、平台与边坡灌草防护；施工期采取临时排水、密目网苫盖、挡水围埂等措施。

## （九）煤化工工程

废渣场防治区：在主体工程采取拦渣坝、拦渣围堤及周边截排水等措施的基础上，终期渣面进行土地整治；周边种植乔灌木防护带、平台与边坡灌草防护、渣场周边设防护林；施工期采取施工临时排水及堆土临时拦护措施。

## （十）管道工程

### 1. 管道作业带区

采取洞脸防护、挡墙、护坡、排水沟、土地整治、砾石覆盖、沙障、坡改梯，种草、植树措施；施工期采取盐结皮保护、管道临时排水沟、表土剥离、临时覆盖、临时拦挡、临时种草措施。

### 2. 河流沟渠穿越区

采取泥浆池、防洪导流护面、铅丝笼、护坡、护岸、砾石覆盖、围堰拆除、恢复排水沟、地下防冲墙及种草措施；施工期采取临时沉沙池、临时排水沟、临时拦挡措施。

### 3. 铁路、公路穿越区

采取砾石覆盖、挡墙、排水沟、泥浆池、沉淀池及种草措施等。

## （十一）城建工程

民用建筑工程和公共设施建设区：采取防洪排水、边坡防护、地面硬化，空地绿化，施工道路采取临时硬化、临时排水、临时堆土场苫盖、临时堆土场周边排水、临时土堆挡护等措施。

## （十二）林纸一体化工程

### 1. 造林区

造林区采取反坡水平阶整地、谷坊、防洪排水等措施。

### 2. 林区道路

林区道路采取边坡防护、防洪排水及施工期临时拦挡工程。

### 3. 附属设施区

附属设施区采取防洪排水、地面硬化、挡墙，林草措施，施工道路采取临时硬化、临时排水沟、临时挡护等措施。

## （十三）农林开发项目

种植区：采取梯田(含挡水埂、坎下沟)、带状整地、穴状整地，梯壁植草、梯面植树、种草，表土临时拦挡、覆盖等措施。

## （十四）移民工程

(1)农村移民安置区、集镇、城镇迁建区和专业项目复改建区，采取边坡防护、排水、公共绿化，临时排水、拦挡等措施。

(2)防护工程区：采取边坡防护、管理范围绿化及施工期临时排水等措施。

# 第七章　耕作与工程措施设计

## 第一节　耕作措施

水土保持耕作措施亦称水土保持农业技术措施或农艺措施,是在耕地上通过耕作技术保持水土的一项重要措施。农业耕作栽培学上也称为保水保土耕作法,其广泛适用于我国水蚀地区、水蚀风蚀交错区和风蚀区。水蚀地区的坡耕地是径流和泥沙产生的主要策源地,将坡耕地改造为水平梯田是一项最为有效的水土保持措施,但山区大量的坡耕地和坡式梯田,全部实现水平梯田化需要较长时间和投入大量资金。因此,在坡耕地实施等高耕作、垄向区田、轮作等措施,配合改土培肥,不仅能够保持水土,而且能够有效提高土地生产力,也是生态农业建设的重要措施,在干旱缺水地区也能够起抗旱保收的作用。在平原农区、山区旱平地和水平梯田及风蚀地区的各类耕地上,通过间作套种、覆盖保水、休闲轮作等措施,能够有效保水保土,控制水蚀和风蚀,并在一定程度上提高作物产量。因此,山区、丘陵区、平原区和风沙区的农地耕作技术措施是水土保持综合治理措施的重要组成部分。

### 一、耕作措施类型及其作用

水土保持耕作措施主要有三类:一是改变微地形,二是增加地面覆盖,三是改良土壤。其目的是增加土壤入渗,保蓄水分,提高土壤抗蚀力,减轻土壤侵蚀,提高作物产量。

#### (一)改变微地形的耕作措施

改变微地形的耕作措施主要有等高耕作(或称横坡耕作)、沟垄种植、垄向区田、地埂植物带、坑田(掏钵)种植、休闲地水平犁沟、蓄水聚肥改土耕作法(抗旱丰产沟)、半旱式耕作、防沙产业技术等。它是通过耕作改变坡耕地的微地形,增加地面粗糙度,强化降水就地入渗,拦蓄、消减或制止冲刷土体的耕作措施。

#### (二)增加地面覆盖的耕作措施

增加地面覆盖的耕作措施主要有草田轮作、间作、套种、带状(等高)种植、合理密植、休闲地种绿肥、残茬覆盖、秸秆覆盖、覆膜种植、砂田和少耕免耕等,国外称为覆盖耕作技术(Mulch Tillage)。它是通过增加地面植被覆盖(活地被——牧草,死地被——秸秆、残茬、砂石等),改善和增强地面抗蚀性能,控制水蚀、风蚀的一种水土保持措施。

#### (三)改良土壤的耕作措施

改良土壤的耕作措施主要有深耕、松土、增施有机肥、留茬播种等,它是通过增施有机肥、深耕改土、培肥地力等改变土壤物理化学性质的措施,增加土壤入渗和提高土壤抗蚀力,以减轻土壤冲刷的水土保持措施。

以上每一种水土保持耕作措施可能同时具有几种功能,分类时是根据其主要功能进行的,实际上各项措施根据实际应用条件可以联合使用。如少耕免耕既有增加地面覆盖的作用,同时也有改变土壤物理化学性质的作用;蓄水聚肥改土耕作法(抗旱丰产沟)则是由第一类与第二类相结合,或再加上改土培肥的复合式耕作措施;聚土免耕沟垄种植法就是等高垄作与免耕覆盖相结合的耕作方法。

## 二、耕作措施的应用条件和技术要求

因为我国广大山区的农田所遭受水土流失的程度不同,适宜的耕作技术、栽培作物品种也不同。以下从耕作技术、种植技术和复合技术三个方面归纳讨论其应用条件和技术要求。

### (一)保护型耕作法

保护型耕作法是以改变小地形、强化降水就地入渗,拦蓄、消减径流冲刷动能为基本原理的耕作法,主要包括等高耕作、水平沟、垄向区田和格网式耕作等。

#### 1.等高耕作

等高耕作法是沿坡地等高线进行耕作的方法,也称横坡耕作法。它是改变传统性顺坡耕作最基本、最简单的水土保持耕作法,也是衍生和发展其他水土保持耕作法的基础。在我国的南方地区,由于雨量大,土质黏重,耕作方向宜与等高线成 1% ~2% 的比降,以适应排水,并防止冲刷。凡是坡度在 2°~25° 的坡耕地上都应该采用横坡耕作技术,但以小于 10° 的缓坡地上效果最佳,随着坡度的增加,它的作用降低。

等高耕作一定要由下向上进行翻耕,这样做可使坡度变缓,为坡地逐渐改变成水平梯田创造条件。

#### 2.深耕

耕作深度是涉及土质、地形、作物生态特征和遗传特性等多因素综合影响的复杂问题,是影响耕作措施效果的重要因素。在等高耕作的条件下,耕层浅不易蓄积更多的水分和充分供给作物的矿物质养分,适度深耕对减少地表径流和减轻土壤冲刷有很大作用。

#### 3.平翻耕作

平翻耕作技术是世界上应用历史最久、采用最普遍的一种耕作技术。我国北方的绝大部分地区都采用此法。在水土流失地区采取平翻耕作可以创造一个平坦松软、上虚下实的耕作表层,此种耕层结构具有良好的保水保肥和作物生长条件。平翻耕作包括翻耕、耙、耱、镇压和中耕等环节。

#### 4.沟垄耕作

沟垄耕作是在等高耕作的基础上改进的一种耕作措施,即在坡面上沿等高线开犁,形成较大的沟和垄,在沟内或垄上种植作物。这是一种更有效地控制水土流失的耕作方法,适用于 2°~20° 的坡地。因沟垄耕作改变了坡地小地形,每条沟垄都发挥就地拦蓄水土的作用,同时增加了降水的入渗。

1)水平沟

水平沟适用于黄土高原的梁、峁坡面、塌地、湾地,坡度以不超过 20° 为宜。在坡耕地上沿等高线用套二犁播种,开沟深度在地面以下 17 cm,沟垄高差以播种盖土后 10 cm、沟距 60 cm 为宜,将种子播在沟底或垄的下半坡。坡地水平沟在川台塬上的应用,称为沟垄种植法。

2)垄向区田

垄向区田(又叫垄作区田)是东北黑土区治理坡耕地的措施。在作物最后一次中耕(趟地)或秋整地时,沿着垄向每隔一定距离在垄沟内修筑高度略低于垄高的土埂,成为区田,相邻垄沟间的土埂要错开,分散径流,增强降雨入渗,达到保持水土的目的。

3）格网式垄作

川中丘陵紫色土坡耕地，在等高耕作的基础上，创造了格网式垄作制，其基本原理类同于北方的垄向区田，仅在操作和作物布局上有所不同。

5.地埂植物带

地埂植物带是东北黑土区治理坡耕地的措施，主要布设在3°～5°的坡耕地。坡耕地沿横向培修土埂，土埂上种植灌木或多年生草本植物，以截短坡长、拦截径流，有效防止坡耕地水土流失的发生。经过多年耕作和逐年加高的土埂，会形成坡式梯田，多年后可发展成为水平梯田。根据土埂的数量将地埂分为单埂和复合式地埂两种。

1）单埂

单埂主要布设在降水量500 mm以下，坡度在3°左右的坡耕地。土埂间距以保证两埂之间坡面不发生坡面径流冲刷为宜，斜坡田面宽度还应满足耕作的需要。地面坡度越陡，土埂间距越小；坡度越缓，土埂间距越大。雨量和强度大的地区土埂间距宜小些，雨量和强度小的地区土埂间距宜大些。

2）复合式地埂

复合式地埂是截流沟和地埂植物带的结合体，具有蓄排结合、抗蚀能力强、防御标准高、增加林草覆盖率等多重功效。主要应用在坡面相对较陡（坡度多为5°，有些地方坡度达到8°以上），土层相对较薄，降水量相对较大，易产生坡面径流，不适合实施水平梯田的地区。

**（二）保护型种植法**

农作物（含耕地上人工种植的牧草）实际上是一种人工覆被物，与自然植被一样具有防止水土流失的作用。保护型种植法是通过调整作物结构、增加作物覆盖地面空间和延长覆盖时间的水土保持种植法。例如间作套种、草粮带状间轮作等，以增加地面覆盖和地膜覆盖为主的保护型种植法与等高耕作的水土保持耕作法相结合，可充分发挥制止或削弱水力和风力对地面侵蚀的作用。

1.间作套种

间作是指在同一地块，成行或成带（厢式）间隔种植两种或两种以上发育期相近的作物；套种是指在前茬作物的发育后期，于其行间播种或栽植后茬作物的种植方式。间作套种作物的选择，应具备生态群落和生长环境的相互协调与互补，例如高秆与低秆作物、深根与浅根作物、早熟与晚熟作物、密生与疏生作物、喜光与喜阴作物，以及禾本科与豆科作物的优化组合和合理配置。在黄土高原及东北等北方地区，间作套种多以等高条状布设；在南方地区实施水土保持耕作时还应考虑必要的排水，多以厢式结合排水沟布设。

2.等高带状间作和轮作

1）等高带状间作

等高带状间作就是横着坡向将坡耕地划分成若干条带，又称等高条状种植。主要是多年生牧草和作物的草粮带状间作。

2）传统轮作和草粮带状间轮作

传统轮作是指不同作物之间的轮作，如黄土高原小麦→谷子→大豆的轮作，将地面划分成若干基本相同的小区，进行作物和牧草的轮作。坡地上轮作小区的布设采用作物与牧草轮作或间作的方式称为草粮带状间轮作，如紫花苜蓿＋马铃薯的轮作或间作，该种植方式可在大于20°的坡地实施。

3) 草田轮作

现代轮作常指作物与牧草的轮作,也称草田轮作,是采用短期牧草、绿肥作物和大田作物轮换,恢复土壤肥力和提高大田作物产量的一种轮作类型,如大豆→草木樨→冬小麦→谷子轮作。在草田轮作中安排多年生牧草,特别是豆科和禾本科牧草混播,有着特殊的作用。实行草田轮作时,为了使作物与牧草的生物产量最高和控制土壤侵蚀作用最大,应注意作物种类与牧草种类的选择和配置。

3. 少耕、免耕和覆盖

少耕是指在传统耕作基础上,尽可能减少整地次数和减少土层翻动的耕作技术;免耕(Notillage)是指作物播种前不单独进行耕作,直接在前茬地上播种,在作物生育期间不使用农具进行中耕松土的耕作方法。我国西北地区的砂田法、华北地区的茬地直播法等都属于少耕、免耕。少耕、免耕与农业机械化作业相结合在美国、澳大利亚、欧洲等国家广泛应用,我国从 20 世纪 70 年代开始进行试验推广,黄土高原地区在少耕、免耕方面做了不少工作,但受土地条件的限制,至今尚没有得到大面积广泛应用。东北地区是我国有条件实施机械化作业的地区,值得试验和推广。

覆盖种植法主要有残茬覆盖、砂石覆盖和地膜覆盖种植法。砂石覆盖法是用砂或砾石覆盖农田、多年不犁耕的一种耕作法,在我国宁夏、甘肃干旱地区有悠久历史。地膜覆盖种植法则是我国近年来大面积推广的一种技术,在保水和提高水分利用率方面效果明显。

(三) 复式水土保持耕作法

复式水土保持耕作法是保护型耕作法和保护型种植法的组合及发展。

1. 川地垄沟种植

在川地平地,包括旱地和川水地,都需要实行垄沟种植。垄沟种植的标准:要求垄幅均匀,梁直沟端。因使用农机具不同,沟的深宽应有差异。

2. 水平沟种植

小于20°的坡地要实行水平沟种植。要求沿等高线自上而下开沟,沟深均匀,保持水土。因使用农机具不同,水平沟的深度和垄距也不同。

3. 水平沟粮、草带状间轮作

20°～25°坡地,实行粮、草带状间轮作的标准是:要求粮、草呈水平带状间作种植,每带宽度根据地块坡长而定,坡长的地块,带可宽一些;坡短的地块,带可窄一些。一般以 20 m左右为好,最窄不宜小于 10 m,以便于耕作。

4. 草、灌带状间作

大于25°坡地可实行草、灌带状间作。草、灌带状间作的标准是:草、灌呈水平带状间作种植,草带宽 4 m,灌木带宽 2 m。

5. 蓄水聚肥改土耕作法(抗旱丰产沟)

蓄水聚肥改土耕作法(抗旱丰产沟)是山西省水土保持研究所总结坑田、沟垄种植、覆盖等技术相结合的一种耕作法。基本做法是:生土部位深翻并取土培垄,集两份带宽的表土和施肥量回填一份带宽的沟内,即形成蓄水聚肥的新型沟垄相间的复式耕作体系。用塑膜或秸秆覆盖沟或垄,可形成"垄盖膜""全盖垄半盖沟""垄盖膜沟盖秸秆"的集雨抗旱丰产沟覆盖耕作体系。

6. 聚土改土垄作和聚土免耕法

聚土改土垄作和聚土免耕法是西南紫色土丘陵区试验与推广的一种新型复合耕作法。聚土改土垄作具体做法是:聚表层土成垄,沟内深翻或深凿施肥,每年垄沟互换,以达到促进紫色土风化熟化,全面改良土壤的目的。聚土免耕法与聚土改土垄作法在具体技术上基本相似,不同的是垄沟、免耕,连续种植3~5年后垄沟互换。

# 第二节 梯田工程

梯田是在坡地上沿等高线修筑成台阶式或坡式断面的田地,亦是山区、丘陵区常见的一种农田,它是由于地块排列呈阶梯状而得名。

梯田是改造坡地,保持水土,全面发展山区、丘陵区农业生产的一项措施。修建梯田可以改变地形,滞蓄地表径流,增加土壤水分,减少水土流失,达到保水、保土、保肥的目的。梯田同耕作技术相结合,能大幅度地提高产量;梯田也可为山区植草种树创造前提条件。

梯田适用于全国各地的水蚀地区和水蚀与风蚀交错地区。目前全国共修梯田约1亿亩,其中黄土高原新建和改造旧梯田约4 000万亩。

## 一、梯田的分类

### (一)按断面形式分类

梯田按断面形式可分为水平梯田、坡式梯田和隔坡梯田。水平梯田田面呈水平,适宜于种植农作物和果树等;坡式梯田是顺坡向每隔一定间距沿等高线修筑田坎而成的梯田,依靠逐年耕翻、径流冲淤并加高田坎,使田面坡度逐年变缓,最终成水平梯田,也是一种过渡的形式;隔坡梯田是在相邻两水平台阶之间隔一斜坡段的梯田,从斜坡段流失的水土可被截留于水平台阶,有利于农作物生长,斜坡段则种草、种经济林或林粮间作。

以上三种梯田,均可以田面微向内侧倾斜,使暴雨时过多的径流由梯田内侧安全排走,倾斜坡度一般在2°左右。

水平梯田、坡式梯田、隔坡梯田断面示意图见图7.2-1。

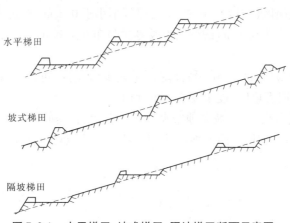

图 7.2-1 水平梯田、坡式梯田、隔坡梯田断面示意图

## (二)按田坎建筑材料分类

梯田按田坎建筑材料分类,可分为土坎梯田、石坎梯田、植物田坎梯田。土层深厚,年降水量少,主要修筑土坎梯田。土石山区,石多土薄,主要修筑石坎梯田。丘陵地区,地面广阔平缓,采用以灌木、牧草为田坎的植物田坎梯田。

## (三)按土地利用方向分类

梯田根据用途不同,分旱作物梯田、水稻梯田、果园梯田、茶园梯田、橡胶园梯田等。

## 二、梯田规划

### (一)梯田布置原则

(1)梯田规划是小流域综合治理规划的组成部分,坡耕地治理可根据不同条件,选择采取坡改梯、坡面小型蓄排水工程和保土耕作法等措施。修建梯田的区域(梯田区)既要符合综合治理规划的要求,同时也要符合修建梯田的要求。

(2)梯田布置时应充分考虑小流域内其他措施配合。如梯田区以上坡面为坡耕地或荒地时,应布置坡面小型蓄排工程。年降水量在 250~800 mm 地区宜利用降水资源,配套蓄水设施;年降水量大于 800 mm 地区宜以排为主、蓄排结合,配套蓄排设施。我国南方雨多量大地区,梯田区内应布置小型排水工程以妥善处理周边来水和梯田不能容蓄的雨水。

(3)梯田区应选在土质较好、坡度相对较缓,临近水源的地方。北方有条件的应考虑小型机械耕作和提水灌溉。南方应以水系和道路为骨架选择具有一定规模、集中连片的梯田区,梯田区特别是水稻梯田区规划还应考虑自流灌溉,自流灌溉梯田区的高程不应高于水源出水口的高程。

(4)梯田区布置还应考虑距村庄的距离、交通条件等,以方便耕作,有利于机械运输。

### (二)梯田类型的选择

(1)黄土高原地区坡耕地应优先采用水平梯田,土层深厚、坡度在 15°以下的地方,可利用机械一次修成标准土坎水平梯田(田面宽度约 10 m);坡度在 15°~25°的地方可修筑非标准土坎水平梯田(田面宽度小于 10 m),也可以采用隔坡梯田型式,平台部分种农作物,斜坡部分植树或种草,利用坡面径流增加平台部分土壤水分。

(2)东北黑土漫岗区(坡度大于 3°、土层厚度不小于 0.3 m)和西北黄土高原区(坡度不小于 8°、土层厚度不小于 0.3 m)的塬面以及零星分布在河谷川台地上的缓坡耕地,宜采用水平或坡式梯田。

(3)坡面土层较薄或坡度太陡,坡面降雨量较少的地区,可以先修坡式梯田,经逐年向下方翻土耕作,减缓田面坡度,逐步变成水平梯田。

(4)土石山区或石质山区,坡耕地中夹杂大量石块、石砾的,应就地取材,并结合处理地中石块、石砾,修成石坎梯田。西南地区,因人多地少,陡坡地全面退耕困难时,可以建设窄条石坎梯田。

## 三、梯田设计

### (一)梯田设计原则

(1)根据地形条件,大弯就势、小弯取直,便于耕作和灌溉。黑土区及其他地面坡度平缓的区域,田块布置应便于机械作业。

（2）应配套田间道路、坡面小型蓄排工程等设施，并根据拟定的梯田等级配套相应灌溉设施。

（3）为充分利用土地资源，梯田田埂通常选种具有一定经济价值的植物，且应胁地较小。

（4）缓坡梯田区应以道路为骨架划分耕作区，在耕作区内布置宽面（20～30 m 或更宽）、低坎（1 m 左右）地埂的梯田，田面长 200～400 m，以便于大型机械耕作和自流灌溉。耕作区宜为矩形，有条件的应结合田、路、渠布设农田防护林网。

对少数地形有波状起伏的，耕作区应顺总的地势呈扇形，区内梯田坎线亦随之略有弧度，不要求一律成直线。

（5）陡坡地区，梯田长度一般在 100～200 m。陡坡梯田从坡脚到坡顶、从村庄到田间的道路规划，宜采用"S"形，盘绕而上，以减小路面纵坡比降。路面纵坡不超过 15%。在地面坡度超过 15% 的地方，可根据耕作区的划分规划道路，耕作区应四面或三面通路，路面 3 m 以上，道路应与村、乡、县公路相连。

（6）北方土石山区与石质山区的石坎梯田（如太行山区）规划，主要根据土壤分布情况划定梯田区，还应结合地形、下伏基岩、石料来源、土层厚度确定梯田的各项参数。原则上应随行就势，就地取材，田面宽度、田块长度不要求统一。

（7）南方土石山区与石质山区在梯田区划定后，应根据地块面积、用途、降雨和原有水源条件布设。南方土石山区梯田设计的关键是排水措施，在坡面的横向、纵向规划设计排水系统。排水系统应结合山沟、排洪沟、引水沟布置，出水口处应布设沉沙凼（池）、水塘，纵向沟与横向沟交汇处可考虑布设蓄水池，蓄水池的进水口前酌情配置沉沙凼（池），纵向沟坡度大或转弯处亦应酌情修建消力池。

**（二）土坎梯田**

1. 水平梯田的断面设计

（1）水平梯田的断面要素，如图 7.2-2 所示。

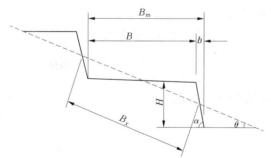

$\theta$—原地面坡度；$\alpha$—梯田田坎坡度；$H$—梯田田坎高度；$B_x$—原坡面斜宽；

$B_m$—梯田田面毛宽；$B$—梯田田面净宽；$b$—梯田田坎占地宽

**图 7.2-2　水平梯田的断面要素**

（2）各要素间关系如下：

田坎高度 $\qquad\qquad\qquad H = B_x\sin\theta \qquad\qquad\qquad$ （7.2-1）

原坡面斜宽 $\qquad\qquad\qquad B_x = H/\sin\theta \qquad\qquad\qquad$ （7.2-2）

田坎占地宽 $\qquad\qquad\qquad b = H\cot\alpha \qquad\qquad\qquad$ （7.2-3）

田面毛宽 $\qquad\qquad B_m = H\cot\theta \qquad\qquad (7.2\text{-}4)$

田坎高度 $\qquad\qquad H = B_m\tan\theta \qquad\qquad (7.2\text{-}5)$

田面净宽 $\qquad\qquad B = B_m - b = H(\cot\theta - \cot\alpha) \qquad (7.2\text{-}6)$

（3）土坎水平梯田断面主要尺寸经验参考值见表7.2-1。

表7.2-1　土坎水平梯田断面尺寸经验参考值

| 适应地区 | 地面坡度 $\theta$(°) | 田面净宽 $B$(m) | 田坎高度 $H$(m) | 田坎坡度 $\alpha$(°) |
|---|---|---|---|---|
| 北方 | 1～5 | 30～40 | 1.1～2.3 | 85～70 |
| | 5～10 | 20～30 | 1.5～4.3 | 75～55 |
| | 10～15 | 15～20 | 2.6～4.4 | 70～50 |
| | 15～20 | 10～15 | 2.7～4.5 | 70～50 |
| | 20～25 | 8～10 | 2.9～4.7 | 70～50 |
| 南方 | 1～5 | 10～15 | 0.5～1.2 | 90～85 |
| | 5～10 | 8～10 | 0.7～1.8 | 90～80 |
| | 10～15 | 7～8 | 1.2～2.2 | 85～75 |
| | 15～20 | 6～7 | 1.6～2.6 | 75～70 |
| | 20～25 | 5～6 | 1.8～2.8 | 70～65 |

注：本表中的田面宽度与田坎坡度适用于土层较厚地区和土质田坎。对于土层较薄地区，其田面宽度应根据土层厚度适当减小。

（4）机修梯田最优断面应满足机械施工、机械耕作及灌溉要求的最小田宽和保证梯田稳定的最陡坎坡，以减少修筑工作量和埂坎占地。通常缓坡地田宽20～30 m、一般坡地田宽8～20 m；陡坡地田宽5～8 m 即可满足机械施工和耕作要求，黄土高原地区人工修筑的田坎安全坡度为60°～80°。

2. 水平梯田工程量的计算

（1）当挖填方量相等时，挖方或填方量计算公式为

$$V = \frac{1}{2}\left(\frac{B}{2} \times \frac{H}{2} \times L\right) = \frac{1}{8}BHL \qquad (7.2\text{-}7)$$

式中　$V$——梯田挖方或填方的土方量；

$\quad\quad L$——梯田长度；

$\quad\quad H$——田坎高度；

$\quad\quad B$——田面净宽。

若面积以公顷计算，1 hm² 梯田的挖、填方量为

$$V = \frac{1}{8}H \times 10^4 = 1\,250H \quad (\text{m}^3/\text{hm}^2) \qquad (7.2\text{-}8)$$

若面积以亩计算，1 亩梯田的挖、填方量为

$$V = \frac{1}{8}H \times 666.7 = 83.3H \quad (\text{m}^3/\text{亩}) \qquad (7.2\text{-}9)$$

（2）当挖、填方相等时，单位面积土方移运量为

$$W = V \times \frac{2}{3}B = \frac{1}{12}B^2 HL \qquad (7.2\text{-}10)$$

式中　$W$——土方移运量,$\mathrm{m^3 \cdot m}$;

　　　其他符号意义同前。

土方移运量的单位为 $\mathrm{m^3 \cdot m}$,是一复合单位,即需将若干立方米的土方量运若干米距离。

若面积以公顷计算,$1\ \mathrm{hm^2}$ 梯田的土方移运量为

$$W = \frac{BH}{12} \times 10^4 = 833.3BH \quad (\mathrm{m^3 \cdot m/hm^2}) \qquad (7.2\text{-}11)$$

若面积以亩计算,1 亩梯田的土方移运量为:

$$W = \frac{BH}{12} \times 666.7 = 55.6BH \quad (\mathrm{m^3 \cdot m/ 亩}) \qquad (7.2\text{-}12)$$

(3)此外,田边应有蓄水埂,埂高 0.3~0.5 m,埂顶宽 0.3~0.5 m,内外坡比约 1:1;我国南方多雨地区,梯田内侧应有排水沟,其具体尺寸根据各地降雨、土质、地表径流情况而定,所需土方量根据断面尺寸计算。上述各式不包括蓄水埂。

### (三)石坎梯田

设计石坎梯田时,田面宽度和田坎高度应考虑地面坡度、土层厚度、梯田级别等因素合理确定。田坎高度一般以 1.2~2.5 m 为宜,田坎顶宽度常取 0.3~0.5 m,当与生产路、灌溉系统结合布置时适当加宽,田坎外侧坡比一般为 1:0.1~1:0.25,内侧接近垂直,田坎基础应尽量置于硬基之上,当置于软基基础上时,埋深不应小于 0.5 m。石坎梯田田埂高度 0.3~0.5 m,田坎高加上田埂高(蓄水埂)即为埂坎高。修平后,后缘表层土厚应大于 30 cm。

#### 1. 田面宽度

石坎梯田田面宽度按下式计算:

$$B = 2(T - h)\cot\theta \qquad (7.2\text{-}13)$$

式中　$B$——田面净宽,m;

　　　$T$——原坡地土层厚度,m;

　　　$h$——修平后挖方处后缘土层厚度,m;

　　　$\theta$——地面坡度,(°)。

#### 2. 田坎高度

田坎高度按下式计算:

$$H = B/(\cot\theta - \cot\alpha) \qquad (7.2\text{-}14)$$

式中　$H$——田坎高度,m;

　　　$B$——田面宽度,m;

　　　$\theta$——地面坡度,(°);

　　　$\alpha$——田坎坡度,(°)。

#### 3. 石坎梯田断面

石坎梯田断面主要尺寸经验值见表 7.2-2。

石坎梯田断面示意图见图 7.2-3。

表7.2-2　石坎梯田断面主要尺寸经验值参考表

| 地面坡度 $\theta$(°) | 田面净宽 $B$(m) | 田坎高度 $H$(m) | 田坎外侧坡度 $\alpha$(°) | 土石方量(m³/hm²) |
|---|---|---|---|---|
| 10 | 10 ~ 12 | 1.9 ~ 2.2 | 75 | 2 370 ~ 2 745 |
| 10 | 10 ~ 12 | 1.8 ~ 2.1 | 85 | 2 250 ~ 2 625 |
| 15 | 8 ~ 10 | 2.3 ~ 2.9 | 75 | 2 880 ~ 3 630 |
| 15 | 8 ~ 10 | 2.2 ~ 2.7 | 85 | 2 754 ~ 3 375 |
| 20 | 6 ~ 8 | 2.4 ~ 3.2 | 75 | 3 000 ~ 4 005 |
| 20 | 6 ~ 8 | 2.3 ~ 3.0 | 85 | 2 880 ~ 3 750 |
| 25 | 4 ~ 6 | 2.1 ~ 3.2 | 75 | 2 625 ~ 4 005 |
| 25 | 4 ~ 6 | 1.9 ~ 2.9 | 85 | 2 370 ~ 3 630 |

**注**:本表主要适用于长江流域以南地区,北方土石山区或石山区可参考使用。

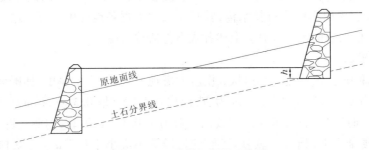

图7.2-3　石坎梯田断面示意图

### (四)坡式梯田

**1. 确定等高沟埂间距**

每两条沟埂之间斜坡田面长度称为等高沟埂间距,如图7.2-4中 $B_x$,由地面坡度、降雨、土壤渗透性等因素确定。一般情况,地面坡度越陡,沟埂间距越小;降雨量和降雨强度越大,沟埂间距越小;土壤渗透性越差,沟埂间距越小。确定沟埂间距应综合分析地面坡度情况、降雨情况、土质情况(土壤入渗性能),并应满足耕作需要。设计时可参考当地梯田断面设计的 $B_x$ 值。坡式梯田经过逐年加高土埂后,最终变成水平梯田时的断面,应与一次修成水平梯田的断面相近。

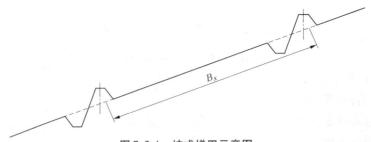

图7.2-4　坡式梯田示意图

**2. 等高沟埂断面尺寸**

等高沟埂断面尺寸设计应满足以下要求:一般情况下埂高0.5 ~ 0.6 m,埂顶宽0.3 ~ 0.5 m,外坡比约1:0.5,内坡比约1:1(图7.2-4)。降水量界于250 ~ 800 mm 的地区,田埂上方容量应满足拦蓄与梯田级别对应的设计暴雨所产生的地表径流和泥沙。降水量800 mm以上地区,田埂宜结合坡面小型蓄排工程,妥善处理坡面径流与泥沙。

3. 草带(或灌木带)坡式梯田

可在种草(或灌木带)之前,先修宽浅式软埂(不夯实),将草或灌木种在埂上;草带或灌木带的宽度一般为3~4 m,如图7.2-5所示。

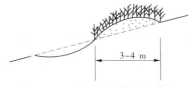

图7.2-5　草带灌木带坡式梯田

(五)隔坡梯田

隔坡梯田的断面示意图见图7.2-6。

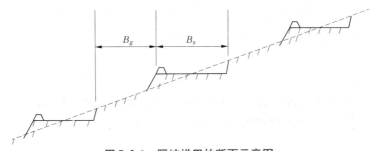

图7.2-6　隔坡梯田的断面示意图

隔坡梯田适应的地面坡度为 $15° \sim 25°$,其断面设计是确定梯田的斜坡部分 $B_g$ 与平台宽度 $B_s$。

水平田面宽度 $B_s$ 确定应考虑耕作要求,亦应兼顾拦蓄暴雨径流要求,$B_s$ 与 $B_g$ 的比值一般取 $1:1 \sim 1:3$。

实际操作中应根据经验,初步拟定 $B_g$ 和 $B_s$,结合土壤渗透性、设计暴雨径流量、设计暴雨所产生的泥沙量等因素,通过试算确定。田面应能接收降雨后,再接收隔坡部分径流和泥沙,且不发生漫溢。平台田面宽度一般为5~10 m,坡度缓的可宽些,坡度陡的可窄些。

## 四、梯田管理

### (一)维修养护

发生暴雨后,应及时检查梯田,发现埂坎损毁现象,及时进行补修;新修梯田出现浅沟或产生不均匀沉陷,及时取土填平;坡式梯田的田埂,应随着埂后泥沙淤积情况,每年从田埂下方取土,加高田埂,保持埂后按原设计要求有足够的拦蓄容量。平台与斜坡交接处若有泥沙淤积,应及时将泥沙均匀摊在水平田面,保持田面水平。

### (二)促进生土熟化

新修梯田应采取快速培肥技术,主要是增施化肥、黑矾、人粪尿、厩肥等,促进生土熟化;第一年应选种能适应生土的农作物或绿肥作物,如豆类、马铃薯、豆科牧草等。

### (三)田坎利用

田坎特别是机修梯田的软坎,应选择种植经济价值高、对田面作物生长影响小的树种、草种,如黄花菜、金银花、枣、花椒等。田坎利用应与田坎维修养护、保证田坎安全相结合。

## 五、案例分析

**【案例 7.2-1】** 某地修土坎水平梯田,已知田面净宽为 25 m,田坎高度为 3 m,当挖填方相等时,100 m 长梯田挖方或填方量是多少立方米?

**解:**根据工程量计算公式

$$V = \frac{1}{2}\left(\frac{B}{2} \times \frac{H}{2} \times L\right) = \frac{1}{8}BHL = 1/8 \times 25 \times 3 \times 100 = 937.5(\text{m}^3/\text{亩})$$

故,修一台 100 m 长的梯田,其挖方或填方量为 937.5 m³。

**【案例 7.2-2】** 某地修土坎水平梯田时,已知田面净宽为 30 m,田坎高度为 2 m,则每亩的挖土方量为多少?

**解:**据工程量计算公式:

$$V = \frac{1}{8}H \times 666.7 = 83.3H = 83.3 \times 2 = 166.6(\text{m}^3/\text{亩})$$

**【案例 7.2-3】** 原地面坡度为 10°,土坎梯田修成后,田坎坡度为 85°,田坎高度为 3 m,请计算田面净宽。

**解:**根据公式:

$$B = H(\cot\theta - \cot\alpha) = 3 \times (\cot10° - \cot85°) \approx 16.75 \text{ (m)}$$

**【案例 7.2-4】** 已知土坎梯田田面净宽为 20 m,田坎高度为 3 m,则每公顷的土方移运量为多少?

**解:**根据公式:

$$W = \frac{BH}{12} \times 10^4 = 833.3BH = 833.3 \times 20 \times 3 \approx 50\ 000(\text{m}^3 \cdot \text{m/hm}^2)$$

# 第三节  淤地坝工程

淤地坝是指在水土流失地区的沟道中兴建的以拦泥、淤地为主,兼顾滞洪的坝工建筑物。其主要作用是:调节径流泥沙,控制沟床下切和沟岸扩张,减少沟谷重力侵蚀,防止沟道水土流失,减轻下游河道及水库泥沙淤积,变荒沟为良田,改善生态环境。淤地坝设计主要任务是选择坝址位置,确定建筑物布置方案并进行必要的论证,确定建筑物的等别和设计标准,拟定建筑物的结构形式及尺寸,提出建筑材料、劳动力等需要量,编制工程概算,进行工程效益分析和经济评价。设计是淤地坝建设的关键环节,是工程招标和施工的依据。淤地坝设计主要解决如何设计与建设等问题。

## 一、淤地坝分类

淤地坝按筑坝材料可分为土坝、石坝、土石混合坝等;按筑坝施工方式可分为碾压坝、水坠坝、定向爆破坝、浆砌石坝等。黄土高原淤地坝多数为碾压土坝和水坠坝,另有少数定向爆破坝。以下主要介绍碾压坝及其配套建筑物的设计。

## 二、淤地坝坝系工程布设

坝系是指以小流域为单元,合理布设骨干工程和淤地坝等沟道工程而形成的沟道工程防治体系。其目的是提高沟道整体防御能力,实现流域水土资源的全面开发和利用。

### (一)坝系工程布设原则

**1.全面规划,统筹安排,利用水沙,淤地灌溉的原则**

坝系工程布设应以小流域为单元,在综合治理的基础上,干支沟、上下游全面规划,统筹安排;以长期控制小流域洪水泥沙为主,结合防洪、保收、防碱治碱,充分利用水沙资源,发挥坝系滞洪、拦泥、淤地、灌溉、种植和养殖等多种效益。

**2.大、中、小型淤地坝联合运用,充分发挥坝系整体功能的原则**

合理布设控制性的大型淤地坝,大、中、小淤地坝相互配合,调洪削峰,确保坝系安全,与小水库、塘坝、引水用水工程等联合运用,保护沟道泉眼与基流,合理利用水资源,充分发挥坝系整体功能,保证坝地高产稳产。

**3.大型淤地坝一次设计,分期加高,经济合理的原则**

应充分考虑坝系工程建设的经济合理性,大型淤地坝可一次设计、分期加高达到最终坝高。坝系其他工程也可根据流域实际情况、坝系运行管理等实施一次规划分期建设。分期加高时,应根据淤地坝变形规律及经济条件,经论证后确定加高部位、尺寸和方法,应注意与放水建筑物、溢洪道的协调。

**4.方案优选**

坝系工程布设方案应进行多方案比较、优选,经分析论证后,择优确定。一个小流域建多少淤地坝,每个坝的规模多大,建在什么地段等,应根据沟壑密度、侵蚀模数、洪水、地形、地质条件等因素,结合坝系运用方式和当地经济发展需要合理确定。建坝密度可通过坝地面积与流域面积的比来反映,黄土高原一般为 1/10 ~ 1/20。

### (二)建坝顺序

按照有利于合理利用水沙资源,发挥工程效益,保证防洪安全,合理安排工程建设投资与投劳的要求出发,因地制宜,统一规划,合理确定坝系工程的修建顺序。

(1)汇水面积小于 1 $km^2$ 的支沟,宜先下后上,先在沟口建坝,依次向上游推进。

(2)汇水面积在 3 ~ 5 $km^2$ 的支沟,应从上游向中下游依次建坝,其坝高和库容指标应依次加大。也可在中、下游同时修建中型淤地坝,待淤平逐步向上游推进,中上游应布设一座大型淤地坝,确保坝系安全。

(3)汇水面积大于 5 $km^2$ 的流域,应拟订两个以上方案,通过技术和经济比较后确定建设顺序。

(4)汇水面积大时,应首先考虑建设控制性的、安全可靠的骨干工程。

### (三)坝系工程布设方式

坝系布设应根据流域面积大小、地形条件、防洪安全、利用方式及经济技术上的合理性等因素确定。一般地,大型淤地坝应起到拦洪、缓洪、拦沙的作用,综合利用水沙资源,保护淤地坝、小水库和其他小型拦蓄工程的安全生产;淤地坝在沟道各干支沟均可布设,主要功能是拦泥淤地、种植作物;小水库主要修建在泉水露头的沟段,主要功能是蓄水利用。目前,常见的布设方式有以下几种:

（1）大型淤地坝控制、水沙资源综合利用的方式。

（2）分批建坝，分期加高，蓄种相间的布设方式。

（3）一次成坝，先淤后排，逐坝利用的方式。

（4）坝体持续加高，增大库容，全拦全蓄的方式。

（5）上坝拦洪拦泥，下坝蓄清水，库坝结合的方式。

（6）清洪分治，排洪蓄清，蓄排结合的方式。

（7）引洪漫地，漫排兼顾的方式。

### 三、淤地坝建筑物组成及坝型选择

#### （一）建筑物组成

淤地坝建筑物由坝体、放水工程、溢洪道组成（见图7.3-1）。在经济合理、一次设计、分期建设原则的指导下，合理选择淤地坝建设方案。经黄土高原多年实际表明，初期建设时可采用以下三种方案：

"三大件"方案，即由坝体、放水工程、溢洪道三部分组成，该方案对洪水处理以排为主，工程建成后运用较安全，上游淹没损失小。但工程量较大，工程建设、维修及运行费均较高。

"两大件"方案，这种方案包括坝体、放水工程，该方案对洪水泥沙处理以滞蓄为主，无溢洪道，库容大，坝较高，工程量大，上游淹没损失大，但石方和混凝土工程量小，工程总投资较小。此类工程一般有一定风险，库容和放水建筑必须配合得当，保证在设计频率条件下的安全。

"一大件"方案，即仅有坝体，该方案全拦全蓄洪水和泥沙，仅适用于集水面积较小的小型淤地坝。为了增加其安全性，一般坝顶布设浆砌石溢流口。

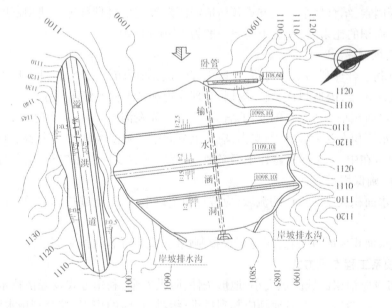

图7.3-1　淤地坝建筑物组成示意图

（二）方案选择和工程规模

1. 方案选择

淤地坝建筑物布设方案应根据自然条件、流域面积、暴雨特点、建筑材料、环境状况（如道路、村庄、工矿等）和施工技术水平等因素，考虑防洪、生产、水资源利用等要求，按有关规范合理确定。"三大件"方案适用于流域面积较大，下游有重要的交通设施、工矿或村镇等，起控制性的大型淤地坝。"两大件"方案适用于流域面积一般为 3~5 km²，坝址下游无重要设施，或者当地无石料，以滞蓄为主的情况。具体选择何种方案，须进行技术经济比较后确定。

2. 工程规模

坝高与库容应通过水文计算和调洪计算确定，同时应综合考虑各方面的因素。应特别注意：对于沟深坡陡、地形破碎且局部短历时的暴雨，雨洪径流一般峰高量小，采用较大库容的办法，易取得较好的效果。

（三）坝型选择

坝型选择应本着因地制宜、就地取材的原则，结合当地的自然经济条件、坝址地形地质条件以及施工技术条件，进行技术经济比较，合理选择。不同坝型特点和适用范围如表 7.3-1 所示。

表 7.3-1　不同坝型特点和适用范围

| 坝　型 | | 特　点 | 适用范围 |
|---|---|---|---|
| 均质土坝 | 碾压坝 | 就地取材，结构简单，便于维修加高和扩建；对土质条件要求较低，能适应地基变形，但造价相对水坠坝要高，坝身不能溢流，需另设溢洪道。小型的碾压均质土坝可设浆砌石溢流口 | 黄土高原地区 |
| | 水坠坝 | 就地取材，结构简单，施工技术简单，造价较低；但建坝工期较长，对土料的黏粒含量有要求（一般要低于20%），且要有充足的水源条件 | 黄河中游多沙粗沙区的陕西、内蒙古、山西和甘肃的部分地区得到广泛应用 |
| | 定向爆破—水坠筑坝 | 就地取材，结构简单，建坝工期短，对施工机械和交通条件要求较低；但对地形条件和施工技术要求较高 | 黄河中游交通困难、施工机械缺乏、干旱缺水的贫困山区 |
| 土石混合坝 | | 就地取材，充分利用坝址附近的土石料和弃渣，但施工技术比较复杂，坝身不能溢流，需另设溢洪道 | 晋、陕、豫三省的黄河干流和渭河干流沿岸，当地石料、土料丰富，适合修建土石坝 |
| 浆砌石拱坝 | | 坝体较薄，轻巧美观，可节省工程量；但施工工艺较复杂，对地形、地质条件要求较高，施工技术复杂 | 适用于晋、陕、豫三省的黄河干流沿岸，当地沟床较窄，多为石沟，石料丰富，砌筑拱坝条件优越 |

一般来说,当地材料是决定坝型的主要因素。当沟道两岸及河床均为岩石基础,石料丰富,相对容易采集时,设计中多采用浆砌石重力坝或砌石拱坝;反之,土料丰富时多采用均质土坝。

从黄土高原在近二十年建设情况来看,碾压坝和水坠坝数量占到工程建设总数量的99%,而土石混合坝和浆砌石拱坝数量极少,只占到工程建设数的1%。定向爆破土坝和土石混合坝在极个别地区做过试验,因施工技术较难掌握,并有特殊的地形、地质条件要求,故目前尚未大范围推广。从我国近年的水库病险加固处理的情况看,水坠坝存在坝体密度低、有效应力低、运行中出现塌陷等问题,应加强坝身排水。浆砌石坝和碾压土石坝(心墙坝)从稳定和运行等多方面考虑都易于推广。

淤地坝以拦泥淤地为主,风险相对较小,但对于库容较大、淤积年限较长、初期以蓄水库运行的大型淤地坝,则应进行多方面研究比较后确定坝型。

### 四、调洪演算

淤地坝建筑物组成为"一大件",全拦全蓄,一般标准较低,不参与调洪;"二大件"工程时,由于放水工程的泄洪量较小,调洪演算也不予考虑,滞洪库容只计算坝控流域面积内的一次暴雨洪水总量;"三大件"工程需要进行调洪演算,主要是计算溢洪道的下泄流量、洪水总量和泄洪过程线。

#### (一)单坝调洪演算

单坝调洪演算按下列公式计算:

$$
\left.\begin{aligned}
q_p &= Q_p\left(1 - \frac{V_z}{W_p}\right) \\
q_p &= Mbh_0^{1.5}
\end{aligned}\right\}
\tag{7.3-1}
$$

式中　$q_p$——频率为 $p$ 的洪水时溢洪道最大下泄流量,$m^3/s$;

$\quad\quad Q_p$——频率为 $p$ 的洪峰流量,$m^3/s$;

$\quad\quad V_z$——滞洪库容,万 $m^3$;

$\quad\quad W_p$——频率为 $p$ 的洪水总量,万 $m^3$;

$\quad\quad M$——溢流堰流量系数,可参考表 7.3-8 确定;

$\quad\quad b$——溢流堰底宽,$m$;

$\quad\quad h_0$——包含行近流速的堰上水头,$m$。

#### (二)上游有淤地坝或者有其他建筑物泄洪的调洪演算

拟建工程上游有淤地坝泄洪,或者有其他泄洪建筑物泄洪时,其调洪演算按下式计算:

$$
\left.\begin{aligned}
q_p &= (q_p' + Q_{p区间})\left(1 - \frac{V_z}{W_p' + W_p}\right) \\
q_p &= Mbh_0^{1.5}
\end{aligned}\right\}
\tag{7.3-2}
$$

式中　$q_p'$——频率为 $p$ 的上游工程最大下泄流量,$m^3/s$;

$\quad\quad Q_{p区间}$——频率为 $p$ 的区间洪峰流量,$m^3/s$;

$\quad\quad W_p'$——本坝泄洪开始至最大泄流量的时段内,上游工程的下泄洪水总量,万 $m^3$;

$\quad\quad W_p$——频率为 $p$ 的区间洪水总量,万 $m^3$;

其他符号意义同前。

以上单坝与上游有泄量的计算公式,前提条件是拟建淤地坝溢洪道堰顶和设计淤泥面高程相等,当不在同一高程时应进行必要的处理。

### (三)淤地坝淤积(拦泥)库容的确定

淤地坝淤积(拦泥)库容按下式计算

$$V_拦 = \overline{W}_{sb} \cdot N / \gamma_d \tag{7.3-3}$$

式中　$\overline{W}_{sb}$——坝址以上流域的多年平均输沙量,万 t/a;

　　　$V_拦$——拦泥库容,万 $m^3$;

　　　$N$——计划淤积年限,a;

　　　$\gamma_d$——泥沙干密度,$t/m^3$。

#### 1.输沙量计算

工程输沙量计算一般包括多年平均输沙量和某一频率输沙量及过程计算,目的是推算淤积库容和一次洪水排沙量。

输沙量计算包括悬移质沙量和推移质沙量两部分,可用下式计算:

$$\overline{W}_{sb} = \overline{W}_s + \overline{W}_b \tag{7.3-4}$$

式中　$\overline{W}_{sb}$——多年平均输沙量,万 t/a;

　　　$\overline{W}_s$——多年平均悬移质输沙量,万 t/a;

　　　$\overline{W}_b$——多年平均推移质输沙量,万 t/a。

##### 1)悬移质输沙量计算

小流域一般无泥沙观测资料,多采用间接方法进行估算。常用的方法如下所述。

(1)输沙模数(侵蚀模数)图查算法:

$$\overline{W}_s = \sum M_{si} F_i \tag{7.3-5}$$

式中　$M_{si}$——分区输沙模数,万 $t/(km^2 \cdot a)$,可根据土壤侵蚀普查数据和省、地有关水文图集、手册的输沙模数等值线图相互印证确定;

　　　$F_i$——分区面积,$km^2$;

　　　其他符号意义同前。

一个小流域的洪水泥沙与该流域的气候因素和下垫面因素密切相关,不同水土流失类型区有不同的变化规律,即是在同一水土流失类型区内,不同小流域的产沙情况也会有很大差别。因此,对用分区输沙模数图求得的多年平均输沙量,也应根据小流域特点与邻近有资料的小流域进行分析比较,合理修正。

(2)输沙模数经验公式法:

$$\overline{W}_s = K \overline{M}_0^b \tag{7.3-6}$$

式中　$\overline{M}_0^b$——多年平均径流模数,万 $m^3/(km^2 \cdot a)$;

　　　$b$——指数,采用当地经验值;

　　　$K$——系数,采用当地经验值;

　　　其他符号意义同前。

(3)水文比拟法。若邻近有相似条件的参证流域资料时,可采用水文比拟法进行估算,经分析比较后,加以适当修正予以采用。水文比拟法通常较采用等值线图查算的成果更为合理。

(4)缺乏资料估算公式。缺乏资料情况下可按下式粗略估算:

$$\overline{W}_s = \frac{\alpha W_0}{100}\sqrt{J} \qquad (7.3-7)$$

式中　$W_0$——多年平均径流量,万 $m^3$;

　　　　$\alpha$——侵蚀系数,与流域的冲刷程度有关,一般取 $0.5\sim1.0$;

　　　　$J$——河床比降;

　　　　其他符号意义同前。

2)推移质输沙量计算

目前,小流域推移质输沙量缺乏实测资料,常采用以下两种计算方法估算。

(1)比例系数法,计算公式为:

$$\overline{W}_b = \beta\overline{W}_s \qquad (7.3-8)$$

式中　$\beta$——比例系数,可采用当地调查值或采用相似流域实测值,黄土丘陵型区 $\beta$ 一般可采用 $0.05\sim0.30$;

　　　　其他符号意义同前。

(2)坝库淤积调查法。

利用已成坝库淤积量和进出库泥沙观测资料,按式(7.3-9)计算推移质输沙量。

$$\overline{W}_b = W_1 - (\overline{W}_s - W_2) \qquad (7.3-9)$$

式中　$W_1$——多年平均库坝拦沙量,万 $t/a$;

　　　　$W_2$——多年平均库坝排沙量,万 $t/a$;

　　　　其他符号意义同前。

2. 利用已有库坝直接推求输沙量

流域附近如果没有库坝淤积和进出库泥沙实测资料,可对附近已建成的旧坝进行淤积测量,计算流域多年平均淤积量,近似计算输沙量。

$$\overline{W}_{sb} = V_{淤}\gamma_d/N\cdot F_1/F_0 \qquad (7.3-10)$$

式中　$V_{淤}$——库坝多年淤积总量,万 $m^3/a$;

　　　　$\gamma_d$——淤积泥沙干密度,可取 $1.3\sim1.35\ t/m^3$;

　　　　$N$——淤积年限,a;

　　　　$F_1$、$F_0$——计划治理流域和调查库坝的集流面积,$km^2$。

3. 利用侵蚀模数等值线图推求输沙量

淤地坝控制面积小且资料缺乏,推移质占总输沙量比重很小,因此在实际计算中不再区分悬移质和推移质,而是根据工程所在小流域所属的水土流失类型区,在侵蚀模数等值线图上,查出相应的输沙模数 $M_s$,乘以坝控面积,即得年输沙量。

$$\overline{W}_{sb} = M_s\cdot F \qquad (7.3-11)$$

式中　$F$——坝控流域面积,$km^2$。

五、淤地坝坝体设计

坝体设计主要是通过稳定分析、渗流计算、固结计算等,确定淤地坝的基本体型。对于蓄水运用或坝高大于 30 m,库容大于 100 万 $m^3$ 的淤地坝,坝体设计计算包括稳定分析、渗流计算、沉降计算。对于小型淤地坝可参照同类工程采用类比法设计。

**（一）淤地坝坝体设计**

淤地坝坝体设计包括坝体基本剖面、坝体构造以及淤地坝配套建筑物设计等内容。

1. 淤地坝基本剖面

坝体的基本剖面为梯形，应根据坝高、建筑物级别、坝基情况及施工、运行条件等，参照现有工程的经验初步拟定，然后通过稳定分析和渗流计算，最终确定合理的剖面形状。

淤地坝库容由拦泥库容、滞洪库容组成，因此习惯上坝高由拦泥坝高、滞洪坝高加上安全超高确定，即

$$H = H_L + H_Z + \Delta H \tag{7.3-12}$$

式中　$H$——坝高，m；

　　　$H_L$——拦泥坝高，m；

　　　$H_Z$——滞洪坝高，m；

　　　$\Delta H$——安全超高，m。

（1）拦泥坝高。淤地坝以拦泥淤地为主，坝前设计淤积高程以下为拦泥库容量，拦泥库容量对应的坝高（$H_L$）即拦泥坝高。拦泥坝高一般取决于淤地坝的淤积年限、地形条件、淹没情况等，应根据设计淤积年限和多年平均来沙量，计算出拦泥库容，再由坝高—库容曲线查出相应的拦泥坝高。

考虑坝库排沙时，拦泥库容的计算公式为：

$$V_L = \frac{\overline{W}_{sb}(1 - \eta_s)N}{\gamma_d} \tag{7.3-13}$$

式中　$V_L$——拦泥库容；

　　　$\overline{W}_{sb}$——多年平均输沙量，万 t/a；

　　　$\eta_s$——坝库排沙比，可采用当地经验值；

　　　$N$——设计淤积年限，a，大（1）型淤地坝取 20～30，大（2）型淤地坝取 10～20，中型淤地坝取 5～10，小型淤地坝取 5；

　　　其他符号意义同前。

（2）滞洪坝高。滞洪坝高即滞洪库容所对应的坝高。为有效拦蓄泥沙，库容组成除考虑拦泥库容外，还要考虑一次校核标准的洪水确定其滞洪库容。滞洪坝高 $H_Z$ 的确定如下：当工程由"三大件"组成时，滞洪坝高等于校核洪水位与设计淤泥面之差，也即溢洪道最大过水深度；当工程为"二大件"时，滞洪坝高为设计淤泥面上一次校核洪水总量所对应的水深。

（3）安全超高。为了保障淤地坝安全，校核洪水位之上应留有足够的安全超高，通常情况下淤地坝不能长期蓄水，因此不考虑波浪爬高。安全超高是根据各地淤地坝运用的经验确定的，设计时参考表 7.3-2。

表 7.3-2　碾压土坝安全超高参考值

| 坝高（m） | 10～20 | >20 |
|---|---|---|
| 安全超高（m） | 1.0～1.5 | 1.5～2.0 |

淤地坝的设计坝高是针对坝沉降稳定以后的情况而言的,因此竣工时的坝顶高程应预留足够的沉降量,根据淤地坝建设的实际情况,碾压土坝坝体沉降量取设计坝高(三部分坝高之和)的1%~3%;水坠坝较碾压坝沉陷量大,一般应按设计坝高的3%~5%增加土坝的施工高度。

2. 坝顶宽度

土坝的坝顶宽度应根据坝高、施工条件和交通等方面的要求综合考虑后确定。无交通要求时,按表7.3-3确定。

表7.3-3 碾压坝顶宽度

| 坝高(m) | 10~20 | 20~30 | 30~40 |
|---|---|---|---|
| 碾压坝顶宽度(m) | 3 | 3~4 | 4~5 |

3. 坝坡与马道

1)坝坡

坝坡坡度对坝体稳定以及工程量的大小均起重要作用。碾压土坝的坝坡选择可参考表7.3-4,同时掌握以下原则:

(1)上游坝坡在汛期蓄水时处于饱和状态,为保持坝坡稳定,上游坝坡应比下游坝坡缓。

(2)坝坡上部坡陡,下部坡缓,常沿高度分成数段,每段10~20 m,从上而下逐段放缓,相邻坡率差值常取0.25~0.5。

(3)由粉土、砂、轻壤土修建的均质坝,透水性较大,为了保持渗流稳定,一般要求适当放缓下游坝坡。

(4)当坝基或坝体土料沿坝轴线分布不一致时,应分段采用不同坡率,在各段间设过渡区,使坝坡缓慢变化。

(5)小型淤地坝坝坡坡率可采用类比法确定。

表7.3-4 坝坡坡率

| 坝型 | 土料或部位 | 坝高(m) | | |
|---|---|---|---|---|
| | | 10~20 | 20~30 | 30~40 |
| 水坠坝 | 砂壤土 | 2.00~2.25 | 2.25~2.50 | 2.50~2.75 |
| | 轻粉质壤土 | 2.25~2.50 | 2.50~2.75 | 2.75~3.00 |
| | 中粉质壤土 | 2.50~2.75 | 2.75~3.00 | 3.00~3.25 |
| 碾压坝 | 上游坝坡 | 1.50~2.00 | 2.00~2.50 | 2.50~3.00 |
| | 下游坝坡 | 1.25~1.50 | 1.50~2.00 | 2.00~2.50 |

**注:**水坠坝上下游坝坡一般采用相同坡率,冲填速度应控制在0.2 m/d左右,设计时可参考相关规范。

2)马道

马道,又称戗台。土坝坝坡(主要是下游坡)常沿高程每隔10~15 m设置一条马道,马道宽为1~1.5 m。其作用是:拦截雨水、防止冲刷坝坡;便于进行坝体检修和观测;增加坝底宽度,有利于坝体稳定。马道一般设在坡度变化处。

4.坝顶、护坡与排水

1）坝顶

淤地坝一般对坝顶构造无特殊要求，可直接采用碾压土料，如兼作乡村公路，可采用碎石、粗砂铺坝面，厚度20～30 cm。为了排除雨水，坝顶面应向两侧或一侧倾斜，做成2%～3%的坡度。

2）护坡

（1）土坝表面应设置护坡。护坡材料包括植物护坡、砌石护坡、混凝土或者混凝土框格与植物相结合护坡形式等，可因地制宜选用。

（2）护坡的形式、厚度及材料粒径等应根据坝的级别、运用条件和当地材料情况，经技术经济比较后确定。

（3）护坡的覆盖范围应符合以下要求：上游面自坝顶至淤积面，下游面自坝顶至排水棱体，无排水棱体时应护至坝脚。

3）坝坡排水

下游坝坡应设纵横向排水沟。横向排水沟一般每隔50～100 m设置一条，其总数不少于2条；纵向排水沟设置高程与马道一致并设于马道内侧，尺寸和底坡按集水面积计算确定。纵向排水沟应从中间向两端倾斜（坡度 $i = 0.1\% ～ 0.2\%$），以便将雨水排向横向排水沟。排水沟一般采用浆砌石、现浇混凝土或预制件拼装等。

4）坝体排水

坝体排水形式主要有棱体排水、贴坡排水和褥垫排水，参见图7.3-2，可结合工程具体条件选定。

（1）棱体排水。棱体排水又称滤水坝趾，它是在下游坝脚处用块石堆成的棱体，见图7.3-2（a）。棱体顶宽不小于1.0 m，排水体高度可取坝高的1/5～1/6，顶面高出下游最高水位0.5 m以上，而且应保证浸润线位于下游坝坡面的冻层以下。棱体内坡根据施工条件决定，一般为1:1.0～1:1.5，外坡取为1:1.5～1:2.0。棱体与坝体以及土质地基之间均应设置反滤层，在棱体上游坡脚处应尽量避免出现锐角。

棱体排水是一种可靠的、被广泛应用的排水设施，它排水效果好，可以降低浸润线，能防止坝坡遭受渗透和冲刷破坏，且不易冻损，但用料多，费用高，施工干扰大，堵塞时检修困难。在松软地基上棱体易发生沉陷。

（2）贴坡排水。贴坡排水又称表面式排水，它是用堆石或干砌石加反滤层直接铺设在下游坝坡表面，不伸入坝体的排水设施，见图7.3-2（b）。排水体顶部需高出浸润线逸出点1.5 m以上，排水体的厚度应大于当地的冰冻深度。排水底脚处应设置排水沟或排水体，并具有足够的深度，以便在水面结冰后，下部保持足够的排水断面。

这种形式的排水结构简单，用料少，施工方便，易于检修，能保护边坡土壤免遭渗透破坏，但对坝体浸润线不起降低作用，且易因冰冻而失效。

（3）褥垫式排水。褥垫式排水是沿坝基面平铺的水平排水层、外包反滤层，见图7.3-2（c）。伸入坝体内的深度一般不超过坝底宽的1/2～2/3，块石层厚0.4～0.5 m。这种排水倾向下游的纵坡一般为0.005～0.01。这种形式的排水能更好地降低坝体浸润线，适用于在下游无水的情况下布设，当下游水位高于排水设备时，降低浸润线的效果将显著降低。其缺点是施工复杂，易堵塞和沉陷断裂，检修较困难。

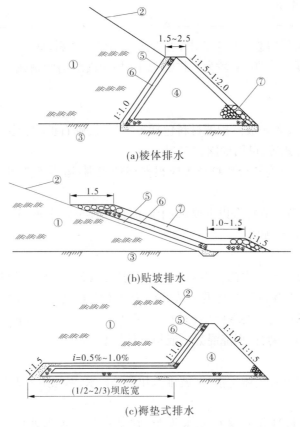

(a)棱体排水

(b)贴坡排水

(c)褥垫式排水

①—坝体;②—坝坡;③—不透水地基;④—卵石;⑤—粗砂;⑥—小砾石;
⑦—干砌块石

图 7.3-2　坝体排水

### (二)坝体稳定计算和渗流计算

最终确定的淤地坝体型必须满足坝体抗滑稳定和渗流稳定要求。抗滑和渗流稳定计算的基本方法与水利工程土石坝相同,具体计算方法见本书"第五章第四节稳定分析计算",限于本书篇幅,不足部分可参考土石坝设计规范和水工设计手册等专业书籍。

### (三)坝基处理

做好淤地坝的坝基处理以及坝同岸坡和混凝土建筑物的连接设计,目的是使坝内蓄水后不会发生管涌、流土、接触冲刷、不均匀沉降等现象,确保土坝安全运行。对于有蓄水要求的淤地坝,渗流量不应超过允许值,以满足用水要求。

#### 1.基本要求

土坝的底面积较大,坝基应力较小,加之坝身具有一定的适应变形的能力,因此对坝基处理的要求相对较低。黄土高原地区的淤地坝大多为直接修建在不透水地基上的均质土坝,在坝体填筑前,一般可以不采取专门的防渗措施,只对坝基的草皮、腐殖土等进行开挖清除。对坝基透水或是其他松软坝基,则应进行技术处理,处理的主要要求是:控制渗流,避免管涌等有害的渗流变形;保持坝体和坝基的稳定,不产生明显的不均匀沉陷,竣工后坝基和坝体的总沉陷量一般不宜大于坝高的3%;在保证坝体安全运行的情况下节省投资。

## 2. 土基

土坝经常修建在黏土、壤土、砂壤土、砾石土等土基上。要求沿土基的渗流量及渗流出逸比降不超过允许值,筑坝后不会产生过大沉降变形,不会因土基剪切破坏导致土坝滑坡。

土基表面清理:挖除树根草皮、表层腐殖土、淤泥、粉粒砂、乱石砖瓦等,对水井、泉眼、洞穴、地道、冲沟、凹塘应进行开挖,回填上坝土料并夯实。清基厚度视需要而定,一般为0.5~1.0 m。沿经过表面清理后的土基挖若干小槽,用土回填夯实,以利结合。经表面清理后,用碾压机具压实土基表层,加水湿润至适宜含水率,并进行刨毛后,填筑坝体第一层填土。

如土基透水性过大,可开挖截水槽,以透水性较小的土料回填夯实,槽底最好位于相对不透水层,以切断渗流,如相对不透水层埋藏较深,挖槽不经济,可改用混凝土防渗墙或高压喷射灌浆穿透地基,与相对不透水层连接;也可做成悬挂式截水槽或修建铺盖以延长渗径,减少渗流量。在土基与下游透水坝壳接触面,或在下游坝脚以外一定范围内,渗流出逸比降超过允许值的土基表面,都应铺设反滤层。均质土坝,一般要设坝体排水,以降低浸润线。

## 3. 砂砾石地基

许多土坝建在砂砾石地基上,对这类地基的处理主要解决渗流问题,控制渗流量,保证地基的稳定性。一般需同时采取防渗及排渗措施。

### 1)防渗措施

一般有水平及垂直两种方案,前者如水平铺盖,用以延长砂砾坝基渗径,适用于组成比较简单的深厚砂砾层上的中低坝;后者为截水槽、混凝土防渗墙等,完全切断砂砾层,防渗最彻底,适用于多种地层组成的坝基或对坝基渗漏量控制比较严的情况。

(1)水平铺盖。是一种水平防渗措施,其结构简单,造价较低,当采用垂直防渗设施有困难或不经济时,可采用这种形式。这种处理方式不能完整截断渗流,但可延长渗径,降低渗透比降,减少渗流量。铺盖由黏土和壤土组成,其渗透系数与地基渗透系数之比最好在1 000倍以上。铺盖的合理长度应根据允许渗流量以及渗流稳定条件,与排水设备配合起来,由计算决定,一般为4~6倍水头。铺盖上游端部按构造要求不得小于0.5 m。填筑铺盖前清基,在砂砾石地基上设反滤层,铺盖上面可设保护层。

淤地坝以拦泥为主,可以利用拦蓄的泥沙作为水平铺盖防渗,但必须论证其可行性,并加强淤地坝的运行管理和渗流观测。

(2)截水槽。在砂砾覆盖层中开挖明槽,切断砂砾层,再用筑坝土料回填压实,同坝体相连,形成可靠的垂直防渗,效果显著。

截水槽底宽应根据回填土的允许渗透比降而定。回填黏土及重壤土,底宽不小于$(1/8 \sim 1/10)H$($H$为上下游水头差),中、轻壤土不小于$(1/5 \sim 1/6)H$。为满足施工要求,槽宽不应小于3 m。截水槽上下游坡度取决于开挖时边坡稳定要求,一般采用1:1~1:2。截水槽位置视工程地质和水文地质条件及坝型而定。均质坝常将截水槽设在坝轴上游,一般离上游坝脚不小于1/3坝底宽。

### 2)排渗措施

砂砾石坝基除采取如上述的防渗措施外,尚需针对不同防渗方案,采取各种排渗措施,安全排泄渗水,保证坝基渗流稳定。对于垂直防渗方案,砂砾层渗水被完全截断,坝基渗流得到较彻底控制,下游排渗措施可适当简化,而水平铺盖由于砂砾覆盖层未被截断,一般在下游设水平褥垫排水、反滤排水沟、减压井或透水盖重等。

#### 4.湿陷性黄土

天然黄土遇水后,其钙质胶结物被溶解软化,颗粒之间的黏结力遭到破坏,强度显著降低,土体产生明显沉陷变形,作为坝基时应进行处理,否则蓄水后将由于坝基湿陷使坝体开裂甚至塌滑,引起坝体失事。处理湿陷性黄土坝基应综合考虑黄土层厚、黄土性质和湿陷特性、施工条件及运行要求。常用处理方法有:开挖回填、预先浸水及强力夯实等。

1)开挖回填

将坝基湿陷性黄土全部或部分清除,然后以含水率接近于最优含水率的土回填压实,以消除湿陷性。回填后干密度以及填筑质量控制同坝体一样。一般适用于需要处理的土层不太厚的情况。

2)预先浸水法

该法可用以处理强或中等湿陷而厚度又较大的黄土地基。在坝体填筑前,将待处理坝基划分条块,沿其四周筑小土埂,灌水对湿陷性黄土层进行预先浸泡,使其在坝体施工前及施工过程中消除大部分湿陷性,保证坝库蓄水后的第二次湿陷变形为最小。

3)强力夯实

该法可增加黄土密实度,改善其物理力学性质,减少或消除坝基黄土的湿陷性。

#### 5.软土地基

1)软土地基作为坝基存在的问题

软土是指天然含水率大于液限,孔隙比大于1的黏性土。其抗剪强度低,压缩性高,透水性小,灵敏度高,工程特性恶劣。作为坝基可能产生以下问题:

由于强度低,使坝基产生局部塑性破坏和大坝整体滑坡;

出现较大沉降和不均匀沉陷,使坝体出现大的纵横向裂缝,破坏整体性;

透水性小,固结缓慢,竣工后坝的沉降将持续很长时间;

因为灵敏度高,施工期间由于扰动会使坝基软土强度迅速降低,导致剪切破坏。

2)软土地基处理方法

软土地基常用的处理方法有:开挖换土、铺排水垫层、打砂井、铺垫土工合成材料等。

(1)开挖换土。如软土不厚,可全部或部分挖除,用土料回填并夯实。

(2)铺排水垫层。填筑排水垫层可加快软土的排水固结。排水垫层厚可采用0.8~1.5 m,其宽度应大于坝底宽。垫层材料一般用砂、砾石、碎石等,要求碎石粒径不超过10 cm。当采用碎石垫层时,为防止软土挤入碎石,影响排水功能,可先填薄层砂作反滤,再填碎石。

(3)打砂井。在软土中打孔,用砂土回填形成砂井,上接排水褥垫,分别通向上下游,这样就可缩短软土层排水距离,改善排水条件,使软土中的水通过砂井和排水垫层向外排,使大部分沉降在填土过程中完成。在软土深厚时,打砂井是有效的处理措施。

## 六、放水建筑物设计

### (一)放水建筑物的组成及位置选择

#### 1.放水建筑物的组成

淤地坝放水建筑物由取水建筑物、涵洞、消能等设施组成。取水建筑物常用卧管或竖井,并通过消力池(井)与之连接。涵洞位于坝下,一般与坝轴线基本垂直;涵洞出口通常与明渠相接,出口流速较小(如低于6 m/s)时,通常采用防冲铺砌与沟床连接;出口流速较大时,应设置消能设施,通常采用底流消能。

2. 放水建筑物的作用、总体布置和位置选择

放水建筑物总体布置的任务是:在实地勘察的基础上,根据设计资料,选定放水建筑物的位置及取水建筑物、涵洞、出口建筑物和消能防冲设施的布置形式、尺寸和高程,总体布置需经济合理。

1)放水建筑物的作用

(1)汛期及时腾空拦洪库容,以便再次拦洪并安全度汛。

(2)降低库内水位和土坝浸润线,增加土坝的稳定性。

(3)非汛期排泄库内清水,利用坝地生产,并防治盐碱化。

(4)有蓄水要求时,自下游放水满足灌溉或其他用途供水。

2)放水建筑物总体布置的程序

(1)确定取水建筑物、涵洞与出口建筑物的型式和位置(如涵洞及其轴线位置)。

(2)拟定取水建筑物、涵洞、出口建筑物等的纵坡、孔径、厚度等主要尺寸及控制性高程。

(3)进行必要的水力计算和结构计算。

(4)通过比较,选定经济技术合理方案。

上述总体布置过程中,主要尺寸、控制性高程的拟定与水力计算、结构计算等穿插进行,当拟定尺寸、纵坡和高程不满足过水能力和流态要求,或者不满足结构计算要求时,需进行调整和再计算,直到符合相关要求。全部过程是以水力学计算和结构计算为手段的试算过程,也是放水建筑物设计的主要内容。

3)放水建筑物位置选择的条件

(1)放水建筑物应设置在基岩或质地均匀而坚实的土基上,以免由于地基沉陷不均匀而发生洞身断裂,引起漏水,影响工程的安全。

(2)放水卧管与涵洞的轴线夹角应不小于90°;涵洞的轴线应当与坝轴线基本垂直,并尽量使其顺直,避免转弯。

(3)涵洞有灌溉任务时,其位置应布置在靠近灌区的一侧,出口高程应能满足自流灌溉的要求。进口高程应根据地质、地形、施工、淤积运用情况等要求确定。

(4)分期加高的淤地坝、竖井或卧管等建筑物的位置要为改建和续建留有余地。

**(二)取水建筑物的结构形式与材料**

取水建筑物常采用卧管或竖井。

1. 卧管

卧管是一种斜置于库岸坡或坝坡上的台阶式取水工程(见图7.3-3)。可以分段放水,放水孔可通过人工或机械进行启闭,一般采用方形砌石或钢筋混凝土结构。卧管上端高出最高蓄水位,习惯上每隔 $0.3 \sim 0.6$ m(垂直距离)设一放水孔,人工启闭时,平时用孔盖(或混凝土塞)封闭,用水时,随水面下降逐级打开。卧管下端用消力池与泄水涵洞连接。孔盖打开后,库水就由孔口流入管内,经过消力池消能后由泄水涵洞放出库外。为防止放水时卧管发生真空,其上端设有通气孔。

卧管纵坡按山坡地形确定,坡度太陡,则水流过急且管身易向下滑动;坡度太缓,会加长卧管,浪费材料,一般为 $1:2 \sim 1:3$。在卧管与涵洞之间应设置消力池,水流经过消能后由涵

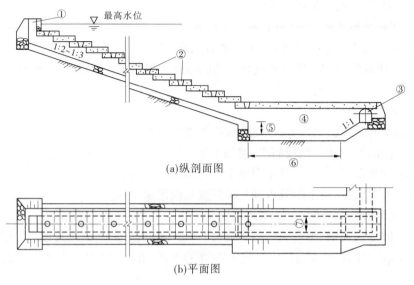

(a)纵剖面图

(b)平面图

①—通气孔;②—放水孔;③—涵洞;④—消力池;⑤—池深;⑥—池长;⑦—池宽

**图 7.3-3　卧管结构图**

洞排出。此种放水设备技术比较简单,适宜就地取材,同时不受死库容的影响,下孔淤塞,上孔仍可放水。另外,在卧管放水时,先放库面清水,且水温较高,有利于作物生长,目前淤地坝多采用这种形式。

1)卧管放水孔直径确定

卧管放水孔直径按小孔出流公式计算。计算时一般按开启一级或同时开启两级或三级计算(见图7.3-4)。卧管放水孔孔口直径不应大于0.3 m,否则按每台设置两个放水孔设计。放水孔直径按式(7.3-14)~式(7.3-16)进行计算。

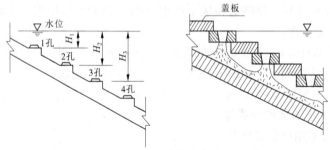

**图 7.3-4　卧管放水孔**

开启一级孔:

$$d = 0.68 \sqrt{\frac{Q}{\sqrt{H_1}}} \tag{7.3-14}$$

同时开启两级孔:

$$d = 0.68 \sqrt{\frac{Q}{\sqrt{H_1} + \sqrt{H_2}}} \tag{7.3-15}$$

同时开启三级孔:

$$d = 0.68 \sqrt{\frac{Q}{\sqrt{H_1} + \sqrt{H_2} + \sqrt{H_3}}} \tag{7.3-16}$$

式中　$d$——放水孔直径,m;

　　　$Q$——放水流量,m³/s;

　　　$H_1$、$H_2$、$H_3$——孔上水深,m。

2)卧管断面形式

卧管有圆管和方管(正方形和长方形)两种形式,材料常用浆砌石、混凝土和钢筋混凝土。当采用方管时,盖板修成台阶状,如系圆卧管,则应在管上或管旁另筑台阶。

3)卧管断面尺寸

卧管断面尺寸确定应考虑水位变化而导致的流态变化,设计流量比正常运用时加大20% ~ 30%。按明渠均匀流公式计算其所需过水断面。为保证卧管及涵洞内为无压流,卧管下部的消力池跃后水位应不淹没涵洞进口,卧管高度应较正常水深加高3 ~ 4倍。

$$A = \frac{Q_{加}}{C \sqrt{Ri}} \tag{7.3-17}$$

式中　$Q_{加}$——通过卧管的流量,m³/s;

　　　$A$——卧管断面面积,m²;

　　　$C$——谢才系数,$C = \frac{1}{n} R^{1/6}$,其中 $n$ 为糙率,混凝土 $n = 0.014 \sim 0.017$,浆砌石 $n = 0.02 \sim 0.025$;

　　　$i$——卧管纵坡,1:2 ~ 1:3;

　　　$R$——水力半径,m。

4)卧管消力池水力计算

卧管消力池采用矩形断面,一般采用浆砌石或钢筋混凝土结构,其水力设计主要是确定池深和池长。

(1)消力池深度可按公式(7.3-18)、式(7.3-19)计算:

$$d = 1.1h_2 - h \tag{7.3-18}$$

$$h_2 = \frac{h_0}{2} \left( \sqrt{1 + \frac{8\alpha q^2}{gh_0^3}} - 1 \right) \tag{7.3-19}$$

式中　$d$——消力池深度,m;

　　　$h_2$——第二共轭水深,m;

　　　$h$——下游水深,m;

　　　$h_0$——卧管正常水深,m;

　　　$q$——卧管单宽流量,m³/(s·m);

　　　$g$——重力加速度,取9.81 m/s²。

(2)消力池长 $L_2$ 可按公式(7.3-20)计算:

$$L_2 = (3 \sim 5)h_2 \tag{7.3-20}$$

式中　$L_2$——消力池长度,m;

　　　其他符号意义同前。

5）卧管与消力池结构尺寸

卧管与消力池主要承受外水压力和泥沙压力,其结构尺寸取决于它在水下的位置、跨度以及卧管使用的材料,其结构计算公式可参考本书盖板涵结构尺寸计算公式。

卧管断面尺寸可参考有关规范和书籍。对于方形卧管,本书给出流量与卧管、消力池断面尺寸表(见表7.3-5),消力池及卧管盖板尺寸表(见表7.3-6),供参考。

表7.3-5 方形卧管流量与卧管、消力池断面尺寸 （单位:cm)

| 流量 ($m^3/s$) | 方形卧管 | | 消力池 | | | 方形卧管 | | 消力池 | | |
|---|---|---|---|---|---|---|---|---|---|---|
| | 坡度1:2 | | 池宽 ($b_o$) | 池长 ($L_k$) | 池深 ($d$) | 坡度1:3 | | 池宽 ($b_o$) | 池长 ($L_k$) | 池深 ($d$) |
| | 宽×高 ($b×d$) | 水深 ($h$) | | | | 宽×高 ($b×d$) | 水深 ($h$) | | | |
| (1) | (2) | (3) | (4) | (5) | (6) | (7) | (8) | (9) | (10) | (11) |
| 0.02 | 15×15 | 5.0 | 55 | 130 | 30 | 20×20 | 4.5 | 60 | 105 | 30 |
| 0.04 | 20×20 | 6.2 | 60 | 180 | 40 | 25×25 | 6 | 65 | 140 | 40 |
| 0.06 | 25×25 | 7.0 | 65 | 200 | 50 | 25×25 | 8 | 65 | 180 | 50 |
| 0.08 | 25×25 | 8.2 | 65 | 250 | 50 | 30×30 | 8.2 | 70 | 210 | 50 |
| 0.10 | 30×30 | 8.3 | 70 | 260 | 50 | 30×30 | 10 | 70 | 225 | 50 |
| 0.12 | 30×30 | 9.5 | 70 | 290 | 50 | 35×35 | 9.6 | 75 | 240 | 50 |
| 0.14 | 35×35 | 9.5 | 75 | 290 | 50 | 35×35 | 10.5 | 75 | 270 | 50 |
| 0.16 | 35×35 | 10.2 | 75 | 320 | 50 | 35×35 | 11.6 | 75 | 290 | 50 |
| 0.18 | 35×35 | 11.0 | 75 | 340 | 50 | 40×40 | 11.5 | 80 | 290 | 50 |
| 0.20 | 35×40 | 12 | 75 | 360 | 50 | 40×40 | 12.0 | 80 | 315 | 50 |
| 0.30 | 45×45 | 13 | 85 | 410 | 60 | 45×45 | 14.5 | 85 | 385 | 60 |
| 0.40 | 50×45 | 14 | 90 | 475 | 60 | 50×50 | 16.3 | 90 | 435 | 60 |
| 0.50 | 50×50 | 16.5 | 90 | 540 | 70 | 55×55 | 17.5 | 95 | 475 | 60 |
| 0.60 | 55×55 | 17.5 | 95 | 585 | 80 | 60×60 | 18 | 100 | 515 | 70 |
| 0.70 | 60×60 | 18 | 100 | 610 | 80 | 65×65 | 19 | 105 | 535 | 70 |
| 0.80 | 60×60 | 19.7 | 100 | 665 | 90 | 65×65 | 21 | 105 | 585 | 80 |
| 0.90 | 65×65 | 20 | 105 | 685 | 90 | 70×70 | 21.5 | 110 | 620 | 80 |
| 1.00 | 65×65 | 21.5 | 105 | 735 | 100 | 70×70 | 23 | 110 | 650 | 90 |
| 1.20 | 70×70 | 23 | 110 | 795 | 100 | 75×75 | 25 | 115 | 705 | 100 |
| 1.50 | 75×75 | 25 | 115 | 880 | 140 | 85×85 | 26 | 125 | 760 | 120 |
| 1.60 | 80×80 | 25 | 120 | 880 | 140 | 85×85 | 27 | 125 | 790 | 120 |
| 1.80 | 85×85 | 26 | 125 | 920 | 140 | 90×90 | 28 | 130 | 830 | 120 |
| 2.00 | 85×85 | 27.5 | 125 | 990 | 150 | 90×90 | 30 | 130 | 885 | 130 |

注:1. 消力池净高:消力池深+涵洞净高;

2. 消力池长度按5倍的第二共轭水深计算;

3. 卧管断面糙率按 $n = 0.025$ 计算;

4. 流量为加大流量。

表 7.3-6 方形卧管及消力池盖板厚度

| 水深 H (m) | 净宽0.3 m | | 净宽0.4 m | | 净宽0.5 m | | 净宽0.6 m | | 净宽0.7 m | |
|---|---|---|---|---|---|---|---|---|---|---|
| | 条石盖板厚度 (cm) | 混凝土盖板厚度 (cm) | 条石盖板厚度 (cm) | 混凝土盖板厚度 (cm) | 条石盖板厚度 (cm) | 混凝土盖板厚度 (cm) | 条石盖板厚度 (cm) | 混凝土盖板厚度 (cm) | 条石盖板厚度 (cm) | 混凝土盖板厚度 (cm) |
| 5 | 10 | 8 | 12 | 10 | 16 | 13 | 18.5 | 15 | 21.5 | 17.5 |
| 8 | 12 | 10 | 16 | 13 | 20 | 16 | 23 | 19 | 27 | 22 |
| 10 | 13 | 11 | 17.5 | 14.5 | 22 | 18 | 26 | 21.5 | 30 | 24.5 |
| 12 | 15 | 12 | 19 | 15.5 | 24 | 20 | 28.5 | 23.5 | 33 | 27 |
| 14 | 16 | 13 | 20.5 | 17 | 26 | 21 | 30.5 | 25 | 35.5 | 29.5 |
| 16 | 17 | 14 | 22 | 18 | 28 | 23 | 32 | 27 | 38 | 31.5 |
| 18 | 18 | 15 | 23 | 19 | 29 | 24 | 34.5 | 28.5 | 40.5 | 33.5 |
| 20 | 19 | 15 | 24.5 | 20 | 31 | 25 | 36.5 | 30 | 42.5 | 35 |
| 22 | 20 | 16 | 24.5 | 21 | 32 | 26 | 38.5 | 31.5 | 45 | 37 |
| 24 | 20 | 17 | 27 | 22 | 33.5 | 27.5 | 40 | 33 | 47 | 38.5 |
| 26 | 21 | 18 | 27.5 | 23 | 34.5 | 28.5 | 41.5 | 34 | 48.5 | 40 |
| 28 | 22 | 18 | 29 | 23.5 | 36 | 29.5 | 43 | 35.5 | 50.5 | 41.5 |

2. 竖井

竖井结构布置如图 7.3-5 所示。竖井一般采用浆砌石修筑,断面形状采用圆形或方形,内径取 0.8~1.5 m,井壁厚度取 0.3~0.6 m,沿井壁垂直方向每隔 0.3~0.5 m 可设一对或多个放水孔;井底设消力井,井深一般为 0.5~2.0 m;上下层放水孔应交错布置(上下两层孔垂直中心线不在同一平面上),孔口处设门槽,下部与涵洞相连,当竖井高度较大或地基较差时,应再砌筑 1.5~3.0 m 高的井座。竖井的井壁厚度应通过结构计算确定。竖井的优点是结构简单,工程量少;缺点是闸门关闭困难,管理不便。

1) 竖井放水孔面积计算

竖井放水孔布置见图 7.3-6,孔口面积按式(7.3-21)~式(7.3-23)进行计算。

设一层放水孔放水:

$$\omega = \frac{Q}{n\mu\sqrt{2gH_1}} \tag{7.3-21}$$

式中  $\omega$——放水孔形式相同、面积相等时,一个放水孔过水断面面积,$m^2$;

$Q$——放水流量,$m^3/s$;

$n$——放水孔数,个;

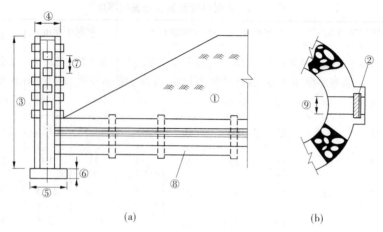

(a)                                    (b)

①—土坝;②—插板闸门;③—竖井高;④—竖井外径;⑤—井座宽;⑥—井座厚;
⑦—放水孔距;⑧—涵洞;⑨—放水孔径或孔宽

**图 7.3-5　竖井结构图**

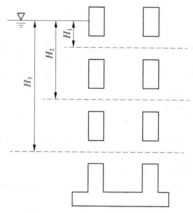

**图 7.3-6　竖井放水孔布置**

$\mu$——流量系数,取 0.65;

$H_1$——水面至孔口中线的距离,m。

设二层放水孔放水:

$$\omega = \frac{Q}{n\mu(\sqrt{2gH_1} + \sqrt{2gH_2})} \qquad (7.3\text{-}22)$$

式中　$H_2$——水面至第二层孔口中线的距离,m;

其他符号意义同前。

设三层放水孔放水:

$$\omega = \frac{Q}{n\mu(\sqrt{2gH_1} + \sqrt{2gH_2} + \sqrt{2gH_3})} \qquad (7.3\text{-}23)$$

式中　$H_3$——水面至第三层孔口中线的距离,m;

其他符号意义同前。

孔口可做成圆形和方形,在求出面积后再进一步确定放水孔具体尺寸。

2）竖井底部消力井

消力井的断面尺寸按式（7.3-24）~式（7.3-26）计算。

$$V = 1.23QH \qquad (7.3\text{-}24)$$

式中　$V$——消力井的最小容积，$m^3$；

　　　$H$——作用水头，m，可近似采用设计洪水位与竖井底部高程差值；

　　　$Q$——设计放水流量，$m^3/s$。

圆形断面消力井　　　　　　$V \leqslant 0.785d^2h \qquad (7.3\text{-}25)$

方形断面消力井　　　　　　$V \leqslant bLh \qquad (7.3\text{-}26)$

式中　$d$——消力井直径，m；

　　　$h$——井内水深（消力井底部至自由水面的高程差），m；

　　　$b$——井底宽，m；

　　　$L$——井底长，m；

　　　其他符号意义同前。

需要注意的是，当经计算确定的消力井体型与上部井身体型不协调时，如完全照顾体型则投资过大，通常采用减小消力井体积的办法降低投资，但会造成消能不足，这时应考虑在涵洞出口继续消能。

3）竖井结构尺寸

竖井应选在岩石或硬土地基上。当较高的竖井或地基较差时，还应在其底部修筑井座，以减小对地基的压力，其厚度一般为 1.0 ~ 3.0 m，常用厚度可为井壁的 2 倍。竖井结构和不同井深的各部分断面尺寸，可参考《淤地坝设计》（中国计划出版社，2004 年）。

**（三）输水涵洞**

1. 输水涵洞结构形式

输水涵洞主要有方涵、圆涵和拱涵三种结构形式。

1）方涵

由洞底、两侧边墙及顶部盖板组成（见图 7.3-7）。两侧边墙与洞底可做成整体式（见图 7.3-7（a）），也可做成分离式（见图 7.3-7（b）），当洞内流速不大时也可不做洞底，仅采用简单护砌（见图 7.3-7（c））。

方涵的洞底、边墙多采用浆砌石或素混凝土建造。盖板则多采用钢筋混凝土板。当跨径较小时，在盛产料石地区也可采用石盖板。

(a)整体基础方涵　　　　　　(b)分离基础方涵　　　　　　(c)护底方涵

**图 7.3-7　方涵**

2）圆涵

多采用钢筋混凝土预制管，目前一般采用的标准直径主要有 0.6 m、0.75 m、0.8 m、1.0

m、1.25 m,钢筋混凝土圆涵可根据基础情况选择采用有底座基础(见图 7.3-8(a))或直接放在地基上(见图 7.3-8(b))。

当涵洞直径很小时,也可用混凝土制作的圆涵,但直径不宜超过 0.4 m。

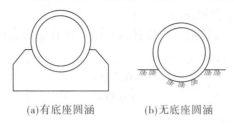

(a)有底座圆涵　　　　　(b)无底座圆涵

图 7.3-8　圆涵

3)拱涵

淤地坝中的拱涵多为平拱(见图 7.3-9(a))或半圆拱(见图 7.3-9(b)),采用平拱和半圆拱,可根据跨度大小和地基情况采用分离式或整体式基础。拱涵一般采用石砌体或素混凝土建造。

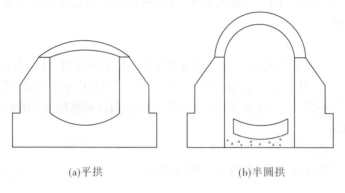

(a)平拱　　　　　　　　(b)半圆拱

图 7.3-9　拱涵

2.涵洞洞型选择

应本着就地取材、节约投资的原则选择洞型,有石料的地区一般采用石砌拱涵和石砌盖板涵,在缺乏石料的地区采用圆涵或混凝土盖板涵。一条小流域内可采用同一洞型,如统一集中预制圆涵,比较经济。

拱涵要求有较坚实的基础,软弱地基不宜采用。在寒冷地区修建拱涵要求做好基础防冻处理,以免由于不均匀冻胀或沉降使拱涵遭到破坏。

当设计流量较小时,一般宜采用预制圆涵或石(混凝土)盖板方涵;当设计流量较大时,宜采用钢筋混凝土盖板涵或石(混凝土)拱涵。

3.过水能力计算

过水能力计算的目的是确定涵洞过水断面的尺寸。淤地坝的涵洞一般为无压流,其过水能力计算公式按均匀流公式计算(即 $Q_c = V_c F_c$)。选定的涵洞尺寸应能满足设计流量和选定流态,洞内流速应不超过洞身材料允许抗冲流速,净空面积应不少于涵洞断面的 10% ~ 30%。洞身材料允许抗冲流速见表 7.3-7,涵洞流量与涵洞尺寸通过水力学计算确定。初拟尺寸可参考相关手册选用。

表 7.3-7  材料的允许抗冲流速参考值

| 材料名称 | 水流平均深度(m) | | | |
|---|---|---|---|---|
| | 0.4 | 1.0 | 2.0 | 3.0 |
| | 允许冲刷平均流速(m/s) | | | |
| 黏土 | 0.35~1.40 | 0.4~1.70 | 0.45~1.90 | 0.5~2.10 |
| 壤土 | 0.35~1.40 | 0.4~1.70 | 0.45~1.90 | 0.5~2.10 |
| 黄土(已沉陷的) | 1.10 | 1.30 | 1.50 | 0.85~1.70 |
| 砾石、泥灰石、页石、多孔性石 | 2.0 | 2.5 | 3.0 | 3.5 |
| 灰石、灰质砂岩、白云石灰岩 | | | | 4.5 |
| 白云砂岩,非成层的致密石灰石、大理石等 | 3.0 | 3.5 | 4.0 | 22 |
| 花岗岩、辉绿岩、玄武岩、安山岩、石英岩、斑岩 | 15 | 18 | 20 | 1.4 |
| 平铺草皮 | 0.9 | 1.2 | 1.3 | 2.2 |
| 槽壁上铺草皮 | 1.5 | 1.8 | 2.0 | 3.5 |
| 15 cm 厚的铺砌石 | 2.0 | 2.5 | 3.0 | 4.0 |
| 20 cm 厚的铺砌石 | 2.5 | 3.0 | 3.5 | 4.5 |
| 25 cm 厚的铺砌石 | 3.0 | 3.5 | 4.0 | 5.5 |
| 28 cm 厚的铺块石干砌 | 3.5 | 4.5 | 5.0 | 6.5 |
| 30 cm 厚的铺块石干砌 | 4.0 | 5.0 | 6.0 | |
| 密实的土基铺梢捆厚度 20~25 cm | | 2.0 | 2.5 | |
| 密实的土基铺梢捆厚度 50 cm | 2.5 | 3.0 | 3.5 | |
| 不小于 0.5 m×0.5 m×1.0 m 的铅丝笼块石 | ≤4.0 | ≤5.0 | ≤5.5 | ≤6.0 |
| 石灰浆砌块石 | 3.0 | 3.5 | 4.0 | 4.5 |
| 浆砌坚硬花岗斑岩 | 6.0 | 8.0 | 10.0 | 12.0 |
| 混凝土护面强度等级 C20 | 6.5 | 8.0 | 9.0 | 10.0 |
| 混凝土护面强度等级 C15 | 6.0 | 7.0 | 8.0 | 9.0 |
| 混凝土护面强度等级 C10 | 5.0 | 6.0 | 7.0 | 7.5 |
| 具有光滑表面的混凝土护面 C20 | 13.0 | 16.0 | 19.0 | 20.0 |
| 具有光滑表面的混凝土护面 C15 | 12.0 | 14.0 | 16.0 | 18.0 |
| 具有光滑表面的混凝土护面 C10 | 10.0 | 12.0 | 13.0 | 15.0 |
| 土基可靠的顺纹木质泄槽 | 8.0 | 10.0 | 12.0 | 14.0 |

**4. 涵洞结构尺寸**

1)方涵结构尺寸

方涵由盖板、边墙和底板组成,主要承受土压力和水压力。方涵断面如图 7.3-10 所示。

盖板一般采用条石或混凝土,其厚度可按式(7.3-27)和式(7.3-30)计算,根据计算结果取大值作为盖板设计厚度。

按最大弯矩计算板厚:

$$\delta = \sqrt{\frac{6M_{max}}{b[\sigma_b]}} \qquad (7.3\text{-}27)$$

按最大剪切力计算板厚:

$$\delta = 1.5\frac{Q_{max}}{b[\sigma_\tau]} \qquad (7.3\text{-}28)$$

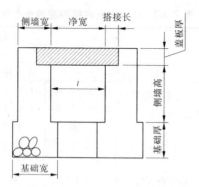

图 7.3-10 方涵断面示意图

$$M_{max} = \frac{1}{8}ql_0^2 \qquad (7.3-29)$$

$$Q_{max} = \frac{1}{2}ql_0 \qquad (7.3-30)$$

式中　$\delta$——盖板厚度,m;

　　　$M_{max}$——按简支梁均布荷载计算的板的最大弯矩,kN·m;

　　　$b$——盖板单位宽度,取 1.0 m;

　　　$[\sigma_b]$——材料的容许拉应力,kN/m²;

　　　$q$——均布荷载值,kN/m²;

　　　$l_0$——板的计算跨度,m,一般取 $l_0 = 1.05l$,$l$ 为板的净跨,m;

　　　$Q_{max}$——板的最大剪切力,kN;

　　　$[\sigma_\tau]$——材料的容许剪应力,kN/m²。

当涵洞跨度较大或填土较高时,可改用钢筋混凝土盖板。此时,最大弯矩和最大剪切力仍按式(7.3-29)、式(7.3-30)计算。盖板的配筋计算参考其他相关资料。

侧墙、底板尺寸与涵洞以上填土高度等有关,初拟尺寸时,可参考《淤地坝设计》(中国计划出版社),2004 年等相关书籍确定。

2)拱涵结构尺寸

拱涵主要包括平拱和半圆拱两种类型,拱涵断面如图 7.3-11 所示。

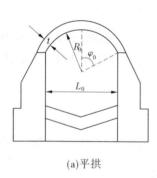

(a)平拱

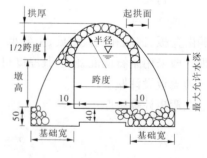

(b)半圆拱

图 7.3-11　拱涵断面图　(单位:cm)

(1)平拱拱涵。平拱拱涵断面如图 7.3-11(a)所示。拱圈厚度可参考已有的设计或按经验公式初拟。小跨度石拱涵可按下式初拟拱圈厚度：

$$\left.\begin{aligned} t &= 1.37\sqrt{R_0 + \dfrac{L_0}{2}} + 6 \\ R_0 &= \dfrac{L_0}{2\sin\varphi_0} \end{aligned}\right\}$$ 　　(7.3-31)

式中　$t$——等截面圆弧拱拱圈厚度，cm；

　　　$L_0$——圆弧拱净跨径，cm；

　　　$R_0$——拱圈内半径，cm；

　　　$\varphi_0$——拱脚至圆心的连线与垂线交角（圆心角），(°)。

（2）半圆拱拱涵。

半圆拱拱涵如图 7.3-11（b）所示。根据《水土保持治沟骨干工程技术规范》（SL 289—2003）规定，半圆拱拱圈、拱台尺寸可按式(7.3-32)计算：

$$\left.\begin{aligned} t_1 &= 0.8 \times (0.45 + 0.03R) \\ t_2 &= 0.3 + 0.4R + 0.17h \\ t_3 &= t_2 + 0.1h \end{aligned}\right\}$$ 　　(7.3-32)

式中　$t_1$——拱圈厚度，m；

　　　$t_2$——拱台顶宽，m；

　　　$t_3$——拱台底宽，m；

　　　$R$——拱圈内半径，m；

　　　$h$——拱台高度，m。

3）圆涵的结构尺寸

圆涵的孔径尺寸由水力计算确定，圆涵的断面尺寸亦可参照已有设计或根据经验初步拟定。一般情况下，可按以下方法初拟圆涵的断面尺寸：填土高度在 6 m 以下时，管壁厚度可按内径的 1/12.5 初拟；填土高度在 6 m 以上时，管壁厚度可按内径的 1/10 初拟。管壁厚度按构造要求，一般不宜小于 8 cm。钢筋混凝土圆涵的管壁厚度亦可按下式计算：

$$t = \sqrt{\dfrac{0.06Wd_0}{\sigma_b}}$$ 　　(7.3-33)

$$d_0 = d + t$$

式中　$t$——涵管壁厚，m；

　　　$W$——管上垂直土压力，kN/m；

　　　$d_0$——涵管计算直径，m；

　　　$d$——涵管内径，m；

　　　$\sigma_b$——混凝土弯曲时容许的拉应力，kN/m²。

圆涵若采用沟埋式（见图 7.3-12（a）），沟的两壁土层应坚实，涵管中心线以下应设置细土夯实垫层或浇筑素混凝土垫层。若采用上填式（见图 7.3-12（b）），涵管应置于浆砌块石或混凝土管座上。

混凝土圆涵的管径一般不宜超过 50 cm。管径超过 50 cm 的圆涵，一般采用钢筋混凝土涵管。配筋图见图 7.3-13。

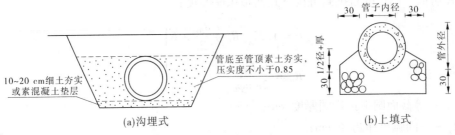

|(a)沟埋式| |(b)上填式|

**图 7.3-12　圆涵断面图**　（单位:cm）

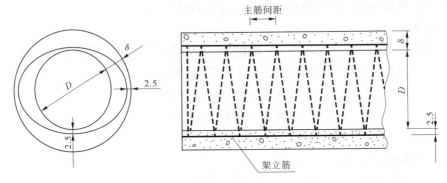

**图 7.3-13　钢筋混凝土涵管配筋图**　（单位:cm）

**5.涵洞出口的消能防冲设计**

淤地坝涵洞出口水流的流速一般不大于 6 m/s,涵洞或明渠出口可采用防冲铺砌消能;当涵洞出口接陡坡明渠时,水流流速较大,防冲措施不能满足要求时宜采用消能设施。本书主要介绍常用的底流消能等。

涵洞出口消能多采用底流式消能,其主要有挖深式消力池、消力墙和综合式消力池三种形式。消能水力设计的主要内容为:计算、分析水流的衔接形式,判别是否需要采取消能措施,确定消能设计的结构形式与尺寸。以下介绍挖深式消力池的水力计算。

**1)水跃计算**

为判别涵洞出口的水面连接形式,确定是否要采取消能措施及确定消能设施的基本尺寸,需进行水跃计算。水跃计算的主要内容为跃前水深 $h_c'$、跃后水深 $h_c''$($h_c'$ 和 $h_c''$ 称为共轭水深)和水跃长度 $L_j$ 的计算。根据水跃的计算结果,即可判断出口水流衔接形式。

对于矩形断面渠槽,跃前和跃后断面水深的计算如下式:

$$\left.\begin{aligned}T_0 &= h_c' + \frac{q^2}{2g\varphi^2 h_c'^2} \\ h_c'' &= \frac{h_c'}{2}(\sqrt{1 + 8Fr_c^2} - 1)\end{aligned}\right\} \tag{7.3-34}$$

式中　$T_0$——以收缩断面底部为基准面的涵洞出口总水头,m;

　　　$q$——收缩断面处的单宽流量,$\mathrm{m^3/(s \cdot m)}$;

　　　$g$——重力加速度,$\mathrm{m/s^2}$;

　　　$\varphi$——流速系数,在 0.85 至 1.0 之间,与建筑物的形式、尺寸、糙度、流量大小等有关;

$Fr_c$——收缩断面的弗劳德数（$Fr_c = \dfrac{v_c}{\sqrt{gh_c'}}$，$v_c$ 为收缩断面流速）；

$h_c''$——与 $T_0$ 以同一基准线算起的跃前、跃后断面水深，m。

水跃长度是指跃前断面与跃后断面间的水平距离。计算跃长的公式多属于经验公式。常采用的公式如下。

按跃前断面弗劳德数 $Fr_1$ 大小，用不同公式计算 $L_j$：

当 $1.7 < Fr_1 \leqslant 9.0$ 时

$$L_j = 9.5(Fr_1 - 1)h_c' \tag{7.3-35}$$

当 $9.0 < Fr_1 < 16$ 时

$$L_j = [8.4(Fr_1 - 9) + 76]h_c' \tag{7.3-36}$$

式中 $Fr_1$——跃前断面的弗劳德数。

欧勒佛托斯基公式： $$L_j = 6.9(h_c'' - h_c') \tag{7.3-37}$$

吴持恭公式： $$L_j = 10(h_c'' - h_c')^{-0.32} \tag{7.3-38}$$

2）判别出口水流衔接形式

涵洞或明渠出口水流衔接形式，可通过下游水深 $h_t$ 与出口后收缩水深 $h_c'$ 的共轭水深 $h_c''$ 进行比较来判别（见图 7.3-14）。当 $h_c'' > h_t$ 时，为远驱水跃；当 $h_c'' = h_t$ 时，为临界水跃；当 $h_c'' < h_t$ 时，为淹没水跃。若为远驱水跃，则必须采取工程措施，强迫水流发生临界或稍有淹没的（淹没系数 $\sigma$ 为 $1.05 \sim 1.10$）水跃。

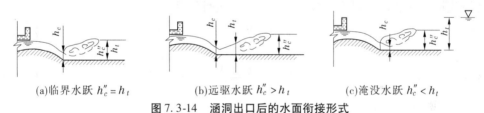

(a)临界水跃 $h_c'' = h_t$　　(b)远驱水跃 $h_c'' > h_t$　　(c)淹没水跃 $h_c'' < h_t$

**图 7.3-14　涵洞出口后的水面衔接形式**

3）挖深式消力池的水力计算

挖深式消力池是在涵洞或明渠出口发生水跃的范围内，以挖深池底的办法局部加大下游水深，促成淹没水跃消能。其消力池水力设计的主要任务是确定池深值 $S$ 和消力池长度 $L_B$（见图 7.3-15）。

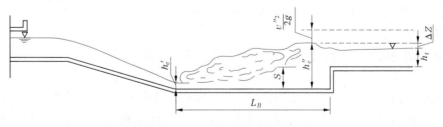

**图 7.3-15　挖深式消力池**

（1）消力池深计算。为保证消力池内发生稍有淹没的水跃，则池深 $S$、消力池末端水深 $h_c''$、下游水深 $h_t$、消力池出口水面跌落 $\Delta Z$ 应满足下列关系：

$$\sigma h_c'' = h_t + S + \Delta Z \tag{7.3-39}$$

$$\Delta Z = \frac{Q^2}{2gb^2}\left(\frac{1}{\psi^2 h_t^2} - \frac{1}{\sigma^2 h_c''^2}\right) = \frac{q^2}{2g\psi^2 h_t^2} - \frac{q^2}{2g\sigma^2 h_c''^2} \quad (7.3\text{-}40)$$

式中  $h_t$——下游水深,m;

$S$——消力池深,m;

$\Delta Z$——消力池出口水面落差,m;

$\sigma$——淹没系数,可取 $1.05 \sim 1.10$;

$\psi$——水流出池时的流速系数,一般取 $0.95$;

$b$——消力池宽度,m;

$Q$、$q$——入池流量及单宽流量,$m^3/s$、$m^3/(s \cdot m)$。

(2)消力池长度计算。自收缩断面起至池末端的长度为

$$L_B = (0.7 \sim 0.8)L_j \quad (7.3\text{-}41)$$

式中  $L_B$——消力池长度,m;

$L_j$——水跃长度,m。

以上涵洞消能计算方法适用于其他形式建筑物的底流消能。

**(四)放水流量**

放水流量是设计放水工程断面尺寸的依据,其大小应根据下游灌溉、施工导流、排沙以及泄空库容等所需要的流量来确定。

1.灌溉流量计算

灌溉流量 $Q$ 可根据灌溉方式按公式(7.3-42)进行计算:

续灌 $$Q = \frac{q_k \cdot A}{\eta} \quad (7.3\text{-}42)$$

轮灌 $$Q = \frac{q_k \cdot \overline{A}}{\eta} \quad (7.3\text{-}43)$$

式中  $Q$——灌溉流量,$m^3/s$;

$q_k$——设计灌水率,$m^3/(s \cdot hm^2)$;

$A$——灌溉面积,$hm^2$;

$\overline{A}$——轮灌组平均灌溉面积,$hm^2$;

$N$——轮灌组数,$N = A/\overline{A}$;

$\eta$——灌溉水利用系数,对于小型灌区,$\eta = 0.7$。

2.施工导流流量

当施工期间用涵洞导流时,放水流量应当满足施工导流要求。

3.泄空拦洪库容的放水流量

放水建筑物的放水流量一般应满足 $3 \sim 5$ 天腾空拦洪库容,达到安全保坝的要求,同时根据运行方式不同,还应考虑作物保收要求。对某一具体工程,应根据淤地坝所担负任务(如灌溉、导流、泄空)分别计算其所需要的流量,取最大值(还要考虑加 $20\% \sim 30\%$ 的保证系数)。

七、溢洪道设计

淤地坝多为土坝和土石混合坝,多采取岸边溢洪道形式,需在坝体以外的岸坡或天然垭

口处建造溢洪道。

**（一）溢洪道的类型与位置选择**

1. 溢洪道的类型

溢洪道按其构造类型可分为开敞式和封闭式两种类型。开敞式河岸溢洪道泄洪时水流具有自由表面，它的泄流量随库水位的增高而增大很快，运用安全可靠，因而被广泛应用。开敞式溢洪道根据溢流堰与泄槽相对位置的不同，又分为正槽式溢洪道与侧槽式溢洪道。

淤地坝一般采用正槽溢洪道，其优点是构造简单，水流顺畅，施工和运用简便可靠，当坝址附近有天然马鞍形垭口时，修建这种型式更为有利，本书仅讨论正槽式溢洪道，平面布置示意图见图7.3-16。

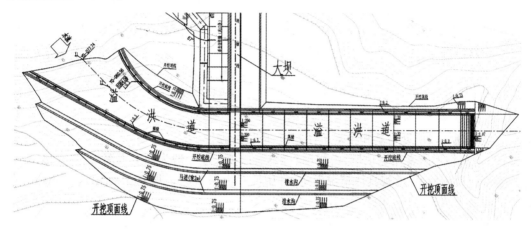

**图7.3-16　溢洪道平面布置图**

2. 溢洪道位置选择与布置

溢洪道位置应根据坝址地形、地质条件，进行技术经济比较来确定。

（1）尽量利用天然的有利地形条件（如分水鞍、山坳），以减少开挖土石方量，缩短工期，降低造价。

（2）最好选在两岸山坡比较稳定的岩石和红胶土上，以耐冲刷。若为土基，应选择坚实地基，将溢洪道全部筑在挖方的地基上，并采用浆砌石或混凝土衬砌，防止泄洪时对土基的冲刷。

（3）在平面布置上，溢洪道应尽量做到直线布置，如必须设弯道，则应力求水流顺畅。

（4）溢洪道进口离坝端应不小于10 m，出口应离下游坝脚至少20 m以上。如地形限制，进口引水渠可采用圆弧形曲线布置，弯道凹岸做好护砌。

**（二）溢洪道结构布置**

淤地坝溢洪道通常由进口段、泄槽和消能设施三部分组成，见图7.3-17。

1. 进口段

进口段由引洪渠、渐变段和溢流堰组成。

（1）引洪渠长度应尽量缩短，以减少工程量和水头损失；过水断面一般采用梯形，边坡坡比根据地质条件确定，中等风化岩石可取1∶0.5～1∶0.2，微风化岩石取1∶0.1，新鲜岩石可直立，土质边坡设计水面以下不陡于1∶1.0，以上应不陡于1∶0.5。

（2）进口渐变段断面是由梯形变为矩形的扭曲面。其作用是使水流平顺地流入溢流

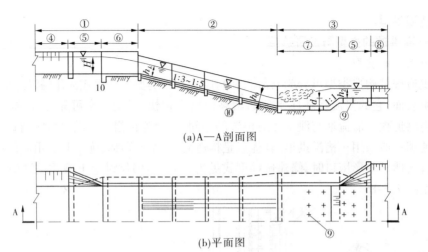

(a)A—A剖面图

(b)平面图

①—进水段;②—泄槽;③—消能设施;④—引水渠;⑤—渐变段;⑥—溢流堰;
⑦—消力池;⑧—护坦;⑨—排水孔;⑩—齿墙

**图 7.3-17　溢洪道示意图**

堰。若进口渐变段所处岩基和土基条件差时,应进行砌护。

(3)溢流堰形式常用宽顶堰,由浆砌石做成,堰顶长度一般为堰上水深的 3～6 倍,堰底靠上游端应设齿墙,尺寸视具体情况而定,常用尺寸为深 1.0 m、厚 0.5 m,溢流堰两端应布设与岸坡或土坝连接的边墩。

2. 泄槽

溢流堰下游衔接一段坡度较大的急流渠道称为泄槽,泄槽在平面上宜对称布置,轴线常布置成直线。一般情况下,泄槽坡度大于临界坡度,坡度 1:3～1:5,在岩基上可达 1:1。泄槽布置应根据当地的地形和地质情况,进行必要的方案比较后确定,以衬砌工程量和开挖量小,与地面坡度相适应为好。

布设在岩基上的泄槽,断面为矩形;布设在土基上的泄槽,断面通常为梯形,边坡坡比应根据地质专业提供数值确定,无地质资料时可以取 1:1～1:2。黄土高原地区,因黄土直立性好,水深不大时,也可考虑矩形断面;泄槽宽度一般与溢流堰堰顶长度相同。底板衬砌厚度可取 0.3～0.5 m,顺水流方向每隔 5～8 m 做一沉陷缝,土基时每隔 10～15 m 做一道齿墙,深度不小于 0.8 m。

泄槽两边边墙高度应根据水面曲线来确定。当槽内水流流速大于 10 m/s 时,水流中会产生掺气作用,边墙高度应以计算断面处的水深加掺气水深再加安全超高 0.5 m 确定。

3. 消能防冲设施

溢洪道的消能一般采用消力池消能或挑流消能,在土基或破碎软弱的岩基上应采用消力池消能(见涵洞出口的消能防冲设计),而在较好的岩基上可采用挑流消能。

**(三)溢洪道水力计算**

1. 溢流堰长度确定

淤地坝溢流堰常用宽顶堰。堰长按下式确定:

$$B = \frac{q}{MH_0^{3/2}} \tag{7.3-44}$$

$$H_0 = h + \frac{v_0^2}{2g} \qquad (7.3\text{-}45)$$

式中　$B$——溢流堰宽,m;

　　　$q$——溢洪道设计流量,$m^3/s$;

　　　$M$——流量系数,可取 1.42 ~ 1.62,随溢流堰进口形式而异,可参考表 7.3-8 取值;

　　　$H_0$——计入行近流速的水头,m;

　　　$h$——溢洪水深,m,即堰前溢流坎以上水深;

　　　$v_0$——堰前流速,m/s;

　　　$g$——重力加速度,9.81 $m/s^2$。

表 7.3-8　宽顶堰不同进口出流条件时 $M$ 取值参考

| 进口出流条件 | 进口形式示意图 | $M$ 值 |
|---|---|---|
| 堰顶入口直角形状 | | 1.42 |
| 堰顶入口钝角形状 | | 1.48 |
| 堰顶入口边缘做成圆形 | | 1.55 |
| 具有很好的圆形入口和光滑的路径 | | 1.62 |

**2. 泄槽水深及墙高计算**

本书仅讨论矩形断面的水力学计算问题,梯形断面等可参考其他相关手册。

如图 7.3-18 所示,泄槽上游一般接宽顶堰,槽首水深为临界水深,矩形断面临界水深按下式计算:

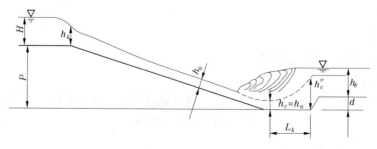

图 7.3-18　陡坡段

$$h_k = \sqrt[3]{\frac{\alpha q^2}{g}} = 0.482 \times q^{2/3} \qquad (7.3\text{-}46)$$

式中 $h_k$——临界水深,m;

　　$\alpha$——流速分布不均匀系数,取 1.1;

　　$q$——陡坡单宽流量,$m^3/(s \cdot m)$。

泄槽水面曲线为降水曲线,当计算的降水曲线长度小于陡坡段长度时,陡坡末端水深等于正常水深;当降水曲线长度大于陡坡段长度,陡坡末端水深应按明渠变速流公式(7.3-47)计算。

$$\left. \begin{array}{l} \varphi_1 + iL = \varphi_2 + h_f \\[2mm] \varphi_1 = h_1 + \dfrac{\alpha v_1^2}{2g} \\[3mm] \varphi_2 = h_2 + \dfrac{\alpha v_2^2}{2g} \\[3mm] h_f = \dfrac{v_{cp}^2}{C_{cp}^2 R_{cp}} L \end{array} \right\} \qquad (7.3\text{-}47)$$

式中 $\varphi_1$——断面 1 单位能量,m;

　　$\varphi_2$——断面 2 单位能量,m;

　　$h_1$、$h_2$——1、2 断面水深,m;

　　$v_1$、$v_2$——断面 1 及断面 2 的平均流速,m/s,$v_1 = \dfrac{q}{h_1}$,$v_2 = \dfrac{q}{h_2}$;

　　$\alpha$——流速分布不均匀系数,取 1.1;

　　$i$——渐变段底坡坡率;

　　$L$——渐变段长度(即 1、2 两断面间距离),m;

　　$h_f$——由断面 1 到断面 2 的能量损失,m;

　　$v_{cp}$、$R_{cp}$、$C_{cp}$——1、2 两断面的平均流速(m/s)、水力半径(m)、谢才系数。

工程实践中,为减少土石方开挖量,也有根据具体情况常将明渠底宽缩窄,做一渐变段(见图 7.3-19)。

渐变段长度 $L$ 为:

$$L = \frac{B - b}{2\tan\dfrac{\theta}{2}} \qquad (7.3\text{-}48)$$

式中 $B$——堰宽,m;

　　$\theta$——收缩角;

　　$b$——收缩段末端明渠底宽,m。

掺气水深计算:

陡坡水流流速大时,应计算掺气高度,以确定侧墙高度。掺气水深按下式计算:

$$h_b = (1 + \zeta v/100) h \qquad (7.3\text{-}49)$$

式中 $h_b$——计算断面掺气后水深,m;

　　$h$——计算断面不掺气时的水深,m;

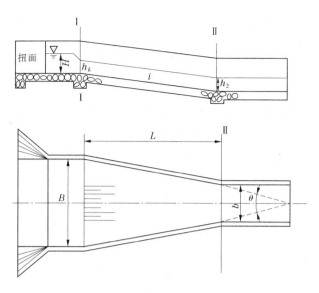

图 7.3-19 渐变段

$v$——不掺气情况下计算断面流速,m/s;

$\zeta$——修正系数,可取 $1.0 \sim 1.4$ s/m,流速大者取大值。

侧墙高度计算:

$$H = h_b + \delta \tag{7.3-50}$$

式中 $H$——侧墙高度,m;

$\delta$——安全超高,m;

其他符号意义同前。

3. 出口段挑流式消能计算

挑流消能与底流消能相比,能减少开挖方量,挑流消能(见图7.3-20)水力设计主要包括确定挑距和最大冲坑深度。

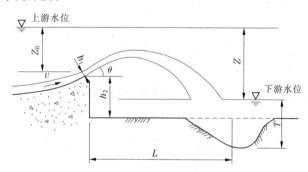

图 7.3-20 溢洪道挑流消能示意图

(1)挑流水舌外缘挑距 $L$ 可用下式计算(见图7.3-20)。

$$L = \frac{1}{g}\left[ v_1^2 \sin\theta\cos\theta + v_1\cos\theta \sqrt{v_1^2\sin^2\theta + 2g(h_1\cos\theta + h_2)} \right] \tag{7.3-51}$$

式中 $L$——挑流水舌外缘挑距,m,自挑流鼻坎末端算起至下游沟床床面的水平距离;

$v_1$——鼻坎坎顶水面流速，m/s，可取鼻坎末端断面平均流速 $v$ 的 1.1 倍；

$\theta$——挑流水舌水面出射角，(°)，可近似取鼻坎挑角，挑射角度应经比较选定，可采用 15°~35°，鼻坎段反弧半径可采用反弧最低点最大水深的 6~12 倍；

$h_1$——挑流鼻坎末端法向水深，m；

$h_2$——鼻坎坎顶至下游沟床高程差，m，如计算冲刷坑最深点距鼻坎的距离，该值可采用坎顶至冲坑最深点高程差。

鼻坎末端断面平均流速 $v$，可按下列两种方法计算：

①按流速公式计算。使用范围，$s < 18q^{2/3}$：

$$v = \phi \sqrt{2gZ_0} \tag{7.3-52}$$

$$\phi^2 = 1 - \frac{h_f}{Z_0} - \frac{h_j}{Z_0} \tag{7.3-53}$$

$$h_f = 0.014 \times \frac{S^{0.767} \cdot Z_0^{1.5}}{q} \tag{7.3-54}$$

式中 $v$——鼻坎末端断面平均流速，m/s；

$q$——泄槽单宽流量，m³/(s·m)；

$\phi$——流速系数；

$Z_0$——鼻坎末端断面水面以上的水头，m；

$h_f$——泄槽沿程损失，m；

$h_j$——泄槽各局部损失水头之和，m，$h_j/Z_0$ 可取 0.05；

$S$——泄槽流程长度，m。

②按推算水面线方法计算，鼻坎末端水深可近似利用泄槽末端断面水深，按推算泄槽段水面线方法求出；单宽流量除以该水深，可得鼻坎断面平均流速。

(2)最大冲刷坑深度可按公式(7.3-55)计算：

$$T = kq^{1/2}Z^{1/4} \tag{7.3-55}$$

式中 $T$——下游水面至坑底最大水垫深度，m；

$k$——综合冲刷系数，见表 7.3-9；

$q$——鼻坎末端断面单宽流量，m³/(s·m)；

$Z$——上、下游水位差，m。

表 7.3-9 岩基综合冲刷系数 $k$ 值

| 类别 | | I | II | III | IV |
|---|---|---|---|---|---|
| 节理裂隙 | 间距(cm) | >150 | 50~150 | 20~50 | <20 |
| | 发育程度 | 不发育。节理(裂隙)1~2组，规则 | 较发育。节理(裂隙)2~3组，X形，较规则 | 发育。节理(裂隙)3组以上，不规则，呈 X 形或米字形 | 很发育。节理(裂隙)3组以上，杂乱，岩体被切割成碎石状 |
| | 完整程度 | 巨块状 | 大块状 | 块(石)碎(石)状 | 碎石状 |

| 类别 | | I | II | III | IV |
|---|---|---|---|---|---|
| 岩基构造特征 | 结构类型 | 整体结构 | 砌体结构 | 镶嵌结构 | 碎裂结构 |
| | 裂隙性质 | 多为原生型或构造型,多密闭,延展不长 | 以构造型为主,多密闭,部分微张,少有充填,胶结好 | 以构造或风化型为主,大部分微张,部分张开,部分为黏土填充,胶结较差 | 以风化或构造型为主,裂隙微张或张开,部分为黏土填充,胶结很差 |
| $k$ | 范围 | 0.6~0.9 | 0.9~1.2 | 1.2~1.6 | 1.6~2.0 |
| | 平均 | 0.8 | 1.1 | 1.4 | 1.8 |

## 八、淤地坝配套加固

### (一)配套加固的内容及标准

**1. 配套加固内容**

淤地坝配套加固指对已建淤地坝进行加高、加固,对已有的卧管、竖井、溢洪道进行改建等,也包括排洪渠、灌渠等设施的改造。

**2. 配套加固的标准**

淤地坝配套加固必须满足相关规范的规定。改建后的设计总库容应为新增库容与原有剩余库容之和。在已基本形成坝系的沟道中,考虑到库坝之间相互影响的关系,为便于施工,土坝每次加高的高度控制在 10 m 左右。

### (二)配套加固设计

**1. 土坝的加高设计**

土坝加高可根据工程现状与运用条件,采用坝后加高、坝前加高或坝前坝后同时(骑马式)加高三种形式。

淤地坝淤满后,一般坝地已开始耕种,坝前不蓄水,加固设计应结合当前的生产需要从长远规划考虑确定加高高度。一般采用在坝前淤土上分期加高的方式,如图 7.3-21 所示。

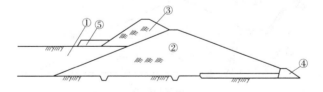

①—坝前淤积层;②—旧坝体;③—加高体;④—排水反滤体;⑤—盖重体

**图 7.3-21 坝前式加高**

每期加高高度应根据滞洪库容要求设计。当坝前淤土为砂性土或轻、中粉质壤土,土的排水固结性能较好时,可不设盖重体。反之,当坝前淤土黏粒含量大于 20%,排水固结速度较慢时,则需设置盖重体,并进行抗滑稳定性计算,校核新老坝体接触面及坝基淤土的稳定性,合理设计盖重土体的厚度及长度。

如加坝次数有限,或受地形地质条件限制不宜从坝前淤土上加坝,亦可采用骑马式(见

图 7.3-22)或坝后式(见图 7.3-23)加高坝体,后者需要加设坝体排水体,加设的排水体应与原有排水棱体有效联接,以保证坝体排水顺畅。

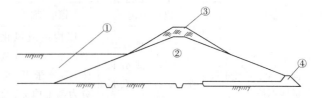

①—坝前淤积层;②—旧坝体;③—加高体;④—排水反滤体

图 7.3-22　骑马式加高

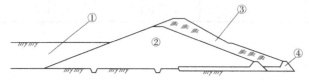

①—坝前淤积层;②—旧坝体;③—加高体;④—排水反滤体

图 7.3-23　坝后式加高

一般来说,坝后式加高土方量大,不经济,而骑马式则是在老坝体上把坝坡由缓变陡而加高,加坝高度亦受限制,其稳定计算方法、坝体结构设计与一般土坝相同。

2.卧管(竖井)加高设计

卧管(竖井)的加高设计可分成两种情况。一种是原卧管(竖井)距离坝轴线较远,土坝加高后卧管(竖井)在坝脚线以外,需根据最终坝高将卧管(竖井)加高,不需延长泄水涵洞(见图 7.3-24、图 7.3-25);另一种情况是土坝加高后坝体埋设卧管(竖井),应先将泄水涵洞延长,再需加高卧管(竖井),加高高度根据坝高确定(见图 7.3-24、图 7.3-25)。

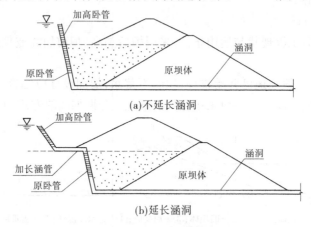

(a)不延长涵洞

(b)延长涵洞

图 7.3-24　卧管加高布置示意图

# 九、淤地坝设计案例

## (一)碾压坝设计案例

本案例施工组织设计、工程概算、效益分析、工程管护有关内容从略。

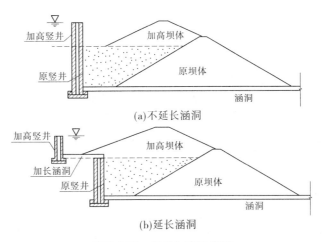

(a)不延长涵洞

(b)延长涵洞

**图 7.3-25　竖井加高示意图**

1.概况

某治沟大型淤地坝地处黄河三级支流的某小流域,为典型的黄土丘陵沟壑区第二副区地貌。资料表明,所在地区多年平均气温 11.3 ℃,年极端最高气温 40.1 ℃,极端最低气温 - 19.6 ℃,无霜期 170 d。流域多年平均降水量 475 mm;流域侵蚀模数为 10 000 t/(km² · a)。

根据现场查勘,工程控制流域面积 3.0 km²,沟道断面呈"U"形,坝址处河谷深切,沟底宽度 80 m,沟深约 100 m,坝址基础和两岸岩石出露,岩石上部分别覆盖 20 ~ 50 m 厚的黄土层,土壤主要为中粉质壤土、黄绵土和红胶土,其中以中粉质壤土为主,其特性和储量均能满足筑坝要求。坝址两岸地层结构完整,无软弱带,裂隙不发育,两岸边坡无冲沟和滑塌体,右岸岩石出露相对较高,表面无严重风化,坡度较缓,适宜布设放水工程。

该流域无洪水、泥沙观测资料,相邻流域有已建工程的观测资料。

2.建筑物组成、布置及等级与设计标准

分析认为可布设碾压均质土坝,控制面积 3.0 km²,根据大型淤地坝控制流域面积和规划工程总库容(55.5 万 m³),结合实际情况,确定建筑物由土坝和放水涵卧管组成;工程规模为五等,所属建筑物皆为 3 级;工程设计洪水标准为:20 年一遇洪水设计,200 年一遇洪水校核,淤积年限 10 年。

3.水文计算

根据当地水文手册提供的资料,参考相邻流域已建工程的实际观测数据,确定相关参数。

1)设计洪峰流量计算

设计暴雨量、设计洪峰流量采用当地水文手册中给定的方法和参数进行计算。即采用 $H_{24 \cdot p} = K_p \cdot H_{24}$,$Q_p = CH_{24 \cdot p} F^{2/3}$。

2)设计洪水总量的计算

采用当地水文手册中的经验公式:$W_p = K \cdot R_p \cdot F$。其中,$K$ 为小面积折减系数,查水文手册得 $K = 0.8$;$R_p$ 为设计暴雨的一次洪水模数,由设计暴雨查水文手册附表得 $R_{5\%} = 4.21$ 万 m³/km²,$R_{0.5\%} = 9.38$ 万 m³/km²。

3)输沙量的计算

(1)悬移质输沙量采用《水文手册水文图集》和手册中输沙模数(侵蚀模数)等值线图

查算,采用公式:$\overline{W}_s = \sum M_{si} F_i$。

（2）推移质输沙量采用比例系数法计算：$\overline{W}_b = B\overline{W}_s$。其中，$B$ 为比例系数，根据黄土丘陵沟壑区相似流域实测值，取 0.1。

（3）水文计算结果见表 7.3-10。

表 7.3-10　某大型淤地坝水文计算结果

| 洪水频率 $p(\%)$ | 10 | 5 | 0.5 |
|---|---|---|---|
| 24 h 暴雨量（mm） | 104.31 | 131.1 | 223.44 |
| 设计洪峰流量（m³/s） | 50.4 | 68.6 | 158.5 |
| 设计洪水总量（万 m³） | 6.9 | 10.1 | 22.5 |
| 年输沙量（万 m³/a） | | 3.3 | |

4. 土坝设计

1）坝型选择

该大型淤地坝坝址两岸土料丰富，经现场查勘，土料储量和土料性质均满足筑坝要求，取土条件便利，砂、石料在坝址附近可就地开采，取运容易，施工方便。坝型确定为均质土坝。该流域沟道内无常流水，考虑到坝址两岸的地形地质条件和土料特性，采用碾压法施工，即坝型确定为碾压均质土坝。

2）筑坝土料选择

经实地勘测，坝址两岸分布土料主要为中粉质壤土，通过试验测定，其黏粒含量为 16%，塑性指数为 9，崩解速度为 8 min，渗透系数为 $3 \times 10^{-5}$ cm/s，有机质含量 <3%，水溶盐含量 <8%，天然干密度为 1.42 t/m³，土粒密度为 2.7 g/cm³，含水率为 13%。石料为石灰质砂岩，密度为 2 600 kg/m³，抗冻性能良好；砂料质地坚硬、清洁，杂质含量 <3%，颗粒级配符合要求。从测试结果看，坝址两岸的土、砂、石料的性质均能够满足工程施工的要求，取土场选择在坝址两岸，运距较短，运输条件便利。

3）坝体断面

（1）坝高确定。坝高由拦泥坝高、滞洪坝高和安全超高三部分组成，即

$$H = H_L + H_Z + \Delta H; V_L = N \cdot \overline{W}_{sb}; V_{总} = V_L + V_Z$$

拦泥坝高由拦泥库容查水位—库容曲线确定；滞洪坝高由 200 年一遇一次校核洪水总量查水位—库容曲线确定。计算成果为：

拦泥库容、坝高：$V_L = 33$ 万 m³，$H_L = 14.5$ m，设计淤积高程为 $\nabla_L = 114.50$ m。

滞洪库容、坝高：$V_Z = W_{200} = 22.5$ 万 m³，$H_Z = 4.3$ m，滞洪水位为 $\nabla_Z = 118.80$ m。

安全超高：依据规范取 $\Delta H = 1.2$ m。

工程设计总库容：$V_{总} = 55.5$ 万 m³。

工程设计坝高：$H = 20.0$ m。

（2）坝顶宽度。参考已建工程经验，考虑交通要求，确定该大型淤地坝坝顶宽度为 5.0 m。

（3）坝坡。结合工程施工要求，迎水坡坡比为1:2.5；背水坡采用两级坡率，在坝高10 m以下坡比为1:2.25，10 m以上为1:2.0；变坡处设马道，马道宽为1.5 m。

（4）坝面护坡及排水。工程竣工后，为防止雨水冲刷，对土坝上游淤积面以上坝坡和下游坝坡设置护坡，护坡措施采用生物护坡，即上下游坝坡处密植紫穗槐。在下游坝坡处设置纵、横向排水沟，即坝体与两岸交会处顺坝坡布设横向排水沟，在马道内侧布设一条纵向排水沟，纵横向排水沟相互连通。排水沟采用浆砌石结构，断面尺寸参考已建工程经验，取0.3 m×0.3 m。

4）渗流计算

（1）渗流计算条件。本工程为均质土坝，下游有棱体排水，筑坝材料为中粉质壤土，假定坝体和坝基的渗透系数相同，为 $3 \times 10^{-5}$ cm/s。考虑到该工程的运用方式，确定上游水位为设计水位，下游相应的最低水位为零时，作为渗流计算的控制条件，并相应计算上游水位为校核水位时的渗流计算。

（2）坝体浸润线出逸点高度。坝体下游设棱柱式反滤体，坝基渗透系数与坝体相同，浸润线近似按不透水坝基计算，求出的浸润线偏安全。采用以下公式计算（坐标原点位于棱体上游边坡与坝底交点，轴向下游为正，轴向上游为负）。

棱体处的渗流水深计算如下：

$$h_0 = H_2 + \sqrt{L_1^2 + (H_1 - H_2)^2} - L_1$$

$$L_1 = \Delta L + L = \frac{m_1}{2m_1 + 1} H_1 + L$$

计算得：设计水位时，上游水深16.5 m，下游水深0 m，$h_0 = 2.85$ m；校核水位时，上游水深18.8 m，下游水深0.5 m，$h_0 = 4.35$ m。

（3）渗流量计算。采用下式计算：

$$q = K \cdot \frac{H_1^2 - h_0^2}{2L_1}$$

计算结果为：设计水位时，$q = 8.5 \times 10^{-7}$ m³/(s·m)；校核水位时，$q = 1.2 \times 10^{-6}$ m³/(s·m)。

（4）浸润线方程。采用下式计算：

$$y^2 = 2\frac{q}{K}x + h_0^2 \quad （适用于不透水地基且有堆石排水体）$$

计算结果为：设计水位时，$y^2 = 5.69x + 8.12$；校核水位时，$y^2 = 8.05x + 18.92$。

（5）排水设施。根据渗流计算结果，参考已建工程的经验，拟定反滤体高度为5.0 m，顶宽2.0 m，上游边坡1:1.5，下游边坡1:1.75。

5）坝坡稳定计算

（1）坝坡稳定计算方法。工程运用方式为滞洪拦泥，前期按水库运用，故需进行坝坡稳定计算。碾压坝在工程投入正常运行后，坝体形成稳定渗流，在设计和校核洪水位时水压力对上游坝坡稳定有利，故仅核算下游坝坡稳定分析。坝坡整体稳定计算采用简化毕肖普法。

（2）材料物理、力学参数选用。经实验测定，并参考已建工程的有关资料，确定坝体材料选用参数（略）。

（3）坝坡稳定计算工况。结合工程实际运用：正常运用情况，设计水位时的下游坝坡；非常运用情况，校核水位时可能形成稳定渗流的下游坝坡。计算结果为：正常运用情况，抗滑稳定安全系数为 1.58 > 1.25;非常运用情况,抗滑稳定安全系数为 1.36 > 1.15。满足坝体抗滑稳定要求,原拟定坝体断面符合要求。

6)基础处理

(1)清基。在土坝填筑前,清除坝基范围内的草皮、树根、耕植土和乱石,不得留在坝内作回填土用;清基范围应超出坝的坡脚线 0.5 m,清基厚度为 0.5 m。同时应清除岩石地基表面松动的石块、碎屑,用风镐清除岩石尖角、凸脊,用混凝土填平局部凹塘。基础开挖后要求轮廓平顺,避免地形突变。

(2)削坡。坝体与岸坡结合应采用斜坡平顺连接,经现场查勘,坝址左岸坡度较陡,可削坡至1:1.0;右岸坡度较缓,应削坡至1:1.5。

(3)结合槽。为增加坝体稳定性,防止坝体与坝基结合处形成集中渗流,保证坝体与基础紧密结合,在坝轴线处从沟底到岸坡布设一道结合槽,采用梯形断面,底宽 1.5 m,深 2.0 m,边坡1:1.0。

5.放水工程设计

1)放水工程布置与组成

根据现场查勘,坝址右岸下部为岩石基础,上部土质完整坚硬,岸坡较缓,布置放水卧管开挖量较小,且涵洞可直接布设在岩石基础上,因此放水工程进水形式采用分级卧管。卧管布置在上游右岸,坡度为1:2.5,采用浆砌石砌筑,卧管下接消力池,后经涵洞输水、陡坡泄水后输入河槽。根据实际地形,陡坡段末端为坚硬岩层,直接将水流引入河床,故不设末端消能设施。

2)卧管设计

(1)设计放水流量的确定。根据该工程的运用方式,按 3 天泄完 10 年一遇一次洪水总量计算。由水文计算知:$W_{10} = 6.9$ 万 $\mathrm{m}^3$。

计算公式:$Q_{设} = W_p/(3 \times 86\,400)$。

计算结果:$Q_{设} = 0.27$ $\mathrm{m}^3/\mathrm{s}$

(2)卧管放水孔尺寸的确定。按同时开启上下三孔放水设计,设计卧管台高为 0.4 m,第一级孔水头为 0.4 m,第二级孔水头为 0.8 m,第三级孔水头为 1.2 m,则放水孔径为:

$$d = 0.68 \sqrt{\frac{Q}{\sqrt{H_1} + \sqrt{H_2} + \sqrt{H_3}}}$$

计算成果:$d = 0.22$ m,取 $d = 0.25$ m。

(3)卧管断面及结构设计。卧管断面尺寸确定时,考虑到由于水位变化而导致流态变化设计流量,比正常运用时的流量加大 20%,即 $Q_{加} = 0.32$ $\mathrm{m}^3/\mathrm{s}$。当卧管底宽为 0.45 m、比降为1:2.5、正常水深为 0.15 m 时,明渠均匀流公式计算放水流量:

$$Q = CA\sqrt{Ri}$$

式中,$C = \dfrac{1}{n}R^{1/6}$,糙率 $n$ 取 0.025,水力半径 $R = A/\chi = 0.09$。则:

$$Q = 0.38 \ \mathrm{m}^3/\mathrm{s} > Q_{加}$$

考虑到放水孔水流跌落卧管时的水柱跃起,方形卧管高度取正常水深的 3 倍,即 3 × 0.15 = 0.45(m),故确定卧管断面尺寸为 0.45 m × 0.45 m。

(4)消力池设计。消力池深度、长度取决于第二共轭水深:

$$h_2 = \frac{h_0}{2}\left(\sqrt{1 + \frac{8\alpha q^2}{gh_0^3}} - 1\right)$$

式中，$\alpha$ 采用 1.1；$q = \dfrac{Q_{加}}{b_1}$，为卧管单宽流量，$\mathrm{m^3/(s \cdot m)}$，其中 $b_1$ 为卧管底宽，m；$g$ 取 9.81 $\mathrm{m/s^2}$。则：

$$h_2 = \frac{0.15}{2}\left(\sqrt{1 + \frac{8 \times 1.1 \times 0.71^2}{9.81 \times 0.15^3}} - 1\right) = 0.80 \text{(m)}$$

消力池深度 $d = 1.1h_2 - h$，其中 $h$ 为坝下输水洞正常水深（m）。则：

$$d = 1.1 \times 0.80 - 0.60 = 0.28 \text{(m)}$$

结合地质等因素，取消力池深度 $d = 0.6$ m。

消力池长度 $L_2 = (3 \sim 5)h_2$，取 5 倍的 $h_2$，则：

$$L_2 = 5 \times 0.87 = 4.4 \text{(m)}$$

消力池宽 $b_0 = b_1 + 0.4$，其中 $b_1$ 为卧管底宽（m），则：

$$b_0 = 0.45 + 0.4 = 0.85 \text{(m)}$$

3）输水涵洞设计

涵洞进口高程 107.00 m，即坝高 7.0 m 处，基础为砂岩，比降 1%，涵洞全长 93 m。由公式 $Q = CA\sqrt{Ri}$，计算得洞内正常水深为 0.6 m、宽度为 0.8 m 时：

$$Q = 0.79 \ \mathrm{m^3/s} > Q_{加} = 0.32 \ \mathrm{m^3/s}$$

涵洞设计为无压流，其净高的 75% 为正常水深，则涵洞净高为 $h = 0.8$ m。

按规范要求，为便于施工及检修，涵洞净高不得小于 1.2 m，因此涵洞断面选用 0.8 m × 1.2 m。

4）陡坡段设计

输水涵洞后接陡坡，陡坡进口高程为 106.00 m，根据地形条件，坡比采用 1:4，斜长 23 m，陡坡出口高程为 100.4 m，总落差 5.6 m，采用矩形断面，M7.5 水泥浆砌石砌筑，底部每隔 10 m 砌一道抗滑齿墙，尺寸为 0.5 m × 0.5 m，陡坡断面尺寸由水力计算确定。

（1）陡坡段水力计算。

①陡坡起点水深：陡坡起点水深为临界水深 $h_k = \sqrt[3]{\dfrac{\alpha q^2}{g}}$，流速分布不均匀系数 $\alpha$ 取 1.1。则：

$$h_k = \sqrt[3]{\frac{1.1 \times 0.71^2}{9.81}} = 0.38 \text{(m)}$$

②正常水深 $h_0$：由公式 $Q = \omega C\sqrt{Ri}$ 试算得 $h_0 = 0.21$ m，由于 $h_0 < h_k$，故水流呈降水曲线。

③水面线计算：采用能量平衡法逐段累计计算（略）得水面线长度为 9.74 m，小于实际陡坡长度 23 m，因此陡坡末端水深即为正常水深。经计算，陡坡末端流速为 4.7 m/s。

（2）陡坡断面及结构设计。因陡坡末端水流流速小于 10 m/s，故不考虑掺气增加的水深，陡坡侧墙高度可按计算的水深加安全超高。超高取 0.5 m，则陡坡断面尺寸确定为：陡坡进口断面为 0.8 m × 1.0 m，陡坡出口断面为 0.8 m × 0.7 m，长 23 m，底板厚 0.5 m；依据水面线计算结果，陡坡末端流速满足砌石允许流速要求。

### (二)小流域坝系工程设计案例

本案例所有采用公式符号含义同前所述。施工组织设计、工程建设与运行管理、投资估算、效益分析及经济评价、结论有关内容从略。

#### 1. 基本情况

特拉沟小流域是皇甫川流域的二级支沟,位于内蒙古自治区准格尔旗西南部,距县城80 km。流域总面积128.30 km²,属沙质丘陵沟壑区。水土流失面积128.16 km²。平均沟壑密度3.70 km/km²,相对高差236 m,沟道断面形状多呈U形。流域多年平均降水量为400.00 mm,年平均径流深55 mm,多年平均侵蚀模数13 200 t/(km²·a),年平均输沙量为169.36万t。流域内地面组成物质以沙壤土和粗骨土为主。

该流域涉及准格尔旗3个乡镇4个行政村,总户数598户,总人口1 682,全部为农业人口,农业劳动力1 009,人口密度13.2人/km²。人均纯收入2 419元,农业生产基础条件较差,以种植业和畜牧业为主,生产力水平较低。

#### 2. 淤地坝工程现状与分析

截至2004年底,特拉沟小流域已治理水土流失面积3 289.66 hm²,治理程度达到25.67%。流域中游支沟有3座大型淤地坝,1座中型淤地坝,整个流域主沟道没有控制性大型淤地坝,流域的洪水泥沙得不到有效控制,严重制约着流域农业经济的快速发展。因此,建设以大型淤地坝为主体、中、小型淤地坝相结合的沟道防御体系是十分必要的,充分发挥坝系工程控制洪水泥沙、蓄水灌溉、拦泥淤地和发展生产的综合效益,同时,对促进流域农业生产条件的改善和经济的发展具有十分重要的作用。

#### 3. 坝系建设目标

流域坝系实施后,工程可控制水土流失面积达到流域总面积的78.57%,坝系中各坝达到设计淤积年限后,拦泥库容达到1 950万m³,滞洪库容为950万m³,总库容为2 900万m³,坝系可控制流域泥沙达到78%以上。通过坝系工程建设,发展坝地270 hm²以上,实现流域内人均坝地0.16 hm²。坝系达到设计淤积年限后,在10年一遇暴雨洪水条件下绝大部分坝地能够防洪保收。通过沟道工程建设,当坝地形成后,可促进流域内674.29 hm²的坡耕地全部退耕还林还草,使林草覆盖度提高13.61%;促进流域土地利用结构和农村产业结构合理调整,流域内人均收入将稳定在2 500元以上。

#### 4. 总体布局与规模

在对流域水沙特征和沟道现状工程分析的基础上,根据坝系建设总体要求,本次坝系建设主要从坝系的整体防洪能力和水沙控制角度出发,同时还兼顾流域上下游、左右岸、各单坝规模相对均衡的原则,通过对初选大型淤地坝的坝址及各坝的功能转换等方面进行调整,合理确定流域坝系总体布局和建设规模。

##### 1)方案一

以坝系整体防洪安全和最大限度控制洪水泥沙为主的坝系布局方案。流域上游两大支沟全拦全蓄,下游主沟道分段控制。其布局是:在特拉东沟沟口坝上游布设2座、特拉西沟布设5座大型淤地坝,全拦全蓄上游两大支沟洪水泥沙;在下游边家沟、乌兰沟两大支沟布设3座大型淤地坝,全拦全蓄洪水泥沙,减小主沟道大型淤地坝的防洪压力;在流域下游淹没损失较小的主沟道布设1座大型淤地坝,控制区间洪水泥沙,有效利用水资源灌溉两岸川台地;在主沟道下游支沟布设6座中型淤地坝,拦泥淤地,使整个流域形成一个以控制洪水泥沙为主,兼顾灌溉淤地的沟道坝系。

2)方案二

在方案一布局的基础上,在流域下游小陶不洼沟口主沟道增加1座大型淤地坝,控制区间洪水泥沙;为了减轻其防洪压力,提高其控制范围内阴湾中型坝的防洪标准,按照大型淤地坝标准设计。这样布设的优点是上游两大支沟布设以滞洪、拦泥为主的大型淤地坝,全拦全蓄坝控范围内洪水泥沙;下游布设大型淤地坝分段控制区间洪水泥沙,达到最大限度控制整个流域洪水泥沙的目的。缺点是:该坝的建设会淹没其上游的王家塔村6户居民30人和两岸川台地 8.3 hm²,杨树400棵。需要对库区进行移民搬迁。根据坝系布局结果,方案二共布设大型淤地坝16座,其中新建大型淤地坝13座,现状3座,配套加固1座;新建中型淤地坝5座,现状中型淤地坝1座,期末工程总数达到22座。

通过对两个方案进行综合对比,既要考虑坝系最大限度控制流域洪水泥沙,同时也要将各方案淤地坝建设给当地带来的淹没损失降到最小,最终确定方案一为推荐方案,建设规模见表7.3-11。

表7.3-11 特拉沟小流域坝系建设规模

| 时段 | 坝 型 | | 工程数量(座) | 库容(万 m³) | | | 淤地(hm²) | |
|------|------|------|------|------|------|------|------|------|
| | | | | 总 | 拦泥 | 滞洪 | 可淤 | 已淤 |
| 现状 | 大型淤地坝 | | 3 | 445 | 31.4 | 413.6 | 32.8 | 3.8 |
| | 中型坝 | | 1 | 46.88 | | 46.88 | 5.3 | |
| | 小计 | | 4 | 491.88 | 31.4 | 460.48 | 38.1 | 3.8 |
| 新增 | 大型淤地坝 | 新建 | 11 | 2 359.25 | 1 554.86 | 804.39 | 258.85 | |
| | | 配套 | 1 | | | | | |
| | 中型坝 | 新建 | 6 | 117.2 | 67.95 | 49.25 | 18.09 | |
| | 小计 | | 18 | 2 476.45 | 1 622.81 | 853.64 | 276.94 | 0 |
| 达到 | 大型淤地坝 | | 15 | 2 804.25 | 1 586.26 | 1 217.99 | 291.65 | 3.8 |
| | 中型坝 | | 7 | 164.08 | 67.95 | 96.13 | 23.39 | 0 |
| | 合计 | | 22 | 2 968.33 | 1 654.21 | 1 314.12 | 315.04 | 3.8 |

5.坝系工程设计

1)大型淤地坝设计

综合考虑特拉沟小流域大型淤地坝控制面积、坝址断面特征、库容大小以及放水建筑物布设等因素,选择特拉沟1#大型淤地坝作为典型坝,按照扩大初步设计要求进行设计。

特拉沟1#大型淤地坝位于特拉沟中游主沟道,控制面积 9.01 km²,坝址断面呈浅"U"形,沟道比降为2.78%,沟底宽20 m,沟道两岸全为沙壤土覆盖,厚度为3~20 m。大型淤地坝设计总库容267.73 万 m³,其中拦泥库容176.20 万 m³,滞洪库容91.53 万 m³,坝高15.50 m,坝顶宽4 m,坝顶长226.32 m,上下游坡比1:2和1:1.50。该工程由坝体和放水建筑物(卧管)两大件组成,卧管布设在右岸,设计流量按 3 d 泄完 10 年一遇洪水总量计算。涵管采用内径为 100 cm 的预制钢筋混凝土圆管。工程总投资为84.27 万元。

（1）大型淤地坝总库容确定。

大型淤地坝的总库容由拦泥库容和滞洪库容两部分组成。

（2）坝高、淤地面积。

①$H \sim S$ 与 $H \sim V$ 关系曲线量算。首先对大型淤地坝进行现场踏勘,在现场踏勘的基础上,确定大型淤地坝坝址断面,对坝址断面和库区地形进行逐坝测量,并绘制库区地形图,然后采用求积仪在库区地形图上量算不同等高线与坝轴线闭合曲线的面积,绘制 $H \sim S$ 曲线;采用体积累计法计算并绘制坝高 $H \sim V$ 曲线。

②坝高确定。坝高 $H$ 由拦泥坝高、滞洪坝高和安全超高三部分组成。即

$$H = H_L + H_Z + \Delta H$$

③淤地面积。淤地面积根据坝高—淤地面积曲线查得。特拉沟小流域大型淤地坝主要技术指标见表 7.3-12。

表 7.3-12　特拉沟小流域大型淤地坝主要技术指标

| 编号 | 坝名 | 建设性质 | 控制面积（km²） | 坝高（m） | 库容（万 m³） | | | 可淤地（hm²） |
|------|------|----------|-----------------|-----------|---------------|------|------|----------------|
| | | | | | 总库容 | 拦泥 | 滞洪 | |
| GG1 | 小圪碰兔 | 新建 | 9.78 | 27.00 | 290.60 | 191.25 | 99.35 | 21.68 |
| GG2 | 张家梁沟 | 新建 | 9.98 | 16.50 | 296.54 | 195.16 | 101.38 | 33.38 |
| GG3 | 白家圪嘴 | 新建 | 7.07 | 24.50 | 210.08 | 138.26 | 71.82 | 16.78 |
| GG4 | 油房圪梁 | 新建 | 8.78 | 18.00 | 260.89 | 171.70 | 89.19 | 32.48 |
| GG5 | 碾房圪旦 | 新建 | 6.15 | 15.00 | 182.75 | 120.27 | 62.48 | 22.56 |
| GG6 | 磨不其沟 | 新建 | 7.06 | 21.00 | 209.78 | 138.06 | 71.72 | 20.13 |
| GG7 | 特拉西沟 | 新建 | 7.04 | 17.00 | 209.19 | 137.67 | 71.52 | 27.24 |
| GG8 | 特拉沟1# | 新建 | 9.01 | 15.55 | 267.73 | 176.20 | 91.53 | 38.61 |
| GG9 | 乌兰沟 | 新建 | 2.85 | 18.00 | 81.36 | 55.73 | 25.63 | 10.20 |
| GG10 | 边家沟 | 新建 | 8.00 | 21.00 | 237.71 | 156.44 | 81.27 | 28.69 |
| GG11 | 赵家沟 | 新建 | 3.79 | 29.00 | 112.62 | 74.12 | 38.50 | 7.10 |
| 合计 | | | 79.51 | | 2 359.25 | 1 554.86 | 804.39 | 258.85 |

（3）坝体断面确定。

①坝顶宽。坝顶有交通要求时,还应满足交通要求。在综合考虑的基础上,确定其坝顶宽取 4 m。

②坝坡。当坝高超过 15 m 时,在下游坝坡每隔 10 ~ 15 m 设置一条马道,马道宽取 1.5 m。

③最大铺底宽。坝体沟床铺底宽可用下式计算:

$$B_m = b + (m_上 + m_下) \cdot h + nb'$$

式中　$B_m$——土坝最大铺底宽,m;

　　　$b$——坝顶宽,m;

　　　$m_上$、$m_下$——上下游坝坡系数;

$h$——设计坝高,m;

$n$——上下游马道总数;

$b'$——马道宽,m。

④反滤体。特拉沟小流域属于季节性河流,仅特拉沟1#设置反滤体,其余均不设置。

(4)放水工程设计。

该流域大型淤地坝放水工程采用卧管形式,由卧管、涵洞和消力池组成,放水涵卧管布设在砒砂岩基础或原状坚硬土基上,管轴线与坝轴线基本垂直,进水卧管采用方形分级卧管、涵管采用钢筋混凝土无压输水圆涵。

放水工程的设计流量按 3 d 内排完 10 年一遇一次洪水总量计算。计算卧管、消力池的设计流量时,应考虑由于水位变化而导致的放水孔调节,比正常运用时的流量加大 20%;卧管应布置在坝体上游岸坡,坡度为 1:2,分级卧管采用平孔进水,每级孔口高差为 0.4 m。

①卧管设计。主沟道大型淤地坝考虑到汛期防洪的需要,卧管的最大泄流量按照 3 d 泄完 10 年一遇洪水确定;支沟中型淤地坝考虑防洪保收要求,一般按 3 d 排完 10 年一遇洪水总量计算。卧管应布置在坝址上游岸坡,坡度为 1:2 ~ 1:3。大型淤地坝及中型淤地坝均以实地勘察选择放水建筑物工程位置,然后通过计算公式确定卧管结构尺寸,卧管采用现浇混凝土结构。

②消力池设计。卧管与涵管连接处设消力池,以便水流平顺地进入涵管。卧管陡槽中的水流经过消力池消力后,平稳进入坝下涵管,消力池尺寸根据相关规范,通过计算拟定。消力池采用现浇混凝土混合结构。

③陡坡设计。出水建筑物陡坡拟采用管式陡坡,管式陡坡具有汇量大、抗冻性能好、节省材料等特点,陡坡与涵洞直接相连,设计坡比为 1:3,管径设计为 0.8 m,采用 $\phi$80 的钢筋混凝土管。陡坡基础每隔 10 m 做一隔水墙,深 80 cm,宽 40 cm,以增加底板稳定性。

④输水涵管设计。

根据鄂尔多斯地区建筑材料和施工等情况,输水涵管采用预制钢筋混凝土圆管,涵管内水流按无压管流计算,涵管底坡 1/100,最大充水高度按 3/4 管径计算,采用明渠均匀流公式计算:

$$Q = \omega C \sqrt{Ri}$$

式中 $Q$——涵管通过的加大流量,m³/s;

$\omega$——涵管过水断面面积,m²;

$C$——谢才系数;

$i$——涵管纵坡;

$R$——水力半径,m。

采用试算的方法,求得涵管直径 $d$。

(5)工程量计算。

①坝体土方量计算。坝体土方量包括清基、削坡、结合槽开挖、坝体土方、放水工程土方开挖等。

大型淤地坝的坝体土方全部采用实测坝轴线断面,然后逐坝绘制坝址横断面图和坝体横断面图,在坝体横断面图上每 2 m 分一层,根据在坝址横断面图上查得的每层高度处的相应长度值,逐层计算面积,然后应用公式"体积($V$) = 面积($S$) × 层高($H$)"求得各层坝体体积,最后累加计算出坝体总土方量。对于放水建筑物工程土方量,按实地地形和勘测记录及建筑物的位置以及典型工程的设计进行估算。

②混凝土方量及石方量计算。

该流域大型淤地坝混凝土方量主要由放水工程卧管、消力池现浇和涵管预制等构成,石方量主要由反滤体砌石构成。涵卧管工程量根据建筑物的断面尺寸,计算出单位长度建筑物工程量,再根据平面布置的长度估算工程量。特拉沟小流域坝系大型淤地坝工程量计算结果见表7.3-13。

表7.3-13 特拉沟小流域大型淤地坝工程量计算结果

| 序号 | 工程名称 | 建坝性质 | 控制面积（km²） | 坝高（m） | 主要工程量 | | | |
|---|---|---|---|---|---|---|---|---|
| | | | | | 土方（万 m³） | 石方（m³） | 钢筋混凝土（m³） | 混凝土（m³） |
| GG1 | 小圪碰兔 | 新建 | 9.78 | 27.00 | 25.58 | 0 | 59.71 | 126.33 |
| GG2 | 张家梁沟 | 新建 | 9.98 | 16.50 | 4.07 | 0 | 41.31 | 75.91 |
| GG3 | 白家圪嘴 | 新建 | 7.07 | 24.50 | 9.40 | 0 | 43.23 | 91.17 |
| GG4 | 油房圪梁 | 新建 | 8.78 | 18.00 | 6.29 | 0 | 39.35 | 62.22 |
| GG5 | 碾房圪旦 | 新建 | 6.15 | 15.00 | 6.38 | 0 | 31.78 | 54.49 |
| GG6 | 磨不其沟 | 新建 | 7.06 | 21.00 | 5.06 | 0 | 41.42 | 85.40 |
| GG7 | 特拉西沟 | 新建 | 7.04 | 17.00 | 8.06 | 239.24 | 36.38 | 64.72 |
| GG8 | 特拉沟1# | 新建 | 9.01 | 15.55 | 6.47 | 305.57 | 36.31 | 59.36 |
| GG9 | 乌兰沟 | 新建 | 2.85 | 18.00 | 3.60 | 0 | 33.13 | 69.05 |
| GG10 | 边家沟 | 新建 | 8.00 | 21.00 | 7.28 | 0 | 41.12 | 83.42 |
| GG11 | 赵家沟 | 新建 | 3.79 | 29.00 | 10.88 | 0 | 49.23 | 108.76 |
| | 特拉东沟 | | 10.13 | 30.00 | 0.18 | 0 | 64.08 | 118.55 |
| 小计 | | | 89.64 | | 93.25 | 544.81 | 517.05 | 999.38 |

2)中型淤地坝设计

中型淤地坝的坝体土方全部采用实测坝轴线断面,逐坝绘制坝址横断面图和坝体横断面图,逐层计算坝体土方,最后累加计算出坝体总土方量。

(1)典型坝的选择。根据中型淤地坝的控制范围,结合流域洪水、泥沙特点,考虑淤地坝所在沟道特征,选择王家塔中型淤地坝作为典型淤地坝进行设计。王家塔坝位于流域下游左岸支沟内,坝址断面为V形。该淤地坝的建坝条件和所在沟道特征,在同等级规模淤地坝中均具代表性。

(2)中型淤地坝典型的指标确定。按照大型淤地坝单坝技术指标确定的方法和步骤,分别确定典型中型淤地坝的主要工程结构(坝体、泄水洞)和设计指标,按照扩大初步设计的要求,进行详细的典型设计,分别计算出典型中型淤地坝技术经济指标。

(3)中型淤地坝典型设计。王家塔中型淤地坝位于特拉沟下游左岸支沟内,控制面积 1.29 km²,坝址以上主沟道长 1.60 km,沟道比降 1/30,平均沟底宽 3 m,坝址断面呈 V 形,沟岸全为黄土覆盖。坝型为均质土坝,坝体采用碾压方式填筑,根据计算结果,工程设计总库容 21.75 万 m³,其中:拦泥库容 12.61 万 m³,滞洪库容 9.14 万 m³,淤地面积 3.91 hm²。坝高为 11.5 m,坝顶宽 3 m,上游坡比 1:2,下游坡比 1:1.5。该工程由坝体和放水建筑物(卧管)两大件组成,卧管布设在右岸,设计流量按 3 d 泄完 10 年一遇洪水总量计,涵管采用内径为 60 cm 的预制钢筋混凝土圆管。工程总投资 14.26 万元,单位库容投资 0.66 元/m³,单位拦泥投资 1.13 元/m³。

(4)中型淤地坝工程技术指标的确定。

①库容、坝高和淤地面积。中型坝的库容、坝高和淤地面积的确定与大型淤地坝基本相同,其坝高—库容—淤地面积曲线在 1:1 万地形图上量算后获取。

②枢纽组成与断面尺寸。中型坝主要建筑物的尺寸:土坝坝顶宽大于等于 3 m,迎水坡和背水坡的坡比分别为 1:2.0 和 1:1.75。圆形涵管的内径为 0.6 m,进口采用喇叭形进水口,涵管的长度根据坝高确定。

③工程量计算。与大型淤地坝工程量计算方法一样,用实测断面法逐座计算中型淤地坝的工程量。

6.监测设施建设

1)监测内容和站点布设

特拉沟小流域监测内容包括沟道侵蚀动态监测、坝系淤积监测、安全稳定监测和工程建设效果监测。

根据自动监测系统组成,监测站点种类和数量包括坝体观测断面、生态监测点、植被监测点等,见表 7.3-14。

表 7.3-14　监测站点种类和数量　　　　　　　　　　　　　　　　(单位:万元)

| 编号 | 单项工程名称 | 单位 | 数量 | 小计 |
|---|---|---|---|---|
| 1 | 沟道侵蚀监测点 | 个 | 5 | |
| 2 | 坝前基本水尺断面 | 个 | 7 | |
| 3 | 坝内测淤断面 | 个 | 14 | |
| 4 | 坝体安全和坝系稳定监测点 | 个 | 5 | |
| 5 | 生态监测点 | 个 | 10 | |
| 6 | 植被监测点 | 个 | | |

2)监测实施方案

(1)监测程序、方法和要求。坝系监测主要运用常规观测手段,采取试验观测与实地调查的方法等进行监测。

①按照《水文测验规程》观测降雨量、降雨历时、降雨强度、径流量、径流深、输沙量、拦

蓄量及蒸发、下渗等指标,调查典型暴雨的有关参数。

②经济、社会效益监测。采用实地测算和农户调查相结合的方法,获取典型农户和典型单坝的土地利用、投入、产出等监测数据。

③生态效益监测。采用实地监测土壤理化性状、水质变化、水分利用、植被覆盖率等。

(2)监测信息处理。各种监测手段,获得的监测信息量大面广,必须采用计算机技术建立现代化的信息处理系统,实现对监测信息的快速采集、存储、管理和分析,才能有效地完成各种信息处理,并实时提出结果,支持综合监测工作。

①信息处理系统的内容。包括气象、径流监测点数据、坝系监测数据、坝系效益监测数据、社会经济数据采集;建立水文泥沙数据库、社会经济数据库、坝体工程管理数据库进行数据存储和管理。

系统输出的主要成果有:经整编处理后的多年河道水沙监测基本数据、坝体监测基本数据以及分析后得出的量化结果,社会经济基本数据以及变化幅度,坝系效益监测结果。

②监测信息处理系统的管理和运用。

由准旗监测部门负责特拉沟小流域坝系监测信息的采集、处理、分析和管理,做到信息共享,为规划、科研、开发、决策等提供科学依据。

## 十、水坠坝设计与施工

水坠坝,又称为水力冲填坝,是利用水力和重力将高位土场土料冲拌成一定浓度的泥浆,引流到坝面,经脱水固结形成的土坝。适用具备建设条件的治沟骨干工程与中小型水库坝体建设。按坝体断面结构和冲填方式等可分为均质坝和非均质坝。均质坝坝体由泥浆非分选冲填而成,冲填土料的颗粒在全断面内分布较为均匀,无明显分离现象。非均质坝坝体由泥浆分选冲填而成,冲填土料的颗粒在水的冲力和自重作用下,由粗到细逐步沉积,形成坝壳区、过渡区和中心防渗区。

### (一)坝址与坝型选择

1. 坝址选择

坝址选择除应符合《水坠坝技术规范》(SL 302)的有关规定外,还应在坝址区满足以下条件:①应有充足的适宜水坠筑坝的土料,土料的储量应大于设计坝体土方量的 2 倍;②土场的位置应满足冲填输入泥浆比降和造泥要求,并宜高出冲填坝面 10m 以上;③水源条件应能满足施工用水需要;④有蓄水要求的工程,坝基和两岸应满足防渗要求,且在库区不会产生大的坍岸、滑坡。

2. 坝型选择

水坠坝应根据土料类别、数量、物理力学指标和工程运行等要求选择坝型。

坝址附近土料性质适宜,数量足够时,宜选用均质坝。均质坝应采用非分选冲填的方法施工,适用于砂土、砂壤土、壤土及花岗岩和砂岩风化残积土筑坝。

坝址附近土料为花岗岩、砂岩风化残积土的,应选用非均质坝。非均质坝应采用全断面分选冲填的方法施工。

### (二)筑坝土料选择

(1)水坠筑坝土料的调查和土工试验应分别按照《水利水电工程天然建筑材料勘察规程》(SL 251)和《土工试验规程》(SL 237)的有关规定,查明坝址附近天然土料的性质、储量和分布,以及枢纽建筑物开挖料的性质和可利用的数量。

(2)对筑坝土料宜进行以下土工试验:①颗粒分析试验;②液限、塑限和含水率试验;③有机质和水溶盐含量试验;④干密度试验;⑤渗透特性试验和崩解试验。

(3)冲填土料粒径在 0.005 mm 以下的颗粒含量应小于 30%,有机质、水溶盐的含量应分别小于 3%和 8%,崩解速度不应超过 30 min,渗透系数应大于 $1 \times 10^{-7}$ cm/s。不同土料的控制性指标应符合表 7.3-15 的规定。

表 7.3-15 筑坝土料控制性指标经验值

| 项目 | 均质坝 | | | | | | 非均质坝 |
|---|---|---|---|---|---|---|---|
| | 砂土 | 砂壤土 | 壤土 | | | 花岗岩和砂岩风化残积土 | 花岗岩和砂岩风化残积土 |
| | | | 轻粉质 | 中粉质 | 重粉质 | | |
| 黏粒和胶粒含量(%) | <3 | 3~10 | 10~15 | 15~20 | 20~30 | 15~30 | 5~30 |
| 砂砾含量(%) | — | — | — | — | — | 砾≤30 | 60~80 |
| 塑性指数 | — | — | 7~9 | 9~10 | 10~13 | — | — |
| 崩解速度(min) | — | 1~3 | 3~5 | 5~15 | <30 | — | — |
| 渗透系数(cm/s) | <2.0×10⁻⁵ | 1.5×10⁻⁵ ~ 2.0×10⁻⁵ | 1.0×10⁻⁵ ~ 1.5×10⁻⁵ | 3.0×10⁻⁶ ~ 1.0×10⁻⁵ | 1.0×10⁻⁷ ~ 3.0×10⁻⁶ | >1.0×10⁻⁶ | >1.0×10⁻⁶ |
| 不均匀系数 | — | — | — | — | — | — | >15 |

注:表中黏粒含量是用氨水作为分解剂得出的。

**(三)填筑标注**

(1)坝体冲填质量应以起始含水率作为主要控制指标。各种土料起始含水率应符合表 7.3-16 的规定。

表 7.3-16 不同土料冲填坝体起始含水率取值范围 (%)

| 均质坝 | | | 非均质坝 | |
|---|---|---|---|---|
| 砂土 | 砂壤土、壤土 | 花岗岩和砂岩风化残积土 | 花岗岩和砂岩风化残积土 | |
| | | | 坝壳区 | 中心防渗区 |
| 25~39 | 39~50 | 45~55 | — | 55 |

注:透水性大的土取小值,反之取大值。

(2)碾压式边堰的填筑标准,应以土的压实干容重作为质量控制的主要指标,并应符合下列要求:①砂壤土、壤土边堰的压实干容重分别不小于 15 kN/m³ 和 15.5 kN/m³。②花岗岩和砂岩风化残积土压实干容重不小于料场土的平均天然干容重。

(3)坝体允许冲填速度应符合下列规定:①均质坝的允许冲填速度符合表 7.3-17 的规定。②非均质坝的允许冲填速度,可按均质坝的允许冲填速度增加 40%左右。

表 7.3-17　均质坝允许冲填速度

| 项目 | 砂土 | 砂壤土 | 壤土 | | | 花岗岩和砂岩风化残积土 | | |
|---|---|---|---|---|---|---|---|---|
| | | | 轻粉质 | 中粉质 | 重粉质 | 坝高分区(从底部起) | | |
| | | | | | | <1/3 | 1/3~2/3 | >2/3 |
| 两日最大升高(m) | <1.0 | <0.8 | <0.6 | <0.4 | <0.3 | <0.8 | <0.5 | <0.4 |
| 旬平均日冲填速度(m/d) | 0.25~0.50 | 0.20~0.25 | 0.15~0.20 | 0.10~0.15 | 0.07~0.10 | 0.20~0.30 | 0.15~0.20 | 0.10~0.15 |
| 月最大升高(m) | <7.0 | <7.0 | <5.5 | <4.0 | <3.0 | <7.0 | <5.0 | <3.0 |

注:土料的黏粒含量为 20%~30% 时,可按水坠坝设计规范 4.6.7 条规定在坝体内布置砂井(沟)或聚乙烯微孔波纹管网状排水,允许冲填速度可取表中数值的 1.5 倍。

(4)非均质坝中心防渗区、坝壳区的土料颗粒组成和各分区宽度占坝体宽度比值,应符合表 7.3-18 的规定,中心防渗体的宽度还应满足防渗、施工及与坝基、岸坡连接的要求。

表 7.3-18　非均质坝分区指标

| 部位 | 颗粒组成(%) | | | 分区宽度占坝面宽度 |
|---|---|---|---|---|
| | >2.0 mm | <0.1 mm | <0.005 mm | |
| 坝壳区 | >15 | <50 | 5~15 | >1/5 |
| 中心防渗区 | <5 | >50 | 15~30 | 1/8~1/5 |

注:过渡区指标介于坝壳区与中心防渗之间。

**(四)坝体断面设计**

坝体应满足施工期和运行期的稳定安全要求,并做到经济合理。排水设施应满足施工期冲填泥浆脱水固结和蓄水运行期降低坝体浸润线的要求。

1.坝高与坝顶宽设计

坝高应按《水坠坝技术规范》(SL 302)的有关规定确定。不同土料的坝高预留沉陷量应符合表 7.3-19 的规定。

表 7.3-19　不同土料坝高预留沉陷量

| 土料 | 砂土 | 砂壤土、壤土 | 花岗岩和砂岩风化残积土 |
|---|---|---|---|
| 预留沉陷坝高占总坝高(%) | 2~4 | 3~5 | 2~3 |

坝体施工中如不能直接冲填到坝顶高程,应停冲一段时间,待泥浆适当脱水后,采用碾压法封顶,封顶厚度宜取 2~3 m。

坝顶宽度应符合下列规定:当坝高在 30 m 以上(含 30 m)时,坝顶宽度不小于 5 m;当坝高在 30 m 以下时,坝顶宽度不小于 4 m;当坝顶有交通要求时,坝顶宽度还应满足交通需要。

2. 坝坡设计

坝坡应根据坝型、坝高、坝基地质条件、筑坝土料性质、冲填速度、脱水固结条件及工程运行条件等确定;坝高超过 30 m 时,还应经过稳定计算确定。

当坝高超过 15 m 时,应在下游坝坡沿坝高每隔 10 m 左右设置一条马道,马道宽度应不小于 1.5 m。上游坝坡一般不设置马道;当坝作为水库运用时,上游坝坡也可设置马道。马道宽度应满足运行要求。

上游设计淤积面以上坝坡及下游坝坡应设置护坡,护坡材料可根据工程运行情况因地制宜选用。有蓄水要求的工程,可选用堆石、干砌石、浆砌石及预制混凝土块等进行护坡。

3. 边埂设计

1)边埂边坡坡度

砂壤土、壤土边埂应采用碾压法修筑,其外边坡坡度应与坝坡一致,内边坡坡度宜采用休止坡。

2)边埂高度

边埂高度应根据土料性质和每次冲填层厚度确定,高出冲填层泥面 0.5 ~ 1.0 m(见图 7.3-26)。

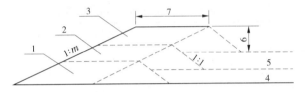

1—第一层边埂;2—第二层边埂;3—第三层边埂;
4—第一冲填层;5—第二冲填层;6—边埂高;7—边埂宽

**图 7.3-26　边埂实际碾压宽度示意图**

3)边埂顶宽

边埂顶宽应根据设计坝高、坝坡、土料性质、冲填速度及流态区深度等确定,并不应小于 3 m。在坝体中下部应采用等宽边埂;在坝体上部 1/3 ~ 1/4 坝高范围内,边埂宽度可在满足稳定和施工要求情况下逐步缩窄(见图 7.3-27)。

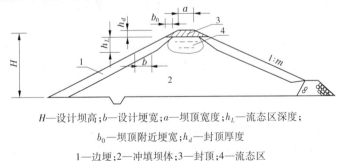

$H$—设计坝高;$b$—设计埂宽;$a$—坝顶宽度;$h_L$—流态区深度;
$b_0$—坝顶附近埂宽;$h_d$—封顶厚度
1—边埂;2—冲填坝体;3—封顶;4—流态区

**图 7.3-27　设计边埂示意图**

(1)砂壤土、壤土的边埂顶宽应根据坝高和土料类别(见表 7.3-20)及坝体冲填泥浆的流态区深度(见表 7.3-21)综合分析确定。

表 7.3-20　砂壤土、壤土边埂宽度值　　　　　　　　　　　　　　（单位：m）

| 设计坝高 | 砂壤土 | 壤土 | | |
|---|---|---|---|---|
| | | 轻粉质壤土 | 中粉质壤土 | 重粉质壤土 |
| >40 | 8 ~ 10 | 10 ~ 13 | 13 ~ 18 | 15 ~ 20 |
| 30 ~ 40 | 6 ~ 8 | 7 ~ 10 | 9 ~ 13 | 10 ~ 15 |
| 20 ~ 30 | 4 ~ 6 | 5 ~ 7 | 6 ~ 9 | 7 ~ 10 |
| <20 | 3 ~ 4 | 3 ~ 5 | 4 ~ 6 | 5 ~ 7 |

表 7.3-21　　水坠坝流态区深度与边埂顶宽度关系　　　　　　　　（单位：m）

| 流态区深度 | <3 | 3 ~ 4 | 4 ~ 5 | 5 ~ 6 | 6 ~ 7 | 7 ~ 8 | 8 ~ 9 | 9 ~ 10 | >10 |
|---|---|---|---|---|---|---|---|---|---|
| 需要边埂顶宽 | 3 | 4 ~ 5 | 5 ~ 6 | 6 ~ 7 | 7 ~ 9 | 9 ~ 10 | 10 ~ 12 | 12 ~ 14 | 14 ~ 17 |

（2）花岗岩和砂岩风化残积土均质坝边埂顶宽度应根据土料的黏粒含量和平均冲填速度，按表 7.3-22 确定。

表 7.3-22　花岗岩和砂岩风化残积土均质坝边埂顶宽度值　　　　（单位：m）

| 土料黏粒含量 | 平均冲填速度（m/d） | | |
|---|---|---|---|
| （%） | <0.1 | 0.1 ~ 0.2 | 0.2 ~ 0.3 |
| <15 | 3 ~ 6 | 5 ~ 8 | 7 ~ 10 |
| 15 ~ 20 | 4 ~ 7 | 6 ~ 9 | 8 ~ 11 |
| 20 ~ 25 | 5 ~ 8 | 7 ~ 10 | 9 ~ 12 |
| 25 ~ 30 | 6 ~ 9 | 8 ~ 11 | 10 ~ 13 |

（3）当坝高超过 30 m 时，边埂宽度还应进行稳定验算。

4. 中心防渗体设计

中心防渗体断面尺寸应满足防渗、施工及与坝基、岸坡连接的要求。中心防渗体边坡坡度宜采用 1∶0.3 ~ 1∶0.6。中心防渗体顶应高出最高静水位 0.3 m。

中心防渗体与两岸岸坡及泄水建筑物的连接部位应设置必要的结合槽或齿墙等，在结合部位应适当增大中心防渗体的断面，但其边坡坡度不宜超过 1∶1.0。

5. 排水设计

1）坝体排水

坝体排水应满足：施工期能加速冲填泥浆的脱水固结，减小孔隙水压力；运用期能自由地向坝外排出全部渗透水；能有效防止坝体和地基产生渗透破坏；所使用的块石、碎石、砂砾料等应坚硬、耐风化。

坝体排水可选择以下形式：棱体排水、贴坡排水、褥垫排水、砂井（沟）排水、土工织物排水、聚乙烯微孔波纹管网状排水、竖井排水、廊道排水及垂直透水墙排水。

2）坝面排水设计

下游坝坡应布设坝面排水，根据坝高、坝长及马道的布设分别设置纵向、横向和岸坡排水沟。纵向排水沟应布设在下游马道的内侧;横向排水沟宜顺坝坡每隔 50~100 m 布设一条,并与纵向排水沟和岸坡排水沟互相连通。

排水沟宜采用浆砌石或混凝土块(板)砌筑,断面尺寸不宜小于 25 cm × 25 cm。

**(五)施工组织设计**

1. 施工导流与度汛

1)设计标准

(1)施工导流建筑物度汛洪水重现期宜选取 5 年。

(2)施工期坝体防洪度汛标准为 20 年一遇洪水。

2)导流型式

施工导流宜选择围堰导流、涵(隧)洞导流、分期导流和明渠导流等型式。

(1)当一个枯水期能将坝体修筑至汛期水位以上时,可采用围堰导流或利用坝体挡水导流。

(2)当沟道狭窄、地质条件允许时,可采用涵(隧)洞导流。

(3)当沟(河)道流量大,且河槽宽、覆盖层薄时,可采用分期导流。非均质坝不应采用河床分期导流;而沟床一侧有较宽台地、垭口时,可采取明渠导流。明渠断面型式:土基宜采用梯形,岩石基础可采用矩形。

(4)坝体汛前应满足度汛要求。全断面冲填不能满足度汛要求时,应抢修临时度汛断面,修建在冲填坝面上的临时度汛断面可由一级或多级小断面组成,坝体上、下游相邻断面高差不宜大于 3 m;从坝基开始修建的临时度汛断面,其高差不受此限制。

2. 施工场地布置

1)施工总布置原则

(1)场地总布置应遵循因地制宜、就地取材、节约用地、有利施工、易于管理、安全可靠、经济合理的原则。

(2)土场、造泥沟、输泥渠、道路及供水、供电、防洪、排水设施布置,应与工程施工顺序和施工方法相适应。

2)土料场选择与布置

选择土料的开采与场地布置应符合高土高用、低土低用的原则;土料冲填宜与溢洪道和放水建筑物基础开挖相结合;边垾土场运距短,运土路线应避免与输泥渠等交叉;非均质坝应根据坝面冲填需要进行粗细料的搭配;不能在设计(包括预计加高)坝体区及放、泄水建筑物基础上布置土场或取土。

3)造泥沟与输泥渠布置

(1)造泥沟。布设长度宜大于 70 m,冲填土料为砂土类时宜大于 50 m;沟底纵比降可取 10%~20%。

(2)输泥渠布置应根据地形、土质、输泥量和供土条件(人力、机械或人机结合)确定。渠道断面宜采用底宽 0.6~0.8 m、深 0.8~1.0 m 的窄深式;渠底纵比降,冲填土料为砂土时宜采用 7%~10%,为砂壤土、壤土时宜采用 7%~20%,为花岗岩和砂岩风化残积土时宜采用 25%~40%。

(3)输泥渠与造泥沟布设结合。渠首可根据土场分布情况设置多条造泥沟,渠尾可根据坝面宽度设置 1~3 个出泥口,轮换使用;输泥渠沿程应间隔设置不少于 3 道跌坎,跌差以

1.0 m 左右为宜,输泥渠出口处不应设置跌坎;输泥渠出泥口与边埂的距离应大于 3 m,在输泥渠出口以上应设排水口;非均质坝的输泥渠,应按颗粒分选要求布设,上下层的进泥口位置应错开,出泥口可延伸至坝壳区内;输泥渠流量宜控制在 0.1~0.5 m³/s 的范围内。

4) 施工道路和用水

(1) 施工道路宜顺直,避免急弯、陡坡,与输泥渠、造泥沟交叉时应修桥涵。

(2) 施工应有可靠的水源保障,水量应能满足坝体施工期全过程冲填用水的需要,均质坝一般用水量与冲填土方量基本相等,非均质坝用水量一般为冲填土方量的 1.5~2.0 倍。施工用水的拦蓄与利用方式可根据水源情况确定:当河(沟)基流能满足(包括干旱季节)坝身冲填用水时,可利用坝体或临时挡水坝、堰等拦蓄水;当河(沟)基流不能满足坝身冲填用水时,应采取拦蓄春季融冰(雪)水、汛末洪水或从邻近河(沟、渠)、水库引水等措施提前蓄水;缺水地区还应考虑坝面积水和脱水固结后的水循环使用。

3. 冲填机具的选择与布置

1) 冲填机具的选择

水泵扬程应根据土场位置高低和输水管道长度、直径及水头损失等确定,采用水枪施工的工程还应满足冲土水枪的压力要求。

水泵流量应满足冲填用水的需要。应根据冲填强度、劳力、机械配备和施工方案等因素综合考虑确定,抽水流量宜大于 8 L/s。所需抽水流量按下式计算:

$$Q = \frac{AM}{3.6K_0 t} \tag{7.3-56}$$

式中　$Q$——所需的抽水流量,L/s;

$A$——备用系数,取 1.2~1.3;

$M$——日最大冲填土方量,m³;

$K_0$——设计冲填泥浆的土水体积比,一般取 2~3;

$t$——日内有效冲填时间,h。

当采用蓄水池"小贮大放"进行冲填时,水泵选择还应考虑蓄水池容积、蓄水池向输泥渠供水流量等因素。

2) 机具布置

泵站应设在水源旁适当地方,水枪加压设备应布置在土场。

**(六) 工程施工**

当日最低气温在 0 ℃ 以下时应停止施工。冬季停工时应采取覆盖虚土等措施对冲填坝面予以保护。影响边埂填筑的淤泥软基础,可采用截断水源或开挖导流沟等方法排出泥内水分;淤泥强度低时,还可采取填干土(或抛石)挤淤、修筑阻滑体等措施。

1. 均质坝施工

1) 冲填施工

当坝高小于 15 m、坝面不大、冲填土料透水性较强及坝基透水条件较好时,宜采用一坝一畦的方法连续冲填;否则宜采用一坝双畦或多畦的方法间歇冲填,畦与畦之间用中埂(不需压实)隔开。

坝体冲填宜采用两岸交替冲填方式。要求控制冲填速度和泥浆浓度;对间歇冲填施工中形成的坝面硬壳应刨松后再继续冲填。

坝面积水可采用虹吸管排水、机泵抽水及埋管排水等方法及时排除。

2）边埂施工

砂壤土、壤土均质坝边埂宜采用分层碾压法填筑，外坡与坝坡保持一致，上下两层埂重叠部分的宽度应不小于埂底宽的1/2；砂土均质坝边埂宜采用淤泥拍筑；砂壤土和轻粉质壤土均质坝，当采用分畦间歇冲填施工时，边埂也可用淤泥拍筑。中埂宜采用虚土堆填，顶宽宜取 3～4 m，高度应超出冲填层 0.5～1.0 m，边坡宜取自然休止坡。

3）造泥施工

砂土、砂壤土宜采用人工松土造泥；轻粉质壤土和中粉质壤土宜采用水枪冲土造泥或推土机供土造泥；中粉质壤土和重粉质壤土宜采用爆破松土结合人工或推土机供土造泥的方式。

2. 非均质坝施工

非均质坝应采用全河床的全断面冲填，不应采用先填一岸的分段冲填方式。分选冲填应连续施工，避免坝面出现水平夹层，施工中应严格控制中心防渗体的位置，下游部分的坝面宜高于上游部分。中心防渗体顶高程以上的坝体宜采用均质坝的冲填方法施工。

输泥渠中冲填泥浆的流量应大于 0.1 m³/s。当输泥渠较长、土的粒径较大时，宜加大冲填泥浆流量。

**（七）设计案例**

1. 工程概况

某大型淤地坝地处黄河三级支流某小流域，属黄土丘陵沟壑区第二副区，坝址断面呈 V 形。坝控制流域面积 3.0 km²。多年平均降水量 451.6 mm，多年平均径流深 140.6 mm。沟道有常流水。多年平均侵蚀模数为 1.35 万 t/(km²·a)。坝址河床处岩石出露，沟道两岸结构完整，适宜修建均质土坝，坝基、坝肩处无软弱带和裂隙发育，两岸边坡无冲沟，无倾向下游的滑动面。坝址沟道两岸上部覆盖着深厚的黄土，深约 50 m，土质主要为轻粉质壤土，表层为砂壤土，并可两岸取土，储量能够满足工程施工需要。

2. 建筑物等级与设计洪水标准

设计为水坠均质土坝，规划工程总库容为 91.1 万 m³，工程规模为五等，建筑物由土坝、放水涵卧管和溢洪道组成，均为 5 级。工程设计洪水标准为 20 年一遇洪水设计、200 年一遇洪水校核，淤积年限为 20 年。

3. 土坝设计

1）坝型与施工方法选择

经现场查勘，坝址两岸土料储量和土料性质均满足筑坝要求，两岸取土运距不足 50 m，取土条件便利，坝型确定为均质土坝。流域内沟道有常流水，流量约为 0.05 m³/s，且取土场位置高出设计坝高 20 m 以上，坝基和两岸满足防渗要求，因此施工方法采用水坠与碾压相结合筑坝，即 18.5 m 以下采用水坠筑坝，18.5 m 以上采用碾压封顶。

2）筑坝土料

根据实地勘测，并经试验测定，两岸坝肩的土料可作为冲填土料。土质为轻粉质壤土，黏粒含量为 13%，塑性指数为 9，崩解速度为 8 min，渗透系数为 $2 \times 10^{-5}$ cm/s，有机质含量 <3%，水溶盐含量 <8%，天然干容重为 14 kN/m³，土粒相对密度为 2.7，含水率为 12%。从以上测试数据可以看出，坝址两岸的土料具有一定的透水性，遇水易于崩解且脱水固结速度快，能够满足水坠施工的要求。

3) 坝体断面

(1) 坝高确定。坝高由拦泥坝高、滞洪坝高和安全超高三部分组成,按《水土保持治沟骨干工程技术规范》(SL 289)的规定得出:

拦泥库容、坝高: $V_L = 60$ 万 $m^3$, $H_L = 17.5$ m,设计淤积高程为 $\nabla_L = 1\ 363.20$ m;滞洪库容、坝高: $V_Z = W_{200} = 31.1$ 万 $m^3$, $H_Z = 3.5$ m,滞洪水位高程为 $\nabla_Z = 1\ 366.70$ m;安全超高: $\Delta H = 1.5$ m。

工程设计总库容: $V_{总} = 91.1$ 万 $m^3$;工程设计坝高: $H = 22.5$ m。

(2) 坝顶宽度。按照《水坠坝技术规范》(SL 302)结合已建工程情况,该大型淤地坝坝高在 30 m 以下,考虑到有交通要求,坝顶宽度取 4.0 m。

(3) 坝坡。根据《水坠坝技术规范》(SL 302),确定迎水坡和背水坡均采用两级坡率,迎水坡坝高 13.5 m 以下坡比为 1:3,13.5 m 以上为 1:2.5;背水坡在坝高 13.5 m 以下坡比为 1:2.25,13.5 m 以上为 1:2.0;变坡处均设马道,上下游马道宽均为 1.5 m。

(4) 边埂。边埂采用推土机碾压施工,断面为梯形,其外坡与坝坡相同,内坡采用 1:1.5,边埂高度高出冲填层泥面 1.0 m。边埂顶宽根据坝高、坝坡和土料性质拟定为 5.0 m,在坝体中下部采用等宽边埂,在坝体上部 1/3 范围内,边埂宽度可逐步缩窄为 3.0 m。

4) 渗流计算

(1) 渗流计算条件。本工程为均质土坝,下游有棱体排水,筑坝材料为中粉质壤土,假定坝体和坝基的渗透系数相同,为 $3 \times 10^{-5}$ cm/s。考虑到该工程的运用方式,确定上游水位为设计水位,下游相应的最低水位为零时,作为渗流计算的控制条件,并相应进行上游水位为校核水位时的渗流计算。

(2) 坝体浸润线出逸点高度。坝体下游设棱柱式反滤体,坝基渗透系数与坝体相同,浸润线近似按不透水坝基计算,求出的浸润线偏安全。采用以下公式计算(坐标原点位于棱体上游边坡与坝底交点,轴向下游为正,轴向上游为负)。

棱体处的渗流水深计算如下:

$$h_0 = H_2 + \sqrt{L_1^2 + (H_1 - H_2)^2} - L_1$$
$$L_1 = \Delta L + L = \frac{m_1}{2m_1 + 1}H_1 + L \tag{7.3-57}$$

计算得:设计水位时,上游水深 16.5 m,下游水深 0 m, $h_0 = 2.85$ m;校核水位时,上游水深 18.8 m,下游水深 0.5 m, $h_0 = 4.35$ m。

(3) 渗流量计算。采用下式计算:

$$q = K \cdot \frac{H_1^2 - h_0^2}{2L_1} \tag{7.3-58}$$

计算结果为:设计水位时, $q = 8.5 \times 10^{-7}\ m^3/(s \cdot m)$;校核水位时, $q = 1.2 \times 10^{-6}\ m^3/(s \cdot m)$。

(4) 浸润线方程。采用下式计算:

$$y^2 = 2\frac{q}{K}x + h_0^2 \quad \text{(适用于不透水地基且有堆石排水体)} \tag{7.3-59}$$

计算结果为:设计水位时, $y^2 = 5.69x + 8.12$;校核水位时, $y^2 = 8.05x + 18.92$。

(5) 排水设施。根据渗流计算结果,参考已建工程的经验,拟定反滤体高度为 5.0 m,顶宽 2.0 m,上游边坡 1:1.5,下游边坡 1:1.75。

5）坝坡稳定计算

（1）坝坡稳定计算方法。工程运用方式为滞洪拦泥，前期按水库运用，故需进行坝坡稳定计算。碾压坝在工程投入正常运行后，坝体形成稳定渗流，在设计和校核洪水位时水压力对上游坝坡稳定有利，故仅核算下游坝坡稳定分析。按照《水土保持治沟骨干工程技术规范》（SL 289）的规定，坝坡整体稳定计算采用简化毕肖普法。

（2）材料物理、力学参数选用。经实验测定，并参考已建工程的有关资料，确定坝体材料选用参数（略）。

（3）坝坡稳定计算工况。按照《水土保持治沟骨干工程技术规范》（SL 289）的规定，结合工程实际运用：正常运用情况，设计水位时的下游坝坡；非常运用情况，校核水位时可能形成稳定渗流的下游坝坡。计算结果为：正常运用情况，抗滑稳定安全系数为1.58 > 1.25；非常运用情况，抗滑稳定安全系数为1.36 > 1.15。满足坝体抗滑稳定要求，原拟定坝体断面符合要求。

4. 基础处理

（1）清基。在土坝填筑前，清除坝基范围内的草皮、树根、耕植土和乱石，不得留在坝内做回填土用；清基范围应超出坝的坡脚线0.5 m，清基厚度为0.5 m。同时应清除岩石地基表面松动的石块、碎屑，用风镐清除岩石尖角、凸脊，用混凝土填平局部凹塘。基础开挖后要求轮廓平顺，避免地形突变。

（2）削坡。坝体与岸坡结合应采用斜坡平顺连接，经现场查勘，坝址左岸坡度较陡，可削坡至1:1.0；右岸坡度较缓，应削坡至1:1.5。

（3）结合槽。为增加坝体稳定性，防止坝体与坝基结合处形成集中渗流，保证坝体与基础紧密结合，在坝轴线处从沟底到岸坡布设一道结合槽，采用梯形断面，底宽1.5 m，深2.0 m，边坡1:1.0。

5. 施工组织设计

该大型淤地坝交通便利，可在坝址两岸取土，土料储量和性质均能满足水坠筑坝的要求，石料可就近开采，可满足工程要求。流域沟道内有常流水，水量和水质均符合施工用水要求；施工用电利用流域主沟道内的低压线，距坝址仅1 km，用电负荷能够满足施工要求；工程淹没区无搬迁、赔偿问题。坝址下游有较为平坦的开阔地，可作为料场和临时工棚用地。

1）施工要求

（1）筑坝材料。

①土料：利用两岸湿化崩解速度快、透水性大、黏粒含量低的轻粉质壤土。

②砂料：利用天然河砂，坚硬密实，洁净、耐风化，砂中的黏土、淤泥含量少，砂的细度模数一般以2.2～3.0较好，砂的天然密度为1.4～1.6 t/m³。

③石料：流域内的砂岩较多，强度和抗风化能力符合施工要求，料石厚应为20～30 cm，外形方正，宽度为厚度的1～1.5倍，长为厚度的2.5～4倍，质地均匀，没有裂缝，天然密度不低于2 400 kg/m³；块石厚度在20～30 cm，外形应大致方正。

④水泥：采用一般的普通硅酸盐水泥，水泥强度等级选用同龄期砂浆强度等级的4～5倍、混凝土强度等级的2～2.5倍。

（2）建筑物施工特点。根据坝址土场位置、土料性质，结合坝高情况，坝体冲填采用两岸冲填、一坝两畦间歇冲填的方式，畦与畦之间用横埂隔开。

①水泵选择流量为 8 L/s 以上的机型,配套动力使用电动机,并备用柴油机一套,输水管道选用固定管道,因扬程低于 50 m,采用钢管,其布置应选择地面坡度均匀、基础稳固、便于安装和管理、施工干扰小的坡面。经计算,抽水流量 $Q = 9.2$ L/s。

②根据土料性质及泥浆脱水固结条件,并参考已建工程的实践,确定该坝冲填速度为 0.2 m/d。

③根据已建工程的施工经验,经计算分析,渗透系数 $K$ 值为 $2.2 \times 10^{-5} \sim 2.8 \times 10^{-5}$ cm/s,采用 $K = 2.4 \times 10^{-5}$ cm/s,计算得泥浆密度为 $\gamma = 1.8$ $t/m^3$(土场土料的天然平均干密度:$\gamma_d = 1.4$ $g/cm^3$;土粒相对密度:$d = 2.7$;土场土料的天然平均含水率:$w = 12\%$),满足施工要求。

④冲填泥面表层的积水采用埋管排水,排水管埋设在边埂内紧靠泥面积水较深处,并随冲填层积水部位相应变更,上下位置要错开,排水管与冲填泥浆的接触面应铺土保护,厚度不小于 0.3 m。

⑤在冲填至距设计坝顶 $3 \sim 4$ m 范围内,采用分层碾压法进行封顶,并在冲填坝面以下 5 m 范围内的泥浆平均含水率小于该种土的液限之后施工。坝顶施工时应预留沉陷坝高,预留沉陷量按设计坝高的 3% 确定,即 0.67 m。

⑥反滤体施工时应保证各层的厚度和位置,在斜面上铺筑时须自下而上进行,铺筑砂层时须洒水夯实。

2)施工场地布置

边埂填筑采用推土机和人工相结合供土,造泥沟沟岸的溜土面取 1:1.5,造泥沟长度不小于 70 m,沟底比降取 20%;输泥渠采用底宽 60 cm、深 80 cm 的窄深式断面,渠底纵比降根据地形条件采用 15%,沿输泥渠间隔设置 5 道跌坎,跌差取 1.0 m。

# 第四节 拦沙(砂)坝工程

## 一、拦沙(砂)坝定义及功能

### (一)拦沙坝

拦沙坝是在沟道中以拦截泥沙为主要目的而修建的横向拦挡建筑物,主要适用于南方崩岗治理,以及土石山区多沙沟道的治理。拦沙坝坝高一般为 $3 \sim 15$ m,库容一般小于 10 万 $m^3$,工程失事后对下游造成的影响较小。拦沙坝的主要作用有拦蓄泥沙,减免泥沙对下游的危害,利于下游河道的整治、开发;提高侵蚀基准面,固定沟床,防止沟底下切,稳定山坡坡脚;淤出的沙地可复垦作为生产用地。

拦沙坝不得兼作塘坝或水库的挡水坝使用。对于兼有蓄水功能的拦沙坝,应按小型水库进行设计;坝高超过 15 m 的,按重力坝设计;对于泥石流防治的拦沙坝,执行国土资源部《泥石流拦沙坝设计规范》中的相关规定。

### (二)拦砂坝

拦砂坝是以拦蓄山洪泥石流沟道中固体物质为主要目的的拦挡建筑物,主要用于山洪泥石流的防治。多建在主沟或较大的支沟内,坝高一般大于 5 m,拦砂量在 $0.1 \sim 100$ 万 $m^3$ 以上,甚至更大。拦砂坝的主要作用是拦蓄泥沙(包括块石),调节沟道内水沙,以免除对下游的危害,便于下游河道的整治;提高坝址的侵蚀基准,减缓坝上游淤积段河床比降,加宽河床,减小流速,从而减小水流侵蚀能力;稳定沟岸崩塌及滑坡,减小泥石流的冲刷及冲击力,防止溯源侵蚀,抑制泥石流发育规模。

## 二、拦沙(砂)坝的坝型

### (一)按结构分类

(1)土石坝。指由当地土料、石料或混合料,经过抛填、碾压等方法堆筑而成。

(2)重力坝。是指依自重在地基上产生的摩擦力来抵抗坝后泥石流产生的推力和冲击力的坝型。其优点是结构简单、施工方便、可就地取材及耐久性强。

(3)切口坝。又称缝隙坝,是重力坝的变形。即在坝体上开一个或数个泄流缺口,有拦截大砾石、滞洪和调节水位关系等特点。

(4)拱坝。建在沟谷狭窄、两岸基岩坚固的坝址处。拱坝在平面上呈凸向上游的弓形,拱圈受压应力作用,可充分利用石料和混凝土很高的抗压强度,具有省工、省料等特点。但拱坝对坝址地质条件要求很高,设计和施工较为复杂,溢流孔口布置较为困难。

(5)格栅坝。格栅坝具有良好的透水性,可选择性地拦截泥沙,还具有坝下冲刷小、坝后易于清淤等优点。格栅坝主体可以在现场拼装,施工速度快。格栅坝的缺点是坝体的强度和刚度较重力坝小,格栅易被高速流动的泥石流龙头和大砾石击坏,需要的钢材较多,要求有较好的施工条件和熟练的技工。

(6)钢索坝。采用钢索编制成网,固定在沟床上而构成。这种结构有良好的柔性,能消除泥石流巨大的冲击力,促使泥石流在坝上游淤积。这种坝结构简单、施工方便,但耐久性差,目前使用得很少。

### (二)按建筑材料分类

1. 砌石坝

(1)浆砌石坝属重力坝,多用于泥石流或山洪冲击力大的沟道,结构简单,是群众常用的一种坝型。断面一般为梯形,但为了减少泥石流对坡面的磨损,在确保坝体稳定的前提下,坝下游面也可修成垂直的。泥石流溢流的过流面最好做成弧形或梯形,在常流水的沟道中,也可修成复式断面。

(2)干砌石坝只适用于小型山洪沟道,也是群众常用的坝型。断面为梯形,坝体用块石交错堆砌而成,坝面用大平板或条石砌筑,施工时要求块石上下左右之间相互"咬紧",不容许有松动、脱落的现象发生。

2. 混合坝

(1)土石混合坝。当坝址附近土料丰富而石料不足时,可选用土石混合坝型。一般情况下,当坝高为 5~10 m 时,上游坡为 1:1.5~1:1.75,下游坡为 1:2~1:1.25,坝顶宽为 2~3 m。

(2)木石混合坝。在木材来源丰富的地区,可选用木石混合坝。木石混合坝的坝身由木框架填石构成。为了防止上游坝面及坝顶被冲坏,常加砌石防护。

3. 铅丝石笼坝

这种坝型适用于小型荒溪,在我国西南山区较为多见。其优点是修建简易、施工迅速及造价低;缺点是使用期短,坝的整体性也较差。

### 三、拦沙坝布置

#### (一)布置原则

(1)拦沙坝布置应因害设防,在控制泥沙下泄、抬高侵蚀基准和稳定边岸坡体坍塌的基础上,应结合后续开发利用。

(2)沟谷治理中拦沙坝宜与谷坊、塘坝等相互配合,联合运用。

(3)崩岗地区单个崩岗治理,应按"上截、中削、下堵"的综合防治原则,在下游因地制宜布设拦沙坝。

#### (二)坝址与坝型选择

(1)坝址选择应遵循坝轴线短、库容大、便于布设排洪泄洪设施的原则。

(2)崩岗地区拦沙坝坝址应根据崩岗、崩塌体和沟道发育情况,以及周边地形、地质条件进行选择,包括在单个崩岗、崩塌体口处筑坝,或在崩岗、崩塌体群下游沟道筑坝两种型式。

(3)土石山区拦沙坝坝址应根据沟道堆积物状况、两侧坡面风化崩落情况、滑坡体分布、上游泥沙来量及地形地质条件等选定。

(4)拦沙坝坝型应根据当地建筑材料状况、洪水、泥沙量、崩塌物的冲击条件,以及地形地质条件确定,并进行方案比较。

(5)坝轴线宜采用直线。当采用折线型布置时,转折处应设曲线段。

(6)泄洪建筑物宜采用开敞式无闸溢洪道。重力坝可采用坝顶溢流,土石坝宜选择有利地形布设岸边泄水建筑物。

### 四、拦沙坝设计

#### (一)坝高与拦沙量的确定

1. 坝高确定

坝高等于坝顶高程与坝轴线原地貌最低点高程之差。拦沙坝坝高 $H$ 应由拦泥坝高 $H_L$、滞洪坝高 $H_Z$ 和安全超高 $\Delta H$ 三部分组成,拦泥坝高为拦泥高程与坝底高程之差,滞洪坝高为校核(设计)洪水位与拦泥高程之差,拦泥高程和校核洪水位高程由相应库容查水位库容关系曲线确定。坝顶高程为校核洪水位加坝顶安全超高,坝顶安全超高值可取 $0.5 \sim 1.0$ m。

2. 拦沙量计算

(1)在方格纸上绘出坝址以上沟道纵断面图,并按洪水的回淤特点画出淤积线。

(2)在库区回淤范围内,每隔一定间距绘制横断面图。

(3)根据横断面的形状,计算出每个横断面的淤积面积。

(4)求出相邻两断面之间的体积。计算公式为

$$V = \left( \frac{W_1 + W_2}{2} \right) L \tag{7.4-1}$$

式中　$V$——相邻两横断面之间的体积,$m^3$;

$\quad\quad W_1$、$W_2$——相邻横断面面积,$m^2$;

$\quad\quad L$——相邻横断面之间的水平距离,$m$。

(5)将各部分体积相加,即为拦沙坝的拦沙量。

(二)坝体设计

以最常用的浆砌石重力坝为例说明。土石坝设计参考淤地坝。

1. 断面轮廓尺寸的初步拟定

浆砌石拦沙坝一般建在坚固基岩上,断面形式多为梯形,根据拦沙坝坝高初拟坝顶宽度、坝底宽度以及上下游边坡等(见表7.4-1)。坝址部位为松散的堆积层时,应加大拦沙坝底宽,增加垂直荷重(运行中上游面的淤积物亦作为垂直荷重),以保证坝体抗滑稳定性。上下游坝坡与坝体稳定性关系密切,$m$ 值愈大,坝体抗滑稳定安全系数愈大,但筑坝成本愈高。因此,$m$ 值应根据稳定计算结果确定。为降低水压力,可在坝内埋设一定数量的排水管,排水管可沿坝体高度方向分排布置,从坝后至坝前应设不小于3%的纵坡。

表 7.4-1　浆砌石坝断面轮廓尺寸

| 坝高(m) | 坝顶宽度(m) | 坝底宽度(m) | 坝坡 | |
|---|---|---|---|---|
| | | | 上游 | 下游 |
| 5 | 2.0 | 5.5 | 1:0 | 1:0.7 |
| 8 | 2.5 | 8.9 | 1:0 | 1:0.8 |
| 10 | 3.0 | 12.0 | 1:0 | 1:0.9 |

2. 稳定与应力计算

拦沙坝稳定与应力计算可参考挡渣墙,此处不再细述。

作用在坝上的荷载,按其性质分为基本荷载和特殊荷载两种。基本荷载有:①坝体自重;②淤积物重力;③静水压力;④相应于设计洪水位时的扬压力;⑤泥沙压力。特殊荷载有:⑥校核洪水位时的静水压力;⑦相应于校核洪水位时的扬压力;⑧地震荷载。

荷载组合分为基本组合和特殊组合。基本组合属设计情况或正常情况,由同时出现的基本荷载组成,特殊组合属校核情况或非常情况,由同时出现的基本荷载和一种或几种特殊荷载所组成。拦沙坝的荷载组合见表7.4-2。

表 7.4-2　荷载组合

| 荷载组合 | 主要考虑情况 | 荷载 | | | | | |
|---|---|---|---|---|---|---|---|
| | | 自重 | 淤积物重力 | 静水压力 | 扬压力 | 泥沙压力 | 地震荷载 |
| 基本组合 | 设计洪水位情况 | ① | ② | ③ | ④ | ⑤ | — |
| 特殊组合 | 校核洪水位情况 | ① | ② | ⑥ | ⑦ | ⑤ | — |
| | 地震情况 | ① | ② | ③ | ④ | ⑤ | ⑧ |

注:表中数字序号为对应的荷载序号。

3. 溢流口设计

1)溢流口形状

溢流口形状一般采用矩形,也有采用梯形的,边坡坡度为1:0.75~1:1。

2)坝址处设计洪峰流量

坝址处设计洪峰流量即为溢洪道最大下泄流量。

3）溢流口宽度

根据坝下的地质条件，选定单宽溢流流量 $q$，估算溢流口宽度：

$$B = \frac{Q}{q} \qquad (7.4-2)$$

式中　$q$——单宽流量，$\text{m}^3/(\text{s}\cdot\text{m})$；

$\quad\quad Q$——溢流口通过的流量，$\text{m}^3/\text{s}$；

$\quad\quad B$——溢流口的底宽，$\text{m}$。

4）溢流口水深

$$Q = MBH_0^{1.5} \qquad (7.4-3)$$

式中　$Q$——溢流口通过的流量，$\text{m}^3/\text{s}$；

$\quad\quad B$——溢流口的底宽，$\text{m}$；

$\quad\quad H_0$——溢流口的过水深度，$\text{m}$；

$\quad\quad M$——流量系数，通常选用 $1.45\sim1.55$，溢流口表面光滑者用较大值，表面粗糙者用
　　　　较小值，一般取 $1.50$。

当溢流口为梯形断面，且边坡比为 $1:1$ 时：

$$Q = (1.77B + 1.42H_0)H_0^{1.5} \qquad (7.4-4)$$

根据上述公式进行试算，如水深过高或过低，可调整底宽，重新计算，直到满意。

5）溢流口高度

$$H_0 = h_c + \Delta h \qquad (7.4-5)$$

式中　$\Delta h$——安全超高，可取 $0.5\sim1.0\text{ m}$。

4. 坝下消能与冲刷深度计算

1）坝下消能

一般采用护坦消能。适用于大流量的山洪，且坝高较大时采用，是坝下消能的重要措施。它是在主坝下游修建消力池来消能。消力池由护坦和齿坎组成，齿坎的坎顶应高出原沟床 $0.5\sim1.0\text{ m}$，齿坎到主坝设护坦，长度一般为 $2\sim3$ 倍主坝高。

护坦厚度按经验公式估算：

$$b = \sigma\sqrt{q\sqrt{z}} \qquad (7.4-6)$$

式中　$b$——护坦厚度，$\text{m}$；

$\quad\quad q$——单宽流量，$\text{m}^3/(\text{s}\cdot\text{m})$；

$\quad\quad z$——上下游水位差，$\text{m}$；

$\quad\quad \sigma$——经验系数，取 $0.175\sim0.2$。

2）坝下冲刷深度估算

$$T = 3.9q^{0.5}\left(\frac{z}{d_m}\right)^{0.25} - h_t \qquad (7.4-7)$$

式中　$T$——从坝下原沟床面起算的最大冲刷深度，$\text{m}$；

$\quad\quad q$——单宽流量，$\text{m}^3/(\text{s}\cdot\text{m})$；

$\quad\quad d_m$——坝下沟床的标准粒径，$\text{mm}$，一般可用泥石流固体物质的 $d_{90}$ 代替，以重量计，有

90%的颗粒粒径比 $d_{90}$ 小;

$h_t$——坝下沟床水深,m。

## 五、案例分析

**【案例 7.4-1】** （1）某拦沙坝坝前沙容重为 15 kN/m³,坝前淤积物的高度为 5.2 m,淤积物的内摩擦角为 0.129°。拦沙坝所受的坝前泥沙压力为

$$P_{泥} = \frac{1}{2}\gamma_c H^2 \tan^2\left(45° - \frac{\varphi}{2}\right)b$$

$$= \frac{1}{2} \times 15 \times 5.2^2 \times \tan^2\left(45° - \frac{0.129°}{2}\right) \times 1$$

$$= 20.2 \text{（kN）}$$

（2）某浆砌石拦沙坝坝底宽为 10 m,铅直向合力为 1 000 kN,合力的偏心距 1.5 m,地基允许承载力 $[\sigma] = 200$ kN/m²,验证其坝基应力:

$$\begin{cases} \text{上游面应力}:\sigma_{上} = \frac{N}{b}\left(1 - \frac{6e}{b}\right) = \frac{1\,000}{10} \times \left(1 - \frac{6 \times 1.5}{10}\right) = 10 > 0 \\ \text{下游面应力}:\sigma_{下} = \frac{N}{b}\left(1 + \frac{6e}{b}\right) = \frac{1\,000}{10} \times \left(1 + \frac{6 \times 1.5}{10}\right) = 190 < ([\sigma] = 200) \end{cases}$$

# 第五节　泥石流防治工程

开发建设项目处于泥石流多发地区,易受泥石流危害的,应采取泥石流防治工程。泥石流防治工程体系包括:

（1）泥石流形成区（包括地表径流形成区）。主要采取小流域水土保持综合治理措施,包括坡面治理措施和沟道治理措施。易滑塌、崩塌沟段采取谷坊、淤地坝和各类固沟工程,可减少地表径流,减缓流速,减轻沟蚀,控制崩塌、滑塌,稳定沟坡,巩固沟床,削减形成泥石流的水力条件和物质来源。

（2）泥石流过流区。在土沟道的中、下游地段,应修建各种类型的格栅坝和桩林等工程,拦截水流中的石砾等固体物质,尽量将泥石流改变为一般洪水。

（3）泥石流堆积区。主要在沟道下游和沟口,应修建停淤工程与排导工程,控制泥石流对沟口和下游河床、农田、道路等的危害。

## 一、设计原则、要求

### （一）设计原则

1. 预防为主

尽量避让原则。开发建设项目泥石流防治应以预防为主,通过主体工程总体规划,合理布置泥石流防护工程。主体工程弃渣场、取土(石、料)场等均应避开泥石流易发区。

2. 突出重点、工程为主的原则

开发建设项目泥石流防治是为了保护主体工程设施的安全,以拦渣工程、防洪工程、排

导工程、停淤工程等为主。

3. 统筹兼顾、综合治理的原则

泥石流防治作为潜在的灾害预防、治理项目,应将其与小流域治理结合起来,统筹考虑。泥石流防治必须坡沟兼治,上下游、左右岸综合治理,但作为工程建设项目不可能代替水土流失综合治理。

**(二)设计要求**

泥石流灾害防治工程可分为防治工程、治理工程和应急治理工程三类。防治工程应按三阶段设计,即可行性研究、初步设计和施工图设计;治理工程宜按两个阶段设计,即初步设计和施工图设计;应急治理工程可按一阶段设计,即根据现场查勘,立即进行施工图设计。

1. 可行性研究阶段

(1)调查评价泥石流的危险性,分析泥石流易发区,提出主体工程设计的水土保持建议及主要泥石流的预防措施。

(2)初步确定影响工程建设的泥石流区域,以及泥石流防治方案的比选分析。

(3)初步拟定防治工程形式、规模、布局及建设条件,计算工程量和投资。

(4)对泥石流危害严重,又无法避让的,应提出专题论证的方案。

2. 初步设计阶段

(1)进一步勘测、复核泥石流防治方案,确定防治任务、规模。

(2)确定泥石流防治工程形式、位置、结构、断面和基础设计等。

3. 施工图设计阶段

(1)对初步设计进行细化、深化,使之满足实施的要求。

(2)对监测方案应给出准确的布点位置及要求,以利于定位实施。

(3)编制工程预算及设计说明书。

# 二、荷载分析与计算

**(一)工程等级及设计标准**

泥石流防治工程安全等级标准见表 7.5-1。泥石流防治主体工程设计标准见表 7.5-2。

表 7.5-1　泥石流防治工程安全等级标准

| 泥石流灾害 | 防治工程安全等级 | | | |
| --- | --- | --- | --- | --- |
| | 一级 | 二级 | 三级 | 四级 |
| 受灾对象 | 省会级城市 | 地、市级城市 | 县级城市 | 乡、镇及重要居民点 |
| | 铁道、国道、航道主干线及大型桥梁、隧道 | 铁道、国道、航道及中型桥梁、隧道 | 铁道、省道及小型桥梁、隧道 | 乡、镇间的道路、桥梁 |
| | 大型的能源、水利、通信、邮电、矿山、国防工程等专项设施 | 中型的能源、水利、通信、邮电、矿山、国防工程等专项设施 | 小型的能源、水利、通信、邮电、矿山、国防工程等专项设施 | 乡、镇级的能源、水利、通信、邮电、矿山等专项设施 |
| | 一级建筑物 | 二级建筑物 | 三级建筑物 | 普通建筑物 |

| 泥石流灾害 | 防治工程安全等级 | | | |
|---|---|---|---|---|
| | 一级 | 二级 | 三级 | 四级 |
| 死亡人数 | >1 000 | 1 000~100 | 100~10 | <10 |
| 直接经济损失 (10⁴ 元) | >1 000 | 1 000~500 | 500~100 | <100 |
| 期望经济损失 (10⁴ 元/年) | >1 000 | 1 000~500 | 500~100 | <100 |
| 防治工程投资 (10⁴ 元) | >1 000 | 1 000~500 | 500~100 | <100 |

注:引自《泥石流灾害防治工程设计规范》(DZ/T 0239—2004)。

表 7.5-2 泥石流防治主体工程设计标准

| 防治工程 安全等级 | 降雨强度 | 拦挡坝抗滑安全系数 | | 拦挡坝抗倾覆安全系数 | |
|---|---|---|---|---|---|
| | | 基本荷载组合 | 特殊荷载组合 | 基本荷载组合 | 特殊荷载组合 |
| 一级 | 100 年一遇 | 1.25 | 1.08 | 1.60 | 1.15 |
| 二级 | 50 年一遇 | 1.20 | 1.07 | 1.50 | 1.14 |
| 三级 | 30 年一遇 | 1.15 | 1.06 | 1.40 | 1.12 |
| 四级 | 10 年一遇 | 1.10 | 1.05 | 1.30 | 1.10 |

注:引自《泥石流灾害防治工程设计规范》(DZ/T 0239—2004)。

**(二)重力式拦砂坝荷载分布及计算**

作用于拦砂坝的基本荷载有坝体自重、泥石流压力、过坝泥石流的动水压力、水压力、扬压力、冲击力等。特殊荷载为地震力、温度应力。

1.坝体自重

$$W_b = V_b \gamma_b \tag{7.5-1}$$

式中 $W_b$——坝体自重,kN;

$V_b$—— 单宽结构体体积,m³;

$\gamma_b$——材料重度,kN/m³。

2.泥石流竖向压力

泥石流竖向压力包括土体重 $W_s$ 和溢流重 $W_f$。土体重 $W_s$ 是指拦砂坝溢流面以下垂直作用于坝体斜面上的泥石流体积和重量,重度有差别的相互堆积物的 $W_s$ 应分层计算。

溢流重 $W_f$ 是泥石流过坝时作用在坝体上的重量,按下式计算:

$$W_f = h_d \gamma_d \tag{7.5-2}$$

式中 $h_d$——溢流体厚度,m;

$\gamma_d$——设计溢流重度,kN/m³。

3.作用于拦挡坝迎水面上的水平压力

作用于拦挡坝迎水面上的水平压力有水石流体水平压力 $F_{dl}$、泥石流体水平压力 $F_{vl}$,以

及水平水压力 $F_{wl}$。

水石流体水平压力 $F_{dl}$ 按式(7.5-3)计算：

$$F_{dl} = \frac{1}{2}\gamma_{ys}h_s^2\tan^2\left(45° - \frac{\varphi_{ys}}{2}\right)$$ (7.5-3)

$$\gamma_{ys} = \gamma_{ds} - (1-n)\gamma_w$$

式中　$\gamma_{ds}$——干砂重度,$kN/m^3$;

　　　$\gamma_w$——水体重度,$kN/m^3$;

　　　$n$——孔隙率;

　　　$h_s$——泥石流堆积厚度,m;

　　　$\varphi_{ys}$——浮砂内摩擦角。

泥石流体水平压力 $F_{vl}$ 按式(7.5-4)计算：

$$F_{vl} = \frac{1}{2}\gamma_c H_c^2\tan^2\left(45° - \frac{\varphi_a}{2}\right)$$ (7.5-4)

式中　$F_{vl}$——泥石流的静压力,kN;

　　　$\varphi_a$——泥石流体内摩擦角,(°),一般取 $4° \sim 10°$。

水平水压力 $F_{wl}$ 按式(7.5-5)计算：

$$F_{wl} = \frac{1}{2}\gamma_w H_w^2$$ (7.5-5)

式中　$H_w$——水的深度,m;

　　　$\gamma_w$——水体的重度,$kN/m^3$。

4.过坝泥石流的动水压力

$$\sigma = \frac{\gamma_c}{g}V_c^2$$ (7.5-6)

式中　$V_c$——泥石流的平均流速,m/s;

　　　$g$——重力加速度,$9.8~m/s^2$;

　　　$\gamma_c$——泥石流的重度,$kN/m^3$。

5.作用在迎水面坝踵处的扬压力

$$F_y = K\frac{H_1 + H_2}{2}B\gamma_w$$ (7.5-7)

式中　$F_y$——扬压力,kPa;

　　　$H_1$——坝上游水深,m;

　　　$H_2$——坝下游水深,m;

　　　$B$——坝底宽度,m;

　　　$K$——折减系数,根据坝基渗透性参见有关规范而定。

6.冲击力

冲击力包括泥石流整体冲压力 $F_\delta$ 和泥石流中大块的冲击力 $F_b$。

泥石流整体冲击力用下式计算：

$$F_\delta = \lambda\frac{\gamma_c}{g}V_c^2\sin\alpha$$ (7.5-8)

式中　$F_\delta$——泥石流整体冲击压力,kPa;

　　　　$\gamma_c$——泥石流重度,kN/m³;

　　　　$V_c$——泥石流流速,m/s;

　　　　$g$——重力加速度,m/s²,取 $g = 9.8$ m/s²;

　　　　$\alpha$——建筑物受力面与泥石流冲压方向的夹角,(°);

　　　　$\lambda$——建筑物形状系数,圆形建筑物 $\lambda = 1.0$,矩形建筑物 $\lambda = 1.33$,方形建筑物 $\lambda = 1.47$。

　　若受冲击工程建筑物为墩、台或柱,泥石流大块石冲击力 $F_b$ 计算公式为

$$F_b = \sqrt{\frac{3EJV^2W}{gL^3}}\sin\alpha \qquad (7.5\text{-}9)$$

式中　$F_b$——泥石流大块石冲击力,kPa;

　　　　$E$——工程构件弹性模量,kPa;

　　　　$J$——工程构件截面中心轴的惯性矩,m⁴;

　　　　$L$——构件长度,m;

　　　　$V$——石块运动速度,m/s;

　　　　$W$——石块重量,kN;

　　　　$g$——重力加速度,取 $g = 9.8$ m/s²;

　　　　$\alpha$——块石运动方向与构件受力面的夹角,(°)。

　　若受冲击建筑物为坝、闸或拦栅等,泥石流大块石冲击力 $F_b$ 计算公式为

$$F_b = \sqrt{\frac{48EJV^2W}{gL^3}}\sin\alpha \qquad (7.5\text{-}10)$$

式中符号意义同上。

**(三)排导槽荷载分布及计算**

1. 排导槽的基本荷载

排导槽的基本荷载包括结构自重、土压力、泥石流体重量和静压力、泥石流的冲击力。特殊荷载为地震力。

　　基本荷载组合:结构自重、土压力、设计情况下的泥石流体重量和静压力、泥石流的冲击力。

　　特殊组合:结构自重、土压力、校核情况下的泥石流体重量和静压力、泥石流的冲击力、地震力。

　　排导槽相关计算可参考拦砂坝。

2. 排导槽荷载计算要求

　　(1)整体式框架结构和全断面衬砌结构应具有足够的刚度,设计荷载作用下地基有足够的承载力。

　　(2)验证挡土墙在设计荷载作用下,抗滑、抗倾和地基承载力满足设计要求。

　　(3)验算倾斜的护坡厚度和刚度,避免由于不均匀沉陷变形和局部应力而折断、开裂。验算砌体和下卧层之间的抗滑稳定性应满足设计要求。

　　(4)验算最大冲刷深度,槛基不得悬空外露,槛基埋深应为槛高的 1/2 ~ 1/3。同时,槛

顶耐磨层的耐久性满足使用年限。

(5)结构的顶冲部位应具有较好的抗冲击强度。泥石流的抗冲击力按式(7.5-7)计算。

**(四)渡槽荷载分布及计算**

1.渡槽的基本荷载

渡槽的基本荷载包括结构自重、填土重量及土压力(进、出口段槽体)、泥石流体重量和静压力、泥石流的冲击力。特殊荷载为地震力和温度荷载引起的结构附加应力。

基本荷载组合:结构自重、土压力、设计情况下的流体重量和流体静压力、泥石流的冲击力。

特殊组合:结构自重、土压力、校核情况下的流体重量和流体静压力、泥石流的冲击力、地震力、温度荷载引起的结构附加应力。

2.渡槽设计要求

渡槽为一空间结构,其纵、横方向结构与受力均不相同。计算时选不同的结构计算单元,既作纵、横向结构总体计算,又分别计算侧墙、底板、肋箍、拉杆、腹拱、竖墙、立柱、拱墩、基础的强度、抗裂性以及稳定性等。上述计算可参照同类结构的计算方法进行。

# 三、泥石流防治工程设计

**(一)工程设计(规划)的基本参数**

泥石流防治工程相关参数主要有岩体或土体的承载力、沟床质与地基的摩擦系数 $f$、流体的密度 $\rho_c$、流速 $V$ 和流量 $Q$ 等。岩体或土体的承载力反映岩体或土体承载构筑物的物理力学性质,一般采用载荷试验、理论公式计算和原位试验方法综合确定,也可按有关建筑地基基础设计规范查表确定,但均应结合当地同类岩土体的建筑经验;当按规范查表得到的地基承载力值与当地经验差异较大时,仍应由载荷试验、理论公式计算等综合确定;摩擦系数可通过沟床质试验求得中值或根据沟床质性质查表求得内摩擦角 $\varphi$ 值,再计算 $f$ 值。

泥石流的密度、流速、流量和冲击力(冲压力)计算可参阅《泥石流灾害防治工程设计规范》(DZ/T 0239—2004)、《泥石流灾害防治工程勘查规范》(DZ/T 0220—2006)和《泥石流防治指南》推荐的有关公式求得,现简述如下。

1.泥石流体重度 $\gamma_c$

石流体重度 $\gamma_c$ 采用称重法或体积比法测定。在无试验条件的情况下,可根据泥石流易发程度 $N$,查 $N$ 与 $\gamma_c$、$1+\varphi$ 对照表获得,见表 7.5-3 及表 7.5-4。

2.泥石流流速 $V_c$

$$V_c = \frac{1}{\sqrt{\gamma_h \varphi + 1}} \frac{1}{n} H_c^{2/3} I_x^{1/2} \tag{7.5-11}$$

式中　$\gamma_h$——固体物质重度,$t/m^3$；

　　　$H_c$——计算断面的平均泥深,m；

　　　$I_x$——泥石流水力坡度(%)；

　　　$n$——泥石流沟床的糙率系数；

　　　$\varphi$——泥石流泥沙修正系数,见表 7.5-5。

表 7.5-3 泥石流严重程度判别因素分析

| 序号 | 影响因素 | 权重 | 量级划分 | | | | | | | | |
| --- | --- | --- | --- | --- | --- | --- | --- | --- | --- | --- |
| | | | 严重（A） | 得分 | 中等（B） | 得分 | 较严重（C） | 得分 | 一般（D） | 得分 |
| 1 | 崩塌、滑坡及水土流失（自然和人为活动的）严重程度 | 0.159 | 崩塌、滑坡等重力侵蚀严重，大型滑坡和大型崩塌，表土流松，冲沟十分发育 | 21 | 崩塌、滑坡发育，多层滑坡和中小型崩塌，有零星崩塌，冲沟发育盖 | 16 | 有零星崩塌、滑坡和冲沟存在 | 12 | 无崩塌、滑坡，冲沟或发育轻微 | 1 |
| 2 | 泥砂沿程补给长度比（%） | 0.118 | >60 | 16 | 60~30 | 12 | 30~10 | 8 | <10 | 1 |
| 3 | 沟口泥石流堆积活动程度 | 0.108 | 河形弯曲或堵塞，大河主流受挤压偏移 | 14 | 河形无较大变化，仅大河主流受迫偏移 | 11 | 河形无变化，大河主流在高水偏，低水不偏 | 7 | 无河形变化，主流不偏 | 1 |
| 4 | 河沟纵坡（°、‰） | 0.090 | >12°，213 | 12 | 12°~6°，213~105 | 9 | 6°~3°，105~52 | 6 | <3°，52 | 1 |
| 5 | 区域构造影响程度 | 0.075 | 强抬升区，6级以上地震区，断层破碎带 | 9 | 抬升区，4~6级地震区，有中小支断层 | 7 | 相对稳定区，4级以下地震区有小断层 | 5 | 沉降区，构造影响小或无影响 | 1 |
| 6 | 流域植被覆盖率（%） | 0.067 | <10 | 9 | 10~30 | 7 | 30~60 | 5 | >60 | 1 |
| 7 | 河沟近期一次变幅（m） | 0.062 | 2 | 8 | 2~1 | 6 | 1~0.2 | 4 | 0.2 | 1 |
| 8 | 岩性影响 | 0.054 | 软岩、黄土 | 6 | 软硬相间 | 6 | 风化强烈和节理发育的硬岩 | 5 | 硬岩 | 4 |
| 9 | 沿沟松散物储量（10⁴ m³/km²） | 0.054 | >10 | 6 | 10~5 | 6 | 5~1 | 5 | <1 | 4 |
| 10 | 沟岸山坡坡度（°、‰） | 0.045 | >32°，625 | 6 | 32°~25°，625~466 | 5 | 25°~15°（466~286） | 5 | <15°，286 | 4 |
| 11 | 产沙区沟槽横断面 | 0.036 | V形、U形谷中谷 | 5 | 宽U形谷 | 4 | 复式断面 | 4 | 平坦型 | 3 |
| 12 | 产沙区松散物平均厚度（m） | 0.036 | >10 | 5 | 10~5 | 4 | 5~1 | 4 | <1 | 3 |
| 13 | 流域面积（km²） | 0.036 | 0.2~5 | 5 | 5~10 | 4 | 0.2以下，10~100 | 4 | >100 | 3 |
| 14 | 流域相对高差（m） | 0.030 | >500 | 4 | 500~300 | 4 | 300~100 | 3 | <100 | 2 |
| 15 | 河沟堵塞程度 | 0.030 | 严 | 4 | 中 | 4 | 轻 | 3 | 无 | 2 |

表 7.5-4　数量化评分 $N$ 与重度 $\gamma_c$、$1+\varphi$ 关系对照

| 评分 | 重度 $\gamma_c$ ( t/m³ ) | $1+\varphi$ ( $\gamma_h=2.65$ ) | 评分 | 重度 $\gamma_c$ ( t/m³ ) | $1+\varphi$ ( $\gamma_h=2.65$ ) | 评分 | 重度 $\gamma_c$ ( t/m³ ) | $1+\varphi$ ( $\gamma_h=2.65$ ) |
|---|---|---|---|---|---|---|---|---|
| 44 | 1.300 | 1.223 | 73 | 1.502 | 1.459 | 102 | 1.703 | 1.765 |
| 45 | 1.307 | 1.231 | 74 | 1.509 | 1.467 | 103 | 1.710 | 1.778 |
| 46 | 1.314 | 1.239 | 75 | 1.516 | 1.475 | 104 | 1.717 | 1.791 |
| 47 | 1.321 | 1.247 | 76 | 1.523 | 1.483 | 105 | 1.724 | 1.804 |
| 48 | 1.328 | 1.256 | 77 | 1.530 | 1.492 | 106 | 1.731 | 1.817 |
| 49 | 1.335 | 1.264 | 78 | 1.537 | 1.500 | 107 | 1.738 | 1.830 |
| 50 | 1.342 | 1.272 | 79 | 1.544 | 1.508 | 108 | 1.745 | 1.842 |
| 51 | 1.349 | 1.280 | 80 | 1.551 | 1.516 | 109 | 1.752 | 1.855 |
| 52 | 1.356 | 1.288 | 81 | 1.558 | 1.524 | 110 | 1.759 | 1.868 |
| 53 | 1.363 | 1.296 | 82 | 1.565 | 1.532 | 111 | 1.766 | 1.881 |
| 54 | 1.370 | 1.304 | 83 | 1.572 | 1.540 | 112 | 1.772 | 1.894 |
| 55 | 1.377 | 1.313 | 84 | 1.579 | 1.549 | 113 | 1.779 | 1.907 |
| 56 | 1.384 | 1.321 | 85 | 1.586 | 1.557 | 114 | 1.786 | 1.919 |
| 57 | 1.391 | 1.329 | 86 | 1.593 | 1.565 | 115 | 1.793 | 1.932 |
| 58 | 1.398 | 1.337 | 87 | 1.600 | 1.577 | 116 | 1.800 | 1.945 |
| 59 | 1.405 | 1.345 | 88 | 1.607 | 1.586 | 117 | 1.843 | 2.208 |
| 60 | 1.412 | 1.353 | 89 | 1.614 | 1.599 | 118 | 1.886 | 2.471 |
| 61 | 1.419 | 1.361 | 90 | 1.621 | 1.611 | 119 | 1.929 | 2.735 |
| 62 | 1.426 | 1.370 | 91 | 1.628 | 1.624 | 120 | 1.971 | 2.998 |
| 63 | 1.433 | 1.378 | 92 | 1.634 | 1.637 | 121 | 2.014 | 3.216 |
| 64 | 1.440 | 1.386 | 93 | 1.641 | 1.650 | 122 | 2.057 | 3.524 |
| 65 | 1.447 | 1.394 | 94 | 1.648 | 1.663 | 123 | 2.100 | 3.788 |
| 66 | 1.453 | 1.402 | 95 | 1.655 | 1.676 | 124 | 2.143 | 4.051 |
| 67 | 1.460 | 1.410 | 96 | 1.662 | 1.688 | 125 | 2.186 | 4.314 |
| 68 | 1.467 | 1.418 | 97 | 1.669 | 1.701 | 126 | 2.229 | 4.577 |
| 69 | 1.474 | 1.426 | 98 | 1.676 | 1.714 | 127 | 2.271 | 4.840 |
| 70 | 1.481 | 1.435 | 99 | 1.683 | 1.727 | 128 | 2.314 | 5.104 |
| 71 | 1.488 | 1.443 | 100 | 1.690 | 1.740 | 129 | 2.357 | 5.367 |
| 72 | 1.495 | 1.451 | 101 | 1.697 | 1.753 | 130 | 2.400 | 5.630 |

表 7.5-5　泥石流重度 $\gamma_c$、固体物质重度 $\gamma_h$ 与泥沙修正系数 $\varphi$ 对照表

| $\gamma_h$ | $\gamma_c$ | | | | | | | | | | |
|---|---|---|---|---|---|---|---|---|---|---|---|
| | 1.3 | 1.4 | 1.5 | 1.6 | 1.7 | 1.8 | 1.9 | 2.0 | 2.1 | 2.2 | 2.3 |
| 2.4 | 0.272 | 0.400 | 0.556 | 0.750 | 1.000 | 1.330 | 1.80 | 2.50 | 3.67 | 6.00 | 13.00 |
| 2.5 | 0.250 | 0.364 | 0.500 | 0.667 | 0.875 | 1.140 | 1.50 | 2.00 | 2.75 | 4.00 | 6.50 |
| 2.6 | 0.231 | 0.333 | 0.454 | 0.600 | 0.778 | 1.000 | 1.28 | 1.67 | 2.20 | 3.00 | 4.33 |
| 2.7 | 0.214 | 0.308 | 0.416 | 0.545 | 0.700 | 0.890 | 1.12 | 1.43 | 1.83 | 2.40 | 3.25 |

### 3. 泥石流流量 $Q_c$ 计算

（1）现场形态调查法：

$$Q_c = V_c F_c \tag{7.5-12}$$

式中　$F_c$——泥石流过流断面面积，$m^2$；

　　　$V_c$——泥石流流速，m/s。

（2）雨洪计算法：

$$Q_c = K_Q Q_B D \tag{7.5-13}$$

$$K_Q = 1 + \frac{\gamma_c - 1}{\gamma_h - \gamma_c} = 1 + \varphi \tag{7.5-14}$$

式中　$Q_B$——清水洪峰流量，$m^3/s$，按所在地区省水利厅印发的水文手册中计算公式计算；

　　　$K_Q$——泥石流流量修正系数；

　　　$D$——堵塞系数，可查表 7.5-6。

表 7.5-6　泥石流堵塞系数 $D$

| 堵塞程度 | 严重堵塞 | 中等严重堵塞 | 轻微堵塞 | 无堵塞 |
|---|---|---|---|---|
| $D$ 值 | >2.5 | 2.5～1.5 | 1.5～1.1 | 1.0 |

### （二）泥石流形成区（含径流形成区）防治工程

泥石流形成区的防治工程包括坡耕地治理、荒坡荒地治理、小型蓄排、沟头防护、谷坊、淤地坝、沟底防冲、护坡等工程。请参见前述内容和《水土保持综合治理技术规范》。

### （三）泥石流过流区的防治工程

#### 1. 格栅坝

在沟中用混凝土、钢筋混凝土或浆砌石修筑重力坝，其过水部分，用钢材或其他建筑材料做成格栅，拦截泥石流中的巨石与大漂砾而使其余泥水下泄，减小石砾冲撞。

格栅坝上的过流格栅有梁式、耙式、齿状等多种形式。

1）梁式坝

（1）在重力坝中部作溢流口，口上用钢材作横梁，形成格栅，梁的间隔应能上下调整，以

便根据坝后淤积和泥石流活动情况及时将梁的间隔放大或缩小。

（2）溢流口尺寸一般为矩形断面，高为 $h$，宽为 $b$，高与宽之比为 $h:b=1.5\sim2.0$。

（3）筛分率 $e$ 按下式计算：

$$e = \frac{V_1}{V_2} \qquad (7.5\text{-}15)$$

式中    $V_1$——一次泥石流过程中库内的泥沙滞留量，$\text{m}^3$；

$V_2$——通过坝体下泄的泥沙量，$\text{m}^3$。

（4）使用正常的梁式坝筛分效果一般应达到：当下泄粒径 $D_c = 0.5D_m$ 时，滞留库内的泥沙百分比为 20%（$D_m$ 为流体中砾石的最大粒径）。

（5）同一沟段布置的梁式坝，筛孔由大到小，依次向下布置成坝系，并使此坝系有最高的筛分效率。

2）耙式坝

（1）坝和溢流口做法与梁式坝相同。不同的是，在溢流口处用钢材做成耙式竖梁，形成格栅。

（2）筛分率 $e$ 计算与梁式坝相同。

3）齿状坝

（1）将重力坝的顶部做成齿状溢流口，齿口采用窄深式的三角形、梯形或矩形断面。

（2）齿口尺寸，主要确定齿口的深宽比，一般要求深:宽 $=1:1\sim2:1$。

（3）齿口密度要求为 $0.2 < \sum b/B < 0.6$（$b$ 为溢流口宽度，$\text{m}$；$B$ 为齿口宽度，$\text{m}$）。

当 $\sum b/B = 0.4$ 时，调节效果最佳。

（4）齿口宽与拦截作用关系。设 $D_{m1}$、$D_{m2}$ 分别为中小洪水与特大洪水可挟带泥沙的最大粒径。则当 $b/D_{m1} > 2\sim3$ 和 $b/D_{m2} \leqslant 1.5$ 时，拦截效果最佳。

（5）齿口宽与闭塞条件。设 $D_m$ 为洪水可挟带泥沙的最大粒径，则 $b/D_m > 2.0$ 时，不闭塞；$b/D_m \leqslant 1.5$ 时，闭塞。

2. 桩林

在泥石流间歇发生、暴雨频率较低的沟道中下游，在沟中用型钢、钢管桩或钢筋混凝土桩，横断沟道成排地打桩，形成桩林，拦截泥石流中粗大石砾和其他固体物质，削弱其破坏力。布置原则如下：

（1）垂直于沟中流向，布置两排或多排桩。每两排桩上下交错成"品"字形。设 $D_m$ 为洪水可挟带泥沙的最大粒径，桩间距为 $b$，要求 $b/D_m = 1.5\sim2.0$。

（2）桩基总长在地面外露部分为 $3\sim8$ m 时，要求桩高 $h$ 为间距 $b$ 的 $2\sim4$ 倍。

（3）桩基应埋在冲刷线以下，且埋置长度不应小于总长度的 1/3。

（4）桩林的受力分析与结构设计类同悬臂梁。

3. 拦砂坝

拦砂坝用来与栅格坝、桩林相配合，拦蓄经筛滤后的砂砾与洪水，巩固沟床，稳定沟坡，减轻对下游的危害。拦沙坝设计参见有关章节。

## (四)泥石流堆积区防治工程

### 1. 停淤工程

根据不同的地形条件,选择修建侧向停淤场、正向停淤场或凹地停淤场,将泥石流拦阻于保护区外,同时,减少泥石流的下泄量,减轻排导工程的压力。

#### 1)侧向停淤工程

当堆积扇和低阶地面较宽、纵坡较缓时,将堆积扇径向垄岗或宽谷一侧的山麓做成侧向围堤,在泥石流前进方向构成半封闭的侧向停淤场,将泥石流控制在预定的范围内停淤,其布置要点如下:

(1)入流口选在沟道或堆积扇纵坡变化转折处,并略偏向下游,使上部纵坡大于下部,便于布置入流设施,获得较大落差。

(2)在弯道凹岸重点靠上游布设侧向溢流堰,在沟底修建浅槛,并适当抬高,以实现侧向入流和分流。要求既能满足低水位下洪水顺沟道排泄,又有利于在超高水位时侧向分流,使泥石流的分流与停淤达到自动调节。

(3)停淤场入流口处沟床设横向坡度,使泥石流进入后能迅速散开,铺满横断面并立即溜走,避免在堰首发生壅塞、滞流,产生累积性淤积而堵塞入流口。

(4)停淤场具有开敞、渐变的平面形状,消除阻碍流动的急弯和死角。

#### 2)正向停淤场

当泥石流出沟处前方有公路或其他需保护的建筑物时,在泥石流堆积扇的扇腰处,垂直于流向修建正向停淤场。布设要点如下:

(1)正向停淤场由齿状拦挡坝与正向防护围堤结合而成,拦挡坝的两端有出口,齿状拦挡坝与公路、河流之间建防护围堤,形成高低两级正向停淤场。

(2)拦挡坝两端不封闭,两侧留排泄道,在堆积扇上形成第一级高阶停淤场,具有正面阻滞停淤、两侧泄流的功能,加快停淤与水土(石)分离。

(3)拦挡坝顶部做成疏齿状溢流口,在拦挡石砾的同时,将分选不带石砾的洪水排向下游。

(4)在齿状拦挡坝下游河岸(公路路基上游)修建围堤,构成第二级停淤场。经齿状拦挡坝排入的洪水在此处停淤。

(5)沿堆积扇两侧开挖排洪沟,引导停淤后的洪水排入河道。

#### 3)凹地停淤场

在泥石流活跃、沿主河一侧堆积扇有扇间凹地的,修建凹地停淤场。

(1)在堆积扇上部修导流堤,将泥石流引入扇间凹地停淤。凹地两侧受相邻两个堆积扇挟持约束,形成天然围堤。

(2)根据凹地容积及泥石流的停淤场总量,确定是否需要在下游出口处修建拦挡工程,以及拦挡的规模。

(3)在凹地停淤场出口以下,开挖排洪道,将停淤后的洪水排入下游河道。

### 2. 排导工程

在需要排泄泥石流或控制泥石流走向和堆积的地方,修建排导工程。根据不同条件分别采用排导槽或渡槽等形式。

1)排导槽

主要修建在泥石流的堆积扇或堆积阶地上,既可提高输沙能力、增大输沙粒径,又可防止河沟纵、横向的变形,使泥石流按一定路线排泄。排导槽的作用是将泥石流顺利排泄到主河或指定区域,使保护对象免遭破坏,常用于沟口泥石流堆积扇上或宽谷内泥石流堆积滩地上泥石流灾害的防治。泥石流排导要求纵坡大,线路顺直,结构上能防撞击、冲刷和淤积,具有顺畅排泄各类泥石流、高含沙水流和山洪的能力。

(1)排导槽布置要求。除要求线路顺直,纵坡较大,有利于排泄外,还应注意以下几点:一是尽可能利用现有的天然沟道,以保持其原有的水力条件;二是出口尽量与主河锐角相交,防止泥石流堵塞主河;三是在必须设置弯道的槽段,应使弯道半径为泥面宽度的8~10倍(稀性泥石流)或15~20倍(黏性泥石流)。

(2)排导槽纵坡设计。应根据地形(含天然沟道纵坡)、地质等状况综合确定排导槽纵坡,最好一坡到底,以防止因变坡产生淤积和冲刷;若地形条件限制必须设置变坡的槽段,其变化幅度不应过大;若地形不能满足排导泥石流的最小纵坡要求,就应抬高槽首(或降低槽尾)高程,以获得排导泥石流所必需的最小纵坡。排导槽设计纵坡可参考表7.5-7选择。

表7.5-7　泥石流排导槽设计纵坡一览表

| 泥石流性质 | 稀性 | | 过渡性 | | 黏性 | |
|---|---|---|---|---|---|---|
| 泥石流类型 | 泥流 | 泥石流 | 泥流 | 泥石流 | 泥流 | 泥石流 |
| 密度(g/cm³) | 1.1~1.4 | 1.3~1.7 | 1.4~1.7 | 1.7~2.0 | ≥1.7 | ≥2.0 |
| 纵坡(‰) | 30~50 | 50~100 | 40~70 | 80~120 | 60~150 | 100~180 |

(3)排导槽横断面设计。包括横断面形式的选择和断面尺寸的确定。常见的泥石流排导槽横断面形状有梯形、矩形和V形等三种,也有复合型。

一般情况,梯形或矩形断面,适用于各种类型和规模的泥石流,V形横断面适用于频繁发生、规模较小的黏性泥石流和水石流的排泄。横断面的设计是在纵坡条件基本确定的情况下进行的。要使排导槽具有与流通段相同的排泄能力,通常采用加大槽深、压缩槽宽的方法来达到提高输沙能力,顺畅地排泄泥石流的目的。

横断面设计步骤为:参照较为顺直、狭窄,且形状和尺寸比较稳定的流通段的沟床形态,或采用有关公式计算,拟定排导槽横断面的形态、纵坡 $I_g$ 与底宽 $B_g$ 的尺寸;根据最大设计泥深,并计入常年淤积高度及安全超高确定排导槽设计深度 $H_c$;试算排导槽的泄流能力,将试算结果与泥石流流量比较,若计算泄流能力小于泥石流流量,则修正断面尺寸或改变断面形态。

(4)排导槽平面布置。排导槽自上而下由进口段、急流段和出口段三部分组成(见图7.5-1)。进口段做成喇叭形,并有渐变段,以利于与急流段相衔接。进口段一般布置成上游宽、下游窄,呈收缩渐变的喇叭形。喇叭口与沟槽、上游拦砂坝、谷坊、潜坝等工程平顺连接,收缩角一般为 $\alpha \leq 8° \sim 15°$(黏性泥石流或含大量巨砾的水石流)或 $\alpha \leq 15° \sim 25°$(高含沙水流和稀性泥石流),过渡段长度应大于设计泥面宽度5~10倍,横断面沿纵轴线尽可能对称布置。急流段一般采用全长范围等宽度布置,当受地形条件限制,必须转折时,以缓弧相接的大钝角相交折线形布置,转折角应≥135°,并采用较大的弯道半径。当排导槽较长,纵坡由上向下逐渐变小时,一般采用增加排导槽深度的方法,来满足过流需要。出口段宜布置在靠近大河主流或较为宽阔的场地,主流轴线走向应与下游大河主流方向以锐角斜交,交角应≤45°。

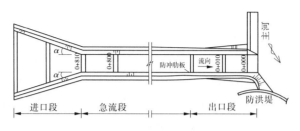

图 7.5-1　排导槽平面布置示意图

(5)排导槽出口以下的排泄区要比较顺直或通过裁弯取直可变得比较顺直,以利于泥石流流动;或者通过有足够的坡度,或者通过一定的工程设置足够的坡度,保证泥石流在排导槽内不淤不堵,顺畅排泄,保证泥石流经排导槽导流后不带来新的危害。

(6)排导槽结构。目前,采用较多的排导槽有两种类型:软基消能排导槽和 V 形排导槽。软基消能排导槽结构简单,工程造价低,又解决了泥石流对沟床的冲刷问题;V 形排导槽,具有能有效排泄各种不同量级泥石流体的能力,多适用于纵坡较缓的小流域泥石流的排导。软基消能排导槽肋板厚度一般以 1.0 m,深度以 1.50 ~ 2.50 m 为宜,并按潜没式布设(肋板顶一般与沟床底平),肋板间距可通过有关文献的公式计算确定;侧墙一般采用浆砌石结构,按重力式挡土墙设计。

V 形槽底部呈 V 形,通常以浆砌石、混凝土、钢筋混凝土进行全断面护砌,构成整体式结构。V 形槽底部由含纵、横坡度的两个斜面组成重力束流坡,纵坡值通常用 30‰ ~ 300‰,横坡通常用 200‰ ~ 250‰,限值为 100‰ ~ 300‰,在纵坡不足时加大横坡输沙效果显著。

2)渡槽

在铁路、公路、水渠、管道或其他线形设施与泥石流的过流区或堆积区交叉处,需修建渡槽,使泥石流从渡槽通过,避免对建筑物造成危害。

(1)采用渡槽需具备以下条件:泥石流暴发较为频繁,高含沙水流与洪水或常流水交替出现,且沟道常有冲刷;泥石流最大流量不超过 200 m³/s,其中固体物粒径最大不超过 1.5 m;地形高差能满足线路设施立体交叉净空的要求;进出口顺畅,基础有足够的承载力并具备防冲刷能力。

(2)不宜采用渡槽的条件:沟道迁徙无常;冲淤变化急剧;洪水流量、容重和含固体物粒径变化幅度很大的高黏性泥石流和含巨大漂砾的泥石流。

(3)渡槽由沟道入流衔接段、进口段、槽身、出口段和沟道出流衔接段五部分组成。

沟道入口衔接段在渡槽进口以上需有 15 ~ 20 倍于槽宽的直线引流段,沟道顺直,与渡槽进口平滑连接。

渡槽进口段采用梯形或弧形断面的喇叭口,从沟道入流衔接段渐变到槽身渐变段,长度一般大于槽宽的 5 ~ 10 倍,且不应小于 20 m,其扩散角应小于 8° ~ 15°。

槽身部分,做成均匀的直线形,其宽度根据槽下的跨越物而定,其长度比跨越物的净宽再增加1.0~1.5倍。

渡槽出口段,采用沟道出流衔接段顺直相连,避开弯曲沟道,避免在槽尾附近散流停淤。

沟道出流衔接段的断面与比降,要求能顺畅通过渡槽出口排出的泥石流,不产生淤积或冲刷,保证渡槽的正常使用。

### 四、案例分析

**【案例7.5-1】** 某泥石流沟为轻度易发型泥石流沟,采用混凝土重力拦砂坝进行泥石流防治,根据泥石流地质勘测情况,该断面泥石流重度 $\gamma_c$ 为 1.418 kN/m³;流速为 10.25 m/s,建筑物垂直受力,请计算拦砂坝受到的整体冲压力。

拦砂坝受到的整体冲压力:

$$F_\delta = \lambda \frac{\gamma_c}{g} V_c^2 \sin\alpha = 1.33 \times (1.418 \div 9.8) \times 10.25^2 \times 1 = 20.22 (\text{kPa})$$

**【案例7.5-2】** 已知某泥石流沟为轻度易发型泥石流沟,流域面积为 59.69 km²,其2%的洪水流量 $Q_B$ 为95.29 m³/s,固体物质重度 $\gamma_h$ 为 2.72 t/m³,泥石流重度 $\gamma_c$ 为 1.502 t/m³,堵塞系数1.3,求该泥石流沟2%频率泥石流流量 $Q_c$。

$$K_Q = 1 + \frac{\gamma_c - 1}{\gamma_h - \gamma_c} = 1 + \frac{1.502 - 1}{2.72 - 1.502} = 1.412$$

$$Q_c = K_Q Q_B D = 1.412 \times 95.29 \times 1.3 = 174.91 (\text{m}^3/\text{s})$$

# 第六节　滚水坝和塘坝工程

滚水坝和塘坝主要用于拦蓄山丘间的泉水和小洪水,通过壅高水位和汇集水量,以方便自流或抽水供水,供水对象可以是小型灌区,也可以是人畜饮水等。滚水坝和塘坝都应该进行水量平衡,并通过兴利调节计算确定工程规模。

## 一、滚水坝

### (一)滚水坝的布置

滚水坝的坝型主要为浆砌石坝和混凝土坝,通常情况下,因工程规模较小,常用浆砌石坝。滚水坝上游有取水建筑物时,应布置在岩基或稳定坚实的原状土基上。最终确定的坝址和坝型,应当综合考虑地形、地质、水源、建筑材料、建筑物布置等因素,经两个以上方案的技术和经济比较后确定。

### (二)死库容和死水位

滚水坝按下述公式确定死库容和死水位:

$$V_{死} = N(V_{淤} - \Delta V)/\gamma_d \tag{7.6-1}$$

$$V_{淤} = \frac{\overline{W}\eta F}{100\gamma_d} \tag{7.6-2}$$

式中　$V_{死}$——死库容,m³;

$N$——淤积年限,年;

$V_淤$——年淤积量,$m^3$;

$\Delta V$——年均排沙量,$m^3$;

$\gamma_d$——淤积泥沙干密度,可取 $1.2 \sim 1.4 \ t/m^3$;

$\overline{W}$——多年平均年侵蚀模数,$t/(km^2 \cdot a)$;

$\eta$——输移比,可根据经验确定;

$F$——流域集水面积,$hm^2$。

死库容确定后,可查水位—库容曲线求得死水位 $Z_死$。

### (三)兴利库容和正常蓄水位

(1)当根据多年平均来水量确定兴利库容时,兴利库容按下式计算:

$$V_兴 = \frac{10h_0F}{n} \tag{7.6-3}$$

式中 $V_兴$——兴利库容,$m^3$;

$h_0$——流域多年平均径流深,mm;

$n$——系数,根据实际情况确定,取 $1.5 \sim 2.0$。

此时,由 $V_死$、$V_兴$ 之和查水位—库容曲线求得正常蓄水位 $Z$。

(2)由用水量确定滚水坝的兴利库容时,兴利库容可视具体情况按计算的总用水量的 $40\% \sim 50\%$ 选定,正常蓄水位 $Z$ 由兴利库容、$V_死$ 之和查水位—库容曲线求得。

### (四)滞洪库容和设计洪水位

滚水坝的调洪演算可用简化方法计算,假定来水过程线为三角形,滞洪库容可按下式计算:

$$q_泄 = Q\left(1 - \frac{V_滞}{W}\right) \tag{7.6-4}$$

式中 $q_泄$——溢流坝段和放水建筑物最大下泄流量之和,$m^3/s$;

$Q$——校核洪峰流量,$m^3/s$;

$V_滞$——校核洪水条件下的滞洪库容,$m^3$;

$W$——校核洪水总量,$m^3$。

由上式求得滞洪库容后,由滚水坝库容曲线查算设计洪水位 $Z_校$。

### (五)坝体设计

#### 1.坝高、坝顶宽度

滚水坝的坝顶高程由校核洪水位 $Z_校$ 加坝顶安全超高确定,坝顶安全超高值采用 $0.5 \sim 1.0 \ m$。坝基的建基面,根据坝址地质条件确定,当坝址区为岩基时,一般要挖除强风化层,使坝体坐在弱风化层或以下,坝高由坝顶高程减坝基建基面高程确定。

坝顶宽度应满足施工和运行期检修要求。有交通要求时坝顶宽度宜按公路标准确定。

#### 2.结构计算和荷载

滚水坝抗滑稳定和应力计算的方法同重力坝,当坝高低于 5 m 时,可适当简化。

荷载组合分为基本组合和特殊组合。常用的荷载及其组合见表7.6-1,设计时根据具体情况对荷载进行取舍。抗滑稳定和应力计算的结果应当满足《水土保持工程设计规范》（GB 51018）的相关规定。

表 7.6-1　滚水坝荷载组合

| 荷载组合 | 主要考虑情况 | 荷载 | | | | | | | | | | 附注 |
|---|---|---|---|---|---|---|---|---|---|---|---|---|
| | | 自重 | 静水压力 | 扬压力 | 淤沙压力 | 浪压力 | 冰压力 | 地震荷载 | 动水压力 | 土压力 | 其他荷载 | |
| 基本组合 | 正常蓄水位情况 | √ | √ | √ | √ | √ | | | | √ | √ | 土压力根据坝体外是否有土石而定（下同） |
| | 设计洪水位情况 | √ | √ | √ | √ | √ | | | √ | √ | √ | |
| | 冰冻情况 | √ | √ | √ | √ | | √ | | | √ | √ | 静水压力及扬压力按相应冬季库容水位计算 |
| 特殊组合 | 校核洪水位情况 | √ | √ | √ | √ | √ | | | √ | √ | √ | |
| | 地震情况 | √ | √ | √ | √ | √ | | √ | | √ | √ | 静水压力、扬压力和浪压力按正常蓄水位计算 |

注：1. 应根据各种荷载同时作用的实际可能性，选择计算中最不利的荷载组合。

2. 分期施工的坝应按相应的荷载组合分期进行计算。

3. 施工期的情况进行必要的核算，作为特殊组合。

4. 地震情况，如按冬季及考虑冰压力，则不计浪压力。

**（六）滚水坝相关要求**

（1）岸坡处理时，坝断面范围内岸坡应尽量平顺，不应处理成台阶状、反坡状。

（2）地基处理要满足渗透稳定和渗流量控制要求。

（3）导流建筑物度汛洪水重现期取 1~3 年；供设计和施工的地形图一般情况下为坝址区 1:1 000~1:500 地形图，库区 1:5 000~1:2 000 地形图。

（4）滚水坝泄洪主要靠溢流坝段，一般不设闸门。

（5）取水和放水设施结构尺寸除根据水力计算确定外，还应考虑检修的要求。

## 二、塘坝

**（一）塘坝的布置**

塘坝坝体可以是土石坝，也可以是砌石坝和混凝土坝，其规模的确定和滚水坝相同，当采用坝体是砌石坝或混凝土坝时，稳定计算和应力计算方法亦和滚水坝相同。塘坝和滚水坝设计标准规定有区别，塘坝有设计和校核防洪标准，而滚水坝仅有设计防洪标准。

当坝体是土坝时,一般情况下塘坝由坝体、溢洪道和放水建筑物组成,此时,溢洪道尽量修建在天然垭口上,无天然垭口时,溢洪道布置在靠近坝肩处,放水建筑物则尽量布置在岩基或稳定坚实的原状土基上。

塘坝的坝址、坝型选择应当综合考虑地形、地质、水源、建筑材料、建筑物布置等因素,经技术和经济比较后确定,布置应力求紧凑,满足功能要求,节省工程量,并方便施工和运行管理。当坝址附近有数量充足的合格土料时,应当优先考虑选用土坝。

**(二)坝体设计**

*1. 坝高确定*

塘坝的坝顶高程由校核洪水位 $Z_校$ 加坝顶安全超高确定,坝顶安全超高值采用 $0.5 \sim 1.0$ m。当坝址区为土基时应进行表层腐殖土的清理,清理厚度视具体情况而定,常为 $0.5 \sim 1.0$ m。坝高由坝顶高程减坝基的建基面高程确定。

*2. 坝顶宽度*

坝顶宽度应满足施工和运行期检修要求。有交通要求时路面宽度宜按公路标准确定。对于心墙坝或斜墙坝,坝顶宽度应能满足心墙、斜墙及反滤过渡层的布置要求。

*3. 建筑物结构设计*

塘坝坝体为土石坝时,坝体抗滑稳定按照本书第五章提供的方法计算,计算工况和稳定安全系数应当满足《水土保持工程设计规范》(GB 51018)的相关规定。

**(三)塘坝相关要求**

*1. 坝体是砌石坝和混凝土坝*

坝体是砌石坝和混凝土坝时,构造要求和滚水坝相同。

*2. 坝体是土石坝*

坝体是土石坝时要求如下:

(1)土石坝心墙顶部厚度不小于 0.8 m,底部厚度不小于 2.0 m;斜墙顶部厚度不小于 0.5 m,底部不小于 2.0 m。心墙和斜墙防渗土料渗透系数不大于 $1 \times 10^{-5}$ cm/s。防渗体与坝基、岸坡或其他建筑物形成封闭的防渗系统,其顶部一般高出正常蓄水位 0.3 m 以上。

(2)反滤层的渗透性要大于被保护土,能通畅地排出渗透水流,使被保护土不发生渗透变形。同时反滤层还需耐久、稳定,不致被细粒土堵塞失效。

(3)迎水坡一般进行护坡,护坡形式可采用堆石、干砌块石、浆砌石,背水坡可采用碎石(卵石)或植物护坡。寒冷地区应考虑防冻胀。

(4)岸坡处理时,坝断面范围内岸坡应尽量平顺,不应成台阶状、反坡或突然变坡;与防渗体接触的岩石岸坡不宜陡于1:0.5,土质岸坡不宜陡于1:1.5。

(5)土石坝地基处理时要满足渗流控制和允许沉降量等方面的要求。

(6)导流建筑物度汛洪水重现期取 $1 \sim 3$ 年;供设计和施工的地形图一般情况下为坝址区 1:1 000 ~ 1:500 地形图,库区 1:5 000 ~ 1:2 000 地形图。

# 第七节　沟道滩岸防护工程

沟道滩岸防护工程主要是利用护地堤抵抗水流冲刷,控制沟岸侵蚀,保护农田。护地堤及沟道滩岸受风浪、水流作用可能发生冲刷破坏的堤段,应采取防护工程。防护工程可选用丁坝、顺坝和生态护岸的形式。

## 一、护地堤

### (一)工程布置及堤型选择

(1)护地堤堤线应与河势流向相适应,并与洪水主流线大致平行。堤线应力求平顺,各堤段平缓连接,不得采用折线或急弯,并应尽可能利用现有堤防和有利地形,修筑在土质较好、比较稳定的滩岸上,尽可能避开软弱地基、深水地带、古河道、强透水地基。

(2)一个河段的护地堤堤距(或一岸护地堤一岸高地的距离)应大致相等,不宜突然放大或缩小。护地堤堤距应根据地形、地质条件,水文泥沙特性,不同堤距的技术经济指标,综合分析确定,并应考虑滩区长期的滞洪、淤积作用及生态环境保护等因素,留有余地。

(3)护地堤的堤型应因地制宜、就地取材,根据地质、筑堤材料、水流和风浪特性、施工条件、运用和管理要求、环境景观、工程造价等因素,综合分析确定。

(4)护地堤的工程布置应尽可能少占农田、拆迁量少、利于防汛抢险和工程管理,并应尽可能与道路交通、灌溉排水等工程相结合。

### (二)堤身设计

(1)护地堤堤身结构应经济实用、就地取材、便于施工、易于维护。一般可采用土堤或防洪墙结构。

(2)土堤堤身设计应包括确定堤身断面的填筑标准、堤顶高程、顶宽和边坡、护坡等。必要时应考虑防渗、排水等设施。

(3)土堤的填筑密度应根据堤身结构、土料特性、自然条件、施工机具及施工方法等因素,综合分析确定。

黏性土土堤的填筑标准应按压实度确定,护地堤压实度不应小于0.90。

无黏性土土堤的填筑标准应按相对密度确定,护地堤相对密度不应小于0.60。

(4)堤顶高程应按设计洪水位加堤顶超高确定。设计洪水位按国家现行有关标准的规定计算,堤顶超高应按公式(7.7-1)计算:

$$Y = R + e + A \tag{7.7-1}$$

式中　$Y$——堤顶超高,m;

$R$——设计波浪爬高,m,可按《堤防工程设计规范》(GB 50286—2013)附录C计算确定;

$e$——设计风壅增水高度,m,可按《堤防工程设计规范》(GB 50286—2013)附录C计算确定;

$A$——安全加高,m,按表7.7-1确定。

表7.7-1　护地堤工程的安全加高值

| 护地堤工程的级别 | | 1 | 2 | 3 |
|---|---|---|---|---|
| 安全加高值<br>(m) | 不允许越浪 | 0.5 | 0.4 | 0.3 |
| | 允许越浪 | 0.3 | 0.2 | 0.2 |

(5)土堤的堤顶宽度及边坡坡度应根据抗滑稳定计算确定,且顶宽不宜小于 3 m。抗滑稳定计算可采用瑞典圆弧法或简化毕肖普法,当堤基存在较薄软弱土层时,宜采用改良圆弧法。计算方法参照本教材"稳定分析计算"中的"边坡抗滑稳定"内容。抗滑稳定安全系数不应小于《水土保持工程设计规范》(GB 51018—2014)第四章表 4.5.5 规定的数值。

堤路结合时,堤顶宽度及边坡的确定宜考虑道路的要求,并应根据需要设置上堤坡道。上堤坡道的位置、坡度、顶宽、结构等可根据需要确定。临水侧坡道,宜顺水流方向布置。

(6)土堤受限制的地段,宜采用防洪墙。防洪墙设计应包括确定堤身结构形式、墙顶高程、基础轮廓尺寸等,必要时应考虑防渗、排水等设施。

防洪墙可采用浆砌石、混凝土或钢筋混凝土结构。其墙顶高程确定方法与土堤堤顶高程确定方法相同,基础埋置深度应满足抗冲刷和冻结深度要求。

防洪墙应设置变形缝,浆砌石及混凝土墙缝距宜为 10～15 m,钢筋混凝土墙宜为 15～20 m。地基土质、墙高、外部荷载、墙体断面结构变化处,应增设变形缝,变形缝应设止水。

防洪墙应进行抗倾和抗滑稳定计算。计算方法参照本教材"稳定分析计算"中的"挡渣墙稳定计算"内容。其安全系数不应小于《水土保持工程设计规范》(GB 51018—2014)第四章表 4.5.6 和表 4.5.7 规定的数值。

## 二、丁坝

### (一)丁坝的作用与种类

丁坝是由坝头、坝身和坝根三部分组成的一种建筑物,其坝根与河岸相连,坝头伸向河槽,在平面上与河岸连接起来呈"丁"字形,坝头与坝根之间的主体部分为坝身,其特点是不与对岸连接。

1. 丁坝的作用

(1)改变山洪流向,防止横向侵蚀,避免山洪冲淘坡脚,降低山崩的可能性。

(2)缓和山洪流势,使泥沙沉积,并能将水流挑向对岸,保护下游的护岸工程和堤岸不受水流冲击。

(3)调整沟宽,迎托水流,防止山洪乱流和偏流,阻止沟道宽度发展。

2. 丁坝的种类

丁坝可按建筑材料、高度、长度、透水性能及与流水所形成的角度进行分类。

(1)按建筑材料不同,可分为石笼丁坝、梢捆丁坝、砌石丁坝、混凝土丁坝、木框丁坝、石柳坝及柳盘头等。

(2)按高度不同,即山洪是否能漫过丁坝,可分为淹没丁坝和非淹没丁坝两种。

(3)按长度不同,丁坝分为短丁坝与长丁坝。

(4)按丁坝与水流所成角度不同,可分为垂直布置形式(即正交丁坝)、下挑布置形式(即下挑丁坝)、上挑布置形式(即上挑丁坝)。

(5)按透水性能不同,可分为不透水丁坝与透水丁坝。

### (二)丁坝的设计与施工

由于山区沟道纵坡陡,山洪流速大,挟带泥沙多,丁坝的作用比较复杂,在设计丁坝之前,应对山区沟道的特点、水深、流速等情况进行详细的调查研究。

1.丁坝的布置

1)丁坝的间距

丁坝的布置一般为丁坝群的方式。一组丁坝的数量要考虑以下几个因素:第一,视保护段的长度而定,一般弯顶以下保护的长度占整个保护长度的60%,弯顶以上占40%;第二,丁坝的间距与淤积效果有密切的关系。间距过大,不能起到互相掩护的作用,间距过小,丁坝数量多,造成浪费。

合理的丁坝间距,可通过以下两个方面来确定:

(1)应使下一个丁坝的壅水刚好达到上一个丁坝处,避免在上一个丁坝下游发生水面跌落现象,既充分发挥每一个丁坝的作用,又能保证两坝之间不发生冲刷。

(2)丁坝间距 $L$ 应使绕过上一个坝头之后形成的扩散水流的边界线,大致达到下一个丁坝的有效长度 $L_P$ 的末端,以避免坝根的冲刷。此关系一般是:

$$\left.\begin{array}{c} L_P = \dfrac{2}{3}L_0 \\ L = (2 \sim 3)L_P(凹岸段) \\ L = (3 \sim 5)L_P(凸岸段) \end{array}\right\} \qquad (7.7\text{-}2)$$

式中　$L_0$——坝身长度;

　　　$L_P$——丁坝的有效长度;

　　　$L$——丁坝间距。

丁坝的理论最大间距 $L_{max}$ 可按下式求得:

$$L_{max} = \cot\beta \frac{B - b}{2} \qquad (7.7\text{-}3)$$

式中　$\beta$——水流绕过丁坝头部的扩散角,据试验 $\beta = 6°6'$;

　　　$B$、$b$——沟道及丁坝的宽度。

2)丁坝的布置形式

丁坝多设在沟道下游部分,必要时也可在上游设置。一岸有崩塌危险,对岸较坚固时,可在崩塌地段起点附近,修非淹没的下挑丁坝,将山洪引向对岸的坚固岸石,以保护崩塌段沟岸;对崩塌延续很长范围的地段,为促使泥沙淤积,多做成上挑丁坝组;在崩塌段的上游起点附近,则修筑非淹没丁坝。丁坝的高度,在靠山一面宜高,缓缓向下游倾斜到丁坝头部。

3)丁坝轴线与水流方向的关系

非淹没丁坝均应设计成下挑形式,坝轴线与水流的夹角以 70° ~ 75° 为宜;而淹没丁坝则与此相反,一般都设计成上挑丁坝,坝轴线与水流的夹角为 90° ~ 105°。

2.丁坝的结构

丁坝的坝型及结构的选择,应根据水流条件、河岸地质及丁坝的工作条件,按照因地制宜、就地取材的原则进行选择。

1)石丁坝

石丁坝坝心用乱抛堆或用块石砌筑。其适用于水深流急、石料来源丰富的河段,但造价较高,且不能很好地适应河床变形,常易断裂,甚至倒覆。表面用干砌、浆砌石修平或用较大的块石抛护,其范围是上游伸出坝脚 4 m,下游伸出 8 m,坝头伸出 12 m;其断面较小,顶宽一般为 1.5 ~ 2.0 m,迎面、背面边坡系数均采用 1.5 ~ 2.0,坝头部分边坡系数应加大到 3 ~ 5。

2)土心丁坝

此丁坝采用砂土或黏性土料作坝体,用块石护脚护坡,还需用沉排护底(即将梢料制成大面积的排状物)。

3)石柳坝和柳盘头

在石料较少的地区,可采用石柳坝和柳盘头等结构形式。

3.丁坝的高度和长度

丁坝坝顶高程按历年平均水位设计,但不得超过原沟岸的高程。在山洪沟道中,以修筑不漫流丁坝为宜,坝顶高程一般高出设计水位1 m左右。

丁坝坝身长度和坝顶高程有一定的联系,淹没丁坝可采用较长的坝身,而非淹没丁坝坝身都是短的。对坝身较长的淹没丁坝可将丁坝设计成两个以上的纵坡,一般坝头部分较缓,坝身中部次之,近岸(占全坝长的1/6~1/10)部分较陡。

4.丁坝坝头冲刷坑深度的估算

沟道中修建丁坝后,常形成环绕坝头的螺旋流,在坝头附近形成了冲刷坑。一般水流与坝轴线的交角愈接近90°,坝身愈长,沟床沙性愈大,坝坡愈陡,冲刷坑也愈深。冲刷深度可采用公式计算或根据经验确定。

## 三、顺坝

顺坝坝身直接布置在整治线上,具有导引水流、调整河岸等作用。

### (一)土顺坝

土顺坝一般用当地现有土料修筑。坝顶宽度可取2~4.8 m,一般为3 m左右,外坡边坡系数因有水流紧贴流过,不应小于2,并设抛石加以保护;内坡边坡系数可取1~1.5。

### (二)石顺坝

石顺坝一般用在河道断面较窄、流速比较大的山区河道,如当地有石料,可采用干砌石或浆砌石顺坝。

坝顶宽度可取1.5~3.0 m,坝的边坡系数,外坡可取1.5~2,内坡可取1~1.5。外坡亦应设抛石加以保护。

对土顺坝、石顺坝,坝基如为细砂河床,都应设沉排,沉排伸出坝基之宽度,外坡不小于6 m,内坡不小于3 m。

顺坝因阻水作用较小,坝头冲刷坑较小,无需特别加固,但边坡系数应加大,一般不小于3。

水流平行于防护工程产生的冲刷深度可按公式(7.7-4)计算:

$$\Delta h_{\mathrm{B}} = h_{\mathrm{p}} + \left[ \left( \frac{V_{\mathrm{cp}}}{V_{允}} \right)^n - 1 \right] \tag{7.7-4}$$

式中　　$\Delta h_{\mathrm{B}}$——局部冲刷深度,m;

　　　　$h_{\mathrm{p}}$——冲刷处冲刷前的水深,m;

　　　　$V_{\mathrm{cp}}$——平均流速,m/s;

　　　　$V_{允}$——河床面上允许不冲流速,m/s;

　　　　$n$——与防护岸坡在平面上的形状有关,可取$n = 1/4$。

水流斜冲防护工程产生的冲刷深度可按式(7.7-5)计算:

$$\Delta h_{\mathrm{p}} = \frac{23\left(\tan\dfrac{\alpha}{2}\right)}{\sqrt{1+m^2}} \frac{V_{\mathrm{j}}^2}{g} - 30d \qquad (7.7\text{-}5)$$

式中　$\Delta h_{\mathrm{p}}$——从河底算起的局部冲刷深度，m；

　　　$\alpha$——水流流向与岸坡交角，(°)；

　　　$m$——防护建筑物迎水面边坡系数；

　　　$d$——坡角处土壤计算粒径，m，对非黏性土，取大于 15%（按重量计）的筛孔直径，对黏性土取表 7.7-2 中的当量粒径值；

　　　$g$——重力加速度，m/s²；

　　　$V_{\mathrm{j}}$——水流的局部冲刷流速，m/s。

表 7.7-2　黏性土的当量粒径值

| 土壤性质 | 空隙比 | 干容重（kN/m³） | 黏性土当量粒径（cm） | | |
|---|---|---|---|---|---|
| | | | 黏性土及重黏壤土 | 轻黏性土 | 黄土 |
| 不密实的 | 0.9～1.2 | 11.76 | 1 | 0.5 | 0.5 |
| 中等密实的 | 0.6～0.9 | 11.76～15.68 | 4 | 2 | 2 |
| 密实的 | 0.3～0.6 | 15.68～19.60 | 8 | 8 | 3 |
| 很密实的 | 0.2～0.3 | 19.60～21.07 | 10 | 10 | 6 |

水流的局部冲刷流速 $V_{\mathrm{j}}$ 的计算应符合下列要求：

（1）滩地河床，$V_{\mathrm{j}}$ 可按式（7.7-6）计算：

$$V_{\mathrm{j}} = \frac{Q_1}{B_1 H_1} \times \frac{2\eta}{1+\eta} \qquad (7.7\text{-}6)$$

式中　$V_{\mathrm{j}}$——水流的局部冲刷流速，m/s；

　　　$B_1$——河滩宽度，从河槽边缘至坡角距离，m；

　　　$Q_1$——通过河滩部分的设计流量，m³/s；

　　　$H_1$——河滩水深，m；

　　　$\eta$——水流流速分配不均匀系数，根据 $\alpha$ 角按表 7.7-3 采用。

表 7.7-3　水流流速不均匀系数

| $\alpha$ | ≤15° | 20° | 30° | 40° | 50° | 60° | 70° | 80° | 90° |
|---|---|---|---|---|---|---|---|---|---|
| $\eta$ | 1.00 | 1.25 | 1.50 | 1.75 | 2.00 | 2.25 | 2.50 | 2.75 | 3.00 |

（2）无滩地河床，$V_{\mathrm{j}}$ 可按下式计算：

$$V_{\mathrm{j}} = \frac{Q}{W - W_{\mathrm{p}}} \qquad (7.7\text{-}7)$$

式中　$V_{\mathrm{j}}$——无滩地河床局部冲刷流速，m/s；

　　　$Q$——设计流量，m³/s；

　　　$W$——原河道过水断面面积，m²；

　　　$W_{\mathrm{p}}$——河道缩窄部分的断面面积，m²。

## 四、生态护岸

### (一)生态护岸形式

生态护岸是融现代水利工程学、生物科学、环境科学、生态学、美学为一体的水利工程，集防洪效应、生态效应、景观效应、自净效应于一体，代表着护岸技术的发展方向。现常用的生态护岸工程主要有原型植物护岸、天然材料护岸和复合材料护岸等。

原型植物护岸是采用本土树草种绿化岸坡，优点是纯天然，无污染，投资低，方便施工。缺点是沟坡抗冲刷能力差，且不能常年处于淹没状态，适用于沟岸缓、沟道比降小、滩岸较宽、汛期水流冲刷能力较弱的支毛沟。

天然材料护岸是利用木材或石材等天然材料，采用木桩或干砌石保护沟坡坡脚，在木桩或干砌石空隙间和顶部栽植本土树草种。该护岸形式较原型植物护岸提高了岸坡的抗冲刷能力，稳定性较好，但是建设投资较高。

复合材料护岸是利用人工新材料修筑的新型护坡形式，如生态袋护坡、格宾网护坡、高效三维网护坡、植物性生态混凝土护坡、土壤固化护坡等。复合材料护岸是一种新形式、利用新材料的护坡形式，具有较强的抗冲刷能力，但是建设及维护投资高，施工工艺较为复杂，适用于多数沟道。

### (二)一般要求

(1)为提高水土保持效果，宜采取木本和草本相结合的植物措施。宜优先选择乡土树(草)种。

(2)在水流条件和土质较好的区域，可采用固土植物护岸。依据岸坡土质覆 20～30 cm 壤土，采用挂网植草。

(3)在滩岸坡度较陡和水流条件较差的区域，可采用网石笼结构生态护岸。型式可选择网笼、木石笼等。

(4)在岸坡冲刷较轻且兼顾景观的区域可采用土工网垫固土种植、土工格栅固土种植及土工单元固土种植等土工材料复合种植护岸形式。由聚丙烯、聚乙烯等高分子材料制成的网垫、种植土和草籽组成。

(5)在有条件的地区，可采用预制的商品化生态护岸构件。

# 第八节　支毛沟治理工程

## 一、支毛沟治理工程的分类

支毛沟治理工程主要适用于我国北方山地区、丘陵区、高塬区和漫川漫岗区以及南方部分沟蚀严重地区。支毛沟治理工程主要有沟头防护、谷坊、削坡、埝带、秸秆填沟和暗管排水等。

## 二、沟头防护工程

沟头防护工程是指为了制止坡面暴雨径流由沟头进入沟道或使之有控制地进入沟道，从而制止沟头前进，保护地面不被沟壑割切破坏的工程。沟头防护工程适用于我国北方山地区、丘陵区、高塬区和漫川漫岗区等沟壑发育、沟头前进危害严重地区。

**（一）工程类型、布设原则和设计标准**

1. 工程类型

沟头防护工程分为蓄水型与排水型两类。应根据沟头以上来水量情况和沟头附近的地形、地质等因素，因地制宜地选用。

（1）当沟头以上坡面来水量不大，沟头防护工程可以全部拦蓄时，采用蓄水型。如降水量小的黄土高原多以蓄水型为主。

（2）当沟头以上坡面来水量较大，蓄水型防护工程不能完全拦蓄或由于地形、土质限制不能采用蓄水型沟头防护工程时，应采用排水型沟头防护。

（3）降水量大的地区，当沟头溯源侵蚀对村镇、交通设施构成威胁时，多采用排水型沟头防护工程。

2. 布设原则

（1）沟头防护工程布设应以小流域综合治理措施总体布设为基础，与谷坊、淤地坝等沟壑治理措施互相配合，以达到全面控制沟壑发展的效果。

（2）沟头防护工程布设在沟头上方有坡面天然集流槽、暴雨径流集中泄入及引起沟头剧烈前进的位置。

（3）当坡面来水除集中沟头泄水外，还有分散径流沿沟边泄入沟道时，应在布设沟头防护工程的同时，围绕沟边布设沟边埂，共同制止坡面径流冲刷。

（4）当沟头以上集水区面积较大（10 hm² 以上）时，应布设相应的治坡措施与小型蓄水工程，以减少地表径流汇集沟头。

3. 设计标准

根据《水土保持综合治理技术规范》，沟头防护工程的设计标准为 10 年一遇 3～6 h 最大暴雨。根据各地不同降雨情况，分别采取当地最易产生严重水土流失的短历时、高强度暴雨。实际上，参照水工程设计标准，沟头防护工程设计标准可采用 5～10 年一遇 24 h 最大降雨。也可根据工程经验确定。

**（二）沟头防护工程设计**

1. 蓄水型沟头防护工程设计

1）蓄水型沟头防护工程的形式

（1）围埂式。在沟头以上 3～5 m 处，围绕沟头修筑土埂拦蓄上面来水，制止径流进入沟道。当来水量 $W$ 大于蓄水量 $V$ 时，如地形条件允许可布置一道围埂至多道围埂，每一道围埂可以采用连续或断续式，若采用断续式，则上下应呈品字形排列。

（2）围埂蓄水池式。当沟头来水量 $W$ 大于围埂蓄水量 $V$ 时，单靠一至二道围埂不能全部拦蓄，且无布置多道围埂的条件时，在围埂以上附近低洼处修建蓄水池，拦蓄部分坡面来水，配合围埂，共同防止径流进入沟道，蓄水池位置必须距沟头 10 m 以上。此种形式适用于黄土高塬沟壑区的塬边沟头或道路处。

（3）围埂与其他工程结合式。在集流面积不大，沟头上部呈扇形、坡度比较均一的农田边沿，可采用围埂林带式，即在围埂与沟沿线之间的破碎地带种植灌木，围埂内侧种植 10 m 宽的乔灌混交林；在集流面积不大，沟床下切不甚严重的宽梁缓坡丘陵区，采用沟埂片林式，即在沟头筑围埂，沟坡和沟头成片栽种灌木林（沙棘、柠条、沙柳），此种形式在内蒙古的伊克昭盟砒砂岩区广泛应用。

2)蓄水型沟头防护工程设计

(1)来水量按下式计算:

$$W = 10KRF \tag{7.8-1}$$

式中　$W$——来水量,$m^3$;

　　　$F$——沟头以上集水面积,$hm^2$;

　　　$R$——10年一遇3~6 h最大降雨量,mm;

　　　$K$——径流系数。

(2)围埂蓄水量(见图7.8-1)按下式计算:

$$V = L\left(\frac{HB}{2}\right) = \frac{LH^2}{2}\left(m + \frac{1}{i}\right)$$

$$= L\frac{H^2}{2i}(忽略围埂上游蓄水量) \tag{7.8-2}$$

式中　$V$——围埂蓄水量,$m^3$;

　　　$L$——围埂长度,m;

　　　$B$——回水长度,m;

　　　$H$——埂内蓄水深,m;

　　　$m$——围埂上游边坡系数;

　　　$i$——地面比降。

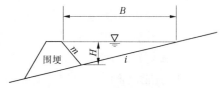

图7.8-1　沟头围埂蓄水量示意图

(3)围埂断面与位置。围埂断面为土质梯形断面,尺寸应根据来水量具体确定,一般埂高0.8~1.0 m,顶宽0.4~0.5 m,内外坡比各约1:1。围埂位置应根据沟头深度确定,一般沟头深10 m以内的,围埂位置距沟头3~5 m。

2.排水型沟头防护工程设计

1)排水型沟头防护工程的形式

(1)跌水式。当沟头陡崖(或陡坡)高差较小时,用浆砌块石修成跌水,下设消能设施,水流通过跌水进入沟道。

(2)悬臂式。当沟头为垂直陡壁,陡崖高差达3~5 m,用木制水槽(或陶瓷管、混凝土管)悬臂置于土质沟头陡坎之上,将来水挑泄下沟,沟底设消能设施。

2)排水型沟头防护工程设计

(1)设计流量按下式计算:

$$Q = 278KIF \tag{7.8-3}$$

式中　$Q$——设计流量,$m^3/s$;

　　　$I$——10年一遇1 h最大降雨强度,mm;

　　　$F$——沟头以上集水面积,$km^2$;

　　　$K$——径流系数。

(2)建筑物组成。跌水式沟头防护建筑物由进水口(按宽顶堰设计)、陡坡(或多级跌水)消力池及出口海漫等组成。悬臂式沟头防护建筑物由引水渠、挑流槽、支架及消能设施组成。

(3)跌水式排水型沟头防护工程设计可参照淤地坝设计中的陡坡段设计。

（三）施工

1. 蓄水型沟头防护工程施工

（1）围埂式沟头防护。根据设计要求,确定围埂(一道或几道)位置、走向,作好定线;沿埂线上下两侧各宽 0.8 m 左右清基,主要清除地面杂草、树根及石砾等杂物;开沟取土筑埂,分层夯实,埂体干容重达 1.4～1.5 t/m³。沟中每 5～10 m 修一小土埂防止水流集中。

（2）围埂蓄水池式沟头防护。围埂施工同上,蓄水池则根据设计蓄水池的位置、形式和尺寸,放线开挖。

2. 排水型沟头防护工程施工

1）跌水式沟头防护工程

跌水式沟头防护工程可参照淤地坝陡坡段施工技术要求执行。

2）悬臂式沟头防护工程施工

（1）挑流槽置于沟头上地面处,应先挖开地面深 0.3～0.4 m,长宽各约 1.0 m,埋一木板或水泥板,将挑流槽固定在板上,再用土压实,并用数根木桩铆固在土中,保证其牢固。

（2）用木料作挑流槽和支架时,木料应作防腐处理。木料支架下部扎根处,采用浆砌料石,石上开孔,将木料下部插于孔中,固定。扎根处必须保证不因雨水冲蚀而动摇;浆砌块石支架,应做好清基,座底 0.8 m×0.8 m～1.0 m×1.0 m,逐层向上缩小。

（3）消能设施(筐内装石)要先向下挖深然后放进筐石。

（四）工程管护

（1）汛前检查维修,保证安全度汛;汛后和每次较大暴雨后,派人到沟头防护工程巡视,发现损毁,及时补修。

（2）围埂后的蓄水沟及其上游的蓄水池,如有泥淤积,应及时清除,以保持其蓄水量。

（3）沟头、沟边种植保土性能强的灌木或草类,并禁止人畜破坏。

（五）案例分析

【案例 7.8-1】 由于沟头冲刷,拟在沟头修建一围埂,已知围埂长度为 15 m,回水长度为 8 m,埂内蓄水深度为 50 cm,沟头地面比降为 7%,则围埂蓄水量为 26.78 m³。

计算过程：$V = L\left(\dfrac{HB}{2}\right) = L\dfrac{H^2}{2i} = \dfrac{15 \times 0.5^2}{2 \times 7\%} = 26.78 (\text{m}^3)$。

# 三、谷坊

谷坊工程又名闸山沟、砂土坝、垒坝阶或浮沙凼,其坝高一般为 2～5 m,主要任务是巩固并抬高沟床,制止沟底下切。同时,也稳定沟坡、制止沟岸扩张(沟坡崩塌、滑塌、泻溜等)。谷坊适用于有沟底下切危害的沟壑治理地区。

（一）工程类型、布设原则和设计标准

1. 工程类型

根据谷坊的建筑材料分土谷坊、石谷坊和植物谷坊三类。土谷坊由填土夯实而成,适宜于土质丘陵区;石谷坊由浆砌或干砌石砌筑而成,适宜于石质或土石山区;植物谷坊,通称柳谷坊,由柳桩和编柳篱内填土或石而成。

2. 布设原则

（1）谷坊工程布设应以小流域综合治理措施总体布设为基础,与沟头防护工程、淤地坝等沟壑治理措施互相配合,以达到全面控制沟壑发展的效果。

(2)谷坊工程在制止沟蚀的同时,尽可能利用沟中水土资源发展林果牧生产,做到除害与兴利并举。

(3)谷坊工程主要修建在沟底比降较大(5%～10%或更大)、沟底下切剧烈发展的沟段。比降特大(15%以上)或其他原因不能修建谷坊的局部沟段,应在沟底修水平阶、水平沟造林,并在两岸开挖排水沟,保护沟底造林地。

(4)沟道治理一般采取谷坊群的布设形式,层层拦挡。谷坊布设间距遵循"顶底相照"的原则,即上一谷坊底部高程与下一谷坊的顶部(溢流口)高程齐平。

3.设计标准

谷坊工程的设计标准为10～20年一遇3～6 h最大暴雨,根据各地降雨情况,分别采用当地最易产生严重水土流失的短历时、高强度暴雨。

**(二)谷坊工程设计**

1.谷坊布设

1)谷坊群布置

通过沟壑情况调查,选沟底比降大于5%～10%的沟段,用水准仪(或水平仪)测出其比降,绘制沟底比降图(纵断面图)。根据沟底比降图,按"顶底相照"原则从下而上系统地布设谷坊群,初步拟定每座谷坊位置。见图7.8-2。

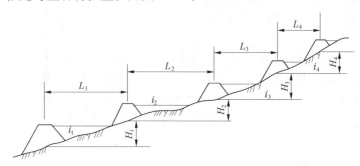

图7.8-2　谷坊布设示意图

2)坝址选择

坝址应选在:"口小肚大",工程量小,库容大;沟底与岸坡地形、地质(土质)状况良好,无孔洞或破碎地层,没有不易清除的乱石和杂物;取用建筑材料(土、石、柳桩等)比较方便的地方。

3)谷坊间距

下一座谷坊与上一座谷坊之间的水平距离按下式计算:

$$L = \frac{H}{i - i'} \tag{7.8-4}$$

式中　$L$——谷坊间距,m;

　　　$H$——谷坊底到溢水口底高度,m;

　　　$i$——原沟床比降(%);

　　　$i'$——谷坊淤满后的比降(%),不冲比降见表7.8-1。

表 7.8-1　谷坊淤满后的不冲不淤比降 $i'$

| 淤积物 | 粗砂(夹石砾) | 黏土 | 黏壤土 | 砂土 |
|---|---|---|---|---|
| 比降(%) | 2.0 | 1.0 | 0.8 | 0.5 |

### 2. 土谷坊设计

1)坝体断面尺寸

应根据谷坊所在位置的地形条件,参照表 7.8-2 执行。

表 7.8-2　土谷坊坝体断面尺寸

| 坝高(m) | 顶宽(m) | 底宽(m) | 迎水坡比 | 背水坡比 |
|---|---|---|---|---|
| 2 | 1.5 | 5.9 | 1:1.2 | 1:1.0 |
| 3 | 1.5 | 9.0 | 1:1.3 | 1:1.2 |
| 4 | 2.0 | 13.2 | 1:1.5 | 1:1.3 |
| 5 | 2.0 | 18.5 | 1:1.8 | 1:1.5 |

注:1. 坝顶作为交通道路时按交通要求确定坝顶宽度;

2. 在谷坊能迅速淤满的地方迎水坡比可采取与背水坡比一致。

2)溢洪口

溢洪口设在土坝一侧的坚实土层或岩基上,上下两座谷坊的溢洪口尽可能左右交错布设。当沟深小于 3.0 m,且两岸是平地的沟道,坝端没有适宜开挖溢洪口的位置时,土坝高度应超出沟床 0.5~1.0 m,坝体在沟道两岸平地上各延伸 2~3 m,并用草皮或块石护砌,使洪水从坝的两端漫至坝下土地或转入沟谷,水流不得直接回流至坝脚处。

3)设计洪峰流量

计算设计标准时的洪峰流量。

4)溢洪口断面尺寸

采用明渠式溢洪口按明渠流公式,通过试算得出。

$$A = \frac{Q}{V} \tag{7.8-5}$$

$$A = (b + mh)h \tag{7.8-6}$$

式中　$A$——溢洪口断面面积,$m^2$;

　　　$Q$——设计洪峰流量,$m^3/s$;

　　　$V$——相应的流速,$m/s$;

　　　$b$——溢洪口底宽,$m$;

　　　$h$——溢洪口水深,$m$;

　　　$m$——溢洪口边坡系数。

流速按谢才公式计算。

3. 石谷坊设计

1) 石谷坊形式

石谷坊形式有两种:干砌石阶梯式石谷坊和浆砌石谷坊(见图7.8-3)。

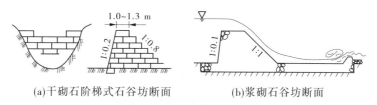

(a)干砌石阶梯式石谷坊断面          (b)浆砌石谷坊断面

**图 7.8-3    石谷坊断面示意图**

(1)阶梯式石谷坊。一般坝高 2～4 m,顶宽 1.0～1.3 m,迎水坡 1:1.25～1:1.75,背水坡 1:1.0～1:1.5,过水深 0.5～1.0 m。一般不蓄水,坝后 2～3 年淤满。

(2)重力式石谷坊。一般坝高 3～5 m,顶宽为坝高的 0.5～0.6 倍(为便利交通),迎水坡 1:0.1,背水坡 1:0.5～1:1。此类谷坊在巩固沟床的同时,还可蓄水利用,需作坝体稳定分析。

2) 溢洪口尺寸

石谷坊溢洪口一般设在坝顶,采用矩形宽顶堰公式计算:

$$Q = Mbh^{\frac{3}{2}}$$ (7.8-7)

式中    $Q$——设计流量,m³/s;

　　　　$b$——溢洪口底宽,m;

　　　　$h$——溢洪口水深,m;

　　　　$M$——流量系数,一般采用 1.55。

4. 植物谷坊设计

1) 多排密植型

在沟中已定谷坊位置,垂直于水流方向,挖沟密植柳杆(或杨杆)。沟深 0.5～1.0 m,杆长 1.5～2.0 m,埋深 0.5～1.0 m,露出地面 1.0～1.5 m。每处(谷坊)栽植柳杆(或杨杆)5 排以上,行距 1.0 m,株距 0.3～0.5 m。埋杆直径 5～7 cm。

2) 柳桩编篱型

在沟中已定谷坊位置,打 4～5 排柳桩,桩长 1.5～2.0 m,打入地中 0.5～1.0 m,排距 1.0 m,桩距 0.3 m;用柳梢将柳桩编织成篱;在每两排篱中填入卵石(或块石),再用捆扎柳梢盖顶;用铅丝将前后 2～3 排柳桩联系绑牢,使之成为整体,加强抗冲能力(见图7.8-4)。

**(三)施工**

1. 土谷坊施工

1) 定线、清基、挖结合槽

根据规划测定的谷坊位置(坝轴线),按设计的谷坊尺寸,在地面划出坝基轮廓线;将轮廓线以内的浮土、草皮、乱石及树根等全部清除;沿坝轴线中心从沟底至两岸沟坡开挖结合槽宽深各 0.5～1.0 m。

2) 填土夯实

填土前先将坚实土层深松 3～5 cm,以利结合。每层填土厚 0.25～0.3 m,夯实一次;将

· 363 ·

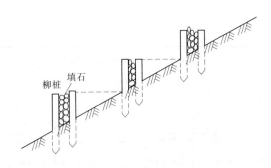

柳桩　填石

**图 7.8-4　柳谷坊断面示意图**

夯实土表面刨松 3 ~ 5 cm,再上新土夯实,要求干容重为 1.4 ~ 1.5 t/m³。如此分层填筑,直到设计坝高。

3)开挖溢洪口

开挖溢洪口,并用草皮或砖石砌护。

**2. 石谷坊施工**

1)定线、清基、挖结合槽

土沟床施工与土谷坊的土沟床施工工艺相同。岩基沟床应清除表面的强风化层。基岩面应凿成向上游倾斜的锯齿状,两岸沟壁凿成竖向结合槽。

2)砌石

根据设计尺寸,从下向上分层垒砌,逐层向内收坡,块石应首尾相接,错缝砌筑,大石压顶。要求料石厚度不小于 30 cm,接缝宽度不大于 2.5 cm。应做到平、稳、紧、满(砌石顶部要平,每层铺砌要稳,相邻石料要靠紧,缝间砂浆要灌饱满)。

**3. 柳谷坊施工**

1)桩料选择和埋桩

按设计要求的长度和桩径,选生长能力强的活立木;按设计深度打入土内,注意桩身与地面垂直,打桩时勿伤柳桩外皮,牙眼向上,各排桩位呈"品"字形错开。

2)编篱与填石

以柳桩为径,从地表以下 0.2 m 开始,安排横向编篱。与地面齐平时,在背水面最后一排桩间铺柳枝厚 0.1 ~ 0.2 m,桩外露枝梢约 1.5 m,作为海漫。各排编篱中填入卵石或块石,靠篱处填大块,中间填小块。编篱及其中填石顶部作成下凹弧形溢水口。

3)填土

编篱与填石完成后,在迎水面填土,高与厚各约 0.5 m。

**(四)工程管理**

(1)汛后和较大暴雨后,及时到谷坊现场检查,发现损毁等情况,及时补修。

(2)坝后淤满成地,应及时种植喜湿、耐淹和经济价值较高的用材林、果树或其他经济作物。

(3)柳谷坊的柳桩成活后,可利用其柳枝,在谷坊上游淤泥面上成片种植柳树,形成沟底防冲林,巩固谷坊治理成果。

**(五)案例分析**

【案例 7.8-2】　某一土质沟道内拟修建谷坊,沟道中下游及坡麓地带为黄土,土层深厚,有成片旱柳林,上游基岩出露,两侧为红黏土。经查勘,沟底比降为8%,拟建谷坊高度为4 m,谷坊淤满后的比降为2%。确定谷坊布设的间距。

**解** 根据查勘数据计算:

$$L = \frac{H}{i - i'} = \frac{4}{8\% - 2\%} = 66.7 \, (\text{m})$$

即下一座谷坊与上一座谷坊之间的水平距离理论上应为66.7 m。根据地形情况,下中游按80~100 m布设土谷坊或植物谷坊(土柳谷坊),上游布设石谷坊。

### 四、削坡

削坡措施主要适用于东北黑土区和南方崩岗区。东北黑土区布设在沟坡较陡(坡角 >35°),且植被较少,或沟坡不规整、破碎的侵蚀沟;南方崩岗区布设条件是崩壁高且陡,崩口四周有一定削坡余地,通过削坡治理才能达到稳定坡面。削坡形式主要有直线形、折线形两种,大型侵蚀沟可采取阶梯形削坡,削坡设计见本章第十三节"斜坡防护工程"。

### 五、堡带护沟

堡带护沟适用于东北黑土区,治理分布在低洼水线的侵蚀沟。对侵蚀沟进行修坡整形后,在沟底每隔一定距离横向砌筑1条活草堡带(根据需要由沟底到沟沿可逐渐窄些),插柳种草水保效果更好,春秋两季都可实施。见图7.8-5。

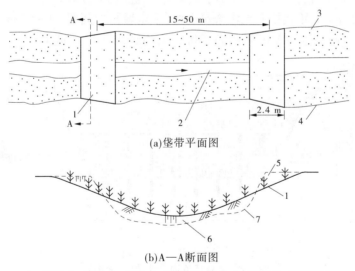

(a)堡带平面图

(b)A—A断面图

1—堡带;2—沟底;3—沟坡;4—沟边;5—挖方;6—填方;7—原沟坡线

**图7.8-5 堡带护沟示意图**

**(一)剥离表土,沟道整形**

先用推土机将沟边的表土推至一旁,将生土推向沟底,使 V 形沟形成宽浅式 U 形沟,回填的生土要达到原沟深的2/3,再将表土回填、铺匀,并碾压夯实。

**(二)开挖沟槽,砌筑堡带**

从沟头开始每隔15~50 m,横向用推土机在沟底推(挖)出沟槽,沟槽长为 U 形沟宽,宽约2.4 m(推土机铲宽),深约0.35 m。

沟槽内砌筑垡块，砌筑前必须夯实底土，相邻垡块错缝砌筑；垡块规格：长约 0.35 m，宽约 0.2 m，厚约 0.2 m。垡块面覆土 2 ~ 5 cm，并充填垡块之间的空隙，用土压实垡带边缘。垡块要随挖随砌，确保草垡的成活。

**（三）插柳种草，植物覆盖**

在垡带间的空地及垡块上插植柳条、种草，插柳密度 2 株/m²，撒播草籽 50 kg/hm²，形成林草防冲带，以达到固持沟底、防止冲刷的目的。

## 六、秸秆填沟

秸秆填沟是对侵蚀沟进行削坡整形后，在沟底铺秸秆捆，覆盖表土，沿沟横向挖沟筑埂，提高地表水下渗能力。用于治理分布在坡耕地里，且沟深大于 1 m 的侵蚀沟，见图 7.8-6 ~ 图 7.8-8。

**（一）工程设计**

（1）削坡整形。侵蚀沟削坡整形，使沟底、沟坡形状规整，坡角为 70°左右。

（2）打木桩。木桩间距约 0.5 m，桩顶距离地面大于 0.5 m，桩埋入地下约 0.5 m，两排木桩距离 10 ~ 15 m。

（3）秸秆捆。秸秆捆为机械打捆，材料为麦秸、玉米秸或水稻秸，用耐腐尼龙绳捆扎。秸秆捆规格：长×宽×高 = 0.75 m×0.5 m×0.5 m（可根据实际情况调整）。

（4）覆土。秸秆捆上覆盖表土不小于 0.5 m（或耕作土壤）。

（5）截水埂（沟）。沿沟横向挖沟修筑土埂（下筑埂），埂间距 30 ~ 50 m，埂顶宽 0.3 m，高 0.3 m，边坡 1:1；截水沟深 0.3 m，底宽 0.2 m，沟底铺滤料，边坡 1:1。

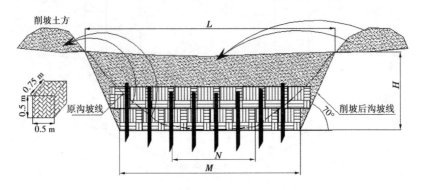

L—沟宽；N—原沟底宽；M—削坡后沟底宽；H—沟深

**图 7.8-6　秸秆填沟设计图（剖面图）**

**（二）施工**

1. 削坡整形

对侵蚀沟进行削坡整形，坡角为 70°左右，土方堆放于沟边。

2. 打木桩

沿沟底横向打木桩，每排桩间隔 10 ~ 15 m，桩长 1 ~ 1.5 m，直径 50 ~ 70 mm，埋入地下 0.5 m 左右，桩距 0.5 m。

3. 铺设秸秆捆

将秸秆捆沿沟底铺设，相邻两排、上下层（铺设 2 层以上）之间秸秆捆呈品字形交错排

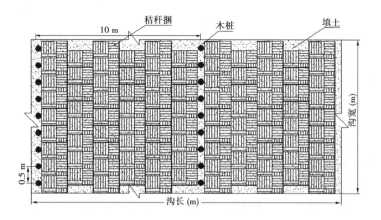

图 7.8-7　秸秆填沟设计图(俯视图)

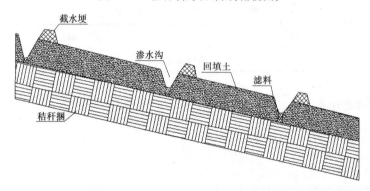

图 7.8-8　秸秆填沟设计图(纵断面图)

列,秸秆捆距离地面不小于 0.50 m。

4.覆土

秸秆捆平铺沟底后,将削坡土平铺在秸秆捆上面,表层覆盖耕作土,覆土厚不小于 0.5 m。由于秸秆的透水性好,坡面径流下渗暗排,减少表层耕作土壤流失,提高耕地利用率。

5.挖沟筑埂

沿沟每隔一定距离横向挖沟修筑土埂(截水埂),沟在埂的上游,拦截上游来水,沟底为滤料,使拦截的水快速下渗。

## 七、暗管排水工程

沟道上游汇水面积大,坡面径流量大,且流速快,汇流难以在短时间内排除,易产生侵蚀沟(或促使侵蚀沟进一步发展)。结合沟头防护、谷坊等治沟措施在沟底埋设排水管,使一部分地表径流由地下排出,地表径流分别由地面、地下排出,减少坡面径流对沟道的侵蚀。暗管排水进入明沟处应采取防冲措施,以防止冲刷沟道。

### (一)工程设计

1.排水暗管设计流量计算

排水暗管设计流量可按下式计算:

$$Q = CqA \tag{7.8-8}$$

$$q = \frac{\mu\Omega(H_0 - H_t)}{t} \qquad (7.8\text{-}9)$$

式中　$Q$——排水暗管设计流量，$m^3/d$；

$C$——排水流量折减系数，可从表7.8-3查得；

$q$——地下水排水强度，$m/d$；

$A$——排水管控制面积，$m^2$；

$\mu$——地下水面变动范围内的土层平均给水度；

$\Omega$——地下水面形状校正系数，$0.7 \sim 0.9$；

$H_0$——地下水位降落起始时刻，排水暗管排水地段的作用水头，$m$；

$H_t$——地下水位降落到 $t$ 时刻，排水暗管排水地段的作用水头，$m$；

$t$——设计要求地下水位由 $H_0$ 到 $H_t$ 的历时，$d$。

表 7.8-3　排水流量折减系数

| 排水控制面积($hm^2$) | $\leqslant 16$ | $16 \sim 50$ | $50 \sim 100$ | $100 \sim 200$ |
|---|---|---|---|---|
| 排水流量折减系数 | 1.00 | $1.00 \sim 0.85$ | $0.85 \sim 0.75$ | $0.75 \sim 0.65$ |

**2. 排水管内径计算**

排水管内径按下式计算：

$$d = 2(nQ/\alpha\sqrt{i})^{3/8} \qquad (7.8\text{-}10)$$

式中　$d$——排水管内径，$m$，一般不小于 80 mm；

$n$——管内壁糙率，可从表7.8-4查得；

$\alpha$——与管内水的充盈度 $a$ 有关的系数，可从表7.8-5查得；

$i$——管的水力比降，可采用管线的比降。

排水管道的比降 $i$ 应满足管内最小流速不低于 0.3 m/s 的要求。管内径 $d \leqslant 100$ mm 时，$i$ 可取 $1/300 \sim 1/600$；$d > 100$ mm 时，$i$ 可取 $1/1\,000 \sim 1/1\,500$。

表 7.8-4　排水管内壁糙率

| 排水管类别 | 陶土管 | 混凝土管 | 光壁塑料管 | 波纹塑料管 |
|---|---|---|---|---|
| 内壁糙率 | 0.014 | 0.013 | 0.011 | 0.016 |

表 7.8-5　系数 $\alpha$ 和 $\beta$ 取值

| $a$ | 0.60 | 0.65 | 0.70 | 0.75 | 0.80 |
|---|---|---|---|---|---|
| $\alpha$ | 1.330 | 1.497 | 1.657 | 1.806 | 1.934 |
| $\beta$ | 0.425 | 0.436 | 0.444 | 0.450 | 0.452 |

**注**：管内水的充盈度 $a$ 为管内水深与管的内径之比值。管道设计时，可根据管的内径 $d$ 值选取充盈度 $a$ 值：当 $d \leqslant 100$ mm 时，取 $a = 0.6$；当 $d = 100 \sim 200$ mm 时，取 $a = 0.65 \sim 0.75$；当 $d > 200$ mm 时，取 $a = 0.8$。

**3. 排水暗管平均流速**

排水暗管平均流速按下式计算：

$$V = \frac{\beta}{n}\left(\frac{d}{2}\right)^{2/3} i^{1/2} \qquad (7.8\text{-}11)$$

式中　$V$——排水暗管平均流速,m/s;

　　　　$\beta$——与管内水的充盈度 $a$ 有关的系数,可从表7.8-5查得。

4.管道外包滤料

排水暗管周围应设置外包滤料 其设计应符合下列规定:

(1)外包滤料的渗透系数应比周围土壤大10倍以上。

(2)外包滤料宜就地取材,选用耐酸、耐碱、不易腐烂、对农作物无害、不污染环境、方便施工的透水材料。

(3)外包滤料厚度可根据当地实践经验选取。散铺外包滤料压实厚度,在土壤淤积倾向较重的地区,不宜小于8 cm;在土壤淤积倾向较轻的地区,宜为 4~6 cm;在无土壤淤积倾向的地区,可小于4 cm。

5.出口护砌

暗管排水(见图7.8-9)进入明沟处应采取防冲措施——石笼干砌石护砌,干砌石厚0.30 m,碎石厚0.10 m,下铺土工布,防止沟道冲刷。

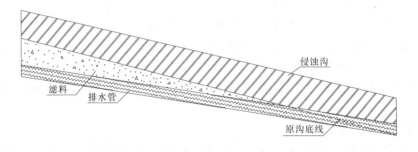

图 7.8-9　暗管排水示意图(剖面图)

**(二)施工**

1.挖沟槽

沿侵蚀沟沟底挖沟槽,沟头部位沟槽深为管径 +0.5 m,沟尾(管道出口段)不挖沟槽,沟槽宽为管径 +0.5 m。

2.铺设排水暗管

将排水暗管从沟头铺到沟尾,管上半部钻直径为 3 mm、间距为 50 mm 的导水孔,管周围用粗砂砾、砂卵石、麦秸、稻草等外包滤料回填至原沟底线(砂卵石效果较好),覆土压实。

3.护砌

排水管出口处护砌,先进行表面处理,铺设土工布,干砌石 0.30 mm,碎石 0.10 mm,表面罩石笼网。

# 第九节　降水蓄渗工程

鉴于我国水资源日益短缺而雨水资源利用率较低的现状,在工程建设时应尽量考虑利用天然降水,或者收集蓄存后作为可用水源,或者采取入渗措施补充地下水、缓解雨水内涝等,使时空分布不均的雨水资源得到合理、充分、有效的开发利用,以缓解工程建设所带来的系列用水短缺和雨水滞留等问题。

尤其对干旱、半干旱地区及西南土石山区的新建、改建、扩建工程,应加强雨水蓄存利用工程的设计和建设内容,在减少地面径流、防治水土流失同时,可有效利用雨水为林草植物措施提供一定的水源补给。现在北京、天津等部分地区已有相应规定、规范,要求新建、改建、扩建建设项目的规划和设计应包括雨水控制与利用的内容,要求雨水控制与利用设施与项目主体工程同时规划设计、同时施工、同时投入使用。

## 一、工程分类及适用范围

降水蓄渗工程主要是指对工程建设区域内原有良好天然集流面所汇聚的雨水径流,以及建设区域内新增的硬化面(坡面、屋顶面、地面、路面)范围内汇聚的雨水进行收集,并用以蓄存利用或入渗调节而采取的工程措施。

### (一)工程分类

降水蓄渗工程主要包括蓄水利用工程和入渗工程两种类型。

蓄水利用工程多用于水资源短缺地区,所收集雨水主要用于植被灌溉、城市杂用和环境景观用水等。水土保持工程中多针对农业补充灌溉用水和建设区域内植被种植养护用水而设置,若需要与其他用水结合(如移民安置区综合性用水)并需进行净化处理时,可参考其他相关设计手册。入渗工程则主要用于消减区域径流汇聚而产生的雨水内涝,减轻防洪压力。在工程实际中,蓄水利用工程的开发利用较广泛,而入渗工程多根据建设区域的特殊要求而设。

### (二)工程适用范围

(1)蓄水利用工程主要应用于多年平均降雨量小于 600 mm 的北方地区,另外在云南、贵州、四川、广西等南方石漠化严重地区以及海岛和沿海地区淡水资源短缺也有应用。

(2)地区多年平均降雨量小于 600 mm 且位于城镇区域内的水利水电工程,可根据项目运行管理和城镇规划的要求设置蓄水利用或入渗工程。

(3)入渗工程适用于土壤渗透系数为 $10^{-6} \sim 10^{-3}$ m/s,且渗透面距地下水位大于 1.0 m 的区域。存在陡坡坍塌和滑坡灾害的危险区域以及自重湿陷性黄土、膨胀土和高含盐土等特殊土壤区域不允许设置入渗工程,且不得对居住环境和自然环境造成危害。

## 二、设计原则

(1)对于因开发建设项目建设和生产运行引起的坡面漫流、河槽汇流增大等问题,应采取降水蓄渗工程进行治理,降水蓄渗形式可根据项目区降水条件、收集雨水区域面积、植被恢复与建设面积以及植被恢复后期养护管理用水需求等方面的因素综合考虑,统筹布置。

(2)鉴于雨水利用的季节性,降水蓄渗工程的处理工艺和结构设计,应充分考虑雨水利用的时效性,慎重确定工程规模,以保证投资和运行费用的合理性。条件允许时,应考虑其他可利用水源作为蓄水利用工程的补充水源。

## 三、基本资料

### (一)气象水文资料

需收集降水蓄渗工程所在地区年降水量资料和多年平均年蒸发量资料,至少应有 10 年以上的气象站或雨量站的实测资料,并分析计算得出多年平均保证率为50%、75%及90%的年降水量。当工程所在地实测资料不具备或不充分时,可根据当地水文手册查本省(市、区)多年平均降水量、蒸发量及 $C_v$ 等值线图求得。

**(二)地形地质资料**

(1)满足工程平面布置及建筑物布置要求的1:500~1:1 000地形图。

(2)拟建蓄(渗)水建筑物区域地勘资料,城镇区域工程还应有其周边现状地下管线和地下构筑物的资料。入渗工程还应有建筑区域滞水层及地下水分布、土壤类型及渗透系数等方面的资料。

**(三)其他资料**

(1)各类集流面的面积,如屋面、地面、道路及坡面的面积。

(2)需灌溉养护的植被类型、种植面积及相应植被耗水定额等。若有其他用水要求,还应包括其他用水的需水类型、耗水定额及频次调查资料。

(3)项目区周边已建蓄渗工程类型,相关蓄渗设施形式及设计参数等。

(4)对项目建设区当地水泥、钢筋、石灰、防渗膜料以及砂、石、砖、土料等建筑材料的储(产)地、储(产)量、质量、单价、运距等应进行调查。

## 四、蓄水利用工程

蓄水利用工程包括雨水收集和蓄存设施两部分。具体通过收集坡面、路面和大范围地面,以及管理场站范围内的屋顶、绿地、硬化铺装地面等集流面上的雨水,通过输送管(沟、槽)等方式,汇聚进入蓄存构筑物,通过蓄存的雨水解决西北地区小流域综合治理以及场站区域的作物灌溉和植被种植、养护用水需求。

**(一)蓄水利用设计计算**

水量平衡分析是确定雨水利用方案、设计雨水利用系统和各构筑物的一项重要工作,是蓄水利用工程经济性与合理性的重要保证。水量平衡分析包括区域可利用水量、用水量和外排雨水量。

1.可利用水量

可利用水量通常根据区域降雨总量,结合降雨季节不均匀性以及初期雨水污染弃流情况而定。

(1)坡面、道路以及有特殊要求的渣场和料场等区域雨水量计算:

$$W_j = \sum_{i=1}^{n} F_i \varphi_i P_P / 1\ 000 \tag{7.9-1}$$

式中　$W_j$——年可集水量,$m^3$;

　　　$F_i$——第 $i$ 种材料的集流面面积,$m^2$;

　　　$P_P$——保证率为 $P$ 时的年降雨量,mm,在确定集雨灌溉供水保证率时,地面灌溉方式的供水保证率可按 50%~75% 计取,喷灌、微灌方式的供水保证率可按85%~95% 计取;

　　　$\varphi_i$——第 $i$ 种材料的径流系数,可参考表7.9-1确定;

　　　$n$——集流面材料种类数。

表 7.9-1　不同材料集流面在不同年降雨量地区的径流系数

| 集流面材料 | 径流系数 | | |
|---|---|---|---|
| | 250 ~ 500 mm | 500 ~ 1 000 mm | 1 000 ~ 1 500 mm |
| 混凝土 | 0.75 ~ 0.85 | 0.75 ~ 0.90 | 0.80 ~ 0.90 |
| 水泥瓦 | 0.75 ~ 0.80 | 0.70 ~ 0.85 | 0.80 ~ 0.90 |
| 机瓦 | 0.40 ~ 0.55 | 0.45 ~ 0.60 | 0.50 ~ 0.65 |
| 手工制瓦 | 0.30 ~ 0.40 | 0.35 ~ 0.45 | 0.45 ~ 0.60 |
| 浆砌石 | 0.70 ~ 0.80 | 0.70 ~ 0.85 | 0.75 ~ 0.85 |
| 良好的沥青路面 | 0.70 ~ 0.80 | 0.70 ~ 0.85 | 0.75 ~ 0.85 |
| 乡村常用的土路 | 0.15 ~ 0.30 | 0.25 ~ 0.40 | 0.35 ~ 0.55 |
| 水泥土 | 0.40 ~ 0.55 | 0.45 ~ 0.60 | 0.50 ~ 0.65 |
| 自然土坡(植被稀少) | 0.08 ~ 0.15 | 0.15 ~ 0.30 | 0.30 ~ 0.50 |
| 自然土坡(林草地) | 0.06 ~ 0.15 | 0.15 ~ 0.25 | 0.25 ~ 0.45 |

(2)主体工程永久占地区、工程永久办公生活区以及移民安置区内的屋面、绿地、硬化地面等区域雨水量计算:

$$W = 10\psi HF \tag{7.9-2}$$

式中　$W$——雨水设计径流总量,$m^3$;

　　　$H$——设计降雨量,宜采用 1 ~ 2 年一遇 24 h 降雨,mm;

　　　$F$——汇水面积,$hm^2$。

　　　$\psi$——雨量径流系数,可根据表 7.9-2 选取。

式(7.9-2)中的径流系数为同一时段内流域内径流量与降雨量之比,径流系数为小于 1 的无量纲常数。具体计算时,当有多种类集流面时,可按 $\psi = \dfrac{\sum \psi_i F_i}{\sum F_i}$ 计算,$\psi_i$ 为每部分汇水面的径流系数,可参考表 7.9-2 的经验数据选用,$F_i$ 为各部分汇水面的面积。

表 7.9-2　径流系数

| 集流面种类 | 雨量径流系数 $\psi$ |
|---|---|
| 硬屋面、未铺石子的平屋面、沥青屋面 | 0.8 ~ 0.9 |
| 铺石子的平屋面 | 0.6 ~ 0.7 |
| 绿化屋面 | 0.3 ~ 0.4 |
| 混凝土和沥青路面 | 0.8 ~ 0.9 |
| 块石等铺砌路面 | 0.5 ~ 0.6 |
| 干砌砖、石及碎石路面 | 0.4 |
| 非铺砌的土路面 | 0.3 |
| 绿地和草地 | 0.15 |
| 水面 | 1 |
| 地下建筑覆土绿地(覆土厚度≥500 mm) | 0.15 |
| 地下建筑覆土绿地(覆土厚度<500 mm) | 0.3 ~ 0.4 |

（3）可利用水量的确定。道路、坡面以及有特殊要求的渣场和料场等区域雨水总量即为可收集雨量。主体工程永久占地区、工程永久办公生活区以及移民安置区内的屋面、绿地、硬化地面等区域的雨水收集可利用水量宜按雨水径流总量的90%计算。

为确定经济合理的工程规模，考虑部分地区非雨季的降雨量很小，难以形成径流并收集利用，应考虑一定的雨水季节折减系数，如北京地区季节折减系数可近似按0.85计，而南方一些降雨相对均匀的区域可取1。

另外，由于初期雨水污染程度高，处理难度大，还应考虑初期弃流。初期雨水弃流量一般应按照建设用地实测收集雨水的污染物浓度变化曲线和雨水利用要求确定。当无资料时，屋面弃流可采用2～3mm径流厚度，地面弃流可采用3～5mm径流厚度，市政道路取用7～15mm径流厚度。间隔3日以内的降雨可以不弃流。初期径流弃流量计算：

$$W_i = 10\delta F \tag{7.9-3}$$

式中　$W_i$——雨水净产流量，$m^3$；

　　　$\delta$——初期雨水弃流厚度，mm；

　　　$F$——汇水面积，$hm^2$。

2. 用水量

水土保持工程中的蓄水利用主要服务方向为作物灌溉和植被种植、养护，设计时针对地域广，植物种类繁多，具体可根据工程所在地域不同，按照区域气候条件、降雨特点及植物生长要求，参考当地植物用水定额或植物灌溉制度以及种植情况确定用水量。

3. 外排雨水量

外排雨水量主要为设计范围内未收集利用和超过雨水蓄存设施的部分水量。蓄水利用工程设计时，通常按收集雨水区域内既无雨水外排又无雨水入渗考虑，即按照可利用雨量全部接纳的方式确定雨水收集与蓄存设施的规模。当建设区域内的可收集雨水量超过受水对象的需水量时，可参照其他相关设计手册考虑增加雨水溢流外排或入渗设施。

**（二）雨水收集设施**

雨水收集设施主要包括集流面、集水沟（管）槽、输水管等。考虑雨水蓄集使用目的不同，在雨水收集设施末端应考虑设置初期雨水弃流装置、雨水沉淀和雨水过滤等常规水质处理设施。

1. 集流面

集流面主要利用主体工程永久占地区、永久办公生活区、道路、渣场、料场等区域内硬化的空旷地面、路面、坡面、屋面等，由于屋面收集的雨水污染程度较轻，应优先考虑收集屋面雨水，当利用天然土坡、地面、局部开阔地集流时，集水面应尽量采用林草措施增加植被覆盖度。

坡面、渣场、料场、道路等的有效汇水面积通常按汇水面水平投影面积计算。屋面汇水面积计算时，对于高出屋面的侧墙，应附加侧墙的汇水面积，计算方法执行现行国家标准《建筑给水排水设计规范》（GB 50015）的规定。若屋面为球形、抛物线形或斜坡较大的集水面，其汇水面积等于集水面水平投影面积附加其竖向投影面积的1/2。

2. 配套集水沟（管）槽

配套集水沟（管）槽断面、底坡的拟定根据设计流量按照明渠均匀流公式采用试算法确定，配套集水输水管等可根据《建筑给水排水设计规范》（GB 50015）、《给水排水工程管道结构设计规范》(GB 50332)中的相关规定进行计算选型及管道配套系统的设计。

屋面雨水收集可采用汇流沟或管道系统。采用汇流沟时,汇流沟可布置在建筑周围散水区域的地面上,沟内汇集雨水输送至末端蓄水池内。汇流沟结构形式多为混凝土宽浅式弧形断面渠,混凝土强度等级不低于 C15,开口尺寸一般为 20~30 cm,渠深一般为 20~30 cm。采用管道系统收集时,屋面径流经天沟或檐沟汇集进入管道(收集管、水落管、连接管)系统,经初期弃流后由储水设施储存。

路面雨水输送设施通常采用雨水管、雨水暗渠和明渠等。雨水管通常埋深较大,雨水暗渠或明渠埋深较浅。水土保持工程中多采用雨水暗渠和明渠,也有利用道路两侧的低势绿地或有植被自然排水浅沟的,后两种形式与明渠类似。雨水暗渠和明渠多采用混凝土现浇、预制或浆砌石砌筑的梯形、方形或 U 形。因路面收集的初期雨水含有较多的杂质,应设置沉淀池及初期弃流设备,有条件的也可将初期雨水排入污水管道至污水厂进行处理,以改善被利用的雨水水质。

利用天然土坡、地面、局部开阔地集流时,输水系统末端应设置沉沙设施,以减少收集及蓄水设施的泥沙淤积。天然土坡汇流需修建截排水系统,截流沟沿坡面等高线设置,输水沟设于集流沟两端或较低一端,并在连接处做好防冲措施,排水沟的终端经沉沙设施后与蓄水构筑物连接。集流沟沿等高线每隔 20~30 m 设置,输水沟在坡面上的比降根据蓄水建筑物的位置而定。若蓄水建筑物位于坡脚时,输水沟大致与坡面等高线正交,若位于坡面,可基本沿等高线或与等高线斜交。截流沟和输水沟通常为现浇、预制混凝土或砌体衬砌的矩形、U 形渠,结构设计可参考《水土保持综合治理技术规范 小型蓄排引水工程》(GB/T 16453.4)。

3. 过滤、沉淀等附属设施

附属设施包括过滤、沉淀和初期弃流装置。当利用天然坡面、地面或路面等集流面收集雨水时,雨水的含沙量较大,输水末端需设沉沙设备,污染程度较大时,还应设计过滤装置。除绿化屋面外,其他集流方式均应布设初期雨水弃流装置。

**(三)雨水蓄存设施**

1. 蓄存设施容积确定

(1)坡面、道路以及有特殊要求的渣场和料场等区域雨水蓄存设施。计算时推荐使用简化的容积系数法,容积系数定义为在不发生弃水又能满足供水要求的情况下,需要的蓄水容积与全年供水量的比值。计算公式为

$$V = \frac{KW_{\mathrm{j}}}{1 - \alpha} \tag{7.9-4}$$

式中  $V$——蓄水设施容积,$m^3$;

$W_{\mathrm{j}}$——年可集雨量,$m^3$;

$\alpha$——蓄水工程蒸发、渗漏损失系数,取 0.05~0.1;

$K$——容积系数,半干旱地区灌溉供水工程取 0.6~0.9,湿润半湿润地区可取 0.25~0.4。

(2)主体工程永久占地区、工程永久办公生活区以及移民安置区内的屋面、绿地、硬化地面等区域雨水蓄存设施。可根据 10 年以上逐日降雨量和逐日用水量资料,采用日调节计算法确定该类雨水蓄存设施的容积。所需资料不足时,可采用 1~2 年一遇 24 h 降雨扣除

初期弃流后的径流量确定蓄存设施的容积。

2. 雨水蓄存设施构筑物

雨水蓄存设施比较常用的有蓄水池、水窖等。具体选择形式可根据区域特点,结合建筑材料和经济条件等确定。

1)蓄水池

蓄水池分为开敞式和封闭式。开敞式蓄水池多用于山区,主要在区域地形比较开阔且水质要求不高时使用,封闭式蓄水池适用于区域占地面积受限制或水质要求较高的城镇建设项目区。

开敞式蓄水池池底及边墙可采用浆砌石、素混凝土或钢筋混凝土砌筑。池体形式为矩形或圆形。其中,因受力条件好,圆形池应用比较多。封闭式蓄水池池体结构形式为方形、矩形或圆形,池体材料多采用浆砌石、素混凝土或钢筋混凝土等,池体埋设在地面以下,其防冻、防蒸发效果好,但施工难度大,费用较高。

蓄水池基础要求有足够的承载力,不允许坐落在半岩基半软基或直接置于高差较大或破碎的岩基上;基础为湿陷性黄土时,需进行预处理,同时池体优先考虑采用整体式钢筋混凝土或素混凝土结构,不宜采用浆砌石结构。

2)水窖

水窖属于地埋式蓄水设施,多建于蒸发量大、降水相对集中和雨旱季比较分明的地区。土质地区的水窖多为口小腔大、竖直窄深式,断面一般为圆形(圆柱形、瓶形、烧杯形、坛形等)。石质山区水窖形状一般为矩形宽浅式,主要是利用现有地形条件,在无泥石流危害的沟道两侧不透水基岩上,经修补加固而成,通常为浆砌石修筑并采取防渗处理措施。下面以土质山区的筒式窖为例简略说明水窖的结构形式。

水窖通常由窖筒、窖拱、窖口、窖盖、放水设备五部分组成(见图7.9-1)。窖筒、窖拱两部分位于地面以下,窖口设窖盖,既防止蒸发又避免安全事故。水窖具体结构设计详见《雨水集蓄利用工程技术规范》(SL 267—2001)。

水窖应坐落于质地均匀的土层上,以黏性土壤最好,黄土次之。水窖的底基土必须进行翻夯处理,而且土层内修建的水窖需进行防渗,防渗材料可采用水泥砂浆抹面、黏土或现浇混凝土。当土质较好时,通常采用传统的胶泥防渗窖或水泥砂浆防渗窖;土质条件一般时,多采用混凝土防渗窖。

3)其他形式蓄水池

其他形式蓄水池包括玻璃钢、金属或塑料制作的地上或地下式定型储水设备,主要在建设项目永久占地区内的管理场站使用,通常用于收集屋面雨水。该种集雨箱(桶)可根据要求选材制作,亦可选用成品,安装简便,维护管理方便,但需占地,水质不易保障,地上式通常不具备防冻功能,使用季节性较强。地下式定型储水设备在埋设时需满足当地冻深要求。

**(四)蓄水利用案例分析**

北京某创新基地范围内安排有高新技术产业用地、研发用地、服务设施用地和多功能混合用地,并根据不同的用途由道路分割划分为独立的地块。创新基地园区建设时,结合北京市新建、改建、扩建建设项目的规划和设计应包括雨水控制与利用内容的要求,规划在各单独地块范围内,根据硬化及绿化面积分别修建有蓄水池用以拦蓄雨水,供给绿化、道路浇洒使用,在一定程度上能够合理利用雨水资源,缓解水资源短缺现状,同时减少雨水外排,降低

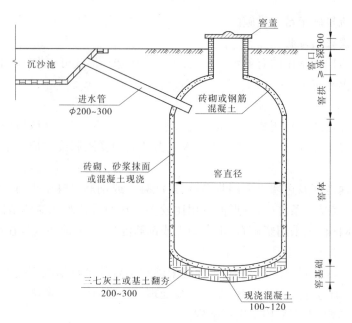

图 7.9-1　水窖典型断面结构　(单位:mm)

市政雨水管网的压力。但是,公共区域仅有道路两侧的透水铺装人行步道及河滨带绿地能够在降水时利用少量的下渗雨水,而占地面积很大的公共道路、桥,目前尚未修建有效的雨水综合利用设施,区域降水主要排放于园区的创新河河道内。

为减少河道防洪压力,结合两岸绿化隔离带的养护需求,考虑现状河道雨水口分布,对3 号桥区附近道路雨水进行治理。该区域总占地面积 4.65 hm²,包括沥青路面、绿地及透水砖人行道,治理区域各类地表面积及径流系数统计如表 7.9-3 所示。根据题示资料对该区域雨水回用系统规模进行计算。

表 7.9-3　项目区各用地类型径流系数

| 地表类型 | 面积(hm²) | | 径流系数 |
| --- | --- | --- | --- |
| | 河道西侧区域 | 河道东侧区域 | |
| 沥青路面 | 1.487 8 | 1.502 2 | 0.8 |
| 透水砖 | 0.170 7 | 0.154 7 | 0.3 |
| 绿地 | 0.773 8 | 0.556 6 | 0.15 |
| 合计 | 2.432 4 | 2.213 5 | |

根据《建筑与小区雨水利用工程设计规范》(GB 50400—2006),雨水储存设施的有效储水容积不宜小于集水面重现期 1~2 年的日雨水设计径流总量扣除设计初期径流弃流量。本设计取 1 年。根据北京市地方标准《雨水控制与利用工程设计规范》(DB 11/685—2013),北京地区年径流总量控制率为 90% 时,对应的一年一遇典型频率降雨量为 40.8 mm。设计雨水储存设施计算取值 40.8 mm。因项目周边有其他可利用水源,在不考虑雨量季节折减系数的情况下,为满足北京地方标准中雨洪利用率大于 90% 的要求,需要修建雨水调蓄池的容积至少为多大?

**解**:(1)雨水径流总量。

项目区有多种类集流面,综合径流系数计算公式 $\psi = \dfrac{\sum \psi_i F_i}{\sum F_i}$

河道西侧综合径流系数 $\psi = \dfrac{0.8 \times 1.487\,8 + 0.3 \times 0.170\,7 + 0.15 \times 0.773\,8}{1.487\,8 + 0.170\,7 + 0.773\,8} = 0.558$

河道东侧综合径流系数 $\psi = \dfrac{0.8 \times 1.502\,2 + 0.3 \times 0.154\,7 + 0.15 \times 0.556\,6}{1.502\,2 + 0.154\,7 + 0.556\,6} = 0.602$

项目区一场降雨河道东西两侧共收集雨水量:

$$W_{西} = 10\psi HF = 10 \times 0.558 \times 40.8 \times 2.432\,4 = 553.77(\text{m}^3)$$

$$W_{东} = 10\psi HF = 10 \times 0.602 \times 40.8 \times 2.213\,5 = 543.67(\text{m}^3)$$

根据计算结果,项目区一场降雨可收集雨量为河道西侧 553.77 m³,河道东侧 543.67 m³。

(2)初期弃流量。

初期弃流量计算公式:$W_i = 10\delta F$,根据北京市地方标准《雨水控制与利用工程设计规范》(DB 11/685—2013),市政道路初期弃流厚度取值范围为 7~10 mm,考虑创新园区内道路车流量较小,取初期弃流厚度为 7 mm。

$$W_{i西} = 10\delta F = 10 \times 0.558 \times 7 \times 2.432\,4 = 95(\text{m}^3)$$

$$W_{i东} = 10\delta F = 10 \times 0.602 \times 7 \times 2.213\,5 = 93(\text{m}^3)$$

(3)雨水可回用量。

项目区一场降雨实际可收集雨量:

$$W_{y东} = 553.77 - 95 = 458.77(\text{m}^3)$$

$$W_{y西} = 543.67 - 93 = 450.67(\text{m}^3)$$

根据以上分析计算,该区域河道东西两侧需修建雨水调蓄池的有效储水量至少为 458.77 m³、450.67 m³。

## 五、降水入渗工程

现阶段随着城市化进程的加快发展,我国大部分城市基础设施建设内容占了相当大的比例,建设中往往存在区域内地表硬化面积比例较高、地下水开采过度等问题,随之产生的地表径流和雨水循环的破坏逐渐增多,而降水入渗工程的推广应用将是解决这一问题的有效途径之一。通过降水入渗工程的滞纳作用,增强城市排水系统的雨洪调节能力,缓解洪水期内涝压力,通过入渗工程促进局部区域雨水入渗,强化雨水回归自然循环的渗透回路,使地下水得以补充。

降水入渗工程多结合项目区土壤地质和地下水位状况,采取增加土壤入渗率、扩大入渗面积和蓄水空间等措施来强化雨水入渗。现阶段降水入渗工程较常用的渗透设施主要有下凹式绿地、透水铺装地面、渗透管沟、渗透浅沟(洼地)、渗透池、渗透井等渗水工程形式。设计时应优先选用下凹式绿地、透水铺装地面等地面入渗方式,当地面入渗方式不能满足要求时,可采用与其他入渗方式或组合入渗方式。

（一）下凹式绿地

下凹式绿地是一种天然的渗透设施,具有透水性好、节省投资、便于雨水引入就地消纳等优点。该种雨水入渗方式适用于生产建设项目的庭院、广场绿化区,道路两侧绿化带等区域。

下凹式绿地多根据地形地貌、植被性能和总体规划要求布置,设计时应尽量将屋面、道路等各种铺装表面的雨水径流汇入绿地中蓄渗,以增大雨水入渗量。下凹式绿地一般与地面竖向高差 50～100 mm,绿地周边还需布设雨水径流通道,使超过设计标准的雨水经雨水口排出;下凹式绿地植物建议选择适合当地种植的耐淹性植物,各种花卉耐水性较差,设计、施工时应避免在绿地低洼处大量种植花卉。

（二）透水铺装地面入渗

透水铺装地面入渗是指将透水良好、孔隙率高的材料用于铺装地面的面层与基层,使雨水通过人工铺筑的多孔性地面,直接渗入土壤的一种渗透设施。通常应用于人行道、非机动车通行的硬质地面以及工程管理场所内不宜采用绿地入渗的场所。

透水铺装地面结构一般由面层、找平层、基层、垫层等部分组成(见图 7.9-2)。透水地面面层渗透系数均应大于 $1 \times 10^{-4}$ m/s,找平层和透水基层的渗透系数必须大于面层。面层材料可选用透水砖、多孔沥青、透水水泥混凝土等透水性材料,面层厚度宜根据不同材料和使用场地确定,应同时满足相应的承载力、抗冻胀等性能要求;找平层可以采用干砂、碎石或透水干硬性水泥中、粗砂等,厚度宜为 20～50 mm;基层应选用具有足够强度、透水性能良好、水稳定性好的材料,推荐采用级配碎石、透水水泥混凝土、透水水泥稳定碎石基层,其中级配碎石基层适用于土质均匀、承载能力较好的土基,透水水泥混凝土、透水水泥稳定碎石基层适用于一般土基。设计时基层厚度不宜小于 150 mm;垫层材料宜采用透水性能较好的中砂或粗砂,厚度宜为 40～50 mm。

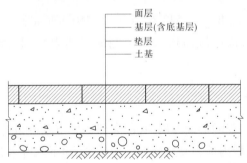

图 7.9-2　透水砖铺装地面结构

（三）渗透浅沟

渗透浅沟是利用表层植被或沟底部铺设多孔材料增大入渗效果的一种渗透设施。当项目区土质渗透能力较强时,采用表层覆盖植被的渗透浅沟,以避免径流中的悬浮固体堵塞土壤颗粒间的空隙,保持原土壤的渗透力;当浅沟土壤渗透能力较弱时,浅沟可以采用人工混合土或底部铺设碎石调蓄区,提高渗透性和调蓄能力。

植被浅沟断面形式多采用三角形、梯形或抛物线形。三角形适用于低流速、小流量的情况;梯形植草排水沟适用于大流量、低流速的情况;抛物线形植草排水沟增加了可利用的空间,适用于排放更大的流量。浅沟深度宜为50~250 mm,浅沟边坡坡度应尽可能小于1:3,纵向坡度0.3%~5%。浅沟中的植被种植应选择恢复力较强,比较坚韧,适宜当地生长且需肥少,并能在薄砂和沉积物堆积的环境中生长的植物。

**(四)渗透洼地**

渗透洼地主要利用天然或人工洼地蓄水入渗。一般在表面入渗所需要的面积不足,或土壤入渗性太小时采用。

洼地的积水时间应尽可能短,一般最大积水深度不宜超过30 cm。积水区的进水应尽量采用明渠,并多点均匀分散进水。入渗洼地种植植物时,植物应在接纳径流之前成型,具备抗旱耐涝的能力,且适应洼地内水位的变化。

洼地结构形式基本与渗透浅沟相似,设计时可参照进行。洼地入渗系统见图7.9-3。

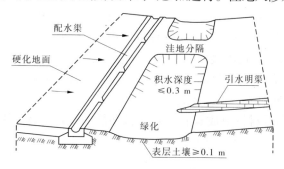

**图 7.9-3 洼地入渗系统示意图**

**(五)渗透管**

渗透管是在传统雨水排放的基础上,将雨水管改为穿孔管,管材周围回填砾石或其他多孔材料,使雨水通过埋设于地下的多孔管材向四周土壤层渗透的一种设施(见图7.9-4)。适用于雨水水质较好,表层土渗透性较差而下层有透水性良好的土层区域。

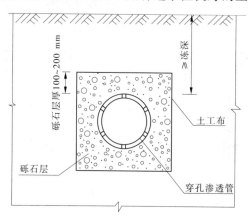

**图 7.9-4 入渗管结构示意图**

渗透管主要由中心渗透管、管周填充材料及外包土工布组成。中心渗透管一般采用PVC穿孔管、钢筋混凝土穿孔管或无砂混凝土管等制成,管径一般不小于150 mm,其中塑料管、钢筋混凝土穿孔管的开孔率不小于15%,无砂混凝土管的孔隙率不应小于20%;管周填充材料可选用砾石或其他多孔材料,厚度宜为 $100 \sim 200$ mm,填充材料孔隙率应大于管材孔隙率;填充材料外采用土工布包覆,透水土工布应选用无纺土工织物,选用规格为 $100 \sim 300$ g/m²,渗透性应大于所包覆填充材料的最大渗水要求,同时应满足保土性、透水性和防堵性的要求。

### (六)渗透池

渗透池是利用地面低洼地水塘或地下水池促进雨水入渗的设施。当土壤渗透系数大于 $1 \times 10^{-5}$ m/s,项目建设区域可利用土地充足且汇水面积较大($\geqslant 1$ hm²)时,通常采用地面渗透池,地面用地紧缺时可考虑地下渗透池。

地面渗透池有干式和湿式两种,干式渗透池在非雨季通常无水,雨季则满足入渗量要求。湿式渗透池则常年有水,类似水塘。渗透池断面多为梯形或抛物线形,渗透池边坡坡度不应大于 1∶3,表面宽度和深度比例应大于 6∶1。池岸可以采用块石堆砌、土工织物覆盖或自然植被土壤覆盖等方式。渗透池表面宜种植植物,干式渗透池因季节性限制可考虑种植既耐水又耐旱的植物,而湿式渗透池因常年有水,与湿地相似,宜种植耐水植物。渗透池一般与绿化和景观结合设计,在满足功能性要求的同时,美化周围环境。

地下渗透池是一种地下贮水渗透装置,利用混凝土砌块、穿孔管、碎石孔隙、组装式构件(亦称渗透箱、渗透块)等材料组成具有一定调蓄功能的渗透池体,调蓄雨水并满足下渗需求。

### (七)入渗井

入渗井主要有深井和浅井两类,适用于地面和地下可利用空间小、表层土壤渗透性差而下层土壤渗透性好等场合,同时要求雨水入渗水质较好,不能含过多的悬浮固体。渗井通常有井外设渗滤层和井内设渗滤层两种结构形式。图 7.9-5(a)所示为井外设渗滤层的入渗井,井由砾石及砂过滤层包裹,井壁周边开孔,雨水经砾石层和砂过滤层过滤后渗入地下,雨水中的杂质大部分被砂滤层截留。图 7.9-5(b)所示为井内设渗滤层的入渗井,雨水只能通过井内过滤层后才能渗入地下,雨水中杂质大部分被井内滤层截流。

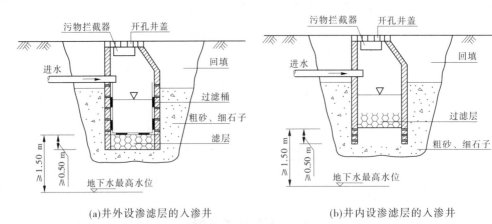

(a)井外设渗滤层的入渗井　　　　　(b)井内设渗滤层的入渗井

图 7.9-5　入渗井结构示意图

# 第十节 土地整治工程

## 一、设计原则和要求

土地整治是指对被破坏或占压土地采取措施,使之恢复到所期望的可利用状态的活动或过程,或对具有一定改良条件的地块,采用工程、植物或农耕措施,使其符合当地土地利用规划和方向,具有一定的生产能力的活动。其目的是控制水土流失,最大限度地恢复和改善土地生产力、提高资源利用率。

土地整治设计主要包括三大类内容,分别为引洪漫地工程(适用于干旱、半干旱的多沙输沙区,用洪水淤漫)、引水拉沙造地工程(适用于具备水源条件且地面沙土覆盖层较厚的风沙地区,用正常水源引灌)和生产建设项目土地整治工程(针对大量开发建设项目的土地整治)。

### (一)设计原则

1. 土地整治符合土地利用总体规划

土地利用总体规划一般确定了项目所在区土地利用方向,土地整治应与土地利用总体规划一致。在城市规划区内,需符合城市规划。

2. 遵循自然规律,合理规划利用土地资源,实现良性生态循环

土地整治应根据当地的气候、水分、泥沙、地形、自然资源、土地利用现状、土地利用潜力等条件,根据区域特点,辅以一定的治理措施,改良具有一定条件和潜力的土地,使其具备一定的生产能力。充分发挥当地自然资源优势,以最小的投入,获得最大的经济效益。如干旱、半干旱的多沙输沙区在科学论证后采用引洪漫地工程可将洪水引入低产耕地或低洼地、河滩地等以浸灌淤泥、改善土壤水分和养分条件。对破坏、占压后的土地,宜林则林,宜农则农等。

3. 整治土地与蓄水保土相结合

土地整治工程应根据待整治区域的地形、土壤等条件,以坡度越小,地块越大为原则,对条件很好的,整治成地块大小不等的平地或平缓坡地;条件较好的,应整治成水平梯田;条件较差的,应尽可能整治成窄条梯田或台田。同时,搞好覆土、田块平整及打畦围堰等蓄水保土工作,把二者紧密结合起来,达到保持水土、恢复和提高土地生产力的目的。

4. 土地整治与生态环境改善、景观美化相结合

整治后的土地利用应注意生态环境改善,合理划分农、林、牧用地比例,尽量扩大林草面积,同时在有条件的情况下,根据需要布设各种景点,改造和美化景观。

5. 土地整治与防洪排水工程相结合

在土地整治的同时,应做好场地周边的防洪排水工程,以保障土地的安全。

6. 土地整治与污染防治相结合

开发建设项目特别是矿山开采和冶炼,对水土资源的污染尤为严重。在对开发建设项目的土地整治中应尽可能结合环境保护的相关要求,把土地整治与水土污染防治结合起来,注意对污染物及水质的处理,防止有毒物质毒化土壤、影响地面径流的水质以及植物生长。

（二）设计要求

（1）总体要求为改善生态环境,提高土地利用率,增加土地收益。

（2）对土地改良整治项目,根据具体项目规模和特点等,科学论证,确定相应标准和内容。引洪漫地工程主要包括渠道工程、渠首工程、田间工程等,针对引洪漫地工程中河流洪水期水量大、含沙量高、淤漫面积大、速度快等特点,要相应配套渠道工程、渠首工程等规模。

引水拉沙造地主要包括引水渠、蓄水池、冲沙壕、围埝、排水口等内容。引水拉沙造地应根据水源的位置、高程与沙区的地形,确定引水拉沙造地的范围。根据水源的总水量和日供水量,确定引水拉沙造地的规模与进度。

（3）对引洪漫地和引水拉沙造地后项目,因其土壤酸碱度、土壤肥力、表土层、微地形等未必满足后期土地生产需要,还需进行农业耕作、土地改良等措施。

（4）对开发建设项目,根据工程扰动占压的具体情况以及土地恢复利用方向等选择确定土地整治内容,主要包括表土剥离及堆存、土地平整及翻松、表土回覆、田面平整和犁耕、土地改良,以及必要的水利配套设施恢复。

（5）土地整治设计应符合各设计阶段的需要,可行性研究阶段主要进行多方案比选,确定总体格局、布置和整治方案,确定土地开发利用方向。初步设计阶段需细化各工程措施内容,确定整治后的土地利用方式和模式,具体利用方向的细化设计,如农业利用的土壤改良措施设计、林牧业利用的植被配置和营造设计,其他利用方式的相关设计。

（6）土地恢复利用方向应根据法律法规规定、占地性质、原土地类型和立地条件综合确定。一般有三大类:耕地、林草地、其他用地(水域等)。

## 二、引洪漫地工程

引洪漫地是指应用导流设施把洪水引入低产耕地或低洼地、河滩地等以浸灌淤泥、改善土壤水分和养分条件的措施。

### （一）适用范围和条件

引洪漫地主要适用于干旱、半干旱地区的多沙输沙区。此法在我国黄河中游各省的河谷、川道、涧地、山源交界地带非常普遍,且具有悠久的历史。根据洪水来源,分坡洪、路洪、沟洪、河洪四类。设计中应根据漫地条件选取相应引洪方式。

### （二）作用

引洪漫地工程具有三大作用:

（1）改良土壤、保证高产。洪水中含有大量的氮、磷、钾及腐殖肥料,淤漫一次,可加厚土层,增加土壤肥力,使原来比较贫瘠的土壤得到改良,进而提高产量。

（2）扩大高产稳产田。把河流山洪、沟坡洪水分引或全部引用,进行淤漫河滩、低洼涝池,能淤出平展可灌、可排的稳产高产田。

（3）削减洪峰。沿河道两岸,分级引洪,在河沟支流处进行分段拦蓄和引洪,起到削减洪峰,减少洪量、泥沙,防止洪水泛溢,保护村庄农田的作用。

### （三）设计要求

引洪漫地工程具有河流洪水期水量大、含沙量高、淤漫面积大、速度快的特点。引洪漫地工程主要包括引洪渠首工程、引洪渠系、洪漫区田间工程等。

1. 引洪渠首工程布置

引洪渠首工程布置需符合下列规定：

(1)选择布置在河床稳定、河道凹段下游、引水条件好且高于洪漫区的位置。渠首建筑物基础要求河床基岩坚实、基础稳定，当基础不满足稳定要求时，采取基础处理措施。

(2)当计划洪漫区的面积较大，一处渠首引洪不能满足漫地要求，在沿河增建若干引洪渠首，分区引洪。

(3)渠首工程进水口设闸门，控制洪水流量，引洪水入渠。水量不足时，可修筑导流堤，以增加水量。导洪堤可采用浆砌石，也可采用木笼块石、铅丝笼块石、沙袋等建筑材料。导洪堤与河岸成20°左右夹角。

(4)河岸较高、河洪不能自流进入渠首的，采取有坝引洪。在河中修建滚水坝，抬高水位，坝的一端或两端设引洪闸，将河洪引入渠中。拦河滚水坝坝体需作稳定计算和应力分析。

(5)河岸较低、河洪可自流进入渠首的，采取无坝引洪。需在距河岸3~5 m处设导洪堤，将部分河洪导入引洪闸。

2. 引洪渠系布置

引洪渠系布置需符合下列规定：

(1)渠系由引洪干渠、支渠、斗渠三级组成，要求能控制整个洪漫区范围，输水迅速均匀。要全面规划，统一布局，适应洪水峰大、时短、陡涨陡落、含沙量大的特点。

(2)干渠、支渠和斗渠宜采取土渠，其边坡坡比按渠道土质选定。黏土、重壤土和中壤土渠道，边坡宜取1:1.0~1:1.25；土质为轻壤土的，边坡宜取1:1.25~1:1.5；土质为砂壤土的，边坡系数宜取1:1.5~1:2.0。

(3)渠道一般采用梯形断面，可按明渠均匀流计算确定渠道断面。渠道比降需与渠道断面设计配合，满足不冲不淤要求。干渠比降宜取0.2%~0.3%；支渠比降宜取0.3%~0.5%，最大不超过1.0%；斗渠比降宜取0.5%~1.0%。有条件的，可经试验确定渠道比降。

(4)干渠走向大致高于洪漫区，一般长度1 000 m左右。

(5)沿干渠每100~200 m设支渠，与干渠正交，或取适当夹角，长500~1 000 m。

(6)沿支渠每50~100 m设斗渠，一般与支渠正交，斗渠直接控制一个洪漫小区，向地块进水口输水漫灌。

(7)干渠向支渠分水处设分水闸；支渠向斗渠分水处设斗门。

(8)为保证行水安全，渠道堤顶需高出渠道设计水位0.3~0.4 m。

(9)渠上建筑物设计可参照各地小型水利工程手册有关技术规定。

3. 洪漫区田间工程布置

洪漫区田间工程布置需符合下列规定：

(1)根据洪漫区地形和引洪斗渠与地块间的相对位置，漫灌方式可采取串联式、并联式或混合式。

(2)洪漫区地块四周需布置蓄水埂。蓄水埂埂高需能满足一次漫灌的最大水深，超高一般可取0.3 m。

(3)矩形地块的长边沿等高线，短边与等高线正交。

（4）洪漫缓坡农田，需按缓坡区梯田要求进行平整，形成长边大致平行于等高线的矩形田块。进水一端较出水一端稍高，一般可取 0.5% ~ 1.0% 的比降。

（5）荒滩淤漫造田，需结合地面平整，去除地中杂草和大块石砾。

（6）当进水口或出水口高差大于 0.2 m 时，需利用块石、卵石等设置简易消能设施。

4. 其他要求

引洪量计算、淤漫时间、淤漫厚度、淤漫定额设计需符合下列规定：

（1）引洪量按式（7.10-1）计算：

$$Q = 2.78 \frac{Fd}{kt} \tag{7.10-1}$$

式中　$Q$——引洪量，$m^3/s$；

　　　$F$——洪漫区面积，$hm^2$；

　　　$d$——漫灌深度，m；

　　　$t$——漫灌历时，h；

　　　$k$——渠系有效利用系数。

（2）根据不同作物生长情况，分别采用不同的淤漫时间；不同作物适宜不同淤漫厚度。

（3）淤漫定额可按式（7.10-2）计算：

$$M = \frac{10^7 dy}{c} \tag{7.10-2}$$

式中　$M$——淤漫定额，$m^3/hm^2$；

　　　$d$——计划淤漫层厚度，m；

　　　$y$——淤漫层干密度，$t/m^3$，一般取 1.25；

　　　$c$——洪水含沙量，$kg/m^3$。

**（四）其他要求**

1. 后期土地改良措施

引洪漫地后土地肥力有一定增加，但仍存在微地形、酸碱度、表土层、结构团粒等需进一步改良，以适应土地生产的问题，需采取一定的农业耕作措施。包括改变微地形、覆盖和改良土地三类措施。

改变微地形包括翻耕整治、半旱式耕作等。覆盖措施包括草田轮作、间作、套种、带状间作、合理密植、休闲地种绿肥、覆盖种植、少耕免耕等。改良土地措施包括深松、增施有机肥、留茬播种等。

2. 做好后续管理工作

充分利用水沙资源，合理用水，专人管理，严格交接手续，落实责任制，避免穿洞、跑水、漏水和漫水不均现象发生。严禁偷水、抢水，制造水事纠纷。

## 三、引水拉沙造地

引水拉沙造地是指将水源引至规划的沙丘、河滩地等区域，进行拦沙或拉沙造地，建设农田。

**（一）适用范围和条件**

引水拉沙造地工程适用于具备正常水源条件且地面沙土覆盖层较厚的风沙地区，或拟进行整沙造地的河流滩地区域。

**(二)作用**

引水拉沙根据水力情况分引流拉沙和抽水拉沙,按其目的主要有拉沙造地、拉沙修渠、拉沙筑坝,是沙区建设基本农田的主要方法。

**(三)设计要求**

引水拉沙造地工程主要建筑物包括引水渠、防洪堤、蓄水池、冲沙壕、围埝、排水口等。

1. 工程布局原则

(1)风沙区引水拉沙造地宜选择流动或半固定的沙地进行;固定沙地开展引水拉沙造地必须经充分论证,严防工程区之外的固定沙地受到破坏。

(2)河流滩地引水拉沙造地需符合河流防洪规划,不得布设在规划的重要蓄滞洪区内。

(3)需符合当地水土流失综合治理、国土资源整治、农业发展、水资源利用等规划。

(4)引水拉沙造地的田块,规划于地形开阔之处。田块需按高程由下至上依次布设,保持长边与等高线平行,长度宜小于 200 m,宽度宜小于 100 m。

2. 工程类型选择和设施配置

(1)水源高程较高的,宜采用自流引水拉沙造地,工程设施主要包括引水渠、蓄水池、冲沙壕、围埝、排水口等。水源高程较低的,可采用抽水拉沙造地,一般不修筑引水渠和蓄水池,直接用管道输水至规划的拉沙区域。若抽水流量较小或工程进度要求较快时,可围筑蓄水池。

(2)河流滩地引水拉沙造地必须在田块临河侧修筑防护(洪)堤。

(3)工程布置要根据水源高程、沙丘分布、工程区地形确定,总体布置既要保证足够的冲沙水力坡度,又要保持最大冲沙面积和最优拉沙工效。

3. 引水渠设计

(1)水源充分的地方,根据拉沙规模和工程进度安排计算确定引水流量。水源不足的地方,以可能最大引水量作为引水流量。按工程规模确定引水量时,可按照定额法计算,拉平 1 m³ 沙子需水定额宜取 2 ~ 2.5 m³。

(2)引水流量确定后,引洪渠系设计可参照引洪漫地工程渠系设计。

4. 防洪堤设计

防洪堤一般采用梯形断面设计,内、外坡宜采用 1:1,防洪堤高度和堤间距等按照有关规定执行。

5. 蓄水池设计

(1)在引水量不足时,需建设蓄水池进行长蓄短放来保证冲沙水量。蓄水池高程需高于引水拉沙的沙丘高程,根据地形条件挖筑,形状不限,池壁充分压实。

(2)蓄水池设置冲沙放水口,放水口采用木板、铁皮等临时材料砌护和控制放水量。

(3)蓄水池容量需保证在设计的最小施工时段连续放水冲沙,按式(7.10-3)计算。

$$V = 3\,600t(Q_{放} - Q_{引}) \qquad (7.10\text{-}3)$$

式中　$V$——蓄水池容积,m³;

　　　$t$——设计最小施工时段,h,一般取 1 ~ 2 h;

　　　$Q_{放}$——拉沙放水流量,m³/s,根据工程进度安排确定;

　　　$Q_{引}$——引水流量,m³/s。

6.冲沙壕设计

冲沙壕设计应符合下列规定：

(1)比降在1%以上。

(2)根据蓄水池高程,馒头状小型沙丘可采用顶部开壕、腰部开壕和下部开壕三种形式。

(3)形状复杂或体积特大的沙丘和沙地,可采用左右开壕、四面开壕和迂回开壕等形式。

7.围埝设计

围埝设计需符合下列规定：

(1)围埝平面布置需为规整的矩形或正方形。

(2)初修时埝高0.5~0.8 m,随地面淤沙升高而加高。

(3)围埝采用梯形断面,顶宽取0.3~0.5 m,内外坡比1:1。

8.排水口设计

(1)排水口底高程与位置需随着围埝内地面的升高而变动,保持排水口略高于淤泥面而低于围埝。

(2)应用柴草或砖石作临时性砌护,并安排好排水的去处,防止冲刷。引水拉沙造地示意图详见图7.10-1。

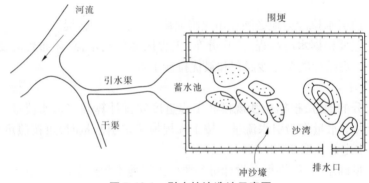

图 7.10-1　引水拉沙造地示意图

**(四)其他要求**

1.配套设施要求

引水拉沙造地需配套林网、道路、灌渠、排洪渠及周边防沙设施。

2.土地改良要求

引水拉沙造地后需进行一定的土地改良耕作措施,以进一步提高土地生产力。主要包括改变微地形、覆盖和改良土地三类措施(可参考引洪漫地工程相应章节)。

## 四、生产建设项目土地整治

本类型土地整治项目为因生产建设项目导致地表破坏,而需要恢复原有土地利用类型或适宜的土地利用类型。

**(一)适用条件和作用**

主要针对各类开发建设项目,包括公路、铁路、火电厂、水电水利、工业园区等项目,对其开发、建设、扰动破坏后的占压区域进行土地整治,主要作为恢复原有土地利用功能或整治成适宜的土地地类。

**(二)土地利用方向确定的原则**

在土地整治前需首先确定土地的用途,根据土地的用途采用适宜的土地整治措施。土地利用方向确定原则:

(1)根据占地性质、原土地类型、立地条件和使用者要求综合确定,与区域自然条件、社会经济发展和生态环境建设相协调,宜农则农,宜林则林,宜牧则牧,宜渔则渔,宜建设则建设。

(2)一般工程永久占地范围内的裸露土地等尽量恢复为林草地,也可根据土地总体利用规划,改造为水面养殖用地或其他地类(如建设用地等);工程临时占地以恢复原有土地利用类型为原则,原地貌为耕地的恢复为耕地,原地貌为非耕地的多恢复为林草地等地类。

**(三)土地整治的设计标准**

1.恢复为耕地的土地整治标准

经整理形成的平地或缓坡地(自然坡度一般在15°以下),土质较好,覆土厚度0.2~0.8 m(自然沉实),pH值一般为6.5~8.0,含盐量不大于0.3%,有一定水利灌溉条件的,可整治恢复为耕地。用作水田时,地面坡度一般不超过2°~3°;地面坡度超过5°按水平梯田整治。

2.恢复为林草地的土地整治标准

受占地限制,整理后地面坡度大于15°或土质较差的,可作为林草业或牧业用地;一般要求覆土厚度0.1~0.3 m,pH值为6.5~8.5。

3.恢复为水面的整治标准

有适宜水源补给且水质符合要求的坑凹地等可修成鱼塘、蓄水池等,进行水面利用和蓄水发展灌溉。塘(池)面积一般0.3~0.7 hm$^2$,深度以2.5~3 m为宜。应有良好的排水设施,防洪标准与周边区域一致。

4.其他利用的整治标准

根据项目区的实际需要,土地经审批等手续、专门处理后可进行其他利用,如建筑用地、旅游景点等。

**(四)土地整治设计要求**

土地整治的内容主要包括表土剥离及堆存、扰动占压土地的平整及翻松、表土回覆、土地生产力恢复措施(田面平整和犁耕、土地改良),以及必要的水利及灌溉设施。生产建设项目需根据工程施工扰动破坏土地的具体情况以及土地恢复利用方向确定土地整治内容。

1.表土剥离与堆存

(1)剥离厚度根据熟化土厚度确定,重点选择土层厚度不小于0.30 m的扰动地段。

(2)表土为宝贵的资源,对工程占地区应尽量剥离并堆存防护,即能剥则剥、尽量储备。

(3)表土剥离厚度根据工程区地表土壤情况确定。

(4)应根据表土厚度及分布均匀程度、土壤肥力、施工条件等因素,确定表土剥离的施工方式。

(5)高寒草原草甸地区,需对表层草甸土进行剥离、养护、回覆利用。

(6)剥离表土需要临时堆存的,宜堆存于征用土地范围内,并采取临时防护措施。

2. 扰动占压土地的平整及翻松

(1)扰动后凹凸不平的地面可采用机械削凸填凹,进行粗平整。

(2)坑凹回填应利用废弃土、石料或矿渣,力争回填后坑平渣尽。坑凹回填后,应进一步平整地面,并修建四周的防洪排水设施,为开发利用创造条件;有条件的地方可将坑凹改建为蓄水池,蓄积降雨,合理开发利用水资源。

(3)扰动后地面相对平整或粗平整后的土地,压实度较高的应采用机械翻松。

3. 表土回覆

(1)覆土厚度,可根据不同区域的实际情况及土地利用方向确定(见表7.10-1)。

表7.10-1 分区覆土厚度

| 分区 | 覆土厚度(m) | | |
|---|---|---|---|
| | 耕地 | 林地 | 草地(不含草坪) |
| 西北黄土高原区的土石山区 | 0.60 ~ 1.00 | ≥0.60 | ≥0.30 |
| 东北黑土区 | 0.50 ~ 0.80 | ≥0.50 | ≥0.30 |
| 北方土石山区 | 0.30 ~ 0.50 | ≥0.40 | ≥0.30 |
| 南方红壤丘陵区 | 0.30 ~ 0.50 | ≥0.40 | ≥0.30 |
| 西南土石山区 | 0.20 ~ 0.50 | 0.20 ~ 0.40 | ≥0.10 |

注:1. 黄土覆盖地区不需覆土。

2. 采用客土造林、栽植带土球乔灌木、营造灌木林可视情况降低覆土厚度或不覆土。

3. 铺覆草坪时覆土厚度≥0.10 m。

(2)黄土覆盖深厚地区不需覆土;采用客土造林、栽植带土球乔灌木、营造灌木林可视情况降低覆土厚度或不覆土;铺覆草坪时覆土厚度不小于0.10 m。

(3)表土回覆可视具体情况采用推土机推土或自卸汽车运土与推土机推土结合。

4. 田面平整和犁耕

粗平整之后,细部仍不符合耕作要求的要进行细平整,也就是田面平整,包括修坡、作梯地和其他地面工程。恢复林草的,可采取机械或人工辅助机械对田面进行细平整,并视具体种植的林草种采取犁耕。恢复为耕地的,需采取机械或人工辅助机械对田面进行细平整、犁耕。全面整地耕深一般为0.2~0.3 m。

1)田面平整标准

田面平整后既要满足地面灌溉技术要求,又要便利耕作和田间管理。

对于恢复为耕地的,平整后的田面要求坡度一致,一般畦灌地面高差小于±5 cm,水平畦灌地面高差在±1.5 cm以内,沟灌地面高差小于±10 cm。

2)设计要点

田面平整包括坡度>15°的坡面和坡度≤15°的坡面和平台面的平整,可根据土壤成分和土地利用方向进行平整:

A. 坡度>15°

坡度>15°的坡面一般恢复为林草地,以土壤或土壤发生物质(成土母质或土状物质)为主的坡面,采用水平沟、水平阶地、反坡梯田整地;以碎石为主的地块,采用鱼鳞坑、穴状或块状整地。各种整地规格如下:

（1）水平沟挖深、底宽、蓄水深、边坡尺寸根据土层厚度、土质、降雨量和地形坡度确定，一般挖深与底宽为 0.3~0.5 m，挖方边坡 1:1，填方边坡 1:1.5，蓄水深 0.7~1.0 m，土埂顶宽 0.2~0.3 m，水平沟沿等高线开挖，每两行水平沟呈"品"字形排列，每个水平沟长 3~5 m。

（2）水平阶地阶长 4~5 m，阶宽有 0.7 m、1.0 m、1.5 m 三种。

（3）反坡梯田田面宽一般 2~3 m，长 5~6 m。

（4）鱼鳞坑包括大鱼鳞坑和小鱼鳞坑，大鱼鳞坑尺寸：1.0 m × 0.6 m × 0.6 m（长径 × 短径 × 坑深，下同）；小鱼鳞坑长径 0.6~0.8 m，短径 0.4~0.5 m，坑深 0.5 m。

（5）穴状整地规格一般为 30 cm × 30 cm（穴径 × 坑深，下同）、40 cm × 40 cm、50 cm × 50 cm、60 cm × 60 cm。

（6）块状整地规格多为 30 cm × 30 cm × 30 cm（边长 × 边长 × 坑深，下同）、40 cm × 40 cm × 40 cm、50 cm × 50 cm × 50 cm、60 cm × 60 cm × 60 cm。

B. 坡度 ≤15°

对于坡度小于等于 15°的坡面和平台面，若恢复为农用地的按耕作要求全面精细平整；若恢复为林草地的，按林草种植要求进行平整。

（1）恢复为耕地的土地平整。

①对于坡度小于 5°的地块，在粗平整之后要对田面进行细平整即实施田间整形工程，整形时田块布置与田间辅助工程如渠系、道路、林带等结合，田块形状以便于耕作为宜，最好为长方形、正方形，其次为平行四边形，尽量防止三角形和多边形；田块方向与日照、灌溉、机械作业及防风效果有关，与等高线基本平行，并垂直于径流方向；田块规格与耕作的机械要求和排水有关，拖拉机作业长度为 1 000~1 500 m，宽度 200~300 m 或更宽些，另外，土壤黏性越大，排水沟间距越小，则田块宽度越小，如为黏土一般取 80~200 m，底部有砂层则可宽到 200~600 m，最高可达 1 000 m。田块两头和局部洼地高差不大于 0.5 m。

②对于坡度大于 5°、小于 15°的地块，先在临空侧布置挡水土埂，田块沿等高线布设，考虑机耕田块宽度一般为 20~40 m，长度不小于 100 m，田块之间修建土埂。土埂高度按最大一次暴雨径流深、年最大冲刷深与多年平均冲刷深之和计算，地埂间距可按水平梯田进行设计。在缺乏资料时，土埂高度取 0.4~0.5 m，顶宽 0.4 m，边坡 1:1~1:2。

（2）恢复为林草地的土地平整。

整地方式主要有全面整地、水平沟整地、鱼鳞坑整地、穴状（圆形）整地、块状（方形）整地等，以土壤或土壤发生物质（成土母质或土状物质）为主的地块，宜依据其覆盖厚度和造林种草的基本要求，采取全面整地；以碎石为主的地块，且无覆土条件时，采用穴状整地，砂页岩、泥页岩等强风化地块，宜提前整地等加速风化措施。

5. 土地改良

（1）恢复为耕地的，需增施有机肥、复合肥或其他肥料。

（2）恢复为林草地的，需优先选择具有根瘤菌或其他固氮菌的绿肥植物。必要时，工程管理范围的绿化区需在田面细平整后增施有机肥、复合肥或其他肥料。

（3）地表为风沙土、风化砂岩时，可添加污泥、河泥、湖泥、木屑等进行改良。

（4）pH 值过低或过高的土地，可施加黑矾、石膏、石灰等改良土壤。

（5）盐碱化土地，需采取灌水洗盐、排水压盐和客土等方式改良土壤。

6.灌溉设施

恢复为水田和水浇地的,需配置必要的水利及灌溉设施。

水利设施可参照各地小型水利工程手册有关技术规定。

灌溉包括渠道灌溉和节水灌溉两部分内容,其中渠道灌溉可参照引洪漫地渠系设计及防洪排导工程等,节水灌溉主要包括喷灌和微灌等。本节主要介绍喷灌技术。喷灌技术主要应用于具有一定水源条件、干旱半干旱的工程区,包括永久办公生活区、主体工程区(绿化规格较高区域)、拟恢复为农业用地的取土场、弃渣场、施工场地等区域。

1)系统的组成

喷灌系统一般由水源、动力、水泵、管道系统和喷头组成。水源依据当地水源条件确定,可以是河道、引水渠、水库、蓄水池、井泉。动力机有电动机和柴油机。水泵可为离心泵、专业喷灌泵和潜水泵等。管道系统有铝合金管、石棉水泥管、薄壁钢管、PVC塑料管等。喷头型式很多,常用旋转式喷头。

2)系统的类型

喷灌系统通常分为固定式喷灌系统、半固定式喷灌系统和移动式喷灌系统。

喷灌系统规划包括设计灌水定额、灌水周期、计算允许的喷头最大喷灌强度、选择喷头、进行田间管道系统的布置、拟定喷灌工作制度等工作。

## 五、案例分析

**【案例 7.10-1】** 北方煤矿开采区治理。

北方某煤矿为地下采煤,区域属于丘陵,原地类为农田,首采期沉陷区面积经预测为 $121.3 \, hm^2$,地表塌陷下沉盆地不明显,可能造成地表塌陷。水土保持方案的服务年限为10年,在服务期内,可根据地表沉陷破坏分为轻度、中度、重度三种类型,分类进行治理。

**(一)塌陷区土地治理工程**

矿区塌陷土地治理工程,主要是填堵地表裂缝和整理、恢复土地。根据塌陷土地类型特点,对耕地需进行恢复,对果园、林地一般保持原地貌,只对塌陷裂缝充填处理。治理工程可采用人工治理和机械治理两种方法。人工治理适用于轻度、中度破坏程度的土地,即采用人工就近挖取土石直接充填塌陷裂缝,将梯田挖高填低进行平整。这种方法土方工程量小,土地类型和土壤的理化性态基本不变。机械治理一般使用推土机和铲运机,适用于破坏程度严重的土地治理。其特点是工序复杂,土方工程量较大,农田整治后,土地类型和土壤的理化性质会有改变。

根据首采塌陷土地预测,轻度、中度塌陷破坏地占92%,重度塌陷区面积只占8%,所以采煤塌陷区治理方式以人工治理为主。

耕地的塌陷采用人工治理,梯田采用挖高填低的平整方法,挖填土方量基本平衡。

对土地塌陷区治理,采用以下工程设计:①按图斑、地块分区进行平面与立体设计,分地块进行整治;②土地平整及覆盖表土设计;③对塌陷土地治理的配套工程设计;④塌陷土地生态恢复方案设计等。通过以上治理措施的实施,土地塌陷区造成的水土流失将得到全面控制。

由于塌陷土地造成水土流失增加的原因主要是塌陷裂缝和沉陷、滑坡,现对塌陷裂缝和梯田整治的工艺简述如下。

## (二)人工治理工艺

人工治理是指以人工作业为主的简易工程治理技术,但为了达到最终治理的目标,也不排斥使用部分挖掘和运输机械。人工治理主要工程是充填塌陷裂缝和梯田整治,其作业程序大体可分为两个。

### 1.第一个作业程序

在指定地点用人工或挖掘机械挖取耕地表土层,然后按指定路线将土方装运到指定地点堆放。取土场一般应选在作业区附近的土坡、质地相近的土壤。取土地点如为耕地,应事先剥离表层 0.5 m 的耕植表土层堆放在取土场地周围。取土完毕后,进行梯田平整,再将耕植土覆盖在土场表面,以恢复耕地。运土应尽量利用原有道路系统,卸土地点应尽量靠近裂缝充填作业区。

### 2.第二个作业程序

首道工序是沿地表裂缝和需要进行平整地的地表倾斜部位剥离表层耕植土,剥离宽度为裂缝两侧各 0.3~0.5 m,剥离深度为 0.3~0.5 m,剥离的耕植土层就近堆放在裂缝两侧和平整土地范围的周边。第二道工序为充填裂缝和平整土地,用装运来的新土充填裂缝,可用小平车或手推车向裂缝中倒土。

当充填高度距地表 1 m 左右时,开始用木杠作第一次捣实,然后每充填 40 cm 左右捣实一次,直到与原地表基本平齐时为止,然后将坡度大的梯田采用挖高填低作业平整田面。第三道工艺是覆盖耕植土层,将裂缝两侧和平整范围周边剥离的耕植土均匀覆盖在已完成整治工程的地表上。

## (三)机械治理工艺

土地重度破坏的塌陷区,虽然所占总面积比例不大,但重度塌陷区严重损害了地面土壤、水体、植被等土地环境基本因素,影响了农业生产的正常发展。重度塌陷区裂缝深、宽度大、裂缝间隔小,对土地的原有耕作条件破坏较大,大大增加了充填裂缝所需的土方工程量和梯田整治的工程量。重度塌陷区每公顷充填裂缝的土方量,是中度塌陷区的 4 倍,是轻度塌陷区的 19 倍。特别是严重沉陷或滑坡区,梯田整治难度更大,必须进行机械治理。

机械治理工艺是以机械为主的塌陷区治理技术。有剥离式机械治理和生熟土混推法机修水平梯田治理工艺。机械治理大体可分为四个工序。如采用剥离式机械治理,第一道工序是修筑施工道路,以便施工机车运行。第二道工序是剥离治理土地的表层耕植土层,剥离厚度不小于 0.3 m,剥离的表土层应存放在治理土地的周围。表土剥离应采用推土机和铲运机联合作业。第三道工序是按设计要求充填塌陷裂缝,特别是重度塌陷区的裂缝密度、深度较大,可将全部裂缝分段开挖,再分段全部回填夯实。耕作层以下裂缝的回填要求夯实到干容重 1.4 t/m³ 以上。第四道工序是将存放的表层耕植土覆盖在平整后的土地表面。

生熟土混推法机修水平梯田治理工艺,适用于对重度塌陷区和田坎高度较大的梯田治理。此工艺不必先剥离表层耕植土层,而是先开挖裂缝,夯实充填后,用推土机将生熟土混推。按设计要求将坡地修成"外高里低"的高标准水平梯田,达到水不出地、土不流失、肥不出田的"三保田"标准。除充填塌陷裂缝,将塌陷区梯田进行整治外,还需很多配套工程,如修筑施工道路、田坎边坡支护、土地防洪、排灌蓄水和绿化工程等。

首采沉陷区无论是采取人工治理方式还是机械治理方式,都须保证不降低原土地生产能力,分期分区治理,特别是在施工过程中要加强临时防护措施,如施工中的临时拦挡、堆料场的防护、植被的迅速恢复等,以免引起新的水土流失。

（四）治理工程

根据设计人员在山西潞安集团有限责任公司所属某矿井土地塌陷破坏情况及治理的实地调查,以及参照潞安矿已有的塌陷地土地整治经验及规划报告,丘陵区轻度塌陷土地整治单价为 9 028.2 元/hm²,中度塌陷土地为 14 023.65 元/hm²,重度塌陷土地为 28 371.9 元/hm²。经计算,本方案服务期内土地塌陷整治费总计为 153.73 万元(见表 7.10-2)。

表 7.10-2 土地塌陷区治理费用计算

| 塌陷程度 | 面积(hm²) | 比例(%) | 侵蚀程度 | 治理单价(元/hm²) | 合计(万元) |
|---|---|---|---|---|---|
| 轻度 | 60.65 | 50 | 轻度 | 9 028.2 | 54.76 |
| 中度 | 50.95 | 42 | 中度 | 14 023.65 | 71.45 |
| 重度 | 9.70 | 8 | 中度 | 28 371.9 | 27.52 |
| 合计 | 121.3 | 100 | | | 153.73 |

【案例 7.10-2】 黄河中游某露天煤矿土地整治。

（一）立地条件特征

模式区位于黄河中游的乌兰木伦河一级阶地——神府东胜煤田露天煤矿矿区,地处毛乌素沙地与黄土丘陵的交错地带,水蚀、风蚀均十分强烈。典型大陆性半干旱草原气候,年降水量 357 mm,其中 7~9 月的降水量占年降水量的 60%~70%,年平均风速 3.6 m/s,年最大风速 24 m/s,年平均沙尘暴日数 17~26 d,其中冬春季发生 11.9~18.3 d。

（二）设计技术思路

矿区土地复垦以可持续发展、生态学和生态经济学的理论为指导,根据具体的环境条件和煤田开发建设的需求,露采、回填、覆土、整平有序进行,进行污水处理、林业、种植、养殖相结合的综合性土地整治。

（三）技术要点及配套措施

(1)污水处理。经过回填、垫底和边坡加固等土建工序,建成含氧性塘、好氧塘和养殖塘生活与井下三级污水处理厂 1 座。

(2)造林种草。将造林地和种植地 0~60 cm 土层内大于 10 cm 的碎石清理后,平整修垄,造林种草。乔木树种选用 3 年生油松和胸径 2.5~3.0 cm 的杂交杨实生苗,密度 111 株/亩;灌木,沙柳扦插造林,条长 60~70 cm,2 根/穴,栽植密度 333 穴/亩;饲草种植沙打旺与草木樨,于雨季前 6 月上中旬开浅沟覆土播种。播种量沙打旺 0.33 kg/亩,草木樨为 1.17 kg/亩。

(3)农业复垦。改土措施,首先将需整治的土地 1~30 cm 土层内大于 10 cm 的石块全部清出,然后按种植复垦项目分别改良土壤。大田种植地平均垫 35 cm 厚的沙土,施羊粪、鸡粪等农家肥 8 kg/m²;大棚保护地内将 1~35 cm 土层内大于 0.5 cm 的砂石用筛子过滤清理,施农家肥 20 kg/m²,深翻土 2 次,平整后修筑床垄。

# 第十一节 防风固沙工程

在风沙区或遭受风蚀的地区进行生产建设时,因开挖堆占地面、破坏地表形态、破坏地表覆盖、破坏覆盖植被等,必然加剧风蚀和风沙危害,如对此不进行及时防治,项目区的生产建设活动及周边地区的生产生活均会受到影响。因此,必须采取防风固沙工程来控制其危害。

## 一、防风固沙工程的措施与作用

防沙治沙措施体系包括工程治沙、植物治沙、化学治沙和封育治沙等措施。本部分仅介绍工程治沙和化学治沙两部分内容,暂称为防风固沙工程。植物治沙相关部分请见本教材的林草措施部分。

工程治沙和化学治沙措施,在不具备植物生长条件的区域,主要起覆盖地表、改变地表粗糙度、改变近地表风速、控制地表蚀积过程、保障保护目标物安全的作用,也具有促进和保护植被恢复进程的作用。

## 二、防风固沙工程总体布置原则

(1)在沙地、沙漠、戈壁等风沙区建设生产建设项目时,建设生产活动会扰动地面、损坏植被、引发或加剧土地沙化,应布置防风固沙工程。在沙地、沙漠、戈壁等风沙区从事农林业生产,或实施防沙治沙生态建设项目时,生产生活受风沙危害,也必须布设防风固沙工程。

(2)防风固沙工程的布设应以风沙区的生产建设活动不受风沙危害,或风沙区的生产建设活动不加剧风沙危害为总体目标,固定、输移、阻挡措施有机结合,因害设防。

(3)防风固沙工程布设的措施,应考虑材料来源以及采购运输价格等因素,尽量做到就地取材、保护生态、降低成本。

(4)防风固沙工程布设,应从防护的必要范围、空间布局、断面结构等方面,考虑选用经济合理的措施。

(5)防风固沙工程布设、设计时,应特别注意收集大比例尺地形图或遥感影像,具有代表性和典型性的以风信、水热条件为主的气象资料,植被、土壤、水文资料,防风固沙经验、社会经济资料等,并以上述资料作为规划设计的基本资料。必要和有条件时,可以在现场进行调查观测,或在风洞内进行模型试验,重点解决风蚀沙埋规律及其因生产建设活动导致的变化与影响,规划设计方案与预测效应等。

## 三、工程治沙措施及其设计

### (一)沙障固沙

沙障也叫风障,是用各种作物秸秆、活性沙生植物的枝茎、黏土(或卵石、砾质土)、纤维网、沥青乳剂(或高分子聚合物)等在沙面上设置的各种形式的障碍物或铺压遮蔽物,平铺或直立于风蚀沙埋的沙面,固定地面沙粒,增加地表粗糙度,削弱近地层风速,减缓和制止沙丘流动,从而起固沙、阻沙、积沙的作用,主要用于流动、半流动沙丘(区),适用于对风沙危害严重、植物措施难以实施的地区或地段的居民点、基础设施、重要工矿基地等的保护,或促进植被的自然恢复。

沙障根据打设时所用材料是否具有生命力或生活力,分为机械沙障(或物理沙障)和植物沙障两类。以具有生命力或生活力的植物材料为沙障材料的称为植物沙障;以其余无生命力或生活力的材料打设的沙障,统称为机械沙障或物理沙障。沙障材料主要有尼龙网类、枝条、板条、高秆作物的秸秆、芦苇、麦秆、稻草、草绳、沙袋、土块、黏土等。

1. 沙障及其布设要求

1）沙障形式

（1）根据对流沙的作用目的和高出地面的高度，可分为：

①高立式沙障：沙障材料长 70～100 cm，高出沙面 50 cm 以上，埋入地下 20～30 cm。

②低立式沙障：沙障材料长 40～70 cm，高出沙面 20～50 cm，埋入地下 20～30 cm。

③平铺式沙障：沙障柴草横卧平铺在地面上，压枝条、沙土或用小木桩固定，沙障厚度 3～5 cm。

（2）根据平面布设形式，可分为：

①条带状沙障：排列方向大致与主风向垂直的沙障；

②格状沙障：由 2 个不同方向的带状沙障交织而成的沙障。

2）沙障结构

根据孔隙度可以将高立式沙障分为三种：

（1）透风结构：沙障的孔隙度大于 50%，适用于输沙。

（2）紧密结构：沙障的孔隙度少于 10%，适用于阻沙。

（3）疏透结构：沙障的孔隙度一般为 10%～50%，常用 25%～50%。

3）沙障配置

（1）高立式沙障：可按条带状配置，主要用于单向或反向风地区的阻沙。

（2）低立式沙障：可按网格状配置，主要用于多风向地区的固沙。

（3）平铺式沙障：带状平铺式，带走向垂直于主害风方向；全面带状平铺式适用于小而孤立的沙丘和受流沙埋压或威胁的道路两侧与农田、村镇四周。

4）沙障间距

（1）条带间隔。在坡度小于 4°的平缓沙地进行条带状配置时，相邻两条沙障的距离应为沙障高度的 10～20 倍；在沙丘迎风坡配置时，下一列沙障的顶端应与上一列沙障的基部等高。沙障间距可参照以下公式计算

$$d = hc\tan\theta \qquad\qquad (7.11\text{-}1)$$

式中　$d$——沙障间距，m；

　　　$h$——沙障高度，m；

　　　$\theta$——沙丘坡度，(°)。

（2）网格大小。网状配置时，网格边长为沙障出露高度的 6～8 倍，根据风沙危害的程度选择 1 m×1 m、1 m×2 m、2 m×2 m 等不同规格。麦草、稻草、芦苇等常用方格沙障以 1 m×1 m 为主。

2. 沙障应用类型

1）植被恢复型

机械沙障主要为植被恢复创造生长条件。植物沙障既可为植被恢复创造生长条件，本身的萌蘖繁育也是恢复植被。

2）防风固沙型

（1）阻沙型。一般应用于防沙体系外围风沙流动性强的地方，拦截、阻滞风沙运动。

（2）固沙型。隔绝风沙流与沙表的直接接触，固定地表，大面积设置在道路两侧、重要

基础设施和其他需要保护的地方。

（3）疏导型。多用于防治道路积沙或改变风沙流运动方向,一般设置于迎风面、路肩、弯曲转折地段。

3.沙障维护

沙障建成后,要加强巡护,防止人畜破坏。机械沙障损坏时,应及时修复;当破损面积比例达到60%时,需重新设置沙障。重设时应充分利用原有沙障的残留效应,沙障规格可适当加大。柴草沙障应注意防火。

### (二)化学治沙

化学治沙是在流动沙地上喷洒化学胶结物质,使其在沙地表面形成一层有一定强度的防护壳,避免气流对沙表的直接冲击,以达到固定流沙的目的。化学治沙属于工程治沙措施之一,可以看作是机械固沙的一种特例。这种措施见效快,便于机械化作业,但与植物固沙和机械沙障固沙相比成本很高,多用于严重风沙危害地区生产建设项目的防护,如铁路、公路、机场、国防设施、油田等。在具备植物生长条件的风沙区,化学固沙多作为植物固沙的辅助性和过渡性措施,选用化学胶结物时应考虑沙地的透水透气性,尽可能结合植物固沙措施固沙。

目前,国内外用做固沙的胶结材料主要是石油化学工业的副产品。常见的化学胶结物还有油页岩矿液、合成树脂、合成橡胶等,也可使用一些天然有机物,如褐煤、泥炭、城市垃圾废物、树脂等。此外,高分子吸水剂可以吸附土壤和空气中的水分,供植物吸收,也有助于固沙。我国一般常用沥青乳液,它在常温下具有流动性,便于使用,价格也较低。

1.化学治沙材料分类

1)按原料的来源分类

（1）天然化学治沙材料。是天然物质和已有化工产品,勿需加工即可直接治沙,如泥炭、黏土、水泥、高炉矿渣、原油、渣油、沥青、纸浆废液等。

（2）人工配制化学治沙材料。需进行一般化学处理或乳化而成,如硅酸盐乳液、乳化石油产品等。

（3）合成化学治沙材料。利用现代合成化工技术将某种或几种材料单体聚合或缩合而成,如聚丙烯酰胺、尿甲醛树脂、聚醋酸乙烯乳液、甲基丙烯酸酯、丙烯酸酯、聚乙烯醇、水解聚丙烯腈、聚酯树脂、聚氨酯树脂、合成橡胶乳液等。

2)按原料性质分类

（1）无机胶凝治沙材料。又可分为水硬性胶凝材料（如水泥、高炉矿渣）和气硬性胶凝材料（如泥炭、黏土、水玻璃、纸浆废液等）。

（2）有机胶凝治沙材料。属于石油产品类的有原油、重油、渣油、沥青及其乳液等;属于高分子聚合物类的,如聚丙烯酰胺、尿甲醛树脂、聚醋酸乙烯乳液、甲基丙烯酸酯、丙烯酸酯、聚乙烯醇、聚酯树脂、聚氨酯树脂和橡胶乳液等。

3)按成分分类

（1）硅酸盐类。如硅酸钠、硅酸钠乳液、硅酸钾、硅酸钾乳液。

（2）硅铝酸盐类。如黏土、泥炭、水泥、高炉矿渣。

（3）木质素类。如纸浆废液。

（4）石油馏分类。如原油、重油、渣油、沥青等及其乳液。

(5)树脂类。如尿甲醛树脂、酚醛树脂、丙烯酸钙树脂、聚酯树脂、聚氨酯树脂、聚醋酸乙烯乳液、聚丙烯酰胺、聚乙烯醇、甲基丙烯酸酯、丙烯酸酯。

(6)橡胶乳类。如氯丁胶乳、丁苯胶乳、丁腈胶乳、油—胶乳。

(7)植物油类。如棉子油料、各种植物油渣。

4)按形成保护层性质分类

(1)刚性结构。如水泥、泥炭、黏土、水玻璃、纸浆废液、聚乙烯醇、聚丙烯酰胺、尿甲醛树脂、聚醋酸乙烯乳液、聚酯树脂、聚氨酯树脂等。

(2)塑性结构。如石油产品及其乳液。

(3)弹性结构。如橡胶乳液、丙烯酸钙。

5)按与水作用性能分类

(1)亲水性。如聚乙烯醇、聚丙烯酰胺、水解聚丙烯腈、聚醋酸乙烯乳液、油—水型乳液等。

(2)疏水性。如石油产品、聚氨酯树脂、聚酯树脂等。

2.化学治沙材料选择标准

(1)材料本身无毒、不污染环境。

(2)材料对气候环境的适应性、高效性。

(3)成本低廉、作用持久、固沙效果好。

(4)对植物发芽和生长没有影响。

(5)使用简便,不需要特殊设备。

3.化学治沙施工注意事项

(1)在水源条件较好的风沙区,可先用水或乳化剂的稀溶液湿润沙面,既稳定沙面又克服沙粒间的强吸附作用和电性作用,以加速化学治沙液的渗透。

(2)喷洒速度不宜太快,也不应太慢,使喷出的化学治沙液能均匀渗入沙层。

(3)喷洒时要求与沙面保持一定距离。当距离太远时喷洒力度不够,沙面会形成小麻点;距离太近时,因力度太强,沙面会形成凹凸不平的小坑。喷洒时还须使喷出液与沙面保持一定角度,避免垂直落下。

(4)喷洒应在无风天气下进行,如遇小风要注意风向,不能顺风和逆风,顺风时将造成液珠飘落,致使沙面出现不均匀麻点;逆风时会造成操作不安全,此时应以侧风向喷洒。

(5)选择在较热季节喷洒,以保持沙面有足够温度,使治沙液有较好的渗透速度和渗透深度。

(6)喷洒形式:全面喷洒和局部喷洒(带状或格状),在沙面形成0.5 cm左右厚的结皮层。喷洒时要边喷边退,注意保护已喷沙面。

4.化学治沙的效果

1)抗风蚀

一般可使用4~5年,未遭破坏可使用10年以上。

2)透气性

对沙地的透气性影响不大。

3)保水性与透水性

保水性好;喷洒量大不透水,喷洒量小透水性好。

4）蒸发量

蒸发量大时明显影响蒸发量的大小。

5）温度

夏季铺沥青的地方的温度均低于未铺的地方,春秋季相反。

6）对植物生长的影响

（1）使植物免遭风蚀、沙埋、沙打、沙割的危害。

（2）改善了土壤的水热条件,有利于植物的生长。

（3）春秋沥青层下温度高,延长了植物的生长期。

（4）夏季免遭日灼,发芽提早,生长加快,死亡率减少。

（5）微量放射性物质刺激植物,使其生长效果好。

7）造价

国外沥青乳剂固沙的造价约为草沙障的1/4,但在我国造价较高,限制了它的推广应用。

## 四、案例

**【案例 7. 11-1】** 包神铁路沿线沙害综合防治模式。

**（一）立地条件特征**

模式区位于包神铁路伊克昭盟段。半干旱大陆季风气候,年降水量 350 mm,年蒸发量 3 000 mm,年平均气温 5. 2 ℃,极端最高气温达 40. 2 ℃,极端最低气温 –32. 6 ℃。沙生植被为主,分布有流动沙丘、半固定沙丘和固定沙丘。

**（二）设计技术思路**

以固为主,固、阻、输结合,保护铁路免受风沙危害。在铁路上风方向远离铁路的地段设置沙障阻止沙丘的前移,在近铁路两侧营造有机械沙障保护的植物固沙带,全面固沙。

**（三）技术要点及配套措施**

1. 机械沙障固沙

沙障材料以沙柳为主。沙障类型为高立式,透风结构,孔隙度 0. 25 ~ 0. 50。沙障高度 90 ~ 100 cm。主沙障走向与主风方向垂直,间距 6 ~ 11 m,副沙障与主沙障垂直,间距为主沙障间距的 1. 5 ~ 2. 0 倍。主沙障配合多条副沙障组成长方形网格。铁路上风方向带宽 200 ~ 400 m,下风方向带宽 50 ~ 100 m。

2. 生物固沙

主要采用沙米、沙打旺、籽蒿、杨柴、沙棘、中间锦鸡儿、柠条锦鸡儿、沙柳、群众杨固沙,并试验栽植樟子松等乔木。

杨柴,株行距 1. 0 m × 5. 0 m;沙柳,1. 5 m × 2. 0 m、1. 0 m × 3. 0 m、2. 0 m × 3. 0 m;沙棘,1. 5 m × 5. 0 m;樟子松,铁路两侧各 1 行,株距 5. 0 m;杨树,铁路两侧各 3 行,株行距为 2. 0 m × 3. 0 m。

**（四）附图**

包神铁路沿线沙害综合防治模式见图 7. 11-1。

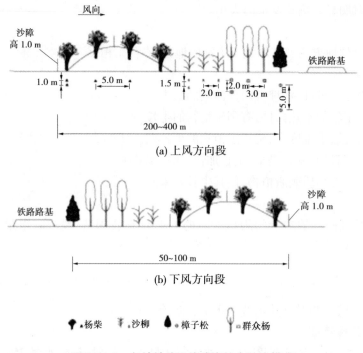

（a）上风方向段

（b）下风方向段

🌳杨柴　🌾沙柳　🌲樟子松　🌳群众杨

**图 7.11-1　包神铁路沿线沙害综合防治模式**

# 第十二节　弃渣场及拦渣工程

弃渣场是指专门用于堆放生产建设项目施工期和生产运行期产生的弃土、弃石、尾矿和其他固体废弃物质（统称"弃渣"）的场地。弃渣场设计包括选址、容量确定及堆置方案、防护建筑物、后期利用或植被恢复等内容。弃渣场选址、容量与堆置方案确定等必须服从工程总体布置；拦渣工程、防洪排导工程等防护建筑物布置应以确保弃渣场稳定为原则，并因地制宜。

## 一、弃渣场类型

弃渣场类型按弃渣堆放场的地形条件划分为沟道型、临河型、坡地型、平地型和库区型渣场。也可按堆存料组成分类，按弃渣组成、性质可划分为弃土场、弃石场、弃土石渣场等类型。按堆存位置分类和按堆存材料分类的弃渣场稳定分析方法相同，仅是渣体物理力学参数取值因弃渣物质组成不同而不同，但按堆存材料分类的渣场防护措施体系与弃渣堆存位置关系密切，仍须按照堆存位置来确定，所以水利水电工程弃渣场分类推荐按堆存位置分类，有利于进行弃渣场防护措施体系布设，切实有效防治弃渣水土流失。

水利水电工程弃渣场类型、特征及适用条件见表 7.12-1。

表 7.12-1　水利水电工程弃渣场类型、特征及适用条件汇总

| 弃渣场类型 | 特 征 | 适用条件 |
|---|---|---|
| 沟道型 | 弃渣堆放在沟道内,堆渣体将沟道全部或部分填埋 | 沟底平缓、肚大口小沟谷 |
| 临河型 | 弃渣堆放在河流或沟道两岸较低台地、阶地和滩地上,堆渣体临河(沟)侧底部低于河(沟)道设防洪水位 | 河(沟)道两岸有较宽台地、阶地和滩地 |
| 坡地型 | 弃渣堆放在河流或沟道两侧较高台地、缓坡地上,堆渣体底部高程高于河(沟)设防洪水位 | 沿山坡堆放,坡度不大于25°且坡面稳定的山坡 |
| 平地型 | 弃渣堆放在平地上,渣脚可能受洪水影响 | 地形平缓,场地较宽广地区 |
| 库区型 | 弃渣堆放在未建成水库库区内河(沟)道、台地、阶地和滩地上,水库建成后堆渣体全部或部分淹没 | 工程区无合适堆渣场地,而未建成水库内存在适合弃渣沟道、台地、阶地和滩地等地区 |

## 二、弃渣场选址要求

在做好合理、可行的渣场规划前提下进行弃渣场场址选择。弃渣场位置选择宜根据弃渣类型、数量、出渣部位、运输条件,结合场地地形、地质和水文条件,占地、防护措施,环境敏感因素及可能造成的水土流失危害等,经综合比较后确定。场址选择主要遵循如下原则:

(1)弃渣就近堆放与集中堆放相结合原则。弃渣场尽量靠近出渣部位布置,缩短运距,减少投资。

(2)节约用地原则。尽可能减少渣场占地,不占或少占耕地。

(3)安全稳定原则。弃渣场选址应确保拦渣工程等主要防护建筑物具有良好的工程地质、水文条件,确保渣场整体安全稳定。因此,应避开潜在危害大的泥石流、滑坡等不良地质地段布置弃渣场,如确需布置,应采取相应的防治措施,确保弃渣场稳定安全。

(4)以不影响人民生命财产安全和原有基础设施的正常运行为原则。对人民群众生命财产安全、重要基础设施等有影响的环境敏感区域(如河道、湖泊、已建水库管理范围内等)不应布置弃渣场。不宜在河道、湖泊管理范围内设置弃渣场,若需在河岸布置渣场,应根据河流治导规划及防洪行洪的要求,进行必要的分析论证,采取措施保障行洪安全和减少由此可能产生的不利影响,并征得河道管理部门同意。

(5)超前筹划、兼顾运行,有利于渣场防护及后期恢复。避免在汇水面积和流量较大、沟谷纵坡陡、出口不易拦截的沟道布置弃渣场;如确不能避免,经综合分析论证后,采取安全有效的防护措施。在设计弃渣场时必须考虑复垦造地的可能性,考虑覆土来源。

## 三、安全防护距离

安全防护距离是指弃渣场堆渣坡脚线至重要设施之间的最小间距。应根据弃渣场周边环境条件,确定其安全防护距离,确保周边设施安全。

弃渣场安全防护距离可按表 7.12-2 中的规定确定。

表 7.12-2　渣场堆渣坡脚线至保护对象之间的安全防护距离

| 序号 | 保护对象 | 安全防护距离 |
|---|---|---|
| 1 | 干线铁路、公路、航道、高压输变电线路塔基等重要设施 | $(1.0 \sim 1.5)H$ |
| 2 | 水利水电枢纽生活管理区、居住区、城镇、工矿企业 | $\geqslant 2.0H$ |
| 3 | 水库大坝、水利工程取用水建筑物、泄水建筑物、灌(排)干渠(沟) | 不应小于 $1.0H$ |

注:1. 表中 $H$ 值为弃渣场堆置总高度。

2. 安全防护距离:弃渣场以坡脚线为起始界线;铁路、公路、道路建(构)筑物由其边缘算起,航道由设计水位线岸边算起,工矿企业由其边缘或围墙算起。

3. 规模较大的居住区(人口 0.5 万人以上)和有建制的城镇应按表中的数据适当加大。

## 四、堆渣要素设计

弃渣场拦挡、护坡、截排洪等防护措施设计应在渣体稳定的基础上进行,因此须根据弃渣场地形、地质及水文条件等,确定弃渣场堆渣要素,确保弃渣场渣体稳定。

弃渣场堆渣要素主要包括容量、高度与台阶、平台宽度、坡度及占地、其他等。

### (一)容量

弃渣场容量是指在满足稳定安全条件下,按照设计的堆渣方式、堆渣坡比和堆渣总高度,以松方为基础计算渣场占地范围内所容纳的弃渣量。弃渣场容量应不小于该弃渣场堆渣量。弃渣场的堆渣量可按式(7.12-1)计算。弃渣场顶面无特殊用途时,可不考虑沉降和碾压因素。需要考虑碾压及沉降因素进行修正的,应考虑岩土松散系数、渣体沉降时间等因素后计算。

$$V = \frac{V_0 K_s}{K_c} \tag{7.12-1}$$

式中　$V$——弃渣的松方量,$m^3$;

$V_0$——弃渣自然方量,$m^3$;

$K_s$——岩土的初始松散系数;

$K_c$——渣体沉降系数。

无试验资料时岩土初始松散系数参考值可按表 7.12-3 选取,渣体沉降系数 $K_c$ 的参考值可按表 7.12-4 选取。

表 7.12-3　岩土初始松散系数 $K_s$ 的参考值

| 种类 | 砂 | 砂质黏土 | 黏土 | 带夹石的黏土 | 最大边长度小于 30 cm 岩石 | 最大边长度大于 30 cm 岩石 |
|---|---|---|---|---|---|---|
| 岩土类别 | Ⅰ | Ⅱ | Ⅲ | Ⅳ | Ⅴ | Ⅵ |
| 初始松散系数 | 1.05 ~ 1.15 | 1.15 ~ 1.2 | 1.15 ~ 1.2 | 1.2 ~ 1.3 | 1.25 ~ 1.4 | 1.35 ~ 1.6 |

表 7.12-4　渣体沉降系数 $K_c$ 参考值

| 岩土类别 | 沉降系数 | 岩土类别 | 沉降系数 |
|---|---|---|---|
| 砂质岩土 | 1.07 ~ 1.09 | 砂黏土 | 1.24 ~ 1.28 |
| 砂质黏土 | 1.11 ~ 1.15 | 泥夹石 | 1.21 ~ 1.25 |
| 黏土 | 1.13 ~ 1.19 | 亚黏土 | 1.18 ~ 1.21 |
| 黏土夹石 | 1.16 ~ 1.19 | 砂和砾石 | 1.09 ~ 1.13 |
| 小块度岩石 | 1.17 ~ 1.18 | 软岩 | 1.10 ~ 1.12 |
| 大块度岩石 | 1.10 ~ 1.12 | 硬岩 | 1.05 ~ 1.07 |

### (二)堆渣总高度与台阶高度

堆渣总高度是指渣场堆渣后坡顶线至坡底线间的垂直距离。为增强堆渣体稳定性,对堆渣高度较大的渣场须分台阶堆放。

台阶高度为弃渣分台堆置后台阶坡顶线至坡底线间的垂直距离。堆渣总高度为弃渣堆置的最大高度,即各台阶高度之和。

堆渣总高度与台阶高度应根据弃渣物理力学性质、施工机械设备类型、弃渣场地形地质、水文气象条件等确定。采用多台阶堆渣时,原则上第一台阶高度不应超过 15 ~ 20 m,当地基为倾斜的砂质土时,第一台阶高度不应大于 10 m。

影响弃渣场堆渣总高度的因素较多,其中场地原地表坡度和地基承载力为主要因素。弃渣场基础为土质,弃渣初期基底压实到最大的承载能力时,弃渣的堆渣总高度需要控制,堆渣总高度可按式(7.12-2)计算。

$$H = \pi C \cot\varphi \left[ \gamma \left( \cot\varphi + \frac{\pi\varphi}{180} - \frac{\pi}{2} \right) \right]^{-1} \tag{7.12-2}$$

式中　$H$——弃渣场的堆渣总高度,m;

$C$——弃渣场基底岩土的黏聚力,kPa;

$\varphi$——弃渣场基底岩土的内摩擦角,(°);

$\gamma$——弃渣场弃土(石、渣)的容重,kN/m³。

缺乏工程地质资料的4、5级渣场,堆置台阶高度可按表 7.12-5 确定。

表 7.12-5　弃渣堆置台阶高度

| 弃渣类别 | 堆置台阶高度(m) |
|---|---|
| 坚硬岩石 | 30 ~ 40(20 ~ 30) |
| 混合土石 | 20 ~ 30(15 ~ 20) |
| 松软岩石 | 10 ~ 20(8 ~ 15) |
| 松散硬质黏土 | 15 ~ 20(10 ~ 15) |
| 松散软质黏土 | 10 ~ 15(8 ~ 12) |
| 砂土 | 5 ~ 10 |

注:1. 括号内数值系工程地质不良及气象条件不利时的参考值。

2. 弃渣场地基(原地面)坡度平缓,弃渣为坚硬岩石或利用狭窄山沟、谷地、坑塘堆置的弃渣场,可不受此表限制。

（三）平台宽度

弃渣堆置平台宽度应根据弃渣物理力学性质、地形、工程地质、气象及水文等条件确定。按自然安息角堆放的渣体，平台宽度可参考表 7.12-6 选取。

表 7.12-6　各类渣体不同台阶高度对应的最小平台宽度　　　　　（单位：m）

| 弃渣类别 | 台阶高度 | | | | |
|---|---|---|---|---|---|
| | 10 | 15 | 20 | 30 | 40 |
| 硬质岩石渣 | 1.0 | 1.0 ~ 1.5 | 1.5 ~ 2.0 | 2.0 ~ 2.5 | 2.5 ~ 3.5 |
| 软质岩石渣 | 1.5 | 1.5 ~ 2.0 | 2.0 ~ 2.5 | 2.5 ~ 3.5 | 3.5 ~ 4.0 |
| 土石混合渣 | 2.0 | 2.0 ~ 2.5 | 2.0 ~ 3.0 | 3.0 ~ 4.0 | 4.0 ~ 5.0 |
| 黏土 | 2.0 ~ 3.0 | 3.0 ~ 5.0 | 5.0 ~ 7.0 | 8.0 ~ 9.0 | 9.0 ~ 10.0 |
| 砂土、人工土 | 3.0 | 3.5 ~ 4.0 | 5.0 ~ 6.0 | 7.0 ~ 8.0 | 8.0 ~ 10.0 |

按稳定计算需进行整（削）坡的渣体，土质边坡台阶高度宜取 5 ~ 10 m，平台宽度应不小于 2 m，且每隔 30 ~ 40 m 设置一道宽 5 m 以上的宽平台；混合的碎（砾）石土台阶高度宜取 8 ~ 12 m，平台宽度应不小于 2 m，且每隔 40 ~ 50 m 设置一道宽 5 m 以上的宽平台。

（四）堆渣坡度

堆渣坡度应根据弃渣物理力学性质、弃渣场地形地质及水文气象等条件确定。多台阶堆置弃渣场综合坡度应小于弃渣堆置自然安息角（宜在 22° ~ 25°），并经稳定性验算后确定。自然安息角指弃渣堆放时能够保持自然稳定状态的最大角度，由弃渣的物理力学性质决定。

自然安息角可作为弃渣场容量计算参考值，但弃渣场堆渣方案设计中不允许采用。弃渣堆置自然安息角可参照表 7.12-7 选取。

表 7.12-7　弃渣堆置自然安息角

| 弃渣类别 | | | 自然安息角（°） | 自然安息角对应边坡 |
|---|---|---|---|---|
| 岩石 | 硬质岩石 | 花岗岩 | 35 ~ 40 | 1 : 1.43 ~ 1 : 1.19 |
| | | 玄武岩 | 35 ~ 40 | 1 : 1.43 ~ 1 : 1.19 |
| | | 致密石灰岩 | 32 ~ 36 | 1 : 1.60 ~ 1 : 1.38 |
| | 软质岩石 | 页岩（片岩） | 29 ~ 43 | 1 : 1.81 ~ 1 : 1.07 |
| | | 砂岩（块石、碎石、角砾） | 26 ~ 40 | 1 : 2.05 ~ 1 : 1.19 |
| | | 砂岩（砾石、碎石） | 27 ~ 39 | 1 : 1.96 ~ 1 : 1.24 |

| 弃渣类别 | | | 自然安息角(°) | 自然安息角对应边坡 |
|---|---|---|---|---|
| 土 | 碎石土 | 砂质片岩(角砾、碎石)与砂黏土 | 25 ~ 42 | 1:2.15 ~ 1:1.11 |
| | | 片岩(角砾、碎石)与砂黏土 | 36 ~ 43 | 1:1.38 ~ 1:1.07 |
| | | 砾石土 | 27 ~ 37 | 1:1.96 ~ 1:1.33 |
| | 黏土 | 松散的、软的黏土及砂质黏土 | 20 ~ 40 | 1:2.75 ~ 1:1.19 |
| | | 中等紧密的黏土及砂质黏土 | 25 ~ 40 | 1:2.15 ~ 1:1.19 |
| | | 紧密的黏土及砂质黏土 | 25 ~ 45 | 1:2.15 ~ 1:1.00 |
| | | 特别紧密的黏土 | 25 ~ 45 | 1:2.15 ~ 1:1.00 |
| | | 亚黏土 | 25 ~ 50 | 1:2.15 ~ 1:0.84 |
| | | 肥黏土 | 15 ~ 50 | 1:3.73 ~ 1:0.84 |
| | 砂土 | 细砂加泥 | 20 ~ 40 | 1:2.75 ~ 1:1.19 |
| | | 松散细砂 | 22 ~ 37 | 1:2.48 ~ 1:1.33 |
| | | 紧密细砂 | 25 ~ 45 | 1:2.15 ~ 1:1.00 |
| | | 松散中砂 | 25 ~ 37 | 1:2.15 ~ 1:1.33 |
| | | 紧密中砂 | 27 ~ 45 | 1:1.96 ~ 1:1.00 |
| | 人工土 | 种植土 | 25 ~ 40 | 1:2.15 ~ 1:1.19 |
| | | 密实的种植土 | 30 ~ 45 | 1:1.73 ~ 1:1.00 |

## 五、弃渣场稳定分析

弃渣场稳定分析指堆渣体及其基础的整体抗滑稳定分析。抗滑稳定应根据渣场等级、地形地质条件,结合弃渣堆置型式、堆渣高度、弃渣组成及物理力学参数等,选择有代表性的断面进行计算。

### (一)需注意的问题

(1)渣脚拦渣工程阻滑作用对弃渣场稳定有利,一般情况下,稳定计算荷载组合不考虑拦渣工程的阻滑力。

(2)堆渣场地受限,须采取拦渣坝增加容量时,其荷载组合应考虑拦渣坝的阻滑力,按抗滑桩计算。

### (二)计算工况

渣体抗滑稳定分析计算可分为正常运用工况和非常运用工况两种。

(1)正常运用工况:指弃渣场在正常和持久的条件下运用。弃渣场处在最终弃渣状态时,需考虑渗流影响。

(2)非常运用工况:指弃渣场在非常或短暂的条件下运用,即渣场在正常工况下遭遇Ⅶ度以上(含Ⅶ度)地震。

弃渣完毕后,渣场在连续降雨期,渣体内积水未及时排除时稳定计算安全系数按非常运用工况考虑。

### (三) 弃渣场稳定计算

1. 计算方法

采用边坡稳定计算方法,具体计算详见本教材第五章第四节边坡稳定计算。

2. 物理力学参数确定

抗滑稳定计算时,渣场基础及弃渣体的抗剪强度指标——黏聚力、内摩擦角和容重等物理力学参数取值,应结合工程区地质资料,根据弃渣场区域地质勘探资料、弃渣来源、弃渣组成等确定。

### (四) 弃渣场稳定计算荷载组合

作用在弃渣体上的荷载有渣体自重、水压力、扬压力、地震力、其他荷载(如汽车人群等荷载),见表 7.12-8。

表 7.12-8　弃渣场稳定计算荷载组合

| 荷载组合 | 计算情况 | 荷载 | | | | |
|---|---|---|---|---|---|---|
| | | 自重 | 水压力 | 扬压力 | 地震力 | 其他荷载 |
| 基本组合 | 正常运用 | √ | √ | √ | — | √ |
| 特殊组合 | 地震情况 | √ | √ | √ | √ | √ |

### (五) 弃渣场抗滑稳定安全系数

抗滑稳定安全系数根据弃渣场级别和计算方法,按照运用工况采用不同的稳定安全系数。

采用简化毕肖普法、摩根斯顿—普赖斯法计算时,抗滑稳定安全系数按照表 7.12-9 采用。

表 7.12-9　弃渣场抗滑稳定安全系数

| 运用情况 | 弃渣场级别 | | | |
|---|---|---|---|---|
| | 1 | 2 | 3 | 4、5 |
| 正常运用 | 1.35 | 1.30 | 1.25 | 1.20 |
| 非常运用 | 1.15 | 1.15 | 1.10 | 1.05 |

采用不计条块间作用力的瑞典圆弧法计算时,抗滑稳定安全系数按照表 7.12-10 采用。

表 7.12-10　弃渣场抗滑稳定安全系数

| 运用情况 | 弃渣场级别 | | | |
|---|---|---|---|---|
| | 1 | 2 | 3 | 4、5 |
| 正常运用 | 1.25 | 1.20 | 1.20 | 1.15 |
| 非常运用 | 1.10 | 1.10 | 1.05 | 1.05 |

## 六、防护措施布局

弃渣场防护措施主要有工程措施和植物措施两大类。弃渣场防护以工程措施防治弃渣场集中、高强度的水土流失，并辅以渣体坡面、顶面植物措施等。

弃渣场工程防护措施布设主要根据弃渣场类型、地形地质及水文条件、建筑材料、施工条件等，选择拦渣、斜坡防护和防洪排导等建筑物结构型式，合理确定工程措施位置、主要尺寸等。需根据项目区降水量、渣体坡（顶）面宜地条件，按照乔灌草结合方式进行植物措施布局，选取当地适生树草种进行植被恢复。本处仅介绍工程防护措施布局。

**（一）工程措施分类及措施体系**

弃渣场工程防护措施类型主要有拦渣工程、斜坡防护工程和防洪排导工程。拦渣工程布置于堆渣体坡脚，主要有拦渣坝、拦渣堤、挡渣墙和围渣堰四种形式；斜坡防护工程主要指堆渣体等的坡面防护措施，包括工程护坡、植物护坡和综合护坡；对已成堆渣体，坡面较陡，不能满足稳定要求的，可采取削坡开级后进行坡面防护；防洪排导工程主要指拦洪坝、排洪隧（涵）洞、排洪渠、排水沟等。

水利水电工程弃渣场类型及主要工程防护措施体系见表 7.12-11。

表 7.12-11　水利水电工程弃渣场类型及主要工程防护措施体系

| 弃渣场类型 | 拦渣工程 | 斜坡防护工程 | 防洪排导工程 |
| --- | --- | --- | --- |
| 沟道型 | 拦渣坝、拦渣堤、挡渣墙 | 框格护坡、干砌石护坡、浆砌石护坡等 | 拦洪坝、排洪渠、泄洪隧（涵）洞、截水沟、排水沟 |
| 临河型 | 拦渣堤 | 干砌石护坡、浆砌石护坡等 | 截、排水沟 |
| 坡地型 | 挡渣墙 | 框格护坡、干砌石护坡等 | 截、排水沟 |
| 平地型 | 挡渣墙、围渣堰 | 植物护坡、综合护坡 | 排水沟 |
| 库区型 | 拦渣堤、挡渣墙 | 干砌石护坡等 | 截、排水沟 |

**（二）防护措施总体布局**

弃渣场防护措施总体布局以水利水电工程沟道型、临河型、坡地型和平地型弃渣场为典型进行概要介绍。其余生产建设项目弃渣场可参照水利水电工程这四类典型渣场进行布局。

1. 沟道型弃渣场防护措施总体布局

沟道型弃渣场防护措施与沟道洪水处置方式有关，根据堆渣及洪水处置方式，沟道型弃渣场可分为截洪式、滞洪式、填沟式三种形式。

1）截洪式

截洪式弃渣场上游沟道洪水一般可通过隧洞等措施排泄到邻近河（沟）道中，或通过排洪渠或埋涵管方式排至弃渣场下游河（沟）道。其防护措施布局需考虑以下问题：

（1）采取防洪排导措施排泄渣场上游来（洪）水，其防洪排导措施主要为排洪渠（沟）、排洪隧洞或涵（洞、管）等，需配合拦洪坝使用。

（2）视堆渣容量、渣场下游是否受洪水影响等情况，可分别修建拦渣坝或拦渣堤或挡渣墙等拦渣工程。渣场下游受洪水影响的需修建拦渣堤，堤顶高程需根据下游设防洪水位确定。如设防洪水位较高，弃渣场边坡需考虑洪水影响，可结合立地条件和气候因素，采取混凝土、砌石等斜坡防护工程措施。

（3）不受洪水影响的渣体坡面需采取植物护坡或综合护坡措施，渣顶面如无复耕要求则采取植物措施。

2）滞洪式

滞洪式弃渣场下游布设拦渣坝，具有一定库容，可调蓄上游来水。其防护措施布局需考虑堆渣量、上游来水来沙量、地形、地质、施工条件等因素确定，主要措施布局如下：

（1）设置拦渣坝，并配套溢洪、消能设施等使用。

（2）重力式拦渣坝适宜在坝顶设溢流堰，堰型视具体情况采用曲线型实用堰或宽顶堰，堰顶高程和溢流坝段长度需兼顾地形地质条件、来沙量、淹没等因素，根据调洪计算确定。

（3）采取土石坝拦渣时，筑坝材料尽量利用弃渣。

（4）弃渣场设计洪水位以上坡面需采取植物护坡或综合护坡措施，渣顶面如无复耕要求则采取植物措施。

3）填沟式

填沟式弃渣场上游无汇水或汇水量很小，不必考虑洪水排导措施。其防护措施布局如下：

（1）弃渣场下游末端宜修建挡渣墙或拦渣坝等拦渣工程，挡渣墙、拦渣坝需设置必要的排水孔。

（2）降雨量大于 800 mm 的地区需布置截排水沟以排泄周边坡面径流，结合地形条件布置必要的消能、沉沙设施；降雨量小于 800 mm 的地区可适当布设排水措施。

（3）弃渣场边坡可采取综合护坡措施，渣顶面如无复耕要求则采取植物措施。

2．临河型弃渣场防护措施总体布局

临河型弃渣场防护措施须考虑洪水对渣脚或渣体坡面的影响，其防护措施布局如下：

（1）在迎水侧坡脚布设拦渣堤，或设置混凝土、砌石、抛石等护脚措施，拦渣堤内需布设排水孔。

（2）设防洪水位以下的迎水坡面须采取斜坡防护工程措施；设防洪水位以上坡面，优先考虑植物措施；坡度陡于 1∶1.5 的坡面可采取综合护坡措施。

（3）渣顶以上需布设必要的截水措施，渣体坡面汇流较大的需布置排水措施。

（4）渣顶面如无复耕要求则采取植物措施。

3．坡地型弃渣场防护措施总体布局

坡地型弃渣场防护措施布局如下：

（1）堆渣体坡脚需设置挡渣墙或护脚护坡措施。

（2）坡面优先考虑植物措施，坡面较陡的可采取综合护坡措施。

（3）渣顶以上需布设必要的截水措施，渣体坡面汇流较大的需布置排水措施。

（4）渣顶面如无复耕要求则采取植物措施。

4．平地型弃渣场防护措施总体布局

平地型弃渣场防护措施布局如下：

（1）堆渣坡脚需设置围渣堰，坡面较大时布设排水措施；不需设置围渣堰时，可采取护脚护坡措施。

（2）坡面优先考虑植物措施，坡面较陡的采取综合护坡措施。

（3）渣顶面如无复耕要求则采取植物措施。

（4）弃渣填凹地的，优先考虑填平后复耕或采取植物措施；若堆渣超出原地面线时，应采取相应防护措施。

5.库区型弃渣场防护措施总体布局

根据渣场处地形地貌、蓄水淹没可能对渣场的影响,按本节一~四条规定采取相应工程及临时防护措施,避免施工期弃渣流失进入河道。淹没水位以下,一般不采取植物恢复措施,蓄水淹没前裸露时段较长的,需结合水土流失影响分析确定植物措施布置。

## 七、拦渣工程设计

### (一)拦渣工程分类及其适用条件

为防止弃渣流失,在渣体坡脚修建的以拦挡为目的的建筑物称为拦渣工程。常用拦渣工程主要有挡渣墙、拦渣堤、拦渣坝、围渣堰四种类型。弃渣堆置于台地、缓坡地上,易发生滑塌,修建挡渣墙;堆置于河道或沟道岸边,受洪水影响,按防洪要求设置拦渣堤;堆置于沟道内,修建拦渣坝;堆置于平地上,设置围渣堰。

### (二)拦渣工程设计

本教材主要介绍拦渣工程中挡渣墙、拦渣堤、挡渣坝设计,围渣堰参照挡渣墙、拦渣堤进行设计。

1.挡渣墙设计

1)挡渣墙形式

按挡渣墙断面的几何形状及其受力特点,挡渣墙形式有重力式、半重力式、衡重式、悬臂式、扶壁式等。水土保持工程中常用重力式、半重力式、衡重式挡渣墙等。因建筑材料可就地取材、施工方便、工程量相对较小等原因,水土保持工程的挡渣墙多采用重力式,其高度一般不宜超过 6 m。

按建筑材料可分为干砌石、浆砌石、混凝土或钢筋混凝土、石笼等。

重力式挡渣墙常用干砌石、浆砌石、石笼等建筑材料;半重力式、衡重式挡渣墙建筑材料多采用混凝土;悬臂式、扶壁式(支墩式)等挡渣墙常用钢筋混凝土。

工程实践中,可根据弃渣堆置形式,地形、地质、降水与汇水条件,建筑材料来源等选择经济实用的挡渣墙形式。

2)断面设计

挡渣墙断面一般先根据挡渣总体要求及地基强度指标等条件,参考已有工程经验初步拟定断面轮廓尺寸及各部分结构尺寸,经验算满足抗滑、抗倾稳定和地基承载力,且经济合理的墙体断面即为设计断面。挡渣墙抗滑、抗倾稳定和地基承载力计算见第五章第四节。

挡渣墙抗滑稳定验算是为保证挡渣墙不产生滑动破坏;抗倾稳定验算是为保证挡渣墙不产生绕前趾倾覆而破坏。地基应力验算一般包括:①地基应力不超过容许承载力,以保证地基不出现过大沉陷;②控制地基应力大小比或基底合力偏心距,以保证挡渣墙不产生前倾变位。

一般情况下,挡渣墙的基础宽度与墙高之比为 0.3~0.8(墙基为软基时例外),当墙背填土面为水平时,取小值;当墙背填土(渣)坡角接近或等于土的内摩擦角时,取大值。初拟断面尺寸时,对于浆砌石挡渣墙,墙顶宽度一般不小于 0.5 m,对于混凝土挡墙,为便于混凝土的浇筑,一般不小于 0.3 m。

3）细部构造设计

细部构造设计包括排水和墙体分缝。

（1）墙身排水。为排出墙后积水，需在墙身布置排水孔，常采用直径为 5 cm、10 cm 的圆孔，孔距为 2 ~ 3 m，梅花形布置，最低一排排水孔宜高出地面约 0.3 m。

排水孔进口需设置反滤层，也可在排水管入口端包裹土工布起反滤作用。

（2）墙后排水。为排除渣体中的地下水及由降水形成的积水，有效降低挡渣墙后渗流浸润面，减小墙身水压力，增加墙体稳定性，可在挡渣墙后设置排水设施。

若弃渣以块石渣为主，挡渣墙渣料透水性较强，可不考虑墙后排水。

（3）分缝及止水。为了避免地基不均匀沉陷而引起挡渣墙身开裂，一般根据地基地质条件的变化、墙体材料、气候条件、墙高及断面的变化等情况，沿墙轴线方向一般每隔 10 ~ 15 m 设置一道缝宽 2 ~ 3 cm 的沉降缝，缝内填塞沥青麻絮等材料。

4）埋置深度

挡渣墙基底的埋置深度应根据地形地质、冻结深度，以及结构稳定和地基整体稳定要求等确定。

（1）对于土质地基，挡渣墙底板顶面不应高于墙前地面高程；对于无底板的挡渣墙，其墙趾埋深应为墙前地面以下 0.5 ~ 1.0 m。

（2）当冻结深度小于 1 m 时，基底应在冻结线以下，且不小于 0.25 m，并应符合基底最小埋置深度不小于 0.5 ~ 1.0 m 的要求；当冻结深度大于 1.0 m 时，基底最小埋置深度不小于 1.25 m，还应将基底到冻结线以下 0.25 m 范围的地基土换填为弱冻胀材料。

（3）在风化层不厚的硬质岩石地基上，基底宜置于基岩表面风化层以下；在软质岩石地基上，基底最小埋置深度不小于 0.5 ~ 1.0 m。

5）常用挡渣墙设计

A. 重力式挡渣墙

（1）根据墙背的坡度分为仰斜、垂直、俯斜三种形式，多采用垂直和俯斜形式；当墙高小于 3 m 时，宜采用垂直形式；墙高大于 3 m 时，宜采用俯斜形式。

（2）重力式挡渣墙宜做成梯形截面，高度不宜超过 6 m；当采用混凝土时，一般不配筋或只在局部范围内配置少量钢筋。

（3）垂直形式挡渣墙面坡一般采用 1∶0.3 ~ 1∶0.5；俯斜形式挡渣墙面坡一般采用 1∶0.1 ~ 1∶0.2，背坡采用 1∶0.3 ~ 1∶0.5；具体取值应根据稳定计算确定。

（4）当墙身高度或地基承载力超过一定限度时，为了增加墙体稳定性和满足地基承载力要求，可在墙底设墙趾、墙踵台阶和齿墙。

（5）建筑材料一般采用砌石或混凝土，但Ⅷ度及Ⅷ度以上地震区不宜采用砌石结构。挡渣墙砌筑石料要求新鲜、完整、质地坚硬，抗压强度应不小于 30 MPa。胶结材料应采用水泥砂浆和一、二级配混凝土。

常用的水泥砂浆强度等级为 M7.5、M10、M12.5 三种，墙高低于 6 m 时，砂浆强度等级一般采用 M7.5，墙高高于 6 m 或寒冷地区及耐久性要求较高时，砂浆强度等级宜采用 M10 以上；常用的混凝土强度等级一般不低于 C15，寒冷地区还应满足抗冻要求。

B. 半重力式挡渣墙

半重力式挡渣墙是将重力式挡渣墙的墙身断面减小，墙基础放大，以减小地基应力，适应软弱地基的要求。半重力式挡渣墙一般采用强度等级不低于 C15 的混凝土结构,不用钢筋或仅在局部拉应力较大部位配置少量钢筋,见图 7.12-1。

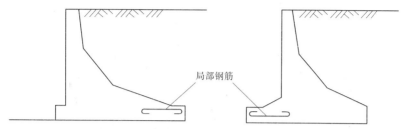

**图 7.12-1　半重力式挡渣墙的局部配筋**

半重力式挡渣墙主要由立板与底板组成,其稳定性主要依靠底板上的填渣重量来保证,常将立板做成折线形截面。

半重力式挡渣墙设计关键是确定墙背转折点的位置。墙高小于 6 m,立板与底板之间可设一个转折点;若墙高大于 6 m,可设一至二个转折点。立板的第一转折点,一般放在距墙顶 3~3.5 m 处。第一转折点以下 1.5~2 m 处设第二转折点。第二转折点以下,一般属于底板范围,底板也可设一至二个转折点。

外底板的宽度宜控制在 1.5 m 以内,否则将使混凝土的用量增加,或需配置较多的钢筋。立板顶部和底板边缘的厚度宜不小于 0.4 m,转折点处的截面厚度,经计算确定。距墙顶 3.5 m 以内的立板厚度和墙踵 3 m 以内的底板厚度一般不大于 1.0 m。

C. 衡重式挡渣墙

衡重式挡渣墙由直墙、减重台(或称卸荷台)与底脚三部分组成。其主要特点是利用减重台上的填土重量增加挡渣墙的稳定性,并使地基应力分布比较均匀,体积比重力式挡渣墙减少 10%~20%。

在减重台以上,直墙可做得比较单薄,以下则宜厚重,或是将减重台做成台板而在下面再做成直墙。前一种形式施工比较方便,在减重台以下的体积可以利用填渣斜坡直接浇混凝土,体积虽大但节省了模板费用;后一种形式则相反。

减重台面距墙底一般为墙高的 0.5~0.6 倍,但其具体位置应经计算确定。一般减重台距墙顶不宜大于 4 m。墙顶厚度常不小于 0.3 m。

6)挡渣墙设计算例

A. 渣场基本情况

某支洞渣场位于洞口附近公路内侧,为坡地型渣场,主要堆放支洞开挖弃渣,堆渣量 12.50 万 m³,占地面积 1.15 hm²,最大堆渣高度 47.5 m,渣体边坡约 1:1.7。渣场基础为块(漂)碎石覆盖层,地基承载力为 300~350 kPa。工程区位于西南土石山区,地下水位较低,地震基本烈度为Ⅷ度。

B. 挡渣墙设计

(1)墙型选择。本渣场所在区域块石料丰富,同时考虑渣场处地形地质条件、施工条件等,经技术经济比较后选择重力式浆砌石挡渣墙。

(2)平面布置。本渣场临省道公路,渣脚距离该公路 15 m 以上,且渣脚低于公路路面 2~3 m,挡渣墙沿渣脚布置,墙底高程与该处地面高程基本一致,转折处采用平滑曲线连接,挡渣墙长度约 415 m。

（3）断面设计。根据渣场地形条件、挡渣要求等，初拟浆砌石挡渣墙断面尺寸：顶宽 0.50 m，墙高 1.5 m，面坡直立，背坡 1:0.5，见图 7.12-2。

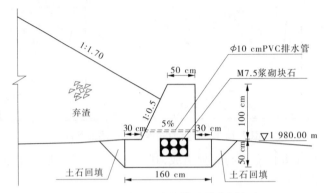

图 7.12-2　某支洞渣场挡渣墙典型断面

C.稳定性分析

根据 SL 575 等水保规范要求，按照挡渣墙所处工况，对挡渣墙进行稳定分析计算后确定其断面尺寸是否满足要求。

（1）计算工况及荷载组合。本工程区地震基本烈度为Ⅷ度，所以挡渣墙稳定性分析须考虑正常工况和地震工况两种工况。

正常运用工况下荷载组合为基本荷载组合，地震工况下荷载组合为特殊荷载组合。本渣场区地下水位较低，可不考虑墙后地下水位下的水重、静水压力和扬压力，西南土石山区土的冻胀不严重，也不必考虑土的冻胀力，渣体上无其他荷载。因此，正常运用工况下，考虑墙体自重、墙后渣土压力组合；地震工况下，考虑墙体自重、墙后渣土压力和地震力组合。

（2）稳定性安全系数。根据挡渣墙高度确定拦渣工程建筑物级别为 5 级，抗滑稳定安全系数为：正常运用工况 1.15，地震工况 1.05；抗倾覆稳定安全系数为：正常运用工况 1.40，地震工况 1.30；地基承载力安全系数为：正常运用工况、地震工况均采用 1.20。

（3）抗滑稳定计算。按照 $K_c = \dfrac{f \sum G}{\sum H}$ 计算沿基底面的抗滑稳定安全。

根据地质勘探资料，本渣场基础为块（漂）碎石覆盖层，基础内无软弱面，基底面与地基之间的摩擦系数 $f = 0.50$。

经计算，正常运用工况：滑移力 $\sum H = 21.66$ kN，抗滑力 $f \sum G = 33.69$ kN，抗滑稳定验算满足要求：$K_c = 1.56 > 1.20$。

地震工况：滑移力 $\sum H = 30.74$ kN，抗滑力 $f \sum G = 35.86$ kN，抗滑稳定验算满足要求：$K_c = 1.17 > 1.05$。

（4）抗倾覆稳定计算。按照 $K_0 = \dfrac{\sum M_V}{\sum M_H}$ 计算抗倾覆稳定安全。

①正常运用工况：相对于墙趾点，墙身重力的力臂 $Z_w = 0.95$ m，土压力铅直分力的力臂 $Z_x = 1.71$ m，土压力水平分力的力臂 $Z_y = 0.62$ m。验算挡渣墙绕墙趾的倾覆稳定性：倾覆力矩 $\sum M_H = 13.47$ kN·m，抗倾覆力矩 $\sum M_V = 84.39$ kN·m，倾覆稳定验算满足要

求:$K_0 = 6.27 > 1.40$。

②地震工况:相对于墙趾点,墙身重力的力臂 $Z_w = 0.95$ m,土压力铅直分力的力臂 $Z_x = 1.71$ m,土压力水平分力的力臂 $Z_y = 0.62$ m。验算挡渣墙绕墙趾的倾覆稳定性:倾覆力矩 $\sum M_H = 19.34$ kN·m,抗倾覆力矩 $\sum M_V = 91.79$ kN·m,倾覆稳定验算满足要求:$K_0 = 4.75 > 1.30$。

(5)地基承载力验算。正常运用工况、地震工况地基承载力验算过程、内容基本一致,本处仅以正常运用工况为例进行验算。

本渣场地基较密实,容许承载力 $[R] = 300$ kPa。地基应力应小于地基容许承载力,软质基础最大应力 $\sigma_{max}$ 与最小应力 $\sigma_{min}$ 之比应小于3。

按照 $\sigma_{min}^{max} = \dfrac{\sum G}{A} \pm \dfrac{\sum M}{W}$ 计算地基应力。

经计算,正常运用工况下,作用于基础底面的总铅直分力 $\sum G = 67.39$ kN,作用于墙趾的总弯矩 $\sum M = 70.92$ kN·m,基础底面宽度 $B = 2.0$ m,单位长度1 m的挡渣墙基底面面积 $A = 1 \times 2 = 2(\text{m}^2)$,挡渣墙基底面对于基底面平行前墙墙面方向形心轴的截面矩 $W = 14.03$ m³,偏心距 $e = -0.05$ m,基础底面合力作用点距离基础趾点的距离 $Z_n = 1.05$ m。基底最大压应力:墙趾点 $\sigma_{min} = 28.64$ kPa,墙踵点 $\sigma_{max} = 38.75$ kPa。

按照 $\sigma_{cp} \leq [R]$ 验算,$\sigma_{cp} = 33.70$ kPa $< 300$ kPa,满足基底平均应力小于地基容许承载力要求。

按照 $\sigma_{max} \leq \partial [R]$ 验算,最大基底压应力 $= 38.75$ kPa $< 300 \times 1.2 = 360(\text{kPa})$,满足要求。

按照 $\eta = \dfrac{\sigma_{max}}{\sigma_{min}} \leq [\eta]$ 验算,最大应力与最小应力之比 $= 38.75/28.64 = 1.35 < 3.0$,满足地基应力不均匀系数小于或等于容许值要求。

经对挡渣墙的抗滑、抗倾覆稳定和地基承载力稳定性分析,初拟的挡渣墙设计断面可以满足稳定要求。

D. 基础埋置深度

本工程位于南方地区,不考虑冻结问题。挡渣墙基础底面应设在天然地面以下至少0.5 m,以保证地基稳定性。

E. 细部构造设计

(1)排水设计。本渣场堆渣以块石渣为主,挡渣墙基础为块碎石土层,透水性较强,只需考虑墙身排水即可。

为使挡渣墙后积水易于排出,在墙身布置排水孔,布孔方式为梅花形,挡渣墙内设二排排水孔,排水孔比降为5%,沿水平间距为2.0 m,孔内预埋 $\phi$ 10 cm 的 PVC 管材。

在渗透水向排水设施逸出地带,为了防止发生管涌,在水流入口管端包裹土工布起反滤作用。

(2)分缝及止水。挡渣墙的沉降缝和伸缩缝合并设置,沿轴线方向每隔 10~15 m 设置一道缝宽 2~3 cm 的横缝,缝内填塞沥青麻絮。

2. 拦渣堤设计

1) 堤型选择

拦渣堤形式主要有墙式拦渣堤和非墙式拦渣堤,按建筑材料分有土石堤、砌石堤、混凝土堤、石笼堤等。

水土保持工程采用的拦渣堤形式多为墙式拦渣堤,断面形式有重力式、半重力式、衡重式等,其设计要点与挡渣墙相似;非墙式拦渣堤可参照《堤防工程设计规范》(GB 50286)进行设计,此处不予赘述。

对于墙式拦渣堤,堤型选择应综合考虑筑堤材料及开采运输条件、地形地质条件、施工条件、基础处理、抗震要求等因素,经技术经济比较后确定。

2) 平面布置

拦渣堤布置应考虑的问题如下:

(1)满足河流治导规划或行洪安全要求。

(2)拦渣堤布置于相对较高的基础面上,以便降低堤身高度。

(3)拦渣堤应顺等高线布置,尽量避免截断沟谷和水流,否则应考虑沟谷排洪设施;平面走向应顺直,转折处应采用平滑曲线连接。

(4)堤基选择新鲜不易风化的岩石或密实土层基础,并考虑基础土层含水量和密度的均一性,以满足地基承载力要求。

3) 断面设计

拦渣堤断面设计主要包括堤顶高程、堤顶宽、堤高、堤面及堤背坡比等内容。一般先根据区域地形地质、水文条件、筑堤材料、堆渣量及施工条件等,根据经验初拟堤型、断面主要尺寸,经试算满足抗滑、抗倾和地基承载力,且经济合理的断面即为设计断面。拦渣堤抗滑、抗倾和地基承载力计算见"4. 拦挡工程稳定计算"。

拦渣堤顶高程应满足挡渣要求和防洪要求,因此堤顶高程应按满足防洪要求和安全挡渣要求二者中的高值确定。按防洪要求确定的堤顶高程应为设计洪水位(或设计潮水位)加堤顶超高,堤顶超高按式(7.12-3)计算。

$$Y = R + e + A \tag{7.12-3}$$

式中　$Y$——堤顶超高,m;

　　　$R$——设计波浪爬高,m,可按《堤防工程设计规范》附录 C 计算确定;

　　　$e$——设计风壅增水高度,m,可按《堤防工程设计规范》附录 C 计算确定,对于海堤,当设计高潮位中包括风壅增水高度时,不另计;

　　　$A$——安全加高,m,按表 7.12-12 确定。

表 7.12-12　拦渣堤工程安全加高值

| 拦渣堤工程级别 | 1 | 2 | 3 | 4 | 5 |
|---|---|---|---|---|---|
| 拦渣堤安全加高值(m) | 1.0 | 0.8 | 0.7 | 0.6 | 0.5 |

当设计堤身高度较大时,可根据具体情况降低堤身高度,采用拦渣堤和斜坡防护相结合的复合型式。斜坡防护措施材料可视具体情况采用干砌石、浆砌石、石笼或预制混凝土块等。其余断面设计要求同挡渣墙。

4）埋置深度

拦渣堤基础埋置深度需结合不同类型拦渣堤结构特性和要求,考虑地形地质、水流冲刷条件、冻结深度,以及结构稳定和地基整体稳定要求等因素综合确定。

A. 冲刷深度及防冲（淘）措施

（1）冲刷深度。拦渣堤冲刷深度根据《堤防工程设计规范》（GB 50286）计算,并类比相似河段淘刷深度,考虑一定的安全裕度确定。

（2）防冲（淘）措施。拦渣堤工程须考虑洪水对堤脚的淘刷,对堤脚采取相应防冲措施。为了保证堤基稳定,基础底面应设置在设计洪水冲刷线以下一定的深度。

常用的防淘措施有:抛石护脚;堤趾下伸形成齿墙,以满足抗冲刷埋置深度要求,并在拦渣堤外侧开挖槽内回填大块石等抗冲物;拦渣堤外侧铺设钢筋（格宾）石笼等。

B. 冻结深度

在冰冻地区,除岩石、砾石、粗砂等非冻胀地基外,其余基础的堤底需埋置在冻结线以下,并不小于 0.25 m。

C. 其他要求

在无冲刷、无冻结情况下,拦渣堤基础底面一般应设在天然地面或河床面以下 0.5～1.0 m,以保证堤基稳定性。

5）细部构造设计

细部构造设计包括排水和堤体分缝。

A. 排水

（1）堤身排水。为排出堤后积水,需在堤身布置排水孔,孔进口需设置反滤层。排水孔及反滤层布设同挡渣墙。

（2）堤后排水。为排除渣体中的地下水及由降水形成的积水,有效降低拦渣堤后渗流浸润面,减小堤身水压力,增加堤体稳定性,可在拦渣堤后设置排水。

若渣场弃渣以块石渣为主,挡渣墙渣料透水性较强,可不考虑墙后排水。

B. 堤背填料选择

为有效排导渣体积水,降低堤后水压力,拦渣堤后一定范围内需设置排水层,选用透水性较好、内摩擦角较大的无黏性渣料,如块石、砾石等渣料。

C. 分缝及止水

分缝及止水同挡渣墙。

6）拦渣堤设计算例

A. 渣场概况

渣场位于某电站坝址下游左岸约 2 km 处的河岸耕地上,设计堆渣量 48 万 $m^3$,占地面积 4.20 $hm^2$,渣脚高程 1 684 m,渣顶高程 1 704 m,堆渣高度 20 m。渣场处地形较平缓,下部为河床块（漂）碎砾石,局部为块碎砾石砂层,结构较紧密,场地后坡基岩裸露,整体稳定。

B. 工程级别及洪水标准

根据 SL 575 确定渣场、拦渣工程建筑物级别均为 5 级,设计洪水标准 20 年一遇。堆渣后 20 年一遇标准下洪水位 1 685.80 m。

C. 拦渣堤设计

本渣场渣脚高程 1 684 m,低于渣场处 20 年一遇洪水位 1 685.80 m,渣场受洪水影响,拦渣工程为拦渣堤。拦渣堤设计与挡渣墙设计主要差别在于堤高确定和堤脚需考虑抗冲刷要求,本算例重点介绍堤高和冲刷深度确定,其余参照挡渣墙设计进行。

　　a.堤型选择。

　　本渣场所在区域块石料丰富,且弃渣主要以防空洞、泄洪洞等洞室开挖石渣为主。根据渣场地形地质条件、施工条件等,经技术经济比较后选择堤型为重力式浆砌石拦渣堤。

　　b.平面布置及断面设计。

　　拦渣堤顺河岸布置,转折处采用平滑曲线连接,堤基为块碎石土层,地基承载力可满足要求。重力式拦渣堤断面设计主要考虑拦渣堤高度和堤脚冲刷深度要求。

　　(1)拦渣堤堤顶高程确定。

　　拦渣堤高度需满足拦渣和防洪要求。本渣场堆渣容量可以满足要求,拦渣堤高度不受挡渣要求影响,渣场处20年一遇洪水位1 685.80 m,根据式(7.12-1)计算堤顶超高 $Y = 0.8$ m,其中5级堤防安全加高为0.5 m,设计波浪爬高和风壅增水高度0.3 m。因此,拦渣堤顶高程1 686.6 m。

　　(2)冲刷深度。冲刷处水深 $h_0 = 1.8$ m,平均流速 $V_{cp} = 5.40$ m/s,河床面上容许不冲流速 $V_c = 3.0$ m/s,经计算,局部冲刷深度 $h_s = 0.28$ m。类比相似河段淘刷深度,考虑一定的安全裕度确定冲刷深度为0.8 m。拦渣堤基础埋置深度取1.0 m。

　　地面高程为1 684.0时,拦渣堤断面尺寸为:顶宽0.75 m,底宽2.0 m,地面以上高2.6 m,面坡直立,背坡1:0.5。拦渣堤基础采用M7.5浆砌石,基座厚1.0 m,堤踵、堤趾宽0.5 m。

　　(3)抗冲措施。

　　采用堤趾处齿槽内回填大块石防止洪水对堤脚的淘刷。

　　本工程区无冻胀问题,因此拦渣堤M7.5浆砌石基座厚1.0 m,基础底面设在天然地面以下1.0 m,可以满足埋置深度和抗冲刷要求。

　　c.分缝及止水

　　拦渣堤的结构缝沿堤线方向每隔10~15 m设置一道,缝宽2~3 cm,缝内填塞沥青麻絮,填料距拦渣堤表面深度不小于0.2 m。拦渣堤断面详见图7.12-3。

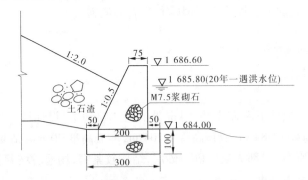

图7.12-3　渣场拦渣堤断面　(尺寸 单位:cm)

　　3.拦渣坝设计

　　水土保持工程拦渣坝坝型主要为重力坝和堆石坝,按建筑材料可分为混凝土坝、浆砌石坝和堆石坝。一般采用低坝,以6~15 m为宜,在渣场渣量较大、防护要求较高等特殊情况下坝高可超过 15 m,但一般不宜超过 30 m。根据上游洪水处理方式,拦渣坝可分为截洪式和滞洪式两类。

由于拦渣坝造价较高,实际工程中运用较少。需要用到时,可参照相应规范进行设计。对于这类渣场,常采取放缓堆渣边坡,坡脚修建挡渣墙或拦渣堤的方案。下面主要介绍混凝土坝、浆砌石坝和堆石坝设计。

1)截洪式拦渣坝

截洪式拦渣坝坝体只拦挡坝后弃渣以及少量渣体渗水,渣体上游的沟道洪水通过拦洪坝、排水洞等措施进行排导,坝体不承担拦洪作用。按照建筑材料可分为混凝土坝、砌石坝、土石坝等类型,本节仅对混凝土拦渣坝、浆砌石拦渣坝、碾压堆石拦渣坝设计予以详述。

Ⅰ.混凝土拦渣坝

A.特点

混凝土拦渣坝通常为实体重力坝,宜修建在岩基上,适用于堆渣量大、基础为岩石的截洪式弃渣场,具有排水设施布设方便、便于机械化施工、运行维护简单等特点,但筑坝造价相对较高。

B.适用条件

(1)地形条件。混凝土拦渣坝对地形适应性较好,坝址宜选择在上游库容条件好、坝段沟谷狭窄、便于布设施工场地的位置。

(2)地质条件。混凝土拦渣坝对地质条件的要求相对较高,一般要求坐落于岩基上,要求坝址处沟道两岸岩体完整、岸坡稳定。对于岩基可能出现的节理、裂隙、夹层、断层或显著的片理等地质缺陷,需采取相应处理措施。对于非岩石基础,需经过专门处理,以满足设计要求。

(3)施工条件。混凝土拦渣坝筑坝所需水泥等原材料一般需外购,需有施工道路;同时为了满足弃渣场"先拦后弃"的水土保持要求,拦渣坝需在较短的时间内完成,施工强度大,对机械化施工能力要求较高。

C.坝址选择

坝址选择一般应考虑下列因素:

(1)沟谷地形平缓,沟床狭窄,坝轴线短,筑坝工程量小。

(2)坝址应选择在岔沟、弯道的下游或跌水的上方,坝肩不宜有集流洼地或冲沟。

(3)坝基宜为新鲜、弱风化岩石或覆盖层较薄,无断层破碎带、软弱夹层等不良地质,无地下水出露,两岸岸坡不宜有疏松的坡积物、陷穴和泉眼等隐患,坝基处理措施简单有效;如无地形、地质等条件限制,坝轴线宜采用直线式布置,且与拦渣坝上游堆渣坡顶线平行。

(4)坝址附近地形条件适合布置施工场地,内外交通便利,水、电来源条件能满足施工要求。

(5)筑坝后不应影响周边公共设施、重要基础设施及村镇、居民点等的安全。

D.坝体断面

(1)坝坡。坝体上、下游坝坡根据稳定和应力等要求确定,坝坡稳定和坝基应力等计算等见"4.拦挡工程稳定计算"。一般情况下,上游坝坡可采用 $1:0.4 \sim 1:1.0$,下游坝面可为铅直面、斜面或折面。下游坝面采用折面时,折坡点高程应结合坝体稳定和应力以及上下游坝坡选定;当采用斜面时,坝坡可采用 $1:0.05 \sim 1:0.2$。

（2）坝顶宽度及高程。坝顶宽度主要根据其用途并结合稳定计算等确定，坝顶最小宽度一般不小于2.0 m。

由于截洪式拦渣坝不考虑坝前蓄水，坝顶高程为拦渣高程加超高，其中拦渣高程根据拦渣库容及堆渣形态确定；坝顶超高主要考虑坝前堆渣表面滑塌的缓冲拦挡以及后期上游堆渣面防护和绿化等因素确定，一般不小于1.0 m。

（3）坝体分缝。坝体分缝根据地质、地形条件及坝高变化设置，将坝体分为若干个独立的坝段。横缝沿坝轴线间距一般为10～15 m，缝宽2～3 cm，缝内填塞胶泥、沥青麻絮、沥青木板、聚氨酯或其他止水材料。在渗水量大、坝前堆渣易于流失或冻害严重的地区，宜采用具有弹性的材料填塞，填塞深度一般不小于15 cm。

由于混凝土拦渣坝一般采用低坝，混凝土浇筑规模较小，在混凝土浇筑能力和温度控制等满足要求的情况下，坝体内一般不宜设置纵缝。

（4）坝前排水。为减小坝前水压力，提高坝体稳定性，应设置排水沟（孔、管及洞）等排水设施。

当坝前渗水量小，可在坝身设置排水孔，排水孔径5～10 cm，间距2～3 m，干旱地区间距可稍微增大，多雨地区则应减小。当坝前填料不利于排水时，宜结合堆渣要求在坝前设置排水体。

当坝前渗水量较大或在多雨地区，为了快速排除坝前渗水，坝身可结合堆渣体底部盲沟布设方形或城门洞形排水洞，并应采用钢筋混凝土对洞口进行加固。排水洞进口侧采用格栅拦挡，后侧填筑一定厚度的卵石、碎石等反滤材料。考虑到排水洞出口水流对坝趾基础产生的不利影响，坝趾处一般采用干砌石、浆砌石等护面措施，或布设排水沟、集水井。

为尽可能降低坝前水位，坝前填渣面以及弃渣场周边可根据要求设置截留和排除地表水的设施，如截水沟、排水明沟或暗沟等。对于渣体内渗水，可设置盲沟排导。

（5）坝体混凝土。设计时，拦渣坝混凝土除应满足结构强度和抗裂（或限裂）要求外，还应根据工作条件、地区气候等环境情况，分别满足抗冻和抗侵蚀等要求。

坝体混凝土强度根据《水工混凝土结构设计规范》（SL 191）采用，亦可参考表7.12-13。

表7.12-13　坝体混凝土强度标准值

| 强度种类 | 符号 | 拦渣坝混凝土强度等级 | | | | |
| --- | --- | --- | --- | --- | --- | --- |
| | | C10 | C15 | C20 | C25 | C30 |
| 轴心抗压（MPa） | $f_{ck}$ | 9.8 | 14.3 | 18.5 | 22.4 | 26.2 |

坝体混凝土应根据气候分区、冻融循环次数、表面局部小气候条件、水分饱和程度、结构构件重要性和检修难易程度等综合因素选定抗冻等级，并满足《水工建筑物抗冰冻设计规范》（SL 211）的要求。

当环境水具有侵蚀性时，应选用适宜的水泥及骨料。

坝体混凝土强度等级主要根据坝体应力、混凝土龄期和强度安全系数确定，坝体内不容许出现较大的拉应力。坝体混凝土宜采用同一强度等级，若使用不同强度等级混凝土，不同等级之间要有良好的接触带，施工中须混合平仓加强振捣，或采用齿形缝结合，同时相邻混凝土强度等级的级差不宜大于两级，分区厚度尺寸最小为2～3 m。

(6)坝前堆渣设计。坝前堆渣宜渣料分区堆放,按照稳定坡比分级堆置,并设置马道或堆渣平台,保证堆渣体自身处于稳定状态。

注意渣体内排水。坝前堆渣体应保证有良好的透水性,一般应在坝前15~50 m范围内堆置透水性良好的石渣料,作为排水体。

E. 坝基处理

混凝土拦渣坝宜建在岩基上,对于存在风化、节理、裂隙等缺陷或涉及断层、破碎带和软弱夹层等时,必须采取有针对性的工程处理措施。坝基处理的目的是提高地基的承载力、提高地基的稳定性,减小或消除地基的有害沉降,防止地基渗透变形。基础处理后的坝基应满足承载力、稳定及变形的要求,常用的地基处理措施主要有基础开挖与清理、固结灌浆、回填混凝土、设置深齿墙等。

Ⅱ. 浆砌石拦渣坝

A. 特点

(1)坝型为重力坝,坝体断面较小、结构简单,石料和胶结材料等主要建筑材料可就地取材或取自弃渣。

(2)雨季对施工影响不大,全年有效施工期较长。

(3)施工技术较简单,对施工机械设备要求比较灵活。

(4)工程维护较简单。

(5)坝顶可作为交通道路。

B. 适用条件

浆砌石拦渣坝适用于石料丰富,便于就地取材和施工场地布置的地区。坝基一般要求为岩石地基。

C. 坝址选择

坝址选择原则和要求基本与混凝土坝相同,但需考虑筑坝石料来源。

D. 筑坝材料

浆砌石拦渣坝的筑坝材料主要包括石料和胶凝材料。

石料要求新鲜、完整、质地坚硬,如花岗岩、砂岩、石灰岩等,拦渣坝砌石料优先从弃渣中选取。

浆砌石坝的胶结材料应采用水泥砂浆和一、二级配混凝土。水泥砂浆常用的强度等级为M7.5、M10、M12.5三种。

E. 坝体断面

坝体断面结合水土保持工程的布置全面考虑,根据坝址区的地形、地质、水文等条件进行全面技术经济比较后确定。

为了满足拦渣功能,浆砌石重力坝的平面布置可以是直线式,也可以是曲线式,或直线与曲线组合式。

为防止渣体内排水不畅,影响坝体安全稳定,坝前堆渣体应保持良好的透水性,应在坝前15~50 m范围内堆置透水性良好的石料或渣料。

(1)坝顶宽度。坝高6~10 m,坝顶宽度宜为2~4 m;坝高10~20 m,坝顶宽度宜为4~6 m;坝高20~30 m,坝顶宽度宜为6~8 m。

（2）坝顶高程。坝顶高程确定原则同混凝土拦渣坝。

（3）坝坡。浆砌石拦渣坝一般上游面坡度为 $1:0.2 \sim 1:0.8$，下游面坡度为 $1:0.5 \sim 1:1.0$，个别地基条件较差的工程，为了坝体稳定或便于施工，边坡可适当放缓。

（4）坝体构造。浆砌石拦渣坝应设置横缝，一般不设置纵缝。横缝的间距根据坝体布置、施工条件以及地形、地质条件综合确定。

为了排放坝前渣体内渗水，在坝身设置排水管或在底部设置排水孔洞排水，布设原则与方法可参考混凝土拦渣坝。

F. 坝基处理

地基处理是为了满足承载力、稳定和变形的要求。

经处理后坝基应具有足够的强度，以承受坝体的压力；具有足够的整体性和均匀性，以满足坝体抗滑稳定的要求和减小不均匀沉陷；具有足够的抗渗性，以满足渗透稳定的要求；具有足够的耐久性。

浆砌石拦渣坝的建基面根据坝体稳定、地基应力、岩体的物理力学性质、岩体类别、基础变形和稳定性、上部结构对基础的要求，综合考虑基础加固处理效果及施工工艺、工期和费用等，经技术经济比较确定。水土保持工程的浆砌石坝高度一般小于 30 m，基础宜建在弱风化中部至上部基岩上。对于较大的软弱破碎带，可采用挖除、混凝土置换、混凝土深齿墙、混凝土塞、防渗墙、水泥灌浆等方法处理。

Ⅲ. 碾压堆石拦渣坝

碾压堆石拦渣坝是用碾压机具将砂、砂砾和石料等建筑材料或经筛选后的弃石渣分层碾压后建成的一种用于渣体拦挡的建（构）筑物。碾压堆石拦渣坝类似于透水堆石坝，不同之处在于其采用坝体拦挡弃土（石、渣），同时利用坝体的透水功能把坝前渣体内水通过坝体排出，以降低坝前水位。

A. 特点

碾压堆石拦渣坝具有以下特点：

（1）建筑材料来源丰富。

（2）基础处理工程量较小。

（3）有效提高渣场容量。

（4）配套排水设施投入低。

（5）工程适用范围广，后期维护便利。

（6）施工简便，投资低。

（7）工程安全性高。

B. 适用条件

（1）地形条件。碾压堆石拦渣坝对地形适应性较强，一般修建在地形相对宽阔的沟道型弃渣场下游端。因其坝体断面较大，主要适用于坝轴线较短、库容大，有条件且便于施工场地布设的沟道型弃渣场。

（2）地质条件。该坝型对工程地质条件的适应性较好，对大多数地质条件，经处理后均可适用。但对厚的淤泥、软土、流沙等地基需经过论证后才能适用。

碾压堆石拦渣坝高度相对其他拦渣坝而言较高，宜修建在岩石地基上，但密实的、强度高的冲积层，不存在引起沉陷、管涌和滑动危险的夹层时，也可以修建碾压堆石拦渣坝。对于岩基,地质上的节理、裂隙、夹层、断层或显著的片理等可能造成重大缺陷的,需采取相应处理措施。

(3)筑坝材料来源。筑坝材料优先考虑从弃石渣中选取,也可就近开采砂、石料、砾石料等。

(4)施工条件。由于该坝型工程量较大,为满足弃渣场"先拦后弃"的水土保持要求,坝体需要在较短的时间内填筑到一定高度,施工强度较大,对机械化施工能力要求较高。

C. 坝址选择

坝址选择一般考虑如下因素:

(1)坝轴线较短,筑坝工程量小。

(2)坝址附近场地地形开阔,布设施工场地容易。

(3)地质条件较好,无不宜建坝的不良地质条件,优先选择基岩出露或覆盖层较浅处,坝基处理容易,费用较低。

(4)筑坝材料丰富,运距短,交通方便。

D. 筑坝材料

筑坝材料应优先考虑就近利用主体工程弃石料,以表层弱风化岩层或溢洪道、隧洞、坝肩、坝基等开挖的石料为主。

(1)坝体堆石材料的质量要求。

①基本要求。筑坝石料有足够的抗剪强度和抗压强度,具有抵抗物理风化和化学风化的能力,也要具有坚固性。

石料要求以粗粒为主,无凝聚性,能自由排水,级配良好。

石料多选用新鲜、完整、坚实的较大石料,且填筑后材料具有低压缩性(变形较小)和一定的抗剪强度。

②石料质量。石料的抗压强度一般不宜低于 20 MPa,石料的硬度一般不宜低于莫氏硬度表的第 3 级,石料容重一般不宜低于 20 kN/m³,细料多的石渣饱和度以达到 90% 为佳。当拦渣要求和标准较低时,可根据实际情况适当降低石料质量要求。

(2)坝体堆石材料的级配要求。

①基本要求:石料尺寸应使堆石坝的沉陷尽可能小;使堆石体具有较大的内摩擦角,以维持坝坡的稳定;使坝体堆石具有一定的渗透能力。

②石料级配。石料粒径应多数大于 10 mm,最大粒径不超过压实分层厚度(一般为 60 ~ 80 cm),小于 5.0 mm 的含量不超过 20%,小于 0.075 mm 的颗粒含量不超过 5%;松散堆置时内摩擦角一般不小于 30°。

当拦渣要求和标准较低时可适当降低标准。

③坝上游反滤料。上游坝坡需设置反滤层,一般由砂砾石垫层(反滤料)和土工布组成。

反滤料一般采用无凝聚性、清洁而透水的砂砾石,也可采用碎石和石渣,要求质地坚硬、密实、耐风化,不含水溶盐;抗压强度不低于堆石料强度;清洁、级配良好、无凝聚性、透水性大,并有较好的抗冻性,渗透系数大于堆渣渗透系数,且压实后渗透系数为 $1 \times 10^{-3} \sim 10^{-2}$ cm/s;反滤料粒径 $D$ 与坝前堆渣防流失粒径 $d$ 的关系为 $D < (4 \sim 8)d$,且最大粒径不超过 10 cm,粒径小于 0.075 mm 的颗粒含量不超过 5%,小于 5 mm 的颗粒含量为 30% ~ 40%。

当反滤料和堆石体之间的颗粒粒径差别相当大时,在堆石体和反滤层之间还需设置过渡区,过渡区石料要求可参照反滤料的规定。

E. 坝体断面

(1)坝轴线布置。轴线布置应根据地形地质条件,按便于弃渣、易于施工的原则,经技术经济比较后确定,坝轴线宜布置成直线。

(2)坝顶宽度。坝顶宽度主要根据后期管理运行需要、坝顶设施布置和施工要求等综合确定,一般为 3~8 m,但坝顶有交通需要时可加宽。

(3)坝顶高程。坝顶高程为拦渣高程加安全超高。拦渣高程根据堆渣量、拦渣库容、堆渣形态确定;安全超高主要考虑坝前堆渣表面滑塌的缓冲阻挡作用、坝基沉降以及后期上游堆渣面防护和绿化等因素分析确定,一般不小于 1.0 m。

(4)坝坡防护。坝上游坡设置反滤层或过渡层,下游坡为防止渗水影响坡面稳定,可采用干砌石护坡、钢筋石笼护坡或抛石护脚等。

(5)坝面坡比。坝坡应根据填筑材料通过稳定计算确定,坝坡稳定计算见第五章第四节。一般应缓于填筑材料的自然休止角对应坡比,且不宜陡于1:1.5。

(6)反滤层和过渡层。为阻止坝前堆渣随渗水向坝体和下游流失而影响坝体透水性和稳定性,需在上游坝坡设置反滤层。

反滤层一般由砂砾垫层(反滤料)和土工布组成,厚度一般不小于0.5 m,机械施工时不小于1.0 m,随着坝高而加厚,一般设一层,两侧为砂砾石层,中间为土工布。当堆渣与碾压堆石粒径差别较大时,需设粗、细两种颗粒级配的反滤层。

当反滤料和堆石体之间的颗粒粒径差别相当大时,在堆石体和反滤层之间还需设置过渡层,过渡层设置要求可参照反滤层的规定。

(7)坝体填筑。坝体填筑应在基础和岸坡处理结束后进行。堆石填筑前,需对填筑材料进行检验,必要时可配合做材料试验,以确保填筑材料满足设计要求。

坝体填筑时需配合加水碾压,碾压设备以中小型机械为主。堆石料分层填筑、分层碾压。

(8)坝前堆渣设计。坝前堆渣设计要求同混凝土拦渣坝。

F. 坝基处理

碾压堆石拦渣坝对基础处理的要求较低,砂砾层地基甚至土基经处理后均可筑坝,同时由于碾压堆石拦渣坝体按透水设计,对基础不均匀沉降方面的要求较低,小范围的坝体变形不会对坝体整体安全造成影响。

碾压堆石拦渣坝坝基处理主要包括地基处理和两岸岸坡处理。

(1)地基处理。对于一般的岩土地基,建基面须有足够的强度,并避开活动性断层、夹泥层发育的区段、浮渣、深厚强风化层和软弱夹层整体滑动等基础。坝壳底部基础处理要求不高,对于强度和密实度与堆石料相当的覆盖层一般可以不挖除;反滤层和过渡层的基础开挖处理要求较高,尽可能挖到基岩。当覆盖层较浅(一般不超过 3 m)时,应全部挖除达到基岩或密实的冲积层。

(2)两岸岸坡处理。对于坝肩与岸坡连接处,一般岩质边坡坡度控制缓于1:0.5,土质边坡缓于1:1.5,并力求连接处坡面平顺,不出现台阶式或悬坡,坡度最大不陡于70°。如果岸坡为砂砾或土质,一般应在连接面设置反滤层,如砂砾层、土工布等形式。如果岸坡有整体稳定问题,可采用削坡、抗滑桩、预应力锚索等工程措施处理,并加强排水和植被措施。如果有局部稳定问题,可采用削坡处理、浆砌块石拦挡、锚杆加固等形式加固。

2)滞洪式拦渣坝

滞洪式拦渣坝是指坝体既拦渣又挡上游来水的拦挡建筑物,其设计原理和一般水工挡水建筑物相同。按坝型可分为重力坝和土石坝。重力坝一般不设溢洪道,采用坝顶溢流泄洪;土石坝一般采用均质土坝或土石混合坝或砌石坝,土石坝设专门的溢洪道或其他如竖井等排泄泄水,如从坝顶溢流泄洪,应考虑防冲措施。此处仅详述浆砌石坝,其他坝型参考相应规范设计。

Ⅰ.特点

(1)常用滞洪式拦渣坝一般采用低坝,规模小、坝体结构简单,主要建筑材料可以就地取材或来源于弃渣,造价相对低。

(2)施工技术简单,对施工机械设备要求比较灵活,但机械化程度一般较低,以人工为主;建成后的维修及处理工作较简单。

(3)与传统水利工程浆砌石重力坝相比,主要区别在于滞洪式拦渣坝上游不是逐年淤积的水库泥沙,而是以短时间内堆填工程弃土弃渣为主。

(4)对渗漏要求不高,在不发生渗透性破坏,不影响稳定的前提下,渗漏有助于排除渣体内积水,进而减轻上游水压力。

Ⅱ.适用条件

(1)地形条件。

库容条件较好,坝轴线较短,筑坝工程量小;坝址附近有地形开阔的场地,便于布设施工场地和施工道路。

(2)地质条件。

一般要求坐落于基岩地基上,坝址处应地质条件良好,基岩出露或覆盖层较浅,无软弱夹层;坝肩处岸坡稳定,无滑坡等不良地质条件;坝基和两岸的节理、裂隙等处理容易。

(3)筑坝材料来源。

坝址附近有适用于筑坝的石料,弃渣石料质量满足要求条件下应尽量从弃渣中筛选利用;其他材料可在当地购买。

(4)筑坝后不直接威胁下游村镇等重要设施安全。

(5)弃渣所在沟道流域面积不宜过大,在库容满足要求前提条件下坝址控制流域面积越小越好。

Ⅲ.筑坝材料

浆砌石拦渣坝的筑坝材料主要包括石料和胶凝材料,筑坝材料要求可参考截洪式浆砌石拦渣坝。

Ⅳ.设计要点

(1)稳定计算、应力计算方法同截洪式浆砌石拦渣坝,详见“4.拦挡工程稳定计算”,但需重点考虑坝上游水压力影响。

(2)设计洪水标准,可参考水利工程技术规范和防洪标准确定,拦渣库容为弃渣量和坝址以上流域内的来沙量之和。

(3)坝顶高程考虑拦渣高度、滞洪水深及安全超高后确定。

(4)设计洪水。一般情况下,拦渣坝坝控流域面积比较小,应采用当地小流域洪水计算方法进行计算。

4.拦挡工程稳定计算

1)挡渣墙稳定计算

设计挡渣墙时,需计算墙体的抗滑稳定和抗倾覆稳定、地基应力、应力大小比或偏心距控制,重要的挡渣墙还需计算墙身的应力。

(1)挡渣墙稳定计算荷载组合。

作用在挡渣墙上的荷载有墙体自重、土压力、冰压力、地震力、其他荷载(如汽车、人群等荷载)等,见表7.12-14。

表7.12-14 挡渣墙荷载组合

| 荷载组合 | 计算工况 | 荷载 | | | | | | |
|---|---|---|---|---|---|---|---|---|
| | | 自重 | 土压力 | 水压力 | 扬压力 | 冰压力 | 地震力 | 其他荷载 |
| 基本组合 | 正常运用 | √ | √ | | | √ | — | √ |
| 特殊组合 | 地震工况 | √ | √ | | | √ | √ | √ |

(2)抗滑、抗倾覆稳定计算。

挡渣墙的抗滑、抗倾覆稳定计算公式详见本教材第五章第四节。

挡渣墙抗滑稳定、抗倾覆稳定安全系数允许值需根据挡渣墙级别,按相关规范确定。

(3)地基应力验算。

先根据拟定的挡渣墙断面、承受荷载情况,计算挡渣墙基底应力,计算公式详见本教材第五章第四节。

然后根据挡渣墙基底应力及地基承载力,按照本教材第五章第四节计算。

(4)墙身应力验算。

挡渣墙一般不需作墙身应力复核。对于较高的重力式挡渣墙,其正应力可参照第五章第四节计算,竖向力和水平力为对于计算截面取值,计算结果需满足水工钢筋混凝土结构设计规范等的有关规定。

2)拦渣堤稳定计算

拦渣堤稳定计算包括抗滑、抗倾覆稳定和地基应力验算。抗滑、抗倾覆稳定安全系数可根据拦渣工程建筑物级别和所遭遇的工况,按相关规范取值。

(1)荷载组合。

作用在拦渣堤上的荷载有自重、土压力、水压力、扬压力、浪压力、冰压力、地震力、其他荷载(如汽车、人群等荷载)等,见表7.12-15。

表7.12-15 荷载组合

| 荷载组合 | 计算情况 | 荷载 | | | | | | | |
|---|---|---|---|---|---|---|---|---|---|
| | | 自重 | 土压力 | 水压力 | 扬压力 | 浪压力 | 冰压力 | 地震力 | 其他荷载 |
| 基本组合 | 正常运用 | √ | √ | √ | √ | √ | √ | — | √ |
| 特殊组合 | 地震情况 | √ | √ | √ | √ | √ | √ | √ | √ |

（2）稳定计算。

拦渣堤的稳定计算原理、公式同挡渣墙，不同的是荷载不同。与挡渣墙相比，拦渣堤多承受水压力、扬压力等荷载。同时应注意以下几点：

①岩基内有软弱结构面时，还要核算沿地基软弱面的深层抗滑稳定。

②抗滑稳定安全系数容许值$[K_s]$、抗倾稳定安全系数容许值$[K_t]$和挡渣墙取值不同，应按照相关规范确定或参照堤防规范选取。

③基底面与地基之间或软弱结构面之间的摩擦系数，宜采用试验数据。当无试验资料时，可参考表7.12-16取值。需要注意，拦渣堤应考虑到水对摩擦系数的影响，偏于安全选取。

表7.12-16　拦渣堤基底与地基的摩擦系数

| 土的类别 | | 摩擦系数 |
| --- | --- | --- |
| 黏性土 | 可塑 | 0.25~0.3 |
| | 硬塑 | 0.3~0.35 |
| | 坚硬 | 0.35~0.45 |
| 粉土 | $S_r \leq 0.5$ | 0.3~0.4 |
| 中砂、粗砂、砾砂 | | 0.4~0.5 |
| 碎石土 | | 0.4~0.5 |
| 软质岩石 | | 0.4~0.55 |
| 表面粗糙的硬质岩石 | | 0.65~0.75 |

3）拦渣坝稳定计算

拦渣坝稳定计算主要针对上述的混凝土坝、浆砌石坝和碾压堆石拦渣坝进行介绍。

Ⅰ.混凝土拦渣坝稳定计算

混凝土拦渣坝由于布设坝前排水设施，一般坝前地下水位控制在较低水平，可不进行坝基抗渗稳定性验算，必要时采取坝基防渗排水措施即可。混凝土拦渣坝基础要求坐落在基岩上，条件较好的岩石地基一般不涉及地基整体稳定问题，当地基条件较差时，需对地基进行专门处理后方可建坝。本处主要介绍混凝土拦渣坝的抗滑稳定和应力计算。

A.荷载组合及荷载计算

（1）荷载组合。

混凝土拦渣坝承受的荷载主要有自重、静水压力、扬压力、坝前土压力、地震荷载以及其他荷载等。作用在坝体上的荷载可分为基本组合与特殊组合。基本组合属正常运用情况，由同时出现的基本荷载组成；特殊组合属校核工况或非常工况，由同时出现的基本荷载和一种或几种特殊荷载组成。

①基本荷载：坝体及其上固定设施的自重；稳定渗流情况下坝前静水压力；稳定渗流情况下的坝基扬压力；坝前土压力；其他出现机会较多的荷载。

②特殊荷载：地震荷载；其他出现机会很少的荷载。

荷载组合见表7.12-17。

表 7.12-17　混凝土拦渣坝荷载组合

| 荷载组合 | 主要考虑情况 | | 荷载 | | | | | | 附注 |
|---|---|---|---|---|---|---|---|---|---|
| | | | 自重 | 静水压力 | 扬压力 | 土压力 | 地震荷载 | 其他荷载 | |
| 基本组合 | 正常运用 | | √ | √ | √ | √ | | √ | 其他荷载为出现机会较多的荷载 |
| 特殊组合 | Ⅰ | 施工情况 | √ | | | √ | | √ | 其他荷载为出现机会很少的荷载 |
| | Ⅱ | 地震情况 | √ | √ | √ | √ | √ | √ | |

注:1.应根据各种荷载同时作用的实际可能性,选择计算最不利的荷载组合;

2.施工期应根据实际情况选择最不利荷载组合,并应考虑临时荷载进行必要的核算,作为特殊组合Ⅰ。

3.当混凝土拦渣坝坝前有排水设施时,坝前地下水位较低,荷载组合可不考虑扬压力计算。

(2)荷载计算。

荷载计算详见本教材第五章第四节荷载及荷载计算。

B.抗滑稳定计算

(1)计算方法。

坝体抗滑稳定计算主要核算坝基面滑动条件,根据《混凝土重力坝设计规范》(SL 319)按抗剪断强度公式或抗剪强度公式计算坝基面的抗滑稳定安全系数。计算公式及相关参数取值详见本教材第五章第四节。

(2)抗滑稳定安全系数。

抗滑稳定安全系数主要参考《混凝土重力坝设计规范》(SL 319)。按抗剪强度计算公式和抗剪断强度计算公式计算的安全系数应不小于表 7.12-18 中的最小允许安全系数。坝基岩体内部深层抗滑稳定按抗剪强度公式计算的安全系数指标可经论证后确定。

表 7.12-18　抗滑稳定安全系数

| 荷载组合 | | 级别 | | | |
|---|---|---|---|---|---|
| | | 1 | 2 | 3 | 4、5 |
| 抗剪强度计算 | 基本组合 | 1.10 | 1.05 ~ 1.08 | 1.05 ~ 1.08 | 1.05 |
| | 特殊组合Ⅰ | 1.05 | 1.00 ~ 1.03 | 1.00 ~ 1.03 | 1.00 |
| | 特殊组合Ⅱ | 1.00 | 1.00 | 1.00 | 1.00 |
| 抗剪断强度计算 | 基本组合 | 3.00 | 3.00 | 3.00 | 3.00 |
| | 特殊组合Ⅰ | 2.50 | 2.50 | 2.50 | 2.50 |
| | 特殊组合Ⅱ | 2.30 | 2.30 | 2.30 | 2.30 |

(3)提高坝体抗滑稳定性的工程措施。

①开挖出有利于稳定的坝基轮廓线。坝基开挖时,宜尽量使坝基面倾向上游。基岩坚固时,可以开挖成锯齿状,形成局部倾向上游的斜面,但尖角不要过于突出,以免应力集中。

②坝踵或坝趾处设置齿墙。

③采用固结灌浆等地基加固措施。

④坝前增设阻滑板或锚杆。

⑤坝前宜填抗剪强度高、排水性能好的粗粒料。

C.应力计算

拦渣坝应力计算主要包括坝基截面的垂直应力计算、坝体上下游面垂直正应力计算、坝体上下游面主应力计算,详见本教材第五章第四节。

应注意:混凝土的允许应力应按混凝土的极限强度除以相应的安全系数确定。坝体混凝土抗压安全系数:基本组合不应小于4.0;特殊组合(不含地震情况)不应小于3.5;当局部混凝土有抗拉要求时,抗拉安全系数不应小于4.0;地震情况下,坝体的结构安全应符合《水工建筑物抗震设计规范》(SL 203)的要求。

Ⅱ.浆砌石拦渣坝稳定计算

浆砌石拦渣坝的稳定计算方法、应力计算方法与混凝土拦渣坝坝体基本相同,荷载及其组合等亦可参考混凝土拦渣坝。

A.抗滑稳定计算

浆砌石拦渣坝坝体抗滑稳定计算,应考虑下列三种情况:沿垫层混凝土与基岩接触面滑动;沿砌石体与垫层混凝土接触面滑动;砌石体之间的滑动。

抗剪强度指标的选取由下述两种滑动面控制:胶结材料与基岩间的接触面、砌石块与胶结材料间的接触面,取其中指标小的参数作为设计依据。前一种接触面视基岩地质地形条件,其剪切破坏面可能全部通过接触面,也可能部分通过接触面,部分通过基岩,或者可能全部通过基岩。后一种情况由于砌体砌筑不可能十分密实、胶结材料的干缩等原因,石料或胶结材料本身的抗剪强度一般大于接触面的抗剪强度,其剪切破坏面往往通过接触面;应进行沿坝身砌体水平通缝的抗滑稳定校核,此时滑动面的抗剪强度应根据剪切面上下都是砌体的试验成果确定。

B.应力计算

浆砌石拦渣坝坝体应力计算应以材料力学法为基本分析方法,计算坝基面和折坡处截面的上、下游应力,对于中、低坝,可只计算坝面应力。浆砌石拦渣坝砌体抗压强度安全系数在基本荷载组合时,应不小于3.5;在特殊荷载组合时,应不小于3.0。用材料力学法计算坝体应力时,在各种荷载(地震荷载除外)组合下,坝基面垂直正应力应小于砌石体容许压应力和地基的容许承载力;坝基面最小垂直正应力应为压应力,坝体内一般不得出现拉应力。实体重力坝应计算施工期坝体应力,其下游坝基面的垂直拉应力不大于100 kPa。

Ⅲ.碾压堆石拦渣坝稳定计算

A.坝坡稳定计算

碾压堆石拦渣坝可能受坝前堆渣体的整体滑动影响而失稳,此时的抗滑稳定验算需将拦渣坝和堆渣体看作一个整体进行验算。

对于坝坡抗滑稳定分析,由于坝上游坡被填渣覆盖,不存在滑动危险,只要保证坝体施工期间不滑塌即可,因此可不予进行稳定分析;此节内容主要针对坝下游坡(临空面)的抗滑稳定进行分析计算说明。

坝坡稳定分析计算应采用极限平衡法,当假定滑动面为圆弧面时,可采用计及条块间作用力的简化毕肖普法和不计及条块间作用力的瑞典圆弧法;当假定滑动面为任意形状时,可采用郎畏勒法、詹布法、摩根斯顿 – 普赖斯法、滑楔法。

不同计算方法的安全系数见表 7.12-19。

表 7.12-19  坝坡抗滑稳定安全系数

| 计算方法 | 荷载组合 | 坝的级别 | | | |
|---|---|---|---|---|---|
| | | 1 | 2 | 3 | 4、5 |
| 计及条块间作用力的方法 | 基本组合 | 1.50 | 1.35 | 1.30 | 1.25 |
| | 特殊组合 | 1.20 | 1.15 | 1.15 | 1.10 |
| 不计及条块间作用力的方法 | 基本组合 | 1.30 | 1.24 | 1.20 | 1.15 |
| | 特殊组合 | 1.10 | 1.06 | 1.06 | 1.01 |

**注**:表中基本组合指不考虑地震作用,特殊组合指考虑地震作用。

B. 坝的沉降、应力和变形计算

(1)坝的沉降。

坝的沉降是指在自重应力及其他外荷载作用下,坝体和坝基沿垂直方向发生的位移。对碾压堆石拦渣坝而言,其沉降主要包括由于堆石料的压缩变形而产生的坝体沉降量以及基础在坝体重力作用下的坝基沉降量,影响沉降的因素有:

①材料的物理力学性质及粒径级配。当堆石料质地坚硬、软化系数小时,能承受较大的由堆石体自重所产生的压应力,不仅可以减少堆石体在施工期内的沉降,同时可以减少运行期间堆石体材料的蠕变软化所产生的变形。堆石料粒径级配良好与否,对碾压密实度的影响很大,从而对变形的影响也很大,使用粒径级配良好的石料,碾压后密实度和变形模量较大,可相应减小施工期和运行期的位移。

②碾压密实度。对堆石料所采取的碾压方法不同,坝体密实度差异较大。用振动碾压的堆石体密实度明显提高,变形也小得多。

③坝体高度。堆石体高度愈大,坝前主动土压力和自重力愈大,引起的堆石体变形也愈大。

④地基土性质。坝基为岩基或密实的冲积层且承载力满足要求时,变形较小,否则容易沉降变形。

因此,要求在拦渣坝设计时,对石料质量、级配、碾压要求和基础处理严格按照规范设计;施工中加强施工监理和管理,确保基础处理和坝体施工严格按照设计要求进行;对于竣工后验收合格的碾压堆石拦渣坝,应加强观测,当坝顶沉降量与坝高的比值大于 1% 时,应论证是否需要采取工程防护措施。

(2)应力和变形。

对于碾压堆石拦渣坝而言,由于其规模和高度与水工碾压土石坝相比均较小,坝体失事产生的危害也相对较小,因此对于一般的碾压堆石拦渣坝而言,不需进行应力和变形验算;对于特殊要求的高坝或涉及软弱地基时,可参考水工碾压土石坝方法进行验算。

在坝体设计时,对石料质量、级配和碾压要求严格按照规范设计;施工中加强施工监理和管理,确保坝体施工严格按照设计要求进行;对于竣工后验收合格的碾压堆石拦渣坝,应加强变形观测,一旦坝体发生变形破坏,须立即论证是否需要采取工程防护措施。

C. 坝的渗透计算

（1）渗透计算。

碾压堆石拦渣坝类似于水工建筑物中的渗透堆石坝，其渗透计算方法、公式和相关参数见本教材 5.5.2 坝体稳定计算中土坝的渗流计算或参考《混凝土面板堆石坝设计规范》（DL/T 5016）中的渗透堆石坝。堆石渗透系数详见表 7.12-20。

表 7.12-20 堆石渗透系数 $k$ 值

| 石块特性 | 按形状 | 圆形的 | 圆形与棱角之间的 | 棱角的 |
|---|---|---|---|---|
| | 按组成 | 冲积的 | 冲积与开采之间的 | 开采的 |
| 孔隙率 | | 0.40 | 0.46 | 0.50 |
| 球状石块的平均直径 $d$(cm) | | \multicolumn{3}{c}{渗透系数(m/s)} | |
| 5 | | 0.15 | 0.17 | 0.19 |
| 10 | | 0.23 | 0.26 | 0.29 |
| 15 | | 0.30 | 0.33 | 0.37 |
| 20 | | 0.35 | 0.39 | 0.43 |
| 25 | | 0.39 | 0.44 | 0.49 |
| 30 | | 0.43 | 0.48 | 0.53 |
| 35 | | 0.46 | 0.52 | 0.58 |
| 40 | | 0.50 | 0.56 | 0.62 |
| 45 | | 0.53 | 0.60 | 0.66 |
| 50 | | 0.56 | 0.63 | 0.70 |

（2）渗透稳定性。

如果坝基为土层，应按照相关规范验算其渗透稳定性。各类土的允许水力坡降见表 7.12-21。

表 7.12-21 容许水力坡降

| 序号 | 坝基土种类 | 容许的 $I$ 值 |
|---|---|---|
| 1 | 大块石 | $1/3 \sim 1/4$ |
| 2 | 粗砂砾、砾石，黏土 | $1/4 \sim 1/5$ |
| 3 | 砂黏土 | $1/5 \sim 1/10$ |
| 4 | 砂 | $1/10 \sim 1/12$ |

（3）坝的渗流稳定措施。

碾压堆石拦渣坝按透水坝设计，透水要求为既要保证坝体渗流透水，又要使坝体不发生渗透破坏。

为了防止堆石坝渗流失稳，要求通过堆石的渗透流量应小于坝的临界流量，即

$$q_d = 0.8 q_k \qquad (7.12\text{-}4)$$

式中　$q_d$——渗透流量，$\mathrm{m^3/s}$；

　　　$q_k$——临界流量，临界流量与下游水深、下游坡度和石块大小有关，可参照《堆石坝设计》（陈明致，金来鍌，水利出版社，1982）中图 8-13～图 8-15 求得，$\mathrm{m^3/s}$。

为了提高堆石坝的渗流稳定，对下游坡面采取干砌石护坡、大块石码砌护坡、钢筋石笼护坡和抛石护脚等防护。

因此，要求在坝体设计时，对石料质量、级配和碾压要求严格按照规范设计；施工中加强施工监理和管理，确保坝体施工严格按照设计要求进行；对竣工后验收合格的碾压堆石拦渣坝，应加强渗透破坏观测，坝体一旦发生渗透破坏现象，应立即论证是否需要采取工程防护措施。

# 第十三节　斜坡防护工程

生产建设项目在基建过程中，开挖、回填、弃土（石、沙、渣）形成的坡面以及受工程影响的自然边坡，由于原地表植被遭损坏或者边界条件发生改变，易在风力、重力或水力等外营力侵蚀作用下产生水土流失，应采取斜坡防护工程。

斜坡防护工程一般包括削坡开级、坡面防护（工程护坡、植物护坡及综合护坡）、坡脚防护、坡面固定、滑坡整治、排水及防渗等防护措施。

## 一、设计原则

（1）生产建设项目因开挖、回填、弃土（石、沙、渣）形成的坡面以及受工程影响的自然边坡，需根据地形、地质、水文条件等因素，进行边坡稳定安全的分析计算。斜坡容许坡度和安全系数参照《水利水电工程边坡设计规范》（SL 386）执行。在边坡稳定性分析的基础上，结合行业防护要求、技术经济分析等，确定坡面防护措施类型、材料和标准。

（2）对于土（沙）质坡面或风化严重的岩石坡面，应采取坡脚防护工程，保证边坡的稳定。对于易风化岩石或泥质岩层坡面，在采用削坡开级工程确保整体稳定之后，还应采取喷锚支护工程固定坡面。对于易发生滑坡的坡面，采取削坡反压、排水防渗、抗滑、滑坡体上造林等滑坡整治工程。

（3）大型护坡工程应进行必要的勘探和试验，并采取多方案防护论证，以确定合理的护坡工程形式、结构、断面尺寸、基础处理等。

（4）护坡工程应力求与植物措施相结合，对经防护达到安全稳定要求的边坡，宜根据边坡的不同基质、立地条件等恢复林草植被。有关护坡植物工程设计详见本教材植物建设工程有关内容。

## 二、斜坡防护工程适用（对象）范围

按照斜坡地层岩性、岩（土）的物理力学指标和类似工程经验，通过稳定计算确定边坡的坡度，并根据边坡的高度和坡度等条件，采取不同的护坡工程。斜坡防护工程主要适用于以下几种：

（1）对边坡高度大于 4 m、坡比陡于 1∶1.5 的，应采取削坡开级工程。

（2）对边坡坡比小于 1∶1.5 的土质或沙质坡面，可采取植物护坡工程；对堆置物或山体不稳定处形成的高陡边坡,或坡脚遭受水流淘刷的,应采取工程护坡措施;对条件较复杂的不稳定边坡,应采取综合护坡工程。

(3)对质地松散、可能产生碎落、泻溜或塌方的坡脚,应采取坡脚防护措施。

(4)对存在安全隐患的坡面,应采取喷浆、锚固等坡面固定措施。

(5)对滑坡地段应采取滑坡治理工程。

## 三、斜坡防护工程的类型及适用条件

### (一)削坡开级

采用削坡减载治理滑坡必须注意减载后是否会引起后部产生次生滑坡,验算滑坡减载后滑面从残存滑体的薄弱部分剪出的可能性。对于一般牵引式滑坡或滑带土会松弛膨胀,经水浸湿后抗滑力急剧下降,不采用削坡减载方法。

削坡开级高度:黄土质边坡不应高于6 m,石质边坡不应高于8 m,其他土质和强风化岩质边坡不应高于5 m。需采取植物措施的,开级台阶的宽度还应结合植物配置要求确定,土质边坡不宜小于2 m,石质边坡不宜小于1.5 m。削坡坡比宜结合植物措施的型式分析确定,不应陡于1:0.75。

在坡面采取削坡开级工程时,必须布置山坡截排水沟、马道排水沟、急流槽等排水系统,以防止削坡面径流及坡面上方地表径流对坡面的冲刷。斜面截排水设计参照《水土保持综合治理　技术规范》(GB/T 16453.4)及有关规范中的规定执行。

1. 土质坡面的削坡开级

土质坡面的削坡开级主要有直线形、折线形、阶梯形、大平台形等四种形式。

(1)直线形。直线形削坡就是从上到下,整体削成同一坡度,削坡后坡度达到该类土质的稳定坡度。适用于高度小于20 m、结构紧密的均质土坡,或高度小于12 m的非均质土坡。对有松散夹层的土坡,其松散部分应采取加固措施。

(2)折线形。折线形削坡重点是削缓上部,削坡后保持上部较缓、下部较陡的折线形。适用于高12~20 m、结构比较松散的土坡,特别适用于上部结构较松散、下部结构较紧密的土坡。上下部的高度和坡比,根据土坡高度与土质情况具体分析确定,以削坡后能保证稳定安全为原则。

(3)阶梯形。阶梯形削坡就是对非稳定坡面进行开级,使之台坡相间以保证土坡稳定。它适用于高12 m以上、结构较松散,或高20 m以上、结构较紧密的均质土坡。每一阶小平台的宽度和两平台的高差,根据当地土质与暴雨径流情况具体研究确定。一般小平台宽1.5~2.0 m,两台间高差6~12 m。干旱、半干旱地区,两台间高差大些;湿润、半湿润地区,两台间高差小些。对于陡直坡面可先削坡后开级,开级后应保证土坡稳定。

(4)大平台形。大平台形是削坡开级的特殊形式,一般开在土坡中部,宽4 m以上。适用于高度大于30 m,或在Ⅷ度以上高烈度地震区的土坡。平台具体位置与尺寸,需根据地震区相关边坡技术规范对土质边坡高度的限制分析确定,并对边坡进行稳定性验算。

2. 石质坡面的削坡开级

石质坡面的削坡开级适用于坡度陡直或坡型凹凸、荷载不平衡或存在软弱夹层的非稳定坡面。除坡面石质坚硬、不易风化的外,削坡后的坡比一般缓于1:1。石质坡面削坡应留出齿槽,齿槽间距3~5 m,齿槽宽度1~2 m。在齿槽上修筑排水明沟和渗沟,一般深10~

30 cm,宽 20 ~ 50 cm。

### (二)植物护坡

植物护坡包括种草护坡、造林护坡、铺植草皮护坡、挖沟植草护坡、植生带护坡、喷播植草护坡、香根草篱护坡及藤蔓植物护坡等形式,其特点、适用条件、设计要求等参见第八章造林种草各项目设计或相关技术规范。

### (三)工程护坡

#### 1. 砌石护坡

砌石护坡有干砌石和浆砌石两种形式,可根据不同需要分别采用。

1)干砌石护坡

(1)坡面较缓(1:2.5 ~ 1:3.0)、受水流冲刷较轻的坡面,采用单层干砌块石护坡或双层干砌块石护坡。

(2)坡比小于 1:1,坡体高度小于 3 m,坡面有涌水现象时,应在护坡层下铺设 15 cm 以上厚度的碎石、粗砂或砂砾作为反滤层。封顶用平整块石砌护。

(3)干砌石护坡的坡度根据土体的结构性质而定,土质坚实的砌石坡度可陡些,反之则应缓些。一般坡比 1:2.5 ~ 1:3.0,个别可为 1:2.0。

(4)用于干砌石护坡的石料有块石、毛石等。所用石料必须质地坚硬、新鲜、完整。

(5)护坡表层、石块直径 $D$ 换算:

①考虑水流作用时:

$$D \approx (12.3 + 0.38 P_{\mathrm{md}}) \frac{v^2}{(\gamma_s - \gamma_w) \cos\alpha} \qquad (7.13\text{-}1)$$

式中    $\gamma_s$、$\gamma_w$——石料、水的容重,kg/m³;

$v$——水流行近流速,m/s;

$\alpha$——护坡坡面与水平面交角,(°);

$P_{\mathrm{md}}$——与水流流速脉动有关的试验观测值,kg/m²;砌面与水流平行或交角较小时 $P_{\mathrm{md}} = 0 ~ 50$,砌面与水流交角较大时 $P_{\mathrm{md}} = 0 ~ 80$,砌面与水流接近垂直时 $P_{\mathrm{md}} < 300$。

②考虑波浪作用时:

$$D \approx \frac{458 h_{\mathrm{B}}}{(\gamma_s - \gamma_w) \cos\alpha} \qquad (7.13\text{-}2)$$

式中    $h_{\mathrm{B}}$——设计波浪高,m;

其他符号含义同前。

2)浆砌石护坡

(1)坡比为 1:1 ~ 1:2,或坡面位于沟岸、河岸,下部可能遭受水流冲刷,且洪水冲击力强的防护地段,宜采用浆砌石护坡。

(2)浆砌石护坡由面层和起反滤作用的垫层组成。面层铺砌厚度为 25 ~ 35 cm;垫层又分单层和双层两种,单层厚 5 ~ 15 cm,双层厚 20 ~ 25 cm。原坡面如为砂、砾、卵石,可不设垫层。

(3)对长度较大的浆砌石护坡,应沿纵向每隔 10 ~ 15 m 设置一道宽约 2 cm 的伸缩缝,并用沥青、木条填塞。

(4)用于浆砌石护坡的石料有块石、毛石、粗料石等。所用石料必须质地坚硬、新鲜、完整。浆砌石的胶结材料应采用水泥砂浆或混凝土。水泥砂浆和混凝土强度等级根据不同的极限抗压强度确定。胶结材料的配合比必须满足砌体设计强度等级的要求,并采用重量比,再根据实际所用材料的试拌试验进行调整。

### 2. 混凝土护坡

混凝土护坡是在边坡坡脚可能遭受强烈洪水冲刷的陡坡段,采取混凝土(或钢筋混凝土)护坡,必要时需加锚固定。

(1)边坡为1:1.0~1:0.5、高度小于3 m的坡面,一般用混凝土砌块护坡,砌块长、宽各30~50 cm;边坡陡于1:0.5的,宜用钢筋混凝土护坡。

(2)坡面有涌水现象时,用粗砂、碎石或砂砾等设置反滤层。涌水量较大时,修筑排水盲沟。盲沟在涌水处下端水平设置,宽20~50 cm,深20~40 cm。

### 3. 喷浆护坡

喷浆护坡是在基岩裂隙小、无大崩塌的岩质边坡,采用喷浆机进行喷浆或喷混凝土护坡,以防止基岩风化剥落。若能就地取材,用可塑胶泥喷涂则较为经济,可塑胶泥也可作喷浆的垫层。注意不要在涌水和冻胀严重的坡面喷浆或喷混凝土。

(1)喷射水泥砂浆厚度为5~10 cm,喷射混凝土厚度为10~25 cm,在冻融地区喷射厚度最好在10 cm以上。在地质软弱、温差大的地区,喷射厚度应相应增厚。

(2)喷射水泥砂浆的砂石料最大粒径15 mm,水泥和砂石的重量比为1:4~1:5,水灰比0.4~0.5。速凝剂的添加量为水泥重量的3%左右。

(3)喷射混凝土时,灰砂石比$c:s:g$为1:3:1~1:5:3,水灰比为0.4~0.5。在坡面高、压送距离长的坡面上喷射时,采用易于压送的配合比标准,灰砂石比为1:4:1,水灰比用0.5。喷混凝土的力学指标为:混凝土强度等级不低于C20,抗拉强度不低于1.5 MPa(15 kg/cm$^2$),抗冻等级不低于$S_8$,喷层与岩层的黏结强度在中等以上的岩石中,不宜小于0.5 MPa(5 kg/cm$^2$)。

(4)喷浆前必须清除坡面上松动岩石、废渣、浮土、草根等杂物,填堵大缝隙、大坑洼。

(5)破碎程度较轻的坡段,可根据当地土料情况就地取材,用胶泥喷涂护坡,或用胶泥作为喷浆的垫层。

### 4. 抛石护坡

当边坡坡脚位于河(沟)岸,暴雨条件下可能遭受洪水淘刷作用时,对枯水位以下部分采取抛石护坡。抛石护坡有散抛块石、石笼抛石和草袋抛石三种形式,根据具体情况选择采用。其技术要求可参照本章"护岸护滩工程"中的有关规定执行。

### 5. 综合护坡

综合护坡技术指将植被防护技术与工程防护技术有机结合起来,实现共同防护的一种方法,通常采用浆砌片(块)石、格宾等形成框格骨架或做成护垫,然后在框格内、护垫表面植草或草灌(草和低矮灌木)。

1)砌石草皮护坡

在坡比小于1:1、高度小于4 m、坡面有涌水的坡段采用砌石草皮护坡。

(1)砌石草皮护坡有两种形式,根据具体条件分别采用:坡面下部1/2~2/3采取浆砌石护坡,上部采取草皮护坡;坡面从上到下每隔3~5 m沿等高线修一条宽30~50 cm的砌石条带,条带间的坡面种植草皮。

（2）砌石部位一般在坡面下部的涌水处或松散地层显露处,在涌水较大处设反滤层。

2）格状框条护坡

在路旁或人口聚居地的土质或沙土质坡面采用格状框条护坡。

（1）用浆砌石在坡面做成网格状。网格尺寸一般 2.0 m 见方,或将每格上部做成圆拱形;上下两层网格呈"品"字形排列。浆砌石部分宽 0.5 m 左右。

（2）在护坡现场直接浇制宽 20~40 cm、长 12 m 的混凝土或用钢筋混凝土预制构件,修成格状建筑物。为防止格状建筑物沿坡面下滑,应固定框格交叉点或在坡面深埋横向框条。

（3）在网格内种植草皮。

3）挂网喷草护坡

挂网喷草护坡是指利用活性植物并结合土工合成材料等工程材料,在坡面构建一个具有自身生长能力的防护系统,通过植物的生长对边坡进行加固的一门新技术。挂网喷草护坡不仅显著提高了边坡的整体和局部稳定性,而且有利于边坡植被的生长,同时工程造价也较低,符合边坡工程的发展方向,在我国水土保持中有很大的应用价值。主要包括边坡处理、铺设三维网、预埋、锚固、覆土、喷播、覆盖、养护管理等工艺。

（1）边坡处理。将边坡上杂石碎物清理干净,将低洼处回填夯实平整,确保坡面平顺。

（2）铺设三维网。铺设:将三维植被网沿坡面由上至下铺于坡面上,网与坡面之间保持平顺结合。

预埋:三维网铺于坡顶时需延伸 40~80 cm,埋于土中并压实。

锚固:将三维网自下而上用 6 mm 以上的 U 形钢筋固定,U 形钢筋长 15~30 cm,宽约 1 cm,U 形钢筋间距 1.5~2.5 m,中间用 8# U 形铁钉或竹钉进行辅助固定。

覆土:三维植被网铺设完毕,将泥土均匀覆盖于三维植被网上,将网包覆盖住,直至不出现空包,确保三维植被网上泥土厚度不小于 12 mm。然后将肥料、生长素、粘固剂按一定比例混合均匀,撒施于表层。

（3）喷播。覆土回填完毕,进行液压喷播。

（4）覆盖。喷播植草施工完成之后,在边坡表面覆盖无纺布,以保持坡面水分并减少降雨对种子的冲刷,促使种子生长。若温度太高,则无需覆盖,以免病虫害的发生。

（5）养护管理。

**（四）坡脚防护**

对土质疏松可能产生碎落或塌方的坡脚,应修筑挡土墙予以防护,墙型选择、断面设计、稳定性分析、基础处理等参照《开发建设项目水土保持技术规范》(GB 50433)有关规定执行。

**（五）坡面固定**

在有裂隙的、坚硬的岩质斜坡上,为了增大抗滑力或固定危岩,可用锚固法,所用材料为锚杆或预应力钢筋。

1. 锚杆支护

在节理、裂隙、层理的岩石坡面,根据岩石破坏的可能形态(局部或整体性破坏),采用局部(或对个别"危石")锚杆加固,或在整个横断面上系统锚固加固。锚杆应穿过松弱区或塑性区进入岩层或弹性区一定深度,地面用螺母固定。锚杆杆径为 16~25 mm,长 2~4 m,

间距一般不宜大于锚杆长度的1/2,对不良岩石边坡应大于1.25 m,锚杆应垂直于主结构面,当结构面不明显时,可与坡面垂直。

锚杆根据加固需要可采用预应力钢筋,将钢筋末端固定后要施加预应力,为了不把滑面以下的稳定岩体拉裂,事先要进行抗拔试验,使锚固末端达滑面以下一定深度,并且相邻锚固孔的深度不同。根据坡体稳定计算求得的所需克服的剩余下滑力来确定预应力大小和锚孔数量。

2.喷锚支护

对强度不高或完整性差的岩石坡面,当仅采用锚杆加固难以维持锚杆之间的围岩稳定时,常需采用锚杆与喷混凝土联合支护。

3.喷锚加筋(挂网)支护

对软弱、破碎岩层,如锚杆和喷混凝土所提供的支护反力不足时,还可加钢筋网,以提高喷层的整体性和强度并减少温度裂缝。钢筋网一般用Φ6~12 mm,网格尺寸为20 cm×20 cm~30 cm×30 cm,距岩面3~5 cm与锚杆焊接在一起,钢筋的喷混凝土保护层厚度不应小于5 cm。

### (六)排水及防渗

边坡的排水及防渗工程主要包括地表排水、地下排水、坡体排水和防渗处理等。

1.地表排水

地表排水系统应能满足在最大降雨强度下地表水的排泄需要,分为截水沟和排水沟两种类型。在斜坡的外围设置截水沟以阻止斜坡范围外的地表水进入坡体。在坡体范围内设置坡面排水沟,排水沟多呈树枝状布设,主沟与次沟相结合。支护结构前、分级平台和斜坡坡角处设置排水沟。

地表排水系统的设计应考虑汇水面积、最大降雨强度、地面坡度、植被情况、斜坡地层特征等因素,原则上应以最直接的导向将地表径流导离斜坡区域,从造价和维护方面考虑,设计中应尽量减少地面排水渠的数量及长度。地表截、排水沟按排水流量设计。截、排水沟分梯形或矩形断面,分混凝土现浇或块石、混凝土件砌筑等三种形式。

在坡面上一般应综合考虑布设截、排水沟,截水沟一般应与排水沟相连,并在连接处做好沉沙、防冲设施。坡面排水设计参照《水土保持综合治理　技术规范》(GB/T 16453.4)及有关规范中的规定执行。

2.地下排水

地下排水适用于排除和截断渗透水的边坡,排水系统应能保证使地下水位不超过设计验算所取用的地下水位标准。当排水管在地下水位以上时,应采取措施防止渗漏。

1)地下水渗透流量的确定

渗流计算应求出地下水水面线、等势线、渗透比降和渗流量等成果,1、2级边坡的渗流计算宜采用数值分析方法,3级及其以下级别的边坡可采用公式计算,渗流计算参数宜根据现场试验、室内试验和工程类比等方法确定,对于地质条件复杂的边坡还宜采用反演分析方法复核和修正。具体的计算详见《水利水电工程边坡设计规范》(SL 386)。

2)地下排水设计

地下排水设施的布置一般在地下水汇集或地表水向下汇集的部位,如出露的地下含水层及含裂隙水的岩层等。根据斜坡水文地质与工程地质条件,可选择排水盲沟、大口管井、水平排水管、排水截槽等,支护结构上应设泄水孔,泄水孔应优先设置于裂隙发育、渗水严重的部位或含水层的位置。

大口径管井应采用砖砌体砂浆砌筑,管井壁留有排水孔,渣体渗透水通过排水孔汇入管井,管井下接排水洞或排水盲沟进行排水。水平排水管应接近水平布设,把地下水引出,以降低坡体内静水压力从而疏干斜坡,增加坡体的稳定性。排水截槽内应回填透水性材料,透水性回填料可采用粒径为 5~40 mm 的碎石或砾石。

3. 坡体排水

常用的坡体排水措施有坡面排水孔、排水洞、垂直排水孔、排水盲沟、贴坡排水 4 种类型。具体设计按照《水利水电工程边坡设计规范》(SL 386)及有关规定执行。

1) 排水孔

排水孔仰斜角度不大,打入边坡体内的含水带排除深层地下水。

坡面排水孔设计宜采用梅花形布置,孔、排距宜不大于 3 m,孔径可为 50~100 mm,孔向宜与边坡走向正交,并倾向坡外,倾角可为 10°~15°,在岩质边坡中,孔向宜与主要发育裂隙倾向呈较大角度布置。为防止孔壁坍塌堵孔和有利于泄水,还应考虑设计反滤层。

2) 排水洞

排水洞适用于地下水埋藏较深(15~30 m)、含水层有规律、含水丰富且对边坡稳定影响大的边坡。修筑排水隧洞,一方面可截断地下水流,疏干边坡坡体,以增加其稳定性;另一方面又可避免因开挖太深而引起的施工困难。

排水洞应沿斜坡走向设置,与地下水流向基本垂直。在排水隧洞平面转折处,纵坡由陡变缓处及中间适当位置应设置检查井,其间距一般为 100~120 m。排水洞内设置排水孔,排水孔的深度、方向和孔位布置应根据裂隙发育情况、产状、地下水分布特点等确定。排水孔的孔、排距不宜大于 3 m,孔径可为 50~100 mm。设置多条排水洞时,应形成完整的排水体系。排水隧洞的断面形式:常用的有拱形(城门洞形)、鹅卵形和梯形断面三种,一般采用砖、石及混凝土衬砌。排水隧洞的断面尺寸一般不受水量的控制,主要取决于施工和养护的方便,并考虑节约投资。一般的排水隧洞断面都比较大,足以满足边坡地下水排水量的要求,详细设计可参考无压式涵洞的计算方法确定;排水隧洞的结构设计与一般隧洞相似,详细计算参考《水工隧洞设计规范》(SL 279)。

3) 盲沟

盲沟一般排除边坡浅层地下水(自地表至地表下 3 m 范围内的地下水),并与边坡地表的截排水沟相连接,达到疏干边坡浅层地下水的目的。排水盲沟内填渗水性强的粗砂、砾石、块石等,以利于排水,两侧和顶部做反滤层,盲沟与地表的截排水沟、马道排水沟相连接,将边坡浅层的地下水排入地表的截排水沟。盲沟一般沿着地下水迎水面布置,以有效拦截地下水。盲沟的断面常采用如下矩形断面(如图 7.13-1 所示,尺寸仅为示意),断面尺寸根据地下水水量来确定。

4) 贴坡排水

贴坡排水属于保护性质的排水措施,一般多用于填筑体边坡表面。

贴坡排水常用于水利水电工程中填筑坝体排水,设计可参照《碾压式土石坝设计规范》(SL 274)有关规定执行。

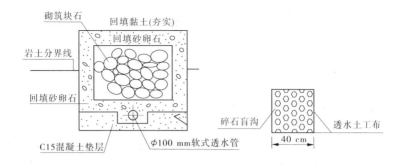

图 7.13-1　盲沟构造示意图

4. 防渗处理

地表水渗入边坡土体内,既增加了上部坡体的重量,增加了滑动力,又降低了滑动层面的抗剪强度,对边坡稳定不利。对于滑体以外地表水进行拦截、对滑体表面特别是开裂的地方用黏土封培、低洼地方用废渣填平并进行防渗,尽量减少入渗途径和入渗量是非常重要的。常见的防渗措施有截排水沟、喷射混凝土护面和帷幕灌浆等。

为了减少地表径流汇入边坡,截水沟设置在边坡开挖范围线外 5 m 以外,常用梯形或矩形断面,沟底高程和沟底比降以顺利排除拦截地表水为原则,平面上依地形而定,多呈"人"字形布设。

一般在开挖坡面喷射混凝土防护,其厚度一般为 8～15 cm。风化较为严重的部位可以采取挂网喷射混凝土的防护方法。在喷射混凝土防护区域,设置排水孔,孔距宜不大于 3 m,孔径可为 50～100 mm,孔向宜与边坡走向正交,并倾向坡外,倾角可为 10°～15°,与坡体排水相结合设计。排水孔排出的水汇集到坡面纵横向排水沟排走。

帷幕灌浆常用的布孔形式有单排帷幕孔布置、两排帷幕孔布置、多排帷幕孔布置(三排及以上),设计时,根据坝基边坡岩性、水工建筑物等级、地质勘探资料、现场试验等综合确定。排距、孔距应根据岩体的透水性、地质勘探资料、现场试验综合确定,孔距一般取 2.0 m。灌浆压力按照工程和地质情况进行分析计算并结合类似工程拟定,必要时进行灌浆试验论证,而后在施工过程中调整确定。

## 四、斜坡防护工程的稳定性分析

### (一)影响边坡稳定的因素

斜坡在自身重量及外力作用下,坡体内将产生切向应力,当切应力大于土的抗剪强度时,就会产生剪切破坏。开发建设项目基建工程中经常遇到斜坡稳定问题,如果处理不当,斜坡失稳产生滑动,不仅影响工程进展,而且可能导致工程事故甚至危及生命安全,应当引起足够重视。

影响斜坡稳定的因素很多,包括斜坡的边界条件、岩(土)质条件和外界条件等。具体因素如下:

(1)边坡坡角。坡角越小就越安全,但不经济;坡角太大,则经济而不安全。

(2)坡高。试验研究表明,其他条件相同的土坡,坡高越小,土坡越稳定。

(3)岩(土)的性质。岩(土)的物理力学性质越好,斜坡越稳定。

（4）地下水的渗透力。当土坡中存在与滑动方向一致的渗透力时,对斜坡不利。

（5）震动作用。强烈地震、工程爆破和车辆震动等,都有可能引起边坡应力的瞬时变化,对斜坡稳定性产生不利影响。

（6）施工不合理。对坡脚的不合理开挖或超挖,将使坡体的抗滑力减小。

（7）人类活动和生态环境的影响。

**（二）工程护坡的安全稳定性校核**

斜坡防护工程的稳定性校核包括边坡表层滑动稳定性分析和边坡深层滑动稳定性分析,常见的边坡稳定计算方法有瑞典圆弧滑动法、条分法、毕肖普法、泰勒图表法等,各方法的具体应用请参照相关资料和规范。目前,斜坡防护工程的稳定性校核已经有了较为成熟的计算软件,可直接利用软件进行计算,以提高设计质量。

**（三）无需稳定性校核的护坡工程**

当开挖或填筑边坡在规范规定的稳定边坡范围内时,斜坡防护工程可不进行稳定安全校核。各种土类填土边坡以及碎石土边坡的稳定坡比见表 7.13-1 和表 7.13-2。

表 7.13-1　各种土类填土边坡的稳定坡比（高度:水平距离）

| 填土高度（m） | 黏土 | 粉砂 | 细砂 | 中砂至碎石 | 风化岩屑（页岩、千枚岩等） |
|---|---|---|---|---|---|
| <6 | 1:1.5 | 1:1.75 | 1:1.75 | 1:1.5 | 1:1.5 ~ 1:1.75 |
| 6 ~ 12 | 1:1.75 | 1:2.0 | 1:2.0 | 1:1.5 | 1:1.75 ~ 1:2.0 |
| 12 ~ 18 | 1:2.0 | 1:2.5 | 1:2.0 | 1:1.75 | 1:2.0 ~ 1:2.25 |
| 20 ~ 30 | 1:2.0 | — | — | 1:2.0 | — |
| 30 ~ 40 | 1:2.0 | | | 1:2.25 | |

表 7.13-2　碎石土边坡的稳定坡比参考值（高度:水平距离）

| 土体结合密实程度 | | 边坡高度 | | |
|---|---|---|---|---|
| | | <10 m | 10 ~ 20 m | 20 ~ 30 m |
| 胶结的 | | 1:0.30 | 1:0.30 ~ 1:0.50 | 1:0.50 |
| 密实的 | | 1:0.50 | 1:0.50 ~ 1:0.75 | 1:0.75 ~ 1:1 |
| 中等密实的 | | 1:0.75 ~ 1:10 | 1:1 | 1:1.25 ~ 1:1.5 |
| 松散的 | 大多数块径 >40 cm | 1:0.50 | 1:0.75 | 1:0.75 ~ 1:1 |
| | 大多数块径 >25 cm | 1:0.75 | 1:1.00 | 1:1.00 ~ 1:1.35 |
| | 块径一般小于 25 cm | 1:1.25 | 1:1.50 | 1:1.50 ~ 1:1.75 |

## 五、滑坡整治

根据不同情况,可分别采取削坡反压、阻挡地面水、排除地下水、滑坡体上造林、抗滑桩、抗滑墙,以及几种办法相结合的措施。

### (一)削坡反压

1. 削坡

削坡一般包括滑坡后缘减载、表层滑坡体或变形体清除、削坡降低坡度、设置马道。削坡一般要和坡面防护工程及排水工程结合,对削坡后形成的裸露坡面进行及时防护。

2. 反压

反压是通过土石等材料堆填滑坡体前缘,以增加滑坡抗滑能力,提高其稳定性。反压料宜采用碎石土,碎石土中碎石含量为30%~80%,并应对碎石土进行碾压。

削坡反压一般结合进行,适用于上陡下缓的移动式滑坡。将上部陡坡挖缓,削头取土,减轻上部荷载,将其反压在下部缓坡上,控制上部向下滑动,如图7.13-2所示。

### (二)阻挡地面水、排除地下水

这种措施适用于地面和地下水较易形成滑坡主导因素的情况。首先在滑坡外缘开挖截水沟,阻挡并排除来自滑坡外围的水体,在滑坡体上修建排水沟,截集引出滑坡体地表水,同时在滑床面修建纵、横排水系统,如渗水盲沟、支撑盲沟、排水隧洞和集水井排水等排除滑坡体内的地下水,防止其进入滑动面,制止土体下滑。

### (三)滑坡体上造林

这种措施适用于滑坡体基本稳定,但由于人为挖损等仍有滑坡潜在危险的坡面。在滑坡体上种植深根性乔木和灌木,利用植物根系巩固坡面,截留降水,减少地表冲刷,同时利用植物蒸腾作用,减少地下水对滑坡的促动,如图7.13-3所示。

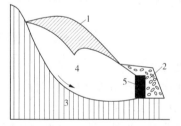

1—削土减重部位;2—卸土修堤反压;3—渗沟;
4—滑坡体;5—不透水层

图7.13-2　削坡反压

1—排水沟;2—坡面造林;3—滑坡体;
4—不透水层

图7.13-3　滑坡体上造林

### (四)抗滑桩

对建设施工区坡面两种岩层间有塑性滑动层,开挖后易引起上部剧烈滑动的,采取抗滑桩工程稳定坡面,如图7.13-4所示。

(1)抗滑桩主要适用浅层及中型非塑滑坡前沿,抗滑桩桩长宜小于35 m,对于塑流状及埋深大于25 m的深层滑坡则不宜采用。

(2)抗滑桩断面及布设密度根据作用于桩上土体特性、下滑力大小,以及施工条件等因素确定。抗滑桩间距(中对中)宜为5~10 m。抗滑桩嵌固段须嵌入滑床中,为桩长的1/3~

2/5。抗滑桩截面形状以矩形为主,截面宽度一般为 1.5~2.5 m,截面长度一般为 2.0~4.0 m。当滑坡推力方向难以确定时,应采用圆形桩。

(3)抗滑桩的埋深与下滑推力与滑床土体物理力学性质有关,应通过桩结构应力分析确定。

(4)抗滑桩可与其他措施配合使用,根据当地具体情况可在抗滑桩间加设挡土墙、支撑等建筑物。

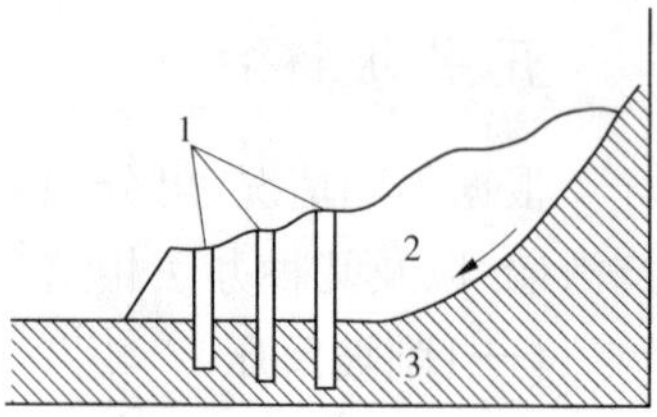

1—抗滑桩;2—滑坡体;3—不透水层

图 7.13-4  抗滑桩

**(五)抗滑墙**

抗滑墙适用于居民区、工业和厂矿区以及航运、道路建设涉及的规模小、厚度薄的滑坡阻滑治理工程。

(1)设计抗滑墙应与其他治理工程措施相配合,根据地质地形条件设计多个方案,通过技术经济分析、对比后,确定最优方案,以达到最佳工程效果。

(2)抗滑墙工程应布置在滑坡主滑地段的下部区域。当滑体长度大而厚度小时宜沿滑坡倾向设置多级挡土墙。

(3)当坡面无建筑物或其他用地,且地质和地形条件有利时,抗滑墙宜设置为向坡体上部凸出的弧形或折线形,以提高整体稳定性。

(4)抗滑墙墙高不宜超过 8 m,否则应采用特殊形式抗滑墙,或每隔 4~5 m 设置厚度不小于 0.5 m、配置适量构造钢筋的混凝土构造层。

(5)墙后填料应选透水性较强的填料,当采用黏土作为填料时,宜掺入适量的石块且夯实,密实度不小于 85%。

这是利用抗滑墙重力阻止滑体下滑的工程措施,如图 7.13-5 所示。

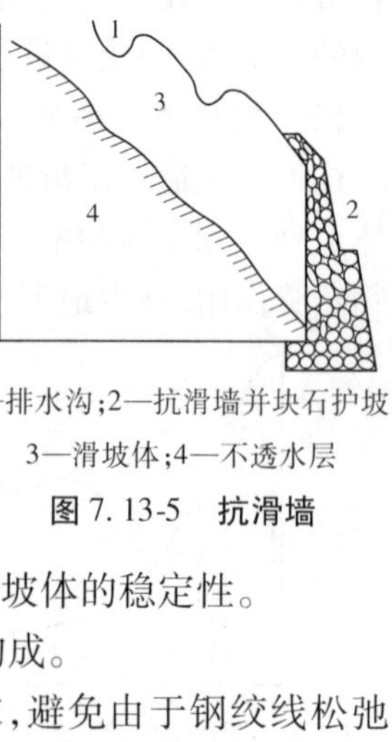

1—排水沟;2—抗滑墙并块石护坡;
3—滑坡体;4—不透水层

图 7.13-5  抗滑墙

**(六)预应力锚索**

预应力锚索是对滑坡体主动抗滑的一种技术。通过预应力的施加,增强滑带的法向应力和减少滑体下滑力,有效地增强滑坡体的稳定性。

(1)预应力锚索主要由内锚固段、张拉段和外锚固段三部分构成。

(2)预应力锚索设置必须保证达到所设计的锁定锚固力要求,避免由于钢绞线松弛而被滑坡体剪断;同时,必须保证预应力钢绞线有效防腐,避免因钢绞线锈蚀导致锚索强度降低,甚至破断。

(3)预应力锚索长度一般不超过 50 m。单束锚索设计吨位宜为 500~2 500 kN 级,不超过 3 000 kN 级。预应力锚索布置间距宜为 4~10 m。

(4)当滑坡体为堆积层或土质滑坡,预应力锚索应与钢筋混凝土梁、格构或抗滑桩组合作用。

(5)预应力锚索设计时应进行拉拔试验。

## 六、案例分析

【**案例** 7.13-1】  干砌石护坡设计。

**（一）基本情况**

某溪沟转弯河段为砂壤土,边坡坡比1:2.5,岸坡自身稳定,较密实。为季节性溪流,汛期溪沟内洪水对该岸坡进行冲刷、淘蚀,造成岸坡局部垮塌,河流流速为1.2 m/s,水流与砌面交角为22°。拟采用容重为2.0 t/m³的块石对该段岸坡进行单层干砌块石保护,请计算所需块石的直径。

**（二）干砌块石护坡设计**

根据公式进行石块直径换算(见图7.13-6)。

$$D \approx (12.3 + 0.38 P_{md}) \frac{v^2}{(\gamma_s - \gamma_w)\cos\alpha}$$

式中　$\gamma_s$——石料的密度,本例取2.0 t/m³;

　　　$\gamma_w$——水的密度,本例取1.0 t/m³;

　　　$v$——水流行近流速,本例取1.2 m/s;

　　　$\alpha$——护坡坡面与水平面交角,根据边坡坡比计算得出为21.8°;

　　　$P_{md}$——与水流流速脉动有关的试验观测值,kg/m²,砌面与水流平行或交角较小时$P_{md} = 0 \sim 50$,砌面与水流交角较大时$P_{md} = 0 \sim 80$,砌面与水流接近垂直时$P_{md} < 300$。本例交角为22°,属于砌面与水流平行或交角较小,$P_{md}$取小值10。

经计算,得出$D \approx 25$,即对该河段护坡的块石直径约为25 cm。

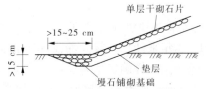

图7.13-6　干砌石护坡断面示意图

# 第十四节　防洪截排水工程

开发建设项目在基建施工和生产运行中,由于损坏地面或未妥善处理弃土、弃石、弃渣,易遭受洪水危害的,都应布设防洪排导工程。根据洪水的不同来源和危害程度,分别采取不同的防洪排导工程,主要包括拦洪坝、排洪排水工程等。

防洪排导工程设计所需基本资料主要以收集和分析为主,辅以野外查勘。其中包括气象水文资料(主要含项目区所处气候带、气候类型、气温、风、沙尘等资料,地表水系,实测暴雨洪水资料,项目所在地省、市、自治区有关暴雨洪水计算图集(册)等),地形地质资料(主要含工程场址地形图,地质勘探资料等,地下水的类型及补给来源,地下水埋深、流向和流速,泉水出露位置、类型和流量等),工程场址所在河道有关设计洪水位及其他规划设计成果,以及主体工程设计相关资料和其他有关资料。

## 一、拦洪坝设计

### （一）拦洪坝的分类

拦洪坝主要用于拦蓄弃土(石、渣)场上游来水,并导入隧洞、涵、管等放水设施,项目区上游沟道洪水较大,排洪渠(沟)不能满足洪水下泄时,应在沟道中修建拦洪坝调洪。拦洪坝的坝型主要根据山洪的规模、地质条件及当地材料等决定,可采用土坝、堆石坝、浆砌石坝和混凝土坝等型式。

### (二)拦洪坝设计

1. 坝址的选择

坝址的选择以满足拦洪效益大、工程量小和安全的要求为原则,一般应考虑以下几点:

(1)地形上要求河谷狭窄,坝轴线短,库区开阔,容量大,沟底比较平缓。

(2)坝址附近应有良好的建筑材料。

(3)坝址处地质构造稳定,两岸无疏松的坍土、滑坡体,断面完整,岸坡不大于60°。坝基应有较好的均匀性,其压缩性不宜过大。岩石要避免断层和较大裂隙,尤其要避开可能造成坝基滑动的软弱层。

(4)坝址应避开沟岔、弯道、泉眼,遇有跌水应选在跌水上游。

(5)库区淹没损失小,尽量避开村庄、耕地、交通要道和矿井等设施。

2. 水文计算与调洪演算

(1)拦洪坝的防洪标准宜与其下游渣场的设防标准相适应。

(2)设计洪水计算应符合防洪排导工程水文计算的规定。

(3)调洪演算应符合《水利工程水利计算规范》(SL 104—95)的规定,调洪过程原则上按照不大于相应防洪标准最大24 h暴雨的设计洪水。

3. 拦洪库容

(1)拦洪坝总库容包括死库容和滞洪库容两部分。死库容根据坝址以上来沙量和淤积年限综合确定,一般按上游1~3年来沙量计算。滞洪库容根据校核洪水标准、设计洪水来水量与泄水建筑物泄洪能力经调洪演算确定。

(2)坝顶高程为总库容对应坝高加上安全超高。安全超高按表7.14-1确定。

表7.14-1 安全超高经验值

(单位:m)

| 坝高 | 10~20 | >20 |
|---|---|---|
| 安全超高 | 1.0~1.5 | 1.5~2.0 |

4. 坝型选择

拦洪坝的坝型选择主要根据山洪的规模、地质条件、当地材料、施工技术、工期、造价等决定。按结构分,主要坝型有重力坝、拱坝。按建筑材料可分为砌石坝(干砌石坝和浆砌石坝)、混合坝(土石混合坝和土木混合坝)、混凝土坝等。

5. 坝体设计

(1)土坝坝体设计参照《碾压式土石坝设计规范》(SL 274、DL/T 5395),浆砌石坝坝体设计参照《砌石坝设计规范》(SL 25)执行。

(2)应力计算与稳定分析依照《碾压式土石坝设计规范》(SL 274、DL/T 5395)的有关要求及其附录提供的方法计算。碾压式土石坝应对运行期下游坝坡稳定性及上游库水位骤降时坝坡的稳定性进行验算。

6. 基础处理

(1)根据坝型、坝基的地质条件及筑坝施工方式等,采用相应的基础处理措施。

（2）土坝基础处理参照《碾压式土石坝设计规范》（SL 274、DL/T 5395），浆砌石坝基础处理参照《砌石坝设计规范》（SL 25）执行。

## 二、排洪排水工程设计

### （一）排洪排水工程的分类

排洪工程主要分为排洪渠、排洪涵洞、排洪隧洞等三类。

排洪渠主要指排洪明渠，一般采用梯形断面；按建筑材料分一般有土质排洪渠、石质衬砌排洪渠和三合土排洪渠等。项目区一侧或周边坡面有洪水危害时，应在坡面与坡脚修建排洪渠。各类场地道路以及其他地面排水，应与排洪渠衔接顺畅，形成有效的洪水排泄系统。

排洪涵洞按照洞身结构形式有管涵、拱涵、盖板涵、箱涵等几类。按建筑材料分一般有浆砌石涵洞、钢筋混凝土涵洞等几类。按水力流态分类，涵洞可分为无压力式涵洞、半压力式涵洞、压力式涵洞。按填土高度，涵洞分为明涵、暗涵，当涵洞洞顶填土高度小于 0.5 m 时称明涵，当涵洞洞顶填土高度大于或等于 0.5 m 时称暗涵。

排洪隧洞主要为排泄上游来水而穿山开挖建成的封闭式输水道。隧洞按洞内有无自由水面分为有压隧洞和无压隧洞；按流速大小分为低流速隧洞和高流速隧洞；有压隧洞按内水压力大小分为低压隧洞和高压隧洞。

当坡面或沟道洪水与道路、建筑物、弃渣场等发生交叉时，应采用排水涵洞或排水隧洞排洪。

排水工程主要包括山坡排水工程、低洼地排水工程和道路排水工程，沟、河道汇水采用排洪建筑物，坡面来水采用排水建筑物。

弃土弃渣场排水包括场外排水和场内排水，场外排水主要指河道、沟谷、弃土弃渣流域内的排水，场内排水为弃土弃渣本身含水（如疏浚工程放淤场排水）和场区坡面雨水排除。

弃渣场的排水建筑物设计应首先计算上游设计洪水及坡面洪水，按渣场布置复核渣场内和渣场外排水建筑物的排水能力、进行排水建筑物结构设计，视需要，还应进行消能设计。

### （二）排洪工程设计

1. 防洪标准

排洪工程的防洪标准应根据《水利水电工程水土保持技术规范》（SL 575）的相关要求确定。

2. 排洪渠

土质排洪渠。可不加衬砌，结构简单，取材方便，节省投资。适用于渠道比降和水流流速较小且渠道土质较密实的渠段。

衬砌排洪渠。用浆砌石或混凝土将排洪渠底部和边坡加以衬砌。适用于渠道比降和流速较大的渠段。

三合土排洪渠。排洪渠的填方部分用三合土分层填筑夯实。三合土中土、砂、石灰混合比例为 6∶3∶1。适用范围为介于前两者之间的渠段。

1）排洪渠的布置原则

排洪渠在总体布局上，应保证周边或上游洪水安全排泄，并尽可能与项目区内的排水系统结合起来。

排洪渠渠线布置宜走原有山洪沟道或河道。若天然沟道不顺直或因开发项目区规划要求,必须新辟渠线,宜选择地形平缓、地质条件较好、拆迁少的地带,并尽量保持原有沟道的引洪条件。

排洪渠道应尽量设置在开发项目区一侧或周边,避免穿绕建筑群,充分利用地形,减少护岸工程。

渠道线路宜短,减少弯道,最好将洪水引导至开发项目区下游天然沟河。

当地形坡度较大时,排洪渠应布置在地势较低的地方,当地形平坦时宜布置在汇水面的中间,以便扩大汇流范围。

2)洪峰流量的确定

一般洪峰流量根据各地水文手册中的有关参数进行水文计算。

3)排洪渠设计

排洪渠一般采用梯形断面,根据最大流量计算过水断面,按照明渠均匀流公式计算:

$$Q = \frac{AR^{\frac{2}{3}}}{n}\sqrt{i} \qquad (7.14-1)$$

式中　$Q$——需要排泄的最大流量,$m^3/s$;

　　　$R$——断面水力半径,m;

　　　$i$——排洪渠纵坡;

　　　$A$——过水断面面积,$m^2$;

　　　$n$——粗糙系数,可按照表7.14-2确定。

当排洪渠水流流速大于土壤最大允许流速时,应采用防护措施防止冲刷。防护形式和防护材料,应根据土壤性质和水流流速确定。排洪渠排水流速应小于容许不冲刷流速,按照表7.14-3和表7.14-4或参照《灌溉与排水工程设计规范》(GB 50288)综合分析确定。

表7.14-2　排洪渠壁的粗糙系数参考值($n$值)

| 排洪渠过水表面类型 | 粗糙系数 $n$ | 排洪渠过水表面类型 | 粗糙系数 $n$ |
|---|---|---|---|
| 岩质明渠 | 0.035 | 浆砌片石明渠 | 0.032 |
| 植草皮明渠($v=0.6\ m/s$) | 0.035 ~ 0.050 | 水泥混凝土明渠(抹面) | 0.015 |
| 植草皮明渠($v=1.8\ m/s$) | 0.050 ~ 0.090 | 水泥混凝土明渠(预制) | 0.012 |
| 浆砌石明渠 | 0.025 | | |

表7.14-3　明渠的最大允许流速参考值

| 明渠类别 | 允许最大流速(m/s) | 明渠类别 | 允许最大流速(m/s) |
|---|---|---|---|
| 亚砂土 | 0.8 | 黏土 | 1.2 |
| 亚黏土 | 1.0 | 草皮护坡 | 1.6 |
| 干砌片石 | 2.0 | 混凝土 | 4.0 |
| 浆砌片石 | 3.0 | | |

注:1. 明沟的最小允许流速不小于0.4 m/s,暗沟的最小允许流速不小于0.75 m/s。

2. 沟渠坡度较大,致使流速超过本表时,应在适当位置设置跌水及消力槽,但不能设于沟渠转弯处。

表7.14-4　最大允许流速的水深修正系数

| 水深 $h(\mathrm{m})$ | $h < 0.40$ | $0.40 < h \leqslant 1.00$ | $1.00 < h < 2.00$ | $h \geqslant 2.00$ |
|---|---|---|---|---|
| 修正系数 | 0.85 | 1.00 | 1.25 | 1.40 |

根据渠线、地形、地质条件以及与山洪沟连接要求等因素确定排洪渠设计纵坡。当自然纵坡大于1:20或局部高差较大时,应设置陡坡式跌水。排洪渠的纵断面设计应将地面线、渠底线、水面线、渠顶线绘制在纵断面设计图中。

排洪渠断面变化时,应采用渐变段衔接,其长度可取水面宽度变化之差的 5~20 倍。

排洪渠进出口平面布置,宜采用喇叭口或八字形导流翼墙。导流翼墙长度可取设计水深的 3~4 倍。出口底部应做好防冲、消能等设施。

渠堤顶高程按明渠均匀流公式算得水深后,再加安全超高。排洪渠的安全超高可参考表 7.14-5 确定,在弯曲段凹岸应考虑水位壅高的影响。

表 7.14-5 防洪(排洪,以防洪堤为例)建筑物安全超高参考值 (单位:m)

| 防洪堤级别 | 1 | 2 | 3 | 4 | 5 |
|---|---|---|---|---|---|
| 安全超高(m) | 1.0 | 0.9 | 0.7 | 0.6 | 0.5 |

排洪渠宜采用挖方渠道。梯形填方渠道断面,渠堤顶宽 1.5~2.5 m,内坡 1:1.5~1:1.75,外坡 1:1~1:1.5,高挖(填)方区域应通过稳定计算确定合理坡比。

排洪渠弯曲段的轴线弯曲半径按照《城市防洪工程设计规范》(GB/T 50805)的规定执行,不应小于按下式计算的最小允许半径及渠底宽度的 5 倍。当弯曲半径小于渠底宽度的 5 倍时,凹岸应采取防冲措施:

$$R_{\mathrm{min}} = 1.1 v^2 \sqrt{A} + 12 \tag{7.14-2}$$

式中   $R_{\mathrm{min}}$——渠道最小允许弯曲半径,m;

$v$——渠道中水流流速,m/s;

$A$——渠道过水断面面积,$\mathrm{m}^2$。

3. 排洪涵洞

浆砌石拱形涵洞。其底板和侧墙用浆砌块石砌筑,顶拱用浆砌粗料石砌筑。当拱上垂直荷载较大时,采用矢跨比为 1/2 的半圆拱,当拱上荷载较小时,采用矢跨比小于 1/2 的圆弧拱。

钢筋混凝土箱形涵洞。其顶板、底板及侧墙为钢筋混凝土整体框形结构,适合布置在项目区内地质条件复杂的地段,用于排除坡面和地表径流。

钢筋混凝土盖板涵洞。涵洞边墙和底板由浆砌块石砌筑,顶部用预制的钢筋混凝土板覆盖。

1) 涵洞构造

圆管涵主要由进出水口(消力设施)、管身、基础、接缝及防水层等构成。

2) 排洪涵洞的布置原则

排洪涵洞位置应符合沿线线形布设要求。当不受线形布设限制时,宜将涵洞位置选择在地形有利、地质条件良好、地基承载力较高、沟床稳定的河(沟)段上。排洪涵洞设计前应对拟布设区域进行详细的外业勘察。

3）洪峰流量的确定

涵洞排洪流量计算方法参见排洪渠的洪峰流量确定。

4）排洪涵洞设计

涵洞的孔径应根据设计洪水流量、河沟断面形态、地质和进出水口河床加固形式等条件，经水力验算确定。

无压涵洞中水流流态按明渠均匀流计算。由于边墙垂直、下部为矩形渠槽，其过水断面面积和流速按以下公式计算：

$$A = bh \tag{7.14-3}$$

$$A = Q/v \tag{7.14-4}$$

式中　$A$——过水面积，$m^2$；

　　　$Q$——最大排洪流量，$m^3/s$；

　　　$v$——水流流速，$m/s$；

　　　$b$——涵洞底宽，m；

　　　$h$——最大水深，m。

最大流速 $v$ 可选用下列公式计算：

$$v = C(Ri)^{1/2} = R^{2/3}i^{1/2}/n \tag{7.14-5}$$

式中　$R$——水力半径，m；

　　　$v$——最大流速，$m/s$；

　　　$i$——涵洞纵坡比降；

　　　$n$——涵洞糙率；

　　　$C$——谢才系数，$C = R^{1/6}/n$。

$A$ 和 $R$ 通过试算求解。

涵洞高度由最大水深 $h$ 加上不小于 0.3 m 超高确定。

当上游水位升高致使涵洞进口埋深在水面以下时，则沿整个洞身长度上全断面为水流所充满，整个洞壁上均作用有水流的内水压力，为涵洞的有压流状态。有压涵洞分自由出流和淹没出流两种。

常见的涵洞适用跨径应符合表 7.14-6 的规定。

表 7.14-6　各类涵洞适用跨径参考值　　　　　　　　　　　　（单位：m）

| 构造形式 | 适用跨径 | 构造形式 | 适用跨径 |
|---|---|---|---|
| 钢筋混凝土管涵 | 0.75、1.00、1.25、1.50、2.00 | 石盖板涵 | 0.75、1.00、1.25 |
| 钢筋混凝土盖板涵 | 1.50、2.00、2.50、 | 钢筋混凝土箱涵 | 1.50、2.00、2.50、 |
| 钢波纹管涵 | 3.00、4.00、5.00 | 拱涵 | 3.00、4.00、5.00 |

排洪涵洞的相关设计可参照《灌溉与排水渠系建筑物设计规范》（SL 482）执行。

4. 排洪隧洞

1）布置原则及水力计算

排洪隧洞的布置及水力计算可参照《水工隧洞设计规范》（SL 279）的有关内容确定。

2）排洪隧洞设计

排洪隧洞的支护与衬砌设计可参照《水工隧洞设计规范》（SL 279）进行。

隧洞的衬砌形式包括锚喷衬砌、混凝土衬砌、钢筋混凝土衬砌和预应力混凝土衬砌(机械式或灌浆式)。根据防渗要求,隧洞衬砌结构设计可分为抗裂设计、限制裂缝开展宽度设计和不限制裂缝开展宽度设计。按不同防渗要求,衬砌结构的设计原则见表7.14-7。

表 7.14-7　按防渗要求衬砌结构的设计原则

| 衬砌的防渗要求 | 计算控制条件 | 衬砌的设计原则 |
|---|---|---|
| 严格 | 衬砌结构中拉应力不应超过混凝土允许拉应力 | 抗裂设计 |
| 一般 | 衬砌结构裂缝宽度不应超过允许值 | 限制裂缝宽度设计 |
| 无 | 不计算裂缝宽度和间距,钢筋应力不应超过钢筋允许拉应力 | 不限制裂缝宽度设计 |

根据隧洞衬砌结构的不同,考虑隧洞的压力状态、围岩最小覆盖厚度、围岩分类、围岩承担内水压力的能力等四项因素,可按表7.14-8并通过工程类比选择隧洞衬砌形式。

表 7.14-8　隧洞衬砌形式选择

| 压力状态 | 设计原则 | 最小覆盖厚度要求 | 承担内水压能力 | 围岩分类 Ⅰ、Ⅱ | 围岩分类 Ⅲ | 围岩分类 Ⅳ、Ⅴ | 备注 |
|---|---|---|---|---|---|---|---|
| 无压 | 抗裂 | — | — | 钢筋混凝土并加防渗措施 | | | 研究是否采用预应力混凝土 |
| | 限裂 | — | — | 锚喷、钢筋混凝土 | | 钢筋混凝土 | |
| | 非限裂 | — | — | 不衬砌、混凝土、锚喷 | | 锚喷、钢筋混凝土 | — |
| 有压 | 抗裂 | 满足 | 具备 | 预应力混凝土、钢筋混凝土并加防渗措施 | | 预应力混凝土、钢板 | 钢筋混凝土并加防渗措施宜在低压洞使用 |
| | | | 不具备 | 预应力混凝土、钢板 | | | |
| | | 局部不满足 | — | 预应力混凝土、钢板 | | | |
| | 限裂 | 满足 | 具备 | 锚喷、钢筋混凝土 | | 钢筋混凝土 | 锚喷宜在低压洞使用 |
| | | | 不具备 | 钢筋混凝土 | | | |
| | | 局部不满足 | — | 钢筋混凝土、预应力混凝土 | | | |
| | 非限裂 | 满足 | 具备 | 不衬砌、混凝土、锚喷、钢筋混凝土 | | 锚喷、钢筋混凝土 | 不衬砌隧洞宜在Ⅰ、Ⅱ类围岩使用 |
| | | | 不具备 | 钢筋混凝土 | | | |
| | | 局部不满足 | — | 钢筋混凝土 | | | |

## 三、灌溉(引水)渠

### (一)布置

灌溉(引水)渠是由水源点(即泉水点、山塘或小型水库)至坡面工程开挖出的输水渠道,也可以将灌区末级渠道延伸至坡面工程。灌溉(引水)渠末端要与坡面顶部的截水沟相连,同时要与坡面内的排洪渠、蓄水工程连通,形成引蓄排灌联合运用的畅通系统。其线路应是灌溉(引水)渠应高于供水区,布置在梯田(地)顶部或中部,以利于自流灌溉。

**(二)断面尺寸**

灌溉(引水)渠断面的大小,是根据灌溉流量计算确定的,灌溉流量取决于农作物的灌溉定额和灌溉面积,水土保持坡面工程规模不大,一般能集中连片的面积为 $5 \sim 300$ hm²,相应的灌溉流量为 $0.01 \sim 0.3$ m³/s。由于设计流量小,断面尺寸也不大,为了方便施工,一般采用矩形断面,用浆砌块石建造,其断面尺寸由明渠均匀流公式计算。

在设定的条件下,计算出的渠道断面很小,一般渠底宽 $0.3 \sim 0.9$ m,渠道水深 $0.3 \sim 1.0$ m,超高 $0.1$ m。侧墙系 M7.5 浆砌块石,顶宽 $0.4$ m,底宽 $0.4 \sim 0.6$ m。渠道底板,岩基用 C15 混凝土,厚 $0.15$ m;土基用 M7.5 浆砌块石,厚 $0.3$ m。灌溉(引水)渠一般规格见表 7.14-9。

表 7.14-9　灌溉(引水)渠一般规格参考值

| 设计流量 $Q$(m³/s) | 渠道比降 $i$ | 渠底宽度 $b$(m) | 渠道高度 $h$(m) |
|---|---|---|---|
| 0.02 | 1/1 000 | 0.3 | 0.4 |
| | 1/1 500 | 0.3 | 0.45 |
| | 1/2 000 | 0.3 | 0.5 |
| 0.05 | 1/1 000 | 0.4 | 0.5 |
| | 1/1 500 | 0.4 | 0.55 |
| | 1/2 000 | 0.4 | 0.6 |
| 0.1 | 1/1 000 | 0.5 | 0.65 |
| | 1/1 500 | 0.5 | 0.75 |
| | 1/2 000 | 0.5 | 0.8 |
| 0.15 | 1/1 000 | 0.6 | 0.7 |
| | 1/1 500 | 0.6 | 0.8 |
| | 1/2 000 | 0.6 | 0.85 |
| 0.2 | 1/1 000 | 0.7 | 0.75 |
| | 1/1 500 | 0.7 | 0.8 |
| | 1/2 000 | 0.7 | 0.9 |
| 0.25 | 1/1 000 | 0.8 | 0.75 |
| | 1/1 500 | 0.8 | 0.85 |
| | 1/2 000 | 0.8 | 0.95 |
| 0.3 | 1/1 000 | 0.9 | 0.8 |
| | 1/1 500 | 0.9 | 0.9 |
| | 1/2 000 | 0.9 | 1.0 |

## 四、案例分析

**【案例 7.14-1】** 排洪工程设计。

### (一)弃渣场概况及设计条件

东南某省某抽水蓄能电站下水库附近设置一弃渣场,渣场集水面积 2.767 km²,弃渣场占地面积 28.96 hm²,占地类型主要为林地和耕地,堆渣高程 435~505 m,容渣量 450.00 万 m³,拟堆渣量 382.48 万 m³。

弃渣场地地形呈近圆形的小盆地,四周山体雄厚,植被发育,山顶高程都在 800 m 以上,西南侧有一垭口,为水流集中出口处,盆地内小冲沟发育,在盆地底部汇流为主沟,常年流水,主沟底部高程在 430.0~480.0 m,四周山坡坡度 15°~25°,局部较陡区域约 25°~35°,底部较平缓区域为 10°~15°。渣场内覆盖层厚度一般 2~3 m,底部平缓地带厚度较大,为 5~10 m,两侧山坡覆盖层较薄,渣场范围地质条件较好,场地无滑坡、泥石流等不良地质现象。

弃渣场所在地区属亚热带海洋性季风气候区,温暖湿润,雨量充沛。弃渣场所在地区多年平均气温 21.1 ℃,极端最高气温 37.6 ℃,极端最低气温 0 ℃。弃渣场所在地区多年平均年降水量 1 526.4 mm,降水主要集中在 3~9 月,约占全年的 80%。

根据降雨观测资料,弃渣场范围不同频率的 1 h、3 h、6 h、12 h 和 24 h 降水量成果见表 7.14-10。

表 7.14-10 各频率 1 h、3 h、6 h、12 h 和 24 h 降水量成果 (单位:mm)

| 时段 | 频率(%) | | | | |
|---|---|---|---|---|---|
| | 1 | 2 | 5 | 10 | 20 |
| 1 h | 119 | 110 | 96.6 | 85.8 | 74.4 |
| 3 h | 239 | 215 | 182 | 156 | 129 |
| 6 h | 345 | 306 | 254 | 213 | 172 |
| 12 h | 488 | 431 | 354 | 295 | 237 |
| 24 h | 679 | 595 | 487 | 403 | 319 |

### (二)排水渠布置

弃渣场防洪标准按照 50 年一遇设计,根据弃渣场堆渣形态、冲沟分布及周边地形情况,弃渣场上游主要汇水通过渣场后部的 1# 排水渠、左侧的 2# 排水渠排导,渣场右侧汇水通过 3# 排水渠排导,同时,为了使沟水汇入排水渠,共设置 2 座挡水坝(1#、2# 挡水坝)。

1# 排水渠首部布置 1# 挡水坝,将 1# 冲沟沟水汇入 1# 排水渠中,中部通过导流渠将 2# 冲沟汇水导排入 1# 排水渠,1# 排水渠汇水导入 3# 冲沟内,经 2# 挡水坝挡水后由 2# 排水渠排入渣场下游主沟沟道;渣场上游 1# 冲沟西侧汇水通过 3# 排水渠排导至渣场下游。

### (三)排水渠设计

经水文计算,下库弃渣场各段排水渠上游汇水对应的设计洪峰流量详见表 7.14-11。

表 7.14-11　弃渣场各段排水渠设计洪峰流量一览

| 弃渣场 | | 设计洪水 | |
|---|---|---|---|
| | | 频率 $P(\%)$ | 洪峰流量($m^3/s$) |
| 下库弃渣场 | 1#排水渠上游汇水 | 2 | 46.8 |
| | 2#排水渠上游汇水 | 2 | 93.1 |
| | 3#排水渠上游汇水 | 2 | 35.8 |

根据洪水过程,排水渠过流能力按明渠均匀流公式计算,初拟各段排水渠断面尺寸和比降等参数,根据以上公式计算弃渣场排水渠的过流能力,复核其是否满足设计洪水要求,经试算,弃渣场各段排水渠过流能力详见表 7.14-12。

表 7.14-12　弃渣场各段排水渠过流能力一览

| 弃渣场 | | 排水渠尺寸 | | 过流能力 ($m^3/s$) | 比降 | 断面形式 (坡比) |
|---|---|---|---|---|---|---|
| | | 深(m) | 底宽(m) | | | |
| 下库弃渣场 | 1#排水渠 | 3.0 | 3.0 | 47.31 | 0.015 | 矩形 |
| | 2#排水渠 | 4.0 | 4.0 | 97.12 | 0.015 | 矩形 |
| | 3#排水渠 | 3.0 | 3.0 | 37.72 | 0.01 | 梯形(1:0.5) |

下库弃渣场排水渠设计见图 7.14-1。

# 第十五节　临时防护工程

临时防护工程主要适用于项目筹建期(施工准备期)和施工期内各类施工扰动区域的水土流失防治临时性措施。临时防护工程是开发建设项目水土保持措施体系中不可缺少的重要组成部分,在整个防治方案中起着非常重要的作用。此类水土流失及产生的危害在施工结束后停止,如施工结束后仍继续存在,临时防护工程应结合永久防护工程布设。

## 一、设计原则与要求

### (一)设计原则

(1)施工建设中,临时堆土(石、渣)必须设置专门堆放地,集中堆放,并需采取拦挡、覆盖等措施。

(2)对施工开挖、剥离的表土,安排场地集中堆放,用于工程施工结束后场地的覆土利用。

(3)施工中的裸露地,在遇暴雨、大风时需布设防护措施。如裸露时间超过一个生长季节的,需要临时种草加以防护。

(4)施工临时场地、施工道路和中转料场等应统一规划,并采取临时性的防护措施,如布设临时拦挡、排水、沉沙等设施,防止施工期间的水土流失。

(5)施工中对下游及周边造成影响的,必须采取相应的防护措施。

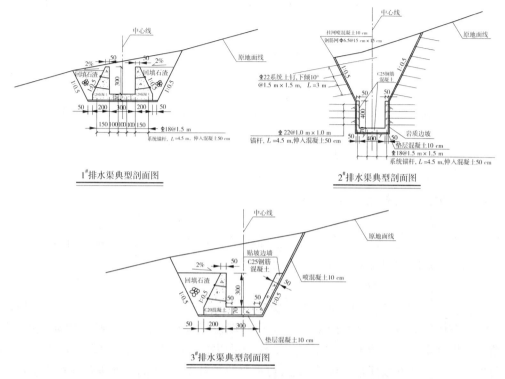

图 7.14-1 下库弃渣场排水渠典型剖面设计 （单位:cm）

(6)设置在水库淹没范围内的弃渣场,施工期间应确保渣体的稳定,并根据河道洪水情况,对坡脚和坡面采取临时防护措施。

(7)位于生态环境敏感区、脆弱区以及其他植被稀少、自然恢复困难地区的建设项目,宜将施工场地内原地表覆盖的草皮等植被集中移栽假植,并在施工结束后回植。

**(二)设计要求**

(1)围绕主体工程土建部分的施工进行设计。

(2)重点把握土石方转流各环节水土流失的特点,因害设防进行设计。

(3)按主体工程的施工工艺和施工季节有针对性地设计。

## 二、工程类型

**(一)临时工程防护措施**

临时工程防护措施主要有挡土墙、护坡、截(排)水沟等几种。临时工程防护措施不仅工程坚固、配置迅速、起效快,而且防护效果好,在一些安全性要求较高和其他临时防护措施不能及时、尽快发挥效果时,则必须采取这种防护措施。

**(二)临时植物防护措施**

临时植物防护措施主要有种树、种草或树草结合,或者种植农作物等。临时植物防护措施不仅成本低廉、配置简便,时间可长可短,而且防护效果相对好、经济效益高、使用范围广。

**(三)其他临时防护措施**

由于工程性质不同,开发建设的方式、特点也不一样,有许多时候难以配置临时植物或工程防护措施,需要因地制宜地采取其他有效的防护措施,如开挖土方的及时清运、集中堆放、平整、碾压、覆盖等。

### 三、适用范围和条件

#### (一)适用范围

(1)临时防护工程主要适用于工程项目的筹建期和基建施工期,是为防止项目在建设过程中造成的水土流失而采取的临时性防护措施。

(2)临时防护工程一般布设在项目工程的施工场地及其周边。

(3)防护的对象主要是各类施工场地的扰动面、占压区等。

#### (二)临时工程防护措施适用条件

临时工程防护措施在设计要求上标准可适当降低,但必须保证安全运行。设计时需对项目的生产特点、工艺流程、地形地貌、生产布局等情况进行详细调查,准确计算工程量,使工程措施既满足防护需要,又不盲目建设而造成浪费。

1.临时挡土(石)工程

临时挡土(石)工程一般修建在施工场地的边坡下侧,其他临时性土、石、渣堆放体及表土临时堆放体的周边等。临时挡土(石)工程的规模应根据堆料体的规模、地面坡度、降雨等情况分析确定。临时挡土(石)工程防洪标准可以根据确定的工程规模,一般水土流失临时防护工程宜采用五级建筑物设计标准,对重要防护对象,可提高至四级建筑物设计标准。

2.临时排水设施

临时排水设施可以采用排水沟(渠)、暗涵(洞)、临时土(石)方挖沟等,也可利用抽排水管,一般布置在施工场地的周边。临时排水设施的规模和标准,根据工程规模、施工场地、集水面积、降雨等情况分析确定。临时排水设施的防洪标准应根据确定的工程规模,一般不超过5年一遇。

3.沉沙池

沉沙池一般布置在挖泥和运输方便的地方,以利于清淤,其作用主要是沉积施工场地产生的泥沙。沉沙池的容量根据流域地形地质和可能产生的径流、泥沙量确定沉积泥沙的数量。

#### (三)临时植物防护措施适用条件

对裸露时间超过一个生长季节的地段,应采取临时植物防护措施。临时植物防护措施的应用较为普遍,配置方便,设计时要充分考虑地形条件、生产工艺、防护要求等,要在满足防护需要的同时,尽可能降低防护成本。

1.种植农作物

对于需要临时防护的地段,能种植农作物者尽量种植,不仅可以降低防护成本,同时可增加一定收益。种植农作物前需采取必要的土地整治措施,其种植方法可参照常规农业耕作方法。

2.临时种草

临时种草是最常见的配置方式,临时种草主要采取土地整治、播撒草籽的方式进行。具体要求参见相关的标准。

### 3.临时植树

临时植树主要针对裸露时间较长的地段,临时植树前应采取必要的土地整治,植树方式需根据树种特性和立地条件具体确定,或植苗播或播种。具体要求参见相关的标准。

#### (四)其他临时防护措施适用条件

##### 1.表面覆盖

表面覆盖是一种应用最为广泛的临时防护措施,其作用也较为明显。施工中的各类裸露地、开挖的弃土以及弃土石、建筑用砂石料的运输过程中,应采用土工布、塑料布等覆盖,风沙区部分场地也可用草、树枝等临时覆盖,避免大风或强降雨天气产生水土流失。

##### 2.平整碾压

平整碾压主要针对临时堆放的弃土弃渣,应对其采取平整碾压措施,改变弃土弃渣局部地貌,增加其紧实度,避免大风或强降雨天气产生水土流失。

## 四、案例分析

【案例7.15-1】 表土临时防护工程。

1.基本情况

某建设项目施工场地现状为耕地,在利用前需对表层耕作土进行剥离,施工结束后用于回填覆土。场地共占用农用地面积6.4 hm²,剥离厚度0.3 m,表土剥离总量约为1 920 m³。清除表层耕作土临时堆放在场地旁的平缓地,堆高约4 m。需对表层剥离土临时堆放进行防护设计。

2.表层剥离土临时防护工程设计

在堆土周边布置临时袋装土围护,围护高度1.0 m,顶宽0.5 m,内外坡均为1:1;装土袋挡墙外侧设置土质临时排水沟,采用0.4 m×0.4 m的梯形断面,坡比1:1;临时堆土表面撒播草籽加以防护,草种选择紫花苜蓿和白喜草,1:1混播,撒播密度80 kg/hm²。

表层剥离土临时防护工程设计具体见图7.15-1。

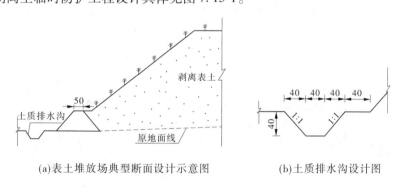

(a)表土堆放场典型断面设计示意图　　(b)土质排水沟设计图

**图7.15-1　表层剥离土临时防护工程设计**　（单位:cm）

【案例7.15-2】 中转料场临时防护工程。

1.基本情况

某高速公路位于浙江西南低山丘陵区,某隧道口设置一中转料场,对隧道开挖的石料进行中转利用,中转料场位于缓坡地。中转料场占地0.45 hm²,短时堆料共2.55万 m³,堆高约6 m。中转料场堆料堆放坡比1:2。

2.防护措施

中转料场遵循"先防护后利用"的原则,拦挡措施在中转料场启用前先修建,以防止料场利用过程中因无防护措施造成水土流失。

中转料场采用干砌石挡墙进行临时拦挡,主要设置在堆料坡脚,挡坎为梯形断面,顶宽0.5 m,高2.5 m,背坡和面坡分别为1:0.3和1:0.2,长度约300 m。

中转料场排水标准按5年一遇执行。排水沟用以排导堆料期间场地周边汇水,避免造成新的水土流失。临时排水沟末端设置沉沙池,沉沙池顺接路基临时排水沟或周边沟道水系,并外排自然水体。临时排水沟采用梯形断面,底宽0.4 m,深0.4 m,边坡比1:0.5,内壁拍实。考虑集水面积、降雨特征,末端确定为4.5 m³砖砌沉沙池。

中转料场临时防护工程设计见图7.15-2。

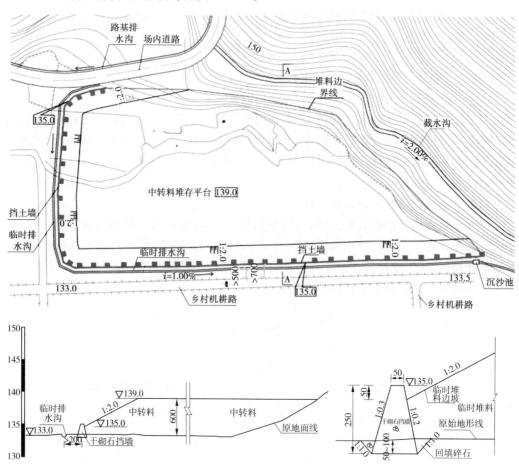

图7.15-2　中转料场临时防护工程设计　(尺寸单位:cm)

# 第八章　林草工程设计

## 第一节　林草工程设计基础

### 一、基本概念

#### (一)生态工程

**1. 林种与林种划分**

**1)林种**

森林按起源分为天然林和人工林。森林按其不同的效益或功能可划分为不同的种类，简称林种。对于人工林来说，不同林种反映不同的森林培育目的；对于天然林来说，不同林种反映不同的经营管理性质。林种在某些程度上可以看作是不同功能森林生态工程类型。林种划分只是相对的，实际上每一个树种都起着多种作用。如防护林也能生产木材，而用材林也有防护作用，这两个林种同时也可以供人们游憩。但每一林种都有一个主要作用，在培育和经营上是有区别的。

**2)林种划分**

根据《中华人民共和国森林法》(1998 年 4 月 29 日修正颁布)，一级林种划分有五大类，二级林种若干(可再分三级、四级)。

(1)防护林。以防护为主要目的的森林、林木和灌丛，包括水源涵养林，水土保持林，防风固沙林，农田、牧场防护林，护岸林及护路林等。山区、丘陵区水土保持林的进一步划分如表 8.1-1 所示。

表 8.1-1　山区、丘陵区水土保持林系

| 水土保持林种 | 林种的生产性 |
| --- | --- |
| 分水岭防护林 | 用材林、经济林 |
| 护坡林 | 用材林、经济林 |
| 梯田地坎造林 | 经济林、果树 |
| 侵蚀沟道防护林 | 用材林、饲料林、燃料林 |
| 护岸护滩林 | 用材林、经济林 |
| 石质山地沟道造林 | 用材林 |
| 山地护牧林 | 饲料林、燃料林 |
| 坡地果园(特用经济作物)的水土保持林 | 经济林 |
| 池塘水库防护林 | 用材林、经济林 |
| 山地渠道防护林 | 用材林、经济林 |
| 山地现有林(包括天然次生林) | 用材林、林特产品 |

（2）用材林。以生产木材为主要目的的森林和林木,包括以生产竹材为主要目的的竹林。

（3）经济林。以生产果品、食用油料、饮料、调料、工业原料和药材为主要目的的林木。

（4）薪炭林。以生产燃料为主要目的的林木。

（5）特种用途林。以国防、环境保护、科学实验等为主要目的的森林和林木,包括国防林、实验林、母树林、环境保护林、风景林、名胜古迹和革命纪念地的林木及自然保护区的森林。

3）生态公益林的森林主导功能林种划分

为使我国林业生态体系建设和林业分类经营走上科学化、规范化轨道,2001 年由国家林业局归口的《生态公益林建设》系列标准的相继颁布,表现出中国林业建设开始走向分类经营的发展道路。其中规定:生态公益林是以维护和改善生态环境,保持生态平衡,保护生物多样性等满足人类社会的生态、社会需求和可持续发展为主体功能,主要提供公益性、社会性产品或服务的森林、林木、林地。

生态公益林建设类型按森林的主导功能分为防护林和特种用途林(特用林)两大类,13个亚类。其中:

（1）防护林。包括:①水源涵养林,含水源地保护林、河流和源头保护林、湖库保护林、冰川雪线维护林、绿洲水源林等。②水土保持林,含护坡林、侵蚀沟防护林、林缘缓冲林、山帽林(山脊林)等。③防风固沙林,含防风林、固沙林、挡沙林、海岸防护林、红树林、珊瑚岛常绿林等。④农田牧场防护林,含农田防护林(林带、片林)、农林复合经营林、草牧场防护林等。⑤护岸护路林,含路旁林、渠旁林、护堤林、固岸林、护滩林、减波防浪林等。⑥其他防护林,含防火林、防雪林、防雾林、防烟林、护渔林等。

（2）特用林。包括:①国防林,含国境线保护林、国防设施屏蔽林等。②实验林,含科研实验林、教学实习林、科普教育林、定位观测林等。③种子林(种质资源林),含良种繁育林、种子园、母树林、子代测定林、采穗圃、采根圃、树木园、基因保存林等。④环境保护林,含城市及城郊结合部森林,工矿附近卫生防护林,厂矿、居民区与村镇绿化美化林等。⑤风景林,含风景名胜区、森林公园、度假区、滑雪场、狩猎场、城市公园、乡村公园及游览场所森林等。⑥文化纪念林,含历史与革命遗址保护林、自然与文化遗产地森林、纪念林、文化林、古树名木等森林、林木。⑦自然保存林,含自然保护区森林、自然保护小区森林、地带性顶极群落,以及珍稀、濒危动物栖息地与繁殖区,珍稀植物原生地和具有特殊价值森林等。

2. 工程与生态工程

1）工程

工程是指人类在自然科学原理的指导下,结合生产实践中所积累的技术,发展形成包括规划、可行性研究、设计、施工及运行管理等一系列可操作、能实现的技术科学的总称。工程的核心是设计,关键是自然科学原理与生产实践的结合。

2）生态工程

生态工程属于应用生态学的范畴,是应用生态学、经济学的有关理论和系统论的方法,以生态环境保护与社会经济协同发展为目的(也可以理解为可持续发展),对人工生态系统、人类社会生态环境和资源进行保护、改造、治理、调控及建设的综合工艺技术体系或综合工艺过程。

生态工程可简单地概括为生态系统的人工设计、施工和运行管理。它着眼于生态系统的整体功能与效率,而不是单一因子和单一功能的解决;强调的是资源与环境的有效开发以及外部条件的充分利用,而不是对外部高强度投入的依赖。这是因为生态工程包含着有生命的有机体,它具有自我繁殖、自我更新和自主选择有利于自己发育的环境的能力,这也是区别于一般工程如土木工程、水利工程等的实质所在。

**(二)水土保持生态工程**

水土保持生态工程是根据生态学、水土保持学及生态控制论原理,设计、建造与调控以植物为主体的人工复合生态系统的工程技术,其目的在于保护、改善与持续利用以水土资源为主体的自然资源和环境。也可以说,水土保持生态工程是在水土流失区域实施以治理水土流失、改善生态环境和农业生产条件、促进农业和农村经济发展为目标的工程措施(土木工程措施)、植物措施和耕作措施相结合的综合工艺技术体系,是在传统水土保持的基础上更加注重应用生态学的理论解决问题。

人工造林种草、基本农田建设、修建小型蓄水保土工程,以及封山育林等生态自然修复和水土保持预防与监督等综合体系的建设,都是水土保持生态工程建设的具体内容。

**【案例8.1-1】 陕北黄土丘陵侵蚀沟水土流失综合治理模式(图8.1-1)**

1. 立地条件特征

模式区位于陕西省榆林市米脂县,地貌部位在侵蚀沟沿以下,河谷川台地以上,系长期受水力切割和重力侵蚀而形成的沟道,以"V"形切沟为主。坡面支离破碎,多为急陡坡,少数地段已成为绝壁陡崖,陷穴、土柱林立,土壤瘠薄。天然草本植被零星分布,部分地段栽植有小片以刺槐、柠条为主的乔灌林木。水土流失极其严重,每逢大雨,沟头向上延伸,沟边向外扩展,其间偶尔可见因山体滑坡而形成的塌地,面积大小不等,地势比较平缓,多数已被开垦耕种。

2. 设计技术思路

主沟沟头、沟边、沟底采取工程措施或生物工程措施,沟坡采取生物措施进行综合治理,控制水土流失。

3. 技术要点及配套措施

1)工程措施

沟头防护工程:为了控制沟头前进,在距沟头基部1~2倍于沟头沟壁高度的沟底,垂直水流方向修筑编篱柳谷坊或土柳谷坊,控制洪水冲淘沟头基部。在修建编篱柳谷坊的位置,横向打两排粗8~10 cm、长1.5~2.0 m的活柳桩,入土深0.5 m,排距1.0~2.0 m,桩距0.5 m,然后用活的细柳条从桩基编篱至桩顶,最后在两篱之间填入湿土,分层夯实至篱顶。在谷坊前后栽植杞柳、紫穗槐等灌木;在修建土柳谷坊的地方,按谷坊设计规格,用湿土和粗2~3 cm、长0.7~1.2 m的活柳枝分层铺夯筑坊,然后在谷坊的迎水坡和背水坡分别插植1行粗6~8 cm、长2.0~2.5 m高杆柳,入土深0.5 m,在谷坊前后栽植灌木柳等灌木。

沟边防护工程:沿沟边留出3.0 m以上距离修筑封沟埂和排水沟。埂、沟断面根据来水面积和地形高差而定,一般封沟埂高1.0 m,顶宽0.5 m,底宽1.0 m;外坡1:0.2,内坡1:0.3;排水沟深0.7 m,底宽0.4 m,开口0.7 m,每隔一定距离留一出水口。由外向里先埂后沟布设。埂外空地栽植刺槐、紫穗槐混交林带。

沟底防护工程:本着就地取材的原则,在沟底修建编篱柳谷坊以及土石谷坊或土柳谷坊等谷坊群,谷坊断面和间距根据地形高差、沟底宽度、洪水流量、泥沙含量等因素确定,谷坊之间栽植杨、柳、芦苇、杞柳、乌柳等乔灌木混交固沟林。

2)生物措施

为了有效控制水土流失,充分发挥沟道的生产潜力,在沟头、沟边、沟底修筑防护工程的同时,在沟坡上根据不同坡度,营造不同的水保林。在人员难上的急坡地段,采取投弹方法,见缝插针地播种柠条;在陡坡地段,鱼鳞坑整地,栽植侧柏、刺槐、沙棘、柠条、紫穗槐等乔灌木混交水土保持林;在缓坡地段和小片塌地,栽植刺槐、侧柏、榆树、小叶杨等乔木水保用材林或山桃、山杏等水保经济林;宽展平缓、面积较大的塌地,可进行果农间作或建立以仁用杏、苹果、梨、桃等为主的果园。

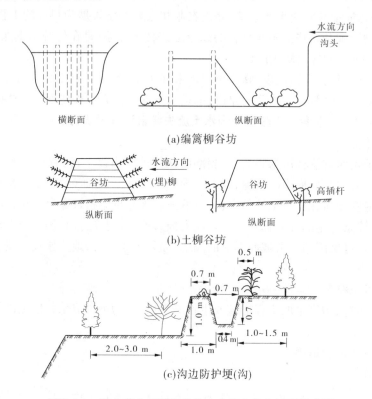

图 8.1-1  陕北黄土丘陵侵蚀沟水土流失综合治理模式图

**(三)水土保持生态工程的林草措施体系**

1.水土保持生态工程林草措施体系的内容

水土保持生态工程林草措施体系,包含于林业生态工程,是水土保持生态工程的重要组成部分,其总体目标是在某一区域(或流域)建造以林草(包括乔木、灌木、草以及与之相关的农作物、经济作物等)植物群落为主体(有时也包括畜、禽、鱼等动物)的优质的、稳定的人工复合生态系统。水土保持生态工程丰富并扩展了传统水土保持林草措施的内涵与外延。主要内容包括:

(1)林草植物群落建造工程。这是把设计的林草按一定的时间顺序或空间顺序定植或安置在复合生态系统之中。

(2)立地(或生境)改良工程。水土保持生态工程建设,一般在水土流失严重的非森林或非草地环境中建造。为了保证林草植物(包括作物)正常生长发育,必须改良当地立地条件。例如改善造林立地条件的各类蓄水整地工程、径流汇集工程及风沙区的人工沙障、防止各类侵蚀的水土保持工程、地面覆盖保墒、吸水剂应用及低湿地排水工程等。目的在于为复合生态系统的建造提供一个良好的环境条件。在一些严重退化的立地条件下,如不采用环境改良或治理工程,很难建造稳定的复合生态系统。

2. 水土保持生态工程林草措施体系构成

水土保持生态工程林草措施体系指在一个自然地理单元(或行政单元)或一个流域、水系及山脉范围内,根据当地的环境资源条件、生态经济条件、土地利用状况,以及山、水、田、林、路、渠布局和牧场等基础设施建设情况,针对影响当地生产生活条件的水土流失特点和其他主要生态环境问题,在当前技术经济条件下,人工设计建造和改良的以水土保持林草生态系统为主体的、与其他水土保持生态工程相结合的、包括农业生态工程在内的一个有机整体。也就是说,按照总体布局,人工配置水土保持林、水源涵养林、草地与牧场防护林、农田防护林及生态修复等生态工程,与原有的天然林草及水土保持工程措施有机结合,在空间配置上错落有序,生态效益和经济效益相互补充、相得益彰,从整体上形成一个因害设防、因地制宜的综合体,以达到自然、社会与经济共赢的预期目的。

【案例8.1-2】 榆林河川阶地防护林体系建设模式(图8.1-2)

1. 立地条件特征

模式区位于陕西省榆林市芹河流域,沿河流两岸分布的条带状阶地,地势平坦、宽窄不一,一般高出河床1.5~5.0 m,土壤肥沃,多数可提引河水自流灌溉,为基本农田区。邻近河岸地段遇到洪水易淹没或崩塌,系村舍集中分布区。阶地外沿紧靠不同类型的沙丘。

2. 设计技术思路

在河流两岸修堤、筑坝,营造护岸林;在川地内部结合修渠、筑路营造农田防护林带;在阶地外围沙丘上营造防风固沙林,同时对村舍进行绿化,以求达到稳定河道、保护农田、美化家园、改善生态环境、促进各业发展、增加群众收入、提高人民生活水平的目的。

3. 技术要点及配套措施

(1)河道护岸林:在河道两岸修防洪堤、筑土石坝或柳编坝的基础上,在防洪堤的迎水坡面营造护堤林,在背水坡面营造护滩林。树种以旱柳、垂柳、簸箕柳为主,采取乔灌混交方式。

(2)农田防护林:河流川道地区,人多地少,土地珍贵,风沙危害相对较轻,农田防护林宜结合渠路布设,一般栽植2~3行乔木,树种以杨、柳为主。

(3)防风固沙林:以阻沙和固沙为主,水分条件好的地方,可营造杨、沙棘、苜蓿混交林;沙地营造花棒、杨柴固沙林,迅速固定流沙。造林方式以带状混交和团块状混交为主。

(4)综合发展:耕地本着因地制宜的原则,种植农作物、经济作物或发展果木经济林。

(5)居民点绿化:居民点周围地权归村民所有,自主性强,由村民根据自己意愿,利用房前屋后及村庄周围的空闲隙地,栽植用材、经济林木或种植蔬菜、药材、花卉等。

## 二、林草工程设计基础

### (一)适地适树(草)

树种草种选择是水土保持林草措施设计的一项极为重要的工作,是工程建设成功与否

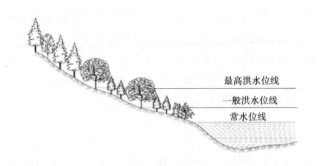

最高洪水位线
一般洪水位线
常水位线

**图8.1-2　榆林河川阶地防护林体系建设模式图**

的关键之一。树种草种选择的原则是定向培育和适地适树(草)。定向培育是人们根据社会、经济和环境的需求确定的;适地适树(草)则是林草的生物学和生态学特性与立地(生境)条件相适应。适地适树(草)是树种草种选择的最基本原则。

1. 立地类型(生境)划分

1)概念

(1)立地条件与立地类型。立地是指有林(草)和宜林(草)的地段,在农业和草业上常称为生境,在水土流失、植被稀少的地区,立地实际就是造林(种草)地。在某一立地上,凡是与林草生长发育有关的自然环境因子的综合都称为立地条件。为便于指导生产,必须对立地条件进行分析与评价,同时按一定的方法把具有相同立地条件的地段归并成类。同一类立地条件上所采取的林草培育措施及生长效果基本相近,我们把这种归并的类型称为立地条件类型,简称立地类型。立地类型划分有狭义与广义之分,狭义地讲,就是造林地的立地类型划分;广义上包括对一个区域立地的系统划分,包括立地区、立地亚区、立地小区、立地组、立地小组及立地类型等,在这个系统中立地类型是最基本的划分单元。

(2)立地因子与立地质量。

①立地因子:立地条件中的各种环境因子叫做立地因子。造林(草)地的立地因子是多样而复杂的,影响林草生长的立地因子也是多种多样的,概括起来包括三大类,即物理环境因子,含气候、地形和土壤(光、热、水、气、土壤、养分条件因子);植被因子,含植物的类型、组成、覆盖度及其生长状况等;人为活动因子。

②立地质量:在某一立地上既定林草植被类型的生产潜力称为立地质量(生境质量),它是评价立地条件好坏的重要指标。立地质量包括气候因素、土壤因素及生物因素等。立地质量评价是划分立地类型的重要依据,它可对立地的宜林宜草性或潜在的生产力进行判断或预测。

2)立地因子分析

立地条件是众多立地因子的综合反映,立地因子对立地质量评价、立地类型划分具有十分重要的作用。

(1)物理环境因子。包括以下因素:

①气候:气候是影响植被类型及其生产力的控制性因子。大气候主要决定着大范围或区域性植被的分布;小气候明显地影响种群的局部分布,是广义立地类型划分,即立地分类中大尺度划分的依据或基础。在狭义立地类型划分中不考虑气候因子。

②地形:包括海拔、坡向、坡度、坡位、坡型及小地形等,其直接影响与林草生长有关的水

热因子和土壤条件,是立地类型划分的主要依据。地形因子稳定、直观,易于调查和测定,能良好地反映着一些直接生态因子(小气候、土壤、植被等)的组合特征,比其他生态因子更容易反映林草生长的状况。如北方阳坡植被比阴坡植被生长差,低洼地植被比梁峁顶植被生长好等。

③土壤:包括土壤种类、土层厚度、土壤质地、土壤结构、土壤养分、土壤腐殖质、土壤酸碱度、土壤侵蚀度、各土壤层次的石砾含量、土壤含盐量、成土母岩和母质的种类等。土壤因子对林草生长所需的水、肥、气、热具有控制作用,它比较容易测定,综合反映性强,但土壤的直观性差,绘制立地图比较困难。在我国,除了平原地区外,一般不采用土壤单因子评价立地质量,而是结合地形因子联合评价立地质量,进行立地分类。

④水文:包括地下水深度及季节变化、地下水的矿化度及其盐分组成,有无季节性积水及其持续期等。对于平原地区的一些造林地,水文因子起着很重要的作用,而在山地的立地分类则一般不考虑地下水位问题。

(2)植被因子。植被类型及其分布综合地反映着大尺度的区域地貌和气候条件,在立地分类系统中它们主要作为大区域立地划分(立地区、立地亚区)的依据。在植被未受严重破坏的地区,植被状况特别是某些生态适应幅度窄的指示植物,可以较清楚地揭示立地小气候和土壤水肥状况,对立地质量具有指示作用。例如蕨菜生长茂盛指示立地生产力高;马尾松、茶树、映山红、油茶指示酸性土壤;披碱草、碱蓬、甘草、芦根等指示碱性土壤;碱蓬、白刺、獐毛、柽柳指示土壤呈碱性且含盐量高;黄连木、杜松、野花椒等指示土壤中钙的含量高;青檀、侧柏天然林生长地方母岩多为石灰岩;仙人掌群落指示土壤贫瘠和气候干旱等。但在我国多数地方天然植被受破坏比较严重,用指示植物评价立地相对受限制。

(3)人为活动因子。它是指人类活动影响土地利用历史与现状,从而影响立地因子。不合理的人为活动,例如超采地下水、陡坡耕种、放火烧荒及长期种植一种作物(草或树)等导致土壤侵蚀、土地退化、立地质量下降。但因人为活动因子的多变性和不易确定性,在立地分类中,只作为其他立地因子形成或变化的原因进行分析,不作为立地类型划分的因子。

3)立地质量评价

立地质量评价的方法很多,归纳起来有三类:一类是通过植被的调查和研究来评价立地质量,包括生长量指标(如蓄积量、产草量等)、立地指数法和指示植物法;第二类是通过调查和研究环境因子来评价立地质量,主要应用于无林区;第三类是用数量分析的方法评价立地质量,也就是将外业调查的各种资料用数量化方法进行处理,从而分析环境因子与林木(或草)之间的关系,然后对立地质量作出评价。最常用的评价方法是立地指数法,即以该树种在一定基准年龄时的优势木平均高或几株最高树木的平均高(也称上层高)作为评价指标。草地质量评价时多用产草量作为评价指标。

4)立地类型划分方法

立地类型划分就是把具有相近或相同生产力的立地划为一类,不同的则划为另一类;按立地类型选用树种草种,设计造林种草措施。通过自然条件的地域分异规律及立地与林草生长关系的研究,正确划分立地类型,对林草生态工程建设具有重要意义。

立地类型划分一般采用主导因子法,即在复杂的立地因子中,分析确定起决定性作用的因子——主导因子。根据主导因子分级组合来划分立地类型,一般可满足树种草种选择和制定造林种草技术措施的需要。常用的方法有按主导环境因子分级组合分类、生活因子分级组合和用立地指数来代替立地类型。对于林草植被稀少的水土流失地区,多采用主导环境因子分级组合分类,后两者适用于有林区、草原区和草地。下面以造林地立地划分为例说明,草地生境划分可参照。

(1)主导因子确定方法。主导因子的确定可以从两个方面着手:一方面是逐次分析各环境因子与植物必需的生活因子(光、热、水、气、养)之间的关系,找出对植物生长影响大的环境因子,作为主导因子;另一方面是找出植物生长的限制性因子,即处于极端状态时,有可能成为限制植物生长的环境因子,限制性因子一般多是主导因子,如干旱、严寒、强风、土壤pH 值过高或过低及土壤含盐量过大等。把这两方面结合起来,综合考虑造林地对林木生长所需的光、热、水、气、养等生活因子的作用,采用定性分析与定量分析相结合的方法确定主导因子。

(2)按主导环境因子分级组合分类划分立地类型。此方法的特点是:简单明了,易于掌握,因而在水土保持林草生态工程建设中广为应用。具体的划分方法是选择若干主导环境因子,对各因子进行分级,按因子水平组合编制成立地条件类型表,命名采用因子 + 级别(程度)的方法。下面举例说明。

【案例8.1-3】 冀北山地立地条件类型的划分(表8.1-2)

主导环境因子:海拔、坡向、土壤种类和土层厚度;环境因子分级:海拔 2 级,坡向 2 级,土层厚度 3 级。分级组合为 11 个立地条件类型。

表 8.1-2　冀北山地立地条件类型

| 编号 | 海拔(m) | 坡向 | 土壤种类及土层厚度(m) | 备注 |
|---|---|---|---|---|
| 1 | >800 | 阴坡半阴坡 | 褐色土,棕色森林土,>50 | |
| 2 | >800 | 阴坡半阴坡 | 褐色土,棕色森林土,25～50 | |
| 3 | >800 | 阳坡半阳坡 | 褐色土,棕色森林土,>50 | |
| 4 | >800 | 阳坡半阳坡 | 褐色土,棕色森林土,25～50 | |
| 5 | >800 | 不分 | 褐色土,棕色森林土,>25 | 土层下为疏松母质或含70%以上石砾 |
| 6 | <800 | 阴坡半阴坡 | 褐色土,棕色森林土,>50 | |
| 7 | <800 | 阴坡半阴坡 | 褐色土,棕色森林土,25～50 | |
| 8 | <800 | 阳坡半阳坡 | 褐色土,棕色森林土,>50 | |
| 9 | <800 | 阳坡半阳坡 | 褐色土,棕色森林土,25～50 | |
| 10 | <800 | 不分 | 褐色土,棕色森林土,>25 | 土层下为疏松母质或含70%以上石砾 |
| 11 | 不分 | 不分 | <25 及裸岩地 | 土层,下为大块岩石 |

【案例8.1-4】 晋西黄土残塬沟壑地区立地条件类型划分(表8.1-3)

主导环境因子:地形部位及坡向、1 m 土层内含水量;环境因子分级:地形部位及坡向 9级,1 m 土层内含水量 8 级。分级组合为 10 个立地类型。

表 8.1-3　晋西黄土残塬沟壑地区立地条件类型

| 序号 | 土壤母质 | 地形部位及坡向 | 立地类型名称 | 1 m 土层内含水量估算值(mm) | 14 龄刺槐上层高(m) |
|---|---|---|---|---|---|
| 1 | 黄土 | 塬面 | 黄土塬面 | 162.1 | 12.0 |
| 2 | | 宽梁顶 | 黄土宽梁顶 | — | 11.9 |
| 3 | | (梁峁)阴坡 | 黄土阴坡 | 168.69 ~ 182.76 | 11.9 |
| 4 | | (梁峁)阳坡 | 黄土阳坡 | 119.80 ~ 133.97 | 10.5 |
| 5 | | 侵蚀沟阴坡 | 黄土阴沟坡 | 151.21 | 10.96 |
| 6 | | 侵蚀沟阳坡 | 黄土阳沟坡 | 102.42 | 9.8 |
| 7 | | 沟底塌积坡 | 沟底黄土塌积坡 | 209.31 ~ 218.75 | — |
| 8 | | 沟坝川滩坡 | 黄土沟坝川滩坡 | 319.41 | 15.2 |
| 9 | | 梁顶冲风口 | 黄土梁顶冲风口 | — | 丛枝状 |
| 10 | | 崖坡 | 红黏土崖坡 | — | 7.9 |

【案例 8.1-5】　杉木中带东区湘东区幕阜山地亚区立地条件类型划分(表 8.1-4)

主导环境因子:坡位、坡形和黑土层厚度;环境因子分级:坡位 3 级,坡形 3 级,土层厚度 3 级。分级组合为 27 个立地类型。

表 8.1-4　杉木中带东区湘东区幕阜山地亚区立地条件类型

| 坡位 | 坡形 | 立地类型序号 | | |
|---|---|---|---|---|
| | | 薄层黑土 | 中层黑土 | 厚层黑土 |
| 上部 | 凸 | 1 | 2 | 3 |
| | 直 | 4 | 5 | 6 |
| | 凹 | 7 | 8 | 9 |
| 中部 | 凸 | 10 | 11 | 12 |
| | 直 | 13 | 14 | 15 |
| | 凹 | 16 | 17 | 18 |
| 下部 | 凸 | 19 | 20 | 21 |
| | 直 | 22 | 23 | 24 |
| | 凹 | 25 | 26 | 27 |

【案例 8.1-6】　阴山山地水土保持林草防治模式(图 8.1-3)

1. 立地条件特征

模式区位于内蒙古自治区呼和浩特市、包头市所辖大青山林区。年平均气温 3 ~ 4 ℃,极端最低气温 -34.3 ℃,无霜期 117 d。年降水量 300 ~ 400 mm,年蒸发量 2 900 mm,风力强劲,年平均大风日数为 55 ~ 60 d。地带性土壤为栗钙土,山前分布有少量冲积土。水土流失十分严重。

## 2.设计技术思路

在保护好现有山地植被的前提下,以适地适树适草为基本原则,精细整地与高质量造林相结合,进行坡面综合治理,逐步建成以水土保持林为主的防护林体系,防止水土流失,改善生态环境。

## 3.技术要点及配套措施

造林立地分类:以 30 cm 土层厚为界,区分为薄层土和中厚层土。小于 30 cm 者为薄层土,大于 30 cm 者为中厚层土。

树种选择:山地阴坡中厚层土立地类型,选用华北落叶松、油松、沙棘等树种营造水土保持林。山地阳坡薄层土立地类型,营造杜松、油松、侧柏与山杏、柠条等灌木树种的混交林。

配置形式:在阴坡中厚层土的立地条件下,乔木 5 行 1 带,林带两侧栽植沙棘,中间栽植落叶松或油松,带间种草;对于阳坡薄层土,营造灌木纯林或混交林带,两侧配置沙棘,林带间种草或保留原有植被,形成草田林带形式。

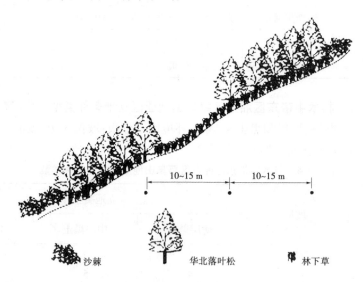

图 8.1-3　阴山山地水土保持林草防治模式图

5)规范推荐的立地类型分类方法

通常的做法就是首先按工程所处自然气候区和植被分布带,确定基本植被类型区。基本植被类型区根据气候区划和中国植被区划所确定,不同地区有不同的基本植被类型,根据《生态公益林建设导则》,可以分为以下八种:黄河上中游地区、长江上中游地区、三北风沙地区、中南华东(南方)地区、华北中原地区、东北地区、青藏高原冻融地区和东南沿海及热带地区。具体涉及地区,见表8.1-5。

工程涉及若干地域时,应先根据水热条件和主要地貌划分若干立地类型组,再划分立地类型。立地类型组宜采用海拔、土壤水分条件、土壤类型等主导因子划分;立地类型宜采用土壤质地、土壤厚度和地下水等主导因子划分,各类边坡立地类型划分主导因子中需补充坡向、坡度因子。

表 8.1-5　植被恢复与建设工程类型区域表

| 区域 | 范围 | 特点 |
|---|---|---|
| 东北地区 | 黑、吉、辽大部及内蒙古东部地区 | 以黑土、黑钙土、暗棕壤为主,地面坡度缓而长,表土疏松,极易造成水土流失,损坏耕地,降低地力。区内天然林与湿地资源分布集中,因森林过伐,湿地遭到破坏,干旱、洪涝频繁发生,甚至已威胁到工业基地和大中城市安全 |
| 三北风沙地区 | 东北西部、华北北部、西北大部的干旱地区 | 自然条件恶劣,干旱多风,植被稀少,风沙面积大;天然草场广而集中,但草地"三化"(退化、沙化、盐渍化)严重,生态十分脆弱。农村燃料、饲料、肥料、木料缺乏,生产生存条件差 |
| 黄河上中游地区 | 晋、陕、蒙、甘、宁、青、豫的大部或部分地区 | 世界上面积最大的黄土覆盖地区,因气候干旱少雨,加上过垦过牧,造成植被稀少,水土流失十分严重 |
| 华北中原地区 | 京、津、冀、鲁、豫、晋的部分地区及苏、皖的淮北地区 | 山区山高坡陡,土层浅薄,水源涵养能力低,潜在重力侵蚀地段多。黄泛区风沙土较多,极易受风蚀、水蚀危害。东部滨海地带土壤盐碱化、沙化明显 |
| 长江上中游地区 | 川、黔、滇、渝、鄂、湘、赣、青、甘、陕、豫、藏的大部或部分地区 | 大部分山高坡陡、峡险谷深,生态环境复杂多样,水资源充沛,土壤保水保土能力差,人多地少、旱地坡耕地多。因受不合理耕作、过牧和森林大量采伐影响,导致水土流失日趋严重,土壤日趋瘠薄 |
| 中南华东(南方)地区 | 闽、赣、湘、鄂、皖、苏、浙、沪、桂、粤的全部或部分地区 | 红壤广泛分布于海拔 500 m 以下的丘陵岗地,因人口稠密,森林过度砍伐,毁林毁草开垦,植被遭到破坏,水土流失加剧,泥沙下泄淤积江河湖库 |
| 东南沿海及热带地区 | 琼、粤、桂、滇、闽的全部或部分地区 | 气候炎热,雨水充沛,干湿季节明显,保存有较完整的热带雨林和热带季雨林系统。但因人多地少,毁林开荒严重,水土流失日趋严重。沿海地区处于海陆交替、气候突变地带,极易遭受台风、海啸、洪涝等自然灾害的危害 |
| 青藏高原冻融地区 | 青、藏、新大部或部分地区 | 绝大部分是海拔 3 000 m 以上的高寒地带,以冻融侵蚀为主。人口稀少,牧场广阔,东部及东南部有大片林区,自然生态系统保存完整,但天然植被一旦破坏将难以恢复 |

注:以上暂未列入台湾省、香港和澳门特别行政区,引自《生态公益林建设导则》(GB/T 18337.1—2001)。

6)生产建设项目工程扰动下的困难立地划分

生产建设项目立地类型宜按地面物质组成、覆土状况、特殊地形等主要因子划分。工程扰动土地限制性立地因子主要考虑以下几个方面:

(1)地面物质组成及其物理性状:物质组成、风化强度、粒(块、砾)径大小、透水性和透气性、堆积物的紧实度、水溶物或风化物的 pH 值。

(2)覆土状况:覆土厚度、覆土土质。

(3)特殊地形:高陡边坡(裸露、遮雨或强冲刷等)、阳侧岩壁聚光区(高温和日灼)、风口(强风和低温)、易积水湿洼地及地下水位较高等。

(4)沙化、石漠化、盐碱(渍)化和强度污染。

2．树种的特性与分布

1)生物学与生态学特性

树种在整个生命过程中,在形态和生长发育上所表现出的特点与需要的综合,称为树种生物学特性,如树木的外形、寿命长短、生长快慢、繁殖方式、萌芽及开花结实的特点等,都属其生物学特性。树种同外界环境条件相互作用中所表现出的不同要求和适应能力,称为树种的生态学特性,是树种特性的重要方面。如耐阴性、抗寒性、抗风性、耐烟性、耐淹性、耐盐性以及对土壤条件的要求等。林学上常把树种生物学特性中与生产有密切关系的部分称为林学特性。所有树种特性的形成,是以树种的遗传性质为内在基础,同时又深受外界环境影响的结果,树种特性具有一定的稳定性(但不是固定不变的)。树种的生物学特性和生态学特性是选择树种、实现适地适树的重要基础。

2)树种形态学特征

(1)树种生长类型。可分为以下4类。

①乔木:树体高大(通常 >6 m),具有明显的主干,依其高度分为伟乔木(>30 m)、大乔木(21~30 m)、中乔木(11~20 m)、小乔木(6~10 m);依其生长速度,则可分为速生树种、中生树种和慢生树种。

②灌木:树体矮小(<6 m),主干低矮或不明显。主干不明显者常称为灌丛。

③藤本:也称攀缘木本,是能缠绕或攀附他物而向上生长的木本植物,依生长特点可分为:绞杀类(具有发达的吸附根,可缠绕和绞杀被绕之树木)、吸附类(如爬山虎利用吸盘、凌霄利用吸附根向上攀登)、卷须类(如葡萄等)和蔓条类(枝上有钩刺,如蔓生蔷薇)。

④匍地类:干枝均匍地生长,与地面接触部分生长不定根以扩大占地面积,如铺地柏。

(2)其他形态学特征。包括树形、树干、枝叶、花果、根系形态等特征。根据树木形态可分为针叶树种、阔叶树种、常绿树种、落叶树种。

3)树种的生长发育特性

(1)树种根系分布深度。根据树种根系的分布深度,可将树种分为深根性树种和浅根性树种。

(2)树种寿命与生长发育规律。不同树种寿命相差很大,侧柏寿命可达2 500年以上,而有些树种寿命只有几十年。生长发育规律包括整个生命周期和某一时间段、一年的生长规律,主要包括平均生长速度(可分为慢生、中生和速生)、不同龄级(幼龄期、壮龄期、中龄期、成熟龄期、过熟龄期)、生长发育情况(生长速度、开花、挂果、盛果等)和一年中生长发展情况(发芽、展叶、开花、结果、落叶等)。

4)树种的生态学特性

树种的生态学特性对于树种选择极为重要,主要包括:

(1)树种对光的适应性。通常用树木的耐阴性,即树木忍耐庇荫和适应弱光的能力。一般分为5级,即极阴性、阴性、中性、阳性、极阳性。阴性树种或称耐阴性树种,如云杉、冷杉、紫杉、黄杨;阳性树种,如落叶松、油松、侧柏及杨等;中性树种,如华山松、五角槭及红松等,它们能耐一定程度侧方庇荫。

(2)树种对温度的抵抗性能。树种对温度的抵抗性能主要采用树种的抗寒性,即树种抵抗低温环境而继续生存的能力。根据发生机理和原理不同,树木在 $0 \sim 15$ ℃下的生存能力称为树种的抗冷性,树木在 $0$ ℃以下的生存能力则称为抗冻性。抗寒力强的树种称为抗寒性树种,如落叶松、樟子松、云杉、冷杉及山杨等;抗寒力差、喜温暖气候条件的树种称为喜温树种,如油松、槲栎、鹅耳枥及刺槐等。

(3)树种对水分的适应性。树种在干旱环境下的生存和生长能力称为树种的抗旱性;对水淹的适应能力称为耐涝性(或耐水淹性)。一般划分为旱生树种,如樟子松、侧柏、赤松、山杏、梭梭及木麻黄等;中生树种(大多数树种属此类型),如云杉、山杨、槭、红松、水曲柳、黄菠萝及胡桃楸等;湿生树种,如水松、落羽松及大青杨等;耐水淹树种,如柳、池杉等。

(4)树种对风的抵抗和适应性。此性能称为树种的抗风性,主要就抗风倒的能力而言。主根发达,木材坚韧,强风下不易发生风倒的树种称为抗风树种,如松、杨、国槐及乌柏等;而云杉、雪松及水青冈等多为浅根性,属容易风倒的树种。

(5)树种对土壤的适应性能和要求。包括很多方面,如对土壤的肥力、土壤通透性、土壤质地及土壤 pH 值等。有些树种很耐土壤瘠薄,如侧柏、臭椿及油松等;有些树种对土壤通透性要求严格,如樟子松及一些沙生植物;有些树种喜偏酸性的土壤,如油松、马尾松等;有些树种耐盐碱,如柽柳、胡杨等。

5)树种的自然分布

树种的自然分布是判定和选择树种的基础依据。树种的自然分布区反映了树种的生态结构,即环境和竞争中诸因子的综合影响效果,同时也反映出树种的生态适应能力。应查清树种中心分布区、最大分布区及临界分布区等。一般来说,距中心分布区越近,树木生长越好。

3. 草种的特性

1)草种分类

(1)依种植目的,可分为牧草、绿肥草、水土保持草及草坪草等类型。水土保持草种(兼牧草功能的草种)绝大部分是禾本科和豆科的植物,还有少量的菊科、十字花科、莎草科、紫草科及蔷薇科等的植物;绿肥草基本上是豆科,草坪草大部分是禾本科植物,有少量的非禾本科草。同一草种可以有不同的种植目的,如沙拉旺、小冠花既可为牧草,又可为绿肥草,也是优良的水土保持草种;羊茅、紫羊茅等可作为牧草,也可作为草坪草。

(2)依生长习性,可分为一年生草种,如苏丹草、栽培山黧豆;二年生草种,如白花草木樨、黄花草木樨;多年生草种,如平均寿命 $3 \sim 4$ 年的黑麦草、披碱草;还有平均寿命 $5 \sim 6$ 年的大部分禾本科、豆科草,如苇状羊茅、猫尾草、鸭茅、紫花苜蓿及白三叶等;平均寿命 10 年或更长,一般可利用 $6 \sim 8$ 年的,如无芒雀麦、草地早熟禾、紫羊茅、小糠草及野豌豆等。

(3)按植株高矮及叶量分布,可分为以下 3 类。①上繁草,植株高 $40 \sim 100$ cm 以上,生殖枝及长营养枝占优势,叶片分布均匀。如无芒雀麦、苇状羊茅、老芒麦、披碱草、羊草、紫花苜蓿、红豆草及草木樨等。②下繁草,植株矮小,高 40 cm 以下,短营养枝占优势,生殖枝不多,叶量少,不宜刈割,适于放牧用。如草地早熟禾、紫羊茅、狗牙根、白三叶、草莓三叶草及地下三叶草等。③莲座状草,根出叶形成叶簇状,没有茎生叶或很少。由于株体矮,产草量较低。如生长第一年的串叶松香草、蒲公英及车前草等。

(4)按茎枝形成(分蘖、分枝)特点,可分为以下 7 类。①根茎型草类:此类草无性繁殖能力和生存能力强,根茎每年可向外延伸 $1 \sim 1.5$ m,具有极强的保水保土能力,耐践踏,适于放牧。如无芒雀麦、草地早熟禾、羊草、芦苇、鹰嘴紫云英及蒙古岩黄芪等。②疏丛型草类：此类草形成较疏松的株丛，丛与丛间多无联系，草地易碎裂。如黑麦草、鸭茅、猫尾草、老芒麦及苇状羊茅等。③根茎—疏丛型草类：此类草形成的草地平坦，富有弹性，不易碎裂，产草量高，适于放牧，保水保土能力很强。如早熟禾、紫羊茅及看麦娘等。④密丛型草类：此类草种根较粗，侧根少，分蘖节常被死去的枝、鞘所包围而处于湿润状态，可增强抗冻能力。如芨芨草、针茅属及甘肃蒿草等。⑤匍匐茎草类：此类草种株型较矮，草皮坚实，耐践踏，产草量不高，保持水土的功能强，也适宜放牧。其中有些草种可作草坪草，如狗牙根（草坪草种）、白三叶草（草坪草种）等。⑥根蘖型草类：此类草种除用种子繁殖外，还可用根蘖繁殖，寿命长，喜疏松土壤，是极好的水土保持草种和放牧草种。如多变小冠花、黄花苜蓿、蓟、紫菀及蒙古岩黄芪等。⑦根颈丛生型草类：此类草种再生能力强，生物产量高，覆盖度高，水土保持功能很强，其中少数草种也可用作草坪草。这类草主要靠种子繁殖，也可无性繁殖。如紫花苜蓿、红三叶（可作草坪草）及沙打旺等。

（5）草坪草种一般根据植株高矮分低矮草坪草（<20 cm，如狗牙根、结缕草等）和高型草坪草（30～100 cm，如早熟禾、剪股颖及黑麦草等）；根据叶的宽度分为宽叶草坪草和细叶草坪草。

2）草种的一般特性

（1）生长迅速，见效快。草种生长迅速，分蘖、分枝能力强，茎叶繁茂，根系发达，穿透力强，生命力强，能够迅速覆盖地面，有效防止地表的面蚀和细沟侵蚀。与造林相比，由于其寿命短，根系分布浅，防止沟蚀和重力侵蚀的效益差。因此，对于荒山丘陵、地多人少的水土流失地区，种草或林草结合，生态效益与经济效益兼顾，效果好。草坪草生长迅速，绿化覆盖快，对于城市、工矿区、风景区等美化环境具有重要意义。

（2）籽粒小，收获多，繁殖系数高。牧草种子细小，收获量多，每公顷可收种子150～1 500 kg，千粒重1～2 g，1 kg种子50万～100万粒。繁衍力很高，收获1个单位面积的草籽可种20～50个单位面积。

（3）耐刈割、耐啃食、耐践踏。大部分草种刈割后可迅速生长，继续利用。有的一年可刈割利用3～5次。多年生草可利用4～5年，甚至10年以上。既可用种子有性繁殖，也可用枝条、根、茎无性繁殖，能做到一次播种数年利用。耐刈割，适宜于打草养畜和草坪修剪；耐啃食，适于放牧；耐践踏，适于作运动场草坪。

（4）牧草对光热条件的适应性很强。阳性草种叶片小而厚，叶面光滑；阴性草种叶片大而薄，常与光照成直角，有利于多接受阳光。草坪草中冷季型草耐阴性强，如细羊茅、三叶草等；暖季型草耐阴性弱，如狗牙根等。一般草种适宜生长的温度是20～35 ℃，不同草种对温度（热量）的适应性不同，如结缕草、狗牙根及象草等为喜温草种，耐热性强；羊茅、紫羊茅、黑麦草及披碱草等则耐寒性强。

（5）对土壤的适应性，分述如下。

①水分：不同的草种，需水量不同，耐旱耐湿性不同。耐旱牧草，如冰草、鹅冠草及沙蒿等；介于耐旱与喜水之间，如多年生黑麦草、鸭茅、紫花苜蓿和红三叶等；喜水牧草，如藕草、意大利黑麦草、杂三叶、白三叶、田菁及芦苇等。另外，还有水生草类，如水浮莲、茭白等。牧草需水量多少并无严格界限，许多牧草适应性很广，难以严格归类。

②土壤硬度：土壤硬度对草的生长影响较大，禾本科草对硬度的适应性比豆科要强。在

禾本科草中,对硬度的适应性也有差别。根据对草坪草的试验研究,狗牙根类、苇状羊茅类对硬度的适应性最强,剪股颖类适应性较差。

③土壤养分:豆科类草耐瘠薄;禾本科草类亦有一定的耐瘠薄性,如结缕草类、羊茅类就有较强的耐瘠薄性。

④土壤 pH 值:在酸性土壤上能良好生长的有结缕草类、假俭草、近缘地毯草、百喜草和糖蜜草等;狗牙根类和小糠草等有一定的适应性;草地早熟禾耐酸性最差。耐碱性最强的草类有野牛草、黑麦草等;耐碱性一般的有假俭草、芨芨草、芦苇等;狗牙根则较弱;近缘地毯草耐碱性最差。牧草和水土保持草种,以沙打旺、披碱草、草木樨及苜蓿等耐碱性强;紫花苜蓿、苇状羊茅、红三叶及苔子等则对酸性土壤适应性强。此外,还有耐沙草类,如沙蒿、沙打旺等。耐盐量草类,如芦苇(耐盐量可达 1% ~2% )。

4.适地适树(草)

1)概念

适地适树(草)就是使造林树种(或种植草种)的特性,主要是生态学特性与立地(生境条件)相适应,以充分发挥生态、经济或生产潜力,达到该立地(生境条件)在当前技术经济条件下可能达到的最佳水平,是造林种草工作的一项基本原则。随着林草业生产的发展,适地适树(草)概念中的树不仅仅指树种,也指品种(如杨、柳及刺槐等)、无性系、地理种源和生态类型。草也不仅仅指草种,也指品种。

适地适树是相对的和动态的。不同树种、草种有不同的特性,同一树种、草种在不同地区,其特性表现也有差异。在同一地区,同一树种、草种不同的发育时期对环境的适应性也不同。适地适树不仅要体现在选择树种上,而且要贯彻在林草培育的全过程。在其生长发育过程中要不断地加以调整,如松土、扩穴和除草(杂草),以改善环境条件,修枝抚育或修剪,以调整种间和种内关系。而这些措施又受一定的社会经济条件的制约。

2)适地适树的途径和方法

适地适树的途径有三条:一是选地适树和选树适地,这是适地适树的主要途径;二是改地适树;三是改树适地。

选地适树,就是根据当地的气候土壤条件确定了主栽树种或拟发展的造林树种后,选择适合的造林地;而选树适地是在造林地确定了以后,根据其立地条件选择适合的造林树种。

改地适树,就是通过整地、施肥、灌溉、树种混交及土壤管理等措施改变造林地的生长环境,使之适合于原来不太适应的树种生长。如通过排灌洗盐,降低土壤的盐碱度,使一些不太抗盐的速生杨树品种在盐碱地上顺利生长;通过高台整地减少积水,或排除土壤中过多的水分,使一些不太耐水湿的树种可以在水湿地上顺利生长;通过种植刺槐等固氮改土树种增加土壤肥力,使一些不耐贫瘠的速生杨树品种能在贫瘠沙地上正常生长;通过与马尾松混交,使杉木有可能向较为干热的造林地区发展等。

改树适地,就是在地和树某些方面不太相适应的情况下,通过选种、引种驯化和育种等手段改变树种的某些特性使之能够相适应。如通过育种的方法,增强树种的耐寒性、耐旱性或抗盐碱的性能,以适应在高寒、干旱或盐渍化的造林地上生长。

3)适地适树(草)的评价标准

衡量是否达到适地适树的客观标准是造林目的。对于水土保持林树种来说,起码要达到成活、成林,有相对的生物学稳定性,即对间歇性灾害有一定的抗御能力。衡量适地适树的数量指标标准有立地指数、平均材积生长量和立地期望值等。

适地适草评价指标主要是产草量、生长状况、退化情况等。

**(二)树种或草种选择**

树种、草种选择涉及内容很多,本书仅作概括叙述,有关树种、草种选择详细内容请参考《生态公益建设技术规程》、《水土保持综合治理技术规范》、《中国主要树种造林技术》和《林业生态工程学——林草植被建设的理论与实践》等。

1. 树种选择

1) 树种选择的原则

树种选择的原则有四个:第一是定向的原则,即造林树种的各项性状(经济与效益性状)必须定向地符合既定的培育目标要求,达到人工造林的目的,能够获得预期的经济或生态效益;第二是适地适树的原则,即造林树种的生态习性必须与造林地的立地条件相适应,造林地的环境条件能保障树种的正常生长发育;第三是稳定性的原则,即树种形成的林分应长期稳定,能够形成稳定的林分,不会因为一些自然因子或林分生长对环境的需求增加而导致林分衰败;第四是可行性原则,即经济有利、现实可行,在种苗来源、栽培技术、经营条件及经济效益等方面都是合理可行的。

2) 树种选择的要求

不同的林草生态工程(或林种)对树种的要求不同,以下仅就水土保持林要求做出说明。

(1)适应性强,能适应不同类型水土保持林的特殊环境,如护坡林的树种要耐干旱瘠薄(如柠条、山桃、山杏、杜梨及臭椿等),沟底防护林及护岸林的树种要能耐水湿(如柳树、怪柳及沙棘等)、抗冲淘等。

(2)生长迅速,枝叶发达,树冠浓密,能形成良好的枯枝落叶层,以截拦雨滴,避免其直接冲打地面,保护地表,减少冲刷。

(3)根系发达,特别是须根发达,能笼络土壤。在表土疏松、侵蚀作用强烈的地方,应选择根蘖性强的树种(如刺槐、卫矛、火炬树等)或蔓生树种(如葛藤等)。

(4)树冠浓密,落叶丰富且易分解,具有土壤改良性能(如刺槐、沙棘、紫穗槐、胡枝子、胡颓子等),能提高土壤的保水保肥能力。

3) 树种选择方法

选择树种的程序和方法可概括为:首先按林草生态工程类型的培育目标,初步选择树种;据此,调查研究林草生态工程建设区或造林地段的立地性能,以及初选树种的生物学和生态学性状;然后按树种选择的四条原则选择树种,提出树种选择。为了得出更可靠的有关树种选择的结论,可进行树种选择的对比试验研究,在生产上需凭借树种的天然分布及生长状况、人工林的调查研究、林木培育经验等确定树种选择方案(见图8.1-4)。

在确定树种选择方案时,往往在同一立地类型上可能有几个适用树种,同一树种也可能适用于几种立地类型,应通过分析比较,将最适生、防护性能最高和经济价值最大的树种列为主要造林树种,其他树种列为次要树种。同时,要注意将针叶和阔叶、常绿和落叶及豆科和非豆科树种结合起来,以充分利用和发挥多种立地的生产潜力,并能满足生态经济方面的需要。在最后确定树种选择方案时,应把立地条件较好的造林地,优先留给经济价值高、对立地要求严的树种草种;把立地条件较差的造林地,留给适应性较强而经济价值较低的树

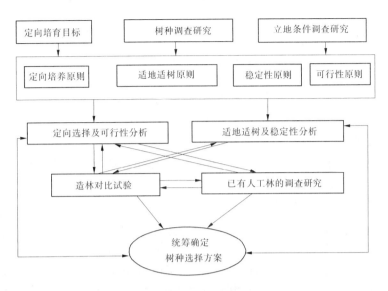

图 8.1-4 树种草种选择的理想决策程式

种。同一树种若有不同的培育目的,应分配给不同的地段。如培育大径材或培育经济林,应分配较好的造林地;若是培育薪炭林、小径材,可落实在较差的立地上;若立地贫瘠、水土流失严重,则应首先考虑水土保持灌木树种,条件稍好才能考虑水土保持乔木树种。例如,在华北平原和中原平原种植欧美杨,以生产胶合板材为目的,应选择土壤肥沃、土层深厚的造林地;营造农田防护林或纤维用材林,对造林地的条件可以适当放宽。

2. 草种选择

草种选择与树种选择相似,必须根据种草地的生境条件,主要是气候条件和土壤条件,选择适宜的草种,同时应做到生态与经济兼顾,就是说选择草种必须做到能发芽,生长、发育正常,且经济合理。如有些草种,种植初期表现好,但很快就出现退化;一些草种虽生长很好,但管理技术要求高,投入太大,这都不能算正确的草种选择。当然,草种选择也要注意其定向目标,培育牧草应选用较好的立地,培育水土保持草时可选用较差的立地。乔灌草结合时,应选择耐阴的草种。

草种选择的方法,一是调查现有草地(特别是人工草地)、草坪,获得草种生长状况的有关资料,如生物量、生长量和覆盖度等,比较分析,选择适宜的草种;二是通过试验研究,即在发展种草的地区,选择有代表性的地块,引进种植不同的草种,观察其生长情况,筛选出适宜的草种。由于草种生长周期短(树种引种周期很长),第二种方法也是经常采用的方法。

黄河中游黄土地区土壤瘠薄,气候干旱,雨量较少,冬春多风,夏季最高温度可达40 ℃,冬季最低温度为 – 30 ℃。因此,适宜种植耐寒、耐旱、耐瘠薄、抗逆性强的草种,如紫花苜蓿、草木樨、红豆草、毛叶苕子、野豌豆、沙打旺、无芒雀麦、羊茅、老芒麦及冰草等。南方地区,土壤肥力中等,气候温暖湿润,年降水量丰富,昼夜温差中等,冬季与夏季的温差比北方地区小,夏季最高温度可以高达40 ℃,冬季最低温度低于 – 10 ℃。因此,适宜种植的草种应具有中等耐寒力,适当耐旱,有一定的耐瘠薄能力,喜欢温暖湿润,有一定的抗逆能力,生长快,再生性强,产量高,割后恢复覆盖快,畜、禽、鱼爱吃或水土保持功能强,如红三叶、白三叶、紫花苜蓿、草木樨、篙藤、黑麦草、鸡脚草、苏丹草及苇状羊茅等。南方的高山地区(海拔在 800~2 000 m 高的山区),土壤肥力中等,气候温暖湿润,昼夜温差中等,冬夏温差也是中等,夏季最高温度为 28~32 ℃,冬季最低温度为 10~12 ℃,年降水量大,一般为 1 500~1 800 mm,比北方地区多了几倍。适宜的草种有红三叶、白三叶、杂三叶、多年生黑麦草、鸡脚草及苇状羊茅等。

草坪草种的选择除注重其生物学特性外,还应注意其外观形态与草姿美观、植株低矮、绿叶期长、繁殖迅速容易等要求。

3. 各地适宜栽培的水土保持树种和草种

各地适宜栽培的水土保持树种见表 8.1-6,主要水土保持灌草种见表 8.1-7,不同立地适宜水土保持草种见表 8.1-8,不同气候带适生的草坪草种见表 8.1-9。生产建设项目工程扰动土地的主要适宜树(草)种可参见表 8.1-10。

表 8.1-6　水土保持主要适宜树种

| 区域 | 主要水土保持造林树种 |
|------|------|
| 东北区 | 兴安落叶松、长白落叶松、日本落叶松、樟子松、油松、黑松、红皮云杉、鱼鳞云杉、冷杉、中东杨、群众杨、健杨、小黑杨、银中杨、旱柳、白桦、黑桦、枫桦、蒙古栎、辽东栎、槲栎、紫椴、水曲柳、黄菠萝、胡桃楸、色木、刺槐、白榆、火炬树、山杏、暴马丁香 |
| 三北区 | 兴安落叶松、樟子松、杜松、油松、云杉、侧柏、祁连圆柏、群众杨、中东杨、健杨、箭杆杨、银白杨、二白杨、胡杨、灰杨、旱柳、白榆、白蜡、槭、刺槐、大叶榆、复叶槭、臭椿、心叶饭、白榆、四翅滨藜、山杨、青杨、桦树 |
| 黄河区 | 油松、白皮松、华山松、樟子松、云杉、侧柏、旱柳、新疆杨、群众杨、河北杨、健杨、白榆、大果榆、杜梨、文冠果、槲树、茶条槭、山杏、刺槐、泡桐、臭椿、蒙椴、山杨、楸、槭、白桦、红桦、山杨、青杨、桦树、麻栎、栓皮栎、苦楝、沙兰杨、毛白杨、黄连木、山茱萸、辛夷、板栗、核桃、油桐、漆树、香椿、四翅滨藜 |
| 北方区 | 油松、赤松、华山松、云杉、冷杉、落叶松、麻栎、栓皮栎、槲栎、蒙古栎、白桦、色木、桦树、山杨、槭、椴树、柳、刺槐、槐、臭椿、泡桐、黄栌、毛白杨、青杨、沙兰杨、旱柳、漆树、盐肤木、白檀、八角枫、天女木兰、黄连木、板栗、香椿 |
| 长江区 | 马尾松、云南松、华山松、思茅松、高山松、落叶松、杉木、云杉、冷杉、柳杉、秃杉、黄杉、滇油杉、墨西哥杉、柏木、藏柏、滇柏、墨西哥柏、冲天柏、麻栎、栓皮栎、青冈栎、滇青冈、高山栎、高山栲、元江栲、樟树、桢楠、檫木、光皮桦、白桦、红桦、西南桦、枫杨、响叶杨、滇杨、意大利杨、红椿、臭椿、苦楝、旱冬瓜、桤木、榆树、朴树、旱莲、木荷、黄连木、珙桐、山毛榉、鹅掌楸、川楝、楸树、滇楸、梓木、刺槐、昆明朴、柚木、银桦、相思、女贞、铁刀木、银荆、楠竹、慈竹 |
| 南方区 | 马尾松、黄山松、华山松、油松、湿地松、火炬松、杉木、铁杉、水杉、柳杉、池杉、墨杉、墨柏、柏木、栓皮栎、茅栗、槲树、化香树、川桦、光皮桦、红桦、毛红桦、枫杨、青冈栎、刺槐、银杏、杜仲、旱柳、苦楝、樟树、朴树、白榆、楸树、侧柏、麻栎、小叶栎、檫木、小叶杨、黄连木、香樟、木荷、榉树、枫香、青冈栎、乌桕、喜树、泡桐、毛竹、刚竹、淡竹、茶杆竹、孝顺竹、凤尾竹、漆树 |
| 热带区 | 马尾松、湿地松、南亚松、黑松、木荷、红荷、枫香、藜蒴、椎、榕属、台湾相思、大叶相思、马占相思、绢毛相思、窿缘桉、赤桉、雷林一号桉、尾叶桉、巨尾桉、刚果桉、黑荆、新银合欢、夹竹桃、勒仔树、千斤拨、青皮竹、勒竹、刺竹 |

注:(1)三北区含黄河区和青藏高原区;北方区含东北区;南方区含长江区和东南沿海区。
　　(2)引自《生态公益林建设技术规程》(GB/T 18337.3—2001)附录 A。

表 8.1-7　主要水土保持灌草种

| 区域 | 主要灌木树种 | 主要草种 |
|---|---|---|
| 东北区 | 胡枝子、沙棘、小叶锦鸡儿、树锦鸡儿、柠条锦鸡儿、柽柳、小叶黄杨、辽东水蜡、紫穗槐、榆叶梅、东北连翘、紫丁香、红瑞木、卫矛、金银忍冬、越橘、杜鹃、杜香、柳叶绣线菊、杞柳、蒙古柳、兴安刺玫、刺五加、毛榛、小黄柳、茶条槭、六道木 | 苔草、小叶樟、芍药、地榆、沙参、线叶菊、针茅、野豌豆、隐子草、冷蒿、冰草、早熟禾、紫羊茅、防风、碱草、艾蒿、苜蓿、驼绒藜、鹅冠草 |
| 三北风沙地区 | 锦鸡儿、柠条、毛条、山竹子、花棒、杨柴、踏郎、黄柳、沙柳、杞柳、柽柳(红柳)、沙拐枣、梭梭、胡枝子、沙棘、沙木蓼、紫穗槐、白刺、沙冬青、沙枣、白梭梭 | 沙蒿、沙打旺、甘草、苜蓿、羊草、大针茅、鸭茅 |
| 黄河上中游地区 | 绣线菊、虎榛子、黄蔷薇、狼牙齿、柄扁桃、沙棘、胡枝子、金银忍冬、连翘、麻黄、胡颓子、多花木兰、白刺花、山楂、柠条、荆条、黄栌、六道木、金露梅、酸枣、山皂角、花椒、枸杞、紫穗槐、山杏、山桃 | 黑麦草、茅尾草、早熟禾、驼绒藜、无芒雀麦、羊草、苜蓿、黄背草、白草、龙须草、沙打旺、冬棱草、小冠花 |
| 华北中原地区 | 黄荆、胡枝子、酸枣、柽柳、杞柳、绣线菊、照山白、荆条、金露梅、杜鹃、高山柳枸杞、紫穗槐、山杏、山桃 | 蒿草、蓼、紫花针、羽柱针茅、昆仑针茅、苔草、驼绒藜、黄背草、白草、龙须草、沙打旺、冬棱草、小冠花 |
| 长江上中游地区 | 三棵针、狼牙齿、小檗、绢毛蔷薇、报春、爬柳、密枝杜鹃、山胡椒、乌药、箭竹、马桑、紫穗槐、白花刺、火棘、化香、绣线菊、月月青、车桑子、盐肤木 | 芒草、野古草、蕨、白三叶、红三叶、黑麦草、苜蓿、雀麦 |
| 中南华东(南方)地区 | 爬柳、密枝杜鹃、紫穗槐、胡枝子、夹竹桃、字字栎、枹树、茅栗、化香、白檀、海棠、野山楂、冬青、红果钓樟、绣线菊、马桑、水马桑、蔷薇、黄荆 | 香根草、芦苇、水烛、菖蒲、莲藕、芦竹、芒草、野古草 |
| 东南沿海及热带地区 | 蛇藤、米碎叶、龙须藤、小果南竹、杜鹃 | 金茅、野古草、绒毛鸭子嘴、海芋、芭蕉、蕨类 |

注:(1)三北区含黄河区和青藏高原区;北方区含东北区;南方区含长江区和东南沿海区。
　　(2)引自《生态公益林建设技术规程》(GB/T 18337.3—2001)附录 A。

表 8.1-8 不同立地适宜水土保持草种

| 气候带 | 荒山、牧坡 | 堤防坝坡、梯田坎、路肩 | 低湿地、河滩、库区 | 绿化、草坪 | 沙荒、沙地 |
|---|---|---|---|---|---|
| 热带南亚热带 | 葛藤、毛花雀稗、剑麻、百喜草、知风草、山毛豆、糖蜜草、象草、坚尼草、芭茅、大结豆、桂花草 | 百喜草、香根草、凤梨、划分藤、柱花草、黄花菜、紫黍、非洲狗尾草、岸杂狗牙根 | 香根草、双穗雀稗、杂交狗尾草、小米草、稗草、毛花雀稗、非洲狗尾草 | 百喜草、地毯草、岸杂狗牙根、台湾草、黄花菜 | 香根草、大绿豆、印尼豇豆、中巴豇豆、大翼豆、仙人掌、蝴蝶豆 |
| 中亚热带北亚热带 | 龙须草、弯叶画眉草、葛藤、坚尼草、知风草、菅草、芭茅、毛花雀稗 | 岸杂狗牙根、串叶松香草、香根草、黄花菜、芒竹、弯叶画眉草、药菊、白三叶草、牛尾草、小冠花、细叶结缕草 | 小米草、稗草、五节芒、杂交狼尾草、双穗雀稗、香根草、水蚀、芦竹、杂三叶草 | 岸杂狗牙根、黄花菜、早熟禾、小冠草、白三叶草、剪股颖、结缕草 | 香根草、大绿豆、沙引草、印尼豇豆、蔓荆、瑞蕾苜蓿、黄花菜 |
| 南温带 | 菅草、芭茅、沙打旺、龙须草、半茎冰草、弯叶画眉草、葛藤、多年生黑麦草、狗牙根 | 小冠花、药菊、黄花菜、冰草、龙须草、结缕草、菅草、地毯草、狗牙根、早熟禾、小糠草 | 芦苇、荻草、田菁、黄花菜、小米草、芭茅、冬牧70黑麦、双穗雀稗 | 结缕草、细叶苔、紫羊茅、白三叶草、地毯草、早熟禾、狗牙根、野牛草、异穗苔、不糠草、披针叶苔草 | 苜蓿、沙打旺、白草、小冠花、鸡脚草、沙毛叶苔子、草木樨、芨芨草 |
| 中温带 | 草木樨、沙打旺、苜蓿、野豌豆、羊草、红豆草、披碱草、野牛草、狗牙根、扁穗冰草、伏地肤、多年生黑麦草 | 野牛草、鹅冠草、紫羊草、马兰、白草、黄花芨芨草、沙生冰草、草地早熟禾 | 芦苇、芭茅、黄花菜、扁穗、冰草、水烛、马兰 | 冰草、红狐芽、狗牙根、地肤紫羊茅、马兰、野牛草、早熟禾 | 沙打旺、沙蒿、芨芨草、沙片、沙米、绵蓬、苜蓿、毛叶苔子、无芒雀麦、白草、披碱草 |

表 8.1-9　不同气候带适生的草坪草种

| 气候带 | 适生草坪草种 |
|---|---|
| 青藏高原带 | 草地早熟禾、羊茅、高羊茅、紫羊茅、匍匐型剪股颖、多年生黑麦草、白三叶、小冠花 |
| 寒冷半干旱带 | 草地早熟禾、紫羊茅、粗径早熟禾、加拿大早熟禾、羊茅、高羊茅、匍匐型剪股颖、多年生黑麦草、野牛草、白三叶、小冠花 |
| 寒冷潮湿带 | 草地早熟禾、紫羊茅、粗径早熟禾、加拿大早熟禾、羊茅、高羊茅、匍匐型剪股颖、多年生黑麦草、草坪型白三叶、小冠花 |
| 寒冷干旱带 | 在有水源或灌溉条件的地区与寒冷半干旱带基本相同 |
| 北过渡带 | 草地早熟禾、粗茎早熟禾、加拿大早熟禾、高羊茅、匍匐型剪股颖、绒毛剪股颖、细弱剪股颖、多年生黑麦草、小冠花、苔草、羊胡子草、野牛草、日本结缕草、中华结缕草、细叶结缕草（尚无最适生草种，必须精心管理） |
| 云南高原带 | 草地早熟禾、粗茎早熟禾、加拿大早熟禾、高羊茅、紫羊茅、细羊茅、羊茅、匍匐型剪股颖、绒毛剪股颖、细弱剪股颖、多年生黑麦草、一年生黑麦草、草坪型三叶草、小冠花、苔草、野牛草、结缕草、中华结缕草、马尼拉草、假俭草、马蹄草、狗牙根 |
| 南过渡带 | 草地早熟禾、粗茎早熟禾、多年生早熟禾、高羊茅、匍匐型剪股颖、草坪型三叶草、野牛草、结缕草、中华结缕草、细叶结缕草、尼拉草、马蹄金、狗牙根 |
| 温暖潮湿带 | 与南过渡带相似，暖季型更好，如野牛草、结缕草、马尼拉草、马蹄金、狗牙根 |
| 热带亚热带 | 结缕草、马蹄金、狗牙根、假俭草、地毯草、钝叶草、两耳草、匍匐型剪股颖 |

表 8.1-10　生产建设项目工程扰动土地主要适宜树（草）种

| 区域或植被类型区 | 耐旱 | 耐水湿 | 耐盐碱 | 沙化（北方及沿海）石漠化（西南） |
|---|---|---|---|---|
| 东北 | 辽东桤木、蒙古栎、黑桦、白榆、山杨；胡枝子、山杏、文冠果、锦鸡儿、枸杞；狗牙根、紫花苜蓿、爬山虎[a] | 兴安落叶松、偃松、红皮云杉、柳、白桦、榆树 | 青杨、樟子松、榆树、红皮云杉、红瑞木、火炬树、丁香、旱柳；紫穗槐、枸杞；芨芨草、羊草、冰草、沙打旺、紫花苜蓿、碱茅、鹅冠草、野豌豆 | 樟子松、大叶速生槐、花棒、杨柴、柠条锦鸡儿、小叶锦鸡儿；沙打旺、草木犀、芨芨草 |

| 区域或植被类型区 | 耐旱 | 耐水湿 | 耐盐碱 | 沙化(北方及沿海)<br>石漠化(西南) |
|---|---|---|---|---|
| "三北" | 侧柏、枸杞、柠条、沙棘、梭梭、柽柳、胡杨、花棒、杨柴、胡枝子、沙柳、沙拐枣、黄柳、樟子松、文冠果、沙蒿;高羊茅、野牛草、紫苜蓿、紫羊茅、黄花菜、无芒雀麦、沙米、爬山虎[a] | 柳树、柽柳、沙棘、胡杨、香椿、臭椿、旱柳 | 柽柳、旱柳、沙拐枣、银水牛果、胡杨、梭梭、柠条、紫穗槐、枸杞、白刺、沙枣、盐爪爪、四翅滨藜;芨芨草、盐蒿、芦苇、碱茅、苏丹草 | 樟子松、柠条、沙棘、沙木蓼、花棒、踏郎、梭梭霸王;沙打旺、草木犀、芨芨草 |
| 黄河流域 | 侧柏、柠条、沙棘、旱柳、柽柳、爬山虎[a] | 柳树、柽柳、沙棘、旱柳、刺柏 | 柽柳、四翅滨藜、柠条、沙棘、沙枣、盐爪爪 | 侧柏、刺槐、杨树、沙棘、柠条、柽柳、杞柳;沙打旺、草木犀 |
| 北方 | 侧柏、油松、刺槐、青杨;伏地肤、沙棘、柠条、枸杞、爬山虎[a] | 柳树、柽柳、沙棘、旱柳、构树、杜梨、垂柳、钻天杨、红皮云杉 | 柽柳、四翅滨藜、银水牛果;伏地肤、紫穗槐 | 樟子松、旱柳、荆条、紫穗槐;草木犀 |
| 长江流域 | 侧柏、马尾松、野鸭椿、白皮松、木荷、沙地柏;多变小冠花、金银花[a]、爬山虎[a] | 柳树、水杉、池杉、落羽杉、冷杉、红豆杉、芒草 | 南林 895 杨、乌桕、落羽杉、墨西哥落羽杉、中山杉;双穗雀稗、香根草、芦竹、杂三叶草 | 南林 895 杨、马尾松、云南松、干香柏、苦刺花、蔓荆;印尼豇豆 |
| 南方 | 侧柏、马尾松、黄荆、油茶、青檀、香花槐、藜蒴、桑树、杨梅;黄栀子、山毛豆、桃金娘;假俭草、百喜草、狗牙根、糖蜜草、铁线莲[a]、爬山虎[a]、五叶地锦[a]、鸡血藤[a] | 水杉、池杉、落羽杉、樟树、木麻黄、水翁、湿地松、榕树、大叶桉;铺地黎、芒草 | 木麻黄、南洋杉、柽柳、红树、椰子树、棕榈;莆状羊茅、苏丹草 | 球花石楠、干香柏、旱冬瓜、云南松、木荷、黄连木、清香木、火棘、化香、常绿假丁香、苦刺花、绛香黄檀;任豆、象草、香根草、五叶地锦[a]、常春油麻藤[a] |
| 热带 | 榆绿木、大叶相思、多花木兰、木豆、山楂、澜沧栎;假俭草、百喜草、狗牙根、糖蜜草、爬山虎[a]、五叶地锦[a] | 青梅、枫杨、水杉、喜树、长叶竹柏、长蕊木兰、长柄双花木 | 木麻黄、柽柳、红树、椰子树、棕榈 | 砂糖椰、紫花泡桐、直干桉、任豆、顶果木、枫香、柚木 |

注:"三北"指东北、华北、西北防护区所确定的区域。

　　a:攀缘植物。

(三)人工林(草)组成及配置

1. 树种组成

树种组成是指构成森林的树种成分及其所占的比例。

通常把由一种树种组成的林分叫做纯林,而把由两种或两种以上的树种组成的林分称为混交林。树种在混交林中所占比例的大小为混交比例。

混交林中的树种,依其所起的作用可分为主要树种、伴生树种和灌木树种三类。其中主要树种是人们培育的目的树种,伴生树种和灌木树种是在一定时期与主要树种生长在一起,并为其生长创造有利条件的树种。一般在造林初期,主要树种所占的比例应保持在50%以上,伴生树种或灌木应占全林分株数的25%～50%。但个别混交方法或特殊的立地条件,可以根据实际需要对混交树种所占比例适当增减。

混交类型是将主要树种、伴生树种和灌木树种人为搭配而成的不同组合,通常把混交类型划分为主要树种与主要树种混交、主要树种与伴生树种混交、主要树种与灌木树种混交及主要树种、伴生树种与灌木树种的混交。

混交方法是指参加混交的各树种在造林地上的排列形式。常用的混交方法有星状混交、株间混交、行间混交、带状混交、块状混交、不规则混交和植生组混交。

南方混交效果较好的有:杉木与马尾松、香樟、柳杉、木荷、檫树、火力楠、红椎、桢楠、香椿、南酸枣、观光木、厚朴、相思、桤木、旱冬瓜、桦木、白克木及毛竹等;马尾松与杉木、栎类、栲类(如鳞苞栲)、椆木、木荷、台湾相思、红椎(赤黎)及柠檬桉等;桉树与大叶相思、台湾相思、木麻黄、新银合欢等;毛竹与杉木、马尾松、枫香、木荷、红椎及南酸枣等。

北方混交效果较好的有:红松与水曲柳、胡桃楸、赤杨、紫椴、黄菠萝、色木及柞树等;落叶松与云杉、冷杉、红松、樟子松、桦树、山杨、水曲柳、赤杨及胡枝子等;油松与侧柏、栎类(栓皮栎、辽东栎和麻栎等)、刺槐、元宝枫、椴树、桦树、胡枝子、黄栌、紫穗槐、沙棘及荆条等;侧柏与元宝枫、黄连木、臭椿、刺槐、黄栌、沙棘、紫穗槐及荆条等;杨树与刺槐、紫穗槐、沙棘、柠条及胡枝子等。

【案例8.1-7】 毛乌素沙地覆沙黄土区针阔叶混交林营造模式(图8.1-5)

1. 立地条件特征

模式区位于内蒙古自治区鄂尔多斯市的东胜市、鄂托克前旗,属毛乌素沙地覆沙黄土区。年平均气温7～8℃,无霜期150～170 d,年降水量300～450 mm,年蒸发量2 000～2 500 mm。土壤为沙壤质,下伏深厚黄土。

2. 设计技术思路

毛乌素沙地属温带半干旱季风气候区,光、热、水、土资源适宜栽植樟子松,营造樟子松、杨树等类型的混交林,形成生态效益显著且相对稳定的植被群落,可以长期有效地发挥林分的防护作用。

3. 技术要点及配套措施

(1)混交类型及比例:樟子松＋刺槐＋沙柳混交,混交比例为1:1:2。油松＋沙柳混交,混交比例为1:3。杨树＋柠条＋沙地柏混交,混交比例为1:2:1。

(2)造林技术:选用2～3年生苗造林。异地造林时一定要将苗木根部蘸浆,并用稻草包装,切忌风吹日晒根部。如用容器苗造林,成活率可达90%以上。新植幼树过冬时需用土全部埋严,翌年4月下旬再将其扒出。

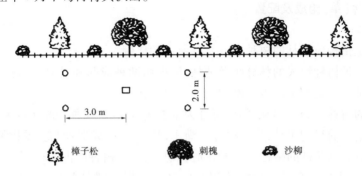

图8.1-5 毛乌素沙地覆沙黄土区针阔叶混交林营造模式图

**【案例8.1-8】 定西地区刺槐混交林建设模式(图8.1-6)**

1.立地条件特征

模式区位于甘肃省定西地区,年平均气温6.3 ℃,极端最低气温 –27.1 ℃,≥10 ℃年积温2 075.1 ℃,年降水量415 mm左右。土壤为黄绵土、冲积土、沙黄土。现存植被以本氏针茅、冷蒿为建群种,残存有珍珠梅、沙棘等灌木树种,海拔500～1 400 m的地带有刺槐分布。

2.设计技术思路

刺槐适应性强,生长快,郁闭早,寄生有根瘤菌,能改良土壤,如与其他树种混交,不仅可以相互促进,而且可以增强防护功能,改善生态环境。

3.技术要点及配套措施

(1)混交树种选择:与刺槐混交造林成功的树种主要有侧柏、沙棘、白榆、杨树、紫穗槐等。

(2)整地:整地方法随地形而异,平缓坡地一般采用水平阶、水平沟、反坡梯田整地,陡坡采用鱼鳞坑整地。整地深度40～60 cm,保证造林后根系能够很快深入土壤疏松、水分稳定的土层内。造林前一年雨季和秋季整地效果最佳。

(3)造林方式:刺槐与上述树种混交,一般以植苗造林为主,春季栽植为宜。刺槐、侧柏、榆树造林密度为2.0 m×2.0 m或1.5 m×2.0 m,每亩160～200株;杨树为2.0 m×4.0 m,每亩80株;紫穗槐为1.0 m×2.0 m,每亩300株;沙棘2.0 m×3.0 m,每亩110株。混交方式以带状、块状混交为宜,混交比例5:5。侧柏选用2年生苗,其他树种选用1年生苗。

**【案例8.1-9】 伏牛山北麓中山针阔混交型水土保持林建设模式(图8.1-7)**

1.立地条件特征

模式区位于伏牛山北坡,海拔1 000 m以上,年平均气温12 ℃左右,无霜期190 d,年降水量约800 mm。土壤为棕壤,土层厚度不足30 cm。植被盖度50%以下,有轻微水土流失。

2.设计技术思路

根据模式区地形复杂、起伏较大和气候差异显著的特点,因地制宜,合理配置,中山应发展水源涵养林以及防护用材林;低山丘陵除发展水土保持林外,应大力发展核桃、花椒、柿子等经济林和薪炭林。

3.技术要点及配套措施

(1)树种:选择适应性强、根系发达、树冠浓密、落叶丰富、易于分解,可以较快形成松软

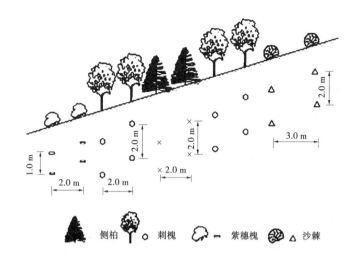

图 8.1-6　定西地区刺槐混交林建设模式图

枯枝落叶层的针阔叶树种。可选择麻栎、油松。

（2）苗木：油松用 1~2 年生Ⅰ、Ⅱ级苗木，地径 0.30~0.45 cm，苗高 15 cm 以上。

（3）整地：整地方式以尽量减少对原有天然植被的破坏，不造成新的水土流失为原则，采用鱼鳞坑和穴状整地。穴状整地规格一般为 30 cm×30 cm×30 cm，鱼鳞坑规格为 40 cm×40 cm×30 cm。为促进土壤熟化，整地时间一般为秋季造林春季整地，春季造林秋冬整地。

（4）造林方式：油松为植苗造林，麻栎为直播造林。混交方式采用带状或小块状混交，针阔混交比例 5∶5，初植密度为每亩 222 株。栽植时间以春、秋两季为宜，直播在秋季进行，做到随起随栽，尽量缩短起苗到栽植的时间。

（5）抚育管护：栽植后抚育 3 年，第一年 2 次，第二年 3 次，第三年 2 次。抚育措施包括松土、除草、补植补播、平茬复壮、防治病虫害等。

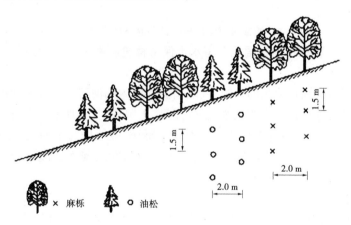

图 8.1-7　伏牛山北麓中山针阔混交型水土保持林建设模式图

【案例 8.1-10】　皖南瘠薄山地丘陵针阔混交林建设模式（图 8.1-8）

1. 立地条件特征

模式区位于安徽省黄山市,地处阳坡面的上中部和山脊,海拔 400 ~ 950 m,坡度 20° ~ 35°,土壤瘠薄,水土流失严重,肥力低下,有机质含量在 1% 左右。林下植被有冬青、杜鹃、山矾、山苍子、白栎等灌木。灌木层总盖度不足 0.4,草本层盖度 0.65。

2.设计技术思路

对植被恢复困难的瘠薄林地,充分利用先锋树种、乡土树种,实施松阔混交,以利于改善贫瘠立地的土壤结构,促进林分生长,增强抵御自然灾害的能力,防止水土流失,建立稳定的森林群落。

3.技术要点及配套措施

(1)造林技术:选择栓皮栎、麻栎、枫香、木荷、马尾松、黄山松等树种,带状或块状混交,带的长度和每带的行数、块的大小依据具体条件而定。可以采用 4 行松树与 4 行或 2 行阔叶树混交,株间配置呈三角形。清除栽植点上的草灌,块状整地,穴规格为 30 cm × 30 cm × 30 cm;阔叶树整地规格为 40 cm × 40 cm × 50 cm。马尾松和黄山松用地径 0.5 cm、苗高 20 cm 的 I 级苗造林;栓皮栎和麻栎用地径 0.8 cm、苗高 75 cm 的苗木。马尾松或黄山松的密度为 120 ~ 330 株/亩,阔叶树为 50 ~ 70 株/亩,于春季造林。

(2)抚育管理:造林后每年 5 ~ 6 月、8 ~ 9 月松土锄草 2 次,第一年以锄草为主,松土宜浅。以后进行扩盘抚育。造林后第三年,对生长不良的栎类进行平茬培土,促进生长。

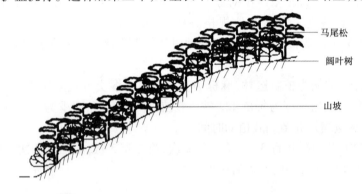

马尾松

阔叶树

山坡

图 8.1-8 皖南瘠薄山地丘陵针阔混交林建设模式图

【案例 8.1-11】 桂东山地针阔混交型水土保持林建设模式(图 8.1-9)

1.立地条件特征

模式区位于广西壮族自治区的苍梧县、陆川县。区内的河流两岸和盆地周围,是由花岗岩和第四纪红土母质等发育形成的红壤,水分充足,土壤较肥沃,加上人多耕地少,农业活动频繁,极易引起水土流失。原有森林植被多为以马尾松、湿地松为主的人工纯林,易遭受病虫危害,形成低效林分,森林生态功能特别是水土保持功能脆弱,经济效益低。这种类型的林分亟需加快改造成针阔混交林。

2.设计技术思路

当地人口稠密,人为活动频繁,烧柴、用材缺乏,因此要通过封山育林与人工造林相结合,促进植被的恢复,形成人工、天然混交林,培育具有用材、薪材功能的复合型森林。红椎、栎类、栲、木荷和稠木在广西壮族自治区东南山地丘陵生长良好,在自然条件下,一般年平均高生长达 0.6 ~ 0.8 m,年平均胸径生长达 0.5 ~ 0.8 cm,在人工管护情况下生长更快。在生长不良的松类纯林中混交红椎、栎类、栲、稠木,改造低效林,可改善树种结构,增强生态功能,提高经济效益。

3.技术要点及配套措施

选择红椎、稠木、木荷、栲、栎类等作为松树纯林的混交树种。在马尾松、湿地松林中空地或在稀疏的株间、行间挖坑补播补植,形成块状或行株间混交。坑规格为 40 cm × 40 cm × 30 cm。用 1 年生裸根苗或容器苗定植,每亩种植密度为 40 ~ 53 株。定植后要加强抚育和管护,连续抚育 3 年,每年坑内松土抚育 1 次,对缺苗的,要及时移苗补缺。同时要采取封育措施,防止人畜破坏,促进混交林分形成。

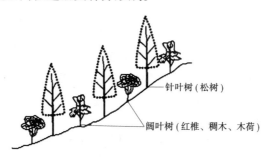

图 8.1-9　桂东山地针阔混交型水土保持林建设模式图

2.草种混播

自然界植物都是混生在一起的。多种植物混生可以互补,比单生繁茂,且能延长青草生长期、草地寿命和草的利用时间。草坪草的混播要求更严,一般至少有 3 个品种混合。牧草或水土保持种草一般采用禾本科与豆科牧草混播,也有采用单一禾本科或豆科混种的。草坪草则可采用禾本科(豆科较少)的草混播;也可用同一种不同品种混播(习惯上称为混合)。因此,国内外除种子田外,人工草地和草坪多采用混播方式。

1)牧草混播组合

牧草混播组合是一个较为复杂的问题,需要根据利用目的、利用年限及牧草生物学特性,结合当地自然条件决定。通常为禾本科、豆科两大类牧草混播。以割草为主的利用年限是 4 ~ 7 年,取上繁禾本科牧草与豆科牧草混种;以放牧为主的则以下繁豆科、禾本科牧草为主;长期人工草地选 4 ~ 5 种牧草混播;短期人工草地只需 2 ~ 3 种牧草混播。各组合中必须有 1 种以上豆科牧草。

混播草的播种量各成员牧草比单播略少些(见表 8.1-11)。

表 8.1-11　混播牧草播种量比较

| 利用年限 | 豆科牧草(%) | 禾本科牧草(%) | 在禾本科牧草中 | |
|---|---|---|---|---|
| | | | 根茎型和根茎疏丛型(%) | 疏丛型(%) |
| 短期(2 ~ 3 年) | 65 ~ 75 | 35 ~ 25 | 0 | 100 |
| 中期(4 ~ 7 年) | 25 ~ 20 | 75 ~ 80 | 10 ~ 25 | 90 ~ 75 |
| 长期(8 ~ 10 年) | 6 ~ 10 | 92 ~ 90 | 50 ~ 75 | 50 ~ 25 |

2)草坪草混播组合

草坪草混播组合中,通常包含主要草种和保护草种。保护草种一般是发芽迅速的草种,其作用是为生长缓慢和柔弱的主要草种提供遮阴及抵制杂草,如黑麦草、小糠草。在酸性土壤上应以剪股颖或紫羊茅为主要草种,以小糠草或多年生黑麦草为保护草种。在碱性及中性土壤上则宜以草地早熟禾为主要草种,以小糠草或多年生黑麦草为保护草种。混播一般用于匍匐茎或根茎不发达的草种。

草坪草混播比例应视环境条件和用途而定。我国北方以早熟禾类为主要草种的,以黑麦草作为保护草种,如采用早熟禾(40%)+紫羊茅(40%)+多年生黑麦草(20%)的组合。在南方地区宜用红三叶、白三叶、苕子、狗牙根、地毯草或结缕草为主要草种,以多年生黑麦草、高牛尾草等为保护草种。

高级运动场地的草坪草混播,必须经过试验研究确定。以广东某高尔夫球场为例,球道一般单种狗牙根或结缕草;而果岭可用70%的非匍匐紫羊茅和30%的细弱剪股颖;发球台可用40%的草地早熟禾、40%的紫羊茅、20%的多年生黑麦草;高草区用苇状羊茅、鸭茅(阴凉地区)和结缕草、狗牙根(温暖地区)。

3. 造林密度

造林密度也叫初植密度,是指单位面积造林地上栽植点或播种穴的数量(株(或穴)/hm$^2$)。事实上,林木在不同生长发育时期都有相应的密度,如幼龄密度、成林密度等。林分在某一时段达到某一密度后发生自然稀疏,这一密度为林分的最大密度或饱和密度。抚育间伐中保留株数占最大密度株数的百分数为经营密度。林分生长量达到最大时的密度即适宜的经营密度。在水土保持林草工程设计中所说的密度一般是指造林密度。

造林密度是根据选定树种,在一定培育目标、一定的立地条件和栽培条件下测算确定的。确定造林密度的方法主要有经验与试验法、调查方法、林分密度管理图(表)法等。

经验方法是根据过去不同密度的林分,从满足其经营目的方面所取得的成效,来分析判断其合理性及需要调整的方向和范围,从而确定在新的条件下应采用的初始密度和经营密度;试验方法是通过不同密度的造林试验结果来确定合适的造林密度及经营密度;调查方法是对现有的森林处于不同密度状况下的林分生长指标进行调查,然后采用统计分析的方法,得出类似于密度试验林可提供的密度效应规律和有关参数;林分密度管理图(表)方法是对于某些主要造林树种(如落叶松、杉木及油松等),已进行了大量的密度规律的研究,并在制定了各种地区性的密度管理图(表)的基础上,通过查图表来确定造林密度。

一般地,水土保持防蚀林、薪炭林、灌木林及沟道森林工程等造林密度可大些;干旱且没有灌溉条件的地区、水土保持经济林及小片速生丰产林等密度应小些。我国主要造林树种密度见表8.1-12。

表 8.1-12　水土保持生态工程主要树种造林初植密度

(单位:株/hm$^2$,丛/hm$^2$)

| 树种(组) | 三北区 | 北方区 | 南方区 |
|---|---|---|---|
| 马尾松、华山松、黄山松 | | 1 200~1 800 | 1 200~3 000 |
| 云南松、思茅松 | | | 2 000~3 300 |
| 火炬松、湿地松 | | | 900~2 250 |
| 油松、黑松 | 3 000~5 000 | 2 500~4 000 | 2 250~3 500 |

| 树种(组) | 三北区 | 北方区 | 南方区 |
|---|---|---|---|
| 落叶松 | 2 400~3 300 | 2 000~2 500 | 1 500~2 000 |
| 樟子松 | 1 650~2 500 | 1 000~1 800 | |
| 红松 | | 2 200~3 000 | |
| 云杉、冷杉 | 3 500~6 000 | 2 200~3 300 | 2 000~2 500 |
| 杉木 | | | 1 050~2 500 |
| 水杉、池杉、落羽杉、水松 | | | 1 500~2 500 |
| 秃杉、油杉 | | | 1 500~3 000 |
| 柳杉 | | | 1 500~3 500 |
| 侧柏、柏木 | 3 500~6 000 | 3 000~3 500 | 1 800~3 600 |
| 刺槐 | 1 650~6 000 | 2 000~2 500 | 1 000~1 500 |
| 胡桃楸、水曲柳、黄菠萝 | | 2 200~3 300 | |
| 榆树 | 3 330~4 950 | 800~1 600 | |
| 椴树 | | 2 000~2 500 | 1 200~1 800 |
| 桦树 | 1 500~2 200 | 1 600~2 200 | 1 500~2 000 |
| 角栎、蒙古栎、辽东栎 | | 1 500~2 000 | |
| 樟树 | | | 630~810 |
| 楠木、红豆树 | | | 1 800~3 600 |
| 厚朴 | | | 950~1 650 |
| 檫木 | | | 750~1 650 |
| 鹅掌楸 | | | 1 250~2 250 |
| 木荷、火力楠、观光木、含笑 | | | 1 200~2 500 |
| 泡桐 | | 630~900 | 630~900 |
| 栲、红椎、米槠、甜椎、青檀、麻栎、栓皮栎、板栗 | | 630~1 200 | 810~1 800 |
| 青冈栎、桤木 | | | 1 650~3 000 |
| 枫香、元宝枫、五角枫、黄连木、漆树 | | 630~1 200 | 630~1 500 |
| 喜树 | | | 1 100~2 250 |
| 相思类 | | | 1 200~3 300 |
| 木麻黄 | | | 1 500~2 500 |
| 苦楝、川楝、麻楝 | | 750~1 000 | 630~900 |

| 树种(组) | 三北区 | 北方区 | 南方区 |
|---|---|---|---|
| 香椿、臭椿 | 1 600 ~ 3 000 | 750 ~ 1 000 | 2 000 ~ 3 000 |
| 南洋楹、凤凰木 | | | 630 ~ 900 |
| 桉树 | | | 1 200 ~ 2 500 |
| 黑荆 | | | 1 800 ~ 3 600 |
| 杨树类 | 1 350 ~ 3 300 | 600 ~ 1 600 | |
| 毛竹、麻竹 | | | 450 ~ 600 |
| 丛生竹 | | | 500 ~ 825 |
| 秋茄、白骨壤、木榄 | | | 10 000 ~ 30 000 |
| 无瓣海桑、海桑、红海榄等 | | | 4 400 ~ 6 670 |
| 银桦、木棉(四旁) | | | 330 ~ 550 |
| 悬铃木、枫杨(四旁) | | | 405 ~ 630 |
| 柳树(四旁) | | 600 ~ 1 100 | 500 ~ 850 |
| 杨树(四旁) | | 500 ~ 1 000 | 250 ~ 850 |
| 山苍子 | | | 3 000 ~ 4 500 |
| 沙柳、毛条、柠条、柽柳 | 1 240 ~ 5 000 | | |
| 花棒、踏郎、沙拐枣、梭梭 | 660 ~ 1 650 | | |
| 沙棘、紫穗槐、山皂角、花椒、枸杞 | 1 650 ~ 3 300 | 1 650 ~ 3 300 | |
| 锦鸡儿 | 1 500 ~ 3 000 | 800 ~ 1 500 | |
| 山杏、山桃 | 450 ~ 650 | 350 ~ 500 | |
| 密油枝、黄荆、马桑 | | | 1 500 ~ 3 300 |

注:(1)三北区含黄河区和青藏高原区;北方区含东北区;南方区含长江区和东南沿海区。

　　(2)引自《生态公益林建设技术规程》(GB/T 18337.3—2001)附录 D。

**4. 种植点的配置**

所谓种植点的配置是指一定的植株在造林地上分布的形式。种植点的配置是确定造林密度的重要基础。种植点的配置与林木的生长、树冠的发育、幼林的抚育和施工等都有着密切的关系。在城市绿化与园林设计中,种植点的配置也是实现艺术效果的一种手段。

对于防护林来说,通过配置能使林木更好地发挥其防护效能。种植点的配置方式,一般分为行列状配置(长方形或正方形)和群状配置(簇状或植生组)两大类。对于纯林行列状配置,单位面积($A$)上种植点的数量($N$)取决于株距($a$)、行距($b$)的大小和带间距($d$),即:

长方形:
$$N = \frac{A}{ab} \tag{8.1-1}$$

正方形:
$$N = \frac{A}{a^2} \tag{8.1-2}$$

双行一带：
$$N = \frac{A}{a \times \frac{1}{2}(d+b)}$$
(8.1-3)

【案例8.1-12】 由密度确定株行距。如果某纯林造林密度确定为1 600株/ hm²,分别采用长方形、正方形、双行一带(带间距3.5 m)种植点的配置形式时,行(株)距分别为：

长方形 $\qquad b = \frac{A}{N \cdot a} = \frac{10\ 000}{1\ 600 \times 1.5} \approx 4.2(\text{m})$

正方形 $\qquad a = \sqrt{\frac{A}{N}} = \sqrt{\frac{10\ 000}{1\ 600}} = 2.5(\text{m})$

双行一带 $\qquad b = \frac{2A}{N \cdot a} - d = \frac{2 \times 10\ 000}{1\ 600 \times 1.5} - 3.5 \approx 4.8(\text{m})$

当两个以上树种行列状或行带状混交造林时,不同树种种植点的配置不一定一致,这时单位面积造林总密度计算宜采用一个恰好能安排不同树种的造林单元。这一造林单元的最小带长等于不同树种株距的最小公倍数,这时的造林单元面积为：

$$A = L \times [b_1 \times (n_1 - 1) + b_2 \times (n_2 - 1)\cdots + d \times M]$$
(8.1-4)

式中 $A$——造林单元面积;

$\qquad L$——最小带长,取两个以上树种株距的最小公倍数;

$\qquad b_1 \setminus b_2$——甲树种、乙树种的行距;

$\qquad n_1 \setminus n_2$——甲树种、乙树种的行数;

$\qquad d$——带间距;

$\qquad M$——混交带的数量(甲乙两树种混交$M$为2)。

造林单元株数

$$n = L/a_1 + L/a_2\cdots$$
(8.1-5)

造林密度 $N = \dfrac{\text{造林单元株数} n}{\text{造林单元面积} A} \times 10\ 000(\text{株/hm}^2)$

【案例8.1-13】 如图8.1-10所示,甲乙树种带状混交,甲树种一带3行,乙树种一带2行;甲树种株行距分别为$a_1$和$b_1$,乙树种株行距分别为$a_2$和$b_2$,带间距为$d$。

①假若$a_1$为1.5 m,$a_2$为1.0 m,则恰好满足其配置的最小带长为3.0 m,即3.0 m带长甲树种每行恰好可安排2株(株距1.5 + 1.5,3/1.5 = 2个种植点),乙树种每行恰好可安排3株(株距1.0 + 1.0 + 1.0,3/1.0 = 3个种植点),甲树种3行6株、乙树种2行6株,造林单元共计12株。

②假若$a_1$为2.0 m,$a_2$为1.5 m,则恰好满足其配置的最小带长为6.0 m,即6.0 m带长甲树种每行恰好可安排3株(株距2.0 + 2.0 + 2.0,6/2.0 = 3个种植点),乙树种每行恰好可安排4株(株距1.5 + 1.5 + 1.5 + 1.5,6/1.5 = 4个种植点),造林单元共计17株。

若两树种行距$b_1 \setminus b_2$均等于1.0 m,带间距$d$为2.0 m,则：

情况①：

造林单元面积 $A = (b_1 + b_1 + d + b_2 + d) \times L = (1 + 1 + 2 + 1 + 2) \times 3 = 21(\text{m}^2)$

$\qquad\qquad = [b_1 \times (n_1 - 1) + b_2 \times (n_2 - 1) + M \times d] \times L$

$\qquad\qquad = (1 \times 2 + 1 \times 1 + 2 \times 2) \times 3 = 21(\text{m}^2)$

造林密度 $N = 12$株$\times 10\ 000/21\ \text{m}^2 \approx 5\ 714$株$/\text{hm}^2$

其中:甲树种密度 $= 5\,714 \times (6/12) \approx 2\,857(株/hm^2)$;乙树种密度 $= 5\,714 \times (6/12) \approx 2\,857(株/hm^2)$

情况②:

造林单元面积 $A = (b_1 + b_1 + d + b_2 + d) \times L = (1 + 1 + 2 + 1 + 2) \times 6 = 42(m^2)$
$= [b_1 \times (n_1 - 1) + b_2 \times (n_2 - 1) + M \times d] \times L = (1 \times 2 + 1 \times 1 + 2 \times 2) \times 6 = 42(m^2)$

造林密度 $N = 17\,株 \times 10\,000/42\ m^2 \approx 4\,047(株/hm^2)$

其中:甲树种密度 $= 4\,047 \times (9/17) \approx 2\,143(株/hm^2)$;乙树种密度 $= 4\,047 \times (8/17) \approx 1\,904(株/hm^2)$

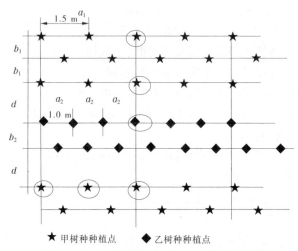

★ 甲树种种植点 ◆ 乙树种种植点

图 8.1-10 行带混交树种株行距关系示意图

**(四)造林整地**

1.造林整地方式与方法

1)造林整地的方式

整地,就是在植树造林(种草)之前,清除地块上影响植树造林(种草)效果的残余物质,包括非目的植被、采伐剩余物等,并以翻耕土壤为重要内容的技术措施。植树造林(种草)整地的方式可划分为全面整地和局部整地两种。

2)造林整地的方法

全面整地是翻垦造林的整地方法,主要应用于草原、草地、盐碱地及无风蚀危险的固定沙地。平坦植树造林地的全面整地应杜绝集中连片,面积过大。

北方草原、草地可实行雨季前全面翻耕,雨季复耕,当年秋季或翌春耙平的休闲整地方法;南方热带草原的平台地,可实行秋末冬初翻耕,翌春植树造林的提前整地方法;滩涂、盐碱地可在栽植绿肥植物改良土壤或利用灌溉淋洗盐碱的基础上深翻整地。

生产建设项目绿化时,经土地整治及覆土处理的工程扰动平缓地,宜采取全面整地。一般平缓土地的园林式绿化美化植树造林设计,也宜采用全面整地。

局部整地有带状整地和块状整地方法。

山地的带状整地带一般沿等高线走向,平原地区一般为南北走向,其山地断面形式有水平阶、水平沟、反坡梯田、撩壕及山边沟等形式,平原断面形式有带状、高垄等形式。块状整地的断面形式一般有穴状、块状、鱼鳞坑及高台等形式。

由于我国北方水土流失地区的水土保持林草工程建设的主要问题是干旱,因此以下介绍如何利用地面径流进行集水整地。

(1)集水整地。集水整地是水土保持径流调控技术在造林中的具体应用,国际上也称为径流林业技术。集水整地系统由微集水区系统组成,是根据地形条件,以林木为对象,在造林地上形成由集水区(径流的集水面)与栽植区(渗蓄径流的植树穴)组成的完整的集水、蓄水和水分利用系统。在树木的栽植区,自然降雨不能满足树木正常生长发育的需求,在不同的时间里土壤水分有一定的亏缺量,通过集水面积、径流系数来调节产流量,以弥补土壤水分的不足,保持水分供需的基本平衡。因此,集水面积大小、集水面上的产流率将直接影响到径流林业技术的综合效率。

在确定植树区面积时,主要从以下三个方面考虑:一是林木的生物学特性和生态学特性,即林木个体大小、根系分布及其对水分的需求等;二是汇集径流的贮存、下渗需求,即所收集的径流能有效地贮存在林木根系周围,不产生较大的渗漏损失;三是施工的难易程度与费用,即整地的规格、投入的劳动力和费用。

集水区面积的大小主要由植树区面积、降雨量与降雨性质、地表产流率、植树区水分消耗需求、林木需水量及土壤水分短缺量等因素来确定,其目标是使所产生的径流量能弥补土壤水分的短缺量。

在干旱、半干旱地区,提高集水区小雨强降雨的产流率是增加旱季林木水分供应量的重要手段之一,也是提高降水利用率的重要措施。一般防渗处理的方法有压紧密实表层土壤的物理方法和用防渗剂进行处理的方法两种,应用中要根据降水特性、林木水分需求量和林种而定,依据当地的经济条件做出合理的选择。

考虑到径流水分的利用效率,可以采用下式来计算总的集水系统的面积,即集水区面积与栽培区面积的总和:

若干旱区单株林木在其栽培区 $RA$ 生长的水分亏缺为 $RA(WR-DR)$,则需产生用于补充水分亏缺的,从栽培区之外流入的径流数量是:

$$净雨量×集水区面积 = 水分亏缺量×单株栽培区面积$$

则:

$$MC = RA × \frac{WR - DR}{DR × k × EFF} \tag{8.1-6}$$

式中　$MC$——集水区面积,$m^2$;

$\quad\quad RA$——林木根系所分布的面积,一般按照林冠冠幅大小计算,$m^2$(可认为是单株的栽培区面积);

$\quad\quad WR$——林木生长的年总水分需求量,mm;

$\quad\quad DR$——设计年降水量,mm;

$\quad\quad k$——年平均降雨径流系数;

$\quad\quad EFF$——水分利用系数,一般为 0.5~0.75。

$$集水系统总面积 = MC + RA$$

相应的造林密度 $N$(株/$hm^2$)为:

$$N = 10\ 000/(MC + RA) \tag{8.1-7}$$

【案例8.1-14】　在年总水分需求量($WR$)=550 mm,设计年降水量($DR$)=350 mm,壮

龄期树木冠幅($RA$) = 8 m²,设计年平均降雨径流系数($k$) = 0.5,水分利用系数($EFF$) = 0.5,则所需集水区面积为:

$$MC = 8 \times [(550 - 350) \div (350 \times 0.5 \times 0.5)] = 18(m^2)$$

总的集水区面积为:栽培区面积为 8 m² + 集水面积为 18 m²;

集水造林密度为:

$$N = 10\ 000/(8 + 18) = 385(株/hm^2)$$

(2)不同整地断面形式蓄水量。从林木的水分需求与防止坡面径流冲刷安全方面考虑,不同整地断面形式对径流的拦蓄容积在保障林木水分需求的同时,在一定的暴雨标准下还应当保障坡面整地工程的安全。因此,林木需水量是容积计算的基础,而以暴雨径流校核工程的安全性。

若设计暴雨量为 $P(\text{mm})$,径流系数为 $k$,则坡长 $L(\text{m})$(投影长度)单位宽度坡面径流的总容积 $V_0(\text{m}^3)$ 为:

$$V_0 = 0.001P \cdot k \cdot L \tag{8.1-8}$$

不同整地断面形式的设计蓄水容积 $V \geq V_0$ 时坡面才安全。常用的几种整地方法的计算如下。

①反坡梯田:种植的田面向内倒倾斜成坡度较大的反坡,以造成一定的蓄水容积(见图8.1-11)。当植树区的宽度(反坡梯田水平宽度)确定后,若挖方与填方相等,则单位长度梯田的最大有效蓄水容积 $V$ 为:

$$V = \frac{B^2\tan\beta}{2}\left(1 + \frac{\tan\beta}{\tan\varphi}\right) \tag{8.1-9}$$

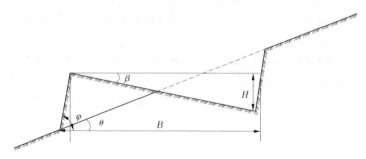

图8.1-11 反坡梯田示意图

式中 $V$——单位长度梯田的有效容积,m³/m;

$B$——梯田田面的水平宽度,m;

$\beta$——梯田的反坡角(°);

$\varphi$——梯田的外坡角(°)。

则梯田的反坡角 $\beta$ 为:

$$\beta = \arctan\left[\frac{\tan\varphi}{2}\left(\sqrt{1 + \frac{8V}{B^2\tan\varphi}} - 1\right)\right] \tag{8.1-10}$$

②水平沟:断面如图8.1-12所示,沟顶宽为 $B(\text{m})$,沟底宽为 $d(\text{m})$,外埂顶宽为 $e(\text{m})$,则实际栽植区占的水平宽度为 $B + e$,外侧坡度 $\varphi$ 一般取45°左右,内侧斜坡 $\varphi_1$ 一般取35°左右,里内侧斜坡 $\varphi_2$ 一般取70°左右,当自然坡度为 $\theta(°)$ 时,则单宽有效容积 $V(\text{m}^3)$ 为:

$$V = \frac{U\left(h + \frac{d}{2}\right)^2 - d^2}{2U}$$
$$U = \frac{1}{\tan\varphi_1} + \frac{1}{\tan\varphi_2}$$
$$(8.1\text{-}11)$$

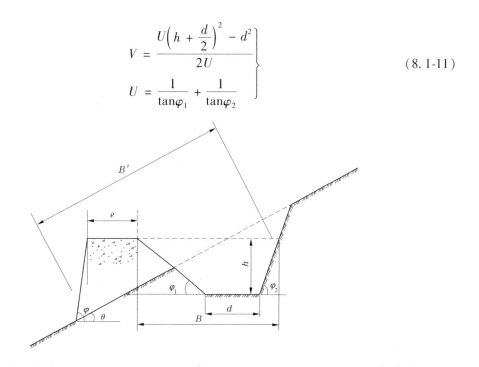

图 8.1-12　水平沟整地示意图

③鱼鳞坑:形状似半月形坑穴,坑面一般取水平状,坑的两角设有引水沟,外侧坡度 $\varphi$ 较大,底面半径一般取 $0.5 \sim 1.0$ m,埂顶宽 $e$ 一般取 $0.2 \sim 0.25$ m(见图 8.1-13)。设顶面半径为 $R_2$(m),底面半径为 $R_1$(m),$h$(m) 为坑深,$\varphi_2$ 为内侧坡度(°),在自然坡度为 $\theta$(°) 时,单个有效容积 $V$($\text{m}^3$) 为:

$$V = \frac{1}{6}(R_1 + R_2)^2 \times h \qquad (8.1\text{-}12)$$

注意:该处的有效容积 $V$ 应是单位宽度径流的总容积 $V_0$ 与鱼鳞坑顶面直径 $2R_2$ 的乘积。

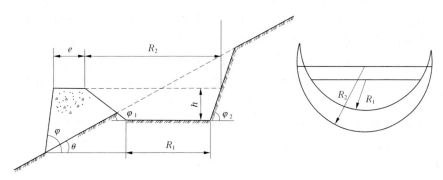

图 8.1-13　鱼鳞坑设计图

【案例 8.1-15】　最大 24 h 降雨量 100 mm,地表径流系数为 0.5,设计坡面集水长度(投影长)为 6 m 时,坡面单宽径流量为:

$$V_0 = 0.001 \times 100 \times 0.5 \times 6 = 0.3\,(\mathrm{m}^3)$$

若采用反坡梯田整地,假定反坡梯田内降雨期间的降雨量与土壤入渗量相等,田面宽 $B = 1.5\,\mathrm{m}$,外坡角 $\varphi = 60°$ 时,完全拦蓄坡面径流需要的反坡角 $\beta$ 为:

$$\beta = \arctan\left[\frac{\tan\varphi}{2}\left(\sqrt{1 + \frac{8V}{B^2\tan\varphi}} - 1\right)\right] = \arctan\left[\frac{\tan 60°}{2}\left(\sqrt{1 + \frac{8 \times 0.3}{1.5^2 \times \tan 60°}} - 1\right)\right] = 13.2°$$

如果土壤入渗速率小于降水速率,则还要考虑田面中接受的降雨量。

若采用鱼鳞坑整地方式,埂的顶半径设计 $R_2 = 1.8\,\mathrm{m}$,底半径设计 $R_1 = 1.6\,\mathrm{m}$ 时,拦蓄径流所需要的深度 $h$ 为:

$$h = 2 \times R_2 \times \frac{6V_0}{(R_1 + R_2)^2} = 2 \times 1.8 \times \frac{6 \times 0.3}{(1.8 + 1.6)^2} = 0.56\,(\mathrm{m})$$

2. 整地技术规格

整地技术规格主要包括断面形式、深度、宽度、长度、间距及蓄水容积。

(1)断面形式。断面形式是指整地时的翻垦部分与原地面所构成的断面形式。断面形式依据当地的气候条件、立地条件而定;在水分缺乏的干旱地区,为了收集较多的水分,减少土壤蒸发,翻垦面要低于原地面;在水分过剩的地区,为了排除多余的水分,翻垦面要高于原地面。

(2)深度。整地深度指翻垦土壤的深度。在条件许可时应适当增加整地深度;在干旱地区,整地深度要适当大一些,以蓄积更多的水分;在阳坡、低海拔地区,整地深度应大一些;土层薄的石质山地应视情况而定;土壤有间层、钙积层和犁底层时,整地深度应使其通透;整地深度还应考虑苗木根系的大小和经济条件。

(3)宽度。整地宽度应考虑树种所需要的营养面积大小;坡度缓时可适当加大整地的宽度,坡度大时若整地宽度太大,工程量也大,容易使坡面不稳定,因此不宜太大;植被生长较高影响苗木的光照时可以适当加大整地的宽度,否则可以窄一些;整地宽度越大,工程量越多,整地成本越高。

(4)长度。一般情况下应尽量延长整地的长度,以使种植点能均匀配置;地形破碎,影响施工时可适当小一些,依据地形条件灵活掌握;使用机械整地时应尽量延长整地的长度。

(5)间距。间距主要依据造林密度和种植点来确定;山地的带间距主要依据行距确定,要考虑林木发育、水土流失等因素;翻垦与未翻垦的比例一般不高于1:1。

(6)蓄水容积。如果是采用径流林业的集水整地方法,保障坡面工程安全的蓄水容积是一个重要的质量指标,应当依据设计标准确保有效容积能满足拦蓄坡面径流的需求。

3. 整地时间

提前整地(预整地)即整地时间比造林季节提早1~2个季节。在干旱、半干旱地区整地与造林之间应当有一个降水季节,以蓄积更多的水分;选择在雨季整地,土壤紧实度降低,作业省力,工效高。

一般在风蚀比较严重的风沙地、草原、退耕地上,整地与造林同时进行。南方雨量大的地区一般也采用此法。

**(五)种草整地设计**

1. 牧草种植整地

农田、退耕地上种植牧草整地与农业耕作基本相同,但在山区、丘陵区的荒草地上种草,常因不具备耕作条件采取与造林相同的整地方法,在田面或穴面上翻耕播种。种植牧草整地,土壤耕作措施分为基本耕作和辅助耕作。

基本耕作为犁地,深翻18~25 cm。应做到适时耕作,适当早耕,不误农时,保证质量。东北、华北多秋耕,可加速土壤熟化。春播牧草应在解冻时浅耕,夏播牧草结合灭茬、施肥浅耕。

辅助耕作是犁地的辅助作业,主要在土壤表层进行,包括耙地、浅耕灭茬、耱地、镇压和中耕(锄地)。

2. 草坪建植整地

草坪建植整地即坪床准备或整理,是草坪建植的基础。坪床的质量好坏,直接关系到草坪的功能。建坪前应对欲建植草坪的场地进行必要的调查和测量,制订可行的方案,尽量避免和纠正诸如底地处理、机械施工引起的土壤压实等问题。坪床准备包括清理、翻耕、平整、土壤改良、排水灌溉系统的设置及施肥等内容。详细内容请参考园林设计有关规范。

### (六)造林方法

造林方法有播种造林、植苗造林和分殖造林,一般多采用植苗造林;在直播容易成活的地方也可采用人工播种造林,在偏远、交通不便、劳力不足而荒山荒地面积大的地方,可采用飞机播种;对一些萌芽力强的树种,可根据情况采用分殖造林。目前,生产上除少数树种(如柠条)有时尚采用播种造林外,一般都采用植苗造林,分殖造林基本不用。以下简单介绍播种造林、植苗造林,其他方法请参照有关标准、规范。

1. 播种造林

播种造林也叫直播造林,是以种子为造林材料,直接播种到造林地的造林方法。播种造林可分为人工播种和飞机播种。

1)人工播种造林

适用于核桃、栎类、文冠果、山杏及华山松等大粒种子的树种,也适用于油松、柠条及花棒等小粒种子的树种。播种之前要进行种子检验(种子纯度、千粒重及发芽率等),有些树种还需要进行种子处理。

(1)播种造林方法。常用的播种方法有撒播、穴播、条播、块播等。

撒播:适用于大面积宜林荒地造林(飞机播种实际上是撒播的一种)。

穴播和条播:在生产中应用广泛,是我国当前播种造林应用最多的方法。在我国西北黄土高原地区,柠条、沙棘灌木种常采用穴播或条播。

块播:块播是在面积较大的块状地上,密集或分散播种大量种子,在沙地造林中应用较多。

(2)播种量。取决于种子品质和单位面积要求的成苗数,也与树种、播种方法和立地条件有一定的关系。

(3)播种造林覆土厚度。覆土厚度直接影响播种造林的质量。通常覆土不宜太厚,厚则导致幼芽出土困难,一般穴播、条播造林时覆土厚度为种子直径的3~5倍。沙性土可厚些,黏性土则薄些;秋季播种宜厚,春季播种宜薄。覆土后要略加镇压。

(4)播种前的处理与播种季节。播种前种子应进行种子检验,包括消毒、浸种和催芽等。北方大部分地区可在雨季(6~7月)播种,南方其他季节亦可。

2)飞机播种造林

在我国,飞机播种造林主要应用于沙荒地造林和大面积荒山造林,具体设计方法参见固沙造林有关内容。

**2. 植苗造林**

植苗造林是将苗木直接栽到造林地的造林方法,与播种造林相比,节省种子,幼林郁闭早,生长快,成林迅速,林相整齐,林分也较稳定。苗木从圃地到造林地栽植后,有一段缓苗期,即苗木生根成活阶段。植苗造林的关键是:栽植时,造林地有较高土壤含水量,并需采取一系列的苗木保护措施,保持苗木体内的水分平衡,使根系有较高的含水量,保持其活力,以促进造林成活和生长。植苗造林几乎适用于所有树种(包括无性繁殖树种)及各种立地条件,在水土流失地区、植被茂密及鸟兽危害的地区,植苗造林比播种造林稳妥。

1)苗木的种类、年龄和规格

植苗造林的苗木种类主要有播种苗、营养繁殖苗及两者的移植苗和容器苗等。按苗木根系是否带土坨,分为裸根苗和带土坨苗。裸根苗起苗容易,重量小,运输轻便,栽植省工,造林成本低,生产上应用最广泛。带土坨苗包括容器苗和一般带土坨苗,栽植易活,造林效果好,但搬运费工,造林成本较高,适用于劣质地造林和园林建植。

苗木规格,应根据国家和地方的苗木标准确定。苗木分级一般分为三级,分级以地径为主要指标,苗高为次要指标,选择苗木应以地径为准。一般应采用Ⅰ、Ⅱ级苗造林。有关苗木分级标准参见国家苗木分级标准。

2)苗木栽植前的保护和处理

植苗造林苗木成活的关键在于保持体内的水分平衡,特别是裸根苗造林,苗木要经过起苗、分级、包装、运输、造林地假植和栽植等工序,各项工序必须衔接好,加强保护,以减少苗木失水变干,保证有较高的成活率。

(1)起苗时的保护与处理。选择苗木失水最少的时间起苗为佳,裸根苗一般应在春、晚秋的早晨、晚上、阴雨天气湿度大的时候起苗;起苗前,应灌足水;起苗时要多留须根,减少伤根,并做好苗木分级工作;苗木起运包装前,应对苗木地下部分进行修根处理,阔叶树还应对苗木地上部分进行截干、修枝及剪叶等处理。容器苗则直接起运,一般不进行上述处理。起苗后如不能及时运走,则应假植。

(2)苗木运输时的苗木保护与处理。苗木由苗圃往造林地运输时,应做好苗木的包装工作,防止苗木失水。常用的包装材料有塑料袋、草袋和能分解的纱布袋。应做到运苗有包装、苗根不离水、途中防发霉。

(3)栽植过程中的苗木保护。凡苗木运到当天不能栽植的苗木,应在阴凉背风处开沟假植,假植时要埋实、灌水。栽植过程中做好苗根保水工作,以防止苗木根系暴晒,这对针叶树苗尤其重要。常绿阔叶树种,或大苗造林时,应修枝、剪叶,减少蒸腾;萌蘖能力强的树种,用截干造林,维持苗木体内水分平衡,以提高成活率。栽植前将苗木根在水中浸泡一段时间,或对苗木做蘸根处理,如蘸 25~50 mg/kg 的萘乙酸、生根粉及根宝等,以加速生根,缩短成活时间。

3)苗木的栽植方法

苗木栽植方法按植穴的形状可分为穴植、缝植和沟植等,按苗木根系是否带土可分为裸根栽植和带土栽植,按同一植穴栽植的苗木数量多少可分为单植和丛植,按使用工具分为手工栽植和机械栽植。山区、丘陵区一般采用人工栽植,机械栽植仅适用于集中连片的大面积平坦地造林。

（1）穴植。就是在种植田面开穴栽植，在我国南北方应用普遍，每穴植苗单株或多株。

（2）缝植。又叫窄缝栽植，即用植树锹或锄开成窄缝，将苗根置于缝内，再从侧方挤压，使苗根与土壤密接。适用于在比较疏松、湿润的地方栽植针叶树小苗及其他直根性树种的苗木。

（3）靠壁栽植。也称靠边栽植，即穴的一壁垂直，将苗根紧贴垂直壁，从一侧覆土埋苗根。适用于水分不稳定地区栽植针叶树小苗。

（4）沟植。以植树机或畜力拉犁开沟，将苗木按一定株、行距摆放在沟底，再覆土、扶正苗木和压实。适用于地势平坦区造林。

（5）丛植。丛植是指在一个栽植点上 3～5 株苗木成丛栽植的方法。适于耐阴或幼年耐阴的树种，如油松、侧柏等。

4）栽植技术

栽植技术指的是栽植深度、栽植位置和施工具体要求等。植苗时，要将苗木扶正，苗根舒展，分层填土、踏实，使苗根与土壤紧密地结合，严防窝根栽植。

根据立地条件、土壤水分和树种等确定栽植深度，一般应超过苗木根颈 3～5 cm。干旱地区、沙质土壤和能产生不定根的树种可适当深栽。栽植施工时先把苗木放入植穴，埋好根系，使根系均匀舒展、不窝根。然后分层填土，先把肥沃湿土壤填于根际四周，填土至坑深一半时，把苗木向上略提一下，使根系舒展后踏实，再填余土，分层踏实，使土壤与根系密接。穴面可依地区不同，整修成小丘状（排水）或下凹状（蓄水）。干旱条件下，踏实后穴面再覆一层虚土，或撒一层枯枝落叶，或盖地膜、石块等，以减少土壤水分蒸发。

带土坨大苗造林和容器苗造林时，要注意防止散坨。容器苗栽植时，凡苗根不易穿透的容器（如塑料容器）在栽植时应将容器取掉，根系能穿过的容器如泥炭容器、纸容器等，可连容器一起栽植。栽植时应注意踩实容器与土壤间的空隙。

5）造林季节

我国地域辽阔，从南方到北方自然条件相差悬殊，必须因地制宜地确定造林季节和具体时间。春季造林适宜我国大部分地区；夏季造林也称雨季造林，适用于夏季降水集中的地区，如华北、西北及西南等地；雨季造林主要适用于针叶树种、某些常绿树种的栽植造林及一些树种的播种造林；秋季造林，适用于鸟兽害和冻害不严重的地区，在北方地区，秋播应以种后当年不发芽出土为准；冬季造林适用于土壤不结冻的华南和西南地区。

**（七）种草和草坪建植**

广义上种草的材料包括种子或果实、枝条、根系、块茎、块根及植株（苗或秧）等。播种是牧草生产中的重要环节之一，普通种草以播种（种子或果实）为主。草坪建植中除播种外，还有其他方法，如植生带、营养繁殖。无论是种草还是草坪建植材料，播种都是最主要的方法。

1. 播种

1）种子处理

大部分种子有后熟过程，即种胚休眠，播种前必须进行种子处理，以打破休眠，促进发芽。

种子处理包括：机械处理、选种晒种；浸种；去壳去芒；射线照射、生物处理和根瘤菌接种等其他处理。

2）播种期

（1）牧草。一年生牧草宜春播；多年生牧草春、夏、秋季均可，以雨季播种最好；个别草种也可冬季播种。

（2）草坪草。寒地型禾草最适宜的播种时间是夏末，暖地型草坪草则宜在春末和初夏播种。

3）播种量

根据种子质量、大小、利用情况、土壤肥力、播种方法、气候条件及种子价值而定。播种量大小取决于种子的大小，以及单位面积上拥有的额定苗数，详见种草量计算一节。

4）播种方法

（1）一般牧草或水土保持种草，条播、撒播、点播或育苗移栽均可。山区、丘陵区及草原区有条件的，可采用飞机撒播。播种深度 2～4 cm。播后覆土镇压，以提高造林成活率。

（2）草坪草种播种，首先要求种子均匀地覆盖在坪床上，其次是使种子掺合到 1～1.5 cm 的土层中去。大面积播种可利用播种机，小面积则常采用手播。此外，也可采用水力播种，即借助水力播种机将种子喷洒到坪床上，是远距离播种和陡坡绿化的有效手段。

2. 营养繁殖

营养繁殖法的材料包括草皮块、塞植材料、幼枝和匍匐茎等，营养繁殖法是依靠草坪草营养繁殖材料繁殖。

3. 草坪植生带（纸）建植法

草坪植生带（纸）建植法是将草种或营养繁殖材料和定量肥料夹在"无纺布"、"纸＋纱布"或"两种特种纸"间，经过复合定位工序后，形成一定规格的人造草坪植生带（纸），种植时，就像铺地毯一样，将植生带（纸）覆盖于坪床面上，上面再撒上一层薄土，经若干天后，作为载体的无纺布（纸）逐渐腐烂，草籽在土壤里发芽生长，形成草坪。草坪植生带（纸）建坪，具有简便易行、省工、省时、省钱、建成快及效果好的特点。

铺设草坪植生带（纸）时，应选择土质好、肥力高、杂草少、光照充分、灌溉与保护方便的地段，除去石块、杂草根茎及各种垃圾，并施足底肥；坪床应精心翻整、适当浇水并轻度镇压，当日均温度大于 10 ℃时，将植生带（纸）铺于坪床上，然后覆盖 0.2 cm 左右的肥土；铺植后出苗前每天至少早、晚各浇一次，要求地表始终保持湿润，有条件的，可浇水后在植生带（纸）上覆盖塑料薄膜，一般经 7～10 d 后小苗即可出土。

**（八）种苗量计算**

林草生态工程的种苗量是根据造林的密度和种植点的配置计算的。植苗造林时，苗木用量 = 种植点数量 × 每穴株数。

播种造林时，其播种量主要由树种、种子大小（千粒重）、发芽率和单位面积上要求的最低幼苗数量来决定，与播种方法有关。一般大粒种子 2～3 粒/穴，例如核桃、胡桃楸及板栗等；次大粒种子 3～5 粒/穴，如油茶、山杏及文冠果等；中粒种子 4～6 粒/穴，如红松、华山松等；小粒种子 10～20 粒/穴，如油松、马尾松及云南松等；特小粒种子 20～30 粒/穴，如柠条、花棒等。播种造林生产上已经很少用。

牧草播种量是由种子大小（千粒重）、发芽率及单位面积上拥有的额定苗数决定的。

一般情况下，若知道某植物种子的千粒重和单位面积播种籽数或计划有苗数，就可以算出理论播种量，即

$$W_L = M \times G / 100 \tag{8.1-13}$$

式中　$W_L$——理论播种量，kg/hm$^2$；

$M$——单位面积播种籽数(粒/m²)或计划有苗数,株/m²;

$G$——种子千粒重,g。

而设计播种量还要考虑种子的纯净度(%)、种子的发芽率(%)和成苗率(%)等因素,在播种时可能还要考虑鸟鼠虫造成的损耗或施工损耗,一般的处理是增加设计播种量2%,也可以采用经验修正值(小数,经验值)的办法,即:

设计播种量 = 理论播种量×经验修正值/(种子纯净度×种子发芽率×成苗率)

或　　设计播种量 = 理论播种量×(1 + 2%)/(种子纯净度×种子发芽率×成苗率)

实际设计时,若播区成苗率和经验修正值不能确定,也可以简化为:

设计播种量 = 理论播种量/(种子纯净度×种子发芽率)

常见牧草播种量见表8.1-13。

表8.1-13　常见牧草播种量

| 名称 | 播种量(kg/hm²) | 名称 | 播种量(kg/hm²) |
|---|---|---|---|
| 紫花苜蓿 | 11.5 ~ 15 | 春箭舌豌豆 | 75 ~ 112.5 |
| 沙打旺 | 3.75 ~ 7.5 | 无芒麦草 | 22.5 ~ 30 |
| 白花草木樨 | 11.25 ~ 18.75 | 扁穗冰草 | 15 ~ 22.5 |
| 黄花草木樨 | 11.25 ~ 18.75 | 沙生冰草 | 15 ~ 22.5 |
| 红豆草 | 45 ~ 60 | 苇状羊茅 | 15 ~ 22.5 |
| 多变小冠花 | 7.5 ~ 15 | 老芒麦 | 22.5 ~ 30 |
| 鹰嘴紫云英 | 7.5 ~ 15 | 鸭脚草 | 11.25 ~ 15 |
| 百脉根 | 7.5 ~ 12 | 俄罗斯新麦草 | 7.5 ~ 15 |
| 红三叶 | 11.25 ~ 12 | 苏丹草 | 22.5 ~ 30 |
| 山野豌豆 | 45 ~ 60 | 串叶松香草 | 4.5 ~ 7.5 |
| 白三叶 | 7.5 ~ 11.25 | 鲁梅克斯 | 0.75 ~ 1.5 |
| 籽粒苋 | 0.75 ~ 1.5 | 猫尾草 | 3.75 |
| 黄芪 | 11.25 | 甘草 | 15 ~ 75 |
| 披碱草 | 52.5 ~ 60 | 羊草 | 37.5 ~ 60 |

**(九)林草生态工程典型设计**

林草生态工程典型设计包括造林典型设计、种草设计及各种复合工程类型的设计。它的目的是进行分类设计、简化设计,以便于计算种苗量和工程量,提高设计效率。林草典型设计应在外业调查的基础上,分析地貌、土壤、植被及水文等环境因子的分布变化规律,并进行立地类型划分,然后分立地类型、林种或工程类型及适生树种草种进行编制。每个典型设计要确定其适用的立地类型。一般一个立地类型有一个或数个不同树种的典型造林设计,也有一个树种的典型设计适用于两个以上的立地类型。所以,在一个地区内编制林草工程典型设计,应在前面附上立地类型相应的典型设计对照表。典型设计应做到适地适树、技术先进、简洁明了和直观实用。

林业生态工程典型设计,主要包括树种草种、林种或工程类型、树种组成(或草种混播类型或林草复合结构)、造林密度及株行距、整地方式和规格、整地季节、林草种植方法(造林种草方式)、种植季节、苗木或种子处理、栽植方式、幼林抚育措施及次数、种苗用量及其他材料用量(如浇水)以及其他特别需要说明的问题等,以下以造林典型设计为例说明。有关种草或草坪的典型设计可根据其特点要求参照编制。

【**案例 8.1-16**】 方山县峪口镇土桥沟流域花果山造林典型设计(图 8.1-14)

林种:水土保持林(油松、刺槐混交)。

造林地种类:黄土丘陵沟壑区丘陵坡面与沟坡面。

立地类型:山梁坡、沟坡黄土。

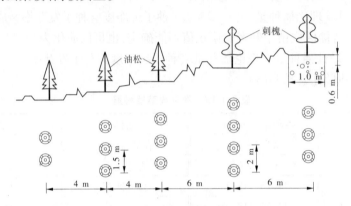

图 8.1-14 方山县峪口镇土桥沟油松、刺槐混交林设计示意图

苗木设计见表 8.1-14。

表 8.1-14 苗木设计

| 造林树种 | 混交方式 | 株距(m) | 行距(m) | 每穴栽植株数 | 苗木规格 | | | 用苗量(株/hm²) |
| --- | --- | --- | --- | --- | --- | --- | --- | --- |
| | | | | | 苗龄 | 基径(cm) | 苗高(cm) | |
| 油松 | 3 行 | 1.5 | 4 | 3 | 2 | 0.45 | 15 | 2 308 |
| 刺槐 | 2 行 | 2.0 | 6 | 1 | 1 | 1.2~1.5 | 150 | 385 |

技术措施设计见表 8.1-15。

表 8.1-15 技术措施设计

| 项目 | 时间 | 方式 | 规格与要求 |
| --- | --- | --- | --- |
| 整地 | 春、夏、秋 | 反坡梯田 | 宽×深为 100 cm×60 cm,每隔 2.5~3.5 m 做一 20 cm 高横挡,田面反坡 20°,梯田外侧修地埂,高 25 cm,宽 30 cm |
| 栽植 | 春、秋 | 植苗 | 油松:春季随起苗随造林,苗木要稍带些原土,保持根系舒展,踏实<br>刺槐:用截干苗造林,留干长 10~12 cm,栽时要根系舒展,埋深使切口与地面平,填土踏实 |
| 抚育 | 春、秋 | 松土、除草培修地埂、修枝 | 造林后连续抚育 3 年,第一年松土除草一次,于 5~8 月进行,第 2 年 5~8 月松土除草一次,抚育时注意培修地埂,蓄水保墒。刺槐栽植后第 2 年起每年修枝,修枝强度为保留树冠高 2/3 |

**【案例 8.1-17】 黄土区水土保持:灌草带设计(图 8.1-15)**

西北地区某地,地处黄土丘陵沟壑区与风沙区过渡带,年降水量 250 ~ 400 mm;土壤沙壤质,植被稀疏。为解决饲料和薪炭紧缺,计划营造水土保持灌草带。

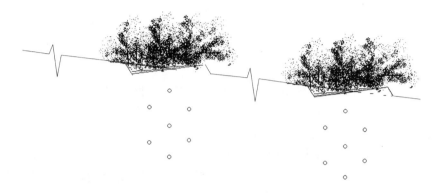

图 8.1-15 水土保持灌草带设计示意图

在水土保持灌木林林带之间的坡地种植牧草,采用 1:4 比例的种子重量混播黑麦草(千粒重 2 g,发芽率 88%,种子纯净度 92%)和红豆草(千粒重 16 g,发芽率 93%,种子纯净度 98%),每平方米额定混播 2 500 粒。水土保持草种播种的作业损耗为 2%。计算每公顷所需黑麦草和红豆草的设计播种量。

已知按 1:4 重量比,1 g 黑麦草 500 粒,4 g 红豆草 250 粒,则 5 g 混播种子共计 750 粒。

理论播种量:每平方米混播需 2 500 粒 × 5 g/750 粒 = 16.67 g

黑麦草量 = 16.67 × 1/5 = 3.33 g/m² ≈ 33 kg/hm²

红豆草量 = 16.67 × 4/5 = 13.34 g/m² ≈ 133 kg/hm²

设计播种量:

黑麦草量 = 33 kg/hm² × (1 + 2%)/(88% × 92%) ≈ 41.58 kg/hm²

红豆草量 = 133 kg/hm² × (1 + 2%)/(93% × 98%) ≈ 148.85 kg/hm²

# 第二节 总体设计及配置原则和要求

## 一、总体设计原则与要求

### (一)总体设计原则

水土保持林草生态工程应根据水土流失地区的地形地貌、气候、土壤、植被等条件及水土流失特点和土地利用现状进行总体设计,主要遵循以下原则与要求:

(1)服从于水土保持总体规划与设计的原则,与水土保持区划所确定的水土保持主导功能相适应。水土保持林草生态工程总体设计应在国家生态建设规划及相关文件的框架下,以区域(县级以上或大中流域)水土保持总体规划与设计为指导,以小流域综合治理总体布设(初步设计)为基础,以防治水土流失、改善生态环境和农牧业生产条件为目的进行总体布设。

(2)因地制宜,因害设防,植物措施与工程措施相结合的原则。充分考虑项目区的自然经济社会情况,防治水土流失与改善当地生产、生活条件相结合,做到因地制宜,因害设防。

注重生物多样性,采用以乡土树草种为主的多林种、多草种配置。林草生态工程总体设计应在大中流域(区域)土地利用总体规划和水土保持总体规划的指导下,确定水土保持林草生态建设用地,以小流域为基本单元,因地制宜、因害设防、综合规划,植物措施和工程措施相结合,合理布设。具体地说,就是应根据流域内土地立地类型划分,在宜林宜牧土地上根据不同立地类型、生产与防护目的等布设各种类型的林草生态工程(包括不同森林、牧草、草地、草场、复合林草、复合林农等工程),做到造林与种草、育林与育草、治理与封禁、林草与工程、林草与农牧紧密配合、协调发展、互相促进。

(3)生态效益优先,兼顾经济效益、社会效益的原则。根据项目区的自然条件、当地经济状况、产业结构及发展方向,确定工程建设的规模和特性。在防治水土流失的基础上,注重经济效益,着力于提高土地生产力。林草生态工程总体设计必须符合当地自然资源和社会经济资源的最合理有效利用原则,做到局部利益服从整体利益,局部与整体相结合,遵循生态效益优先,兼顾经济效益、社会效益,做到当前利益和长远利益、生态效益和经济效益相结合,做到有短有长,以短养长,长短结合。

**(二)总体设计要求**

水土保持林草生态工程总体设计应达到以下要求:

(1)水土保持林草生态工程总体设计,应拟定水土流失治理度、林草覆盖率等防治指标,在技术、经济可行的前提下,达到国家水土流失防治指标的要求。

(2)水土保持林草生态工程总体设计,在平面上应做到网、带、片、块相结合,林、牧、农、水相结合,在空间上应做到乔、灌、草相结合,植物工程与水利工程相结合,力求各类生态工程以较小的占地面积达到最大的生态效益与经济效益。

(3)林草生态工程总体布设,在经济发展方面应与当地产业结构调整、生产发展方向、生态环境保护要求相适应,在实施技术方面,做到设计合理,群众接受,施工简便易行。

(4)对于清洁型小流域综合治理工程,或有水景观建设需求的地区,宜采用小流域人工湿地的方式沉积泥沙,兼有改善水质及水体景观的功能;人工湿地的布置也适用于农村生活污水处理后,排入河道前需进一步净化的区域。

## 二、配置原则与要求

**(一)配置与设计基础**

林草措施设计应在工程布置的基础上,根据立地类型划分和树(草)种的组成与配置等进行分类典型设计。

在一个流域或区域范围内,水土保持林草生态工程体系配置及设计的基础是各工程在流域内的水平配置和立体配置。通过各种工程的水平配置与立体配置使林农、林牧、林草、林药得到有机结合,使之形成林中有农、林中有牧、植物共生、生态位重叠、生物学稳定、多功能、多效益的人工森林生态系统、草地生态系统、复合生态系统,以充分发挥土、水、肥、光、热等资源的生产潜力,不断提高和改善土地生产力,以求达到最高的生态效益和经济效益,从而达到持续、稳定、高效的水土保持生态环境建设目标。

1.水平配置

水平配置是指在流域或区域范围内,各个林业生态工程平面布局和合理规划。对具体的中、小流域应以其山系、水系、主要道路网的分布,以及土地利用规划为基础,结合水土流失特点和水源涵养、水土保持要求,发展林业产业和人民生活的需要,生产与环境条件的需要,进行合理布局和配置。在配置的形式上,兼顾流域水系上、中、下游,流域山系的坡、沟、川,左右岸之间的相互关系,统筹考虑各种生态工程与农田、牧场、水域及其他水土保持设施相结合,(林)带、片(林)、(林)网相结合,林草生态工程建设用地在流域范围内的均匀分布和达到一定林草覆盖率,在流域平面上形成有机结合的水土保持措施体系。

2. 立体配置

立体配置是指某一林草生态工程(或林种)的树种草种选择与组成、人工森林生态系统的群落结构的配合形成。应根据其经营目的,确定目的树种与其他植物种及其混交搭配,形成合理群落结构。并根据水土保持、社会经济、土地生产力及林草种特性,将乔木、灌木、草类、药用植物和其他经济植物等结合起来,以加强生态系统的生物学稳定性和形成长、中、短期开发利用的条件,特别应注重当地适生的树种和草种的多样性及其经济开发的价值。除此之外,还有水土保持林草工程与农牧用地、河川、道路、庭院、水利设施等结合的立体配置。

立体配置的另一层含义是指根据流域内生态环境因子随着海拔变化形成的垂直分异规律,充分利用自然资源,建立梯层结构的配置模式。同时这种梯层配置要与流域的地形条件与水土流失特点紧密结合,考虑到不同地形地貌部位、地质条件下的水土流失形式、强度,从分水岭到流域口随着地形的变化,由上而下形成层层设防、层层拦截的水土保持生物措施体系,使径流得到过滤,泥沙就地沉积,控制流域坡面、沟道的水土流失。

**(二)配置原则与要求**

(1)水土保持林草生态工程有时也配置经济林和果园,主要目的是保持水土,防治侵蚀,改善生态环境,同时也能一定程度增加农民经济收入。因此,各类生态工程(林业上称为林种、牧业上称草地类型)的配置上,应优先安排生态功能强的林草工程。在水蚀地区应以水土保持林、水源涵养林、护坡种草、封山育林育草工程为主;在风蚀区沙漠治理工程应以防风固沙林、封山(沙)育林育草等恢复沙区植被的工程为主。同时,在这些地区也应适当考虑短轮伐期用材林、薪炭林、果园、经济林、人工牧草、草库仑建设等工程,但比重不宜过大。如国家林业局规定生态林建设中果园、经济林的造林面积不应超过造林总面积的20%。

(2)水土保持林草生态工程原则上应配置在荒地上(是指除耕地、林地、草地和村庄、道路、水域以外,一切可以利用而尚未利用的土地),包括荒山、荒坡、荒沟、荒滩、河岸以及村旁、路旁、宅旁、渠旁等地,同时应考虑在退耕地、轮歇地、残次林、疏林、退化天然草坡和草场、河岸、堤岸、坝坡等地上配置。

(3)水土保持林草生态工程应本着适地适树(草),宜乔则乔、宜灌则灌、宜草则草的原则,选择具有水土保持功能的、抗逆性强的乡土树种草种,在不破坏原生地带性植被的同时适当选用引种成功的外来树种草种,实现生态互补。

(4)水土保持林草工程配置上应尽量考虑混交林和乔灌草复合的人工群落,不应大面积营造纯林,尤其是针叶林纯林。如每块纯林的最大面积不应超过 20 $hm^2$(大径级珍贵阔叶树种可放宽到 50 $hm^2$);造林带状配置时,纯林林带的最大宽度不应超过 100 m;树种相同的两块(带)纯林之间可设计生态隔离林带,隔离林带的树种与被隔离的纯林树种之间的生态特性要有互补性。

# 第三节　小流域综合治理林草工程

　　山区、丘陵区的水土保持林草生态工程，实际上就是传统水土保持造林种草工程，或者说林草措施拓展。

　　山区、丘陵区大中流域（或县级以上）水土保持林草生态工程设计，一般直接反映到小流域或小片区，总体上是一个宏观设计，主要反映小流域内主要单项水土保持林草工程（林种或草地、草场类型）布置情况，其设计的工程量是按典型小流域（或中小流域）分类推算的。因此，中小流域是在充分考虑行政区界、地形的基础上，按小班布置和设计。所以，中小流域（或县级以下）水土保持林草生态工程的平面布置与设计是大中流域总体布置与设计的基础，也是反映实际施工组织的布置与设计。

## 一、林草生态工程总体布置

　　以小流域水土流失综合治理为设计单元，改善当地生产、生活条件为目标，根据不同流域地形、地貌部位因地制宜地按山、水、田、林、路，从流域上游到出口，层层设防地布置适宜的防护林林种。

### （一）水土保持林总体布置

**1. 按水土保持林种布置**

　　（1）水土保持林。主要布置在荒山、荒坡、荒沟、荒滩、退耕地、轮歇地与残林、疏林地、河岸以及村旁、路旁、宅旁、渠旁等土地利用类型。

　　（2）水土保持种草。主要布置在荒地、荒坡、荒沟、荒滩，没有林草覆盖的河岸、堤岸、坝坡、退耕地以及由于过度放牧引起退化的天然牧场、草坡。

　　事实上，水土保持林和草在布设上往往是结合在一起的，如草地周边布设防护林；水土保持林下种草、经济林下种草等。

　　（3）水土保持经济林（含果园）。在水土流失轻微、交通方便、立地条件较好、有灌溉条件处可配置经济林果。一般布置在立地条件好，最好有水源条件的土地类型上；高效果园、经济林栽培园也可布置在耕地上。此类林种对于促进农村经济发展作用显著，但作为国家投资项目比例不应太高，可占人工林地总面积的 15% ~ 20%（国家林业局规定生态林建设中经济林的比例不大于 20%）。

　　（4）水土保持薪炭林。在农村燃料缺乏的地区此类林种应占相当比重。可根据各地人均年需烧柴数量和每公顷林木可能提供的烧柴数量确定种植面积。

　　（5）水土保持饲料林。在我国北方干旱、半干旱饲料不足地区，可结合水土保持营造柠条、紫穗槐等灌木树种作为补充。可根据每公顷放牧林的载畜量和牲畜发展数量，确定放牧林面积。

　　（6）水土保持用材林。主要布置在立地条件较好的土地类型上，也可布置在路旁、村旁、宅旁、渠旁、河滩和沟底。

　　（7）人工湿地。应选择有条件保持湿地水文和湿地土壤的区域；城镇郊区、饮水水源保护区和风景名胜区可开展人工湿地建设。

**2. 按不同地形部位布置**

　　按不同水土流失类型区及土壤侵蚀在不同地形部位的发生特点，因害设防，布置适宜的水土保持林种。

(1)丘陵、山地坡面水土保持林。根据荒坡所在位置、坡面坡度与水土流失特点,分别布设在坡面的上部、中部或下部,与农地、牧地成带状或块状相间;在地多人少的地方,可在整个坡面全部造林。

(2)沟壑水土保持林。分沟头、沟坡、沟底三个部位,与沟壑治理工程措施中的沟头防护、谷坊、淤地坝等紧密结合。

(3)河道两岸、湖泊水库四周、渠道沿线等水域附近的水土保持林。主要用于巩固河岸、库岸与渠道,防止塌岸和冲刷渠坡。

(4)路旁、渠旁、村旁、宅旁造林。在平原区和黄土高原沟壑区的塬面,一般是道路与渠道结合形成大片方田林网。路旁、渠旁造林,应按照农田林网的要求进行。山区、丘陵区村旁、宅旁造林,应以经济林为主,形成庭院经济。

3.按树种组成配置

(1)灌木纯林。主要适应于干旱、半干旱等水土流失严重、立地条件很差的地区,一般用做薪炭林和饲料林。

(2)乔木纯林。主要适应于立地条件较好的地区,同时其生物学特性要求为纯林。一般用做经济林和速生丰产林。

(3)混交林。有条件的地区应尽量布置此类型,以充分利用水土资源,减轻病虫害,提高造林效率。混交方法有株间混交、行间混交、带状混交和块状混交。

**(二)水土保持种草布置**

1.按用途布置

(1)特种经济草生产基地。包括药用、蜜源、编织、造纸、沤肥、观赏等草类,应根据各种草类的生物生态学特点与适应性,分别选用相应立地条件安排种植。

(2)饲草基地。以饲养牧畜为主,有以下两种情况:割草地主要选距村舍较近和立地条件相对较好的退耕地或荒坡;放牧地主要选离村较远和立地条件相对较差的荒坡或沟壑地。

(3)种籽基地。应选用地面坡度较缓、水分条件较好、通风透光、距村较近、便于田间管理的土地,以保证草籽优质高产。

2.按地类布置

(1)布置在陡坡退耕地、撂荒地、轮荒地及过度放牧引起草场退化的牧地上。

(2)布置在沟头、沟边、沟坡、土坝、土堤的背水坡,梯田田坎上。

(3)布置在河岸、渠岸、水库周围及海滩、湖滨等地上。

## 二、平面布置与设计

**(一)平面布置**

中小流域水土保持林草生态工程的平面布置直接通过小班反映在图面上,是初步设计阶段的细部布置图。在流域内或片区内一般按乡—村—小班分级区划,在流域较小、造林面积不大时可直接划分为村—小班或直接划到小班。根据《水土保持综合治理技术规范》、《生态林建设技术规范》,结合我国南北方水土保持生产实践,总结列出水土保持林草生态工程的分类及配置(见表8.3-1)。

表 8.3-1 水土保持林草生态工程的分类及配置

| 工程类型 | 工程名称 | 地形或小地貌 | 侵蚀程度 | 土地利用类型 | 防护对象与目的 | 生产性能 | 配置技术 |
|---|---|---|---|---|---|---|---|
| 坡面荒地水保林草生态工程 | 坡面防蚀林 | 各种地貌下的沟坡或陡坡 | 强度以上 | 荒地、荒草地、稀疏灌木林地和疏林地 | 各种地类的坡面侵蚀 | 一般禁止生产活动 | 以萌蘖力强的树种为主;沟底下切严重的沟道坡面防蚀应与沟底防冲工程措施结合 |
| | 护坡放牧林 | 各种地貌下的较缓坡面或沟坡 | 强度以下 | 退耕地、弃耕地、荒草地、稀疏灌草地、覆盖度低的灌木林地和疏林地 | 各种地类的坡面侵蚀 | 刈割或放牧 | 以宜放牧、萌蘖力强、耐平茬的树种为主,应与人工种草、建设相结合。充分利用稀疏草地、草坡,稀疏灌木林地、疏林地等配置林草草结合的放牧林 |
| | 护坡薪炭林 | 各种地貌下的较缓坡面或沟坡 | 强度以下 | 荒地、荒草地、稀疏灌木林地和疏林地 | 各种地类的坡面侵蚀 | 刈割取柴 | 以萌蘖力强(或短轮伐期)、热值高的树种为主,南方可适当密植 |
| | 护坡用材林 | 坡麓、沟塌地、平缓坡面 | 中度以下 | 荒地、荒草地、稀疏灌草地、覆盖度低的灌木林地、疏林地、弃耕地 | 各种地类的坡面侵蚀 | 取材(一般为小径材) | 耐旱、速生树种的乔木林为主,有条件的考虑针阔混交。可与沟道坊工程结合,建设小片林 |
| | 护坡经济林(含特用经济林) | 平缓坡面 | 中度以下 | 退耕地、弃耕地、覆盖度高的荒草地 | 各种地类的坡面侵蚀 | 获取林副产品 | 坡面以耐旱和经济价值高的木本粮油树种为主,如建园应有相应的水源配套 |
| | 护坡种草工程 | 坡麓、沟塌地、平缓坡面 | 中度以下 | 退耕地、弃耕地、荒草地、稀疏灌草地、稀疏灌木林地和疏林地 | 各种地类的坡面侵蚀 | 刈割或放牧 | 以刈割型、放牧型草地为主,可充分利用稀疏灌木林地、疏林地在林下种草,种草宜采用混播 |

续表 8.3-1

| 工程类型 | 工程名称 | 地形或小地貌 | 侵蚀程度 | 土地利用类型 | 防护对象与目的 | 生产性能 | 配置技术 |
|---|---|---|---|---|---|---|---|
| 坡耕地水土保持林业生态工程 | 植物篱(生物地埂、生物坝) | 塬坡、梁坡、山地坡面 | 强度以下 | 坡耕地 | 坡耕地侵蚀 | "三料"或其他 | 以灌木带、宽草带为主,沿等高线与径流中线垂直,间隔布置 |
| | 水流调节林带 | 漫岗、长缓坡 | 轻度或中度 | 坡耕地 | 坡耕地侵蚀 | 用材或其他 | 坡度小于3°可按农田防护林的要求布置;坡耕地坡度3°~5°每隔200~250 m,坡度5°~10°以上每隔150~200 m,10°以上每隔100~150 m配置一条,灌木林带间距60~120 m的乔木林带 |
| | 梯田地坎(埂)防护林(草) | 塬坡、梁坡、山地坡面 | 轻度以下 | 土坎或石坎梯田 | 田埂(坎)侵蚀 | 林副产品或其他 | 采取坎外、坎内,坎上多种配置乔木林或经济林,也可种植灌木或经济价值高的草种 |
| | 坡地林(草)复合工程 | 塬坡、梁坡、山地坡面 | 轻度或中度 | 坡耕地 | 坡耕地侵蚀(含风蚀) | 林副产品或其他 | 林与农作物(或草)复合,一般配置为稀植经济林木,即林下种植作物或草 |
| 塬面梁峁顶耕地 | 塬面塬边防护林 | 塬面塬边 | 轻度以下 | 旱平地 | 耕地侵蚀(含风蚀) | 林副产品或其他 | 按农田防护林要求配置,与塬面其他林业生态工程相结合。塬边应布设灌木林带,并与蓄水沟埂工程结合 |
| | 梁峁顶防护林 | 梁峁顶、梁峁边 | 轻度以下 | 旱平地 | 耕地侵蚀(含风蚀) | 林副产品或其他 | 宽梁顶布置农田防护林,峁顶全面造林 |

续表 8.3-1

| 工程类型 | 工程名称 | 地形或小地貌 | 侵蚀程度 | 土地利用类型 | 防护对象与目的 | 生产性能 | 配置技术 |
|---|---|---|---|---|---|---|---|
| 农地水土保持林业 沟川台(河)川台地 | 沟谷川地防护林 | 沟川或坝子 | 微度以下 | 旱平地、水浇地、沟坝地 | 耕地侵蚀(含风蚀) | 林副产品或其他 | 沟道内布置小片速生丰产林;川台地布置经济林园 |
| | 沟川台(阶)地农林复合工程 | 沟台地、阶地山前 | 轻度以下 | 旱平地或梯地 | 耕地侵蚀(含风蚀) | 林副产品或其他 | 布置经济林与农作物、林药材、经济林与蔬菜等复合工程 |
| 生态工程 | 沟头防护林 | 沟头、进水凹地 | 强度以上 | 荒地或耕地 | 水蚀与重力侵蚀 | 一般禁止生产活动 | 与沟头谷坊工程相结合,可采用土柳谷坊、编篱柳或沟道森林工程 |
| 侵蚀沟道、水文网水保林业 | 沟沟边防护林 | 沟边 | 强度以上 | 荒地或耕地 | 水蚀与重力侵蚀 | 一般禁止生产活动 | 与沟边埂结合,从沟缘线以上依次布置灌木林带(萌蘖力强的树种)、乔木林带。应与原面农田防护林结合 |
| | 坝坡防护林 | 沟道淤地坝 | 强度以上 | 荒地或梯地 | 水蚀与重力侵蚀 | 一般禁止生产活动 | 布置草或灌木,与坝坡其他防护工程结合 |
| 生态工程 | 沟底防护林 | 沟底 | 强度以上 | 荒滩或水域 | 水流冲刷 | 一般禁止生产活动 | 采取栅状、雁翅状防护林,片断或全面造林等;沟道森林工程(柳谷坊、编篱柳谷坊) |
| 水库河岸(滩)水保林业 | 水库防护林 | 库坝、岸坡及周边 | 中度以上 | 荒地或水域 | 水流冲淘、岸坡坍塌 | 一般禁止生产活动 | 水库周边布置防浪林和防风林;回水线以上布置拦泥挂淤林;坝后低湿地、盐碱地造林 |
| | 护岸防护林 | 河岸 | 中度以上 | 荒地或水域、两岸农田 | 水流冲淘、岸坡坍塌 | 一般禁止生产活动 | 护岸先护滩,护岸林与护滩林相结合,护岸林配置应乔灌草结合。护岸林应与堤防工程相结合 |
| 生态工程 | 护滩林及生物工程 | 河滩 | 中度以上 | 荒地或水域、两岸农田 | 水流冲淘 | 一般禁止生产活动 | 布置灌木护滩林(沙棘、怪柳等),雁翅武造林和柳篱挂淤护滩森林等,护岸护滩工程(柳坝、柳盘头、石柳坝、柳泊小坡等) |

（二）林草生态工程设计

各种林草业生态工程的具体设计,限于篇幅,有关详细内容请参阅《林业生态工程学——林草植被建设的理论与实践》一书。

林草生态工程的设计是以小班为单元进行的,小班是调查设计、施工管理的基本单位,要求小班内的立地、典型设计、权属等条件应保持一致,小班的划分应反映出自然条件的地域分异规律,一个小班应能一次施工完成。小班的图面面积不小于 $0.5\sim1.0\ cm^2$。

在平面布置图上应显示出行政区界(县、乡、村)、流域界、小班界、小班编号、小班面积、立地类型编号、典型设计编号、林种或生态工程类型、树种草种、施工时间等信息。可以使用不同的颜色显示小班、林种、树种等信息。

同时应根据调查资料将设计区域内的造林种草地进行立地类型划分,并进行相对应的典型设计,将立地类型与典型设计落实到小班上,并在图面上进行小班注记。具体注记形式见调查与勘测部分及制图规范。

人工湿地宜随地形和功能,保持岸线自然弯曲,采用拟自然湿地剖面形态设计。

**【案例8.3-1】 滇西北中山峡谷水土保持林体系建设模式(图8.3-1)**

1. 立地条件特征

建设区为云南省会泽县头塘小流域水土流失综合治理试验示范区。在海拔 3 000 m 以下的中山、河谷相间地带,一般有两种主要地貌组合:一是直至河谷的大坡面或者是中间有些相对比较平坦地段的阶梯式大坡面结构;二是与中山盆地相连的坝山组合结构。根据地貌和气候差异又可进一步分为中山山地、中山盆地和河谷三种地貌单元,而河谷又有干热河谷和半干旱、半湿润河谷之分。境内气候温凉湿润,土层深厚,森林覆盖率较高,仅局部地段植被稀疏。由于地处山体径流的汇集区,海拔高度差异悬殊,坡面长而陡峭,因而也是滇西北高山峡谷亚区中最主要的土壤侵蚀区和泥石流危险区。

2. 设计技术思路

模式区植被条件虽然较好,但受地形等因子影响,植被稀疏的局部地区水土流失严重,甚至发生石砾化或泥石流。因此,应结合天然林保护、陡坡地退耕还林、封山育林及水土保持林营造等措施,综合考虑水土保持林体系的合理空间布局结构和林分结构,建设功能完善而强大的水土保持林体系,控制水土流失,防治泥石流。

3. 技术要点及配套措施

(1)体系布局:从水土流失及其治理来看,阶梯式大坡面结构地貌单元的水土流失危险性远大于坝山组合结构。因此,前者必须以大面积森林覆被为基础,辅以在平坦地区或农地周围营建水土保持林带,构成水土保持林体系;而后者则主要由山顶的防护林带、山坡的护坡林带与坝区的农田防护林带构成水土保持林体系。在河谷区主要是布设护岸林。

(2)封山育林:严格保护天然林,辅以适当的人工促进措施,逐步提高其防护功能。对于由于人为砍伐、火灾等形成的次生林、疏林、灌木林等,进行封山育林。特别是陡坡地带的次生林、疏林和灌木林地,更要严格封山,逐步恢复和增强其防护功能。必要时可以在尽量不破坏表土的情况下进行适当补植。

(3)造林更新:宜林荒山和易引起水土流失的地段,营造水土保持林;比较平坦的地段、坝山部,土壤比较肥沃,可营造生态经济型防护林。

混交类型:针叶树有云南松、华山松、铁杉、三尖杉、黄杉、红豆杉、秃杉等;阔叶树以旱冬

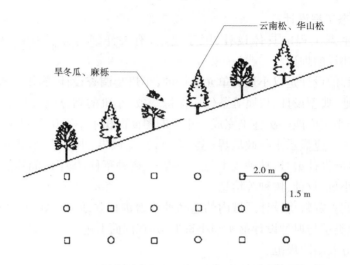

图8.3-1　滇西北中山峡谷水土保持林体系建设模式图

瓜和栎类为主,包括栓皮栎、麻栎、槲栎、青冈栎、高山栲、黄毛青冈等;灌木可以选择马桑、胡颓子、榛子,在干旱、半干旱河谷区可以选择苦刺、牡荆、车桑子、山毛豆等。在石质岩地区选择冲天柏、藏柏、墨西哥柏等柏类。选用上述树种营造针阔混交林或乔灌混交林,常用的混交类型有旱冬瓜与云南松、华山松混交,栓皮栎(麻栎、槲栎)与云南松混交,黄毛青冈与云南松混交等。行间混交或株间混交,株行距为1.5 m×2.0 m或2.0 m×2.0 m。

林种配置:采薪型水土保持林,以栓皮栎或麻栎等为主要造林树种,海拔2 000 m左右的村庄附近可以选植银荆(圣诞树);经济型水土保持林,在进行非全垦型种植的基础上再配置生物埂或防护林带,生物埂选择花椒、青刺尖等灌木树种。防护林带选择核桃、板栗等树种。等高带状配置,株行距为1.5 m×1.5 m。

**【案例8.3-2】**　**滇中高原山地小流域水土流失综合治理模式**(图8.3-2)

1. 立地条件特征

建设区位于云南省会泽县头塘小流域,属滇中高原山区、半山区,典型的高原山地。山高坡陡,河谷纵横,海拔变化悬殊,气候垂直分布明显。土壤主要为红壤、黄壤、山地暗棕壤和紫色土。地表植被稀少而破坏严重,一遇降雨,地表松散物全部被径流冲刷入沟,水土流失严重。

2. 设计技术思路

以小流域为单元,因地制宜,综合治理,恢复植被,防治水土流失。对流域内宜林荒山荒地,人工造林和封山育林相结合,恢复和建设植被;对水土流失严重、易坍塌地段,生物措施与工程措施相结合,防治水土流失。同时边治理边开发,使小流域的各项收益得到不断的提高。

3. 技术要点及配套措施

(1)树种及其配置:主要乔木树种有云南松、华山松、水冬瓜、旱冬瓜、川滇桤木、圣诞树、栎类、柏类(藏柏、墨西哥柏、圆柏等)、刺槐等;灌木有马桑、胡颓子、苦刺等;草本有三叶草、香根草、龙须草、黑麦草等。乔灌或乔灌草混交配置,乔木和灌木的株行距为2.0 m×2.0 m或1.5 m×1.5 m。乔灌采用行状或块状混交,草本采用带状混交。

(2)主要造林技术:乔灌木树种,在造林前一年的秋、冬季穴状整地,规格为40 cm×40

cm×40 cm;草本植物,带状整地,带宽50 cm,深30 cm。乔灌木选用苗高30 cm 以上的1 年生营养袋苗,于雨季造林;经济林可在冬季栽植。造林后连续封育3 年,每年10～12 月进行抚育。

(3)配套措施:在冲沟中修筑土石谷坊,以稳定沟岸、防止沟床下切;在陡坡且易发生滑坡地段,截流排水,筑挡土墙稳固坡脚,防止水体渗透侵蚀和坡体下滑;在主沟内选择有利地形构筑拦沙坝,拦蓄泥沙。同时,在冲沟的谷坊淤泥中扦插或种植滇杨、柳树、旱冬瓜等速生树种,快速封闭侵蚀沟。

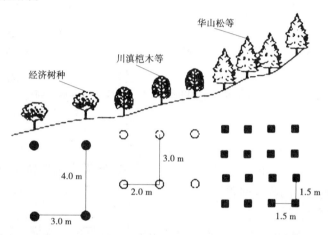

**图8.3-2　滇中高原山地小流域水土流失综合治理模式图**

【案例8.3-3】　四川盆周南部混交型水土保持林建设模式(图8.3-3)

1.立地条件特征模式

建设区位于盆周南部500～1 500 m 的低中山地带,年降水量在1 000 mm 左右,丘陵、丘坡地的土壤为黄壤、酸性紫色土,土层厚40 cm 以上,杂草、灌丛盖度40%～60%。

2.设计技术思路

在保护现有植被的基础上,选用根系发达、耐干燥瘠薄、生长较快的树种营造针阔混交林,提高森林生态系统的防护效益。

3. 技术要点及配套措施

(1)造林树种:选用杉木、马尾松、湿地松、栎类、檫木、香樟、刺槐、马桑等。

(2)整地:在保护现有植被的基础上进行穴状整地,其规格为:针叶树30 cm×30 cm×30 cm,阔叶树40 cm×40 cm×30 cm。

(3)造林:造林时间春秋皆可。针叶树和阔叶树带状混交,其中针叶树2 行,阔叶树2 行。造林株行距:针叶树2.0 m×2.5 m,阔叶树2.0 m×3.0 m。马尾松造林用容器苗,逐步推广菌根处理和切根技术。麻栎用切根苗,也可直播。在灌草较少处,撒播一些马桑种子。造林后连续抚育3 年,仅进行局部锄草松土。

【案例8.3-4】　四川盆周北部低山"一坡三带"式水土流失治理模式(图8.3-4)

1.立地条件特征

建设区位于盆周北部低山地带,坡面长、坡度较大。因属秦巴山地,海拔较高,人均耕地少,群众的耕地已从坡脚扩展到坡顶。土壤为山地黄壤,土层浅薄,加之山高坡陡,降雨集

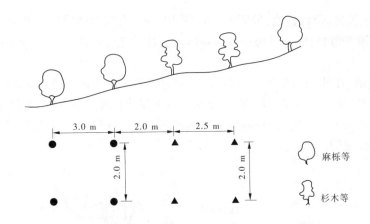

图 8.3-3　四川盆周南部混交型水土保持林建设模式图

中,水土流失严重。

2.设计技术思路

山顶上建设水源涵养林,山腰建设水土保持林,山脚建设水土保持经济林,有效控制水土流失,并解决当地群众的收入问题。

3.技术要点及配套措施

(1)山顶水源涵养林:选择涵养水源功能强、防风效果好的光皮桦、刺榛、日本落叶松等树种,窄带状或行带状混交,营造多树种混交林,形成乔、灌、草结合的多层结构林分,郁闭度维持在0.5~0.7。

(2)山腰水土保持林:选择保土功能强的麻栎、柏木、马桑、桤木等树种,同时要注意种植一些耐阴树种,带状混交,营造多树种、多层次的混交林,林分郁闭度维持在0.5~0.7。混交带的数量和带宽应根据坡长、坡度而定。

(3)山脚经济林带:选择以木本油料和木本药材树木为主的经济树种,如漆树、核桃、乌桕、油桐、杜仲等,水平阶或大穴整地造林。经济林带间每隔10~20 m配置一条沿等高线的草带或灌木带,以保护林地,防止水土流失。

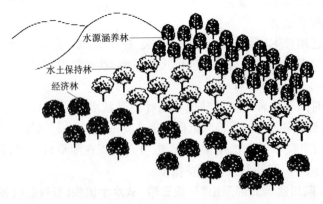

图 8.3-4　四川盆周北部低山"一坡三带"式水土流失治理模式图

**【案例 8.3-5】 汉水谷地低山"一坡三带"式治理模式**(图 8.3-5)

1. 立地条件特征

模式区位于陕西省安康市、商洛地区,为海拔 1 000 m 以下的山地。当地岭丘绵延、低缓浑圆。森林植被呈片状分布,覆盖率较低。区内人口密集、垦殖指数较高,水土流失比较严重。

2. 设计技术思路

当地人多地少,收入有限,人民生活水平低,生态环境脆弱。所以,必须把发展经济的着眼点放在改善生态环境上,把群众脱贫致富的切入点放在建设生态经济型林业上。因此,在治理上应按照"山顶戴帽子、山腰系带子、山脚穿靴子"的"一坡三带"式模式,把控制水土流失与人民脱贫致富奔小康有效地结合起来,实现生态与经济双赢的目标。

3. 技术要点及配套措施

(1)山顶水土保持林:选择保持水土功能强、适应性好的油松、栎类、侧柏等乔木和马桑、沙棘、紫穗槐等灌木树种,以乔、灌或乔、乔沿等高线带状混交的配置方式营建多层次、多树种的混交林。混交带宽视坡长、坡度而定。

(2)山腰防护用材林:选择速生、丰产、优质的杉木、马尾松、柏木等树种,营建以乔木与乔木混交为主的防护用材林。地势较缓处亦可营造纯林。

(3)山脚防护经济林:可供选择的主要经济树种有茶、桑、漆、油桐、油茶、核桃、板栗、杜仲、柑橘等。各地应根据当地的自然条件,选择各具特色的优势树种,如紫阳县的茶、安康市的桑、镇安和柞水县的板栗等。造林采取陡坡梯田沿地埂栽植 1~2 行树的农林混作配置,立地条件优越的地段亦可成片建园经营。

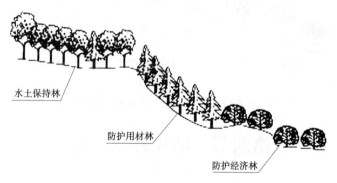

图 8.3-5 汉水谷地低山"一坡三带"式治理模式图

**【案例 8.3-6】 桂北中低山"一坡三带"林业生态建设模式**(图 8.3-6)

1. 立地条件特征

模式区位于广西壮族自治区北部的三江侗族自治县。中低山地区中下坡,土层较厚;上坡,土层浅薄;长期以来由于群众的广种薄收,毁林开垦和弃荒,形成了大面积的宜林荒山地或低效林区,森林植被遭到破坏,水土流失加剧。

2. 设计技术思路

"一坡三带"是林区群众对"山顶戴帽子、山腰系带子、山脚穿靴子"治理模式的惯称,即在山顶营造水源涵养林,山腰营造用材林,山脚营造经济林。通过"一坡三带"式治理,从整体上既可增加不同类型的森林植被,有效地控制水土流失,又能提供用材林和经济林产品,解决当地群众用材、烧柴等实际问题,增加群众经济收入,很好地解决生态效益和经济效益之间的矛盾,实现长短结合、以短养长的目标。

3.技术要点及配套措施

(1)山顶水源涵养林:选择涵养水源功能强、耐贫瘠的树种,如马尾松、粗皮桦、余甘子、木荷、杨梅等营造混交林,混交方式有带状、块状,林分郁闭度维持在0.5~0.7。

(2)山腰水土保持用材林:选择保土能力强的树种,如松、杉、木荷、枫香、南酸枣、檫木等,进行针阔混交,混交比例为7:3,带状混交,主要树种带比伴生树种带要宽些。林分郁闭度保持在0.5~0.7。

(3)山脚经济林:选择适宜本地生长且品种优良的果树、木本粮油及药材为主的经济树种,如水果类的柑橘、李、桃、柚子等,木本粮油类的板栗、柿子、油茶及工业用油的油桐等,药材类的黄柏、厚朴、杜仲等。水平阶或大穴整地,水平阶宽1.0~1.5 m。穴的规格:水果类及板栗、柿子等树种为100 cm×100 cm×80 cm,密度33~66株/亩;药材类及油茶、油桐等树种60 cm×60 cm×50 cm,密度130株/亩。间隔20~30 m配置一条等高生草带或灌木带,以减少水土流失。

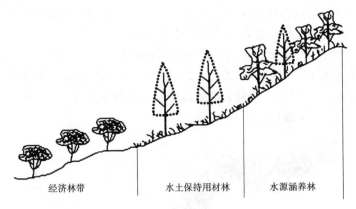

经济林带　　　　　水土保持用材林　　　　水源涵养林

图8.3-6　桂北中低山"一坡三带"林业生态建设模式图

# 第四节　防风林草工程

一、农田防护林工程

**(一)基本概念**

1.农田防护林的概念与作用

(1)农田防护林及其体系。农田防护林是以一定的树种组成、一定的结构,并成带或网状配置在遭受不同自然灾害(风沙、干旱、干热风、霜冻等)农田(旱作农田与灌溉农田)或牧场上的人工林。根据田、水、林、路总体规划,在农田上将农田防护林的主要林带配置成纵横交错,构成无数个网眼(或林网),即农田林网化。以农田林网为骨架,结合"四旁"植树、小片丰产林、果园、林农混作等形成一个完整的平原森林植物群体,即为农田防护林体系。在草原上将牧场防护林的防风固沙基干林带配置成与主害风风向垂直,结合星状布置的灌木护牧林(林岛)、风沙区牧民聚落区绿化和风蚀沙地护路林等形成完整草原牧场防护林体系。

（2）农田防护林的作用。农田防护林的主要功能在于抵御自然灾害、改善农田小气候环境，给农作物的生长和发育创造有利条件，保障作物或草高产稳定。抵御的自然灾害主要包括：①尘风暴，是风沙危害的主要形式；②干热风，是指气温为 32～35 ℃，相对湿度 25%～30% 时，风速 3 m/s 的风；③风灾，指由于风力过大，导致作物生理干旱而萎蔫或枯死；④低温灾害，是冷空气造成气温下降，致使作物延缓成熟甚至不能正常生长发育。

2. 林带结构

林带结构是指林内树木枝叶的密集程度的分布状况，也就是林带内透风空隙的大小、数量和分布状况。一般来说，林带结构是指林带的外部形态和内部结构的综合体。具体地说，林带结构就是林带的层次（林冠层次）、树种组成和栽植密度的总和。根据农田防护林外部形态和内部特征，或透光孔隙的大小和分布以及防风特性，林带结构划分为以下三种类型（见图8.4-1）。

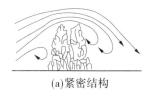  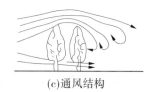

(a)紧密结构 　　　　　　(b)疏透结构 　　　　　　(c)通风结构

**图8.4-1　林带结构示意图**

（1）紧密结构：由主要林种、辅佐树种和灌木树种组成的三层林冠，上下紧密，一般透光面积 <5%，林带较宽，在背风林缘附近形成静风区，防风效果好，但防风距离较短。

（2）疏透（稀疏）结构：主要树种、辅佐树种和灌木树种组成的三层或二层林冠，林带的整个纵断面均匀透风透光，从上部到下部结构都不太紧密，透光孔隙分布均匀。在背风的林缘附近形成一个弱风区，防护距离较大。

（3）通风（透风）结构：这种结构的林带是由主要树种、辅佐树种和灌木树种组成的二层或一层林冠，上部为林冠层，有较小而均匀的透光孔隙，或紧密而不透光。在背风面林缘较远的地方形成弱风区，防护距离较大。

3. 防护林带有关指标的概念

（1）疏透度。疏透度亦称透光度，指林带的透光程度。疏透度是林带林缘垂直面上透光孔隙的投影面积 $S'$ 与该垂直面上总面积 $S$ 之比（用小数或百分数表示）。

（2）林带透风系数。透风系数是指当风向垂直林带时，林带背风林缘 1 m 处林带高度范围内的平均风速与空旷地区相同高度范围内的平均风速之比。

（3）林带高度。林带高度指林带中主要树种的成龄高度，一般用字母 $H$ 表示。

（4）林带宽度。林带宽度是指林带本身所占据的株行距，两侧各加 1.5～2.0 m 的距离。林带宽度直接影响疏透度，一种疏透型或通风型林带，如果宽度增大到一定限度就会变成紧密结构林带，一般认为这个行数限度是 15 行（约 30 m）。

（5）林带断面形状。营造林带时，由于主要树种、辅佐树种及灌木树种在搭配方式上的差异，往往会形成不同的林带横断面几何形状，称为林带断面形状。

（6）林带走向。林带走向是指林带配置的方向，它是以林带两端的指向，即以林带方位角度表示的。林带方位角为林带水平纵轴线与子午线的交角。

(7)林带交角与偏角。实际设计的林带与理想林带走向的夹角称为林带的偏角;林带与主要害风方向的夹角称为林带的交角。

(8)有效防护距离。林带附近风速减弱至有害风速以下的空间范围,一般采用林带高度 $H$ 的倍数表示。

**(二)总体布置**

1. 原则

农田防护林的规划设计总体布置必须遵循以下原则:

(1)在遭受干热风危害、风蚀、风沙、海岸台风危害地区的农田、牧场、草场均应布设农田(牧场)防护林。首先考虑农田、牧场以及村庄、道路、灌溉渠系分布特点,确定规划设计的范围。

(2)田、路、渠、堤、坡、林统一规划,综合治理,使农田、牧场得到林网的保护。在大面积农田草场范围内有低山、岗地、阶地等易造成水土流失的地带应将周边防护林与水土保持林结合起来。

(3)形成以农田林网为主,与小片林、经济林、果园、"四旁"绿化有机结合,建立相互联系、相互影响的综合性防护林体系。

(4)利用现有小片林、渠系防护林、道路防护林、护村林分区划网,划网应与林带主向、现有道路、干支渠等走向结合;在平面图上应显示新建主副林带、改造补植林带、原有林带的关系。

(5)在人工草场、半人工草场和天然草场,根据草场植被类型、放牧牲畜种类、载畜量、畜群结构等划分放牧小区,并与水、草、林、基(基点)、料相结合,布置草牧场防护林。

2. 防护林设计

1)确定防护林带结构

应根据林带结构特点及防护对象或适用范围,选择确定林带结构(见表8.4-1)。

表 8.4-1　不同林带结构特点与适用范围(或防护对象)

| 类型 | 主要特点 | 适用范围(或防护对象) |
|---|---|---|
| 紧密结构 | 带幅宽,行数多,造林密度大,由乔灌木树种组成。透光度 <0.3,透风系数 <0.3 | 果园、种植园或重要工程设施、流沙前沿(阻沙林带) |
| 疏透结构 | 带幅窄,行数较少,由乔灌木树种组成,灌木单行配置在乔木一侧或两侧。透光度 0.3~0.5,透风系数 0.3~0.5 | 广泛的平原农区和风沙区农地的防护 |
| 通风结构 | 行少,带幅窄,一般由乔木组成。透光度 0.4~0.6,透风系数 >0.5 | 用于一般风害地区或风害不大的干热风危害,水网地区的农田防护 |

注:引自《生态公益林技术规程》。

沙区农田防护林,若乔灌混交或密度大时,透风系数小,林网中农田会积沙,形成驴槽地,极不便耕作。而没有下木和灌木,透风系数 0.6~0.7 的透风结构为最适结构。

2)确定防护林带方向

当主害风风向频率很大,即害风风向较集中,其他方向的害风频率均很小时,林网呈长方形布置,主林带(长边)应与主要害风风向垂直配置。一般风害地区,在考虑和照顾农业耕作习惯等其他要求时,林带走向可在30°范围内做适当调整。

主害风与次害风风向频率均较大,害风方向不集中或无主害风方向时,林网可设计成正方形林网。

3.确定林带间距与网格面积

(1)主林带间距,应根据预防的主要风害种类确定。

风沙危害地区,为防止表土风蚀,保证适时播种和全苗,保持土壤肥力,主林带间距(15~20)$H$;干旱绿洲区,如北疆主林带间距170~250 m;南疆风沙大,用250~500 m。

以干热风危害为主的地区,由于干热风风速不大,在背风面相当林带高度20倍处,仍能降低风速20%左右,对温度的调节和相对湿度的影响仍然明显。加上下一条林带迎风面的作用,主林带间距按25$H$设计。

风害盐渍化地区,生物排水和抑制土壤返盐是涉及林带考虑的又一重要因素。据江苏、新疆对影响地下水位和抑制土壤返盐的调查,一般主林带间距最大不超过125 m。在盐渍化土壤上,林带高度一般较低,因此这类地带一般主林带间距不应超过200 m。

以上两三种灾害同时存在的地带,应以其低限指标来设计主林带间距。

(2)副林带间距。按主林带间距的2~4倍设计为宜。如害风来自不同的方向,仍可按主林带间距设计,构成正方形林网。

(3)网格面积。按上述设计,风沙危害严重地带的网格面积为150亩左右,风沙危害一般地带200亩左右,仅少数严重风蚀沙地和盐渍化地区可以小于100亩。以干热风为主的危害地区,一般250~400亩。总的原则,按不同灾害性质、轻重和不同立地类型,因地制宜、因害设防地确定当地的适宜结构。窄林带、小网格类型是相对宽林带、大网格类型而言,决不是林带越小越好,应当科学确定。

4.确定防护林宽度与横断面

(1)林带宽度。林带宽度影响林带结构,过宽必紧密。我国多采用林带宽度10 m以下,3~5行窄林带,这种小网格窄带防护林效果好。在山、水、田、林、路相结合的情况下,一般采用1路2渠4行树,或者2~3行的林带,只要树势生长旺盛,林带完整,抚育及时,就能形成合理的防护林带。沙区可略宽一点。

(2)林带横断面。紧密结构以不等边三角形为好;疏透结构以矩形为好;通风结构以屋脊形为好。

5.适生树种与配置

(1)树种选择。①选择当地生长优良的乡土树种;②选择速生、高大、树冠发达、深根系的树种;③选择抗病虫害、耐旱、耐寒且寿命长的树种;④防止选用传播病虫害的中间寄生的树种;⑤适当选用有经济价值的树种作为伴生树种或灌木;⑥在灌木区可考虑蒸腾量大的树种,有利于降低地下水位,平原区、沿海地区有盐渍化问题的农田上,则要考虑耐盐耐碱的树种。我国各地区农田防护林主要适宜树种如表8.4-2所示。

表 8.4-2　农田防护林主要适宜树种

| 区域 | 造林树种 |
| --- | --- |
| 东北区 | 兴安落叶松、长白落叶松、油松、樟子松、云杉、水曲柳、胡桃楸、赤峰杨、白城杨、健杨、小青杨、群众杨、小黑杨、银中杨、旱柳、垂柳、臭椿、核桃、绒毛白蜡 |
| 三北区 | 樟子松、油松、杜松、旱柳、白榆、白蜡、刺槐、大叶榆、臭椿、胡杨、新疆杨、赤峰杨、箭杆杨、银白杨、二白杨、白城杨、小黑杨、银中杨 |
| 黄河区 | 油松、侧柏、云杉、杜梨、槲树、茶条槭、刺槐、泡桐、臭椿、白榆、大果榆、蒙椴、枣树、垂柳、河北杨、钻天杨、合作杨、小黑杨 |
| 北方区 | 华北落叶松、银杏、桦树、槭树、椴树、楸树、枣树、旱柳、刺槐、国槐、臭椿、白榆、核桃、泡桐、栾树、毛白杨、青杨、加杨、小美旱杨、沙兰杨 |
| 长江区 | 银杏、榉树、枫杨、樟木、楠木、梓木、白花泡桐、香椿、楝树、喜树、梓木、漆树、乌桕、油桐 |
| 南方区 | 水杉、池杉、黑杨、楸树、枫杨、苦楝、榆、槐、刺槐、乌桕、黄连木、栾树、梧桐、泡桐、喜树、垂柳、旱柳、银杏、杜仲、毛竹、刚竹、淡竹、木麻黄、桉树、桑树、香椿、毛红椿 |
| 热带区 | 落羽杉、池杉、水松、水杉、木麻黄、窿缘桉、巨尾桉、尾叶桉、柠檬桉、赤桉、刚果桉、台湾相思、大叶相思、银合欢、枫杨、蒲葵、蒲桃、勒仔树、撑竿竹、刺竹、青皮竹、麻竹 |

注:引自《生态公益林技术规程》。

(2)树种配置。疏透结构与通风结构在我国多采用乔木纯林,或纯林外侧加灌木;紧密结构则是乔灌结合。

## 二、牧场防护林与牧区基点防护林

### (一)牧场防护林

(1)一般采用疏透结构,或无灌木的透风结构。应结合灌溉渠系、道路、放牧小区边界布设。

(2)林网由主副林带组成,主林带不必拘泥与主害风方向垂直,可依地形地势做适当调整,坡度大于8°时,应沿等高线布置。副林带原则上与主林带垂直。

(3)主林带间距$(20\sim30)H$,副林带间距是主林带间距的2倍。严重者主林带间距可为$15H$,病幼母畜放牧地可为$10H$。牧场、草场因草被覆盖好,风蚀危害轻的,林带间距应比农田防护林大些,一般$400\sim800$ m,割草地不设副带。

(4)考虑草原地广林少,干旱多风,为形成森林环境,林带可宽些,东部林带$6\sim8$行,乔木$4\sim6$行,每边一行灌木。造林密度取决于水分条件,条件好可密些,否则要稀些。西部干旱区林带不能郁闭,林带可宽些。

### (二)牧区基点防护林

牧区基点是指饮水点(井、泉)、畜群点、畜舍、棚圈、居民点。应因地制宜营造畜群防护林、畜舍棚圈防护林、居民点防护林、疏林草地(树伞)、饲料型防护林或绿篱等,与牧区的薪炭林、用材林、苗圃、果园、居民点绿化一起形成牧区防护林体系。

## 三、固沙造林

### (一)固沙造林树种选择

1. 树种选择的要求

(1)耐旱性强。枝叶要有旱生型的形态结构,如叶退化、小枝绿色兼营光合作用,枝叶披覆针毛,气孔下凹,叶和嫩枝角质层增厚等特征;有明显的深根性或强大的水平根系。如沙柳、梭梭、沙拐枣等。

(2)抗风蚀、沙埋能力强。茎干在沙埋后能发出不定根,植株具有根蘖能力或串茎繁殖能力。一旦遇到适度的沙埋(不超过株高的1/2),生长更旺,自身形成灌丛或繁衍成片。在风蚀不过深的情况下,仍能正常生长。

(3)耐瘠薄能力强。一般是具有根瘤菌的树种,如花棒、杨柴、沙棘、沙枣等。

(4)分枝多,冠幅大,繁殖容易,抗病虫害。

(5)北方选择的树种须耐严寒,南方选择的树种须耐高温。

2. 主要固沙造林树种

我国北方风沙区、黄泛区古河道沙区、东南沿海岸线沙区的固沙造林主要适宜树种如表8.4-3所示。

表8.4-3　固沙造林主要适宜树种

| 区域 | 主要造林树种 | |
|---|---|---|
| | 乔木 | 灌木 |
| 北方风沙区 | 樟子松、油松、赤松、华山松、落叶松、云杉、冷杉、侧柏、刺槐、胡杨、小叶杨、新疆杨、箭杆杨、小黑杨、银中杨、山杨、旱柳、白榆、麻栎、栓皮栎、蒙古栎、白桦、桦树、槭树、椴树 | 红柳、沙枣、沙柳、沙棘、沙木蓼、花棒、毛条、踏郎、柠条、紫穗槐、沙拐枣、红柳、枸杞、杨柴、三花子、梭梭 |
| 黄泛区古河道沙区 | 华山松、油松、华北落叶松、杜松、白皮松、侧柏、白桦、山杨、榆、杜梨、文冠果、山杏、刺槐、泡桐、臭椿、白榆、旱柳、毛白杨、河北杨、青杨、楸、桦树 | 沙地柏、铺地柏、洒金柏、鹿角桧、紫穗槐、胡枝子、马棘、杞柳、荆条、南天竹、海桐、黄杨、构骨、冬青卫矛、丁香、四翅滨藜、十大功劳 |
| 东南沿海岸线沙区 | 湿地松、木麻黄、相思树、银合欢、赤桉、刚果桉、水杉、柳杉、火炬松、侧柏、苦楝、麻栎、乌桕、红树 | 杞柳、刺梨、白刺、黄槿、金叶女贞、夹竹桃、石楠、木芙蓉、火棘、紫荆、山茶、紫薇、金丝桃 |

### (二)固沙造林施工

1. 造林整地

1)整地时间

营造乔木林,在北方的中度、轻度风蚀区和杂草丛生的草滩地,质地较硬的丘间地等,应于前一年秋末冬初整地,次年春季造林。流动沙丘和半流动沙丘造林不宜整地,以免造成风蚀。重风蚀区可在春季随整地随造林。南方可在造林前整地。

营造纯灌木林时,可随整地随造林。营造乔灌混交林和乔木林整地时间相同。

2)一般整地方法

在大片完整和坡度较缓的沙荒地上造林,一般用带状整地,带宽1.0~1.5 m。带面耙平后,再在其上挖穴栽树,按设计的株行距"品"字形排列。有条件的可机械开沟作带造林。

在地形破碎、坡度较陡的沙荒地上造林,采用鱼鳞坑整地,坑径1.0~1.5 m,坑深0.6~0.8 m,坑距3~5 m,"品"字形排列。

营造灌木林一般采用穴状整地,按设计的株行距,定点挖穴,穴深不小于0.6 m,视苗木根系而定。

3)特殊整地方法

翻淤压沙整地。黄泛区古河道沙地,沙层较浅(0.5~0.6 m),下为淤土。造林前,先用人工或机械将下层淤土翻起,压在沙上,厚0.3~0.4 m,然后在淤土上造林。

客土整地。东南沿海岸滩,夏季地温高,应先按株行距挖坑,然后用低温客土种树。

2. 植苗造林

1)苗木规格

要求选用一、二级苗,以容器苗或植生针叶苗为好。

2)栽植技术

沙区栽植应注意保墒,一般在春季或夏季采用窄缝栽植。用容器苗或植生针叶苗造林,应事先整地,待春季墒情好时造林,最好采用容器苗或植生针叶苗造林。阔叶乔木苗,可截干造林,以保证成活。

风口造林,栽植深度必须超过当年最大风蚀深度,直达沙地的湿沙层,并在栽植穴周围培修沙埂,以增加地面糙度,减轻风蚀。

营造海岸线防风林时,应采取客土和适时深栽。

3. 飞播造林

1)播前勘查、规划

对飞播区进行勘查、调查,掌握沙丘类型、走向、原有植被种类和覆盖度以及降水季节、沙地土壤水分条件等。根据飞播造林的可能效率,确定具体飞播范围,进行测量,规划接近于平行主风向的航播带,埋设入航、出航的标桩,绘制播区位置图(1/200 000)和飞播作业图(1/10 000)。

2)播幅与航高设计

根据播区情况,确定单程或复程的航带长度、播种宽度和飞行高度,大粒种子设计播幅宽为50 m,航高50~70 m;沙蒿等小粒种子设计播幅宽为40 m,航高为50~60 m。如播幅较宽,应在上述宽度的基础上增加20%~30%的重叠系数。

飞播作业时侧风风速不应超过5.4 m/s;侧风角度不应超过40°(小粒种子不应超过20°)。顺、逆风飞播大粒种子,风速不应超过6~8 m/s,播小粒种子风速不应超过6 m/s。

3)播前的准备工作

飞播固沙植物的选择,在流沙地区飞播应选择抗风蚀、耐沙埋、生长迅速、自然繁殖能力强、具有较高经济价值的植物。一般有沙蒿、踏郎、花棒等。

飞播量的确定。单位面积播种量计算公式为:

$$S = \frac{N \cdot W \cdot D \cdot 1\,000}{R \cdot E \cdot C} \tag{8.4-1}$$

式中　$S$——播种量,$g/m^2$;

　　　$N$——每平方米面积计划有苗数;

　　　$W$——种子千粒重,g;

　　　$R$——种子纯度(%);

　　　$E$——种子发芽率(%);

　　　$D$——修正系数,小数表示,经验值;

　　　$C$——播区成苗率(%),经验值。

种子大粒化处理。为了解决小粒种子和易飘移种子的位移,应在种子外面裹上黄土,制成比种子重 2~3 倍的大粒化种子丸,保证飞播种子分布均匀,提高飞播保苗的面积率。

种子防害处理。播前应采用对人畜无害的药液浸种,防止鼠、兔、虫三害。

根据规划设计飞播的范围与幅宽,在地面设置明显的标志。

播种期的选定。一般在夏秋雨季,做好天气预报,一般在有效降雨前的 7~15 d 较好。

4)播后调查

播后要进行成效调查,用路线(航带中央)调查方法,飞播当年在发芽后和生长季结束后各调查一次,调查路线上每隔 5 m(背风坡 6 m)设 1 $m^2$ 样方。当成苗面积率过小时,抽样数不足,可增设一条调查线,以保证精度。调查项目包括:地形部位、有苗株数、株高、冠幅、地径、蚀积情况、天然植被情况。计算发芽面积率(以 1 $m^2$ 样方有一株以上健壮苗为发芽面积来统计)。还可以根据需要进行沙地水分、风蚀、风速的定位观测。

有苗面积率 = (有苗样方数/调查样方数) × 100%

5)飞播区的封禁管护

飞播后数年,播区要严加封禁保护,防止人畜破坏。管护工作包括保护播区防止人畜破坏,移密补稀,在播区条件好的地方,栽植松树容器苗等。播区管护需要专门组织形成保护网络,有专人负责,也需要对群众进行广泛深入的宣传,真正提高群众的认识,把护林变成群众自觉的行动。

(三)平整沙丘造地技术

平整沙丘造地不仅能够防沙固沙,而且能够提高土地生产力。无水源的地区可用推土机平整沙丘;有水源的地方可采用引水拉沙的办法平整沙丘。平整后的沙地如有条件可引洪淤地。整治好的土地应根据立地条件,植树种草恢复植被,条件好的可考虑耕种。

【案例 8.4-1】　松嫩平原西部流动沙地防风固沙模式(图 8.4-2)

1. 立地条件特征

模式区位于吉林省前郭尔罗斯蒙古族自治县白沙尖流动沙地、扶余县松花江右岸流动沙地。地形起伏小,海拔为 150~250 m。土壤为风沙土,通体细砂,土壤贫瘠,在沙丘 5~10 cm 以下水分条件较好,干旱的年份含水量在 2.0% 左右。制约该区生态建设的主导因素是春季的风沙危害和春旱。

2. 设计技术思路

由于流沙发达的非毛管孔隙切断了沙丘中毛管水的蒸发,因而在沙丘表层 5~10 cm 以下形成含水量较高的沙层,水分条件较好,植树、种草均易成活。根据沙丘水分分布的特点和流沙危害的类型与程度,因地制宜,分类治理,机械固沙和生物固沙相结合,控制流沙,达到固定流沙和恢复沙区植被的目的。

3.技术要点及配套措施

(1)为阻止流沙面积的扩大,在流动沙丘或流动沙丘群周围的固定或半固定沙地上,营造与盛行风向垂直的阻沙固沙林带。迎风面林带宽 30~50 m,背风面林带宽 20~30 m。造林株行距为 1.0 m×2.0 m 或 2.0 m×2.0 m。造林树种为白城杨、小青黑杨或小黑杨。

(2)高度大于 7.0 m 的流动沙丘,采用"前挡后拉"的方法,削平沙丘顶部而后全面固定。首先在沙丘的迎风面 1/2 或 2/3 处沿等高线设置 2~3 行沙障(沙障材料用粗 5 cm 以上、长 1.0 m 左右的杨树或柳树枝干,插入沙内 40~50 cm,上部留 50 cm);在沙障下边,等高营造黄柳、沙棘等灌木林带,林带宽 2.0~3.0 m,株行距为 0.5 m×1.0 m,带间距为 2.0~3.0 m。然后在沙丘背风坡脚处营造 3~5 行杨树林带,株行距为 1.0 m×2.0 m。空留丘顶让风力自然削平,待平缓后再进行固沙造林。

(3)3 m 以下的小流动沙丘,不留丘顶,按等高线,由丘顶开始营造柳、沙棘、山竹子等灌木林带。林带宽 2.0~3.0 m,株行距为 0.5 m×1.0 m,带间距 2.0~3.0 m。待沙丘被灌木固定后,再营造乔木林。

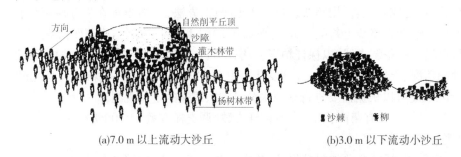

(a)7.0 m 以上流动大沙丘　　　　　　　(b)3.0 m 以下流动小沙丘

图 8.4-2　松嫩平原西部流动沙地防风固沙模式图

# 第五节　生产建设项目林草工程

生产建设项目水土保持中的植被恢复与绿化工程包括对弃渣场、取料场及各类开挖堆压扰动面的林草恢复工程,以及项目本身各类边坡的绿化,生产生活区、管理与施工道路等区域的绿化。

## 一、设计原则和要求

### (一)一般原则

在进行植被恢复与绿化工程总体布置时,应在不影响主体工程安全的前提下,尽可能增加林草覆盖的面积,有景观要求的应结合主体工程设计将生态学要求与景观要求结合起来,使主体工程建设达到既保持水土,改善生态环境,又美化环境,符合景观建设的要求。

(1)统筹考虑、统一布局,生态和景观要求相结合,工程措施与林草措施相结合。

(2)坝肩、上坝公路、水电站侧岸高边坡、隧洞进出口边坡、堤坡、土(块石、砂砾石)料场等开挖或填筑形成的高陡边坡,在保证安全稳定的前提下,优先考虑林草措施或工程与林草相结合的措施。混凝土和砌石边坡等区域,有条件的也应进行绿化。

(3)在不影响工程行洪安全的前提下,河道整治工程和护岸工程宜加大生物护岸工程的比例,体现水系近自然治理的理念;涉及城市范围的植被建设应以观赏型为主,偏远区域应以防护型为主。

(4)为保护堤防安全,河道堤防不应采用乔木等深根性植物防护;根据洪水期堤防巡查需要,背水坡不应采用高秆植物;当无防浪要求时,不宜在迎水侧种植妨碍行洪的高秆阻水植物。

(5)涉及城镇的应与城镇景观规划相结合。

**(二)设计要求**

1. 可行性研究阶段

在调查的基础上,初步确定水土保持植被恢复与绿化的任务、范围和规模,对主体工程提出植被保护与建设的相关建议。

分析预测植被恢复与建设可能遇到的限制因子和需要采取的特殊措施。

结合主体工程设计分区,基本确定植被恢复与绿化的标准,比选论证植被恢复与绿化总体布局方案。

初步确定植被恢复与绿化的立地类型划分、树种选择和造林种草方法,做出典型设计,并计算工程量和投资。

2. 初步设计阶段

根据水土保持方案和主体工程可行性研究成果,调整与复核植被恢复及绿化方案,确定分区绿化功能、标准与要求。

划分植被恢复与绿化的小班,分析评价各小班的立地条件。对特殊立地条件需要人为改良的,提出土壤改良方案。

根据林草工程的设计要素与要求,对每一小班做出具体设计。

## 二、立地限制因子及改良

**(一)立地限制因子**

工程建设扰动土地的限制性立地因子主要考虑以下几个方面:

(1)弃土(石、渣)物理性状:岩石风化强度、粒(块、砾)径大小、透水性和透气性、堆积物的紧实度、水溶物或风化物的 pH 值。

(2)覆土状况:覆土厚度、覆土土质。

(3)特殊地形:高陡边坡(裸露、遮雨或强冲刷等)、阳向岩壁聚光区(高温和日灼)、风口(强风和低温)、易积水湿洼地及地下水水位较高处等。

(4)沙化、石漠化、盐碱(渍)化和强度污染。

**(二)立地改良条件及要求**

区分工程扰动或未扰动两种情况,充分考虑地块的植被恢复方向,依据现状立地条件确定相应的立地改良措施。主要通过整地和土壤改良措施等技术实现。

1. 整地措施

整地,就是在植树造林(种草)之前,清除地块上影响植树造林(种草)效果的残余物,包括非目的植被、采伐剩余物等,并以翻耕土壤为重要内容的技术措施,包括全面整地和局部整地两类整地方式。

2. 土壤改良措施及植树造林对策

以土壤或土壤发生物质(成土母质或土状物质)为主的地块,宜依据其覆盖厚度和植树造林(种草)的基本要求,采取相应的土壤改良措施或整地方式;以碎石为主的易渗水地块,覆土前可铺一层厚度30 cm左右的黏土并碾压密实作为防渗层;裸岩等易积水的地块,覆土前先铺垫30 cm厚的碎石层做底层排水。

地表为风沙土、风化砂岩时,可添加塘泥、木屑等进行改良;

以碎石为主的地块,且无覆土条件时,可采用带土球苗、容器苗或局部客土植树造林,或填注塘泥、岩石风化物等植树造林。

开挖形成的裸岩地块,且无覆土条件时,采取爆破整地、形成植树穴并采用带土球苗、容器苗或客土植树造林,或填注塘泥、岩石风化物等植树造林。

pH值过低或过高的土地,可施加黑矾、石膏、石灰等改良土壤。

盐渍化土地,应采取灌水洗盐、排水压盐、客土等方式改良土壤。

优先选择具有根瘤菌或其他固氮菌的绿肥植物。必要时,工程管理范围的绿化区应在田面细平整后增施有机肥、复合肥或其他肥料。

通常,工程扰动地的水分条件是植被恢复的限制因子,在缺乏灌溉补水条件时,应考虑综合运用保水剂、地膜(或植物材料、石砾)覆盖、营养袋容器苗和生根粉等抗旱技术。

## 三、弃渣场、取土场、采石场等造林种草

### (一)弃渣场植被恢复与绿化技术

弃渣按组成成分大体可分为两类,一类以弃土或土状物为主,一类以弃石(碎石、小块石)为主。以弃石为主的弃渣又因岩石和开挖工艺等条件的不同而不同,石灰岩弃渣多为块石,砂页岩多为碎石;Tunnel Boring Machine(TBM)施工以碎渣为主,钻爆法弃渣为较大块石。设计时应根据弃渣组成与性质采取相应的土地整治措施,按确定的土地利用方向进行植被恢复。

1. 以弃石为主的渣场植被恢复与绿化设计

土石山区明挖、隧洞开挖形成的弃渣场,煤炭开采形成的矸石场(山)、铁矿开采形成的排石场、铜矿开采形成的毛石堆等,均以弃石为主。这类渣场需要压实、覆土(河泥、风化碎屑)或实施局部客土措施后才能恢复植被。

1)树(草)种选择

应有较强的适应能力。对干旱、潮湿、瘠薄、盐碱、酸害、毒害、病虫害等不良因子有较强的忍耐能力,同时对粉尘污染、冻害、风害等有一定耐受能力。

栽植较容易,成活率高,或适宜播种、栽植时期较长,发芽力强且繁殖量大。

地上部分生长迅速繁茂,能及早覆盖地面,并能长期大面积地覆盖地面,地下部分能尽快伸展,以便更好地稳固表土,有效地防治风蚀和水蚀。

具有固氮和改良土壤能力,有利于林草后期生长和土地生产力的持续提高。

2)栽植技术

直播:包括条播、穴播和撒播,适于弃石渣场覆土后的植被恢复,多用于草本植物和灌

木,乔木很少用。

植苗:有覆土条件的可覆土后植苗造林。覆土分覆薄土(30 cm 以下)和覆厚土(50 cm 以上)。前者开穴后,应将周边土置入穴内,相当于客土造林;后者可直接开穴栽植。无覆土条件但有风化碎屑物质的,可提前一年(或半年)挖坑,将坑内的未风化矸石捡出,将坑外的碎石、石粉填入坑内,促进坑内矸石风化,蓄水保墒,之后直接栽植。无覆土条件但有土料、河泥等来源的,可开穴后将土料或河泥等物质置于穴内后栽植,即客土栽植。无覆土条件的,也可用带土坨大苗栽植造林。

北方针叶树造林或小苗造林最好采用容器苗。

**【案例8.5-1】 矸石场造林**

根据风化程度,可分别采取如下措施:

矸石风化壳厚达 10 cm 左右,可采取无覆盖方式植树造林(见图 8.5-1)。一是利用风化矸石屑局部改土造林(见图 8.5-1(a)),一是局部客土改土造林(见图 8.5-1(b)),栽植穴培屑(土)都要厚。

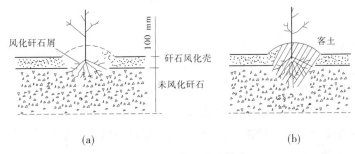

图 8.5-1　不覆土种植模式

风化壳 5~10 cm,5 mm 以下碎屑颗粒占 60% 左右,小于 0.25 mm 的颗粒达 10% 以上时,可直接播种豆科与禾本科牧草,或采用薄覆盖方式种植(见图 8.5-2(a))。

未风化或风化度很低的矸石复垦场地,须覆土 30~50 cm,采用厚覆盖方式进行植被恢复(见图 8.5-2(b)、(c))。图 8.5-2(c)中的隔离层,是为防止漏水用黏土做的,保水保肥;防酸害时,可采用石灰等碱性物料作为隔离层;亦可视情况选择其他物料。

**2. 以弃土为主的渣场植被恢复与绿化设计**

在土层覆盖厚的黄土高原、丘陵、阶地、盆地、平原区,或下伏岩性为强风化层,以土或土状物为主的弃渣场(如黄土高原露天矿山排土场,公路、铁路或水工程开挖形成的弃渣场等),稍作土地整治即可按确定的土地利用方向进行植被恢复,有的可直接恢复为耕地。

一般地,北方黄土高原地区可不覆土直接造林种草;南方弃土场可根据树种的不同,覆不同厚度的表土后造林。

1) 树(草)种选择及配置

抗逆性强、耐瘠薄、抗旱、抗病虫害能力强。

根系发达、固土能力强,灌草最好有固氮能力。

对于排土场平台,首先覆土种植灌草,培养肥力,熟化生土,改善环境,后期可改造为农田、经济林等。

对于排土场边坡,应及时种植牧草和灌木以取得控制水土流失、保护边坡的效果。

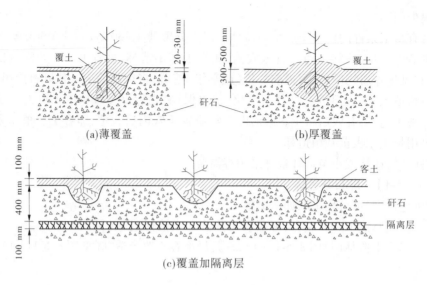

(a)薄覆盖    (b)厚覆盖

(c)覆盖加隔离层

图8.5-2  覆土种植模式

2)栽植技术

弃土场边坡绿化,有条件时可削缓边坡至28°~35°,再挖鱼鳞坑或水平阶整地植树种草,防止水土流失。

**(二)取土场植被恢复与绿化技术**

平原区取土场不能恢复成农田或鱼塘的,可种植耐水湿的速生树种;山区、丘陵区可根据整治后的立地条件恢复林草植被,植被类型应与附近的植被和景观等相适应。

1.树(草)种选择

应选择抗逆性强、病虫害少、易成活和便于管护的树(草)种。

应优先选择乡土树(草)种,适当考虑经济效益。

周边为农田时,拟选树(草)种不应有与农作物相对的转主寄生病虫害。

草种应根据气候特点进行选择,选择适合当地生长的暖季型或冷季型草种。

2.林草配置及栽植技术

1)平(缓)地取土场

取土前,先将犁底层以上25 cm左右的熟土集中堆放在取土场旁,取土结束后平整取土场,将表土平铺于表面。

整治后的土地根据其规划利用方向和土地质量确定林牧业用地,恢复林草植被,栽植技术同常规造林种草技术。

2)坡地取土场

(1)种草护坡:对坡比小于1:1.5,土层较薄的沙质或土质坡面,可种草护坡。

种草护坡时应先对坡面进行整治,之后种植生长快的低矮匍匐型草种。

种草护坡时应根据不同的坡面情况,采用不同的方法。一般土质坡面采用直接播种法;密实的土质坡面采取坑植法。

在风沙坡地,应先设沙障固定流沙,再播种草籽。

种草后的1~2年内,进行必要的封禁和抚育。

（2）造林护坡：坡度 10°～20°，南方土层厚 15 cm 以上坡面，北方土层厚 40 cm 以上坡面，立地条件较好，采用造林护坡。

护坡造林应采用深根性与浅根性相结合的乔灌木混交方式，同时选用适应当地条件、速生的乔木和灌木树种。在坡面的坡度、坡向和土质较复杂的地方，应将造林护坡与种草护坡相结合，实行乔、灌、草相结合的植物或藤本植物护坡。坡面植苗造林时，苗木宜带土栽植，并应适当密植。

（3）综合护坡工程：

①砌石草皮护坡：

在坡度小于 1:1，高度小于 4 m，坡面有涌水的坡段，采用砌石草皮护坡。砌石护坡部位一般是坡面下部的涌水处或松散地层出露处，涌水较大处需设反滤层。

砌石草皮护坡有两种形式：坡面下部 1/2～2/3 采取浆砌石护坡，上部采取草皮护坡；在坡面从上到下，每隔 3～5 m 沿等高线修一条宽 30～50 cm 的砌石条带，条带间的坡面种植草皮。

②格状框条护坡：在路旁或人口聚居地的土质或沙土质坡面，可采用格状框条护坡（见图 8.5-3）。

用浆砌石在坡面做成宽 0.5 m、2.0 m 左右见方的格网状，或将每个格网的上部做成圆拱形，上、下两层网格呈"品"字形排列。

在护坡现场直接浇筑宽 20～40 cm、长 12 m 的混凝土或钢筋混凝土预制件，修成格式建筑物。为防止格式建筑物沿坡面下滑，应固定框格交叉点或在坡面深埋横向框条。

在网格内种植草皮。具体技术可参考矸石渣场、取土场边坡植被设计，或参考陡坡和裸岩绿化设计部分。

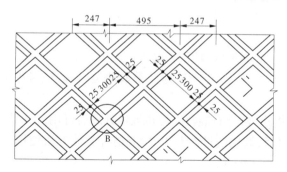

图 8.5-3　格状框条铺草皮护坡正视图　（单位：cm）

**（三）采石场植被恢复与绿化技术**

1. 40° 以下石壁的治理

一般采用直接挂网喷播绿化技术，步骤如下：

（1）清除浮石，并将石壁表面整修平整。

（2）按一定间距，在石壁上钉锚或用混凝土将各种织物的网（如土工网、麻网、铁丝网等）固定到石壁上。

（3）再向网内喷一定厚度的由可分解的胶结物、有机和无机肥料、保水剂等构成的植物生长基，最后将灌草籽与一定浓度的黏土液混合后，喷射到生长基上。

（4）覆盖、浇水、施肥、防治病虫害至植被恢复。

2.40°~70°石壁的治理

一般采用喷混植生技术。

首先，清除浮石，并将石壁表面整修平整。

其次，将有一定抗拉强度的钢丝网（抗拉强度低的网不能用）用锚钉固定到石壁上。

然后在网下喷一层厚度为 5～10 cm 的混凝土作为填层，再将草灌籽、肥料、黏合剂和保水剂等的混合物均匀地喷射到填层上。

3.70°以上陡壁的治理

在石壁上开凿或砌筑人工植生槽，加填客土或轻质客土，栽植藤本植物，以接力的方式绿化石壁。植生槽的砌筑要充分利用石壁凹凸不平的微地形，因地制宜，见缝插针。必要时要对石壁作适当的处理，人工开凿成若干个长 1～2 m、宽 0.4 m、深 0.4 m 的植生槽，并注意预留排水孔。藤本植物的选择要注意上爬与下垂品种的搭配。可参考陡坡和裸岩绿化部分。

## 四、陡坡和裸岩绿化

高陡边坡绿化技术基本围绕两个方面进行研究，一是如何提高边坡稳定性；二是如何为坡面植物提供更加适宜的生长条件。近年，绿化基质的环保问题也列入研究范畴。目前比较成熟的高陡边坡绿化型式有攀缘植物、框格植草、穴播或沟播、液压喷播、生态笼砖和生态混凝土等，CF 技术、金字塔 INTALOK 生态袋、OH 液植草护坡等技术还处于试验、研究阶段，未大面积推广。

### （一）一般陡坡的绿化设计

1.水力喷播

1）应用范围

主要适用于湿润、半湿润地区，特别是降水量大于 800 mm 的地区，当降水量达到 1 000 mm 以上时效果更好。但在干旱、半干旱地区采取此类措施，应考虑造价与养护费，保证养护用水的持续供给。

一般用于土质路堤边坡，土石混合路堤边坡经处理后可用，也可用于土质路堑边坡等稳定边坡。常用坡比 1∶1.5，坡比超过 1∶1.25 时应结合其他方法使用，每级坡高不得超过 10 m。

2）技术要求

对于岩质坡面，首先应对其进行刷平处理。

排水设施施工。对于长大边坡，坡顶、坡脚、平台均需设置排水沟，并应根据坡面水流量的大小考虑是否设置坡面排水沟，一般坡面排水沟的横向间距为 40～50 m。

喷播施工。按设计比例配合灌草种、木纤维、保水剂、黏合剂、肥料、染色剂及水的混合物料，通过喷播机均匀喷射于坡面。

喷射后覆盖无纺布或者塑料薄膜等，以防被雨水冲刷。在半干旱半湿润地区则可覆盖草帘以增温保湿，促进种子发芽、生长。

3）典型设计图

水力喷播植草护坡典型设计见图 8.5-4。

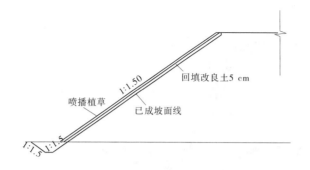

回填改良土5 cm

1:1.50

喷播植草

已成坡面线

1:1.5

**图8.5-4 水力喷播植草护坡典型设计图**

2.格状框条护坡

1)适用范围

适用于我国大部分地区,在降水量极少的干旱地区应有灌溉措施。

适用于泥岩、灰岩、砂岩等岩质路堑边坡,以及土质或沙土质道路边坡、堤坡、坝坡等稳定边坡,坡度不陡于1:1.0。坡度超过1:1.0时慎用。每级坡高不超过10 m。

2)技术要求与典型设计

同坡地取土场格状框条护坡部分。

3.植生带绿化

1)适用范围

植生带绿化技术也包括植物纤维毯、生态植被毯、麻椰固土毯等,适用于各类地区,但在干旱、半干旱地区应保证养护用水的持续供给。

一般用于土质填方边坡,土石混合填方边坡经处理后也可使用,也可用于土质挖方边坡。坡高一般不超过1 m,常用坡度1:1.5。

2)技术要求

(1)平整坡面。消除坡面所有有碍植生带密接坡面的石块及其他一切杂物,全面翻耕边坡坡面,深耕20~25 cm,并施入腐熟牛粪或羊粪等有机肥,用量为0.3~0.5 kg/m²,打碎土块,耧细耙平。土质不良的应进行改良,黏性较大的土壤可增施锯末、泥炭等改良结构。土质较好、宜于种子生根发芽的坡面,可在清除坡面杂物后直接铺设植生带。土质较差、种子难于生根发芽的坡面,条件具备时也可在清除坡面杂物后喷播一定厚度的基质层,然后再铺设植生带。

铺植生带前1~2 d灌足底水,以利保墒。

(2)开挖沟槽。在坡顶及坡底沿边坡走向开挖一矩形沟槽,沟宽20 cm,沟深不少于10 cm。坡面顶沟离坡面20 cm,用以固定植生带。

(3)铺植生带。铺植生带前,再次用木板条刮平耧细耙平坡面,然后把植生带自然地由上往下铺设在坡面上,并微微用力拉直、放平,搭接应重叠5~10 cm,植生带上、下两端应置于矩形沟槽,并填土压实,如图8.5-5所示。必要时顶沟内的植生带也可用U形钉或竹扦、木楔等固定。

用U形钉或竹扦、木楔等固定植生带,钉长为20~40 cm,松土用长钉。钉的间距一般为90~150 cm(包括搭接处)。

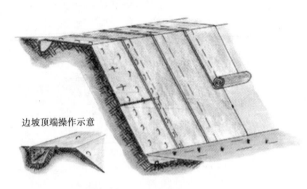

边坡顶端操作示意

图 8.5-5　植生带铺设示意图

（4）覆土、洒水。提前准备足够的用于覆盖植生带的细粒土（沙质壤土为宜），每铺 100 $m^2$ 植生带约需备细粒土 0.5 $m^3$。在铺好的植生带上，用筛子将业已准备好的细粒土均匀地筛撒于坡面，细粒土的覆盖厚度为 0.3～0.5 cm。有条件时可用喷播机喷覆细粒土，但要提前调试好拟喷细粒土的含水率，以喷覆时不飞溅、喷后不流失不板结为宜。

覆土后及时洒水养护。第一次洒水一定要浇透，使植生带完全湿润。

【案例 8.5-2】　闽中裸露山体植被恢复模式

1. 立地条件特征

模式区位于福建省大田县。因修筑公路、水库开挖山体或开采石料，造成山体大面积裸露，水土流失严重，对农业、水利工程及生态环境构成威胁。

2. 设计技术思路

石质山地岩石裸露率高、造林难度大，充分利用亚热带地区充足的水热条件，采取天然更新与人工造林相结合的措施，达到裸露山体植被恢复的目的。

3. 技术要点及配套措施

（1）公路两侧一重山裸露山体绿化技术：高 20 m 以下的石壁，在石壁基部栽植爬山虎，3 年内就能达到绿化石壁的目的；高 20～40 m 的石壁，通过基部种植与顶部种植两种绿化措施来绿化，主要栽植爬山虎和粉叶爬墙虎；高 40 m 以上的石壁，必须通过基部种植、顶部种植、两侧种植和石壁上种植四种措施进行绿化，主要栽植爬山虎、粉叶爬墙虎、葛藤和鸡血藤；乱石堆绿化栽植油麻藤；石泥堆绿化栽植冠盖藤。

（2）水库两侧一重山裸露山体绿化技术：高 20 m 以下的石壁，栽植藤金合欢；高度 20～40 m 的石壁，栽植藤金合欢和藤黄檀；40 m 以上的石壁，栽植藤金合欢、藤黄檀和薜荔；乱石堆绿化栽植云石和类芦；石泥堆绿化栽植五节芒。

（3）村镇周围裸露山体绿化技术：高 20 m 以下的石壁，栽植斑茅；高度 20～40 m 的石壁，栽植斑茅和柘树；40 m 以上的石壁，栽植斑茅、畏芝和柘树；乱石堆和石泥堆绿化，栽植台湾相思；乱石堆和石泥堆外围绿化，栽植马占相思。

（4）山区裸露山体绿化：以类芦为主，山麻油、相思、夹竹桃等为伴生树种。高 20 m 以下的石壁，栽植大叶相思；高 20 m 以上的石壁，栽植大叶相思和南洋楹；乱石堆绿化，栽植夹竹桃和黑荆；石泥堆绿化，栽植金合欢。

（二）高陡坡的绿化设计

1.钢筋混凝土框架填土绿化护坡

1）适用范围

适用于各类边坡，但由于造价高，仅在那些浅层稳定性差且难以绿化的高陡岩坡和贫瘠土坡中采用。

2）技术要求

整平坡面，清除坡面危石。预制拟埋于横向框架梁中的土工格栅。

按一定的纵横间距施工，锚杆框架梁、竖向锚梁钢筋上预系土工绳，以备与土工格栅绑扎。视边坡具体情况选择框架梁的固定方式。

预埋用作加筋的土工格栅于横向框架梁中，土工格栅绑扎在横梁箍筋上，然后浇注混凝土，留在外部的用作填土加筋。按由下而上的顺序在框架内填土，根据填土厚度可设二道或三道加筋格栅，以确保加筋固土效果。

当坡率陡于1：0.5时，须挂三维植被网，将三维网压于平台下，并用土工绳与土工格栅绑扎。三维网竖向搭接15 cm，用土工绳绑扎。横向搭接10 cm，搭接处用U形钉固定，坡面间距150 cm。网与竖梁接触处回卷5 cm，用U形钉压边，要求网与坡面紧贴，不能悬空或褶皱。

采用液压喷播植草，将混有种子、肥料、土壤改良剂等的混合料均匀喷洒在坡面上，厚1～3 cm，喷播完后视情况覆盖一层薄土，以覆盖三维网或土工格栅为宜。覆盖土工膜并及时洒水养护植被，直到成坪。

3）典型设计图

钢筋混凝土框架填土绿化护坡典型设计如图8.5-6所示。

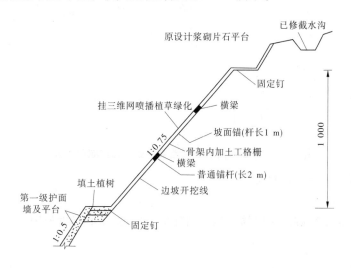

图8.5-6　钢筋混凝土框架填土绿化护坡典型设计图　（单位:cm）

2. 预应力锚索框架地梁绿化护坡

1）适用范围

适用于坡比大于1:0.5、高度不限、稳定性差的高陡岩石边坡,且无法用锚杆将钢筋混凝土框架地梁固定于坡面的,必须采用预应力锚索加固边坡,同时将钢筋混凝土框架地梁固定到坡面上,然后在框架内植草护坡。

2）技术要求

根据工程情况确定预应力锚索间距、锚杆间距。

打设锚索,锚索反力座配筋并进行浇筑,同时预留钢筋。反力座达到强度后,将锚索张拉到设计值。将锚索头埋入混凝土中。

钻锚杆孔,框架地梁内配筋并与反力座内预留的钢筋连接,然后浇筑。张拉锚杆后,将锚头埋入混凝土中。整平框架内的坡面,视需要适量填土。

采用厚层基材喷播绿化护坡技术,在框架内喷射种植基和混合草种,其厚度略低于格子梁高度2 cm。根据工程情况和当地的气候条件选择草种。

3）典型设计图

预应力锚索框架地梁植被绿化护坡典型设计见图8.5-7。

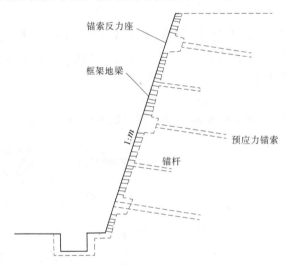

图 8.5-7　预应力锚索框架地梁植被绿化护坡典型设计

3. 预应力锚索地梁绿化护坡

1）适用范围

适用于浅层稳定性好但深层易失稳的高陡岩土边坡,不必用框架固定浅层,只用地梁即可。

2）技术要求

开挖并平整坡面,在坡面上定出地梁位置并铺设模板,留出预应力锚索孔的位置,浇筑地梁,待地梁强度达到要求后钻锚索孔,清孔、下锚索并给锚孔注浆,待浆体强度达到设计要求后按一根地梁上的锚索数量和设计的张拉工序张拉锚索到设计吨位。

视情况在地梁之间采用浆砌片石等方法形成框架。采用液压喷播或厚层基材喷播绿化护坡等方法进行护坡、绿化。

对坡面植被进行养护,直到长出茂盛的植被。

3)典型设计图

预应力锚索地梁绿化护坡设计见图8.5-8。

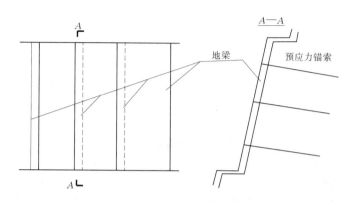

图8.5-8 预应力锚索地梁绿化护坡设计

4.厚层基材喷播绿化护坡技术

1)适用范围

适用于无植物生长所需的土壤环境,也无法供给植物生长所需的水分和养分的坡面。

2)技术要求

(1)清坡。清理、平整坡面,禁止出现反坡。清除坡面浮石、浮根。

(2)钻孔。按设计布置锚杆孔位,用风钻凿孔,钻孔孔眼与坡面垂直,孔径25 mm。

(3)安装锚杆。采用水泥药卷或水泥砂浆固定锚杆。水泥药卷或水泥砂浆应填满钻孔并捣实。

(4)铺设、固定网。铺设时网应张拉紧,网间搭接宽度不小于5 cm,每隔30 cm用18号铁丝绑扎,安装锚杆托板固定网。

(5)拌和基材混合物。把绿化基材、纤维、种植土及混合植物种子按设计比例依次倒入混凝土搅拌机料斗搅拌均匀,搅拌时间不应小于1 min。

(6)上料。采用人工上料方式,把拌和均匀的基材混合物倒入混凝土喷射机。

(7)喷播基材混合物。喷播要尽可能从正面进行,避免仰喷,凹凸部及死角部位要充分注意。基材混合物的喷播应分两次进行,首先喷播不含种子的基材混合物(基质层),然后喷播含种子的基材混合物(种子层),厚度为2 cm。

3)典型设计图

厚层基材喷播绿化护坡基本构造见图8.5-9。

**【案例8.5-3】 南方花岗岩山区铁路边坡绿化**

1.项目背景

南方某铁路穿过花岗岩山区,边坡岩石裸露,出露岩石风化严重,坡面水土流失剧烈,不仅直接增加了线路养护维修费用,影响运营,恶化铁路周边生态环境,且可能导致路堑边坡崩塌和滑坡等灾害。为解决风化花岗岩边坡坡面的冲刷侵蚀,并迅速恢复风化花岗岩边坡的植被,确定在花岗岩风化、侵蚀较严重地区采用植被护坡技术进行绿色防护试点。

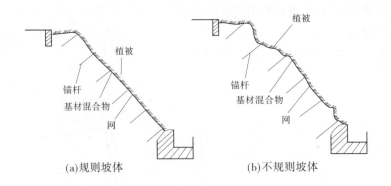

(a)规则坡体       (b)不规则坡体

图8.5-9　厚层基材喷播绿化护坡基本构造

2.绿化植物选择

通过对该地区某公路绿色防护现状的调查,发现采用混合草种比单一草种效果更为显著,且符合生物多样性稳定原理。而铁路边坡原来仅采用禾本科草绿化,生长不良,植被退化,故确定增加豆科草种作为铁路边坡绿色防护草种,并在较缓边坡播种当地适生的马尾松。

3.护坡绿化技术设计

(1)路堤边坡。路堤边坡坡度小于1:1.5的,采用喷播植草防护。因风化花岗岩形成的土壤母岩呈酸性,其pH值介于4.5～5.5,且有机质和养分都很缺乏,为营造植物生长的适宜环境,保障植物生长所需养分、水分的供给,喷播前需先覆5 cm厚的改良客土或基质,然后喷播设计植物。

(2)残积土及全风化花岗岩路堑边坡。坡比小于1:1.25的边坡,采用三维网喷播植草防护技术。

(3)强风化花岗岩路堑边坡。坡比不陡于1:1.0的边坡,采用挖沟植草防护。挖沟指在坡面上按一定的行距人工开挖楔形沟,以利于回填改良客土稳定地附着于坡面。

(4)中等风化及弱风化花岗岩路堑边坡。坡比介于1:0.5～1:0.75的边坡,采用厚层基材喷播植草防护。

## 五、园林式林草种植工程

生产建设项目的水土保持工程经常涉及厂区、生活区、管理区及相关道路与园林小品建设,一般需采取园林式绿化。下面结合生产建设项目水土保持工程的设计简单介绍园林式林草种植工程,详细内容请参考园林设计有关规范。

园林式林草种植工程的绿化设计主要适用于各类公共绿地、防护绿地,管理区、生活区、厂区等单位附属绿地、主干道(含立交桥)及其附属区的景观绿化设计,风景名胜区以及水利工程区(包括河岸、库区、湖区、堤防、水电站、灌区、沟渠、塘坝等)的绿化设计。

**(一)园林植树方法**

1.孤植

基本要求:单株树木孤植,要求发挥树木的个体美,作为园林构图中的主景,也可将数株同一树种密集种植为一个单元,效果与一株孤植树木相似。

孤植位置:孤植树木的四周应留出最适宜的观赏视距,一般配置在大草坪及空地中央,地势开阔的水边、高地、庭园中、山石旁,或用于道路与小河的弯曲转折处。

孤植树种:孤植树木宜选用树体高大、姿态优美、轮廓富于变化、花果繁茂、色彩艳丽的树种,如雪松、云杉、银杏、香樟、七叶树及国槐等。

2. 对植

基本要求:采用同一树种的树木,垂直于主景几何中轴线作对称(对应)栽植。也可灵活处理对植。自然式园林布局,可采用非对称种植,即允许树木大小、姿态有所差异,与中轴线距离不等,但须左右均衡,如左侧为一株大树,则右侧可为两株小树。

对植位置:常用于建筑物前、大门入口处或桥头等地。

对植树种:以树形整齐美观的大乔木为主。见表8.5-1。

3. 丛植

基本要求:将2~3株甚至十几株乔木加上若干灌木栽植在一起,以表现群体美,同时表现树丛中的个体美。

丛植位置:常用于大片草坪中、水边、广场、路边、路叉和道路弯转处等地。

丛植树种:以庇荫为主时,树种全由乔木组成,树下配置自然山石、座椅等供人休憩。以观赏为主时,乔木和灌木混交,中心配置具独特价值的观赏树。见表8.5-1。

4. 群植

基本要求:将20~30株或更多的乔、灌木栽植于一处,组成一种封闭式群体,以突出群体美。林冠部分与林缘部分的树木,应分别表现为树冠美与林缘美。群植的配置应具有长期稳定性。

群植位置:主要布置在有足够视距的开阔地段,或在道路交叉角上。也可作为隐蔽、境界林种植。

群植树种:可由单一树种组成亦可由数个树种组成。群落上层选喜光的大乔木如针叶树、常绿阔叶树、秋色叶树等,群落中层选耐半阴的小乔木,下层多为花灌木,耐阴的种类置于树木下,喜光的种植在群落的边缘。见表8.5-1。

表 8.5-1　对植、丛植常用园林植物

| 地区 | 对植 | 丛植(群植) |
|---|---|---|
| 东北(黑龙江、吉林、辽宁) | 红松、赤松、辽宁冷杉、杜松、紫杉、落叶松、青杨、加杨、小叶杨、旱柳、水曲柳、漦柳、洋白蜡、龙爪柳、白桦、槲树、小叶朴、椴树 | 五角枫、丁香、珍珠梅、黄刺玫、杏、李、碧桃、山桃、樱花、榆叶梅、山楂、海棠、红瑞木、月季、绣线菊 |
| 华北(北京、天津、河北、山西、内蒙古) | 雪松、云杉、侧柏、圆柏、龙柏、翠柏、国槐、合欢、毛白杨、银杏、悬铃木、枫杨、榆树、构树、杜仲、梧桐、香椿、楝树、栾树 | 油松、玉兰、紫玉兰、木兰、樱花、紫叶李、榆叶梅、贴梗海棠、垂丝海棠、腊梅、紫荆、木槿、红枫、小叶女贞、丁香、连翘、小檗、紫薇 |

| 地区 | 对植 | 丛植（群植） |
|---|---|---|
| 西北（宁夏、陕西、青海、甘肃、新疆） | 刺柏、毛白杨、银白杨、新疆杨、钻天杨、青杨、箭杆杨、旱杨、馒头柳、涤柳、臭椿、国槐、刺槐 | 油松、沙枣、胡桃、木兰、珍珠梅、黄刺玫、山桃、榆叶梅、海棠、连翘、小檗、紫荆、山梅花、丁香 |
| 华中（湖南、湖北、河南） | 马尾松、湿地松、杉木、柳杉、龙柏、刺柏、罗汉松、樟树、女贞、水杉、银杏、鹅掌楸、国槐、悬铃木、毛白杨、加杨、垂柳、枫杨、榆树、榉树、构树、梧桐 | 玉兰、紫玉兰、木兰、桂花、元宝枫、三角枫、鸡爪槭、石楠、黄杨、海桐、山茶、贴梗海棠、垂丝海棠、腊梅、紫荆、结香、柽柳、木槿、木芙蓉、红枫、小檗、金缕梅、紫薇 |
| 华东（上海、江苏、浙江、安徽、山东、江西、福建、台湾） | 马尾松、罗汉松、女贞、广玉兰、含笑、棕榈、樟树、冬青、凤凰木、落羽杉、池杉、银杏、鹅掌楸、合欢、枫香、垂柳、楝树 | 油桐、桂花、红楠、大叶楠、棣棠、梅、紫穗槐、金缕梅、紫荆、腊梅、垂丝海棠、柽柳、木芙蓉、木槿、杜鹃、碧桃、紫叶李、鸡爪槭、红枫、贴梗海棠、二乔玉兰、木兰 |
| 华南（广东、海南、香港、澳门） | 罗汉松、湿地松、柳杉、柏木、南洋杉、广玉兰、女贞、木棉、棕榈、蒲葵、王棕、冬青、榕树、黄连木、无患子、垂柳、合欢、鹅掌楸 | 榔榆、桂花、大叶楠、海桐、玉兰、紫玉兰、二乔玉兰、木兰、梅、紫荆、柽柳、木槿、木芙蓉、金丝梅、金丝桃、枇杷、石楠、含笑 |
| 西南（重庆、四川、云南、西藏、贵州、广西） | 雪松、刺柏、银桦、女贞、棕榈、胡桃、黄葛树、楝树、川楝、泡桐 | 榔榆、油桐、桂花、玉兰、紫玉兰、木兰、扁桃、含笑、云南黄馨、栀子花、棕竹、枇杷、石楠、珊瑚树、黄杨、海桐、山茶、大叶黄杨、棣棠、火棘、木芙蓉、杜鹃、金丝桃、紫薇 |

**5. 带植**

基本要求：布设成带状树群，要求林冠线有高低起伏，林缘线有曲折变化。

带植位置：布设于园林中不同区域的分界处，划分园林空间，也可作为河流与园路林道两侧的配景。

带植树种：用乔木、亚乔木、大小灌木以及多年生花卉组成纯林或混交林。

**6. 风景林**

基本要求：结合游览休憩活动的风景林，其疏密配合应恰当，疏林下或林中空地，可结合布置草地或园林小品等。适当配置林间小路，使其构成幽美环境。

建植位置：城市园林中风景林一般出现在大的公园、林荫道、小型山体、较大水面的边缘等。

适宜树种：应注意树种的组成及其色彩、形态的配合，对周围景物、地形变化，包括近景、远景等都应综合考虑，加以调节和利用，以充分发挥森林风景的效果。

### 7. 绿篱

基本要求:用灌木等紧密栽植的围篱或围墙,在园林中具有分隔空间、屏障视线、减弱噪声、美化环境以及作为喷泉或雕像的背景等作用。如按高度分,可有如下四种绿篱:绿墙,高1.6 m以上;高绿篱,高1.2~1.6 m;中绿篱,高0.5~1.2 m;低绿篱,高0.5 m以下。如按绿篱组成分,则有由常绿灌木组成的绿篱,由带叶灌木组成的叶篱,由开花灌木组成的花篱,由赏果灌木组成的果篱,将种植的蔓生植物缠绕在预先安置好的钢架或竹架上形成的蔓篱。

树种要求:建造绿篱应选用萌蘖力和再生力强、分枝多、耐修剪、叶片小而稠密、易繁殖、生长较慢的树种。

绿篱树种:

绿篱,由常绿灌木组成,如大叶黄杨、冬青、小叶女贞、海桐、蚊母、龙柏、石楠等;

叶篱,由带叶灌木组成,如酸枣、金合欢、枸骨、火棘、小檗、花椒、柞木、黄刺玫、枸橘、蔷薇、胡颓子等;

花篱,由开花灌木组成,如扶桑、叶子花、木槿、棣棠、五色梅、锦带花、迎春、绣线菊、金丝桃、月季、杜鹃花、六月雪、黄馨等;

果篱,由赏果灌木组成,如南天竹、火棘、枸骨、胡颓子、小檗、紫珠、冬青、杜鹃花、雪茄花、龙船花、桂花、栀子花、茉莉、六月雪、金丝桃、迎春、黄馨、木槿、锦带花等;

蔓篱,将种植的蔓生植物缠绕在预先制好的钢架或竹架上,常用植物如叶子花、凌霄、常春藤、茑萝、牵牛花等。

配置位置:矮篱常作为草坪、花坛的边饰或组成图案;中篱常用于街头绿地、小路交叉口,或种植于公园、林荫道、分车带、街道和建筑物旁;高篱和绿墙常用来分隔空间、屏障山墙,通常配置于厕所等不宜暴露之处。

**【案例8.5-4】 某城市道路绿篱建植**

为了使城市道路绿化更好地美化街景,服务于民;也为了使已建成的绿化植物能生机勃勃地生长,基于从美化、低碳和植物生长要素的科学性出发,对城市道路分隔带绿篱的建植特制定以下方案:

**方案一**

特点:绿带植物高低错落、自然式种植,四季有花。

对分隔带绿篱种植池覆盖50 cm厚的腐殖土,选用绿篱植物时,主要选用茶梅(花期11~3月,红色)、夏鹃(花期6~7月,红色)、红花檵木(叶枣红色、花紫红色)、鸢尾(花期5~6月,紫色)、葱兰(花期夏秋,白色)、红花酢浆草(花期1~12月,粉色),将这些植物合理地配置在一起,以形成一年四季有花的道路绿篱,提高绿化档次,丰富街景效果。

**方案二**

特点:运用植物形成模纹整齐的图案。

彻底清除种植土下的大块道路建设垃圾,降低土层高度,回填肥沃的壤土,以保证土层的稳水、储肥性能,满足植物的正常生长,同时也降低城市粉尘污染。为了使道路绿篱形成模纹整齐、色块丰富的设计风格,对绿篱植物品种进行合理搭配和组合,植物材料主要选择:金叶女贞(叶黄色)、十大功劳(阔披针形叶,绿色)、红花檵木(花、叶均红色)等,有路灯的地段密植细叶草,这种道路绿篱设计风格能够突出简洁、明快的景观效果。

## (二)园林花卉种植

**1. 在广场中心、道路交叉处、建筑物入口处及其四周,可设花坛**

花坛的类型:依据不同的标准、用途和特性,花坛有不同的分类方法。按其形态可分为立体造型花坛和平面花坛两类;按观赏季节可分为春花花坛、夏花花坛、秋花花坛,按栽植材料可分为一(二)年生草花坛、球根花坛、宿根花卉花坛、水生花坛、专类花坛等,按表现形式可分为花丛花坛、绣花式花坛、模纹花坛等,按花坛的布局方式可分为独立花坛、连续花坛和组群花坛。

对植物的要求:花丛式花坛宜选择株形整齐、具有多花性、开花齐整而花期长而一致、花色鲜明艳丽、能耐干燥、抗病虫害和矮生性的品种;模纹花坛是要通过不同花卉色彩的对比,发挥平面图案美,所以栽植的花卉要求生长缓慢,枝叶纤细而茂盛,株丛紧密,植株矮小,萌蘖性强,耐修剪,耐移植,缓苗快。

**2. 在墙基、斜坡、台阶两旁、建筑物和道路两侧,可设置花境**

花境的类型:分为单面观赏花境,双面观赏花境,对应式花境三类。

单面观赏花境多临近道路设置,并常以建筑、矮墙、树丛、绿篱等为背景,前面为低矮的边缘植物,整体上前低后高,仅供一面观赏。

双面观赏花境多设置在道路、广场和草地的中央,植物种植总体上以中间高两侧低为原则,可供两面观赏。

对应式花境在园路轴线的两侧、广场、草坪或建筑周围,呈左右两列式相对应的两个花境。在设计上作为一组景观来统一进行设计,常采用拟对称的手法表现韵律和变化之美。

对植物的要求:多以耐寒的宿根花卉为主,也可以观花、观叶或观果且体量较小的灌木为主,为丰富观赏效果,常补充一些时令性的一(二)年生花卉。

**3. 对一些需装饰的地物或墙壁可用观赏性攀缘植物覆盖,建成花墙**

花墙的营造形式:主要包括沿墙角四周、骨架 + 花盆、模块化花墙、铺贴式花墙、拉丝式花墙。

沿墙角四周:沿墙角四周种植攀爬类植物。它优点是造价低廉,美中不足的是冬季落叶,降低了观赏性,且图案单一,造景受限制,铺绿用时长,很难四季常绿,多数无花,更换困难。

骨架 + 花盆:通常先紧贴墙面或离开墙面 5 ~ 10 cm 搭建平行于墙面的骨架,辅以滴灌或喷灌系统,再将事先绿化好的花盆嵌入骨架空格中,其优点是对地面或山崖植物均可以选用,自动浇灌,更换植物方便;不足是需在墙外加骨架,增大体量可能影响景观;因为骨架须固定在墙体上,在固定点处有产生漏水隐患,骨架锈蚀等影响系统整体使用寿命。

模块化花墙:其建造工艺与骨架 + 花盆类同,但改善之处是花盆变成了方块形、菱形等几何模块,这些模块组合更加灵活方便,模块中的植物和植物图案通常须在苗圃中按设计要求预先定制好,经过数月的栽培养护后,再运往现场进行安装;其优点是对地面或山崖植物均可以选用,自动浇灌,运输方便,现场安装时间短;不足之处与骨架 + 花盆类似。

铺贴式花墙:其无需在墙面加设骨架,将平面浇灌系统、墙体种植袋复合在一层 1.5 mm 厚高强度防水膜上,形成一个墙面种植平面系统,在现场直接将该系统固定在墙面上,并且固定点采用特殊的防水紧固件处理,防水膜除承担整个墙面系统的重量外,还同时对被覆盖的墙面起到防水的作用,植物可以在苗圃预制,也可以现场种植。其优点是对地面或山崖植物均可以选用,集自动浇灌、防水、超薄(小于10 cm)、长寿命、易施工于一身;缺点是价格相对较高。

拉丝式花墙:将专用的植物攀爬丝固定在要绿化的墙面上,攀爬植物在攀爬丝上生长。景观效果好,遮阴隔热效果好,其施工简便、造价低,但后期养护费用低。

对植物的要求:宜选用抗逆性强、生长迅速、花色艳丽、花期较长的攀缘植物,如络石、紫藤、凌霄、金银花、藤本月季、扶芳藤、牵牛花等。

### (三)园林草坪建植

#### 1. 布设要求

较大面积的草坪布设应与周围园林环境有机结合,形成旷达疏朗的园林环境,同时还应利用地貌的起伏变化,创造出不同的竖向空间境域。

草坪的地面坡度应小于土壤的自然稳定角(一般为30°),如超过则应采取护坡工程。运动场草坪排水坡度在0.01左右,游憩草坪排水坡度一般为0.02~0.05,最大不超过0.15。

#### 2. 草种选定

铺设草坪的草种,应具有绿期长、耐践踏、耐修剪、耐干旱、适合粗放管理等特性。北方地区还应重视草种的耐寒性。

#### 3. 种植技术

根据不同草种的特点及场地条件,可分别选择播草籽、分植、铺草皮、铺植被毯等不同的建植方式。

### (四)园林式林草种植标准

种植穴开挖标准:①大乔木,种植穴深度最好为1~1.2 m,穴底需有10~15 cm厚的土层;②灌木,穴深最好为35~45 cm,穴底也需有10~15 cm厚的土层;③地被草坪,客土厚度至少10 cm。

园林植树栽植标准:①先栽植较大型主体树木,而后配置小乔木及灌木类;②植物材料应垂直埋入土中,植深以低于植穴上线5~10 cm为原则,不得过深或过浅,更应考虑新填土日久下陷的幅度;③种植时穴底应先置松土10~20 cm厚,回填所定分量之肥料混合土,四周土壤应分次埋下,同时充分灌水、踩实,踩实时应注意避免伤及根系及护根土球,然后表面再置一层松土,以利吸收水分和通气;④栽植较大型树木时,除注意灌水、踩实外,还要注意做好支护、包干、遮阴、防病防虫等养护工作,以免伤根、皮裂、失水等影响树木的成活与生长。

**【案例8.5-5】 某水利枢纽园林绿化**

#### 1. 设计条件

某水利枢纽改造工程是南水北调东线一期工程的重要组成部分,位于国家级水利风景区。拟对其管理站、变电所进行园林式绿化设计。

#### 2. 立地分析

该站所位于长江下游冲积平原,属亚热带与暖温带的过渡地带,气候湿润,四季分明。年平均气温14.9 ℃,年降水量为1 046.2 mm,年平均风速为3.0 m/s,年日照时数达2 203.5 h。土壤由江淮石灰尾冲积母质受海潮顶托沉积而成,大部为灰潮土中的高沙土种及夹沙土种。地带性植被为落叶常绿阔叶混交林。

根据对上述气候、土壤、植被等自然因子的综合分析,工程区光热资源丰富,降水充足,土层相对较厚,立地条件适宜植物生长,全面整地(耕翻20 cm)后即可直接种植林草。

3.设计内容

该工程位于国家级水利风景区,在改造过程中原有不影响施工的树木均予以保留,并根据该站整体的园林绿化风格以及变电所所在区域的特点进行设计(见图8.5-10)。

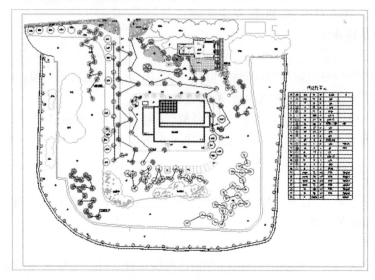

图8.5-10 某管理站、变电所的绿化设计

(1)树草种选择

以乡土树草种为主,因地制宜、师法自然,同时兼顾艺术美、形式美和景观生态性。

(2)植物措施设计

该站所三面环水,对环水的三面沿岸按5 m株距间隔种植垂柳和樱花,从河道侧看去皆为花红叶绿。

道路进口处东侧分三层,分别种植亮叶忍冬、红叶石楠、花叶络石,亮叶忍冬中点缀几株苏铁,西侧分别种植红叶石楠、花叶络石、亮叶忍冬和地中海荚蒾。

内部道路,西侧种植雪松和广玉兰各一排,株距10 m,行距3.5 m;东侧及其他道路,间隔种植一排雪松和广玉兰,株距10 m。

北侧为办公楼,办公楼西侧空地分别种植杜鹃、茶梅丛,其中点缀银杏。

南侧为变电所,变电所北主入口两侧种植龙爪槐各三株,南侧检修平台两侧各种植龙爪槐一株,西北角入口主路旁点缀种植罗汉松、红枫、天竺。

建筑物东、南、西三周分别种植紫薇、香樟、桂花、柿子、雅竹、石楠、紫叶李林带,以四季不同的色彩掩映建筑物于其中。

裸露地表铺植天堂草草坪。

【案例8.5-6】 某引水工程枢纽管理区园林绿化

1.设计条件

某引水工程枢纽管理区位于飞云江珊溪水库工程下游,瑞安市龙湖镇西北的赵山渡附近。管理区占地面积 0.71 hm²,内设篮球场、单双杠运动场、管理办公楼等。

2. 设计内容

(1)立地条件分析

原地形地貌平坦,设计充分利用该地形优势,原则上除道路、球场、广场采用砂石垫层、C15 混凝土垫层、C20 混凝土面层外,其余绿化场地均结合周围环境,强调经济性、适用性、生态性依势而建,在整体结构上呈现乔木及地被植物与绿化两种绿化层次,这样可以使视觉空间显得开阔流畅、简洁大方、整体感强;另外,在植物的选择配置上以乡土植物为主,既可节省造价、便于栽植,又能便于管理,产生浓郁的乡土气息,展现地方特色(见图 8.5-11)。

(2)整地

原地貌为农田,道路、球场、广场占地将原土夯实后,场地硬化。绿化措施面积 0.41 hm²,覆耕植土 30 cm 后进行园林绿化。

(3)植物措施设计

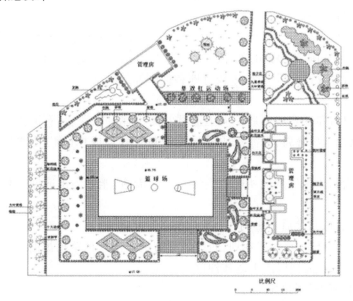

图 8.5-11　某引水工程枢纽管理区园林绿化平面布置

乔木:雪松、香樟、女贞、紫薇、桂花、竹、夹竹桃、桧柏、蒲葵、假槟榔、红枫。

灌木:海桐球、金叶女贞、红花檵木、苏铁、大叶黄杨、海棠、夏鹃、栀子花、桃叶珊瑚、白兰花、九里香、杜鹃、茶梅、十大功劳、羊蹄甲。

草坪:马尼拉、书带草、葱兰等。

# 第六节　封育工程

封育治理以封禁为基本手段,封禁、抚育与管理结合,促进森林和草地成长。主要包括在有水土流失的荒坡与残林、疏林地采取封山育林措施,在草场退化导致水土流失的天然草地采取封坡育草措施。目的是恢复林草植被、防治水土流失、提高林草效益。

# 一、封山育林及其技术措施

## (一)封山育林的特点

(1)封育治理见效快。一般说,具有封育条件的地方,经过封禁培育,南方各地少则 3～5 年,多则 8～10 年;北方和西南高山地区 10～15 年,林草覆盖度就可以达 50% 以上,其中乔木林的郁闭度大于 0.2。

(2)能形成混交林,发挥多种生态效益。通过封禁培育起来的森林,多为乔灌草结合的混交复层林分,保持水土、涵养水源的作用明显。

(3)封山治理具有投资成本低、成林成草效果突出、生态效益明显的优点。在我国江河上游和水库上游地区,大都分布着天然林、天然残次林、疏林、灌木及天然草地,这些地区往往交通不便,人口相对较少,人工造林种草的投资和劳力都显得不足。因此,封山治理、保护水源地是生态修复工程中最为重要的一项措施。

## (二)封育治理的条件

(1)封山育林的条件是具有母树、天然下种条件或萌蘖条件的荒地、残林疏林地、退化天然草地;天然下种和萌芽根蘖的条件,是指如残次林地、疏林地、灌木林地、疏林草地、草地以及森林、草原的边缘和中间空地,采伐迹地和被破坏的林地,可以通过植株萌芽或天然下种,恢复林草植被。

(2)人工造林种草困难或不适于人工造林的高山、陡坡、裸岩、石漠化土地等水土流失严重地段及沙丘、沙地、海岛、沿海泥质滩涂等经封育有望成林(灌)或增加植被盖度的地区。

(3)通过配合封山采取其他相应的生物或工程措施,能够为迅速恢复林草发展创造条件的地区。

(4)有封禁条件,封禁后不影响当地人们的正常生活。

封育应与人工造林种草统一规划,通过封育措施可恢复林草植被的,可直接封育;自然封育困难的造林区域,需辅以人工造林种草。

## (三)封山育林的技术措施

封山育林的技术措施包括封禁、培育两个方面。所谓封禁,就是建立封禁制度,分别采用全封、半封和轮封,为林木的生长繁殖创造休养生息条件;所谓培育,就是利用林草自然繁殖能力或经人工辅助(补种、补植、抚育、修枝、间伐)促进封育效果,提高林分质量。

1.封禁方式及适用条件

1)全封

全封又叫死封,指在封育初期禁止一切不利于林木生长繁育的人为活动,如禁止烧山、开垦、放牧、砍柴、割草等。封禁期限可根据成林年限加以确定,一般为 3～5 年,有的可达 8～10 年;在人为破坏严重的区域宜实行全封。从另一个角度,全封是指在封育期间,禁止除实施育林措施以外的一切人为活动的封育方式。在边远山区、江河上游、水库集水区、水土流失严重地区、风沙危害特别严重地区,以及恢复植被较困难的封育区宜采用全封。具体涉及:

(1)裸岩(包括母质外露部分)在 30% 以上的山地,这类山坡土层瘠薄,水土流失严重,造林整地较难,生物量很小,目前宜全封养草种草。

（2）坡度在35°以上的陡坡地、土层厚度在30 cm以下的瘠薄山地。由于坡陡，或土层薄，造林整地困难，一旦封禁不严，植被遭到破坏，就难以恢复。

（3）新近采伐迹地，有残留母树，可以飞籽繁殖；或有萌蘖力强的乔灌木根株；或有一定数量的幼树。这类地区只要全封起来，大部分都能迅速成林，如果采取半封，就会损坏幼树。

（4）分布有种源缺少或经济价值高的树种或药用植物的山地。

（5）邻近河道、水库周围的山坡，国家和地方政府划定封禁防护林、保护区或风景林等。

2）半封

半封又叫活封，分为按季节封和按树种封两种。按季节封就是禁封期内，在不影响森林植被恢复的前提下，可在一定植物休眠季节开山；按树种封，即所谓的"砍柴"或"割灌割草留树法"。或者说，半封是指在封育期间，林木主要生长季节实施全封，其他季节按作业设计进行樵采、割草等生产活动的封育方式。在有一定目的树种、生长良好、林木覆盖度较大的封育区适宜采用半封，在主要树种萌蘖能力强，且当地居民以林草作为主要燃料和饲料的封育区域也适宜采用半封。

3）轮封轮放

轮封轮放是指封育期间，根据封育区具体情况，将封育区划片分段，轮流实行全封或半封的封育方式，是将整个封育区划片分段，实行轮流封育。当地群众生产、生活和燃料等有实际困难的非生态脆弱区的封育区宜采用轮封。在薪炭林和饲用林（草）的封育区域进行轮封。

2. 培育措施

封山育林需要加强封禁后的培育。大体可以分为林木郁闭前和郁闭后两个阶段进行。郁闭前主要是为天然下种和萌芽、萌条创造适宜的土壤、光照条件，具体方法有间苗、定株、整地松土、补播、补植等。郁闭后主要是促进林木速生丰产，具体方法有平茬、修枝、间伐等。

## 二、封坡（山）育草及技术措施

封坡（山）育草包括对植被稀疏的草坡（山）定期进行轮流封禁，依靠其自身繁殖能力，并进行适当人工补植或补种，发展形成草场；对天然草场，以地形为界，划定季节牧场和放牧区，按照一定的次序，轮封轮牧，合理利用和改良天然草场。

### （一）封育区划分

（1）封育割草区。立地条件较好、草类生长较快、距村较近的地方，作为封育割草区，只许定期割草，不许放牧牲畜。

（2）轮封轮牧区。立地条件较差、草类生长较慢、距村较远的地方，作为轮封轮牧区。根据封育面积、牲畜数量、草被的再生能力与恢复情况，将轮封轮放区分为几个小区。草被再生能力强的小区，可以半年封半年放，或一年封一年放。

### （二）封坡（山、沟、场）育草

封坡（山、沟、场）育草主要通过封禁，依靠草的再生能力，恢复和建设草场（坡）。对严重退化、产草量低、品质差的天然草坡、草场，在封禁的基础上，采取以下改良措施：

（1）对5°左右大面积缓坡天然草场，可通过撒播营养丰富、适口性较好的牧草种籽更新草场，有条件的可引水灌溉，促进生长。在草场四周，密植灌木护牧林，防止破坏。

（2）对15°以上陡坡，沿等高线分成条带，带宽10 m左右，撒播更新草种，第一批条带草类生长 10～20 cm,能覆盖地面时,再隔带进行第二批条带更新。

(3)陡坡草场更新,可在上述措施基础上,每隔 2～3 条带,增设一条灌木饲料林带,提高载畜量和保水保土能力。

### 三、封育治理规划设计

**(一)封育治理规划原则**

(1)封育治理应作为水土保持生态建设组成部分,特别是作为生态修复的重要组成部分,统一规划。

(2)对通过封山育林措施能恢复林草植被的,首先考虑封山育林;若仅封山育林不行,可以与人工辅助措施、人工林草生态工程建设相结合。

(3)封坡(山)育草应与人工草场建设相结合,合理划分封育区,轮封轮牧,远近结合,割草放牧草相结合,封育面积应根据牲畜数量、当年用草量、草坡(山、沟、场)大小及产草能力确定。

(4)必要情况下应考虑生态移民以及发展沼气池、节柴灶等配套措施。

**(二)封育治理设计及标准**

1.设计

(1)外业调查。封育治理的外业调查包括自然经济社会调查、宜封地调查、划分小班及小班调查。一般采用 1:10 000 或 1:25 000 的地形图或航片、卫片调查。

(2)内业设计。封山(沙)育林作业以封育区为单位,设计内容应包括封育区范围及概况、封育类型、封育方式、封育年限、封育组织和封育责任人、封育作业措施、投资概算、封育效益及相关附表、附图。

应依据项目区水土流失情况、原有植被状况及当地群众生产生活实际,确定封育方式为全封、半封或轮封。

应依据项目区立地条件,选择适宜的封育类型,确定封育类型为乔木型、乔灌型、灌木型、灌草型或竹林型。

2.封育治理的标准

(1)生态公益林的封育治理成林或草的年限。按不同成林方式、建设类型区域确定见表 8.6-1。

表 8.6-1　不同封育方式成林年限　　　　　　　　　　（单位:a）

| 封育方式 | 东北 | 三北 | 黄河 | 北方 | 长江 | 南方 | 热带 | 青藏 |
|---|---|---|---|---|---|---|---|---|
| 育乔林 | 7～10 | 8～15 | 5～10 | 5～10 | 5～8 | 5～8 | 4～6 | 5～10 |
| 育灌木林 | 4～16 | 5～8 | 4～6 | 4～6 | 3～6 | 3～6 | | 4～6 |
| 育草 | 3～5 | 3～5 | 3～5 | 3～5 | 2～3 | 2～3 | | 4 |

(2)成林标准。乔木型郁闭度大于 0.2,灌木型覆盖度大于 30%,草被覆盖度大于 50%。

(3)水土保持林草的封育治理年限。按不同封育类型见表 8.6-2。

表 8.6-2 　封育年限设计标准　　　　　　　　　　　　　　　　（单位:a）

| 封育类型 | | 封育年限 | |
|---|---|---|---|
| | | 南方 | 北方 |
| 无林地和疏林地封育 | 乔木型 | 6~8 | 8~10 |
| | 乔灌型 | 5~7 | 6~8 |
| | 灌木型 | 4~5 | 5~6 |
| | 灌草型 | 2~4 | 4~6 |
| | 竹林型 | 4~5 | — |
| 有林地和灌木林地封育 | | 3~5 | 4~7 |

(4)设计标准符合乔木郁闭度、灌木覆盖度或每公顷保有林木数三项条件之一视为合格。即:无林地和疏林地封育中,乔木型应符合乔木郁闭度≥0.20,或平均有乔木 1 050 株以上,且分布均匀;乔灌型应符合乔木郁闭度≥0.20、灌木覆盖度≥30%,或乔灌木 1 350 株/丛以上;灌木型应符合灌木覆盖度≥30%,或有灌木 1 050 株/丛以上;灌草型符合灌草综合覆盖度≥50%,其中灌木覆盖度≥20%,或有灌木 900 株/丛以上;竹林型有毛竹 450 株以上,或杂竹覆盖度≥40%,且分布均匀。有林地封育中,封育小班应同时满足小班郁闭度≥0.60,林木分布均匀,以及林下有分布较均匀的幼苗 3 000 株/丛以上或幼树 500 株/丛以上。灌木林地封育中,应满足封育小班的乔木郁闭度≥0.20,乔灌木总盖度≥60%,且灌木分布均匀。年均降水量在 400 mm 以下的地区应根据实际情况,适当降低上述标准。

## 四、封育治理的组织措施

### (一)确定封育治理的范围和相应配套设施

(1)在封山育林和封坡育草面积的四周,就地取材、因地制宜地采用各种防护手段以明确封育范围,作为封育治理的基础设施之一。

以烧柴为主要燃料来源的封育区域,应配置节柴灶和沼气池等;在牧区封育时应对牲畜进行舍饲圈养。在寒冷地区需配备必要的取暖设施和其他辅助设施。

(2)明确封育治理范围的设施,必须有明显的标志,并能有效地防止人畜任意进入。

在封育区域应设置警示标志。封育面积 100 hm² 以上的,最少设立 1 块固定标牌,人烟稀少的区域可相对减少;在牲畜活动频繁地区应设置围栏及界桩。封育区无明显边界或无区分标志物时,可设置界桩以示界线。

### (二)成立护林护草组织,固定专人看管

应根据封禁范围大小和人、畜危害程度设置管护机构和专职或兼职护林员。每个护林员管护面积宜为 100~300 hm²。在管护困难的封育区可在山口、沟口及交通要塞设哨卡。

(1)按工作量大小和完成任务情况,确定护林护草人员数量。

(2)封育地点距村较远的,应就近修建护林护草哨房,以利工作进行。

### (三)制定护林护草的乡规民约

(1)根据国家和地方政府的有关法规,制定乡规民约,其内容主要有:封禁制度(时间、办法)、开放条件(轮封轮牧)、护林护草人员和村民的责、权、利,奖励、处罚办法等,特别要

严禁毁林、毁草和陡坡垦荒等违法行为。

(2)制定的乡规民约必须严格执行,纳入乡、村行政管理职责范围,维护乡规民约的权威性,保证真正起到护林护草作用。

【案例8.6-1】 滇东及滇东南石质山地封山育林恢复植被模式(图8.6-1)

1. 立地条件特征

模式区位于云南省西畴县法斗乡,属滇东及滇东南劣质石质山地。由于反复垦荒和过度砍伐薪材,水土流失十分严重,石砾含量高,岩石裸露面积率达70%以上,特别是在山顶和山中上部,土壤瘠薄,基本不具备人工造林的条件,但有一些灌木和草本植物生长,目的树种数量符合封山育林的标准。

2. 设计技术思路

劣质石质山地由于立地条件十分恶劣,造林极为困难,因此应利用当地水热条件较好的优势,采取全面封禁的措施,并于个别地段辅以适当的人工造林措施,恢复植被,保持水土。

3. 技术要点及配套措施

(1)封山育林:在封育区内,对生态极度脆弱的地段,禁止采伐、砍柴、放牧、采药和其他一切不利于植物生长繁育的人为活动,保护好现存的植被资源,以利其生殖繁衍。在条件稍好的地方,见缝插针地补植一些柏类植物和灌木,以促进植被的恢复进程。同时应制定相应的政策和管理措施,使封山育林措施落到实处。

(2)补植造林:在个别立地条件稍好的地段,选择墨西哥柏、郭芬柏、旱冬瓜、银荆、黑荆、滇合欢、刺槐、台湾相思、杜仲、香椿等树种。针阔叶树种小块状混交配置。见缝插针地进行穴状整地,规格为40 cm×40 cm×30 cm,尽量保留原有植被。在6~8月雨季雨水把土壤下透后尽早用高30 cm左右的容器苗造林,提高造林的成活率和保存率,进而提高封山育林效果。

图8.6-1 滇东及滇东南石质山地封山育林恢复植被模式图

【案例8.6-2】 珠江三角洲大中型水库护岸林建设模式(图8.6-2)

1. 立地条件特征

模式区位于广东省开平市的大中型水库集水区。模式区下游有4个大型水库及许多中小型水库。集水区内土壤主要为赤红壤或砖红壤,多薄土层。林草植被盖度虽普遍大于50%,但针叶纯林多,阔叶林、混交林少,局部地区还存在疏林及少量荒山,水土流失现象较为严重,影响水库运行与使用年限。

2. 设计技术思路

在保护好现有森林植被的前提下,因地制宜,分类指导,采取有效措施调整树种结构,提高林草植被盖度,改善林分结构和质量,增强库区森林涵养水源、保持水土的功效。具体的内容是:在森林植被稀疏的地方补植阔叶树,在荒山营造阔叶林或针阔混交林,对大中型水库集水区范围内的针叶纯林逐步进行阔叶化和针阔混交化改造。

3. 技术要点及配套措施

(1)封禁:对大中型水库集水区内第一层山脊中郁闭度 0.4 以上的森林进行严格保护,禁止砍伐、割草、放牧等一切人为破坏活动。

(2)疏林补植:对大中型水库集水区范围内第一层山脊中郁闭度 0.2 ~ 0.4 的森林,在比较稀疏的地方补种阔叶树,以木荷、黧蒴栲、三角枫、红椎、火力楠、台湾相思、大叶相思等乡土树种为主。

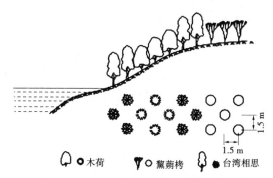

图 8.6-2 珠江三角洲大中型水库护岸林建设模式图

【案例 8.6-3】 粤北石灰岩山地封山育林恢复植被治理模式(图 8.6-3)

1. 立地条件特征

模式区位于广东省英德市、阳山县、连州市、清新县等地。石灰岩裸露 60% 以上,土层极薄,以砂砾、石砾为主,山上长有少量林木及草灌木,或植被很少。

2. 设计技术思路

模式区立地条件差,土层很薄,人工造林比较困难,可以采取全面封禁,减少人为活动和牲畜破坏,促进土壤积累,利用天然下种能力,自然形成乔、灌、草相结合的植被群落。对乔、灌、草极少的地方,可采取人工种草、植灌和栽植马尾松等手段,促进植被恢复。

3. 技术要点及配套措施

(1)封山育林:对一些乔灌木生长较好的地区,采取全封措施,封育期间禁止采伐、砍柴、放牧、割草和其他一切不利于植物生长的人为活动。

(2)人工促进更新:对于乔、灌、草植被很少,但有一定厚度土层的地方,选择一些适宜石灰岩地区生长的树种,如马尾松、任豆、泡桐、棕榈等,进行人工种植或点播,促进林草更新,然后对这些地区进行全面封山,加强管护,使这部分地区尽快恢复,发展成乔、灌、草相结合的植被群落。

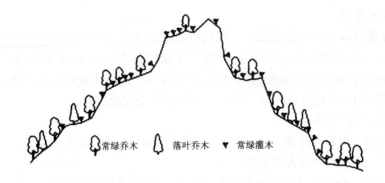

图 8.6-3　粤北石灰岩山地封山育林恢复植被治理模式图

# 第七节　林草抚育与管理

水土保持林草通常在自然条件相对较差、生态环境质量相对较低的水土流失地区营造，因此林草抚育与管理在造林种草后，对于造林成活率、保存率、生长量提高，发挥其生态、经济、社会综合效益具有重要意义。水土保持林草抚育与管理主要包括幼林抚育、成林管理及草地或草坪管理。

## 一、幼林抚育

幼林抚育是造林后至郁闭前一阶段的时间里所进行的各种措施。包括幼林地管理、幼树林木抚育、林下植被管理、幼林保护与造林检查和验收等。

### (一)幼林地管理

幼林阶段基本处于散生状态，林木的主要矛盾是与外界环境条件的矛盾，因此造林初期的幼林地管理主要是保蓄增加土壤水分，促进苗木的生根成活，包括松土、除草、中耕、灌溉、施肥及幼林地林农间作等。

1. 松土、除草

松土、除草是人工幼林抚育管理措施中重要的组成部分，常常结合在一起进行，但又有区别。

松土、除草的深度应根据树种和土壤条件而定，一般松土深度以 5～20 cm 为宜，以不伤害幼树根系，并为幼树生产创造良好条件为原则。掌握里浅外深、树小浅松、夏秋浅松、冬季深松、沙土浅松、黏土深松的松土规律。

松土、除草的方式因整地技术和经济条件不同而异。在全面整地的情况下应进行全面松土、除草，有机械化作业条件的，行间可用机械中耕，株间靠手工管理。而在局部整地的情况下，松土、除草范围应考虑增加林木营养面积，提高保土保水效益。

2. 中耕

中耕是指对人工林地进行翻垦的一种管理措施。主要目的是通过翻垦，增加土壤的通透性，并压青和对枯枝落叶进行埋压，以提高有机质含量，促进林木生长。

3. 灌溉

人工林灌溉是造林和林木生长过程中，人为补充林地土壤水分的措施，是人为改善土壤水分状况的一种积极有效的手段,对于提高干旱、半干旱地区的造林成活率、保存率,促进幼林生长,加速幼林郁闭,进而实现速生、丰产、优质的培育目标,具有极其重要的意义。

人工幼林的灌溉技术,应本着量多次少的原则进行,每公顷一次灌水量为 500 ~ 600 $m^3$,其湿润深度最好能达到 50 cm 左右的土层,使主要根系分布层的土壤水分含量保持在田间持水量的 60% ~ 70%,灌溉的时间、次数和间隔等可根据当地降水量、蒸发量、土壤干湿情况及树种需水量等确定,灌溉的方法有漫灌、洼灌、沟灌等,有条件的地方可采用滴灌、喷灌。在灌溉较困难时,可通过径流蓄水保水等调节水分的措施来解决。

4. 施肥

施肥是人为改善人工林营养状况和增加土壤肥力的措施,一般用于水土保持用材林或经济林。人工林施肥使用的肥料种类包括有机肥料、无机肥料以及微生物肥料。施肥量可依土壤贫瘠程度、树种特性、肥料种类等确定。一般有机肥料的用量为:杨树 7 500 ~ 15 000 $kg/hm^2$,杉木 6 000 ~ 7 500 $kg/hm^2$,桉树 3 000 ~ 4 500 $kg/hm^2$。化学肥料每株使用水平大体为:杨树施硫酸铵 100 ~ 200 g,杉木施尿素、过磷酸钙、硫酸钾各 50 ~ 150 g,落叶松施氮肥、磷肥、钾肥分别为 150 g、100 g、24 g。人工林的施肥方法有手工施肥、机械施肥和飞机施肥等多种,飞机施肥工效高,但浪费肥料。手工施肥时,一般将肥料施入栽植穴,并与土壤混合均匀。

施肥深度一般 20 ~ 30 cm,使肥料集中在根际附近。在林木生长过程中,可于树冠投影外缘或种植行行间开沟施肥。施肥时期一般在造林前、全面郁闭后和主伐前数年,施肥的具体时间应在每年的速生期之前。

**(二)幼树林木抚育**

幼树林木抚育是指幼林时期对苗木、幼树个体及其营养器官进行调节和抑制的措施,包括间苗、平茬、修枝、接干等。其目的是提高幼树体质和树形,促进幼树更好地向培育方向发展,保证幼树迅速生长,迅速达到郁闭,增加林分稳定性。

**(三)林下植被管理**

林下植被管理是在 2 条植树带间的空地上为防止土壤流失所采取的一种措施。适当修枝、疏伐,改善林下光照条件是林分郁闭后保护林下植被的重要方法,但极易造成在林分郁闭之后出现喜光植物与耐阴植物交替的相对真空阶段,即地面缺少覆盖物。为了防止水土流失,在可能的情况下,可通过人工手段引入耐阴植物,以保护地表不受冲刷(干旱、半干旱地区,应注意林地水分的平衡)。一般林下植被以高度较小的下繁型草类为好,草本植物多为 1 ~ 5 年生植物,新陈代谢周期较短,可以较快地改善林地土壤条件,提高林地土壤的蓄水能力。

**(四)幼林保护**

造林后到幼林郁闭前要严格封禁,做好防火、防病虫害以及抗旱防冻和封禁保护、预防人畜破坏等工作。

**(五)造林检查和验收**

为了确保造林质量,要根据造林施工设计(作业设计)逐项验收。

1. 幼林成活率

采用标准地(样地)法或标准行(样行)法检查造林成活率。成片造林面积在 10 $hm^2$ 以下,样地面积应占造林面积的 3%;面积在 10 ~ 30 $hm^2$ 的,样地面积应占 2%;面积在 30 $hm^2$

以上的,样地面积应占1%。护林带应抽取总长度的20%林带进行检查,每100 m检查10 m。选择样地和样行时实行随机抽样。山地幼林调查,应包括不同海拔、部位和坡度、坡向及植苗造林和播种造林。每穴中有一株或多株幼苗成活均作为成活一株(穴)计算。造林平均成活率按以下公式计算:

$$平均成活率(\%) = \frac{\sum 小班面积 \times 小班成活率}{\sum 小班面积} \tag{8.7-1}$$

$$小班成活率(\%) = \frac{\sum 样地(行)面积 \times 样地(行)成活率}{\sum 样地(行)面积} \tag{8.7-2}$$

$$样地(行)成活率(\%) = \frac{\sum 样地(行)成活株树(穴)数}{\sum 样地(行)栽植株(穴)数} \times 100\% \tag{8.7-3}$$

平均成活率一般为整数或保留一位小数。

2. 人工幼林的评价

(1)合格标准。年均降水量400 mm以上地区及灌溉造林,成活率在85%以上(含85%);年均降水量在400 mm以下地区,成活率在70%以上(含70%)。

(2)补植。年均降水量在400 mm以上地区及灌溉造林,成活率在41%~85%(不含85%);年均降水量在400 mm以下地区,成活率在41%~70%(不含70%)的幼林要及时予以补植。

(3)重造。经检查确定,造林成活率在41%以下(不含41%)时,要重新造林,即将统计的新造幼林面积中,凡是造林成活率低于41%的,要列为宜林地重新造林。

在调查成活率的同时,还要调查苗木死亡和种子不萌发的原因,以及病虫、鸟兽害情况和人畜破坏情况等,以积累造林经验,改进造林工作。

3. 幼林保存面积和保存率检查

人工造林后3~5年,成活已经稳定,此时要核实幼林保存面积和保存率。当幼林达到郁闭成林时,可划归为有林地,列入有林地资源范畴。

4. 补植

应按原设计树种大苗,按原株行距进行,必要时需要重新整地。播种造林补植,可从苗多的穴内移苗补植。补栽成功的前提在于成活,而关键则在于补植的植株应在生长上赶上原来成活的植株,否则,补植的植株很容易成为被压木,造成林冠不整齐,形成过早分化等不良后果,降低林分生产率,起不到补植应有的作用。补植必须及时,第一次补植一般是在造林后第二年春季或选择当地有利季节进行。当补植机会已错过,无法使同一树种补苗赶上成活植株的生长时,也可用速生或稍耐阴的其他树种苗木进行补植。为了避免补植时苗木运输费工,并使苗龄与幼林一致,采用局部密植;在抚育过程中如发现缺苗,可随时就近带土起苗补植,这样不仅成活率高、生长快,而且经济、省工。有条件的地方,采取专门培养的容器苗补植,效果更好。

## 二、成林管理

成林管理是对人工林组成和密度及其林木个体生长发育进行的管理与控制。主要措施有人工修枝、抚育采伐、采伐更新等。

### (一)人工修枝

主要应用于人工林幼林期的壮龄期,其目的、方法、原理及注意事项与幼林抚育中的修枝基本相同。

## （二）抚育采伐

抚育采伐是从幼林郁闭到主伐前一个龄级为止,为促进留存林木的生长进行的采伐。其作用是调整混交林林分组成,淘汰非目的树种,为目的树种迅速生长创造良好条件;调整纯林林分密度,保证留存木具有合理的营养空间;缩短林木培育期,增加单位面积生产量,改善林分卫生状况,增强林木对各种自然灾害的抵抗能力;提高森林各种防护效能。

1. 抚育采伐的类型

一般将抚育采伐分为除伐、疏伐和卫生伐。

(1)除伐主要是在混交林幼林中除去非目的树种。

(2)疏伐是在单纯林中调整林分密度,伐除部分株树。

(3)卫生伐是伐去一些病虫害木。

2. 抚育采伐方式、强度和时间

抚育采伐方式及其强度、时间因树种和立地条件而异。要注意以下三个问题:

(1)选择砍伐木,要考虑林木分级、树木干形品质(防护林还需考虑林冠的冠幅和枝叶的茂密程度)、病虫害状况等。有两种做法:一是重点放在某些优良木单株生长,从较早时期即将这些优良木选定,并对它们作标志,一直保留到最终采伐(主伐);二是重点放在全林分生长上,即在每次采伐时重新选择保留木,前者多用于用材林特别是大径材培育上,后者多用于防护林培育中。

(2)采伐强度,即采伐木的株数占伐前总株数的百分比或伐木蓄积量(或胸高断面面积)占伐前蓄积量(或胸高断面面积)的百分比。宜采用较小的采伐强度,一般小于25%,否则,郁闭度迅速下降且不易恢复,会严重影响防护效能。用材林及立地条件好的林分可大些,但一般不要超过30% ~40%。

(3)采伐时期,包括抚育采伐的开始时期、两次采伐之间的时间间隔期、抚育采伐的结束期。这三个时期,因树种及抚育采伐种类而异。

## （三）采伐更新

人工成林生长到某一成熟年龄(防护林为防护成熟龄,即超过此龄防护效能开始持续下降)时,要进行采伐,称之为主伐,主伐后清理采伐迹地和更新。

1. 主伐方式

按照一定的空间配置和一定的时间顺序,对成熟林分(或某种特定意义的成熟,如防护成熟)进行采伐。一般有以下几种采伐方式:

(1)皆伐,即将伐区上的林木一次全部伐除或几乎全部伐除。

(2)渐伐,是在较长时间内(通常为一个龄级)分次将成熟林分逐渐伐除,逐渐实现伐前更新。

(3)择伐,是在一定地段,每隔一定时期,单株或群状地采伐达到一定径级或具有某一特征的成熟林木。

2. 林下地被的保护及采伐迹地清理

在正常条件下,采伐作为森林经营的一种必然过程,对林地造成的扰动是可以避免的,因此应通过采伐迹地的清理,做好林下地被的保护工作。

## 3.森林更新

森林更新是森林采伐后,通过天然或人工方法,使新一代森林重新形成。森林更新常分为天然更新和人工更新。

## 4.低价值人工林分改造

各种原因造成多年生长极慢的人工林,甚至停止生长的"小老树"林,或形成密度不够、经济价值和产量都很低的疏林,统称为低价值人工林。对此类林分进行抚育管理,称之为低价值人工林分改造。低价值人工林分改造的方法如下:

(1)对于树种选择不当形成的低价值人工林,应更换树种,重新进行造林。

(2)对幼林抚育不及时或根本未抚育而形成的低价值人工林,只需采取适当的抚育措施。

(3)对密度过大而形成的低价值人工林,可采取抚育间伐使之复壮。

## (四)人工草地与草坪管理

对纯人工草地的抚育管理与林地的抚育管理措施基本相同,包括人工草地管理和草坪培育管理。

## 1.人工草地管理

播种后和幼苗期以及2年以上人工草地的田间管理包括松土补种、中耕培土、松土、除杂草、灌溉排水及防治病虫害等,具体做法基本与林地相同,但也有一些特别的措施,值得注意的是刈割。

牧草一般在头年不刈割,头年生长太旺盛时,也可以刈割一次,但要注意水土保持。其刈割留高应为0~12 cm,如果是春播牧草,第一年完全可以刈割。牧草的刈割时期,豆科在1/10~1/2开花期刈割,禾本科以在抽穗期刈割为好。刈割留高一般8~10 cm,最后一次刈割留茬高在10~12 cm以上,以利于牧草越冬。一般的牧草每年刈割3~5次,如红三叶、紫花苜蓿、黑麦草均可刈割4~5次,苏丹草一年可刈割6~8次,最后一次刈割应该在冬季结冻前30天左右结束。

## 2.草坪培育管理

新建草坪,当幼苗开始生长发育时,就应开始草坪培育改良。草坪的养护、培育、管理主要包括刈剪、施肥、灌溉、表施土壤、滚压、补播、除杂草和防治病虫害等措施。这些措施与常规的田间管理基本相似或相同,但在质量和细度要求上要更高。

根据施工总工期、总工程量、施工工序和时间安排施工总进度。

# 第九章　施工组织设计

## 第一节　施工布置

### 一、布置原则

（1）与主体工程相协调，在不影响主体工程施工的前提下，施工场地、仓库及管理用房尽可能利用主体工程布置的临建设施，避免重复建设。

（2）控制施工占地范围，避开植被良好区；施工结束后及时清理、平整、恢复植被。

（3）靠近河道的主要施工设施和临时设施需考虑施工期洪水的影响；规模较大、施工期跨越汛期的，其防洪标准宜按 5～10 年重现期选定。

（4）砂石料加工系统、混凝土系统可利用主体工程已建系统。若不满足需设置时，可采用简易系统。

（5）生态建设项目的施工布置应满足各类工程施工工艺要求，避免相互干扰、避免和减少建筑材料的重复、往返运输。跨年度分期施工时，布置应适应各施工期的特点，注意各施工期之间工艺布置的衔接和施工的连续性，避免迁建、改建和重建。

### 二、布置要求

#### （一）场内交通布置

尽量利用主体工程的场内交通道路，确需单独设置时应根据使用要求布设，并避免与主体工程产生施工干扰。生态建设项目应尽量利用已有公路及项目需要新建的生产道路，尽量避免增设施工临时道路。

#### （二）施工导流

水土保持工程施工导流主要涉及挡渣堤、防洪排导工程等，设计时应充分掌握基本资料，全面分析各种因素，选择技术可行、经济合理并能使工程尽早发挥效益的导流方案。水土保持施工导流设计可参照《水利水电工程施工组织设计规范》（SL 303—2004）第 3 章施工导流有关内容。

#### （三）施工场地布置

（1）水土保持施工总布置应统筹兼顾主体工程与水土保持工程、分项水土保持工程之间的关系，控制施工场地范围，综合平衡、协调各分项工程的施工，减少土石方倒运。

（2）水土保持工程施工布置应考虑临时建筑工程和永久设施的结合。施工布置应在不危及工程安全的前提下进行布置。

（3）水土保持工程施工场地可结合主体工程施工场地布置。如需另辟施工场地时，应根据主体工程布置特点及附近场地的相对位置、高程、面积和征地范围等主要指标，研究对外交通进入施工场地与内部交通的衔接条件和高程、场地内部地形条件、各种设施及物流方向,确定场内交通道路方案,然后以交通道路为纽带,结合地形条件,设置各类临时设施。

# 第二节 主要工程施工方法

## 一、工程措施

### (一)土石方工程

1. 土石方开挖

一般情况下根据土石开挖的难易程度简单地分为土和岩石两类,具体可根据施工场地实际地质条件参照《水利水电工程施工组织设计规范》(SL 303—2004)C. 1岩土开挖级别划分确定。

开挖时应注意附近的构筑物、道路、管线等的下沉和变形。开挖应从上到下分层分段依次进行,随时保持一定的坡势,以利泄水,并设置防止地面水流入挖方场地、基坑的措施。

采用机械开挖基坑(沟槽)时,为不破坏地基土的结构,应在基底设计标高以上预留一层采用人工挖除清理。若人工挖土后不能立即砌筑基础时,应在基底设计标高以上预留15～30 cm保护层,待下一工序开始前挖除。

当开挖施工受地表水或地下水位影响时,施工前必须做好地面排水和降低地下水位,地下水位应降至地基以下0.5～1.0 m后方可开挖。

2. 土方回填

1)一般要求

回填土料应保证填方的强度和稳定性。合理选择土方填筑压实机具,并确定填料含水量控制范围、分层碾压厚度和压实等参数。回填前应清除基底杂物,并将基底充分夯实和碾压密实。

回填土应分层铺填碾压或夯实,当填方位于倾斜的地面时,应先将斜坡挖成阶梯状,分层填筑。但当作业面较长需分段填筑时,每层接缝处应做成斜坡形(坡度不陡于1:1.5),碾迹重叠0.5～1.0 m,上、下层错缝距离不应小于1 m。

2)作业要求

对于有密度要求的填方,应按所选用的土料、压实机械的性能,通过试验确定含水量的控制范围和压实程度,包括每层铺土厚度、压实遍数及检验方法等。

对于无密实度要求或允许自然沉实的填方,可直接填筑不压(夯)实,但应预留一定的沉降量。

填方如采用两种透水性不同的土填筑时,不得掺杂乱倒,应分层填筑,并将透水性较小的土料填在上层,且边坡不得用透水性较小的土封闭。

需要拌和的回填材料,应在运入坑槽前拌和均匀,不得在槽内拌和。

在雨季、冬季进行压实填土施工时,应采取防雨、防冻措施,防止填料受雨水淋湿或冻结,并应采取措施防止出现橡皮土。

3)填土的压实

填土压实时,应使回填土的含水量在最优含水量范围之内。各种土的最优含水量和最大干密度的参考值见表9.2-1。黏性土料施工含水量与最优含水量之差可控制在 -4% ～

+2%范围内。工地简单检测一般以手握成团、落地开花为宜。

表9.2-1　土的最优含水量和最大干密度参考值

| 项次 | 土的总类 | 变动范围 | |
|---|---|---|---|
| | | 最优含水量(质量比)(%) | 最大干密度(g/cm³) |
| 1 | 砂土 | 8~12 | 1.80~1.88 |
| 2 | 黏土 | 19~23 | 1.58~1.70 |
| 3 | 粉质黏土 | 12~15 | 1.85~1.95 |
| 4 | 粉土 | 16~22 | 1.61~1.80 |

注:(1)表中土的最大干密度应根据现场实际达到的数字为准。

(2)一般性的回填土可不作此项测定。

铺土厚度和压实遍数一般应进行现场碾(夯)压试验确定,如无试验依据,压实机具及工具、每层铺土厚度和所需的碾压(夯实)遍数应符合表9.2-2的规定。

表9.2-2　填方每层铺土厚度和压实遍数

| 压实机具 | 每层铺土厚度(mm) | 每层压实遍数(遍) |
|---|---|---|
| 平碾 | 200~300 | 6~8 |
| 羊足碾 | 200~859 | 8~16 |
| 柴油打夯机 | 200~250 | 3~4 |
| 蛙式夯、火力夯 | 200~250 | 3~4 |
| 推土机 | 200~300 | 6~8 |
| 拖拉机 | 200~300 | 8~16 |
| 人工打夯(木夯、铁夯) | <200 | 3~4 |
| 振动压实机 | 250~350 | 3~4 |

注:人工打夯时,大块粒径不应大于5cm。

### (二)钢筋混凝土工程

钢筋混凝土工程由模板工程、钢筋工程及混凝土工程等组成,它的一般施工顺序为:模板制作、安装→钢筋成型、安装、绑扎→混凝土搅拌、浇灌、振捣、养护→模板拆除、修理。

### (三)砌石工程

砌石工程包括干砌石工程和浆砌石工程。

1.干砌石工程

平缝砌筑法:多用于干砌块石施工,砌筑时,石块水平分层砌筑,横向保持通缝,层间纵向缝应错开,避免纵缝相对,形成通缝。

花缝砌筑法:多用于干砌毛石施工,砌筑时砌石水平方向不分层,纵缝插花交错。

## 2. 浆砌石工程

### 1) 砌筑要点

浆砌石工程应在基础验收及结合面处理检验合格后,方可施工。

砌筑前应放样立标。拉线砌筑,并将石料表面的泥垢、水锈等杂质清洗干净。

砌石砌体必须采用铺浆法砌筑。砌筑时石块宜分层外砌,同层相邻砌筑石块高差宜小于 2 ~ 3 cm。上下错缝,内外搭砌。必要时应设置拉结石,不得采用外面侧立石块、中间填心的方法,不得有空缝。浆砌石挡墙、护坡的外露面均应勾缝。

### 2) 砌体养护

砌体外露面宜在砌筑后 12 ~ 18 h 内及时养护。水泥砂浆砌体养护时间一般为 14 d,混凝土灌砌体一般为 21 d。当勾缝完成和砂浆初凝后,砌体表面应刷洗干净,至少用浸湿物覆盖保持 21 d,在养护期间应经常洒水,使砌体保持湿润,避免碰撞和振动。

## (四)防风固沙工程

防风固沙工程包括防风固沙造林、防风固沙种草、沙障、砾石覆盖和化学固沙等。

### 1. 防风固沙造林

(1)北方风沙区造林整地,时间宜选在春季,整地方式宜采用穴状,机械或人工开挖,穴坑规格为 0.60 m × 0.60 m 或 1.00 m × 1.00 m。

(2)沿海造林、北方盐碱地造林地,要客土换填,客土中掺施有机肥,土、肥比至少 3 : 1。

(3)黄泛区古河道沙地,可采用机械将下层淤土翻起,翻淤压沙整地。

### 2. 防风固沙种草

无灌溉设施地区,应实施雨季撒播,种籽宜实施包衣。

### 3. 沙障

高立式沙障:采用秆高质韧的柴草,按设计长度切好,在设计好的沙障条带位置上,人工挖沟深 0.20 ~ 0.40 m,将柴草均匀地直立埋入、扶正、踩实、填沙,柴草露出地面 0.5 ~ 1 m。

低立式:采用较软的柴草,按设计长度切好,顺设计沙障条带线均匀放置线上,草的方向与带线正交,踩压柴草进入沙内 0.2 ~ 0.3 m,两端翘起,高 0.2 ~ 0.3 m,扶正并于基部培沙。

### 4. 砾石覆盖

应先进行覆盖面平整,边坡 ≥ 3 m 时,宜削坡后先布设混凝土或浆砌石骨架,人工铺设并平整砾石,砾石层厚 4 ~ 8 cm。

### 5. 化学固沙

化学药剂喷洒宜在微风天气进行。

## (五)斜坡防护工程

### 1. 空心六棱砖

即在框架内满铺并浆砌预制的空心六棱砖,然后在空心六棱砖内填土,主要适用于坡率不大于 1 : 0.3 的岩质边坡。施工方法:整平坡面至设计要求并清除坡面危石;浇注钢筋混凝土框架;框架内砌筑预制空心六棱砖;空心六棱砖内填土。其中预制砖块混凝土强度不宜低于 C20。空心六棱砖施工时应按自下而上的顺序进行,并尽可能挤紧,做到横、竖和斜线对齐。砌筑的坡面应平顺,要求整齐、顺直、无凹凸不平现象,并与相邻坡面顺接。若有砌筑块松动或脱落之处必须及时修整。

2. 土工格室固土

框架内固定土工格室,并在格室内填土 20～50 cm。施工方法是:整平坡面至设计要求并清除坡面危石;浇注钢筋混凝土框架;展开土工格室并与锚梁上钢筋、箍筋绑扎牢固;在格室内填土,填土时应防止格室胀肚现象。

3. 框架内加筋固土

施工方法是:用机械或人工的方法整平坡面至设计要求,清除坡面危石;预制埋于横向框架梁中的土工格栅;按一定的纵横间距施工锚杆框架梁,竖向锚梁钢筋上预系土工绳,以备与土工格室绑扎用,视边坡具体情况选择框架梁的固定方式;将作为加筋的土工格栅预埋于横向框架梁中,并固定绑扎在横梁箍筋上,然后浇筑混凝土,留在外部的用作填土加筋;按由上而下的顺序在框架内填土,根据填土厚度可设二道或三道加筋格栅,以确保加筋固土效果。

## 二、植物措施

### (一)一般植物措施

1. 整地

整地可分为造林整地、种草整地和草坪建植整地。

造林整地:整地方式分为全面整地和局部整地。全面整地是翻垦造林地全部土壤,主要用于平坦地区。局部整地是翻垦造林地部分土壤的整地方式。整地方法主要有:带状整地、水平阶整地、水平沟整地、反坡梯田、穴状整地、块状整地、鱼鳞坑整地、高台整地。

种草整地:主要由耙地、浅耕灭茬、耱地、镇压、中耕等工序组成,根据设计要求可适当简化工序。

草坪建植整地:主要工序有清理、翻耕、平整、土壤改良、排水灌溉系统的设置以及施肥。

2. 种植

1)乔灌木栽植方法

栽植方法按照栽植穴的形态分为穴植、缝植和沟植三类。

穴植是在经过整地的造林地上挖穴栽苗。

缝植是在经过整地的造林地或土壤深厚湿润的未整地造林地上,用锄、锹等工具开成窄缝,植入苗木后从侧方挤压,使苗根与土壤紧密结合的方法。

沟植是在经过整地的造林地上,以植树机或畜力拉犁开沟,将苗木按照一定距离摆放在沟底,再覆土、扶正和压实。

苗木出圃后若不能及时栽植,需进行假植。苗木假植分为临时假植和越冬假植两种。

临时假植:选背阴、排水良好的地方挖一假植沟,沟的规格是深宽各为 30～50 cm,长度依苗木的多少而定。将苗木成捆地排列在沟内,用湿土覆盖根系和苗茎下部,并踩实,以防透风失水。

越冬假植:在土壤结冻前,选排水良好、背阴、背风的地方挖一条与当地主风方向垂直的沟,沟的规格因苗木大小而异。假植 1 年生苗一般深宽 30～50 cm,大苗还应加深,迎风面的沟壁作成 45°的斜壁,然后将苗木单株均匀地排在斜壁上,使苗木根系在沟内舒展开,再用湿土将苗木根和苗茎下半部盖严,踩实,使根系与土壤密接。

2）草种植方法

条播、撒播、点播或育苗移栽均可。播种深度 2 ~ 4 cm。播后覆土镇压可提高种草成活率。

3）草坪建植的播种方法

按播种方式分为撒播、条播、点播、纵横式播种、回纹式播种。大面积播种可利用播种机，小面积则常采用手播。此外，也可采用水力播种，借助水力播种机将种子喷在坪床上，是远距离播种和陡坡绿化的有效手段。

4）草皮铺设

水土保持工程常用草坪铺设包括满（密）铺和散铺两种形式，详见表9.2-3。

表 9.2-3　水土保持工程常用草坪铺设方法

| 名称 | 操作 | 优缺点 |
|---|---|---|
| 满铺法 | 将草皮切成宽 25 ~ 30 cm、厚 4 ~ 5 cm、长 2 cm 以内的草皮条，以 1 ~ 2 cm 的间距，邻块接缝错开，铺装在场地内，然后在草坪上用 0.5 ~ 1.0 t 重的滚轮压实和碾平后充分浇水 | 能在 1 年内的任何时间内，有效地形成"瞬时"草坪，但建坪成本较高 |
| 散铺法 | 此法有两种形式：一为铺块式，即草皮块间 3 ~ 6 cm，铺装面积为总面积的1/3；一为梅花式，即草皮块相间排列，所呈图案较美观，铺装面积为总面积的1/2。铺装时将坪床面挖下草皮的厚度，草皮镶入后与坪床面平，铺装后应镇压和充分浇水 | 草皮用量较上法少 2/3 ~ 1/2，成本相应降低，但坪床面全部覆盖所需时间较长 |

平整坡面，清除石块、杂草、枯枝等杂物，使坡面符合设计要求；草坪移植前应提前 24 h 修剪并喷水，镇压保持土壤湿润，这样较好起皮。当草皮铺于地面时，草皮间留 1 ~ 2 cm 的间距，采用0.5 ~ 1.0 t 重的滚筒压平，使草皮与土壤紧拉、无空隙，易于生根，保证草皮成活。

5）植株分栽建植

按坪床准备的要求将场地平整好，并按一定行距开凿深为 5 cm 左右的浅沟或坑；分株栽植应选择每年 3 ~ 10 月。分栽时，从圃地里挖出草苗，分成带根的小草丛，按照一定的株、行距分栽入沟或坑，一般分 3 ~ 10 株为一丛。栽植的株、行距通常为 15 cm × 20 cm，如果要求形成草坪的时间紧，可按 5 cm × 5 cm 的株、行距密植。

6）插枝建植

准备营养体材料：将匍匐茎或根茎切成节段，长 7 ~ 15 cm，每一段至少有两节活节，并将节段浸在水中准备栽种。

坪床上做沟：沟距一般为 15 ~ 30 cm，沟深 2.5 ~ 7.5 cm。如不需做沟，可利用工具将节段一头埋入疏松的土壤中，另一头留在地表外面，压紧节段周围的土即可。

栽植：节段竖着成行放置，行距 15 cm 左右，后将土壤推进沟内，并压实节段周围。往沟内填土时，不要将节段完全覆盖，要留出长约1/4的节段在土壤外面。

### （二）边坡植物措施

**1. 一般边坡**

一般边坡常用护坡措施包括铺草皮、植生带、液压喷播、三维植被网、挖沟植草等。

铺草皮：草皮一般在春、夏季和秋季均可施工，适宜施工季节为春秋两季。施工工序为：平整坡面→准备草皮→铺草皮→前期养护，必要时草皮铺装后需加盖无纺布。

植生带：施工一般在春季和秋季进行，应尽量避免在暴雨季节施工。其施工工序为：平整坡面→开挖沟槽→铺植生带→覆土、洒水→前期养护。

液压喷播：施工一般应在春季和秋季进行，应尽量避免在暴雨季节施工。其施工工序为：平整坡面→排水设施施工→喷播施工→盖无纺布→前期养护。

三维植被网：施工一般在春季和秋季进行，应尽量避免在暴雨季节施工。其施工工序为：准备工作→铺网→覆土→播种→前期养护。

挖沟植草：施工一般在春季和秋季进行，应尽量避免在暴雨季节施工。其施工工序为：平整坡面→排水设施施工→楔形沟施工→回填客土→三维植被网施工→喷播施工→盖无纺布→前期养护。

**2. 高边坡**

高边坡植物护坡通常结合高边坡防护工程措施而设，主要有钢筋混凝土内填土植被护坡、预应力锚索框架地梁植被护坡、预应力锚索地梁植被护坡等。其中植被部分的施工可采用三维植被网和厚层基材喷射植被护坡。厚层基材喷射植被护坡的施工主要包括锚杆、防护网和基材混合物等的施工。

（1）锚杆：根据岩石坡面破碎状况，长度一般为 30~60 cm，其主要作用是将网固定在坡面上。

（2）防护网：依据边坡类型选用普通铁丝网、镀锌铁丝网或土工网。

（3）基材混合物：基材混合物由绿化基材、种植土、纤维和植被种子按一定的比例混合而成。其中绿化基材由有机物、肥料、保水剂、稳定剂、团粒剂、酸度调节剂、消毒剂等按一定比例混合而成。施工时首先通过混凝土搅拌机或砂浆搅拌机把绿化基材、种植土、纤维及混合植被种子搅拌均匀，形成基材混合物，然后通过混凝土喷射机的喷枪喷射到坡面，在坡面上形成植被的生长层。

# 第三节　施工进度安排

## 一、施工进度安排原则

施工进度安排遵循以下原则：

（1）与主体工程施工进度相协调的原则。

（2）采用国内平均先进施工水平，合理安排工期的原则。

（3）资源（人力、物资和资金等）均衡分配原则。

（4）在保证工程施工质量和工期的前提下，充分发挥投资效益的原则。

（5）生态建设项目应尽量利用农作物交替季节。

## 二、施工进度安排

水土保持工程实施进度安排应遵循"三同时"制度,按照主体工程施工组织设计、建设工期、工艺流程,按水土保持水土流失防治分区布设水土保持措施;根据水土保持措施施工的季节性、施工顺序分期实施、合理安排,保证水土保持工程施工的组织性、计划性和有序性,对资金、材料和机械设备等资源有效配置,确保工程按期完成。

水土保持工程施工进度安排应与主体工程施工计划相协调,并结合水土保持工程特点,弃渣要遵循"先拦后弃"原则,按照工程措施、植物措施和临时防护措施分别确定施工工期和进度安排,编制水土保持设施施工进度图。

### (一)工程措施

工程措施应与主体工程同步实施,应安排在非主汛期,大的土方工程应避开雨季。水下施工的工程措施一般应尽量安排在枯水期。

### (二)植物措施

植物措施应在主体工程完工后及时实施,应根据不同季节植物生长特性安排施工期。

1. 整地工程

一般安排在造林前一年秋冬季整地,第二年春秋季造林。易风蚀的沙地和南方多雨地区,应随整地随造林。

秋冬造林最迟应在当年春季整地;雨季和春季造林,最迟应在前一年秋季整地。

2. 造林(植树)

容器苗和带土坨苗木可不受季节限制,适时造林。一般造林应满足以下要求:

(1)春季造林。应根据树种的物候期和土壤解冻情况适时安排造林,一般在树木发芽前7~10 d完成。南方造林,应在土壤墒情好时进行;北方造林,在土壤解冻到栽植深度时造林。

(2)雨季造林。应尽量在雨季的前半期造林。干旱、半干旱地区应尽量在连阴天墒情好时造林。

(3)秋冬造林。秋季应在树木停止生长后和土地封冻前造林。冻害严重的山区不宜秋季造林。秋季适宜阔叶树植苗造林和大粒、硬壳、休眠期长、不耐储藏种子的播种造林。

3. 种草

(1)1年生草,春季施工。

(2)多年生草,春、夏、秋季施工均可,以夏季最好,长江以南地区有些地方冬季也可施工。

### (三)临时防护措施

应先于主体工程安排临时防护措施的实施。

水土保持措施施工进度安排还应结合工程区自然环境和工程建设特点及水土流失类型,在适宜的季节进行相应的措施布设,风蚀区应避开大风季节,水蚀区应避开暴雨洪水等危害。

水土保持措施施工进度应按照尽量缩短扰动后土地裸露时间、尽快发挥保土保水效益的原则安排。具体应根据主体工程施工进度计划,结合水保工程量确定施工工期和进度安排,编制施工进度双横道图。

**【案例 9.3-1】 西南某水利工程水土保持措施**

工程任务是以城市供水为主,兼顾农业灌溉和环境供水等综合利用。工程由水库枢纽工程、输水工程组成。水库总库容 1.66 亿 m³,供水及灌溉设计引用流量为 10.00 m³/s,灌溉面积 14.56 万亩。水库枢纽建筑物包括溢洪道、泄洪放空洞、钢筋混凝土面板堆石坝、放水洞、副坝等。输水工程由渠系工程和供水管道组成,渠系工程包括 30.403 km 干渠和支渠 6 条;供水管道长 26.5 km,沿线布置隧洞 8 座、跨河渡槽 2 处。水库淹没区搬迁安置人口 7 148 人,迁建城镇一个;输水工程迁移人口 132 人。工程总投资为 260 314 万元,其中土建投资 95 993 万元。工程总工期 43 个月。

工程区总体地貌类型为丘陵,水土保持防治分区划分为水库枢纽工程区和输水工程区两个一级区,一级防治分区内又按项目组成分二级防治区。其中水库枢纽工程区分为枢纽建筑物工程、工程管理区、弃渣场区、临时堆料场区、料场区、施工道路区、施工生产生活区、移民安置及专项设施复建区等 8 个二级防治区;输水工程区分为渠系工程区、供水管道工程区、工程管理区、弃渣场区、临时堆料场区、施工道路区、施工生产生活区、移民安置及专项设施迁建区等 8 个二级防治区。

根据主体工程施工进度安排和拟定的水土保持措施;按二级防治分区编制水土保持措施施工进度双横道图,见表 9.3-1 ~ 表 9.3-2。

表 9.3-1　水库枢纽工程水土保持施工进度计划双横道图

| 序号 | 分区/措施 | 项目 | 单位 | 工程量 |
|---|---|---|---|---|
| 1 | 主体工程施工进度安排 | 场内交通施工 | | |
| 2 | | 其他临建设施 | | |
| 3 | | 导流工程 | | |
| 4 | | 枢纽建筑物施工 | | |
| 5 | 枢纽工程区 植物措施 | 喷播　面积 | hm² | 4.01 |
| 6 | | 喷播　灌木 | kg | 420.3 |
| 7 | | 喷播　草种 | kg | 210.6 |
| 8 | | 撒播　面积 | hm² | 3.96 |
| 9 | | 撒播　灌木 | kg | 415.7 |
| 10 | | 撒播　草种 | kg | 217.9 |
| 11 | | 植生袋 | m² | 27300 |
| 12 | | 乔木 | 株 | 175 |
| 13 | | 灌木 | 株 | 939 |
| 14 | 工程管理区 植物措施 | 藤本植物 | 株 | 886 |
| 15 | | M7.5浆砌块石骨架植槽 | m³ | 91 |
| 16 | | 乔木 | 株 | 12 983 |
| 17 | | 灌木 | 株 | 252 |
| 18 | | 植草皮 | m² | 1.92 |
| 19 | | 撒播草种 | kg | 444.5 |
| 20 | 工程措施 | 土石方开挖 | m³ | 30 749 |
| 21 | | C15埋石混凝土基础 | m³ | 6 405 |
| 22 | | 干砌块石护坡 | m³ | 6 066 |
| 23 | | M7.5浆砌片石挡墙 | m³ | 20 736 |
| 24 | | Φ10PVC排水管 | m | 3 959 |
| 25 | | 复合土工布反滤 | m² | 233 |
| 26 | | M7.5浆砌块石衬砌 | m³ | 4 481 |
| 27 | | 土石方回填 | m³ | 7 577 |
| 28 | | C25混凝土管 | m³ | 929 |
| 29 | | 钢筋 | t | 93 |
| 30 | 弃渣场区 | 抛填大块石 | m³ | 981 |
| 31 | | 绿化表土剥离 | 万 m³ | 1.41 |
| 32 | | 绿化表土回铺 | 万 m³ | 1.41 |
| 33 | 植物措施 | 灌木 | 株 | 26 283 |
| 34 | | 草种 | kg | 295.7 |
| 35 | 临时措施 | 渣体边坡　土袋挡护 | m³ | 2.062 |
| 36 | | 防雨布 | 万 m² | 2.49 |

进度时间轴：第一年、第二年、第三年、第四年、第五年（每年按月 11、12、1、2、3、4、5、6、7、8、9、10 等分格，横道图部分以进度条表示）。

续表 9.3-1

| 序号 | 分区 | 措施类型 | 项目 | 单位 | 工程量 |
|---|---|---|---|---|---|
| 37 | 临时堆料场区 | 临时措施 | 土石方开挖 | m³ | 66 |
| 38 | | | 土工布 | m² | 932 |
| 39 | | | 土袋挡护 | m³ | 806 |
| 40 | | | 防雨布 | 万m² | 1.59 |
| 41 | 料场区 | 工程措施 | 土石方开挖 | m³ | 322 |
| 42 | | | M7.5浆砌块石衬砌 | m³ | 248 |
| 43 | | 植物措施 | 灌木 | 株 | 13 300 |
| 44 | | | 藤木植物 | 株 | 2 835 |
| 45 | | | 撒播草种 | kg | 150 |
| 46 | | | M7.5浆砌块石种植槽 | m³ | 355 |
| 47 | | 临时措施 | 土石方开挖 | m³ | 29 |
| 48 | | | 土工布 | m³ | 365 |
| 49 | | | 防雨布 | m² | 804 |
| 50 | | | 乔木 | 株 | 7 837 |
| 51 | | 植物措施 | 藤木植物 | 株 | 39 183 |
| 52 | | | 撒播灌木 | kg | 952.4 |
| 53 | | | 撒播草种 | kg | 476.3 |
| 54 | | | 喷播灌草 | m² | 3.98 |
| 55 | 施工道路区 | 临时措施 | 土石方开挖 | m³ | 614 |
| 56 | | | 土工布 | m² | 6 117 |
| 57 | | 植物措施 | 乔木 | 株 | 2 193 |
| 58 | | | 撒播草种 | kg | 94 |
| 59 | | | 土地整治 | hm² | 1.88 |
| 60 | 施工生产生活区 | 临时措施 | 土石方开挖 | m³ | 405 |
| 61 | | | 土工布 | m² | 5 500 |
| 62 | 移民安置及专项设施迁建区 | 工程措施 | 土石方开挖 | m³ | 638 |
| 63 | | | C15埋石混凝土基础 | m³ | 168 |
| 64 | | | M7.5浆砌片石挡墙 | m³ | 914 |
| 65 | | | Φ10PVC排水管 | m | 182 |
| 66 | | | 土石方回填 | m³ | 271 |
| 67 | | | M7.5浆砌块石衬砌 | m³ | 60 |
| 68 | | | 干砌块石挡墙 | m³ | 453 |
| 69 | | 植物措施 | 乔木 | 株 | 12 725 |
| 70 | | | 藤木植物 | 株 | 40 496 |
| 71 | | | 灌木 | 株 | 1 400 |
| 72 | | | 撒播灌木 | kg | 1 215 |
| 73 | | | 撒播草种 | kg | 623 |

（时段栏按第一年至第五年、每年逐月编制施工进度甘特图）

说明：～～～ 表示主体工程施工进度；——— 表示水土保持方案施工进度。

557

表 9.3-2　输水工程水土保持施工进度计划双横道图

| 序号 | 项目 | | | 单位 | 工程量 |
|---|---|---|---|---|---|
| 1 | 主体工程施工进度安排 | 工程筹建期 | | | |
| 2 | | 场内公路 | | | |
| 3 | | 渠系工程 | | | |
| 4 | | 供水工程 | | | |
| 5 | 渠系工程区 | 工程措施 | 土石方开挖 | m³ | 1 244 |
| 6 | | | M5.0浆砌块石衬砌 | m³ | 568 |
| 7 | | | M7.5浆砌块石衬砌 | m³ | 235 |
| 8 | | 植物措施 | 喷播 面积 | hm² | 7.17 |
| 9 | | | 灌木 | kg | 747.2 |
| 10 | | | 草种 | kg | 373.7 |
| 11 | | | 撒播 面积 | hm² | 41.78 |
| 12 | | | 灌木 | kg | 4 387.9 |
| 13 | | | 草种 | kg | 2 196.7 |
| 14 | | | 乔木 | 株 | 319 |
| 15 | | 临时措施 | 土袋挡墙 | m³ | 30 162 |
| 16 | | | | | |
| 17 | 供水管道工程区 | 植物措施 | 灌木 | kg | 19.1 |
| 18 | | | 草种 | kg | 9.5 |
| 19 | | 工程措施 | 土石方开挖 | m³ | 434 |
| 20 | | | M7.5浆砌块石衬砌 | m³ | 319 |
| 21 | 工程管理区 | 植物措施 | 乔木 | 株 | 391 |
| 22 | | | 灌木 | 株 | 197 519 |
| 23 | | | 草种 | kg | 2 222.2 |
| 24 | | 工程措施 | 土石方开挖 | m³ | 62 204 |
| 25 | | | C15埋石混凝土基础 | m³ | 12 794 |
| 26 | | | 干砌块石 | m³ | 360 |
| 27 | | | M7.5浆砌片石挡墙 | m³ | 39 417 |
| 28 | | | Φ10PVC排水管 | m | 12 501 |
| 29 | | | 复合土工布 | m² | 435 |
| 30 | | | M7.5浆砌块石衬砌 | m³ | 12 237 |

进度计划时间轴（横道图）：第二年（3～12月）、第三年（1～12月）、第四年（1～12月）、第五年（1～10月）

续表 9.3-2

| 序号 | 项目 | | 单位 | 工程量 |
|---|---|---|---|---|
| 31 | 弃渣场区 | 土石方回填 | m³ | 18749 |
| 32 | | 钢筋 | t | 2.44 |
| 33 | | 绿化表土剥离 | 万m² | 7.64 |
| 34 | | 绿化表土回铺 | 万m² | 7.64 |
| 35 | 植物措施 | 渣体灌木 | 株 | 118850 |
| 36 | | 斜面草种 | kg | 1337.1 |
| 37 | 临时措施 | 土袋挡护 | m³ | 4021 |
| 38 | | 防雨布 | 万m² | 14.1 |
| 39 | 临时堆料场区 植物措施 | 乔木 | 株 | 3488 |
| 40 | | 草种 | kg | 156.9 |
| 41 | 临时措施 | 土石方开挖 | m³ | 406 |
| 42 | | 土工布 | m² | 4940 |
| 43 | | 土袋挡护 | m³ | 3609 |
| 44 | | 防雨布 | 万m² | 27.62 |
| 45 | | 土地整治 | hm² | 4.51 |
| 46 | 施工道路区 植物措施 | 乔木 | 株 | 31128 |
| 47 | | 藤本植物 | 株 | 129326 |
| 48 | | 灌木 | kg | 1581 |
| 49 | | 草种 | kg | 1027.3 |
| 50 | 临时措施 | 土石方开挖 | m³ | 4200 |
| 51 | | 土工布 | 万m² | 4.54 |
| 52 | 施工生产生活区 植物措施 | 乔木 | 株 | 1278 |
| 53 | | 草种 | kg | 57.5 |
| 54 | | 土地整治 | hm² | 1.10 |
| 55 | 临时措施 | 土石方开挖 | m³ | 475 |
| 56 | | 土工布 | m² | 6232 |
| 57 | 移民安置及专项建设区 施工迁建区 | 乔木 | 株 | 39 |
| 58 | 植物措施 | 藤本植物 | 株 | 193 |
| 59 | | 灌木 | kg | 5.8 |
| 60 | | 草种 | kg | 2.9 |

说明：~~~~ 表示主体工程施工进度；——— 表示水土保持方案施工进度。

·559·

# 第十章 水土保持监测、试验研究与监督管理

## 第一节 水土保持监测

### 一、水土保持监测概述

#### (一)监测体系

水土保持监测是从保护水土资源和维护生态环境出发,运用多种手段和方法,对水土流失的成因、数量、程度、影响范围、危害及其防治成效等进行动态监测的过程,是防治水土流失的一项基础性工作。通过监测,可以适时、准确地掌握一定范围内水土流失的状况,了解水土流失的危害,为水土流失的防治以及现有水土保持工程的改进和完善提供技术资料。

1. 监测管理体系

我国的水土保持监测管理工作实行统一管理,分级负责的原则。水利部统一管理全国的水土保持监测工作,负责制定有关规章、规程和技术标准,组织全国水土保持监测,发布全国水土保持监测公告。水利部各流域机构在授权范围内管理水土保持监测工作。县级以上地方人民政府水行政主管部门负责管理辖区内的水土保持监测工作。

2. 监测站网

根据有关法规和《水土保持监测技术规程》(SL 277—2002)的规定,全国水土保持监测站网由四级监测机构组成,一级为水利部水土保持监测中心,二级为各大流域水土保持监测中心站,三级为省级水土保持监测总站,四级为重点防治区监测分站。监测分站根据全国及省级水土保持监测规划设立相应监测点。国家负责一、二级监测机构的建设和管理,省(市、区)负责三、四级及监测点的建设和管理。

#### (二)监测分类

根据监测范围的大小和监测内容的差异性,可以将水土保持监测分为宏观监测和微观监测两大类。宏观监测是在较大区域内,基于宏观尺度上对土壤侵蚀的发生、发展及其对环境影响的测定,包括区域和中、小流域的水土保持监测;微观监测是在小区域、小尺度的监测,主要为生产建设项目水土保持监测。

(1)区域水土保持监测。区域水土保持监测是指对国家级、大江大河流域、省级和县级行政区等范围的监测。

(2)中流域水土保持监测。中流域水土保持监测是指对江河支流流域的监测,流域面积一般在 $50 \sim 100 \ km^2$。

(3)小流域水土保持监测。小流域水土保持监测是指对面积小于 $50 \ km^2$ 的流域的监测。小流域是水土保持综合治理的基本单元,也是水土保持效果监测的基本单元。

(4)生产建设项目水土保持监测。生产建设项目水土保持监测是指根据批准的水土保持方案确定的监测内容,通过设立典型观测断面、观测点、观测基准等,对生产建设项目在生

产建设和运行初期的水土流失及其防治效果进行的监测。

### (三)监测点布设

1. 监测点的分类

(1)常规监测点。常规监测点是长期、定点定位的监测点,主要进行水土流失及其影响因子、水土保持措施数量、质量及其效果等监测。在全国土壤侵蚀区划的二级类型区应至少设一个常规监测点,并应全面设置小区和控制站。

(2)临时监测点。临时监测点是为某种特定监测任务而设置的监测点,其采样断面的布设、监测内容与频次应根据监测任务确定。临时监测点应包括生产建设项目水土保持监测点,崩塌滑坡、泥石流和沙尘暴监测点,以及其他临时增设的监测点。

2. 监测点布设原则

(1)根据水土流失类型区和水土保持规划,确定监测点的布局。

(2)以大江大河流域为单元进行统一规划。

(3)与水文站、水土保持试验(推广)站(所)、长期生态研究站网相结合。

(4)监测点的密度与水土流失防治重点区的类型、监测点的具体情况和监测目标密切相关,应合理确定。

3. 监测点选址

(1)常规监测点选址。场地面积应根据监测点所代表水土流失类型区、试验内容和监测项目确定;各种试验场地应集中,监测项目应结合在一起;应满足长期观测要求,有一定数量的、专业比较配套的科技人员,有能够进行各种试验的科研基地,有进行试验的必要手段和设备,交通、生活条件比较方便。

(2)临时监测点选址。为检验和补充某项监测结果而加密的监测点,其布设方式与密度应满足该项监测任务的要求;生产建设项目造成的水土流失及其防治效果的监测点,应根据不同类型的项目要求设置;崩塌滑坡危险区、泥石流易发区和沙尘源区等监测点应根据类型、强度和危害程度布设。

## 二、水土保持监测项目和内容

### (一)区域监测

1. 区域监测主要项目和内容

(1)不同侵蚀类型(风蚀、水蚀和冻融侵蚀)的面积和强度。

(2)重力侵蚀易发区,对崩塌、滑坡、泥石流等进行典型监测。

(3)典型区水土流失危害监测包括土地生产力下降,水库、湖泊、河床及输水渠淤积量,损坏土地数量。

(4)典型区水土流失防治效果监测包括水土保持工程、生物和耕作等三大措施的数量和质量,蓄水保土、减少河流泥沙、增加植被覆盖度、增加经济收益和增产粮食等防治效果。

2. 区域监测方法的选取

区域监测方法主要采取遥感监测的方法,并进行实地勘察和校验。必要时还应在典型区设立地面监测点进行监测。也可以通过询问、收集资料和抽样调查等方法获取资料。

（二）中小流域监测

1.中小流域监测主要项目和内容

（1）不同侵蚀类型的面积、强度、流失量和潜在危险度。

（2）水土流失危害监测，包括土地生产力下降，水库、湖泊、河床及输水渠淤积量和损坏土地面积。

（3）水土保持措施数量、质量及效果监测，包括水土保持林、经济林、种草、封山育林（草）、梯田、沟坝地的面积、治沟工程和坡面工程的数量及质量；蓄水保土、减沙、植被类型及覆盖度变化、增加经济效益、增产粮食等防治效果。

2.小流域监测加测项目和内容

（1）小流域特征值：流域长度、平均宽度、面积，地理位置，海拔，地貌类型，土地及耕地的地面坡度组成。

（2）气象：包括年降水量及其年内分布、雨强，年均气温、积温和无霜期。

（3）土地利用：包括土地利用类型，植被类型及覆盖度。

（4）主要灾害：包括干旱、洪涝、沙尘暴等灾害发生次数和造成的危害。

（5）水土流失及其防治：包括土壤的类型、厚度、质地及理化性状，水土流失的面积、强度与分布，防治措施类型及数量。

（6）改良土壤：治理前后土壤质地、厚度和养分。

（7）社会经济：主要包括人口、劳动力、经济结构和经济收入。

3.中小流域监测方法的选取

中流域宜采用遥感监测、地面观测和抽样调查等方法。小流域监测宜采用地面观测方法，同时还可通过询问、收集资料和抽样调查等方法获取有关资料。

（三）生产建设项目监测

1.生产建设项目监测的主要项目和内容

生产建设项目监测应通过设立典型观测断面、观测点、观测基准等对生产建设项目在生产建设和运用过程中的水土流失进行监测，主要包括以下项目：

（1）水土流失因子监测：地形、地貌和水系的变化情况；建设项目占用土地面积、扰动地表面积；项目挖方、填方数量及其面积，弃土、弃石、弃渣量及堆放面积；项目区林草覆盖度。

（2）水土流失状况监测：水土流失面积变化情况；水土流失量变化情况；水土流失程度变化情况；对下游和周边地区造成的危害及其趋势。

（3）水土流失防治效果监测：防治措施的数量和质量；林草措施成活率、保存率、生长情况及覆盖度；防护工程的稳定性、完好程度和运行情况；各项防治措施的拦渣保土效果。监测指标主要包括扰动土地整治率、水土流失总治理度、土壤流失控制比、拦渣率、林草植被恢复率和林草覆盖率。

2.生产建设项目监测的原则

（1）水土保持监测点一般按临时点设置。

（2）水土保持监测点布设密度和监测项目的控制面积，应根据生产建设项目防治责任范围的面积确定。重点地段应实施重点监测。

（3）水土保持监测点的观测设施、观测方法、观测地段、观测周期、观测频次等应根据生产建设项目可能导致或产生的水土流失情况确定。

（4）生产建设项目水土保持监测费用应纳入水土保持方案。监测成果应报上一级监测网统一管理。

（5）大中型生产建设项目水土保持监测应有相对固定的观测设施，做到地面监测与调查监测相结合；小型生产建设项目应以调查监测为主。地面监测可采用小区观测法、简易水土流失观测场法和控制站观测法。各类生产建设项目的临时转运土石料场或施工过程中的土质开挖面、堆垫面的水蚀，可采用侵蚀沟体积量测法测定。

3. 生产建设项目监测时段

生产建设项目监测时段一般为施工准备期至设计水平年。

4. 生产建设项目监测方法的选取

生产建设项目水土保持监测应采取定位监测与实地调查、巡查监测相结合的方法，有条件的大中型建设项目可同时采用遥感监测方法。监测方法的选择应遵循下列原则：

（1）小型工程宜采取调查监测或场地巡查的监测方法。

（2）大中型工程应采取地面监测、调查监测和场地巡查监测相结合的方法。

（3）规模大、影响范围广、有条件的大中型工程除地面监测、调查监测和场地巡查监测外，还可采用遥感监测的方法。

（4）水土流失影响因子和水土流失量的监测应采用地面监测法。

（5）扰动面积、弃渣量、地表植被和水土保持设施运行情况等项目的监测应采用调查法和实测法。

（6）施工过程中时空变化多、定位监测困难的项目可采用场地巡查法监测。

5. 生产建设项目监测的重点

（1）采矿行业：露天矿山的重点是排土（石）场、铁路或公路专线，地下采矿重点是弃土弃渣场、铁路或公路专线和地面塌陷区。

（2）公路铁路行业：主要是对施工过程中的水土流失进行监测，重点是弃渣场、取土场、大型开挖破坏面和土石料临时转运场。

（3）电力行业：电厂施工建设过程水土流失监测以弃土弃渣、取石取土场为主。火力发电厂运行期以贮灰场为主，其他类型的电厂生产期可根据实际情况确定。

（4）冶炼行业：施工生产建设过程水土流失监测以弃土弃渣、取石取土场为主，运行期以料场、尾矿库为主。

（5）水利水电工程：重点是施工期的弃土弃渣、取石取土场及大型开挖破坏面。

（6）建筑及城镇建设：重点是建设过程中的地面开挖、弃土弃渣、土石料临时堆放地。

## 三、水土保持监测方法

### （一）地面观测

1. 径流小区

（1）适用范围。适用观测项目应包括水土流失及其防治效果的观测。生产建设项目小区监测适用于扰动面、弃土弃渣等形成的水土流失坡面的监测，不适用于主要由弃石组成的堆积物的监测。

（2）径流小区布设。区域或流域径流小区布设应选择在不同水土流失类型区的典型地段，尽可能选择或依托各水土流失区已有的水土保持试验站，并考虑观测与管理的方便性；

坡面横向平整,坡度和土壤条件均一,在同一小流域内应尽量集中。生产建设项目水土流失的小区观测布设应分别不同情况对待,若干生产建设项目区邻近地区有与之相同或相近地貌类型的水土流失观测资料,并能够代表原地貌的水土流失情况时,可不设原地貌(面)观测小区;若无此条件的应分别设置原地貌观测小区和扰动地貌(面)观测小区;原地貌小区应为标准小区;站址应具有代表性、可比性,且交通方便、观测便利。

(3)标准小区和一般小区。小区分为标准小区和一般小区两类。标准小区为垂直投影长 20 m,宽 5 m,坡度 5°或 15°,坡面经耕耙平整后,至少撂荒 1 年,无植被覆盖的小区。一般小区为按照观测项目要求,设立不同坡度和坡长级别、不同土地利用方式、不同耕作制度和不同水土保持措施的小区,无特殊要求时,小区建设尺寸应参照标准小区规定确定。生产建设项目区原地貌应采用标准径流小区进行观测,若地形条件不允许,面积可适当缩小,但应具有与扰动地貌小区资料的可比性;在扰动地貌上设置小区,其规格受下垫面组成物质和坡度的制约,土状物应设置为标准小区,若地形条件不允许,可根据具体情况调整规格,但应具有与原地貌小区资料的可比性;岩石风化物、砂砾状物、砾状物其坡长应加长至 25 ~ 30 m或更长。

(4)小区布设。根据影响因子,小区布设分以下几类:

坡度对侵蚀影响的观测应有多个小区,至少应有 1 个标准小区,每个小区坡长垂直投影应为 20 m,坡度可根据当地地形条件,连续或断续地分别取 3°、5°、10°、15°、20°、25°和 35°等。

坡长对侵蚀影响的观测应有多个小区,至少应有 1 个标准小区,其余小区坡度应为 5°或 15°,坡长应根据当地地形条件,连续或断续地分别取 10 m、20 m、30 m、40 m 和 50 m 等。

作物经营管理对侵蚀影响的观测应有多个小区,至少应有 1 个标准小区,其余小区应根据当地主要作物及其经营管理,分别布设在土地翻耕期、整地播种期、苗期、成熟到收获期及收获以后等不同农作期进行,观测植株高度、覆盖度、叶面积、容重和地表随机糙度等,并在每场暴雨后观测径流和土壤流失量。

水土保持措施对侵蚀影响的观测应有多个小区,至少应有 1 个标准小区,其余小区应根据当地主要水土保持措施确定,在每场暴雨后观测径流和土壤流失量。

(5)小区建设。小区边界由水泥板或金属板等边墙围成矩形,边墙高出地面 10 ~ 20 cm,埋入地下 30 cm。上缘向小区外呈 60°倾斜,小区底端做集流槽、导流管连接集流桶。集流桶设计规格应根据当地的降雨及产流情况确定,以一次降雨产流过程中不溢流为准,如产流量大可采用一级或多级分流。

(6)雨量观测。每个监测站应安装一个自记雨量计和一个备用雨量计,观测降水总量及其过程。

(7)小区观测。每场暴雨结束后应观测径流和泥沙量。泥沙量可采用取样烘干称重法。有条件时,应采用自动化技术观测径流、泥沙过程。小区土壤水分含量应每旬观测一次,并应在降雨前后各有一次观测。对每个小区,每半年应进行一次有机质含量、渗透率、土壤导水率、土壤黏结力等测定。每 3 ~ 4 年应进行一次机械组成、交换性阳离子含量、土壤团粒含量等测定。

2.水蚀控制站

(1)适用范围。控制站即小流域断面监测站或卡口站。选择小流域在其流域出口处设立控制站,修建量水堰,汛期观测小流域每次洪水的洪峰过程及挟带泥沙状况,从而动态监测小流域综合治理带来的消减洪峰和拦蓄泥沙的生态效益,是水土保持试验研究与生态监测中掌握小流域水力侵蚀的常用方法之一。对于生产建设项目,控制站(卡口站)监测适用于扰动破坏呈面状、块状,并集中在一定流域范围内的生产建设项目,而不适用于线形生产建设项目。一般集中在山区小流域范围内的生产建设项目,如采石场、采矿区、工矿企业等可采用此法;而对铁路、公路、输气管道等线形工程,由于跨越多个区域,每个流域的破坏面不大,此方法不适用。

(2)控制站布设与选址。控制站选址应避开变动回水、冲淤急剧变化、分流、斜流、严重漫滩等妨碍测验的地貌、地物,选择沟道顺直、水流集中、便于布设测验设施的沟道段。控制站选址应结合已有的水土保持试验观测站点及国家投入治理的小流域,并应方便监测与管理。控制站实际控制面积宜小于 50 km²。

(3)水位观测。采用自记水位计观测水位,要求每场暴雨进行一次校核和检查。人工观测宜每 5 min 观测记录一次,短历时暴雨应每 2~3 min 观测记录一次。

(4)泥沙观测。每次洪水过程观测不应少于 10 次,应根据水位变化来确定观测时间。采用瓶式采样器采样,每次采样不少于 500 mL。泥沙含量采用烘干法,1/100 天平称重测定。悬移质泥沙的粒级(mm)可划分为:小于 0.002、0.002~0.005、0.005~0.05、0.05~0.1、0.1~0.25、0.25~0.5、0.5~1.0、1.0~2.0、大于 2.0。每年应选择产流最多、有代表性的降水过程进行 1~2 次采样分析。

3. 简易水土流失观测场

(1)适用范围。简易水土流失观测场适用于项目区内分散的土状堆积物及不便于设置小区或控制站的土状堆积物的水土流失观测。

(2)场地布设与选址。选择不同类型坡面或弃土弃渣堆积坡面,生产建设项目最好在相应坡度原地貌设置对照。观测场地应具有代表性,面积应根据坡面情况确定。选址时应尽量避免外围来水的影响。汛期前将直径 0.5~1 cm,长 50~100 cm(弃土渣堆沉降量大时可加长以防止沉降的影响)钉子形状的钢钎,按一定距离分上中下、左中右纵横各 3 排沿铅垂方向打入地下,钉帽与地面齐平,并在钉帽上涂上红漆,编号登记注册。坡面面积较大时,钢钎应适当加密。

(3)观测方法。每次大暴雨后和汛期终了观测各钉帽距侵蚀后地面距离,统计土壤平均侵蚀厚度,计算土壤侵蚀量。生产建设项目的弃土弃渣堆应考虑沉降产生的影响。

4. 三维激光扫描测量法

(1)适用范围。适用于土质开挖面、土或土石混合及粒径较小的石砾堆垫坡面的水土流失量测定。

(2)监测项目与方法。三维激光扫描测量包括外业三维地形扫描、内业 GIS 软件计算两部分工作。外业测量时以一定频率的激光作为信号源,对观测样地进行扫描,获取各个样地的三维坐标,并根据三维坐标在计算机内形成带有三维坐标的散点图;内业根据采集的样地三维数据,借助 GIS 软件将散点内插成 DEM,对比同一样地前后两次监测获取的三维模型数据,计算侵蚀量。

5. 风蚀观测

(1)适用范围。风蚀观测主要布设在风蚀区、水蚀风蚀交错区。包括对自然风蚀的观测和对生产建设项目造成的风蚀的监测。

（2）选址与布设。风蚀观测点应选择在能代表土壤侵蚀区二级类型区的典型地区。有条件时，应利用国家治理小流域或依托已有的野外生态观测点，还应注意观测与管理的方便性。风蚀观测应选择有代表性的平坦、裸露、无防护的地貌作为对比区，在扰动地貌上选择有代表性的不同种类的监测区进行比较分析。生产建设项目风蚀监测选址时，应尽量避免围墙、建筑物、大型施工机械等对监测的影响。

（3）监测项目与方法。风蚀观测应包括风蚀强度、降尘、土壤含水量、土壤坚实度、土壤可蚀性、植被覆盖度、残茬等地面覆盖、土地利用与风蚀防治措施等。风蚀强度观测采用简易侵蚀场法（地面定位插钎法），每15 d量取插钎离地面的高度变化；有条件时，可采用高精度地面摄影或高精度全球定位系统技术方法。降尘量观测采用降尘管（缸）法。风蚀监测的方法还有土壤剖面法、风蚀模型法、风蚀遗迹法、$^{137}$Cs法、剖面粒度分析法等。

6. 滑坡（含崩塌）监测

滑坡监测应首先进行其危险性评价，对危险性大的地段进行监测。

（1）监测点布设。应布设于滑坡频繁发生而且危害较大、有代表性的地区。站址选择时应考虑已有的基础和条件且交通便利，尽量与滑坡监测体系相结合。

（2）监测项目。监测项目主要包括：降水量及其降水历时、融雪时间、解冻时间、气温、湿度、蒸发量、滑坡体的位移、地表水、地下水、裂缝、小型崩塌、人为活动等。

（3）观测方法。

降雨监测：采用雨量计法。

地表变形与位移观测：采用排桩法，从滑坡后缘的稳定岩体开始，沿滑坡变形最明显的轴向等距离设一系列排桩，由滑坡后缘以外的稳定岩体开始量测其到各桩之间的距离。汛期每周观测一次，非汛期半月或一月观测一次。

地表裂缝观测：滑坡体周界两侧选择若干点，在动体和不动体上埋设标桩，定期用钢尺测量两桩间的水平距离。汛期每周观测一次，非汛期半月观测一次。

地下水观测：在地表变形明显的滑坡体附近观测地下水变化。观测项目包括地下水位、泉水流量、浊度和水温等。

地表巡视：观察滑坡体的各种变形征兆，包括裂缝变形、位移加快程度、动物活动异常、温度和流量变化等。

滑坡侵蚀量：可采用体积或者重量表示。

7. 泥石流监测

泥石流监测应首先进行泥石流的危险性评价，然后进行重点监测。危险性评价应根据沟道特征、降水量、沟道内原有堆积物以及弃土弃渣量和排放工艺结合起来进行。具体监测时，应在每次暴雨后对项目区泥石流的发生情况、运动特征及固体物质的搬运量进行一次调查，以估算一次泥石流过程的总输移量。对有可能危害重点工程的泥石流沟道进行监测预报，方法与常规方法相同。以下介绍泥石流常规监测。

（1）监测点布设。泥石流观测场应选在泥石流发生场次多、危害大且有代表性的流域。站址选择时应考虑有关部门已有的基础和条件，且水、电、交通、通信、场地均便利。站址选在流域下游过流堆积段附近，以能控制整个输出信息。同时还要布设能控制整个流域的观测断面和观测点，达到观测的同步性、连续性。

（2）断面观测项目。包括泥石流暴发的流态、龙头、龙尾、历时、泥面宽度、泥深、测速距离、流速、流量、容重、径流量、输沙量、沟床纵比降、流动压力、冲击力等。

（3）监测方法。

断面观测：在泥石流沟道上设立观测断面，利用测速雷达、超声波泥位计实现泥石流运动观测。

动力观测：采用压电石英晶体传感器、遥测数传冲击力仪、泥石流地声测定仪等仪器。

输移和冲淤观测：在泥石流沟流通区布设多个固定的冲淤测量断面，采用超声波泥位计、动态立体摄影等观测。

### （二）遥感监测

1. 应用范围

根据《水土保持遥感监测技术规范》（SL 592—2012），遥感监测适用于全国性、流域性及区域的水土保持监测，对于大中型生产建设项目，如长距离调水工程、铁路、公路、大型水利水电工程、露天矿山等项目亦可采用。

2. 监测程序

遥感监测一般按照资料准备、遥感影像选择、遥感影像预处理、解译标志建立、信息提取、野外验证、分析评价和成果资料管理的程序进行。

3. 资料准备

遥感调查需要收集的资料包括项目区地形图、土地利用状况、地貌、土壤、植被、水文、气象和水土流失防治情况等。

4. 遥感影像选择

遥感影像的选择根据调查成果精度的要求选取。开展 1:25 万、1:10 万、1:5 万、1:1 万比例尺精度的遥感监测，一般选择分辨率不低于 30 m、10 m、5 m、2.5 m 的遥感影像。

5. 遥感影像预处理

遥感影像取得后，要开展辐射校正、几何纠正、增强、合成、融合、镶嵌等预处理；对于地形起伏较大的山区，还应进行正射纠正。

6. 解译标志建立

遥感影像解译前，要建立解译标志。建立的解译标志要具有代表性、实用性和稳定性，并通过野外验证。

7. 信息提取

遥感监测需要提取的信息主要包括土壤侵蚀因子、土壤侵蚀类型和水土保持措施等。土壤侵蚀因子包括土地利用、植被覆盖度、坡度坡长、降雨侵蚀力和地表组成物质等。各类信息提取的最小成图图斑面积应为 4 mm$^2$，条状图斑短边长度不应小于 1 mm。

8. 野外验证

野外验证主要包括解译标志检验、信息提取成果验证、解译中的疑点难点验证、与现有资料对比有较大差异的解译成果验证等。

9. 分析评价

水力侵蚀、风力侵蚀和冻融侵蚀的分析方法主要包括综合评判法和模型法。一般还应结合水文泥沙观测、坡面径流小区观测、土壤侵蚀调查、水土流失防治等资料，对监测结果进行合理性分析。

10. 成果资料管理

监测成果包括监测报告和图纸,原始数据、中间成果和最终成果均应有元数据。全国及流域性监测成果比例尺不小于1:25万,省(市、区)与重点防治区监测成果比例尺不小于1:10万,县级监测成果比例尺不小于1:5万,小流域及大中型生产建设项目监测成果比例尺不小于1:1万。监测成果理论面积与实际面积误差范围不应大于理论面积的1/400。

(三)调查监测

1. 应用范围

调查监测为常规调查方法,主要应用于土地利用、水土流失及其防治,以及与之相关的社会经济状况、土地利用结构、农业生产结构等综合调查,并可与遥感监测、地面监测等结合使用,同时可对遥感监测结果进行实地检验。

2. 调查方法

调查监测方法包括询问、资料收集、典型调查、普查、抽样调查等,各种调查监测方法的适用范围、调查要求等相关内容可参考本教材"水土保持调查与勘测 - 常规调查"章节内容。

## 四、案例

**【案例10.1-1】 水土保持监测案例**

某高速公路长200 km,主要位于山丘区,全线共设计桥梁50座长20 km,隧道20座长30 km,施工组织设计有取土场、弃渣场、施工道路及施工生产生活区。

1. 请设计监测分区和监测点布设方案

施工期是新增水土流失的主要来源,根据地貌类型区和监测项目的需要,考虑项目交通条件,结合监测点位选择的原则,确定监测分区和监测点位布设方案,监测点位布设的具体数量经过论证后确定,详见表10.1-1。

表10.1-1 监测分区和监测点位布设表

| 序号 | 监测分区 | 监测点布设重点地段 |
|------|----------|---------------------|
| 1 | 路基工程区 | 深挖方、高填方段 |
| 2 | 桥梁工程区 | 特大桥、大桥扰动地表 |
| 3 | 隧道工程区 | 长隧道、中隧道洞脸 |
| 4 | 取土场区 | 山区、平地取土场边坡 |
| 5 | 弃渣场区 | 坡面、沟道弃渣场边坡 |
| 6 | 施工道路区 | 山区、丘陵区施工道路边坡 |
| 7 | 施工生产生活区 | 施工生产区、生活区扰动地表 |

2. 简述施工期主要监测内容及监测方法

根据监测点的布置,由于各监测点新增水土流失发生原因、新增水土流失量类型和形式不同,各类型监测点的监测内容和方法也存在差异。各类监测点监测内容及方法见表10.1-2。

表 10.1-2  施工期监测内容和方法

| 监测工程项目区 | 监测内容 | 监测方法 |
| --- | --- | --- |
| 路基工程区 | 施工期挖填边坡流失形式、流失量、防治措施及防治效果 | 设置简易坡面观测场进行调查和观测 |
| 桥梁工程区 | 围堰设置状况,钻孔桩泥浆处置,基础开挖渣土处置,施工场地附近河水含沙量等 | 以现场调查为主,河水含沙量的测定可采集水样在实验室分析,也可使用便携式浊度仪在现场测定 |
| 隧道工程区 | 隧道的位置、渣量及处置情况、洞脸的防治措施及效果 | 以现场调查为主 |
| 取土场区 | 取土场位置、取土量、造成的地貌植被破坏和恢复情况 | 设置简易坡面观测场进行调查和观测 |
| 弃渣场区 | 弃渣场位置、弃渣量、堆放过程中的流失、防治措施及防治效果 | 设置简易坡面观测场进行调查和观测 |
| 施工道路区 | 施工道路的位置、长度、占地、地貌植被破坏情况、流失量、防治措施及防治效果 | 以现场调查为主 |
| 施工生产生活区 | 施工生产生活区的位置、占地、地貌植被破坏情况、流失量、防治措施及防治效果 | 以现场调查为主 |

3. 简述防治效果监测的主要内容

根据《水土保持监测技术规程》,生产建设项目水土流失防治效果监测主要包括:防治措施的数量和质量;林草措施成活率、保存率、生长情况及覆盖度;防护工程的稳定性、完好程度和运行情况;各项防治措施的拦渣保土效果。

# 第二节  水土保持试验研究

## 一、水土保持试验研究概述

水土保持项目试验研究的一般程序是小区试验研究、中间试验示范、大面积推广。水土保持研究包括水土保持理论研究和试验研究。水土保持理论研究包括水土流失机理研究、水土保持基础理论研究(生态学、地貌学、土壤学等方面)、水土保持综合理论研究;水土保持试验研究主要是面对生产实践中存在的关键技术问题,在现有的理论研究成果的指导下,对水土保持应用基础和应用技术进行试验研究。

### (一)我国水土保持试验研究

水土保持试验研究始于 20 世纪 30 年代的美国,水土保持试验研究包括水蚀、风蚀及面源污染三个方面,我国主要是前两者。英美国家侧重于基础数据长序列观测和累积、水土流失机制与数理模型研究,以及水土流失预测预报。其重要成果是美国通用流失方程的建立与应用。

我国水土保持试验研究最早始于 20 世纪 40 年代,新中国成立以来,试验研究取得了一系列成果。20 世纪 50 年代至 80 年代初主要是进行小区和小流域综合治理试验研究,80 年代中期到 90 年代,主要是开展水土流失综合防治的区域试验示范研究,特别是黄土高原大面积综合治理试验示范研究在水土保持应用研究方面取得突破性进展;90 年代以后主要研究水土保持监测技术,初步启动了开发建设项目的研究和生态修复试验研究。

我国水土保持研究主要集中在流水侵蚀地貌、坡面水沙模型、细沟侵蚀、沟蚀与生态演变、森林水文效应、风蚀与荒漠化等方面,某些方面如黄土高原的水蚀及生态演变在国际上属于领先水平。但在水土保持理论和基础理论研究方面与国外有很大差距,这与我国对水土保持长期定位观测网站建设和长序列试验数据积累方面不够重视有很大关系。实际上,我国水土保持研究更加重视水土保持试验研究,因此在应用技术研究领域,我国有很多方面是领先的,特别是小流域综合治理和防风固沙技术的试验研究。

**(二)水土保持试验研究的重点**

目前,我国水土保持试验研究主要集中在生态修复、水土保持监测、"3S"技术应用、综合治理技术,以及开发建设项目和工矿区水土保持方面,近年来面源污染与水土保持、生态安全与水土保持、水源保护与水土保持也成为重要的研究领域。

**(三)水土保持试验研究程序**

1. 小区试验研究

在小面积范围,按试验统计要求布设小区进行试验,每个小区的面积从几平方米到几百平方米不等。多数是在同一流域或同一面坡上布设不同的水土保持措施试验小区。

2. 中间试验研究

中间试验的目的在于验证小区试验成果的可靠性、准确性,确定其适应条件和区域,检查并完善其不足之处。

(1)中间试验一般分为大、中、小面积三种。小面积中间试验是在同一水土流失类型区内,在不同地形部位、不同土地利用类型上布设试验;中面积中间试验是在同一水土流失类型区内不同地区(亚类型区)内进行试验;大面积中间试验是按不同水土流失类型区布设试验。

(2)按中间试验选择小区试验中确定的最佳措施布设试验,并设对照区进行单一对比试验。

(3)中间试验的年限根据内容不同而不同,在通常情况下,农业措施试验应在 3 年以上,牧草措施试验应在 4 年以上,林业措施试验应在 5 年以上,水土保持工程措施试验应参考小型水利工程有关试验确定。

## 二、研究内容与布设要求

**(一)水土流失规律试验研究**

其目的是探索水土流失发生、发展的原因,了解各种自然因素、人为因素在水土流失过程中所起的作用及相互之间的定性定量关系,为研制水土保持措施,编制水土保持区划和规划,保护、改良和利用水土资源,预测预报江河干支流水沙变化趋势提供科学依据。

水土流失规律试验研究,一般包括水土流失机制研究(泥沙形成过程、土壤侵蚀机理等)、影响因子研究(单因子和多因子等)、分布及危害研究、产沙与输沙研究、土壤容许流失量研究等。

研究方法一般均采用小区试验法,标准小区(基准小区)面积100 m²(5 m×20 m),试验小区面积大小则根据试验条件、试验因子等确定。对照小区与试验小区,重复2~3次。

**(二)水土保持措施试验研究**

1. 水土保持耕作措施

水土保持耕作措施试验的目的是探求有效保持水土的耕作法,为水土流失地区农作物种植提供科学依据。

水土保持耕作措施试验主要包括不同耕作法试验(如等高耕作、沟垄耕作等)、不同耕作制(连作、轮作)的试验。小区试验面积20~100 m²不等。小区试验布置应严格按照农业试验统一的要求进行。

2. 水土保持林草措施

水土保持林草措施试验的目的在于探求不同水土流失类型区的树种草种及其栽植方法,不同水土流失类型综合防治的最佳模式,为各类水土流失地区保持水土、提高地力,实现生态、经济、社会效益的最大化,提供科学依据。

水土保持林草措施方面的试验主要是林草配置试验、造林试验、种草试验、整治效果试验、引种试验等。试验布设应遵循试验统计方法的要求。开发建设项目水土保持林草试验可与工程建设施工协调进行。从水土保持角度看,检验试验效果的内容主要是植被生物量及相关指标、水土流失防治效果的相关指标。

1)林草配置试验研究

林草配置试验研究包括天然植被群落研究、人为扰动土地自然恢复植被群落研究、现有人工林草群落研究、人工种植林草的配置研究等。一般前三者多通过样地调查进行研究;后者则是在研究前者的基础上,筛选部分配置模式,进行人工种植试验,以进一步确定可推广的类型。

2)造林及引种试验研究

造林试验研究包括同一树种不同品种的试验(主要是杨、柳、经济林木)、同一立地不同树种试验,同一立地同一树种不同整地方式、造林方式(如植苗与分殖、裸根苗与容器苗等)等。引种试验包括引种与驯化两方面,引进树种的生长情况与类似的乡土树种的比较等。

造林与引种试验,因小区布置有限,一般采用对比试验、裂区试验等,一般一个小区50~100株,重复2~3次。试验小区的排列应注意区间差异的唯一性。

3)种草及引种试验研究

种草及引种试验研究包括种草技术试验、草种(或品种)筛选、引种与驯化、草场草坡改良试验等。一般采用小区试验,小区面积6~60 m²不等,采用长方形布置。试验小区布设一般采用随机区组、正交设计、拉丁方设计等,应严格按试验统计要求布设。

3. 水土保持工程措施试验

水土保持工程措施试验,其目的在于寻求不同地形部位,不同土地类型,不同土壤、地质、降雨条件下,控制水土流失的作用最大,增加生产效益的工程模式。

水土保持工程试验研究应根据工程规模和要解决的关键技术问题,有针对性地开展。试验内容主要包括工程布置、设计计算、工程结构、断面尺寸、施工方法、建筑材料及相互优化配置等。因工程措施造价高,试验一般只布设对照和处理,不进行重复试验。某些规模较大的试验,可采用室内模型试验与野外试验相结合的方法。

**4. 区域水土流失综合治理试验研究**

区域水土流失综合治理试验研究是在上述各类试验研究的基础上,在不同水土流失类型区进行水土流失综合防治措施配置模式、措施技术体系及技术的集成、治理效益的评价。

试验研究一般以小流域或小片区为单元进行,应设相应的对照小流域或小片区。

**5. 开发建设项目水土流失防治试验**

开发建设项目水土流失防治试验主要包括人为水土流失规律研究、工程设计、施工与水土流失的关系、各类建设施工场地水土保持措施及效果等。

这方面的研究尚不多见,近年主要开展的是水土流失预测、水土保持植被恢复方面的研究,研究布设可参照上述方法进行。

### 三、试验研究的调查与观测项目和方法

水土保持试验研究的调查与观测项目和方法,因试验目的、内容和要求的不同而不同。水土流失规律与水土保持效果以观测径流与泥沙为主;林草植被以调查生物量(地上与地下生物量)、植被作用的有关系数(林分郁闭度、林草覆盖度)为主,以及观测相应的生长发育要素的水土保持效果;耕作措施主要观测作物产量及其水土保持效果;工程措施主要观测土工试验要求方面的项目。

水土保持林草措施试验最基本的内容是植被调查,主要是生物量和植被类型及其作用的有关系数;水土流失规律及水土保持效果试验观测最基本的内容是:降雨、径流与泥沙,土壤流失量与径流量通过小区试验获得,小流域综合治理的径流与泥沙观测,应通过小流域测验获得。下面重点介绍这两方面的内容。其他试验调查与观测项目和方法参见《水土流失试验规范》、《水土保持监测技术规程》和《土工试验规程》等。

**(一)植被调查**

**1. 调查标准地的设置及测定**

植被调查方法又分为普查、小班调查、标准地调查和专项调查四种。但在水土保持生产和研究实践中,应用最多的是标准地调查(或样地调查)。

标准地是指能够代表调查植被特征的典型地块。以森林植被为例,标准地内的林木组成、密度、生长高度、郁闭度、优势种的多度、生活力、物候变化等都应能反映被调查的林分特征,即要有很强的代表性。作物植被调查的样地(标准地)要选设在作物品种一致、密度合理、生长相同、管理及水平相当的地块,在对比研究中,还要注意环境因子的一致性。

标准地面积的大小因植被类型而不同。一般乔木林地中设置的标准地为 10 m × 10 m 或 30 m × 30 m,有的达 0.25 hm² 以上;灌木林地多为 2 m × 2 m 或 3 m × 3 m;草地为 1 m × 1 m 或 2 m × 2 m;作物植被调查的样地,面积以 1 m × 1 m、2 m × 2 m 居多。标准地的数量一般不少于 3 块。

标准地设置后应有明显的标志,以便进行标准地调查。标准地的调查内容依研究内容和要求而定,水土保持研究中多要测定标准株、标准枝。标准株也叫平均标准木,它先测定

标准地内的每一单株的生长数量特征(树高、冠幅、胸径及地径等),再求平均值,对照该平均值查找出与其相等或相近的单株,即为标准株,并作记号。标准株的求取可用卡尺、直尺等测量,其数量应不少于5株,有的要在10株以上。为了研究生物量需选择标准枝,标准枝的选择是在标准株选好后进行的。它在标准株上,依树冠的上、中、下层和阳向、阴向部位,目视选出粗度和长度有代表性的枝条作为标准枝,各层次和各部位的标准枝数应有多个,以提高调查精度。

2. 生物量调查与测定

植物物质生产研究,都以生物量测定为基础。生物量包括地上生物量和地下生物量(即根系)两部分,调查和测定方法不同。

1)地上生物量测定(亦称生物量测定)

其内容包括测定植物杆、枝、叶、果的生物量,方法有收获法和间接估算法。

收获法是最精确的方法,通过收获样地或标准地内的植株来测定杆、叶、果(实)的生物量,算出总生物量。收获方法有全部收获(对于林地称皆伐),作物测产即如此;还有仅收获平均标准株的生物量(或标准枝的生物量),结合密度(或枝数)计算出总生物量。

间接估算法是通过精细的收获方法取得生物量数据和由实测得出植物生长的某个或几个数量特征,再用数学方法拟合,做生物量的预测模型,这是目前应用最多的方法。

2)地下部分(根系)测定

野外根系的测定方法主要有挖掘法和剖面法两种。

3. 植被覆盖指标及测定

植被覆盖指标有多种,如简单指标、遥感指标、复合指标等。用常规地面调查方法,对林草植被植株特征进行直接统计观测而得到的植被覆盖指标,在环境评价和水土保持中得到广泛运用。具体指标如下。

1)郁闭度

郁闭度是指森林中乔木树冠彼此相接而遮蔽地面的程度。它反映了林木植株间冠层生长状况的相互关系,对林地降水及降水能量消减影响很大,因而多用于林地。

测定郁闭度常用面积法和测针法。面积法是在上述有代表性的林地标准地内,用直尺量测林冠覆盖面积,再与样地总面积相比得出郁闭度,最后求出多块的平均郁闭度。测定时人站立于林下,仰视天空,估出无林冠的面积,也可反求得郁闭度。测针法较细致,是用直尺量出样地的边长(多取正方形),然后将样地边长10等分或更多,这样得到100块(或更多)更小的样方,将测针插入每个小样方中,若有覆盖为1,无覆盖为0,累加这些数除以总样方数,得出该样地郁闭度,再求平均郁闭度。

2)植被覆盖度

植被覆盖度为一个植被因子的综合度量指标,应用广泛,它常指林草地(包括乔木林、灌木林、草地和作物)上林草植株冠层或叶面在地面上的垂直投影面积占该林草标准地面积的比例。当为林地时,植被覆盖度与郁闭度概念类似。

测定植被覆盖度多用测针法或目估法估计。

3)植被覆盖率

植被覆盖率是水土保持治理统计中的重要指标,覆盖率愈大,表示治理程度愈高,水土流失减少;反之,治理程度低,水土流失控制还较弱。理论上,植被覆盖率是指林草冠层或叶面在地面的垂直投影面积占统计区总面积的比率。当统计区全为林草地覆盖时,则等同于植被盖度的概念。

在水土保持治理中,人们通常把具有一定覆盖度的林草地(覆盖度＞0.40)的面积占统计治理区总面积的比率,作为植被覆盖率(不计作物)。

**(二)降雨观测**

水土流失试验研究区域多比较偏僻,缺乏降水资料,必须布以降雨观测设施。

1.观测场地选择与雨量点密度

1)场地选择与布设

降雨受周围环境影响很大,因而观测场地应避开强风区,建在周围空旷、平坦的地方,不使树木、建筑物等障碍物对观测质量造成影响。在丘陵、山区,观测场不宜设在陡坡上或峡谷内,尽量选相对平坦的场地,并使仪器口至山顶的仰角不大于30°,还应考虑交通条件,保证观测方便。

小区径流场设置的降雨观测场,应距最远小区不超过100 m;若径流小区分散,可增加观测点。安装雨量器中必须有一台自记雨量计和一台量雨筒,以便分析校正。小流域雨量观测点布设的要求是:在流域地形及高程变化较小且变化单一情况下,可以参考居民点均匀布设;当流域地形高程变化大、地面起伏剧烈时,可选典型地段布设,并尽量布设均匀。

观测场确定后,应加以平整,地面种植牧草(草高不超过15 cm),四周设栏保护,防止人畜破坏。安装一台仪器面积不小于4 m×4 m,安装两台仪器面积不小于4 m×6 m。

2)流域雨量点密度

小流域雨量点的多少受小流域面积、形状和地形变化大小制约,也随降雨观测服务的目的而变。一般面积大、形状变化大、地形复杂的流域,雨量点密度要大;相反,雨量点可稀些。重点流域要研究暴雨量—面—深的关系及暴雨中心、频率、雨型和气团活动对水土流失的影响等,因而雨量点密度要求大;仅反映降雨和产流量的关系,雨量点可少些。

我国小流域测验(流域面积在50 km² 以下),每1～2 km² 布设1个雨量站;超过50 km²,每3～6 km² 布设1个雨量站。

2.仪器设备、安装与观测

多用雨量筒观测,有条件的地方应尽量使用自记雨量计(虹吸式或翻斗式),有关安装与观测方法请参见气象观测有关规范。

水土保持试验研究多采用2时段观测。即每天早8时和晚20时(2时段)观测,以满足研究的需要。若遇少雨或无雨天也可在早8时观测一次。在水土流失规律研究时应采用自记雨量计,以便计算所需各种时段的降雨量。

3.暴雨观测与调查

暴雨是产生水土流失的重要降水形式,是水土保持试验研究最为重要的观测内容。一般都采用加测的办法,采集雨量数据或巡视,以防降水溢出储水桶。当特大暴雨出现无法进行正常观测时,应尽可能及时进行暴雨调查。

布设调查点时应注意观测精度,一般大范围暴雨调查,1 km² 面积不少于1个调查点;对于靠近观测区的范围,1 km² 不少于2个调查点。

**(三)径流与泥沙观测和资料整编**

水土保持试验研究中径流与泥沙观测有两类:一是径流小区观测;二是小流域断面观

测。有关观测设施布置及观测设备与方法,参见本章水土保持监测有关内容。以下介绍径流泥沙资料整编的有关内容。

1. 流量资料的整理

流量资料整理除进一步检校水位流量关系、量水建筑物推算外,还应进行水位流量关系曲线的延长及流量插补。

1)关系曲线的高、低水位延长

小流域测流设施遇有特高或特低水位时,常不能测出,但对反映流失情况来说极为重要,因此需延长曲线,一般要求高水延长范围不得超过当年实测水位变幅的30%,低水部分不超过10%。

2)流量插补

水文计算需要长系列的资料,径流模数计算同样需要长系列资料,但实测资料常发生短缺、中断等情况,为此需要插补资料,目前尚没有成熟的插补方法,多用本站相邻期间的水位流量关系曲线,用已知水位插补出流量;或用邻近站的流量相关曲线,但这要求河床变化不大、地域环境大致相同。

2. 输沙率资料整编

输沙率资料整编的内容有:对实测悬移质单沙和输沙率测验成果的校核与分析,编制输沙率成果表;推求断面输沙率、平均含沙量的方法;推求逐日平均输沙率、含沙量,进行合理性推测检验。

1)实测资料分析

实测资料分析包括单沙过程线分析和单沙断沙关系分析。单沙过程线分析方法是:将水位、流量、单沙过程线绘在同一张纸上,发现有突出不相适应的测点,究其原因,可能是沙样称重或计算有误、取样位置不当、选择方法不当、洪水来源或暴雨性质变化引起的。

2)单沙断沙关系分析

点绘全年各次单沙和断沙关系,参照历年单沙、断沙关系曲线,作对照检查,如有不相适应的现象,点绘流速、含沙量横向分布图和偏离测次进行比较,可能是测绘或计算有误,也可能是水情变化。

# 第三节　水土保持监督管理

## 一、监督管理体系

### (一)监督管理的主要内容

监督管理包括两大类:一类是指具有行政监督权的行政主体按照法定职权对行政相对人的监督管理;另一类是指对行政主体的监督管理,即对行政机关和工作人员的监督管理。

1. 行政相对人的监督管理

行政相对人的监督管理指县级以上人民政府水行政主管部门及相关部门和组织依据法律、法规、规章及规范性文件,对所辖区域内公民、法人和其他组织与水土保持有关行为的合法性、有效性等,进行监察、督导、检查及处理等,主要包括三方面的内容:

(1)水土流失预防工作的监督管理。主要包括取土、挖沙、采石、农林开发、林木采伐及生产建设项目水土流失预防工作的监督管理。

（2）水土流失治理工程的监督管理。主要包括"荒山、荒沟、荒丘、荒滩"治理工程、国家（省、市、县）水土保持重点治理工程及生产建设项目水土流失治理工程的监督管理。

（3）水土保持技术服务工作的监督管理。主要包括水土保持方案编制、勘测、设计、监理、监测等工作的监督管理。

2. 行政主体的监督管理

行政主体的监督管理指有关机关或部门依据法律、法规、规章及规范性文件，对行政机关和工作人员行政行为的监督管理，主要包括两方面的内容：

（1）抽象行政行为的监督管理。抽象行政行为是指国家行政机关制定法规、规章和有普遍约束力的决定、命令等行政规则的行为。抽象行政行为的监督管理主要包括对水土保持规章、规范性文件、水土保持规划、水土流失重点预防区和重点治理区划分公告、水土保持监测公告等的监督管理。

（2）具体行政行为的监督管理。具体行政行为是指国家行政主体针对特定的行政管理对象实施的行政行为，通常以具体、完整的行政决定的形式表现出来，通常具有个别效力。具体行政行为的监督管理主要包括对水土保持审批、行政许可、监督检查、行政收费、行政处罚的监督管理。

**（二）监督管理体系**

我国水土保持行政机构从1952年开始，几经调整，不断完善。在党中央和国务院的领导与支持下，在全国各级水行政主管部门长期努力下，目前已形成了包括水土保持法律法规、监督执法和技术支持等较为完善的监督管理体系。

1. 法律法规体系

1982年国务院发布了《水土保持工作条例》，提出了"防治并重，治管结合，因地制宜，全面规划，综合治理，除害兴利"的水土保持工作方针，水土保持工作开始纳入法制轨道。

1991年6月29日，全国人大常委会颁布了《中华人民共和国水土保持法》（以下简称《水土保持法》），确立了"预防为主，全面规划，综合治理，因地制宜，加强管理，注重效益"的工作方针，为进一步建立健全以预防为主的水土保持监督执法体系奠定了基础；为保证《水土保持法》的贯彻实施，国务院于1993年8月1日发布了《中华人民共和国水土保持法实施条例》（以下简称《水土保持法实施条例》）；国务院、水利部及相关部委制定了一系列规章和规范性文件；各省（市、区）结合当地实际情况制定了各自的实施水土保持法办法以及相关政策法规和规范性文件，初步建成了我国的水土保持法律法规体系。

2010年12月25日，第十一届全国人民代表大会常务委员会第十八次会议修订通过了《水土保持法》，修订后的《水土保持法》确立了"预防为主、保护优先、全面规划、综合治理、因地制宜、突出重点、科学管理、注重效益"的工作方针，水利部及各省（市、区）也根据修订后的《水土保持法》，结合实际情况对有关规章、地方性法规和规范性文件进行了修订，目前已经形成了较完善的水土保持法律法规体系。

2. 监督执法体系

水利部（国务院水行政主管部门）主管全国的水土保持工作，各级地方人民政府设立的水利厅（局）主管本行政区域的水土保持工作，部分地方政府单设了水土保持工作机构主管水土保持工作。各部门内设水土保持机构主要包括：水利部水土保持司，七大流域机构水土保持局(处),各省(市、区)水务(水利)厅(局)水土保持处(局),各市(地、州)水务(水利)局水土保持科(局、处、站),各县(市、区、旗)水务(水利)局水土保持股(局、科、站)等。目前,全国共有31个省(市、区)、150多个市(地、州)和1 500多个县(市、区、旗)建立了水土保持监督执法机构,共有监督执法人员7万多人,形成了较完善的监督执法体系。

3.技术支持体系

技术支持体系包括水土保持技术标准体系、技术服务体系和水土保持监测体系三部分。自《水土保持法》颁布以来,水利部及有关地方政府依法划定了水土流失重点预防区和重点治理区,国家、行业和地方颁布了一系列水土保持技术标准和规程,初步形成了水土保持技术标准体系;规范了水土保持方案编制、工程设计、监理、监测、施工、咨询等社会中介机构管理,加强了技术人员的专业技能培训,初步形成了较完善的技术服务体系;建立了全国水土保持监测中心、7个流域监测中心站、31个省级监测总站和175个重点防治区监测分站,初步建成了全国水土保持监测体系。

## 二、水土保持法律法规

### (一)水土保持法规体系

水土保持法规由五个层次的内容组成,即法律、行政法规、地方性法规、规章和规范性文件。

第一层次是法律。法律由全国人民代表大会及其常委会制定,由国家主席签署主席令公布,效力高于行政法规、地方性法规和规章。我国第一部《水土保持法》是第七届全国人民代表大会常务委员会第二十次会议于1991年6月29日通过,由国家主席杨尚昆签署第四十九号主席令公布,自公布之日起施行,2010年进行了修订。现行的《水土保持法》是第十一届全国人民代表大会常务委员会第十八次会议于2010年12月25日修订通过,由国家主席胡锦涛签署第三十九号主席令公布,自2011年3月1日起实施。

第二层次是行政法规。行政法规由国务院制定,由总理签署国务院令公布,效力高于地方性法规和规章。《水土保持法实施条例》于1993年8月1日以国务院第120号令公布施行,《水土保持法》于2010年12月25日修订通过后,到目前为止,《水土保持法实施条例》尚未修订,其与上位法不矛盾的规定依然有效。

第三层次是地方性法规。地方性法规由省级人民代表大会及其常委会制定、公布;或者是由设区的市人民代表大会及其常委会制定,报省级人大常委会批准后,由设区的市人民代表大会常委会公布。地方性法规的效力高于本级和下级地方政府规章。地方性法规主要包括各省(市、区)、设区的市颁布的实施水土保持法办法、水土保持条例等。

第四层次是规章。规章由水利部及相关部委、省级人民政府及设区的市人民政府制定,由部门或政府首长签署命令公布。部门规章之间、部门规章与省级地方政府规章之间具有同等效力,在各自的权限范围内施行;省、自治区的人民政府制定的规章的效力高于本行政区域内的设区的市人民政府制定的规章。水利部制定的规章包括《开发建设项目水土保持方案编报审批管理规定》、《开发建设项目水土保持设施验收管理办法》、《水土保持生态环境监测网络管理办法》等。本书中部分法规文件中的"开发建设项目"与"生产建设项目"含义一样。

第五层次是规范性文件。规范性文件是指有关行政机关制定的具有普遍约束力的文件。水利部及相关部门制定的规范性文件包括《水土保持补偿费征收使用管理办法》、《关于水土保持补偿费收费标准(试行)的通知》、《关于加强大中型开发建设项目水土保持监理工作的通知》、《关于规范生产建设项目水土保持监测工作的意见》等。

**（二）水土保持法**

《水土保持法》共 7 章 60 条，包括总则、规划、预防、治理、监测和监督、法律责任及附则。《水土保持法》全面贯彻落实科学发展观，坚持预防为主、保护优先的方针，以新的理念为指导，充分体现人与自然和谐的思想，将近年来国家水土保持生态建设的方针、政策以及各地的成功做法和经验以法律规定形式确定下来，为水土保持工作奠定了重要的法律基础。主要包括以下 7 个方面的重点内容。

1.明确了各级政府和有关部门的水土保持责任

(1)明确了各级政府的水土保持责任。《水土保持法》第四条规定：县级以上人民政府应当加强对水土保持工作的统一领导，将水土保持工作纳入本级国民经济和社会发展规划，对水土保持规划确定的任务，安排专项资金，并组织实施。

(2)建立了地方政府水土保持目标责任制和考核奖惩制度。《水土保持法》第四条规定：国家在水土流失重点预防区和重点治理区，实行地方各级人民政府水土保持目标责任制和考核奖惩制度。

(3)明确了水行政主管部门和其他有关部门的水土保持职责。《水土保持法》第五条规定：国务院水行政主管部门主管全国的水土保持工作。县级以上地方人民政府水行政主管部门主管本行政区域的水土保持工作。县级以上人民政府林业、农业、国土资源等有关部门按照各自职责，做好有关的水土流失预防和治理工作。

2.明确了水土保持规划的法律地位

(1)明确了水土保持规划的编制、审批程序。《水土保持法》第十四条规定：县级以上人民政府水行政主管部门会同同级人民政府有关部门编制水土保持规划，报本级人民政府或者其授权的部门批准后，由水行政主管部门组织实施。

(2)明确了规划在水土流失治理中的法律地位。《水土保持法》第十六条规定：地方各级人民政府应当按照水土保持规划，采取封育保护、自然修复等措施，组织单位和个人植树种草，扩大林草覆盖面积，涵养水源，预防和减轻水土流失。

(3)明确基础设施建设等规划应有水土流失预防和治理内容。《水土保持法》第十五条规定：有关基础设施建设、矿产资源开发、城镇建设、公共服务设施建设等方面的规划，在实施过程中可能造成水土流失的，规划的组织编制机关应当在规划中提出水土流失预防和治理的对策和措施，并在规划报请审批前征求本级人民政府水行政主管部门的意见。

3.明确了水土流失预防措施

(1)将预防为主、保护优先作为水土保持工作方针。《水土保持法》第三条规定：水土保持工作实行预防为主、保护优先、全面规划、综合治理、因地制宜、突出重点、科学管理、注重效益的方针。

(2)对一些容易导致水土流失、破坏生态环境的行为作了禁止或者限制性规定。《水土保持法》第十七条规定：禁止在崩塌、滑坡危险区和泥石流易发区从事取土、挖砂、采石等可能造成水土流失的活动。第十八条规定：水土流失严重、生态脆弱的地区，应当限制或者禁止可能造成水土流失的生产建设活动，严格保护植物、沙壳、结皮、地衣等。第二十一条规定:禁止毁林、毁草开垦和采集发菜。禁止在水土流失重点预防区和重点治理区铲草皮、挖树蔸或者滥挖虫草、甘草、麻黄等。

(3)明确了开垦荒坡地的水土保持责任。《水土保持法》第二十条规定:禁止在二十五度以上陡坡地开垦种植农作物。在二十五度以上陡坡地种植经济林的,应当科学选择树种,合理确定规模,采取水土保持措施,防止造成水土流失。第二十三条规定:在五度以上坡地植树造林、抚育幼林、种植中药材等,应当采取水土保持措施。在禁止开垦坡度以下、五度以上的荒坡地开垦种植农作物,应当采取水土保持措施。

(4)建立了水土保持方案制度,对生产建设项目水土保持方案的审批、三同时和验收等做出了明确规定。《水土保持法》第二十五条规定:在山区、丘陵区、风沙区以及水土保持规划确定的容易发生水土流失的其他区域开办可能造成水土流失的生产建设项目,生产建设单位应当编制水土保持方案,报县级以上人民政府水行政主管部门审批。第二十六条规定:生产建设单位未编制水土保持方案或者水土保持方案未经水行政主管部门批准的,生产建设项目不得开工建设。第二十七条规定:生产建设项目中的水土保持设施,应当与主体工程同时设计、同时施工、同时投产使用;生产建设项目竣工验收,应当验收水土保持设施;水土保持设施未经验收或者验收不合格的,生产建设项目不得投产使用。

(5)建立了废弃土石综合利用制度。《水土保持法》第二十八条规定:依法应当编制水土保持方案的生产建设项目,其生产建设活动中排弃的砂、石、土、矸石、尾矿、废渣等应当综合利用;不能综合利用,确需废弃的,应当堆放在水土保持方案确定的专门存放地,并采取措施保证不产生新的危害。

4.明确了水土流失综合治理措施

(1)明确水土保持重点工程建设及管理责任。《水土保持法》第三十条规定:国家加强水土流失重点预防区和重点治理区的坡耕地改梯田、淤地坝等水土保持重点工程建设,加大生态修复力度。县级以上人民政府水行政主管部门应当加强对水土保持重点工程的建设管理,建立和完善运行管护制度。

(2)完善了水土保持投入保障机制,确立了水土保持生态补偿机制和补偿费制度。《水土保持法》第三十一条规定:国家加强江河源头区、饮用水水源保护区和水源涵养区水土流失的预防和治理工作,多渠道筹集资金,将水土保持生态效益补偿纳入国家建立的生态效益补偿制度。第三十二条规定:在山区、丘陵区、风沙区以及水土保持规划确定的容易发生水土流失的其他区域开办生产建设项目或者从事其他生产建设活动,损坏水土保持设施、地貌植被,不能恢复原有水土保持功能的,应当缴纳水土保持补偿费,专项用于水土流失预防和治理。

(3)引导和鼓励全社会以多种方式参与水土流失治理。《水土保持法》第三十三条规定:国家鼓励单位和个人按照水土保持规划参与水土流失治理,并在资金、技术、税收等方面予以扶持。《水土保持法》第三十四条规定:国家鼓励和支持承包治理荒山、荒沟、荒丘、荒滩,防治水土流失,保护和改善生态环境,促进土地资源的合理开发和可持续利用,并依法保护土地承包合同当事人的合法权益。

(4)强调了水土流失科学治理,将我国在实践中总结和积累的水土流失防治技术提升为法律规定。《水土保持法》第三十五条规定:在水力侵蚀地区以小流域为单元进行水土流失综合治理。在风力侵蚀地区采取轮封轮牧、植树种草、设置人工沙障和网格林带等措施,建立防风固沙防护体系。在重力侵蚀地区采取监测、径流排导、削坡减载、支挡固坡、修建拦挡工程等措施,建立监测、预报、预警体系。第三十八条规定:生产建设活动所占用土地的地表土应当进行分层剥离、保存和利用,废弃的砂、石、土、矸石、尾矿、废渣等存放地应当采取拦挡、坡面防护、防洪排导等措施。在干旱缺水地区从事生产建设活动,应当采取降水蓄渗设施,充分利用降水资源。

5.明确了水土保持监测职责

(1)明确了水土保持监测的地位和经费来源。《水土保持法》第四十条规定:县级以上人民政府水行政主管部门应当加强水土保持监测工作,发挥水土保持监测工作在政府决策、经济社会发展和社会公众服务中的作用。县级以上人民政府应当保障水土保持监测工作经费。国务院水行政主管部门应当完善全国水土保持监测网络,对全国水土流失进行动态监测。

(2)建立了生产建设项目水土保持监测制度。《水土保持法》第四十一条规定:对可能造成严重水土流失的大中型生产建设项目,生产建设单位应当自行或者委托具备水土保持监测资质的机构,对生产建设活动造成的水土流失进行监测,并将监测情况定期上报当地水行政主管部门。

(3)建立了水土保持调查和公告制度。《水土保持法》第十一条规定:国务院水行政主管部门应当定期组织全国水土流失调查并公告调查结果。省、自治区、直辖市人民政府水行政主管部门负责本行政区域的水土流失调查并公告调查结果。

6.明确了水土保持监督职责

(1)明确了水土保持监督检查职责。《水土保持法》第四十三条规定:县级以上人民政府水行政主管部门负责对水土保持情况进行监督检查。流域管理机构在其管辖范围内可以行使国务院水行政主管部门的监督检查职权。

(2)规定了水土保持监督检查的权利和义务。《水土保持法》第四十四条规定:水政监督检查人员依法履行监督检查职责时,有权要求被检查单位或者个人提供有关文件、证照、资料;要求被检查单位或者个人就预防和治理水土流失的有关情况作出说明;进入现场进行调查、取证。第四十五条规定:水政监督检查人员依法履行监督检查职责时,应当出示执法证件。被检查单位或者个人对水土保持监督检查工作应当给予配合,如实报告情况,提供有关文件、证照、资料;不得拒绝或者阻碍水政监督检查人员依法执行公务。

7.明确了违法行为的法律责任

(1)明确了违法处罚措施。如《水土保持法》第四十八条规定:违反本法规定,在崩塌、滑坡危险区或者泥石流易发区从事取土、挖砂、采石等可能造成水土流失的活动的,由县级以上地方人民政府水行政主管部门责令停止违法行为,没收违法所得,对个人处一千元以上一万元以下的罚款,对单位处二万元以上二十万元以下的罚款。

(2)建立了代治理制度。如《水土保持法》第五十五条规定:违反本法规定,在水土保持方案确定的专门存放地以外的区域倾倒砂、石、土、矸石、尾矿、废渣等的,由县级以上地方人民政府水行政主管部门责令停止违法行为,限期清理,按照倾倒数量处每立方米十元以上二十元以下的罚款;逾期仍不清理的,县级以上地方人民政府水行政主管部门可以指定有清理能力的单位代为清理,所需费用由违法行为人承担。

**（三）其他相关法律法规**

1.《中华人民共和国环境保护法》（2014年4月24日）

《中华人民共和国环境保护法》第三十三条规定：各级人民政府应当加强对农业环境的保护，促进农业环境保护新技术的使用，加强对农业污染源的监测预警，统筹有关部门采取措施，防治土壤污染和土地沙化、盐渍化、贫瘠化、石漠化、地面沉降以及防治植被破坏、水土流失、水体富营养化、水源枯竭、种源灭绝等生态失调现象，推广植物病虫害的综合防治。县级、乡级人民政府应当提高农村环境保护公共服务水平，推动农村环境综合整治。

2.《中华人民共和国环境影响评价法》（2002年10月28日）

《中华人民共和国环境影响评价法》第十七条规定：建设项目的环境影响报告书应当包括下列内容：（一）建设项目概况；（二）建设项目周围环境现状；（三）建设项目对环境可能造成影响的分析、预测和评估；（四）建设项目环境保护措施及其技术、经济论证；（五）建设项目对环境影响的经济损益分析；（六）对建设项目实施环境监测的建议；（七）环境影响评价的结论。涉及水土保持的建设项目，还必须有经水行政主管部门审查同意的水土保持方案。

3.《中华人民共和国土地管理法》（2004年8月28日）

《中华人民共和国土地管理法》第三十五条规定：各级人民政府应当采取措施，维护排灌工程设施，改良土壤，提高地力，防止土地荒漠化、盐渍化、水土流失和污染土地。第三十六条规定：非农业建设必须节约使用土地，可以利用荒地的，不得占用耕地；可以利用劣地的，不得占用好地。禁止占用耕地建窑、建坟或者擅自在耕地上建房、挖砂、采石、采矿、取土等。禁止占用基本农田发展林果业和挖塘养鱼。第五十七条规定：建设项目施工和地质勘查需要临时使用国有土地或者农民集体所有的土地的，由县级以上人民政府土地行政主管部门批准。其中，在城市规划区内的临时用地，在报批前，应当先经有关城市规划行政主管部门同意。土地使用者应当根据土地权属，与有关土地行政主管部门或者农村集体经济组织、村民委员会签订临时使用土地合同，并按照合同的约定支付临时使用土地补偿费。临时使用土地的使用者应当按照临时使用土地合同约定的用途使用土地，并不得修建永久性建筑物。临时使用土地期限一般不超过2年。

4.《中华人民共和国农业法》（2012年12月28日）

《中华人民共和国农业法》第五十九条规定：各级人民政府应当采取措施，加强小流域综合治理，预防和治理水土流失。从事可能引起水土流失的生产建设活动的单位和个人，必须采取预防措施，并负责治理因生产建设活动造成的水土流失。各级人民政府应当采取措施，预防土地沙化，治理沙化土地。国务院和沙化土地所在地区的县级以上地方人民政府应当按照法律规定制定防沙治沙规划，并组织实施。

5.《中华人民共和国森林法》（1998年4月29日）

《中华人民共和国森林法》第四条规定：森林分为以下五类：（一）防护林：以防护为主要目的的森林、林木和灌木丛，包括水源涵养林，水土保持林，防风固沙林，农田、牧场防护林，护岸林，护路林；（二）用材林：以生产木材为主要目的的森林和林木，包括以生产竹材为主要目的的竹林；（三）经济林：以生产果品，食用油料、饮料、调料，工业原料和药材等为主要目的的林木；（四）薪炭林：以生产燃料为主要目的的林木；（五）特种用途林：以国防、环境保护、科学实验等为主要目的的森林和林木，包括国防林、实验林、母树林、环境保护林、风景林、名胜古迹和革命纪念地的林木,自然保护区的森林。第二十三条规定:禁止毁林开垦和毁林采石、采砂、采土以及其他毁林行为。禁止在幼林地和特种用途林内砍柴、放牧。

6.《中华人民共和国草原法》(2013 年 6 月 29 日)

《中华人民共和国草原法》第四十六条规定:禁止开垦草原。对水土流失严重、有沙化趋势、需要改善生态环境的已垦草原,应当有计划、有步骤地退耕还草;已造成沙化、盐碱化、石漠化的,应当限期治理。第四十九条规定:禁止在荒漠、半荒漠和严重退化、沙化、盐碱化、石漠化、水土流失的草原以及生态脆弱区的草原上采挖植物和从事破坏草原植被的其他活动。第五十一条规定:在草原上种植牧草或者饲料作物,应当符合草原保护、建设、利用规划;县级以上地方人民政府草原行政主管部门应当加强监督管理,防止草原沙化和水土流失。

7.《中华人民共和国公路法》(2004 年 8 月 28 日)

《中华人民共和国公路法》第三十条规定:公路建设项目的设计和施工,应当符合依法保护环境、保护文物古迹和防止水土流失的要求。第四十一条规定:公路用地范围内的山坡、荒地,由公路管理机构负责水土保持。第四十七条规定:在大中型公路桥梁和渡口周围 200 m、公路隧道上方和洞口外 100 m 范围内,以及在公路两侧一定距离内,不得挖砂、采石、取土、倾倒废弃物,不得进行爆破作业及其他危及公路、公路桥梁、公路隧道、公路渡口安全的活动。在前款范围内因抢险、防汛需要修筑堤坝、压缩或者拓宽河床的,应当事先报经省、自治区、直辖市人民政府交通主管部门会同水行政主管部门批准,并采取有效的保护有关的公路、公路桥梁、公路隧道、公路渡口安全的措施。

**(四)水利部规章**

**1.《开发建设项目水土保持方案编报审批管理规定》**

1995 年 5 月 30 日水利部令第 5 号公布;2005 年 7 月 8 日,根据水利部令第 24 号修改,共 16 条,主要包括以下内容:

(1)报批时间。第二条规定:审批制项目,在报送可行性研究报告前完成水土保持方案报批手续;核准制项目,在提交项目申请报告前完成水土保持方案报批手续;备案制项目,在办理备案手续后、项目开工前完成水土保持方案报批手续。

(2)报告书和报告表的适用范围。第四条规定:水土保持方案分为水土保持方案报告书和水土保持方案报告表。凡征占地面积在 1 hm² 以上或者挖填土石方总量在 1 万 m³ 以上的开发建设项目,应当编报水土保持方案报告书;其他开发建设项目应当编报水土保持方案报告表。

(3)分级审批制度。第八条规定:水行政主管部门审批水土保持方案实行分级审批制度,县级以上地方人民政府水行政主管部门审批的水土保持方案,应报上一级人民政府水行政主管部门备案。中央立项,且征占地面积在 50 hm² 以上或者挖填土石方总量在 50 万 m³ 以上的开发建设项目或者限额以上技术改造项目,水土保持方案报告书由国务院水行政主管部门审批。中央立项,征占地面积不足 50 hm² 且挖填土石方总量不足 50 万 m³ 的开发建设项目,水土保持方案报告书由省级水行政主管部门审批。地方立项的开发建设项目和限额以下技术改造项目,水土保持方案报告书由相应级别的水行政主管部门审批。水土保持方案报告表由开发建设项目所在地县级水行政主管部门审批。跨地区项目的水土保持方案,报上一级水行政主管部门审批。

（4）报批程序。第九条规定：开发建设单位或者个人要求审批水土保持方案的，应当向有审批权的水行政主管部门提交书面申请和水土保持方案报告书或者水土保持方案报告表各一式三份。有审批权的水行政主管部门受理申请后，应当依据有关法律、法规和技术规范组织审查，或者委托有关机构进行技术评审。水行政主管部门应当自受理水土保持方案报告书审批申请之日起 20 日内，或者应当自受理水土保持方案报告表审批申请之日起 10 日内，作出审查决定。但是，技术评审时间除外。对于特殊性质或者特大型开发建设项目的水土保持方案报告书，20 日内不能作出审查决定的，经本行政机关负责人批准，可以延长 10 日，并应当将延长期限的理由告知申请单位或者个人。

（5）变更审批。第十一条规定：经审批的项目，如性质、规模、建设地点等发生变化时，项目单位或个人应及时修改水土保持方案，并按照本规定的程序报原批准单位审批。

2.《开发建设项目水土保持设施验收管理办法》

2002 年 10 月 14 日，水利部令第 16 号公布；2005 年 7 月 8 日，根据水利部令第 24 号修改，共 19 条，主要包括以下内容：

（1）验收权限。第五条规定：县级以上人民政府水行政主管部门按照开发建设项目水土保持方案的审批权限，负责项目的水土保持设施的验收工作。县级以上地方人民政府水行政主管部门组织完成的水土保持设施验收材料，应当报上一级人民政府水行政主管部门备案。

（2）验收申请。第八条规定：在开发建设项目土建工程完成后，应当及时开展水土保持设施的验收工作。建设单位应当会同水土保持方案编制单位，依据批复的水土保持方案报告书、设计文件的内容和工程量，对水土保持设施完成情况进行检查，编制水土保持方案实施工作总结报告和水土保持设施竣工验收技术报告。对于符合本办法第七条所列验收合格条件的，方可向审批该水土保持方案的机关提出水土保持设施验收申请。

（3）技术评估。第九条规定：国务院水行政主管部门负责验收的开发建设项目，应当先进行技术评估。省级水行政主管部门负责验收的开发建设项目，可以根据具体情况参照前款规定执行。

（4）现场验收。第十一条规定：县级以上人民政府水行政主管部门在受理验收申请后，应当组织有关单位的代表和专家成立验收组，依据验收申请、有关成果和资料，检查建设现场，提出验收意见。建设单位、水土保持方案编制单位、设计单位、施工单位、监理单位、监测报告编制单位应当参加现场验收。第十二条规定：验收合格意见必须经 2/3 以上验收组成员同意，由验收组成员及被验收单位的代表在验收成果文件上签字。

（5）验收时限。第十三条规定：县级以上人民政府水行政主管部门应当自受理验收申请之日起 20 日内作出验收结论。对验收合格的项目，水行政主管部门应当自作出验收结论之日起 10 日内办理验收合格手续，作为开发建设项目竣工验收的重要依据之一。对验收不合格的项目，负责验收的水行政主管部门应当责令建设单位限期整改，直至验收合格。

（6）分期验收规定。第十四条规定：分期建设、分期投入生产或者使用的开发建设项目，其相应的水土保持设施应当按照本办法进行分期验收。

3.《水土保持生态环境监测网络管理办法》

2000 年 1 月 31 日，水利部令第 12 号发布，共 5 章 23 条，包括总则、监测站网的建设与资质管理、监测机构职责、监测数据和成果的管理、附责。主要包括以下内容：

（1）监测站网组成。第九条规定：全国水土保持生态环境监测站网由以下四级监测机构组成：一级为水利部水土保持生态环境监测中心，二级为大江大河流域水土保持生态环境监测中心站，三级为省级水土保持生态环境监测总站，四级为省级重点防治区监测分站。

（2）监测数据管理。第十七条规定：水土保持生态环境监测数据和成果由水土保持生态环境监测管理机构统一管理。第十八条规定：水土保持生态环境监测数据实行年报制度，上报时间为次年元月底前。下级监测机构向上级监测机构报告本年度监测数据及其整编结果。开发建设项目的监测数据和成果，向当地水土保持生态环境监测管理机构报告。

（3）监测公告。第十九条规定：国家和省级水土保持生态环境监测成果实行定期公告制度，监测公告分别由水利部和省级水行政主管部门依法发布。

（4）监测数据应用管理。第二十条规定：各级水土保持生态环境监测机构对外提供监测数据须经同级水土保持生态环境监测管理机构同意。

4.《水利工程建设监理规定》

2006年11月9日水利部令第28号发布，共39条，主要包括以下内容：

（1）适用范围。第三条规定：水利工程建设项目依法实行建设监理。总投资200万元以上且符合下列条件之一的水利工程建设项目，必须实行建设监理：关系社会公共利益或者公共安全的；使用国有资金投资或者国家融资的；使用外国政府或者国际组织贷款、援助资金的。铁路、公路、城镇建设、矿山、电力、石油天然气、建材等开发建设项目的配套水土保持工程，符合前款规定条件的，应当按照本规定开展水土保持工程施工监理。其他水利工程建设项目可以参照本规定执行。

（2）业务委托与承接。第五条规定：按照本规定必须实施建设监理的水利工程建设项目，项目法人应当按照水利工程建设项目招标投标管理的规定，确定具有相应资质的监理单位，并报项目主管部门备案。项目法人和监理单位应当依法签订监理合同。

（3）监理单位资质。第七条规定：监理单位应当按照水利部的规定，取得《水利工程建设监理单位资质等级证书》，并在其资质等级许可的范围内承揽水利工程建设监理业务。

（4）监理人员资格。第十条规定：监理单位应当聘用具有相应资格的监理人员从事水利工程建设监理业务。监理人员包括总监理工程师、监理工程师和监理员。

（5）总监理工程师负责制。第十二条规定：水利工程建设监理实行总监理工程师负责制。总监理工程师负责全面履行监理合同约定的监理单位职责，发布有关指令，签署监理文件，协调有关各方之间的关系。监理工程师在总监理工程师授权范围内开展监理工作，具体负责所承担的监理工作，并对总监理工程师负责。监理员在监理工程师或者总监理工程师授权范围内从事监理辅助工作。

（五）规范性文件

1.《水土保持补偿费征收使用管理办法》

2014年1月29日，财政部、国家发展改革委、水利部、中国人民银行财综〔2014〕8号发布，共31条，主要包括以下内容：

（1）缴纳补偿费的范围。第五条规定：在山区、丘陵区、风沙区以及水土保持规划确定的容易发生水土流失的其他区域开办生产建设项目或者从事其他生产建设活动，损坏水土保持设施、地貌植被、不能恢复原有水土保持功能的单位和个人（以下简称缴纳义务人），应当缴纳水土保持补偿费。前款所称其他生产建设活动包括：取土、挖砂、采石（不含河道采砂);烧制砖、瓦、瓷、石灰;排放废弃土、石、渣。

（2）收缴单位。第六条规定:县级以上地方水行政主管部门按照下列规定征收水土保持补偿费。开办生产建设项目的单位和个人应当缴纳的水土保持补偿费,由县级以上地方水行政主管部门按照水土保持方案审批权限负责征收。其中,由水利部审批水土保持方案的,水土保持补偿费由生产建设项目所在地省(区、市)水行政主管部门征收;生产建设项目跨省(区、市)的,由生产建设项目涉及区域各相关省(区、市)水行政主管部门分别征收。从事其他生产建设活动的单位和个人应当缴纳的水土保持补偿费,由生产建设活动所在地县级水行政主管部门负责征收。

（3）计征方式。第七条规定:水土保持补偿费按照下列方式计征:开办一般性生产建设项目的,按照征占用土地面积计征。开采矿产资源的,在建设期间按照征占用土地面积计征;在开采期间,对石油、天然气以外的矿产资源按照开采量计征,对石油、天然气按照油气生产井占地面积每年计征。取土、挖砂、采石以及烧制砖、瓦、瓷、石灰的,按照取土、挖砂、采石量计征。排放废弃土、石、渣的,按照排放量计征。对缴纳义务人已按照前三种方式计征水土保持补偿费的,其排放废弃土、石、渣,不再按照排放量重复计征。

（4）缴费时间。第九条规定:开办一般性生产建设项目的,缴纳义务人应当在项目开工前一次性缴纳水土保持补偿费。开采矿产资源处于建设期的,缴纳义务人应当在建设活动开始前一次性缴纳水土保持补偿费;处于开采期的,缴纳义务人应当按季度缴纳水土保持补偿费。从事其他生产建设活动的,缴纳水土保持补偿费的时限由县级水行政主管部门确定。

（5）缴费程序。第十条规定:缴纳义务人应当向负责征收水土保持补偿费的水行政主管部门如实报送征占用土地面积(矿产资源开采量、取土挖砂采石量、弃土弃渣量)等资料。负责征收水土保持补偿费的水行政主管部门审核确定水土保持补偿费征收额,并向缴纳义务人送达水土保持补偿费缴纳通知单。缴纳通知单应当载明征占用土地面积(矿产资源开采量、取土挖砂采石量、弃土弃渣量)、征收标准、缴纳金额、缴纳时间和地点等事项。缴纳义务人应当按照缴纳通知单的规定缴纳水土保持补偿费。

（6）免征范围。第十一条规定:下列情形免征水土保持补偿费:建设学校、幼儿园、医院、养老服务设施、孤儿院、福利院等公益性工程项目的;农民依法利用农村集体土地新建、翻建自用住房的;按照相关规划开展小型农田水利建设、田间土地整治建设和农村集中供水工程建设的;建设保障性安居工程、市政生态环境保护基础设施项目的;建设军事设施的;按照水土保持规划开展水土流失治理活动的;法律、行政法规和国务院规定免征水土保持补偿费的其他情形。第十二条规定:除本办法规定外,任何单位和个人均不得擅自减免水土保持补偿费,不得改变水土保持补偿费征收对象、范围和标准。

（7）中央地方分成。第十五条规定:县级以上地方水行政主管部门征收的水土保持补偿费,按照1:9的比例分别上缴中央和地方国库。地方各级政府之间水土保持补偿费的分配比例,由各省(区、市)财政部门商水行政主管部门确定。

2.《关于水土保持补偿费收费标准(试行)的通知》

2014年5月7日,国家发展改革委、财政部、水利部发改价格〔2014〕886号发布,主要包括以下内容:

（1）一般项目。对一般性生产建设项目,按照征占用土地面积一次性计征,东部地区每平方米不超过2元(不足1 $m^2$ 的按1 $m^2$ 计,下同),中部地区每平方米不超过2.2元,西部地区每平方米不超过 2.5 元。对水利水电工程建设项目,水库淹没区不在水土保持补偿费计征范围之内。

(2)矿产资源项目。开采矿产资源的,建设期间,按照征占用土地面积一次性计征,具体收费标准按照本条第一款执行。开采期间,石油、天然气以外的矿产资源按照开采量(采掘、采剥总量)计征。石油、天然气根据油、气生产井(不包括水井、勘探井)占地面积按年征收,每口油、气生产井占地面积按不超过 2 000 $m^2$ 计算;对丛式井每增加一口井,增加计征面积按不超过 400 $m^2$ 计算,每平方米每年收费不超过 2 元。各地在核定具体收费标准时,应充分评估损害程度,对生产技术先进、管理水平较高、生态环境治理投入较大的资源开采企业,在核定收费标准时应按照从低原则制定。

(3)取土、采石活动。取土、挖砂(河道采砂除外)、采石以及烧制砖、瓦、瓷、石灰的,根据取土、挖砂、采石量,按照每立方米 0.5 ~ 2 元计征(不足 1 $m^3$ 的按 1 $m^3$ 计)。对缴纳义务人已按前两种方式计征水土保持补偿费的,不再重复计征。

(4)排放废弃土、石活动。排放废弃土、石、渣的,根据土、石、渣量,按照每立方米 0.5 ~ 2 元计征(不足 1 $m^3$ 的按 1 $m^3$ 计)。对缴纳义务人已按前三种方式计征水土保持补偿费的,不再重复计征。

3.《关于加强大中型开发建设项目水土保持监理工作的通知》

2003 年 3 月 5 日水利部水保〔2003〕89 号发布,主要包括以下内容:

(1)适用范围。凡水利部批准的水土保持方案,在其实施过程中必须进行水土保持监理,其监理成果是开发建设项目水土保持设施验收的基础和验收报告必备的专项报告。地方各级水行政主管部门审批的水土保持方案,其项目的水土保持监理工作可参照本通知执行。

(2)资质要求。承担水土保持监理工作的单位及人员根据国家建设监理的有关规定和技术规范、批准的水土保持方案及工程设计文件,以及工程施工合同、监理合同开展监理工作。从事水土保持监理的工作人员必须取得水土保持监理工程师证书或监理资格培训结业证书;建设项目的水土保持投资在 3 000 万元以上(含主体工程中已列的水土保持投资),承担水土保持工程监理工作的单位还必须具有水土保持监理资质。

4.《关于规范生产建设项目水土保持监测工作的意见》

2009 年 3 月 25 日水利部水保〔2009〕187 号发布,主要包括以下内容:

(1)监测内容。生产建设项目水土保持监测的主要内容包括:主体工程建设进度、工程建设扰动土地面积、水土流失灾害隐患、水土流失及造成的危害、水土保持工程建设情况及安全情况、水土流失防治效果,以及水土保持工程设计、水土保持管理等方面的情况。

(2)监测重点。生产建设项目水土保持监测的重点包括:水土保持方案落实情况,取土(石)场、弃土(渣)场使用情况及安全要求落实情况,扰动土地及植被占压情况,水土保持措施(含临时防护措施)实施状况,水土保持责任制度落实情况等。

(3)驻点监测。承担委托的监测机构必须实行驻点监测,同一项目的驻点监测人员中至少要有 1 名取得水土保持监测人员上岗证书。建设单位自行监测的项目要指定专职人员开展定期监测。

(4)监测方法。扰动土地面积、弃土(渣)量、水土保持措施实施情况等内容以实地量测为主。线路长、取弃土量大的公路、铁路等大型建设项目,可以结合卫星遥感和航空遥感等手段调查扰动地表面积和水土保持措施实施情况。有条件的项目,可以布设监测样区、卡口监测站、测钎监测点等,开展水土流失量的监测。

(5)监测频次。建设项目在整个建设期(含施工准备期)内必须全程开展监测;生产类项目要不间断监测。正在使用的取土(石)场、弃土(渣)场的取土(石)、弃土(渣)量,正在实施的水土保持措施建设情况等至少每10天监测记录1次;扰动地表面积、水土保持工程措施拦挡效果等至少每1个月监测记录1次;主体工程建设进度、水土流失影响因子、水土保持植物措施生长情况等至少每3个月监测记录1次。遇暴雨、大风等情况应及时加测。水土流失灾害事件发生后1周内完成监测。

(6)监测报告制度。开展委托监测的生产建设项目,项目开工(含施工准备期)前应向有关水行政主管部门报送《生产建设项目水土保持监测实施方案》。工程建设期间,应于每季度的第一个月内报送上季度的《生产建设项目水土保持监测季度报告表》,同时提供大型或重要位置弃土(渣)场的照片等影像资料;因降雨、大风或人为原因发生严重水土流失及危害事件的,应于事件发生后1周内报告有关情况。水土保持监测任务完成后,应于3个月内报送《生产建设项目水土保持监测总结报告》。

5.《全国水土保持预防监督纲要》

2004年8月水利部水保〔2004〕332号文发布,主要包括以下内容:

(1)目标。建立完善配套的水土保持法规体系,健全执法机构,提高执法队伍素质,规范技术服务工作,全面落实水土保持"三同时"制度,落实管护责任,有效控制人为因素产生的水土流失,从根本上扭转生态环境恶化的趋势,使植被覆盖率大幅度提高,水土资源得到有效保护和可持续利用,为全面建设小康社会提供支撑和保障。建立水土保持监测系统,定期公告水土流失动态。

(2)主要任务。建立全国水土保持监测系统,加强对生态环境良好区域保护工作的力度,有效保护综合治理的成果,水土保持生态修复工程全面展开并取得实质性进展,加强"四荒"土地开发的管理工作,开发建设项目水土保持"三同时"制度得到全面落实,有效控制城市开发建设中的水土流失。

(3)重点工作。加快建设水土保持监测系统,建立健全各级水土保持监测机构。建立一批水土保持重点预防保护区,加大保护现有植被的力度。全面推进生态修复,国家和省、地、县要划定生态修复区,全面实施生态自我修复工程。加强对各类资源开发和建设项目的监督管理。加强对"四荒"土地开发的管理,严格规范"四荒"及各类土地开发活动。加强对重点治理工程区的管理和维护。大力推进城镇水土保持,加强城市水土保持及城镇化过程中的水土保持工作。

(六)案例

【案例10.3-1】 水土保持监督管理案例

某输气管道长600 km,沿线涉及3省8市16县,总工期3年,该项目在工程可行性研究阶段编制了水土保持方案。在水土保持监督检查中,发现某隧道施工没有按照水土保持方案确定的弃渣场弃渣,在隧道口附近沟道弃渣5 000 m³。

1.该项目的水土保持方案应由哪级水行政主管部门审批?

根据《开发建设项目水土保持方案编报审批管理规定》的有关规定,水土保持方案实行分级审批制度,跨地区项目的水土保持方案,报上一级水行政主管部门审批。本项目涉及3

个省,其水土保持方案应由国务院水行政主管部门即水利部审批。

2. 该项目的水土保持补偿费应由哪个部门征收?

根据《水土保持补偿费征收使用管理办法》(财综〔2014〕8 号)规定,由水利部审批水土保持方案的,水土保持补偿费由生产建设项目所在地省(区、市)水行政主管部门征收;生产建设项目跨省(区、市)的,由生产建设项目涉及区域各相关省(区、市)水行政主管部门分别征收。因此,本项目的水土保持补偿费由涉及的 3 个省的水行政主管部门分别征收。

3. 隧道施工违法弃渣最高罚款额是多少?

根据水土保持法第五十五条规定,在水土保持方案确定的专门存放地以外的区域倾倒砂、石、土、矸石、尾矿、废渣等的,由县级以上地方人民政府水行政主管部门责令停止违法行为,限期清理,按照倾倒数量处每立方米 10 元以上 20 元以下的罚款。因此,最高罚款额 = $20 \times 5\,000 = 10$(万元)。

## 三、水土流失重点预防区和重点治理区划分

根据《水土保持法》,县级以上人民政府应当依据水土流失调查结果划定并公告水土流失重点预防区和重点治理区。对水土流失潜在危险较大的区域,应当划定为水土流失重点预防区;对水土流失严重的区域,应当划定为水土流失重点治理区。

2006 年,水利部发布《关于划分国家级水土流失重点防治区的公告》(水利部〔2006〕第 2 号),全国划分国家级水土流失重点预防保护区 16 个、国家级水土流失重点监督区 7 个、国家级水土流失重点治理区 19 个。《水土保持法》2010 修订后,水利部启动了国家级水土流失重点预防区和重点治理区复核工作,根据《水利部办公厅关于印发〈全国水土保持规划国家级水土流失重点预防区和重点治理区复核划分成果〉的通知》(办水保〔2013〕188 号),全国划分国家级水土流失重点预防区 23 个、国家级水土流失重点治理区 17 个。国家级水土流失重点预防区面积 43.92 万 km², 约占国土面积的 4.6%, 详见表 10.3-1;国家级水土流失重点治理区面积 49.44 万 km², 约占国土面积的 5.2%, 详见表 10.3-2。

## 四、技术标准及强制条文

技术标准是为一定的范围(行业或学科领域)内获得最佳秩序,对活动或其结果规定共同的和重复使用的规则、导则或特殊性的文件。该文件经协商一致制定并经一个公认的机构批准。标准应以科学、技术和经验的综合成果为基础,以促进最佳社会经济效益为目的。根据 WTO 有关规定和国际惯例,标准与法规或合同是不同的,标准是自愿性的,而法规或合同则是强制性的,标准的内容只有通过法规或合同引用才是强制性的。我国的标准,15% 是强制性标准,实际属于技术法规性质;85% 是推荐性或指导性标准,这与国际上的自愿性标准是一致的。我国的标准分为国家标准、部颁标准和地方标准。凡经过批准后颁布的标准,并标明是强制性的,无特殊理由,一般不得与之违背;推荐性标准一经法规或合同引用也具有强制性。目前,我国的标准制定尚需一段时间才能与国际接轨。

表10.3-1 国家级水土流失重点预防区

| 区名称 | 省 | 县（市、区、旗）范围 | 县个数 | 县域总面积（km²） | 重点预防面积（km²） |
|---|---|---|---|---|---|
| 大小兴安岭国家级水土流失重点预防区 | 内蒙古自治区 | 额尔古纳市、根河市、鄂伦春自治旗、牙克石市 | 28 | 256 910.0 | 31 481.6 |
| | 黑龙江省 | 呼玛县、漠河县、塔河县、黑河市爱辉区、孙吴县、逊克县、嘉荫县、伊春市伊春区、伊春市南岔区、伊春市友好区、伊春市西林区、伊春市翠峦区、伊春市新青区、伊春市美溪区、伊春市金山屯区、伊春市五营区、伊春市乌马河区、伊春市汤旺河区、伊春市带岭区、伊春市乌伊岭区、伊春市红星区、铁力市、通河县、绥棱县 | | | |
| 呼伦贝尔国家级水土流失重点预防区 | 内蒙古自治区 | 陈巴尔虎旗、呼伦贝尔市海拉尔区、鄂温克族自治旗、满洲里市、新巴尔虎右旗、新巴尔虎左旗、阿尔山市 | 7 | 90 386.7 | 25 247.3 |
| 长白山国家级水土流失重点预防区 | 黑龙江省 | 绥芬河市、东宁县 | 21 | 85 435.0 | 25 764.2 |
| | 吉林省 | 敦化市、和龙市、安图县、汪清县、抚松县、临江市、白山市八道江区、白山市江源区、通化市二道江区、通化市东昌区、通化县、集安市 | | | |
| | 辽宁省 | 清原满族自治县、抚顺县、新宾满族自治县、本溪满族自治县、桓仁满族自治县、宽甸满族自治县 | | | |
| 燕山国家级水土流失重点预防区 | 北京市 | 北京市昌平区、北京市怀柔区、北京市平谷区、密云县、延庆县 | 27 | 85 537.2 | 17 505.3 |
| | 河北省 | 沽源县、赤城县、丰宁满族自治县、围场满族蒙古族自治县、隆化县、滦平县、承德市双桥区、承德市双滦区、承德县、承德市鹰手营子矿区、平泉县、兴隆县、宽城满族自治县、遵化市、迁西县、迁安市、青龙满族自治县、抚宁县 | | | |
| | 天津市 | 蓟县 | | | |
| | 内蒙古自治区 | 多伦县、正蓝旗、太仆寺旗 | | | |

续表 10.3-1

| 区名称 | 范围 | | 县个数 | 县域总面积 (km²) | 重点预防面积 (km²) |
|---|---|---|---|---|---|
| | 省 | 县（市、区、旗） | | | |
| 祁连山—黑河国家级水土流失重点预防区 | 甘肃省 | 金塔县、肃南裕固族自治县、临泽县、高台县、张掖市甘州区、民乐县、天祝藏族自治县、永登县 | 11 | 197 607.9 | 8 055.9 |
| | 青海省 | 门源回族自治县、祁连县 | | | |
| | 内蒙古自治区 | 额济纳旗 | | | |
| 子午岭—六盘山国家级水土流失重点预防区 | 陕西省 | 甘泉县、富县、黄陵县、黄龙县、洛川县、宜君县、铜川市印台区、铜川市耀州区、铜川市王益区、淳化县、旬邑县、长武县、彬县、麟游县、千阳县、陇县、宝鸡市陈仓区 | 26 | 42 468.0 | 8 298.0 |
| | 甘肃省 | 正宁县、静宁县、平凉市崆峒区、崇信县、华亭县、张家川回族自治区、清水县 | | | |
| | 宁夏回族自治区 | 隆德县、泾源县 | | | |
| 阴山北麓国家级水土流失重点预防区 | 内蒙古自治区 | 苏尼特左旗、苏尼特右旗、四子王旗、达尔罕茂明安联合旗、乌拉特中旗、乌拉特后旗 | 6 | 146 159.0 | 25 791.6 |
| 桐柏山大别山国家级水土流失重点预防区 | 安徽省 | 六安市裕安区、六安市金安区、舒城县、霍山县、金寨县、岳西县、太湖县、潜山县 | 25 | 53 052.4 | 8 001.0 |
| | 河南省 | 桐柏县、信阳市平桥区、信阳市狮河区、罗山县、光山县、新县、商城县 | | | |
| | 湖北省 | 随州市曾都区、随县、广水市、大悟县、红安县、麻城市、罗田县、英山县、浠水县、蕲春县 | | | |

续表 10.3-1

| 区名称 | 范围 | | 县个数 | 县域总面积（km²） | 重点预防面积（km²） |
|---|---|---|---|---|---|
| | 省 | 县（市、区、旗） | | | |
| 三江源国家级水土流失重点预防区 | 青海省 | 共和县、贵南县、兴海县、同德县、泽库县、河南蒙古族自治县、玛沁县、玛多县、达日县、班玛县、甘德县、久治县、曲麻莱县以及格尔木市市部分 | 22 | 404 059.5 | 64 087.6 |
| | 甘肃省 | 玛曲县、碌曲县、夏河县 | | | |
| 雅鲁藏布江中下游国家级水土流失重点预防区 | 西藏自治区 | 波密县、工布江达县、林芝县、米林县、朗县、加查县、隆子县、桑日县、曲松县、乃东县、措美县、扎囊县、贡嘎县、浪卡子县、江孜县、仁布县、尼木县 | 18 | 101 308.3 | 10 404.7 |
| 金沙江上游及三江并流国家级水土流失重点预防区 | 西藏自治区 | 江达县、贡觉县、芒康县 | 42 | 299 196.2 | 99 027.8 |
| | 四川省 | 石渠县、德格县、甘孜县、色达县、白玉县、新龙县、炉霍县、道孚县、丹巴县、巴塘县、理塘县、雅江县、得荣县、乡城县、稻城县、若尔盖县、九寨沟县、阿坝县、红原县、松潘县、壤塘县、马尔康县、黑水县、金川县、小金县、理县、茂县、汶川县 | | | |
| | 云南省 | 德钦县、香格里拉县、维西傈僳族自治县、贡山独龙族怒族自治县、福贡县、兰坪白族普米族自治县、泸水县、玉龙纳西族自治县、丽江市古城区、剑川县、洱源县 | | | |
| 丹江口库区及上游国家级水土流失重点预防区 | 湖北省 | 郧西县、郧县、十堰市茅箭区、十堰市张湾区、丹江口市、竹山县、竹溪县、神农架林区、房县 | 43 | 115 070.6 | 29 363.1 |
| | 陕西省 | 太白县、留坝县、城固县、洋县、佛坪县、宁陕县、镇巴县、西乡县、镇坪县、石泉县、汉阴县、宁强县、勉县、汉中市汉台区、略阳县、紫阳县、白河县、岚皋县、平利县、柞水县、旬阳县、安康市汉滨区、商洛市商州区、镇安县、山阳县、丹凤县、商南县 | | | |
| | 重庆市 | 城口县 | | | |
| | 河南省 | 卢氏县、栾川县、西峡县、内乡县、淅川县 | | | |

续表 10.3-1

| 区名称 | 省 | 范围 | | 县个数 | 县域总面积<br>（km²） | 重点预防面积<br>（km²） |
|---|---|---|---|---|---|---|
| | | | 县（市、区、旗） | | | |
| 嘉陵江上游国家级<br>水土流失重点预防区 | 陕西省 | | 凤县 | 20 | 61 105.7 | 7 394.6 |
| | 甘肃省 | | 两当县、徽县、成县、西和县、礼县、宕昌县、迭部县、舟曲县、陇南市武都区、康县、文县 | | | |
| | 四川省 | | 青川县、广元市利州区、广元市朝天区、广元市元坝区、旺苍县、南江县、通江县、万源市 | | | |
| 武陵山国家级水土<br>流失重点预防区 | 重庆市 | | 酉阳土家族苗族自治县、秀山土家族苗族自治县 | 19 | 50 724.0 | 5 402.2 |
| | 湖北省 | | 建始县、利川市、咸丰县、宣恩县、鹤峰县、来凤县 | | | |
| | 湖南省 | | 石门县、桑植县、慈利县、张家界市永定区、张家界市武陵源区、龙山县、永顺县、保靖县、古丈县、花垣县、凤凰县 | | | |
| 新安江国家级水土<br>流失重点预防区 | 安徽省 | | 绩溪县、黄山市徽州区、黄山市屯溪区、黄山市黄山区、歙县、黟县、休宁县、祁门县 | 10 | 17 181.4 | 4 606.3 |
| | 浙江省 | | 淳安县、建德市 | | | |
| 湘资沅上游国家级<br>水土流失重点预防区 | 广西省 | | 资源县、全州县、龙胜各族自治县、兴安县、灌阳县 | 33 | 68 517.0 | 8 592.0 |
| | 贵州省 | | 江口县、岑巩县、施秉县、三穗县、天柱县、台江县、剑河县、锦屏县、黎平县 | | | |
| | 湖南省 | | 靖州苗族侗族自治县、通道侗族自治县、永州市冷水滩区、永州市零陵区、祁阳县、城步苗族自治县、双牌县、宁远县、新田县、道县、江永县、江华瑶族自治县、蓝山县、嘉禾县、临武县、宜章县、新宁县、东安县 | | | |

· 592 ·

| 区名称 | 省 | 范围 县(市、区、旗) | 县个数 | 县域总面积 (km²) | 重点预防面积 (km²) |
|---|---|---|---|---|---|
| 东江上中游国家级水土流失重点预防区 | 广东省 | 和平县、连平县、东源县、河源市源城区、紫金县、新丰县、龙门县、博罗县、惠东县 | 12 | 29 211.4 | 7 679.7 |
| | 江西省 | 安远县、寻乌县、定南县 | | | |
| 海南岛中部山区国家级水土流失重点预防区 | 海南省 | 白沙黎族自治县、琼中黎族苗族自治县、五指山市、保亭黎族苗族自治县 | 4 | 7 113.0 | 2 760.0 |
| 黄泛平原风沙国家级水土流失重点预防区 | 河北省 | 成安县、临漳县、大名县、魏县 | 34 | 38 503.1 | 3 281.1 |
| | 河南省 | 南乐县、清丰县、范县、内黄县、延津县、长垣县、封丘县、兰考县、杞县、开封县、通许县、中牟县、尉氏县 | | | |
| | 山东省 | 武城县、夏津县、临清市、冠县、东阿县、莘县、阳谷县、郓城县、鄄城县、菏泽市牡丹区、东明县、曹县、单县 | | | |
| | 江苏省 | 沛县、丰县 | | | |
| | 安徽省 | 砀山县、萧县 | | | |
| 阿尔金山国家级水土流失重点预防区 | 新疆维吾尔自治区 | 若羌县、且末县 | 2 | 336 625.0 | 2 604.7 |
| 塔里木河国家级水土流失重点预防区 | 新疆维吾尔自治区 | 阿合奇县、乌什县、阿克苏市、阿瓦提县、阿拉尔市、巴楚县、麦盖提县、莎车县、泽普县、叶城县、皮山县、和田市、和田县、于田县、墨玉县、洛浦县、策勒县、民丰县 | 18 | 382 289.0 | 12 113.7 |

续表 10.3-1

| 区名称 | 省 | 范围 | | 县个数 | 县域总面积（km²） | 重点预防面积（km²） |
|---|---|---|---|---|---|---|
| | | 县（市、区、旗） | | | | |
| 天山北坡国家级水土流失重点预防区 | 新疆维吾尔自治区 | 塔城市、额敏县、裕民县以及托里县、温泉县、博乐市、精河县、乌苏市、克拉玛依市独山子区、沙湾县、石河子市、玛纳斯县、呼图壁县、昌吉市、五家渠市、乌鲁木齐县、乌鲁木齐市天山区、乌鲁木齐市达坂城区、阜康市、吉木萨尔县、奇台县、木垒哈萨克自治县、巴里坤哈萨克自治县、伊吾县、哈密市部分 | | 25 | 387 103.466 | 29 077.2 |
| 阿勒泰山国家级水土流失重点预防区 | 新疆维吾尔自治区 | 哈巴河县、布尔津县、阿勒泰市、吉木乃县、北屯市以及富蕴县、青河县部分 | | 7 | 88 473.7 | 2 669.7 |
| 合计 | | | | 460 | 3 344 037.5 | 439 209.4 |

## 表 10.3-2 国家级水土流失重点治理区

| 区名称 | 省 | 范围 县（市、区、旗） | 县个数 | 县域总面积（km²） | 重点治理面积（km²） |
|---|---|---|---|---|---|
| 东北漫川漫岗国家级水土流失重点治理区 | 黑龙江省 | 克山县、克东县、依安县、拜泉县、北安市、海伦市、明水县、青冈县、望奎县、绥化市北林区、庆安县、巴彦县、木兰县、宾县、尚志市、五常市、方正县、依兰县、佳木斯市郊区、桦南县、勃利县、海林市、牡丹江市爱民区、牡丹江市东安区、牡丹江市阳明区、牡丹江市西安区、穆棱市、鸡西市梨树区、鸡西市恒山区、鸡西市麻山区、鸡西市鸡冠区、鸡西市滴道区、鸡西市城子河区 | 69 | 190 682.8 | 47 297.2 |
| | 吉林省 | 榆树市、德惠市、九台市、长春市二道区、吉林市、舒兰市、昌邑区、吉林市龙潭区、吉林市船营区、吉林市丰满区、蛟河市、永吉县、桦甸市、磐石市、公主岭市、梨树县、四平市铁西区、四平市铁东区、伊通满族自治县、辽源市龙山区、辽源市西安区、东丰县、东辽县、梅河口市、辉南县、柳河县 | | | |
| | 辽宁省 | 昌图县、西丰县、开原市、铁岭市银州区、铁岭市清河区、调兵山市、铁岭县、康平县、法库县 | | | |
| 大兴安岭东麓国家级水土流失重点治理区 | 黑龙江省 | 讷河市、甘南县、齐齐哈尔市碾子山区、龙江县 | 4 | 120 558.4 | 33 202.5 |
| | 内蒙古自治区 | 莫力达瓦达斡尔族自治旗、阿荣旗、扎兰屯市、扎赉特旗、科尔沁右翼前旗、乌兰浩特市、科尔沁右翼中旗、霍林郭勒市、扎鲁特旗 | | | |
| 西辽河大凌河中上游国家级水土流失重点治理区 | 内蒙古自治区 | 阿鲁科尔沁旗、巴林左旗、巴林右旗、林西县、克什克腾旗、翁牛特旗、敖汉旗、赤峰市松山区、赤峰市元宝山区、赤峰市红山区、喀喇沁旗、奈曼旗、库伦旗 | 28 | 129 357.9 | 47 736.3 |
| | 辽宁省 | 彰武县、阜新蒙古族自治县、阜新市海州区、阜新市太平区、北票市、阜新市新邱区、阜新市清河门区、朝阳市龙城区、朝阳市双塔区、朝阳县、阜新市细河区、朝阳市、喀喇沁左翼蒙古族自治县、凌源市、建平县、义县、建昌县 | | | |

续表 10.3-2

| 区名称 | 省 | 范围 县(市、区、旗) | 县个数 | 县域总面积 (km²) | 重点治理面积 (km²) |
|---|---|---|---|---|---|
| 永定河上游国家级水土流失重点治理区 | 河北省 | 张北县、尚义县、崇礼县、怀来县、万全县、张家口市下花园区、张家口市桥东区、张家口市桥西区、宣化县、阳原县、蔚县、涿鹿县 | 31 | 50 048.6 | 15 873.2 |
| | 山西省 | 天镇县、阳高县、大同县、大同市城区、大同市南郊区、大同市矿区、大同市新荣区、左云县、广灵县、浑源县、怀仁县、山阴县、应县、朔州市平鲁区、朔州市朔城区、宁武县 | | | |
| | 内蒙古自治区 | 兴和县 | | | |
| | 北京市 | 北京市房山区 | | | |
| | 河南省 | 林州市 | | | |
| 太行山国家级水土流失重点治理区 | 河北省 | 涞水县、涞源县、易县、赞皇县、元氏县、平山县、临城县、曲阳县、行唐县、灵寿县、阜平县、内丘县、邢台县、沙河市、武安市、涉县、磁县 | 48 | 68 412.5 | 25 639.7 |
| | 山西省 | 灵丘县、繁峙县、代县、原平市、五台县、盂县、阳泉市城区、阳泉市矿区、阳泉市郊区、平定县、昔阳县、和顺县、左权县、沁县、襄垣县、黎城县、屯留县、潞城市、平顺县、长子县、长治市郊区、长治县、壶关县、陵川县、高平市 | | | |

续表 10.3-2

| 区名称 | 范围 | | 县个数 | 县域总面积（km²） | 重点治理面积（km²） |
|---|---|---|---|---|---|
| | 省 | 县（市、区、旗） | | | |
| 黄河多沙粗沙国家级水土流失重点治理区 | 宁夏回族自治区 | 盐池县 | 70 | 226 425.6 | 95 597.1 |
| | 甘肃省 | 环县、华池县、庆城县、合水县、镇原县、庆阳市西峰区、宁县、泾川县、灵台县 | | | |
| | 内蒙古自治区 | 凉城县、和林格尔县、托克托县、清水河县、准格尔旗、达拉特旗、鄂尔多斯市东胜区、伊金霍洛旗、乌审旗、磴口县以及杭锦旗、鄂托克前旗、鄂托克旗的部分 | | | |
| | 山西省 | 右玉县、偏关县、神池县、河曲县、五寨县、保德县、岢岚县、静乐县、兴县、岚县、临县、方山县、吕梁市离石区、柳林县、中阳县、石楼县、交口县、永和县、隰县、汾西县、大宁县、蒲县、吉县、乡宁县、娄烦县、古交市 | | | |
| | 陕西省 | 府谷县、神木县、榆林市榆阳区、佳县、横山县、米脂县、吴堡县、定边县、靖边县、子洲县、绥德县、清涧县、子长县、吴起县、志丹县、安塞县、延安市宝塔区、延川县、延长县、宜川县、韩城市 | | | |
| | 宁夏回族自治区 | 同心县、海原县、固原市原州区、西吉县、彭阳县 | | | |
| 甘青宁黄土丘陵国家级水土流失重点治理区 | 甘肃省 | 靖远县、会宁县、榆中县、兰州市城关区、兰州市西固区、兰州市红古区、兰州市安宁区、定西市安定区、临洮县、陇西县、渭源县、通渭县、漳县、武山县、甘谷县、秦安县、庄浪县、天水市秦州区、天水市麦积区、永靖县、积石山保安族东乡族撒拉族自治县、东乡族自治县、临夏市、广河县、和政县、康乐县 | 48 | 95 369.6 | 33 024.7 |
| | 青海省 | 大通回族土族自治县、湟中县、湟源县、西宁市城中区、西宁市城东区、西宁市城北区、西宁市城西区、互助土族自治县、平安县、乐都县、民和回族土族自治县、贵德县、尖扎县、化隆回族自治县、循化撒拉族自治县 | | | |

| 区名称 | 省 | 范围 县（市、区、旗） | 县个数 | 县域总面积（km²） | 重点治理面积（km²） |
|---|---|---|---|---|---|
| 伏牛山中条山国家级水土流失重点治理区 | 河南省 | 济源市、洛阳市洛龙区、新安县、孟津县、偃师市、伊川县、宜阳县、洛宁县、嵩县、汝阳县、鲁山县、巩义市、新密市、登封市、汝州市、渑池县、义马市、三门峡市湖滨区、陕县、灵宝市 | 26 | 36 478.3 | 11 373.5 |
| | 山西省 | 阳城县、垣曲县、夏县、运城市盐湖区、平陆县、芮城县 | | | |
| 沂蒙山泰山国家级水土流失重点治理区 | 山东省 | 济南市历城区、济南市长清区、淄博市淄川区、淄博市博山区、沂源县、泰安市泰山区、泰安市岱岳区、新泰市、莱芜市莱城区、莱芜市钢城区、临朐县、安丘市、枣庄市山亭区、邹城市、泗水县、平邑县、蒙阴县、费县、沂南县、莒南县、莒县、五莲县、沂水县、日照市东港区 | 24 | 35 818.0 | 9 954.9 |
| 西南清河高山峡谷国家级水土流失重点治理区 | 云南省 | 云龙县、永平县、南涧彝族自治县、魏山彝族回族自治县、保山市隆阳区、龙陵县、施甸县、昌宁县、潞西市、凤庆县、云县、永德县、镇康县、临沧市临翔区、耿马傣族佤族自治县、双江拉祜族佤族布朗族傣族自治县、沧源佤族自治县、西盟佤族自治县、澜沧拉祜族自治县、孟连傣族拉祜族佤族自治县、墨江哈尼族自治县、景东彝族自治县、镇沅彝族哈尼族拉祜族自治县、绿春县、红河县、易门县、元江哈尼族彝族傣族自治县 | 28 | 89 842.9 | 20 391.0 |
| | 四川省 | 石柱县、汉源县、甘洛县、冕宁县、越西县、美姑县、雷波县、昭觉县、普格县、宁南县、会东县、盐边县、德昌县、布拖县、金阳县、攀枝花市东区、攀枝花市西区、攀枝花市仁和区、米易县、大关县、永善县、盐津县 | 38 | 89 346.9 | 25 512.9 |
| 金沙江下游国家级水土流失重点治理区 | 云南省 | 绥江县、水富县、大关县、永善县、盐津县、彝良县、会泽县、马龙县、昭通市昭阳区、鲁甸县、昆明市东川区、禄劝彝族苗族自治县、寻甸回族彝族自治县、永仁县、元谋县 | | | |

| 区名称 | 省 | 范围 县(市、区、族) | 县个数 | 县域总面积(km²) | 重点治理面积(km²) |
|---|---|---|---|---|---|
| 嘉陵江及沱江中下游国家级水土流失重点治理区 | 四川省 | 宣汉县、开江县、达县、大竹县、达州市通川区、渠县、巴中市巴州区、平昌县、营山县、阆中市、苍溪县、三台县、盐亭县、大英县、中江县、金堂县、剑阁县、梓潼县、资阳市雁江区、乐至县、安岳县、威远县、资中县、井研县、犍为县、荣县、宜宾县 | 30 | 57 722.9 | 20 663.8 |
| 三峡库区国家级水土流失重点治理区 | 湖北省 | 宜昌市夷陵区、巴东县、秭归县 | 18 | 51 513.6 | 17 688.5 |
| | 重庆市 | 巫溪县、开县、云阳县、巫山县、奉节县、梁平县、重庆市万州区、垫江县、忠县、石柱土家族自治县、重庆市长寿区、重庆市涪陵区、丰都县、武隆县 | | | |
| 湘资沅中游国家级水土流失重点治理区 | 湖南省 | 安化县、吉首市、泸溪县、麻阳苗族自治县、溆浦县、辰溪县、武冈市、新化县、涟源市、娄底市娄星区、双峰县、隆回县、衡阳市雁峰区、衡阳市珠晖区、衡阳市石鼓区、衡阳市蒸湘区、祁东县、衡东县、衡南县、衡阳县、衡山县、冷水江市、常宁市 | 26 | 43 197.2 | 7 585.5 |
| 乌江赤水河上中游国家级水土流失重点治理区 | 云南省 | 威信县、镇雄县 | 32 | 81 618.5 | 25 485.5 |
| | 贵州省 | 道真仡佬族苗族自治县、务川仡佬族苗族自治县、习水县、桐梓县、正安县、绥阳县、仁怀市、湄潭县、德江县、沿河土家族自治县、凤冈县、余庆县、石阡县、毕节市、金沙县、大方县、黔西县、思南县、印江土家族苗族自治县、纳雍县、织金县、普定县、赫章县、普安县 | | | |
| | 四川省 | 兴文县、叙永县、古蔺县 | | | |
| | 重庆市 | 重庆市黔江区、彭水苗族土家族自治县、重庆市南川区 | | | |

续表10.3-2

| 区名称 | 省 | 县（市、区、旗） | 县个数 | 县域总面积（km²） | 重点治理面积（km²） |
|---|---|---|---|---|---|
| 滇黔桂岩溶石漠化国家级水土流失重点治理区 | 广西省 | 隆林各族自治县、西林县、田林县、乐业县、凌云县、天峨县、南丹县、凤山县、东兰县、河池市金城江区、巴马瑶族自治县、大化瑶族自治县、都安瑶族自治县 | 57 | 155 772.6 | 42 488.3 |
| | 贵州省 | 威宁彝族回族苗族自治县、六盘水市钟山区、水城县、六盘水市六枝特区、盘县、普安县、兴仁县、兴义市、贞丰县、晴隆县、安龙县、册亨县、望谟县、镇宁布依族苗族自治县、关岭布依族苗族自治县、紫云苗族布依族自治县、罗甸县、贵阳市花溪区、贵定县、龙里县、长顺县、惠水县、平塘县 | | | |
| | 云南省 | 宣威市、沾益县、富源县、曲靖市麒麟区、罗平县、宣良县、石林彝族自治县、陆良县、澄江县、建水县、华宁县、文山县、砚山县、西畴县、马关县、广南县、富宁县、弥勒县、开远市、个旧市、泸西县 | | | |
| 粤闽赣红壤国家级水土流失重点治理区 | 江西省 | 金溪县、抚州市临川区、南城县、南丰县、广昌县、乐安县、石城县、宁都县、宜黄县、兴国县、万安县、瑞金县、于都县、赣县、赣州市章贡区、南康市、上犹县、会昌县、信丰县、泰和县、吉安县、吉水县 | 44 | 114 288.6 | 14 864.0 |
| | 福建省 | 建宁县、宁化县、清流县、大田县、长汀县、连城县、龙岩市新罗区、漳平市、永定县、仙游县、永春县、安溪县、南安市、华安县、平和县、诏安县 | | | |
| | 广东省 | 大埔县、梅县、梅州市梅江区、丰顺县、兴宁市、五华县、龙川县 | | | |
| 合计 | | | 631 | 1 636 455.0 | 494 378.5 |

我国的标准可分为两类:一类是技术法规性的,如规定和规程;另一类则是技术标准,如导则、规范、标准等,是国家有关技术质量监督或业务部门制定的某一学科或行业内管理、研究、生产、设计单位遵循的基本准则。

**(一)水土保持技术标准概况**

我国的水土保持技术标准制定起步较晚。最早的水土保持技术标准是水利电力部1984年颁布的《水坠坝设计及施工暂行规定》(SD 122—1984),是在总结70年代晋陕两省淤地坝修筑技术研究和推广成果的基础上编制的。1986年,水利电力部在总结黄河中上游地区治沟骨干工程(控制性缓洪淤地坝)设计施工技术的基础上,制定了《水土保持治沟骨干工程暂行技术规程》(SD 175—1986)。1988年又颁布了《水土保持技术规范》(SD 238—1987)和《水土保持试验规范》(SD 239—1987)2个标准。1995年以后,由于国家对行业监管的力度加强,原有水土保持标准难以满足实际要求。1995~1996年间,水利部修改和拓展了SD 238—1987,并提升其为国标,先后颁布了GB/T 15772—1995、GB/T 16453.1~6—1996、GB/T 15774—1995和GB/T 15773—1995,共4部9个标准,极大地推动了我国水土保持技术标准的建设。近年来,水土保持司加大了水土保持技术标准制定的力度,并得到了国科司的大力支持。1998年颁布的《开发建设项目水土保持方案技术规范》(SL 204—98),得到相关设计单位的认同,在水土保持方案编制中发挥了重要作用。2000年水利部以水保〔2000〕187号文颁发了《水土保持前期工作暂行规定》(包括规划、项目建议书、可行性研究和初步设计4个暂行规定)。2001年颁布了《水利水电工程制图标准·水土保持图》(SL 73.6—2001)。此后,这些标准根据情况废止,有的进行修订,同时根据情况增加。2014年《水土保持规划编制规范》(SL 335—2014)、《水土保持工程设计规范》(GB 51018—2014)颁布,同时,水土保持调查与勘测规范已上报建设部,同时《水工设计手册第三卷 水土保持篇》、《生产建设项目水土保持设计指南》也编撰出版,目前正在编撰出版《水土保持设计手册》(专业基础卷、规划与综合治理卷、生产建设项目卷),2030年前,我国水土保持规划设计技术标准和设计手册将建立健全。

目前,水土保持设计主要技术标准有:

(1)《水土保持规划编制规范》(SL 335);

(2)《水土保持工程项目建议书编制规程》(SL 447);

(3)《水土保持工程可行性研究报告编制规程》(SL 448);

(4)《水土保持工程初步设计报告编制规程》(SL 449);

(5)《水土保持工程设计规范》(GB 51018);

(6)《水土保持调查与勘测规范》(GB,即将颁布);

(7)《水利工程制图标准·水土保持图》(SL 73.6);

(8)《开发建设项目水土保持技术规范》(GB 50433);

(9)《开发建设项目水土流失防治标准》(GB 50434);

(10)《水利水电工程水土保持技术规范》(SL 575);

(11)《水土保持综合治理 验收规范》(GB/T 15773);

(12)《水土保持综合治理 效益计算办法》(GB/T 15774);

(13)《土壤侵蚀分类分级标准》(SL 190);

(14)《水土保持监测技术规程》(SL 277);

(15)《水土保持治沟骨干工程技术规范》（SL 289）；

(16)《水坠坝设计规范》（SL 302）；

(17)《水土保持工程运行技术管理规程》（SL 312）；

(18)《水土保持信息管理技术规程》（SL 341）；

(19)《水土保持监测设施通用技术条件》（SL 342）；

(20)《开发建设项目水土保持设施验收技术规程》（GB/T 22490）；

(21)《水土保持试验规程》（SL 419）；

与水土保持工程设计有关的技术规范和标准有：

(1)《主要造林树种苗木质量分级标准》（GB 6000）；

(2)《禾本科主要栽培牧草种子质量分级标准》（GB 6142）；

(3)《造林技术规程》（GB/T 15776）；

(4)《封山（沙）育林技术规程》（GB/T 15163）；

(5)《防洪标准》（GB 50201）；

(6)《豆科主要栽培牧草种子质量分级标准》（GB 66141）；

(7)《小型水利水电工程碾压式土石坝设计导则》（SL 198）；

(8)《水利水电工程等级划分及洪水标准》（SL 252）；

(9)《水工挡土墙设计规范》（SL 379）；

(10)《水利水电工程边坡设计规范》（SL 386）；

国家林业局有关标准，生态公益林建设标准等。

**（二）重要标准的主要内容**

1.《水土保持工程设计规范》（GB 51018—2014）

本规范是水土保持生态建设项目和生产建设项目水土保持工程设计主要依据，是在广泛调查研究的基础上，认真总结我国各地区以及相关行业水土保持工程设计的经验，吸收了国内有关弃渣场防护、坡耕地治理等工程设计的先进成果而编制的。主要技术内容包括：总则，术语，基本规定，水土流失综合治理工程总体布置，工程级别划分和设计标准，梯田工程，淤地坝工程，拦沙坝工程，塘坝和滚水坝工程，沟道滩岸防护工程，坡面截排水工程，弃渣场及拦挡工程，土地整治工程，支毛沟治理工程，小型蓄水工程，农业耕作措施工程，固沙工程，林草工程，封育工程等。

2.《水利水电工程水土保持技术规范》（SL 575—2012）

总结水利水电工程水土保持有关设计、审查、实施及验收的实践经验，遵循《开发建设项目水土保持技术规范》（GB 50433—2008）的基本原则要求，细化了水利水电工程水土保持的一般规定，并按水库枢纽、闸站、河道、输水、灌溉、移民安置及专项设施复（改）建等类型对水土流失防治提出了规定；规范了前期设计、施工、工程管理、竣工验收等阶段和移民有关水土保持技术要求。主要内容包括总则、术语，水土保持工程级别划分与设计标准，基本规定，水文计算，主体工程水土保持分析与评价，水土流失防治责任范围与防治分区，水土流失影响分析与预测，水土流失防治目标及措施总体布局，弃渣场设计，拦渣工程、降水蓄渗工程、防洪排导工程、斜坡防护工程、土地整治工程、防风固沙工程、植被恢复与建设工程、临时防护工程设计规定和要求，水土保持施工组织设计，水土保持监测，水土保持工程管理，水土保持工程概（估）算等。其中主要强制条文如下：

（1）水利水电工程水土流失防治应遵循下列规定：

应控制和减少对原地貌、地表植被、水系的扰动和损毁，减少占用水土资源，注重提高资源利用效率。

对于原地表植被、表土有特殊保护要求的区域，应结合项目区实际剥离表层土、移植植物以备后期恢复利用，并根据需要采取相应防护措施。

主体工程开挖土石方应优先考虑综合利用，减少借方和弃渣。弃渣应设置专门场地予以堆放和处置，并采取挡护措施。

在符合功能要求且不影响工程安全的前提下，水利水电工程边坡防护应采用生态型防护措施；具备条件的砌石、混凝土等护坡及稳定岩质边坡，应采取覆绿或恢复植被措施。

水利水电工程有关植物措施设计应纳入水土保持设计。

弃渣场防护措施设计应在保证渣体稳定的基础上进行。

（2）弃渣场选址应遵循 GB 50433 中 3.2.3 条的规定，并符合下列规定：

严禁在对重要基础设施、人民群众生命财产安全及行洪安全有重大影响的区域布设弃渣场。弃渣场不应影响河流、沟谷的行洪安全；弃渣不应影响水库大坝、水利工程取用水建筑物、泄水建筑物、灌（排）干渠（沟）功能；不应影响工矿企业、居民区、交通干线或其他重要基础设施的安全。

（3）工程施工除满足 GB 50433 中 3.2.5 条有关规定外，尚应符合下列规定：

风沙区、高原荒漠等生态脆弱区及草原区应划定施工作业带，严禁越界施工。

（4）水库枢纽工程应符合下列规定：

对于高山峡谷等施工布置困难区域，经技术经济论证后可在库区内设置弃渣场，但应不影响水库设计使用功能。施工期间库区弃渣场应采取必要的拦挡、排水等措施，确保施工导流期间不影响河道行洪安全。

（5）特殊区域的评价应符合下列规定：

国家和省级重要水源地保护区、国家级和省级水土流失重点预防区、重要生态功能（水源涵养、生物多样性保护、防风固沙）区，应以最大限度减少地面扰动和植被破坏、维护水土保持主导功能为准则，重点分析因工程建设造成植被不可逆性破坏和产生严重水土流失危害的区域，提出水土保持制约性要求及对主体工程布置的修改意见。

涉及国家级和省级的自然保护区、风景名胜区、地质公园、文化遗产保护区、文物保护区的，应结合环境保护专业分析评价结论按前款规定进行评价，并以最大限度保护生态环境和原地貌为准则。

泥石流和滑坡易发区，应在必要的调查基础上，对泥石流和滑坡潜在危害进行分析评价，并将其作为弃渣场、料场选址评价的重要依据。

（6）水库枢纽工程评价重点应符合以下规定：

生态脆弱区的高山峡谷地带的枢纽施工道路布置，应对地表土壤与植被破坏及其恢复的可能性进行分析，可能产生较大危害和造成植被不可逆性破坏的，应增加桥隧比例。

（7）弃渣场抗滑稳定计算分为正常运用工况和非常运用工况。

正常运用工况：指弃渣场在正常和持久的条件下运用，弃渣场处在最终弃渣状态时，渣体无渗流或稳定渗流。

非常运用工况：弃渣场在正常工况下遭遇Ⅶ度以上（含Ⅶ度）地震。

3.《水土保持综合治理　验收规范》(GB/T 15773)

本标准规定了验收的分类、各类验收的条件、组织、内容、程序、成果要求、成果评价和建立技术档案,适用于以小流域为单元的水土保持综合治理验收。大、中流域或县以上大面积重点治理区可参照使用。该规范规定:水土保持林、防风固沙林、农田防护林网当年造林成活率应达到80%。

4.《水土保持综合治理效益计算方法》(GB/T 15774)

本标准确定了水土保持治理效益的综合指标体系,规定了水土保持综合治理效益计算的原则、内容和方法。适用于水蚀地区和水蚀交错地区小流域水土保持综合治理的效益计算,同时在大、中流域和不同范围行政单元(省、地区、县、乡、村)的水土保持综合治理效益计算中也可采用。标准将水土保持效益分为基础效益(保水保土效益)、经济效益、社会效益和生态效益四类分别提出了相应的计算方法。

5.《开发建设项目水土保持技术规范》(GB 50433—2008)

该标准为国家标准,规范适用于建设或生产过程中可能引起水土流失的开发建设项目的水土流失防治。

本规范共分为14章和2个附录。主要内容是总则、术语、基本规定、各设计阶段的任务、水土保持方案、水土保持初步设计专章、拦渣工程、斜坡防护工程、土地整治工程、防洪排导工程、降水蓄渗工程、临时防护工程、植被建设工程、防风固沙工程等。规范中用黑体字标志的条文为强制性条文,必须严格执行。其中特别重要的强制性条文有:

(1)开发建设项目水土流失防治及其措施总体布局应遵循下列规定:

应控制和减少对原地貌、地表植被、水系的扰动和损毁,保护原地表植被、表土及结皮层,减少占用水、土资源,提高利用效率。

开挖、排弃、堆垫的场地必须采取拦挡、护坡、截排水以及其他整治措施。

弃土(石、渣)应综合利用,不能利用的应集中堆放在专门的存放地,并按“先拦后弃”的原则采取拦挡措施,不得在江河、湖泊、建成水库及河道管理范围内布设弃土(石、渣)场。

施工过程必须有临时防护措施。

施工迹地应及时进行土地整治,采取水土保持措施,恢复其利用功能。

(2)工程选址(线)、建设方案及布局应符合下列规定:

选址(线)必须兼顾水土保持要求,应避开泥石流易发区、崩塌滑坡危险区以及易引起严重水土流失和生态恶化的地区。

选址(线)应避开全国水土保持监测网络中的水土保持监测站点、重点试验区。不得占用国家确定的水土保持长期定位观测站。

城镇新区的建设项目应提高植被建设标准和景观效果,还应建设灌溉、排水和雨水利用设施。

公路、铁路工程在高填深挖路段,应采用加大桥隧比例的方案。减少大填大挖。填高大于20 m或挖深大于30 m的,必须有桥隧比选方案。路堤、路堑在保证边坡稳定的基础上,应采用植物防护或工程与植物防护相结合的设计方案。

(3)取土(石、料)场选址应符合下列规定:

严禁在县级以上人民政府划定的崩塌和滑坡危险区、泥石流易发区内设置取土(石、料)场。

在山区、丘陵区选址,应分析诱发崩塌、滑坡和泥石流的可能性。

(4)弃土(石、渣)场选址应符合下列规定:

不得影响周边公共设施、工业企业、居民点等的安全。

涉及河道的,应符合治导规划及防洪行洪的规定,不得在河道、湖泊管理范围内设置弃土(石、渣)场。

禁止在对重要基础设施、人民群众生命财产安全及行洪安全有重大影响的区域布设弃土(石、渣)场。

(5)主体工程施工组织设计应符合下列规定:

控制施工场地占地,避开植被良好区。

应合理安排施工,减少开挖量和废弃量,防止重复开挖和土(石、渣)多次倒运。

应合理安排施工进度与时序,缩小裸露面积和减少裸露时间。减少施工过程中因降水和风等水土流失影响因素可能产生的水土流失。

在河岸陡坡开挖土石方,以及开挖边坡下方有河渠、公路、铁路和居民点时,开挖土石必须设计渣石渡槽、溜渣洞等专门设施,将开挖的土石渣导出后及时运至弃土(石、渣)场或专用场地。防止弃渣造成危害。

施工开挖、填筑、堆置等裸露面,应采取临时拦挡、排水、沉沙、覆盖等措施。

(6)工程施工应符合下列规定:

施工道路、伴行道路、检修道路等应控制在规定范围内,减小施工扰动范围,采取拦挡、排水等措施,必要时可设置桥隧;临时道路在施工结束后应进行迹地恢复。

主体工程动工前,应剥离熟土层并集中堆放。施工结束后作为复耕地、林草地的覆土。

减少地表裸露的时间,遇暴雨或大风天气应加强临时防护。雨季填筑土方时应随挖、随运、随填、随压,避免产生水土流失。

临时堆土(石、渣)及料场加工的成品料应集中堆放,设置沉沙、拦挡等措施。

开挖土石和取料场地应先设置截排水、沉沙、拦挡等措施后再开挖。不得在指定取土(石、料)场以外的地方乱挖。

土(砂、石、渣)料在运输过程中应采取保护措施,防止沿途散溢,造成水土流失。

(7)风沙区的建设项目应符合下列规定:

应控制施工场地和施工道路等扰动范围,保护地表结皮层。

应采取砾(片、碎)石覆盖、沙障、草方格或化学固化等措施。

植被恢复应同步建设灌溉设施。

沿河环湖滨海平原风沙区应选择耐盐碱的植物品种。

(8)东北黑土区的建设项目应符合下列规定:

应保护现有天然林、人工林及草地。

清基作业时,应剥离表土并集中堆放,用于植被恢复。

在丘陵沟壑区还应有坡面径流排导工程。

工程措施应有防治冻害的要求。

(9)西北黄土高原区的建设项目应符合下列规定:

在沟壑区,应对边坡削坡开级并放缓坡度(45°以下),应采取沟道防护、沟头防护措施并控制塬面或梁峁地面径流。

沟道弃渣可与淤地坝建设结合。

应设置排水与蓄水设施,防止泥石流等灾害。

因水制宜布设植物措施,降水量在 400 mm 以下地区植被恢复应以灌草为主,400 mm 以上(含 400 mm)地区应乔、灌、草结合。

在干旱草原区,应控制施工范围,保护原地貌,减少对草地及地表结皮的破坏,防止土地沙化。

(10)北方土石山区的建设项目应符合下列规定:

应保存和综合利用表土。

弃土(石、渣)场应做好防洪排水、工程拦挡,防止引发泥石流;弃土(石、渣)应平整后用于造地。

应采取措施恢复林草植被。

高寒山区应保护天然植被,工程措施应有防治冻害的要求。

(11)西南土石山区的建设项目应符合下列规定:

应做好表土的剥离与利用,恢复耕地或植被。

弃土(石、渣)场选址、堆放及防护应避免产生滑坡及泥石流问题。

施工场地、渣料场上部坡面应布设截排水工程,可根据实际情况适当提高防护标准。

秦岭、大别山、鄂西山地区应提高植物措施比重,保护汉江等上游水源区。

川西山地草甸区应控制施工范围,保护表土和草皮,并及时恢复植被;工程措施应有防治冻害的要求。

应保护和建设水系,石灰岩地区还应避免破坏地下暗河和溶洞等地下水系。

(12)南方红壤丘陵区的建设项目应符合下列规定:

应做好坡面水系工程,防止引发崩岗、滑坡等灾害。

应保护地表耕作层,加强土地整治,及时恢复农田和排灌系统。

弃土(石、渣)的拦护应结合降雨条件,适当提高设计标准。

(13)青藏高原冻融侵蚀区的建设项目应符合下列规定:

应控制施工便道及施工场地的扰动范围。

保护现有植被和地表结皮,需剥离高山草甸(天然草皮)的,应妥善保存,及时移植。

应与周围景观相协调,土石料场和渣场应远离项目一定距离或避开交通要道的可视范围。

工程建设应有防治冻土翻浆的措施。

(14)平原和城市的建设项目应符合下列规定:

应保存和利用表土(农田耕作层)。

应控制地面硬化面积,综合利用地表径流。

平原河网区应保持原有水系的通畅,防止水系紊乱和河道淤积。

植被措施需提高标准时,可按园林设计要求布设。

封闭施工,遮盖运输,土石方及堆料应设置拦挡及覆盖措施。防止大风扬尘或造成城市管网的淤积。

(15)线型建设类工程应符合下列规定:

穿(跨)越工程的基础开挖、围堰拆除等施工过程中产生的土石方、泥浆应采取有效防护措施。

陡坡开挖时,应在边坡下部先行设置拦挡及排水设施,边坡上部布设截水沟。

(16)点型建设类工程应符合下列规定:

弃土(石、渣)应分类集中堆放。

对水利枢纽、水电站等工程,弃渣场选址应布设在大坝下游或水库回水区以外。

在城镇及其规划区、开发区、工业园区的项目,应提高防护标准。

(17)点型建设生产类工程应符合下列规定:

剥离表层土应集中保存,采取防护措施,最终利用。

露天采掘场,应采取截排水和边坡防护等措施,防止滑坡、塌方和冲刷。

排土(渣、矸石等)场地应事先设置拦挡设施,弃土(石、渣)必须有序堆放,并及时采取植物措施。

可能造成环境污染的废弃土(石、渣、废液)等应设置专门的处置场,并符合相应防治标准。

采石场应在开采范围周边布设截排水工程,防止径流冲刷。施工过程中应控制开采作业范围,不得对周边造成影响。

排土场、采掘场等场地应及时复耕或恢复林草植被。

井下开采的项目,应防止疏干水和地下排水对地表土壤水分和植被的影响。采空塌陷区应有保护水系、保护和恢复土地生产力等方面的措施。

(18)开发建设项目水土保持方案应达到下列防治水土流失的基本目标:

项目建设区的原有水土流失得到基本治理。

新增水土流失得到有效控制。

生态得到最大限度的保护,环境得到明显改善。

水土保持设施安全有效。

扰动土地整治率、水土流失总治理度、土壤流失控制比、拦渣率、林草植被恢复率、林草覆盖率等指标达到现行国家标准《开发建设项目水土流失防治标准》(GB 50434—2008)的要求。

6.《开发建设项目水土流失防治标准》(GB 50434—2008)

本标准为国家标准,共6章,主要内容有总则、术语、基本规定、项目类型及时段划分、防治标准等级与适用范围、防治标准。本标准适用于可能引起水土流失的开发建设项目的水土流失防治,主要可用于各类开发建设项目水土保持方案编制的设计目标控制、水土流失预测结果检验校核、水土流失防治措施布局合理性论证、水土流失防治效益分析以及开发建设项目检查监督、验收中,水土保持设施的总体评估与竣工达标验收。

其强制性条文如下:

(1)开发建设项目水土流失防治应遵循下列要求:

应对防治责任区范围内的生产建设活动引起的水土流失进行防治,并使各类土地的土壤流失量下降到本标准规定的流失量及以下。

应对防治责任范围内未扰动的、超过容许土壤流失量的地域进行水土流失防治,并使其土壤流失量符合本标准规定量。

开发建设项目应在建设和生产过程进行水土保持监测,对水土流失状况、环境变化、防治效果等进行监测、监控,保证各阶段的水土流失防治达到本标准规定的要求。

(2)开发建设项目水土流失防治标准应分类、分级、分时段确定。其指标值必须达到表10.3-3和表10.3-4的规定。

表10.3-3　建设类项目水土流失防治标准

| 分级<br>时段<br>分类 | 一级标准 | | 二级标准 | | 三级标准 | |
|---|---|---|---|---|---|---|
| | 施工期 | 试运行期 | 施工期 | 试运行期 | 施工期 | 试运行期 |
| 1 扰动土地整治率(%) | * | 95 | * | 95 | * | 90 |
| 2 水土流失总治理度(%) | * | 95 | * | 85 | * | 80 |
| 3 土壤流失控制比 | * | 0.8 | 0.5 | 0.7 | 0.4 | 0.4 |
| 4 拦渣率(%) | 95 | 95 | 90 | 95 | 85 | 90 |
| 5 林草植被恢复率(%) | * | 97 | * | 95 | * | 90 |
| 6 林草覆盖率(%) | * | 25 | * | 20 | * | 15 |

注:"*"表示指标值应根据批准的水土保持方案措施实施进度,通过动态监测获得,并作为竣工验收的依据之一。

表10.3-4　建设生产类项目水土流失防治标准

| 分级<br>时段<br>分类 | 一级标准 | | | 二级标准 | | | 三级标准 | | |
|---|---|---|---|---|---|---|---|---|---|
| | 施工期 | 试运行期 | 生产运行期 | 施工期 | 试运行期 | 生产运行期 | 施工期 | 试运行期 | 生产运行期 |
| 1 扰动土地整治率(%) | * | 95 | >95 | * | 95 | >95 | * | 90 | >90 |
| 2 水土流失总治理度(%) | * | 90 | >90 | * | 85 | >85 | * | 80 | >80 |
| 3 土壤流失控制比 | 0.7 | 0.8 | 0.7 | 0.5 | 0.7 | 0.5 | 0.4 | 0.5 | 0.4 |
| 4 拦渣率(%) | 95 | 98 | 98 | 90 | 95 | 95 | 85 | 95 | 85 |
| 5 林草植被恢复率(%) | * | 97 | 97 | * | 95 | >95 | * | 90 | >90 |
| 6 林草覆盖率(%) | * | 25 | >25 | * | 20 | >20 | * | 15 | >15 |

注:"*"表示指标值应根据批准的水土保持方案措施实施进度,通过动态监测获得,并作为竣工验收的依据之一。

7.《水土保持监测技术规程》(SL 277—2002)

本标准为水利行业性标准,规定了水土保持监测网络的职责和任务,监测站网布设原则和选址要求;宏观区域、中小流域和开发建设项目的监测项目和监测方法;遥感监测、地面观测和调查等不同监测方法的使用范围、内容、技术要求,以及监测数据处理、资料整编和质量保证的方法;不同开发建设项目水土流失监测的监测项目、监测时段确定和监测方法。

8.《水土保持治沟骨干工程技术规范》(SL 289)

《水土保持治沟骨干工程技术规范》(SL 289)为水利行业标准,适用于黄河流域水土流失严重地区的水土保持治沟骨干工程的建设及管理运用,其他流域可参照使用。规范主要包括总则部分、规划设计和施工管理三部分。明确骨干工程定义及作用、建设规模、建设要求、等级划分及设计标准和建设程序。规定了骨干工程规划、水文计算、各设计阶段的要求,以及施工和管理方面的技术要求。

# 第十一章　水土保持概(估)算及经济评价

## 第一节　水土保持投资编制

### 一、工程造价

工程造价,是指一个建设项目从工程项目开始筹建直至竣工验收为止的整个建设期间所支付的全部费用。水土保持工程建设过程各阶段由于工程深度不同、要求不同,其工程造价文件类型也不同。

根据我国现行基本建设程序的规定,在项目建议书和可行性研究阶段应编制投资估算;在初步设计阶段应编制工程设计概算,在施工图设计阶段应编制施工图预算;在工程实施阶段,施工单位需要编制施工预算。实行招标承包制进行工程建设时,发包单位(或委托设计单位编制)编制标底;投标单位编制投标报价;单项工程完工后由施工单位编制竣工结算,建设项目全费用由建设单位编制竣工决算,当工程建设过程中出现因各种原因,发生较大的投资变化时还需编制调整概算。

#### (一)投资估算

投资估算是项目建议书及可行性研究阶段对建设工程造价的预测;是项目建议书和可行性研究报告的重要组成部分,是项目法人为选定的近期开发项目作出科学决策和初步设计的重要依据;项目建议书、可行性研究一经批复,投资估算将作为下一设计阶段工程造价的控制性指标,即限额依据,不得突破规定的限额。

#### (二)设计概算

设计概算是初步设计阶段根据设计图纸及说明书、设备清单、概算定额或概算指标、各项费用定额等资料或参照类似工程预(决)算文件,用科学的方法预先计算和确定工程造价的文件。

初步设计阶段对建筑物的布置、结构型式、主要尺寸以及机电设备的型号、规格等均已确定,所以概算对建设工程造价不是一般的测算,而是带有定位性质的测算。设计概算是在已经批准的可行性研究阶段投资估算静态总投资的控制下编制报批。一经批复,设计概算将作为政府或投资法人及建设单位控制工程造价的依据。建设项目实施过程中,由于某些原因突破被批准的概算投资时,项目法人应编制调整概算,并重新报批。

#### (三)施工图预算和施工预算

施工图预算是施工图设计预算的简称,又称为设计预算。是指在施工图设计阶段,设计全部完成并经过会审,单位工程开工之前,根据施工图纸,施工组织设计、现行预算定额,各项费用取费标准、地区设备、材料、人工、施工机械台时等预算价格以及国家和地方有关规定,预先计算和确定单位工程和单项工程全部建设费用的经济文件。施工图预算应在批准的初步设计概算控制下,由设计单位编制。

施工预算是承担项目施工的单位,根据施工图纸、施工措施及施工定额自行编制的人工、材料、机械台时消耗量及其费用总额。一般来说,这个消耗的限额不能超过施工图预算所限定的数额。

施工预算是在施工图预算的控制下,套用施工定额编制而成的,作为施工单位内部各部门进行备工备料、安排计划、签发任务,作为控制成本和班组经济核算的依据。

施工图预算与施工预算是两个不同概念性的预算,前者属于对外经济管理系统,是以货币形式直接表示;后者属于企业内部生产管理系统,以分部分项所消耗的人工、材料、机械的数量来表示。

### (四)标底与报价

标底是招标人对发包工程项目投资的预期价格。一般由项目法人委托具有相应资质的单位,根据招标文件、图纸,按照有关规定,结合工程的具体情况,计算出的合理价格。编制标底一般参照预算定额(乘小于1.0的系数)。

报价是施工企业(或厂家)对建筑安装工程施工产品或设备的自主定价。报价是由投标单位(施工企业或厂家)来编制。编制报价多使用企业定额。

### (五)结算和决算

结算包括中间结算和竣工结算。竣工结算是指工程项目或单项工程竣工验收后,施工单位(承包人)与建设单位(发包人)对承建的项目办理工程价款的最终结算过程。而施工过程中的结算属于中间结算,竣工结算由施工单位负责编制。

工程结算是施工单位与建设单位结算工程款的一项经常性管理工作,按工程施工阶段的不同分为中间结算和竣工结算。中间结算是施工单位按月进度工程统计报表列明的当期已完成的实物工程量(一般须经建设单位核定认可)和合同中的相应价格向建设单位办理工程价款结算的一种过渡性结算,它是整个工程竣工后全面竣工结算的基础。

竣工决算是建设单位向国家(或项目法人)汇报建设成果和财务状况的总结性文件,是竣工报告的重要组成部分,它反映了工程的实际造价。竣工决算由建设单位负责编制。

## 二、水土保持概(估)算

### (一)水土保持工程投资的分类

水土保持工程投资根据其编制阶段、编制依据和编制目的不同,可分为工程建设项目投资估算、设计概算、业主预算、招投标价格、施工图预算、施工预算、工程结算、竣工决算等,有时根据实际情况可简化或合并。

### (二)水土保持投资的编制依据

(1)国家和上级主管部门颁发的有关法令、制度、规定;

(2)《水土保持工程概(估)算编制规定》《水土保持工程概算定额》《水土保持施工机械台时费定额》及有关指标采用的依据;

(3)《建设工程监理与相关服务收费管理规定》;

(4)《工程勘察设计收费管理规定》;

(5)设计文件和图纸;

(6)国家及各省、自治区、直辖市关于水土保持补偿费征收、使用相关规定(适用于生产建设项目);

（7）其他有关资料。

**（三）编制方法**

水土保持投资概（估）算主要编制方法有以下两种。

**1. 概算定额法**

概算定额法又称为扩大单价法或扩大结构定额法。它是采用概算定额编制水土保持工程概算的方法，根据设计图纸资料和概算定额的项目划分计算出工程量，然后套用概算定额单价（基价），计算汇总后，再计取有关费用，从而得出水土保持投资概（估）算。

概算定额法要求水土保持工程达到一定深度，平面布置和典型设计等比较明确，能按照设计计算工程量时，才可采用。

**2. 概算指标法**

当设计深度不够、主要工程量和辅助工程量难以最终确定时，可采用概算指标法。如植物措施设计中的园林绿化部分，在可行性研究阶段，该部分的内容还没有达到相应的设计深度，为不丢掉该部分投资，可用概算指标法进行估算。概算指标法与概算定额法不同，是以技术条件相同或基本相同的其他工程的直接费指标平摊到单位面积或单位长度来计算概算指标，是一种较为粗略的估算方法。在其他工程直接费的基础上，按当地和行业的规定计算出其他直接费、现场经费、间接费、利润和税金等，计算出单位面积或单位长度的修正概算指标。然后，用拟建水土保持工程的面积或长度乘以计算出的修正概算指标得出工程投资估算。

概算指标法的适用范围是设计深度不够，不能准确地计算出工程量，但工程设计是采用技术比较成熟而又有类似工程概算指标可以利用时，可采用此法。

由于拟建工程（设计对象）往往与类似工程的概算指标的技术条件不尽相同，而且概算指标编制年份的设备、材料、人工等价格与拟建工程当时当地的价格也不会一样，因此还需对其进行一定的调整。

**（四）编制规定**

经原国家计委同意，水利部于2003年以《关于颁发水土保持工程概（估）算编制规定和定额的通知》（水总〔2003〕67号）颁布实施了《开发建设项目水土保持工程概（估）算编制规定》、《水土保持生态建设工程概（估）算编制规定》和《水土保持工程概算定额》、《水土保持施工机械台时费定额》。目前，修订的《水土保持工程概（估）算编制规定》和《水土保持工程概算定额》正处于报审和修订过程中，在本节下文中予以介绍，新编规未经国家批准前，总体上仍按照水总〔2003〕67号文要求进行水土保持投资概（估）算编制。

水土保持工程造价体系由水土保持概（估）算编制规定和水土保持工程概算定额组成。水土保持概（估）算编制规定包括开发建设项目水土保持概（估）算编制规定和水土保持生态建设概（估）算编制规定两项内容。水土保持工程概算定额中包含了开发建设项目和水土保持生态建设的定额子目内容，在使用时根据施工组织、施工工艺和施工方法以及分部分项确定定额子目。由于开发建设项目水土保持和水土保持生态建设工程的特点和适用范围不同，两个编制规定内容有较大差异，在使用时应把握以下几个要点：

（1）适用范围。开发建设项目水土保持工程主要适用于中央投资、国家补贴、地方投资或其他投资的矿业开发、工矿企业建设、交通运输、水利工程建设、电力建设、荒地开垦、林木采伐以及城镇建设等一切可能引起水土流失的建设项目水土保持工程。

水土保持生态建设工程概(估)算编制办法主要适用于中央投资、国家补贴、地方投资或其他投资的水土保持生态建设综合治理工程。

(2)项目划分。两者都将投资分成四大部分,但又各有特点。开发建设项目水土保持,分为第一部分工程措施、第二部分植物措施、第三部分施工临时工程及第四部分独立费用;而生态建设工程水土保持,分为第一部分工程措施、第二部分林草措施、第三部分封育治理措施及第四部分独立费用。

同样是三级项目划分,但内容不同。开发建设项目水土保持第一部分一级项目,分为拦渣、护坡、防洪、泥石流防治、土地整治、机械固沙和设备安装工程;而生态建设工程水土保持第一部分一级项目,分为梯田、谷坊、水窖、蓄水池、小型蓄排引水工程、治沟骨干工程、机械固沙工程、设备安装和其他工程。

同样是植物措施,但开发建设项目水土保持第二部分一级项目,以植物防护、植物恢复和美化绿化为主划分;而生态建设工程水土保持第二部分一级项目,以水土保持造林、水土保持种草和苗圃建设为主划分。

(3)费用构成。费用构成基本相同,单价构成不同。

费用构成:开发建设项目水土保持,将工程费用分为建安工程费、植物措施费、设备费、独立费用、预备费和建设期贷款利息;而生态建设工程水土保持,将工程费用分为建安工程费、林草措施费、设备费、独立费用和预备费。

单价构成:开发建设项目水土保持,由直接工程费(包括直接费、其他直接费及现场经费)、间接费、企业利润和税金组成;而生态建设工程水土保持,由直接费(包括基本直接费、其他直接费)、间接费、企业利润和税金组成。

**(五)编制程序**

(1)了解工程情况,进行实地调查,要掌握概算计算中使用当地定额的资料。

(2)编制概算编写工作大纲。

(3)编制基础价格。

(4)编制建筑工程及植物措施单价。

(5)编制材料、施工机械台班费、建筑和植物工程单价汇总表。

(6)编制建筑工程等各部分的概算。

(7)编制分年度投资。根据水土流失防治工程进度的安排,编制分年度投资。

(8)编制总概算和编写说明。

**(六)基础单价编制**

在编制水土保持投资概(估)算时,需要根据材料来源、施工技术、工程所在地区有关规定及工程具体特点等编制人工预算单价,材料预算价格,施工用电、水、风预算价格,施工机械使用费,砂石料单价及混凝土料单价,作为计算工程单价的基本依据。这些预算价格统称为基础单价,是水土保持投资概(估)算编制的基础工作。

1.人工预算单价

人工预算单价是指全行业平均的生产工人工作单位时间(工时)的费用,是计算工程单价和施工机械台时费的基础单价。

开发建设项目水土保持工程和生态建设水土保持工程都按工程措施和植物措施划分人工预算单价,但是计算方法及标准不一样。开发建设项目水土保持工程需要按水利工程的人工预算单价计算方式列表计算,由基本工资、辅助工资和工资附加费组成,比较复杂;而生态建设项目水土保持工程直接给出了人工预算单价范围值,工程措施为 1.5 ~ 1.9 元/工时,林草措施及封山育林措施为 1.2 ~ 1.5 元/工时。

2. 材料预算价格

材料预算价格一般包括材料原价、包装费、运杂费、运输保险费和采购及保管费等 5 项。

(1)材料原价指材料指定交货地点的价格。

(2)包装费指材料在运输和保管过程中的包装费及包装材料的折旧摊销费。

(3)运杂费指材料从供货地至工地分仓库或材料堆放场所发生的全部费用,包括运输费、装卸费、调车费及其他杂费。

(4)运输保险费指材料在运输途中的保险而发生的费用。

(5)材料采购及保管费指材料在采购、供应和保管过程中发生的各项费用。主要包括材料的采购、供应和保管部门工作人员的基本工资、辅助工资、工资附加费、教育经费、办公费、差旅交通费及工具用具使用费;仓库、转运站等设施的检修费、固定资产折旧费、技术安全措施费和材料检验费;材料在运输、保管过程中发生的损耗等。

主要材料预算价格编制方法基本相同,仅采购保管费率不一样。开发建设项目水土保持工程采购保管费率不分工程类别均采用 2%;而生态建设项目水土保持工程要求工程措施按 1.5% ~ 2%,林草措施、封育措施按 1% 计算。

3. 电、水、风单价

开发建设项目水土保持工程,电、水、风要求按工时计算;而生态建设项目水土保持工程直接给出了电、水、风的单价,分别为 0.6 元/kWh、1.0 元/kWh、0.12 元/kWh,如果条件允许,也可根据当地实际情况进行水、电价计算。

4. 施工机械使用费

施工机械使用费指消耗在建筑安装工程项目上的机械磨损、维修和动力燃料费用等。施工机械使用费以台时为计算单位。台时是计算建筑安装工程单价中机械使用费的基础单价。随着工程机械化施工程度的提高,施工机械使用费在工程投资中所占比例越来越大,目前已达到 20% ~ 30%,因此计算台时费非常重要。

施工机械台时费由两类费用组成:一类费用和二类费用。一类费用用金额编制,其大小主要取决于机械的价格和年工作制度,是按特定年物价水平确定的,由折旧费、修理及替换设备费(含大修理费、经常性修理费)、安装拆卸费组成。二类费用在施工机械台班费定额中以实物量形式表示,是指机械所需人工费和机械所消耗的燃料费、动力费,其数量定额一般不允许调整,但因工程所在地的人工预算价格、材料市场价格各异,所以,此项费用一般随工程地点不同而变化。

施工机械台时费按《水土保持工程概算定额》中附录一《施工机械台时费定额》计算。

5. 混凝土材料单价

当没有查到主体工程中混凝土及砂浆的单价时,也可以计算得出。根据设计确定的不同工程部位的混凝土标号、级配和龄期,分别计算出单位体积混凝土的单价,同机械台时费的计算一样,从《水土保持工程概算定额》附录中查混凝土中水泥、掺合料、砂石料、外加剂和水的配合比,乘以材料单价即可计算而得。混凝土的配合比,还可依据工程试验资料确定。

### (七)工程单价编制

水土保持可行性研究阶段与后期设计阶段的工程单价编制方法基本相同,只是取费有所区别,开发建设项目投资估算单价应在概算单价的基础上扩大10%,生态建设项目投资估算单价应在概算单价的基础上扩大5%。

**1. 主要工程单价编制**

**1)直接工程费**

直接工程费指工程施工过程中直接消耗在工程项目上的活劳动和物化劳动。由直接费、其他直接费、现场经费组成。

(1)直接费。直接费指施工过程中耗费的构成工程实体和有助于工程形成的各项费用,包括人工费、材料费、施工机械使用费。

人工费,指直接从事工程施工的生产工人开支的各项费用。

材料费,是指施工过程中耗费的构成工程实体的原材料、辅助材料、构配件、零件、半成品的费用。

施工机械使用费,指消耗在工程上的机械磨损、维修安装、拆除和动力燃料及其他有关费用等。包括折旧费、修理费、替换设备费、安装拆卸费、保管费、机上人工费和动力燃料费以及运输车辆养路费、车辆使用税、车辆保险费和利息等。

(2)其他直接费。其他直接费是指为完成工程项目施工,发生于该工程施工前和施工过程中非工程实体项目的费用,以直接费为基础,按费率计取。

开发建设项目其他直接费由冬雨季施工增加费、夜间施工增加费、特殊地区施工增加费及其他组成。可按地区类别及当地规定计取,计算基础为直接费。而生态建设项目其他直接费包括冬雨季施工增加费、仓库、简易路、涵洞、工棚、小型临时设施摊销费及其他组成,按工程措施、林草措施和封育治理措施等不同工程类别选择费率,可分别按基本直接费的3%~4%、1.5%和1%计取。工程措施中的梯田工程取基本直接费的2.0%,设备及安装工程和其他工程不再计其他直接费。

(3)现场经费。现场经费包括临时设施费和现场管理费,计算基础为直接费,按不同工程类别选择费率计算。注意,现场经费只针对开发建设项目,生态建设项目无此项费用。

**2)间接费**

间接费指承包商为进行工程施工而进行组织与经营管理所发生的各项费用。它构成产品成本,但又不便直接计量。

开发建设项目间接费包括企业管理费、财务费用和其他费用,按不同工程类别选择费率计算,计算基础为直接工程费。生态建设项目间接费包括施工单位管理人员工资、办公、差旅、交通、固定资产使用、管理用具使用和其他费用,按工程措施、林草措施和封育治理措施等不同工程类别选择费率,可分别按直接费的5%~7%、5%和4%计取。

**3)企业利润**

企业利润(计划利润)指施工企业完成所承包工程获得的盈利。

企业利润按工程类别实行差别利率,并按直接费和间接费之和的百分率计取。开发建设项目水土保持工程,工程措施为7%,植物措施为5%。生态建设项目水土保持工程,工程措施为3%~4%,林草措施为2%,封育治理措施为1%~2%。

4）税金

税金指国家税法规定应计入建筑安装等各类工程造价内的营业税、城市维护建设税和教育费附加。

开发建设项目水土保持工程按建设项目所在不同地点，市区、城镇以及城镇以外的费率计算。税金＝（直接工程费＋间接费＋企业利润）×税率。税率分别为3.41%、3.35%、3.22%。生态建设项目水土保持治理区均在县城镇以外，所以按直接费、间接费和企业利润之和的3.22%计算（目前税金费率各地均上调0.06%）。

2. 安装工程单价编制

考虑水土保持工程机电设备及金属结构设备投资比重较小，安装费不再按定额计算，直接按设备费的百分率计算。

排灌设备安装费按占排灌设备费的6%计算。

水土保持监测设备安装费按占监测设备费的10%计算。

### （八）其他费用计取

1. 独立费用

独立费用又称其他基本建设支出，指在生产准备和施工过程中与工程建设直接有关而又难于直接摊入某个单位工程的其他工程和费用。

开发建设项目水土保持工程包括：①建设管理费（按一至三部分之和的1%～2%计算）；②工程建设监理费（按国家发改委、建设部发改价格〔2007〕670号文《建设工程监理与相关服务收费管理规定》计算或按建设工程所在地省、自治区、直辖市的有关规定计算）；③科研勘测设计费（按国家计委、建设部计价格〔2002〕10号文等计算）；④水土流失监测费（按一至三部分的1%～1.5%计列）（目前名称调整为水土保持监测费，暂参考类似工程计列）；⑤工程质量监督费（按国家及建设工程所在地省、自治区、直辖市的有关规定计算，目前已取消）；⑥水土保持设施竣工验收费，暂参考类似工程计列。

生态建设项目水土保持工程的费用包括：①建设管理费：项目经常费（按一至三部分之和的0.8%～1.6%计算）及技术支持培训费（按一至三部分之和的0.4%～0.8%计算）；②工程建设监理费（按国家发改委、建设部发改价格〔2007〕670号文《建设工程监理与相关服务收费管理规定》计算或按建设工程所在地省、自治区、直辖市的有关规定计算）；③科研勘测设计费（按国家计委、建设部计价格〔2002〕10号文等计算）；④征地及淹没补偿费（按工程建设及施工占地和地面附着物等的实物量乘以相应的补偿标准计算）；⑤水土流失监测费（目前名称调整为水土保持监测费，按一至三部分之和的0.3%～0.6%计算）；⑥工程质量监督费（按国家及建设工程所在地省、自治区、直辖市的有关规定计算，目前已取消）。

2. 预备费计取

预备费计取包括基本预备费和价差预备费。基本预备费主要是为解决在施工过程中，经上级批准的设计变更和为预防意外事故而采取的措施所增加的工程项目和费用；价差预备费主要为解决在工程施工过程中，因人工工资、材料和设备价格上涨以及费用标准调整而增加的投资。概算基本预备费开发建设项目和生态建设项目均按第一部分至第四部分之和的3%计取，估算基本预备费按第一部分至第四部分之和的6%计取。价差预备费以分年度投资为计算基数，按国家规定的物价上涨指数计算（目前不计此项费用）。

3. 水土保持设施补偿费

根据水土保持法,名称调整为水土保持补偿费,根据各省、自治区、直辖市的有关水土保持补偿费计取规定合理计算。注意:该费用只针对开发建设项目,生态建设项目无此项费用。

4. 建设期融资利息

建设期融资利息按国家财政金融政策规定计算。

(九)概(估)算文件

1. 概算文件

(1)开发建设项目的概算文件主要由总概算表、分部工程概算表、分年度投资表、概算附表、概算附件表格组成。

(2)生态建设项目概算文件主要由总概算表,分部工程概算表,分年度投资表,独立费用计算表,单价汇总表,主要材料、林草(种子)预算价格汇总表,施工机械台时费汇总表,主要材料量汇总表,设备、仪器及工具购置表,概算附件组成。

2. 估算文件

投资估算是设计文件的重要组成部分,是初步设计概算静态总投资的最高限额。投资估算在组成内容、项目划分和费用构成上与投资概算基本相同,但工程单价扩大系数及基本预备费率与概算不同。

开发建设项目水土保持工程,采用概算定额编制估算单价时,扩大 10%,基本预备费率取 6%。

生态建设项目水土保持工程,采用概算定额编制估算单价时,扩大 5%,基本预备费率取 6%。

【案例 11.1-1】 某生态建设水土保持工程概算编制(表 11.1-1)

某生态建设水土保持工程,需修建农用水平梯田 200 $hm^2$,已知地面平均坡度为 9°,田面宽度为 16 m,Ⅲ类土,采用人工修筑。经现场勘察,当地无可利用块石作为修筑石坎梯田的材料,需从外地采购,块石价格为 45 元/$m^3$,要求根据水总〔2003〕67 号文规定编制水平梯田概算单价及投资。

(1)根据题意选用人工修筑石坎梯田(购买石料)定额,田面宽度 16 m,介于[09104]和[09105]子目之间,用插入法计算。

表 11.1-1　石坎水平梯田单价

定额编号:[09105b]　　　　　　　　　　　　　　　　　　　　　　(定额单位:1 $hm^2$)

施工方法:人工修筑石坎水平梯田,土类级别Ⅲ,田面宽度 16 m。

| 编号 | 项目名称 | 单位 | 数量 | 单价(元) | 合价(元) |
|------|----------|------|------|----------|----------|
| 一 | 直接费 | | | | 34 157.40 |
| (一) | 基本直接费 | | | | 33 652.61 |
| 1 | 人工费 | | | | 11 345.51 |
| | 人工(工程措施) | 工时 | 7 563.67 | 1.5 | 11 345.51 |

施工方法:人工修筑石坎水平梯田,土类级别Ⅲ,田面宽度 16 m。

| 编号 | 项目名称 | 单位 | 数量 | 单价(元) | 合价(元) |
|---|---|---|---|---|---|
| 2 | 材料费 | | | | 22 089.60 |
| | 块石 | m³ | 472 | 45 | 21 240.00 |
| | 其他材料费 | % | 4 | | 849.60 |
| 3 | 机械使用费 | | | | 217.50 |
| | 胶轮车 | 台时 | 241.67 | 0.9 | 217.50 |
| (二) | 其他直接费 | % | 1.5 | | 504.79 |
| 二 | 间接费 | % | 5 | | 1 707.87 |
| 三 | 企业利润 | % | 3 | | 1 075.96 |
| 四 | 税金 | % | 3.22 | | 1 189.51 |
| | 合计 | | | | 38 130.74 |

(2)计算概算投资。

200 hm² × 38 130.74 元/hm² = 762.61 万元

### 三、修编的水土保持工程概(估)算编制规定

目前,水土保持工程概(估)算编制规定已经修编完成,水土保持工程概算定额正在修订过程中,以下对修编完成的编制规定进行简要介绍,待国家正式批准颁布后使用。

#### (一)生产建设项目水土保持工程概(估)算编制规定

第一节　编制范围

投资编制范围,仅包括水土流失防治责任范围内的水土保持工程专项投资和按照有关规定依法缴纳的水土保持补偿费,不包括虽具有水土保持功能,但以主体设计功能为主并由主体工程设计列项的工程投资。

第二节　项目划分

水土保持工程总投资由工程措施费、植物措施费、监测措施费、施工临时工程费、独立费用五部分及预备费、水土保持补偿费构成,具体划分如下。

水土保持工程总投资 {工程措施费 / 植物措施费 / 监测措施费 / 施工临时工程费 / 独立费用 / 预备费 / 水土保持补偿费

1)工程措施

指为减轻或避免因开发建设造成植被破坏和水土流失而兴建的永久性水土保持工程。

包括拦渣工程、斜坡防护工程、土地整治工程、防洪排导工程、降水蓄渗工程、机械固沙工程、设备及安装工程等。

2）植物措施

指为防治水土流失而采取的植物防护工程、植被恢复工程及绿化美化工程等。

3）监测措施

指项目建设期间为观测水土流失的发生、发展、危害及水土保持效益而修建的土建设施、配置的设备仪表，以及建设期间的运行观测等。

4）施工临时工程

包括临时防护工程和其他临时工程。

（1）临时防护工程：指为防止施工期水土流失而采取的各项防护措施。

（2）其他临时工程：指施工期的临时仓库、生活用房、架设输电线路、施工道路等。

5）独立费用

由建设管理费、方案编制费、科研勘测设计费、工程建设监理费、竣工验收技术评估费、招标业务费、经济技术咨询费等七项组成。

（1）建设管理费：指建设单位从工程项目筹建到竣工期间所发生的各种管理性费用。

（2）方案编制费：指在可行性研究阶段按照有关规程、规范编制水土保持方案报告书所发生的费用。

（3）科研勘测设计费：指为建设本工程所发生的科研、勘测设计等费用。包括工程科学研究试验费和勘测设计费。

工程科学研究试验费指在工程建设过程中，为解决工程的技术问题，而进行必要的科学研究试验所需的费用。

工程勘测设计费指工程项目建议书阶段、可行性研究阶段、初步设计阶段、招标设计和施工图设计阶段发生的勘测费、设计费和为设计服务的科研试验费用。

（4）工程建设监理费：指在项目建设过程中聘请监理单位，对工程的质量、进度、投资、安全进行控制、实行项目的合同管理和信息管理，协调有关各方的关系所发生的全部费用。

（5）竣工验收技术评估费：指建设单位根据有关规定，委托水行政主管部门认定的咨询评估单位编制《水土保持设施竣工验收技术评估报告》所发生的费用。

（6）招标业务费：指建设单位组织招标业务所发生的费用。

（7）经济技术咨询费：指建设单位根据有关规定，委托具备资质的机构或聘请专家对水土保持工程、设计的技术、经济等专题进行咨询所发生的费用。

6）预备费

预备费包括基本预备费和价差预备费。

（1）基本预备费：指在批准的设计范围内设计变更以及为预防一般自然灾害和其他不确定因素可能造成的损失而预留的工程建设资金。

（2）价差预备费：指工程建设期间内由于价格变化等引起工程投资增加而预留的费用。

7）水土保持补偿费

水土保持补偿费是对损坏水土保持设施和地貌植被、不能恢复原有水土保持功能的生产建设单位和个人征收并专项用于水土流失预防治理的资金。

（二）水土保持生态建设工程概（估）算编制规定

1. 第一节　投资编制范围

投资编制范围,包括以治理水土流失、改善农业生产生活条件和生态环境为目标的水土保持生态建设工程。

2. 第二节　项目划分

工程投资由工程措施费、林草措施费、封育措施费、监测措施费、独立费用、预备费、建设期融资利息等七项组成。具体项目划分如下。

1）工程措施

由坡耕地治理工程、小型蓄排引水工程、沟道治理工程、机械固沙工程、设备及安装工程以及其他工程六项组成。

（1）坡耕地治理工程:包括梯田、垄向区田、横坡改垄等。

（2）小型蓄排引水工程:包括塘坝、蓄水池、水窖、涝池、截（排）水沟、排洪（灌溉）渠道等。

（3）沟道治理工程:包括谷坊、淤地坝、拦沙坝、沟头防护工程、滩岸防护工程等。

（4）机械固沙工程:包括土石压盖、防沙土墙、沙障、防沙栅栏等。

（5）设备及安装工程:指排灌及监测等构成固定资产的全部设备及安装工程。

（6）其他工程:包括永久性动力、通信线路、房屋建筑、生产道路及其他配套设施工程等。

2）林草措施

由造林工程、种草工程及苗圃三部分组成。

（1）造林工程:包括整地、换土、假植,栽植、播种乔（灌）木和种籽,以及建设期的幼林抚育等。

（2）种草工程:包括栽植草、草皮和播种草籽等。

（3）苗圃:包括苗圃育苗、育苗棚、围栏及管护房屋等。

3）封育措施

由拦护设施、补植补种和辅助设施等组成。

（1）拦护设施:围栏、标志牌等。

（2）补植补种:指封育范围内补植和补种乔木、灌木、种籽,以及草籽。

（3）辅助设施:指配合封育治理的舍饲、节柴灶、沼气池等设施。

4）监测措施

由土建设施、设备及安装费、建设期运行观测费等组成。

5）独立费用

由项目建设管理费、招标业务费、工程建设监理费、科研勘测设计费、征地及淹没补偿费、其他等六项组成。

（1）项目建设管理费:包括项目建设管理经常费,以及审查论证、技术推广、人员培训、检查评估、竣工验收等费用。

（2）招标业务费:指建设单位组织招标业务所发生的费用。

（3）工程建设监理费:指在项目建设过程中聘请监理单位,对工程的质量、进度、投资、安全进行控制、实行项目的合同管理和信息管理,协调有关各方的关系所发生的全部费用。

(4)科研勘测设计费:包括科学研究试验费和勘测设计费。

科学研究试验费:指在工程建设过程中,为解决工程中的特殊技术难题,而进行必要科学研究所需的经费。

勘测设计费:指工程项目建议书阶段、可行性研究阶段、初步设计阶段、招标设计和施工图设计阶段发生的勘测费、设计费和为设计服务的科研试验费用。

(5)征地及淹没补偿费:指工程建设中为征收、征用土地及地面附着物补偿等所需支付的费用。

(6)其他:

工程质量检测费:指建设单位根据有关规定,委托具备资质的工程质量检测机构,对涉及结构安全和使用功能的抽样检测和对进入施工现场的建筑材料、构配件的见证取样等项目的检测所需费用。

指工程建设过程中发生的不能归入以上项目的有关费用。

6)预备费

包括基本预备费和价差预备费。

7)建设期融资利息

根据国家财政金融政策规定,工程在建设期内需偿还并应计入工程总投资的融资利息。

# 第二节　水土保持效益分析

## 一、水土保持效益分类及指标体系

### (一)水土保持效益分类

水土保持效益是指人类进行水土保持活动给人类自身及其自然、生产环境等带来的种种有效结果。通常将水土保持效益划分为生态效益、经济效益和社会效益。《水土保持综合治理　效益计算方法》(GB/T 15774—2008)将生态效益中的减少水土流失的效益单独列出来,称调水保土效益。

1. 水土保持生态效益

水土保持生态效益是指通过实施水土保持措施,生态系统(包括水、土、生物及局地气候等要素)得到改善,及其向良性循环转化所取得的效果。

2. 水土保持经济效益

水土保持经济效益是指实施水土保持措施后,项目区内国民经济因此而增加的经济财富,包括直接经济效益和间接经济效益。前者主要是指促进农、林、牧、副、渔等各业发展所增加的经济效益,后者主要是指上述产品加工后所衍生的经济效益。

3. 水土保持社会效益

水土保持社会效益是指实施水土保持措施后对社会发展所做的贡献。主要包括促进农业生产发展,增加社会就业机会,减少洪涝、干旱及山地灾害,减轻对河道、库塘及湖泊淤积,保护交通、工矿、水利、电力、旅游设施及城乡建设、人民生命财产安全等方面的效益。

4. 调水保土效益

实施水土保持措施后,在保水、保土、保肥以及改良土壤方面所获得的实际效果。

## (二)指标体系

GB/T 15774—2008 中规定的指标体系见表11.2-1。

## 二、效益计算基本规定

### (一)效益计算的数据资料来源

水土保持效益计算,以观测和调查研究的数据资料为基础,采用的数据资料必须经过分析、核实,做到确切可靠,才能纳入计算。

(1)观测资料,由水土保持综合治理小流域内直接布设试验取得;计算大、中流域的效益时,除在控制性水文站进行观测外,还需在流域内选若干条有代表性的小流域布设观测。如引用附近其他流域的观测资料时,其主要影响因素(地形、降雨、土壤、植被、人类活动等)应基本一致或有较好的相关性。

各项效益的观测布设与观测方法见《水土保持综合治理 效益计算方法》(GB/T 15774—2008)中附录 A。

表 11.2-1 水土保持综合治理效益分类与计算内容

| 效益分类 | 计算内容 | 计算具体项目 |
|---|---|---|
| 调水保土效益 | 调水(一)增加土壤入渗 | 1.改变微地形,增加土壤入渗<br>2.增加地面植被,减轻面蚀<br>3.改良土壤性质,增加土壤入渗 |
| | 调水(二)拦蓄地表径流 | 1.坡面小型蓄水工程拦蓄地表径流<br>2.四旁小型蓄水工程拦蓄地表径流<br>3.沟底谷坊坝库工程拦蓄地表径流 |
| | 调水(三)坡面排水 | 改善坡面排水的能力 |
| | 调水(四)调节小流域径流 | 1.调节年际径流<br>2.调节旱季径流<br>3.调节雨季径流 |
| | 保土(一)减轻土壤侵蚀(面蚀) | 1.改变微地形,减轻面蚀<br>2.增加地面植被,减轻面蚀<br>3.改良土壤性质,减轻面蚀 |
| | 保土(二)减轻土壤侵蚀(沟蚀) | 1.制止沟头前进,减轻沟蚀<br>2.制止沟底下切,减轻沟蚀<br>3.制止沟岸扩张,减轻沟蚀 |
| | 保土(三)拦蓄坡沟泥沙 | 1.小型蓄水工程拦蓄泥沙<br>2.谷坊坝库工程拦蓄泥沙 |

| 效益分类 | 计算内容 | 计算具体项目 |
|---|---|---|
| 经济效益 | 直接经济效益 | 1. 增产粮食、果品、饲草、枝条、木材<br>2. 上述增产各类产品相应增加经济收入<br>3. 增加的收入超过投入资金(产投比)<br>4. 投入的资金可以定期收回(回收年限) |
| | 间接经济效益 | 1. 各类产品就地加工转化增值<br>2. 种基本农田比种坡耕地节约土地和劳工<br>3. 人工种草养畜比天然牧场节约土地<br>4. 水土保持工程增加蓄、饮水<br>5. 土地资源增值 |
| 社会效益 | 减轻自然灾害 | 1. 保护土地不遭沟蚀破坏与石化、沙化<br>2. 减轻下游洪涝灾害<br>3. 减轻下游泥沙危害<br>4. 减轻风蚀与风沙危害<br>5. 减轻干旱对农业生产的威胁<br>6. 减轻滑坡、泥石流的危害<br>7. 减轻面源污染 |
| | 促进社会进步 | 1. 改善农业基础设施,提高土地生产率<br>2. 剩余劳力有用武之地,提高劳动生产率<br>3. 调整土地利用结构,合理利用土地<br>4. 调整农村生产结构,适应市场经济<br>5. 提高环境容量,缓解人地矛盾<br>6. 促进良性循环,制止恶性循环<br>7. 促进脱贫致富奔小康 |
| 生态效益 | 水圈生态效益 | 1. 减少洪水流量<br>2. 增加常水流量 |
| | 土圈生态效益 | 1. 改善土壤物理化学性质<br>2. 提高土壤肥力 |
| | 气圈生态效益 | 1. 改善贴地层的温度、湿度<br>2. 改善贴地层的风力 |
| | 生物圈生态效益 | 1. 提高地面林草植被覆盖程度<br>2. 促进生物多样性<br>3. 增加植物固碳量 |

(2)调查研究资料,在本流域内进行多点调查,调查点的分布要能反映流域内各类不同情况。

（3）无论观测资料或调查资料,都需进行综合分析,用统计分析与成因分析相结合的方法,肯定其确有代表性,然后使用。

（4）水土保持效益计算以观测和调查研究的数据资料为基础,采用的数据资料经过分析、核实,做到确切可靠。观测资料如在时间和空间上有某些漏缺,采取适当方法进行插补。

**（二）根据治理措施的保存数量计算效益**

（1）水土保持效益中的各项治理措施数量,采用实有保存量进行计算。对统计上报的治理措施数量,分别在不同情况下,弄清其保存率,进行折算,然后采用。

（2）小流域综合治理效益,根据正式验收成果中各项治理措施的保存数量进行计算。

**（三）根据治理措施的生效时间计算效益**

（1）造林、种草有水平沟、水平阶、反坡梯田等整地工程的,其调水保土效益,从有工程时起就可开始计算;没有整地工程的,应在林草成活、郁闭并开始有调水保土效益时开始计算;其经济效益应在开始有果品、枝条、饲草等收入时才能开始计算效益。

（2）梯田（梯地）、坝地的调水保土效益,从有工程之时起就可开始计算;梯田的增产效益在"生土熟化"后,确有增产效益时开始计算;坝地的增产效益,在坝地已淤成并开始种植后开始计算。

（3）淤地坝和谷坊的拦泥效益,在库容淤满后就不再计算。修在原来有沟底下切、沟岸扩张位置的淤地坝和谷坊,其减轻沟蚀（巩固并抬高沟床、稳定沟坡）的效益应长期计算。

**（四）根据治理措施的研究分析计算效益**

有条件的可对各项治理措施减少（或拦蓄）的泥沙进行颗粒组成分析,为进一步分析水土保持措施对减轻河道、水库淤积的作用提供科学依据。

## 三、水土保持生态建设项目效益计算

**（一）水土保持调水保土效益计算**

水土保持调水保土效益通常包括就地入渗、就地拦蓄、减轻沟蚀、坡面排水、调节小流域径流等,其中最常用的主要为就地入渗效益,具体计算方法如下。

1. 计算项目

包括两方面:一是减少地表径流量,以 $m^3$ 计;二是减少土壤侵蚀量,以 t 计。

2. 方法

1）减流、减蚀模数的计算

用有措施（梯田、林、草）坡面的径流模数、侵蚀模数与无措施（坡耕地、荒地）坡面的相应模数对比而得,其关系式如下:

$$\Delta W_m = W_{mb} - W_{ma} \tag{11.2-1}$$

$$\Delta S_m = S_{mb} - S_{ma} \tag{11.2-2}$$

式中　$\Delta W_m$——减少径流模数,$m^3/hm^2$;

　　　$\Delta S_m$——减少侵蚀模数,$t/hm^2$;

　　　$W_{mb}$——治理前（无措施）径流模数,$m^3/hm^2$;

　　　$W_{ma}$——治理后（有措施）径流模数,$m^3/hm^2$;

　　　$S_{mb}$——治理前（无措施）侵蚀模数,$t/hm^2$;

$S_{ma}$——治理后(有措施)侵蚀模数,t/hm²。

2)各项措施减流、减蚀总量的计算

用各项措施的减流、减蚀有效面积,与相应的减流、减蚀模数相乘而得。其关系式如下:

$$\Delta W = F_e \cdot \Delta W_m \tag{11.2-3}$$

$$\Delta S = F_e \cdot \Delta S_m \tag{11.2-4}$$

式中　$\Delta W$——某项措施的减流总量,m³;

　　　$\Delta W_m$——减少径流模数,m³/hm²;

　　　$\Delta S$——某项措施的减蚀总量,t;

　　　$F_e$——某项措施的有效面积,hm²;

　　　$\Delta S_m$——减少侵蚀模数,t/hm²。

3)计算减流模数与减蚀模数需考虑因素

(1)当治理前后的径流模数和侵蚀模数是从 20 m(或其他长度)小区观测得来时,与自然坡长相差很大,需考虑坡长因素的影响,治理前侵蚀模数的观测值偏小。

(2)一般小区上的治理措施比大面上完好,这一因素影响治理后减蚀模数的观测值偏大。

(3)二者都需采取辅助性全坡长观测和面上措施情况的调查研究,取得科学资料,进行分析,予以适当修正。

4)减流、减蚀有效面积($F_e$)的确定

(1)根据计算时段内各项措施实施后减流、减蚀生效所需时间(年)扣除本时段内未生效时间(年)的措施面积,求得减流、减蚀有效面积。

(2)一般情况下,梯田(梯地)、保土耕作和淤地坝等当年实施当年有效;造林有整地工程的当年有效,没有整地工程的,灌木需 3 年以上,乔木需 5 年以上有效;种草第二年有效。

(3)保土耕作当年实施当年有效,第二年不再实施,原有实施面积不复存在,不能再计算其减流、减蚀作用。

(4)一个时段的治理措施,如是逐年均匀增加,则可用此时段的年均有效面积来表示,具体计算方法见 GB/T 15774—2008。

水土保持其他方面的调水保土效益计算具体见 GB/T 15774—2008。

**(二)水土保持经济效益计算**

水土保持的经挤效益有直接经济效益与间接经济效益两类,分别采取不同的计算方法。

1.直接经济效益的计算

直接经济效益的计算包括实施水土保持措施的土地上生长的植物产品(未经任何加工转化)与未实施水土保持措施的土地上的产品对比,即措施实施后的增产量和增产值。包括单项措施经济效益和综合措施经济效益。

1)单项措施经济效益

单项措施经济效益的计算包括以下五个步骤:

(1)单位面积年增产量($\Delta P$)与年毛增产值($Z$)和年净增产值($J$)的计算。

(2)治理(或规划)期末,有效面积($F_e$)上年增产量($\Delta P_e$)与年毛增产值($Z_e$)和年净增产值($J_e$)的计算。

(3)治理(或规划)期末,累计有效面积($F_r$)上年累计增产量($\Delta P_r$)与累计毛增产值

$(Z_r)$和累计净增产值$(J_t)$的计算。

(4)措施全部充分生效时的有效面积$(F_t)$上年增产量$(\Delta P_t)$与年毛增产值$(Z_t)$和年净增产值$(J_t)$的计算。

(5)措施全部充分生效时,累计有效面积$(F_{tr})$上年累计增产量$(\Delta P_{tr})$与累计毛增产值$(Z_{tr})$和累计净增产值$(J_{tr})$的计算。

五个步骤的具体计算方法见GB/T 15774—2008中附录B。

2)综合措施经济效益

综合措施经济效益是各个单项措施经济效益之和。

3)产投比

根据上述(1)、(3)、(5)三项增产效益的计算成果,与相应的单位面积(或实施面积)基本建设投资作对比,可分别算得三项不同的产投比。产投比计算方法具体见GB/T 15774—2008。

4)回收年限

运用上述(1)计算成果,在算得单位面积上产投比的基础上,进一步计算基本建设投资的回收年限。回收年限计算方法具体见GB/T 15774—2008。

2.间接经济效益的计算

水土保持的间接经济效益是指在直接经济效益基础上,经过加工转化,进一步产生的经济效益。其主要内容包括以下两方面:

(1)对建设基本农田与种草,提高了农地的单位面积产量和牧地的载畜量,由于增产而节约出的土地和劳工,计算其数量和价值,但不计算其用于林、牧、副业后增加的产品和产值。其间接经济效益的计算方法具体见GB/T 15774—2008。

(2)直接经济效益的各类产品,经过就地一次性加工转化后提高的产值(如饲草养畜、枝条编筐、果品加工、粮食再加工等),计算其间接经济效益。此外的任何二次加工,其产值可不计入。其间接经济效益的计算方法GB/T 15774—2008没有统一规定,需结合当地牧业、副业生产视情况进行计算。

**(三)水土保持社会效益的计算**

对水土保持的社会效益,有条件的可进行定量计算;不能作定量计算的,可根据实际情况作定性描述。社会效益主要内容包括减轻自然灾害和促进社会进步,其中最常用的主要为保护土地免遭水土流失破坏和减少沟道、河流泥沙的效益。

1.保护土地免遭水土流失破坏的年均面积

可按下式进行计算:

$$\Delta f = f_b - f_a \qquad (11.2\text{-}5)$$

式中 $\Delta f$——免遭水土流失破坏的年均面积,$hm^2$;

$f_b$——治理前年均损失的土地,$hm^2$;

$f_a$——治理后年均损失的土地,$hm^2$。

水土流失损失的土地,包括沟蚀破坏地面和面蚀使土地"石化"、"沙化",$f_b$与$f_a$数值通过调查取得。

2.减少沟道、河流泥沙的效益计算

可根据观测与调查资料,用水文资料统计分析法(简称水文法)与单项措施效益累加法

（简称水保法）分别进行计算，并将两种方法的计算结果互相校核验证，二者差值一般不超过20%。具体计算方法见 GB/T 15774—2008 附录 D。

水土保持其他方面的社会效益计算具体见 GB/T 15774—2008。

### （四）水土保持生态效益计算

水土保持生态效益包括水圈生态效益、土圈生态效益、气圈生态效益、生物圈生态效益等。水圈生态效益主要计算改善地表径流状况；土圈生态效益主要计算改善土壤物理化学性质；气圈生态效益主要计算改善贴地层小气候；生物圈生态效益主要计算提高地面植物被覆程度以及碳固定量，并描述野生动物的增加。其中最常用的主要为提高地面植物被覆程度的效益。

林草覆盖率的变化，可采用如下公式计算：

$$C_b = f_b/F \qquad (11.2\text{-}6)$$
$$C_a = f_a/F \qquad (11.2\text{-}7)$$
$$C_{ab} = (f_b + f_a)/F \qquad (11.2\text{-}8)$$

式中　$f_b$——原有林草（包括人工林草和天然林草）面积，$km^2$；

$f_a$——新增林草（包括人工林草和天然林草）面积，$km^2$；

$F$——流域总面积，$km^2$；

$C_b$——原有林草的地面覆盖度（%）；

$C_a$——新增林草增加的林草地面覆盖度（%）；

$C_{ab}$——累计达到的地面覆盖度（%）。

水土保持其他方面的生态效益计算具体见 GB/T 15774—2008。

## 四、开发建设项目效益分析

开发建设项目水土保持效益包括生态效益、社会效益和经济效益等 3 个方面。水土保持效益分析着重分析生态效益，简要分析社会效益和经济效益。

### （一）水土保持生态效益

水土保持生态效益主要是通过水土保持方案中水土保持措施的实施，预测防治责任范围内扰动土地整治面积、水土保持措施防治面积、治理后平均土壤侵蚀模数、采取的植物措施面积、实施的林草面积等效益值，并进一步测算扰动土地整治率、水土流失总治理度、土壤流失控制比、拦渣率、林草植被恢复率、林草覆盖率等指标的效益值。各指标的计算公式如下：

$$扰动土地整治率（\%） = \frac{水土保持措施面积 + 永久建筑物占地面积}{建设区扰动地表面积} \times 100\%$$

$$(11.2\text{-}9)$$

$$水土流失总治理度（\%） = \frac{水土保持措施面积}{建设区水土流失总面积} \times 100\% \qquad (11.2\text{-}10)$$

式中：水土保持措施面积 = 工程措施面积 + 植物措施面积；建设区水土流失总面积 = 项目建设区面积 – 永久建筑物占地面积 – 场地道路硬化面积 – 水面面积 – 建设区内未扰动的微度侵蚀面积。

$$土壤流失控制比 = \frac{项目区容许土壤流失量}{方案实施后土壤侵蚀强度} \qquad (11.2\text{-}11)$$

$$拦渣率(\%) = \frac{采取措施后实际拦挡的弃土(石、渣)量}{弃土(石、渣)总量} \times 100\% \quad (11.2-12)$$

$$林草植被恢复率(\%) = \frac{林草植被面积}{可恢复林草植被面积} \times 100\% \quad (11.2-13)$$

式中:林草植被面积为采取植物措施的面积;可恢复林草植被面积为目前经济、技术条件下适宜恢复林草植被的面积(不含耕地或复耕面积)。

$$林草覆盖率(\%) = \frac{林草植被面积}{项目建设区总面积} \times 100\% \quad (11.2-14)$$

式中:项目建设区总面积中,扣除水利枢纽、水电站类项目的水库淹没面积。

结合预测的效益值,综合分析实施水土保持措施后,对改善防治责任范围及影响范围内的环境质量,控制项目建设造成的水土流失,恢复被破坏的植被,以及对保护区域生态环境所起到的作用。

### (二)水土保持社会效益

通过水土保持方案各项措施的实施,从保护和改善当地的环境质量、提高居民的生活水平和维护地方安定团结等方面,综合评价方案的实施对当地居民生活和发展所产生的社会效益。

### (三)水土保持经济效益

由于水土保持的特殊性,导致各类水土保持措施具有投入大、投资回收期长的特点。如果单从投入产出的角度进行分析,就不能完全体现其效益价值。其水土保持经济效益主要从两个方面进行分析:一是水土流失防治措施栽植的用材林、经济林、风景林等乔、灌、草,都具有一定的经济效益,且经济效益在逐年递增。另外,水土保持方案实施后,有效控制水土流失的发生,从而减少对环境的破坏,获得间接的经济效益。

## 五、案例

**【案例 11.2-1】 生态建设项目案例**

某水土保持项目区共治理水土流失面积 16.5 km²,主要措施有坡改梯 195 hm²,营造核桃、花椒复合经果林面积 85 hm²,紫穗槐水保林面积 545 hm²,封禁治理面积 825 hm²。实测资料显示,该项目区无措施(坡耕地、荒地)坡面的径流模数 679 m³/(hm²·a),侵蚀模数 69.96 t/(hm²·a);梯田平均径流模数 15 m³/(hm²·a),平均侵蚀模数 1.23 t/(hm²·a);经果林平均径流模数 354 m³/(hm²·a),平均侵蚀模数 23.83 t/(hm²·a);水保林平均径流模数 272 m³/(hm²·a),平均侵蚀模数 18.48 t/(hm²·a);自然恢复平均径流模数 371 m³/(hm²·a),平均侵蚀模数 27.27 t/(hm²·a)。

经过水土保持治理后,坡改梯粮食单位增产 2 200 kg/hm²;经果林核桃单位增产 1 000 kg/hm²,花椒单位增产 417 kg/hm²;水保林薪柴单位增产 3 000 kg/hm²,水保林木材单位增产 2 m³/hm²;自然恢复薪柴单位增产 2 000 kg/hm²。据当年市场价格,粮食综合价格 1.9 元/kg,核桃综合价格 30 元/kg,花椒综合价格 50 元/kg,木材综合价格 500 元/m³,薪柴综合价格 0.1 元/kg。

请根据以上资料,计算并分析项目区水土保持的基础效益和经济效益。

1. 基础效益

项目区水土保持基础效益主要指调水保土效益,即减流、减蚀效益。减流减蚀量按公式(11.2-1)和公式(11.2-2)计算,不同措施实施前后的有效面积、径流模数和侵蚀模数计算结果具体见表11.2-2。

表11.2-2　不同措施实施前后有效面积、径流模数和侵蚀模数计算表

| 项目 | 单位 | 措施类型 | | | |
|---|---|---|---|---|---|
| | | 坡改梯 | 经果林 | 水保林 | 封禁治理 |
| 有效面积 | hm² | 195 | 85 | 545 | 825 |
| 实施前径流模数 | m³/(hm²·a) | 679 | 679 | 679 | 679 |
| 实施后径流模数 | m³/(hm²·a) | 15 | 354 | 272 | 371 |
| 实施前侵蚀模数 | t/(hm²·a) | 69.96 | 69.96 | 69.96 | 69.96 |
| 实施后侵蚀模数 | t/(hm²·a) | 1.23 | 23.83 | 18.48 | 27.27 |

根据减流减蚀量计算公式,估算项目区年减流总量63.30万 m³,减蚀量总量8.06万 t。具体计算见表11.2-3。

表11.2-3　项目区年度减流减蚀计算表

| 项目 | 单位 | 措施类型 | | | | 合计 |
|---|---|---|---|---|---|---|
| | | 坡改梯 | 经果林 | 水保林 | 封禁治理 | |
| 减流量 | 万 m³ | 12.95 | 2.76 | 22.18 | 25.41 | 63.30 |
| 减蚀量 | 万 t | 1.34 | 0.39 | 2.81 | 3.52 | 8.06 |

2. 经济效益

水土保持措施产生的直接经济效益包括实施水土保持措施生产的植物产品,与未实施水土保持措施时土地上的产品对比所得增产量和增产值。按不同措施产生的产品不同,分别进行计算,经计算,项目区各项治理措施实施并稳定发挥效益后,每年经济效益为601.59万元。具体计算见表11.2-4。

表11.2-4　项目区年度经济效益计算表

| 序号 | 项目 | 实物增产量 | | | | 新增产值 (万元) |
|---|---|---|---|---|---|---|
| | | 粮食 (万 kg) | 木材 (万 m³) | 薪柴 (万 kg) | 果品 (万 kg) | |
| 一 | 坡改梯 | 42.90 | | | | 81.51 |
| 二 | 经果林 | | | | | |
| 1 | 核桃 | | | | 8.50 | 255.00 |
| 2 | 花椒 | | | | 3.545 | 177.23 |
| 三 | 水保林 | | | | | |
| 1 | 紫穗槐 | | 0.11 | 163.50 | | 71.35 |
| 四 | 封禁治理 | | | 165.00 | | 16.50 |
| | 合计 | | | | | 601.59 |

**【案例 11.2-2】 生产建设项目案例**

乌江流域某水电站区域容许土壤流失量为 500 t/（km²·a），工程防治责任范围 1 233.47 hm²，扣除电站淹没区后的项目建设区面积 367.98 hm²，工程弃渣总量 2 194.18 万 m³。在对主体工程设计进行分析评价的基础上，提出该工程水土流失防治措施体系和总体布局，通过工程措施和植物措施的实施，拦挡弃渣总量 2 106.41 万 m³，项目区平均土壤流失强度降低到 450 t/（km²·a），该工程各防治分区各类面积统计见表 11.2-5。

表 11.2-5　某水电站工程各防治区分各类面积统计表

| 防治区 | 防治责任范围（hm²） | 项目建设区（hm²） | 水土流失总面积（hm²） | 可恢复林草植被面积（hm²） | 水土保持措施面积（hm²） | | 建筑物及硬化面积（hm²） |
|---|---|---|---|---|---|---|---|
| | | | | | 工程措施 | 植物措施 | |
| 主体工程区 | 136.28 | 136.28 | 50.60 | 38.93 | 11.66 | 38.66 | 85.69 |
| 弃渣（存料）场区 | 129.07 | 116.28 | 116.28 | 80.46 | 34.60 | 79.82 | |
| 表土堆放场防治区 | 7.90 | 7.90 | 7.90 | 7.90 | | 7.90 | |
| 场内交通道路区 | 41.36 | 27.27 | 13.19 | 5.12 | 7.92 | 5.08 | 14.08 |
| 施工生产生活区 | 30.82 | 30.82 | 29.76 | 25.41 | 3.69 | 25.33 | 1.06 |
| 水库淹没及影响区 | 824.69 | | | | | | |
| 移民安置工程区 | 63.35 | 49.43 | 22.68 | 19.65 | 2.97 | 19.51 | 26.75 |
| 合计 | 1 233.47 | 367.98 | 240.41 | 177.47 | 60.84 | 176.30 | 127.58 |

请根据以上资料，计算并分析该工程的水土保持措施的生态效益。

该工程水土保持措施实施后，该水电站工程项目建设区内扰动土地整治率达到 99.1%、水土流失总治理度达 98.6%、土壤流失控制比达到 1.11、拦渣率达 96.1%、林草植被恢复率达 99.3%、林草覆盖率达 47.9%，主要指标的效益值计算具体见表 11.2-6。

表 11.2-6　水土流失防治效益值计算成果表

| 防治区 | 扰动土地整治率（%） | 水土流失总治理度（%） | 土壤流失控制比 | 林草植被恢复率（%） | 林草覆盖率（%） |
|---|---|---|---|---|---|
| 主体工程区 | 99.8 | 99.4 | 1.11 | 99.30 | 28.4 |
| 弃渣（存料）场区 | 98.4 | 98.4 | 1.11 | 99.20 | 68.6 |
| 表土堆放场防治区 | 100.0 | 100.0 | 1.11 | 100.0 | 100.0 |
| 场内交通道路区 | 99.3 | 98.6 | 1.11 | 99.20 | 18.6 |
| 施工生产生活区 | 97.6 | 97.5 | 1.11 | 99.70 | 82.2 |
| 移民安置工程区 | 99.6 | 98.9 | 1.11 | 99.30 | 39.5 |
| 合计 | 99.1 | 98.6 | 1.11 | 99.30 | 47.9 |

从表 11.2-6 可以看出，工程建设造成的水土资源损坏得到基本治理，水土流失得到控

制,植被覆盖率得到提高,使工程区的生态景观也得到最大程度的改善,具有明显的生态效益。

# 第三节　水土保持生态建设项目经济评价

## 一、基本知识

### (一)经济评价和财务评价的含义

建设项目的经济评价包括国民经济评价和财务评价。

#### 1. 国民经济评价

国民经济评价是对建设项目进行决策分析与评价,判定其经济合理性的一项重要工作。国民经济评价是按照资源优化配置的原则,从项目对社会经济所做贡献以及社会经济为项目付出代价的角度,识别项目的效益和费用,采用影子价格、影子工资、影子汇率和社会折现率(基准收益率)等经济参数,分析和计算项目给国民经济带来的净贡献,从而评价项目的经济效率,亦即经济合理性。

#### 2. 财务评价

财务评价是对建设项目进行决策分析与评价,判定其财务可行性的一项重要工作。

财务评价是根据国家现行的会计规定、税收法规和价格体系,分析、预测项目直接发生财务效益和费用,编制财务报表,计算评价指标,考查、分析项目的财务生存能力、偿债能力和盈利能力等财务状况,据以判别项目的财务可行性,明确项目对财务主体及投资者的价值贡献。

#### 3. 国民经济评价与财务评价的关系

1)国民经济评价与财务评价的相同点

(1)评价方法相同。它们都是经济效果评价,都使用基本的经济评价理论,即效益与费用比较的理论方法。

(2)评价的基础工作相同。两种分析都要在完成产品需求预测、工艺技术选择、投资估算、资金筹措方案等可行性研究内容的基础上进行。

(3)评价的计算期相同。

2)国民经济评价与财务评价的不同点

(1)评价的角度不同。财务评价考查项目的财务生存能力、偿债能力和盈利能力等财务状况,判别项目的财务可行性;国民经济评价考察项目对国民经济所作的净贡献,评价项目的经济合理性。

(2)费用和效益的含义和划分范围不同。财务评价只根据项目直接发生的财务收支,计算项目的费用和效益;国民经济评价则从全社会的角度考察项目的费用和效益,这时项目的有些收入和支出,从全社会的角度考虑,不能作为社会费用或收益,例如,税金和补贴、银行贷款利息。

(3)采用的价格体系不同。财务评价用市场预测价格;国民经济评价用影子价格。

(4)使用的参数不同。财务评价用基准收益率;国民经济评价用社会折现率。财务基准收益率依分析问题角度的不同而不同,而社会折现率则是全国各行业各地区都是一致的。

（5）评价的内容不同。财务评价主要包括财务生存能力、偿债能力和盈利能力评价；国民经济评价主要包括盈利能力分析。

（6）应用的不确定性分析方法不同。盈亏平衡分析只适用于财务评价，敏感性分析和风险分析可同时用于财务评价和国民经济评价。

### （二）现金流量

在进行工程国民经济评价时，为建设项目投入的一切资金、花费的成本、获取的收益，均可看成是以资金形式体现的资金流出或资金流入。考察对象在整个期间某一时间点上，流入项目的资金称为现金流入量（亦即正现金流量），符号为 $CI_t$，包括营业收入、回收固定资产余值、回收流动资金等；流出项目的资金称为现金流出量（亦即负现金流量），符号为 $CO_t$，包括建设投资、流动资金、经营成本等。现金流入量与现金流出量之差称为净现金流量，符号为 $NCF$（也可表示为 $CI_t - CO_t$）。

在某一时间点上，现金流入量、现金流出量、净现金流量统称为现金流量。在实际应用中，现金流量因经济评价的范围和财务评价方法的不同，分为财务现金流量和经济费用效益流量，前者用于财务评价，后者用于经济评价。

进行国民经济评价时，通常需要借助于现金流量图来分析各种现金流量的流向（支出或收入）、数额和发生时间。所谓现金流量图，就是通过现金流量图来反映项目计算期内各时间点所发生的效益和费用，用以进行项目动态的经济评价。

### （三）资金时间价值

资金等值换算：经济评价中，把任一时点上的资金换算成另一个特定时点上的值，这两个时点上的两个不同数额的资金量在经济方面的作用是相等的。通常把特定利率下不同时点上绝对数额不等而经济价值相等的若干资金称为等值资金。影响等值资金的因素有三个：资金额的大小、换算期数、利率的高低。

利用等值概念，把建设项目计算期内任一时点的现金流量换算为另一时点上的现金流量进行比较，这种换算过程称为资金等值换算。

#### 1. 现值与终值间的互相变换

1）现值换算为终值（将 $P$ 换算为 $F$）

$$F = P(1 + i)^n \qquad (11.3-1)$$

式中　$F$——终值，即 $n$ 期末的资金价值或本利和，指资金发生在（或折算为）某一特定时间序列终点时的价值；

　　　$P$——现值，即现在的资金价值或本金，指资金发生在（或折算为）某一特定时间序列起点时的价值；

　　　$i$——计算期复利率；

　　　$n$——计算期数。

式中：$(1 + i)^n$ 是现值 $P$ 与终值 $F$ 的等值换算系数，称为整付（即一次支付）本利和系数，又称一次支付终值系数或终值系数，记为 $(F/P, i, n)$。公式又可写为

$$F = P(F/P, i, n) \qquad (11.3-2)$$

在 $(F/P, i, n)$ 这类符号中，括号内斜线左侧的符号表示待求的未知数，斜线右侧的符号表示已知数，$(F/P, i, n)$ 就表示在已知 $i$、$n$ 和 $P$ 的情况下求解 $F$ 的值。为了计算方便，通常按照不同的利率 $i$ 和计息期 $n$ 计算出终值系数，并列表。在计算 $F$ 时，只要从终值系数表

(复利表)中查出相应的终值系数再乘以本金即可。

2)终值换算为现值(将 $F$ 换算为 $P$)

由式(11.3-1)即可求出现值 $P$

$$P = F(1 + i)^{-n} \tag{11.3-3}$$

式中 $(1 + i)^{-n}$ 称为一次支付现值系数,用符号 $(P/F,i,n)$ 表示,并按不同的利率 $i$ 和计息期 $n$ 列表。一次支付现值系数是指未来一笔资金乘上该系数就可求出其现值。在经济分析中,一般是将未来值折现到零期。计算现值 $P$ 的过程称为"折现"或"贴现",其所使用的利率通常称为折现率或贴现率,故 $(1 + i)^{-n}$ 或 $(P/F,i,n)$ 也可称为折现系数或贴现系数。公式(11.3-3)可写成:

$$P = F(P/F,i,n) \tag{11.3-4}$$

**2. 年值与终值的相互换算**

1)年值换算为终值(将 $A$ 换算为 $F$)

年值表示发生在某一特定时间序列各计算期末的等额资金系列的价值。公式为:

$$F = A \frac{(1 + i)^n - 1}{i} \tag{11.3-5}$$

式中:$A$ 表示年值,其他符号与前面相同。$\dfrac{(1 + i)^n - 1}{i}$ 称为年金终值系数,记为 $(F/A,i,n)$。公式(11.3-5)可记为:

$$F = A(F/A,i,n) \tag{11.3-6}$$

2)终值换算为年值(将 $F$ 换算为 $A$)

$$A = F \frac{i}{(1 + i)^n - 1} \tag{11.3-7}$$

式中:$\dfrac{i}{(1 + i)^n - 1}$ 称为偿债基金系数,记为 $(A/F,i,n)$。公式(11.3-7)可写为:

$$A = F(A/F,i,n) \tag{11.3-8}$$

**3. 年值与现值的相互换算**

1)年值换算为现值(将 $A$ 换算为 $P$)

$$P = F(1 + i)^{-n} = A \frac{(1 + i)^n - 1}{i(1 + i)^n} \tag{11.3-9}$$

式中:$\dfrac{(1 + i)^n - 1}{i(1 + i)^n}$ 称为年金现值系数,记为 $(P/A,i,n)$。公式(11.3-9)可写为:

$$P = A(P/A,i,n) \tag{11.3-10}$$

2)现值换算为年值(将 $P$ 换算为 $A$)

$$A = P \frac{i(1 + i)^n}{(1 + i)^n - 1} \tag{11.3-11}$$

式中:$\dfrac{i(1 + i)^n}{(1 + i)^n - 1}$ 称为资金回收系数,记为 $(A/P,i,n)$。公式(11.3-11)可写为:

$$A = P(A/P,i,n) \tag{11.3-12}$$

上述六个基本公式中,前两个即现值与终值公式为复利计算的一次支付情况的公式,后四个即年值与终值、年值与现值换算公式为等额系列公式。

## 二、国民经济评价

国民经济评价是按照资源优化配置的原则,从国家整体角度考察项目的效益和费用,用影子价格、影子工资、影子汇率和社会折现率(基准收益率)等经济参数,分析和计算项目给国民经济带来的净贡献,从而评价项目的经济合理性。

水土保持生态建设工程项目的管理现已纳入国家基本建设管理程序,列入基本建设管理程序后,还需根据《水利建设项目经济评价规范》(SL 72—2013)进行经济评价,水土保持生态建设工程经济评价以国民经济评价为主。

### (一)效益与费用的识别

效益和费用识别的原则为:凡项目对国民经济作出的贡献均计为项目的效益,包括直接效益和间接效益;凡国民经济为项目所付出的代价均计为项目的费用,包括直接费用和间接费用。经济评价要遵循效益和费用计算口径一致的原则,计算项目的效益和费用时,既不能遗漏,又要避免重复。

项目向政府缴纳的税费、政府给与项目的补贴、项目在国内贷款和存款利息等,为国民经济内部的"转移支付",均不应计入项目的费用或效益。

#### 1. 直接效益与直接费用

直接效益是指由项目产出物产生并在项目计算范围内的经济效益,一般表现为项目为社会生产提供的物质产品、科技文化成果和各种各样的服务所产生的效益。直接效益大多在财务评价中能够得以反映,但有时这些反映会有一定程度的失真,这就需要用影子价格等来调整。

直接费用是指项目使用投入物所产生并在项目范围内计算的经济费用,一般表现为投入项目的各种物料、人工、资金、技术以及自然资源而带来的社会资源的消耗。直接费用一般在财务评价中能够得以反映,但有时这些反映会有一定程度的失真,这就需要用影子价格等来调整。

#### 2. 间接效益与间接费用

间接效益是由项目引起而在直接效益中没有得到反映的效益。间接费用是由项目引起而在直接费用中没有得到反映的费用。间接效益和间接费用一般在财务评价中不能够得到反映。

间接效益和间接费用又统称为外部效果,包括环境影响、技术扩散效果、"上、下游"企业相邻效果、乘数效果、价格影响等。

水利建设项目的效益分析计算时,将可量化的间接效益计入效益中。

### (二)费用($C$)计算

水利建设项目的费用包括项目的固定资产投资、流动资金、年运行费和更新改造费。

#### 1. 固定资产投资

固定资产投资包括水土保持生态建设项目达到设计规模所需由国家、企业和个人以各种方式投入的主体工程和相应配套工程的全部建设费用。水土保持生态建设项目的主体工程投资在工程设计概(估)算投资编制的基础上按影子价格进行调整,并增加工程设计概(估)算中未计入的间接费用。

国民经济评价中,水土保持生态建设项目费用中不计列作为转移支付的国内贷款利息和税金,不计列差价预备费;对于利用外资的建设项目要增列外资贷款利息。

2. 流动资金

水土保持生态建设项目的流动资金包括维持项目正常运行所需购买燃料、材料、备品、备件和支付职工工资等的周转资金,按有关规定或参照类似项目分析确定,可采用扩大指标估算法计算。流动资金从项目运行的第一年开始,根据其投产规模分析确定。

3. 年运行费

水土保持生态建设项目的年运行费包括项目运行初期和正常运行期每年所需支出的全部运行费用,可根据项目总成本费用、投产规模及实际需要分析确定。

4. 更新改造费

水土保持生态建设项目的更新改造费包括维持项目正常运行的设备第一次更新改造费用,可根据项目设备的固定资产投资分析确定;还应包括水土保持生态正常生长平茬、更新等费用,根据有关规定分析确定。

### (三)效益(B)计算

建设项目的效益按有、无项目对比可获得的直接效益和间接效益计算。水土保持项目的效益可与农、林、牧等措施结合进行计算,其直接效益和间接效益的计算具体见本章第二节"水土保持效益分析"相关内容。项目运行初期和正常运行期各年的效益,根据项目投产计划和配套程度合理计算。项目对社会、经济、环境造成的不利影响,采取措施减免,未能减免的计算其负效益。项目的固定资产余值和流动资金,要在项目计算期末一次回收,并计入项目的效益流量。除根据项目功能计算各分项效益外,还要计算项目的整体效益流量。

### (四)主要指标和评价准则

1. 经济内部收益率(Economical Internal Rate of Return)

经济内部收益率是项目国民经济评价的主要指标,项目的国民经济评价必须计算这项指标,并用其表示项目经济盈利能力的大小。

经济内部收益率(EIRR)是项目在计算期内各年经济净效益流量的现值累计等于零时的折现率,其表达式为:

$$\sum_{t=1}^{n} (B - C)_t (1 + EIRR)^{-t} = 0 \qquad (11.3\text{-}13)$$

式中　　$EIRR$——经济内部收益率;

$B$——年效益流量;

$C$——年费用流量;

$(B - C)_t$——项目第 $t$ 年的净现金流量;

$n$——项目的计算期,年。

经济内部收益率的经济含义表示项目的获利能力,从资金的时间价值和资金等值的角度来看,它表示项目的投资在项目经营过程中获利的利率,它显示了项目对贷款利率可以承担的最大能力。而这种能力完全取决于项目本身内部经营的好坏,故定名为经济内部收益率。项目的经济合理性按经济内部收益率(EIRR)与社会折现率($i_s$)的对比确定。当经济内部收益率大于或等于社会折现率($EIRR \geq i_s$)时,该项目在经济上是合理的。

2. 经济净现值(Economical Net Present Value)

所谓净现值(ENPV)是指项目在使用年限内逐年净现金流量的现值之和。它表示项目支付了一切成本以后,在保证预定收益的条件下,可以净赚的钱。用社会折现率($i_c$)将项目计算期内各年的净效益折算到计算期初的现值之和表示。其具体表达式为:

$$ENPV = \sum_{t=1}^{n} (B - C)_t (1 + i_s)^{-t} \qquad (11.3\text{-}14)$$

式中  $ENPV$——经济净现值;

$n$——计算期,项目的寿命或使用年限,年;

$B$——年效益流量;

$C$——年费用流量;

$(B - C)_t$——项目第 $t$ 年的净现金流量;

$i_s$——社会折现率。

项目的经济合理性根据经济净现值($ENPV$)的大小确定,当经济净现值($ENPV$)≥0 时,确定该项目在经济上是合理的。

3. 经济效益费用比($R_{BC}$)

经济效益费用比($R_{BC}$)以项目计算期内效益现值与费用现值之比表示,计算公式为:

$$R_{BC} = \sum_{t=1}^{n} B_t (1 + i_s)^{-t} / \sum_{t=1}^{n} C_t (1 + i_s)^{-t} \qquad (11.3\text{-}15)$$

式中  $R_{BC}$——经济效益费用比;

$B_t$——项目第 $t$ 年的收益;

$C_t$——项目第 $t$ 年的成本。

当经济效益费用比大于或等于 1.0($R_{BC}$≥1.0)时,该项目在经济上是合理的。

进行国民经济评价,需编制反映项目计算期内各年的效益、费用和净效益的国民经济效益费用流量表,计算该项目的各项国民经济评价指标。

**(五)国民经济评价参数**

1. 社会折现率($i_s$)

社会折现率是国民经济评价的重要通用参数,为项目经济内部收益率的判别标准,对正确计算费用、效益和评价指标及方案的优化比选是必不可少的。《建设项目经济评价方法与参数》(第三版)规定的社会折现率为8%,水利建设项目按国家规定采用8%。对于受益期长的建设项目,如果远期效益较大,效益实现的风险较小,社会折现率可适当降低,但不应低于6%。属于或主要为社会公益性质的水土保持生态建设项目,可同时采用6%的社会折现率进行经济评价,供项目决策参考。

2. 影子汇率及影子汇率折算系数

影子汇率是指能正确反映外汇真实价值的汇率,即外汇的影子价格。影子汇率通过影子汇率折算系数计算。影子汇率折算系数计算是影子汇率与国家外汇牌价的比值,由国家统一发布。目前我国影子汇率折算系数为1.08。

影子汇率 = 影子汇率折算系数 × 外汇牌价

3. 影子工资及影子工资换算系数

影子工资是指项目使用劳动力,社会为此付出的代价。影子工资包括劳动力的边际产出和劳动力转移而引起的社会资源耗费。国民经济评价中,影子工资作用项目使用的劳动力的费用。《建设项目经济评价方法与参数》(第三版)规定的影子工资换算系数为非熟练劳动力 0.25 ~ 0.8,其余按市场价格。

### (六)案例

**【案例 11.3-1】 沙棘生态减沙工程**

某流域中上游地处黄土高原砒砂岩丘陵区,地形破碎,植被稀疏,水土流失严重。拟对该流域中上游的沟坡、沟底种植沙棘拦沙、固沙,设计种植面积约 10 000 hm²,其中种植沙棘生态林 9 000 hm²,种植沙棘经济林 1 000 hm²,建设总工期 5 年,平均每年种植 2 000 hm²。项目总投资 2 560 万元,计划每年投资 512 万元。沙棘种植后的第 4 年达到盛果期,拦沙、生态、经济效益进入稳定期。沙棘种植后生长过程中需要投入浇水、施肥、打农药等抚育管理费用,10 年平茬一次。该流域沙棘生态林年产量为 750 kg/hm²,沙棘经济林年产量为 3 000 kg/hm²,建设第一年沙棘销售价格为 1.58 元/kg。若对该项目进行国民经济评价,计算期为 25 年,经初步预测,沙棘生态工程效益、费用见表 11.3-1 ~ 表 11.3-4。

表 11.3-1 沙棘生态工程开始收益至盛果期直接效益计算表 (单位:万元)

| 项目 | 第 5 年 | 第 6 年 | 第 7 年 | 第 8 年 | 第 9 年 | …… |
|------|---------|---------|---------|---------|---------|-----|
| 沙棘生态林 | 213.3 | 426.6 | 639.9 | 853.2 | 1 066.5 | …… |
| 沙棘经济林 | 94.8 | 189.6 | 284.4 | 379.2 | 474.0 | …… |
| 合计 | 308.1 | 616.2 | 924.3 | 1 232.4 | 1 540.5 | …… |

表 11.3-2 沙棘生态工程开始发挥减沙效益至稳定发挥间接效益表 (单位:万元)

| 项目 | 第 5 年 | 第 6 年 | 第 7 年 | 第 8 年 | 第 9 年 | …… |
|------|---------|---------|---------|---------|---------|-----|
| 每年减少入河泥沙量(万 t) | 3.15 | 6.3 | 10.5 | 15.75 | 21.0 | …… |
| 减沙效益(万元) | 47.25 | 94.5 | 157.5 | 236.25 | 315 | …… |

注:根据《水利建设项目经济评价规范》规定和《水土保持综合治理效益计算方法》附录 D 计算方法,将减沙效益换算为间接经济效益。

表 11.3-3 沙棘生态工程抚育、管理费用计算表 (单位:万元)

| 项目 | 第 2 年 | 第 3 年 | 第 4 年 | 第 5 年 | 第 6 年 | …… |
|------|---------|---------|---------|---------|---------|-----|
| 沙棘生态林 | 86.4 | 172.8 | 259.2 | 345.6 | 432 | …… |
| 沙棘经济林 | 22 | 44 | 66 | 88 | 110 | …… |
| 合计 | 108.4 | 216.8 | 325.2 | 433.6 | 542 | …… |

表 11.3-4 沙棘生态工程采果投劳费用计算表 (单位:万元)

| 项目 | 第 5 年 | 第 6 年 | 第 7 年 | 第 8 年 | 第 9 年 | …… |
|------|---------|---------|---------|---------|---------|-----|
| 沙棘生态林 | 81 | 162 | 243 | 324 | 405 | …… |
| 沙棘经济林 | 18 | 36 | 54 | 72 | 90 | …… |
| 合计 | 99 | 198 | 297 | 396 | 495 | …… |

注:沙棘生态林每公顷投劳为 450 元,沙棘经济林采果投劳为每公顷 900 元。

另外,沙棘每 10 年平茬一次,每公顷平茬投劳费用 2 250 元。

请根据以上资料,对该流域沙棘生态工程进行国民经济评价,则现金流量表见表 11.3-5。

| 序号 | 项目 | 建设期 | | | | | 运行期 | | | | | | |
|---|---|---|---|---|---|---|---|---|---|---|---|---|---|
| | | 1 | 2 | 3 | 4 | 5 | 6 | 7 | 8 | 9~10 | 11~15 | 16~20 | 21~25 |
| 1 | 效益流量 | 0 | 0 | 0 | 0 | 355.35 | 710.7 | 1 081.8 | 1 468.65 | 1 855.5 | 1 855.5 | 1 855.5 | 1 855.5 |
| 1.1 | 直接效益 | 0 | 0 | 0 | 0 | 308.1 | 616.2 | 924.3 | 1 232.4 | 1 540.5 | 1 540.5 | 1 540.5 | 1 540.5 |
| | 果实收益 | | | | | 308.1 | 616.2 | 924.3 | 1 232.4 | 1 540.5 | 1 540.5 | 1 540.5 | 1 540.5 |
| 1.2 | 间接效益 | | | | | 47.25 | 94.5 | 157.5 | 236.25 | 315 | 315 | 315 | 315 |
| | 减沙效益 | | | | | 47.25 | 94.5 | 157.5 | 236.25 | 315 | 315 | 315 | 315 |
| 2 | 费用流量 | 512 | 620.4 | 728.8 | 837.2 | 1 044.5 | 740 | 839 | 938 | 1 037 | 1 487 | 1 037 | 1 487 |
| 2.1 | 建设投资 | 512 | 512 | 512 | 512 | 512 | | | | | | | |
| 2.2 | 抚育管理 | | 108.4 | 216.8 | 325.2 | 433.5 | 542 | 542 | 542 | 542 | 542 | 542 | 542 |
| 2.3 | 采果费用 | | | | | 99 | 198 | 297 | 396 | 495 | 495 | 495 | 495 |
| 2.4 | 平茬费用 | | | | | | | | | | 450 | | 450 |
| 3 | 净现金流量(1−2) | −512 | −620.4 | −728.8 | −837.2 | −689.15 | −29.3 | 242.8 | 530.65 | 818.5 | 368.5 | 818.5 | 368.5 |

表 11.3-5　沙棘生态工程效益及费用现金流量表　（单位:万元）

国民经济评价如下。

1. 评价参数确定

(1)社会折现率取8%。

(2)计算期为25年,其中建设期5年,运行期20年。

(3)基准年取计算期第1年,基准点为第1年。

2. 现金流量表编制

根据所确定的参数以及预测的运行费用和效益,编制项目国民经济现金流量表"沙棘生态工程效益及费用现金流量表",具体见表11.3-5。

3. 评价指标计算:

(1)经济净现值(ENPV)

经济净现值按公式(11.3-14)计算:

$$ENPV = \sum_{t=1}^{n} (B - C)_t (1 + i_s)^{-t}$$

$$ENPV = -512(P/F,8\%,1) - 620.4(P/F,8\%,2) - 728.8(P/F,8\%,3)\cdots$$
$$+ 818.5(P/F,8\%,16) + \cdots + 368.5(P/F,8\%,21) + \cdots368.5(P/F,8\%,25)$$
$$= 554.31(万元)$$

ENPV=554.31 万元,大于 0。

(2)经济内部收益率(EIRR)

据国民经济现金流量表的净现金流量,按公式(11.3-13)计算:

$$\sum_{t=1}^{n} (B - C)_t (1 + EIRR)^{-t} = 0$$

经计算得 $EIRR = 9.8\%$ ,大于 $8\%$ 。

(3)效益费用比($EBCR$)

$EBCR$ =效益现值/费用现值 = 11 251/10 697 = 1.05,大于 1.0

结论:根据国民经济评价指标计算结果,经济净现值为554.31万元,大于0;经济内部收益率为9.8%,大于社会折现率8%;效益费用比为1.05,大于1。因此,本项目在经济上是可行的。

## 三、财务评价

### (一)财务评价的类型

对于年财务收入大于年总成本费用的项目,进行全面的财务评价,包括财务生存能力分析、偿债能力分析和盈利能力分析,判别项目的财务可行性;对于无财务收入或年财务收入小于年运行费用的项目,只进行财务生存能力分析,提出维持项目正常运营需要采取的政策措施;对于年财务收入大于年运行费用但小于年总成本费用的项目,重点进行财务生存能力分析,根据具体情况进行偿债能力分析。

### (二)水土保持项目的财务评价

水土保持生态建设项目这类公益性项目的建设目的主要是发挥其使用功能,服务于社会,对其进行财务分析的目的不作为投资决策的依据,而是为考察项目的财务状况,了解盈亏情况,以便采取措施使其能维持正常运营,正常发挥功能。非盈利性项目财务评价的实质是进行方案比选,以使所选取方案能够在满足项目目标的前提下,投资最少。

水土保持生态环境建设项目,如果国民经济评价评价合理,而无财务收入或财务收入很少时,一般不进行财务评价,可只进行财务分析,估算项目总成本费用和年运行费,提出维持项目正常运行所需的资金来源;对于具有一定营利能力和外资项目的水土保持生态建设项目,进行财务评价,评价方法按《水利建设项目经济评价规范》(SL 72)进行;对于有负债建设的非盈利性项目,必要时编制利润与利润分配表、借款还本付息计划表和损益表,计算借款偿还期。根据项目的还款能力,提出需要政府支持的政策建议。

例如上述沙棘生态减沙工程,该项目为政府全额投资,且运行期对于政府而言没有收入,采果投劳和获益均归当地农民。因此,本项目不需要进行财务评价,只分析项目的运行费用。本项目运行费用主要由抚育管理费和平茬费用组成,达到盛果期的抚育管理费用为542万元,平茬每10年投入一次,根据种植时间顺延,连续平茬5年,费用每年450万元,合计运行费用为992万元。本项目的运行费用需要国家、省等各级政府财政补贴。

### (三)案例

**【案例11.3-2】 某流域综合治理**

某流域上中游坡耕地多,水土流失严重,每年汛期河道下游淤积后需要清淤。为减少灾害损失,拟对该流域进行综合治理。共有三个建设方案,寿命均按25年计。根据统计资料分析及专家论证,如果不进行治理,每年灾害、河道清淤经济损失为5 200万元;如果进行治理,除需要初始建设投资外,每年还需要支付工程维护费用,但可降低每年预期灾害损失。各方案的初始投资、每年运营维护费用及预期年损失等见资料表11.3-6。设定基准收益率为8%,($P/F$,8%,1) = 0.925 93,($P/A$,8%,25) = 10.674 78。

表 11.3-6　各方投资、费用及预期损失表　　　　　　　　　　（单位:万元）

| 方案 | 初始投资 | 年运营维护费用 | 预期年损失 |
|---|---|---|---|
| 1 | 4 500 | 430 | 3 000 |
| 2 | 5 600 | 600 | 4 200 |
| 3 | 8 800 | 800 | 1 700 |

问题:利用净现值法判断哪个方案不可行,哪个方案可行,并从中选择一个最优方案。

1. 各方案费用现值

建设期 26 年,其中建设期 1 年,运行期 25 年。

方案 1:$4\,500 \times (P/F,8\%,1) + 430 \times (P/A,8\%,25) \times (P/F,8\%,1)$

$= 4\,500 \times 0.925\,93 + 430 \times 10.674\,78 \times 0.925\,93 = 8\,416.85$(万元)

方案 2:$5\,600 \times (P/F,8\%,1) + 600 \times (P/A,8\%,25) \times (P/F,8\%,1)$

$= 5\,600 \times 0.925\,93 + 600 \times 10.674\,78 \times 0.925\,93 = 11\,115.67$(万元)

方案 3:$8\,800 \times (P/F,8\%,1) + 800 \times (P/A,8\%,25) \times (P/F,8\%,1)$

$= 8\,800 \times 0.925\,93 + 800 \times 10.674\,78 \times 0.925\,93 = 16\,055.46$(万元)

2. 各方案效益现值

各方案预期每年减少损失的效益

方案 1:$5\,200 - 3\,000 = 2\,200$(万元)

方案 2:$5\,200 - 4\,200 = 1\,000$(万元)

方案 3:$5\,200 - 1\,700 = 3\,500$(万元)

各方案效益现值:

方案 1:$2\,200 \times (P/A,8\%,25) \times (P/F,8\%,1)$

$= 2\,200 \times 10.674\,78 \times 0.925\,93 = 21\,745.02$(万元)

方案 2:$1\,000 \times (P/A,8\%,25) \times (P/F,8\%,1)$

$= 1\,000 \times 10.674\,78 \times 0.925\,93 = 9\,884.10$(万元)

方案 3:$3\,500 \times (P/A,8\%,25) \times (P/F,8\%,1)$

$= 3\,500 \times 10.674\,78 \times 0.925\,93 = 34\,594.35$(万元)

3. 各方案财务净现值

方案 1:$21\,745.02 - 8\,416.85 = 13\,328.17$(万元)

方案 2:$9\,884.10 - 11\,115.67 = -1\,231.57$(万元)

方案 3:$34\,594.35 - 16\,055.46 = 18\,538.89$(万元)

4. 方案比选

按财务净现值计算结果,方案 2 的净现值小于 0,是不可行的;方案 1 和方案 3 的净现值大于 0,是可行的,并且方案 3 的净现值大于方案 1,方案 3 最优。

## 四、不确定性分析

不确定性分析包括敏感性分析和盈亏平衡分析。盈亏平衡分析只用于财务评价,敏感性分析可同时用于国民经济评价和财务评价。一般水土保持生态建设项目只进行敏感性分析。

敏感性分析是根据项目特点,分析、测算固定资产投资、效益、主要投入物的价格、产出物的产量和价格、建设期年限及汇率等主要因素中,一项指标浮动或多项指标同时发生浮动对主要经济评价指标的影响。必要时可计算敏感度系数($S_{AF}$)和临界点,找出敏感因素。

敏感度系数($S_{AF}$)以项目评价指标变化率与不确定因素变化率的比值表示,公式为:

$$S_{AF} = \frac{\Delta A/A}{\Delta F/F} \tag{11.3-16}$$

式中    $S_{AF}$——评价指标 $A$ 对于不正确性因素 $F$ 的敏感度系数;

$\Delta F/F$——不确定因素 $F$ 的变化率;

$\Delta A/A$——不确定因素 $F$ 发生 $\Delta F$ 变化时,评价指标 $A$ 的相应的变化率。

临界点以不确定因素使内部收益率等于基准收益率或净现值等于零时,相对基本方案的变化率或其对应的具体数值表示。

选取哪些浮动因素,可根据项目的具体情况,按可能发生对经济评价较为不利的原则分析确定。主要因素浮动的幅度,可根据项目的具体情况确定,也可参照下列变化幅度选用:

(1)固定资产投资:±10% ~ ±20%;

(2)效益:±15% ~ ±25%;

(3)建设期年限:增加或减少 1~2 年。

一般可只对主要经济评价指标,如国民经济评价中的经济内部收益率($EIRR$)和经济净现值($ENPV$),财务评价中的财务内部收益率($FIRR$)、财务净现值($FNPV$)、投资回收期($P_t$)和固定资产投资借款偿还期($P_d$)等进行分析,选取时应根据项目需要研究确定。

敏感性分析计算结果,一般以列表分析或采用敏感性分析图表示。对最敏感的因素,要研究提出减少其浮动的措施。

对于具有一定财务效益的重大水土保持生态建设项目可进行盈亏平衡分析,特别重大水土保持生态建设项目也可进行风险分析。水土保持生态建设项目的敏感性分析、盈亏平衡分析与风险分析可参照《水利建设项目经济评价规范》(SL 72—2013)进行。

# 参 考 文 献

[1] 中华人民共和国国家质量监督检验检疫总局,中国国家标准化管理委员会.水土保持术语[S].北京：中国标准出版社,2006.

[2] 王礼先.中国水利百科全书：水土保持分册[M].北京：中国水利水电出版社,2004.

[3] 王治国.试论我国水土保持学科的性质与定位[J].中国水土保持科学,2007(6).

[4] 张洪江.土壤侵蚀原理[M].北京：中国林业出版社,2014

[5] 王礼先.水土保持工程学[M].北京：中国林业出版社,2007.

[6] 王治国,张云龙.林业生态工程学 - 林草植被建设的理论与实践[M].北京：中国林业出版社,2000.

[7] 李文银,王治国,蔡继清.工矿区水土保持[M].北京：科学出版社,1996.

[8] 中国水土保持学会规划设计专业委员会.生产建设项目水土保持设计指南[M].北京：中国水利水电出版,2011.

[9] 中华人民共和国水利部.水利水电工程水土保持技术规范[S].北京：中国水利水电出版社,2012.

[10] 中华人民共和国住建部.水土保持工程设计规范[S].北京：中国计划出版社,2014.

[11] 王治国.对我国水土保持区划与规划中若干问题的认识[J].中国水土保持科学,2007(1).

[12] 全国水土保持规划领导小组办公室.中国水土保持区划[M].北京：中国水利水电出版社,2015.

[13] 中华人民共和国建设部,中华人民共和国国家质量监督检验检疫总局.开发建设项目水土保持技术规范[S].北京：中国计划出版社,2008.

[14] 水工设计手册编写委员会.水工设计手册(第三卷)[M].北京：中国水利水电出版社,2013.

[15] 王治国,贺康宁.水土保持工程概预算[M].北京：中国林业出版社,2009.

[16] 贺康宁,王治国.开发建设项目水土保持[M].北京：中国林业出版社,2009.

[17] 中华人民共和国国土资源部.泥石流灾害防治工程设计规范[S].北京：中国科学技术出版社,2007.

[18] 中华人民共和国水利部.雨水集蓄利用工程技术规范[S].北京：中国水利水电出版社,2001.

[19] 王斌瑞,王百田.黄土高原径流林业[M].北京：中国林业出版社,1996.

[20] 朱震达,赵兴梁,等.治沙工程学[M].北京：中国环境科学出版社,1998.

[21] 国家质量技术监督局.生态公益林建设技术规程[M].北京：中国标准出版社,2001.

[22] 中华人民共和国国家质量监督检验检疫总局,中国国家标准化管理委员会.防沙治沙技术规范[S].北京：中国标准出版社,2008.

[23] 中华人民共和国交通部.公路排水设计规范[S].北京：人民交通出版社,1998.